环境修复技术丛书

生物炭在环境治理中的应用：原理、技术与实践

Biochar for Environmental Management:
Science, Technology and Implementation

［美］Johannes Lehmann　　［澳］Stephen Joseph ◎编

| 王　兵 | 王　倩 | 吴　攀 | 陈　淼 | 高一宁 |
| 冯乾伟 | 蒋宗宏 | 赵若涵 | 程　宁 | 赵志鹏 | ◎译
| 赵栐汐 | 李　瑞 | 唐　慧 | 姚灿旭 | 席彬彬 |
| | | 魏　铭 | 陈安营 |

电子工业出版社
Publishing House of Electronics Industry
北京·BEIJING

内容简介

生物炭是一种富碳产品，由生物质（如木材、粪便或农作物残余物）在密闭容器中（缺氧条件）加热制得。生物炭可以通过多种方式改善农业和环境，其在土壤中的稳定性和优异的养分固持能力使其成为理想的土壤改良剂。生物炭的固碳能力与生物质可持续生产相结合可减少大气中二氧化碳（CO_2）排放，对减缓气候变化、早日实现碳达峰和碳中和产生重要影响。此外，生物炭制备过程中释放的气体还可以作为生物能源加以利用。

本书是向学生、研究人员和非专业人士介绍生物炭的一本入门级书籍，可为所有想要对生物炭有更深入了解的读者提供全面的参考。本书的亮点是提出了生物炭科学前沿的新见解，阐述了生物炭科学研究和应用的新概念，分析了生物炭的知识缺口，展示了生物炭的复杂性，并描述了生物炭的科学发展和政策愿景，该书可为生物炭在环境治理中的进一步研究和应用提供发展思路。

Biochar for Environmental Management: Science, Technology and Implementation, 2nd Edition
edited by Johannes Lehmann, Stephen Joseph
ISBN: 9780415704151
Copyright © 2015 by Johannes Lehmann and Stephen Joseph, selection and editorial material; individual chapters, the contributors.
Authorized translation from English language edition published by Routledge, part of Taylor & Francis Group LLC; All Rights Reserved.
本书英文版由 Taylor & Francis 出版集团旗下 Routledge 出版公司出版，并经其授权翻译出版。版权所有，侵权必究。

Publishing House of Electronics Industry is authorized to publish and distribute exclusively the Chinese (Simplified Characters) language edition. This edition is authorized for sale throughout Mainland of China. No part of the publication may be reproduced or distributed by any means, or stored in a database or retrieval system, without the prior written permission of the publisher.
本书中文简体翻译版权由 Taylor & Francis Group LLC 授予电子工业出版社独家出版，并限在中国大陆地区销售，未经出版者书面许可，不得以任何方式复制或发行本书的任何部分。
Copies of this book sold without a Taylor & Francis sticker on the cover are unauthorized and illegal.
本书贴有 Taylor & Francis 公司防伪标签，无标签者不得销售。

版权贸易合同登记号 图字：01-2021-4888

图书在版编目（CIP）数据

生物炭在环境治理中的应用：原理、技术与实践 /（美）约翰纳斯·雷曼（Johannes Lehmann），（澳）史蒂芬·约瑟夫（Stephen Joseph）编；王兵等译 . —北京：电子工业出版社，2024.1
（环境修复技术丛书）
书名原文：Biochar for Environmental Management: Science, Technology and Implementation
ISBN 978-7-121-46597-0

Ⅰ.①生… Ⅱ.①约… ②史… ③王… Ⅲ.①活性炭—应用—环境综合整治—研究 Ⅳ.① X3

中国国家版本馆 CIP 数据核字（2023）第 208823 号

责任编辑：李　敏
印　　刷：天津千鹤文化传播有限公司
装　　订：天津千鹤文化传播有限公司
出版发行：电子工业出版社
　　　　　北京市海淀区万寿路 173 信箱　邮编：100036
开　　本：787×1 092　1/16　印张：48.5　字数：1250 千字
版　　次：2024 年 1 月第 1 版
印　　次：2024 年 1 月第 1 次印刷
定　　价：248.00 元

凡所购买电子工业出版社图书有缺损问题，请向购买书店调换。若书店售缺，请与本社发行部联系，联系及邮购电话：（010）88254888，88258888。
质量投诉请发邮件至 zlts@phei.com.cn，盗版侵权举报请发邮件至 dbqq@phei.com.cn。
本书联系方式：limin@phei.com.cn 或（010）88254753。

贡献者名单

Diego Abalos，西班牙马德里理工大学，邮箱：diego.abalos@upm.es。

Samuel Abiven，瑞士苏黎世大学地理系，邮箱：samuel.abiven@geo.uzh.ch。

James E. Amonette，美国太平洋西北国家实验室，邮箱：jim.amonette@pnnl.gov。

Mai Lan Anh，越南纽伦理工大学环境与地球科学学院，邮箱：mailananh.festn@gmail.com。

Ana Catarina Bastos，葡萄牙阿威罗大学环境与海洋研究中心生物系，邮箱：a.c.bastos@ua.pt。

Akwasi A. Boateng，美国农业部农业研究局东部区域研究中心，邮箱：akwasi.boateng@ars.usda.gov。

Luke Beesley，英国阿伯丁詹姆斯·赫顿研究所，邮箱：luke.beesley@hutton.ac.uk。

Michael Bird，澳大利亚昆士兰州詹姆斯·库克大学地球与环境科学学院、热带环境和可持续性科学中心，邮箱：Michael.bird@jcu.edu.au。

Miguel Brandão，新西兰北帕默斯顿梅西大学农业与环境研究所新西兰生命周期管理中心，邮箱：m.brandao@massey.ac.nz。

Catherine E. Brewer，美国新墨西哥州立大学化学工程系，邮箱：cbrewer@nmsu.edu。

Robert Brown，美国爱荷华州立大学机械工程与生物经济研究所，邮箱：rcbrown3@iastate.edu。

Thomas D. Bucheli，瑞士苏黎世可持续发展科学研究所，邮箱：thomas.bucheli@agroscope.admin.ch。

Marta Camps-Arbestain，新西兰北帕默斯顿梅西大学农业与环境研究所生物炭研究中心，邮箱：M.Camps@massey.ac.nz。

Keri B. Cantrell，美国南卡罗来纳州圣佛罗伦萨西卢卡斯海岸平原研究中心，邮箱：keri.cantrell@ars.usda.gov。

Maria Luz Cayuela，西班牙穆尔西亚埃斯皮纳多大学塞古拉土壤科学与应用生物学中心水土保持和废物管理部，邮箱：mlcayuela@cebas.csic.es。

Chee H. Chia，澳大利亚悉尼新南威尔士大学材料科学与工程学院，邮箱：c.chia@unsw.edu.au。

Abbie Clare，英国爱丁堡大学地球科学学院生物炭研究中心，邮箱：abbie.clare@ed.ac.uk。

Tim Clough，新西兰林肯大学农业和生命科学学院，邮箱：Tim.Clough@lincoln.ac.nz。

Gerard Cornelissen，挪威岩土工程研究院环境工程系，邮箱：Gerard.Cornelissen@ngi.no。挪威生命科学大学植物与环境科学系（IPM），瑞典斯德哥尔摩大学应用环境科学系（ITM）。

Alan Cowie，澳大利亚新南威尔士州新英格兰大学，邮箱：lifecycle.footprint@gmail.com。

Annette Cowie，澳大利亚新南威尔士州第一产业部国家农村温室气体研究中心，邮箱：annettc@sf.nsw.gov.au。

Bernardo del Campo，美国爱荷华州立大学机械工程系，邮箱：bernidc@iastate.edu。

Thomas H. DeLuca，美国蒙大拿州美国荒野协会生态与经济研究部，邮箱：tom_deluca@tws.org。

Stefan Doerr，英国斯旺西大学理学院地理系，邮箱：s.doerr@swansea.ac.uk。

Scott Donne，澳大利亚新南威尔士州纽卡斯尔大学科学与信息技术学院，邮箱：Scott.Donne@newcastle.edu.au。

Adriana Downie，澳大利亚新南威尔士州太平洋热解有限公司，邮箱：adriana.downie@pacificpyrolysis.com。

Brandon Dugan，美国得克萨斯州莱斯大学地球科学系，邮箱：dugan@rice.edu。

Guido Fellet，意大利乌迪内大学，邮箱：guido.fellet@uniud.it。

Manuel Garcia-Perez，美国华盛顿州立大学生物系统工程系，邮箱：mgarcia-perez@wsu.edu。

John Gaunt，美国纽约州碳咨询有限责任公司，邮箱：john.gaunt@carbonconsulting.us。

Bruno Glaser，德国马丁路德·哈勒维滕贝格大学农业和营养科学研究所土壤生物地球化学系，邮箱：bruno.glaser@landw.uni-halle.de。

Ellen R. Graber，以色列农业研究中心土壤、水与环境科学研究所，邮箱：ergraber@agri.gov.il。

Michael J. Gundale，瑞典农业科学大学森林生态与管理系，邮箱：Michael.Gundale@svek.slu.se。

Sarah E. Hale，挪威岩土工程研究院环境工程系，邮箱：Sarah.Hale@ngi.no。

Isabel Hilber，瑞士苏黎世可持续发展科学研究所，邮箱：isabel.hilber@agroscope.admin.ch。

William Hockaday，美国得克萨斯州贝勒大学地质系，邮箱：William_Hockaday@baylor.edu。

James A. Ippolito，美国爱荷华州美国农业部农业研究局，邮箱：Jim.Ippolito@ars.usda.gov。

Simon Jeffery，荷兰瓦格宁根大学土壤质量系，邮箱：simon.jeffery@wur.nl。

Davey L. Jones，英国格温内思郡班戈大学威尔士环境中心，邮箱：d.jones@bangor.ac.uk。

Stephen Joseph，澳大利亚悉尼新南威尔士大学材料科学与工程学院，邮箱：s.joseph@unsw.edu.au。

Claudia Kammann，德国吉森尤斯图斯—利比希大学海因里希·巴夫环植物生态学系，邮箱：Claudia.I.Kammann@bot2.bio.uni-giessen.de。

Stephen Kimber，澳大利亚新南威尔士州第一产业部，邮箱：stephen.kimber@dpi.nsw.gov.au。

Markus Kleber，美国俄勒冈州立大学作物与土壤科学系，邮箱：Markus.Kleber@oregonstate.edu。

Rai S. Kookana，澳大利亚奥斯蒙德阿德莱德大学韦特校区澳大利亚联邦科学与工业研究组织水土资源研究所，邮箱：Rai.Kookana@csiro.au。

David Laird，美国爱荷华州立大学农学系，邮箱：dalaird@iastate.edu。

Johannes Lehmann，美国纽约州康奈尔大学作物与土壤科学系，邮箱：CL273@cornell.edu。

Jens Leifeld，瑞士苏黎世联邦农业研究院，邮箱：jens.leifeld@agroscope.admin.ch。

Rodrick D. Lentz，美国爱荷华州美国农业部农业研究局，邮箱：rick.lentz@ars.usda.gov。

Zuolin Liu，美国得克萨斯州莱斯大学地球科学系，邮箱：zl17@rice.edu。

Bruce A. McCarl，美国得克萨斯农工大学农业经济系，邮箱：mccarl@tamu.edu。

John McDonagh，英格兰诺里奇东英吉利大学国际发展学院，邮箱：j.mcdonagh@uea.ac.uk。

M. Derek MacKenzie，加拿大埃德蒙顿阿尔伯塔大学再生资源系，邮箱：mdm7@ualberta.ca。

Ondřej Mašek，英国爱丁堡大学地球科学学院生物炭研究中心，邮箱：ondrej.masek@ed.ac。

Caroline A. Masiello，美国得克萨斯州莱斯大学地球科学系，邮箱：masiello@rice.edu。

Leonidas Melo，巴西马托格罗索州维索萨联邦大学，邮箱：leonidas.melo@ufv.br。

Luciana-Maria Miu，英国爱丁堡大学地球科学学院生物炭研究中心。

Eduardo Moreno-Jimenez，西班牙马德里自治大学，邮箱：eduardo.moreno@uam.es。

Paul Munroe，澳大利亚悉尼新南威尔士大学材料科学与工程学院，邮箱：p.munroe@unsw.edu.au。

Peter S. Nico，美国加利福尼亚州劳伦斯伯克利国家实验室地球科学处，邮箱：psnico@lbl.gov。

Jeffrey M. Novak，美国南卡罗来纳州美国农业部农业研究局，邮箱：jeff.novak@ars.usda.gov。

Genxing Pan，中国南京农业大学农业资源与生态环境研究所，邮箱：pangenxing@yahoo.com.cn。

Joseph J. Pignatello，美国康涅狄格州农业试验站，邮箱：joseph.pignatello@ct.gov。

Matthias C. Rillig，德国柏林自由大学生物研究所，邮箱：matthias.rillig@fu-berlin.de。

Natalia Rogovska，美国爱荷华州立大学农学系，邮箱：natashar@iastate.edu。

Ruy Anaya de la Rosa，澳大利亚新南威尔士州新英格兰大学，邮箱：ranayade@une.edu.au。

Cornelia Rumpel，法国国家农业研究院，邮箱：Cornelia.Rumpel@grignon.inra.fr。

Miguel A. Sánchez-Monedero，西班牙穆尔西亚埃斯皮纳多大学西班牙国家研究委员会水土保持和有机废物管理部，邮箱：monedero@cebas.csic.es。

Cristina Santin，英国斯旺西大学理学院地理系，邮箱：c.s.nuno@swansea.ac.uk。

Hans-Peter Schmidt，瑞士阿尔巴兹伊萨卡研究所，邮箱：schmidt@ithaka-institut.org。

Michael W. I. Schmidt，瑞士苏黎世大学地理系，邮箱：michael.schmidt@geo.uzh.ch。

Michael Sesko，美国加利福尼亚州奥克兰市Encendia Biochar联合创始人兼首席执行官，邮箱：michael.sesko@encendia.com。

Simon Shackley，英国爱丁堡大学地球科学学院，邮箱：simon.shackley@ed.ac.uk。

David Shearer，美国旧金山全环生物炭首席执行官，邮箱：dshearer@fcsolns.com。

Balwant Singh，澳大利亚悉尼大学农业与环境学院，邮箱：balwant.singh@sydney.edu.au。

Bhupinder Pal Singh，澳大利亚麦克阿瑟农业研究院第一产业部，邮箱：BP.Singh@dpi.nsw.gov.au。

Tom Sizmur，英国哈彭登洛桑研究所，邮箱：tom.sizmur@rothamsted.ac.uk。

Saran P. Sohi，英国爱丁堡大学地球科学学院生物炭研究中心，邮箱：saran.sohi@ed.ac.uk。

Giovambattista Sorrenti，意大利博洛尼亚大学农业科学系，邮箱：g.sorrenti@unibo.it。

Kurt A. Spokas，美国明尼苏达州美国农业部农业研究局，邮箱：Kurt.Spokas@ars.usda.gov。

Gregory Stangl，美国加利福尼亚州旧金山凤凰能源公司，邮箱：info@phoenixenergy.net。

Christoph Steiner，德国卡塞尔大学有机农业科学院热带亚热带有机植物生产和农业生态系统研究所，邮箱：steiner@uni-kassel.de。

Janice E. Thies，美国纽约州康奈尔大学作物与土壤科学系，邮箱：jet25@cornell.edu。

Minori Uchimiya，美国新奥尔良州美国农业部农业研究局，邮箱：Sophie.Uchimiya@ars.usda.gov。

Lukas Van Zwieten，澳大利亚麦克阿瑟农业研究院第一产业部，邮箱：lukas.van.zwieten@dpi.nsw.gov.au。

Frank G. A. Verheijen，葡萄牙阿威罗大学环境与海洋研究中心规划及环境部，邮箱：verheijen@ua.pt。

Tao Wang，新西兰北帕默斯顿梅西大学农业与环境研究所生物炭研究中心，邮箱：twang0000@gmail.com。

David Werner，英国纽卡斯尔大学土木工程与地球科学学院，邮箱：david.werner@ncl.ac.uk。

Thea Whitman，美国纽约州康奈尔大学作物与土壤科学系，邮箱：tlw59@cornell.edu。

Katja Wiedner，德国马丁路德·哈勒维滕贝格大学农业和营养科学研究所土壤生物地球化学系，邮箱：katja.wiedner@landw.uni-halle.de。

Dominic Woolf，美国纽约州康奈尔大学作物与土壤科学系，邮箱：d.woolf@cornell.edu。

Weixiang Wu，中国浙江大学环境技术研究所，邮箱：weixiang@zju.edu.cn。

Andrew R. Zimmerman，美国佛罗里达州盖恩斯维尔佛罗里达大学地质科学系，邮箱：azimmer@ufl.edu。

序

在《生物炭在环境治理中的应用：原理、技术与实践》撰写过程中，"生物炭"一词即使在专门从事生物能源开发、废物管理、场地修复、减缓气候变化或土壤肥力研究的科学界也鲜为人知。但是，过去5年，这种情况发生了变化，生物炭的科学研究显著增加，同时在零售商店也发现了第一批商业生物炭产品。本书不仅介绍了生物炭的特性及其对农业和环境影响的最新进展，而且制定了生物炭科学研究和应用的基本准则和框架。

本书是向学生、研究人员和非专业人士介绍生物炭的一本入门级书籍，是为所有想要对生物炭有更深了解的读者提供参考的一本全面的教科书。同时，本书的亮点是提出了生物炭科学前沿的新见解，阐述了生物炭科学研究和应用的新概念，分析了生物炭的知识缺口及未来研究的需求，可为土地使用规划人员、业主、培训人员、政策制定人员、监管机构、项目或业务开发商提供有用的基本信息。

尽管生物炭具有悠久的历史，但对于许多人来说生物炭仍是一个相对较新的领域和主题，因此生物炭的利益相关群体对其更有兴趣。许多国家成立了区域性和地方性组织，对生物炭感兴趣的科学家、工业项目开发商和政策制定人员组成的国际生物炭动议组织（IBI）在国际网络的支持下促进了人们在生物炭领域的交流和生物炭的可持续发展。这些组织建立了将生物炭商业化的高级框架，例如，制定生物炭的安全标准，以及在受到社会和经济限制的同时如何可持续利用生物炭来解决环境问题。因此，本书有利于严谨的科学探究，并有希望推动生物炭的可持续应用发展。本书展示了生物炭的复杂性，涵盖了详细的科学、发展和政策图景，可为进一步的研究及其实际应用提供发展思路。

本书主要分为5个部分：①生物炭研究、制备与使用的历史和基础；②生物炭的基本理化性质及分类；③生物炭在环境中的稳定性、变化和迁移；④生物炭对植物生产力和环境过程的影响，包括土壤生物、养分和碳的迁移转化、温室气体排放、土壤水及污染物的动力学研究（如有机污染物、重金属、除草剂）；⑤施用生物炭之前对其含量、在商业产品中的使用，以及对更广泛的生物炭系统、温室气体核算、认证、经济和商业化进行评估。

感谢众多审稿人花费了大量时间对本书的内容给出的专业意见，这保证了本书的高科学水准。尤其感谢 Samuel Abiven、Teri Angst、Elizabeth Baggs、Julia Berazneva、Luke

Beesley、Catherine Brewer、Anthony Bridgwater、Sander Bruun、Marta Camps-Arbestain、Chih-Hsin Cheng、Tim Clough、Gerard Cornelissen、Annette Cowie、Andrew Crane-Droesch、Andrew Cross、David Crowley、Thomas DeLuca、Xavier Domene、John Field、Elizabeth Fisher、Yves Gelinas、Brent Gloy、Sarah Hale、Jim Hammond、Christopher Higgins、Philippe Hinsinger、Andreas Hornung、Michael Hedley、Rachel Hestrin、William Hockaday、Joeri Kaal、Claudia Kammann、Markus Kleber、Heike Knicker、David Laird、Jens Leifeld、Isabel Lima、Min Malla、Caroline Masiello、Neil Mattson、Mark Milstein、Joseph Pignatello、Debbie Reed、Cornelia Rumpel、Klaus Schmidt-Rohr、Michael Sesko、Simon Shackley、Joff Silberg、Bhupinder Pal Singh、Dawit Solomon、Magnus Sparrevik、Kurt Spokas、Christoph Steiner、Janice Thies、Wolfgang Wilcke、William Woods、Dongke Zhang、Lukas Van Zwieten 和几位匿名审稿人。同时，感谢 Kelly Hanley 对本书进行了校对，并对几个章节的格式进行了修改。

衷心感谢 Earthscan Publications Ltd. 的编辑 Tim Hardwick，在他的专业指导下，本书得以顺利出版！感谢 Rob Brown 和 Ashley Wright 对各个章节进行了整理！感谢欧盟的 COST 行动计划（欧洲科技合作计划）所提供的资金支持。

最后，也是最重要的，感谢家人和朋友耐心理解我们筹备这本书的狂热心情和深夜写作的辛苦，感谢他们的全力支持，没有他们的支持我们不可能完成这本书。

Johannes Lehmann
Stephen Joseph
2014 年 5 月

前　言

　　气候危机日益严峻。人类每年向大气排放430亿吨CO_2，比10年前增加了25%。科学家们已经计算出地球的碳收支，并得出结论：如果人们希望有75%的可能将全球变暖幅度控制在2℃以内，那么在21世纪上半叶只能排放10000亿吨CO_2。然而，由于碳排放量增长速度过快，直至2013年已经达到了上述预算的近40%。按照这个增长速度，到2028年就会超出预算的排放量。因此，解决气候危机的时间有限，而这10余年尤其关键。2015年12月，人类在巴黎面临一个严峻的挑战——制定一项能够应对气候危机的全球条约。鉴于之前在哥本哈根的失败经历，许多人质疑这次会议是否能成功。无论如何，许多科学家都认为，如果制定这项全球条约的时间太晚，就无法避免严重的气候破坏。因为地球正在变暖，且变暖速度与政府间气候变化专门委员会预测的最快变暖速度一致。然而，随着各国对能源的需求日益增加，减少化石燃料的燃烧已成为一项极其艰巨的任务。此外，解决气候危机不能以牺牲粮食或能源安全为代价。因此，21世纪需要提出能够立即解决以上几个主要问题的方案，而且这些方案必须能够迅速实施，并能在真正意义上产生显著的影响。

　　我相信，本书可提供实现未来人类环境最重要的一项计划所需的基本知识。生物炭技术为解决以上问题提供了非常独特的解决方案，因为它能解决粮食安全问题、能源危机和气候问题。生物炭既是一个非常古老的概念，也是一个新概念。例如，印第安人使用生物炭后形成了亚马孙盆地的亚马孙流域黑土，这些黑土在形成1000年后仍然比周围的土地更肥沃。尽管生物炭有很多好处，但现在很少有农民考虑利用生物炭改良土地。更糟糕的是，关于气候变化的政治辩论仍在继续，而那些本可以从中受益的行业在控制气候变化方面只迈出了微小的第一步。

　　生物炭技术的关键是制炭，这涉及在无氧条件下加热有机物质。生物炭技术不是一种单一的技术，可以通过多种技术改变生物炭的性质，以实现生物炭的特定用途。因此，本书介绍了一系列创新产品和成果，它们种类繁多且有多种有益用途。此外，本书本质上是关于生物炭"如何做"的手册，因此也对生物炭在生物、技术、经济、政治和社会方面的影响进行了专业分析。在制炭过程中有许多其他重要的产品，包括可用来发电的合成气体、柴油的替代品等。因此，本书也介绍了制炭过程中产生的其他副产品。

生物炭最重要的一个方面是它可以大规模应用。如果将世界上每年产生的所有林业和农业废弃物转化为生物炭并储存起来，就可以从大气中去除大约40亿吨CO_2，这使得生物炭成为最有效的大气清洁技术之一。事实上，生物炭技术是"原始地球挑战"的决赛技术之一。"原始地球挑战"是世界上最富有的奖项，旨在鼓励开发每年能够从大气中吸收10亿吨甚至更多碳的技术的人或团队。

生物炭技术应用的最有价值的用途之一是大大提高了农业的经济效率、作物产量，以及减缓了植物吸收的碳返回大气的速度。因此，生物炭提供了多样化的清洁能源，使得单位面积土地的粮食产量提高，并有可能实现气候安全。简单来说，这就是生物炭革命带给我们的机遇。本书所描述的生物炭技术在全球范围内都具有潜在的适用性。我相信，粮食生产和许多其他形式的农业、畜牧业、林业，甚至人类粪便的处理，都将因本书中描写的生物炭技术而发生巨大变化，并且其影响是迅速且显著的。同时，气候危机很可能也是推动生物炭技术发展的因素，至少在初期是这样的。

每年大气中约有8%的CO_2被植物吸收。如果植物捕获的一小部分碳能够被高温分解并转化为生物炭，人类的前景将会变得光明许多，因为这将为人类社会转型成为低排放经济社会争取时间。本书对生物炭进行了系统评估，因此，本书将为未来全球可持续发展奠定基石。我坚信，本书与Rachel Carson的《寂静的春天》一样重要，在政治上也有可能与Al Gore的《难以忽视的真相》同等重要。如果本书拥有足够广泛的读者群体，它将永远改变我们的世界，而且会让我们的世界变得更好。

Tim Flannery
2014年8月

原著者推荐序

In the years since 2015 when *Biochar for Environmental Management: Science, Technology and Implementation* was published, research activity continued to deepen, especially in Asia. Scientific Journals on biochar were founded, protocols for carbon credits were developed for the voluntary market as well as by IPCC for national greenhouse gas accounting. Industry is developing products and technology that has started to gain more customers. Yet, adoption is still in an exploratory phase compared with the global potential that biochar systems could reach. This book and the suite of experts share fundamental insights into the production and application of biochar. Key to ensuring that biochar fulfills its goals as a sustainable practice is to recognize biochar as a systems approach rather than only a product. The authors lay the foundation to such knowledge and point to ways where fundamental insights must still be improved and where applied technology is needed. We hope that this translation makes the information accessible to a broader readership to ensure sustainable biochar practices to be developed.

Johannes Lehmann
Stephen Joseph

译者序

随着社会经济的不断发展，人类活动导致的生态环境问题日益突出。为积极应对全球气候变化，"十四五"期间我国提出了碳达峰、碳中和的"双碳"目标。生物炭是一种将生物质在高温厌氧条件下热解制备的多孔性富碳物质，近年来在固碳减排、环境修复与土壤改良等方面日益受到广泛关注。生物炭技术作为一种极具应用潜力的碳捕获、利用与封存（Carbon Capture, Utilization and Storage，CCUS）技术，如何发挥其减污降碳协同增效的作用、实现全球生态环境安全与可持续发展已成为当前全世界科学家普遍关注和热议的焦点问题。2007 年，美国康奈尔大学 Johannes Lehmann 教授在 Nature 发表了题为 A Handful of Carbon 的评述文章，之后全世界掀起了关于生物炭研究的热潮，很多国家和地区都成立了生物炭工程技术研究中心，同时创办了专门以生物炭命名的国际期刊 Biochar。通过 Web of Science 数据库文献统计发现，与生物炭研究相关的文献从 2010 年的 150 篇增加到 2022 年的 6000 余篇，充分体现了广大科研工作者对生物炭研究的关注。

2009 年，时任国际生物炭动议组织（IBI）主席、美国康奈尔大学 Johannes Lehmann 教授和澳大利亚新南威尔士大学 Stephen Joseph 教授一起撰写了 Biochar for Environmental Management: Science and Technology 一书，该书一经出版就受到了国内外广大生物炭研究领域相关人员的广泛关注和一致好评。2015 年，该书进行了第二版出版，书名为 Biochar for Environmental Management: Science, Technology and Implementation。该书较全面地从生物炭的起源、制备方法、环境行为及其在环境修复与土壤改良方面的应用与实践等方面进行了阐述和总结，成为进入生物炭研究领域的必读书目，极大地推动了生物炭研究领域的发展。受东西方文化差异、专业词汇量和专业背景知识等因素的影响，许多读者在阅读原著时可能会存在理解上的偏差或翻译上的一些困惑，尤其是关于生物炭系统和生物炭的经济评估等相关章节的内容，如果不具备一定的专业基础知识和词汇量，很难理解和掌握其中所要表达和传递的具体含义。基于以上背景，为了进一步拓展和扩大该书的读者群，让广大读者能更清晰、更深入地理解该书的精髓要义，更熟练地掌握生物炭技术的原理和方法，笔者下定决心将此书进行翻译，以期为进入生物炭研究领域的读者提供一本指导性的中文书籍，进一步拓展和助推生物炭技术的研究和应用。

在本书翻译过程中，译者尽量保留了原著的精髓，充分考虑了中英文语法结构和语言表达的差异，尽量做到浅显易懂。本书不仅可作为进入生物炭领域的初学者、研究人员和技术人员的参考书，也可作为高校本科生、研究生的教材，是一本内容全面、叙述详细、通俗易懂的关于生物炭技术的综合性书籍和教材。

本书涉及内容和章节较多，信息量较大，翻译过程历时两年多，翻译组付出了大量宝贵的时间和精力，在此过程中还得到了众多领域内专家学者的大力支持、帮助和指导，在此一并表示衷心的感谢！尽管经过了无数次的修改和校对，但受水平和时间限制，翻译过程中错漏之处在所难免，恳请广大读者批评指正。

王兵

2023年8月

目 录

第1章 用于环境管理的生物炭 ··· 1
  1.1 生物炭的定义 ··· 1
  1.2 生物炭研究及其应用历史 ·· 3
  1.3 生物炭系统 ··· 5
  1.4 土壤改良 ·· 7
  1.5 缓解气候变化和减少养分流失 ·· 7
  1.6 废物处理 ·· 8
  1.7 能源生产 ·· 8
  1.8 生物炭研究的现状、发展和展望 ··· 9
  参考文献 ·· 10

第2章 生物炭的传统用法 ··· 13
  2.1 引言 ··· 13
  2.2 欧洲 ··· 16
      2.2.1 新石器时代和青铜器时代 ·· 16
      2.2.2 中世纪厚熟表层土壤栽培 ·· 17
      2.2.3 "蚂蚁"——地中海地区的传统施肥技术 ································ 19
  2.3 亚洲 ··· 21
      2.3.1 中国古代稻田 ··· 21
      2.3.2 东南亚—婆罗洲 ·· 22
      2.3.3 日本 ··· 23
  2.4 澳大利亚和新西兰 ··· 24
  2.5 非洲 ··· 25
  2.6 南美洲 ·· 26
      2.6.1 巴西（*Terra Preta de Índio*） ·· 26
      2.6.2 秘鲁 ··· 27
  2.7 结论 ··· 28
  参考文献 ·· 28

第3章 生物炭制备的基本原理 ··· 33
  3.1 引言 ··· 33

3.2 木炭制备的历史和工艺 ·· 34
3.3 生物质填料热解的基本概念 ······································ 39
3.4 木炭的产量和性质 ·· 45
3.5 结论与展望 ·· 49
参考文献 ·· 49

第4章 生物炭制备技术 ·· 55

4.1 引言 ·· 55
4.2 热化学转化技术 ·· 56
4.3 生物炭制备反应器的选择标准 ···································· 57
4.4 反应器类型、运行方式和工艺参数 ································ 61
    4.4.1 热化学反应器中的氧气含量 ·································· 63
    4.4.2 反应器类型（固定床反应器、移动床反应器、流化床反应器、循环床反应器、烧蚀反应器、气流床反应器） ·· 63
    4.4.3 使用的粒度 ·· 63
    4.4.4 操作模式 ·· 64
4.5 加热方式 ·· 64
    4.5.1 部分燃烧（自热过程） ···································· 65
    4.5.2 与热气接触碳化 ·· 65
    4.5.3 间接加热 ·· 65
    4.5.4 与固体热载体直接接触 ···································· 65
    4.5.5 微波热解 ·· 66
4.6 固定式、半便携式、便携式反应器 ································ 66
4.7 装载方式 ·· 66
4.8 过程控制 ·· 67
    4.8.1 压力 ·· 67
    4.8.2 固体和气体接触模式：逆流、并流和错流 ···················· 68
4.9 生物炭制备的最新技术 ·· 68
4.10 结论与展望 ··· 72
参考文献 ·· 72

第5章 生物炭的特性：物理和结构特性 ······························ 77

5.1 引言 ·· 77
5.2 生物炭结构概述 ·· 78
5.3 常见的处理参数 ·· 78
5.4 生物炭的分子结构 ·· 79
5.5 结构复杂性的降低 ·· 80
5.6 改变生物炭物理结构的方法 ······································ 81

5.7	生物炭的比表面积	82
5.8	生物炭的微孔	82
5.9	生物炭的大孔	85
5.10	生物炭的粒度分布	86
5.11	生物炭的密度	87
5.12	生物炭的机械强度	88
5.13	结论与展望	88
	参考文献	89

第6章 生物炭的特性：大分子特性 … 95

6.1	引言	95
6.2	生物炭的动态分子模型	95
6.3	芳香环、碳层和晶体	97
	6.3.1 芳香性定义	97
	6.3.2 芳香性和共振（共轭）的功能影响	98
	6.3.3 芳香性的测量	99
	6.3.4 生物炭中芳香结构的形成	103
6.4	非芳香族生物炭	106
	6.4.1 非芳香族碳和生物炭的化学稳定性	106
	6.4.2 非芳香族碳和生物炭的热稳定性	106
	6.4.3 非芳香族碳和生物炭的生物稳定性	107
	6.4.4 非芳香族碳在生物炭结构维度中的作用	107
	6.4.5 生物炭中的杂原子官能团	108
6.5	结论	112
	参考文献	112

第7章 生物炭的元素组成及影响保肥的因素 … 117

7.1	引言	117
7.2	养分总量	117
7.3	有效养分	120
7.4	pH值和石灰值	124
7.5	养分固持	126
7.6	阳离子交换量（CEC）	127
7.7	定制生物炭	128
7.8	结论	129
	参考文献	132

第8章 生物炭分类系统和相关的测试方法 … 139

| 8.1 | 引言 | 139 |

8.2 生物炭分类系统···139
　　8.2.1 碳储存值和分类···140
　　8.2.2 肥料的价值及分类···143
　　8.2.3 石灰值与分类···149
　　8.2.4 粒径分类··151
　　8.2.5 生物炭作为基质在盆栽和无土农业中的应用······························152
8.3 测试方法··152
　　8.3.1 确定碳储存值所需的测试方法··152
　　8.3.2 肥效测试方法···152
　　8.3.3 石灰值测试方法··153
　　8.3.4 粒径分级测试方法···154
附件···156
参考文献··161

第9章　土壤中生物炭性质的演变··165

9.1 引言··165
9.2 生物炭在土壤中的物理变化···166
　　9.2.1 破碎···166
　　9.2.2 生物炭与土壤颗粒的异质聚集··168
9.3 生物炭在土壤中的化学变化···171
　　9.3.1 初步认识··171
　　9.3.2 短期和长期风化过程···172
9.4 生物炭对天然有机物（NOM）的吸附··174
　　9.4.1 实地样本观察···174
　　9.4.2 NOM 吸附的分子和纳米级过程···174
　　9.4.3 吸附的 NOM 在孔隙中的位置及比表面积和孔径分布的变化·········175
9.5 风化对有机物吸附的影响··177
9.6 风化作用影响吸附的根本原因··181
　　9.6.1 表面化学的改变··181
　　9.6.2 土壤物质的吸附··182
　　9.6.3 吸附可逆性··183
9.7 风化对金属阳离子吸附的影响··184
　　9.7.1 吸附过程概述···184
　　9.7.2 主要的相互作用··185
　　9.7.3 次要的相互作用：结晶相的形成···186
　　9.7.4 金属形态··186
　　9.7.5 反应能和可逆性··186
　　9.7.6 尺寸效应：生物炭的孔径分布和金属的水化半径························187

| 9.8 结论与展望 | 188 |
| 参考文献 | 189 |

第10章 生物炭在土壤中的稳定性 199

- 10.1 引言 199
- 10.2 生物炭的稳定性 200
  - 10.2.1 有机物矿化的野外研究 209
  - 10.2.2 人为添加生物炭 210
  - 10.2.3 通过自然碳循环中的PyC平衡进行定量 210
  - 10.2.4 年代序列 211
  - 10.2.5 生物炭矿化的室内研究 211
- 10.3 生物炭的稳定性机制 212
- 10.4 矿化机理 216
  - 10.4.1 生物过程 216
  - 10.4.2 化学过程 216
  - 10.4.3 物理过程 217
- 10.5 环境和土壤管理对生物炭稳定性的影响 217
  - 10.5.1 温度 217
  - 10.5.2 水分 219
  - 10.5.3 土壤性质 219
  - 10.5.4 耕作 219
  - 10.5.5 植物碳输入 219
  - 10.5.6 燃烧 220
- 10.6 生物炭稳定性评估 220
  - 10.6.1 短期评估和长期预测 220
  - 10.6.2 计算方法 221
- 10.7 利用生物炭特性预测生物炭的矿化 223
- 10.8 结论与展望 225
- 参考文献 227

第11章 生物炭在环境中的迁移 235

- 11.1 引言 235
- 11.2 生物炭在土壤剖面中的垂直迁移 236
  - 11.2.1 迁移速率 236
  - 11.2.2 生物炭垂直迁移机制 237
- 11.3 生物炭随地形变化的水平/横向迁移 239
  - 11.3.1 迁移速率 239
  - 11.3.2 生物炭的水平/横向迁移机制 239

11.4　生物炭迁移的归趋 243
　　11.5　展望 244
　　参考文献 245

第12章　生物炭对农作物产量的影响 249

　　12.1　引言 249
　　12.2　生物炭作为土壤改良剂的简史 250
　　12.3　通过Meta分析定量了解生物炭在作物生产中的作用 251
　　　　12.3.1　生物炭施用量 252
　　　　12.3.2　生物炭对不同农作物的影响 253
　　　　12.3.3　生物炭类型 254
　　　　12.3.4　不同pH值下生物炭对农作物产量的影响 255
　　12.4　生物炭影响作物生产力的机制 256
　　　　12.4.1　养分 256
　　　　12.4.2　石灰效应 258
　　　　12.4.3　土壤水文效应 258
　　　　12.4.4　生物相互作用 259
　　12.5　生物炭用于草地恢复 260
　　12.6　生物炭决策辅助框架 261
　　　　12.6.1　土壤类型 262
　　　　12.6.2　生物炭类型 263
　　　　12.6.3　植物/农作物类型 263
　　12.7　结论 264
　　参考文献 265

第13章　生物炭对土壤生物群落丰度、活性和多样性的影响 271

　　13.1　引言 271
　　13.2　生物炭作为土壤微生物的潜在栖息地 272
　　13.3　生物炭作为土壤生物的基质 274
　　13.4　生物炭对土壤分析测定的干扰 276
　　13.5　生物炭对土壤生物活性的影响 277
　　　　13.5.1　化学吸附对土壤微生物活性的影响 289
　　　　13.5.2　CO_2释放 289
　　　　13.5.3　土壤酶活性 292
　　　　13.5.4　氮循环过程 294
　　13.6　与生物炭相互作用的生物的丰度、多样性和群落结构 300
　　　　13.6.1　根际微生物群落 301
　　　　13.6.2　细菌和古细菌 301

           13.6.3 真菌 ······ 311
           13.6.4 土壤动物群落 ······ 316
    13.7 结论与展望 ······ 318
    参考文献 ······ 318

第14章 生物炭对植物生理生态的影响 ······ 327
    14.1 引言 ······ 327
    14.2 生物炭与植物—土壤水的关系 ······ 329
           14.2.1 生物炭、土壤水和植物生理 ······ 329
           14.2.2 生物炭与土壤—植物—大气连续系统 ······ 330
           14.2.3 植物对干旱胁迫的响应和生物炭的缓解作用 ······ 332
    14.3 植物激素信号作为生物炭的作用途径 ······ 335
    14.4 生物炭与根系生长的关系 ······ 337
           14.4.1 生物炭与根系生长、土壤温度的关系 ······ 337
           14.4.2 生物炭对根系生长发育的影响 ······ 338
           14.4.3 根际微生物群落 ······ 340
           14.4.4 生物炭的氧化还原电位作为土壤—微生物—植物根系相互作用的驱动力 ······ 340
    14.5 生物胁迫：生物炭对植物防御及对抗病原体的作用 ······ 341
           14.5.1 植物防御概述 ······ 341
           14.5.2 生物炭介导对植物叶片和土壤传播病害的保护 ······ 342
           14.5.3 Karrikins在生物炭介导植物响应的影响中所起的作用 ······ 344
    14.6 从植物角度看生物炭：问题多于答案 ······ 344
    参考文献 ······ 345

第15章 生物炭对土壤养分转化的影响 ······ 351
    15.1 引言 ······ 351
    15.2 生物炭对养分迁移和转化机制的影响 ······ 352
           15.2.1 增加不稳定有机养分的含量和周转率 ······ 352
           15.2.2 改变土壤的理化性质 ······ 354
           15.2.3 改变土壤中的微生物群落 ······ 356
    15.3 生物炭对特定养分转化的影响 ······ 357
           15.3.1 氮 ······ 358
           15.3.2 生物固氮 ······ 363
           15.3.3 磷 ······ 365
           15.3.4 硫 ······ 369
    15.4 结论与展望 ······ 370
    参考文献 ······ 370

XXIII

第16章 生物炭改良土壤中的激发效应：生物炭与土壤有机质相互作用对碳储存的影响·················379

16.1 引言··················379
16.2 "激发效应"：生物炭与SOM的相互作用··················379
16.3 添加的生物炭对天然SOC矿化趋势的影响及其机制··················380
    16.3.1 生物炭促进SOC矿化的机制··················386
    16.3.2 添加生物炭降低SOC矿化的机理··················389
16.4 土壤有机质影响生物炭的碳周转机制··················392
    16.4.1 不稳定SOM促进生物炭碳矿化··················392
    16.4.2 不稳定SOM降低生物炭碳矿化率··················393
    16.4.3 土壤质地、矿物组成和结构对生物炭矿化的影响··················393
16.5 植物根系对SOC和生物炭相互作用的影响··················394
16.6 多种机制同时作用，并可能影响微生物群落··················394
16.7 研究生物炭与SOM相互作用的方法和途径··················395
16.8 SOC与生物炭相互作用对土壤碳和肥力管理的意义··················398
16.9 结论与展望··················400
参考文献··················401

第17章 生物炭对土壤中氧化亚氮及甲烷排放的影响··················407

17.1 引言··················407
17.2 生物炭改良后减少N_2O排放的依据··················408
17.3 施用生物炭减少土壤N_2O排放量的机理研究··················409
    17.3.1 控制N_2O排放的土壤因素··················409
    17.3.2 生物炭在N_2O排放中的作用··················410
    17.3.3 生物炭影响土壤中氮的有效性··················410
    17.3.4 生物炭改变土壤中生物可利用碳的供应··················411
    17.3.5 生物炭中的生物可利用碳被N_2O氧化··················411
    17.3.6 生物炭提高土壤pH值··················412
    17.3.7 生物炭影响气体的扩散率和曝气··················412
    17.3.8 生物炭影响微生物活性··················412
    17.3.9 生物炭对N_2O的吸附··················413
    17.3.10 生物炭在改变氧化还原反应中的作用··················413
17.4 施用生物炭可能导致土壤N_2O增排的机制··················417
17.5 生物炭减少土壤中CH_4排放的依据··················418
    17.5.1 影响CH_4净通量的土壤因素··················418
    17.5.2 生物炭影响CH_4净浓度··················418
    17.5.3 自然火灾形成的炭能否作为生物炭的替代品··················420
17.6 通过避免生物质的其他应用来缓解温室气体排放··················420

17.7 展望 ··· 421

17.8 结论 ··· 422

参考文献 ··· 423

第18章 生物炭对养分流失的影响 ··· 433

18.1 引言 ··· 433

18.2 生物炭对养分固持和流失的影响 ··· 433

18.3 影响养分固持和流失的机制和过程 ·· 437

 18.3.1 生物炭表面的化学性质对养分固持和流失的影响 ······································ 437

 18.3.2 生物炭影响土壤溶液的化学性质，进而影响养分的固持和流失 ····················· 438

 18.3.3 生物炭老化对养分的固持和流失的影响 ·· 439

 18.3.4 生物炭影响土壤的物理性质以影响养分固持和流失 ··································· 440

 18.3.5 生物炭与溶解性有机物相互作用对养分固持和流失的影响 ·························· 441

 18.3.6 生物炭影响土壤微生物活动对养分固持和流失的影响 ································ 442

 18.3.7 生物炭特性对养分固持和流失的影响 ·· 443

18.4 结论与展望 ··· 444

参考文献 ··· 445

第19章 生物炭对土壤水文性质的影响 ··· 451

19.1 引言 ··· 451

19.2 生物炭和土壤水：影响过程 ·· 452

19.3 生物炭对土壤持水能力的影响 ·· 454

19.4 植物有效水 ··· 457

19.5 生物炭与土壤导水率 ··· 460

19.6 生物炭表面化学性质与疏水性 ·· 462

19.7 生物炭的物理特性：预测土壤水文性质较好的工具和枢纽 ······························· 462

19.8 展望 ··· 463

参考文献 ··· 464

第20章 生物炭与重金属 ··· 467

20.1 引言 ··· 467

 20.1.1 土壤中的重金属 ·· 467

 20.1.2 暴露及风险 ·· 467

 20.1.3 生物炭作为修复剂和改良剂 ··· 468

20.2 重金属—生物炭在土壤/水界面的相互作用 ··· 469

 20.2.1 直接机制 ··· 469

 20.2.2 间接机制 ··· 471

 20.2.3 生物炭中的重金属 ··· 474

 20.2.4 生物炭改性 ·· 475

20.3	毒性	476
	20.3.1 植物毒性	476
	20.3.2 对土壤生物的毒性	478
20.4	工业污染、矿区和城市土地的修复	480
20.5	结论与展望	485
参考文献		485

第 21 章 生物炭中的多环芳烃和多氯联苯 ··········· 493

21.1	引言	493
21.2	热解过程中有机污染物的形成原理	493
	21.2.1 多环芳烃（PAHs）	494
	21.2.2 多氯联苯	495
21.3	热解产物中的 PAHs	495
	21.3.1 焦油和生物油	496
	21.3.2 气相和空气颗粒	496
	21.3.3 生物炭中 PAHs 的总浓度	496
	21.3.4 生物炭中 PAHs 的生物有效性和生物可及性	506
21.4	生物炭中的多氯芳香族化合物	507
21.5	研究的差距和影响	508
	21.5.1 研究方法	508
	21.5.2 在热解过程中或热解后减少 PAHs 的产生	509
	21.5.3 环境风险	509
致谢		510
参考文献		511

第 22 章 （活化的）生物炭对土壤和沉积物中有机化合物的吸附 ··········· 519

22.1	引言	519
	22.1.1 （活化的）生物炭对土壤/沉积物中有机化合物的吸附	519
	22.1.2 活性炭或生物炭对污染物有效浓度的影响	520
22.2	影响活性炭和（活化的）生物炭吸附有机化合物的过程和性质	521
	22.2.1 土壤或沉积物中的有机碳总含量、有机碳特性和污染物浓度	521
	22.2.2 污染物分子与吸附剂的相互作用	523
	22.2.3 天然有机物污染（吸附衰减）	523
	22.2.4 吸附剂老化对吸附特性的影响	523
22.3	生物炭对有机化合物的吸附	524
22.4	影响污染物迁移的因素	528
	22.4.1 吸附剂粒径及其与污染物的接触时间	528
	22.4.2 土壤或沉积物-吸附剂的传质速率（解吸和扩散）	528

		22.4.3 机械过程（生物扰动作用）	529
22.5	吸附剂对污染物生物降解的影响		529
		22.5.1 污染物的生物有效性和生物可及性	529
		22.5.2 污染物的毒性	530
		22.5.3 生物细胞外的电子转移	530
		22.5.4 无机营养物质的可利用性	530
		22.5.5 微生物生态学	530
		22.5.6 代谢途径的调节	531
		22.5.7 代谢	531
22.6	生物炭作为吸附剂在环境修复中的作用		531
		22.6.1 生物炭在土壤和沉积物修复中的作用：室内研究	531
		22.6.2 活性炭改良土壤和沉积物的野外研究	532
22.7	结论与展望		533
参考文献			535

第 23 章　生物炭与农药的保留/功效　　543

23.1	引言		543
23.2	背景		544
		23.2.1 概述	544
		23.2.2 农药在土壤中的吸附	544
		23.2.3 吸附等温线	545
		23.2.4 生物炭的理化性质及其与农药的相互作用	546
		23.2.5 流动胶体对农药的吸附及与可溶性有机配体的络合	548
23.3	生物炭对农药功效的影响		548
		23.3.1 生物炭对农药功效的潜在负面影响	550
		23.3.2 农药的化学作用	551
23.4	生物炭吸附对农药残留的影响及变化		552
23.5	土壤中生物炭吸附特性随时间的变化及其对农药功效的影响		554
23.6	生物炭可持续利用对农药功效影响的建议		555
23.7	结论与展望		556
参考文献			557

第 24 章　土壤中生物炭的分析测试方法　　563

24.1	引言		563
24.2	定量、分离及表征		564
24.3	现场采样及室内处理		565
24.4	分析技术		566
		24.4.1 物理分离技术	566

	24.4.2	化学技术	568
	24.4.3	热技术	572
	24.4.4	光谱技术	576
	24.4.5	分子标记技术	578
24.5	结论		580
参考文献			584

第25章 生物炭作为堆肥和生长基质的添加剂 ... 593

- 25.1 引言 ... 593
  - 25.1.1 堆肥 ... 593
  - 25.1.2 生物炭 ... 594
- 25.2 互补方法 ... 594
  - 25.2.1 用于堆肥和制备生物炭的原料 ... 594
  - 25.2.2 堆肥与生物炭 ... 595
  - 25.2.3 共堆肥对生物炭特性的影响 ... 598
  - 25.2.4 共堆肥对氮损失的影响 ... 598
  - 25.2.5 共堆肥对堆肥矿化的影响 ... 599
  - 25.2.6 共堆肥对温室气体排放的影响 ... 600
- 25.3 生物炭作为栽培基质中泥炭的替代品 ... 601
  - 25.3.1 园艺泥炭的性质和重要性 ... 601
  - 25.3.2 环境影响 ... 601
  - 25.3.3 除生物炭以外的泥炭替代品 ... 602
  - 25.3.4 生物炭在栽培基质中的作用 ... 602
- 25.4 展望 ... 604
- 参考文献 ... 604

第26章 生物炭系统及其功能 ... 609

- 26.1 引言 ... 609
  - 26.1.1 生物炭生物物理性质的适应性 ... 609
  - 26.1.2 生物炭社会经济适应性 ... 609
- 26.2 社会经济和生物物理性质的理解与归纳 ... 610
- 26.3 生物炭系统分级与分类 ... 610
  - 26.3.1 生物质—转化—使用阶段 ... 611
  - 26.3.2 生物质 ... 612
  - 26.3.3 转化 ... 612
  - 26.3.4 使用 ... 612
- 26.4 生物物理系统构成要素 ... 612
  - 26.4.1 生物质阶段 ... 613

26.4.2 转化阶段	614
26.4.3 使用阶段	614
26.5 战略考虑	616
26.6 规模和空间关系	617
26.6.1 阶段联系	617
26.6.2 地理范围	618
26.6.3 系统普遍性	618
26.6.4 部署强度	618
26.6.5 单位规模	618
26.6.6 方向性	618
26.6.7 空间平衡	619
26.7 互联子系统	619
26.7.1 废物管理系统	619
26.7.2 土地利用系统	619
26.7.3 生态系统服务	619
26.8 社会经济考虑	619
26.8.1 权利和公平	620
26.8.2 原材料可用性	620
26.8.3 乡村特点	620
26.8.4 劳动力	620
26.8.5 收入	620
26.8.6 能源	621
26.8.7 商业利益	621
26.9 环境背景	621
26.10 系统类型和机会映射	622
26.11 结论与展望	625
参考文献	625

第27章 生物炭、碳核算和气候变化 629

27.1 引言	629
27.2 影响全球变暖的生物炭系统要素	630
27.2.1 生物质的缓慢氧化	630
27.2.2 使用热解气体作为可再生燃料	630
27.2.3 生产化肥时温室气体排放的变化	631
27.2.4 防止温室气体从有机废物和残渣中排放	631
27.2.5 土壤和淋滤氮的 N_2O 通量变化	631
27.2.6 对土壤碳的影响	632
27.2.7 其他生物地球物理过程	632

- 27.2.8 直接和间接的土地利用变化 ⋯⋯ 632
- 27.2.9 温室气体泄漏 ⋯⋯ 634
- 27.3 量化生物炭系统的净气候变化效应 ⋯⋯ 634
  - 27.3.1 碳足迹生命周期评估（LCA）方法论概述 ⋯⋯ 634
  - 27.3.2 系统边界和参考系统 ⋯⋯ 635
  - 27.3.3 生物质的参考用途 ⋯⋯ 635
  - 27.3.4 参考能源系统 ⋯⋯ 635
  - 27.3.5 参考土地管理：施用生物炭的土地 ⋯⋯ 636
  - 27.3.6 参考土地使用：生物质种植用地 ⋯⋯ 636
  - 27.3.7 生物量和土壤中碳储量变化的摊销 ⋯⋯ 636
  - 27.3.8 排放和去除时间的影响 ⋯⋯ 636
  - 27.3.9 生物炭生产系统生命周期评估研究综述 ⋯⋯ 637
  - 27.3.10 生命周期评估研究中的变化和不确定性 ⋯⋯ 639
- 27.4 生物炭系统的全球减排潜力 ⋯⋯ 639
- 27.5 通过生物炭缓解气候变化的政策措施 ⋯⋯ 644
  - 27.5.1 生物炭温室气体的项目核算协议 ⋯⋯ 645
  - 27.5.2 碳交易市场在应对气候变化中的作用 ⋯⋯ 646
- 27.6 结论与展望 ⋯⋯ 647
- 注释 ⋯⋯ 648
- 参考文献 ⋯⋯ 648

第 28 章 生物炭的可持续性和认证 ⋯⋯ 657

- 28.1 引言 ⋯⋯ 657
  - 28.1.1 可持续性的定义 ⋯⋯ 657
  - 28.1.2 生物炭的可持续性 ⋯⋯ 658
- 28.2 生物炭可持续性标准和指标 ⋯⋯ 659
- 28.3 生物炭的认证 ⋯⋯ 660
- 28.4 可持续生物炭认证 ⋯⋯ 661
  - 28.4.1 可持续生物炭制备认证——仍在进行中 ⋯⋯ 661
  - 28.4.2 可持续生物炭应用认证——处于起步阶段 ⋯⋯ 664
- 28.5 结论与展望 ⋯⋯ 668
- 参考文献 ⋯⋯ 668

第 29 章 生物炭系统的经济评估：当前的证据和挑战 ⋯⋯ 671

- 29.1 引言 ⋯⋯ 671
- 29.2 数据可用性和技术类比 ⋯⋯ 671
- 29.3 经济分析的方法和工具 ⋯⋯ 673
- 29.4 构建生物炭系统成本效益分析 ⋯⋯ 675

29.5 生物炭热解系统成本和效益的现有证据 676
 29.5.1 原料生产与收集 676
 29.5.2 原料运输 681
 29.5.3 原料储存和预处理 681
 29.5.4 热解装置的建设与运营 681
 29.5.5 生物炭：木炭 687
 29.5.6 能源销售：生物油 688
 29.5.7 能源销售：合成气 688
 29.5.8 生物炭的运输与应用 689
 29.5.9 生物炭促进的农业效益 689
 29.5.10 生物炭补偿额度 690
 29.5.11 从成本效益分析中吸取的经验 693
29.6 未来可能改变的经济规则 694
 29.6.1 技术成本的降低 694
 29.6.2 生物炭在农业和其他应用中的价值 696
29.7 生物炭的经济前景 697
参考文献 698

第30章 小型生物炭项目的社会经济可行性、实施和评估 703

30.1 引言 703
30.2 理论与概念 703
 30.2.1 成本效益分析（CBA） 703
 30.2.2 创新研究 704
 30.2.3 可持续生计框架（SLA） 704
 30.2.4 使用SLA收集社会经济评估所需的数据 706
30.3 发达国家的小型生物炭项目 708
30.4 发达国家小规模生物炭案例研究的经验 710
30.5 发展中国家的小型生物炭项目 711
30.6 发展中国家小规模生物炭案例研究的经验 718
30.7 结论与展望 719
参考文献 720

第31章 生物炭产业的商业化 725

31.1 引言 725
31.2 生物炭价值链 726
 31.2.1 原料供应商 727
 31.2.2 制备技术 728
 31.2.3 项目开发和生物炭制备 728

XXXI

31.2.4　产品开发与定制 ··· 729
　　　31.2.5　市场渠道：分销、批发和零售 ··· 730
　　　31.2.6　副产品和服务 ·· 730
　　　31.2.7　垂直整合与专业化 ·· 731
　　　31.2.8　价值链障碍 ··· 731
　31.3　生物炭价值链融资 ··· 732
　　　31.3.1　了解现金流和基本财务 ·· 732
　　　31.3.2　项目融资与企业融资 ··· 734
　　　31.3.3　资本种类 ··· 735
　31.4　风险类别和投资 ·· 737
　　　31.4.1　商业模式风险 ·· 738
　　　31.4.2　技术风险 ··· 739
　　　31.4.3　市场风险 ··· 740
　　　31.4.4　执行风险 ··· 741
　　　31.4.5　供应链风险 ·· 741
　　　31.4.6　监管风险 ··· 742
　　　31.4.7　财务风险 ··· 742
　31.5　结论 ··· 743
参考文献 ··· 743

第1章

用于环境管理的生物炭

Johannes Lehmann 和 Stephen Joseph

1.1 生物炭的定义

生物炭是在缺氧或厌氧条件下将生物质加热至 250 ℃以上所得的产物,该过程称为碳化或热解,该方法也可用于木炭的制备(见第 3 章)。与木炭及其他碳质材料的区别在于,生物炭可用于土壤改良或广泛用于环境治理。在某些情况下,生物炭与木炭(作为能量载体)具有相同的特性,但大多数类型的生物炭都不易燃烧,而且木炭通常也不会被用来解决土壤问题(见专栏 1-1 中的专业名词含义)。与木炭相似,生物炭的一个重要特征是具备一定量的有机碳(OC)结构,称为芳香环结构(见第 6 章)。该结构形成于热解过程中,对于生物炭的矿化(见第 10 章)或吸附作用(见第 9 章)至关重要。因此,生物炭通常富含碳(C)、磷(P),以及一些金属元素,如钙(Ca)和镁(Mg),有时甚至富含氮(N)(见图 1.1)。但是生物炭中有机碳结构的化学性质与所用原材料的性质[消耗氧(O)和氢(H)]有本质区别。生物炭的宏观形态特征通常与其原材料相似,这意味着除生物炭的颜色变成黑色以外,其他宏观形态并无明显变化。生物炭常常作为土壤改良剂,在使用过程中要求生物炭不能含有一定危害的重金属或有机污染物,以达到堆肥和其他土壤改良剂的安全水平(IBI, 2013)。尽管生物炭与堆肥和其他土壤改良剂有共同的要求,但将生物炭狭义地定义为一种材料是错误的。因为正如本书所讨论的那样,生物炭可能与其他土壤改良剂有不同的性质,这一点我们必须要承认。

图1.1 在热解过程中生物质C、N和P的转化效率
[数据来源于Enders et al.(2012);括号内的数据为范围内的普遍损失]

专栏 1-1　生物炭及相关热解碳的命名
Johannes Lehmann　Joseph J. Pignatello　Michael Bird　Stephen Joseph

本书对生物炭采用了以下命名方式和相关术语，旨在更加深刻地理解其定义并提供指导。在某些情况下，用词明确也有利于读者对概念的理解，同时可促进科学的进步，这也是为了促进对生物炭特性及对其环境行为的理解。

生物炭：生物炭是热解的固体产物，主要用于环境治理。国际生物炭动议组织（International Biochar Initiative，IBI）定义生物炭为："一种在厌氧或缺氧的环境中通过对生物质进行热化学转化而得到的固体材料。生物炭既可以单独使用，也可以与其他物质混合，如可用作土壤改良剂，提高资源利用效率、修复和防止某些特定环境污染，以及减少温室气体（Green House Gas，GHG）排放等一系列应用。"此外，某种材料要被IBI（2013）或Delinat（2012）认定为生物炭，其必须具备许多与生物炭类似的性质（如H/C_{org}、炭化程度、在土壤中的矿化程度和重金属含量）。即便本书引用的参考文献里使用其他术语来表示生物炭，但本文在提到这种材料时明确只使用生物炭一词。

水热炭：水热炭是水热碳化（HTC）或液化（有时称为HTC材料）的固体产物，其制备过程和特性与生物炭不同（Libra et al.，2011）。水热炭的H/C值通常高于生物炭（Schimmelpfennig and Glaser，2012），但其芳香度低于生物炭，同时含有极少或根本不含有芳香环结构。本书内容不涉及水热炭，仅在与生物炭进行比较讨论时才提及。

热解碳质材料（PCM）：热解碳质材料是所有通过热化学转化生产且含有机碳产物的统称，如生物炭、炭、木炭、活性炭、黑炭、烟尘。热解碳质材料是一类材料，而不是C原子。

炭：炭是在自然和人为火灾中发生的不完全燃烧过程中产生的材料。

木炭：木炭是为了产生能量而将生物质（以木材为主）通过热化学转化所产生的材料。木炭有时也可以用于其他用途，如医学、过滤和分离等。若木炭通过任何形式的活化进一步处理，则建议使用"活性炭"一词来表述。

活性炭：活性炭是指已进行了活化的热解碳质材料，例如，通过使用蒸汽或添加化学药品进行活化。活性炭被用于过滤或分离，有时用于环境修复和进行专门的土壤实验（如竞争、微生物接种等）。在这种情况下，"炭"不应缩写为"C"，因为它不是指活性炭中的C原子，而是一种材料（也包含除C以外的其他原子）。只有在需要重复使用的情况下，本书才会使用首字母缩写"AC"来描述活性炭，但首选还是"活性炭"。需要澄清的一点是，一些生物炭在制备后进行了改性，其中一些改性过程使用了"活化"一词，这种改性方法通常定义不清晰，在特定的研究中，应该详细解释生物炭的"活化"意味着什么。因此，本书不鼓励使用"活化生物炭"一词。

黑炭："黑炭"这个术语在大气、地质、土壤科学和环境科学相关文献中都被广泛使用，它是指由于野火和化石燃料燃烧而分散在环境中的PCMs。黑炭是指整个材料，而不仅是指芳香环结构或C原子。在非必要条件下不建议使用该术语，以避免与后文定义的"黑色的碳"相混淆。

烟尘：烟尘指次级PCM和冷凝产物（见第3章）。炭、木炭、生物炭、黑炭（在一定程度上还包括活性炭）都可能包含烟尘，但烟尘也可以被定义为在气体冷凝过程中产生的独立成分。

灰分：生物质或 PCM 的有效组分（根据 ASTM D1762-84），通常包括无机氧化物和碳酸盐（Enders et al., 2012）。在本书中，灰分通常不用于描述一些含有残留有机碳的燃烧固体残留物。

当提到 PCM 的 C 原子时，应使用字母"C"作为"热解碳"或"黑炭"。与本书相关的 PCM 中提及 C 形式的术语如下。

（1）拼写为"碳"而不是"炭"的"黑碳"指 C 原子，而不是指包含 C、H、O、N 和灰分的材料（见图 1.2）；且不应将"黑炭"缩写为 BC，因为有可能与生物炭混淆（在某些出版物中生物炭缩写为 BC，但本书中不使用）。

（2）"热解碳"（可缩写为 PyC）与黑炭同义，优先使用"黑炭"。

（3）PyC（或黑炭）指已热解或热转化的（非无机）C 原子，并且此概念仅指存在于稠环中的 C 原子，包括稠环芳香碳结构表面的 C，以及可能与其他原子结合的 C，如 C-O/N，还包括非质子化的 C 和质子化的 C。在本书中，该术语不包括存在于残余碳水化合物、木质素结构、焦油及与稠环芳香碳结合的官能团（如羧基）中未转化的 C 原子。量化 PyC（或黑炭）通常通过获取 C 组分（见第 24 章），或者获取其中的一部分（例如，仅测定稠环芳香碳结构，而忽略表面 C）来实现，但这样会导致定量结果有所差异。当涉及某个分析方法定义的组分时，该分析方法应与 PyC 结合使用（例如，由 CTO-375 量化的 PyC）。

（4）"总有机碳"（简称 TOC）是指各个材料中所有的有机碳成分。PCMs 也有同样的定义（见第 8 章），包括所有热转化的有机碳及剩余的未转化的有机碳。"总无机碳"（简称 TIC）主要包括碳酸盐及其他化合物，如草酸盐（见图 1.2）。

（5）在某些情况下，"烟尘 C"适用于表示烟尘的 C 原子（如上文所定义的，它属于次级 PCM）。

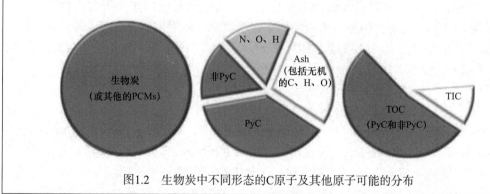

图1.2　生物炭中不同形态的C原子及其他原子可能的分布

1.2　生物炭研究及其应用历史

有关富含生物炭的土壤，以及向土壤和盆栽中添加生物炭的理念可追溯到几个世纪前（见第 2 章、第 12 章），且在世界许多地区都早有生物炭有关的概念（见第 2 章）。尽管人们进行了一些重要的研究，但历史报告和科学研究最初主要是通过观察现象进行的，大部分生物炭研究报告是观察以前的木炭储存地的植物生长反应形成的（见第12章）。农业教科书（Allen, 1846）和科学期刊（Anonymous, 1851）中探讨了生物炭的应用，指出生物炭在19世纪50年代发展成为一种商业"肥料"，且从泥炭制备的生物炭来看，这种商业"肥料"取得了不同程度的效果（Durden, 1849）。到19世纪50年代后，有关生物炭的科学研究大幅度增加，这主要是由于Justus von Liebig发表的文章（Liebig, 1852）提供了生物炭可以提高养分利用率的定量依据。即便对生物炭的关注一直延续到了20世纪（如Retan, 1915; Morley, 1927），但由于其在生产和销售方面落后于无机肥料，因此大部分的生物炭研究和生产在20世纪50年代就已停止。直至20世纪80年代，日本又开展了一系列备受瞩目的生物炭研究（Ogawa and Okimori, 2010）。目前，人们对生物炭研究和开发的兴趣主要来自对亚马孙流域黑土的研究（也称为 *Terra Preta de Indio*；Mann, 2002; Marris, 2006）。在亚马孙流域发现的这类土壤是几百年至几千年前由美洲印第安人的人为活动形成的，正是生物炭中较高比例的有机物才使得亚马孙流域黑土的肥力得以维持（Glaser and Birk, 2012）。尽管无法通过亚马孙流域黑土直接模拟生物炭的治理过程（Lehmann, 2009），而且到目前为止亚马孙流域黑土并不是唯一含有生物炭的土壤（见第2章），但人们认为对亚马孙流域黑土的探讨推动了关于生物炭是否能够提供更为广泛的土壤效益的研究（Glaser et al., 2002）。同时，植被在火灾中产生的天然灰也被重新认为是某些土壤肥力较高的原因，如美国中西部的土壤（Mao et al., 2012）。

"生物炭"一词是最近才出现的，其最初用于区分化石燃料制成的活性炭和生物质制成的活性炭（Bapat et al., 1999），随后不久又取代了作为燃料的"木炭"一词（Karaosmanoglu et al., 2000），并将其与煤区分开来。作为本书中使用的专业术语，在土壤修复背景下，生物炭一词在2006年根据与Peter Read的对话被引用的（Lehmann et al., 2006），并在全球范围内得到了广泛认可。

在10年前的研究中，亚马孙流域黑土和自然产生的炭（通常指黑炭）在生物炭相关领域占主导地位。2008年以后，各学术期刊上关于将生物炭应用于土壤的文献数量才开始增加（见图1.3）。此时，虽然木炭继续用于土壤改良，但使用比例有所下降。生物炭相关科学文献的出版量占比已经超过了更为成熟的堆肥相关的科学文献（见图1.3）。同样，自2006年以来，在被引用最多的10篇期刊论文中，与生物炭有关的研究论文的引用率也有所上升，并超过了堆肥相关的研究论文（来自2013年8月ISI知识网的统计），这些可作为评估科学界对生物炭研究感兴趣的一个指标。目前有许多与生物炭在土壤中的应用相关的重要学术期刊（如 *Plant and Soil*、*Organic Geochemistry*、*Biology and Fertility of Soils*、*Australian Journal of Soil Research*、*Soil Biology and Biochemistry*），在这些期刊所涉及的所有主题中，与生物炭有关的10篇文献是过去5年中被引用最多的文献之一。

除上述科学成果以外，通过审查专利、专业组织成员资格、市场上的产品或利益相关群体的数量也能追溯过去几年生物炭的发展。2006年，对该领域感兴趣的利益相关群体开始出现，现已形成了区域或国家性质的团体，但公开的相关专利数量直至2010年之后才开始增多。生物炭已经成为教学课程（见图1.4）和某些专题研讨会的一部分。这对开展与亚马孙地区相关的亚马孙流域黑土的研究起到了示范作用，同时也激发了那些原本对农业不感兴趣的人们对土壤科学的兴趣。

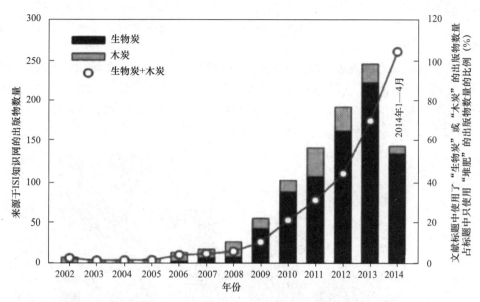

图1.3 在ISI知识网中列出的科学期刊的出版物数量,以及文献标题中使用了"生物炭"或"木炭"的出版物数量占标题中只使用"堆肥"的出版物数量的比例(不考虑书籍章节、摘要和报告,也不考虑包含相关研究但标题中未使用"生物炭"或"木炭"的出版物。此外,即使与生物炭的土壤应用相关,也不考虑含有黑炭或热解碳的出版物。因此,此处报告的数字不是绝对的)

图1.4 2013年Mind Fuel制作的动画电影Waste No More(Mind Fuel, 2013)[主题是"生物芯片",这是一种生物炭颗粒,它与一名参加竞赛(将废物转化为有价值的物品)的女孩的对话]

1.3 生物炭系统

狭义上,生物炭是一系列材料的统称。但实际上,只有将生物炭视为一种系统方法,生物炭的制备和使用才能产生各种效益。不同种类的生物质可用于制备各种性质的生物炭材料,这些材料都有其独特的优势和局限性。一些生物质兼具商品价值,包括保护土壤、遮阳或防风等环境价值,以及作为食品、建筑木材等其他用途。在特定的情况下,人们必须对生物质的使用进行严谨的评估。当生物质被加热到发生热解的程度时，热解所产生的能量可以进一步参与反应（见图1.5）。根据生物质含水量的不同，这些能量可以继续用于热解，或者用于干燥。剩余的能量被释放后，可以用来生产各种各样的产品，包括能源及其他生物产品，如食物调味品等。与燃烧或气化相比，热解所需温度相对较低，因此能量可以有多种用途。例如，从热能、电能到氢能；利用微生物转化为乙醇或丁醇；利用催化作用转化为甲醇或生物油。此外，制备得到的生物炭作为固体产物，其质量约为生物质原料质量的1/3，但含有源自原料1/2的C（见图1.1）。

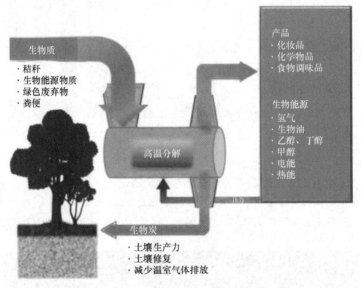

图1.5　一种常见的生物炭系统

对于生物质输入、生物能源或生物产品及生物炭的输出，生物炭系统可能有许多不同的组合方式（见第26章）。生物质不仅包括作为热解原料的植物（以热解为唯一目的），而且包括作物生产或食品、能源加工中的残留物。因此，使用生物炭系统的目的或切入点可能差异较大，有必要将生物炭系统以土壤改良、减缓气候变化/减轻水污染、废弃物管理、能源生产为4个主要目标来进行区分（见图1.6）。

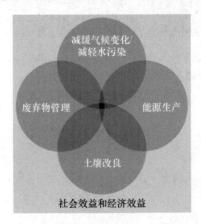

图1.6　应用生物炭系统的目的

1.4 土壤改良

使用生物炭改良土壤的目的是：①通过改善土壤养分有效性（见第7章、第15章和第18章）、土壤物理性质和特定的水分关系（见第5章和第19章）或植物—微生物相互作用（见第9章）来提高作物的生产力（见第13章和第14章）；②土壤修复（见第20章和第22章）。生物炭在特定土壤中的潜在价值与其特性有关，尽管存在细微的差别，但这些特性可以通过添加其他有机物（如堆肥或粪肥）来改变。显然，生物炭并不能解决所有的土壤问题。如果土壤性质并不影响其生产力，而且土壤非常肥沃，那么添加生物炭可能不会提高作物产量。事实上，根据原材料及制备条件的不同，可以制备出性质各异的生物炭，并用于解决现有的土壤问题。此外，在无土栽培介质中使用生物炭作为堆肥添加剂，将生物炭添加到动物饲料中然后随粪便在土壤中使用，以及将生物炭作为肥料或屋顶绿化中的外加剂等（见第25章），可能需要生物炭具有与土壤截然不同的性质。

生物炭可以具备不同的性质，因此针对特定目的设计生物炭成为可能（"适合特定用途的生物炭""生物炭设计"；见第31章）。例如，由相同原料制成的生物炭，其pH值可低于4或高于12（见第7章），其中一种生物炭也许能够调节土壤pH值使土壤获得最佳生产力。然而，生物炭材料种类过多也妨碍了科学、公众和市场的有效交流，因为生物炭这一术语在某种程度上并不等同于所有的生物炭。所以，需要对不同的生物炭进行分类（见第8章），更严谨的做法是为具有不同性质和用途的生物炭亚类制定一个命名法，以促进各方之间的交流。

土壤改良可能是使用生物炭系统的基本目的。如果以固碳为目的而施加生物炭，那么对于足够肥沃的土壤，或具备足够养分和水分的土壤而言，添加生物炭毫无益处。因此，如果无法实现土壤效益，生物炭也可以用作木炭燃料，以获得更大的能源收益，同时实现温室气体减排的效果（Gaunt and Lehmann, 2008; Woolf et al., 2010）。事实上，与用作燃料的生物炭相比，生物炭系统想要达到更好的排放平衡，可能需要减少土壤温室气体排放或增加植物生长量（Roberts et al., 2010; Woolf et al., 2010）。作物产量增加带来的收入可能对提升财务能力至关重要。

1.5 缓解气候变化和减少养分流失

将生物炭管理视为一种系统而不是一种材料才能更好地实现温室气体减排（见第27章）。生物炭的矿化率低于其原始材料的矿化率（见第10章），从而减少了生物炭系统中的CO_2排放，这是用生物炭缓解气候变化的关键（见第27章）。然而，CO_2的捕获是通过植物光合作用进行的，无论是古老的森林还是正在分解的作物凋落物，将其制备成生物炭都会显著改善C平衡（Whitman et al., 2010）。不仅是C平衡，整个生物炭系统中C排放量的增加或减少都决定了温室气体生命周期的平衡，以及来自土壤（见第17章）、分解生物质、交通运输、基础设施建设、间接土地利用变化（见第27章）产生的氧化亚氮（N_2O）或甲烷（CH_4）的排放量。即使在全球，该技术在理论上都具有巨大的应用潜力（Woolf et al., 2010），并且与许多替代方案几乎一样。但是，与其他替代方案相比，要达到实际效果则取决于环境的可持续性、社会认可度、技术实施和经济竞争力。如果没有得出一些有意义的成果，就无法对其进行评估。与其他几种农业固碳战略（如减少耕种）类似，通过使土壤变得健康可以实现一定的经济、环境和社会效益。除固碳外，生物炭将为提高作物生产力或净水创造持久价值。

农业流域养分过度输出的缓解可能来源于动物粪便的热解，或者使用适当生物炭减少土壤或共施肥料中所含磷酸盐和硝酸盐的淋溶（见第18章）。前者是通过干燥和热解使富含营养的肥料致密化，从而使质量损失至少一个数量级；后者利用生物炭来吸附阳离子和磷酸盐（见第9章）。但是，目前尚不清楚养分交换体系能否利用这种机制。

1.6 废物处理

目前使用生物炭作为土壤改良剂的情况并不普遍，但热解是废物处理的一种相对成熟的技术。与焚烧或气化相比，通常在较低的温度下热解具有较高有机碳含量的固体废物，这使得操作更为简便。在慢速热解的情况下，必须对处理时间、装置的尺寸和类型进行权衡（见第4章）。通常，通过各种热解技术处理的材料有很多种，包括木质生物质、树叶、草、粪便、污泥或作物残余物（果壳、果皮、甘蔗渣、稻壳、稻草等）。在计算净发电量时，一些原料的价值可能由于其含水量较高而降低。选择特定类型的废物可能更受生物炭制备条件的限制，生物炭需要满足：①可安全施用于土壤；②能有效解决项目或区域范围内的土壤问题。

废物处理是生物炭系统的一个常见切入点。在经济方面，通常要求处理生物质的成本低，甚至是负成本，因此有时需要在生物质的收集地点就地处理生物质（见第29章和第30章）。但是，一些生物质（如堆场废物、动物粪便等）不能就地处理，必须进行长途运输，在这种情况下将其制备成生物炭可能是一种合适的替代方案。在减少城市和农村之间的养分和碳循环的过程中，长距离的运输阻碍了成本—效益循环，因此生物炭技术是否能提供一种替代方案尚待观察。

此外，适当处理有机废物可通过以下方式间接缓解气候变化：①减少垃圾填埋场的甲烷排放量；②减少工业能源的使用，以及由再循环和废物减少而使温室气体排放量降低；③从废物中回收能源；④由于对原纸的需求减少，从而加强了森林固碳；⑤减少了废物长途运输所耗能源（Ackerman, 2000）。

1.7 能源生产

热解技术是一种历史悠久且能提供能量的技术（见第3章和第4章）。除热能外，热解还能产生各种高价值的液态和气态能量载体。此外，使用热解技术可以生产一系列产品，从食物调味品到农用化学品、化肥、化妆品、药品和黏合剂等。20世纪初，除了能生产一些液体燃料外，热解技术是唯一一种可用于生产甲醇、丙酮或醋酸的技术（Goldstein, 1981）。

在大多数情况下，优先考虑能源或其他非固体产品是制备生物炭的一种权衡。然而，从生命周期角度来看，能源产量最大化可能不如权衡土壤健康、环境效益与能源生产手段之间的关系。理论上讲，在热解生物质后，通过向土壤中添加生物炭并优先考虑土壤肥力，以确保土壤健康是可能的。从长远来看，这将比最大限度地利用生物质发电获得更大的能源收益。

在生物质生产受到现实制约的情况下，生物能源本身可能无法满足日益增长的能源需求（Smeets et al., 2007; Kraxner et al., 2013; Pogson et al., 2013）。但是，生物能源可能对未来的能源解决方案做出重大贡献（Dornburg et al., 2010），并在液体、气体燃料和生物产品生产方面具有竞争力。由于热解技术可以使用各种各样的有机材料作为原料，无论是在不同地点还是在不同时间，热解都能够解决由于原料类型不同而导致的许多问题。

与燃烧类似，热解可以在不同的规模下运行，从做饭或供暖的炉子，到生产液体燃料的大型生物能源装置（见第4章）。但是，为了实现不同目的，热解具体实施的技术方案可能有很大不同。单个热解反应器规模的上限可能会小于生物质燃烧的规模，或基于化石燃料技术的规模（见第4章），这意味着热解最适合应用于分布式能源的生产。

1.8 生物炭研究的现状、发展和展望

在过去5年中，科学技术迅速发展（见图1.3），在不久的将来研究型出版物的数量将进一步增多。尽管目前的科学论文产出量很高，关于生物炭的信息也很多，但一些关键的知识缺口需要花费一定时间才能得以填补，这在本书的每章中都有明确的说明。目前，人们缺乏一种决策工具来确定适合解决某些土壤局限性的生物炭类型。一个全面的决策工具需要考虑所有或至少大多数生物炭的特性及其应用，在研究更成熟后方可利用。识别那些已被充分研究的生物炭（见第7章、第10章、第12章、第20章、第21章）和生物炭系统（见第26章）已经可以达到有利的目标。目前，人们正在开发用于表征生物炭特性（见第8章）和生物炭系统效益（见第27章和第28章）的理论框架。在这种情况下，需要对研究进行详细规划，将经过应用验证的生物炭与全球科学界统一标准的生物炭进行有效比较，该比较无须添加生物炭或等量作物残余物及堆肥作为对照（Jeffery et al., 2015）。生物炭技术的替代方案通常是施用不同类型的有机物，而堆肥技术的替代方案可能是将生物炭与堆肥或无机肥料一起施用。一方面，在生物炭对土壤温室气体排放影响的系统研究中（见第17章、第26章、第27章），只有考虑将生物质转化为生物炭才能与未热解生物质的应用进行比较（见第3章）；另一方面，在相同质量或相同C含量的基础上进行比较，才能获得关于生物炭如何影响土壤温室气体排放的机理。制备生物炭后，对其进行改性可以通过保持其他特征（如pH值）不变来避免其特定影响（Cayuela et al., 2013; Joseph et al., 2013）。由于生物炭性质具有随机性，因此往往不能通过提供某些必需的参数来确定生物炭影响土壤过程的机制（Rajkovich et al., 2012），而是需要依据相应的经验对实验设计进行必要的改进，并设定清晰可验证的假设。到目前为止，可以在本书大量研究所总结的基础上规划研究蓝图。

尽管对生物炭的科学研究发展迅速，但相关的知识缺口仍需要通过进行一定规模的实验来补充，尤其是在环境影响和温室气体排放的生命周期评估（见第27章）、经济评估（见第29章、第30章）及生产技术（见第4章）等方面。生物炭商业规模的制备和应用也将创造相应机会，以满足生物炭对作物生产力影响的长期研究（见第12章），以及浸出、侵蚀对实验影响的研究需求（见第11章和第18章）。对相应规模的生物炭系统进行充分调查，

是区域或全球范围内生物炭应用的必要条件。

生物炭产品种类繁多，需要相关研究部门提高警惕以警示可能发生的意外后果（见第21～23章），并且生产商应遵守最佳的管理方法、道德及生物物理标准来提供安全的生物炭产品。该监管框架必须到位，既要激励也要指出缺点。只有进行理性和认真的讨论才能保证生物炭系统的可持续发展。

其中的一个重要问题是，只有一个目的或切入点（废物管理、减缓气候变化、减少养分流失、能源生产、土壤改良；见图1.6）是否足以提供生物炭系统可持续运行所需的社会效益和财政利益，或者是否需要满足2个甚至4个目标。例如，仅减少温室气体排放在财政上是否可行？在社会上是否被接受？反之，即使温室气体排放没有减少甚至有所增加，土壤改良在社会上是否被接受？如果几个切入点都必须创造价值，那么有多少机会可以对其进行研究和开发？此外，不同目的之间可能需要进行取舍，如生物炭产量的增加首先可能会减少能源的产量（Jeffery et al., 2015）。除非生物炭的施用能使土壤得到充分改善，使得生物质和原料产量增加，才有必要减少能源产量而增加生物炭的产量。因此，如果要在更大的范围内开发生物炭系统，需要回答诸多上述类似的问题。

参考文献

Ackerman, F. Waste management and climate change[J]. Local Environment, 2000, 5: 223-229.

Allen, A. B. The American Agriculturalist: Designed to Improve the Planter, the Farmer, the Stock-Breeder, and the Horticulturalist[M]. New York: Saxton and Mills, 1846.

Anonymous. Charcoal peat[J]. The Horticultural Review and Botanical Magazine, 1851, 1: 422-423.

Bapat, H., Manahan, S. E. and Larsen, D. W. An activated carbon product prepared from Milo (Sorghum vulgare) grain for use in hazardous waste gasification by ChemChar concurrent flow gasification[J]. Chemosphere, 1999, 39: 23-32.

Cayuela, M. L., Sánchez-Monedero, M. A., Roig, A., et al. Biochar and denitrification in soils: when, how much and why does biochar reduce N_2O emissions?[J]. Scientific Reports, 2013, 3: 1732.

Delinat. Guidelines for Biochar Production: European Biochar Certificate[M]. Arbatz, Switzerland: Delinat Institute and Biochar Science Network, Delinat Institut for Ecology and Climate Farming, 2021.

Dornburg, V., van Vuuren, D., van de Ven, G., et al. Bioenergy revisited: key factors in global potentials of bioenergy[J]. Energy and Environmental Sciences, 2021, 3: 258-267.

Durden, E. H. On the application of peat and its products, to manufacturing, agricultural, and sanitary purposes[J]. Proceedings of the Geological and Polytechnic Society of the West Riding of Yorkshire, 1849, 3: 339-366.

Enders, A., Hanley, K., Whitman, T., et al. Characterization of biochars to evaluate recalcitrance and agronomic performance[J]. Bioresource Technology, 2012, 114: 644-653.

Gaunt, J. and Lehmann, J. Energy balance and emissions associated with biochar sequestration and pyrolysis bioenergy production[J]. Environmental Science and Technology, 2008, 42: 4152-4158.

Glaser, B. and Birk, J. J. State of the scientific knowledge on properties and genesis of Anthropogenic Dark Earths in Central Amazonia (*terra preta de Índio*)[J]. Geochimicaet Cosmochimica Acta, 2012, 82: 39-51.

Glaser, B., Lehmann, J. and Zech, W. Ameliorating physical and chemical properties of highly weathered soils in the tropics with charcoal—a review[J]. Biology and Fertility of Soils, 2002, 35: 219-230.

Goldstein, I. S. Organic Chemicals from Biomass[M]. Boca Raton FL, USA: CRC Press, 1981.

IBI. Standardized product definition and product testing guidelines for biochar that is used in soil[A/OL]. IBI-STD-01.1, International Biochar Initiative, accessed August 12, 2013.

Jeffery, S., Bezemer, T. M., Cornelissen, G., et al. The way forward in biochar research: targeting trade-offs between the potential wins[J]. Global Change Biology-Bioenergy, 2015, 7: 1-13.

Joseph, S., Graber, E. R., Chia, C., et al. Shifting paradigms: development of high-efficiency biochar fertilizers based on nano-structures and soluble components[J]. Carbon Management, 2013, 4: 323-343.

Karaosmanoglu, F., Isigigur-Ergundenler, A. and Sever, A. Biochar from the straw-stalk of rapeseed plant[J]. Energy and Fuels, 2000, 14: 336-339.

Kraxner, F., Nordström, E.-M., Havlik, P., et al. Global bioenergy scenarios-future forest development, and use implications, and trade-offs[J]. Biomass and Bioenergy, 2013, 57: 86-96.

Lehmann, J. Terra Preta Nova—Where to from here?[A]. In Amazonian Dark Earths: Wim Sombroek's Vision. Dordrecht: Springer, 2009, 473-486.

Lehmann, J., Gaunt, J. and Rondon, M. Biochar sequestration in terrestrial ecosystems—A review[J]. Mitigation and Adaptation Strategies for Global Change, 2006, 11: 403-427.

Libra, J. A., Ro, K. S., Kammann, C., et al. Hydrothermal carbonization of biomass residuals: a comparative review of the chemistry, processes and applications of wet and dry pyrolysis[J]. Biofuels, 2011, 2: 71-106.

Liebig, J. Liebig's Complete Works on Chemistry[M/OL]. Philadelphia, Peterson, 1852.

Mann, C. C. The real dirt on rainforest fertility[J]. Science, 2002, 297: 920-923.

Mao, J. D., Johnson, R. L., Lehmann, J., et al. Abundant and stable char residues in soils: implications for soil fertility and carbon sequestration[J]. Environmental Science and Technology, 2012, 46: 9571-9576.

Marris, E. Black is the new green[J]. Nature, 2006, 442: 624-626.

Morley, J. Why I use charcoal[J]. The National Green Keeper, 1927, 1(1): 15.

Ogawa, M. and Okimori, Y. Pioneering works in biochar research in Japan[J]. Australian Journal of Soil Research, 2010, 48: 489-500.

Pogson, M., Hastings, A. and Smith, P. How does bioenergy compare with other land-based renewable energy sources globally?[J]. Global Change Biology-Bioenergy, 2013, 5: 513-524.

Rajkovich, S., Enders, A., Hanley, K., et al. Corn growth and nitrogen nutrition after additions of biochars with varying properties to a temperate soil[J]. Biology and Fertility of Soils, 2012, 48: 271-284.

Retan, G. A. Charcoal as a means of solving some nursery problems[J]. Forestry Quarterly, 1915, 13: 25-30.

Roberts, K. G., Gloy, B. A., Joseph, S., et al. Life cycle assessment of biochar systems: estimating the energetic, economic, and climate change potential[J]. Environmental Science and Technology, 2010, 44: 827-833.

Schimmelpfennig, S. and Glaser, B. One step forward toward characterization: some important material properties to distinguish biochars[J]. Journal of Environmental Quality, 2012, 41: 1001-1013.

Smeets, E. M. W., Faaij, A. P. C., Lewandowski, I. M et al. A bottom-up assessment and review of global bio-energy potentials to 2050[J]. Progress in Energy and Combustion Science, 2007, 33: 56-106.

Whitman, T., Scholz, S. and Lehmann, J. Biochar projects for mitigating climate change: an investigation of critical methodology issues for carbon accounting[J]. Carbon Management, 2010, 1: 89-107.

Woolf, D., Amonette, J. E., Street-Perrott, F. A., et al. Sustainable biochar to mitigate global climate change[J]. Nature Communications, 2010, 1(1): 1-9.

第 2 章

生物炭的传统用法

Katja Wiedner 和 Bruno Glaser

2.1 引言

近年来,向土壤中施用生物炭已经成为改善土壤性质和自然资源可持续管理的一种可行途径。富含热解碳质材料(PCM)的土壤日益成为科学界和公众关注的焦点(Glaser et al., 2000; Glaser et al., 2002; Lehmann et al., 2003)。在过去数百年甚至数千年,将生物炭作为 PCM 添加到土壤中在世界范围内普遍存在。本章的目的是系统整理有关生物炭应用历史的知识和数据。生物炭对土壤可持续发展发挥了重要的作用,留下了如亚马孙流域黑土等可持续的肥沃土壤(Glaser et al., 2001)。

本章主要讲述了生物炭的历史用途,并确定其在可持续农业中的特定用途。"生物炭"是现代词汇,通常与木炭、热解碳或黑炭同时出现,但它们之间不能完全互换或同义替换(见第 1 章)。通常,木炭和生物炭是含 C 物质(主要由缩合芳香族化合物组成)在低氧、高温(350～1200 ℃)条件下制备而成。木炭主要用于提供热量,如用于烹饪、加热或冶金,而生物炭主要用于土壤改良,是农艺或环境管理的一部分。表 2.1 列举了有关 PCM 使用历史的相关文献。出乎意料的是,在大多数研究中,PCM 似乎是特意作为生物炭用于土壤改良。对于亚马孙流域黑土,尚不清楚向土壤中施加生物炭是否是刻意的,但是施用生物炭之后的土壤可能会在随后引起土地利用变化和土壤沉降加剧(Glaser, 2007)。此外,土壤中的生物炭比未碳化的有机质更能抵抗生物和化学降解(见第 10 章)。本章主要对各个国家及地区不同时期分离出的生物炭的历史用途进行讨论。

表 2.1 本章中使用的示例性关键文献概述、涉及不同（气候）地区生物炭的历史应用

国家	地区	气候带	时期	技术	主动施加	参考文献
德国	下莱茵盆地	温带	中石器时代（距今7500~11500年）到中世纪时代（距今500~1500年）	—	不确定	Gerlach et al.（2006）
	康斯坦茨湖	温带	新石器时代晚期（距今5900~6000年）	刀耕火种		Rösch（1993）
荷兰、德国和比利时	沙地景观	温带	距今3000年（青铜器时代）；中世纪早期的主要阶段	厚熟表层土壤栽培	是	Mückenhausen et al.（1968） Eckelmann（1980） Blume and Kalk（1986） Blume and Leinweber（2004） Holliday（2004）
苏格兰	桑代；奥克尼	温带	新石器时代晚期（距今4010±45年）；青铜器时代	与厚熟表层土壤栽培相似	是	Simpson（1995） Simpson et al.（1998）
西班牙	全国	地中海	开始未知，直到20世纪60年代才发现	蚂蚁（蚁冢或蚁丘）	是	Lasteyrie（1827） Mestre and Mestres（1949） Olarieta et al.（2011）
俄罗斯	阿尔汉格尔斯克州	亚北极大陆	距今100~800年	与表层土壤栽培相似	是	Hubbe et al.（2007）
中国	长江中下游；甘肃省（西北）	亚热带	从新石器时代至今	稻田焚烧	不确定	Cao et al.（2006） Hu et al.（2013） Li et al.（1989） Li et al.（2007）
	不确定	不确定	可能19世纪以前	草、稻草、草皮、杂草和土壤的燃烧和阴燃	是	Liebig（1878）
婆罗洲	东加里曼丹	热带	不确定	刀耕火种	不确定	Sheil et al.（2012）

(续表)

国 家	地 区	气 候 带	时 期	技 术	主动施加	参 考 文 献
日本	全国	温带至亚热带	开始未知；至今	—	—	Miyazaki（1697） Ogawa（1994） Nishio（1998） Yoshizawa et al.（2005） Ogawa and Okimori（2010）
秘鲁	安第斯山脉	热带（半干，凉爽）	距今500～1000年	与厚熟表层土壤栽培相似	是	Sandor and Eash（1995） Hesse and Baade（2009） Nordt et al.（2004）
巴西	亚马孙盆地	热带	约2000多年前	—	不确定	Zech et al.（1990） Glaser et al.（2001） Neves et al.（2003） Glaser（2007） Glaser and Birk（2012）
澳大利亚	澳大利亚东南部的墨累河	温带	600～3500年前	土堆	不是	Downie et al.（2011）
新西兰	南北岛	海上温带	500～700年前	与厚熟表层土壤栽培相似	是	McFadgen（1980）

2.2 欧洲

2.2.1 新石器时代和青铜器时代

新石器革命始于11000年前欧洲的近东地区，随后向西迁移，并将独特的文化群体及其农业经济（包括驯养的动植物）迁往欧洲（Larson et al., 2007）。欧洲的各种迹象表明，在新石器时代早期和晚期，刀耕火种可能在利用农业条件方面发挥了重要作用（Schier, 2009）。在下萨克森南部（Gehrt et al., 2002）和德国西北部的下莱茵盆地（Gerlach et al., 2006）都发现了类似马赛克状的黑土和黑土遗迹，地理位置接近陶器厂。这些黑土具有较高含量的热解碳（PyC），占总有机碳的46%（Gerlach et al., 2006）。通过^{14}C定年研究发现，从不同土壤中收集的生物炭源自中石器时代（距今7500～11500年）至中世纪时代（距今500～1500年），主要源自新石器时代晚期（距今4200～6400年）。

公元前7000年至公元前1000年，在重建康斯坦茨湖景观的项目中，研究人员在德国和瑞士的康斯坦茨湖地区的浅水区采集岩芯（Rösch, 1993），发现在新石器时代晚期（霍恩斯塔德文化，距今5900～6000年）的沉积物中有浓度非常高的细小生物炭颗粒，这表明该时期该地区的火种已经用于农业耕作中（Rösch, 1993）。

Schier（2009）在考古学方面的研究发现，在新石器时代晚期，农业主要依靠轮耕与刀耕火种相结合的方式进行（Schier, 2009）。研究人员在德国西南部进行了一项长期的模拟试验（Forchtenberg项目），用于评估刀耕火种对植被、作物产量和土壤特性的影响（Rösch et al., 2002; Eckmeier et al., 2007a）。Eckmeier等（2007a）的研究显示，在燃烧之前，将树木、树干和大树枝移走，确定了燃烧前、燃烧刚结束后、燃烧1年之后最上层土壤样品（土壤深度：0～10 mm、10～25 mm和25～50 mm）中土壤有机碳（SOC）和PyC浓度的变化（见图2.1）。结果表明，SOC和PyC浓度（用中红外傅里叶变换红外光谱法测量）仅在燃烧刚结束和燃烧1年后显著增加（见图2.1）。土壤深度为10 mm时，SOC浓度从28 g·kg^{-1}增加到34 g·kg^{-1}，而PyC浓度仅增加0.4 g·kg^{-1}（Eckmeier et al., 2007b）。

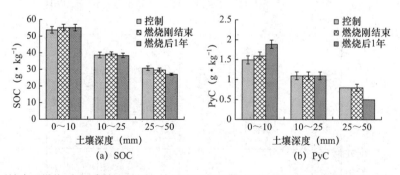

图2.1 燃烧刚结束和燃烧1年后直接在不同土壤深度进行刀耕火种后的SOC和PyC浓度的变化 [Forchtenberg Project; Data from Eckmeier et al.（2007b）]

SOC和PyC浓度的缓慢增加符合Fearnside（1992）的计算，表明原始森林的燃烧

向大气释放了 $1.96×10^6$ Mg·m^{-2} 的 CO_2-C，而只有 $2.6×10^4$ Mg·m^{-2} 的 PyC 进入土壤。Glaser 等（2001）指出，刀耕火种不会导致 PyC 在土壤中大量积累。因此，研究人员至今也无法解释新石器时代的土壤是如何形成类似于黑土的富含 PyC 的土壤的。据推测，新石器时代的人类定居在肥沃的天然黑土（黑钙土）上，从而在这些土壤中留下了 PyC 和其他考古文物。

Simpson（1995）和 Simpson 等（1998）报道了在苏格兰北部小岛上新石器时代人为形成的土壤。在托斯·内斯半岛上固定的 3 个位置采集了土壤层厚度为 0.35～0.75 m 的深色土壤样品。样品中的总磷（P）含量增加，浓度为 600～2200 mg·kg^{-1}，说明沙土掩埋的土壤层是人为形成的。他们进一步描述了土壤层主要是通过灰化土（Podsolized）的施用、偶尔燃烧的草皮材料、人或猪的骨骼和粪便形成的（Simpson et al., 1998）。土壤材料的放射性碳年代测定须谨慎，并且需要结合居住地的地层关系，测定结果表明该地区的土壤形成始于新石器时代晚期（距今 4010±45 年），结束于青铜器时代（Simpson et al., 1998）。

在德国南部（巴伐利亚州默尔市）新石器时代遗址的土壤中并没有农业耕作迹象，不同于邻近的壤土，其颜色为深棕色。Schmid 等（2002）使用高聚芳香族结构的分子标记物苯多羧酸（BPCAs）结合 ^{13}C CPMAS 核磁共振（NMR）光谱研究了默尔市坑内的土壤样品，研究结果提供了在深色土壤中 PyC 浓度较高的证据，这表明其中的 PCM 源自焖烧（Schmid et al., 2002）。但是，没有科学证据证明新石器时代人类就开始使用农业生物炭了。

总之，新石器时代的土壤中人为痕迹的记录与考古调查结果表明，在刀耕火种的农业时代，PyC 在农业土壤中的积累很少。在居住点发现大量的 PyC，这表明焖烧燃料对烹饪、取暖及其他活动的重要性。但是，没有科学证据证明新石器时代的欧洲居民特意制备生物炭用于农业生产。

2.2.2 中世纪厚熟表层土壤栽培

厚熟表层土壤栽培是指将荒草和牧草切成小块运到马厩里，用肥料、粪便、废弃物、粉煤灰和生物炭混合后施用到农田（Mückenhausen et al., 1968; Holliday, 2004；见图 2.2）。经过数个世纪的反复沉积，原始土壤被埋在厚熟表层下（厚熟表层土壤＝"Esch"），厚度高达 1.3 m（Blume and Leinweber, 2004）。在厚熟表层土壤中通常会发现木炭、砖块和陶器碎片等（Holliday, 2004）。"Esch" 层土壤成分主要是沙子（占 98%），由于地理位置的不同，其成分也可能为砂石、粉砂或黏土。沙质的 "Esch" 层土壤为黑色或深灰色，而黏土或粉砂的 "Esch" 层土壤为棕色或黄色（de Bakker, 1979; Simpson, 1993）。

在距今约 3000 年的青铜器时代，厚熟表层土壤开始被耕种（根据 1998 年粮农组织和 2006 年 IUSS 工作组世界参考数据库 WRB）。在中世纪早期厚熟表层土壤的耕种有所增加（Blume and Leinweber, 2004），且主要分布在荷兰、德国和比利时的沙地上（Holliday, 2004）。同时，在英国（Simpson, 1995; Simpson et al., 1998）、俄罗斯北部（Hubbe et al., 2007）、秘鲁（Sandor and Eash, 1995）和新西兰（McFadgen, 1980）也报道了类似的土壤。

厚熟表层土壤的（见图 2.3）SOC 平均浓度是对照土壤 SOC 平均浓度的 2 倍，并且与相邻土壤相比，高浓度 SOC 的土壤矿化非常缓慢（Springob and Kirchmann, 2002），这与生成有机矿物复合物不大相关，因为大多数厚熟表层土壤都以砂石为主（McLauchlan, 2006）。相反，分解者更倾向于降解更易矿化的 SOC，并且保持如缩聚芳香族部分类似的稳定结构（Glaser et al., 1998；见第 10 章）。

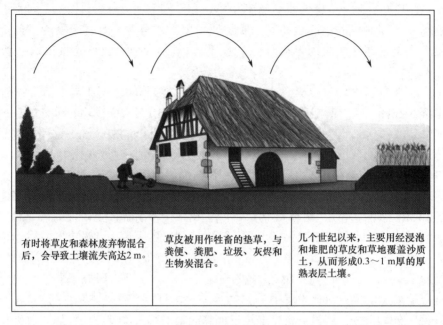

图2.2 厚熟表层土壤耕作实践

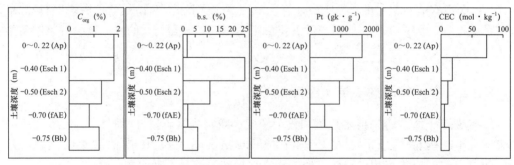

(a) 来自德国西北部波佐尔河的厚熟表层土壤，位于可耕地下方［德国下萨克森州；数据来源于Eckelmann（1980）］

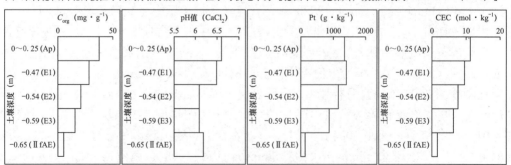

(b) 俄罗斯阿尔汉格尔斯克地区的厚熟表层土壤（Hubbe et al., 2007）

图2.3 来自德国西北部和俄罗斯的两种厚熟表层土壤的化学特性
（C_{org}—总有机碳含量，b.s.—碱饱和度，Pt—总磷；CEC—阳离子交换量）

Blume 和 Leinweber（2004）在厚熟表层土壤的"Esch"层下发现了如木质素二聚体

和烷基芳烃之类的化合物，且与"Esch"层相似，其碳水化合物和多肽的含量比例很低（见图2.4）。"Ap"和"Esch"层检测到的质荷比（m/z）以368、396和424为主，说明n-C22到n-C28脂肪酸的比例相对较大，其中，m/z为126和340的信号分别指示碳水化合物和含氮化合物。在"Ap"和"Esch"层中检测出固醇的比例也很高（见图2.4），说明含有动物排泄物，但验证这种说法还需要进一步区分甾醇组分（Blume and Leinweber, 2004）。

Dercon等（2005）研究了位于奈恩（苏格兰）、乌尔堡（丹麦）和埃普赛（荷兰）的3种厚熟表层土壤，这3种土壤均富含磷（P）。在含有生物炭颗粒的土壤剖面中，研究人员测得总磷含量为710 ± 274 mg·kg^{-1}。图2.4显示在俄罗斯（阿尔汉格尔斯克地区；Hubbe et al., 2007）检测的厚熟表层土壤中的总磷含量为$864 \sim 1412$ mg·kg^{-1}；在"Ap"和"Esch"的1～3层中发现了最多占土壤5%的炭块。Eckelmann（1980）、Blume和Kalk（1986）、Elwert和Finnern（1993）、Simpson等（1998）研究的其他厚熟表层土壤中也发现了高磷含量（见图2.4），这表明该土壤有富磷材料（如人类和动物排泄物等）的输入（Blume and Leinweber, 2004）。由于厚熟表层土壤的pH值<7，因此其碱饱和度较低（见图2.3）。厚熟表层土壤中较高的SOM和PCM颗粒含量（见图2.3）促使植物有效养分的固持能力要比邻近土壤高（Eckelmann, 1980; Blume and Kalk, 1986）。

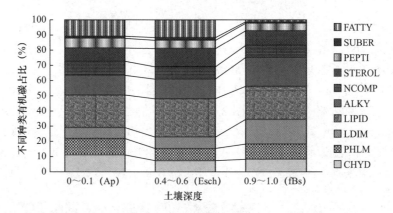

图2.4 沙质厚熟表层土壤的10种重要复合SOM的相对丰度（C_{org}："Ap"层为28 mg·g^{-1}，"Esch"层为24 mg·g^{-1}，"fBs"层为11 mg·g^{-1}；CHYD—碳水化合物，PHLM—酚+木质素单体，LDIM—木质素二聚体，LIPID—脂质，ALKY—烷基芳族化合物，NCOMP—含杂环N的化合物，STEROL—固醇，PEPTI—肽，SUBER—木栓质，FATTY—游离脂肪酸；Blume and Leinweber, 2004）

综上所述，由于有中世纪厚熟表层土壤耕作的记录及其时间，因此厚熟表层土壤为温带地区沙质土中有机废物的长期固碳行为提供了依据。厚熟表层土壤是重要的考古发现，其大多保存在普雷格涅什地层之下。厚熟表层土壤耕作使中世纪北欧的人们能够将无肥力的沙质土壤转化为主要用于黑麦种植的肥沃土壤（Gleditsch, 1767），甚至到现在，厚熟表层土壤仍被用作农业用地。

2.2.3 "蚂蚁"——地中海地区的传统施肥技术

"蚂蚁"技术（也称为"蚁窝"技术或"蚁丘"技术）是一种用于土壤改良而形成施肥材料的古老方法。"蚂蚁"技术在西班牙一直沿用到20世纪60年代，而印度和不丹至今仍在使用（Olarieta，2011）。"蚂蚁"技术类似于木炭窑，由干燥的木本植物堆叠而成[见图2.5（a）]，由于木本植物被土壤覆盖，其只能缓慢而不完全地燃烧（Olarieta et al.，2011）。因为肥料堆体积相对较小，所以可以直接在田间搭建[见图2.5（b）]。除了增加土壤肥力，"蚂蚁"技术还具备除草和消毒的能力（Olarieta，2011）。

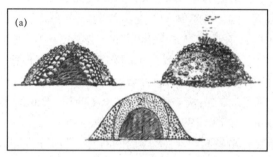

图2.5 （a）"蚂蚁"技术的搭建和内部视图。其中，1为干燥的木本植被，2为加热到100～200 ℃（最肥沃的部分）的土壤，3为几乎不加热的土壤；（b）"蚂蚁"技术的施肥过程（Lasteyrie，1827；Mestre and Mestres，1949；Olarieta et al.，2011）

Olarieta 等（2011）进行了一项试验，将 68 kg 的植物（含水量为12%）和 550 kg 的土壤（含水量为16%）作为原料，研究使用"蚂蚁"技术后土壤养分固持能力是否有显著提升（见图2.6）。研究发现，燃烧后 SOM 浓度显著降低，燃烧前后总氮浓度无显著性差异（见图2.7）。此外，由于矿化元素的释放，土壤内层交换性钾（K）和磷（P）组分含量明显高于未烧土壤中组分含量（见图2.7）。同时，他们用"蚂蚁"技术燃烧 68 kg 生物质，可获得 31 g N、1～2 g P 和 5～6 g K，估计的生物炭和灰分产量为 5 kg（Olarieta et al.，2011）。因此，根据原料的不同，估计 1000 km^2 的农田需要燃烧 260～700 个"蚂蚁"技术肥料堆，从而获得 8～22 kg N、0.3～1.4 kg P 和 1.3～4.2 kg K。

图2.6 重建一个小型的"蚂蚁"技术肥料堆（直径为1.5 m，高度为1 m，体积为0.6 m^3）。（a）用于"蚂蚁"技术堆肥的植物；（b）被土壤覆盖的植物；（c）燃烧后的"蚂蚁"技术肥料堆（照片由Joserra Olarieta提供）

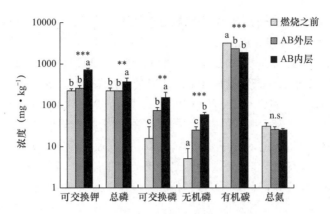

图2.7 燃烧前和燃烧后（AB）内外层"蚂蚁"技术肥料堆的化学特性的均值和标准差
（**表示$p<0.001$，***表示$p<0.0001$；Olarieta et al., 2011）

Olarieta 等（2011）的研究也发现，应用"蚂蚁"技术的加泰罗尼亚（西班牙东北部）地区农业土壤中生物炭含量整体非常低。然而，根据前文估计数据，每平方米土壤应有 0.13～0.35 kg 生物炭才能使土壤有足够的养分，因此需要建造足够数量的"蚂蚁"技术肥料堆才能满足需求。

利用"蚂蚁"技术生成的生物炭产率低，这与刀耕火种技术生成的生物炭产率相当（见 2.1 节；Eckmeier et al., 2007b; Fearnside, 1992; Glaser et al., 2001）。正如 Krünitz（1796）在《经济百科全书》中所描述的那样，西班牙的"蚂蚁"技术很可能主要用于壤土焚烧。Krünitz（1796）报道称，用于施肥和改良耕地的壤土焚烧（有时与有机物一起）已经从英格兰扩展到欧洲其他地区，且焚烧的壤土增加了有机肥料的肥效。

总而言之，需要进一步分析传统的"蚂蚁"技术可能的输入材料，如有机废物。这将有助于更好地了解欧洲地中海地区土地利用实践和土壤开发的历史。

2.3 亚洲

2.3.1 中国古代稻田

中国是世界上最大的水稻生产国，水稻种植历史悠久（Gong et al., 2007）。在位于中国中部的湖南省发现了有史以来最早的水稻，大约可追溯到 12000 年前。中国中部地区是水稻种植的发源中心，水稻从这里传播到中国的其他地区，以及韩国和日本等东亚地区（Gong et al., 2007）。在中国主要的水稻种植地区发现了 280 多个古代水稻遗迹。中国考古学家区分了 4 个不同的水稻及农业发展时期，即距今 8000～12000 年、距今 6000～8000 年、距今 3000～6000 年和距今 2000～3000 年（Chen, 2005; Gong et al., 2007）。在上述所有时期中，古代稻田土壤（根据 1998 年粮农组织，以及 2006 年国际土壤科学联合会（IUSS）工作组通过的世界土壤资源参比基础（WRB）中所确定的稻田土壤集中分布在长江中下游地区（Gong et al., 2007）。考古挖掘人员在许多地方都发现了古代烧焦的土壤（ACS）。例如，中国东部长江三角洲下游著名的绰墩遗址就是新石器时代的农业遗迹之一（Hu et al., 2013）。Cao 等（2006）和 Hu 等（2013）指出，芳香族 C 是 ACS 中主要的有机碳形式，主要来自水稻秸秆。同时，

他们利用 ^{14}C 技术对碳化水稻秸秆和其他烧过的植物残渣定年分析,结果表明它们已有 5900 年的历史,属于马家浜文化(距今 6000 ~ 7000 年)。在中国西北地区甘肃民乐县的鼎辉山和西山坪农业区发现了更多的 ACS(Li et al., 1989, 2007)。由于缺乏大型农业设备,"火耕水耨"成为马家浜文化的种植特点(Hu et al., 2009),这意味着过去的农民通过"火—水"来清除稻田的杂草和秸秆(Hu et al., 2013)。自 20 世纪 90 年代起,中国就已经采用了类似的耕作方式,因此这种"火—水"的农业耕作方式仍然影响着现代水稻的种植。

没有英文文献报道过去的农民利用"火—水"的农业耕作方式是为了改良土壤。考古学家认为,采用这种农业耕作方式是因为当时缺乏先进的除草工具(Hu et al., 2013)。但是,自水稻种植以来,水稻收割后直接将稻壳制备成生物炭是许多亚洲国家的普遍做法(Ogawa and Okimori, 2010)。

根据利比希(Liebig, 1878)的历史记录,中国农民将蔬菜废料与草、稻草、草皮、杂草和土壤混合后点燃,经过几天的燃烧和焖烧后产生的黑土被用于苗肥。该历史记录是人类主动制备生物炭基肥的第一份直接证据。

2.3.2 东南亚—婆罗洲

Sheil 等(2012)在东加里曼丹省(印度尼西亚婆罗洲)靠近马里瑙河的 3 个村庄(贡索洛克、廖穆泰和龙惹)发现了深色土壤,且这些村庄都没有暴发洪水的风险,但均采用了刀耕火种和纵火游耕的耕作方法。他们还调查了这些土壤的人为成因,并与巴西亚马孙地区的亚马孙流域黑土进行了比较。调查发现,在贡索洛克村存在肉眼可见的生物炭颗粒,而在龙惹村和廖穆泰村仅在部分土壤中发现了生物炭颗粒。同时,他们对土壤的化学组分分析表明,与邻近土壤 SOC 的最高含量(2.2%)相比,该地区土壤中的 SOC 含量最高可达 15.1%,如图 2.8(a)所示;总磷含量为 130 ~ 249 mg·kg^{-1},而邻近土壤的平均总磷含量仅为 64 ~ 101 mg·kg^{-1},如图 2.8(b)所示;深色土壤的 C 含量和 P 含量之比为 500 ~ 600,邻近土壤的 C 含量和 P 含量之比仅为 150 ~ 200,这表明该土壤输入了富含 P 的材料(如木材)。然而,贡索洛克村土壤的 C 含量和 P 含量之比仅为 100,表明输入的富 P 物质(如附近洞穴中的鸟粪)中的 P 很可能主要与 Ca 结合,而不是其他研究中所述的与 Fe 和 Al(氢)氧化物结合(Sheil et al., 2012)。

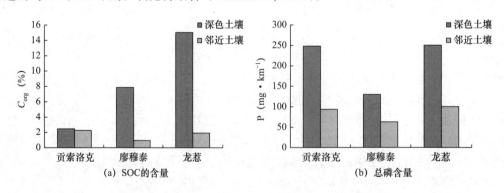

图 2.8 婆罗洲 3 个村庄的深色土壤和邻近土壤的平均有机碳(C_{org})和总磷含量[除贡索洛克(Gong Solok)的 C_{org}($p>0.5$)外,所有成对的数据样本均显示了显著性差异($p<0.01$);数据来自 Sheil 等(2012);$n=5$;SE 不可用]

土壤中总磷含量的增加表明，在贡索洛克、廖穆泰和龙惹3个村庄存在人为影响。该地区土壤阳离子交换量（CEC）较小，存在少量（可见的）生物炭颗粒及人为物质，所以在婆罗洲发现的深色土壤与巴西亚马孙地区亚马孙流域的黑土不同（Sheil et al., 2012）。但是，由于大多数土壤中的生物炭难以用肉眼分辨（Glaser et al., 2000），因此需要提供更详尽的土壤信息，例如，有关稠合芳香族化合物含量、有机物的来源，以及微生物对土壤有机质和土壤发育的贡献等。这些缺失的信息将对土壤的发展提供更好的见解，并且可以作为潮湿热带地区除亚马孙流域黑土之外可持续利用土地的先进案例。

2.3.3 日本

日本在生物炭与发酵或堆肥技术相结合的农业应用方面起到了先锋作用（Ogawa and Okimori, 2010）。在东北亚国家（日本、中国和韩国），水稻收割后，稻壳生物炭主要被用于土壤改良，这是因为稻壳与粪肥混合后分解速度很慢；而水稻秸秆是饲料、垫子、袋子、绳子、凉鞋等的重要原材料，到20世纪还没有其他的生物质可以替代。

2000年以来，阔叶树木炭是采用传统土窑制备的，用于城市住宅的烹饪和取暖；而松木炭用于制铁和制陶。但是，这些类型的木炭都太过昂贵，无法用于农业。因此，只有稻壳和废料被碳化后才可用于农业。长期以来，日本将木炭残渣、灰分和生物质废弃物作为土壤改良剂、肥料、气味吸附剂、净水材料等（Nishio, 1998; Yoshizawa et al., 2005）。宫崎（1697）撰写的《农业百科全书》（*Nohgyo Zensho*）描述了上述生物质对农业的影响，还描述了将灰烬或碳化材料加入堆肥中会加速分解、刺激细菌活性，并且能中和酸度（Ogawa and Okimori, 2010）。该书提到，堆肥中的生物炭对芽孢杆菌（*Bacillus*）活性的促进作用是由于其提高了抗生素含量，同时对根系疾病具有抑制作用，并可抑制一些土壤病原体的生长，如腐霉菌、根瘤菌、疫霉菌和镰刀菌等（Kobayashi, 2001）。

稻壳生物炭作为土壤改良剂已在许多亚洲国家广泛应用了数千年，目前仍在日本广泛应用（Ogawa and Okimori, 2010）。根据Ogawa和Okimori（2010）的研究，将稻壳生物炭与排泄物混合作为堆肥很常见，这是日本一种古老的农业实践，可以追溯到一个多世纪前。除减少养分的淋失外，生物炭还能有效吸附气味。自20世纪80年代初起，日本科学家们就开始关注生物炭对土壤的正面影响（Ogawa and Okimori, 2010）。

18世纪中叶（1764—1771年），日本农民丸谷真一撰写了他的家庭回忆录《持家参考》。其中，他描述了如何在他的"灰小屋"烧制泥土和炭。在烧制之前，树枝和土壤会堆放在一个小的茅草屋中干燥1年；燃烧之后，掺入PCM颗粒的土壤将会在30d后施用到田地中。这个习俗在日本西部似乎很流行。直到几十年前，日本农民在播种大豆种子前，还会施用少量带有煤屑（碳化木颗粒）的灰于田地中。据描述，木材原料的细PCM物质不仅能刺激根系生长，还可以促进根瘤菌的繁殖（Ogawa, 1994）。这些习俗就如韩国的一句古老谚语一样，即"一篮灰产一篮大豆。"

11000年前，日本开始生产陶器，即"绳纹和弥生陶器"。这种陶器是世界上最古老的陶器之一，延续了数千年，并与当今的陶瓷工业息息相关。长期以来，人类已消耗大量木材用于木炭生产。目前，在日本各地都可以很容易地找到壁炉和陶器的残骸。陶瓷制成后，窑中会残留大量带有煤渣的粉煤灰，这些粉煤灰会被用于种植。因此，碳化材料是日本的主要肥料和土壤改良剂之一，特别是在酸性土壤地区，它能中和土壤酸度，从而保持可持续的生产力。

2.4 澳大利亚和新西兰

澳大利亚也发现了几种人为来源的土壤，其化学性质与亚马孙流域的亚马孙黑土相似，例如，都具有较高的养分和芳香碳含量（Coutts et al., 1976; Coutts, 1976; Coutts et al., 1979; Coutts and Witter, 1977）。这些累积的人为来源土壤（根据澳大利亚土壤分类；Isbell, 2002）在澳大利亚原住民土堆遗址中被发现（Downie et al., 2011）。澳大利亚原住民窑是原住民长期居住的地方，通常位于河流、湖泊或沼泽的洪水区上游。原住民使用土制的炉子烹饪食物。几代原住民丢弃的杂物和垃圾与天然沉积物一起形成了窑（Coutts, 1976; Coutts et al., 1979）。窑通常包含炭、烧焦的黏土，或者烹饪炉具中用于保温的石头、动物骨骸、贝壳和一些石制工具（美国住房和城市发展部，2014）。

Downie 等（2011）在澳大利亚东南部的墨累河沿岸利用放射性碳定年调查了 7 种人为源积累的土壤，结果证明，这些土壤距今 $650 \pm 30 \sim 1609 \pm 34$ 年，SOC 总含量与相邻的非人为源土壤相比明显更高（$p<0.05$），且固态 ^{13}C NMR 光谱显示其 C 形式主要为芳香族碳。扫描电镜（SEM）结果表明，土壤中炭颗粒源自植物。能量色散 X 射线光谱（EDS）展示了主要的 C 峰和 O 峰，结果发现，与新鲜生物炭颗粒表面（O/C 比约为 0.15）相比，炭颗粒表面的 O/C 比（0.45）相对较高，这证明炭颗粒表面随着时间而氧化，这与 Glaser 等（2000）在 "Terra Preta" 报道中的结果一致。与邻近土壤相比，N、P、K 和 Ca 的总含量均显著提高，尤其是在 $0.2 \sim 0.3$ m 深处，墨累河沿岸土壤的 CEC 为 488 mmol$_c$·kg^{-1}，而相邻土壤的 CEC 只有 17.6 mmol$_c$·kg^{-1}，同时该地区的土壤还具有较高的 pH 值。由于这些土壤与巴西亚马孙流域的黑土性质类似，Downie 等（2011）将这些土壤命名为 *Terra Preta Australis*。与亚马孙流域的黑土类似，*Terra Preta Australis* 也是偶然产生的（Hecht, 2003; Glaser and Birk, 2012）。此外，该土壤的化学性质似乎因为焦炭的存在而得到改善，这为生物炭改良土壤的概念提供了重要信息（Downie et al., 2011）。

新西兰研究人员在 19 世纪末和 20 世纪初的研究发现，人造土壤中含有砂子或砾石可以改善水分保持状况（Stack, 1893; Rigg and Bruce, 1923; Best, 1925; Taylor, 1958）。虽然目前尚不清楚毛利人的波利尼西亚祖先何时定居新西兰，但根据考古学和放射性碳证据，最早的定居者很可能在距今 $700 \sim 750$ 年到达新西兰群岛（McFadgen et al., 1994; Higham and Hogg, 1997; Higham et al., 1999）。对毛利人居住地砾石土壤中的贝壳和焦炭的放射性碳年代测定证明，其 ^{14}C 年龄在距今 $470 \sim 720$ 年（McFadgen, 1980）。

调查最深入的古代毛利人遗址之一是尼尔森附近的怀梅阿平原，其位于坎特伯雷北部怀卡托和凯阿波伊附近。Rigg 和 Bruce（1923）的调查表明，威美亚西部的毛利人居住地的砾石土壤中含有大量植物可利用的养分，如 P 和 K，在这些土壤中还发现了大量焦炭。此外，Rigg 和 Bruce（1923）提出了一个可持续发展政策，即从周围环境中收集木材或灌木丛（富含 P 和 K），并将它们燃烧后混入土壤中。除灰分有施肥作用外，Rigg 和

Bruce（1923）提出，黑色的炭会引起更多热量吸收，从而缩短作物生长时间。

没有证据表明毛利人在土壤中添加了草皮、海藻或粪便（McFadgen,1980），所以这些土壤不适合被称为"毛利-厚熟表层土壤"。此外，如 Rigg 和 Bruce（1923）所述，将大量燃烧的木材和灌木掺入土壤似乎不是古代毛利人的常见施肥方法。McFadgen（1980）调查了克拉伦斯（南岛）、奥克罗蓬加、马卡拉和波塔哈努伊（北岛）附近的毛利人砾石土壤，仅在很少一部分土壤中发现了炭，且仅在马卡拉附近的一种土壤剖面中发现了粪堆材料，其中含有贝壳、骨头和一些植物组织（McFadgen, 1980）。

总而言之，澳大利亚的文化发展无法证明其有使用生物炭来改良耕种土壤的传统，因为澳大利亚原住民文化是游牧文化，没有农业和永久性的定居点。然而，几千年来形成的原住民窑是一个令人印象深刻的例子，这说明在极端气候条件下，澳大利亚的土壤中长期存在生物炭等高度多环芳烃化合物。

2.5 非洲

在非洲，人们对古代人为土壤所处的位置了解很少，而且从土壤科学的角度对该地区的土壤研究也较少。Leach 和 Fairhead（1995）、Fairhead 和 Leach（1996）在西非地区进行了以农业生态实践为中心的重要人类学研究，发现几内亚共和国基西杜古州的耕作方式与巴西亚马孙流域的耕作方式相似。这里的农民将人类、家畜和家禽的粪便，以及农业废弃物、鱼类和厨余垃圾作为肥料，他们还长期向土壤中添加柴火产生的灰分（Fairhead and Leach, 2009）。在一些村庄，农民使用土堆和垄畦将未燃烧的残渣及多年燃烧的残渣掺入土壤，使贫瘠的草原土壤转化为耕地。农民们证实，在使用这些方法 3～4 年后，会形成一种易于耕种的成熟土壤。研究也表明，在这些成熟的土壤中水分渗透性增强、根系生长较深，因此潮湿期较长（Fairhead and Leach, 2009）。因此，西非的高度风化土壤（铁铝土和氧化铁土）与人为陶土的气候条件相似，类似于亚马孙流域的黑土（Fairhead and Leach, 2009）。Zech 等（1990）调查了在利比里亚和贝宁前定居点周围富含 C 的土壤，发现西非的土壤与亚马孙流域的黑土高度相似。

在南非尼尔斯利地区的热带稀树草原生物群落研究中，Blackmore 等（1990）分别比较了以非洲伯克亚树（*Burkea africana*）和托提利斯相思树（*Acacia tortilis*）为主的阔叶和细叶热带稀疏草原。结果表明，种植 *Acacia tortilis* 土壤的 Ca、Mg、K 和 P 等养分含量是周围土壤和种植 *Burkea africana* 土壤的 10～100 倍（见图 2.9）。种植 *Acacia tortilis* 的土壤的直径为 50～500 m，且富含粪便和生物炭。Fordyce（1980）的考古学调查揭示了铁器时代的文物，如陶瓷、骨头、矿渣、熔炉和棚屋，这些均在所有种植 *Acacia tortilis* 的土壤中被发现。放射性碳定年表明，来自这些地方的生物炭距今 700 年（Fordyce, 1980）。但是，没有证据表明种植 *Acacia tortilis* 的土壤中 C 和养分含量增加是铁器时代人类占领的遗迹（Blackmore et al., 1990）。同时，在博茨瓦纳东部（Denbow, 1979）和南部，以及非洲北部、东部和中部地区也出现了类似的土壤斑块，这些斑块具有高养分储量和植被量（Evers, 1975; Maggs, 1976; Mason, 1968, 1969）。

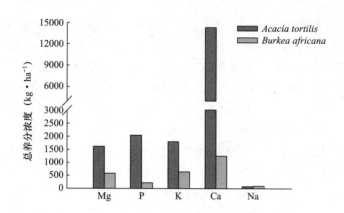

图2.9 种植*Acacia tortilis*和*Burkea africana*土壤的养分储量差异（Blackmore et al., 1990）

综上所述，有证据表明在非洲有富含生物炭的亚马孙黑土，但数量有限。此外，生物炭显然不是有意施用于土壤，而是作为烹调炉火未完全燃烧的残留物遗留于土壤中。Guie系统是非洲古代（除刀耕火种外）唯一已知的特意使用燃烧作为土地耕作的方式，该方法将草皮堆成堆，在干燥之后再燃烧；然后将灰分和养分含量丰富的残留物（包含一些生物炭）添加到土壤中，以用于随后的农业生产。

2.6 南美洲

2.6.1 巴西（*Terra Preta deÍndio*）

人为的深色土壤或 *Terra Preta deÍndio* 土壤（亚马孙黑土）是亚马孙流域中部有8000年历史的土壤，由于其丰富的养分和较高的SOM含量，即使在今天也能实现农业可持续发展（Zech et al., 1990; Glaser et al., 2001; Neves et al., 2003; Glaser, 2007）。这类土壤是由大量有机废弃物（厨余垃圾、粪便及生物质废弃物）和烧焦的残渣（类似于生物炭）混入而形成的，部分残渣被土壤微生物和土壤动物（如蚂蚁、白蚁和蚯蚓）分解（Glaser et al., 2001; Glaser 2007; Glaser and Birk, 2012）。Glaser（1999）的调查显示，亚马孙黑土富含大量有机碳（平均 250 Mg C·ha^{-1}），以及 N（平均 17 Mg C·ha^{-1}）、P（平均 12 Mg C·ha^{-1}）等养分。有机碳、N、P含量比周围的土壤分别高3倍、4～10倍、4～50倍。

与周围土壤相比，亚马孙黑土含有更多可快速矿化（活性）和稳定性（被动）SOC（Glaser et al., 2003）。由于亚马孙黑土的高肥力，原始植物材料的掺入增加是亚马孙黑土中易矿化SOC含量较高的原因。与缓释肥相似，SOC的矿化作用为亚马孙黑土中的植物持续提供养分（Glaser et al., 2003; Glaser and Birk, 2012）。

除这种易矿化的SOC库外，亚马孙黑土中稳定的SOC的占比也比周围土壤高，这主要是由于其物理特性和有机矿物质的稳定性，以及微生物更容易降解更易矿化的SOC（Glaser et al., 2003）。^{13}C核磁共振（NMR）光谱和分子标记分析表明，亚马孙黑土中SOC富含冷凝的芳香结构（Zech et al., 1990; Glaser et al., 2003）。这些结构来源于PyC或黑炭（Glaser et al.，1998），同时也是炭、木炭或生物炭的一部分（Keiluweit et al.，2010）。对亚马孙流域中部地区的调查显示，亚马孙流域黑土中各个深度PyC的平均含量为5×10^5 Mg·m^{-3}，是邻近土壤的70倍（Glaser et al.，2001）。这种富含PyC材料的主要组分（粉砂和黏土组分）的粒径小于20 μm，并且大约一半稳定存在于有机矿物复合体中（如PyC密度或粒径组分分析所示；Glaser et al.，2003）。因此，生物炭类型是亚马孙流域黑土中有机质持续存在的一个关键因素，也是亚马孙流域黑土形成的关键因素。

^{13}C NMR光谱技术进一步揭示了生物炭氧化的代谢产物为芳香酸（Glaser et al.，1998，2001），如来自泰国土壤中的偏苯三酸（Möller et al.，2000）。因此，随着时间的推移，生物炭的缓慢氧化会在芳香族主链或芳香族酸的边缘生成羧酸基团作为代谢产物（Glaser et al.，2000; Liang et al.，2006），这增加了离子的结合能力，从而减少了养分淋失（Lehmann et al.，2003）。综上所述，在亚马孙流域黑土中发现的生物炭不仅是土壤长期固碳的原因，而且是亚马孙流域黑土肥效高的关键因素（Glaser et al.，2003; Glaser，2007）。

亚马孙流域黑土的形成在最初极有可能不是为了大规模提高土壤肥力，相反，亚马孙流域黑土更有可能是有机废物和烧焦残渣堆积与家庭园艺农业结合而形成的。因此，亚马孙流域黑土的形成有利于人口增长和粮食生产，并吸引越来越多的人。如Glaser和Birk（2012）所述，此类事件提高了人类的自我强化和自我组织能力。据文献记载，亚马孙流域黑土已有100多年的历史（Smith，1879; Hartt，1885），但直到近10年它才引起科学界和公众的广泛关注。亚马孙流域黑土的潜力不仅激发了人们对其研究的热情，而且促生了大量有关其起源的假设和思考。

2.6.2 秘鲁

在秘鲁发现的许多古代农业遗址都沿着河流分布。在秘鲁西北沿海地区，农业灌溉系统占大多数。前哥伦布时期的居民从安第斯山脉的河流中取水，并修建了大运河（Nordt et al.，2004）。Hesse和Baade（2009）在秘鲁南部的帕尔帕谷进行了沉积学—土壤学调查，在沉积物中发现了大量肉眼可见的炭颗粒，其历史可追溯到3500年以前的伊拉格里人为土壤（Irragric Anthrosols）化石中（粮农组织，1998; IUSS Working Group WRB，2006）。遗憾的是，他们并没有进行土壤化学研究来量化SOM或养分的含量。Sandor和Eash（1995）在秘鲁南部科尔卡谷地进行的另一项研究发现了古老的农业梯田，其中包含人为的厚熟表层特征。他们认为，在长期农业生产过程中，施加肥料和其他有机材料使得秘鲁的厚熟表层变厚。一些土层中还含有与欧洲发现的厚熟表层中相似的焦炭。放射性碳定年证明，这些碳化物和土壤有机物距今1300～1700年。图2.10描述了目前耕种、废弃的农业梯田和未耕种的参考土壤剖面的特性，结果表明目前耕种的土壤中总磷含量为18%，与未耕种的土壤相比，古代A层土壤检测出总磷含量高出70%；NO$_3$-N含量在目前耕种的土壤（20 mg·kg^{-1}）中最高，而在古代土壤（5 mg·kg^{-1}）和未耕种的土壤（7 mg·kg^{-1}）中则非常低。几个世纪以来，尤其是在西班牙统治和殖民早期，当时农民将鸟粪作为肥料，这就是废弃土壤P含量较高的原因（Sandor and Eash，1995）。遗憾的是，在古代秘鲁，是否刻意将焦炭施用于类似厚熟表层，至今仍是个谜。

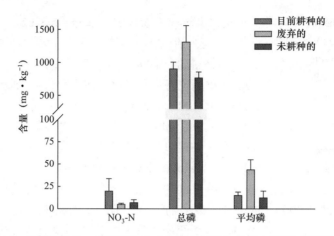

图2.10 目前耕种的、废弃的农业土壤和未耕种的对照土壤剖面的特性比较
（Sandor and Eash, 1995）

2.7 结论

从新石器时代的农业活动开始，土壤管理从根本上改变了许多土壤中SOC和养分的含量及其性质。如表2.1所示，碳化材料（如生物炭）在古代集约化农业中发挥了重要作用。值得注意的是，直至今日，多数被废弃的含有PyC的古老土壤一直保持着其原有土壤肥力。以巴西亚马孙流域黑土为例，PyC及富含养分的有机物（如灰烬、植物组织、骨头，尤其是粪便）同时保证了土壤的高肥力。因此，有必要对世界上其他地方的古代人为源土壤进行更系统的研究，以了解输入有机材料（除PyC外）和气候条件变化对其造成的影响。此外，对单个人为源土壤的生产进行更深入的了解，可以为适应气候变化及可持续利用土地提供一定参考。

参考文献

Best, E. Maori Agriculture[A]. The Cultivated Food Plants of the Natives of New Zealand, with some Account of Native Methods of Agriculture, its Ritual and Origin Myths, Board of Maori Ethnological Research, Wellington, NZ, 1925.

Blackmore, A. C., Mentis, M. T. and Scholes, R.J. The origin and extent of nutrient-enriched patches within a nutrient-poor savanna in South Africa[J]. Journal of Biogeography, 1990,17(4/5): 463-470.

Blume, H.-P. and Kalk, E. Bronzezeitlicher Auftragsboden bei Rantum auf Sylt[J]. Journal of Plant Nutrition and Soil Science, 1986, 149(5): 608-613.

Blume, H.-P. and Leinweber, P. Plaggen Soils: landscape history, properties, and classification[J]. Journal of Plant Nutrition and Soil Science, 2004, 167(3): 319-327.

Cao, Z. H., Ding, J. L., Hu, Z. Y., et al. Ancient paddy soils from the Neolithic age in China's Yangtze River Delta[J]. Die Naturwissenschaften, 2006, 93(5): 232-236.

Chen, W. H. Source and development of primitive agriculture of China[J]. Agricultural Archaeology (in Chinese), 2005, 1: 8-15.

Coutts, P. J. F. The prehistory of Victoria—A review[A]. Records of the Victorian Archaeological Survey, NO 2, Aboriginal Affairs Victoria, Melbourne, Australia, 1976, 74-80.

Coutts, P. J. and Witter, D. C. New radiocarbon dates for Victorian archaeological sites[A]. Records of the Victorian Archaeological Survey, NO 4, Aboriginal Affairs Victoria, Melbourne, Australia, 1977, 59-73.

Coutts, P. J., Witter, D. C., McIlwraith, M. A., et al. The Mound People of Western Victoria: A preliminary statement[A]. Records of the Victorian Archaeological Survey, NO 1, Aboriginal Affairs Victoria, Melbourne, Australia, 1976, 1-54.

Coutts, P. J., Henderson, P., Fullagar, R. L., et al. A preliminary investigation of Aboriginal mounds in northwestern Victoria[A]. Records of the Victorian Archaeological Survey, 9, Aboriginal Affairs Victoria, Melbourne, Australia, 1979.

de Bakker, H. Major Soils and Soil Regions in the Netherlands[D]. W. Junk, Wageningen, The Netherlands, 1979.

Denbow, J. R. Cenchrusciliaris. An ecological indicator of Iron-Age middens using aerial photography in eastern Botswana[J]. South African Journal of Science, 1979, 75: 405-408.

Department of Planning and Community Development[A/OL]. Aboriginal Mounds, 1 July 2013.

Dercon, G., Davidson, D. A., Dalsgaard, K., et al. Formation of sandy anthropogenic soils in NW Europe: identifycation of inputs based on particle size distribution[J]. Catena, 2005, 59(3): 341-356.

Downie, A. E., van Zwieten, L., Smernik, R. J., et al. Terra Preta Australis: reassessing the carbon storage capacity of temperate soils[J]. Agriculture, Ecosystems and Environment, 2011, 140(1-2): 137-147.

Eckelmann, E., Rösch, M., Ehrmann, O.,et al. Conversion of biomass to charcoal and the carbon mass balance from a slash-and-burn experiment in a temperate deciduous forest[J]. The Holocene, 2007a, 17(4): 539-542.

Eckmeier, E., Gerlach, R., Skjemstad, J. O., et al. Minor changes in soil organic carbon and charcoal concentrations detected in a temperate deciduous forest a year after an experimental slash-and-burn[J]. Biogeosciences, 2007b, 4(3): 377-383.

Elwert, D. and Finnern, H. Landschaften und Böden Nordfrieslands[J]. Mitteilungen der Deutschen Bodenkundlichen Gesellschaft, 1993, 70: 127-150.

Evers, T. Recent Iron Age research in the Eastern Transvaal, South Africa[J]. South African Archeological Bulletin, 1975, 30: 71-83.

Fairhead, J. and Leach, M. Misreading the African Landscape: Society and Ecology in a Forest-savanna Mosaic[M]. Cambridge, UK: Cambridge University Press, 1996.

Fairhead, J. and Leach, M. Amazonian Dark Earths in Africa?[A]. in B. Glaser and W. I. Woods (eds) Amazonian Dark Earths: Explorations in Space and Time, Springer Verlag, Heidelberg, Germany, 2009, 265-278.

FAO (Food and Agriculture Organization of the United Nations). World reference base for soil resources[R]. World Soil Resources Reports, 1988, 84.

Fearnside, P. M. Greenhouse gas emissions from deforestation in the Brazilian Amazon. Carbon emissions and sequestration in forests: case studies from developing countries[A]. vol 2, LBL-32758, UC-402, Climate Change Division, Environmental Protection Agency, Washington, D.C. & Energy and Environment Division, Lawrence Berkeley Laboratory (LBL), University of California (UC), Berkeley, California, 1992.

Fordyce, B. The prehistory of Nylsvley[M]. CSIR, Pretoria, South Africa: Progress Report to the National Programme for Environmental Science, 1980.

Gehrt, E., Geschwinde, M. and Schmidt, M. Neolithikum, Feuer und Tschernosemoder: Was haben die Linienbandkeramiker mit der Schwarzerde zutun?[J]. Archäologisches Korrespondenzblatt, 2002, 32(1): 21-30.

Gerlach, R., Baumewerd-Schmidt, H., van den Borg, K., et al. Prehistoric alteration of soil in the Lower Rhine Basin, Northwest Germany archaeological, ^{14}C and geochemical evidence[J]. Geoderma, 2006, 136(1-2):

38-50.

Glaser, B. Eigenschaften und Stabilität des Humuskörpers der Indianerschwarzerden Amazoniens[J]. Bayreuther Bodenkundliche Berichte, 1999, 68.

Glaser, B. Prehistorically modified soils of central Amazonia: a model for sustainable agriculture in the twenty-first century[J]. Philosophical Transactions of the Royal Society B-Biological Sciences, 2007, 362: 187-196.

Glaser, B., and Birk, J. J. State of the scientific knowledge on properties and genesis of Anthropogenic Dark Earths in Central Amazonia (terra preta de Índio)[J]. Geochimicaet Cosmochimica Acta, 2012, 82: 39-51.

Glaser, B., Haumaier, L., Guggenberger, G., et al. Black carbon in soils: the use of benzenecarboxylic acids as specific markers[J]. Organic Geochemistry, 1998, 29(4): 811-819.

Glaser, B., Balashov, E., Haumaier, L., et al. Black carbon in density fractions of anthropogenic soils of the Brazilian Amazon region[J]. Organic Geochemistry, 2000, 31: 669-678.

Glaser, B., Haumaier, L., Guggenberger, G., et al. The Terra Preta phenomenon: a model for sustainable agriculture in the humid tropics[J]. Naturwissenschaften, 2001, 88: 37-41.

Glaser, B., Lehmann, J. and Zech, W. Ameliorating physical and chemical properties of highly weathered soils in the tropics with charcoal—A review[J]. Biology and Fertility of Soils, 2002, 35: 219-230.

Glaser, B., Guggenberger, G., Zech, W., et al. Soil organic matter stability in Amazonian Dark Earths[A]. in J. Lehmann, D. Kern, B. Glaser and W. Woods (eds) Amazonian Dark Earths: Origin, Properties, and Management, Kluwer, The Netherlands, 2003, 141-158.

Gleditsch, J. G. Betrachtung der Sandschellen in der Mark Brandenburg nachihrem Ursprunge, Unterschiede, Schädlichkeit und nöthigen Verminderung[A]. Vermischte Physikalisch- Botanisch-Oeconomische Abhandlungen, Dritter Theil, Halle, 1767, 45-143.

Gong, Z., Chen, H., Yuan, D., et al. The temporal and spatial distribution of ancient rice in China and its implications[J]. Chinese Science Bulletin, 2007, 52(8): 1071-1079.

Hartt, C. F. Contribuições para a Ethnologia do Valle do Amazonas[J]. Archivos do Museu Nacional do Rio de Janeiro, 1885, 6: 1-174.

Hecht S. B. Indigenous soil management and the creation of Amazonian Dark Earths: implications of the Kayapo practices[A]. in J. Lehmann, D. Kern, B. Glaser and W. I. Woods (eds) Amazonian Dark Earths: Origin, Properties, Management, Kluwer Academic Publishers, Dordrecht, 2003, 355-372.

Hesse, R. and Baade, J. Irrigation agriculture and the sedimentary record in the Palpa Valley, southern Peru[J]. Catena, 2009, 77(2): 119-129.

Higham, T. G. and Hogg, A. G. Evidence for late Polynesian colonization of New Zealand; University of Waikato radiocarbon measurements[J]. Radiocarbon, 1997, 39(2): 149-192.

Higham, T., Anderson, A. and Jacomb, C. Dating the first New Zealanders: the chronology of Wairau Bar[J]. Antiquity, 1999, 73(280): 420-427.

Holliday, V. T. Soils in Archaeological Research[M]. New York: Oxford University Press, 2004.

Hu, L., Li, X., Liu, B., et al. Organic structure and possible origin of ancient charred paddies at Chuodun Site in southern China[J]. Science in China Series D: Earth Sciences, 2009, 52(1): 93-100.

Hu, L., Chao, Z., Gu, M., et al. Evidence for a Neolithic Age fire-irrigation paddy cultivation system in the lower Yangtze River Delta, China[J]. Journal of Archaeological Science, 2013, 40(1): 72-78.

Hubbe, A., Chertov, O., Kalinina, O., et al. Evidence of plaggen soils in European North Russia (Arkhangelsk region)[J]. Journal of Plant Nutrition and Soil Science, 2007, 170(3): 329-334.

Isbell, R. The Australian Soil Classification—Revised Edition[M]. Melbourne: CSIRO Publishing, 2002.

IUSS Working Group WRB. World reference base for soil resources 2006: a framework for international classification, correlation and communication[R]. World Soil Resources Reports, 2006, 103.

Keiluweit, M., Nico, P. S., Johnson, M. G., et al. Dynamic molecular structure of plant biomass-derived black carbon (biochar)[J]. Environmental Science and Technology, 2010, 44: 1247-1253.

Kobayashi, N. Charcoal utilization in agriculture (in Japanese)[J]. Nogyo Denka, 2001, 54(13): 16-19.

Krünitz, J. G. Oekonomische Encyklopädie oder allgemeines System der Staats- Stadt- Haus- und Landwirthschaft[C]. Berlin, Germany, 1796.

Larson, G., Albarella, U., Dobney, K., et al. Ancient DNA, pig domestication, and the spread of the Neolithic into Europe[J]. Proceedings of the National Academy of Sciences, 2007, 104(39): 15276-15281.

Lasteyrie, C. D. De l'écobuage Journal des connaissances usuelles et pratiques[J]. Au Bureau du Journal, Paris, 1827.

Leach, M. and Fairhead, J. Ruined settlements and new gardens: gender and soil-ripening among Kuranko farmers in the forest-savanna transition zone[J]. IDS Bulletin, 1995, 26(1): 24-32.

Lehmann, J., Pereira da Silva Jr., J., Steiner, C., et al. Nutrient availability and leaching in an archaeological Anthrosol and a Ferralsol of the Central Amazon basin: fertilizer, manure and charcoal amendments[J]. Plant and Soil, 2003, 249: 343-357.

Li, F., Li, J. Y. and Lu, Y. New discoveries from Donghuishan Neolithic site, Minle Gansu (in Chinese)[J]. Agricultural Archaeology, 1989, 1: 56-69.

Li, X. Q., Zhou, X. Y. and Zhou, J. The earliest archaeobiological evidence of the broadening agriculture in China recorded at Xishanpingsite in Gansu Province[J]. Science in China Series D: Earth Science, 2007, 50(11): 1707-1714.

Liang, B., Lehmann, J., Solomon, D., et al. Black carbon increases cation exchange capacity in soils[J]. Soil Science Society of America Journal, 2006, 70: 1719-1730.

Liebig, J. von Chemische Briefe[M]. C. F. Winter'sche Verlagsbuchhandlung, Leipzig und Heidelberg, Germany, 1878.

Maggs, T. M. O. C. Iron Age Communities of the Southern Highveld[M]. Pietermaritzburg, South Africa: Council of the Natal Museum, 1976.

Mason, R. J. Transvaal and Natal Iron Age settlement revealed by aerial photography and excavation[J]. African Studies, 1978, 27: 167-180.

Mason, R. J. Prehistory of the Transvaal: A Record of Human Activity[M]. Johannesburg, South Africa, Witwatersrand University Press, 1969.

McFadgen, B. G. Maori Plaggen soils in New Zealand, their origin and properties[J]. Journal of the Royal Society of New Zealand, 1980, 10(1): 3-18.

McFadgen, B. G., Knox, F. B. and Cole, T. L. Radiocarbon calibration curve variations and their implications for the interpretation of New Zealand prehistory[J]. Radiocarbon, 1994, 36: 221-236.

McLauchlan, K. The nature and longevity of agricultural impacts on soil carbon and nutrients: a review[J]. Ecosystems, 2006, 9(8): 1364-1382.

Mestre, A. C. and Mestres, J. A. Aportaciónal estudio de la fertilización del suelo por medio de hormigueros[J]. Boletín del Instituto Nacional de Investigaciones Agronómicas, 1949, 9: 125-163.

Miyazaki, Y. Nougyouzensho (Encyclopedia of Agriculture) Nihon NoushoZensho (revised edn)[G]. Nousangyoson Bunka Kyokai, Tokyo, Japanese, 1697, 12.

Möller, A., Kaiser, K., Amelung, W., et al. Relationships between C and P forms in tropical soils (Thailand) as assessed by liquid-state ^{13}C- and ^{31}P-NMR spectroscopy[J]. Australian Journal of Soil Research, 2000, 38: 1017-1035.

Mückenhausen, E., Scharpenseel, H. W. and Pietig, F. Zum Alter des Plaggeneschs[J]. Eiszeitalter und Gegenwart, 1968, 19 (1): 190-196.

Neves, E. G., Petersen, J. B., Bartone, R. N., et al. Historical and socio-cultural origins of Amazonian Dark

Earths[A]. in J. Lehmann, D. Kern, B. Glaser and W. I. Woods (eds) Amazonian Dark Earths: Origin, Properties, Management, Kluwer Academic Publishers, Dordrecht, 2003, 29-50.

Nishio, M. Microbial fertilizers in Japan[M]. National Institute of Agro-Environmental Sciences, Kannodai 3-1-1, Tsukuba, 1998.

Nordt, L., Hayashida, F., Hallmark, T., et al. Late prehistoric soil fertility, irrigation management, and agricultural production in northwest coastal Peru[J]. Geoarchaeology, 2004, 19: 21-46.

Ogawa, M. Symbiosis of people and nature in the tropics[J]. Farming Japan, 1994, 28(5): 10-21.

Ogawa, M. and Okimori, Y. Pioneering works in biochar research, Japan[J]. Soil Research, 2010, 48(7): 489-500.

Olarieta, J. R., Padrò, R., Masipa, G., et al. Formiguers, a historical system of soil fertilization (and biochar production?)[J]. Agriculture, Ecosystems and Environment, 2011, 140(1-2): 27-33.

Rigg, T. and Bruce, J. A. The Maori gravel soil of Waimea West, Nelson, New Zealand[J]. Journal of the Polynesian Society, 1923, 32: 85-92.

Rösch, M. Prehistoric land use as recorded in a lake-shore core at Lake Constance[J]. Vegetation History and Archaeobotany, 1993, 2(4): 213-232.

Rösch, M., Ehrmann, O., Herrmann, L., et al. An experimental approach to Neolithic shifting cultivation[J]. Vegetation History and Archaeobotany, 2002, 11(1-2): 143-154.

Sandor, J. A. and Eash, N. S. Ancient agricultural soils in the Andes of Southern Peru[J]. Soil Science Society of America Journal, 1995, 59(1): 170-179.

Schier, W. Extensiver Brandfeldbau und die Ausbreitung der neolithischen Wirtschaftsweise in Mitteleuropa und Südskandinavien am Ende des 5. Jahrtausends v. Chr[J]. Praehistorische Zeitschrift, 2009, 84(1): 15-43.

Schmid, E.-M., Skjemstad, J. O., Glaser, B., et al. Detection of charred organic matter in soils from a Neolithic settlement in Southern Bavaria, Germany[J]. Geoderma, 2002, 107: 71-91.

Sheil, D., Basuki, I., German, L., et al. Do Anthropogenic Dark Earths occur in the interior of Borneo? Some initial observations from East Kalimantan[J]. Forests, 2012, 3(2): 207-229.

Simpson, I. A. The chronology of anthropogenic soil formation in Orkney[J]. Scottish Geographical Magazine, 1993, 109(1): 4-11.

Simpson, I. A. Establishing time-scales for early cultivated soils in the Northern Isles of Scotland[J]. Scottish Geographical Magazine, 1995, 111(3): 184-186.

Simpson, I. A., Dockrill, S. J., Bull, I. D., et al. Early anthropogenic soil formation at Tofts Ness, Sanday, Orkney[J]. Journal of Archaeological Science, 1998, 25(8): 729-746.

Smith, H. H. Brazil, the Amazons and the Coast[M]. New York: Scribner, 1879.

Springob, G. and Kirchmann, H. C-rich sandy Ap horizons of specific historical land-use contain large fractions of refractory organic matter[J]. Soil Biology and Biochemistry, 2002, 34(11): 1571-1581.

Stack, J. W. Kaiapohia: The Story of a Siege[M]. Christchurch, NZ: Whitcombe and Tombs, 1893.

Taylor, N. H. Soil science and New Zealand prehistory[J]. New Zealand Science Review, 1958, 16: 71-79.

Yoshizawa, S., Tanaka, S., Ohata, M., et al. Composting of food garbage and livestock waste containing biomass charcoal[C]. Proceedings of the International Conference and Natural Resources and Environmental Management 2005, Kuching, Sarawak.

Zech, W., Haumaier, L. and Hempfling, R. Ecological aspects of soil organic matter in tropical land use[A]. in P. McCarthy, C. E. Clapp, R. L. Malcolm and P. R. Bloom (eds) Humic Substances in Soil and Crop Sciences, Selected Readings, American Society of Agronomy and Soil, Madison, WI, USA, 1990, 187-202.

第 3 章

生物炭制备的基本原理

Robert Brown、Bernardo del Campo、Akwasi A. Boateng、
Manuel Garcia-Perez 和 Ondšrej Mašek

3.1 引言

如果不先将生物炭、炭（Char）和木炭（Charcoal）区分开来，就不能对生物炭的制备进行讨论。有些文献在举例时将这 3 个碳质材料术语随意互换，引起了不必要的混淆。这 3 种碳质材料均为热解产物，热解是指在缺氧条件下加热含碳（C）固体材料的过程。另外，热解碳质材料（PCM）在此定义为热解产生的任何碳质残留物（见第 1 章）。因此，PCM 是最常用的术语，用于科学地描述生物质或其他材料的热解产物。炭是天然燃料燃烧产生的 PCM 残留物。木炭是由放入窑中的动物或植物组织热解产生的 PCM，可以用于烹饪或加热。而生物炭是一种专门为土壤农艺或环境管理而制备的碳质材料。2012 年，国际生物炭动议组织（IBI）发布了第一份"土壤中使用的生物炭"指南，正式定义了这种碳质材料，并描述了其特性。但是，人们仍然需要对其继续进行相关研究，以了解在土壤农艺和环境管理应用中什么是"好"的生物炭。

由于有关碳质材料制备的大多数信息都来自木炭，因此本章将回顾传统的木炭制备工艺，以此作为了解如何设计现代生物炭制备系统的第一步。尽管木炭的主要成分是 C，但其确切的组成和物理性质取决于原料和制备条件。木炭由 65%～90% 的固体碳、挥发性物质和矿物质（灰分）组成（Antal and Grønli, 2003）。与传统的木炭制备过程相比，正在开发的其他热化学工艺可生产一系列气态、液态和固态 PCM 产品，并且其效率更高、产品质量更高、环境影响更小。

从表面来看，木炭类似于煤，它也是从植物中提炼出来的，实际上"炭"一词最初的意思可能是"制造煤"（Encyclopedia Britannica, 1911）。然而，煤的地质过程与木炭有很大的不同，其化学成分、孔隙率和反应活性等存在巨大差异。

在氧气不足的情况下，无论是森林大火还是篝火、明火都容易产生炭。因此，PCM 在早期就被人类使用，在最后一个冰河时期，人类使用 PCM 创作了壮观的洞穴壁画（Bard, 2002）。这些年来，PCM 在农业、医学、冶金、烟花制造和化工等领域

也得到了广泛应用。但是，PCM 最广泛的应用一直是作为无烟燃料用于烹饪、房屋供暖、冶炼和炼钢。在利用生物质制备木炭的过程中，大部分挥发性物质在燃烧过程中随着烟雾的释放得以去除。木炭是一种相对清洁的燃料，代表了作为燃料使用的一项重要创新。生物炭作为土壤改良剂和固碳剂是相对较新的应用，需要大量研究和开发。

本章涵盖 3 个主题：传统窑炉制备木炭的历史和工艺；植物生物质制备 PCM 的组成和机理；化学因素对 PCM 产量和特性的影响。根据讨论的内容不同，热解的碳质残留物具有不同的名称，如 PCM、炭、木炭或生物炭。

3.2 木炭制备的历史和工艺

早期，热解后用于能源或冶金的木炭是木材碳化的唯一目的。纵观木炭制备的历史，热解过程已经从炭坑和土堆窑发展到现代的快速热解反应器，现在已被用于生物质的热解及精炼。前期坑窑的重点是最大限度地制备木炭，不仅浪费了其他热解产物，而且其生产过程会产生大量刺鼻的烟雾，污染极为严重。到 18 世纪末，人们开发了新技术来回收和利用热解废气中的挥发性化合物（Klark and Rule，1925）。

最早的木炭窑由一些临时的坑或土墩组成，其构造简单且成本低廉。基于这些优点，坑窑和土墩窑一直延续至近代。现成的泥土是很好的绝缘体和密封剂，以封闭需要碳化的木材。为了提高木炭的产量和质量，人们引入了各种砖窑、金属窑和混凝土窑，但这些窑都是分批运行的，需要定期进行装料和卸料。在木炭制备中最具创新性的是多炉膛窑（Radian Corporation，1988），该窑可以连续工作，与分批窑相比具有更高的能源效率和环境性能。尽管从原则上来说，任何生物质都可以用来制备木炭，但几乎所有的木炭窑都以木材作为原料。

坑窑将一堆闷燃的木材埋在地下以控制空气进入，同时减少在碳化过程中的热损失（见图 3.1）。小型坑窑的体积只有约 1 m³，在矿坑中点燃一个小火焰，随后添加木材以形成旺火，添加的这层树枝和树叶支撑了约 0.2 m 的土层。碳化过程可长达 2 d，然后揭开坑窑，并让木炭在取出前冷却。大型坑窑的体积可达 30 m³ 甚至更大，每窑可制备 6000 kg 以上木炭。如图 3.1 所示，大型坑窑的燃烧从一端逐渐蔓延到另一端。虽然大型坑窑的产量不一定比小型坑窑高，但是大型坑窑能更有效地利用能量。坑窑在连续工作时，需要打开和关闭土壤层中的通风孔，以确保堆中燃烧与热解达到适当的平衡。在土壤排水性能良好、土壤深厚且肥沃的地区，窑炉是理想的选择。然而，木炭的产量通常较低、质量不均一，并且木炭的制备有一个明显的缺点，即在生产过程中会向大气中排放大量颗粒物和挥发性有机物。

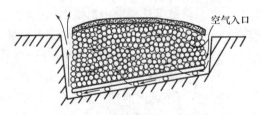

图3.1 制备木炭的大型坑窑示意（改编自FAO，1987）

土墩窑实质上是坑窑的地上版本,其通过在木材上覆盖土壤来控制碳化过程中的空气隔绝和热量散失(见图3.2)。当地下水位靠近地表或土壤难以耕种时,土墩窑比坑窑更合适制备木炭。相对于在木材资源范围内的临时场地,靠近农村(木材资源比较分散)的永久场地更适合用土墩窑。典型土墩窑的底部直径约为4 m,而其展开半球的高则为1～1.5 m(见图3.2)。土墩窑的堆叠方法是将较长的薪柴垂直地靠着中央支柱堆放,而将较短的原木朝着外围垂直放置。原木之间的缝隙被小木头填满,形成密实的桩,覆盖一层稻草或干树叶,然后覆盖一层壤土或砂土来密封土墩窑,并在点火前拆除中央支柱,拆除后的空间既是土墩窑点火的地方,也是排烟的烟道。堆垛底部有6～10个通风口,用于在碳化过程中控制空气的进入量。与坑窑相似,土墩窑制备木炭的产量也相对较低,且土墩窑制备木炭的过程会造成严重的大气污染。砖窑是传统坑窑和土墩窑的重要革新,其产量高且制备的木炭更优质(FAO, 1987),资金成本较低,人工成本适中。砖窑窑体是由砖或其他耐火材料(如砖石、煤渣块或混凝土)构成的,具有良好的隔热性和控氧性,呈半球形或蜂巢状,地基由直径为5～7 m的耐火材料制成(见图3.3)。

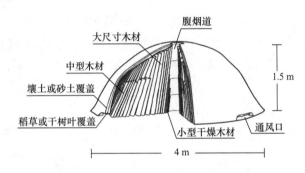

图3.2 土墩窑示意(改编自FAO,1987)

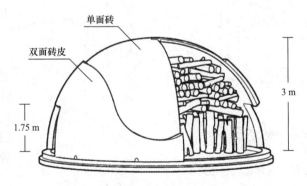

图3.3 砖窑示意(改编自FAO,1987)

窑炉通常有两个对立且垂直于主风向的开口:一个开口用来装窑,另一个开口用来取出木炭。这些开口可以用钢门封闭,也可以简单地用砖砌起来并用泥浆密封。通风孔分布在窑炉底部,以控制空气进入量,而烟气从窑炉顶部的"眼"孔排出。碳化过程一般持续6～7 d;碳化结束后是1～2 d的"吹扫"阶段,在此阶段外围通风口被密封;最后冷却3 d,冷却阶段"眼"孔也将被密封。

由钢或铸铁制成的金属窑起源于19世纪30年代的欧洲，并于19世纪60年代传播到发展中国家。尽管金属窑多种多样，但由热带产品研究所（Tropical Products Institute，TPI）开发的可运输金属窑可以体现这种窑炉的主要特征（Whitehead, 1980）。如图3.4所示，TPI开发的可运输金属窑由2个可互锁的圆柱形和一个带4个蒸气排放口的锥形盖组成。该窑由8个通道支撑，从底层周围呈放射状突出。通道的作用是进气，或者在装有烟囱时将烟气排放到窑外，在碳化过程中，4个通道都装有烟囱。与传统窑或砖窑相比，金属窑具有多个优势。由于进入和排出金属窑的气流易于控制，因而可以提高木炭的产量和质量。不熟练的员工可以通过培训快速掌握金属窑的操作，并且不需要时刻关注操作过程，3 d即可完成碳化，所有木炭都可以从金属窑中取出。金属窑可以在降雨量高的地区运行，但是使用金属窑制备木炭并不能减轻空气污染。

混凝土窑又称密苏里窑，它是由钢筋混凝土或带钢门的混凝土砌块构成的矩形结构（见图3.5）。混凝土窑的设计是利用机械进行木材的装载、卸载。典型的混凝土窑宽约7 m，长约11 m，拱顶高度约4 m。其木材容量是砖窑的3倍（为180 m³），通常在3周内即可制备16 t木炭。混凝土窑具有更好的隔热性和更大的比表面积，其产量高于金属窑。控制流入窑内的气流，以及利用窑内的温度计识别和校正冷、热点，这可以提高木炭产量。密苏里窑体装有8个直径为0.15 m的烟管。这些烟管连接到主烟道，可以助燃，还可以减少大气污染物的排放［CO、挥发性有机化合物（VOC）和颗粒物］（Yronwode, 2000）。

图3.4 TPI开发的可运输金属窑示意
（改编自Whitehead, 1980）

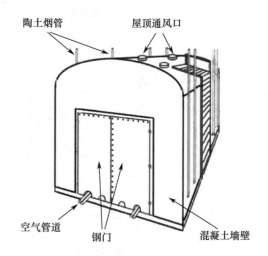

图3.5 混凝土窑示意（Maxwell, 1976）

由于间歇式窑的气体排放未达到稳态，因此很难控制这类窑的污染物排放。表3.1总结了一些最常见的用于制备商业木炭的间歇式窑的主要特征。间歇式窑通常可以根据反应器供热方式进行分类。间歇式窑可以吸纳足够的空气来燃烧生物质裂解过程中释放的气体，燃烧释放的热量可供给窑炉。间歇式窑将空气从热解炉中排出，并在热解炉外燃烧热解气，燃烧释放的热量通过金属炉壁传递给生物质。

表 3.1 用于制备木炭的间歇式窑说明

反应器	最终产品	加热模式	建筑材料/操作方式	操作可移动性	使用的原材料	装卸方法	窑体尺寸	过程控制
坑窑/土墩窑	木炭	慢/自动加热	地表土/分批	批次/就地建成	原木	手动	坑窑 深度：0.6~1.2 m；长度：4 m；容量：1~30 m³ 土墩窑 直径：2~15 m；高度：1~5 m	观察生产蒸气的颜色
巴西/阿根廷砖窑	木炭	慢/自动加热	砖/分批	批次/固定	原木	手动/机械	直径：5~7 m；高度：2~3 m	观察生产蒸气的颜色
亚当反应罐	木炭	慢/自动加热	烧渣	批次/固定	原木	手动	容量：3 m³	观察生产蒸气的颜色
密苏里窑	木炭	慢/自动加热	混凝土	批次/固定	原木	机械	容量：180 m³；宽度：7 m；长度：11 m；高度：4 m	观察生产蒸气的颜色
黑岩林/便携式金属窑	木炭	慢/自动加热	钢	批次/固定	原木	手动	直径：2.3 m；高度：1.7 m	观察生产蒸气的颜色
瓦供反应罐	木炭/生物油	慢/间接加热	钢	批次/固定	原木	货车	直径：2.5 m；长度：7.5 m	直接测量温度

连续炉的引入取代了间歇式窑的人工装卸,并提高了制备稳定性,从而提高了木炭产量,同时便于进行污染物排放控制。连续炉中表现最为突出的是多炉膛窑,它由耐火材料夹层的垂直钢壳组成,其由一系列窑壁支撑的架子或炉膛构成(见图3.6;Wigmans, 1989),在钢壳中央有一个装有摇臂的旋转垂直轴。随着垂直轴的旋转,摇臂缓慢地扫过炉床,使碳化的木块沿径向向内或向外移至炉床上的孔洞,并使物料(木块)掉落至低一层的炉床。向上流通的空气通过中空轴可以进入壁炉,从碳化生物质中释放的气体和蒸气的流通方向与窑中生物质的流通方向相反,这些气体在燃烧区燃烧,为碳化及后续的干燥提供热量(下一层)。多炉膛窑平均每小时制备 2.5 t 木炭。作为连续流反应器,多炉膛窑出色地控制了碳化时间和气流,从而提高了木炭的产量和质量。与间歇过程相比,连续过程更适合污染控制。据估计,二次燃烧可以减少至少 80% 的颗粒物(PM)、CO 和 VOC 的排放(Rolke et al., 1972)。

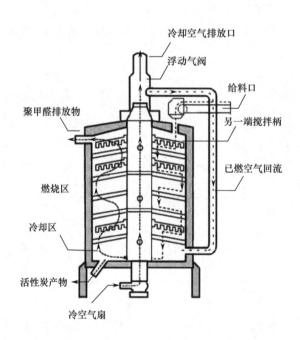

图3.6　用于木炭制备的多炉膛窑示意(改编自Radian公司,1988)

尽管木炭窑在不断改进,但由于存在大气污染物排放等环境问题,该方法仍遭到指责(见图 3.7)。与传统木炭制备相关的排放物主要包括 CO、CH_4、非甲烷烃(NMHC)和总悬浮颗粒物(TSP),尽管使用 NMHC 这个词可能不太准确,因为排放物中通常还包含甲醇、乙酸和其他含氧有机化合物。表 3.2 列出了不同种类的木炭窑的污染物排放量(Moscowitz, 1978)。

但是,某些 NMHC(或 VOC)是具有商业价值的化合物,可以通过蒸馏回收。实际上,在石油化学品开发之前,"木焦油"和"吡咯烷酸"的制备可能是窑炉运行的主要原因。通过蒸气爆破木材可以生产大量商业木质素酒精,主要有乙酸和甲醇(Sjostrom, 1993)。第 4 章详细讨论的快速热解是在 20 世纪 70 年代引入的,其目标是回收作为主要产品的可冷凝蒸气和作为副产品的固体 PCM。近年来，通过快速热解将生物油转化为燃料油或运输燃料的前景日益受到关注。

图3.7　土窑的运行情况，在碳化过程中排放大量浓烟（Weald and Downland）

表 3.2　不同种类木炭窑的污染物排放量（Moscowitz, 1978）

	CO（g·kg^{-1}）	CH$_4$（g·kg^{-1}）	NMHC[1]（g·kg^{-1}）	TSP[2]（g·kg^{-1}）
不受控制的批处理	160~179	44~57	7~60	197~598
低控制批处理	24~27	6.6~8.6	1~9	27~89
连续控制批处理	8.0~8.9	2.2~2.9	0.4~3.0	9.1~30

注：[1] NMHC 为非甲烷烃（包括可回收甲醇和醋酸）；
　　[2] TSP 为总悬浮颗粒物。

3.3　生物质填料热解的基本概念

纤维生物质的主要成分是纤维素、半纤维素和木质素，其有机萃取物和无机矿物含量较少。不同种类生物质的主要成分有所差异，即便同一种生物质，由于土壤类型、气候和收获时间不同，上述组分也可能存在较大差异。因此，生物炭的特性因组分不同可能会有很大差异。了解生物质的组分和反应机理对于制备 PCM 尤为重要。表 3.3 列举了一些不同种类生物质的组分差异。制备生物炭的潜在原料种类繁多，因而生物炭可以具备不同的特性，这有利于推进其在土壤改良、固碳和／或生物修复等方面的应用（Spokas et al., 2012）。

表 3.3 不同种类生物质的组分、元素分析和工业分析（干基）

选定的生物质	有机成分			元素分析				工业分析			参考文献
	Cell	Hem	Lig	C	H	O	N	Vol	F.C	灰分	
木本作物											
杨树木	49.0	25.6	23.1	48.5	5.9	43.7	0.5	82.3	16.3	1.3	Toor et al. (2011)；Jenkins and Ebeling (1985)
松树木	41.7	20.5	25.9	47.3	6.2	42.4	0.3	78.4	18.9	2.7	Toor et al. (2011)；Wang and Brown (2013)
红橡木	42.2	33.1	20.2	45.2	6.4	47.7	0.1	87.7	11.6	0.7	Pettersen (1984)；Peterson et al. (2012)；Wang and Brown (2013)
桉树木	45.0	19.2	31.3	48.4	6.1	45.3	0.1	80.7	18.9	0.5	Yip et al. (2009)
桉树皮	37.4	19.2	28.0	50.4	5.6	43.7	0.3	68.1	27.0	4.0	Yadav et al. (2002)；Yip et al. (2009)
桉树叶	37.1	14.3	34.1	59.3	6.8	32.4	1.3	74.6	21.7	3.7	Chilcott and Hume (1984)；Yip et al. (2009)
禾本植物											
柳枝稷	36.2	21.7	21.2	44.8	6.6	44.4	0.6	76.7	14.4	3.7	Imam and Capareda (2012)；Yoshida et al. (2008)
芒属植物	40.2	22.4	24.4	48.1	5.4	42.2	0.5	75.1	17.9	3.1	Mckendry (2002)
农业残留物											
玉米棒	37.1	24.2	18.2	43.7	5.6	43.3	0.6	75.2	19.3	5.6	Toor et al. (2011)；Jenkins and Ebeling (1985)
稻草	32.0	35.7	22.3	48.2	6.2	44.1	0.8	74.7	15.2	10.1	Wannapeera et al. (2008)
麦草	41.3	30.8	7.7	49.7	7.1	39.3	0.8	70.2	25.0	4.8	Tumuluru et al. (2011)；McKendry (2002)
水生物种											
微藻类	7.1	16.3	1.5	42.5	6.8	28.0	6.6	71.0	12.4	16.6	Ververis et al. (2007)；Wang and Brown (2013)
宏藻类	25.7		13.8	32.9	4.8	35.6	2.5	56.1	9.3	29.1	Trinh et al. (2013)；Ross et al. (2008)

(续表)

选定的生物质	有机成分			元素分析				工业分析			参考文献
	Cell	Hem	Lig	C	H	O	N	Vol	F.C	灰分	
废弃物											
锯尘	33.7	22.6	33.8	46.5	5.6	45.7	2.1	77.0	19.9	0.8	Sinag et al. (2011); Park et al. (2010)
粪便（猪）	15.1	19.9	0.9	47.3	5.9	20.1	4.6	77.0	1.1	22.3	Xiu et al. (2010); Cao et al. (2010)
粪便（乳牛）	31.4	13.9	16.0	37.9	5.5	25.6	3.0	67.0	10.8	22.3	Liao et al. (2005); Otero et al. (2011)
城市固体废物	37.6	8.4	15.9	47.6	6.0	32.9	1.2	69.6	9.8	20.6	Lamborn (2009); Kathirvale et al. (2004)
食物残渣	49.5	7.4	10.9	49.6	6.9	32.2	3.4	82.0	13.1	6.3	Lamborn (2009); Caton et al. (2010)
花园和草地修剪物	26.2	11.7	27.5	57.7	18.4	22.3	0.1	62.8	30.7	6.5	Lamborn (2009); Miskolczi (2013)
纯纤维素	100.0	0.0	0.0	44.6	6.4	49.0	0.0	92.8	6.1	1.1	Rutkowski and Kubacki (2006); Sanchez-Silva et al. (2012)

纤维素是由 ß-(1-4)-D-吡喃葡萄糖通过糖苷键（一种醚键）连接的线性聚合物（见图 3.8）（O'Sullivan, 1997）。纤维素聚合物的重复单元是纤维二糖，其由 2 个脱水葡萄糖单元组成。纤维素聚合物中葡萄糖单元的数量称为聚合度（Degree of Polymerization，DP）。天然纤维素的平均 DP 约为 10000。相邻的纤维素分子通过氢键和范德华力的耦合，平行排列，使纤维素具有晶体结构。纤维素以葡萄糖吡喃糖环的片状排列在一个平面中，连续的薄片相互堆叠在一起形成三维颗粒，这些颗粒聚集成晶体宽度为 4～5 nm 的基本纤维，这种结晶微纤维排列使纤维素比半纤维素更耐热解。半纤维素是由己糖（D-葡萄糖、D-甘露糖和 D-半乳糖）、戊糖（D-木糖、L-阿拉伯糖和 D-阿拉伯糖）和脱氧己糖（L-鼠李糖或 6-脱氧 L-甘露糖、稀有 L-岩藻糖或 6-脱氧 L-半乳糖）通过糖苷键连接而成的大型杂多糖（Sjostrom, 1993）。半纤维素还含有少量的糖醛酸（4-O-甲基-D-葡萄糖醛酸、D-半乳糖醛酸和 D-葡萄糖醛酸）；硬木富含木聚糖，如 O-乙酰基-(4-O-甲基葡糖醛酸) 木聚糖，以及少量的葡甘露聚糖；软木富含葡甘露聚糖（O-乙酰基 -半乳糖 -葡甘露聚糖），以及少量的木聚糖（阿拉伯-(4-O-葡糖醛酸) 木聚糖）。与硬木的半纤维素相比，软木的半纤维素有更多的甘露糖和半乳糖单元，以及较少的木糖单元和乙酰化羟基。

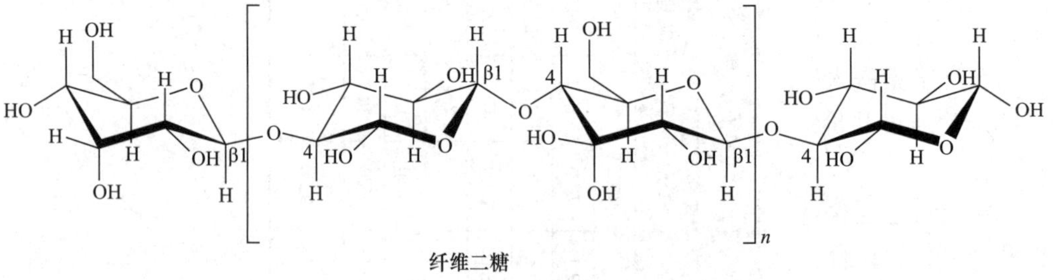

图3.8 纤维素的化学结构（Mohan et al., 2006）

图 3.9 给出了典型半纤维素的结构式，用于区分半纤维素和纤维素的短侧链。由于半纤维素结晶度和聚合度较低（聚合度仅为 100～200），因此半纤维素的化学性质和热稳定性比纤维素低（Sjostrom, 1993）。

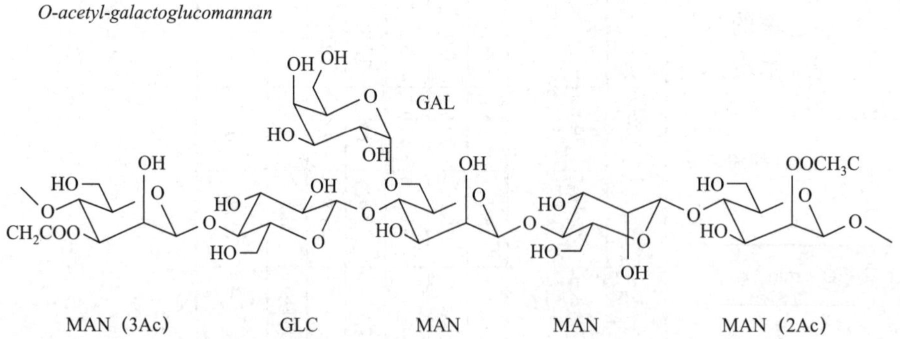

图3.9 软木中常见半纤维素的结构式（GAL—半乳糖，GLC—葡萄糖，MAN—甘露糖，Ac—乙酰基，XYL—木糖，GLcA—甲基葡萄糖醛酸，ARA—阿拉伯糖；Hartman, 2006）

木质素是一种苯基丙烷聚合物，是木质纤维素中最大的非碳水化合物（Sjostrom,

1993)。它由松柏醇、芥子醇和香豆醇3种单体构成,每个单体都有1个带有不同取代基的芳环(见图3.10)。软木的木质素含有较高比例的松柏基苯基丙烷单元(愈创木基木质素),而硬木的木质素是松柏基和芥子基苯基丙烷单元(愈创木基-丁香基木质素)的共聚物。木质素具有无定形结构,因而各个单元之间存在大量可能的相互连接。木质素单元之间以醚键为主连接,其与多糖之间以共价键连接。与纤维素不同,木质素不能降解成其原始的单体。

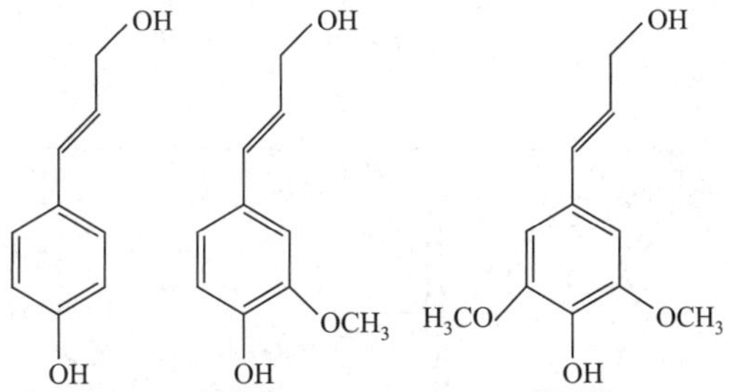

图3.10 构成木质素的3种单体

初级纤维素嵌入厚度7～30 nm的半纤维素基质中。木质素主要位于微纤维的外部,与半纤维素通过共价键结合(Klein and Snodgrass, 1993)。木质素可以浸入细胞壁,减小孔径,屏蔽多糖,这有助于木质素的稳固(Saxena and Brown, 2005)。

植物材料中还含有其他有机化合物(统称为"萃取物"),包括树脂、脂肪、脂肪酸、酚类、植物甾醇及其他化合物。根据萃取物溶于水还是有机溶剂,其可分类为亲水性萃取物和亲脂性萃取物。除酚类物质外,树脂通常为亲脂性萃取物。萃取物在热解过程中会直接影响气体的排放,但由于其浓度低,因此不会对木炭的产量产生明显影响。

生物质中的无机组分包括:主要养分元素氮(N)、磷(P)和钾(K),少量的硫(S)、氯(Cl)、硅(Si)、碱金属、过渡金属和各种微量元素。生物质高温氧化后剩余的无机组分被称为灰分。

根据加热速率的不同,纤维素、半纤维素和木质素具有独特的热解方式。如表3.4所示,随着加热速率的提高,纤维素在较高的温度下开始分解(Gupta and Lilley, 2003)。但在马弗炉或传统木炭窑中,加热速率较低,纤维素会在低于250 ℃时就开始分解(Williams and Besler, 1996)。

表3.4 热重力分析仪中加热速率对纤维素热解的影响,其中,N_2作为吹扫气体,流量未指明(Gupta and Lilley, 2003)

加热速率($℃\cdot min^{-1}$)	热解的焓($J\cdot kg^{-1}$)	热解初始温度(℃)	最大热解温度(℃)
5	780	314	345
10	498	337	360
30	350	350	383
50	362	362	396

图 3.11 展示了纤维素、半纤维素（木聚糖）和木质素分解的温度依赖性，数据是 Yang 等（2007）利用热重力分析仪（TGA）测得的，其中，TGA 以 10 ℃·min^{-1} 的速率恒定加热，N_2 以 120 mL·min^{-1} 的速率吹扫。随着温度的升高，半纤维素从 220 ℃开始分解，并在 315 ℃分解完全，而纤维素直至 315 ℃才开始分解。如果挥发物从反应区中快速去除，则一旦达到 400 ℃，大部分纤维素将会转化为可冷凝的有机蒸气和气溶胶。当压力较高且不通风时，会促使炭和气体发生反应，会消耗可冷凝的有机蒸气。虽然木质素在 160 ℃时就开始分解，但整个分解过程缓慢、稳定，直至 900 ℃时产生的固体残留物才接近原始样品的 40% w/w。

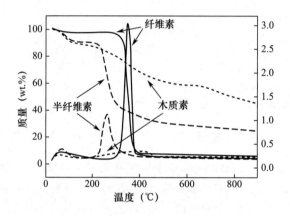

图3.11 在恒定加热速率（10 ℃·min^{-1}）下，使用N_2（99.9995%）作为吹扫气体，在120 mL·min^{-1}下对纤维素、半纤维素（木聚糖）和木质素的分解进行热重力分析（改编自Yang et al., 2007）

最近的研究揭示了植物聚合物的热解机理。纤维素和半纤维素均通过糖苷键断裂和吡喃糖环断裂的竞争反应而分解。在没有碱金属和碱（土）阳离子的条件下，糖苷键断裂占主导地位，此时纤维素和半纤维素热解的主要产物为脱水糖（Patwardhan et al., 2009, 2011a）。然而，即便大部分生物质中碱金属和碱土金属（作为灰分的一部分）含量较小，但也会产生自然催化导致吡喃糖环断裂，从而减小脱水糖的产量，并增加轻度（C2-C3）氧化的有机化合物、不可冷凝气体及焦炭的产量（Patwardhan et al., 2010）。

在热解过程中可以直接观察到纤维素多糖解聚形成脱水糖熔化物（Dauenhauer et al., 2007），熔化的脱水糖可以通过蒸发或热喷射从反应区逸出。哪种机制主导了脱水糖在热解区的运输尚未确定，仍是当前研究需要解决的问题。尽管相对于其他热解产物，一元脱水糖的蒸气压较低，但在通风良好的热解条件下，其蒸气压足以使许多一元脱水糖以蒸气（相对稳定）的形式逸出（Ronsse et al., 2012）。较重的低聚糖，无论是通过纤维素降解，还是一元脱水糖再聚合产生，都不能通过蒸发或热喷射逸出。它们聚集在热解区，经过聚合并脱水形成炭、水和较轻的气体（Bai et al., 2013）。如图 3.12 所示，多糖的热解过程分为两步，每步都有竞争途径，这些竞争途径决定了，以碳水化合物形成碳的程度。促进 PCM 形成的条件包括生物质中存在的灰分、加热速率，及反应器内气体的去除程度。

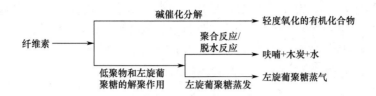

图3.12 纤维素热解机理

多糖分解产生的轻度氧化的有机化合物包括醇、醛、羧酸和酮，分解产物还包括呋喃、糠醛（2-糠醛）和2,5-二甲基呋喃（DMF），其中，有些化合物已从生物质中进行了商业回收，尤其是半纤维素中的乙酰基官能团，以及戊糖中的羧酸和糠醛（Rutherford et al., 2004）。

与木质纤维素中的其他多糖一样，木质素也会在快速加热时降解。木质素降解的反应机理可能有两种：一种是部分木质素降解成较大的碎片，并随即从热解区热喷射逸出，从而使其可以在生物油中回收，然后将回收的低聚物进行二次降解反应以形成一元酚（Zhou et al., 2013a, 2013b）；另一种是木质素直接降解为易挥发的高取代度酚类单体和二聚体，从而通过蒸发逸出热解区（Patwardhan et al., 2011b）。这些酚类化合物的侧链中含有丰富的官能团，包括活性较高的甲氧基和乙烯基，因此这些化合物在气相中发生缩合反应，生成非挥发性的气溶胶——淡黄色刺激性烟雾，其通常作为一种黑色黏稠液体进行回收，有时被称为焦油，其本质为酚醛低聚物。以上两种反应机理可能同时发生，但每种反应机理在木质素热解中的作用尚待确定。

大部分PCM源自生物质中木质素的热解。在木质素相对较慢的解聚过程中，具有活性的木质素碎片可重新聚合，然后脱水形成炭，并产生水和不可冷凝的气体。与纤维素一样，将生物质快速加热到高温，并快速将产物蒸气运输出热解区，可以抑制木质素形成的PCM，但不能消除PCM的产生。

3.4 木炭的产量和性质

根据窑炉中排放烟气颜色的不同。传统的木炭制备分为3个连续阶段。第1个阶段是生物质干燥，释放凝结水蒸气，并形成浓白色烟雾。第2个阶段为生物质热解，产生由有机化合物组成的黄色烟雾。第3个阶段产生少量烟雾（通常是透明的或蓝色的），标志着碳化过程的结束。此时窑炉通风口关闭，以防止新鲜空气进入窑炉内导致木炭燃烧（Toole et al., 1961）。

在某些窑中，水和可凝结的焦油以液态形式回收，有时将其称为生物油（见表3.5）。水既来自生物质原料中的水分，也来自热解过程中产生的"水"。在热解过程中进行物料平衡时，区分这两种来源的水尤为重要。

窑炉内木炭产量 η_{char} 可表示为

$$\eta_{char} = (m_{char}/m_{bio}) \times 100 \quad (3\text{-}1)$$

其中，m_{char} 是窑炉中木炭的干重，m_{bio} 是添加到窑炉中生物质的干重。表3.6给出了不同类型的间歇式窑的木炭产量,这些窑都使用了非特殊物种的木材。对于同一种类型的窑,已有研究报道的木炭产量差别很大,但一般而言,砖窑和便携式钢窑的木炭产量要比坑窑和土墩窑高,而在间歇式窑中混凝土(密苏里)窑的木炭产量最高。已有文献未曾探讨过生物质组成和窑炉操作条件对木炭产量和性质的影响。

表3.5 木材在400 ℃下炭化的化学计量和质量分数(%d.b.)示例

反 应	生物质→CO_2(气体)+ CO(气体)+水(液体)+焦油(液体)+炭(固体)
摩尔比	$C_{84}H_{120}O_{56}$ → $5CO_2+3CO+28H_2O+C_{28}H_{34}O_9+C_{48}H_{30}O_6$
质量分数	100%→11%+4%+25%+25%+35%

注:未报道加热速率;改编自Antal et al.(2000),根据Klason(1914)提供的信息。

表3.6 木炭产量

窑 型	木炭产量
坑窑	12.5%~30%
土墩窑	2%~42%
砖窑	12.5%~33%
便携式钢窑	18.9%~31.4%
混凝土(密苏里)窑	33%

注:不同类型的间歇式窑的木炭产量干重(Kammen and Lew, 2005)。

碳化率是描述生物质组成和木炭形成条件的函数。尽管式(3-1)所描述的木炭产量具有一定的实际应用价值,但由于其不能计算生物质原料和木炭中灰分的含量,因此并不能精确衡量生物质所产生的碳量。相比之下,碳化率用于描述固定碳产量更具意义,即

$$\eta_{char} = \frac{m_{char}}{m_{bio}} \frac{C_{fc}}{1-b_a} \quad (3-2)$$

其中,C_{fc}是按照ASTM D1762-84标准测定的木炭中的固定碳含量,b_a是干燥生物质的灰分含量。式(3-2)描述了原料中无灰分的有机物向无灰分的碳转化(Antal et al., 2000)。在理想状态下,窑炉固定碳产量应等于热力学平衡预估的固体碳产量。图3.13为在400 ℃和1 MPa条件下(使用化学平衡软件STANJAN计算),纤维素的热解应具备27.7%的固定碳产量(Bishnu et al., 1996)。实际上,窑炉的固定碳产量达不到热力学平衡预估的固定碳产量,而且木炭产量明显较低。

实际上,生物质制备木炭的产量大大低于理论预期产量。传统窑炉的效率按质量计算仅为8%(FAO, 1985;见图3.13),这可能是由于O_2与空气一起进入窑炉中,从而使木炭气化为CO和CO_2,大大降低了碳的热力学平衡产率。

然而,即使在厌氧条件下,如果在达到热力学平衡之前将反应区中蒸气和气体去除,也会导致木炭产量降低。通常认为木炭是固相反应的结果,其中,生物质去除挥发组分后生成的碳质残留物(初级木炭)实际上也是通过热解初级产物脱水(次级木炭)而形成的。

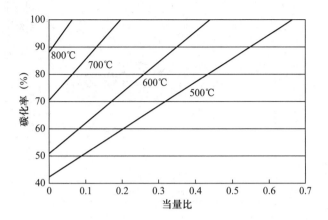

图3.13 使用STANJAN化学平衡软件计算的纤维素气化碳化率与当量比（理论完全燃烧所需化学计量氧的分数）的函数关系

尽管次级木炭的制备方式与初级木炭不同，但制备次级木炭的化学反应与原木炭一样（Chen et al., 1997）。热解蒸气的逸出使原始反应物无法达到热力学平衡，从而有利于提高木炭产量。Varhegyi（1988）和 Milosavljevic 等（1996）通过控制 TGA 实验中蒸气的排放将热解纤维素的木炭产量从百分之几提高到近 20%。Klason（1914）认识到近 100 年前的初级反应和次级反应在碳化中的重要性，但是其在木炭或生物炭的制备中尚未得到充分利用。

木炭制备的主要反应和次要反应的存在有助于解释压力对最终产量的影响，以及木材热解过程中的吸热和放热现象。

热力学计算表明，纤维素或木材的热解受压力的影响不大（见图 3.14）。早在 1914 年，Klason 的研究就表明，压力对木炭产量的影响较为显著，尽管其他人的研究结论与之相反（Frolich et al., 1928）。Mok 和 Antal（1983）在管流反应器研究中提出压力对产率的影响。他们证明，随着压力从 0.1 MPa 增大到 2.5 MPa，木炭的产率从大约 10% w/w 增加到超过 20% w/w ［见图 3.14（a）］。该研究还发现，压力对产率的影响取决于管流反应器中惰性气体吹扫的速率 ［见图 3.14（a）］。随后的研究表明，压力是一种动力学效应，而不是热力学效应：高压延长热解蒸气在颗粒内的停留时间，同时增大分解反应的速率，从而使产率更接近热力学平衡的期望值，在蒸气可能会分解和沉积次级木炭之前，吹扫气会将其去除。

研究人员提出了热解焓从吸热（Kung and Kalelkar, 1973）到放热的差异（Roberts, 1970）。Mok 和 Antal（1983）使用差示扫描量热仪中嵌入的管式反应器，测量压力和吹扫气体流速对纤维素热解热的影响 ［见图 3.14（b）］。他们发现，热解在低压下是吸热的，在高压下是放热的。此外，反应过程从吸热转变为放热所需的压力取决于吹扫气体的流量，吹扫气体流量较低会使压力向较低的方向过渡。他们将吸热归因于左旋葡聚糖的脱挥发分，而将放热归因于左旋葡聚糖的原位碳化（见图 3.15）。图 3.15 表明，控制热解不仅能提高固体产量，还能减少生物炭反应器的能量输入。

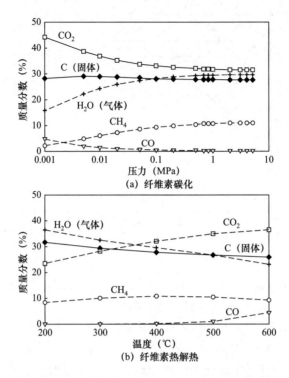

图3.14 压力和吹扫气体流速对纤维素碳化和纤维素热解热的影响（Mok and Antal, 1983）

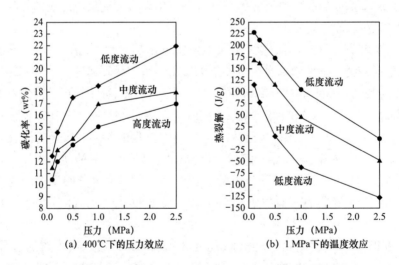

图3.15 纤维素热解的化学平衡产物（Antal and Grønli, 2003）

孔隙率是木炭的重要特性之一。尽管植物材料的维管结构有助于形成大孔隙，但木炭大部分的比表面积均来自加热过程中产生的纳米孔。孔隙率是加热温度、加热速率和加热时间的复杂函数。

Rutherford 等（2004）研究发现，在缓慢热解条件下，生物质中的脂肪族碳必须先转化为稠环芳族碳才能形成孔隙。对于纤维素而言，在250 ℃以下不会发生这种脂肪族碳的转化；而对于已经含有大量芳香族碳的木质素，则需要接近 300 ℃才能转化为脂肪族碳。在 500～600 ℃下，无定形芳香族碳逐渐消失，开始形成孔隙结构。芳香族碳的稠环结构是微孔形成的基础。

多孔碳分为可石墨化碳和不可石墨化碳（Byrne and Marsh, 1995）。这两种类型的 C 原子都以堆叠为微晶稠密六角环的形式排列。然而，当加热到 800～1000 ℃时，可石墨化碳的微晶会重新定向成平行的 C 原子片（石墨），在重排过程中材料的孔隙率会发生变化。不可石墨化碳的微晶是随机定向的，并且彼此之间存在很强的交联性，在加热时可以防止定向重排并保持孔隙率。热解生物质的 C 是不可石墨化的，这与原料的高含氧量有关（Franklin, 1951）。

3.5 结论与展望

虽然人们对木炭窑进行了一系列改进，但是在污染排放方面仍存在一些问题。从经济、环境或社会的角度来看，木炭作为生物质热解的唯一产物不符合可持续发展理念。因此，其他热化学工艺将替代传统木炭技术制备生物炭，这些新的工艺可有效提高效率，对环境友好，并有机会从气态、液态和固态产品中制造多种增值产品。但是，要想成功开发用于制备生物炭和其他副产品的热化学工艺，还需要对控制气固反应和气相反应的化学过程和物理过程有深入的了解，这些过程决定了产品的产量和质量。结合实验和建模工作，有可能提高生物炭的质量，使其适用于固碳、土壤改良和生产活性炭等应用。

参考文献

Antal, M. J. and Grønli, M. The art, science and technology of charcoal production[J]. Industrial and Engineering Chemistry Research, 2003, 42: 1619-1640.

Antal, M. J., Allen, S. G., Dai, X., et al. Attainment of the theoretical yield of carbon from biomass[J]. Industrial and Engineering Chemistry Research, 2000, 39: 4024-4031.

Bai, X., Johnston, P. and Brown, R. C. An experimental study of the competing processes of evaporation and polymerization of levoglucosan in cellulose pyrolysis[J]. Journal of Analytical and Applied Pyrolysis, 2013, 99: 130-136.

Bard, E. Extending the calibrated radiocarbon record[J]. Science, 2002, 292: 2443-2444.

Bishnu, P. S., Hamiroune, D., Metghalchi, M., et al. Development of constrained equilibrium codes and their applications in non-equilibrium thermodynamics[J]. Advanced Energy Systems Division: Proceedings of the ASME Advanced Energy Systems Division, 1996, 36: 213-220.

Byrne, J. F. and Marsh, H. Introductory overview[A]. in J. W. Patrick (ed) Porosity in Carbons—Characterization and Applications, Halsted Press, New York, USA, 1995, 2-48.

Cao, X., Ro, K.S., Chappell, M., et al. Chemical structures of swinemanure chars produced under different carbonization conditions investigated by advanced solid-state ^{13}C Nuclear Magnetic Resonance (NMR) spectroscopy[J]. Energy and Fuels, 2010, 25: 388-397.

Caton, P., Carr, M., Kim, S., et al. Energy recovery from waste food by combustion or gasification with the potential for regenerative dehydration: A case study[J]. Energy Conversion and Management, 2010, 51: 1157-

1169.

Chen, G., Yu, Q. and Sjostrom, K. Reactivity of char from pyrolysis of birch wood[J]. Journal of Analytical and Applied Pyrolysis, 1997, 40(4): 491-499.

Chilcott, M. and Hume, I. Digestion of *Eucalyptus andrewsii* foliage by the common ringtail possum, Pseudocheirus peregrinus[J]. Australian Journal of Zoology, 1984, 32: 605-613.

Dauenhauer, P. J., Dreyer, B. J., Degenstein, N. J., et al. Millisecond reforming of solid biomass for sustainable fuels[J]. Angewandte Chemie International Edition, 2007, 46: 5864-5867.

Encyclopedia Britannica. Charcoal[M]. London: Chapman & Hall Ltd, 1991, 5: 856.

FAO. Industrial Charcoal Making[A]. FAO Forestry Paper 63, FAO, United Nations, Rome, Italy, 1985.

FAO. Simple Technologies for Charcoal Making, Second Printing[M/OL].FAO Forestry Paper 41, Food and Agriculture Organization of the United Nations, Rome, 1987.

Franklin, R. E. Crystallite growth in graphitizing and non-graphitizing carbons[J]. Proceedings of the Royal Society, 1951, 209: 196-218.

Frolich, P. K., Spalding, H. B. and Bacon, T. S. Destructive distillation of wood and cellulose under pressure[J]. Industrial and Engineering Chemistry Research, 1928, 20: 36-40.

Gupta, A. K. and Lilley, D. G. Thermal destruction of wastes and plastics[A]. in A. L. Andrady (ed) Plastics and the Environment, Wiley-Interscience, Hoboken, NJ, USA, 2003, 629-696.

Hartman, J. Hemicellulose as barrier material[D]. Licentiate thesis, Royal Institute of Technology, Stockholm, Sweden, 2006.

Imam, T. and Capareda, S. Characterization of bio-oil, syn-gas and bio-char from switchgrass pyrolysis at various temperatures[J]. Journal of Analytical and Applied Pyrolysis, 2012, 93: 70-177.

Jenkins, B. and Ebeling, J. Thermochemical properties of biomass fuels[J]. California Agriculture, 1985, 39: 14-16.

Kammen, D. M. and Lew, D. J. Review of technologies for the production and use of charcoal[R]. Renewable and Appropriate Energy Laboratory, Berkeley University, 2005.

Kammen, D. M. & Lew D. J. Review of Technologies for the Production and Use of Charcoal. Renewable and Appropriate Laboratory Report[R]. National Renewable Energy Laboratory, Golden, USA, 2005.

Kathirvale, S., Yunus, M., Sopian, K., et al. Energy potential from municipal solid waste in Malaysia[J]. Renewable Energy, 2004, 29: 559-567.

Klark, M. and Rule, A. The Technology of Wood Distillation[M]. London: Chapman & Hall Ltd, 1925.

Klason, P. Versuch einer Theorie der Trockendestillation von Holz[J]. Journal für Praktische Chemie, 1914, 90: 413-447.

Klein, G. L. and Snodgrass, W. R. Cellulose[A]. in R. Macrae, R. K. Robinson and M. J. Saddler (eds) Encyclopedia of Food Science, Food Technology and Nutrition, Academic Press, London, UK, 1993, 758-767.

Kung, H. C. and Kalelkar, A. S. On the heat of reaction in wood pyrolysis[J]. Combustion and Flame, 1973, 20: 91-103.

Lamborn, J. Characterisation of municipal solid waste composition into model inputs[C]. Proceedings of the Third International Workshop Hydro-Physico-Mechanics of Landfills, Braunschweig, Germany, 2009.

Liao, W., Wen, Z., Hurley, S., et al. Effects of hemicellulose and lignin on enzymatic hydrolysis of cellulose from dairy manure[J]. Applied Biochemistry and Biotechnology, 2005, 124: 1017-1030.

Maxwell, W. H. Stationary Source Testing of a Missouri-type charcoal kiln[A/OL]. EPA-907/9-76-0101, U. S. Environmental Protection Agency, Research Triangle Park, NC, August 1972.

McKendry, P. Energy production from biomass (part 3): Gasification technologies[J]. Bioresource Technology, 2002, 83: 55-63.

Milosavljevic, I., Oja, V. and Suuberg, E. M. Thermal effects in cellulose pyrolysis: Relationship to char formation processes[J]. Industrial and Engineering Chemistry Research, 1996, 35: 653-662.

Miskolczi, N. Co-pyrolysis of petroleum based waste HDPE, Poly-Lactic-Acid biopolymer and organic waste[J]. Journal of Industrial and Engineering Chemistry, 2013, 19: 1549-1559.

Mohan, D., Pittman, Jr., C. U. and Steele, P. H. Pyrolysis of wood/biomass for bio-oil: A critical review[J]. Energy and Fuels, 2006, 20: 848-889.

Mok, W. S. L. and Antal, M. J. Effects of pressure on biomass pyrolysis. II. Heats of reaction of cellulose pyrolysis[J]. Thermochimica Acta, 1983, 68: 165-186.

Moscowitz, C. M. Source assessment: charcoal manufacturing-state of the art[C/OL]. EPA-600/2-78-004z, Cincinnati, OH, USA, 1978.

O'Sullivan, A. C. Cellulose: the structure slowly unravels[J]. Cellulose, 1997, 4: 173-207.

Otero, M., Lobato, A., Cuetos, M. J., et al. Digestion of cattle manure: Thermogravimetric kinetic analysis for the evaluation of organic matter conversion[J]. Bioresource Technology, 2011, 102: 3404-3410.

Park, Dong Kyoo, Sang Done Kim, et al. Co-pyrolysis characteristics of sawdust and coal blend in TGA and a fixed bed reactor[J]. Bioresource Technology, 2010, 101: 6151-6156.

Patwardhan, P. R., Satrio, J. A., Brown, R. C., et al. Product distribution from fast pyrolysis of glucose-based carbohydrates[J]. Journal of Analytical and Applied Pyrolysis, 2009, 86: 323-330.

Patwardhan, P. R., Satrio, J., Brown, R., et al. Influence of inorganic salts on the primary pyrolysis products of cellulose[J]. Bioresource Technology, 2010, 101: 4646-4655.

Patwardhan, P. R., Brown, R. and Shanks, B. Product distribution from the fast pyrolysis of hemicellulose[J]. Chemistry and Sustainability, 2011a, 4: 636-643.

Patwardhan, P. R., Brown, R. and Shanks, B. Understanding the fast pyrolysis of lignin[J]. Chemistry and Sustainability, 2011b, 4: 1629-1636.

Peterson, S. C., Jackson, M. A. J., Kim, S., et al. Increasing biochar surface area: Optimization of ball milling parameters[J]. Powder Technology, 2012, 228: 115-120.

Pettersen, R. C. The chemical composition of wood[J]. in R. Powel (ed) The Chemistry of Solid Wood, Advances in Chemistry, 1984, 207: 57-126.

Radian Corporation Locating and Estimating air emissions from sources of polycyclic organic matter (POM) [A]. EPA-450/4-84-007p, U.S. Environmental Protection Agency, Research Triangle Park, NC, USA, 1988.

Roberts, A. F. A review of kinetics data for the pyrolysis of wood and related substances[J]. Combustion and Flame, 1970, 14: 261-272.

Rolke, R. W., Hawthorne, R. D., Garbett, C. R., et al. Afterburner Systems Study[A]. EPA-RZ-72-062, U.S. Environmental Protection Agency, Research Triangle Park, NC, USA, 1972.

Ronsse, F., Bai, X., Prins, W., et al. Secondary reactions of levoglucosan and char in the fast pyrolysis of cellulose[J]. Environmental Progress and Sustainable Energy, 2012, 31: 256-260.

Ross, A. B., Jones, J. M., Kubacki, M. L., et al. Classification of macroalgae as fuel and its thermochemical behaviour[J]. Bioresource Technology, 2008, 99: 6494-6504.

Rutherford, D. W., Wershaw, R. L. and Cox, L. G. Changes in composition and porosity occurring during the thermal degradation of wood and wood components[R]. U.S. Geological Survey, Scientific Investigation Report 2004-5292, 2004.

Rutkowski, P. and Kubacki, A. Influence of polystyrene addition to cellulose on chemical structure and properties of bio-oil obtained during pyrolysis[J]. Energy Conversion and Management, 2006, 47: 716-731.

Sanchez-Silva, L., López-González, D., Villasenor, J., et al. Thermogravimetric-mass spectrometric analysis of lignocellulosic and marine biomass pyrolysis[J]. Bioresource Technology, 2012, 109: 63-172.

Saxena, I. M. and Brown, Jr., R. M. Cellulose biosynthesis: current views and evolving concepts[J]. Annals of Botany, 2005, 96: 9-21.

Sinag, A., Uskan, B. and Gülbay, S. Detailed characterization of the pyrolytic liquids obtained by pyrolysis of sawdust[J]. Journal of Analytical and Applied Pyrolysis, 2011, 90: 48-52.

Sjostrom, E. Wood Chemistry: Fundamental and Applications[M]. 2nd edition. Academic Press, San Diego, CA, USA, 1993.

Spokas, K. A., Cantrell, K. B., Novak, J. M., et al. Biochar: A synthesis of its agronomic impact beyond carbon sequestration[J]. Journal of Environmental Quality, 2012, 41: 973-989.

Toole, A. W., Lane, P. H., Arbogast, C., et al. Charcoal Production, Marketing and Use[R]. Forest Products Laboratory, Madison, Wisconsin, USDA-Forest Service, University of Wisconsin, Report No. 2213, 1961.

Toor, S. S., Rosendahl, L. and Rudolf, A. Hydrothermal liquefaction of biomass: A review of subcritical water technologies[J]. Energy, 2011, 36: 2328-2342.

Trinh, T. N., Jensen, P. A., Dam-Johansen, K., et al. Comparison of lignin, macroalgae, wood, and straw fast pyrolysis[J]. Energy and Fuels, 2013, 27: 1399-1409.

Tumuluru, S., Sokhansanj, S., Hess, J. R., et al. A review on biomass torrefaction process and product properties for energy applications[J]. Industrial Biotechnology, 2011, 7: 384-401.

Varhegyi, G., Antal, M. J., Szekely, T., et al. Simultaneous thermogravimetric-mass spectrometric studies of the thermal decomposition of biopolymers: avicel cellulose in the presence and absence of catalysts[J]. Energy and Fuels, 1988, 2: 267-272.

Ververis, C., Georghiou, K., Danielidis, D., et al. Cellulose, hemicelluloses, lignin and ash content of some organic materials and their suitability for use as paper pulp supplements[J]. Bioresource Technology, 2007, 98: 296-301.

Wang, K. and Brown, R. C. Catalytic pyrolysis of microalgae for production of aromatics and ammonia[J]. Green Chemistry, 2013, 15: 675-681.

Wannapeera, J., Worasuwannarak, N. and Pipatmanomai, S. Product yields and characteristics of rice husk, rice straw and corncob during fast pyrolysis in a drop-tube/fixed-bed reactor[J]. Songklanakarin Journal of Science and Technology, 2008, 30: 393-404.

Whitehead, W. D. J. Construction of a Transportable Charcoal Kiln[A]. Tropical Products Institute, U.K. Rural Technology Guide, 1980.

Wigmans, T. Industrial aspects of production and use of activated carbons[J]. Carbon, 1989, 27: 13-22.

Williams, P. T. and Besler, S. The influence of temperature and heating rate on the slow pyrolysis of biomass[J]. Renewable Energy, 1996, 7: 233-250.

Xiu, S., Shahbazi, A., Shirley, V., et al. Hydrothermal pyrolysis of swine manure to bio-oil: Effects of operating parameters on products yield and characterization of bio-oil[J]. Journal of Analytical and Applied Pyrolysis, 2010, 88: 73-79.

Yadav, K. R., Sharma, R. K. and Kothari, R. M. Bioconversion of eucalyptus bark waste into soil conditioner[J]. Bioresource Technology, 2002, 81: 163-165.

Yang, H., Yan, R., Chen, H., et al. Characteristics of hemicellulose, cellulose and lignin pyrolysis[J]. Fuel, 2007, 86: 1781-1788.

Yip, K., Tian, F., Hayashi, J., et al. Effect of alkali and alkaline earth metallic species on biochar reactivity and syngas compositions during steam gasification[J]. Energy and Fuels, 2009, 24: 173-181.

Yoshida, M., Liu, Y., Uchida, S., et al. Effects of cellulose crystallinity, hemicellulose, and lignin on the enzymatic hydrolysis of Miscanthus sinensis to monosaccharides[J]. Bioscience, Biotechnology, and

Biochemistry, 2008, 72: 805-810.

Yronwode, P. From the hills to the grills[J]. Missouri Resources Magazine, 2000, 17: 6-10.

Zhou, S., Garcia-Perez, M., Pecha, B., et al. Effect of the fast pyrolysis temperature on the primary and secondary products of lignin[J]. Energy and Fuels, 2013a, 27: 5867-5877.

Zhou, S., Garcia-Perez, M., Pecha, B., et al. Secondary vapor phase reactions of lignin-derived oligomers obtained by fast pyrolysis of pine wood[J]. Energy and Fuels, 2013b, 27: 1428-1438.

第 4 章

生物炭制备技术

Akwasi A. Boateng、Manuel Garcia-Perez、Ondřej Mašek、
Robert Brown 和 Bernardo del Campo

4.1 引言

木炭和生物炭是在厌氧或限氧条件下,通过热化学分解木材或其他有机物所产生的含碳固体产物。自从有了火,木炭衍生产品就一直与文明息息相关。肉眼可见的明火实质上是由燃料(生物质)充分加热释放的挥发物和气体产生的。释放挥发物和气体的过程称为热解,而随后的迅速氧化称为燃烧。

热解产物燃烧的程度取决于燃料与 O_2 的当量比(进入反应器的燃料与 O_2 摩尔数之比)和化学计量比(生物质完全燃烧所需的 O_2 摩尔数)。在完全厌氧(燃料与 O_2 当量比等于零)条件下,该过程称为热解。热解既可以是吸热反应,也可以是放热反应,具体取决于反应物的温度,随着反应温度降低,热解趋向于放热(Spokas et al., 2012)。在燃料与 O_2 当量比小于 0.15 时,该过程称为热解气化或燃烧热解气化;在燃料与 O_2 当量比为 0.15~0.3 时,该过程称为气化,其中一些挥发性气体和固体被氧化为一氧化碳(CO)、二氧化碳(CO_2)和水(H_2O),这些氧化所释放的热能可支持在较高温度下的吸热热解反应。热解是一项很有前途的技术,可以生产稳定碳(C)用于固存,以及生产一种称为生物油或热解油的能源载体,它们适合作为生产第二代运输燃料的原料(Bridgwater and Peacocke, 2000; Huber, 2008; Granatstein et al., 2009; Mason et al., 2009; Woolf et al., 2010)。如果着重于将木炭或生物炭产量最大化,则该过程被称为碳化。本章将重点介绍一些制备生物炭的关键技术。

将木材通过碳化制备成木炭已经存在了几个世纪(Brown, 1917; Klark and Rule, 1925; Emrich, 1985)。但是,制备木炭并不是唯一目的。显而易见,古人已经熟练地掌握了回收碳化过程中的液体产品或焦油的方法。通过调节热解条件,可以生产不同类型的产物,如焦油/液体或生物炭等固体产物。就这两类产物而言,若一类为主产物,则另一类为副产物;反之亦然。

当前热解碳质材料(PCM)的制备工艺与早期社会有很大差异,早期世界上大多数人们都依赖木炭作为工业能源,将污染严重的碳化制备设施从工业化国家转移

到生物质资源丰富、劳动力廉价的国家。2005 年，全球木炭产量估计超过 44 Mt（Energy Statistics, 2005），其中大部分用于炼铁和日常生活（烹饪、烧烤等）。目前，木炭制备技术的转化率（相对于原料）约为 20% w/w，估计每年全球制备木炭需要消耗超过 220 Mt 干燥生物质。由于生物质中所含的绝大部分能量都会被消耗，因此生物质的利用效率较低。为了获得最大的环境效益和经济效益，制备生物炭需要加强碳化技术和热解技术，在获取高产量或高质量生物炭之间设计最佳方案，以实现在热解蒸气燃烧过程中产生热量，或者回收气体和液体副产品。

目前，巴西是世界上最大的木炭生产国，估计年产量为 9.9 Mt。其他一些重要的木炭生产国有泰国（3.9 Mt·yr^{-1}）、埃塞俄比亚（3.2 Mt·yr^{-1}）、坦桑尼亚（2.5 Mt·yr^{-1}）、印度（1.7 Mt·yr^{-1}）和刚果民主共和国（1.7 Mt·yr^{-1}）。美国的木炭年产量为 0.9 Mt，是世界第 10 大木炭生产国（Energy Statistics, 2005）。当前，美国密苏里州东南部生产了美国约 3/4 的烧烤用炭，其中，锯木厂废料是主要的原料来源（Yronwode, 2000）。

4.2 热化学转化技术

自第一个原始木炭窑被建造以来，PCM 生产技术发生了巨大变化，不仅提高了能源效率，还减少了污染排放。对木材热解和碳化相关的物理和化学过程的研究表明，通过对提高能源效率和减少污染排放相关技术进行改进，或者通过生物炭的改性可以满足农艺和固碳需求。因此，最终热解副产物的有效利用可以改善生物炭制备的经济前景。

科学发现、新产品开发、技术进步和市场力之间的微妙平衡，使漫长而混乱的热解技术发展成为可能。以下是热解技术发展过程中的重要里程碑。

公元 70 年，普林尼长老（自然历史）描述了炭制备过程中液体和焦油的不同用途（Emrich, 1985）。

1653 年，约翰·鲁道夫·格劳伯证实，焦木水中所含的酸与醋中所含的酸相同（Klark and Rule, 1925; Emrich, 1985）。

1792 年，英格兰将木材制造的照明气体商业化（Klark and Rule, 1925）。

1819 年，卡尔·赖兴巴赫设计了第一台通过金属壁传热的热解炉（Klark and Rule, 1925）。

1850 年，德国、英国和奥地利主要使用卧式蒸馏器（直径约 1 m，长约 3 m），而法国 Robiquete 研发制造了便携式立式蒸馏器（Klark and Rule, 1925）。

1850 年，木材蒸馏行业开始发展（Klark and Rule, 1925）。

1870 年，赛璐珞工业的兴起和无烟粉末的生产，满足了木材蒸馏制备丙酮的需求（Klark and Rule, 1925）。

1929—1950 年，石油工业的兴起导致木材蒸馏的减少（Klark and Rule, 1925）。

1970 年，世界石油危机引发了人们对可替代液体燃料的需求。

20 世纪 70—80 年代，在认识了生物质热解反应基本原理的同时，人们开发了新的热解反应器（Mottocks, 1981; Scott and Piskorz, 1984; Scott et al., 1988; Evans and Milne, 1987a, 1987b; Piskorz and Scott, 1988; Piskorz et al., 1988; Boroson et al., 1989a, 1989b）。

20世纪80—90年代，几种类型的热解技术（快速热解、飞灰热解、真空热解和烧蚀热解）达到商业化或接近商业应用状态（Roy et al., 1985; Freel et al., 1990; Freel and Hoffman, 1994; Yang et al., 1995; Roy et al., 1997; Bridgwater et al., 2001）。

20世纪90年代，人们开发了新的基于生物油的粗产品（如生物石灰、缓释肥料、公路除冰剂、木材防腐剂、胶水、密封材料、生物沥青、氢气、褐变剂、羟基乙醛、酚醛树脂）（Underwood, 1990; Underwood and Graham, 1991; Chum and Kreibich, 1993; Oehr et al., 1993; Radlein, 1999; Roy et al., 2000; Freel and Graham, 2002）。

20世纪20年代，人们提出了基于生物油炼油的新概念（Czernik et al., 2002; Huber and Dumesic, 2006; Elliott, 2007; Helle et al., 2007; Mahfud et al., 2007; van Rossum et al., 2007; Jones et al., 2009）。

2005年，人们提出了使用热解木炭进行固碳和改良土壤的想法。

2005年，中间热解反应器开始应用于生物油和焦炭的联合生产（Hornung et al., 2005; Garcia-Perez et al., 2007; Ingram et al., 2008）。

4.3 生物炭制备反应器的选择标准

气态、液态和固态产品的热化学途径有很多，其中，许多过程产生的碳质残留物可以满足某些应用的生物炭产品规格。气态、液态和固态的产物分布主要取决于原料的组成和工艺操作条件（固态和气态的停留时间、温度、压力、反应器中氧化剂的含量）（Shafizadeh et al., 1982）。表4.1中给出的生物质热化学转化技术总结应视为对产品分布的定性比较，而不是定量参考。

表4.1 生物质热化学转化技术及产品分布

热化学转化技术	温度（℃）	其他定义参数	气体	液体	固体	主要预期产品
碳化	300~1200	气密性、停留时间、材料	60%~75%	3%~5%	10%~35%	木炭；固体燃料和工业投入
热解（生物油）	400~600	加热速率、停留时间、粒度、气体流量	20%~40%	40%~70%	10%~25%	生物油；化学产品和燃料
热解（生物炭）	300~700	停留时间、加热速率	40%~75%	0%~15%	20%~50%	生物炭；土壤改良、固碳和生物修复
气化	500~1500	氧化介质、当量比	85%~95%	0%~5%	5%~15%	合成气；用于加热和发电的气体燃料，以及气制液体
水热处理	200~400	高压、溶剂类型和比例（如水）	0%~90%	0%~80%	0%~60%	各种化工产品
燃烧	1000~1500	完全燃烧的过量空气	95%	0%	5%	转化为热能和动力的能量

由于所有的有机物都被分解为CO_2和H_2O，而留下的固体为高度氧化的无机化合物（矿

物质，称为灰分），因此生物质的完全燃烧基本上不会产生生物炭。当然，由于燃料和氧化剂的不完全混合或温度控制得不准确，大多数实际燃烧都会产生少量的 PCM。生物质的碳化过程也会产生灰分，但是它会混合在 PCM 中。由碳（C）和灰分的混合物组成的其余固体称为固体残渣。如果固体残渣为白色至深灰色，则固体残渣中大多数为氧化的无机化合物，称为灰分；当固体残渣中碳（C）占主导（从浅色到明显深黑色）时，则称为木炭或生物炭（有关其详细命名见第 1 章）。

多种碳化技术已被开发，并应用于生物炭的制备。可以使用多种分类方法，其中，根据反应堆中达到的热解速率不同，可简便地对热解反应器进行分类。早期热解反应器的设计采用较低的热解速率，需要数小时才能制备出生物炭。这些"慢速热解反应器"的热解速率通常远低于 100 ℃·min^{-1}，某些碳化系统在低于 100 ℃·hr^{-1} 的热解速率下工作。一些连续热解技术，如滚筒回转窑，在接近或略高于 100 ℃·min^{-1} 的热解速率下运行。由于在低热解速率下，生物质的固定碳含量较高，因此生物炭在低温（放热）热解反应开始时形成。据报道，生物炭单位产率的慢热反应放热量为 2.0～3.2 kJ·g^{-1}，呈现自发的慢热反应（Milosavljevic et al., 1996）。根据运行方式不同，慢速热解反应器（也称为碳化反应器）可进一步分为窑或干馏罐（Emrich, 1985）。窑在用于传统的木炭制备时，不需要关注随之产生的液体馏分的回收。"干馏罐"一词用于描述从相对较大的木质生物质（长度可达 0.3 m，直径可达 0.18 m）中回收气态和液态副产物的热解炉（Emrich, 1985）。目前，工业上使用的连续大规模慢速热解反应器包括转鼓式热解反应器和回转窑等。

转鼓式热解反应器通过桨的作用使生物质通过外部加热的水平圆柱壳进行热解。尽管原料颗粒之间的空隙中存在一些空气，但转鼓内无空气进入。虽然转鼓式热解反应器的碳化时间比传统的间歇式热解反应器的碳化时间短，但该过程仍需要几分钟才能使生物质穿过转鼓。由于蒸气的停留时间足够长，因此大多数蒸气会裂化成不可凝结的气体，但气体中仍会残留一些焦油。部分气体会在转鼓下方的火箱内燃烧，以便将生物质加热到所需的热解温度。为确保生物炭及气体质量更高，在进入转鼓式热解反应器之前，生物质首先需要干燥。太平洋热解（Pacific Pyrolysis）转鼓式热解反应器是少数用于制备生物炭的连续热解反应器之一。

回转窑是另一种连续热解反应器（Arsenault et al., 1980; Bayer and Kutubuddin, 1988）。回转窑与转鼓式热解反应器的相似之处在于，都采用了外部加热的圆柱形外壳，该外壳与水平面成一定角度，并在重力作用下使生物质旋转，并沿窑的边缘向下移动。此外，回转窑和转鼓式热解反应器具有相似的固体保留时间（5～30 min）。相对于转鼓式热解反应器，回转窑的优势在于其内部没有可活动部件。有学者已经在低温（350 ℃）和中高温（600～900 ℃）条件下对用于生物质热解的回转窑进行了研究。Klose 和 Wiest（1999）发现，在保持生物炭产量在 20%～24% 的相对稳定条件下，可以通过调节回转窑中的生物质进料速率和温度来控制可冷凝蒸气和不可冷凝蒸气的相对产量。对生物炭产量缺乏控制的研究表明，相对较大的回转窑（或转鼓式热解反应器）不会促进热解蒸气与生物炭的相互作用从而生成次级生物炭（见第 3 章）。若要进一步了解回转窑的运输方式，请参阅 Boateng（2008）的研究。

另外，快速热解反应器通过使用细小的生物质颗粒（通常直径 <2 mm），以及具有

高质量和高传热速率的反应器，以达到更快的热解速率（几百 ℃·s^{-1}）(Mohan et al., 2006)。使用快速热解反应器的目的是，最大限度地提高液体的产量，以便将其升级为运输燃料（Bridgwater et al., 1999, 2000, 2001; Czernik and Bridgwater, 2004）。根据原料和操作条件的不同，以高热解速率加热灰分含量较低的木质生物质，通常可制备高达 60% w/w ~ 75% w/w 的生物油和 15% w/w ~ 25% w/w 的生物炭，而在热解灰分含量较高的农业废弃物（小麦秸秆、玉米秸秆）时产率较低。尽管已经设计了好几种快速热解反应器，但流化床中的高传热速率使其成为制备生物油的理想反应器（见图4.1）。

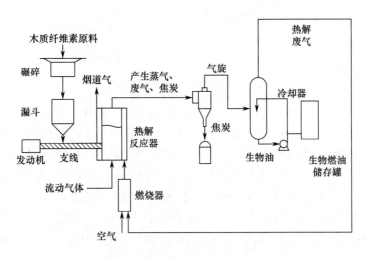

图4.1　流化床快速热解反应器

通过改变粒度、反应温度和流化床中的气体流速，可以极大地改变产物的分布。当气体流速相对较高，并且生物质在反应器中停留时间较短时，所制备的生物炭与缓慢热解制备的生物炭的特性不同。但是，此生物炭是否具有比采用传统木炭窑制备（具有特定应用，如土壤改良剂、活性炭的制备等）的生物炭更劣或更好的特性尚未明确。快速热解制备的生物炭通常非常细小且难以处理，其会被作为流化介质的砂料所污染。

螺杆热解器通过旋转螺杆的作用使生物质通过管式反应器进行热解（见图 4.2）。一些螺杆热解器通过外部加热，而另一些螺杆热解器使用热载体（如砂子）在生物质通过管道运输时对其加热，螺杆热解器由于在较小规模下运行的潜力较大而被广泛应用。双螺杆 Lurgi-Ruhrgas 混合反应器是最早的螺杆热解器之一，该混合反应器设计的最初目的是通过以砂子为热载体热解煤，从而生产城市所用的煤气或烯烃。近年来，它被成功地用于将生物质热解制备成生物油和生物炭（Henrich, 2004）。Haloclean 热解反应器（Hornung et al., 2005, 2009）也是螺旋式热解反应器，该反应器以铁球作为热载体，最初是为了处理电子垃圾而开发的，但后来也被应用于生物质的热解。通过外部加热的螺杆热解器技术是由 Advanced Biorefinery Inc.、Pyreg GmbH 和 Kansai 开发的。

夏威夷大学的 Antal 和 Grønli（2003）开发了一款闪蒸碳化器，其通过在高压下闪燃生物质填充床来制备生物炭。他们发现，在短短 20 ~ 30 min 内，固定碳产量最高可达理论极限的 100%，并且观察到在高压下产量还会显著提高。此外，与生物炭产品相比，在热解过程中释放的可燃气会优先被氧化。

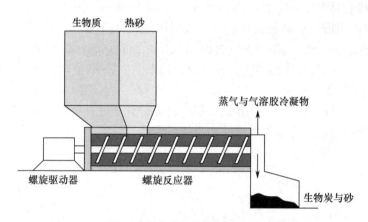

图4.2 带热载体的螺杆热解器

除热解外,生物炭还可以作为生物质气化的副产物。各种不同设计的气化炉极大地影响了生物炭的产量、类型和质量。气化炉制备的生物炭暴露于高温和氧化环境下,可能会发生部分燃烧。接触气体流动方向的不同,以及气化炉分类的不同,都可能会影响所制备生物炭的特性。通常,气化炉可分为移动床、固定床(向下气流和向上气流)、流化床和气流床。移动床气化炉的特点是其填充床会缓慢向下移动。在上吸式气化炉中,生物质从顶部进入,而气化介质(蒸汽、空气、CO_2)从底部引入。在下吸式气化炉(如三里气化炉)中,气体和生物质会同时向下移动。下吸式气化炉通常用于 10 kW ~ 1 MW 的中等产能,而上吸式气化炉通常用于 1 ~ 10 MW 的较大产能。在停留时间较长(通常为数小时左右)的气化器中制备的生物炭,与在存在氧化剂的高温热解炉中制备的生物炭相比,具有不同的结构(孔径和体积)和化学性质。流化床气化炉将原料和氧化剂进行有效混合。在流化床气化炉中,氧化剂同时充当反应物和流化介质。流化床气化炉的建造大多是为了达到 1 ~ 100 MW 的产能。气流床气化炉通常使用非常小的生物质颗粒(直径小于 100 μm),从而确保较短的蒸汽停留时间和高温条件,以提高转化率。气流床气化炉通常用于 80 ~ 1000 MW 的产能。根据氧化剂的不同,如果使用潮湿空气作为氧化剂,则可将气化炉的气体产物归类为"生产天然气";而如果将蒸汽作为氧化剂,则可将气化炉的气体产物归类为"水煤气"。

图4.3 展示了适用于生产煤气和生物炭的 3 种气化炉:上吸式气化炉,下吸式气化炉和流化床气化炉(Brown, 2009)。上吸式气化炉与木炭窑非常相似,其不同之处在于为了使天然气产量最大化,需要输入更多的空气;粉碎后的固体燃料从上方进入,而亚化学计量燃烧的空气从下方进入;但由于产气中含有大量的焦油,因此其并不适用于许多应用,虽然成本相对较低。相反,下吸式气化炉沿相同方向移动固体燃料和气体,该设计的优势在于可使从热解生物质中释放的焦油蒸气通过热木炭区分解(焦油裂化)。现代设计过程通常包括:使空气或氧气直接进入被称为"喉咙"的风口,并在该区域燃烧形成高温木炭床,此过程产生的气体中含有较少的焦油。该设计的缺点为:需要严格控制燃料性能,且在高浓度氧化区中有灰分烧结趋势。在流化床气化炉中,气流垂直向上穿过惰性颗粒材料区,形成气体和固体湍流混合物,投入流化床中的生物质会被迅速

加热并热解。流化床气化炉可以按比例放大到较大尺寸，并能够处理多种燃料。流化床气化炉的缺点为：使用鼓风机会导致其功率相对较高，且逸出流化床气化炉的气体颗粒物含量较高。

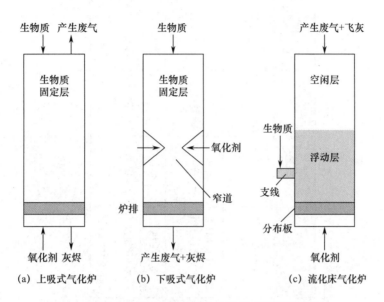

图4.3 适用于生产气体和制备生物炭的不同类型气化炉

水热处理（HTP）描述了湿生物质的热处理过程，根据反应条件的不同（Elliott et al., 1991; Elliott, 1994; Allen et al., 1996），其产物主要为碳水化合物、液态烃或气态产物。其中，含碳固体（通常称为碳氢化合物）为副产物，它通常具有与生物炭完全不同的性质（Kalderis et al., 2014），本书不涉及这个主题的讨论。随着反应温度升高，需要更高的压力才能防止湿生物质中的水沸腾，因此，处理条件的范围从 200 ℃ 的高温压缩水到 374 ℃ 以上的超临界水。尽管尚未对 HTP 制备水炭的产率进行系统研究，但从化学平衡的角度分析，水炭的产率会随温度升高而降低。

尽管上文提到的气化炉具有制备生物炭的能力，但文献中关于加工条件与生物质原料组成之间关系的研究，以及与农业或环境管理应用相关的生物炭产量及其性质的研究很少。如第 3 章中所讨论的，生物炭的产量和性质受到生物质原料组成的影响，目前不可能对其进行定量预测。尽管理论上可以预测，但尚未探索出通过控制气化炉的操作条件来提高工艺效率和优化副产物分布的可能方法。生物炭制备技术的进步，既需要基础研究来了解生物炭形成的机理，也需要示范项目来验证大规模生物炭制备的技术和经济可行性。

4.4 反应器类型、运行方式和工艺参数

根据 O_2 含量不同，热化学过程可分为厌氧热解、亚化学计量法气化、富氧燃烧。这 3 种热化学过程都可以制备木炭，通常其产量随 O_2 含量的增大而减小。根据生物炭制备潜力的差异，热化学反应器可以进行分类（见表 4.2）。

表 4.2 选择适当的热化学技术制备生物炭的关键标准

氧含量和温度	反应器类型	最终产品	传热率	粒径（预处理）	操作方式	加热方法	反应器材料	便携性	反应器位置	加载方式
热解（无氧，温度：350~600 ℃）	固定床	生物油	慢	原木；大颗粒	用于间歇运行	木材直接通入空气加热（自热式）	土坑	固定	垂直	手工
	流化床									
气化（化学计量空气和生物量比为0.15~0.28，温度：700~1200 ℃）	循环床	合成气	快	碎屑	几乎连续运行	生物质与炉气直接接触加热	砖	半便携式	垂直	机械载荷
	烧蚀的	生物炭								
燃烧（化学计量比大于1，温度超过1500 ℃）	转窑式	氢	快	细颗粒	用于连续操作	间接加热	钢	便携式	水平	用车装载
	移动床	热能				内部散热器				
	螺旋式	电能				通过墙壁加热				

4.4.1 热化学反应器中的氧气含量

如果反应过程不能充分放热,则需要利用外部热源或向反应器中添加空气,以释放足够的热量来驱动碳化过程(自动热)。如果加热速率较低(缓慢热解),则生物炭的产量达到最大;如果加热速率较高(快速热解),则可凝结性蒸气(生物油)的产量达到最大。当氧气流速较低或亚化学计量燃烧/氧化速率较低(燃烧化学计量比通常为0.15～0.3)时,挥发性气体及固定碳会与氧反应生成大量合成气,由于在气化过程中发生部分氧化反应,残留的生物炭(C和灰分)会暴露于较高的温度下(通常超过800℃)。因此,所得生物炭副产物与热解制备的生物炭相比,可能具有不同的孔结构和表面官能团。当下个步骤中的O_2含量超过挥发性物质和固定碳完全氧化所需的O_2含量时,该过程将处于完全燃烧模式,并且由于大部分的C被燃烧,固体残留物的主要成分为灰分。由于木炭缓慢燃烧,并非所有的C都会被完全去除,固体残留物中会包含一些未燃烧的C,并且这些材料的无机含量和pH值通常很高。

4.4.2 反应器类型(固定床反应器、移动床反应器、流化床反应器、循环床反应器、烧蚀反应器、气流床反应器)

热化学反应器(如果是工业系统的一部分,则称为单元操作)具有各种类型的设计尺寸。根据利益需求选择不同的程序,在通过热解制备生物炭和生物油时,热解反应器包括用于缓慢热解和流态化的固定床反应器、快速热解的循环流化床反应器和气流床反应器。气流床反应器通常在高温下运行,并且与物料的接触时间极短。例如,回转窑和螺旋式(Auger)反应器能实现中等加热速率,其介于极端加热速率(极慢或极快)之间。

4.4.3 使用的粒度

尽管热解过程对原料没有要求,但原料粒径是一个重要的参数,因为它限制了热量传递到物料的速率。如上所述,只有小尺寸的颗粒(3 mm或更小)才适用于快速热解,而慢速热解反应器可以处理各种尺寸的颗粒。通常用于制备生物炭的木材有3种主要类型:①原木;②锯木厂的碎屑和大颗粒;③细颗粒。

原木(木桩的组合)通常由长度大于1 m的材料组成,但也有一些原木的长度为0.1～0.4 m(Toole et al., 1961)。对于给定的进料量而言,优选的木材应具有相同的尺寸和含水量。这样不但简化了木材的处理,也能发生更均匀的碳化。另外,横截面直径大于0.2 m的圆木应劈开或切成小块(Toole et al., 1961)。

碎屑和大颗粒可以直接从木质生物质中生产,其优点是处理简单,但是由于运输大量生物质需要高昂的运输成本,因此将其从原料厂运输到热解厂需要进行规划。

细颗粒(直径小于3 mm)通常用于快速热解反应器(流化床反应器和循环床反应器)。通过研磨生产的细颗粒生物质具有高传热速率下所需的表面积,但研磨和预处理会增加总加工成本。

4.4.4 操作模式

根据操作模式的不同，热解反应器可分为间歇式热解反应器、半间歇式热解反应器和连续式热解反应器。

间歇式热解反应器通常用于制备生物炭，其副产物的回收一般是次要的（Klark and Rule, 1925）。间歇过程通常包含：制备产品时的加热期，非制备阶段设备的处理，为下一批操作做准备的冷却期。在间歇式窑或干馏炉中，单种物料颗粒保持固定。在使用间歇式热解反应器时，需要待生物炭冷却至适当和安全的处理温度后，再将其卸出。炉窑启动、加热、复热过程会产生重复的成本。此外，将热解过程中形成的挥发性物质用于能量回收也很困难，因此这些挥发性物质会直接释放到大气中，从而造成严重的污染。作为小型（占地面积小）设备，间歇式窑的应用非常广泛。

半间歇式热解反应器（碳金、亚当斯蒸馏器/彼得·赫斯特、日本窑炉）往往是便携式的，其能更好地利用热炉来回收各批次之间的热解蒸气。由 Ekoblok / Carbo Group 开发的 Carbo Twin Retort 是半间歇式热解反应器的典型。20 世纪 90 年代荷兰开发的 Carbo Twin Retort 是一种半连续式的热解反应器，其由多个物料仓和一个绝缘炉组成，通常将装有木材的连续容器物料仓放入绝缘炉组中进行操作。当一个物料仓在主炉中进行热解时，利用其释放的挥发性气体燃烧所产生的热量对主炉外部双室内新放入的物料仓进行加热。除启动阶段外，其他阶段不需要外部热源。其产能取决于进行间歇热解的次数（Trossero et al., 2008）。这些半间歇式热解反应器用于回收液体产品，但是大多数用于制备生物炭。

一个与 Carbo Twin 概念相似的半间歇式热解反应器（名为 POLIKOR 和 EKOLON）被俄罗斯圣彼得堡的 Bioenergy LLC 公司进行商业化运作。在这项技术中，将一个可移动的蒸馏器插入防火柴火箱中。蒸馏器的底部有一个特殊装置，该装置可将热解蒸气引入燃烧室，以产生驱动过程中所需的部分热量。这种设计的移动设备在市场上被称为 POLYEVKA 和 KORVET。这种半便携式钢窑有两个优点：易于移动，可用于小规模生产；周期短，可缩短冷却时间（Emrich, 1985）。

连续式热解反应器的设计，可确保物料连续流入具有轴向温度分布的容器中，从而使物料在连续过程中随时间和空间进行干燥、预热、热解、冷却和排出。典型的连续式热解反应器包括带移动载木舟的固定式隧道窑、直接和/或间接加热的旋转圆筒窑等。典型连续装置制备生物炭的产能超过 $2.75\ Mt\cdot h^{-1}$，如由意大利米兰的 Impianti Servizi Biomasse 商业化的连续车式反应器。连续的热解操作看起来虽然简单，但由于其控制水平较高，因此需要熟练的技术员协助操作（Klark and Rule, 1925）。

4.5 加热方式

几乎所有的热解反应器都要求生物质颗粒经过某种形式的加热程序，从而需要在热源和木材颗粒之间进行热交换。无论何种热交换器，热交换模式在能源的经济性、产品质量方面都是十分重要的。进料颗粒尺寸同样影响热交换。如果颗粒尺寸不合适，则热量渗透会很慢，并且无法达到所需的热解速率。物料的混合也可以明显增强热交换，并且可以直接将热量引入生物质（自热），或者将生物质与炉气直接接触加热，以及通过与固体热载体直接或间接接触进行热传递（见图4.4）。

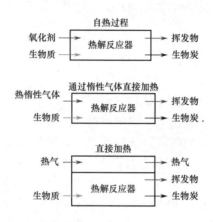

图4.4　根据所用加热方法划分的热解技术类型（根据Fournier于2009年提出的观点进行修改）

4.5.1　部分燃烧（自热过程）

热解蒸气和生物炭的部分燃烧在小规模操作中最为常见（Emrich, 1985）。在可控的进气口处燃烧部分原料，可以提供热解过程所需的能量。

4.5.2　与热气接触碳化

使外部的热气直接与物料接触，可以提供碳化所需的能量，从而减少了对昂贵的传热表面的需求。然而，加热惰性气体以提供热解反应所需能量是需要成本的，通常使用劣质燃料加热外部炉中的热载体（Klark and Rule, 1925）。生物炭及副产物的总产量相对较高，因此该系统适用于大中型工厂的运营（Emrich, 1985）。

4.5.3　间接加热

对蒸发器的外部间接进行加热，热量通过传导穿过反应器壁传递给生物质。物料被密封在蒸发器内，并被热解所产生的热烟气加热，其中热烟气是由蒸发器内释放的气体燃烧产生的。有些系统已使用熔融盐替代热烟气作为热载体（Toole et al., 1961）。

4.5.4　与固体热载体直接接触

使用固体热载体为热解过程提供热量的方法有很多种，这些方法大多数依赖热区（如燃烧室）和需要热量的热解区之间的热载体实现内部循环。沙子、金属、陶瓷球及生物炭通常是固体热载体的材料，其作用类似于"热流"。通常来说，热解副产物或其他燃料的燃烧充当了加热固体介质的热源，从而使固体介质与生物质接触并引发热解（Mašek，2009）。与其他方法相比，使用固体热载体具有许多优势，例如，热载体与生物质颗粒之间的紧密接触增强了热传递，促进快速加热，并提高了热解效率，从而促使产量增加。在一些设计中，热载体也可以充当焦油裂化的催化剂，从而改善热解气体的质量。英国阿斯顿大学和Bioliq公司［使用德国卡尔斯鲁厄理工学院（KIT）开发的技术］已经提出了将固体热载体送入热解炉的概念。

4.5.5 微波热解

与传统的导热和对流加热不同，微波（MW）热解被归类为电磁波的容积加热，这是电介质材料与微波场相互作用的结果。热解材料中的带电粒子会在受到电磁辐射时发生位移，而热解材料在受到微波辐射时的加热程度主要取决于其介电性能。具有良好介电性能的材料主要是有机碳质材料和水（两者都存在于生物质热解中）。但是，干燥的生物质对微波辐射来说是相对"透明"的，因此不易被微波辐射热解。为了避免其他通信和电磁频谱的干扰，工业微波热解通常在915 MHz和2.45 GHz频率下进行。

微波热解本质上是容积加热，因此不受反应器中的热传导或生物质颗粒热扩散率的限制，从而改善了热量分布。目前，微波热解已被应用于制备燃料（Dominguez et al., 2006; Budarin et al., 2010; Zhao et al., 2010）、化学品和生物炭（Mašek et al., 2012; Gronnow et al., 2012）。

4.6 固定式、半便携式、便携式反应器

固定式反应器通常是大型装置，需要从源头运输原料，这也大大增加了项目成本（Dumesny and Noyer, 1908）。由于存在运输和建筑成本，因此仅当有大量生物质可用于制备生物炭和生物油时，才有理由使用固定式反应器。但是在条件允许的情况下，某些固定式反应器也可拆卸，并运输到不同地点以进行生物炭的制备。

半便携式反应器结合了固定式反应器和便携式反应器的优点。在这样的设计中，某些组件是固定的，但最昂贵的组件是便携式的。例如，为热解反应器产生热量的窑炉是固定的，而反应器和冷凝器是便携式的。在老式的木材蒸馏工业中，便携式车皮蒸馏罐通常与固定式砖窑结合使用。

便携式反应器或移动的装置是由设备和附件组成的，可以使用简单的工具轻松、快速地进行组装和拆卸。便携式反应器可以运输到具有丰富可用资源（如生物质）的站点。

4.7 装载方式

装载生物质必须以气体通入或气体自由流通的方式进行操作。进风口和排烟口的位置及生物质的类型会影响装载和卸载窑炉的形式，从而获得所需的气体循环。

手动装载：木材和板坯以手动方式通过门进入（Bates, 1922; Toole et al., 1961）。为

了有效利用窑炉容量，必须将木材堆放起来，使得气体在木材堆中自由循环（Toole et al.，1961）。在窑炉内堆放木材需要付出大量劳动。所有原木必须尽可能紧密地堆放在一起，薄板靠墙，厚木朝中心堆放（Emrich, 1985）。

机械装载：使用机械化的堆场装卸设备具有明显优势。传送带、斗式提升机和拖拉机铲斗可以快速、有效地运输窑中产生的生物炭（Toole et al., 1961）。拖拉机的铲斗运输较大的物料，而较小的碎片（碎片）通过传送带或斗式提升机送入反应器中（Toole et al., 1961）。

货车装载：使用车皮来装载和卸载热解反应器可以大大降低成本。车皮将原料直接从轨道上带入窑炉中，随即将产生的生物炭带出窑炉（见图4.5）。但是，热疲劳的货车，即经常承受窑炉内极端温度的货车的运行成本会增加。

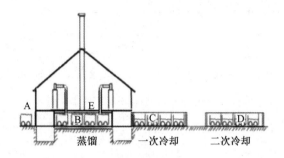

图4.5　美国分解蒸馏厂连续运行的平面图，其中，A为货车，B为蒸馏器，C为第一个冷却器，D为第二个冷却器，E为醋酸纤维干燥地板（根据Veitch于1907年的图重新绘制）

4.8　过程控制

为了获得较高产率的优质产品，必须精确控制反应条件。在热解过程的条件控制中，反应器的温度是最重要的（Toole et al., 1961）。控制热解反应器加热状态的两种方法是：①通过手动方式或反馈控制系统测量和控制热解反应器内部的温度；②通过观察产生蒸气的颜色监测气体成分，适用于（但较少使用）连续模式运行、回收热量或生物油的设备。

4.8.1　压力

热解反应器可以在大气压、真空或高压下工作。一方面，在真空状态下操作热解反应器，促进了挥发物释放，增加了富含纤维素的糖馏分（如左旋葡聚糖和纤维二糖的液体产品）的产量，同时降低了生物炭的产率。另一方面，高压有利于挥发物的二次固化反应，从而促进生物炭和气体产率提高。

大多数热解反应器都在大气压下工作。不需要在真空或高压下工作，这大大降低了热解反应器密封性、反应堆容器和辅助设备的成本。此外，在真空下工作的热解反应器因为需要避免漏气，所以系统变得更加复杂。

在加压条件下操作热解反应器限制了液体产物的生成。但是，加压热解反应器可以提高生物炭和合成气的产率。例如，夏威夷大学开发了高压（烟灰碳化）反应器。

4.8.2 固体和气体接触模式：逆流、并流和错流

热源和生物质颗粒之间的热交换对于工艺效率和产品质量至关重要。回转窑和蒸馏罐中的气体可以是逆流的，也可以是并流的。其中，窑内的燃烧气体、反应热源和生物质流分别为逆流或并流。在这样的设计中，还原性气氛（生物质床）和氧化性气氛（自由空间）在窑炉的同一位置共存。生物质的分解发生在还原性气氛中，将挥发物释放到自由板后，其可在过量的氧气中燃烧并提供更多热源（Boateng，2008）。错流系统中的生物质自由空间和床层很难区分，如隧道窑、填充床（如矿坑）等。在这些系统中，碳化发生在反应器前端。

4.9 生物炭制备的最新技术

表4.3中列出了一些最常用的移动床热解反应器及已经达到或接近商业化的性能指标。图4.6和图4.7展示了鲁奇过程和多炉膛热解反应器的横截面图。

表4.3 移动床热解反应器

反 应 器	最 终 产 物	实现传热/容量	操作/便携性	使用的原材料
兰比奥特	生物炭/生物油	缓慢/直接接触热气	连续/固定	柴堆
多炉膛焙烧炉	生物炭/热能	缓慢（2.5 t · hr^{-1}）	连续/固定	木片/细颗粒
滚筒	生物炭/热能	缓慢	连续/固定	木片
螺旋式反应器	生物炭/生物油/热能	缓慢/中等速率	连续/固定或可移动	木片/细颗粒
高温真空设计	生物炭/生物油	中等速率	连续/固定	木片/细颗粒
桨式反应器	生物炭/生物油	缓慢/中等速率	连续/固定	木片

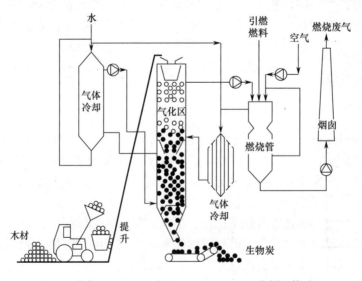

图4.6 鲁奇过程（2010年在Gronli之后重新绘制和修改）

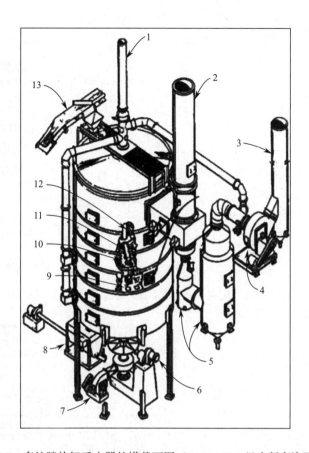

图4.7 多炉膛热解反应器的横截面图（FAO, 1985; 经出版商许可）

快速热解系统包括Dynamotive系统、Winkler工艺、RENUGAS工艺、Ensyn热解反应器、BIVKIN气化炉、SilvaGas、KBR输送气化炉、Koppers-Totzek气化炉、Siemens SFG气化炉、E型气化炉、MHI气化炉、EAGLE气化炉等。

表4.4列出了一些运行中最常用的快速热解反应器。烧蚀反应器、流化床、循环床反应器和真空热解反应器的工作流程如图4.8所示。

表 4.4 快速热解反应器

反应器	最终产物	炉体材料/运行模式	便携性	原材料
流化床	生物油/生物炭	钢/连续	固定/可移动	细颗粒
循环床反应器	生物油	钢/连续	固定	细颗粒
烧蚀反应器	生物油	钢/连续	固定	木片

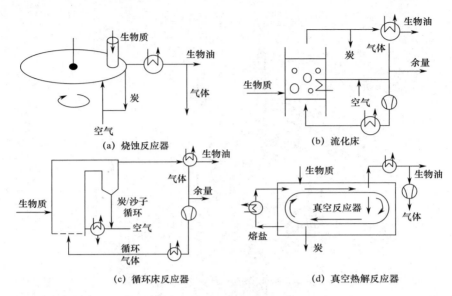

图4.8 快速热解反应器系统（烧蚀反应器、流化床、循环床反应器和真空热解反应器；根据Venderbosh和Prins于2010年的图重新绘制和修改）

生物炭气化炉灶

生物炭气化炉灶是一种简单的装置，它可以使用不同生物质进行烹饪或取暖，污染物排放量相对较低，主要用于发展中国家。根据用途、规模、所用燃料和构造材料等，生物炭气化炉灶有多种设计可供选择（HEDON 数据库中列出了 400 多种类型）。生物炭气化炉灶是烹饪炉灶的特殊类别，除了烹饪外，它还提供了在烹饪过程中将生物炭或木炭作为副产品的可能性。表 4.5 列出了一些生物炭气化炉灶信息。

表 4.5 选定的生物炭气化炉灶

炉灶类型	国　家	燃　料	生物炭产率
冠军TLUD	印度	块状生物质（木片、颗粒、树枝、煤块等）	20%左右
桑帕达	印度	块状生物质（木片、颗粒、树枝、煤块等）	20%~25%
维斯托	斯威士兰	块状生物质（木片、颗粒、树枝、煤块等）	25%
MJ生物质燃气灶	印度尼西亚	块状生物质（木片、颗粒、树枝、煤块等）	30%~35%
露西亚炉	意大利	块状生物质（木片、颗粒、树枝、煤块等）	30%左右
Anila炉	印度、肯尼亚	块状生物质（木片、颗粒、树枝、煤块等）	20%~30%
BMC稻壳煤气炉	菲律宾	稻壳	17%~35%
MJ稻壳煤气炉	印度尼西亚	稻壳	30%

大多数生物炭炉灶都基于所谓的顶部点火上吸（Top Lit Up Draft，TLUD）原理，并且以间歇模式运行（见图 4.9）。固体生物质燃料从炉顶点燃，产生的热量会建立一个热解区或热解带，并朝炉底移动，在此过程中释放的可燃热解气体向上流动，并与空气二次混合，然后到达炉顶以维持燃烧。根据空气进入炉灶的不同方式，炉灶有不同的设计，旨在

改善燃烧过程以提高燃料使用效率，并减少污染气体排放。一旦燃料耗尽，积聚在炉灶底部的固体则会淬灭（否则它将继续闷燃），并作为生物炭被取出。

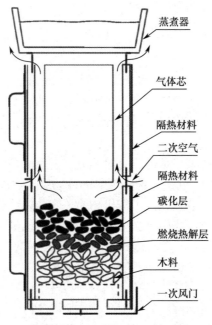

图4.9 顶燃通风（自热）气化炉

生物炭的产率通常为 20% ~ 25%，具体取决于原料、使用的炉灶和操作者的能力。为了确保生物炭的良好产率，确定合适的燃烧淬灭时间尤为重要，以此可避免残留生物炭的不良燃烧过程。燃烧淬灭时间的确定可通过观察燃烧的类型、特性来实现。热解气体燃烧时呈现橙黄色火焰，若呈现较小的蓝色火焰则标志着热解向残留生物炭燃烧阶段过渡。该阶段燃烧强度低，但会提供大量的额外热量，并且生物炭的产量会降低。

TLUD 型炉灶中使用的燃料类型在很大程度上取决于其设计类型。能够处理多种原料的炉灶类型并不常见，尤其是处理小颗粒燃料的炉灶。小颗粒可以形成对气流具有高阻力的床层，通常需要风扇来增加一次空气供给。均匀的大颗粒（碎片和颗粒）非常适合用于 TLUD 型炉灶。

如图 4.9 所示，大多数生物炭炉灶在运行中是自热的。在这个过程中，热量来源于生物质释放的挥发性气体燃烧，在炉灶顶部的锅中烹饪食物，并在炉灶底部热解生物质。然而，也有专为生物炭制备设计的异热（外部加热）气化炉灶，它们有两个单独的燃料室，其中热解所需热量通过分隔燃料室的壁传递。印度迈索尔大学的 R. V. Ravikumar 教授设计的 Anila 炉是变温气化炉灶的一个实例。Anila 炉中燃烧室内的燃料经火焰热解完全燃烧，在此过程中产生的热量加热了周围外部容器中的生物质。这些生物质的热解过程没有直接与火焰接触。在外部容器中热解产生的气体又会进入燃烧室底部，在那里它们作为燃料供给进一步维持燃烧。这种方法有几个优点：它不需要仔细监测燃烧过程来确定燃烧淬灭时间，从而消除了生物炭意外燃烧的风险；由于燃烧和热解过程在物理上是分开的，所以每个燃烧室可以使用不同原料制备生物炭，甚至可以加工原本难以制备生物炭的材料。

对于制备生物炭的炉灶来说，容量是其一个巨大的局限。根据所使用的原料，生物炭炉灶每批次（每次烹饪）通常只能产生 100～300 g 生物炭。因此，少量生物炭更适合小农户就地施用（Torres-Rojas et al., 2011），而不适合田间广撒。

4.10 结论与展望

除用于制备生物炭的技术外，生物炭的应用面临的主要挑战还有：①制备成本高；②热解气体释放到大气中，对环境造成了不良影响，因此需要在这一过程中尽可能收集副产品；③生物炭必须针对特定的应用设计。开发更高价值的生物炭工程对于该行业的成功至关重要。

传统碳化技术面临的主要难关是可能会对环境产生负面影响、缺乏热回收，以及对于生物炭的质量和产量控制有限。另外，缺乏成熟的市场及生物油生产、精炼和商业化技术，为开发制备生物炭的慢速热解装置提供了契机。为了充分评估这些装置在制备优质生物炭和提供热能或电力方面的潜力，我们有必要对这些系统的能量和质量平衡进行深入了解。但是，这方面的工作才刚刚起步（Crombie and Mašek, 2014）。生物炭制备技术的未来发展需要在发现新见解、开发新技术和促进新产品商业化的投资之间进行平衡。

制备先进的生物炭应满足的条件包括：

（1）连续进料热解可提高能效，并减少间歇式窑炉的污染排放；
（2）无空气过滤的放热操作可减少能量输入，并提高生物炭的产量；
（3）回收副产品以减少污染排放，并提高工艺经济性；
（4）控制操作条件以改善生物炭特性，并允许改变副产品的产量。
（5）提高原料多样性，除了将木材进行转化，还可以将草本原料、肥料和工农业废料有效地转化为生物炭。

热解行业必须进行良好的规划，以确保能实现长期可持续发展的目标。取得成功的关键是，与日益增长的生物能源和生物精炼部门的其他行业、能源消费者，以及与国家或家庭供应计划相互联系。可以利用热解挥发物产生的热量来替代农村化石燃料的燃烧热量，使生物炭的制备既经济又环保。

参考文献

Allen, S. G., Kam, L. C., Zemann, A. J. et al. Fractionation of sugar cane with hot, compressed, liquid water[J]. Industrial Engineering and Chemistry Research, 1996, 35: 2709-2715.

Antal, J. A. and Grønli, M. The art, and technology of charcoal production[J]. Industrial Engineering and Chemistry Research, 2003, 42: 1619-1640.

Arsenault, R. H., Grandbois, M. A., Chornet, E. et al. Pyrolysis of agricultural residues in a rotary kiln[J]. Thermal Conversion of Solid Wastes and Biomass, ACS, 1980, 337-350.

Bates, J. S. Distillation of Hardwoods in Canada[M]. F. A. Acland Publishers, Ottawa, 1922.

Bayer, E. and Kutubuddin, M. Thermochemical conversion of lipid-rich biomass to oleochemical and fuel[J]. Research in Thermochemical Biomass Conversion, Springer, Dordrecht, 1988, 518-530.

Boateng, M. L., Howard, J. B., Longwell, J. P., et al. Product yield and kinetics from the vapor phase cracking of wood pyrolysis tars[J]. AIChE Journal, 1989a, 35: 120-128.

Boroson, M. L., Howard, J. B., Longwell, J. P., et al. Heterogeneous cracking of wood pyrolysis tars over fresh wood char surfaces[J]. Energy and Fuels, 1989b, 3: 735-740.

Bridgwater, A. V. and Peacocke, G. V. C. Fast pyrolysis processes for biomass[J]. Renewable and Sustainable Energy Reviews, 2000, 4: 1-73.

Bridgwater, A. V., Meier, D. and Radlein, D. An overview of fast pyrolysis of biomass[J]. Organic Geochemistry, 1999, 30: 1479-1493.

Bridgwater, A. V., Czernik, S. and Piskorz, J. An overview of fast pyrolysis[A]. Progress in Thermochemical Biomass Conversion, Oxford: Blackwell Sciences, 977-997.

Brown, N. C. The hardwood distillation industry in New York[D]. The New York State College of Forestry, Syracuse University, Syracuse, NY, 1917.

Brown, R. Biochar production technology[A]. in J. Lehmann and S. Joseph (eds) Biochar for Environmental Management: Science and Technology, Earthscan, London, 2009, 127-146.

Budarin, V. L., Clark, J. H., Lanigan, B. A., et al. Microwave assisted decomposition of cellulose: A new thermochemical route for biomass exploitation[J]. Bioresource Technology, 2010, 101: 3776-3779.

Chum, H. L. and Kreibich, R. E. Process for preparing phenol formaldehyde resin products derived from fractionated fast-pyrolysis oils[J]. U.S. Patent, 1993, 5(091): 499.

Crombie, K. N. and Mašek, O. Pyrolysis biochar systems, balance between bioenergy and carbon sequestration[J]. Global Change Biology Bioenergy, 2015, 7(2): 349-361.

Czernik, S. and Bridgwater, A. V. Overview of applications of biomass fast pyrolysis oil[J]. Energy and Fuel, 2004, 18: 977-997.

Czernik, S., French, R., Feik, C. et al. Hydrogen by catalytic steam reforming of liquid byproducts from biomass thermochemical processes[J]. Industrial and Engineering Chemical Research, 2002, 41: 4209-4215.

Dahmen, N., Dinjus, E., Kolb, T., et al. State of the art of the bioliq® process for synthetic biofuels production[J]. Environmental Progress and Sustainable Energy, 2012, 31: 176-181.

Dominguez, A., Menendez, J. A., Inguanzo, M. et al. Production of bio-fuels by high temperature pyrolysis of sewage sludge using conventional and microwave heating[J]. Bioresource Technology, 2006, 97: 1185-1193.

Dumesny, P. and Noyer, J. Wood products, distillates and extracts, Part I; and The chemical products of wood distillation, Part II [M]. Dyeing and Tanning Extracts from Wood, Scott, Greenwood & Son, London, The Oil and Colour Trades Journal Offices & Broadway, Ludgate Hill, E.C., 1908.

Elliott, D. C. Water, alkali and char in flash pyrolysis oils[J]. Biomass and Bioenergy, 1994, 7: 179-185.

Elliott, D. C. Historical developments in hydro-processing bio-oils[J]. Energy and Fuels, 2007, 21: 1792-1815.

Elliott, D. C., Beckman, D., Bridgwater, A. V., et al. Developments in direct thermochemical liquefaction of biomass: 1983-1990[J]. Energy and Fuel, 1991, 5: 399-410.

Emrich, W. Handbook of Charcoal Making: The Traditional and Industrial Methods[M]. Dordrecht: D. Reidel Publishing Company, 1985.

Energy Statistics Production from charcoal plants: countries compared[EB]. 2005.

Evans, R. J. and Milne, T. A. Molecular characterization of the pyrolysis of biomass: I . Fundamentals[J]. Energy and Fuels, 1987a, 1: 123-137.

Evans, R. J. and Milne, T. A. Molecular characterization of the pyrolysis of biomass: II . Applications[J]. Energy and Fuels, 1987b, 1: 311-319.

FAO. Industrial Charcoal Making[A]. FAO Forestry Paper 63; FAO, United Nations: Rome, Italy, 1985.

Fournier, J. Low temperature pyrolysis for biochar systems[R]. Presentation made to the Conference

Harvesting Clean Energy, January 25, 2009.

Freel, B. A. and Graham, R. G. Bio-oil preservatives: 6, 485, 841[P]. 2002-11-26.

Freel, B. A. and Huffman, D. R. Applied bio-oil combustion, Proceedings from the Biomass Pyrolysis Oil[C]. Properties and Combustion Meeting, September 26-28, Estes Park, Colorado, 1994, 309-315.

Freel, B. A., Graham, R. G. and Huffman, D. R. The scale-up and development of Rapid Thermal Processing (RTP) to produce Liquid Fuels from Wood[R]. Ontario Ministry of Energy Report (CF), Toronto, Canada,1990.

Garcia-Perez, M., Adams, T. T., Goodrum, J. W., et al. Production and fuel properties of pine chip bio-oil/biodiesel blends[J]. Energy and Fuels, 2007, 21: 2363-2372.

Granatstein, D., Kruger, C., Collins, H., et al. Use of biochar from the pyrolysis of waste organic material as a soil amendment[A]. Final Project of Interagency Agreement C0800248, 2009.

Grønli, M. Pyrolysis and charcoal, presentation given at Bioforsk[R].

Gronnow, M. J., Budarin, V. L., Mašek, O., et al. Torrefaction/biochar production by microwave and conventional slow pyrolysis-comparison of energy properties[J]. Global Change Biology Bioenergy, 2012, 5: 144-152.

Helle, S., Bennett, N. M., Lau, K., et al. A kinetic model for the production of glucose by hydrolysis of levoglucosan and cellobiosan from pyrolysis oils[J]. Carbohydrate Research, 2007, 342: 2365-2370.

Henrich, E. Fast pyrolysis of biomass with a twin screw reactor: A first BTL step[J]. PyNe Newsletter, 2004, 17: 6-7.

Hornung, A., Bockhorn, H., Appenzeller, K., et al. Plant for the thermal treatment of material and operation process thereof: 6, 901, 868[P]. 2005.

Hornung, U., Schneider, D., Hornung, A., et al. Sequential pyrolysis and catalytic low temperature reforming of wheat straw[J]. Journal of Analytical and Applied Pyrolysis, 2009, 85: 145-150.

Huber, G. W. Breaking the chemical and engineering barriers to lignocellulosic bio-fuels: next generation hydrocarbon biorefineries: A research roadmap for making lignocellulosic bio-fuels a practical reality[OL]. 2008.

Huber, G. W. and Dumesic, J. A. An overview of aqueous phase catalytic process for production of hydrogen and alkanes in a biorefinery[J]. Catalysis Today, 2006, 111: 119-132.

Ingram, L., Mohan, D., Bricka, M., et al. Pyrolysis of wood and bark in an auger reactor: Physical properties and chemical analysis of the produced bio-oils[J]. Energy and Fuels, 2008, 22: 614-625.

Jones S. B., Valkenburt C., Walton C. W., et al. Production of gasoline and diesel from biomass via fast pyrolysis, hydrotreating and hydrocracking: A design case[R]. Pacific Northwest National Lab. (PNNL), Richland, WA (United States), 2009.

Kalderis, D., Kotti, M. S., Mendez, A. et al. Characterization of hydrochars produced by hydrothermal carbonization of rice husk[J]. Solid Earth Discussions, 2014, 6: 657-677.

Klark, M. and Rule, A. The Technology of Wood Distillation[M]. London: Chapman & Hall ltd., 1925.

Klose, W. and Wiest, W. Experiments and mathematical modeling of maize pyrolysis in a rotary kiln[J]. Fuel, 1999, 78: 65-72.

Mahfud, F. H., Ghijen, F. and Heeres, H. J. Hydrogenation of fast pyrolysis oil and model compounds in a two-phase aqueous organic system using homogeneous ruthenium catalysts[J]. Journal of Molecular Catalysis A, Chemical, 2007, 264: 227-236.

Mašek, O. Allothermal gasification: review of recent developments[A]. in J.-P. Badeau and A. Levi (eds) Biomass Gasification: Chemistry, Processes and Applications, Nova Science Publishers, 2009, 271-287.

Mašek, O., Budarin, V., Gronnow, M., et al. Microwave and slow pyrolysis biochar-comparison of physical and functional properties[J]. Journal of Analytical and Applied Pyrolysis, 2012, 100: 41-48.

Mason, L. C., Gustafson, R., Calhoun, J., et al. Wood to energy in Washington[R/OL]. The College of Forest

Resources, University of Washington. Report to the Washington State Legislature, 2009.

Milosavljevic, I., Oja, V. and Suuberg, E. M. Thermal effects in cellulose pyrolysis: Relationship to char formation processes[J]. Industrial and Engineering Chemistry Research, 1996, 35: 653-662.

Mohan, M., Pittman, C. U. and Steele, P. H. Pyrolysis of wood/biomass for bio-oil: A critical review[J]. Energy and Fuels, 2006, 20: 848-889.

Mottocks, T. W. Solid and gas phase phenomena in the pyrolytic gasification of wood[D]. M.aster. Thesis, Department of Mechanical and Aerospace Engineering, Princeton University, Princeton, NJ, 1981.

Oehr, K. H., Scott, D. S. and Czernik, S. Method of producing calcium salts from biomass: 5, 264, 623[P]. 1993-11-23.

Piskorz, J. and Scott, D. S. Waterloo. Fast Pyrolysis Process, Pyrolysis of Carex (Finland) Peat[A]. Results of Pilot Plant Pyrolysis Test Performed for the Technical Research Center of Finland, Laboratory of Fuel Processing, 1988, 18.

Piskorz, J., Radlein, D., Scott, D. S. et al. Liquid products from the fast pyrolysis of wood and cellulose[A]. in A. V. Bridgwater and J. L. Kuester (eds) Research in Thermochemical Biomass Conversion, Phoenix, AZ, New York: Elsevier Applied Science, Ltd.,1988, 557-571.

Radlein, D. The production of chemicals from fast pyrolysis bio-oils[A]. in A. V. Bridgwater (ed) Fast Pyrolysis of Biomass: A Handbook, Newbury, UK, CPL Press, 1999, 164-188.

Roy, C., Lemieux, S., de Caumia, B. et al. Vacuum pyrolysis of biomass in a multiple heat furnace[J]. Biotechnology and Bioenegy, Sym., 1985, 15: 107.

Roy, C., Blanchette, D., Korving, L., et al. Development of a novel vacuum pyrolysis reactor with improved heat transfer potential[A]. in A. V. Bridgwater and D. G. B. Boocock (eds) Developments in Thermochemical Biomass Conversion, Blackie Academic and Professional, London, UK, 1997, 351-367.

Roy, C., Lu, X. and Pakdel, H. Process for the production of phenolic rich pyrolysis oils for use in making phenol-formaldehyde resol resin: 6, 143, 856[P]. 2000.

Scott, D. S. and Piskorz, J. The continuous flash pyrolysis of biomass[J]. Canadian Journal of Chemical Engineering, 1984, 62: 404-412.

Scott, D. S., Piskorz, J. and Radlein, D. The effect of wood species on composition of products obtained by the Waterloo Fast Pyrolysis Process[C]. Proceedings from the Canadian Chemical Engineering Conference, Toronto, 1988.

Shafi zadeh, F., Bradbury, G. W., DeGroot, W. F. et al. Role of inorganic additives in smoldering combustion of cotton cellulose[J]. Industrial Engineering and Chemical Product Research and Development, 1982, 21: 97-101.

Spokas, K. A., Cantrell, K. B., Novak, J. M., et al. Biochar: A synthesis of its agronomic impact beyond carbon sequestration[J]. Journal of Environmental Quality, 2012, 41: 973-989.

Toole, A. W., Lane, P. H., Arbogast, C., et al. Biochar production, marketing and use[R]. Forest Products Laboratory, Madison, WI, USDA-Forest Service, University of Wisconsin, Report July 1961.

Torres-Rojas, D., Lehmann, J., Hobbs, P., et al. Biomass availability and biochar production in rural households of Western Kenya[J]. Biomass and Bioenergy, 2011, 35: 3537-3546.

Trossero, M., Domac, J. and Siemons, R. Industrial biochar production, TCP/CRO/3101(A) Development of a sustainable biochar industry[A]. FAO, Zagreb, Croatia, 2008.

Underwood, G. L. Commercialization of fast pyrolysis products[A]. in E. Hogan, J. Robert, G. Grassi and A. V. Bridgwater (eds) Biomass Thermal Processing, Newbury, UK, CPL Press, 1990, 226-228.

Underwood, G. L. and Graham, R. G. Methods of producing fast pyrolysis liquids for making a high browning liquid smoke composition: 5, 39, 537[P]. 1992.

van Rossum, G., Kersten, S. R. A. and Van Swaaij, W. P. M. Catalytic and non-catalytic gasifi cation of pyrolysis oil[J]. Industrial and Engineering Chemistry Research, 2007, 46: 3959-3967.

Veitch, F. P. Chemical methods for utilizing wood, including destructive distillation, recovery of turpentine, rosin, and pulp, and the preparation of alcohols and oxalic acid[M]. Washington: Government printing office, 1907.

Venderbosh, R. H. and Prins, W. Fast pyrolysis technology development[J]. Biofuels, Bioproducts and Biorefining, 2010, 4: 178-208.

Woolf, D., Amonette, J. E., Street-Perrott, A., et al. Sustainable biochar to mitigate global climate change[J]. Nature Communications, 2010, 1: 1-56.

Yang, J., Tanguy, P. A. and Roy, C. Heat transfer, mass transfer and kinetic study of the vacuum pyrolysis of a large used tire particle[J]. Chemical Engineering Science, 1995, 50: 1909-1922.

Yronwode, P. From the Hills to the Grills[M/OL]. Missouri Resources Magazine.

Zhao, X., Song, Z., Liu, H., et al. Microwave pyrolysis of corn stalk bale: A promising method for direct utilization of large-sized biomass and syngas production[J]. Journal of Analytical and Applied Pyrolysis, 2010, 89: 87-94.

生物炭的特性：物理和结构特性

Chee H、Chia、Adriana Downie 和 Paul Munroe

5.1 引言

生物炭在制备过程中使用的工艺参数对其物理和结构特性的影响较大，这些特性会影响生物炭与土壤系统的相互作用。土壤是高度复杂的多组分系统，具有特殊的物理性质。因此，向土壤中添加生物炭，其会与土壤产生独特的相互作用，从而影响土壤的物理性质，如孔隙率、粒径分布、密度和容重等。因此，这些特性可以改变植物根系周围的水与空气的有效性，从而影响植物的产量。生物炭和土壤颗粒之间还会发生其他相互作用（如化学作用或生物相互作用），但本章不涉及这些内容。

虽然已有很多关于人类活动影响土壤中生物炭物理性质的研究，但相关的热解过程处理参数仍不清楚（Glaser et al., 2000; Schaefer et al., 2004; Chia et al., 2012）。因此，本章的重点将集中在热解过程处理参数对生物炭物理及结构特性的影响，特别是生物质结构、制备条件和生物炭结构之间的关系。

一直以来，人们对热解制备富碳物质的研究都集中在活性炭上（Chingombe et al., 2005; Stavropoulos and Zabaniotou, 2005; Sentorun-Shalaby et al., 2006）。活性炭（AC）是一种具有高比表面积的微孔结构材料。这种材料通常应用在化学工程中。例如，从气体或液体中去除化学物质，以及作为催化剂载体。活性炭通常由木炭制得，而木炭则来自农林废弃物的热解。尽管活性炭在生产过程中进行了物理活化，例如，与气体（如水蒸气或二氧化碳），或与强酸、强碱相互作用，但是其结构和性质与生物炭大致相似。这种材料通常含有大量的 C 及少量的灰分（Lee et al., 2006）。相比之下，许多生物炭是由灰分含量更高的原材料制备而成的。

大多数生物炭特性的研究都通过商业或中试工厂（为了复制更大规模的生产途径），以及实验室制备的生物炭进行。目前，人们已经对模拟自然条件制备的生物炭展开相关研究。例如，用火（Brown et al., 2006）或传统工艺制备木炭（Pastor-Villegas et al., 2006）。一般来说，生物炭在商业生产时的加热速率比小规模生产时更高，停留时间则更短。

本章介绍了在进行数据解释时的注意事项。许多关于生物炭结构和物理特性的表征研究中缺少原料来源或制备参数的完整信息。由于某些生物质原料中含有各种土壤污染物，因此，其制备的最终产品是有差异的，这通常会导致生物炭结构的解释或与其他研究的比较变得困难。此外，生物炭的各个性质需要通过多种不同的分析方法进行补充说明。几乎没有研究者同时尝试使用这么多种技术，这意味着一些生物炭的结构很难完全了解。

本章对生物炭结构的工艺参数，如最高热解温度（HTT）、加热速率及化学和物理活化的发展等进行综述，并详细总结了生物炭重要的物理特性，如密度、比表面积、微孔和大孔的形成、粒度和孔径分布。

5.2 生物炭结构概述

生物炭的物理特性受其结构影响，该结构取决于原料类型和所采用的热解方式，包括各种热解前/后处理。

生物炭来源于多种原料，包括（但不仅限于）农林废弃物、动物粪便或市政废弃物。在大多数情况下，生物质原料的结构会对生物炭最终的结构、物理特性，以及与土壤的相互作用产生很大的影响。热解反应导致许多结构或物理特性变化，包括挥发性有机物的损失和结构的收缩。生物炭中最常观察到的特征是孔结构，类似于木材或植物原料的微孔结构（Wildman and Derbyshire, 1991; Fuertes et al., 2010; Yao et al., 2011）。扫描电子显微镜（SEM）分析显示，原料骨架轮廓是数微米或数十微米级的孔或管状排列结构（Laine et al., 1991）。更高分辨率的 SEM 分析显示，这些相对粗大的孔结构与一些更细的亚微米孔相互连接（Fukuyama et al., 2001; Martínez et al., 2006; Zabaniotou et al., 2008）。

原料的化学属性也有助于确定生物炭的结构。在升温及保温期间，原料的有机成分会发生一系列分解反应。在约 120 ℃ 的较低温度下，原料中的水分会流失；在 220～400 ℃ 的较高温度下，半纤维素和纤维素会发生分解（Yang et al., 2007），这些组分在分解后仍被保留下来，在后续制备阶段会影响反应程度和进一步的改性程度。同样，原料的无机成分可能会影响其物理结构，特别是在较高的热解温度下，其中的灰分可能会烧结在一起，或者与碳晶格发生反应（Ronsse et al., 2013）。

5.3 常见的处理参数

热解过程中影响生物炭结构和物理特性的因素有很多，包括加热速率、HTT、反应压力、反应停留时间和反应容器尺寸等。此外，任何预处理或后处理步骤（如任何干燥或化学活化）都会影响其结构，热解过程中载气的类型（化学性质、压力、温度）也会影响其结构和物理性质（Lua et al., 2004）。

普遍认为，热解过程中的 HTT 对生物炭的结构影响最大，这是因为 HTT 影响制备过程中物理变化的程度。例如，挥发组分的释放或中间熔体的形成及分解（Lua et al., 2004）。Zabaniotou 等（2008）测量了活性炭的孔结构（在较高热解温度下制备），研究结果指出随着温度的升高，固定碳会经燃烧变少，从而显著增加最终产物的比表面积。HTT会因原料的差异而显著影响热解结果。处理参数中的次要过程包括升温速率和热解反应压力，该过程会显著影响热解过程中挥发组分的行为和生物炭结构的形成（Gaskin et al., 2008; Novak et al., 2009）。

机械碎裂等其他过程也会影响生物炭结构的演变。Brown 等（2006）观察到，由于生物炭的外部分解速度比内部更快，生物炭在热解过程中产生的热应力发生收缩，因此会出现大面积的裂纹。一些研究人员已经找到了解决方案，可以将最终产物的裂纹最小化，以保证生物炭在投入应用时是完整的（Byrne and Nagle 1997; Brown et al., 2006）。

5.4 生物炭的分子结构

常见的碳材料（如煤、木炭和焦炭）局部区域通常为晶体结构。这些区域有按涡轮式排列的典型石墨层（Warren, 1941; Biscoe and Warren, 1942）。相比之下，X射线衍射研究表明，生物炭大多为非晶体结构（Keiluweit et al., 2010; Singh et al., 2010; Yuan et al., 2011；见第6章）。通常，局部晶相（或石墨相）的分布与原料来源有关，碳化过程通常会扩大原料中已有的微晶簇（石墨相）（McDonald-Wharry et al., 2013）。Qadeer 等（1994）观察到了局部高度共轭的芳香族化合物（石墨相），这种芳香族化合物的结构与石墨烯的结构相同（Bansal et al., 1988），它们虽然很小，却是有效的导体（Carmona and Delhaes, 1978）。金属和矿物化合物可插入碳晶格结构内的缝隙（错位和空位）中（Bourke et al., 2007；见第6章）。据报道，在500℃下热解的生物炭会表现出半导体特性（Joseph et al., 2013）。然而，生物炭大部分的结构通常是不导电的，由多孔且复杂的芳香族—脂肪族有机化合物和矿物质组成（Emmerich et al., 1987）。

随着 HTT 的增大，生物炭显示出更高的结晶度，涡轮层堆叠得更加有序（Keiluweit et al., 2010）。这些碳板构成了一种较为有序的层状结构，并且层与层的间距也较为均匀[见图 5.1（b）]（Emmerich et al., 1987）。生物炭里的涡轮层区域的碳板间距通常比在石墨中观察到的更大（Emmerich et al., 1987; Laine and Yunes, 1992）。虽然这些涡轮层的二维结构可以清楚地辨认出来，但在俯视堆叠的涡轮层方向上晶体呈现无序状态（Emmerich and Luengo, 1996），这种材料被称为非石墨碳。但是，如果将热解温度提高到 3500℃左右，则生物质将很容易形成石墨结构[见图 5.1（c）]。但生物炭制备中常用的 HTT 远低于这个温度（Setton et al., 2002），一般不超过 600℃。在一些情况下，氧原子和其他官能团位于这些有序排列的涡轮层边缘（Boehm, 1994, 2002）。相对于石墨均匀的晶面间距，这些官能团产生的空间效应或电子效应会增加涡轮层的晶面间距（Laine and Yunes, 1992）。Ronsse 等（2013）观察到，从 H/C 原子比的降低可以推断出，较高的 HTT 会促进聚芳微晶簇的增长。

在某些情况下，类石墨层的晶体排列发生在这些碳层的外围（Boehm, 1994, 2002）。这样的排列可能会在六边形平面内产生局部间隙和孔洞（Bourke et al., 2007）。这些孔隙或存在的其他孔隙能被一些挥发物、焦油或其他分解的物质所填充，从而引起孔隙阻塞（Bansal et al., 1988）。随着 HTT 的增大，这些产物的挥发使孔隙通路更干净（Pulido-Novicio et al., 2001）。

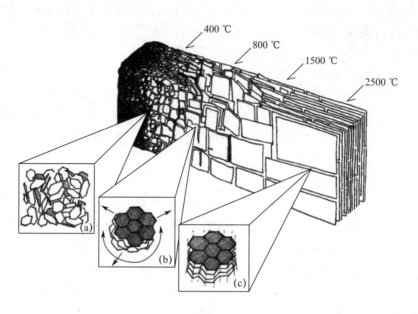

图5.1 与最高热解温度相关的生物炭的碳结构。(a) 芳香族碳的含量增加,无定形物质高度无序;(b) 越来越多的涡轮层芳香族碳板;(c) 在俯视堆叠的涡轮层方向上晶体按顺序变成石墨状

5.5 结构复杂性的降低

在某些情况下,生物炭的结构复杂性会明显降低。这种结构复杂性的降低通常与塑性形变、熔化、熔融和烧结等有关。这种影响最常见于加热速率快、HTT高、加工时间长、矿物灰分高或矿物含量极低的原料(Jones et al., 2007)。生物炭上出现复杂性降低的地方,其多孔结构会退化,并最终消失(Fu et al., 2011)。Rodríguez-Mirasol 等(1993)指出,在以桉树为原料制备活性炭时,矿物灰分促进了微孔结构的损失。因此,在制备之前,需要经预处理去除原料中的无机物。

同样,较高的加热速率引起蜂窝状结构的局部熔化、相变和膨胀,这导致结构复杂性降低(Biagini and Tognotti, 2003; Boateng, 2007)。在较低的加热速率下,挥发性物质容易通过原料孔隙释放,从而保持了原有结构的复杂性(Cetin et al., 2004)。Sun 等(2012)发现,较高的加热速率会对环状团簇的大小产生不同的影响,有些原料会产生较小的环状团簇,而有些原料产生的环状团簇大小则保持不变。

高 HTT 也会降低结构复杂性。例如,据报道,油棕石热解得到的有机材料(PCM)在 900 ℃ 的热解温度下会发生结构退化(Guo and Lua, 1998),这与矿物灰分相的烧结及孔收缩有关。同样,Lua 等(2004)研究了以开心果为原料制备的活性炭,当 HTT 增大到 800 ℃ 时,通过 BET 测量的比表面积显著减小,这表明在高 HTT 下,生物炭中的挥发性组分分解形成中间熔体。Brown 等(2006)发现,随着松木生物炭热解温度的升高,其比表面积显著减小。热解过程中的气态活化可以避免热解时的孔隙分解。Lewis(2000)

的研究表明，孔隙的坍缩可以通过 CO_2 活化来缓解，从而使比表面积显著增大。

5.6 改变生物炭物理结构的方法

活性炭的商业化生产通常使用物理活化使比表面积和孔密度最大化。例如，先在惰性气体中在中温条件下进行热解，然后将所制备的生物炭在更高温度下用蒸汽或 CO_2 进行气化，这会产生新的孔并扩大先前存在的孔（Wigmans, 1989）。用 CO_2 活化木炭可促进碳原子的消耗（也称为燃烧），从而产生多孔结构（Rodríguez-Reinoso and Molina-Sabio, 1992）。相反，用蒸汽进行气化会增加挥发物的释放，从而促进孔隙的形成（Alaya et al., 2000）。生物炭的物理性质和吸附特性取决于活化时间和所用的蒸汽量。例如，橄榄核生物炭的比表面积随活化时间的延长和温度的升高而增大（Stavropoulos, 2005）。Zhang 等（2004）观察到，以橡木、玉米皮及玉米秸秆残渣为原料制备的活性炭具有类似的情况。

通过锌盐、金属氢氧化物或磷酸等化学试剂的活化，可以产生具有很高孔密度的活性炭（Rouquerol et al., 1999; Azargohar and Dalai, 2008）。在活化过程中，源自氢氧化物的钾（K）元素会嵌入碳层促使其分离，从而增大孔隙度（Marsh et al., 1984; Lin et al., 2012）。Lillo-Ródenas 等（2007）报道，与氢氧化钾（KOH）的嵌入过程相比，NaOH 的非嵌入机制使它的活化作用优于 KOH（Raymundo-Piñero et al., 2005; Lozano-Castelló et al., 2006; Maciá-Agulló et al., 2007）。生物炭还可以被制革厂的一些废料（通常为 Na_2SO_4、Na_2S 及水解的蛋白质和脂肪的混合物）活化。尽管有研究表明，生物炭被制革厂废料活化处理后比表面积有所减小，但会产生更多的表面官能团，以及具有更强的 NH_4^+ 吸附能力（Hina et al., 2010）。化学活化比物理活化更容易进行，因为其通常仅需要一个步骤，并且反应温度较低。然而，化学活化的一个缺点是在处理活化试剂时可能污染环境（Zhang et al., 2004）。

加热速率也会影响生物炭的结构。Lua 等（2004）发现，当加热速率提高到 $10\ ℃·min^{-1}$ 时，活性炭微孔体积会增大。据 Angin（2013）报道，将加热速率从 $10\ ℃·min^{-1}$ 升至 $50\ ℃·min^{-1}$，比表面积和孔容会减小。这是因为挥发组分没有足够的时间释放出去，从而在生物炭内部积累，进而堵塞了孔隙（Mui et al., 2010）。较高的加热速率导致生物炭颗粒熔化，并形成更加光滑的表面（Cetin et al., 2004）。快速热解炉以每秒数百摄氏度的加热速率运行，生成的生物炭具有较小的比表面积和孔容（Zhang et al., 2004; Boateng, 2007）。同样，热解过程中炉内的压力会影响生物炭的结构和物理性质。例如，与在常压下制备的生物炭相比，在 5 bar 的热解压力、$500\ ℃·s^{-1}$ 的加热速率及 $950\ ℃$ 的 HTT 下制备的 PCM 表现出更大的孔隙和更薄的孔壁（Cetin et al., 2004）。热解炉的类型甚至可能影响生物炭的物理表面和孔隙率。例如，Gonzalez 等（1997）表明，与竖式炉相比，卧式炉可以产生更明显的微孔结构，这是因为在竖式炉中固—气接触时间较长，PCM 颗粒必须从炉子一端流通到另一端。这导致卧式炉中的外部质量传递受到限制，从而有利于微孔的产生。

5.7 生物炭的比表面积

土壤比表面积显著影响其性质，包括水、空气和养分循环及微生物活性。例如，砂质土的比表面积较小，在储存水和提供植物养分方面的效果相对较差（Troeh and Thompson，2005）。相比之下，虽然黏土具有较大的比表面积和较高的保水能力，但是对植物而言，可利用水含量相对较低且土壤透气性不足。土壤中的有机物可以缓解黏土含水量过高或砂土含水量过低的问题（Troeh and Thompson，2005）。有人提出，生物炭也可能以类似的方式改变土壤的物理性质（见第 19 章）。当将生物炭添加到土壤中时，生物炭的大比表面积也可能会改变微生物的活性和数量（见第 13 章）。

生物炭的总比表面积与其孔径分布有关。随着 HTT 的升高，生物炭的比表面积随着更多孔隙的产生而增大。随着生物炭内部有序度的增大，芳香族碳形态的晶面间距减小，因此单位体积的比表面积有所增大。

在生物炭中可以形成不同尺度的孔隙。然而，用于描述孔隙的术语在文献中并没有公认的标准。应该注意的是，土壤学家将直径大于 10 μm 的孔称为大孔，将直径小于 0.2 μm 的孔称为微孔。在本章中，微孔特指直径小于 2 nm 的孔，这是材料学家在比表面积测量中更常用的标准。这些孔明显地增大了生物炭的比表面积，使生物炭具有较高的吸附能力，并可吸附小尺寸的分子（如气体和溶剂）。另外，中孔和大孔分别指直径为 2～50 nm 和大于 50 nm 的孔（见第 19 章，土壤水分有效性和保持力相关的孔径差异）。

5.8 生物炭的微孔

微孔对总比表面积的贡献最大。图 5.2 汇总了文献中生物炭［见图 5.2（a）］和活化生物炭［见图 5.2（b）］的微孔体积和总比表面积（用 N_2 测量）之间的相关性。这种微孔容易在较高的 HTT 和较长的处理内时间内形成（Zhang et al.，2004）。在某种程度上，孔隙结构及生物炭的比表面积取决于处理条件和原材料的结构。

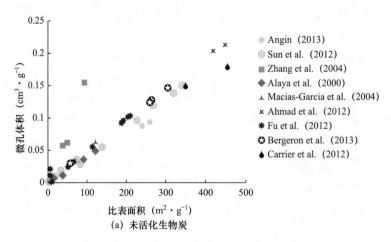

图5.2　未活化生物炭和活化生物炭的比表面积与微孔体积之间的相关性

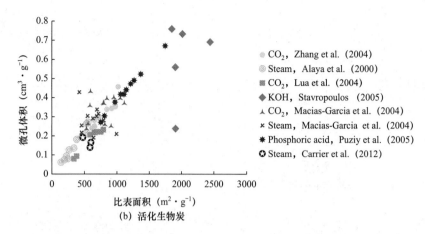

图5.2　未活化和活化生物炭的比表面积与微孔体积之间的相关性（续）

吸附等温线通常用于确定碳质材料的比表面积。由于在这些测量中使用了一系列的吸附剂、脱气方式、温度、压力和算法，因此直接进行数据的比较相对复杂。尽管如此，从文献中的数据仍然可以看出一些趋势（见图5.3）。图5.3（a）列出了一些比表面积较小的生物炭，图5.3（b）列出了一些比表面积较大的生物炭。值得注意的是，图5.3中所有生物炭均未被活化。所有这些比表面积测量均是在77 K下用N_2吸附进行的。但是，在低温和相对较低的压力下，开始出现N_2分子的扩散问题（Lozano-Castelló et al., 2004），这个问题可以采用273 K的CO_2吸附来解决。表5.1比较了N_2和CO_2吸附测量的比表面积。为了更精确地测量比表面积，建议在未来的吸附测量中使用CO_2代替N_2。

随着HTT的升高，生物炭的比表面积会一直增大，直到生物炭结构被破坏。这种破坏导致比表面积减小。Brown等（2006）在热解温度为450～1000 ℃、加热速率为30～1000 ℃·h^{-1}下制备了松木生物炭，并在整个热解过程中向热解炉通入N_2，他们发现，最大比表面积是在750 ℃产生的；当热解温度低于750 ℃时，比表面积随加热速率的增大而减小；而当热解温度高于750 ℃时，比表面积随加热速率的增大而增大（Brown et al., 2006）。Zhang等（2004）用玉米壳和玉米秸秆制备了活性炭，并发现活化1 h的活性炭微孔率高于活化2 h的活性炭。他们认为，在较高的HTT（700～800 ℃）下，孔的形成速率超过了损失速率，原因是在较短的处理时间内孔会扩大并塌陷，但在较长的处理时间内则相反（Zhang et al., 2004）。在这种情况下，即使微孔体积减小，总孔体积也会增大。

加热速率也会影响微孔的形成。Cetin等（2004）发现，在20 ℃·s^{-1}的较低加热速率下制备的PCM中主要是微孔；相反，以约500 ℃·s^{-1}的加热速率制备的PCM中主要是大孔，这是由生物质的局部熔化造成的。Angin（2013）发现，通过将加热速率从50 ℃·min^{-1}减小到10 ℃·min^{-1}，红花籽压榨饼生物炭的比表面积和微孔体积增大。苹果木制备生物炭也获得了相似的结果（Sun et al., 2012）。但是，在玉米秸秆制备生物炭中观察到了相反的效果，当加热速率从0.1 ℃·s^{-1}增大到1 ℃·s^{-1}时，比表面积反而增大（Sun et al., 2012）。

中孔通常存在于生物炭中，这种尺度的孔可以有效地用作液体的吸附介质。一些由开心果壳制成的生物炭中有微孔和中孔，因此既可以用于气体吸附又可以用于液体吸附（Lua et al., 2004）。

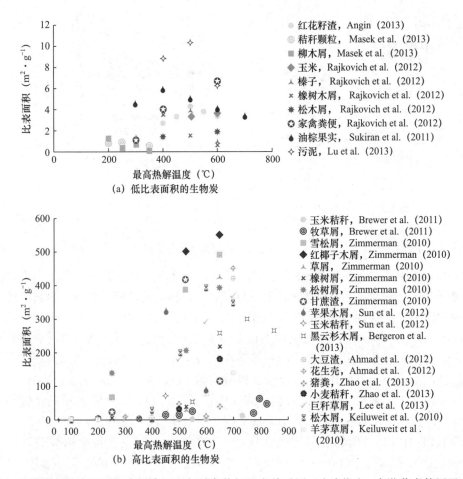

图5.3 生物炭低比表面积和高比表面积与最高热解温度关系图（应当指出，每位作者使用了不同的处理方法和比表面积分析方法，详细方法应参考原始资料）

表 5.1 通过 N_2 和 CO_2 吸附法测定的不同生物炭的比表面积（所有生物炭均在 400 ℃ 下制备）

	比表面积（$m^2 \cdot g^{-1}$）		参考文献
	N_2	CO_2	
玉米	3.9	282	Rajkovich et al.（2012）
榛子	1.6	493	Rajkovich et al.（2012）
橡木	3.5	450	Rajkovich et al.（2012）
松木	1.4	413	Rajkovich et al.（2012）
家禽粪便	4.0	47	Rajkovich et al.（2012）
非洲红木	6.1	429	Zimmerman（2010）
雪松木	7.2	354	Zimmerman（2010）
草	12.9	129	Zimmerman（2010）
橡木	2.2	176	Zimmerman（2010）
松木	2.9	411	Zimmerman（2010）
甘蔗渣	6.4	204	Zimmerman（2010）

5.9 生物炭的大孔

人们通常关注活性炭的微孔大小、密度及分布，而不是大孔。在这些材料中，大孔的作用主要是将吸附质运送到微孔（Wildman and Derbyshire, 1991）。如果单纯将生物炭当作土壤改良剂，那么较大的孔对于土壤的功能性（如通气和水文方面）有重要作用。这些大孔为根毛提供了通道，并可以作为微生物的栖息地，大孔相对于微孔有非常大的体积（见表5.2）。

表 5.2　生物炭比表面积与孔体积的例子（Laine and Yunes, 1992）

	比表面积（$m^2 \cdot g^{-1}$）	体积（$g \cdot cm^{-2}$）
微孔	750~1360	0.2~0.5
大孔	51~138	0.6~1.0

通常，大孔由互不连接的孔隙群组成，而不是单一的连续孔（Wildman and Derbyshire, 1991）。例如，图5.4的扫描电子显微镜（SEM）图像清楚地显示了木质生物炭中的大孔结构。这种木质生物炭颗粒的孔径范围从几十纳米［见图5.4（b）中的右上角］到数百微米［见图5.4（a）］。在生物炭颗粒的横截面及表面可以观察到这些大孔。与细砂土、粉土和黏土颗粒相比，这些孔隙的尺寸较大。

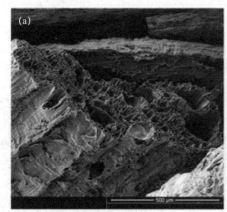
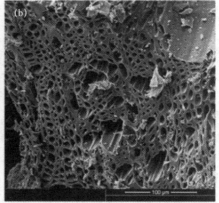

图5.4　木材制备的慢速热解生物炭大孔的扫描电子显微镜（SEM）图像

大孔率也可以通过水银孔隙度计测量。Hardie 等（2013）发现，在 550 ℃下由金合欢废弃物制备的生物炭中孔径的平均范围为 0.4 ~ 13 μm。也有报道称，通过 SEM 确定的生物炭孔隙率与汞孔隙率法测量的孔隙率之间的差异很小（Hardie et al., 2013）。当 HTT 从 400 ℃ 增大到 600 ℃时，污泥生物炭的宏观孔隙率从 0.783 $cm^3 \cdot g^{-1}$ 增大到 0.935 $cm^3 \cdot g^{-1}$（Mendez et al., 2013）。

5.10 生物炭的粒度分布

与生物炭的孔隙特征类似，生物炭颗粒的粒度分布在很大程度上取决于原材料的性质。但是，原材料的粒度分布将受到热解过程中收缩、磨损及热解后处理步骤的影响。粒度变化的程度取决于热解和处理条件。

生物炭的最终粒度与原材料之间的关系如图5.5所示。有研究对木材废弃物进行预处理以获得锯末和木屑片原料，然后以较低的热解速率（5～10 ℃·min^{-1}）在高达750 ℃的HTT下热解，所得生物炭的粒度分布测量结果显示，随着HTT的升高，生物炭的粒度更小，这是因为制备条件改变了生物炭的机械性能。

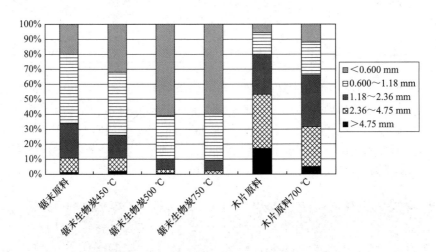

图5.5　生物质预处理和HTT对生物炭粒度分布的影响（Downie et al., 2009）

粒度分布还取决于热解速率。受热解过程中的热传递和质量传递的限制，需要较小的原料颗粒来实现较高的热解速率（见第3章）。例如，快速热解过程需要非常小（亚毫米至毫米）的原料粒径，而连续慢速热解能够将直径几厘米的原料均匀碳化。传统的木炭制备工艺可容纳大尺寸的原料，如来自森林的原木。Cetin等（2004）在一定范围的粒径和热解速率下热解了生物质。他们发现，在最高热解速率（500 ℃·s^{-1}）下，需要约50 μm的颗粒才能在热解过程中实现适当的质量传递和热传递。如果对较大的颗粒进行快速热解，则热量很难传递到颗粒内部。在这种情况下，需要更长的停留时间以确保较大颗粒完全热解（Shamsuddin and Williams, 1992）。

由于生物质的挥发成分在热解过程中被去除，因此原料颗粒会收缩（Emmerich and Luengo, 1996; Freitas et al., 1997）。Freitas等（1997）的研究表明，在最高热解温度下，HTT从200 ℃升高到1000 ℃导致原料颗粒（泥炭制备的PCM）的收缩率提高了20%。Cetin等（2004）证明，在热解过程中增大气压（从大气压力到20 bar）会生成较大的PCM颗粒。颗粒粒度的增大归因于膨胀和颗粒熔融形成的颗粒团（Cetin et al., 2004）。

5.11 生物炭的密度

通常使用两种密度来描述生物炭：①固体密度（也称为真密度或骨架密度），表示在分子水平上固相中的生物炭密度；②体积（或表观）密度，表示较大体积生物炭颗粒的密度，并且包括固相、颗粒孔隙和颗粒间空隙。这两个密度通常成反比：固体密度的增大通常与体积密度的减小相关，因为在分子水平上的致密化会导致在低于700 ℃的HTT下孔隙率增大。Guo和Lua（1998）指出，随着热解温度的升高，孔隙率增大，体积密度随着固体密度的减小而增大。在非常高的HTT下，由于孔隙的塌陷，生物炭的体积密度增大，而孔隙率减小。Pastor-Villegas等（2006）在研究桉树制备的生物炭时也证明了固体密度与体积密度之间的反比关系。与原材料相比，原料无序组分中挥发成分的损失，以及类石墨晶体相组分的增加会导致固体密度增大，这是由石墨相快速的结构压缩导致的（Emmerich et al.，1987）。

木炭的标准固体密度约为2 Mg·m^{-3}（Emmett，1948），略低于石墨的密度（2.25 Mg·m^{-3}）。由于碳平面的无定形或涡轮层排列，生物炭的固体密度通常为1.5～2.0 Mg·m^{-3}（Jankowska et al.，1991；Oberlin，2002；Brewer et al.，2009）。一些较小的固体密度（0.141 Mg·m^{-3}）可以从自然火灾产生的焦炭中测得（Brown et al.，2006）。生物炭的固体密度通常用氦气真密度仪（Brewer et al.，2009；Brown et al.，2006；Dutta et al.，2012）和汞孔隙率法（Hardie et al.，2013）进行测量。

生物炭的固体密度与先前讨论的其他特性一样，也取决于原料和热解条件（Pandolfo et al.，1994），固体密度随HTT、停留时间的增大而增大，这与原料中存在的低密度无序碳转化为有序的涡轮层有关（见图5.6；Byrne，1996；Kercher and Nagle，2002）。虽然固体密度已被证明与热解速率无关，但与最终HTT之间存在直接关系（见图5.6；Brown et al.，2006）。随后，Brown等（2006）推测，无论热解过程如何，实验使用氦气测得的固体密度都可以作为原料所受最高HTT的指标。Brewer等（2009）报道了相同的结果，即固体密度随灰分（矿物质）含量增加和热解温度升高而增大，这种分析方法对人为土壤中碳质材料的研究具有潜在的应用价值。

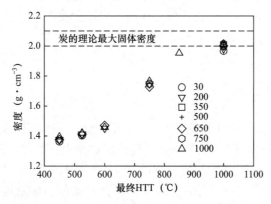

图5.6 生物炭的氦基固体密度、最终HTT和热解速率（℃·h^{-1}）的作用关系（Brown et al.，2006）

多项研究表明，不同原料的生物炭在热解过程中的体积密度会有明显的变化，一般范围为 $0.09 \sim 0.50$ Mg·m^{-3}（Karaosmanoglu et al., 2000; Özçimen and Karaosmanoglu, 2004; Pastor-Villegas et al., 2006; Bird et al., 2008; Spokas et al., 2009）。体积密度一般用生物炭的质量除以其体积来计算。Byrne 和 Nagle（1997）确定了木炭的体积密度与其原料之间的线性关系，如图 5.7 所示。

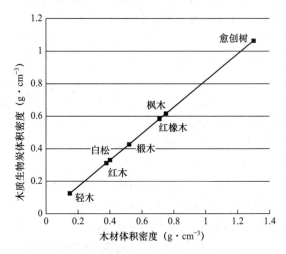

图5.7 木质生物炭的体积密度与其原料体积密度的关系。其中，木质生物炭体积密度= 0.8176×木材体积密度，该值是在热解速率为15 ℃·h^{-1}、HTT为900 ℃条件下，并在N$_2$中碳化所得（Byrne and Nagle, 1997）

5.12 生物炭的机械强度

生物炭的固体密度越大，则机械强度越强。这种相关性源于生物炭中更有序的结构和更高浓度的晶相，它们通常由较高的 HTT 引起。通常使用压碎法测定生物炭的机械强度，即向土壤与生物炭的混合物中加水，然后用两个平行的硬板将所得混合物压碎（Chan et al., 2007）。有关生物炭和土壤相互作用的更多信息见第 14 章。机械强度一般用于定义活性炭的质量，因为高强度材料在应用过程中（如催化反应器或过滤柱内）更能承受外加载荷。由坚果壳和果核制备的活性炭通常具有很高的强度和硬度。这些性质是由原料的高木质素和低灰分含量而引起的（Aygun et al., 2003）。

5.13 结论与展望

生物炭的物理结构与原材料（生物质）的结构特征及所采用的热解处理参数高度相关。在确定生物炭结构时，HTT 和热解速率是极其重要的参数。另外，我们开始认识到生物炭孔隙结构与原材料和生产条件之间的相关性，这些相关性可能在生物炭与土壤的相互作用中发挥着重要作用。为了建立生物炭原料、热解处理条件、生物炭结构和生物炭物理特性之间的预测模型，需要进行进一步进行系统研究，同时要仔细地控制热解处理参数的变化，并采用各种互补的表征方法。

参考文献

Ahmad, M., Lee, S. S., Dou, X., et al. Effects of pyrolysis temperature on soybean stover- and peanut shell-derived biochar properties and TCE adsorption in water[J]. Bioresource Technology, 2012, 188: 536-544.

Alaya, M. N., Girgis, B. S. and Mourad, W. E. Activated carbon from some agricultural wastes under action of one-step steam pyrolysis[J]. Journal of Porous Materials, 2000, 7: 509-517.

Angin, D. Effect of pyrolysis temperature and heating rate on biochar obtained from pyrolysis of safflower seed press cake[J]. Bioresource Technology, 2013, 128: 593-597.

Aygun, A., Yenisoy-Karakas, S. and Duma, N. I. Production of granular activated carbon from fruit stones and nutshells and evaluation of their physical, chemical and adsorption properties[J]. Microporous and Mesoporous Materials, 2003, 66: 189-195.

Azargohar, R. and Dalai, A. K. Steam and KOH activation of biochar: Experimental and modeling studies[J]. Microporous and Mesoporous Materials, 2008, 110: 413-421.

Bansal, R. C., Donnet, J. B. and Stoeckli, F. Active Carbon[M]. New York: Marcel Dekker, 1988.

Bergeron, S. P., Bradley, R. L., Munson, A., et al. Physico-chemical and functional characteristics of soil charcoal produced at five different temperatures[J]. Soil Biology and Biochemistry, 2013, 58: 140-146.

Biagini, E. and Tognotti, L. Characterization of biomass chars[A]. in Proceedings of the Seventh International Conference on Energy for Clean Environment[C]. Lisbon, Portugal, 2003.

Bird, M .I., Ascough, P. L., Young, I. M., et al. X-ray microtomographic imaging of charcoal[J]. Journal of Archaeological Sciences, 2008, 35: 2698-2706.

Biscoe, J. and Warren, B. E. An X-ray study of carbon black[J]. Journal of Applied Physics, 1942, 13: 364.

Boateng, A. A. Characterization and thermal conversion of charcoal derived from fluidized-bed fast pyrolysis oil production of switchgrass[J]. Industrial Engineering and Chemical Research, 2007, 46: 8857-8862.

Boehm, H. P. Some aspects of the surface chemistry of carbon blacks and other carbons[J]. Carbon, 1994, 32: 759-769.

Boehm, H. P. Surface oxides on carbon and their analysis: A critical assessment[J]. Carbon, 2002, 40: 145-149.

Bourke, J., Manley-Harris, M., Fushimi, C., et al. Do all carbonized charcoals have the same chemical structure? 2. A model of the chemical structure of carbonized charcoal[J]. Industrial Engineering and Chemical Research, 2007, 46: 5954-5967.

Brewer, C. E., Schmidt-Rohr, K., Satrio, J. A., et al. Characterization of biochar from fast pyrolysis and gasification systems[J]. Environmental Progress and Sustainable Energy, 2009, 28: 386-396.

Brewer, C. E., Unger, R., Schmidt-Rohr, K., et al. Criteria to select biochars for field studies based on biochar chemical properties[J]. Bioenergy Research, 2011, 4: 312-323.

Brown, R. A., Kerche, A. K., Nguyen, T. H., et al. Production and characterization of synthetic wood chars for use as surrogates for natural sorbents[J]. Organic Geochemistry, 2006, 37: 321-333.

Byrne, C. Polymer, Ceramic, and Carbon Composites Derived from Wood[D]. US: The Johns Hopkins University, 1996.

Byrne, C. E. and Nagle, D. C. Carbonized wood monoliths-characterization[J]. Carbon, 1997, 35: 267-273.

Carmona, F. and Delhaes, P. Effect of density fluctuations on the physical properties of a disordered carbon[J]. Journal of Applied Physics, 1978, 49: 618-628.

Cetin, E., Moghtaderi, B., Gupta, R., et al. Influence of pyrolysis conditions on the structure and gasification reactivity of biomass chars[J]. Fuel, 2004, 83: 2139-2150.

Chan, K. Y., van Zwieten, L., Meszaros, I., et al. Agronomic values of greenwaste biochar as a soil amendment[J]. Australian Journal of Soil Research, 2007, 45: 629-634.

Chia, C. H., Munroe, P., Joseph, S. D., et al. Analytical electron microscopy of black carbon and microaggregated mineral matter in Amazonian Dark Earth[J]. Journal of Microscopy, 2012, 245: 129-139.

Chingombe, P., Saha, B. and Wakeman, R. J. Surface modification and characterisation of a coal-based activated carbon[J]. Carbon, 2005, 43: 3132-3143.

Downie, D., Crosky, A. and Munroe, P. Physical properties of biochar. in J. Lehmann and S. Joseph (eds) Biochar for Environmental Management: Science and Technology[M]. London: Earthscan, 2009: 13-32.

Dutta, B., Raghavan, G. S. V. and Ngadi, M. Surface characterization and classification of slow and fast pyrolyzed biochar using novel methods of pycnometry and hyperspectral imaging[J]. Journal of Wood Chemistry and Technology, 2012, 32: 105-120.

Emmerich, F. G. and Luengo, C. A. Babassu charcoal: A sulfurless renewable thermo-reducing feedstock for steelmaking[J]. Biomass and Bioenergy, 1996, 10: 41-44.

Emmerich, F. G., Sousa, J. C., Torriani, I. L., et al. Applications of a granular model and percolation theory to the electrical resistivity of heat treated endocarp of babassu nut[J]. Carbon, 1987, 25: 417-424.

Emmett, P. H. Adsorption and pore-size measurements on charcoal and whetlerites[J]. Chemical Reviews, 1948, 43: 69-148.

Freitas, J. C. C., Cunha, A. G. and Emmerich, F. G. Physical and chemical properties of a Brazilian peat char as a function of HTT[J]. Fuel, 1997, 76: 229-232.

Fu, P., Yi, W., Bai, X., et al. Effect of temperature on gas composition and char structural features of pyrolyzed agricultural residues[J]. Bioresource Technology, 2011, 102: 8211-8219.

Fuertes, A. B., Camps-Arbestain, M., Sevilla, M., et al. Chemical and structural properties of carbonaceous products obtained by pyrolysis and hydrothermal carbonisation of corn stover[J]. Soil Research, 2010, 48: 618-626.

Fukuyama, K., Kasahara, Y., Kasahara, N., et al. Small-angle X-ray scattering study of the pore structure of carbon fibers prepared from a polymer blend of phenolic resin and polystyrene[J]. Carbon, 2001, 39: 287-290.

Gaskin, J. W., Steiner, C., Harris, K., et al. Effect of low-temperature pyrolysis conditions on biochar for agricultural use[J]. Transactions of the American Society of Agricultural and Biological Engineers, 2008, 51: 2061-2069.

Glaser, B., Balashov, E., Haumaier, L., et al. Black carbon in density fractions of anthropogenic soils of the Brazilian Amazon region[J]. Organic Geochemistry, 2000, 31: 669-678.

Gonzalez, M. T., Rodríguez-Reinoso, F., Garcia, A. N., et al. CO_2 activation of olive stones carbonized under different experimental conditions[J]. Carbon, 1997, 35: 159-162.

Guo, J. and Lua, A. C. Characterization of chars pyrolyzed from oil palm stones for the preparation of activated carbons[J]. Journal of Analytical and Applied Pyrolysis, 1998, 46: 113-125.

Hardie, M., Clothier, B., Bound, S., et al. Does biochar influence soil physical properties and soil water availability?[J]. Plant Soil, 2014, 376: 347-361.

Hina, K., Bishop, P., Arbestain, M. C., et al. Producing biochars with enhanced surface activity through alkaline pretreatment of feedstocks[J]. Australian Journal of Soil Research, 2010, 48: 606-617.

Jankowska, H., Swiatkowski, A. and Choma, J. Active Carbon[M]. New York: Ellis Horwood, 1991.

NY Jones, J. M., Darvell, L. I., Bridgeman, T. G., et al. An investigation of the thermal and catalytic behavior of potassium in biomass combustion[J]. Proceedings of the Combustion Institute, 2007, 31: 1955-1963.

Joseph, S., van Zwieten, L., Chia, C. H., et al. Designing specific biochars to address soil constraints: a developing industry. in N. Ladygina and F. Rineau (eds) Biochar and Soil Biota[M]. Florida, Boca Raton: CRC Press, 2013.

Karaosmanoglu, F., Isigigur-Ergundenler, A. and Sever, A. Biochar from the strawstalk of rapeseed plant[J]. Energy and Fuels, 2000, 14: 336-339.

Keiluweit, M., Nico, P. S., Johnson, M., et al. Dynamic molecular structure of plant biomass-derived black carbon (biochar)[J]. Environmental Science and Technology, 2010, 44: 1247-1253.

Kercher, A. K. and Nagle, D. C. Evaluation of carbonized medium-density fiberboard for electrical applications[J]. Carbon, 2002, 40: 1321-1330.

Laine, J. and Yunes, S. Effect of the preparation method on the pore size distribution of activated carbon from coconut shell[J]. Carbon, 1992, 30: 601-604.

Laine, J., Simoni, S. and Calles, R. Preparation of activated carbon from coconut shell in a small scale concurrent flow rotary kiln[J]. Chemical Engineering Communications, 1991, 99: 15-23.

Lee, Y., Eum, P. R. B., Ryu, C., et al. Characteristics of biochar produced from slow pyrolysis of Geodae-Uksae1[J]. Bioresource Technology, 2013, 130: 345-350.

Lee, J., Kim, J. and Hyeon, T. Recent progress in the synthesis of porous carbon materials[J]. Advanced Materials, 2006, 18: 2073-2094.

Lewis, A. C. Production and Characterization of Structural Active Carbon from Wood Precursors[D]. US: The Johns Hopkins University, Department of Materials Science and Engineering, 2000.

Lillo-Ródenas, M. A., Marco-Lozar, J. P., Cazorla-Amoros, D., et al. Activated carbons prepared by pyrolysis of mixtures of carbon precursor/alkaline hydroxide[J]. Journal of Analytical and Applied Pyrolysis, 2007, 80: 166-174.

Lin, Y., Munroe, P., Joseph, S., et al. Water extractable organic carbon in untreated and chemical treated biochars[J]. Chemosphere, 2012, 81: 151-157.

Lozano-Castelló, D., Cazorla-Amorós, D. and Linares-Solano, A. Usefulness of CO_2 adsorption at 273 K for the characterization of porous carbons[J]. Carbon, 2004, 42: 1231-1236.

Lozano-Castelló, D., Maciá-Agulló, J. A., Cazorla-Amorós, D., et al. Isotropic and anisotropic microporosity development upon chemical activation of carbon fibers, revealed by microbeam small-angle X-ray scattering[J]. Carbon, 2006, 44: 1121-1129.

Lua, A. C., Yang, T. and Guo, J. Effects of pyrolysis conditions on the properties of activated carbons prepared from pistachio-nut shells[J]. Journal of Analytical and Applied Pyrolysis, 2004, 72: 279-287.

Lu, H. L., Zhang, W. H., Wang, S. H., et al. Characterization of sewage sludge-derived biochars from different feedstocks and pyrolysis temperatures[J]. Journal of Analytical and Applied Pyrolysis, 2013, 102: 137-143.

Maciá-Agulló, J. A., Moore, B. C., CazorlaAmorós, D. and Linares-Solano, A. Influence of carbon fibres crystallinities on their chemical activation by KOH and NaOH[J]. Microporous and Mesoporous Materials, 2007, 101: 397-405.

Marsh, H., Yan, D. S., O'Grady, T. M., et al. Formation of active carbons from cokes using potassium hydroxide[J]. Carbon, 1984, 32: 603-611.

Martínez, M. L., Torres, M. M., Guzmán, C. A., et al. Preparation and characteristics of activated carbon from olive stones and walnut shells[J]. Industrial Crops and Products, 2006, 23: 23-28.

Masek, O., Budarin, V., Gronnow, M., et al. Microwave and slow pyrolysis biochar-Comparison of physical and functional properties[J]. Journal of Analytical and Applied Pyrolysis, 2013, 100: 41-48.

McDonald-Wharry, J., Manley-Harris, M. and Pickering, K. Carbonisation of biomassderived chars and the thermal reduction of a graphene oxide sample studied using Raman spectroscopy[J]. Carbon, 2013, 59: 383-405.

Mendez, A., Terradillos, M. and Gasco, G. Physicochemical and agronomic properties of biochar from sewage sludge pyrolysed at different temperatures[J]. Journal of Analytical and Applied Pyrolysis, 2013, 102: 124-130.

Mui, E. L. K., Cheung, W. H. and McKay, G. Tyre char preparation from waste tyre rubber for dye removal from effluents[J]. Journal of Hazardous Materials, 2010, 175: 151-158.

Novak, J. M., Lima, I., Xing, B., et al. Characterization of designer biochar produced at different temperatures and their effects on a loamy sand[J]. Annals of Environmental Science, 2009, 3: 195-206.

Oberlin, A. Pyrocarbons-Review[J]. Carbon, 2002, 40: 7-24.

Özçimen, D. and Karaosmanoglu, F. Production and characterization of bio-oil and biochar from rapeseed cake[J]. Renewable Energy, 2004, 29: 779-787.

Pandolfo, A. G., Amini-Amoli, M. and Killingley, J. S. Activated carbons prepared from shells of different coconut varieties[J]. Carbon, 1994, 32: 1015-1019.

Pastor-Villegas, J., Pastor-Valle, J. F., Meneses Rodríguez, J. M., et al. Study of commercial wood charcoals for the preparation of carbon adsorbents[J]. Journal of Analytical and Applied Pyrolysis, 2006, 76: 103-108.

Pulido-Novicio, L., Hata, T., Kurimoto, Y., et al. Adsorption capacities and related characteristics of wood charcoals carbonized using a one-step or two-step process[J]. Journal of Wood Science, 2001, 47: 48-57.

Qadeer, R., Hanif, J., Saleem, M. A., et al. Characterization of activated charcoal[J]. Journal of the Chemical Society of Pakistan, 1994, 16: 229-235.

Rajkovich, S., Enders, A., Hanley, K., et al. Corn growth and nitrogen nutrition after additions of biochars with varying properties to a temperate soil[J]. Biology and Fertility of Soils, 2012, 48: 271-284.

Raymundo-Piñero, E., Azaïs, P., Cacciaguerra, T., et al. KOH and NaOH activation mechanisms of multiwalled carbon nanotubes with different structural organisation[J]. Carbon, 2005, 43: 786-795.

Rodríguez-Mirasol, J., Cordero, T. and Rodriguez, J. J. Preparation and characterization of activated carbons from eucalyptus kraft lignin[J]. Carbon, 1993, 31: 87-95.

Rodríguez-Reinoso, F. and Molina-Sabio, M. Activated carbons from lignocellulosic materials by chemical and/or physical activation: An overview[J]. Carbon, 1992, 30: 1111-1118.

Ronsse, F., van Hecke, S., Dickinson, D., et al. Production and characterization of slow pyrolysis biochar: influence of feedstock type and pyrolysis conditions[J]. Global Change Biology Bioenergy, 2013, 5: 104-115.

Rouquerol, F., Rouquerol, I. and Sing, K. Adsorption by Powders and Porous Solids[M]. London: Academic Press, 1999.

Schaefer, C. E. G. R., Lima, H. N., Gilkes, R. J., et al. Micromorphology and electron microprobe analysis of phosphorous and potassium forms of indian black earth (IBE) anthrosol from Western Amazonia[J]. Australia Journal of Soil Research, 2004, 42: 401-409.

Sentorun-Shalaby, C., Uçak-Astarhoglu, M. G., Artok, L., et al. Preparation and characterization of activated carbons by one-step steam pyrolysis/activation from apricot stones[J]. Microporous and Mesoporous Materials, 2006, 88: 126-134.

Setton, R., Bernier, P. and Lefrant, S. Carbon Molecules and Materials[M]. Florida Shamsuddin: CRC Press, 2002.

A. H. and Williams, P. T. Devolatilisation studies of oil-palm solid wastes by thermo-gravimetric analysis[J]. Journal of the Institute of Energy, 1992, 65: 31-34.

Singh, B., Singh, B. P. and Cowie, A. L. Characterisation and evaluation of biochars for their application as a soil amendment[J]. Soil Research, 2010, 48: 516-525.

Spokas, K. A., Koskinen, W. C., Baker, J. M., et al. Impacts of woodchip biochar additions on greenhouse gas production and sorption/degradation of two herbicides in a Minnesota soil[J]. Chemosphere, 2009, 77: 574-581.

Stavropoulos, G. G. Precursor materials suitability for super activated carbons production[J]. Fuel Processing Technology, 2005, 86: 1165-1173.

Stavropoulos, G. G. and Zabaniotou, A. A. Production and characterization of activated carbons from olive-seed waste residue[J]. Journal of Microporous and Mesoporous Material, 2005, 82: 79-85.

Sukiran, M. A., Kheang, L. S., Bakar, N. A., et al. Production and characterization of Bio-Char from the pyrolysis of empty fruit bunches[J]. American Journal of Applied Sciences, 2011, 8: 984-988.

Sun, H., Hockaday, W. C., Masiello, C. A., et al. Multiple controls on the chemical and physical structure of biochars[J]. Industrial and Engineering Chemistry Research, 2012, 51: 3587-3597.

Sun, H., Hockaday, W. C., Masiello, C. A., et al. Multiple controls on the chemical and physical structure of biochars[J]. Industrial and Engineering Chemistry Research, 2012, 51: 1587-1597.

Troeh, F. R. and Thompson, L. M. Soils and Soil Fertility[M]. Iowa: Blackwell Publishing, 2005.

Warren, B. E. X-ray diffraction in random layer lattices[J]. Physical Review, 1941, 59: 693-698.

Wigmans, T. Industrial aspects of production and use of activated carbons[J]. Carbon, 1989, 27: 13-22.

Wildman, J. and Derbyshire, F. Origins and functions of macroporosity in activated carbons from coal and wood precursors[J]. Fuel, 1991, 70: 655-661.

Yang, H., Yan, R., Chen, H., et al. Characteristics of hemicellulose, cellulose and lignin pyrolysis[J]. Fuel, 2007, 86: 1781-1788.

Yao, Y., Gao, B., Inyang, M., et al. Biochar derived from anaerobically digested sugar beet tailings: Characterization and phosphate removal potential[J]. Bioresource Technology, 2011, 102: 6273-6278.

Yuan, J. H., Xu, R. K. and Zhang, H. The forms of alkalis in the biochar produced from crop residues at different temperatures[J]. Bioresource Technology, 2011, 102: 3488-3497.

Zabaniotou, A., Stavropoulos, G. and Skoulou, V. Activated carbon from olive kernels in a two-stage process: Industrial improvement[J]. Bioresource Technology, 2008, 99: 320-326.

Zhang, T., Walawender, W. P., Fan, L. T., et al. Preparation of activated carbon from forest and agricultural residues through CO_2 activation[J]. Chemical Engineering Journal, 2004, 105: 53-59.

Zhao, X., Wang, M., Liu, H., et al. Effect of temperature and additives on the yields of products and microwave pyrolysis behaviors of wheat straw[J]. Journal of Analytical and Applied Pyrolysis, 2013, 100: 49-55.

Zimmerman, A. R. Abiotic and microbial oxidation of laboratory-produced black carbon (biochar)[J]. Environmental Science and Technology, 2010, 44: 1295-1301.

生物炭的特性：大分子特性

Markus Kleber、William Hockaday 和 Peter S. Nico

6.1 引言

十多年来，全世界的研究人员致力于同时解决生物能源生产、去除大气中过量的 C 及改善土质和水质。"木炭愿景"（Laird, 2008）的核心是生物炭技术（Lehmann, 2007a; Lehmann and Joseph, 2009），即尝试设计综合的农业生物质 - 生物质能源系统，以提高土壤质量与生产力，同时减少大气中的 CO_2（Lehmann, 2007b）。

生物炭逐渐引起了学术界的广泛关注，生物炭技术与生物炭在语义上的区别变得模糊，但一个成功的生物质能源系统将产生与生物炭重要同等重要甚至更重要的产品：能源和更清洁的大气。将热解的成品作为一种具有通用性和普遍性的有机化合物来处理已经形成了一种惯例，但这种做法可能会对"木炭愿景"的成功构成障碍（Laird, 2008），因为一些有力的研究证据告诉我们，添加烧焦的有机物并不会为农业生态系统带来好处（Spokas et al., 2012）。因此，生物炭技术的支持者们越发强调生物炭不是一种性质单一的产物（Spokas et al., 2012），并且指出"并非所有生物炭都具有一样的性质，应设计具有特殊特性的生物炭，以用于特定的生态或农业环境"（Ippolito et al., 2012）。

因此，应选用合适的生物炭来解决当前所遇到的问题，或针对特定用途"设计"生物炭，这才是生物炭技术发展的成功之道。在下面的章节中，我们描述了不同生物炭在有机大分子之间的不同特性，并探讨了形成这些特性的主要影响因素。

6.2 生物炭的动态分子模型

归纳热处理对植物生物量分子结构的影响存在一定困难，其原因有以下几个方面。首先，植物的成分不均匀，即使在同一种植物内也不一样。其次，在实际环境中的 HTT 是随时变化的，并且通常难以精确控制。最后，热处理方式、反应炉工艺及实际热解过程的其他方面都会影响最终产物的成分。

为了认识生物炭的特性，许多研究人员通过 HTT 序列获取有机生物质前体材料，并观察到分子结构的变化与 HTT 的作用关系。对个别有机化合物（如木质素和纤维素）（Bacon and Tang, 1964; Tang and Bacon, 1964）及化学结构更为复杂的植物生物质原料（Baldock and Smernik, 2002; Paris et al., 2005; Chen et al., 2008; Uchimiya et al., 2011; Kloss et al., 2012）都采用了这种方法。

由于数据库的不断积累，科学界的关注点已聚焦到建立生物炭大分子结构的"动态连续"分子模型上（Paris et al., 2005; Amonette and Joseph, 2009; Keiluweit et al., 2010）。"动态"特指生物质中的高分子聚合物会随着HTT的变化而发生一系列的分子变换和重组。因为反应活化能和相变能的需求是不连续的，因此生物炭的性质往往会突然发生改变（见图6.1），原料相同但制备温度略有不同的两个生物炭，其性质都会有明显差异。

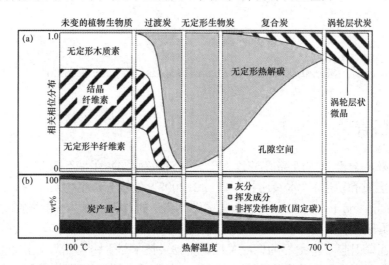

图6.1 碳化梯度上植物生物质制备黑炭（生物炭）的动态连续分子结构、4种炭类别和各相的示意图。
（a）有机相的理化特性，每类的精确温度范围由两种碳化条件（温度、持续时间和气体）和植物生物质成分的相对含量（半纤维素、纤维素和木质素）控制；（b）依据质量分析推断炭的组分，木材和草木炭的平均产量、挥发物、固定碳和灰分含量为平均值，高于700 ℃的相对贡献是估计值（Keiluweit et al., 2010；经出版商许可）

动态连续生物炭模型反映了生物炭形成过程与碳化温度的函数关系。在低温条件下，植物生物质主要发生脱水，其他方面保持不变。随着碳化强度的增加，有机大分子(如纤维素、木质素和半纤维素）减少，少数的芳香环（无定形生物炭，见图 6.1）开始形成。最终，生物聚合物消失，并形成带有 2～3 个环的芳香环分子（无定形生物炭）。当温度进一步升高时，一些小且"缺损"的稠合芳香环平面堆叠起来，形成所谓的涡轮层状微晶。这些微晶为微小的三维结构，由 3～5 个堆叠的碳层组成，其垂直高度（L_c）为 1～2 nm，侧向延伸量（L_a）为 2～5 nm（Franklin, 1951; Yen et al., 1961; Heidenreich et al., 1968; Lu et al., 2001; Kercher and Nagle, 2003; Bourke et al., 2007）。形成这样的尺寸取决于许多因素，如原料、热解温度和原料的矿物质含量。除涡轮层状微晶外，还存在明显的无定形炭混合物，我们称这种生物炭为"复合炭"（见图 6.1）。

当所有无定形生物炭都挥发或转化为芳香环时，生物炭被称为"涡轮层状炭"或"碳化炭"（Bourke et al., 2007）。只有在热解反应器中长时间停留，或超过约 700 ℃的 HTT 时，生物炭才达到"碳化炭"的程度。

尽管连续的生物炭模型和原料特性的变化解释了为什么"生物炭是多种多样的"（Sohi, 2012），但仍然存在如何利用生物炭特性的相关知识来改善土壤生态系统的问题（Sohi et al., 2010)。要解决这个问题，就需要确定与土壤生态相关的各种生物炭特性，并找到评估这些特性的最佳方法。为了确定这些特性，人们回顾了生物炭的动态模型，根据热解温度，生物炭可能包括 3 大类有机物：①干燥或"经过烘烤"的植物有机质；②一种"软"的、无定形的、柔性有机相（有时称为"挥发性物质"）；③刚性堆叠的涡轮层状微晶，即"玻璃状"的碳层。

绝大多数用于环境保护的生物炭只含有很少的植物有机质，因为碳化过程会将植物有机质转化为其他两类有机物。因此，本章聚焦于如何识别和区分生物炭中的无定形（又称"挥发性"）化合物与缩聚碳化合物的功能重要性。本章的方法借鉴了先前的工作：检测了生物炭对非离子有机污染物的吸附（Sun et al., 2012）。在这项工作中，极性和化学官能团、脂肪族碳的相对比例、微晶的生长程度及所得比表面积的变化已被成功地用来解释多功能邻苯二甲酸酯的吸附。本章将采用此概念来研究现代分析技术是如何推动识别特定的生物炭官能团，并确定了生物炭中无定形成分与结晶成分的相对比例。

6.3 芳香环、碳层和晶体

6.3.1 芳香性定义

生物质在惰性气体环境中［在没有助燃电子受体的情况下，如氧（O）之类］进行热处理会发生一些化学变化。最终，随着碳比例的增加，会形成新的固体物质。生物质材料的"碳化"是一个复杂的过程，其中会同时发生许多反应（如脱氢、氢转移和异构化）。对于生物炭的物理性质来说，C 原子环的形成，以及它们所凝聚形成的碳层和堆叠体特别重要。当 C 原子组合成具有 C＝C 双键的环时，p 轨道可能会发生重叠，并且 π 电子会离域（见图 6.2），从而形成"芳香族分子"。

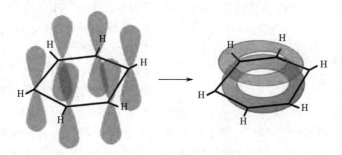

图6.2 形成包含离域电子π系统的分子轨道。其中，由C原子核之间直线上的电子形成的单键称为σ键（见左图）；右侧分子平面上方和下方的2个环代表3个键合分子轨道之一；在那些环内的任何地方都可以找到2个离域电子

最初之所以被称为"芳香族分子"，是因为许多芳香族分子具有明显的气味。芳香性的现代定义（IUPAC, 2006）是：环状分子体系的空间结构和电子结构的概念，表现为环电子的离域效应，这种效应增强了它们的热力学稳定性（相对于无环结构类似物），并在化学变化过程中倾向于保持这种结构的趋势。

离域是多个原子间通过重叠的原子轨道和 p 轨道混合的结果，这就产生了新的分子轨道，其中一些分子能级较低导致键较短，因此与不离域的 6 个 C 原子的排列相比键强度更大（如在环己烷分子中）。这里需要强调的是，并不是所有的 C 原子平面的环状排列都是自动呈现芳香性的，它们必须在 p 轨道的环状排列中具有 $(4n+2)\pi$ 电子的闭环（n 是整数，如 0、1、2、3…），才能发生离域现象（Hückel，1931）。遵循这个规律，只有包含 2、6、10、14…个电子的 π 体系才能表现出与芳香性相关的稳定性。

6.3.2 芳香性和共振（共轭）的功能影响

除增强热力学稳定性外，芳香环还因为其他原因而引人关注。表 6.1 说明了 6-C 分子的热力学性质如何随分子结构的变化而变化（假设由单质组分形成，并在 O_2 中燃烧），并且证明了与葡萄糖和己烷相比，苯的形成需要能量输入。

表 6.1 显示，与碳水化合物葡萄糖相比，芳香环的燃烧热要高得多，这表明热力学稳定的芳香类有机化合物很可能是分解生物体的重要能源，这些分解生物体具备分解代谢能力以克服共振诱发的能量屏障。

表 6.1 具有 6 个碳的化合物的性质（Dickerson and Geis，1976）

	分子式	NOSC	摩尔质量 $(g \cdot mol^{-1})$	熔点（℃）	形成焓 $(kJ \cdot mol^{-1})$	燃烧焓 $(kJ \cdot mol^{-1})$	燃烧焓 $(kJ \cdot g^{-1})$
葡萄糖	$C_6H_{12}O_6$	0	180	146～150	-1271	-2805	-15.6
正己烷	C_6H_{14}	-2.3	86	-94	-198	-4160	-48.3
苯	C_6H_6	-1	78	5.5	+83	-3273	-41.9

注：NOSC 为碳的标称（名义）氧化态。

电子离域对芳香环在土壤和沉积物中的吸附能力有影响。芳香环由具有相似电负性的元素组成（C 的电负性为 2.5，H 的电负性为 2.2），Allred 和 Rochow（1958）的研究表明，电荷在分子中的分布相对均匀，这会导致它们缺乏极性。因此，长期以来人们一直认为在陆地环境中，非极性芳香环结构与矿物、有机物的键合相互作用仅限于弱的、非特异性的疏水相互作用（Keiluweit and Kleber，2009）。但是，携带电子的 π 轨道在 C 原子平面的上方和下方会产生一种结构。这种结构在 C 原子平面内的电子密度（δ^+）略有减小，但电子密度（δ^-）在平面下方和上方的 π 轨道上略有增大（见图 6.3）。

图 6.3 芳香环的侧视图。其中，黑色矩形代表苯环；苯环上方和下方的 π 体系导致"四极"电荷分布，负号表示负极性分子区域，正号表示正极性分子区域

芳香环中微极性电荷分布的结果显示，它可以通过各种特殊机制与其他分子相互作用，其强度远远大于传统的疏水相互作用（Keiluweit and Kleber，2009）。另外，可以在芳香环体系中增大或减小体系的电子密度来改变芳香环体系的极性。通常，具有电子供体性质的取代基和其他熔融的 π 体系会增大 π 体系中的电子密度，从而提高其电子供体强度。相反，吸引电子的取代基和杂原子使 π 体系失去电子，从而使其成为 π 电子受体，可能使稠合芳香烃结构参与诸如电子供体–受体（EDA）相互作用的能力发生很大变化。EDA 相互作用是一种键合模式，其中涉及由富含

电子的供体向缺乏电子的受体"提供"π 电子。杂原子的加入可以减小 π 体系的电子密度，该体系具有较小的缩合度和较高的电负性 O 原子比例（高的 O/C 原子比），预计此类芳香族化合物会出现在较低温度下所形成的无定形生物炭中（Keiluweit et al., 2010）。随着碳化温度的升高或加热时间的延长，聚缩碳层会变大（Rutherford et al., 2012），从而变得更有序（或缺陷更少），使电负性杂原子和官能团主要附着在碳层边缘。有人认为，由于这种几何排列，电子可能会被吸引到单层石墨板的边缘，从而在靠近边缘的地方形成一个电子密度较大的区域，而碳层中心的电子密度会减小（McDermott and McCreery, 1994; Zhu and Pignatello, 2005）。因为电子呈现这种分布，所以生物炭中的芳香族碳层可能具有接受和供给 π 电子的能力，这取决于含氧官能团负载到碳层边缘的程度（Klüpfel et al., 2014）。

前面已经强调，生物炭中的碳转化为稳定芳香环结构的程度决定了其在环境中的归趋和反应性。因此，人们想要采用可靠的方法来测量或估算：

（1）严格意义上的芳香性，即生物炭中碳环呈现电子离域的程度，以及相对更强的热力学稳定性；

（2）芳香环融合成更大的聚缩单元（芳香族缩合）；

（3）在稠环结构中碳占总碳的比例。

"芳香性"一词有时被用于概括上述所有内容。这要求读者在遇到"芳香性"的定量估算时要谨慎。

6.3.3 芳香性的测量

芳香性（显示电子离域的环）、聚缩程度（环数较少的结构）、环形碳所占总碳的相对比例（原料碳化的程度）可以通过几种方法来评估。X 射线衍射技术和 NMR 核磁共振光谱法是最常用的方法。一维 NMR 核磁共振光谱可以提供官能团信息，该信息可用于估算芳香环层中 C 原子的平均数，以及环形或线性成链的指数。来自 X 射线衍射的结果提供了有关涡轮层状微晶的三维信息，包括碳层直径、堆叠高度和层间距离。从这些主要局限性可以看出，NMR 更合适研究低结晶度和低温生物炭中较小的芳香结构，X 射线衍射技术随着碳相结晶度的提高而测量得更加精准。

1. X 射线衍射

用于研究碳化有机材料结构的第一种分析技术是 X 射线衍射，在 20 世纪上半叶已经完成了一些重要的工作（Warren, 1934; Franklin, 1950, 1951）。这项技术利用了晶体衍射辐射的能力，即 X 射线波长与构成晶格衍射面的原子间距离相同。根据 X 射线衍射背后的物理原理，该技术不能测量电子离域的程度（精确的芳香性），但它能测量单个聚缩碳层之间的垂直（重复）距离（d）及其堆叠高度（L_c），以及聚缩碳层的横向延伸量（L_a），如图 6.4 所示。

晶体结构的均匀性提高了 X 射线衍射数据的质量，而在低温生物炭中，晶体结构的均匀

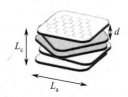

图6.4 具有5个碳层的涡轮层堆叠（单个碳层相对于彼此旋转和倾斜）的理想化模型，其芳香层的直径为L_a、堆叠高度为L_c、层间距离为 d［要获得更详细的分子图（包括单个碳层之间的烷基键），请比较图6.9］

性往往较差。尽管传统的数据分析方法（Diamond, 1957）正在重新振兴，并且得到一些有前景的初步研究结果（Sultana et al., 2010, 2011），但两种解释生物炭X射线衍射图谱的方法已经相当流行，并常常结合使用。γ谱带法用于估算给定样品中芳烃碳的相对比例（Yen et al., 1961）和碳层的间距 d。使用Scherrer方程从X射线衍射图谱中的hkl 002、100（10）或110（10）反射强度得到参数 L_a 和 L_c（Lu et al., 2001; Kercher and Nagle, 2003）。

各个涡轮层状微晶的尺寸（d、L_a 和 L_c）由布拉格定律给出，即

$$d = \frac{n\lambda}{2\sin\theta} \tag{6-1}$$

其中，n 为整数；λ 为所用辐射的波长（以 nm 为单位，随阳极材料如 Cu、Co 的变化而变化）；d 为原子晶格中碳层之间的间距；θ 为入射射线与散射平面之间的角度，通过 Scherrer 方程（Patterson, 1939）有

$$L = \frac{\lambda K}{\beta \cos\theta} \tag{6-2}$$

其中，L 以 Ångstrøm 为单位，为沿着反射面垂线的晶粒平均尺寸；λ 为使用的辐射波长（随阳极材料的变化而变化）；K 为接近 1 的常数；β 为半高峰的宽度（FWHM），以 2θ 的弧度表示（要获得弧度，请以度为单位测量 2θ，然后乘以 $\pi/180$）。

为了确定单个碳层堆叠在涡轮层状微晶中的高度 L_a，使用了002反射强度（见图6.5），建议 K 值为 0.89。为了确定横向碳层直径 L_c，可以使用100（10）和110（11）反射强度，建议 K 值为 1.84（Lu et al., 2001; Kercher and Nagle, 2003）。尽管参数 d、L_a 和 L_c 提供了有关碳微晶在热解过程中形成程度的信息，但它们可能不是全部芳香族碳的准确指标。尤其是在低温生物炭中，可能有大量的芳香族碳尚未熔融成更大的碳层，它们的排列微晶会被X射线误测。

在煤炭工业中，通常使用所谓 γ 谱带法来估算芳香族碳相对于总碳的比例。衍射图中的 γ 谱带（见图6.5）是由非芳香族碳链按某种顺序排列而形成的，而 γ 谱带法的原理是，通过将"芳香族"002碳峰的峰强度与"脂肪族"γ 谱带强度联系起来获得芳香性的指示值。该技术在木炭或生物炭的表征中也有一定应用（Mochidzuki et al., 2003; Bourke et al., 2007; Nguyen and Lehmann, 2009）。在 γ 谱带法中，芳香性被定义为芳香环中的碳占总碳的比例（Yen et al., 1961），计算公式为

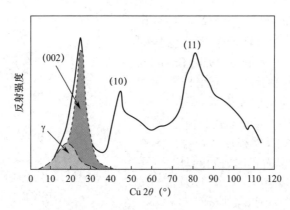

图6.5 在1200 ℃下煤制备炭的衍射信号（X射线衍射图谱）。该图说明γ谱带与hkl 002谱带非常接近；二维（10）和（11）信号叠加在三维（100）和（110）信号上；Cu表示选择了铜阳极以产生波长为1.54 Ångstrøm（0.154 nm）的X射线；θ 是X射线源与样品表面之间的入射角（Lu et al., 2001）

$$f_a = \frac{C_A}{C} = \frac{A_{002}}{A_{002} + A_\gamma} \tag{6-3}$$

其中，f_a 为芳烃碳的比例（占总碳的百分比）；C 为总碳；C_A 为芳香环中的碳（更准确地说，是平面薄片中的碳）；A_{002} 为 X 射线衍射图谱中 hkl 002 谱带的面积（002 谱带代表垂直排列的芳香环碳层堆叠的碳）；A_γ 代表"饱和结构而不是代表芳香族结构的 hkl 002 谱带"在 X 射线衍射图谱中的 γ 谱带面积（Yen et al., 1961）。

γ 谱带法用于评估芳烃碳比例被视为煤和工业木炭表征的标准分析方法（Ergun and Tiensuu, 1959; Yen et al., 1961; Schoening, 1982, 1983; Schwager et al., 1983; Lu et al., 2000; Lu et al., 2001; Mochidzuki et al., 2003; Bourke et al., 2007; Saikia, 2010）。但是，当该方法用于生物炭时（Nguyen and Lehmann, 2009），使用者应注意该方法本来起源于对沥青质和煤类材料的研究。这些化合物可能含有序排列的脂肪链，因此在 X 射线衍射图谱中可能比生物炭中的非芳香族碳化合物更能产生 γ 谱带反射。有疑问的是，γ 谱带代表来自不同原料的样品中碳分子的形式是否完全相同。因此，应将基于 γ 谱带法估算的生物炭总芳香度的值视为粗略的近似值。

2. ^{13}C 核磁共振（NMR）光谱

固体 ^{13}C 核磁共振（NMR）光谱是 30 年前研究有机物的一种分析技术（Barron et al., 1980; Barron and Wilson, 1981; Hatcher et al., 1981）。从那时起，它已发展成为一种推测有机化合物组成变化的标准方法，包括在热解过程中发生的变化。早期人们用 NMR 研究烧焦植物生物质中的化学变化，如 Almendros 等（1992, 2003）、Knicker 等（1996）、Baldock 和 Smernik（2002）都做了相关工作。关于生物炭在不同温度下得到的 NMR 最新测量案例如下：Nguyen 等（2010）观测了橡木、玉米秸秆；Sun 等（2011）观测了羊茅草和美国黄松；McBeath 等（2011）观测了板栗木；Cao 等（2012）观测了枫木。

图 6.6 给出了 ^{13}C NMR 光谱提供的信息（Hammes et al., 2006）。两种不同的植物材料在氮气环境下经 450 ℃ 热解 5 h，得到碳化和未碳化的 NMR 光谱图。每个峰代表特定化学环境中的 C 原子（如 C—H、C—O、C＝C 或 C＝O 等官能团）。NMR 测量可以在多种实验条件下进行，如图 6.6 所示为 ^{1}H-^{13}C 的 NMR 交叉极化（CP）和直接极化（DP）。CP 技术每次扫描比 DP 技术产生更多的信号，但是它无法"看到"样品中所有的（^{13}C）C 原子，尤其是在稠合芳香环体系中。其中，芳香桥头碳上的 ^{1}H 原子减少了几个键长。DP 技术可以更好地观察现有全部的 C，但是与 CP 技术相比，它需要更长的信号采集时间。McBeath 等（2011）详细地解释了这些问题，并表明 CP 或 DP 都会随着 HTT 升高而降低，从 250 ℃ 生物炭的 87%（CP）和 89%（DP）下降到 700 ℃ 生物炭的 8%（CP）和 57%（DP）。McBeath 等（2011）的研究还表明，基于 CP 技术的芳香度估计值通常低于基于 DP 技术获得的估计值。

因此，DP 技术被认为是定量检测生物炭大分子结构的更好选择（Cao et al., 2012）。芳香族碳在固态 ^{13}C NMR 光谱中（见图 6.6）处于 110～160 ppm 的区域（ppm 刻度表示化学位移，与参照化合物相比）。其中，110～140 ppm 的区域代表芳香族碳（也称为"芳香基-碳"），140～160 ppm 的区域（"氧-芳香基"）代表含有 O 或 N 取代基的芳香环（Knicker and Lüdemann, 1995）。按照惯例，有机物样品的芳香性用相对信号强度表示，即 110～165 ppm 的信号面积被卷积，并作为总信号面积的一部分。当峰非常宽且存在旋转边峰时，数学解卷积和峰拟合程序优先将固定化学位移区域指定为芳香族碳（McBeath et al., 2011）。

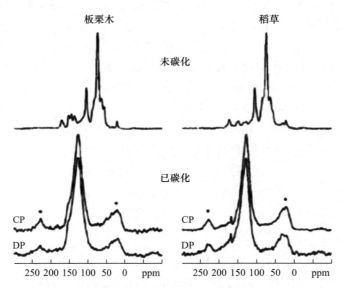

图6.6 热解前后木材和草秆的 ^{13}C NMR 交叉极化（CP）和直接极化（DP）光谱。其中，*表示旋转的边峰［这些边峰是旋转频率下磁场调制产生的杂散信号，这些边峰出现在任何大的真实峰的两侧，其间隔总是与旋转速率成比例（Hammes et al., 2006；并经出版商许可）］

NMR 光谱编辑技术可以提供更多有关生物炭分子层面的细节。利用重耦合远程 C—H 偶极相移等技术，Cao 等（2012）揭示了随着 HTT 的升高芳香族化合物演变的详细信息。图 6.7 说明了含 O 官能团修饰的芳香环（芳香族 C—O）、缩聚结构域（芳香族 C—H）边缘的芳香环，以及稠和芳香族结构域（非质子化芳香族 C—C）内的芳香环之间的区别。该信息可用于推测在特定的热解条件下制备生物炭的潜在功能。Cao 等（2012）在研究热解条件和原料时发现，在 450 ℃ 制备的生物炭中（见图 6.7）只有大约一半的芳香族碳与 H 或 O 连接，表明该芳香族碳要么是很小的芳香环簇的一部分，要么是带有某些"缺陷"的稠合环结构。在 700 ℃ 下（见图 6.7），只有小部分芳香族碳与 H 或 O 相连，表明这些 C 原子一定位于较大的环域内。Brewer 等（2009）估计，在 700 ℃ 下制备生物炭的熔融 C 原子平均数大于 37 个，或者大于 17 个芳香环的碳层。同样，Nguyen 等（2010）估计，在 600 ℃ 下制备的橡木生物炭的芳香簇平均尺寸为 40 个 C 原子。

另一种方法论上的创新是基于芳香环中离域的 π 电子可以自由地在芳香环周围循环，这种运动可以由外部磁场引起。当电子移动时，它们自身会产生一个与芳香环相关的弱电磁场。更稠密（更大和更纯的环）的体系会产生更大的"环电流"和更强的磁场，这可以通过电导率的变化，以及 ^{13}C NMR 芳香族的峰位置和谱线宽度的变化来估算（Freitas et al., 1999, 2001）。Smernik（2005）、Smernik 等（2006）的研究表明，对于吸附到有机固体中 ^{13}C 标记的探针分子，可以观察到谱线增宽，以及峰位和弛豫速率变化的相似趋势。McBeath 和 Smernik（2009）、McBeath 等（2011）证明，当 ^{13}C 标记的苯探针分子吸附到HTT升高的生物炭上时，^{13}C NMR的峰位置会整体向低磁场强度位置移动。他们认为，同位素标记的探针分子"接替"了它们被吸附的化学环境的核磁共振行为（自旋动力学），这一现象可以作为研究生物炭内部孔隙物理、化学性质的一种有前途的方法。选择具有不同物理、化学性质的探针分子为研究各种物理、化学领域，以及它们如何与溶解的化学物质相互作用开辟了新途径。例如，根据环电流随碳层的横向尺寸（L_a）增大而增大的原理，用^{13}C标记苯的NMR化学位移用作芳香族缩合度的代用指标（Smernik et al., 2006; McBeath and Smernik, 2009; McBeath et al., 2011）。

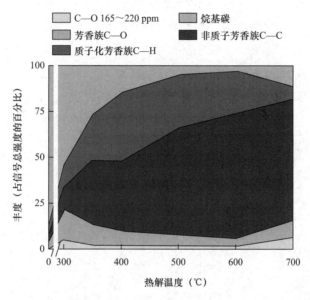

图6.7 经定量DP/NMR分析测定枫木芳香族化合物的比例。其中，质子化芳香族C—H表示碳环连着H，非质子化芳香族C—C表示被其他芳香族环包围的环，芳香族C—O表示与含氧官能团结合的碳环（Cao et al., 2012）

6.3.4 生物炭中芳香结构的形成

芳香性是生物炭在环境中的功能性和稳定性的关键因素。因此，制备特定功能和应用的生物炭以达到所需的芳香性水平，取决于控制热解过程的能力。有关生物炭中聚缩结构尺寸的信息主要来自X射线衍射技术和NMR光谱编辑技术。我们在为聚缩芳烃结构建立一个实验过程模型时，必须保持差异很大的观测数据和实验数据协调一致。目前，有一些明显的趋势可以为描述生物炭的二维结构和三维结构的协同研究提供信息。首先，人们观察到聚缩度随最高HTT的升高而增大。在HTT和观测方法相同的情况下（Brewer et al., 2009; Cao et al., 2012），不同的原料也导致芳香域大小出现差异，而这种差异对芳香性也有影响。目前公布的数据（见表6.2）证实了先前的研究结果，即原料的类型（Antal and Grønli, 2003; Bourke et al., 2007）、最高热解温度（Paris et al., 2005; Keiluweit et al., 2010）、热处理时间（Rutherford et al., 2012）都能强烈地影响芳香性。当生物炭按照使用者要求制备时，仅控制其中一个因素（如HTT）不太可能制备出满足要求的生物炭产品。

表 6.2 由 ^{13}C NMR 谱和 X 射线衍射估算的芳香族区域大小作为生物质类型、热解条件和热解温度的函数
[给出以埃（Å）为单位的碳层直径 L_a（10 Å= 1 nm）、环数、芳香簇内的 C 原子数]

生物质类型	热解条件	测算芳香族区域大小的技术	热解温度 300 ℃	400 ℃	500 ℃	600 ℃	700 ℃	高于700 ℃	参考文献
柳枝	慢速热解	^{13}C NMR; ^1H-^{13}C远程重新耦合偶极板移相			>23个C原子，≥7个环				Brewer et al. (2009)
玉米渣、橡木	慢速热解	DP ^{13}C NMR		18~19个C原子，4~5个环	37~40个原子，13个环				Nguyen et al. (2010)
板栗木	N_2连续流，升温速率为 50 ℃·h^{-1}，在最大温度保持5 h	^{13}C NMR环电流的方法			小于六苯并苯，7个环	大小增加		大于19个环的结构在700 ℃以上占主导地位	McBeath et al. (2011)
枫木	N_2连续流量，升温速率为 25 ℃·min^{-1}，在最大温度下保持2 h	^{13}C NMR; ^1H-^{13}C远程重新耦合偶极板移相	1~2个环	18~20个C原子，4~5个环	40个C原子，约13个环	64个C原子，2~23个环	74个C原子，约27个环		Cao et al. (2012)
聚偏二氯乙烯 $(C_2H_2Cl_2)_n$	在N_2条件下，在最大温度为1000 ℃下保持2 h	X射线在Guinier几何中，使用二维（hk）带程的{100}数据进行，假设芳香族的六角形几何合计算环数						1000 ℃；平均直径16 Å，相当于30~36个环互连	Franklin (1950)
由南方黄松、北方松和硬木制成的纤维板	50 ℃·h^{-1}至110 ℃，保持3 h；15 ℃·h^{-1}至210 ℃·h^{-1}；30 ℃·h^{-1}至400 ℃·h^{-1}；15 ℃·h^{-1}至600 ℃·h^{-1}；50 ℃·h^{-1}至1000 ℃·h^{-1}	XRD，L_a测定用谢勒方程的{100}测定，带后拟合计算曲线				42~43 Å，约225个环相连		在800 ℃时大于60 Å；在1400 ℃时大于80 Å，对应于103个以上环	Kercher and Nagle (2003)

（续表）

生物质类型	热解条件	测算芳香族区域大小的技术	热解温度					参考文献
			300 ℃	400 ℃	500 ℃	600 ℃	700 ℃	高于700 ℃	
黄松木	带盖铬镍铁合金坩埚中，保持最大温度1 h	X射线衍射，L_a测定用Scherrer方程中的{100}数据，假设芳香族簇的六角形几何体估计环数			19.3 Å，约49个环	18.3 Å，约44个环	20.4 Å，约54个环		Keiluweit et al. (2010)
羊茅草					13.8 Å，约25个环	19.7 Å，约51个环	28.5 Å，约106个环		
来自日本暗色土烧焦的植被火灾植物残渣	不受控制的植被火灾	X射线衍射，PAH-mix检测{11}带	平均L_a为12.6~13.7 Å，表明最丰富（34%~44%）的缩聚结构属于19个环大小；观测范围为9.2~19.2 Å，对应14~52个环						Sultana et al. (2010)
日本雪松	带盖瓷制坩埚中，在热解温度为400 ℃下保持1 h		最高含量（34%）为7.2 Å，约7个环，范围为4.5~14.4 Å，4~25个环						Sultana et al. (2011)

6.4 非芳香族生物炭

随着热解温度的升高，非芳香族碳的丰度会大幅度减小（Brewer et al., 2009, 2011; McBeath and Smernik, 2009; Nguyen and Lehmann, 2009; McBeath et al., 2011; Von Bargen et al., 2013; Wiedemeier et al., 2014；见图6.8）。此外，大多数非芳香族碳由O—取代的烷基碳组成，这些烷基碳来自植物生物质细胞壁中的纤维素和半纤维素。根据图6.8的总体趋势，在高于400 ℃下，非芳香族碳不到生物炭总碳的10%。纤维素热解反应始于330 ℃，在370 ℃达到最大值，在390 ℃左右结束（Mok and Antal, 1983），这说明在300～400 ℃下O—取代烷基碳丰度迅速减小（见图6.8）。因此，纤维素反应动力学和热力学是控制生物炭中非芳香族碳含量的重要因素。

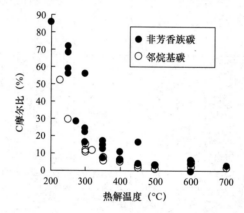

图6.8　生物炭中的非芳香族碳（实心符号）和邻烷基碳（空心符号）随热解温度的升高而减少。采用直接极化^{13}C NMR定量测定（Brewer et al., 2009; McBeath and Smernik, 2009; Nguyen et al., 2010; McBeath et al., 2011; Von Bargen et al., 2013; Wiedemeier et al., 2014）

所谓的"工业分析"结果强调了非芳香族碳对生物炭特性的重要性。工业分析是一种用于测定与化学性质、热力学性质或生物稳定性有关的基本性质的分析程序。越来越多的证据表明，挥发成分分析及生物炭稳定性分析用来测量生物炭的非芳香烃碳含量。本节提供了将挥发成分分析和生物炭稳定性分析与分子光谱分析相结合来量化芳香族碳和非芳香族碳的研究案例。

6.4.1　非芳香族碳和生物炭的化学稳定性

Kaal 和 Rumpel（2009）对按热解温度序列制备的生物炭进行了热解 GCMS 分析。抗酸性重铬酸盐的氧化是衡量化学稳定性的常用指标。GCMS 检测到的分子脱烷基化程度与抗酸性重铬酸盐氧化碳的百分比成正线性关系（苯和甲苯比 $r^2 = 0.70$，$p < 0.01$；苄腈和甲基-苄腈比 $r^2 = 0.92$，$p < 0.001$）。这些发现非常重要，因为这些发现表明生物炭化学稳定性的变化与非芳香族碳的相对丰度有关，特别是烷基碳和芳香族碳的比例。

6.4.2　非芳香族碳和生物炭的热稳定性

生物炭的热稳定性可以使用 ASTM D176284 标准化学分析方法（ASTM 是指美国试

验材料协会）的改良低温版本（Joseph et al., 2010）进行评估。Enders 等（2012）将该方法应用于不同原料和热解温度的生物炭，发现有机氢碳（H/C）比与热不稳定（挥发性）组分成正相关（$H : C_{org} = 0.0149 \times$ 挥发性% $- 0.152$；$r^2 = 0.658$）。因此，H 含量、H/C 比是非芳香族碳的整体度量标准。Brewer 等（2011）同样使用 ^{13}C NMR 光谱法测量芳香族碳和非芳香族碳，他们证明了热稳定性（不易挥发的）碳组分与芳香族碳之比遵循 1∶1 的线性关系。McClellan 等（2010）通过对挥发成分丰度有差异的生物炭进行光谱减法，获得了生物炭热不稳定组分的 ^{13}C NMR 光谱。热不稳定（挥发性）组分的 NMR 光谱以脂肪族碳（C 摩尔比为 70 %）为主。因此，生物炭中非芳香族碳的丰度是控制生物炭中碳的热稳定性的重要因素。

6.4.3 非芳香族碳和生物炭的生物稳定性

Singh 等（2012）的最新研究将短期生物稳定性测定、碳矿化（微生物呼吸）与通过 ^{13}C NMR 光谱法测量生物炭的化学成分进行了比较（见第 10 章）。生物炭的生物分解程度与非芳香族碳丰度有显著的相关性，类似于化学稳定性和热稳定性指标。化学、热力学和生物学数据都证实了非芳香族生物炭组分的不稳定性，使人们对生物炭中非芳香族碳的性质及其作用提出疑问。

6.4.4 非芳香族碳在生物炭结构维度中的作用

几十年来，有关煤和木炭热解的文献中普遍有这样一个概念：在单个生长的碳薄片中，熔融的芳香环簇通过烷基（-CH$_n$-）和羰基 [-C(O)-] 侧链连接或交互连接（Fletcher et al., 1992）。图 6.9 展现了生物炭的这种化学结构，并给出了与非芳香族侧链所连接的芳香族簇的推测尺寸。

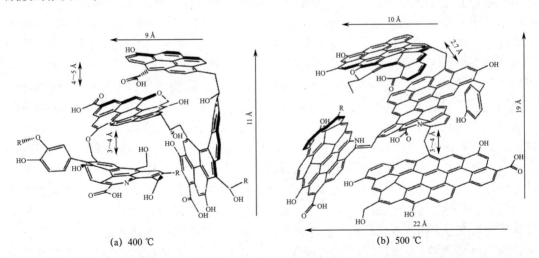

(a) 400 ℃   (b) 500 ℃

图6.9 在400 ℃和500 ℃下形成的生物炭复合材料的化学结构模型。结构模型来自^{13}C NMR、ESR和XRD分析的分子信息；芳香族环簇的尺寸与表6.2中一致，而单个芳香环与相对缓慢的^{1}H-^{13}C偶极相移一致（Mao等于2012年观察到）。在400 ℃下形成的化学结构中，H和C、O和C、N和C的摩尔比为0.65、0.20、0.0091，而在500 ℃下形成的化学结构中为0.47、0.13、0.01；分子几何结构源自ChemBio3D Ultra®中执行的3D能量最小化计算（MM2）

与随热解温度升高而增大尺寸的聚缩芳香环结构（见表 6.2）相比，非芳香族结构的丰度和尺寸随着热解温度的升高而减小。实验室泥炭的热解 GCMS 分析表明，随着碳化温度的升高，烷基取代的芳香族烃的丰度减小（Almendros et al., 2003; Kaal and Rumpel, 2009）。这是因为高于 400 ℃时通过烷基结构的脱水和缩合导致"侧链断链"和芳香环团簇的增长（Kaal and Rumpel, 2009）；在 400 ℃以上时，生物炭结构中以芳香族碳为主（见图 6.7），而烷基结构（侧链）的占比不到 10%；在温度高于 500 ℃时，烷基结构的占比减小至 5% 以下（见图 6.8）。偶极去相定量 ^{13}C NMR 已应用于在各种温度下制备的生物炭（见表 6.2）。除了估算芳香环簇的尺寸（每个团簇的 C 原子数），在考虑化学计量比时，也能利用 ^{13}C NMR 数据确定非芳香族侧链的平均尺寸（Solum et al., 1989; Mao et al., 2012）。图 6.9 试图整合从 XRD、NMR 和电子自旋共振 ESR 分析信息中得到的芳香烃团簇尺寸、侧链尺寸和元素计量比。图 6.9 中的化学结构模型旨在描述 400 ℃和 500 ℃的热解温度下形成的复合生物炭的平均结构，该结构由 3 个包含非芳香侧链的聚缩芳香团簇组成。图 6.9 中描绘的三维方向和分子维度是通过分子间作用力的能量最小化来确定的，分子间作用力的能量最小化可利用 ChemBio3D Ultra®（Perkin Elmer Inc., Waltham, MA, USA）中的迭代 MM2 计算程序来实现。芳香族微晶横向尺寸 L_a（见表 6.2）的 XRD 估计值从 HTT 为 400 ℃时的约 7 Å 增大到 HTT 为 500 ℃时的约 16 Å。在 400 ℃下生物炭结构的能量最小化使芳香族微晶半平行排列，碳原子间的层间距为 3.3～6 Å，与 XRD 分析中公布的（002）层间距 d 一致（Bourke et al., 2007; Keiluweit et al., 2010）。

6.4.5 生物炭中的杂原子官能团

如上所述，芳香族碳是在碳化过程中形成的，这是生物炭最显著、最主要的特征，而且质量占比也最大。但是，最初的生物质原料主要由含 O 和 N 的官能团主导。这些基团包括醇、酚、羧酸、酰胺、胺、羰基（醛和酮）和杂环。尽管其中许多基团因脱水和重排而在碳化过程中损失了，但即使在高达 900 ℃下的产物仍可检测到定量的、含 O 和 N 的官能团（Sevilla and Fuertes, 2010）。另外，热解过程增大了 C 中心自由基上未配对电子的比例。虽然这些基团不是杂原子官能团，但它们是生物炭的重要结构特征，需要考虑其反应活性。木炭的电子自旋共振（ESR）光谱显示，在 400～700 ℃下制备木炭时未配对电子的浓度达到最大值，而在约 1000 ℃时未配对电子的浓度逐渐趋向零（Lewis and Singer, 1981; Emmerich et al., 1991）。Bourke 等（2007）确定了两种类型的 C 中心自由基，其区别在于：①狭窄的 ESR 光谱，意味着狭窄的自由基能态与电子上相似的 C 中心自由基一致，这些 C 中心自由基可能存在于结构无序区域的某处；②宽的 ESR 光谱意味着各种有效能可能是由电子与非定域化电子系统的耦合产生的。例如，在木炭的较大芳香族成分中所发现的信号。在较低温度（400～700 ℃）下制备的生物炭中，狭窄的 ESR 光谱更为常见，而在较高温度（700～1000 ℃）下，宽的 ESR 光谱变得更加重要。然而，两者并不排斥，在 750 ℃下玉米芯制备的木炭和 950 ℃下蔗糖制备的木炭中都检测到了这两种 C 中心自由基（Bourke et al., 2007）。人们对这些 C 中心自由基在生物炭中的重要性尚未完全了解，但它们可能有助于聚合反应，并可能在材料的一般氧化还原性质中发挥作用（Klüpfel et al., 2014）。

一旦将生物炭引入土壤环境，对其有机分子结构上的首个改性就是利用含氧官能团对其表面进行功能化（见第9章）。例如，Joseph等（2010）在土壤中放入生物炭两年后重新取回生物炭，并使用XPS确定老化生物炭中的O和C比率，发现老化生物炭的O和C比率相对于新鲜生物炭从0.2增大到0.75。O和C比率的变化与芳香族碳的损失有关，因为有机分子的吸收或生物炭表面的氧化可使含氧官能团增加，这也能影响O和C比率的变化。另外，生物炭表面含氮官能团也有所增加，包括蛋白质/肽、胺和C—N基团。在数百年的时间尺度上，生物炭中大部分的C被氧化，其中，羧基是第二大含碳官能团（约占生物炭中总碳的摩尔比为17%），仅次于芳香族碳（约占生物炭中总碳的摩尔比为74%）(Mao et al., 2012)。Mao等（2012）还研究了来自亚马孙流域的炭渣，并利用二维核磁共振异核相关光谱学分析了亚马孙流域黑土和Iowa Mollisols中芳香族质子与羧基碳的相似性。他们得到的光谱数据表明，大量的羧基直接键合到生物炭的芳香环上。根据他们的分析，亚马孙流域黑土中H和C、O和C的比率分别约为0.5、0.4，而爱荷华州软土炭中H和C、O和C的比率分别约为0.5、0.2。

当讨论生物炭分子特性的评估结果时，我们必须首先区分生物炭通过特定技术探测的区域。相关的分析方法大致可以分为提供整体数据的分析方法和提供表面灵敏数据的分析方法。整体数据表示所研究的整个样品特性的总体均值，其与生物炭材料三维结构内的位置无关。

整体数据在统计方面往往比表面数据更可靠，但生物炭中包含潜在的"不相关"物质（如矿物灰分），这会影响整体数据。整体数据对于理解碳化、分解或土壤改良过程的质量平衡最有用。生物炭表面的某些区域会影响表面灵敏数据。生物炭的三维结构、制备方法（如研磨或不研磨）、分析技术的不同探测深度［全反射系数从X射线光电子能谱（XPS）的几纳米到傅里叶变换红外光谱（ATR FTIR）的几微米］使表面的定义更加复杂。表面灵敏数据对于理解生物炭材料的瞬时反应性来说非常重要，但在统计代表性和再现性方面存在问题。

目前，用于评估生物炭结构的两种最常见的整体分析方法是元素比率（H和C、O和C）和NMR光谱。人们通常用"van Krevelen"示意图来理解整体元素比例的信息，该图是由O和C摩尔比率为X轴、H和C摩尔比率为Y轴构成的相空间。由于制备的生物炭中存在一定数量的无机H、C和O，但使用这些比例应严格考虑H_{org}、C_{org}和O_{org}，尽管大量文献没有明确说明两者的区别。在图6.10中可以看到van Krevelen示意图使用的是总元素含量而不是有机元素含量，该图显示了几种生物炭的位置及脱水和脱羧如何改变van Krevelen空间中材料位置的方向。

一些作者（Schimmelpfennig and Glaser, 2012）提供了多种原料在不同条件下生物炭的元素比（见图6.10）。通常，对于木质素、纤维素及更复杂的植物生物质，H和C比率随着热解温度升高从约1.5减小至0.5以下。同样，O和C比率随着热处理持续时间的延长和强度的增大而减小。这些明显的趋势使van Krevelen示意图和元素分析成为评估生物炭基本特征的精准工具，特别是C、H、N、O元素的分析数据也能将元素比率作为经验公式来分析生物炭的化学计量比，元素比率作为经验公式$C_cH_hN_nO_o$，其中下标表示元素的摩尔量，摩尔量可以用传统的有机化学概念来处理。例如，H和C比率是有机聚合物中不饱和度（C=C的形成）的常用量度。

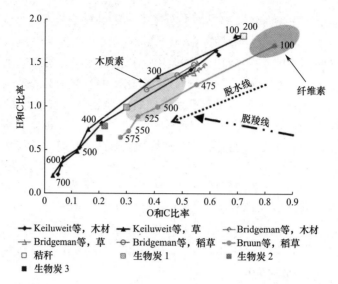

图6.10　van Krevelen示意图（Brewer et al., 2011; Schimmelpfennig and Glaser, 2012）表示在几种温度下制备的生物炭在H和C比率、O和C比率空间中的位置，以及纯纤维素和木质素的面积（秸秆、生物炭1、生物炭2和生物炭3是Brewer等于2011年生产所用玉米秸秆原材料和后续生产的生物炭；脱水线和脱羧线在van Krevelen示意图上表示在这些过程中物质移动的方向）

由于饱和化合物的化学计量可以表示为C_cH_{c+2}，因此可以通过式（6-4）计算涉及饱和化合物的氢缺陷（z）。氢缺陷的估算还有助于计算双键当量（DBE）。双键当量特别适合芳香族物质的分类。双键当量定义为双键的数量加上环的数量（例如，苯有4个DBE），可以通过式（6-5）从元素数据中计算得到。通过将 DBE 标准化为 C 和 N_{c+n} 的摩尔含量，就可以使用 DBE 计算芳烃含量 f_a［见式（6-6）］。从元素 C、H、N 摩尔含量计算得到的芳烃含量，根据式（6-7）直接与 ^{13}C NMR 测量的芳烃含量（sp^2 杂化 C）进行比较。上述生物炭中 H 和 C 比率低于 0.5 对应于 0.8～1 的芳香族碳比例。

$$z = -2c + h \tag{6-4}$$

$$\text{DBE} = -\frac{-z}{2} + \frac{n}{2} + 1 \tag{6-5}$$

$$f_a = \frac{\text{DBE}}{c+n} \tag{6-6}$$

$$f_a = \frac{\text{NMR峰面积}110\sim220\text{ppm}}{\text{NMR峰面积}0\sim220\text{ppm}} \tag{6-7}$$

傅里叶变换红外（FTIR）光谱已被广泛用于了解生物炭化学官能团的发展和变化。傅里叶变换红外光谱分析有几个普遍的特征：即使低温热解过程（约 300 ℃）也可以导致傅里叶变换红外光谱的指纹区（1100～1500 cm^{-1}）的分辨率降低（等于增加的部分重叠信号总数），这个结果表明官能团的多样性增加；即使在相对较低的温度下，在足够的时间内（约 24 h），图 6.11 仍显示出典型芳香族产物峰强度的增加（Rutherford et al., 2012）。这可以推断出，在低温至中温下加热约 8 h 后，在 1700～1750 cm^{-1} 内的信号所代表的羰基官能团达到最小值。

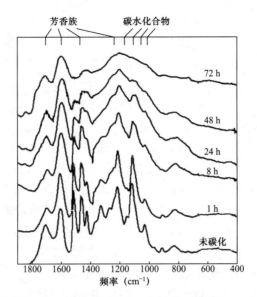

图6.11 松木在300 ℃下加热长达168 h 的傅里叶变换红外光谱（摘自Rutherford等于2012年发表的文章；并经出版商许可）

经过400～500 ℃的短时间碳化，傅里叶变换红外光谱中约1600 cm^{-1} 处的芳香C＝C拉伸带和约885 cm^{-1}、815 cm^{-1} 和750 cm^{-1} 处的芳香C—H峰值可以确定芳香官能团含量的增加，还可以观察到与羰基官能团相关的强信号，这是通过1700～1750 cm^{-1} 范围内的吸收峰确定的（Keiluweit et al., 2010；见图 6.12）。在此温度下制备的生物炭在3100～3500 cm^{-1} 范围内仍显示出较强的吸光度，这表明羟基官能团一直存在。高于500 ℃制备的生物炭在1700～1750 cm^{-1}、3100～3500 cm^{-1} 范围内快速下降，这表明含氧官能团成比例损失。通常，傅里叶变换红外光谱变得相对平滑，但是这并不意味着该材料不吸收红外光，而是意味着含氧官能团减少了。

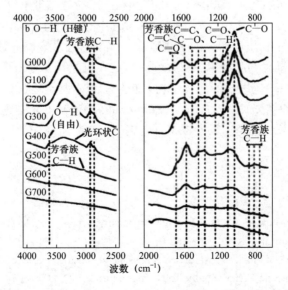

图6.12 在较高碳化温度下损失官能度，羊茅生物炭的ATR-FTIR光谱温度序列（Keiluweit et al., 2010；经出版商许可）

Reeves 等（2008）、Reeves（2012）的研究表明，当用滴定法测定在 400 ℃下制备的生物炭时，发现傅里叶变换红外光谱与表面含氧官能团、羧酸、酸酐和有机碳酸盐具有很好的相关性。Singh 等（2010）通过 Boehm 滴定法比较了桉树、木材和树叶、污泥、家禽垃圾和牛粪生物炭中的含氧官能团，并证实在 550 ℃下制备的生物炭中的官能团明显少于在 400 ℃下制备的生物炭中的官能团。Harvey 等（2012 年）还得出结论，在 350～500 ℃下制备的生物炭中有含氧官能团（主要是羧基）。

X 射线近边吸收精细结构光谱（NEXAFS）和扫描透射 X 射线显微镜（STXM）目前已广泛用于比较生物炭芳香性的估计值与 NMR 所测信息(Heymann et al., 2011; Wiedemeier et al., 2014)。Lehmann 等（2005）利用 STXM 成像来验证官能团的分布与生物炭颗粒中心的距离；在从巴西土壤中分离出的天然生物炭颗粒中发现芳香烃碳明显减少，而酚类和羧酸类碳成比例增加。Keiluweit 等（2010）使用 NEXAFS 分析表明，与在 300 ℃下制备相比，在 400 ℃下由两种原料制备的生物炭中的芳族官能团均大幅增加；在芳香度增加的同时，观察到含氧羧酸盐和含氧烷基官能团减少。Heymann 等（2011）使用 NEXAFS 对一系列标准参照材料进行了表征，包括由木材和草屑制备的生物炭、煤烟、页岩、烟煤、褐煤及不同的土壤，量化了约 40% 的生物炭样品及两个土壤样品的总芳香度。然而，NEXAFS 无法完全区分由木材和草屑制备的生物炭，也难以区分生物炭和化石燃料衍生的烟煤。^{13}C NMR 光谱（DPMAS）与 NEXAFS 解卷积结果联合显示，芳香族碳的相关性相对较好（$r^2 = 0.63$, $p < 0.05$），芳香族碳和含氧烷基碳比率的相关性较低（$r^2 = 0.49$, $p < 0.05$）。

6.5 结论

在热解过程中，多种机制影响有机原料中大分子特征的演变，其中一个重要的影响因素是热解时所达到的最高温度。另外，生物炭性质的改变还与原料特性（化学成分、生物质密度、粒度、颗粒形状等）及热解炉内的热接触时间或停留时间有关。人们对加热速率的影响还不太了解。其他因素也可能影响热解过程中有机高分子结构的变化，但目前尚未深入研究，如附着在生物质原料上的土壤矿物。本文对已发表研究数据的综合分析说明，仅根据热解温度很难准确预测特定热解处理对给定有机原料在分子层面产生的结果。我们的结论是，"开发有明确应用目的的（生物）炭"的技术基础还有待发展。将（生物）炭的性质与应用环境相匹配的另一种途径（Sohi et al., 2010）可能是建立有效的、有高通量能力的生物炭表征协议，这将有助于根据其功能来选择特定应用的生物炭。

参考文献

Allred, A. L. and Rochow, E. G. A scale of electronegativity based on electrostatic force[J]. Journal of Inorganic and Nuclear Chemistry, 1958, 5: 264-268.

Almendros, G., González-Vila, F. J., Martin, F., et al. Solid-state NMR-studies of fire-induced changes in the structures of humic substances[J]. Science of the Total Environment, 1992, 118: 63-74.

Almendros, G., Knicker, H., González-Vila, F. J. Rearrangement of carbon and nitrogen forms in peat after progressive thermal oxidation as determined by solid-state ^{13}C and ^{15}N-NMR spectroscopy[J]. Organic

Geochemistry, 2003, 34: 1559-1568.

Amonette, J. E. and Joseph, S. Characteristics of biochar: Microchemical properties[M]. in J. Lehmann and S. Joseph (eds) Biochar for Environmental Management-Science and Technology. London, Sterling, VA: Earthscan, 2009: 33-52.

Antal, M. J. and Grønli, M. The art, science, and technology of charcoal production[J]. Industrial and Engineering Chemistry Research, 2003, 42: 1619-1640.

Bacon, R. and Tang, M. M. Carbonization of cellulose fibers II: Physical property study[J]. Carbon, 1964, 2: 221-220.

Baldock, J. A. and Smernik, R. J. Chemical composition and bioavailability of thermally altered pinus resinosa (red pine) wood[J]. Organic Geochemistry, 2002, 33: 1093-1109.

Barron, P. F. and Wilson, M. A. Humic soil and coal structure study with magic-angle spinning ^{13}C CP-NMR[J]. Nature, 1981, 289: 275-276.

Barron, P. F., Wilson, M. A., Stephens, J. F., et al. Cross-polarization ^{13}C NMR-spectroscopy of whole soils[J]. Nature, 1980, 286: 585-587.

Bourke, J., Manley-Harris, M., Fushimi, C., et al. Do all carbonized charcoals have the same chemical structure? 2. A model of the chemical structure of carbonized charcoal[J]. Industrial Engineering Chemistry Research, 2007, 46: 5954-5967.

Brewer, C. E., Schmidt-Rohr, K., Satrio, J. A., et al. Characterization of biochar from fast pyrolysis and gasification systems[J]. Environmental Progress and Sustainable Energy, 2009, 28: 386-396.

Brewer, C. E., Unger, R., Schmidt-Rohr, K., et al. Criteria to select biochars for field studies based on biochar chemical properties[J]. Bioenergy Research, 2011, 4: 312-323.

Cao, X. Y., Pignatello, J. J., Li, Y., et al. Characterization of wood chars produced at different temperatures using advanced solid-state ^{13}C NMR spectroscopic techniques[J]. Energy and Fuels, 2012, 26: 5983-5991.

Chen, B. L., Zhou, D. D. and Zhu, L. Z. Transitional adsorption and partition of nonpolar and polar aromatic contaminants by biochars of pine needles with different pyrolytic temperatures[J]. Environmental Science and Technology, 2008, 42: 5137-5143.

Diamond, R. X-ray diffraction data for large aromatic molecules[J]. Acta Crystallographica, 1957, 10: 359-364.

Dickerson, R. E. and Geis, I. Chemistry, Matter and the Universe-An Integrated Approach to General Chemistry[M]. CA, Menlo Park: W. A. Benjamin, Inc., 1976.

Emmerich, F. G., Rettori, C. and Luengo, C. A. ESR in heat treated carbons from the endocarp of babassu coconut[J]. Carbon, 1991, 29: 305-311.

Enders, A., Hanley, K., Whitman, T., et al. Characterization of biochars to evaluate recalcitrance and agronomic performance[J]. Bioresource Technology, 2012, 114: 644-653.

Ergun, S. and Tiensuu, V. Interpretation of the intensities of X-ray scattered by coals[J]. Fuel, 1959, 38: 64-78.

Fletcher, T. H., Solum, M. S., Grant, D. M., et al. Chemical structure of char in the transition from devolatilization to combustion[J]. Energy and Fuels, 1992, 6: 643-650.

Franklin, R. E. The interpretation of diffuse X-ray diagrams of carbon[J]. Acta Crystallographica, 1950, 3: 107-121.

Franklin, R. E. Crystallite growth in graphitizing and non-graphitizing carbons[J]. Proceedings of the Royal Society of London. Series A. Mathematical and Physical Sciences, 1951, 209: 196-218.

Freitas, J. C. C., Bonagamba, T. J. and Emmerich, F. G. C-13 high-resolution solid-state NMR study of peat carbonization[J]. Energy and Fuels, 1999, 13: 53-59.

Freitas, J. C. C., Bonagamba, T. J. and Emmerich, F. G. Investigation of biomass- and polymer-based carbon materials using C-13 high-resolution solid-state NMR[J]. Carbon, 2001, 39: 535-545.

Hammes, K., Smernik, R. J., Skjemstad, J. O., et al. Synthesis and characterisation of laboratory-charred grass straw (oryza saliva) and chestnut wood (castanea sativa) as reference materials for black carbon quantification[J]. Organic Geochemistry, 2006, 37: 1629-1633.

Harvey, O. R., Herbert, B. E., Kuo, L. J., et al. Generalized two-dimensional perturbation correlation infrared spectroscopy reveals mechanisms for the development of surface charge and recalcitrance in plant-derived biochars[J]. Environmental Science and Technology, 2012, 46: 10641-10650.

Hatcher, P. G., Schnitzer, M., Dennis, L. W., et al. Aromaticity of humic substances in soils[J]. Soil Science Society of America Journal, 1981, 45: 1089-1094.

Heidenreich, R. D., Hess, W. M. and Ban, L. L. A test object and criteria for high resolution electron microscopy[J]. Journal of Applied Crystallography, 1968, 1: 1-19.

Heymann, K., Lehmann, J., Solomon, D., et al. C1s K-edge near edge X-ray absorption fine structure (NEXAFS) spectroscopy for characterizing functional group chemistry of black carbon[J]. Organic Geochemistry, 2011, 42: 1055-1064.

Hückel, E. Quantentheoretische Beiträge zum Benzolproblem[J]. Zeitschrift für Physik, 1931, 70: 204-286.

Ippolito, J. A., Laird, D. A. and Busscher, W. J. Environmental benefits of biochar[J]. Journal of Environmental Quality, 2012, 41: 967-972.

IUPAC Compendium of chemical terminology, 2nd edn (the 'Gold Book'). Compiled by A. D. McNaught and A. Wilkinson. In XML on-line corrected version: Created by M. Nic, J. Jirat, B. Kosata; updates compiled by A. Jenkins[M]. Oxford: Blackwell Scientific Publications, 2006.

Joseph, S. D., Camps-Arbestain, M., Lin, Y., Munroe, P., et al. An investigation into the reactions of biochar in soil[J]. Australian Journal of Soil Research, 2010, 48: 501-515.

Kaal, J. and Rumpel, C. Can pyrolysis-GC/MS be used to estimate the degree of thermal alteration of black carbon?[J]. Organic Geochemistry, 2009, 40: 1179-1187.

Keiluweit, M. and Kleber, M. Molecular level interactions in soils and sediments: The role of aromatic π-systems[J]. Environmental Science and Technology, 2009, 43: 3421-3429.

Keiluweit, M., Nico, P. S., Johnson, M. G., et al. Dynamic molecular structure of plant biomass-derived black carbon (biochar)[J]. Environmental Science and Technology, 2010, 44: 1247-1253.

Kercher, A. K. and Nagle, D. C. Microstructural evolution during charcoal carbonization by X-ray diffraction analysis[J]. Carbon, 2003, 41: 15-27.

Kloss, S., Zehetner, F., Dellantonio, A., et al. Characterization of slow pyrolysis biochars: Effects of feedstocks and pyrolysis temperature on biochar properties[J]. Journal of Environmental Quality, 2012, 41: 990-1000.

Klüpfel, L., Keiluweit, M., Kleber, M., et al. Redox properties of plant biomass-derived black carbon (biochar)[J]. Environmental Science and Technology, 2014, 48: 5601-5611.

Knicker, H. and Lüdemann, H. D. N-15 and C-13 CPMAS and solution NMR studies of N-15 enriched plant material during 600 days of microbial degradation[J]. Organic Geochemistry, 1995, 23: 329-341.

Knicker, H., Almendros, G., Gonzalez-Vila, F. J., et al. C-13 and N-15-NMR spectroscopic examination of the transformation of organic nitrogen in plant biomass during thermal treatment[J]. Soil Biology and Biochemistry, 1996, 28: 1053-1060.

Laird, D. A. The charcoal vision: A win win win scenario for simultaneously producing bioenergy, permanently sequestering carbon, while improving soil and water quality[J]. Agronomy Journal, 2008, 100: 178-181.

Lehmann, J. Bio-energy in the black[J]. Frontiers in Ecology and the Environment, 2007, 5: 381-387.

Lehmann, J. A handful of carbon[J]. Nature, 2007, 447: 143-144.

Lehmann, J. and Joseph, S. Biochar for Environmental Management-Science and Technology[M]. London, Sterling, VA: Earthscan, 2009.

Lehmann, J., Liang, B. Q., Solomon, D., et al. Near-edge X-ray absorption fine structure (NEXAFS) spectroscopy for mapping nano-scale distribution of organic carbon forms in soil: application to black carbon particles[J]. Global Biogeochemical Cycles, 2005, 19, GB1013.

Lewis, I. C. and Singer, L. S. Electron spin resonance and the mechanism of carbonization[J]. Chemistry and Physics of Carbon, 1981, 17: 1-88.

Lu, L., Sahajwalla, V. and Harris, D. Characteristics of chars prepared from various pulverized coals at different temperatures using drop-tube furnace[J]. Energy and Fuels, 2000, 14: 869-876.

Lu, L., Sahajwalla, V., Kong, C. and Harris, D. Quantitative X-ray diffraction analysis and its application to various coals[J]. Carbon, 2001, 39: 1821-1833.

Mao, J. D., Johnson, R. L., Lehmann, J., et al. Abundant and stable char residues in soils: Implications for soil fertility and carbon sequestration[J]. Environmental Science and Technology, 2012, 46: 9571-9576.

McBeath, A. V. and Smernik, R. J. Variation in the degree of aromatic condensation of chars[J]. Organic Geochemistry, 2009, 40: 1161-1168.

McBeath, A. V., Smernik, R. J., Schneider, M. P. W., et al. Determination of the aromaticity and the degree of aromatic condensation of a thermosequence of wood charcoal using NMR[J]. Organic Geochemistry, 2011, 42: 1194-1202.

McClellan, T., Deenik, J., Hockaday, W., et al. Effect of charcoal volatile matter content and feedstock on soil microbe-carbon-nitrogen dynamics[C]. AGU Fall Meeting Abstracts, 2010, 1: 0281.

McDermott, M. T. and McCreery, R. L. Scanning-tunneling-microscopy of ordered graphite and glassy-carbon surfaces-electronic control of quinone adsorption[J]. Langmuir, 1994, 10: 4307-4314.

Mochidzuki, K., Soutric, F., Tadokoro, K., Antal, M. J., et al. Electrical and physical properties of carbonized charcoals[J]. Industrial and Engineering Chemistry Research, 2003, 42: 5140-5151.

Mok, W. S. L. and Antal, M. J. Effects of pressure on biomass pyrolysis. 2. Heats of reaction of cellulose pyrolysis[J]. Thermochimica Acta, 1983, 68: 165-186.

Nguyen, B. T. and Lehmann, J. Black carbon decomposition under varying water regimes[J]. Organic Geochemistry, 2009, 40: 846-853.

Nguyen, B. T., Lehmann, J., Hockaday, W. C., et al. Temperature sensitivity of black carbon decomposition and oxidation[J]. Environmental Science and Technology, 2010, 44: 3324-3331.

Paris, O., Zollfrank, C. and Zickler, G. A. Decomposition and carbonisation of wood biopolymers —A microstructural study of softwood pyrolysis[J]. Carbon, 2005, 43: 53-66.

Patterson, A. L. The scherrer formula for X-ray particle size determination[J]. Physical Review, 1939, 56: 978-982.

Reeves, J. B. Mid-infrared spectroscopy of biochars and spectral similarities to coal and kerogens: What are the implications[J]. Applied Spectroscopy, 2012, 66: 689-695.

Reeves, J. B., McCarty, G. W., Rutherford, D. W., et al. Mid-infrared diffuse reflectance spectroscopic examination of charred pine wood, bark, cellulose, and lignin: Implications for the quantitative determination of charcoal in soils[J]. Applied Spectroscopy, 2008, 62: 182-189.

Rutherford, D. W., Wershaw, R. L., Rostad, C. E., et al. Effect of formation conditions on biochars: Compositional and structural properties of cellulose, lignin, and pine biochars[J]. Biomass and Bioenergy, 2012, 46: 693-701.

Saikia, B. K. Inference on carbon atom arrangement in the turbostatic graphene layers in tikak coal (India) by X-ray pair distribution function analysis[J]. International Journal of Oil Gas and Coal Technology, 2010, 3: 362-373.

Schimmelpfennig, S. and Glaser, B. One step forward toward characterization: some important material properties to distinguish biochars[J]. Journal of Environmental Quality, 2012, 41: 1001-1013.

Schoening, F. R. L. X-ray structural parameter for coal[J]. Fuel, 1982, 61: 695-699.

Schoening, F. R. L. X-ray structure of some South-African coals before and after heat-treatment at 500 degrees and 1000 degrees[J]. Fuel, 1983, 62: 1315-1320.

Schwager, I., Farmanian, P. A., Kwan, J. T., et al. Characterization of the microstructure and macrostructure of coal-derived asphaltenes by nuclear magnetic resonance spectrometry and X-ray diffraction[J]. Analytical Chemistry, 1983, 55: 42-45.

Sevilla, M. and Fuertes, A. B. Graphitic carbon nanostructures from cellulose[J]. Chemical Physics Letters, 2010, 490: 63-68.

Singh, B. P., Cowie, A. L. and Smernik, R. J. Biochar carbon stability in a clayey soil as a function of feedstock and pyrolysis temperature[J]. Environmental Science and Technology, 2012, 46: 11770-11778.

Singh, B. P., Hatton, B. J., Singh, B., et al. Influence of biochars on nitrous oxide emission and nitrogen leaching from two contrasting soils[J]. Journal of Environmental Quality, 2010, 39: 1224-1235.

Smernik, R. J. A new way to use solidstate carbon-13 nuclear magnetic resonance spectroscopy to study the sorption of organic compounds to soil organic matter[J]. Journal of Environmental Quality, 2005, 34: 1194-1204.

Smernik, R. J., Kookana, R. S. and Skjemstad, J. O. NMR characterization of C-13 benzene sorbed to natural and prepared charcoals[J]. Environmental Science and Technology, 2006, 40: 1764-1769.

Sohi, S. P. Carbon storage with benefits[J]. Science, 2012, 338: 1034-1035.

Sohi, S. P., Krull, E., Lopez-Capel, E. and Bol, R. A review of biochar and its use and function in soil[J]. Advances in Agronomy, 2010, 105: 47-82.

Solum, M. S., Pugmire, R. J. and Grant, D. M. C-13 solid state NMR of Argonne premium coals[J]. Energy & Fuels, 1989, 3: 187-193.

Spokas, K. A., Cantrell, K. B., Novak, J. M., et al. Biochar: A synthesis of its agronomic impact beyond carbon sequestration[J]. Journal of Environmental Quality, 2012, 41: 973-989.

Sultana, N., Ikeya, K., Shindo, H., et al. Structural properties of plant charred materials in Andosols as revealed by X-ray diffraction profile analysis[J]. Soil Science and Plant Nutrition, 2010, 56: 793-799.

Sultana, N., Ikeya, K. and Watanabe, A. Partial oxidation of char to enhance potential interaction with soil[J]. Soil Science, 2011, 176: 495-501.

Sun, K., Jin, J., Keiluweit, M., et al. Polar and aliphatic domains regulate sorption of phthalic acid esters (PAEs) to biochars[J]. Bioresource Technology, 2012, 118: 120-127.

Sun, K., Keiluweit, M., Kleber, M., et al. Sorption of fluorinated herbicides to plant biomass-derived biochars as a function of molecular structure[J]. Bioresource Technology, 2011, 102: 9897-9903.

Tang, M. M. and Bacon, R. Carbonization of cellulose fibers-I: Low temperature pyrolysis[J]. Carbon, 1964, 2: 211-220.

Uchimiya, M., Wartelle, L. H., Klasson, K. T., et al. Influence of pyrolysis temperature on biochar property and function as a heavy metal sorbent in soil[J]. Journal of Agricultural and Food Chemistry, 2011, 59: 2501-2510.

Von Bargen, J. M., Hockaday, W. C., Yao, J., et al. Charcoal chemistry: Developing a proxy for paleofire regimes using NMR[J]. Abstracts of Papers of the American Chemical Society, 2013, 245.

Warren, B. E. X-ray diffraction study of carbon black[J]. The Journal of Chemical Physics, 1934, 2: 551-555.

Wiedemeier, D. B., Abiven, S., Hockaday, W. C., et al. Aromaticity and the degree of aromatic condensation of chars[J]. Organic Geochemistry, 2014, 78: 135-143.

Yen, T. F., Erdman, J. G. and Pollack, S. S. Investigation of the structure of petroleum asphaltenes by X-ray diffraction[J]. Analytical Chemistry, 1961, 33: 1587-1594.

Zhu, D. Q. and Pignatello, J. J. Characterization of aromatic compound sorptive interactions with black carbon (charcoal) assisted by graphite as a model[J]. Environmental Science & Technology, 2005, 39: 2033-2041.

第 7 章

生物炭的元素组成及影响保肥的因素

James A. Ippolito、Kurt A. Spokas、Feffrey M. Novak、
Rodrick D. Lentz、Keri B. Cantrell

7.1 引言

通过改变热解温度和生物质类型，可以提高所需生物炭的质量。通常，提高热解温度会降低生物炭的产率，但会增加生物炭的总碳、钾和镁含量、pH 值（灰分含量）和比表面积，并减小阳离子交换量（CEC）。与快速热解相比，慢速热解制备的生物炭通常含有更高的 N、S、有效 P、Ca、Mg、比表面积和阳离子交换量。

将生物炭用作土壤改良剂时，除热解温度和接触时间外，原材料的来源也极其重要（Sohi et al., 2009）。在过去的 10 年中，生物炭的研究数量呈现指数增长，原料的使用量也是如此。制备生物炭的原料包括玉米秸秆、小麦秸秆、大麦秸秆、水稻秸秆、柳枝稷、花生壳、山核桃壳、榛子壳、甘蔗渣、椰子皮、食物残渣、硬木树和软木树、家禽和火鸡粪便、猪粪、奶牛粪便、黄牛粪便和城市污泥。原料的特性会影响最终产物的特性，通常来说，与由粪肥制备的生物炭相比，由于植物仅从土壤中吸收少量的养分元素，所以由大多数植物制备的生物炭的含碳量较高。

过去 10 年中，用于制备生物炭的原料种类（仅用于研究需要）呈现指数增长，关于生物炭特性的研究也持续不断地更新。因此，本章主要关注热解温度和热解类型对生物炭的影响，如生物炭固有养分（总养分和有效养分）、pH 值、潜在石灰值、阳离子交换量，以及养分吸附和固持。最后，本章简要介绍了为提高养分含量而设计的生物炭（源自混合原料）。

7.2 养分总量

尽管原料的初始养分含量不能用于定量预测生物炭总养分含量或生物有效养分含

量，但热解过程中使用的原料种类对生物炭特性有很大影响（Gaskin et al., 2008; Cantrell et al., 2012; Kloss et al., 2012; Spokas et al., 2012a）。Gaskin 等（2008）的研究表明，由家禽粪便和松木屑制备的生物炭在热解时，保留的总氮量为 27.4%～89.6%。此外，研究表明总 P、K、Ca 和 Mg 的保留比例为 60%～100%；根据原料来源不同，生物可利用度为 10%～80%（Gaskin et al., 2008）。

从表 7.1 可知，生物炭中的养分与原料息息相关。大多数由植物制备的生物炭较粪便而言含有较高的 C 含量，而其他必需养分的含量较低。表 7.1 中的结果与 Cantrell 等的研究结果一致（Cantrell and Martin, 2012）。植物原料制备的生物炭的 C 含量较低的原因通常是原料中存在较高浓度的其他矿物质（如二氧化硅类矿物；Brewer et al., 2012）。然而，与由粪便制备的生物炭相比，由植物制备的生物炭养分含量通常相对较低（Cantrell et al., 2012），因为植物原料的初始 N 含量通常低于粪便中的 N 含量，所以对于总 N 含量而言亦是如此。由于原料的蛋白含量高，因此用粪便制备的生物炭具有较高的 N 含量（Tsai et al., 2012）。总之，这会使由植物制备的生物炭在作为养分的直接来源方面处于不利地位（Cantrell et al., 2012），因此由粪便制备的生物炭可能更适合向土地施用以提供养分（见第 8 章）。

表 7.1　各种原料制备的生物炭总养分平均浓度（以干重计）

来源[†]	C (%)	N (%)	P (g·kg^{-1})	K (g·kg^{-1})	S (g·kg^{-1})	Ca (g·kg^{-1})	Mg (g·kg^{-1})	Fe (g·kg^{-1})	Cu (g·kg^{-1})
玉米秸秆	58.8	1.06	2.35	19.0	0.37	8.64	7.10	7.30	115
小麦/大麦秸秆	60.8	1.41	—[‡]	1.26	—	12.6	9.88	1.94	
水稻秸秆/稻壳	43.6	1.40	1.20	0.70	3.90				
高粱秸秆	56.4	0.74	2.34	4.14	—	—	—	—	
大豆秸秆	75.4	1.59	—	—	0.40				
花生壳	75.3	1.83	2.05	11.0	0.90	3.30	1.48		
山核桃壳	75.9	0.26	—	116	0.20	6.00	0.59	0.04	34.0
榛子壳	77.5	0.52	0.32	4.73	—	3.13	0.61	—[‡]	
柳枝稷	73.9	0.98	1.70	8.25	—	3.10		0.10	8.28
甘蔗渣	78.6	0.87	0.67	2.23	—	7.33	1.77	0.43	
椰糠	73.8	0.88	—	—	—				
厨余垃圾	44.4	3.28	6.64	19.2	—	51.8	4.93		
其他（草、树叶、橙皮、其他绿植废物）	64.9	1.16	1.62	14.4	1.30	5.92	3.31	1.35	66.2
阔叶树材	74.4	0.72	1.14	9.47	15.6	10.1	9.53	1.80	4.76
针叶树材	74.6	0.79	0.74	16.9	0.23	20.7	18.0	9.64	1.38
造纸厂废料	19.9	0.09	0.85	3.31	—	281	2.73	—	
家禽粪便/垃圾	35.3	2.15	33.1	60.2	9.26	103	12.2	2.91	513
火鸡粪便/垃圾	31.8	2.02	31.4	48.0	4.80	48.2	10.4	3.22	648
猪粪	44.9	2.79	60.8	23.4	8.25	48.0	29.0	6.17	472
奶牛粪便	58.1	2.37	8.59	17.2	2.70	26.9	11.8	5.87	107
黄牛粪便	48.5	1.90	9.17	40.6	4.25	28.8	9.93	2.86	114
污泥	23.8	1.12	42.4	—	—	—	—		222

注：[†]数据取自引用的 2012 年公开数据（约 80 篇文章；见参考文献前本章末尾的注释）；[‡]表示未检测到或低于检出限。

表7.2列出了在不同热解温度、热解类型下制备的生物炭的总养分平均含量。通常来说，升高热解温度会增加生物炭的总养分含量。热解温度升高通常会导致易分解物质、挥发性化合物及元素（如O、H、N、S）的流失，从而减少生物炭中的其他养分，包括C、Ca、Mg和K（Kim et al., 2012; Kinney et al., 2012）。实际上，随着热解温度的升高，总养分含量（如C）的增加通常与生物炭中H、O元素的损失有关（Antal and Grønli, 2003）。此外，在热解过程中发生了一系列裂解和聚合反应，形成了热稳定性更强的固定碳结构（Spokas et al., 2012a），这与生物炭的C含量密切相关。为证实这一结论，Bolan等（2012）利用连续碳分馏技术对其进行了分析，结果发现大部分生物炭中的C保持难降解形态（不可被微生物降解）。但是，C的可利用性取决于温度，而较高的热解温度与较多的难分解碳馏分有关（Nelissen et al., 2012）。

此外，在较高的热解温度下挥发作用较强会损失其他元素，从而引起浓度效应。例如，总N含量在300～399℃达到最大值，而后在更高温度下降低（见表7.2）。Cantrell等（2012）在用粪便制备的生物炭中观察到了类似的反应，并将其归因于可能存在难降解含氮杂环化合物，这些化合物可能会在更高的热解温度下挥发。Koutcheiko等（2007）也发现了类似的反应，可能是由于含氮的脂肪族氨基链在更高温度下挥发而损失。随着热解温度的升高，总P含量也会减小。Knicker等（2007）研究表明，含P化合物可在760℃左右挥发，当原料在高于800℃下热解时，总P含量减小。

热解温度对生物炭总养分含量的影响取决于热解时间的长短（见表7.2）。具体来说，与快速热解相比，在慢速热解过程中，随着温度升高化合物趋于浓缩，因此会增加总养分含量（Gaskin et al., 2008）。然而，已有研究表明，与慢速热解相比，快速热解可能导致C不完全转化为更难降解的形态（Bruun et al., 2012a）。因此，在快速热解条件下，生物炭中的C更容易矿化。

表7.2 在不同热解温度、热解类型下制备的生物炭总养分平均含量（按干重计）

热解温度	C (%)	N (%)	P (g·kg⁻¹)	K (g·kg⁻¹)	S (g·kg⁻¹)	Ca (g·kg⁻¹)	Mg (g·kg⁻¹)	Fe (g·kg⁻¹)	Cu (g·kg⁻¹)
<300 ℃	53.6	1.25	11.4	4.90	7.05	1.10	—	0.05	5.16
300~399 ℃	57.1	1.99	13.7	21.1	14.0	39.1	7.07	2.49	330
400~499 ℃	62.1	1.29	13.0	17.7	0.17	52.4	5.05	2.79	124
500~599 ℃	63.2	1.15	11.8	14.9	2.00	49.9	6.93	2.19	105
600~699 ℃	62.4	0.94	11.4	14.9	0.60	55.6	6.73	1.25	115
700~799 ℃	63.7	1.50	42.9	54.0	6.57	46.8	18.8	4.32	545
≥ 800 ℃	63.2	0.84	25.4	77.2	92.0	78.4	72.6	7.93	330
热解类型†									
快速热解	56.2	0.74	14.8	53.2	0.33	60.5	60.6	5.75	8.52
慢速热解	60.2	1.44	15.4	20.8	8.97	47.8	8.65	2.67	294
热解温度（按热解类型）†									
快速热解 300~499 ℃	61.0	0.92	31.5	51.2	0.23	58.0	1.79	—	—
快速热解 500~699 ℃	51.1	0.72	0.30	3.40	0.37	37.0	1.50	1.40	17.0

(续表)

热解温度	C (%)	N (%)	P (g·kg⁻¹)	K (g·kg⁻¹)	S (g·kg⁻¹)	Ca (g·kg⁻¹)	Mg (g·kg⁻¹)	Fe (g·kg⁻¹)	Cu (g·kg⁻¹)
快速热解 700~900 ℃	59.1	0.34	3.39	105.5	—‡	92.8	120	7.93	—
慢速热解 <300 ℃	53.6	1.25	11.4	4.90	7.05	1.10	—	0.05	5.16
慢速热解 300~499 ℃	60.0	1.71	11.9	17.0	13.0	43.4	6.25	2.11	289
慢速热解 500~699 ℃	62.8	1.17	12.5	15.6	2.30	54.4	7.19	1.90	124
慢速热解 700~900 ℃	64.2	1.53	43.7	53.2	6.57	49.5	20.0	4.32	509

注：†数据取自引用的2012年公开数据（约80篇文章；见参考文献前本章末尾的注释）；‡表示未检测到或低于检测限。

7.3 有效养分

一般来说，有效养分是指可以被植物吸收的那部分元素或化合物［有关元素生物有效性概念的更详细解释见（Barber, 1995）］。在土壤中，已使用各种提取剂（如水，以及pH 值为 7 的 1 Mmol KCl、0.5 Mmol K_2SO_4、醋酸铵、Morgan、Mehlich-Ⅲ、Mehlich-Ⅰ、Bray、Olsen 和 DTPA 等）将土壤中可提取的养分与植物吸收的养分联系起来。这种研究方法已被广泛用于区分生物炭可能提供的元素。

生物炭本身含有大量的无机元素，但有效养分的供给量变化很大（Lentz and Ippolito, 2012; Liu et al., 2012）。2012 年的一项研究支持了这一观点，并据此完成了有效养分和总养分的分析报告（见图7.1）。在所报道的生物炭中，有效磷与总磷之间不存在相关性（$r^2 = 0.05$）。相反，生物炭中 55%～65% 的 K、Mg、Ca 与其总浓度有关。显而易见，因为其他因素（如热解条件）会影响生物炭对养分的固持和流失，总元素浓度无法准确预测其有效养分。

表 7.3 列出了由各种原料制备的生物炭的平均有效养分。尽管生物炭的总氮含量为 0.09%～3.3%（见表7.1），但有文献报道，硝酸盐（NO_3^-）形式的有效氮含量可忽略不计。实际上，在所有情况下，有效氮占总氮的百分比均小于 0.01%。大量研究表明，生物炭中可提取 N 含量较低（如 NO_3^-、NH_4^+ 和 NO_2^-；Belyaeva and Haynes, 2012），这归因于在热解过程中气态 P 的损失（Amonette and Joseph, 2009）。生物炭在低于 760 ℃ 的热解温度下制备时（Knicker, 2007），P 的有效性可能受存在的配位阳离子（Al、Fe、Ca 和 Mg）控制，同时受不同原料的影响（T. Wang et al., 2012）。对于大多数生物炭而言，由于生物炭的 pH 值升高，P 可能与 Ca 和 Mg 反应生成某些化合物。比较表 7.1 和表 7.3 发现，有效磷占生物炭中总磷的 0.4%～34%。K 通常浓缩在生物炭中，并且往往具有很高的利用率。例如，Cantrell 等（2012）研究表明，K+Na 的含量是生物炭电导率或盐含量的重要预测指标。这表明生物炭中的 K 是水溶性的，其有效值占总钾含量的 3.5%～100%（通过比较表 7.1 和表 7.3 得到）。

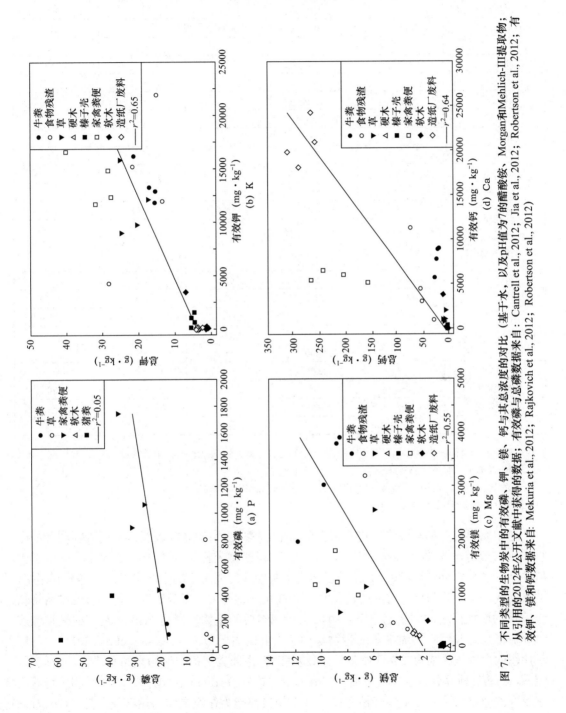

图 7.1 不同类型的生物炭中的有效磷、钾、镁、钙与其总浓度的对比（基于水，以及pH值为7的醋酸铵、Morgan和Mehlich-III提取物，从引用的2012年公开文献中获得的数据；Cantrell et al., 2012; Jia et al., 2012; Robertson et al., 2012; 有效钾、镁和钙数据来自: Mekuria et al., 2012; Rajkovich et al., 2012; Robertson et al., 2012）

表 7.3　由各种原料制备的生物炭的有效养分平均浓度（以干重计）[†]

生物质来源	NO_3^- (mg·kg^{-1})	P (mg·kg^{-1})	K (mg·kg^{-1})	Ca (mg·kg^{-1})	Mg (mg·kg^{-1})
玉米秸秆	0.85	806	11600	1280	1340
小麦/大麦秸秆	1.05	596	14000	379	112
水稻秸秆/稻壳	—[‡]	—	—	840	552
高粱秸秆	—	99.5	—	—	—
大豆秸秆	—	—	—	—	—
花生壳	—	—	—	—	—
山核桃壳	—	—	—	—	—
榛子壳	—	—	889	270	28.0
柳枝稷	—	—	—	—	—
甘蔗渣	—	76.0	—	—	—
椰糠	—	—	—	—	—
厨余垃圾	—	—	13300	5060	1090
其他（草、树叶、橘皮、其他绿植废物）	0.92	307	8370	680	574
阔叶树材	0.12	25.1	1620	652	116
针叶树材	—	200	1020	684	103
造纸厂废料	—	—	117	20800	234
家禽粪便/垃圾	—	448	13800	5830	1280
火鸡粪便/垃圾	—	1400	—	—	—
猪粪	—	225	—	—	—
奶牛粪便	—	240	13500	7940	3170
黄牛粪便	—	320	—	—	—
污泥	—	—	—	—	—

注：[†]基于水、1Mmol KCl和0.5Mmol K_2SO_4提取的有效NO_3^-数据；基于水，以及pH值为7的醋酸铵、Morgan和Mehlich-III提取的有效磷、钾、钙和镁数据。

[†]数据取自引用的2012年公开文献（约80篇文献；见参考文献前本章末尾的注释）。

[‡]表示未检测到或低于检测限。

初始原料的选择对最终产物有很大的影响，表 7.3 中的数据表明，利用粪便制备的生物炭中有效养分更多。Gaskin 等（2008）在比较家禽粪便、花生壳、松木片时得出了类似的结论。T. Wang 等（2012）比较了由乳牛粪便和污泥制备的生物炭之间的养分利用率，结果发现，由于 P 与更易溶解的钙化合物和镁化合物有关，有效磷随由乳牛粪便制备生物炭质量的增加而增加。相比之下，由污水污泥制备的生物炭富含 N 和 P 及其他微量和宏量养分，这也是污水污泥制备的生物炭用于农业的主要原因（Hossain et al., 2011）。与广泛使用的由木质纤维素或粪便制备的生物炭相比，由藻类制备的生物炭的 C 含量相对较低，但 N、P 和其他养分含量通常较高（Bird et al., 2011; Torri et al., 2011）。不同生物炭可能具有不同的效果，因此，不能轻易假设所有生物炭都能为作物提供初始有效养分（Graber et al., 2012）。

表7.4说明了热解温度、热解类型及两者相互作用会如何影响生物炭中的有效养分。通常来说，随着热解温度的升高，生物炭中的有效养分会产生不同的变化。有研究显示，热解温度升高会导致有效养分减少（Uchimiya et al., 2012a）。例如，有效磷可能与热解温度成反比（见表7.4；Zheng et al., 2013）。然而，其他研究者（Chan et al., 2007, 2008; Gaskin et al., 2008; Qayyum et al., 2012）指出，制备生物炭的原料和热解温度都会影响生物炭中的有效养分，有效养分含量通常随着热解温度的升高而增加（Gaskin et al., 2008）。以增加生物炭的有效养分为目的，还应考虑使用慢速热解而不是快速热解。表7.4清楚地表明，与快速热解相比，慢速热解的有效磷、有效钾、有效钙和有效镁浓度更高。

表7.4 不同热解温度、热解类型及其相互作用制备的生物炭中有效养分的平均浓度（按干重计）[†]

热解温度	NO_3^- ($mg \cdot kg^{-1}$)	P ($mg \cdot kg^{-1}$)	K ($mg \cdot kg^{-1}$)	Ca ($mg \cdot kg^{-1}$)	Mg ($mg \cdot kg^{-1}$)
<300 ℃	—[‡]	—	—	—	—
300~399 ℃	1.10	544	7580	4880	1240
400~499 ℃	0.36	196	5570	2850	425
500~599 ℃	0.37	219	7470	3640	694
600~699 ℃	0.10	51.3	5450	5020	915
700~799 ℃	—	511	—[‡]	—	—
≥800 ℃	—	76.0	—	—	—
热解类型					
快速热解	1.05	51.4	4740	3100	374
慢速热解	0.34	314	6420	3660	713
热解温度（按热解类型）					
快速热解 300~499 ℃	1.05	35.4	4740	3100	374
快速热解 500~699 ℃	—	—	—	—	—
快速热解 700~900 ℃	—	—	—	—	—
慢速热解 <300 ℃	—	—	—	—	—
慢速热解 300~499 ℃	0.38	303	6260	3480	679
慢速热解 500~699 ℃	0.30	183	6620	4260	792
慢速热解 700~900 ℃	—	449	—	—	—

注：[*]基于水，以及1 Mmol KCl和0.5 Mmol K_2SO_4提取的有效NO_3^-数据；其他养分数据是基于水，以及pH值为7的醋酸氨、Morgan和Mehlich-Ⅲ提取的有效磷、有效钾、有效钙和有效镁数据；[†]数据取自引用的2012年公开文献中的数据（约80篇文献，见参考文献前本章末尾的注释）；[‡]表示未检测到或低于检测限。

所有生物炭都具有作为土壤改良剂的潜力（增加土壤有机碳和有机质含量，或改善土壤物理性质，如保水能力；见第19章）；但是，并非所有生物炭都能提供相应数量的植物养分（见图7.2）。例如，软木生物炭含有（平均）200 $mg \cdot kg^{-1}$的有效磷。为了在南卡罗来纳州（美国）灌溉玉米地的中等质地土壤磷试验中获得最佳农作物产量，需要向土壤施加$6.7×10^{-3}$ $kg \cdot m^{-2}$的P_2O_5。考虑到软木生物炭中的P浓度，大约需要14.5 $kg \cdot m^{-2}$的P_2O_5才能满足作物的P需求。相比之下，由火鸡粪便制成生物炭中的有效磷含量是软木生物炭的 7 倍，大约需要 2 kg·m^{-2} 的施用量。对于农业生产系统，该数值可能不合理。为了便于比较，选择用榛子壳、造纸厂废料制备的生物炭，其平均有效钾浓度分别为 890 mg·kg^{-1}、20800 mg·kg^{-1}。根据南卡罗来纳州灌溉玉米地的土壤 K 试验，作物将需要 6.7×10^{-3} kg·m^{-2} 的 K$_2$O。根据两种材料中的 K 含量，将分别需要 4.14 kg·m^{-2} 和 0.18 kg·m^{-2} 用榛子壳、造纸厂废料制备的生物炭，才能满足作物对 K 的需求。显而易见，并非所有生物炭都能提供均等的植物有效养分。

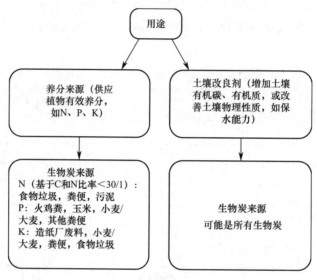

图7.2 生物炭作为养分来源或土壤改良剂的预期用途

7.4 pH 值和石灰值

众所周知，热解温度会影响生物炭的 pH 值。具体而言，提高热解温度会去除酸性官能团，并且增加灰分含量，从而使生物炭变得更偏碱性（Novak et al., 2009; Li et al., 2002; Ahmad et al., 2012; Cantrell et al., 2012）。Enders 等（2012）发现，随着热解温度从 300 ℃ 升高至 600 ℃，用牛粪、1 年生植物生物质和木质生物质制备的生物炭的 pH 值均有所升高。此外，在更高的热解温度下，矿物质形态的养分或盐（如 KOH、NaOH、MgCO$_3$、CaCO$_3$、有机金属盐）从固体有机基质中分离出来，导致 pH 值升高（Cao and Harris, 2010; Knicker, 2007）。与用粪便制备的生物炭相比，用植物生物质制备的生物炭的 pH 值更低（见表 7.5）。Enders 等（2012）提供的数据进一步支持了这一观点，这与 Rajkovich 等（2012）的研究结论一致。

生物炭呈碱性，因此可以用作土壤调理剂（Kloss et al., 2012），并已被用于改良酸性土壤（Yuan and Xu, 2011; Uchimiya et al., 2012b）。石灰效应可以通过生物炭的碳酸钙当量（CCE，即生物炭的量与其中包含的 CaCO$_3$ 的量的比值）来量化。尽管缺乏基于原料的单个生物炭数据（见表 7.5），但一些研究已经证明提高热解温度会增加生物炭中的 CCE（见表 7.6）。此外，与未活化的生物炭相比，热解过程中的蒸汽活化可以提高生物炭的 pH 值及 CCE（Hass et al., 2012）。

表7.5 不同原料制备的生物炭的平均pH值、CCE、比表面积和CEC[†]

生物质来源	pH值	CCE（%）	比表面积（$m^2 \cdot g^{-1}$）	CEC（$mmol_c \cdot kg^{-1}$）
玉米秸秆	9.27	—	107.2	607
小麦/大麦秸秆	8.80	—	26.65	103
水稻秸秆/稻壳	9.17	—	42.15	212
高粱秸秆	—[‡]	—	—	—
大豆秸秆	9.30	—	4.375	—
花生壳	8.52	—	115.1	—
山核桃壳	6.97	—	111.5	—
榛子壳	7.86	—	467.5	83.8
柳枝稷	9.28	—	52.96	—
甘蔗渣	7.59	—	113.6	115
椰糠	—	—	114.8	—
厨余垃圾	9.09	—	0.803	81.0
其他（草、树叶、橘皮、其他绿植废物）	8.72	—	119.8	290
阔叶树材	7.94	—	171.3	138
针叶树材	7.48	—	194.2	145
造纸厂废料	9.13	—	10.08	52.0
家禽粪便/垃圾	9.80	18.4	50.35	538
火鸡粪便/垃圾	8.95	—	24.70	—
猪粪	9.37	—	26.89	—
奶牛粪便	9.45	—	33.38	342
黄牛粪便	8.99	13.4	73.27	—
污泥	6.90	12.9	102.1	23.6

注：[†]数据取自引用的2012年公开文献（约80篇文献；见参考文献前本章末尾的注释）；[‡]表示未检测到或低于检出限。

表7.6 在不同热解温度、热解类型及其相互作用下制备的生物炭的平均pH值、CCE、比表面积和CEC[†]

热解温度	pH值	CCE（%）	比表面积（$m^2 \cdot g^{-1}$）	CEC（$mmol_c \cdot kg^{-1}$）
<300 ℃	5.01	7.95	1.686	327
300~399 ℃	7.60	13.7	65.36	371
400~499 ℃	8.10	17.2	83.98	191
500~599 ℃	8.71	15.6	111.8	283
600~699 ℃	9.00	—[‡]	217.0	126
700~799 ℃	9.83	21.0	176.2	39.0
≥800 ℃	10.8	—	213.8	44.0
热解类型				
快速热解	8.38	—	69.38	28.8
慢速热解	8.50	14.9	124.4	250

(续表)

热解温度	pH值	CCE（%）	比表面积（$m^2 \cdot g^{-1}$）	CEC（$mmol_c \cdot kg^{-1}$）
热解温度（按热解类型）				
快速热解 300～499 ℃	8.33	—	44.74	28.8
快速热解 500～699 ℃	7.70	—	40.99	—
快速热解 700～900 ℃	10.1	—	178.2	—
慢速热解 <300 ℃	5.01	7.95	1.686	327
慢速热解 300～499 ℃	7.81	14.9	81.32	268
慢速热解 500～699 ℃	9.09	15.6	180.5	218
慢速热解 700～900 ℃	10.1	21.0	189.8	41.5

注：†数据取自引用的2012年公开文献（约80篇文献；见参考文献前本章末尾的注释）；‡表示未检测到或低于检出限。

7.5 养分固持

生物炭可以通过多种机制固持养分，包括静电吸附和保留溶解在水中的养分（截留；Lehmann et al., 2003）。具体地说，由于较大的比表面积、大量的官能团及较高的孔隙率，某些生物炭具有固持养分的能力。生物炭中的比表面积和孔隙率会因原料和热解条件的不同而有很大差异（Verheijen et al., 2010）。Jeong 等（2012）发现，硬木生物炭（主要由枫香木和橡木片组成）的比表面积比软木生物炭（主要由南部的火炬松木屑组成）更大，其比表面积分别为 242 $m^2 \cdot g^{-1}$ 和 159 $m^2 \cdot g^{-1}$。但是，将2012年报道的所有硬木生物炭和软木生物炭数据平均起来对比，发现两者之间几乎没有差异（见表7.5）。事实上，仅从原料本身很难对生物炭的比表面积得出任何结论，也很难得出任何原料影响养分固持的结论。

然而，大量研究表明（Ahmad et al., 2012; Lu et al., 2012; Cantrell et al., 2012; Chen et al., 2012; Hass et al., 2012; Shen et al., 2012），比表面积往往随热解温度的升高而增大（见表7.6），并能固持更多的养分。比表面积随热解温度的升高而增大，通常与生物炭的物理和化学变化有关。例如，Ahmad 等（2012）利用扫描电子显微镜研究了由大豆秸秆和花生壳制备的生物炭在热解后的结构变化。结果发现，两种生物炭的孔隙孔径减小，出现内部孔，随后比表面积增大。此外，在较低的热解温度下焦油可能会堵塞微孔，与高温生物炭相比，其比表面积较小。因此，高温会使生物油挥发，进而使比表面积增大（Munoz et al., 2003; Kloss et al., 2012）。Chen 等（2008）研究表明，热解温度的升高会除去含有 H 和 O 的官能团，并增大了生物炭的比表面积。Chen 等（2012）的研究表明，提高热解温度会使纤维素和木质素分解，也会使比表面积增大。此外，研究已证明生物炭经蒸汽、NaOH 或 H_3PO_4 活化可去除低挥发性焦油成分（在蒸汽活化的情况下），或者在碳骨架结构中产生孔隙（在 NaOH 或 H_3PO_4 活化的情况下），从而导致比表面积的增大（Borchard et al., 2012b）。上述减小孔径和增大比表面积的过程可能使养分含量增加。

通过比较快速热解与慢速热解制备生物炭的比表面积发现，快速热解制备生物炭的比表面积更大，因此其养分固持能力更强；与慢速热解相比，快速热解制备生物炭需要更小的初始原料粒度。但是，更小的初始原料粒度对比表面积的影响并不明显，这似乎与实际情况相反（见表7.6）。另外，有研究推测，与慢速热解制备的生物炭相比，快速热解制备的生物炭具有较小的比表面积（< 8.0 $m^2 \cdot g^{-1}$；Boateng, 2007; Hilber et al., 2012），这是由于快速热解过程中物理和化学变化不完全。此外，在快速热解过程中，生物炭中所含的气体可能以不同的速率逸出（取决于温度、温度上升速度和停留时间的结合），并破坏碳骨架复合体，从而减小比表面积，并可能减少被生物炭吸收的养分含量（见第5章）。

关于生物炭物理固持养分的研究主要局限于 NO_3^-，这很可能是因为生物炭的阴离子交换能力通常很弱（Laird et al., 2008）。Cheng 等（2012）、Jones 等（2012）研究发现，麦秸或硬木生物炭对 NO_3^- 的固持作用可忽略不计。相比之下，Case 等（2012）提出，生物炭可以通过物理手段固持 NO_3^-。此外，PrendergastMiller 等（2011）提出，大量溶液流入生物炭颗粒中可能会固持 NO_3^-。NO_3^- 是从生物炭中提取的 N 的主要形态（使用 1M KCl），可能固持在生物炭孔隙溶液中，并被物理固持在生物炭本身中。Kameyama 等（2012）表明，当热解温度超过 700 ℃时，由甘蔗渣制备的生物炭对 NO_3^- 的吸附会急剧增强，并且吸附与微孔体积无关。以上情况表明，物理固持不起作用，很高的热解温度形成了能够吸附 NO_3^- 的碱性官能团。Yao 等（2012）、Cheng 等（2008）在新制备的生物炭中观察到了类似的反应。然而，当热解温度高于 700 ℃时，吸附作用是不明显的，因此 Kameyama 等（2012）、Yao 等（2012）研究证明潜在的阴离子交换反应在本章所述的大部分生物炭中可能不会观察到。Hollister 等（2013）的发现进一步支持了这个结论，他们发现，无论是新制备的生物炭，还是经过数次水合作用的生物炭，NO_3^-（或 PO_4^{3-}）的吸附量都很小甚至几乎没有。

7.6 阳离子交换量（CEC）

当生物炭与氧气和水接触时，生物炭的 CEC 就会通过氧化表面官能团发挥作用（Briggs et al., 2012; Chan and Xu, 2009；见第9章）。与土壤相似，生物炭的 CEC 代表其静电吸附或吸引阳离子的能力。生物炭以有机物为基础，因此其与土壤有机质一样带有随 pH 值变化的电荷，但是热解温度的升高往往会导致生物炭的 CEC 降低。Lin 等（2012）、Rajkovich 等（2012）都观察到了这种现象，这是由于较高的热解温度去除了有机官能团（挥发性较高的物质）（Gaskin et al., 2008; Cantrell and Martin, 2012; Kloss et al., 2012）。实际上，升高热解温度会增强原料中木质素和纤维素的分解（Novak et al., 2009），从而导致官能团的损失。因此，与较低热解温度制备的生物炭相比，较高热解温度制备的生物炭有着较弱的初始养分固持能力（Ippolito et al., 2012a）。然而，一旦生物炭进入环境，养分固持能力也可能受短期和长期氧化的影响（Quilliam et al., 2012；见第 10 章）。

Borchard 等（2012a）用 Cu、NH_3 和 NH_4^+ 进行了特定的养分吸收研究，并提出生物炭中存在的含氧官能团是大范围吸附养分的原因。该研究发现，Cu 与生物炭发生化学相互作用，而物理相互作用（捕获）可忽略不计；椰壳生物炭对 Cr^{6+} 的还原也有类似的过程（Shen et al., 2012）。Ippolito 等（2012b）的研究表明，部分 Cu 通过有机配体官能团与生物炭结合，确实产生了一些碳酸盐/氧化物沉淀。Uchimiya 等（2012b）的研究表明，随着热解温度的升高，可浸出的脂肪族和含氮杂环芳香族官能团被去除，这与用粪便制备的生物炭中 Cu 的保留量成正相关。也有人提出，用生物炭对含氮化合物进行吸附（Dempster et al., 2012a; Kammann et al., 2012; Sarkhot et al., 2012）。Ding 等（2010）、Hina 等（2010）指出，NH_4^+ 在生物炭上的吸附主要是通过离子交换、库仑力、化学吸附、氨固定或与硫官能团的结合而进行的。Taghizadeh-Toosi 等（2012）发现，pH 值较低的生物炭比 pH 值较高的生物炭能吸附更多的 NH_4^+（由于 NH_3 转化为 NH_4^+），这表明是化学吸引力而非物理吸引力起主要作用。Nelissen 等（2012）认为，NH_4^+ 吸附到生物炭上的原因是 CEC 的增大。由于 CEC 与表面官能团直接相关，因此表面官能团化学性质的变化可能是 N 吸附差异的主要原因（Spokas et al., 2012a）。

7.7 定制生物炭

如本章所述，生物炭元素组成的差异性表明，并非所有生物炭均完全相同（Atkinson et al., 2010; Novak and Busscher, 2012, Harvey et al., 2012）。当将生物炭用作土壤改良剂时，其固有的差异性表明生物炭的制备可以针对特定情况进行定制（Ippolito et al., 2012a; Novak et al., 2014）。例如，Novak 和 Busscher（2012）概述了如何调整生物炭的化学性质和物理特性，以解决砂质土壤中的特定局限性。由动物粪便制备的生物炭具有较高的植物养分含量，可以与含有较少养分的原料混合（见表 7.7）。因此，与柳枝稷制备的生物炭混合可以降低由猪粪热解制备的生物炭中过高的 P、Ca 含量。对这种混合生物炭进行元素组成分析，结果显示 P 和 Ca 含量显著降低。也可以将其他高 P 含量的粪肥原料（如家禽粪便）与养分不足的原料（如松木屑）混合，以制备养分均衡的生物炭（Novak et al., 2014）。反过来，这种由家禽粪便和松木屑混合制备的生物炭可以在土壤中使用，并且不会显著增加植物的有效磷。Tsai 等（2012）提出了一种类似的方法，即以木质生物炭（主要含有 C）来制备一种理想的生物炭成品，它能对养分的有效性产生积极影响。另外，生物炭可与未热解的原料混合以获得所需的生物炭产品。总体而言，设计的生物炭也许可以满足供给养分和改善土壤物理特性的需求，如图 7.2 所示。

表 7.7 以纯原料及其特定混合比例制备的生物炭中总磷、总钙浓度（EPA 方法 3050a；未公开数据）

原料	混合比例（w·w^{-1}）[†]	P（mg·kg^{-1}）	Ca（mg·kg^{-1}）
柳枝稷（SG）	100∶0	384	2130
猪粪（SS）	100∶0	27026	23214
SG∶SS	80∶20	14831	13538
SG∶SS	90∶10	8254	5535

注：[†]确定混合比例以均衡玉米作物对P的吸收需求（Novak et al., 2013）。

并非所有生物炭的性质都是相同的，因此在制备生物炭需要从将其作为土壤改良剂的特定用途方面进行转变。正如 Novak 等（2014）所描述的，定制或设计生物炭的概念仍处于起步阶段，需要进一步评估各种原料和其他具有不同肥力或物理特性的生物炭在农业土壤中的性能。

7.8 结论

综上所述,热解温度和热解类型对生物炭中的总养分含量和有效养分含量都有显著影响。与快速热解相比,慢速热解过程中温度升高会使生物炭中的总养分含量减少。与慢速热解相比,快速热解可能导致 C 不完全转化而形成更难分解的形态,从而产生更容易矿化的生物炭。热解温度或热解类型与生物炭中有效养分之间的关系尚不清楚,但在大多数情况下可能不存在联系。但是可以得出以下结论:热解温度升高,最终产物中 K、Mg 和 Ca 的浓度可能增大,这些元素的有效性也会随之提升(55% ~ 65%)。

此外,最初选择的原料会严重影响最终产物的有效养分含量。本章提供的数据表明,与植物原料相比,利用粪便制备的生物炭含有更多的有效养分。因此,除热解温度和热解类型外,在考虑生物炭的最终用途时,原料的正确选择至关重要(更多信息,见第 8 章)。

表 7.1、表 7.3 和表 7.5 中的数据来源

玉米秸秆数据的平均值来自:Brewer et al., 2012; Enders and Lehmann, 2012; Feng et al., 2012; Freddo et al., 2012; Hale et al., 2012; Jia et al., 2012; Kammann et al., 2012; Kinney et al., 2012; Nelissen et al., 2012; Rajkovich et al., 2012。

小麦 / 大麦秸秆数据的平均值来自:Bruun et al., 2012a, 2012b; Bruun and El-Zehery, 2012; Cheng et al., 2012; Kloss et al., 2012; Solaiman et al., 2012; Sun et al., 2012; Yoo and Kang, 2012; Zhang et al., 2012a, 2012b。

水稻秸秆 / 稻壳数据的平均值来自:Lu et al., 2012; Mekuria et al., 2012; T. Wang et al., 2012; R. Zheng et al., 2012。

高粱秸秆数据的平均值来自:Schnell et al., 2012。

大豆秸秆数据的平均值来自:Ahmad et al., 2012。

花生壳数据的平均值来自:Ahmad et al., 2012; Kammann et al., 2012; Karlen and Kerr, 2012; Novak et al., 2012; Yao et al., 2012。

山核桃壳数据的平均值来自:Ippolito et al., 2012b, Novak et al., 2012。

榛子壳数据的平均值来自:Rajkovich et al., 2012。

柳枝稷数据的平均值来自:Hale et al., 2012; Ippolito et al., 2012a; Novak et al., 2012。

甘蔗渣数据的平均值来自:Kameyama et al., 2012; Yao et al., 2012。

椰子壳(椰壳纤维)数据的平均值来自:Shen et al., 2012。

厨余垃圾数据的平均值来自:Hale et al., 2012, Rajkovich et al., 2012。

其他废弃物数据的平均值来自:Bolan et al., 2012; Choppala et al., 2012; Galvez et al., 2012; Hale et al., 2012; Hilber et al., 2012; Kinney et al., 2012; Oh et al., 2012。

硬木数据的平均值来自:Ballantine et al., 2012; Borchard et al., 2012a; Case et al., 2012; Dempster et al., 2012a, 2012b; Enders and Lehmann, 2012; Freddo et al., 2012; Graber et al., 2012; Hale et al., 2012; Jeong et al., 2012; Jones et al., 2012; Kammann et al., 2012; Kinney et al., 2012; Kloss et al., 2012; Lentz and Ippolito, 2012; Lin et al., 2012; Novak et al., 2012; Pereira et al., 2012; Rajkovich et al., 2012; Sarkhot et al., 2012; Solaiman et al., 2012; Xu et al., 2012a; Yao et al., 2012; J. Zheng et al., 2012。

软木数据的平均值来自：Chen et al., 2012; Freddo et al., 2012; Hale et al., 2012; Hilber et al., 2012; Jeong et al., 2012; Karlen and Kerr, 2012; Kim et al., 2012; Kloss et al., 2012; Rajkovich et al., 2012; Robertson et al., 2012; Spokas et al., 2012b; Taghizadeh-Toosi et al., 2012。

造纸厂废料数据的平均值来自：Hale et al., 2012, Rajkovich et al., 2012。

家禽粪便或垃圾数据的平均值来自：Belyaeva and Haynes, 2012; Cantrell et al., 2012; Choppala et al., 2012; Enders and Lehmann, 2012; Hass et al., 2012; Novak et al., 2012; Rajkovich et al., 2012; Revell, Maguire and Agblevor, 2012a, 2012b; Sun et al., 2012; Uchimiya et al., 2012a。

火鸡粪便/垃圾数据的平均值来自：Cantrell et al., 2012, Karlen and Kerr, 2012。

猪粪数据的平均值来自：Cantrell and Martin, 2012; Cantrell et al., 2012; Tsai et al., 2012; Yoo and Kang, 2012。

奶牛粪便数据的平均值来自：Cantrell et al., 2012; Hale et al., 2012; Rajkovich et al., 2012; Streubel et al., 2012。

牛粪数据的平均值来自：Cantrell et al., 2012; Schouten et al., 2012; T. Wang et al., 2012。

污泥数据的平均值来自：Mendez et al., 2012; Oh et al., 2012; T. Wang et al., 2012。

表 7.2、表 7.4 和表 7.6 中的数据来源

热解温度平均值来源如下。

< 300 ℃：Chen et al., 2012; Lu et al., 2012; Hale et al., 2012; Ippolito et al., 2012a; Novak et al., 2012; Shen et al., 2012; T. Wang et al., 2012。

300 ~ 399 ℃：Ahmad et al., 2012; Cantrell and Martin, 2012; Chen et al., 2012; Choppala et al., 2012; Enders and Lehmann, 2012; Feng et al., 2012; Freddo et al., 2012; Graber et al., 2012; Hale et al., 2012; Kim et al., 2012; Kinney et al., 2012; Lin et al., 2012; Lu et al., 2012; Nelissen et al., 2012; Novak et al., 2012; Rajkovich et al., 2012; Sarkhot et al., 2012; Shen et al., 2012; Taghizadeh-Toosi et al., 2012; Uchimiya et al., 2012a; T. Wang et al., 2012; Yao et al., 2012; Yoo and Kang, 2012。

400 ~ 499 ℃：Ballantine et al., 2012; Belyaeva and Haynes, 2012; Borchard et al., 2012a, 2012b; Briggs et al., 2012; Bruun and El-Zehery, 2012; Case et al., 2012; Cheng et al., 2012; Dempster et al., 2012b; Hale et al., 2012, Jia et al., 2012; Jones et al., 2012; Kameyama et al., 2012; Karlen and Kerr, 2012; Kim et al., 2012; Kinney et al., 2012; Kloss et al., 2012; Lin et al., 2012; Novak et al., 2012; Oh et al., 2012; Pereira et al., 2012; Rajkovich et al., 2012; Revell, Maguire and Agblevor, 2012a, 2012b; Spokas et al., 2012b; Sun et al., 2012; Tsai et al., 2012; Robertson et al., 2012; J. Wang et al., 2012; T. Wang et al., 2012; Yao et al., 2012; Zhang et al., 2012a, 2012b。

500 ~ 599 ℃：Brewer et al., 2012; Bruun et al., 2012a, 2012b; Busch et al., 2012; Chen et al.,

2012; Choppala et al., 2012; Feng et al., 2012; Freddo et al., 2012; Galvez et al., 2012; Hale et al., 2012; Ippolito et al., 2012a; Kameyama et al., 2012; Kammann et al., 2012; Karlen and Kerr, 2012; Kim et al., 2012; Kinney et al., 2012; Kloss et al., 2012; Lentz and Ippolito, 2012; Lin et al., 2012; Lu et al., 2012; Mendez et al., 2012; Nelissen et al., 2012; Novak et al., 2012; Qayyum et al., 2012; Rajkovich et al., 2012; Shen et al., 2012; Schouten et al., 2012; Schnell et al., 2012; Spokas et al., 2012b; Struebel et al., 2012; Taghizadeh-Toosi et al., 2012; Tsai et al., 2012; Uchimiya et al., 2012a; T. Wang et al., 2012; J. Zheng et al., 2012; R. Zheng et al., 2012。

600～699 ℃：Brewer et al., 2012; Carlsson et al., 2012; Dempster et al., 2012a; Enders and Lehmann, 2012; Freddo et al., 2012; Hale et al., 2012; Hilber et al., 2012; Kameyama et al., 2012; Kinney et al., 2012; Lin et al., 2012; Major et al., 2012; Oh et al., 2012; Rajkovich et al., 2012; Shen et al., 2012; Solaiman et al., 2012; Tsai et al., 2012; Uchimiya et al., 2012a; Xu et al., 2012a; Yao et al., 2012。

700～799 ℃：Ahmad et al., 2012; Cantrell and Martin, 2012; Cantrell et al., 2012; Chen et al., 2012; Hale et al., 2012; Hilber et al., 2012; Ippolito et al., 2012b; Kameyama et al., 2012; Kammann et al., 2012; Kinney et al., 2012; Novak et al., 2012; Oh et al., 2012; Tsai et al., 2012; Yoo and Kang, 2012。

≥800 ℃：Graber et al., 2012; Hale et al., 2012; Jeong et al., 2012; Kameyama et al., 2012; Karlen and Kerr, 2012; Tsai et al., 2012; Uchimiya et al., 2012a。

热解类型数据的平均值来源如下。

快速热解：Ballantine et al., 2012; Borchard et al., 2012a; Brewer et al., 2012; Bruun et al., 2012a, 2012b; Cheng et al., 2012; Dempster et al., 2012b; Freddo et al., 2012; Hale et al., 2012; Jeong et al., 2012; Kim et al., 2012; Lentz and Ippolito, 2012; Novak et al., 2012; Revel, Maguire and Agblevor, 2012a, 2012b; Robertson et al., 2012; Schnell et al., 2012; Schouten et al., 2012; J. Zheng et al., 2012。

慢速热解：Ahmad et al., 2012; Borchard et al., 2012a; Briggs et al., 2012; Bruun et al., 2012a, 2012b; Bruun and El-Zehery, 2012; Busch et al., 2012; Cantrell and Martin, 2012; Cantrell et al., 2012; Case et al., 2012; Chen et al., 2012; Choppala et al., 2012; Dempster et al., 2012a, 2012b; Enders and Lehmann, 2012; Feng et al., 2012; Freddo et al., 2012; Galvez et al., 2012; Graber et al., 2012; Hale et al., 2012; Hass et al., 2012, Ippolito et al., 2012a, 2012b; Jones et al., 2012; Kameyama et al., 2012; Kinney et al., 2012; Kloss et al., 2012, Lin et al., 2012; Lu et al., 2012; Major et al., 2012; Mekuria et al., 2012; Mendez et al., 2012; Nelissen et al., 2012; Novak et al., 2012; Oh et al., 2012, Pereira et al., 2012; Qayyum et al., 2012; Rajkovich et al., 2012; Sarkhot et al., 2012; Shen et al., 2012; Struebel et al., 2012; Sun et al., 2012; Taghizadeh-Toosi et al., 2012; Tsai et al., 2012; Uchimiya et al., 2012a; T. Wang et al., 2012; Yao et al., 2012; Yoo and Kang, 2012a, 2012b; R. Zheng et al., 2012。

热解温度与热解类型数据的平均值来源如下。

1. 快速热解

300～499 ℃：Ballantine et al., 2012; Borchard et al., 2012a; Cheng et al., 2012; Dempster et al., 2012a; Hale et al., 2012; Kim et al., 2012; Revell, Maguire and Agblevor, 2012a, 2012b;

Robertson et al., 2012。

500～699 ℃：Brewer et al., 2012; Bruun et al., 2012a, 2012b; Kim et al., 2012; Lentz and Ippolito, 2012; Novak et al., 2012; Schouten et al., 2012; J. Zheng et al., 2012。

700～900 ℃：Hale et al., 2012, Jeong et al., 2012。

2. 慢速热解

< 300 ℃：Chen et al., 2012; Lu et al., 2012; Hale et al., 2012; Ippolito et al., 2012a; Novak et al., 2012; Shen et al., 2012; T. Wang et al., 2012。

300～499 ℃：Ahmad et al., 2012; Borchard et al., 2012b; Briggs et al., 2012; Bruun and El-Zehery, 2012; Cantrell and Martin, 2012; Cantrell et al., 2012; Case et al., 2012; Chen et al., 2012; Choppala et al., 2012; Dempster et al., 2012b; Enders and Lehmann, 2012; Feng et al., 2012; Freddo et al., 2012; Graber et al., 2012; Hale et al., 2012; Hass et al., 2012; Jones et al., 2012; Kameyama et al., 2012; Kinney et al., 2012; Kloss et al., 2012; Lin et al., 2012; Lu et al., 2012; Nelissen et al., 2012; Novak et al., 2012; Oh et al., 2012; Pereira et al., 2012; Rajkovich et al., 2012; Sarkhot et al., 2012; Shen et al., 2012; Sun et al., 2012; Taghizadeh-Toosi et al., 2012; Tsai et al., 2012; T. Wang et al., 2012; Yao et al., 2012; Yoo and Kang, 2012; Zhang et al., 2012a, 2012b。

500～699 ℃：Bruun et al., 2012a, 2012b; Busch et al., 2012; Choppala et al., 2012; Dempster et al., 2012a; Enders and Lehmann, 2012; Feng et al., 2012; Freddo et al., 2012; Hale et al., 2012; Ippolito et al., 2012a; Kameyama et al., 2012; Kinney et al., 2012; Kloss et al., 2012; Lin et al., 2012; Lu et al., 2012; Major et al., 2012; Mendez et al., 2012; Nelissen et al., 2012; Novak et al., 2012; Oh et al., 2012; Qayyum et al., 2012; Rajkovich et al., 2012; Shen et al., 2012; Taghizadeh-Toosi et al., 2012; Tsai et al., 2012; Uchimiya et al., 2012a; T. Wang et al., 2012; Yao et al., 2012; R. Zheng et al., 2012。

700～900 ℃：Ahmad et al., 2012; Cantrell and Martin, 2012; Cantrell et al., 2012; Chen et al., 2012; Hale et al., 2012; Hass et al., 2012; Ippolito et al., 2012b; Kameyama et al., 2012; Kinney et al., 2012; Novak et al., 2012; Oh et al., 2012; Tsai et al., 2012; Yoo and Kang, 2012; Uchimiya et al., 2012a。

参考文献

Ahmad, M., Lee, S. S., Dou, X., et al. Effects of pyrolysis temperature on soybean stover and peanut shell-derived biochar properties and TCE adsorption in water[J]. Bioresource Technology, 2012, 118: 536-544.

Amonette, J. E. and Joseph, S. Characteristics of biochar: Microchemical properties in J. Lehmann and S. Joseph (eds). Biochar for Environmental Management: Science and Technology[M]. UK, London: Earthscan, 2009, 33-52.

Antal Jr., M. J. and Grønli, M., The art, science, and technology of charcoal production[J]. Industrial and Engineering Chemistry Research, 2003, 42: 1619-1640.

Atkinson, C., Fitzgerald, J. and Hipps, H. Potential mechanisms for achieving agricultural benefits from biochar application to temperate soils: A review[J]. Plant and Soil, 2010, 337: 1-18.

Ballantine, K., Schneider, R., Groffman, P., et al. Soil properties and vegetation development in four restored freshwater depressional wetlands[J]. Soil Science Society of America Journal, 2012, 76: 1482-1495.

Barber, S. A. Soil Nutrient Bioavailability: A Mechanistic Approach[M]. Dordrecht: John Wiley & Sons, 1995.

Belyaeva, O. N. and Haynes, R. J. Comparison of the effects of conventional organic amendments and biochar on the chemical, physical and microbial properties of coal fly ash as a plant growth medium[J]. Environmental Earth Sciences, 2012, 66: 1987-1997.

Bird, M. I., Wurster, C. M., de Paula Silva, P. H., et al. Algal biochar-production and properties[J]. Bioresource Technology, 2011, 102: 1886-1891.

Boateng, A. A. Characterization and thermal conversion of charcoal derived from fluidized-bed fast pyrolysis oil production of switchgrass[J]. Industrial & Engineering Chemistry Research, 2007, 46: 8857-8862.

Bolan, N. S., Kunhikrishnan, A., Choppala, G. K., et al. Stabilization of carbon in composts and biochars in relation to carbon sequestration and soil fertility[J]. Science of the Total Environment, 2012, 424: 264-270.

Borchard, N., Prost, K, Kautz, T., Moeller, A., et al. Sorption of copper (Ⅱ) and sulphate to different biochars before and after composting with farmyard manure[J]. European Journal of Soil Science, 2012a, 63: 399-409.

Borchard, N., Wolf, A., Laabs, V., et al. Physical activation of biochar and its meaning for soil fertility and nutrient leaching-A greenhouse experiment[J]. Soil Use and Management, 2012b, 28: 177-184.

Brewer, C. E., Hu, Y., Schmidt-Rohr, K., et al. Extent of pyrolysis impacts on fast pyrolysis biochar properties[J]. Journal of Environmental Quality, 2012, 41: 1115-1122.

Briggs, C., Breiner, J. M. and Graham, R. C. Physical and chemical properties of *Pinus ponderosa* charcoal: mplications for soil modification[J]. Soil Science, 2012, 177: 263-268.

Bruun, E. W., Ambus, P., Egsgaard, H., et al. Effects of slow and fast pyrolysis biochar on soil C and N turnover dynamics[J]. Soil Biology and Biochemistry, 2012a, 46: 73-79.

Bruun, E. W., Petersen, C., Strobel, B. W., et al. Nitrogen and carbon leaching in repacked sandy soil with added fine particulate biochar[J]. Soil Science Society of America Journal, 2012b, 76: 1142-1148.

Bruun, S. and El-Zehery, T. Biochar effect on the mineralization of soil organic matter[J]. Pesquisa Agropecuária Brasileira, 2012, 47: 665-671.

Busch, D., Kammann, C., Grunhage, L., et al. Simple biotoxicity tests for evaluation of carbonaceous soil additives: Establishment and reproducibility of four test procedures[J]. Journal of Environmental Quality, 2012, 41: 1023-1032.

Cantrell, K. B., Hunt, P. G., Uchimiya, M., et al. Impact of pyrolysis temperature and manure source on physicochemical characteristics of biochar[J]. Bioresource Technology, 2012, 107: 419-428.

Cantrell, K. B. and Martin Ⅱ, J. H. Stochastic state-space temperature regulation of biochar production. Part Ⅱ: Application to manure processing via pyrolysis[J]. Journal of the Science of Food and Agriculture, 2012, 92: 490-495.

Cao, X. and Harris, W. Properties of dairy-manure-derived biochar pertinent to its potential use in remediation[J]. Bioresource Technology, 2010, 101: 5222-5228.

Carlsson, M., Andren, O., Stenstrom, J., et al. Charcoal application to arable soil: Effects on CO_2 emissions[J]. Communications in Soil Science and Plant Analysis, 2012, 43: 2262-2273.

Case, S. D. C., McNamara, N. P., Reay, D. S., et al. The effect of biochar addition on N_2O and CO_2 emissions from a sandy loam soil—The role of soil aeration[J]. Soil Biology and Biochemistry, 2012, 51: 125-134.

Chan, K. Y., Van Zwieten, L., Meszaros, I., et al. Agronomic values of greenwaste biochar as a soil amendment[J]. Australian Journal of Soil Research, 2007, 45: 629-634.

Chan, K. Y. and Xu, Z. Biochar: Nutrient properties and their enhancement. Biochar for Environmental Management: Science and Technology[M]. J. Lehmann and S. Joseph, eds. UK, London: Earthscan, 2009, 68-84.

Chan, K. Y., Van Zwieten, L., Meszaros, I., et al. Using poultry litter biochars as soil amendments[J].

Australian Journal of Soil Research, 2008, 46: 437-444.

Chen, B., Zhou, D. and Zhu, L. Transitional adsorption and partition of nonpolar and polar aromatic contaminants by biochars of pine needles with different pyrolytic temperatures[J]. Environmental Science and Technology, 2008, 42: 5137-5143.

Chen, Z., Chen, B. and Chiou, C. T. Fast and slow rates of naphthalene sorption to biochars produced at different temperatures[J]. Environmental Science and Technology, 2012, 46: 11104-11111.

Cheng, Y., Cai, Z., Chang, S. X., et al. Wheat straw and its biochar have contrasting effects on inorganic N retention and N_2O production in a cultivated black chernozem[J]. Biology and Fertility of Soils, 2012, 48: 941-946.

Cheng, C. H., Lehmann, J. and Engelhard, M. Natural oxidation of black carbon in soils: changes in molecular form and surface charge along a climosequence[J]. Geochimica et Cosmochimica Acta, 2008, 72: 1598-1610.

Choppala, G. K., Bolan, N. S., Megharaj, M., et al. The influence of biochar and black carbon on reduction and bioavailability of chromate in soils[J]. Journal of Environmental Quality, 2012, 41: 1175-1184.

Dempster, D. N., Gleeson, D. B., Solaiman, Z. M., et al. Decreased soil microbial biomass and nitrogen mineralization with Eucalyptus biochar addition to a coarse textured soil[J]. Plant and Soil, 2012a, 354: 311-324.

Dempster, D. N., Jones, D. L. and Murphy, D. V. Organic nitrogen mineralization in two contrasting agroecosystems is unchanged by biochar addition[J]. Soil Biology and Biochemistry, 2012b, 48: 47-50.

Ding, Y., Liu, Y, Wu, W., Shi, D., et al. Evaluation of biochar effects on nitrogen retention and leaching in multi-layered soil columns[J]. Water, Air, and Soil Pollution, 2010, 213: 47-55.

Enders, A., Hanley, K., Whitman, T., et al. Characterization of biochars to evaluate recalcitrance and agronomic performance[J]. Bioresource Technology, 2012, 114: 644-653.

Enders, A. and Lehmann, J. Comparison of wet-digestion and dry-ashing methods for total elemental analysis of biochar[J]. Communications in Soil Science and Plant Analysis, 2012, 43: 1042-1052.

Feng, Y., Xu, Y., Yu, Y, Xie, Z., et al. Mechanisms of biochar decreasing methane emission from Chinese paddy soils[J]. Soil Biology and Biochemistry, 2012, 46: 80-88.

Freddo, A., Cai, C. and Reid, B. J. Environmental contextualization of potential toxic elements and polycyclic aromatic hydrocarbons in biochar[J]. Environmental Pollution, 2012, 171: 18-24.

Galvez, A., Sinicco, T., Cayuela, M. L., et al. Short term effects of bioenergy by-products on soil C and N dynamics, nutrient availability and biochemical properties[J]. Agriculture, Ecosystems, and Environment, 2012, 160: 3-14.

Gaskin, J. W., Steiner, C., Harris, K., et al. Effect of low-temperature pyrolysis conditions on biochar for agricultural use[J]. Transactions of the American Society of Agricultural and Biological Engineers, 2008, 51: 2061-2069.

Graber, E. R., Tsechansky, L, Gerstl, Z., et al. High surface area biochar negatively impacts herbicide efficacy[J]. Plant and Soil, 2012, 353: 95-106.

Hale, S. E., Lehmann, J., Rutherford, D., et al. Quantifying the total and bioavailable polycyclic aromatic hydrocarbons and dioxins in biochars[J]. Environmental Science and Technology, 2012, 46: 2830-2838.

Harvey, O. M., Kou, L. J., Zimmerman, A. R., et al. An index-based approach to assessing recalcitrance and soil carbon sequestration potential of engineered black carbons (biochars)[J]. Environmental Science and Technology, 2012, 46: 1415-1421.

Hass, A., Gonzalaz, J. M., Lima, I. M., et al. Chicken manure biochar as liming and nutrient source for acid Appalachian soil[J]. Journal of Environmental Quality, 2012, 41: 1096-1106.

Hilber, I., Blum, F., Leifeld, H., et al. Quantitative determination of PAHs in biochar: A prerequisite to ensure its quality and safe application[J]. Journal of Agricultural and Food Chemistry, 2012, 60: 3042-3050.

Hina, K., Bishop, P., Camps Arbestain, M., et al. Producing biochar with enhanced surface activity through alkaline pretreatment of feedstocks[J]. Australian Journal of Soil Research, 2010, 48: 606-617.

Hollister, C. C., Bisogni, J. J. and Lehmann, J. Ammonium, nitrate, and phosphate sorption to and solute leaching from biochars prepared from corn stover (*Zea mays L.*) and oak wood (*Quercus* spp.)[J]. Journal of Environmental Quality, 2013, 42: 137-144.

Hossain, M. K., Strezov, V., Chan, K. Y., et al. Influence of pyrolysis temperature on production and nutrient properties of wastewater sludge biochar[J]. Journal of Environmental Management, 2011, 92: 223-228.

Ippolito, J. A., Novak, J. M., Busscher, W. J., et al. Switchgrass biochar affects two Aridisols[J]. Journal of Environmental Quality, 2012a, 41: 1123-1130.

Ippolito, J. A., Strawn, D. G., Scheckel, K. G., et al. Macroscopic and molecular investigations of copper sorption by a steamactivated biochar[J]. Journal of Environmental Quality, 2012b, 41: 1150-1156.

Jeong, C. Y., Wang, J. J., Dodla, S. K., et al. Effect of biochar amendment on tylosin adsorption-desorption and transport in two different soils[J]. Journal of Environmental Quality, 2012, 41: 1185-1192.

Jia, J., Li, B., Chen, Z., et al. Effects of biochar application on vegetable production and emissions of N_2O and CH_4[J]. Soil Science and Plant Nutrition, 2012, 58: 503-509.

Jones, D. L., Rousk, J., Edwards-Jones, G., et al. Biochar-mediated changes in soil quality and plant growth in a three year field trail[J]. Soil Biology and Biochemistry, 2012, 45: 113-124.

Kameyama, K., Miyamoto, T., Shiono, T., et al. Influence of sugarcane bagasse-derived biochar application on nitrate leaching in calcaric dark red soil[J]. Journal of Environmental Quality, 2012, 41: 1131-1137.

Kammann, C., Ratering, S., Eckhard, C., et al. Biochar and hydrochar effects on greenhouse gas (carbon dioxide, nitrous oxide, and methane) fluxes from soils[J]. Journal of Environmental Quality, 2012, 41: 1052-1066.

Karlen, D. L. and Kerr, B. J. Future testing opportunities to ensure sustainability of the biofuels industry[J]. Communications in Soil Science and Plant Analysis, 2012, 43: 36-46.

Kim, K. H., Kim, J., Cho, T., et al. Influence of pyrolysis temperature on physicochemical properties of biochar obtained from the fast pyrolysis of pitch pine (Pinus rigida)[J]. Bioresource Technology, 2012, 118: 158-162.

Kinney, T. J., Masiello, C. A., Dugan, B., et al. Hydrologic properties of biochars produced at different temperatures[J]. Biomass and Bioenergy, 2012, 41: 34-43.

Kloss, S., Zehetner, F., Dellantonio, A., et al. Characterization of slow pyrolysis biochars: Effects of feedstocks and pyrolysis temperature on biochar properties[J]. Journal of Environmental Quality, 2012, 41: 990-1000.

Knicker, H. How does fire affect the nature and stability of soil organic nitrogen and carbon? A review[J]. Biogeochemistry, 2007, 85: 91-118.

Koutcheiko, S., Monreal, C. M., Kodama, H., et al. Preparation and characterization of activated carbon derived from the thermo-chemical conversion of chicken manure[J]. Bioresource Technology, 2007, 98: 2459-2464.

Laird, D. A., Chappell, M. A., Martens, D. A., et al. Distinguishing black carbon from biogenic humic substances in soil clay fractions[J]. Geoderma, 2008, 143: 115-122.

Lehmann, J., da Silva Jr., J. P., Steiner, C., et al. Nutrient availability and leaching in an archaeological Anthrosol and a Ferralsol of the Central Amazon basin: fertilizer, manure and charcoal amendments[J]. Plant and Soil, 2003, 249: 343-357.

Lentz, R. D. and Ippolito, J. A. Biochar and manure affect calcareous soil and corn silage nutrient concentrations and uptake[J]. Journal of Environmental Quality, 2012, 41: 1033-1043.

Li, L., Quinlivan, P. A. and Knappe, D. R. U. Effects of activated carbon surface chemistry and pore size structure on the adsorption of organic contaminants from aqueous solution[J]. Carbon, 2002, 40: 2085-2100.

Lin, Y., Munroe, P., Joseph, S., et al. Water extractable organic carbon in untreated and chemical treated biochars[J]. Chemosphere, 2012, 87: 151-157.

Liu, J., Schulz, H., Brandl, S., et al. Short-term effect of biochar and compost on soil fertility and water status of a Dystic Cambisol in NE Germany under field conditions[J]. Journal of Plant Nutrition and Soil Science, 2012, 175: 698-707.

Lu, J., Li, J., Li, Y., et al. Use of rice straw biochar simultaneously as the sustained release carrier of herbicides and soil amendment for their reduced leaching[J]. Journal of Agricultural and Food Chemistry, 2012, 60: 6463-6470.

Major, J., Rondon, M. Molina, D., Riha, S. J., et al. Nutrient leaching in a Columbian savanna Oxisol amended with biochar[J]. Journal of Environmental Quality, 2012, 41: 1076-1086.

Mekuria, W., Sengtaheuanghoung, O., Hoanh, C. T., et al. Economic contribution and the potential use of wood charcoal for soil restoration: A case study of village-based charcoal production in fentral Laos[J]. International Journal of Sustainable Development and World Ecology, 2012, 19: 415-425.

Mendez, A., Gomez, A., Paz-Ferreiro, J., et al. Effects of sewage sludge biochar on plant metal availability after application to a Mediterranean soil[J]. Chemosphere, 2012, 89: 1354-1359.

Munoz, Y., Arriagada, R., Sotos-Garrido, G., et al. phosphoric and boric acid activation of pine sawdust[J]. Journal of Chemical Technology and Biotechnology, 2003, 78: 1252-1258.

Nelissen, V., Rutting, T., Huygens, D., et al. Maize biochars accelerate short-term soil nitrogen dynamics in a loamy sand soil[J]. Soil Biology and Biochemistry, 2012, 55: 20-27.

Novak, J. M. and Busscher, W. J. Selection and use of designer biochars to improve characteristics of southeastern USA coastal plain soils. Advanced Biofuels and Bioproducts[M]. J. W. Lee, ed. New York: Springer Science, 2012: 69-96.

Novak, J. M., Busscher, W. J. Watts, D. W., Amonette, J. E., et al. Biochars impact on soil-moisture storage in an Ultisol and two Aridisols[J]. Soil Science, 2012, 177: 310-320.

Novak, J. M., Cantrell, K. B., Watts, D. W., et al. Designing relevant biochar as soil amendments using lignocellulosic and manure-based feedstocks[J]. Journal of Soils and Sediments, 2014, 14: 330-343.

Novak, J. M., Lima, I., Xing, B., et al. Characterization of designer biochar produced at different temperatures and their effects on a loamy sand[J]. Annals of Environmental Science, 2009, 3: 195-206.

Oh, T., Choi, B., Shinogi, Y. et al. Effect of pH conditions on actual and apparent fluoride adsorption by biochar in aqueous phase[J]. Water, Air, and Soil Pollution, 2012, 223: 3729-3738.

Pereira, R. G., Heinemann, A. B., Madari, B. E., et al. Transpiration response of upland rice to water deficit changed by different levels of eucalyptus biochar[J]. Pesquisa Agropecuária Brasileira, 2012, 47: 716-721.

Prendergast-Miller, M. T., Duvall, M. and Sohi, S. P. Localisation of nitrate in the rhizosphere of biochar-amended soils[J]. Soil Biology and Biochemistry, 2011, 43: 2243-2246.

Qayyum, M. F., Steffens, D., Reisenauer, H. P., et al. Kinetics of carbon mineralization of biochars compared with wheat straw in three soils[J]. Journal of Environmental Quality, 2012, 41: 1210-1220.

Quilliam, R. S., Marsden, K. A., Gertler, C., et al. Nutrient dynamics, microbial growth and weed emergence in biochar amended soil are influenced by time since application and reapplication rate[J]. Agriculture, Ecosystems, and Environment, 2012, 158: 192-199.

Rajkovich, S., Enders, A., Hanley, K., et al. Corn growth and nitrogen nutrition after additions of biochar with varying properties to a temperate soil[J]. Biology and Fertility of Soils, 2012, 48: 271-284.

Revell, K. T., Maguire, R. O. and Agblevor, F. A. Influence of poultry litter biochar on soil properties and plant growth[J]. Soil Science, 2012a, 177: 402-408.

Revell, K. T., Maguire, R. O. and Agblevor, F. A. Field trials with poultry litter biochar and its effect on forages, green peppers, and soil properties[J]. Soil Science, 2012b, 177: 573-579.

Robertson, S. J., Rutherford, P. M., Lopez-Gutierrez, J. C., et al. Biochar enhances seedling growth and alters root symbioses and properties of sub-boreal forest soils[J]. Canadian Journal of Soil Science, 2012, 92: 329-340.

Sarkhot, D. V., Berhe, A. A. and Ghezzehei, T. A. Impact of biochar enriched with dairy manure effluent on carbon and nitrogen dynamics[J]. Journal of Environmental Quality, 2012, 41: 1107-1114.

Schnell, R. W., Vietor, D. M., Provin, T. L., et al. Capacity of biochar application to maintain energy crop productivity: Soil chemistry, sorghum growth, and runoff water quality effects[J]. Journal of Environmental Quality, 2012, 41: 1044-1051.

Schouten, S., van Groenigen, J. W., Oenema, O., et al. Bioenergy from cattle manure? Implications of anaerobic digestion and subsequent pyrolysis for carbon and nitrogen dynamics in soil[J]. Global Change Biology Bioenergy, 2012, 4: 751-760.

Shen, Y., Wang, S., Tzou, Y., et al. Removal of hexavalent Cr by coconut coir and derived chars—The effect of surface functionality[J]. Bioresource Technology, 2012, 104: 165-172.

Sohi, S., Lopez-Capel, E. Krull, E. and Bol, R. Biochar, climate change and soil: A review to guide future research[J]. CSIRO Land and Water Science Report Series, 2009, 1834-6618.

Solaiman, Z. M., Murphy, D. V. and Abbott, L. K. Biochar influence seed germination and early growth of seedlings[J]. Plant and Soil, 2012, 353: 273-287.

Spokas, K. A., Cantrell, K. B., Novak, J. M., et al. Biochar: A synthesis of its agronomic impact beyond carbon sequestration[J]. Journal of Environmental Quality, 2012a, 41: 973-989.

Spokas, K. A., Novak, J. M. and Venterea, R. T. Biochar's role as an alternative N-fertilizer: Ammonia capture[J]. Plant and Soil, 2012b, 350: 35-42.

Streubel, J. D., Collins, H. P., Tarara, J. M., et al. Biochar produced from anaerobically digested fibers reduces phosphorus in dairy lagoons[J]. Journal of Environment Quality, 2012, 41: 1166-1174.

Sun, K., Gao, B., Ro., K. S., et al. Assessment of herbicide sorption by biochars and organic matter associated with soil and sediment[J]. Environmental Pollution, 2012, 163: 167-173.

Taghizadeh-Toosi, A., Clough, T. J., Sherlock, R. R., et al. Biochar adsorbed ammonia is bioavailable[J]. Plant and Soil, 2012, 350: 57-69.

Torri, C., Samorì, C., Adamiano, A., et al. Preliminary investigation on the production of fuels and bio-char from Chlamydomonas reinhardtii biomass residue after bio-hydrogen production[J]. Bioresource Technology, 2011, 102: 8707-8713.

Tsai, W., Liu, S., Chen, H., et al. Textural and chemical properties of swine-manure-derived biochar pertinent to its potential use as a soil amendment[J]. Chemosphere, 2012, 89: 198-203.

Uchimiya, M., Bannon, D. I., Wartelle, L. H., et al. Lead retention by broiler litter biochars in small arms range soil: Impact of pyrolysis temperature[J]. Journal of Agricultural and Food Chemistry, 2012a, 60: 5035-5044.

Uchimiya, M., Cantrell, K. B., Hunt, P. G., et al. Retention of heavy metals in a Typic Kandiudult amended with different manurebased biochars[J]. Journal of Environmental Quality, 2012b, 41: 1138-1149.

Verheijen, F., Jeffery, S., Bastos, A. C., et al. Biochar application to soils-A critical scientific review of the effects on soil properties, processes and functions: Joint Research Centre Scientific and Technical Reports: EUR 24099 EN[R]. Luxembourg: Office for the Official Publications of the European Communities, 2010.

Wang, J., Pan, X., Liu, Y., et al. Effects of biochar amendment in two soils on greenhouse gas emissions and crop production[J]. Plant and Soil, 2012: 360, 287-298.

Wang, T., Camps-Arbestain, M., Hedley, M., et al. Predicting phosphorus bioavailability from high-ash biochars[J]. Plant and Soil, 2012, 357: 173-187.

Xu, T., Lou, L., Luo, L., et al. Effect of bamboo biochar on pentachlorophenol leachability and bioavailability in agricultural soil[J]. Science of the Total Environment, 2012a, 414: 727-731.

Yao, Y., Gao, B., Zhang, M., et al. Effect of biochar amendment on sorption and leaching of nitrate, ammonium, and phosphate in a sandy soil[J]. Chemosphere, 2012, 89: 1467-1471.

Yoo, G. and Kang, H. Effects of biochar addition on greenhouse gas emissions and microbial responses in a short-term laboratory experiment[J]. Journal of Environmental Quality, 2012, 41: 1193-1202.

Yuan, J. H. and Xu, R. K. The amelioration effects of low temperature biochar generated from nine crop residues on an acidic Ultisol[J]. Soil Use and Management, 2011, 27: 110-115

Zhang, A., Bian, R., Pan, G., et al. Effects of biochar amendment on soil quality, crop yield and greenhouse gas emission in a Chinese rice paddy: A field study of 2 consecutive rice growing cycles[J]. Field Crops Research, 2012a, 127: 153-160.

Zhang, A., Liu, Y., Pan, G., et al. Effect of biochar amendment on maize yield and greenhouse gas emissions from a soil organic carbon poor calcareous loamy soil from central China plain[J]. Plant and Soil, 2012b, 351: 263-275.

Zheng, H., Wang, Z., Deng, X., et al. Characteristics and nutrient values of biochars produced from giant reed at different temperatures[J]. Bioresource Technology, 2013, 130: 463-471.

Zheng, J., Stewart, C. E. and Cotrufo, M. F. Biochar and nitrogen fertilizer alters soil nitrogen dynamics and greenhouse gas fluxes from two temperate soils[J]. Journal of Environmental Quality, 2012, 41: 1361-1370.

Zheng, R., Cai, C., Liang, J., et al. The effects of biochars from rice residue on the formation of iron plaque and the accumulation of Cd, Zn, Pb, and As in rice (*Oryza sativa* L.) seedlings[J]. Chemosphere, 2012, 89: 856-862.

第8章

生物炭分类系统和相关的测试方法

Marta Camps-Arbestain、James E. Amonette、Balwant Singh、
Tao Wang、Hans Peter Schmidt

8.1 引言

本章提出了一种与生物炭作为土壤改良剂有关的生物炭分类系统。本书以先前的工作为基础，包括《用于土壤生物炭的标准化产品定义和产品测试指南》(IBI, 2012)（又名《IBI 生物炭标准》)、《生物炭生产指南:欧洲生物炭认证》(EBC, 2012)（又名《EBC 生物炭标准》)、《面向碳市场协议开发的生物炭的碳稳定性测试方法》(Budai et al., 2013)（又名《IBI 稳定碳规约》)。《EBC 生物炭标准》是由科学家制定的，用户自愿遵守，并不是由欧盟委员会发布的。

本章的内容范围限定在符合《IBI 生物炭标准》或《EBC 生物炭标准》(见本章附件），即满足生物炭标准材料的特性，旨在将超出上述标准要求的测试需求降至最低。生物炭分类系统使利益相关者和商业实体能够：①确定最适合的生物炭，以满足特定土壤或土地利用的要求；②区分生物炭在特定生态位（如无土农业）中的应用。生物炭分类系统基于最新的知识建立，并随文献中最新的数据和知识不断更新改进。

8.2 生物炭分类系统

生物炭分类系统的原则是基于生物炭应用到土壤中所产生的直接效益或间接效益进行分类。生物炭应用于土壤的间接效益分为 5 类：①碳储存值；②肥料价值；③石灰值；④粒径；⑤用于盆栽混合料和无土农业（见图 8.1）。

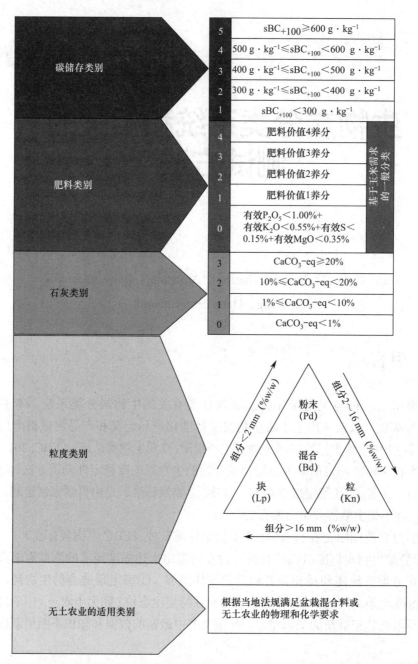

图8.1 基于生物炭应用于土壤的间接效益分类系统。其中，碳储存值（sBC_{+100}）是生物炭的有机碳含量（C_{org}）乘以生物炭中有机碳在土壤中可稳定100年以上的估计比例（BC_{+100}）而获得的；有效的 P_2O_5、K_2O、S和MgO的最低含量根据 $1\ kg·m^{-2}$ 的生物炭施用量（满足玉米作物或谷物的需求）计算；有效养分、$CaCO_3$当量（$CaCO_3$-eq）和粒度分布的单位以生物炭的质量百分比为基础。

8.2.1 碳储存值和分类

《IBI 稳定碳规约》（Budai et al., 2013）提出了碳储存值的基本原理，并提出了一种测试方法，用于估计生物炭在土壤中保持稳定 100 多年的有机碳含量（C_{org}）的比例（BC_{+100}）。该测试方法基于在受控和最佳环境条件下进行的生物炭中期（3～5 年）培养试验推断，以支持从变质到长期老化的模型（Zimmerman, 2010; as extended in Harvey et al., 2012; Singh et al., 2012）。由于目前科学数据不足，这些影响的趋势和大小因土壤和生物炭类型而异，《IBI 稳定碳规约》既未考虑对植物生产力的影响，也未考虑对天然土壤碳库的影响（如正向激发或负向激发）；同时，也没有考虑土壤类型和植物根系对生物炭的碳稳定性的影响。随着获得数据的增多，该方法将不断更新，以考虑特定生物炭-土壤类型相互作用的影响，以及生物炭改良剂对天然有机碳分解或稳定化（"激发效应"）和植物生产力的影响。

在《IBI 稳定碳规约》中，在 95% 的置信度下，将生物炭中预计稳定 100 年以上的有机碳含量的比例（BC_{+100}）估计值及其对应的 H/C_{org}，以及 H/C_{org} 为 0.4、0.5、0.6 和 0.7 的等值关系制表（见表 8.1）。因此，预计 H/C_{org} 为 0.7 的生物炭样品的 BC_{+100} 均值为 58.2%，这表明在该生物炭中测得的 C_{org} 有 58.2% 可能至少保持稳定 100 年。《IBI 稳定碳规约》保守地设定了 H/C_{org} 为 0.4 和 0.7 时 BC_{+100} 的临界值，当 0.4 < H/C_{org} < 0.7 时，生物炭的 BC_{+100} 临界值为 50%；当 H/C_{org} ≤ 0.4 时，生物炭的 BC_{+100} 临界值为 70%（见表 8.1；第 10 章图 10.4），其可以分别称为生物炭的"稳定"和"高度稳定"。根据 Wang 等（2013）提出的方法，在 H/C_{org} 为 0.4 和 0.7 的情况下，粗略估计生物炭的芳香度分别为 92% 和 74%（见表 8.1）。《IBI 稳定碳规约》提供的指南是基于 30 ℃（Zimmerman, 2010）和 22 ℃（Singh et al., 2012）进行实验室培养得到的。如图 10.4（d）（见第 10 章）所示，对于给定的 H/C_{org}，在较低温度下进行实验室培养会产生较高的 BC_{+100} 估计值。

表 8.1　H/C_{org}、芳香度、在 95% 置信度下的 BC_{+100} 当量（平均值、下限和上限），以及《IBI 稳定碳规约》确定的临界值（Budai et al., 2013）

H/C_{org} (mol·mol^{-1})	芳香度 (%)	BC_{+100} 均值 (%)	BC_{+100} 下限 (%)	BC_{+100} 上限 (%)	BC_{+100} 临界值 (%)
0.4	92	80.5	72.6	88.2	70
0.5	87	73.1	67.1	78.9	50
0.6	81	65.6	60.5	70.6	50
0.7	74	58.2	52.5	63.8	50

特定生物炭的碳储存值不仅取决于 BC_{+100} 的估计值，还取决于其中保留的 C_{org}。因此，使用式（8-1）获得碳储存值，并以 g·kg^{-1} 表示储存 BC_{+100}（sBC_{+100}）。

$$sBC_{+100} = C_{org} \times BC_{+100} \qquad (8-1)$$

在图 8.2 中，不同生物炭的 C_{org} 乘以 50% 或 70%，具体取决于它们相应的 H/C_{org} 是 0.4 还是在（0.4，0.7）中取值（由《IBI 稳定碳规约》确定的保守临界值），绘制遵循两个斜率的数据集。根据获得的 sBC_{+100}，在建议的生物炭分类系统中能够识别出 5 种碳储存类别：类别 1（sBC_{+100} < 300 g·kg^{-1}），类别 2（sBC_{+100} 为 300～400 g·kg^{-1}），类别 3（sBC_{+100} 为 400～500 g·kg^{-1}），类别 4（sBC_{+100} 为 500～600 g·kg^{-1}）和类别 5（sBC_{+100} ≥ 600 g·kg^{-1}）（见表 8.2 和图 8.2）。

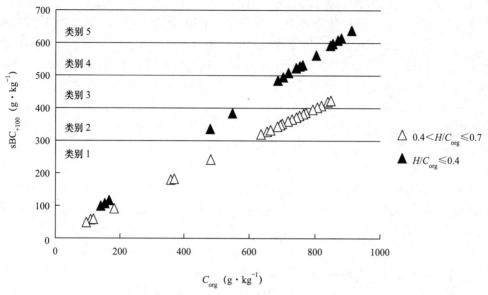

图 8.2　sBC_{+100}（$sBC_{+100}=C_{org}×BC_{+100}$）与 C_{org} 的关系图
（依据 sBC_{+100} 识别出不同的生物炭类别）

数据集来源：Calvelo Pereira et al.（2011）；Enders et al.（2012）；Wang et al.（2012a, 2012b）；Herath et al.（2013）；EU-COST 生物炭环形比对试验（未公开）。

表 8.2　基于碳储存分类的生物炭示例（每个分类提供 4 种生物炭）。其中，sBC_{+100} 的计算公式为 $C_{org}×BC_{+100}$；报告了原料类型、最高热解温度（HHT）、C_{org}、H/C_{org}、灰分含量和 BC_{+100} 临界值（基于表 8.1 中的数据）

类别	原料类型	HHT（℃）	C_{org}	H/C_{org}	灰分含量	BC_{+100} 临界值	sBC_{+100}
1	家禽粪便	550	141	0.26	549	70	99
1	造纸厂废料	600	152	0.32	591	70	106
1	污泥+木屑	450	368	1.002	470	50	184
1	奶牛粪便+木屑	450	481	0.54	384	50	241
2	玉米秸秆	350	652	0.70	114	50	326
2	柳木	400	662	0.63	57	50	331
2	牛粪	400	685	0.61	94	50	343
2	白杨木	400	755	0.66	40	50	378
3	榛子	500	806	0.45	30	50	403
3	松木	500	818	0.43	29	50	409
3	栎木	450	837	0.43	30	50	419
3	玉米秸秆	500	703	0.32	19	70	492
4	奶牛粪便	550	714	0.39	134	70	500
4	玉米秸秆	550	722	0.38	140	70	505

(续表)

类别	原料类型	HHT（℃）	C_{org}	H/C_{org}	灰分含量	BC_{+100} 临界值	sBC_{+100}
4	阔叶木屑+针叶木屑	620	803	0.18	133	70	562
4	榛子	550	846	0.38	27	70	592
5	松木	550	868	0.37	27	70	608
5	橡木	550	879	0.33	24	70	615
5	榛子	600	879	0.31	23	70	615
5	松木	600	911	0.30	23	70	638

资料来源：Calvelo Pereira et al.（2011）；Enders et al.（2012）；Wang et al.（2012a, 2012b）；Herath et al.（2013）；EU-COST生物炭环形比对试验（未出版）。

注：在450 ℃下由污泥和木片制备特定生物炭的H_{org}/C_{org}为0.67 mol·mol^{-1}。

应当指出的是，《IBI 生物炭标准》根据C_{org}确定了3类生物炭，并要求碳化材料被视为生物炭的C_{org}最小值为10%。根据《EBC 生物炭标准》，$C_{org}<50\%$的碳材料被归类为生物炭矿物（BCM）（假设该材料符合《EBC 生物炭标准》的其他所有阈值标准）。根据图8.2中报告的数据，类别1生物炭（$sBC_{+100}<300$ g·kg^{-1}）的C_{org}均小于50%，因此根据《EBC 生物炭标准》将其归类为BCM。在某些情况下，$C_{org}<50\%$的生物炭可被归类为类别2生物炭，$C_{org}>50\%$的生物炭可被归类为类别1生物炭，但也可能会出现例外情况。

碳储存值所需的室内分析（C_{org}、H/C_{org}）是由《IBI 稳定碳规约》确定的。本章还建议对含有大量无机氢的生物炭的H/C_{org}进行校正（例如，由明矾处理过的污泥制备的生物炭；Wang et al., 2013），在这种情况下应使用H_{org}/C_{org}。

8.2.2 肥料的价值及分类

1. 肥料的价值

生物炭的养分含量在很大程度上受原料类型和热解条件的影响（Singh et al., 2010），而生物炭中的养分利用率与包含养分的化合物的性质有关（见第15章；Wang et al., 2012b）。在推荐的生物炭分类系统中，生物炭中主要养分的含量决定了生物炭潜在的肥料"等级"，并由缩写代码表示（根据元素或相应氧化物的权重，这取决于当地政府机构；表示为化合物或混合物总干重的百分比），养分的有效性另行报告。生物炭中通常包括6种主要养分：N、P、K、S、Mg和Ca。在美国和欧洲部分地区，N、P、K、S、Mg和Ca的含量分别表示为N%、P_2O_5%、K_2O%、S%、MgO%和CaO%。对于生物炭，建议使用相同类型的6位数字表示其养分含量，并根据养分的有效性使用单独数值（见表8.3）。由于生物炭养分含量通常比肥料小，但施用量通常比肥料大，因此养分含量应报告到小数点后两位。

表 8.3 不同生物炭中 N、P、K、S、Mg 和 Ca 的总含量[1]（以质量百分比表示）及相应的有效组分

原料[2]	HHT (℃)	H/C_{org} (mol·mol⁻¹)	N_{Tot} (%)	N_{av}[3]$/N_{Tot}$	$P_2O_{5\text{-}Tot}$ (%)	P_{av}/P_{Tot}	K_2O_{Tot} (%)	K_{av}/K_{Tot}	S_{Tot} (%)	S_{av}/S_{Tot}	MgO_{Tot} (%)	Mg_{av}/Mg_{Tot}	CaO_{Tot} (%)	Ca_{av}/Ca_{Tot}
松木	450	0.52	0.35	0.09	0.10	0.21	0.34	1.00	<d.l.[4]	n.a.[5]	0.18	0.34	0.74	0.52
松木	550	0.37	0.48	0.08	0.11	0.20	0.35	1.00	<d.l.	n.a.	0.19	0.18	0.85	0.44
桉树（Euc）[6]木材	350	0.66	0.40	0.02	0.50	0.30	0.62	1.00	<d.l.	n.a.	0.19	0.40	0.59	0.35
柳木	350	0.55	1.36	0.02	0.81	0.26	0.88	1.00	0.41	0.10	0.45	0.70	4.02	0.90
污泥+桉树木材	450	1.00[7]	1.85	0.17	10.95	0.42	0.86	0.52	0.31	0.44	0.53	0.75	2.95	1.00
污泥+桉树木材	550	0.82[8]	1.66	0.05	11.60	0.36	0.84	0.54	0.21	0.35	0.52	0.79	3.22	0.85
柳木	550	0.39	1.78	0.01	0.97	0.38	1.29	1.00	0.35	0.75	0.72	0.68	6.00	0.98
奶牛粪便	550a[9]	0.72	1.08	0.04	3.35	0.66	3.91	0.96	0.40	0.31	2.00	0.85	3.13	0.95
家禽粪便	550a	0.55	3.77	0.05	7.60	0.81	4.03	1.00	0.48	0.76	1.50	0.95	8.91	0.99

注：[1] 总 P、K、Mg 和 Ca 的测定采用湿法消化后的改良干灰分法（Enders & Lehmann, 2012）；用全元素分析仪测定总 N 和总 S；有效 N 用 6 M HCl 测量（Wang et al., 2012a）；有效 P 使用 2% 甲酸（Wang et al., 2012b；Rajan et al., 1992；AOAC, 2005）；有效 K、S、Mg 和 Ca 在用 1 Mmol HCl 提取后，按照测定石灰当量的方法进行测定（Rayment & Lyons, 2011）。
来源：Wang et al.（2012a, 2012b）；Qinhua Shen（未发表）。
[2] 'av' 表示有效。
[3] '<d.l.' 表示低于检测限。
[4] 'n.a.' 表示数据无意义时不可用。
[5] Euc 指桉树。
[6] $H_{org}/C_{org} = 0.67$ mol·mol⁻¹。
[7] $H_{org}/C_{org} = 0.55$ mol·mol⁻¹。
[8] 'a' 表示活化。

2. 肥料分类方法

除提供这 6 种养分的肥料评级外，本节还对每种生物炭进行肥料分类。为了简化，本分类将不考虑 N（其有效性较低）或 Ca（在大多数生物炭中含量相当高，并在一定程度上与石灰浓度相关）。根据特定生物炭的肥料价值，生物炭需要按照以下步骤进行分类。

步骤 1：需要获得生物炭中 P、K、S 和 Mg 的有效含量。为此，需要将生物炭中每种养分的总含量乘以其相应的有效分数，如表 8.4 所示。

表 8.4　生物炭中 P、K、S 和 Mg 的总含量（以质量百分比表示）、相应的有效组分和相应的有效含量（以质量百分比表示），该生物炭由污泥和桉树木材（各 50% 干重）的混合物在 550 ℃下制备。其中，第 3 列由第 1 列（生物炭中特定养分/氧化物的总含量，以质量百分比表示）乘以第 2 列（该总含量的有效组分）获得

总P_2O_5（%）	有效P/总P	有效P_2O_5（%）
11.60	0.36	4.18
总K_2O	有效K/总K	有效K_2O（%）
0.84	0.54	0.45
总S（%）	有效S/总S	有效S（%）
0.21	0.35	0.07
总MgO（%）	有效Mg/总Mg	有效MgO（%）
0.52	0.79	0.41

步骤 2：根据生物肥料的价值对特定生物炭进行分类，需要考虑特定作物的预期产量和养分需求量。为了建立该生物炭分类系统，建议将生物炭的肥料价值用其满足玉米（世界上主要作物之一）"平均"养分需求的能力来表示。在生长季末，将玉米中 P、K、S 和 Mg 的需求量（基于平均产量为 1.3 kg·m^{-2}）预估为 4.5×10^{-3} kg·m^{-2}、4.5×10^{-3} kg·m^{-2}、1.7×10^{-3} kg·m^{-2} 和 2×10^{-3} kg·m^{-2}（见表 8.5；Havlin et al., 1999）。因为没有考虑生物炭与土壤之间的相互作用，所以上述数据是假设的。可以通过 IPNI 获得关于作物需求的更多信息，用户在使用时应注意，养分的需求取决于生长条件，并鼓励使用其他任何可用的本地数据。

表 8.5　某些农作物的养分需求或吸收值（Havlin et al., 1999）

	产量（kg·m^{-2}）	N（kg·m^{-2}）	P（kg·m^{-2}）	K（kg·m^{-2}）	S（kg·m^{-2}）	Mg（kg·m^{-2}）	Ca（kg·m^{-2}）
大麦（谷物）	0.3	7.3×10^{-3}	1.6×10^{-3}	2.7×10^{-3}	9×10^{-4}	7×10^{-4}	2×10^{-4}
大麦（秸秆）	0.5	3.4×10^{-3}	1.1×10^{-3}	9×10^{-3}	4×10^{-3}	2×10^{-3}	9×10^{-4}
玉米（谷物）	1.3	1.68×10^{-2}	4.5×10^{-3}	4.5×10^{-3}	1.7×10^{-3}	2×10^{-3}	7×10^{-4}
玉米（秸秆）	1.5	1.23×10^{-2}	1.3×10^{-3}	1.79×10^{-2}	1.8×10^{-3}	4×10^{-3}	1.8×10^{-3}
紫花苜蓿	1.5	3.921×10^{-2}	4.5×10^{-3}	3.36×10^{-4}	4.9×10^{-3}	4.5×10^{-3}	1.79×10^{-2}
大豆	0.5	1.011×10^{-2}	1.3×10^{-3}	4.5×10^{-3}	1.1×10^{-3}	2×10^{-3}	4.5×10^{-3}
洋葱	1.9	5×10^{-3}	2.2×10^{-3}	4.5×10^{-3}	2×10^{-3}	2×10^{-3}	1.2×10^{-3}
土豆（白色）	3.4	1.01×10^{-2}	5.4×10^{-3}	1.77×10^{-2}	8×10^{-4}	8×10^{-4}	6×10^{-4}
菠菜	1.2	5.6×10^{-3}	1.7×10^{-3}	3.4×10^{-3}	4×10^{-4}	4×10^{-4}	1.3×10^{-3}
棉籽和棉绒	0.3	7.1×10^{-3}	2.8×10^{-3}	3.5×10^{-3}	6×10^{-4}	6×10^{-4}	4×10^{-4}

注：[1]生物固氮满足了对N的需求。

步骤3：生物炭的肥料价值取决于其用量。因此，本生物炭分类系统适用于不同用量。如果在给定的土壤中施用 1 kg·m^{-2} 的生物炭，为满足假设的玉米作物需求，所需生物炭中的（四舍五入）养分含量应为：有效 P_2O_5 = 1.00%，有效 K_2O = 0.55%，有效 S = 0.15%，有效 MgO = 0.35%（每种都以生物炭总重量的百分比表示）。如果生物炭的施用量为 0.1 kg·m^{-2}，则生物炭中的养分含量要高 10 倍才能满足作物的特定养分需求。

根据目前的分类，如果生物炭以 1 kg·m^{-2} 的比例施用，应该完全满足玉米对上述 4 种养分的假定需求；反之，它将没有任何肥料价值。换言之，如果生物炭的有效 P_2O_5 < 1.00%、有效 K_2O < 0.55%、有效 S < 0.15%、有效 MgO < 0.35%（均以生物炭总重量的百分比表示），且该生物炭的用量为 1 kg·m^{-2}，分别对应于养分 P、K、S、Mg 的含量为 4.4×10^{-3} kg·m^{-2}、4.6×10^{-3} kg·m^{-2}、1.5×10^{-3} kg·m^{-2}、2.1×10^{-3} kg·m^{-2}，那么该生物炭被认为没有肥料价值。始终假定生物炭的施用量≤1 kg·m^{-2}，高于该施用量的情况尚未根据其肥力对生物炭进行分类。此类生物炭肥料仍然可以提供大量的养分，尤其是在施用量大于 1 kg·m^{-2} 时。建议使用者利用上述信息，包括所提供的有关特定生物炭的 N、P、K、S、Ca 和 Mg 的肥料等级的信息及相应的利用率（见表 8.3 中的示例），以及有关土壤肥力的可用信息，以便充分满足特定作物的需求，并在需要时与其他肥料来源保持平衡。

步骤4：如何进一步对具有肥料价值的生物炭进行分类？表 8.6 提供了一些示例，其中，当生物炭施用量为 0.1～1 kg·m^{-2} 时，计算生物炭的有效 P、K、S 和 Mg。

表 8.6 中的数据表明，当以 0.3 kg·m^{-2} 的施用量添加生物炭时，满足了玉米对 P 的需求；而当以 0.9 kg·m^{-2} 的施用量添加生物炭时，已经满足了玉米对 Mg 的需求。因此，基于生物炭分类系统，该生物炭的肥力为 2 P_{3t} Mg_{9t}，其中，数字"2"表示该生物炭中所含的具有重要肥料价值的养分数量，下标符号表示满足作物生长所需该养分时生物炭的施用量。这些信息能够帮助使用者对生物炭的施用量做出合理的选择，并确保在满足多种元素的使用要求时，不会添加过量的养分。

表 8.6 在 550 ℃ 下由污泥和桉木混合物（干重各为 50%）制备的生物炭的施用量为 0.1～1 kg·m^{-2} 时，添加到土壤中的有效 P、K、S、Mg。其中，阴影区域表示在生物炭分类系统中的假设值，它是玉米对 P、K、S、Mg 的假设需求量（基于四舍五入的数值，分别为 4.4×10^{-3} kg·m^{-2}、4.6×10^{-3} kg·m^{-2}、1.5×10^{-3} kg·m^{-2}、2.1×10^{-3} kg·m^{-2}，基于玉米平均产量为 1.3 kg·m^{-2}）

生物炭施用量 (kg·m^{-2})	0.1	0.2	0.3	0.4	0.5	0.6	0.7	0.8	0.9	1
有效P (kg·m^{-2})	1.82×10^{-3}	3.65×10^{-3}	5.47×10^{-3}	7.3×10^{-3}	9.12×10^{-3}	1.094×10^{-2}	1.277×10^{-2}	1.459×10^{-2}	1.642×10^{-2}	1.824×10^{-2}
有效K (kg·m^{-2})	3.7×10^{-4}	7.4×10^{-4}	1.12×10^{-3}	1.49×10^{-3}	1.86×10^{-3}	2.23×10^{-3}	2.6×10^{-3}	2.98×10^{-3}	3.35×10^{-3}	3.72×10^{-3}
有效S (kg·m^{-2})	0.7×10^{-4}	1.5×10^{-4}	2.2×10^{-4}	3.0×10^{-4}	3.7×10^{-4}	4.4×10^{-4}	5.2×10^{-4}	5.9×10^{-4}	6.7×10^{-4}	7.4×10^{-4}
有效Mg (kg·m^{-2})	2.5×10^{-4}	5.0×10^{-4}	7.5×10^{-4}	1×10^{-3}	1.25×10^{-3}	1.49×10^{-3}	1.74×10^{-3}	1.99×10^{-3}	2.24×10^{-3}	2.49×10^{-3}

因此，该生物炭分类系统考虑以下肥料类别：① 0 类（有效 K_2O < 0.55%，有效 P_2O_5 < 1.00%，有效 S < 0.15%，有效 MgO < 0.35%）；② 1 类（生物炭的肥料价值为 P、K、S 和

Mg 中的一种养分）；③ 2 类（生物炭的肥料价值为 2 种养分）；④ 3 类（生物炭的肥料价值为 3 种肥料）；⑤ 4 类（具有 4 种养分肥料价值的生物炭）。此生物炭分类未考虑其他养分。在该生物炭分类系统的基础上，表 8.7 提供了表 8.3 中所列生物炭的分类。

表 8.7 假设满足玉米（平均产量 1.3 kg·m^{-2}）部分养分需求的生物炭肥料类别及数量（见表 8.3；养分 P、K、S、Mg 需求量四舍五入后为 4.4×10^{-3} kg·m^{-2}、4.6×10^{-3} kg·m^{-2}、1.5×10^{-3} kg·m^{-2} 和 2.1×10^{-3} kg·m^{-2}，下标表示满足玉米特定养分需求的生物炭施用量）

类别	养分/s	原料[1]	HHT（℃）	H/C_{org}（mol·mol^{-1}）
0	无	松木	450	0.52
0	无	松木	550	0.37
1	K$_{9t}$	桉树木材	350	0.66
1	K$_{7t}$	柳木	350	0.55
2	P$_{3t}$ Mg$_{9t}$	污泥+桉树木材	450	1.002
2	P$_{3t}$ Mg$_{9t}$	污泥+桉树木材	550	0.823
3	K$_{5t}$ S$_{6t}$ Mg$_{7t}$	柳木	550	0.39
3	K$_{2t}$ S$_{5t}$ Mg$_{2t}$	奶牛粪便	550$_a^4$	0.72
4	K$_{2t}$ P$_{2t}$ S$_{5t}$ Mg$_{3t}$	家禽粪便	550$_a$	0.55

注：[1]资料来源：Wang 等（2012a，2012b），shen（未发表）；[2]H_{org}/C_{org} = 0.67 mol·mol^{-1}；[3]H_{org}/C_{org} = 0.55 mol·mol^{-1}；[4] 'a' 表示活化。

3. 生物炭中养分利用率与推荐的提取方法

1）氮（N）

碳化形成芳香族和杂环的氮环结构（Almendros et al., 1990, 2003）。一般来说，这些化合物较难分解，因此限制了 N 转化为植物的有效形态（见第 5 章；Almendros et al., 2003; Yao et al., 2010）。但是，最近的研究表明，木炭中的部分杂环氮可被土壤微生物和植物生物利用（Hilscher and Knicker, 2011a, 2011b; De la Rosa and Knicker, 2011），因此植物火灾产生的木炭中的杂环氮并不像通常认为的那样难以分解。Wang 等（2012a）发现，生物炭中使用 6 Mmol HCl 可水解态氮比总氮或矿质氮（以 2 Mmol KCl 提取）更能代表易分解的氮库。尽管使用 6 Mmol HCl 可提取态氮表示生物炭中 N 的释放机理过于简单（因为它仅假定酸水解反应），但目前建议使用该方法，直到开发出更好的方法为止。因此，根据当前生物炭的氮肥等级分类方法，考虑使用该试剂来估算生物炭中的植物有效氮。

Zimmerman（2010）[在 Harvey 等（2012）的研究上进行了拓展]、Singh 等（2012）、Fang 等（2014）发现，生物炭中的有机碳在一年内只有不到 5% 可以被矿化。假设 N 与 C 共同矿化，在 450 ℃ 下制备的松木生物炭每年矿化的 N 量为 0.2 kg·t^{-1}（见表 8.3 中报告的总氮），而在 550 ℃ 下制备的家禽粪便生物炭每年矿化的 N 量则为 1.9 kg·t^{-1}（见表 8.3 中报告的总氮）。在使用 6 Mmol HCl 估算的新制备的生物炭中，有效氮的大小相似（分别为 0.3 kg·t^{-1} 和 1.9 kg·t^{-1}；见表 8.3）。预计玉米（谷物）每年所需 N 的最小用量为 16.8 kg·t^{-1}（见表 8.5），则每种生物炭分别需要施用 50 kg·m^{-2} 和 8 kg·m^{-2} 以上。实际上，由于其 K 含量不同，可用于玉米施肥的每种生物炭的最大量为：松木生物炭约 1.6 kg·m^{-2}，家禽粪便生物炭约 0.135 kg·m^{-2}。与这些生物炭施用量相关的 N 含量分别

为 2.9×10^{-4} kg·m^{-2} 和 2.6×10^{-4} kg·m^{-2}，不到玉米 1 年的假设需求值（1.68×10^{-2} kg·m^{-2}）的 2%。即使对于马铃薯这一需要大量 K 和 N 的作物（见表 8.5），大多数生物炭提供的 P 过量，会限制其施用量，使提供的 N 非常少（例如，仅用 0.2 kg·m^{-2} 的家禽粪便生物炭便足以满足马铃薯的 P 需求，而这只能提供必需 N 的 3.8%）。由于在任何实际应用情况下，生物炭的氮肥价值可以忽略不计，所以 N 不包括在生物炭分类方法中。

2）磷（P）

生物炭灰分中存在的养分（如 P 和 K）的有效性可能要高于杂环氮，因为养分有效性主要取决于溶解度而不是 C 的矿化速率。pH 值和螯合物质的存在将对灰分中养分的有效性产生很大的影响（见第 15 章）。生物炭中的 P 主要以非晶态磷酸盐的形态存在，其性质由原料组成决定。Ca 和 Mg 的磷酸盐在用牛粪制备的生物炭中占主导地位，而磷酸铝盐在用明矾处理的污泥制备的生物炭中占主导地位，配位阳离子对 P 的有效性具有重要影响（Wang et al., 2012b）。小于 450 ℃的热解温度对 P 的有效性影响不大，但是 Kercher 和 Nagle（2003）的研究表明，在更高的热解温度下，生物炭的结构可能会发生变化，并使 P 固定在非晶态碳基质中。因此，随着"P 峰值"的出现，建议不要将富含 P 的原料加热到该热解温度以上。《IBI 生物炭标准》建议使用 2% 甲酸提取 P（Wang et al., 2012b; Rajan et al., 1992; AOAC, 2005），作为估算植物有效 P 的方法。目前的生物炭分类方法也建议将其用于确定生物炭的磷肥等级。不同生物炭的有效 P（例如，用甲酸提取的 P）可达到生物炭总质量的 5%（报告为 P_2O_5，相当于 2.2% 的 P；见表 8.3）。当施用含 4% 有效 P_2O_5 的生物炭少于 0.3 kg·m^{-2} 时（见表 8.4），需要施用有效 $P 4.4\times10^{-3}$ kg·m^{-2}（见表 8.6）。实际上，Wang 等（2012b）发现，由污泥和牛粪制备的生物炭在增加单位有效施磷量（以甲酸提取的 P 为基础）方面的效果与商业磷肥（如磷酸二氢钙）一样。

3）钾（K）

因为含 K 的盐溶解度较高，所以生物炭中的 K 易于释放到溶液中（Yao et al., 2010）。为了便于表征，一般认为总 K 约等于有效 K（IBI, 2012）。只要使用的方法不会同时溶解生物炭中可能存在的含 K 铝硅酸盐矿物，该方法就是适用的。《IBI 生物炭标准》提出的方法（此处使用 Enders 和 Lehmann 于 2012 年开发的改良干灰法）不会完全溶解含 K 云母或长石，如果这些矿物质（云母、伊利石）数量很丰富，则可能会从云母矿物中提取一部分层间 K，因此，在含有大量土壤颗粒的生物炭中应考虑到这一点。用 1 Mmol HCl 提取 K，遵循测定石灰当量的方法（Rayment 和 Lyons, 2011），这里建议将其作为 Enders 和 Lehmann（2012）的替代方法，尽管尚未对从云母或长石矿物中提取的 K 进行评估。表 8.4 显示，对于所列生物炭，除由污泥制备的生物炭外，总 K 和 HCl 提取的 K 在数值上通常相等。

4）硫（S）

植物组织中的 S 为碳键结合的 S、酯 -S 和硫酸盐 -S（Kok, 1993）。碳键结合的 S 在低于 450 ℃下热分解，而酯 -S 往往先累积并最终转化为硫酸盐 -S（Churka Blum et al., 2013）。硫酸盐 -S 是 S 的最稳定形态（Knudsen et al., 2004; Khalil et al., 2008）。K、Ca、Cl 和硅酸盐的存在影响了热分解过程中 S 的保留或释放。K 基和 Ca 基添加剂（如 CaO）通过形成 K_2SO_4 和 $CaSO_4$ 来促进 S 的保留，而 Cl 和硅酸盐通过影响 K_2SO_4 和 $CaSO_4$ 的热稳定性促进 S 的释放（Khalil et al., 2008）。研究发现，在 550 ℃下由生物污泥制备的生物炭中的硫酸盐 -S 是非晶态，因此它无法通过 X 射线衍射检测到（Yao et al., 2010）。这种形态的 S 易于溶解，并且很容易被植物吸收（Yao et al., 2010; Churka Blum et al., 2013）。本书提出的确定有效硫的方法是用于确定石灰当量的方法（Rayment and Lyons, 2011），对 1 Mmol HCl 可提取态硫酸盐 -S 进行测量（见表 8.3）。

5）钙（Ca）和镁（Mg）

如果热解温度低于 500 ℃，则大部分 Ca 和 Mg 会保留在生物炭中。Okuno 等（2005）发现，在松木屑的慢速热解过程中，Ca 和 Mg 在高于 600 ℃时开始析出，而在相同原料的快速热解过程中，Ca 和 Mg 在低于 550 ℃时就析出了 10%～20%。然而，回收率还取决于其他化合物（如硅酸盐），因为 Ca- 硅酸盐的形成在热力学上比 Mg- 硅酸盐的形成更有利（Okuno et al., 2005）。玉米秸秆生物炭中 98% 以上的 Ca 和 Mg 都可以用 1 Mmol HCl 提取（Xu and Sheng, 2011）。这种提取剂不会回收含 Ca 和 Mg 的铝硅酸盐（假设存在），因此可以用于测定有效钙和有效镁。因此，本书推荐使用 1 Mmol HCl 提取 Ca 和 Mg（见表 8.4），该方法用于测定碳当量（Rayment and Lyons, 2011）。

8.2.3 石灰值与分类

生物炭的灰分富含无机非晶态（无定形态）成分，以及结晶较差至结晶较好的矿物成分（Singh et al., 2010; Yuan et al., 2011; Kloss et al., 2012）。这些矿物质源自生物质或生物质中混合的矿物成分（如土壤和黏土矿物；Singh et al., 2010）。生物炭灰分中的无机成分通常包括金属碳酸盐、硅酸盐、磷酸盐、硫酸盐、氯化物和羟基氧化物（Singh et al., 2010; Vassilev et al., 2013a），其中一些具有较高的石灰含量（Vassilev et al., 2013b）。具有石灰特性的生物炭，可用作酸性土壤的改良剂。表 8.8 列出了一系列生物炭的石灰含量，以 $CaCO_3$ 当量（$CaCO_3$-eq）表示。根据观察到的 $CaCO_3$-eq 范围，生物炭分为以下 4 类：① 0 类（$CaCO_3$-eq < 1%）；② 1 类（1% ≤ $CaCO_3$-eq < 10%）；③ 2 类（10% ≤ $CaCO_3$-eq < 20%）；④ 3 类（$CaCO_3$-eq ≥ 20%）（见图 8.1）。Rayment 和 Lyons（2011）的测试方法可以确定石灰含量。应该注意的是，该测试方法能够近似测量生物炭的酸中和能力，而不是生物炭中的石灰含量。生物炭中的某些碱性阳离子盐可能会中和部分酸度。此外，已经观察到，与使用稀碱慢速滴定相比，快速滴定法可能会稍微高估生物炭的石灰潜力（Singh et al., 2010）。由于生物炭具有在表面官能团上存储酸度的潜力，因此在快速滴定法中，测定石灰含量在给定时间内可能无法达到平衡。

表 8.8 不同原料和不同最高热解温度（HHT）制备的生物炭的 H/C_{org}、pH 值、灰分和 $CaCO_3$ 当量（$CaCO_3$-eq）

类别	原料	HHT（℃）	H/C_{org}（mol·mol^{-1}）	pH值（H_2O）	灰分（%）	$CaCO_3$-eq（%）	参考文献
0	桉树（木材）	400	0.56	6.9	3.5	-0.9	1
0	桉树（木材）	400a	0.52	7.7	3.7	-0.3	1
0	锯屑	450	n.d.	5.9	1.2	0.5	2
0	松木（木材）	400	0.71	6.9	3.7	0.7	3
0	桉树（木材）	550	0.37	8.8	3.3	0.7	1
1	松木（木材）	550	0.55	7.9	4.1	1.8	3

(续表)

类别	原料	HHT（℃）	H/C_{org}（mol·mol^{-1}）	pH值（H_2O）	灰分（%）	$CaCO_3$-eq（%）	参考文献
1	牛粪	550a	0.62	8.9	75.7	4.3	1
1	杨木（木材）	550	0.56	8.8	6.5	6.6	3
1	家禽粪便	550a	0.48	10.3	44.4	8.6	1
1	柳木	400	0.63	7.5	5.7	9.4	3
2	玉米秸秆	350	0.68	8.9	9.8	11.0	5
2	家禽粪便	550	n.d.	9.6	41.3	13.0	2
2	生物污泥+木屑	550	0.41	8.0	51.1	15.1	4
2	厨余垃圾	600	n.d.	11.3	59.8	17.0	2
2	粪肥+木屑	450	0.54	10.0	38.4	17.9	4
3	造纸废料	550	0.32	8.2	n.d.	29.0	6
3	番茄秸秆	550	n.d.	12.1	56.2	33.0	7
3	造纸污泥	550a	n.d.	9.2	65.4	40.9	1
3	造纸废料	400	n.d.	8.0	51.6	67.0	2
3	造纸废料	500	n.d.	9.6	56.3	80.0	2

注：'a'表示活化；'n.d.'表示不确定。

资料来源：[1]Singh等（2010），[2]Krull等（2012），[3]Calvelo-Pereira等（2011年），[4]Wang（2012a），[5]Herath等（2013年）；[6]Van Zwieten等（2010）；[7]Smider和Singh（2014）。

专栏8-1 土壤类型、生物炭类型和用量对土壤酸碱度的影响

加入特定生物炭后，特定土壤pH值的变化不仅取决于所用生物炭的石灰含量，还取决于特定土壤的pH值缓冲能力。此外，生物炭颗粒大小、土壤湿度和混合程度都会影响施用生物炭后土壤pH值的变化。图8.3显示了两种酸性土壤的淋溶层对不同生物炭施用量和不同pH值的响应。*Umbrisol*中存在以短程有序氢氧化铝为主的物质，在pH值为5.2时有较高缓冲作用，而*Podzol*的pH值缓冲能力相对较低，因此比*Umbrisol*更容易对改良剂做出响应。

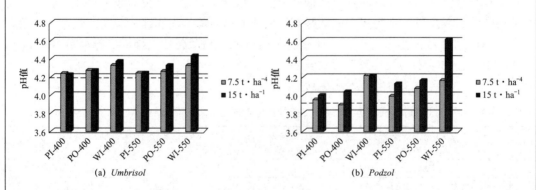

图8.3 在400 ℃和550 ℃下用松树（PI）、杨树（PO）和柳树（WI）制备的生物炭，它们修复*Umbrisol*和*Podzol*淋溶层的土壤pH值，分两次加入（0.75 t·m^{-2}和1.5 t·m^{-2}），培养2周（其中一些生物炭的细节如表8.7所示）；虚线表示修复前土壤的pH值（R. Calvelo Pereira和M. Camps Arbestein，未发表的数据）

8.2.4 粒径分类

生物炭可以增加土壤中的植物有效水，并促进排水不良的土壤进行排水（Herath et al., 2013）。据报道，生物炭对土壤保水和排水的影响取决于生物炭类型、施用量和土壤类型（Herath et al., 2013; Mukherjee and Lal, 2013），这导致很难推荐一种特定的生物炭来改善土壤的物理性质。尽管如此，生物炭的粒径越大，对土壤中排水（和通气）的促进作用就越强。基于如图8.4所示的三元图，该生物炭分类系统对生物炭粒径分类进行了说明。使用的测试方法是，用50 mm、25 mm、16 mm、2 mm、1 mm和0.5 mm筛网进行逐步干筛。三元图将生物炭分为：①粉末（超过50%的生物炭粒径小于2 mm）；②籽粒（超过50%的生物炭粒径为2～16 mm）；③块状（超过50%的生物炭粒径大于16 mm）；④混合（其他粒径）（见图8.4）。关于小于2 mm和大于16 mm部分的补充信息在另两个三元图中提供。本分类方法中提供的其他测量结果（例如，评估无土农业中特定生物炭作为基质的价值）也可能有助于评估特定生物炭对土壤物理性质的影响。这些测量值包括：①通气孔隙度；②保水能力；③润湿性。

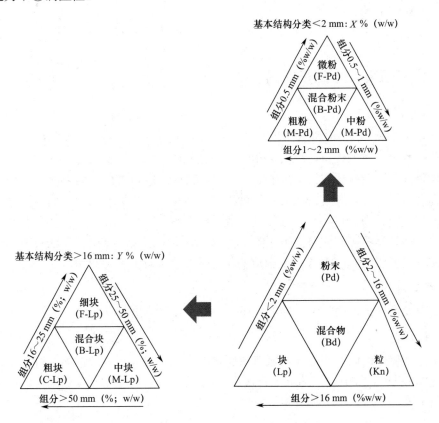

图8.4　生物炭的结构分类。其中，大三角形用于提供特定生物炭（如粉末、粒、块、混合物）的结构分类，小三角形提供有关粉末（<2 mm）和块状（>16 mm）的附加信息，"X"和"Y"分别表示粉末（<2 mm）和块状（>16 mm）组分的百分比

8.2.5 生物炭作为基质在盆栽和无土农业中的应用

将生物炭用作盆栽混合料，以及无土、水培植物生长的基质，可为种植者提供具有成本效益并对环境友好的绿色废物处理方法，并且满足基质和肥料的需求。从 1970 年开始，碳化材料就一直在日本用作无土基质，而从 20 世纪 80 年代初期开始，巴西已经开始使用碳化材料（Ikeda, 1985; Kämpf and Jung, 1991；见第 25 章）。但是，生物炭和基质的特定混合物需要符合已发布的标准（如《澳大利亚盆栽混合料标准》；AS 3743—2003）。当前的生物炭分类系统不能确保特定生物炭是否符合这些标准，因为其旨在提供有关成分而非最终产品的信息。但是，这些标准为使用者提供了一些有用信息。以下的测试方法可以帮助评估特定生物炭在盆栽混合料或水培法中作为基质的适用性：①通气孔隙度；②保水能力；③润湿性；④ pH 值；⑤电导率。除这些方法外，在生物炭肥料价值（包括其元素组成）中，有关有效养分的信息将帮助使用者调整施肥系统。

8.3 测试方法

8.3.1 确定碳储存值所需的测试方法

1. 有机物

《IBI 生物炭标准》和《EBC 生物炭标准》建议使用 C_{org} 代替总碳含量，从而确定生物炭的碳结构中存在的碳量，因为生物炭中的无机碳还可能以碳酸盐沉淀的形式存在。在温带气候条件下，碳酸盐往往会溶解在土壤中，其在添加到酸性土壤中后会以 CO_2 的形式释放。有机碳含量可以通过使用元素分析仪测定总碳并减去无机碳含量而获得。无机碳含量可以使用以下任意一种方法测定：①滴定法（DIN 51726，ISO 925），即放出的 CO_2 用酸处理后，将其捕获在碱性溶液中（Bundy and Bremner, 1972）；②测压法，即向密闭容器中的生物炭添加稀酸后，测量 CO_2 释放的压力（ASTM D 4373-022007）。

2. H/C_{org}

H 是用元素分析仪测定的。如上所述，确定 C_{org} 后该比值以摩尔表示。

3. H_{org}/C_{org}

至于生物炭中的碳，如果无机氢有重要贡献，则需要校正 H。例如，对于富含明矾的生物炭（Wang et al., 2013），研究者建议用 10% 的氢氟酸对生物炭预处理，然后彻底冲洗并用烘箱干燥，最后测定生物炭样品的 H_{org} 和 C_{org}。

8.3.2 肥效测试方法

1. 总磷、总钾、总硫、总镁和总钙

根据目前的研究，我们建议使用 Enders 和 Lehmann（2012）提出的"湿消化后的改

良干灰法"测定这些元素的总含量。简而言之，称取 0.2～0.5 g 生物炭放至消化管中，并置于 500 ℃的马弗炉中热解至少 8 h；然后将 5 mL 的 HNO_3 加入试管中，并在 120 ℃下处理，直至干燥；冷却后，加入 HNO_3 和 H_2O_2 的混合物，并将样品放回预热的分组中，在 120 ℃下处理至干燥，将其溶解并过滤。其中，消化液用去离子水稀释，元素组成可以使用常规分析技术测定。

2. 总氮和总硫

总氮和总硫使用元素分析仪通过干燃烧法（干式燃烧）进行定量。

3. 有效氮

用 6 Mmol HCl 水解的氮组分代表有效氮（Wang et al. 2012a）。使用 6 Mmol HCl 进行酸水解会涉及酯或酰胺键的裂解。因此，HCl 优先水解碳水化合物、蛋白质物质及酯结合的生物聚合物（如角质和木栓质），留下富含烷基和芳香结构的残留有机物质（Kaal and Rumpel, 2009）。其中，使用 Pansu 和 Gautheyrou（2006）改进的方法进行酸水解；使用元素分析仪测定未处理生物炭和不可水解残渣中的总氮含量，并通过差值确定可水解氮含量。

4. 有效磷

《IBI 生物炭标准》建议使用 2% 甲酸提取的 P 作为估算植物有效磷的方法（Wang et al., 2012b; Rajan et al., 1992; AOAC, 2005）。甲酸是一种单羧酸化有机酸，因此络合能力较低。甲酸可以通过降低溶液的 pH 值至小于 3 来溶解磷酸盐。在现有的甲酸提取方法中增加一个超声处理步骤之后，可以从生物炭中提取 P，这有利于疏水性生物炭颗粒的分散（Wang et al., 2012b）。超声处理步骤仅可用于具有疏水特性或富含 Al 和 Fe，并含有微溶性磷化合物的生物炭样品。

5. 有效钾

目前，两种有效的方法可有效钾测试。一种方法是使用 Enders 和 Lehmann（2012）改进的干灰法进行总含量测定；另一种方法与石灰当量法（Rayment and Lyons, 2011）一样，测定溶解在 1 Mmol HCl 中的 K。为此，将 1Mmol HCl 添加到已知质量的生物炭中，静置过夜，然后机械搅拌 2 h（见下文）。其中，提取物中的 K 通过常用分析技术测定。

6. 有效 SO_4-S、有效钙和有效镁

测定有效 SO_4-S、有效钙和有效镁的方法与测定有效钾的方法相同，即使用 1 Mmol HCl 提取。另外，SO_4-S、Ca 和 Mg 通过常规分析技术确定。

8.3.3 石灰值测试方法

在广口塑料瓶中，向已知质量的生物炭（5.0 g；碳酸盐含量超过 30% 的样品使用 2.5 g）中添加 100 mL 1Mmol HCl，并在室温下间歇搅拌 1 h；静置过夜，然后在水平振荡器上振荡 2 h；再用 0.5 Mmol NaOH 滴定生物炭－酸悬浮液，使平衡溶液的 pH 值达到 7.0 来测定 $CaCO_3$-eq（Singh et al., 2010; Rayment and Lyons, 2011）。酸反应对方解石没有选择性，因此结果以 $CaCO_3$ 当量（$CaCO_3$-eq）（单位：g $CaCO_3$-eq·kg^{-1}）表示。

8.3.4 粒径分级测试方法

粒径分级测试方法包括用 50 mm、25 mm、16 mm、8 mm、2 mm、1 mm 和 0.5 mm 的标准筛进行逐步干筛。但是，地方部门也可以使用不同的筛网单位。

1. 通气孔隙度

可以使用《澳大利亚盆栽混合料标准》(AS 3743—2003) 进行测量。因为生物炭具有疏水性，所以在测量通气孔隙度之前，应将基质材料浸泡在水中 24 h，以确保彻底润湿。

2. 保水能力

可以使用 E DIN ISO 14238—2011 的修改版进行测量，包括给定生物炭具有疏水性的情况。在测量保水能力之前应将基质材料浸入水中 24 h，以确保彻底润湿。

3. 润湿性

《澳大利亚盆栽混合料标准》中提出的用于测量生物炭润湿性的方法是，酒精溶液入渗法（MED；Roy and McGill, 2002）。一旦确定了合适的摩尔浓度（乙醇液滴在 10 s 之内没有渗透），就使用检测到的高摩尔浓度与即时高摩尔浓度的平均值来计算接触角。

4. pH 值

可以使用《IBI 生物炭标准》中描述的方法或《EBC 生物炭标准》中描述的方法测定 pH 值。《IBI 生物炭标准》中描述的方法遵循美国堆肥委员会和美国农业部第 04.11 节中概述的 pH 值分析程序。该分析程序适用于生物炭，并且根据 Rajkovich 等（2012）的方法，其中生物炭：去离子水 =1∶20（$w∶v$），在测量前平衡 1.5 h。《EBC 生物炭标准》中描述的方法遵循使用 $CaCl_2$ 的 DIN ISO 10390 方法。

5. 电导率

可以使用《IBI 生物炭标准》中描述的方法或《EBC 生物炭标准》中描述的方法来测量电导率。《IBI 生物炭标准》中描述的方法遵循美国堆肥委员会和美国农业部第 04.10 节中概述的程序。该程序适用于生物炭，并且根据 Rajkovich 等（2012）的方法，其中生物炭：去离子水 =1∶20（$w∶v$），并且在测量前平衡 1.5 h。《EBC 生物炭标准》中描述的方法类似于 BGK（联邦优质社区堆肥）方法和 DIN ISO 11265，其中，在测量之前将生物炭：去离子水以 1∶10（$w∶v$）作为溶液，平衡 1 h。

6. 可溶性有机碳

将 10 g 生物炭添加到 100 mL 的蒸馏水中，并在 50 ℃下均匀搅拌 24 h，然后离心并过滤（Lin et al., 2012）。通过使用 DOC 分析仪（如 Shimatzu TOC）测定可溶性有机碳。

7. 产品标签和文档

图 8.5 显示了表 8.4 和表 8.6 中所述的标签示例，以及 Wang 等（2012a）在 550 ℃下由污泥制备的生物炭标签示例。

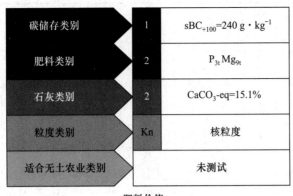

碳储存类别	1	$sBC_{+100}=240\ g·kg^{-1}$
肥料类别	2	$P_{3t}Mg_{9t}$
石灰类别	2	$CaCO_3\text{-}eq=15.1\%$
粒度类别	Kn	核粒度
适合无土农业类别		未测试

肥料价值

总N=1.66%　　有效氮/总氮=5%
总P_2O_5=11.6%　　有效磷/总磷=36%
总K_2O=0.84%　　有效钾/总钾=54%
总S=0.21%　　有效硫/总硫=35%
总MgO=0.52%　　有效镁/总镁=79%
总CaO=3.22%　　有效钙/总钙=85%

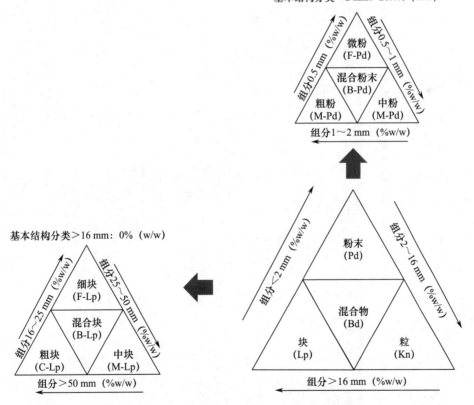

图8.5　污泥和桉树木材的混合物制备的生物炭类别，污泥和桉树木材各占50%干重；基于本章所述的生物炭分类系统，在550 ℃下制备（T. Wang, Q. Shen, M. Momayezi）

表 8.9 满足《IBI 生物炭标准》或《EBC 生物炭标准》所定义的生物炭特性和相关测试方法

		欧洲生物炭证书	EBC试验方法	IBI指南	IBI试验方法
碳含量	要求	总碳	干燃烧法测定总碳、总氢、总氮（DIN 51732，ISO 29541）。用HCl测定碳酸盐碳含量进行无机碳分析，如DIN 51726、ISO 925中所述。有机碳按总碳减去碳酸盐碳计算	有机碳含量（C_{org}）	通过干燃烧-红外检测法进行总碳和总氢分析。按照ASTM D4373-02的规定，用盐酸测定碳酸盐碳含量进行无机碳分析。有机碳含量按总碳计算
	标准	≥50%→生物炭；<50%→生物炭矿物（BCM）		≥60%→第1类；≥30%且<60%→第2类；≥10%且<30%→第3类；<10%未归类为生物炭	
H/C	要求	H/C_{org}	摩尔比	H/C_{org}	摩尔比
	标准	<0.7→生物炭；≥0.7→不考虑生物炭		<0.7→不考虑生物炭；≥0.7→不考虑生物炭	
总灰分	要求	总灰分	DIN 51719，550℃，ISO 1171（或EN 14775）	总灰分	ASTM D1762-84
	标准	申报		申报	
O/C	要求	O/C	根据灰分计算C、H、N、S（DIN 51733，ISO 17247）	无	本栏目不适用
	标准	<0.4→生物炭			

(续表)

		欧洲生物炭证书	EBC试验方法	IBI指南	IBI试验方法
主要元素/养分	要求	总氮、总磷、总钾、总镁、总钠、总硅、总硫、总锰和总钙含量	总碳和总氮的干燃烧—红外检测遵循的程序（DIN51732） 其他元素：根据DIN 51 729-II，用偏硼酸锂在灰分550℃下消化，根据DIN 11885，用电感耦合等离子体发射光谱法ICP-OES测定（DIN EN ISO 17294-2），也可以用电感耦合等离子体质谱法（ICP-MS）	测试类别A需要总氮（必选）；测试类别C需要总磷和总钾（可选）（铵和硝酸盐）（可选）；测试类别C需要有效磷（可选）；测试类别A需要石灰当量（若pH值>7）（必选）	总氮：干燃烧—红外检测总碳和总氮 总磷和总钾：改良干灰法，然后ICP（Enders and Lehmann, 2012） 矿物N: 2 Mmol KCl提取，然后以分光光度法测量（Rayment and Higginson, 1992） 有效磷：2%甲酸，然后以分光光度法测量，如Wang等（2012a），Rajan等（1992），AOAC（2005）所述 石灰当量：Rayment 和 Higginson（1992）
	标准	声明		声明	
重金属、类金属、其他元素	要求	重金属：Pb、Cd、Cu、Ni、Hg、Zn、Cr	所有金属类金属：用HF/HNO₃进行微波酸消解，用ICP-MS测定金属（DIN EN ISO 17294-2）；根据DIN EN 1483，H-AAS也可以测定Hg	重金属：Pb、Cd、Cu、Ni、Hg、Zn、Cr、Co、Mo 类金属：B、As、Se 其他：Cl、Na	金属类金属（除Hg以外）：美国堆肥委员会TMECC第04.05节和第04.06节（USCC & USDA, 2001） Hg: US EPA 7471 (2007)
	标准	已经建立了两个等级：①基本质量等级（遵循《德国联邦土壤保护法》）¹；②优质等级循环利用肥料（《瑞士减低化学品风险法修正案》或ChemRRV²） 表8.10中报告了最大临界值。 在热解反应器的建造中使用Cr-Ni钢时，相关磨损可能增加生物炭中的Ni污染。这种生物炭只能用于堆肥，因为在堆肥成品中符合有效临界值 ¹《德国联邦土壤保护法》（BBodSchV, 1999）。最近一次修正为2009年7月31日 ²《瑞士减低化学品风险法修正案》（ChemRRV, SR 814.81; 2005）		在免责声明中指出，IBI指南的使用者有责任确定任何全国性、州级或省级和地方性指南的适用性。 最大临界值是根据一些国家和地区给出的一系列值（单位为mg·kg⁻¹）：欧盟（A）¹、澳大利亚（B）²、加拿大（C）³、美国（D）⁴、魁北克（E）⁵。选择这些对象作为标准，是因为它们都有很久的法规历史来处理上述土壤和其他基质中的有毒物质，如表8.11所示。B、Cl和Na: 声明	

(续表)

		欧洲生物炭证书	EBC试验方法	IBI指南	IBI试验方法
pH值	要求	pH值	符合DIN ISO 10390,含氯化钙溶液	pH值	美国堆肥委员会TMECC第04.11节, 遵循Rajkovich等(2012)的稀释和样品平衡方法
	标准	如果pH值>10, 则交货单必须包含适当的处理信息		声明	
体积密度和含水量	要求	体积密度和含水量	体积密度: DIN 51705 含水量: DIN 51718 (106 ℃)	含水量(在《IBI生物炭标准》中称为水分)	ASTM D1762-84
	标准	声明		声明	
比表面积	要求	比表面积 (BET)	DIN 66132/ISO 9277	总表面积和外表面积 (BET)	ASTM D 6556-10
	标准	声明, 但最好高于150 m²·g⁻¹		表8.9声明 (作为测试类别C可选)	
持水能力	要求	持水能力	通过浸泡和干燥样品来测定持水能力(欧洲标准国际标准化组织14238), WHC为饱和质量和干质量的质量百分比	无	不适用
	标准	非强制			
多环芳烃含量	要求	多环芳烃含量	根据DIN EN-15527用甲苯索氏提取并用气相色谱-质谱测定, 或者根据DIN EN-13877用甲苯索氏提取并用高效液相色谱法测定, 或者根据DIN ENCEN/TS 16181用气相色谱-质谱测定	多环芳烃含量	US EPA 8270 (2007) 或US EPA 8275 (1996)
	标准	基本等级<12 mg·kg⁻¹ 高级等级<412 mg·kg⁻¹		6~20 mg·kg⁻¹, 6 mg·kg⁻¹ (A) 和 20 mg·kg⁻¹ (B)	

(续表)

		欧洲生物炭证书	EBC试验方法	IBI指南	IBI试验方法
多氯联苯、二噁英、呋喃	要求	多氯联苯、二噁英、呋喃	基于美国环保局8290（2007-02）的甲苯索氏提取和HRGC-HRMS法测定	多氯联苯、二噁英、呋喃	PCBs: US 8082（2007）或 US EPA 8275（1996）PCDD/Fs: US EPA 8290（2007）
	标准	多氯联苯<0.2 mg·kg^{-1} 二噁英<20 ng·kg^{-1}（I-TEQ OMS）呋喃<20 ng·kg^{-1}（I-TEQ OMS）		如表8.12所示	
电导率	要求	电导率	BGK方法（联邦优质社区堆肥），第1卷，方法Ⅲ。类似于DIN ISO 11265中的C2	电导率	美国堆肥委员会TMECC第04.10节，遵循Rajkovich等（2011）的稀释和样品平衡方法
	标准	声明		声明	
粒度分布	要求	无	不适用	粒度分布	用50 mm、25 mm、16 mm、8 mm、4 mm、2 mm、1 mm和0.5 mm筛子进行逐步干筛
	标准	无		声明	
萌发抑制	要求	无	不适用	萌发抑制	如Van Zwieten等（2010）所述，OECD方法（1984）使用了3种测试种类
	标准	无		及格不及格	
挥发物	要求	热重量分析法	LECO方法	挥发物	ASTM D1762-84
	标准	声明		声明（作为测试类别C可选）	

表 8.10 根据欧洲生物炭认证，基本生物炭和优质生物炭的重金属最大临界值

重金属	基本生物炭	优质生物炭
Pb	150	120
Cd	1.5	1
Cu	100	100
Ni	50	30
Hg	1	1
Zn	400	400
Cr	90	80

注：单位：$g \cdot t^{-1}$，即 $mg \cdot kg^{-1}$

表 8.11 使用国际上的污染物监管资源确定重金属和类金属的 IBI 最大允许临界值范围

元素	符号	A	B	C	D	E	范围
砷	As		100		41	13	13～100
镉	Cd	1.4	20		39	3	1.4～39
铬	Cr	93	100		1200	210	93～1200
钴	Co		100			34	34～100
铜	Cu	143	1000		1500	400	143～1500
铅	Pb	121	300		300	150	121～300
汞	Hg	1	10¹ 15²		17	0.8	0.8～17
钼	Mo			5	75	5	5～75
镍	Ni	47	600		420	62	47～600
硒	Se				36	2	2～36
锌	Zn	416	7000		2800	700	416～2800

注：¹甲基汞；²无机汞。
资料来源：IBI（2012），基于多个管辖区的土壤改良剂或肥料标准：欧盟（A）、加拿大（C）、阿尔伯塔省（F）。

表 8.12 使用国际上的污染物监管资源确定多氯联苯、二噁英和呋喃的 IBI 最大允许临界值范围

	A	C	F	IBI 范围
多氯联苯（$mg \cdot kg^{-1}$）	0.2	0.5		0.2～0.5
二噁英 PCDD（$ng \cdot kg^{-1} \cdot$ I-TEQ）			9	<9
呋喃（$ng \cdot kg^{-1} \cdot$ I-TEQ）			9	<9

资料来源：IBI（2012），基于多个管辖区的土壤改良剂或肥料标准：欧盟（A）、加拿大（C）、阿尔伯塔省（F）。

参考文献

Almendros, G., Gonzalez-Vila, F. J. and Martin, F. Fire-induced transformation of soil organic matter from an oak forest; an experimental approach to the effects of fire on humic substances[J]. Soil Science, 1990, 149: 158-168.

Almendros, G., Knicker, H. and Gonzalez-Vila, F. J. Rearrangement of carbon and nitrogen forms in peat after progressive thermal oxidation as determined by solid-state ^{13}C and ^{15}N-NMR spectroscopy[J]. Organic Geochemistry, 2003, 34: 1559-1568.

AOAC. Fertilizers: Chapter 2. In Official Methods of Analysis of AOAC International[S]. Washington: AOAC, 2005.

Budai, A., Zimmerman, A. R., Cowie, A. L., et al. Biochar Carbon Stability Test Method: An assessment of methods to determine biochar carbon stability, IBI Document, Carbon Methodology[S]. [2014-02-15]. International Biochar Initiative, 2013.

Bundy, L. G. and Bremner, J. M. A simple titrimetric method for determination of inorganic carbon in soils[J]. Soil Science Society of America Journal, 1972, 36: 273-275.

Calvelo Pereira, R., Kaal, J., Camps-Arbestain, M., et al. Contribution to characterisation of biochar to estimate the labile fraction of carbon[J]. Organic Geochemistry, 2011, 2: 1331-1342.

Churka Blum, S., Lehmann, J., Salomon, D., et al. Sulfur forms in organic substrates affecting S mineralisation in soil[J]. Geoderma, 2013, 200-201: 156-164.

De la Rosa, J. M. and Knicker, H. Bioavailability of N released from N-rich pyrogenic organic matter: An incubation study[J]. Soil Biology and Biochemistry, 2011, 43: 2368-2373.

EBC. European Biochar Certificate: Guidelines for a Sustainable Production of Biochar[S]. European Biochar Foundation, 2012.

Enders, A. and Lehmann, J. Comparison of wet digestion and dry-ashing methods for total elemental analysis of biochar[J]. Communications in Soil Science and Plant Analysis, 2012, 43: 1042-1052.

Enders, A., Hanley, K., Whitman, T., et al. Characterisation of biochars to evaluate recalcitrance and agronomic performance[J]. Bioresource Technology, 2012, 114: 644-653.

Fang, Y., Singh, B., Singh, B. P., et al. Biochar carbon stability in four contrasting soils[J]. European Journal of Soil Science, 2014, 65: 60-71.

Harvey, O. R., Kuo L.-J., Zimmerman, A. R., et al. An index-based approach to assessing recalcitrance and soil carbon sequestration potential of engineered black carbons (biochars)[J]. Environmental Science and Technology, 2012, 46: 1415-1421.

Havlin, J. L., Beaton. J. D., Tisdale. S. L., et al. Soil Fertility and Fertilizers: An Introduction to Nutrient Management[M]. 6th edn. New Jersey, Upper Saddle River: Prentice Hall, 1999.

Herath, H. M. S. K., Camps Arbestain, M. and Hedley, M. Effect of biochar on soil physical properties in two contrasting soils: An Alfisol and an Andosol[J]. Geoderma, 2013, 209-210: 188-197.

Hilscher, A. and Knicker, H. Carbon and nitrogen degradation on molecular scale of grass-derived pyrogenic organic material during 28 months of incubation in soil[J]. Soil Biology and Biochemistry, 2011a, 43: 261-270.

Hilscher, A. and Knicker, H. Degradation of grass-derived pyrogenic organic material, transport of the residues within a soil column and distribution in soil organic matter fractions during a 28 month microcosm experiment[J]. Organic Geochemistry, 2011b, 4: 42-54.

IBI. Standardized Product Definition and Product Testing Guidelines for Biochar that Is Used in Soil[S]. International Biochar Initiative, 2012.

Ikeda, H. Soilless culture in Japan[J]. Farming Japan, 1985, 19: 36-42.

Kaal, J. and Rumpel, C. Can pyrolysis-GC/MS be used to estimate the degree of thermal alteration of black C?[J]. Organic Geochemistry, 2009, 40: 1179-1197.

Kämpf, A. N. and Jung, M. The use of carbonized rice hulles as an horticultural substrate[J]. Acta Horticulturae, 1991, 294: 271-284.

Kercher, A. K. and Nagle, D. C. Microstructural evolution during charcoal carbonization by X-ray diffraction analysis[J]. Carbon, 2003, 41: 15-27.

Khalil, R. A., Seljesk-og, M. and Hustad, J. E. Sulfur abatement in pyrolysis of straw pellets[J]. Energy and Fuels, 2008, 22: 1789-1795.

Kloss, S., Zehetner, F., Dellantonio, A., et al. Characterisation of slow pyrolysis biochars: Effects of feedstocks and pyrolysis temperature on biochar properties[J]. Journal of Environmental Quality, 2012, 41: 990-1000.

Knudsen, J. N., Jensen, P. A., Lin, W., et al. Sulfur transformations during thermal conversion of herbaceous biomass[J]. Energy and Fuels, 2004, 18: 810-819.

Kok, L. J. Sulfur nutrition and assimilation in higher plants[J]. SPB Academic Publishing, The Hague, 1993, 0-95.

Krull, E. S., MacDonald, L., Singh, B., et al. From Source to Sink: A National Initiative for Biochar Research[R]. Climate Change Research Program, Department of Agriculture, Australia: Fisheries and Forestry, 2012.

Lin, Y., Munroe, P., Joseph, S., et al. Water extractable organic carbon in untreated and chemical treated biochars[J]. Chemosphere, 2012, 87: 151-157.

Mukherjee, A. and Lal, R. Biochar impacts on soil physical properties and greenhouse gas emissions[J]. Agronomy, 2013, 3: 313-339.

Okuno, T., Sonoyama, N., Hyashi, J.-I., et al. Primary release of alkali and alkaline earth metallic species during the pyrolysis of pulverised biomass[J]. Energy and Fuels, 2005, 19: 2164-2171.

Pansu, M. and Gautheyrou, J. Handbook of Soil Analysis–Mineralogical, Organic and Inorganic Methods[M]. Heidelberg: Springer-Verlag, 2006.

Rajan, S. S. S., Brown, M. W., Boyes, M. K., et al. Extractable phosphorus to predict agronomic effectiveness of ground and unground phosphate rocks[J]. Nutrient Cycling in Agroecosystems, 1992, 32: 291-302.

Rajkovich, S., Enders, A., Hanley, K., et al. Corn growth and nitrogen nutrition after additions of biochars with varying properties to a temperate soil[J]. Biology and Fertility of Soils, 2012, 48: 271-284.

Rayment, G. E. and Higginson, F. R. Australian Laboratory Handbook of Soil and Water Chemical Methods[M]. Melbourne: Inkata Press, 1992.

Rayment, G. E. and Lyons, D. J. Soil Chemical Methods–Australasia[M]. Australia, Collingwood: CSIRO Publishing, 2011.

Roy, J. L. and McGill, W. B. Assessing soil water repellency using the molarity of ethanol droplet (MED) test[J]. Soil Science, 2002, 167: 83-97.

Singh, B., Singh, B. P. and Cowie, A. L. Characterisation and evaluation of biochars for their application as a soil amendment[J]. Australian Journal of Soil Research, 2010, 48: 516-525.

Singh, B. P., Cowie, A. L. and Smernik, R. J. Biochar carbon stability in a clayey soil as a function of feedstock and pyrolysis temperature[J]. Environmental Science and Technology, 2012, 46: 11770-11778.

Smider, B. and Singh, B. Agronomic performance of a high ash biochar in two contrasting soils[J]. Agriculture, Ecosystems and Environment, 2014, 191: 99-107.

US Composting Council and US Department of Agriculture. Test Methods for the 29 Examination of Composting and Compost[M/OL]. W. H. Thompson. 30 ed. [2012-01].

Van Zwieten, L., Kimber, S., Morris, S., et al. Effects of biochar from slow pyrolysis of papermill waste on agronomic performance and soil fertility[J]. Plant and Soil, 2010, 327: 235-246.

Vassilev, S. V., Baxter, D., Andersen, L. K. et al. An overview of the composition and application of biomass ash. Part 1. phase-mineral and chemical composition and classification[J]. Fuel, 2013a, 105: 40-76.

Vassilev, S. V., Baxter, D., Andersen, L. K., et al. An overview of the composition and application of biomass ash. Part 2. Potential utilisation, technological and ecological advantages and challenges[J]. Fuel, 2013b, 105: 19-39.

Wang, T., Camps-Arbestain, M., Hedley, M. et al. Chemical and bioassay characterisation of nitrogen availability in biochar produced from dairy manure and biosolids[J]. Organic Geochemistry, 2012a, 51: 45-54.

Wang, T., Camps-Arbestain, M., Hedley, M. et al. Predicting phosphorus bioavailability from high-ash biochars[J]. Plant and Soil, 2012b, 357: 173-187.

Wang, T., Camps-Arbestain, M. and Hedley, M. Predicting C aromaticity of biochars based on their elemental composition[J]. Organic Geochemistry, 2013, 62: 1-6.

Xu, M. and Sheng, C. D. Influences of the heat-treatment temperature and inorganic matter on combustion characteristics of cornstalk biochars[J]. Energy and Fuels, 2011, 26: 209-218.

Yao, F. X., Camps-Arbestain. M., Virgel, S., et al. Simulated geochemical weathering of a mineral ash-rich biochar in a modified Soxhlet reactor[J]. Chemosphere, 2010, 80: 724-732.

Yuan, J. H., Xu, R. K. and Zhang, H. The form of alkalis in the biochar produced from crop residues at different temperatures[J]. Bioresource Technology, 2011, 102: 3488-3497.

Zimmerman, A. R. Abiotic and microbial oxidation of laboratory-produced black carbon (Biochar)[J]. Environmental Science and Technology, 2010, 44: 1295-1301.

第9章

土壤中生物炭性质的演变

Joseph J. Pignatello、Minori Uchimiya、Samuel Abiven、Michael W. I. Schmidt

9.1 引言

正如本书中其他章节所讨论，从自然或人为火灾产生而在土壤中沉积的热解碳质材料（PCM），以及人为添加到土壤中的工程生物炭对土壤的生物地球化学过程有显著的影响，在许多情况下会影响作物的产量和质量，并增强土壤固持化学污染物的能力。原始生物炭的物理和化学性质因原材料和制备条件的不同而有很大的差异（见第5～8章）。然而，一旦将生物炭施用到土壤中，其物理和化学性质可能会随着时间的推移而发生变化。因此，在研究生物炭在土壤中的作用和影响时，必须要考虑这些变化，本章对生物炭的物理和化学性质在土壤中所发生的变化进行了讨论。

本章将重点介绍生物炭作为土壤添加剂时，其物理和化学性质的变化，由于大多数文献是关于PCM的，因此也会讨论其他PCM的变化，如火灾产生的炭和木炭。野火炭残渣与生物炭的某些性质类似，例如，它们具有相同的化学性质（芳香族聚合物）和物理特性（通常具有较高的比表面积和孔隙率），并且均是在缺氧或限氧条件下在250～800℃热解制备的。当提到所有这些类型材料的共同工艺或效果时，将使用通用术语PCM来指代；但当它们单独使用时，必须使用单独的术语"炭""生物炭"或"木炭"来区分这些材料的差异。

物理性质的变化包括生物炭被破碎成更小的颗粒、与其他土壤颗粒的聚合（异质聚合）、矿物质和非高温热解天然有机物（NOM）的沉积，以及其表面和孔隙变化对土壤溶质有效性的影响。由物理或生物作用引起的破碎对土壤中PCM颗粒的迁移至关重要，且矿物质在PCM表面的异质聚合和沉积会影响其迁移率、分解稳定性和表面活性。研究发现，非热源NOM在PCM上的沉积极大地影响了其表面化学性质和孔隙利用率，这对其吸附离子和分子具有重要的影响。

通过对活性炭（AC）和碳纳米管（CNTs）的研究，人们对生物炭风化的机理也有了一定的了解。由于CNTs等材料在水体净化、土壤污染物稳定和化学传感方面的广泛应用，人们开始关注这些材料的行为、反应及环境归趋。这些材料具有能被含氧官能化的稠环多芳族结构，因此可作为典型的碳材料吸附剂。

化学性质的变化范围包括风化对多环芳烃环尺寸的影响、某些组分的选择性损失、极性官能团的浓度、酸度、作为 pH 值函数的表面电荷，以及作为吸附剂与金属离子、溶解天然有机物（DNOM）、气体和低分子有机化合物的反应性。通过非生物或酶促反应引入 O 会影响很多重要的表面化学性质，如极性、酸度、阳离子交换容量（CEC），以及对水和溶质的亲和力。PCM 的矿化作用、其在土壤中的生命周期及其对 NOM 的影响等相关问题在其他章节（见第 10 章和第 16 章）进行讨论。

生物炭通常具有保肥及降低有机污染物和无机污染物生物有效性的能力。因此，深入研究生物炭对金属离子和有机化合物的吸附性对理解其在土壤中的功能至关重要。生物炭对金属的吸附速率和吸附量在很大程度上取决于生物炭诱导的化学变化。当满足一定条件时，某些金属离子会通过内部络合作用与生物炭结合，导致在金属纳米晶体的表面形成沉淀，并引起异质聚合。由于其具有疏水性和纳米多孔性，PCMs 被认为是有机化合物的强吸附剂，其与生物炭在土壤中农药的应用部分将在第 23 章讨论。在降低土壤中污染物的生物和物理有效性方面，生物炭是一种有效的改良剂（见第 20 章和第 22 章）。然而，生物炭可能会通过吸附自然信号化合物来干扰化学通信（Masiello et al., 2013），这一结果有益或有害取决于所涉及的生物体和作物类别。生物炭具有较大的阳离子交换容量，其带电位点可吸引金属阳离子，并作为氧化物和混合氧化物矿物相的吸附位点。大量的研究表明，土壤中生物炭的风化作用会影响其对有机污染物和无机污染物的吸附能力。本章还包括对生物炭吸附的固有可逆性的讨论，无论风化作用对吸附剂的影响如何，在任何关于老化的讨论中都需要考虑这一点。

9.2 生物炭在土壤中的物理变化

9.2.1 破碎

破碎是土壤中的原始颗粒被分解为较小颗粒的过程。破碎可能对生物炭在土壤中的迁移至关重要，但目前关于生物炭破碎的研究较少，仅有一些关于人为或自然火灾引起的炭黑残留物物理降解的研究。假设生物炭颗粒的破碎行为可能遵循与野火衍生颗粒相同的模式，但是这种假设仍具有很大的局限性。从木炭到灰渣，形成火灾残留物的温度范围很宽，并且火灾残留物以连续的物质形式存在。由于火灾衍生颗粒的粒径范围很大（Lynch et al., 2004），因此研究颗粒的破碎可能有一定难度。生物炭是在一定条件和恒定温度下制备的，因此与衍生物质相比，其成分和性能相对更均匀。此外，生物炭加入土壤的方式可能会使土壤对生物炭颗粒产生物理约束力，而这种约束力在火灾衍生的木炭中不存在。

破碎是人类学家的研究热点，他们旨在基于木炭遗迹重建考古环境。Théry-Parisot 等（2010）回顾了导致土壤中木炭破碎的主要过程，他们认为破碎发生在不同的水平上，并且破碎程度与生物炭的特性和土壤变化有关。

目前，原料在土壤颗粒破碎中所发挥的作用还不明确。已有几项研究观察到相同的破碎模式，但都与原料最初的木材种类（Théry-Parisot et al., 2010）、木材密度（Rossen and Olson, 1985）或木材初始湿度（Scott, 1989）无关。Théry-Parisot 等（2010）总结了 10 种不同木材制备的木炭的数据，发现木炭的破碎模式具有均一性，所有木材的数据均显示出几乎相同的泊松分布。其他研究强调了裂缝和易破碎物理结构的重要性，例如，破碎会沿着树木年轮的边界发生（Scott, 1989）。根据 Scott 和 Jones（1991）、Belcher 等（2005）的研究，破碎在热解过程中会随着温度和大气中氧浓度的增加而增强。Vaughan 和 Nichols（1995）研究发现，随着热解温度的升高，木炭的粒径和密度减小，但裂纹数量增多。然而，这些变化与温度并不是线性相关的，例如，沿着木质部边界等的大裂纹结构在 300～550 ℃ 开始出现，而连接这些大裂纹或在细胞壁内产生的微裂纹在 600 ℃ 开始出现。此外，不同的原料之间可能存在较大的差异。在一项研究中，Nocentini 等（2010）在 ^{13}C-NMR 光谱、元素分析和红外光谱中观察到的化学差异与不同的植物成分相关，这可以解释为木炭的初始基质来自大颗粒的木屑，而小碎片来自草和针叶。从生物炭制备的角度来看，这意味着破碎的难易程度与原料的初始结构特征直接相关。由于原料的多样性，破碎潜力需要通过生物炭热序列的 SEM 等技术来反映（Vaughan and Nichols, 1995）。但是，显然，当初始原料的物理结构组成不坚固时，破碎风险会很高，这就可以解释为什么在草原火灾发生的地方，土壤中能回收的炭碎片如此少。

土壤中的 PCM 可能会经历各种破碎过程。穴居动物、蚯蚓和植物根系等被认为是破碎的生物媒介（Lehmann et al., 2011）。然而，穴居动物和植物根系的压实活动会使土壤剖面中的颗粒发生迁移而不是破碎（Théry-Parisot et al., 2010），因为这些生物媒介主要运输剖面中的小颗粒（Clark, 1988），因此，即使它们不直接导致土壤破碎，也可能在土壤剖面的大小颗粒分布中发挥一定的作用。

冻融循环也可能导致破碎。在一系列模拟试验中，Théry-Parisot 等（2010）比较了新鲜木材和腐烂木材在 450 ℃ 或 700 ℃ 的热解温度下，以及在 -4 ℃ 或 -18 ℃ 冻融循环下制备的木炭的破碎情况（见图 9.1）。试验结果表明，这些不同的处理之间几乎没有差异，只有在 -18 ℃ 时，由腐烂木材制备的木炭因具有较多的孔结构而比其他木炭更易破碎。因此，冻融循环可能仅在有限的条件下才会导致生物炭破碎。

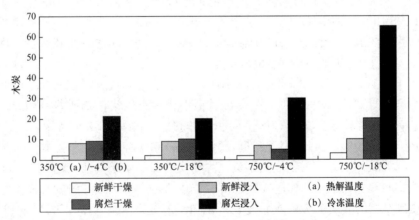

图9.1　冻融循环后炭块的碎片，其中"浸入"是指在整个试验过程中都浸在水中（Théry-Parisot et al., 2010；经出版商许可）

增溶作用也可能是导致 PCM 破碎的一个过程。Abiven 等（2011）研究表明，木炭碎片的可溶成分极少，但随着土壤老化，其可溶成分增加，说明氧化在该破碎过程中起到了一定的作用。一般来说，在环境中可以发现大量的可溶性 PCM（Dittmar and Paeng, 2009; Jaffe et al., 2013），这表明随着时间的推移，增溶作用对破碎越来越重要。

有学者探讨了破碎是否受特定土壤条件的影响。De Lafontaine 和 Asselin（2011）研究了在不同的土壤类型、生物地理区域和整个寒带气候中，炭块的质量与数量的变化。他们还确定了木炭发生破碎的年代,结果非常令人意外:在不同土壤类型(如有机土壤和矿物土壤)、气候区或生物地理区域之间的破碎模式完全相同。此外,随着土壤中木炭停留时间的延长,其破碎程度没有显著增强,这表明大部分的破碎可能发生在木炭施加到土壤后不久。土壤 pH 值是影响木炭破碎的主要因素,人类学家报告称,碱性条件可能更有利于诱导木炭破碎(Cohen-Ofri et al., 2006; Braadbaart et al., 2009)。

将以上这些结果直接归因于生物炭的作用有一定难度,但人们可以根据这些发现进行推测。首先,生物炭的原始特性是需要考虑的最重要的参数,原料的物理结构和热解条件影响了其在土壤中的破碎潜力;其次,生物炭在土壤和气候条件下的破碎是相对均匀的;最后,将生物炭施加到土壤中的方法非常重要,因为它代表了施加在颗粒上的重要物理应力,而到目前为止,这一点在文献中很少被提到。

9.2.2 生物炭与土壤颗粒的异质聚集

沉积在生物炭表面的矿物相一部分受异质聚集过程影响,而另一部分受吸附和后续的转化过程影响。胶体(粒径为 1 nm ~ 1 mm)在水中聚集的稳定性取决于范德华力和双电层之间的相互作用(Verwey and Overbeek, 1948; Petosa et al., 2010),它在很大程度上也取决于溶液的 pH 值和离子强度(IS)。而其对 pH 值的依赖性也有可能是由可分离的表面基团引起的。黏土具有:①由层间碱土金属阳离子平衡的固定电荷;②边缘位点的两性电荷,破碎的—OH 边缘和其他异质表面部位(凹坑、拐角)。聚集行为可以用经典的 Derjaguin-Landau-Verwey-Overbeek(DLVO)理论来解释(Petosa et al., 2010)。由于静电排斥力,两个带负电荷的表面在低电解质浓度下反应缓慢且受限地聚集。当电解质浓度超过临界凝结浓度时,电荷在范德华力的驱动下快速地扩散以限制聚集(Chen and Elimelech, 2009; Petosa et al., 2010)。二价阳离子比一价阳离子更易屏蔽电荷。另外,Ca^{2+} 可能通过形成阳离子桥来增强胶体沉积(Chen and Elimelech, 2008)。空间位阻、磁力和水合力也在胶体聚集和沉积中发挥作用(Petosa et al., 2010)。

活性黏土(如蒙脱石)和其他具有高阳离子交换容量和比表面积的黏土可促进聚集。但是,蒙脱石黏土的可膨胀性在干湿交替过程中会导致聚集体被破坏(Bronick and Lal, 2005)。具有低阳离子交换容量和比表面积的非膨胀结晶黏土(如高岭土)不利于聚集(Bronick and Lal, 2005)。因此,Al、Fe(氢)氧化物可控制含有低黏土和土壤有机物质(SOM)的酸性土壤(如氧化土)中生物炭的聚集。生物炭的非晶质碳微孔结构和非石墨烯结构可能是矿物聚集和其他稳定相互作用发生的活性位点(Joseph et al., 2010)。带负电的铝硅酸盐和非晶质碳结构的异质聚集可能通过 Ca^{2+} 的电荷屏蔽来增强(Chia et al., 2012)。

异质聚集也可能间接受土壤条件、土壤矿物学和生物炭本身的影响。黏土矿物可通过改变土壤的有效比表面积和阳离子交换容量来影响聚集。碱性生物炭可以诱导氢氧化物、磷酸盐和碳酸盐矿物相的沉淀,这些沉淀物可用作聚集体中的胶结剂(Czimczik and Masiello, 2007)。某些亚马孙黑土的低 pH 值有助于溶解氢氧化物、磷酸盐和碳酸盐沉淀,这些沉淀可以与生物炭微聚集体结合,并使其更稳定(Czimczik and Masiello, 2007)。

黏土颗粒的微聚集可以在水解、氧化还原转化(Stumm and Morgan, 1996)和微生物分解(Six et al., 2004)过程中稳定低分子量的土壤有机质(SOM)。SOM 可以与以下物质相互作用:①生物炭表面的铝硅酸盐或非晶态 Fe、Al(氢)氧化物;② 20 ~ 250 μm 微聚集体形成的溶解阳离子（Six et al., 2004）。多价金属阳离子（如 Ca^{2+}）可在矿物表面的负电荷和 SOM 之间形成离子桥（Bronick and Lal, 2005; Arnarson and Keil, 2000）。异质聚集也可以避免生物炭受化学反应和生物反应的影响，但目前的相关研究较少。有人提出，生物炭可与矿物质和其他非热解 SOM 迅速结合形成聚集体，以防止热解碳（PyC）的进一步化学降解和运输（Brodowski et al., 2006），但是这种假设有待进一步证实（见第 10 章）。通过与非晶态的 Al、Fe（氢）氧化物相互作用，同时受火成岩和火山灰中深色、古老且致密的腐殖质提取物的影响，生物炭会使火山灰的矿化作用更慢、浸出更少（Hiradate et al., 2004）。

目前，人们仅在微团聚集体中对 PCM 进行了一些有限的光谱显微镜研究。在亚马孙黑土的微团聚集体中发现的富含 PyC 的颗粒与黏土颗粒密切相关，并富含非晶质钙矿物（Chia et al., 2012）。将同步加速器的扫描透射 X 射线显微镜和近边缘 X 射线吸收显微结构相结合（STXM-NEXAFS），可以说明 C、N、Ca、Fe、Al 和 Si 在含碳微团聚集体中的空间分布和形态（Solomon et al., 2012a, 2012b）。在肯尼亚热带雨林酸性砂质黏土中，微团聚集体在微观和纳米空间具有明显的空间碳形态（Solomon et al., 2012a）。以醌、酚、酮和芳香族结构为代表的高温炭在微观结构中被物理封闭，而由不稳定多糖、氨基糖/酸、核酸和磷脂组成的非热原性脂肪族碳则在纳米结构中被物理封闭（Solomon et al., 2012b）。研究表明，细菌（Turick et al., 2002）、真菌和高级生物会产生包含脂肪族羧基、羰基、氨基、酰胺和氧–烷基官能团的生物膜黏合剂（Flemming and Wingender, 2010; Lee et al., 2007）。这些黏合剂可以促进生物炭与黏土及非晶质 Fe、Al（氢）氧化物的聚集。同时，氧化土微团聚集体中脂肪族黏合剂的空间分布与高岭石的边缘官能团（— OH）存在相关性（Lehmann et al., 2007）。同样，非晶质热解碳可与黏土的边缘官能团相互作用（Joseph et al., 2010; Chia et al., 2012）。

人们用 X 射线光电子能谱（XPS）、扫描电子显微镜（SEM）、透射电子显微镜（TEM-EDS）对老化了 3 个月的鸡粪生物炭和造纸污泥生物炭进行研究，结果发现生物炭—矿物界面发生了 Al、Si 和 Fe 的聚集（Lin et al., 2012b）。高分辨率 TEM 图像显示，生物炭的大部分结构未被矿物质所覆盖（见图 9.2）。

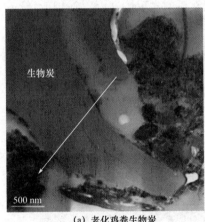
(a) 老化鸡粪生物炭

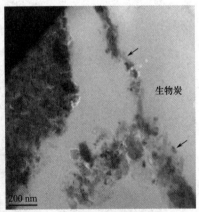
(b) 老化造纸污泥生物炭

图9.2 老化生物炭和矿物界面的剖面TEM图像［两个图像中的矿相均用箭头表示；摘自Lin等（2012b），经出版商许可］

研究发现，带负电荷的纳米C_{60}富勒烯（$nC60$）胶体在土壤中比羧基化单壁碳纳米管（SWCNTs）的沉积对IS更敏感，这是由于SWCNTs聚集体的尺寸较大，导致其受到物理约束（Jaisi and Elimelech, 2009）。黏土颗粒比大粒径的土壤颗粒更能有效地将nC60固存在土壤中（Wang et al., 2010; Fortner et al., 2012; L. Zhang et al., 2012）。图9.3说明了nC60沿高岭石边缘和破碎边角集聚的情况（Fortner et al., 2012）。

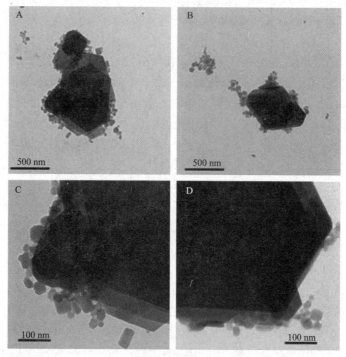

图9.3　KGa-1（高岭石）和纳米C_{60}组合的TEM图像。其中，图像A、B在8800倍下拍摄，图像C、D在27500倍下拍摄；较小的多面颗粒为nC60［摘自Fortner等（2012），经出版商许可］

对带负电的微米级（<2 μm）和纳米级（<100 nm）生物炭悬浮液（见图9.4）的研究表明，其在石英砂上典型的胶体沉积行为与nC60非常相似（Wang et al., 2012）。低pH值和高IS均有利于生物炭的沉积，而过滤可以提高微米级颗粒的截留率。

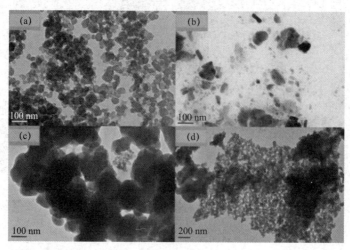

图9.4　麦秸在350 ℃（a）和550 ℃（b）下，以及松针在350 ℃（c）和550 ℃（d）下制备的生物炭的TEM图像［摘自Wang等（2012），经出版商许可］

9.3 生物炭在土壤中的化学变化

9.3.1 初步认识

化学变化是指氧化态、氧含量、pH 值、零点电荷（PZNC）、CEC、平均稠环尺寸和生物质体内含碳结构的优先分解。化学变化可以在生物或非生物过程中发生，与长期（数十年到数百年）的变化相比，在短期（几小时到几年）内发生变化的形式不一样。生物炭的化学变化会影响土壤的保水、保肥能力，以及污染物与其他小分子和离子的相互作用。

本章参考本书的其他章节来详细讨论原始生物炭的分子结构（见第 6 章）和表面/孔隙特性（见第 5 章）。图 9.5 给出了一些生物炭中多环结构的示例。根据热解速率和最终温度的不同，实验室制备的生物炭中的平均稠环尺寸从小于 2 个到大于 27 个不等（McBeath et al., 2011; Cao et al., 2012）。在土壤中老化了数百年的火灾衍生天然焦炭的平均稠环尺寸较小，最大仅为 10 个环（Czimczik et al., 2002; Knicker, 2007; Mao et al., 2012）。

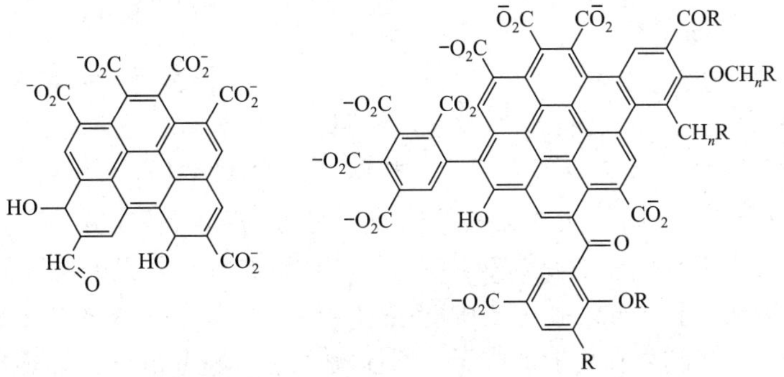

图9.5 土壤（温带草原和亚马孙黑土）中存在的衍生炭基本多环的可能"平均"结构。这些模型是从核磁共振及H与C的距离测量推断出来的（Mao et al., 2012；经出版商许可）

目前，人们对土壤中生物炭化学变化的认识才刚起步。与火灾生物炭的相关研究结果相结合能进一步认识这些变化，但无法完全剖析。目前，人们对土壤中生物炭化学变化的认识主要受到现有分析方法的限制，即一些方法分析了整体性质，而另一些方法只分析了部分性质。例如，了解挥发性物质含量（VM）、CEC 和比表面积等有利于认识生物炭的化学性质。因此，阐明生物炭结构及了解其过程、机制和替代方法仍具有局限性。光谱技术，如 EDS（Brodowski et al., 2005）、近边 X 射线吸收精细结构（NEXAFS；Lehmann et al., 2005）、XPS（Cheng et al., 2006）在结构和力学表征方面更有价值，但灵敏度更低。因此，目前仍无法完全了解导致土壤中生物炭发生化学变化的过程和机制，包括氧化和功能化是如何发生的，以及生物炭、矿物质和有机物是如何相互作用的。对于与矿物相关的生物炭样品和其他非生物炭有机物来说,很难量化非生物炭有机物吸附的表面氧含量,以及生物炭本身的表面氧含量。

9.3.2 短期和长期风化过程

生物炭是在高温下形成的固态物质,因此,某些炭含有不饱和价键,被称为"悬空键"。生物炭在制备后的几天和几周内都能在室温下通过化学作用吸附 O_2 和 H_2O(Antal and Grønli, 2003)。通过化学作用吸附 O_2 得到的氧掺入量在很大程度上取决于热解条件(尤其是热解温度),并且化学作用吸附的 O 与生物炭表面的 C 和 H 都相关。在短期试验中,由于大多数研究没有报道生物炭从制备到应用需要的时间,因此悬空键的化学作用吸附对生物炭施用到土壤后的变化有多大影响还不清楚。此外,碱性生物炭还可能与空气中的 CO_2 反应形成碳酸盐,从而改变生物炭表面的 pH 值。

根据制备条件的不同,生物碳中未碳化生物聚合物的数量有所差异。此外,生物炭的制备过程会产生半挥发性热解油,并且可能会凝结成固体(见第 3 章)。总体来说,未碳化的生物聚合物和半挥发性热解油有助于增加生物炭的 VM 含量。VM 是表征生物炭性质的一种常见测量参数(International Biochar Initiative, 2013),可在 950 ℃的马弗炉中加热 6 min 后测量干重损失得到(ASTM, 2007)。在生物炭施加到土壤中的第 1 年内,少部分生物炭(通常 <10%)很容易在土壤中矿化,且部分属于生物矿化。易矿化组分与 VM 之间可能存在的关系将在第 10 章讨论。关于易矿化组分的质量损失对生物炭表面化学性质和物理性质(如比表面积和孔径分布)的影响尚不清楚。

生物炭经过缓慢加热(如 150 ℃)会释放 CO_2、碳氢化合物气体和各种挥发性有机化合物(VOCs;Spokas et al., 2011)。VOCs 可能源自油性热解产物,因此可能包括醇、醛、呋喃、酮、芳香烃和链状烃,甚至氯化烃。在热解过程中,O_2 的存在会减少 VOCs 的排放。VOCs 的成分取决于制备生物炭的原料,但原料是如何影响其成分的目前还不清楚。在 350 ℃以上制备的生物炭往往会释放更多的芳香族化合物和更长链的碳氢化合物。第 13 章、第 14 章讨论了 VOCs 缓慢解吸到土壤中的潜力,这可能会影响生物炭改良土壤后植物和微生物的反应。VOCs 的存在可能通过竞争效应潜在地影响生物炭对土壤污染物的吸附。

已有文献表明,非生物反应可引起生物炭表面化学性质的短期变化,但关于生物炭制备原料和热解条件对其化学性质的影响还缺乏系统的研究。在潮湿条件下,短期无土"化学"风化会导致 pH 值降低(Yao et al., 2010; Hale et al., 2011)、羰基和羧基含量增加(Yao et al., 2010),这可能是氧化造成的。生物炭与纯砂混合 1 年后观察到碳损失、O 和 C 比率的增大、CEC 的增加(pH 值为 7)。随着培养温度的升高(4～60 ℃),这些变化会加剧(Nguyen et al., 2010)。Cheng 和 Lehmann 用传统木炭窑制备了橡木生物炭,储存 1 个月后将生物炭研磨(<2 mm),然后在潮湿条件下于 -20 ℃、30 ℃或 70 ℃下有氧培养 6 个月或 12 个月。研究结果发现,随着老化时间的延长和温度的升高,氧含量增大、碳含量减小、表面酸度升高、负电荷增加、pH 值和 PZNC 降低(Cheng and Lehmann, 2009)。

多项研究证明,生物炭存在生物矿化(Kuzyakov et al., 2009; Zimmerman, 2010)。例如,与森林土壤接种菌一起培养 1 年的生物炭—砂土混合物释放出的 CO_2 总量中,有 1/2～2/3 是生物原因造成的(Zimmerman, 2010)。然而,微生物在生物炭结构中掺入 O

的情况很难被记录和量化，也很难将氧掺入量、CEC、电荷或酸度变化的影响与非 PyC 成分（如微生物渗出液或 NOM）的吸附/沉积所造成的影响区分开。生物炭的表面氧化速率随生物炭表面的反应性、黏土的异质聚集或 NOM 和矿物的吸附/沉积所产生的影响程度的变化而变化。

土壤中 PCM 的长期化学变化也受到了人们的关注。XPS 结果表明，生物炭颗粒表面的氧化程度较高，并且随着时间的延长，氧化程度也有所提高（Nguyen et al., 2008, 2010; Schneider et al., 2011）。Cheng（2008）对北美历史悠久的木炭生产基地（距今已有 130 年）土壤中的"大块木炭碎片"与新建窑炉中的木炭进行了对比，结果发现，与新木炭或湿润 12 个月的木炭相比，老化生物炭的 O 含量更高、C 含量更低，羧基、酚含量（通过 XPS 分析）和表面负电荷量更高，并且随着年平均气温的升高，差异变得更大。研究涂上商业腐殖质酸的新木炭的试验表明，非 PCM 材料的吸附可能无法解释这些变化。表面长期氧化比整个颗粒的长期氧化更明显，这进一步证明了 O 从外向内进入的机制（Cheng et al., 2008; Liang et al., 2008）。Liang 等（2013）将 STXM-NEXAFS 应用于巴西富含 PyC 的亚马孙人为土壤后发现，炭颗粒的外层被具有类似腐殖质酸提取物和生物膜物质的光谱特征材料所覆盖，并且在 A 层和更深层之间，覆盖范围大大减小（见图 9.6）。从光谱上来看，B 层～D 层（1.2 m）的氧化碳与芳香族碳的比例略有增加（2.9～3.1）。如果在统计学上有意义，则意味着氧化程度随着生物炭的老化而增加，而每单位总碳和每单位 PyC 的 CEC（在 pH 值为 7 下测量）随深度的增加而增大。

Mao 等（2012）使用 ^{13}C-NMR 技术分析经历过草原火灾的亚马孙黑土和北美软土发现，在所有样品中，芳香族化合物占主导地位，其平均稠环尺寸为 6～10 个（见图 9.5），并且在 6 个碳中约有 1 个是羧基碳。其羧基丰度比制备的大多数生物炭的羧基丰度高，故可以使土壤具有较高的 CEC（当 pH 值为 7 时，PCM 约为 1400 cmol·kg^{-1}）。

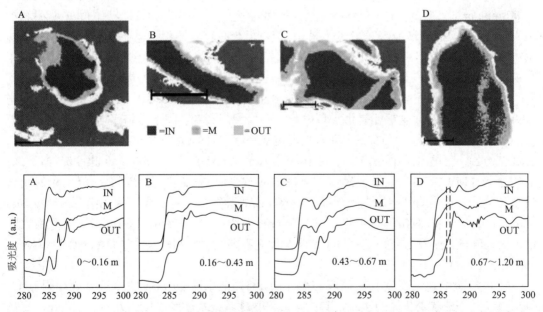

图 9.6 巴西富含 PyC 的亚马孙人为土壤深度剖面的土壤集聚体截面的 NEXAFS 簇图像和碳官能团谱图，其中 A～D 是深度为 1.2 m 的土壤层（Liang et al., 2013；经出版商许可）

9.4 生物炭对天然有机物（NOM）的吸附

9.4.1 实地样本观察

天然有机物（NOM）的吸附是影响 PCM 表面性能的一个重要过程。在土壤风化过程中，有机物会沉积在 PCM 表面。图 9.6 展示了 STXM-NEXAFS 在炭颗粒上发现的有机物涂层。例子还包括：在肯尼亚土壤中 2～100 年的炭颗粒上，通过红外光谱中的 C－O 共振识别出吸附或沉积的多糖（Nguyen et al., 2008）；通过 ^{13}C CP-NMR 和热重分析法检测到美国中西部土壤中提取的炭颗粒上的生物质（Laird et al., 2008）；使用 ^{13}C NMR 光谱法在大约 100 年的焦炭上发现了 NOM（Hockaday et al., 2007）。

9.4.2 NOM 吸附的分子和纳米级过程

通过研究经 DNOM、再溶解土壤腐殖质酸或黄腐酸提取物及小分子替代化合物处理过的 PCM，可揭示 NOM 在 PCM 上的吸附机理。对吸附机理的解释在很大程度上（但不是全部）依赖使用 AC、CNTs 和石墨作为模型的研究。CNTs 作为生物炭模型的一个潜在局限性在于，NOM 促进了 CNTs 在水中的分散，可能会产生更多的有效表面积。

NOM 或 DNOM 替代物在碳质表面的吸附通常随着 pH 值的降低、IS 的增加及 Ca^{2+} 浓度的增大而增加（Gorham et al., 2007; Hyung and Kim, 2008; Yang and Xing, 2009; Smith et al., 2012）。DNOM 吸附在 CNTs 上对 pH 值和 IS 的依赖性随 CNTs 中氧含量的增大而增强（Smith et al., 2012）。假设 DNOM 及其表面均带负电，则可以通过经典的静电吸附和扩散双层理论（见 2.2 节）来解释为什么 pH 值降低会减轻质子化的电荷排斥，而 IS 的增加会提供电荷屏蔽。但是，如果 DNOM 表面带正电，而 pH 值降低，则 IS 的增加将具有相反的效果，会降低其吸附能力（Bjelopavlic et al., 1999）。

在一定的 IS 和 pH 值条件下，CNTs 对 DNOM 的吸附随 CNTs 中氧含量的增加而减弱（Smith et al., 2012），这可能是由于负电荷浓度增大，或者空间上排挤了 DNOM 分子表面极性位点的溶剂化强度增加，或者两种情况可能都存在。DNOM 对极性的影响很复杂（Smith et al., 2012），可能取决于 pH 值（Lin et al., 2012a）和分子大小（Wang et al., 2011）。多壁碳纳米管（MWCNTs）吸附了残留在溶液中的黄腐酸提取物，使紫外线/可见光的光谱发生了偏移，这表明其会优先吸附极性更高、芳香性更好、分子量更大的组分（Yang and Xing, 2009）。MWCNTs 的选择性随 pH 值（pH 值为 2 和 7）的升高和黄腐酸提取物浓度的增大而降低。也有研究报道，MWCNTs 会优先吸附芳香族和较高分子量的 NOM（Hyung and Kim, 2008）。

在水溶液中利用高度有序热解石墨（HOPG）记录的 DNOM 的原子力微观图显示，其形成了单个球状聚集体的斑块，其中，大多数球状聚集体的高度为 0.5～1.5 nm，直径为 30～50 nm（Gorham et al., 2007；见图 9.7）。经过干燥，球状聚集体斑块变为尺寸更大的环状结构或断环结构。添加 Ca^{2+} 后，总吸附量和单个聚集体的平均高度和直径均显著增大。HOPG 表面不带电，这与相邻 NOM 分子之间的 Ca^{2+} 通过电荷屏蔽和／或桥接的情况一致。

一般情况下，Ca^{2+}、Mg^{2+}、Al^{3+}、Fe^{3+} 和 Cu^{2+} 等多价金属离子的加入会导致 DNOM 吸附更多的 PCMs（Daifullah et al., 2004），但尚不清楚这是否是由共絮凝、电荷屏蔽或官能团桥接导致的。

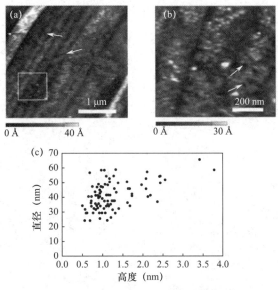

图9.7 在酸性条件下高度有序热解石墨上的NOM涂层（亮点）及其扩大图。（a）中的箭头表示石墨上划分NOM聚集体区域的示例；（b）中的箭头表示单个NOM聚集体中的"孔隙"；（c）是（b）中的单个吸附物［摘自Gorham等（2007），经出版商许可］

9.4.3 吸附的 NOM 在孔隙中的位置及比表面积和孔径分布的变化

比表面积通常由 B.E.T. 方程计算在 77 K 下的 N_2 吸附等温线得到。由于土壤污染，土壤中 PCM 的风化作用使其 N_2-B.E.T. 比表面积迅速减小。在 1 个月内，研究观察到炭－土壤混合物的 N_2-B.E.T. 比表面积减小，并伴随着对非极性（Kwon and Pignatello, 2005; Wen et al., 2009）和极性（Teixido et al., 2013）有机化合物吸附性的减弱。NOM 会阻止（更可能大大减慢）N_2 进入某些内部孔隙的表面。同样地，甘油三酯（NOM 脂质破碎的模型）的吸附减小了木炭的 N_2-B.E.T. 比表面积（Kwon and Pignatello, 2005）。在 40 ℃条件下风化 28 d 后，在 1%生物炭－土壤混合物中，生物炭的 N_2-B.E.T. 比表面积比 2%生物炭－土壤混合物中减小得更多（Teixido et al., 2013），这与在试验中观察到的土壤中有限的污染物利用率是一致的。换句话说，与土壤混合的生物炭越少，污染物就会越快地产生更大的地表覆盖。在风化过程中，透水膜袋中所含生物炭的比表面积也减小了，尽管比土壤直接接触生物炭的比表面积还要小，这表明污染物是通过水相转移的（Teixido et al., 2013）。

Moore 等（2010）研究了在河水中加入 1～2 mg·L^{-1} 的 DNOM 对原始颗粒状 AC 的孔径分布的动态变化（见图 9.8），结果发现几乎所有的孔隙体积损失都发生在 < 4 nm 的孔中。最初，NOM 吸附引起的孔隙体积损失主要发生在微孔（< 2 nm）中，仅比 NOM

本身略宽，这可能是物理填充或孔隙阻塞造成的。随后，NOM 填充了部分 2～4 nm 的孔隙，导致孔隙明显变窄。随着进一步吸附，NOM 被保留在 2～4 nm 的孔隙中。AC 的小孔比 AC 的微孔对腐殖质酸提取物具有更强的吸附力，这一结论支持了上述结果（Liu et al., 2011）。

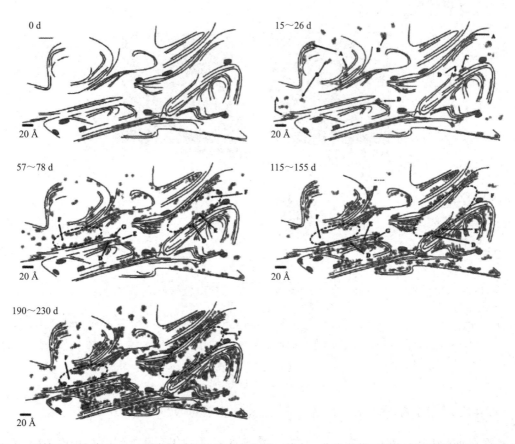

图9.8 原始GAC孔隙对NOM吸附随时间的动态变化图。其中，曲线在截面图中表示石墨烯层；灰色形状代表CaO颗粒；A代表NOM传输到最容易接近的孔隙，其宽度最大为2 nm；B代表通过表面扩散在孔隙结构内迁移的NOM；C代表通过单壁吸附到表面的NOM，并且预计能通过表面扩散进一步迁移到凹陷的孔隙中；D代表NOM吸附在远距离孔隙的边缘，其中渗透到微孔中的速度减慢（或停止）；D进一步扩散到孔隙中为E或G释放空间；A吸附后，NOM填充F，即2～4 nm的微孔
[摘自Moore等（2010），经出版商许可]

CO_2 和 N_2 的分子大小非常相似，因此也可以通过计算分析 273 K 下 CO_2 吸附等温线来确定微孔特征（1.4 nm 以下）。但是，即使 N_2 和 CO_2 分子大小很接近，所计算出的 CO_2 微孔比表面积也比 N_2-B.E.T. 比表面积对风化的敏感性低得多（Kwon and Pignatello, 2005; Pignatello et al., 2006; Hale et al., 2011）。为了解释这一现象，一些概念模型被提出（见图9.9；Pignatello et al., 2006）。研究指出，NOM 分子因为太大而无法进入小孔，所以可能会阻塞 N_2 的入口。由于 NOM 分子在低温下是不可膨胀的，在实际吸附过程中 N_2 分子会被排除在小孔之外，因此 N_2-B.E.T. 模型计算得出的比表面积较小（de Jonge and Mittelmeijer-Hazeleger, 1996; Xing and Pignatello, 1997）。NOM 分子的活性在 273 K 时比在 77 K 时更强，

CO_2 分子通过协同流动机制在孔喉处通过 NOM 分子，从而填充未被 NOM 分子占据的小孔。因此，NOM 吸附对通过 CO_2 测定的比表面积的影响要小得多。

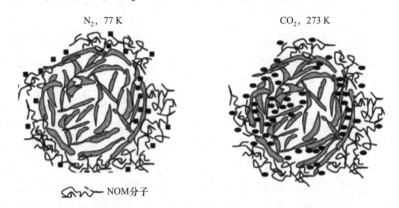

图9.9　NOM分子对生物炭吸附探测气体N_2和CO_2影响概念模型。在等温线的温度下，NOM分子是不可渗透的，并会阻碍N_2扩散到孔隙中［改编自Pignatello等（2006），经出版商许可］

9.5　风化对有机物吸附的影响

有机物的吸附对生物炭在土壤中的归趋和生物有效性至关重要。已有相关研究报道将生物炭添加到土壤中，以减弱有害污染物的有效性（参见第 20 章和第 22 章）。有机化合物对 PCM 的吸附能力取决于有机化合物的电子和位阻特性，以及 PCM 的物理和化学特性，但这些特性的复杂程度仍不清楚。PCM 的性质差异很大，因此很难对其进行概括和归纳。

专栏 9-1 提供了 PCM 对有机化合物进行物理吸附的一些基本原理。PCM 的特性和表面活性会随风化作用而改变，从而可能会极大地影响其吸附性能。无论风化与否，有机化合物对 PCM 的吸附往往都具有滞后性。

专栏 9-1　含碳材料吸附有机化合物的基础

水溶液中吸附吉布斯自由能是指固相和液相之间所有基本相互作用的净自由能变化。基本力包括范德华力（感应力、弥散力）、极性（偶极—偶极、电荷—偶极、四极—四极）、氢键和库仑力（Israelachvili, 1992）。疏水效应是水吸附的主要驱动力，是由于分子非极性部分的溶解破坏了水的结合能而产生的（Lazaridis, 2001; Southall et al., 2002; Chandler, 2005）。

生物炭上的含氧官能团和含氮官能团可以通过偶极相互作用，与氢键和溶质极性基团发生特定的相互作用。然而，由于氢键和溶质官能团的极性和高浓度（55.5 mol·L^{-1}），水分子会与其发生激烈的竞争作用。只有非常强大的氢键作用才能在竞争中获胜。最强的氢键是当供体原子 A 和受体原子 B 具有相似的质子亲合力时形成的，即"低势垒"氢键（Gilli et al., 2009）。此类氢键适用于羧酸、胺、酚和其他类型的化合物，其 pK_a 值与生物炭表面基团相同（为 3 ~ 10）。这些化合物形成的氢键类型，如 (O···H···O)、(N···H···O)$^-$ 或 (N$^{δ+}$···H···O$^{δ-}$) 与普通的氢键不同，它们具有质子的紧密共享和显著的共价特征(Gilli and Gilli, 2000; Gilli et al., 2009)。已有研究报道了在生物炭上形成"低势垒"氢键（Ni et al., 2011; Teixido et al., 2011）和功能化 MWCNTs（Li et al., 2013）。

库仑力（离子交换）是通过界面水化区域中电荷的富集产生的（见专栏 9-2）。在一般 pH 值条件下，生物炭具有较大的 CEC，但通过标准方法测得的阴离子交换容量（AEC）很小。受结构、方向和与表面官能团距离的影响，进行离子交换的有机离子还可以同时进行其他弱相互作用，如范德华力、氢键等。即使在高 pH 值条件下，有机阴离子也可以被吸附到生物炭上（Ni et al., 2011; Teixido et al., 2011; Li et al., 2013）。

空间位阻是控制生物炭小孔吸附的重要因素。溶质分子的构象可能会限制其与生物炭表面的接触，从而无法充分利用范德华力和极性力（Endo et al., 2008）。分子的大小和形状也会限制进入孔道的分子大小，以及分子在孔道上运动的距离（Kärger and Ruthven, 1992）。尺寸排阻（或分子筛分）是限制生物炭吸附的重要因素（Zhu and Pignatello, 2005; Pignatello et al., 2006; Pignatello, 2013; Ji et al., 2011; Lattao et al., 2014）。例如，相对于石墨，当苯环上取代基的数量从 2 个增加到 4 个，或者分子中稠合芳烃环的数量从 1 个增加到 3 个时，炭的吸附会减少 1 个数量级（Pignatello, 2013）。在 300 ~ 700 ℃下由木材制备的生物炭中，与仅涉及疏水力的情况相比，位阻现象可使萘的吸附系数减小 1.6 ~ 2.9 个数量级（Lattao et al., 2014），空间位阻随微孔、中孔体积分数的增大而增加。

生物炭的吸附通常依赖有机化合物的浓度。Freundlich 模型是一种常用的数学模型，它假设了位能的分布，其公式为 $C_s = K_F C_w^n$。其中，C_s 是吸附浓度；C_w 是溶液相浓度；K_F 是亲和系数；n 是指数索引系数（$n = 1$ 为线性），其值取决于模型拟合的浓度范围，可低至 0.2，这表明 n 具有明显的浓度依赖性。另外，我们可以使用 Langmuir 模型（假定是单点能量）、双位–Langmuir 模型、Langmuir-Freundlich 模型和 Polanyi 模型（假定溶质在纳米孔内凝结成液态）。若无限稀释，物理吸附可能呈线性。

PCM 对有机化合物的吸附等温线通常呈现滞后现象，与等温线的吸附分支相比，解吸分支的溶质对固体的亲和力似乎更大。滞后现象可能是人为因素或其自身造成的。常见的人为因素包括降解或其他溶质损失，以及扩散平衡所需时间不足。在解决可逆性问题的吸附研究中，扩散平衡所需时间不足是一个特别常见的因素。人为滞后现象的另一个潜在原因是"竞争者稀释效应"。当吸附和解吸步骤之间竞争物质（另一种污染物或不稳定的三相物质）的浓度减小时，这种效应可能会起作用，从而减轻对主要溶质的某些竞争压力（Sander and Pignatello, 2007）。

当吸附质—吸附剂复合物能够在吸附和解吸循环期间达到持久的亚稳态时，可能会出现真正的滞后现象。例如，毛细管凝结滞后，气体将吸附到具有刚性介孔结构的固体上（Rouquerol et al., 1999），即当相对气压 $p/p_0 \geq 0.3$ 时，吸附阶段在孔壁上凝结的液体膜是亚稳态的，并且在一定的压力范围内塌陷到热力学堵塞状态，形成一个闭合的滞后回路。

与 PCM 相关的另一种滞后类型称为低压滞后（Olivier, 1998）或孔变形滞后（Sander et al., 2006）。这种类型的滞后是吸附剂的特性，例如，玻璃状有机固体，其基质结构介于刚性和柔性之间。吸附分子进入狭窄的孔隙，导致孔隙（或原孔隙）非弹性膨胀，也就是说，当分子离开时，膨胀的孔隙并没有完全松弛到原来的大小。如图 9.10 所示，在没有干扰力的情况下（如温度的升高或吸附剂的再利用），孔隙系统可以始终保持在一种不完全放松的状态。由于在解吸步骤中基质膨胀的自由能未完全回收，固体在解吸过程中对溶质的亲和力更大，因此导致产生滞后现象。众所周知，玻璃态聚合物的孔隙变形滞后是导致固体 NOM（Xia and Pignatello, 2001; Lu and Pignatello, 2002; Sander et al., 2005, 2006; Sander and Pignatello, 2005b; Sander and Pignatello, 2009）和 AC（Olivier, 1998）产生真正滞后的原因。最近的研究表明，木炭和烟灰的基质会因吸收有机溶剂而膨胀（Braida et al., 2003; Akhter et al., 1985b; Jonker and Koelmans, 2002a）。因此，溶质对 PCM 的吸附会通过孔隙变形机制表现出真正的滞后（Braida et al., 2003）。

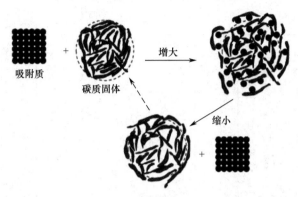

图9.10　孔隙变形滞后示意图。吸附的自由能包括膨胀的自由能，其在解吸步骤中没有完全回收，从而导致固体在解吸方向上的亲和力增强［Sander和Pignatello（2005b），感谢 Michael Sander 绘图］

观测研究结果

表 9.1 总结的许多研究表明，生物炭在土壤中的风化通常会导致随后添加的有机溶质的吸附分布与 K_d 的比值降低。K_d 是土壤生物炭－水混合物中固相浓度与液相浓度的比。其降低程度取决于原料、热解条件、溶质结构和复杂的风化条件。最近一项对抗生素磺胺二甲嘧啶的吸附研究发现（Teixido et al., 2013），相对于假定没有风化作用情况下将土壤和生物炭的贡献及两者的相互作用相加而预测的吸附量，1% 的生物炭－土壤混合物的吸附量大大降低。减去土壤的贡献后，计算生物炭的内在碳标准化分布比率 K_{BC}（见图 9.11），其下降到文献中有机碳标准化范围内的分配比 K_{OC}。即使在"温和"的条件下，将土壤和生物炭在室温下经水悬浮液预接触 2 d，这个时间也比许多吸附研究中使用的平衡时间更短。还有人研究了土壤或沉积物中 AC 的风化作用，发现它可以抑制疏水性污染物的 K_d 高达 1.2 个数量级。然而，即使吸附能力减弱，AC 还是一种强吸附剂，它仍然能有效降低污染物的生物有效性（Oen et al., 2011）。

风化还可以改变吸附等温线的趋势。生物炭的吸附通常是非线性的，即 K_{BC} 会随着溶液浓度的升高而减小。显然，在对生物炭改良土壤中有害化合物的归趋和生物有效性进行建模时，这是一项重要的考虑因素。生物炭在土壤中老化后，其吸附的线性度通常会增大。一项对抗菌剂磺胺二甲嘧啶的研究发现，从生物炭在土壤－水混合物中进行预老化的 Freundlich 模型的 n 值来看，1% 或 2% 的生物炭－土壤混合物中的吸附更具线性（Teixido et al., 2013）。Martin 等（2012）发现，与未老化的生物炭－土壤混合物相比，在田中老化 32 mon 的生物炭－土壤混合物中的阿特拉津或敌草隆的吸附更具线性。另外，用不同的松树生物炭改良土壤对菲的吸附显示了不同的结果（Zhang et al., 2010），将脂质或腐殖质酸提取物添加到炭颗粒悬浮液中可增加菲吸附的线性度（Wen et al., 2009）。

表 9.1 风化对土壤或沉积物混合物中不同生物炭炭和 AC 吸附有机化合物的影响

生物炭来源	土壤	添加量	化合物	风化条件	风化作用评价	参考文献
枫木（400℃，2 h）	阿默斯特泥炭炭（Terer Haplosaprist; APHA, 18.9% OC）	1.25%	苯	长达90 d，45℃；浸水、叠氮毒化	1 mg·L⁻¹时K_d降低为原来的1/3；28 d后变化不大	Kwon and Pignatello, 2005
玉米秸秆（600℃，20 min）	农业细土	5%	d_{10}-芘	42次冻融循环，无菌	减除土壤组分后，K_d在1 ng·L⁻¹时减少1.37个对数单位	Hale et al., 2011
硬木（450℃，48 h）	草原土壤	5 kg·m⁻²	^{14}C-西玛津	场龄2年	未改良土和新改良土之间的吸附减少矿化	Jones et al., 2011
家禽粪便（550℃）或造纸污泥（550℃）	红壤	1 kg·m⁻²	阿特拉津和敌草隆	场龄32个月	与未改良土相比，1 mg·L⁻¹的K_d减小为原来的1/3~1/2	Martin et al., 2012
松木（350℃和700℃）	美国内华达州的博尔德城	0.1%/0.5%	菲	在21℃状态下28 d，60%持水量	OC为0.16%的土壤吸附能力，减小为原来1/3~1/2；OC为5.08%的土壤吸附能力，几乎没有影响	Zhang et al., 2010
小麦秸秆（露天烧烤）	斯图加特粉质壤土	1%	敌草隆	浸水长达12个月	风化使灰分对总吸附量的贡献从80%下降到55%；1个月后完全抑制	Yang and Sheng, 2003
硬木：通过慢速热解通过快速热解	农业土壤	1%/2%	磺胺二甲嘧啶	轻度（48 h，20℃）或重度（28 d，40℃）；浸水状态、叠氮化毒化	减去土壤，标准化生物炭的$K_{Biochar}$减小了2.5个对数单位，而Freundlich模型中的n增大，快速热解生物炭中$K_{Biochar}$略有增大，而n略有减小	Teixido et al., 2013
AC：椰子壳GAC；煤炭基PAC和GAC	潮滩泥沙、淡水河沉积物和城市土壤	2%~15%	多氯联苯和多环芳烃	田间老化的沉积物（2年或2.5年）和土壤（1年）	多氯联苯经过土壤处理后的K_{AC}减小了0.3~1.2个对数单位，PCB的吸附衰减很小或没有变化	Oen et al., 2011

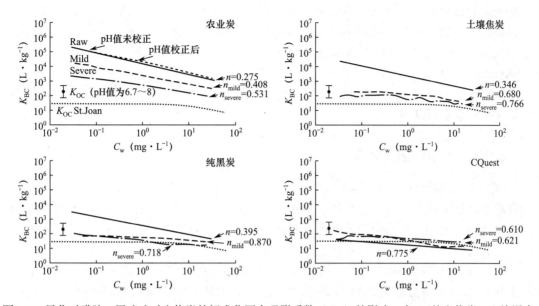

图9.11 风化对磺胺二甲嘧啶对生物炭的标准化固有吸附系数（K_{BC}）的影响。在1%的生物炭−土壤混合物中，以及在较大的溶质浓度（C_w）下，虚线代表单独的土壤（软土；OC含量为2.6%），实线代表原始生物炭，短虚线表示针对pH值影响校正的原始农业炭。生物炭的碳化程度和比表面积变化很大（农业炭＞土壤焦炭＞纯黑炭≫CQuest）。在浸水条件下，在20 ℃下温和风化2 d或在40 ℃下温和风化28 d。虚线是试验中使用的St. Joan软土的磺胺二甲嘧啶的K_{OC}，条形图显示了在19种不同农业表层土壤中磺胺二甲嘧啶的K_{OC}的平均值和范围，n表示Freundlich模型中的指数［摘自Teixido等（2013），经出版商许可］

9.6 风化作用影响吸附的根本原因

9.6.1 表面化学的改变

新制备的生物炭通常含氧量很高（5%～25%），并且随风化程度的增强而增大。研究表明，表面极性官能团对吸附具有一般和特定作用。在其他条件都相同的情况下，极性和非极性化合物的吸附（比表面积标准化）随着体积氧含量的增加而减弱（Zhu et al., 2005; Zhang et al., 2011），这是由于水分子聚集在极性官能团周围，"挤出"了可用于吸附分子的空间（Snoeyink and Weber, 1967; Kaneko et al., 1989a; Pendleton et al., 1997; Franz et al., 2000; Li et al., 2002; Müller and Gubbins, 2000）。生物炭表面的羧基和羟基能形成极其牢固的氢键化合物（如羧酸和苯酚等，见表9.1），这些化合物可能会与水分子发生竞争吸附。氧化风化作用可能会增大表面的酸性羧基和羟基的丰度。

根据已有的研究报道，在潮湿、好氧、无土的环境中，原始生物炭短期老化对有机化合物的吸附可能几乎没有影响。在室温下，与水接触12 mon的麦草灰对敌草隆的吸附量减少了约20%，这可能是由机械作用引起的（Yang and Sheng, 2003）。在45 ℃水中预处理28 d后，硬木炭对苯的吸附没有发生改变（Kwon and Pignatello, 2005）。而施用玉米秸秆生物炭的结果不同，即通过将生物炭进行 42 次冻融循环或在 120 ℃下进行 2 mon 的湿热处理后，生物炭对芘的吸附不会受到影响，但在 60 ℃下湿热处理 2 mon 后，生物炭的吸附量减小为原来的 1/10（Hale et al.，2011）。无土系统中的生物风化作用很少受到关注（Hale et al.，2011），其对吸附的影响很难用表面化学变化来解释。

虽然有必要对无土系统进行更多的研究，但至少在短期内，与土壤的接触可能是导致生物炭吸附量衰减的主要原因。

9.6.2 土壤物质的吸附

PCM 的表面活性可能会因土壤中存在天然物质（如 NOM、金属离子和金属氧化物）的吸附或沉积而改变。这些物质可以通过与溶质发生热力学竞争使位点结合或孔隙堵塞，从而"污染"PCM。这将限制溶质进入内部孔隙结构，其吸附量也会通过与土壤基质中可能存在的其他人为有机化合物竞争结合位点而减小。

生物炭对土壤 NOM 的吸附可能是污染物吸附量减小的主要因素。大量研究表明，从土壤提取物中添加溶解的腐殖质酸、富里酸分离物或 DNOM 可抑制 PCM（Yang and Sheng，2003；Kwon and Pignatello，2005；Koelmans et al.，2009；Wen et al.，2009）或 CNTs（X. Zhang et al.，2012）对有机化合物的吸附，即使对溶质分配到 DNOM 中的影响进行校正后（所谓"第三阶段效应"）也是如此（Pignatello et al.，2006）。用 Al^{3+} 沉淀的腐殖质酸提取物（Pignatello et al.，2006），或模拟腐殖质酸提取物脂质组分的甘油三酯（Kwon and Pignatello，2005）来包裹炭表面，会导致极性芳香族化合物的固有 $K_{Biochar}$ 减小，而使等温线的线性度增大。另一项研究将富含 PyC 的沉积物中菲的吸附量减小归因于天然 PAHs，而非沉积 NOM（Cornelissen and Gustafsson，2006）。因此，DNOM 的竞争可能与土壤中可能存在的其他化学药品，如农药（Yang and Sheng，2003）或 PAH（Cornelissen and Gustafsson，2004）的竞争同时发生。在另一份报告中（Wang et al.，2013），用腐殖质酸提取物和金属离子处理生物炭后，PCBs 的吸附量增大。

线性度随风化作用的增强而增大，这与吸附位点竞争机制一致。根据这一假设，在一定浓度下共溶质竞争压力随主要溶质浓度的增大而减小，从而使主要溶质的等温线变平缓（Sander and Pignatello，2005a）。线性度的增大也与孔隙堵塞机制一致。因此，NOM 将更有效地堵塞优先由溶质填充的较小孔隙，而不是在较高溶质浓度下填充较大的孔隙。

NOM 分子可能与溶质竞争范德华力和表面的极性相互作用。同样，如专栏 9-1 所述，吸附剂上的弱酸官能团可能与具有相似 pK_a 的溶质中的弱酸官能团（如羧酸根、磺酰胺及一些酚基和氨基）发生强氢键相互作用。DNOM 具有丰富的弱酸基团（如羧基和苯氧基），因此可能会竞争这些强氢键。

NOM 对有机化合物吸附的抑制作用随着溶质对原始 PCM 亲和力的增强而增强，其顺序为苯＜萘-2，4-三氯苯＜菲（Pignatello et al.，2006），这种趋势与这些有机化合物的分子大小顺序相同。木炭上的多氯联苯也发现了类似的趋势（Koelmans et al.，2009；请参见该文献的进一步讨论）。但是，根据竞争理论可以预测，最强的化合物对竞争的敏感性最小，这与观察到的结果刚好相反。图 9.12（Pignatello et al.，2006）给出了解释这个结论的概念模型。NOM 通常由比典型污染物分子更大的分子组成，因此无法进入孔隙结构中。如专栏 9-1 所述，污染物分子本身会受到尺寸排阻，因此，随着污染物尺寸的增大，NOM 分子和污染物分子的"吸附域"预计会更好地重叠，这可以解释上述竞争中的非直观顺序。

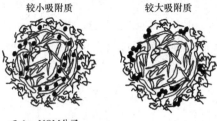

图9.12　NOM对不同分子大小的有机化合物（如苯和三环化合物菲）吸附的影响。其中，较小的分子可以更深入地渗透到孔隙结构中，在该结构中NOM不易竞争（Pignatello et al., 2006；经出版商许可）

目前看来，NOM 通过位点竞争和孔隙堵塞的组合在热力学上抑制了溶质吸附到生物炭和其他 PCM 上。NOM 对吸附和解吸速率的影响尚未引起足够的重视。Hale 等（2009）使用半经验传质模型模拟在 AC—土壤—水—被动采样器系统中二氯二苯基三氯乙烷（DDT）代谢物的数据，结果表明 DDT 代谢物与 NOM 在 AC 上的竞争会随着时间的延长而减弱（见第 22 章）。通过在生物炭上包覆腐殖质酸提取物，可以阻碍松木屑生物炭吸附的芘和菲的解吸，相对于菲解吸的"快"阶段，其"慢"阶段的阻碍效果更明显（Zhou et al., 2010）。

生物炭吸附的金属阳离子和土壤矿物相的沉积也可能抑制有机化合物的吸附，但是人们对其抑制作用的研究很少，目前尚没有定论。在木炭（Chen et al., 2007）和 CNTs（Chen et al., 2009）上，Cu^{2+} 与非离子化合物会进行竞争吸附，这种机制被认为是水合金属离子在空间上"挤出"有机吸附物。但是，0.1 mol·L^{-1} 的 Ca^{2+} 对硬木生物炭吸附磺胺二甲嘧啶没有影响（Teixido et al., 2011）。也有人提出，在界面处的天然有机矿物复合物堵塞了孔隙，从而抑制了其对有机化合物的吸附（Pignatello et al., 2006; Singh and Kookana, 2009）。

9.6.3　吸附可逆性

生物炭和其他 PCMs 的吸附通常具有滞后性。专栏 9-1 讨论了滞后的根本原因，包括人为因素和吸附剂本身的影响。很少有研究探讨风化作用对生物炭吸附滞后的影响。Martin 等（2012）发现，家禽粪便生物炭改良土壤对阿特拉津的吸附滞后随风化作用的增强而降低，但对敌草隆的吸附滞后没有影响。目前所观察到的滞后现象是吸附剂本身的影响还是人为造成的尚不清楚。

PCM 对有机化合物的吸附通常会留下强烈抗解吸的组分。该组分的含量通常由解吸条件决定，一般来说随着初始吸附浓度的增大，该组分含量会减小；而随着吸附接触时间的延长，该组分含量会增大（Pignatello and Xing, 1996）。在多数情况下，抗吸附性可能是分子在孔隙中曲折扩散或有机物相扩散的结果。然而，在某些情况下，抗吸附性也可能与分子捕获有关。由于排列在孔隙上的基质需要很高的活化能来形成出口，因此捕获可以定义为分子无法从封闭的孔隙空间逃脱。

炭黑颗粒中的天然 PAH 污染物可被捕获。PAH 属于烟气中可燃气体冷凝的分子前体（Akhter et al., 1985b; Lahaye, 1990; Smedley et al., 1992），因此，一些 PAH 分子可能会在初始凝结水的孔隙中被捕获，这可以解释为什么来自燃料烟尘的 PAH 具有极高的解吸阻力（Akhter et al., 1985a; Jonker and Koelmans, 2002a; Jonker and Koelmans, 2002b; Jonker et al.,

2005）。一些生物炭可能含有大量的PAH，这可能是由于其中存在次级烟灰成分（见第3章）。

已有研究提出了在碳质吸附剂中添加化合物的分子捕获机制（Weber et al., 2002; Sander and Pignatello, 2009; Braida et al., 2003）。根据这一机制，分子在吸附过程中会通过溶胀／软化运输到连通性差的孔隙中，并在解吸过程中由于局部基质的收缩／变硬而被"困住"。可以通过图9.10来形象化地展示解吸后的收缩状态，并假设某些分子仍然嵌在两种物质之间而无法逃脱。

9.7 风化对金属阳离子吸附的影响

9.7.1 吸附过程概述

与其他土壤颗粒［如金属（氢）氧化物和层状硅酸盐］类似，生物炭对金属离子的吸附可分为多个阶段，从快速、弱相互作用和可逆相互作用，到缓慢、强相互作用和不可逆相互作用（Limousin et al., 2007）。此外，在小孔隙中的粒子内部扩散会阻碍其对金属离子的吸附和解吸速率（Trivedi and Axe, 2001）。对表面—水界面离子反应性机理的理解基于电化学、配位化学和晶体学的概念模型（Stumm, 1997）。阳离子吸附的电化学模型见专栏9-2。金属离子在生物炭的内层和外层都可能发生结合。

> **专栏9-2 阳离子吸附的电化学模型**
>
> 电化学模型将固体表面视为仅通过电荷与溶液相互作用的电极。电荷分布模型为电化学双层：一层（见图9.13中的斯特恩层）说明表面存在固定电荷；另一层（扩散层）解释了电解质从表面向外的均匀分布（Stumm, 1997）。根据金属离子与（氢）氧化物和其他土壤表面的相互作用（Sposito, 1989; Stumm, 1997），可以假设生物炭按强度增加的顺序进行以下相互作用。最弱的相互作用是通过扩散离子群中的阳离子对静电（库仑）表面电荷进行中和。以这种方式吸附的阳离子可以在扩散层中自由移动，并且易与本体溶液中的阳离子交换。

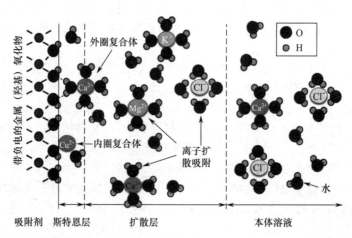

图9.13 （氢）氧化物表面的阳离子吸附模型（摘自Thompson和Goyne，2012；经出版商许可）

当阳离子在带负电的官能团的临界距离内接近生物炭表面时会形成外圈复合体。由于阳离子保留了内部的水化壳层，并且不形成共价键，因此很容易被另一种阳离子通过类似的外球机理交换。阳离子交换通常是快速、可化学计算、可逆的，其选择性随水化半径的增大而减弱，例如，$Cs^+>Rb^+>K^+$，$NH_2^+>Na^+>Li^+$（Evans, 1989）。水化半径与离子半径成反比，这是因为随着带电离子半径的减小，H_2O 的偶极吸引力增强（Evans, 1989; Wulfsberg, 2000）。阳离子交换是碱金属元素和碱土金属元素的主要保留机制，碱金属元素和碱土金属元素以游离离子和离子对的形式存在于溶液中（Evans, 1989）。

可以假设将内层与具有八面体配位的金属离子的表面位点（≡-OH）结合，首先形成外圈表面复合体，然后损失水分形成内圈复合体：

$$\equiv -OH + M(H_2O)_6^{z+} \xrightleftharpoons{K_{outer-sphere}} \equiv -OH \cdots M(H_2O)_6^{z+}$$

$$\equiv -OH \cdots M(H_2O)_6^{z+} \xrightarrow{K_{outer-sphere} -H_2O} \equiv -O-M(H_2O)_5^{(z-1)+} + H^+$$

与静电和外层过程相比，内层结合更强、热力学更有利、可逆性更差、结合速率更慢。内层配位键具有离子和共价特征。结合能的共价成分随路易斯碱供体原子的原子量增加而增加：$OH^-\ll SH^-<SeH^-$。共价键是由金属—配体分子轨道之间的电子共享形成的，当涉及过渡金属的 d 轨道时，共价键是最有效的。对于所有的 N- 和 O- 供体配体，观察到过渡金属的 Irving-Williams 系列：在元素周期表中，从左到右的元素的稳定常数增加，而对于 Cu^{2+}，这是一个参与 Jahn-Teller 变形的 d^9 金属离子，其稳定常数达到最大（Wulfsberg, 2000）。

9.7.2 主要的相互作用

表面羧基和其他低 pK_a 官能团的逐步去质子化导致 pH 值升高，有利于通过扩散离子群中的阳离子对静电（库仑）表面电荷进行中和。这种机制对于 PZNC 较低的 AC 和生物炭非常重要，尤其是那些富含羧基和其他低 pK_a 基团的生物炭（Mao et al., 2012）。生物炭上羧基官能团的固有 pK_a 接近 4.5（Harvey et al., 2012a），富含氧供体配体的酸性 AC 的 pK_a 通常不超过 4.9（Xiao and Thomas, 2005）。低 pK_a（约为 4）的羧基官能团可导致在 350～500℃ 下热解制备的生物炭具有高 CEC（800 mmol·kg^{-1}）（Harvey et al., 2012a），并且能在黑土和软土中发现 PCM（Mao et al., 2012）。金属碳酸盐、二氧化硅硅酸盐和生物炭的其他灰分也能提供带负电荷的表面，但由于它们的 PZNC 较高（通常高于 7），所以碳质成分较少（Harvey et al., 2011）。

内层结合涉及由金属配体分子轨道的电子共享产生的共价键，并且在涉及过渡金属的 d 轨道时最有效。在过渡金属中，由于 Jahn-Teller 效应，d^4（Mn^{3+} 和 Cr^{2+}）和 d^9（Cu^{2+}）金属离子通常比其他金属离子具有更大的 O- 供体配体和 N- 供体配体稳定常数（Wulfsberg, 2000）。因此，与 Cd^{2+} 和 Ni^{2+} 相比，Cu^{2+} 与生物炭的 VM 组分的络合具有更明显的选择性（Uchimiya et al., 2010）。生物炭通常是两性的，并且所产生的 VM 是否具有金属结合 O 和 N 的功能取决于经热解和未热解的生物质。除羧酸等酸性官能团外，生物炭还具有碱性的 O- 供体基团和 N- 供体基团，如 pK_a 高达 13 的酚、苯并吡喃、吡喃酮、吡啶和吡咯型杂环（Swiatkowski et al., 2004）。

参与阳离子—π相互作用（Dougherty，1996）的是"软"路易斯酸（如 Ag^+ 和 Cd^{2+}）和"软"碱之间的非共价π键，即芳香族的离域π电子。已经有研究结果发现，在生物炭的多芳香族结构上有 Ag^+（Chen et al.，2007）和 Cd^{2+}（Harvey et al.，2011）的阳离子—π相互作用，但是这种相互作用非常弱。在 MWCNTs 上，Zn^{2+}-COOH 结合的固有 Langmuir 吸附亲和系数比阳离子—π相互作用的固有亲和系数大 25 倍（Cho et al.，2010）。

9.7.3 次要的相互作用：结晶相的形成

随着时间的推移，通过上述过程吸附的金属离子可能会转变为沉淀态和混合沉淀态（如层状双氢氧化物；Li et al.，2012）。沉淀是由去除水化壳水分子后产生的熵变化（超过了结晶的不利有序效应）而形成的（Wulfsberg，2000）。添加碱性生物炭会使土壤 pH 值升高，从而可通过水解沉淀金属离子。可通过与富含磷的粪便生物炭表面的磷酸盐结合（Cao et al.，2011），形成极难溶的磷氯铅矿 $Pb_5(PO_4)_3Cl$（Traina and Laperche，1999），从而降低 Pb^{2+} 的利用率。除磷酸盐外，碳酸盐也能诱导由厌氧消化甜菜和粪肥制备的生物炭处理的水溶液中 Pb 形成沉淀（Inyang et al.，2012）。

表面沉淀通常缓慢地发生在内层络合作用对金属溶质的初始吸附过程中。内层络合增大了局部溶质的浓度，当金属离子在溶液中相对于纯晶体形态处于不饱和状态时，表面沉淀就会发生（Jia et al.，2006；Strawn and Sparks，1999）。与黏土和金属（氢）氧化物相似，生物炭也可以引起表面沉淀。

9.7.4 金属形态

吸附平衡和吸附速率通常是溶液中金属离子形态的函数，而溶液中金属离子形态又是 pH 值及阴离子的种类和浓度的函数。例如，添加稀 NaCl 溶液的 Cd^{2+} 可以"游离"六水合 Cd^{2+} 和水解产物的形式存在，其水解产物包括（除二聚体和四聚体）$CdOH^+$、$Cd(OH)_2$、$Cd(OH)_3^-$、$Cd(OH)_4^{2-}$ 和 $CdCl^+$，其浓度均取决于 pH 值（Martell et al.，2004）。金属离子形态也受到来自生物炭和 SOM 的溶解分子的影响，这些分子可与金属离子络合（Stone，1997）。例如，醋酸盐缓冲液可以形成 $Cd(CH_3COO)^+$、$Cd(CH_3COO)_2$ 和 $Cd(CH_3COO)_3^-$（Martell et al.，2004），这 3 种物质可以与生物炭表面发生不同的相互作用，并且速率与游离态的 Cd^{2+} 不同。表面位点具有可变的反应活性，一些位点可能发生异常反应（如扭结、凹坑、缺陷），而一些位点反应活性较弱（如石墨烯表面）。溶液相中的酸化和金属—配体的络合诱导了金属从生物炭中的解吸（Uchimiya et al.，2011）。通过 H_2SO_4/HNO_3 处理，向生物炭中引入羧基官能团可增强生物炭减少污染土壤中 Pb^{2+} 和 Cu^{2+} 浸出的能力，但降低了生物炭减少土壤中 Sb^{5+} 浸出的能力（Uchimiya et al.，2012）。

9.7.5 反应能和可逆性

流量热法已经被用来测定生物炭（Harvey et al.，2011）和 AC（Xiao and Thomas，2005）吸附金属阳离子的焓。相关研究将"硬"路易斯酸（如 K^+）的放热和可逆吸附归因于离子交换（Harvey et al.，2011）。"软"路易斯酸（如 Cd^{2+}）的吸附通常是不可逆的，并且属于吸热反应,这归因于与高温热解生物炭的芳香族基面的软－软、阳离子－π键的结合(Harvey et al., 2011)。许多研究已将富含酸性(尤其是羧酸)官能团的生物炭对金属的吸附归因于离子交换(基于质子和其他可交换阳离子的释放量)(Xiao and Thomas, 2005)。大多数研究都没有讨论内层机制,但内层金属的吸附也可能导致质子的释放(见专栏9-2；Stumm, 1997)。

研究表明,Cd^{2+}和其他过渡金属可以通过内层机制吸附。例如,Jia等(Jia and Thomas, 2000; Jia et al., 2002)对蒸汽活化、硝酸氧化、氨气活化这3种方式制备的椰子壳PCM进行了研究。在硝酸氧化的PCM上,Cd的吸附在很大程度上是不可逆的(Jia and Thomas, 2000)。当通过高温处理去除含氧官能团时,Cd的吸附减少,并且可逆性和吸热性增强(Jia and Thomas, 2000),这些结果表明Cd通过表面羧基与内层结合。与酸氧化蒸汽－AC相比,富含碱性氮基团的氨－AC上的Cd的吸附更具吸热性和可逆性(Jia et al., 2002)。观察到Cd吸附的ΔH_{ads}按以下顺序依次增加,即酸氧化的蒸汽AC(最有可能通过羧基与内层结合)＜氨活化AC(最有可能与富含氮的AC的氮基团内层配位)＜蒸汽活化AC(与石墨烯基面的阳离子－π键键合)(Jia et al., 2002)。

用EXAFS和XANES研究KOH－蒸汽活化－AC对Cu的吸附(pH值为6～9)显示了3种主要的Cu类型,分别为类似于NOM的土壤复合体(Cu-NOM)、类似于蓝铜矿的碳酸盐$Cu_3(CO_3)_2(OH)_2$、类似于黑铜矿的氧化物CuO(Ippolito et al., 2012)。Cu-NOM是包含羧基和胺配体的双齿五元环络合物,当pH值较低时,该络合物为Cu的主要存在形式(Ippolito et al., 2012)；当pH值为7～9时,开始形成Cu的氧化物和碳酸盐。这些矿物质可能在较高的pH值下覆盖在生物炭表面堵塞其孔隙,从而导致生物炭的有机组分无法吸附Cu。

9.7.6 尺寸效应：生物炭的孔径分布和金属的水化半径

PCM中通常以微孔(＜2 nm)为主(Braida et al., 2003)。一些研究已报道了金属溶质的水合半径与生物炭或AC的孔径分布的关系(Dastgheib Rockstraw, 2002; Chen et al., 2007)。在400 ℃下制备的枫木生物炭上,Cu^{2+}与萘或其他疏水化合物的竞争吸附是由于Cu^{2+}的水化层较大,挤出了有机吸附物(Chen et al., 2007)。相反,较软的阳离子Ag^+可能通过减少与有机溶质竞争水的吸附来增强生物炭对疏水性化合物的吸附(Chen et al., 2007)。

可用于金属配位的配体有效(局部)表面浓度会影响吸附。当标准化N_2-B.E.T.比表面积时,对于现场收集的PCM(23% O,46 $m^2 \cdot g^{-1}$),Zn和Cu的最大Langmuir吸附能力比MWCNTs(2.1% O,270 $m^2 \cdot g^{-1}$)和加尔贡AC(8% O,1004 $m^2 \cdot g^{-1}$)大1个数量级(Cho et al., 2010)。生物炭吸附量较大是由于有效局部氧(尤其是羧基氧)浓度较高(Cho et al., 2010)。

在微孔和中孔中的相互约束可以极大地改变被吸附物的化学反应性(Long et al., 2012)。例如,在外界压力下,NO二聚作用(Kaneko et al., 1989b)和其他通常仅发生在极高压力(约10^4Pa)下的化学反应发生在纳米级孔内(Long et al., 2012)。弱水合一价阳离子比强水合二价阳离子在孔径小于0.5 nm的沸石孔中的吸附量更大(Ferreira et al., 2012)。一价阳离子的极强选择性是由于它们更容易去除水合水分子,因而可以更容易地进入孔隙。

9.8 结论与展望

生物炭的破碎和溶解促进了其在土壤中的迁移，并可能影响其在生物过程中的功能。尽管目前人们对木炭已有一些研究，但对生物炭的破碎和溶解的了解仍然很少。对木炭的研究结果表明，原料中较弱的物理结构（尤其是腐烂原料）、热解和冻融循环中温度和 O 浓度的升高会加剧破碎，溶解度随老化程度的增大和 pH 值的升高而增大。但是，目前生物炭的施用方法对土壤破碎的影响尚不清楚。

生物炭表面矿物相的异质聚集和沉积均会影响聚集体中土壤矿物的迁移、微生物降解和化学分解的稳定性、表面化学和吸附活性、物理和化学活性。具有高 CEC 和比表面积的黏土颗粒，以及有利于形成胶结剂（如无机沉淀物和微生物产生的黏合剂）的条件会促进聚集。有人提出可以使用微聚集来保护生物炭，使其免受化学分解和生物降解，但需要进一步研究来验证这一点。许多先进的显微/光谱技术和分子模拟技术日益普及，金属离子—生物炭相互作用及生物炭与黏土、金属氧化物异质聚集的基础知识有望在不久的将来迅速扩展。尤其重要的是，高反应性和亚稳态的金属纳米会在生物炭表面形成晶体和无定形（氢）氧化物等沉淀。必须对吸附相（包括准晶体）的空间分布进行观察，以确定特定吸附物的生物炭吸附位点。另一个尚未了解的领域是金属离子的氧化还原反应性。生物炭具有很强的穿梭电子的还原能力，微生物分泌物可以通过优先结合 +3 价金属离子来转移局部氧化还原电势，而不是 +2 价金属离子。这些不同的微聚集体形成的物质也极有可能在生物炭老化中发挥动态作用。

生物炭随着土壤的风化而发生化学变化，包括某些成分的选择性损失、结构中 O 的掺入及 CEC 和表面电荷的变化。至少在短期内，这些变化主要是由生物过程和非生物过程共同导致的。目前，关于原料和热解条件对这些变化的程度和速率的影响知之甚少。一些生物炭将挥发性成分释放到空气中，这可能会影响物种间的化学信号传递。这些变化的一个主要问题是它们发生的速率为多少。

非 PCM 物质会在土壤中的生物炭的表面沉积或吸附。这些物质包括微生物膜、微生物渗出液和 NOM。减小 pH 值，增加 IS 和多价金属离子，有利于 NOM 的吸附。吸附/沉积的非 PCM 物质覆盖了生物炭表面，并堵塞了较小的孔隙。非 PCM 物质的吸附/沉积也会影响生物炭的表面化学性质，但对其影响程度，以及原料、热解条件、土壤中生物炭功能的影响知之甚少。

生物炭的吸附特性在养分的固持和污染土壤的稳定中起着重要作用。大量研究表明，土壤中的生物炭在短期内的风化作用会显著降低其对有机化合物的吸附能力，并改变吸附等温线的形状。吸附量降低主要是由于生物炭对非 PCM 物质的吸附，从而争夺吸附点位，并将其他溶质可用的孔径分布转移到较大的孔隙中。从长远来看，表面极性的变化也可能影响有机化合物的吸附。虽然可逆性是吸附研究中的一个重要课题，但目前的研究并不多。此外，虽然原始生物炭中的吸附可逆性受到了关注，但很少有人关注生物炭结构风化对吸附可逆性的影响。

参考文献

Abiven, S., Hengartner, P., Schneider, M. P. W., et al. Pyrogenic carbon soluble fraction is larger and more aromatic in aged charcoal than in fresh charcoal[J]. Soil Biology and Biochemistry, 2011, 43(7): 1615-1617.

Akhter, M., Chughtai, A. and Smith, D. The structure of hexane soot I: Spectroscopic studies[J]. Applied Spectroscopy, 1985a, 39: 143-153.

Akhter, M. S., Chughtai, A. R. and Smith, D. M. The structure of hexane soot II: Extraction studies[J]. Applied Spectroscopy, 1985b, 39: 154-167.

Antal, M. J., Jr. and Grønli, M. The art, science, and technology of charcoal production[J]. Industrial and Engineering Chemistry Research, 2003, 42: 1619-1640.

Arnarson, T. S. and Keil, R. G. Mechanisms of pore water organic matter adsorption to montmorillonite[J]. Marine Chemistry, 2000, 71(3-4): 309-320.

ASTM. ASTM D1762-84 Standard Test Method for Chemical Analysis of Wood Charcoal[S].

Belcher, C. M., Collinson, M. E. and Scott, A. C. Constraints on the thermal energy released from the Chicxulub impactor: New evidence from multi-method charcoal analysis[J]. Journal of the Geological Society of London, 2005, 162: 591-602.

Bjelopavlic, M., Newcombe, G. and Hayes, R. Adsorption of NOM onto activated carbon: Effect of surface charge, ionic strength, and pore volume distribution[J]. Journal of Colloid and Interface Science, 1999, 210: 271-280.

Braadbaart, F., Poole, I. and Van Brussel, A. A. Preservation potential of charcoal in alkaline environments: An experimental approach and implications for the archaeological record[J]. Journal of Archaeological Science, 2009, 36(8): 1672-1679.

Braida, W. J., Pignatello, J. J., Lu, Y., et al. Sorption hysteresis of benzene in charcoal particles[J]. Environmental Science and Technology, 2003, 37(2): 409-417.

Brodowski, S., Amelung, W., Haumaier, L., et al. Morphological and chemical properties of black carbon in physical soil fractions as revealed by scanning electron microscopy and energy-dispersive X-ray spectroscopy[J]. Geoderma, 2005, 128(1-2): 116-129.

Brodowski, S., John, B., Flessa, H., et al. Aggregate-occluded black carbon in soil[J]. European Journal of Soil Science, 2006, 57(4): 539-546.

Bronick, C. J. and Lal, R. Soil structure and management: A review[J]. Geoderma, 2005, 124(1-2): 3-22.

Cao, X. Y., Pignatello, J. J., Li, Y., et al. Characterization of wood chars produced at different temperatures using advanced solid-state ^{13}C NMR spectroscopic techniques[J]. Energy & Fuels, 2012, 26(9): 5983-5991.

Cao, X., Ma, L., Liang, Y., Gao, B., et al. Simultaneous immobilization of lead and atrazine in contaminated soils using dairy-manure biochar[J]. Environmental Science and Technology, 2011, 45(11): 4884-4889.

Chandler, D. Interfaces and the driving force of hydrophobic assembly[J]. Nature, 2005, 437(7059): 640-647.

Chen, G., Shan, X., Wang, Y., et al. Adsorption of 2,4,6-trichlorophenol by multi-walled carbon nanotubes as affected by Cu(II)[J]. Water Research, 2009, 43: 2409-2418.

Chen, J., Zhu, D. and Sun, C. Effect of heavy metals on the sorption of hydrophobic organic compounds to wood charcoal[J]. Environmental Science and Technology, 2007, 41(7): 2536-2541.

Chen, K. L. and Elimelech, M. Interaction of fullerene (C60) nanoparticles with humic acid and alginate coated silica surfaces: Measurements, mechanisms, and environmental implications[J]. Environmental Science and Technology, 2008, 42: 7607-7614.

Chen, K. L. and Elimelech, M. Relating colloidal stability of fullerene (C60) nanoparticles to nanoparticle charge and electrokinetic properties[J]. Environmental Science and Technology, 2009, 43(19): 7270-7276.

Cheng, C. H. and Lehmann, J. Ageing of black carbon along a temperature gradient[J]. Chemosphere, 2009, 75(8): 1021-1027.

Cheng, C. H., Lehmann, J., Thies, J. E., et al. Oxidation of black carbon by biotic and abiotic processes[J]. Organic Geochemistry, 2006, 37(11): 1477-1488.

Cheng, C. H., Lehmann, J. and Engelhard, M. H. Natural oxidation of black carbon in soils: Changes in molecular form and surface charge along a climosequence[J]. Geochimica et Cosmochimica Acta, 2008, 72(6): 1598-1610.

Chia, C. H., Munroe, P., Joseph, S. D., et al. Analytical electron microscopy of black carbon and microaggregated mineral matter in Amazonian dark earth[J]. Journal of Microscopy, 2012, 245(2): 129-139.

Cho, H. H., Wepasnick, K., Smith, B. A., et al. Sorption of aqueous Zn[II] and Cd[II] by multiwall carbon nanotubes: The relative roles of oxygen-containing functional groups and graphenic carbon[J]. Langmuir, 2010, 26(2): 967-981.

Clark, J. S. Effect of climate change on fire regimes in northwestern Minnesota[J]. Nature, 1988, 334(6179): 233-235.

Cohen-Ofri, I., Weiner, L., Boaretto, E., et al. Modern and fossil charcoal: Aspects of structure and diagenesis[J]. Journal of Archaeological Science, 2006, 33(3): 428-439.

Cornelissen, G. and Gustafsson, O. Sorption of phenanthrene to environmental black carbon in sediment with and without organic matter and native sorbates[J]. Environmental Science and Technology, 2004, 38: 148-155.

Cornelissen, G. and Gustafsson, O. Effects of added PAHs and precipitated humic acid coatings on phenanthrene sorption to environmental black carbon[J]. Environmental Pollution, 2006, 141: 526-531.

Czimczik, C. I. and Masiello, C. A. Controls on black carbon storage in soils[J]. Global Biogeochemical Cycles, 2007, 21(3).

Czimczik, C. I., Preston, C. M., Schmidt, M. W. I., et al. Effects of charring on mass, organic carbon, and stable carbon isotope composition of wood[J]. Organic Geochemistry, 2002, 33(11): 1207-1223.

Daifullah, A. A. M., Girgis, B. S. and Gad, H. M. H. A study of the factors affecting the removal of humic acid by activated carbon prepared from biomass material[J]. Colloids and Surfaces A: Physicochemical and Engineering Aspects, 2004, 235: 1-10.

Dastgheib, S. A. and Rockstraw, D. A. A model for the adsorption of single metal ion solutes in aqueous solution onto activated carbon produced from pecan shells[J]. Carbon, 2002, 40(11): 1843-1851.

De Jonge, H. and Mittelmeijer-Hazeleger, M. C. Adsorption of CO_2 and N_2 on soil organic matter: Nature of porosity, surface area, and diffusion mechanisms[J]. Environmental Science and Technology, 1996, 30(2): 408-413.

De Lafontaine, G. and Asselin, H. Soil charcoal stability over the Holocene across boreal northeastern North America[J]. Quaternary Research, 2011, 76(2): 196-200.

Dittmar, T. and Paeng, J. A heat-induced molecular signature in marine dissolved organic matter[J]. Nature Geoscience, 2009, 2(3): 175-179.

Dougherty, D. A. Cation-π interactions in chemistry and biology: A new view of benzene, phe, tyr, and trp[J]. Science, 1996, 271(5246): 163-168.

Endo, S., Grathwohl, P. and Schmidt, T. C. Absorption or adsorption? Insights from molecular probes n-alkanes and cycloalkanes into modes of sorption by environmental solid matrices[J]. Environmental Science and Technology, 2008, 42(11): 3989-3995.

Evans, L. J. Chemistry of metal retention by soils: Several processes are explained[J]. Environmental Science and Technology, 1989, 23(9): 1046-1056.

Ferreira, D. R., Schulthess, C. P. and Giotto, M. V. An investigation of strong sodium retention mechanisms in nanopore environments using nuclear magnetic resonance spectroscopy[J]. Environmental Science and Technology, 2012, 46(1): 300-306.

Flemming, H. C. and Wingender, J. The biofilm matrix[J]. Nature Reviews Microbiology, 2010, 8(9): 623-633.

Fortner, J. D., Solenthaler, C., Hughes, J. B., et al. Interactions of clay minerals and a layered double hydroxide with water stable, nano scale fullerene aggregates (nC60)[J]. Applied Clay Science, 2012, 55: 36-43.

Franz, M., Arafat, H. A. and Pinto, N. G. Effect of chemical surface heterogeneity on the adsorption mechanism of dissolved aromatics on activated carbon[J]. Carbon, 2000, 38: 1807-1819.

Gilli, G. and Gilli, P. Towards an unified hydrogen-bond theory[J]. Journal of Molecular Structure, 2000, 552(1-3): 1-15.

Gilli, P., Pretto, L., Bertolasi, V. and Gilli, G. Predicting hydrogen-bond strengths from acid-base molecular properties. The pK(a) slide rule: Toward the solution of a long-lasting problem[J]. Accounts of Chemical Research, 2009, 42(1): 33-44.

Gorham, J. M., Wnuk, J. D., Shin, M., et al. Adsorption of natural organic matter onto carbonaceous surfaces: Atomic force microscopy study[J]. Environmental Science and Technology, 2007, 41(4): 1238-1244.

Hale, S. E., Hanley, K., Lehmann, J., et al. Effects of chemical, biological, and physical aging as well as soil addition on the sorption of pyrene to activated carbon and biochar[J]. Environmental Science and Technology, 2011, 46(4): 2479-2480.

Hale, S. E., Tomaszewski, J. E., Luthy, R. G., et al. Sorption of dichlorodiphenyltrichloroethane (DDT) and its metabolites by activated carbon in clean water and sediment[J]. Water Research, 2009, 43: 4336-4346.

Harvey, O. R., Herbert, B. E., Rhue, R. D., et al. Metal interactions at the biochar-water interface: Energetics and structure-sorption relationships elucidated by flow adsorption microcalorimetry[J]. Environmental Science and Technology, 2011, 45(13): 5550-5556.

Harvey, O. R., Herbert, B. E., Kuo, L. J., et al. Generalized two-dimensional perturbation correlation infrared spectroscopy reveals mechanisms for the development of surface charge and recalcitrance in plant-derived biochars[J]. Environmental Science and Technology, 2012a, 46(19): 10641-10650.

Harvey, O. R., Kuo, L. J., Zimmerman, A. R., et al. An index-based approach to assessing recalcitrance and soil carbon sequestration potential of engineered black carbons(biochars)[J]. Environmental Science and Technology, 2012b, 46(3): 1415-1421.

Hiradate, S., Nakadai, T., Shindo, H., et al. Carbon source of humic substances in some Japanese volcanic ash soils determined by carbon stable isotopic ratio, δ^{13}C[J]. Geoderma, 2004, 119(1-2): 133-141.

Hockaday, W. C., Grannas, A. M., Kim, S., et al. The transformation and mobility of charcoal in a fire-impacted watershed[J]. Geochimicaet Cosmochimica Acta, 2007, 71: 3432-3445.

Hyung, H. and Kim, J. H. Natural organic matter (NOM) adsorption to multiwalled carbon nanotubes: Effect of NOM characteristics and water quality parameters[J]. Environmental Science and Technology, 2008, 42:

4416-4421.

International Biochar Initiative. Standardized product definition and product testing guidelines for biochar that is used in soil (version 1.1)[S]. 2013.

Inyang, M., Gao, B., Yao, Y., et al. Removal of heavy metals from aqueous solution by biochars derived from anaerobically digested biomass[J]. Bioresource Technology, 2012, 110: 50-56.

Ippolito, J. A., Strawn, D. G., Scheckel, K. G., et al. Macroscopic and molecular investigations of copper sorption by a steamactivated biochar[J]. Journal of Environmental Quality, 2012, 41(4): 1150-1156.

Israelachvili, J. N. Intermolecular and Surface Forces[M]. UK, London: Academic Press, 1992.

Jaffe, R., Ding, Y., Niggemann, J., et al. Global charcoal mobilization from soils via dissolution and riverine transport to the oceans[J]. Science, 2013, 340: 345-347.

Jaisi, D. P. and Elimelech, M. Singlewalled carbon nanotubes exhibit limited transport in soil columns[J]. Environmental Science and Technology, 2009, 43(24): 9161-9166.

Ji, L. L., Wan, Y. Q., Zheng, S. R., et al. Adsorption of tetracycline and sulfamethoxazole on crop residue-derived ashes: Implication for the relative importance of black carbon to soil sorption[J]. Environmental Science and Technology, 2011, 45(13): 5580-5586.

Jia, Y. F. and Thomas, K. M. Adsorption of cadmium ions on oxygen surface sites in activated carbon[J]. Langmuir, 2000, 16(3): 1114-1122.

Jia, Y. F., Xiao, B. and Thomas, K. M. Adsorption of metal ions on nitrogen surface functional groups in activated carbons[J]. Langmuir, 2000, 18(2): 470-478.

Jia, Y., Xu, L., Fang, Z. and Demopoulos, G. P. Observation of surface precipitation of arsenate on ferrihydrite[J]. Environmental Science and Technology, 2006, 40(10): 3248-3253.

Jones, D. L., Edwards-Jones, G. and Murphy, D. V. Biochar mediated alterations in herbicide breakdown and leaching in soil[J]. Soil Biology and Biochemistry, 2011, 43: 804-813.

Jonker, M. T. and Koelmans, A. A. Extraction of polycyclic aromatic hydrocarbons from soot and sediment: Solvent evaluation and implications for sorption mechanism[J]. Environmental Science and Technology, 2002a, 36: 4107-4113.

Jonker, M. T. O. and Koelmans, A. A. Sorption of polycyclic aromatic hydrocarbons and polychlorinated biphenyls to soot and soot-like materials in the aqueous environment: Mechanistic considerations[J]. Environmental Science and Technology, 2002b, 36: 3725-3734.

Jonker, M. T. O., Hawthorne, S. B. and Koelmans, A. A. Extremely slowly desorbing polycyclic aromatic hydrocarbons from soot and soot-like materials: Evidence by supercritical fluid extraction[J]. Environmental Science and Technology, 2005, 39: 7885-7895.

Joseph, S. D., Camps-Arbestain, M., Lin, Y., et al. An investigation into the reactions of biochar in soil[J]. Australian Journal of Soil Research, 2010, 48(6-7): 501-515.

Kaneko, K., Abe, M. and Ogino, K. Adsorption characteristics of organic compounds dissolved in water on surfaceimproved activated carbon fibres[J]. Colloids and Surfaces, 1989a, 37: 211-222.

Kaneko, K., Fukuzaki, N., Kakei, K., et al. Enhancement of NO dimerization by micropore fields of activated carbon fibers[J]. Langmuir, 1989b, 5: 960-965.

Kärger, J. and Ruthven, D. M. Diffusion in Zeolites and Other Microporous Solids[M]. New York: John Wiley & Sons, 1992.

Knicker, H. How does fire affect the nature and stability of soil organic nitrogen and carbon? A review[J]. Biogeochemistry, 2007, 85: 91-118.

Koelmans, A. A., Meulman, B., Meijer, T. et al. Attenuation of polychlorinated biphenyl sorption to charcoal by humic acids[J]. Environmental Science and Technology, 2009, 43: 736-742.

Kuzyakov, Y., Subbotina, I., Chen, H. Q., et al. Black carbon decomposition and incorporation into soil microbial biomass estimated by C-14 labeling[J]. Soil Biology and Biochemistry, 2009, 41: 210-219.

Kwon, S. and Pignatello, J. J. Effect of natural organic substances on the surface and adsorptive properties of environmental black carbon (char): Pseudo pore blockage by model lipid components and its implications for N_2-probed surface properties of natural sorbents[J]. Environmental Science and Technology, 2005, 39: 7932-7939.

Lahaye, J. Mechanisms of soot formation[J]. Polymer Degradation and Stability, 1990, 30: 111-121.

Laird, D. A., Chappell, M. A., Martens, D. A., et al. Distinguishing black carbon from biogenic humic substances in soil clay fractions[J]. Geoderma, 2008, 143(1-2): 115-122.

Lattao, C., Cao, X., Mao, J., et al. Influence of molecular structure and adsorbent properties on sorption of organic compounds to a temperature series of wood chars[J]. Environmental Science and Technology, 2014, 48: 4790-4798.

Lazaridis, T. Solvent size vs cohesive energy as the origin of hydrophobicity[J]. Accounts of Chemical Research, 2001, 34(12): 931-937.

Lee, H., Lee, B. P. and Messersmith, P. B. A reversible wet/dry adhesive inspired by mussels and geckos[J]. Nature, 2007, 448(7151): 338-341.

Lehmann, J., Kinyangi, J. and Solomon, D. Organic matter stabilization in soil microaggregates: Implications from spatial heterogeneity of organic carbon contents and carbon forms[J]. Biogeochemistry, 2007, 85(1): 45-57.

Lehmann, J., Liang, B. Q., Solomon, D., et al. Near-edge X-ray absorption fine structure (NEXAFS) spectroscopy for mapping nano-scale distribution of organic carbon forms in soil: Application to black carbon particles[J]. Global Biogeochemical Cycles, 2005, 19(1), GB1013.

Lehmann, J., Rillig, M. C., Thies, J., et al. Biochar effects on soil biota—A review[J]. Soil Biology and Biochemistry, 2011, 43(9): 1812-1836.

Li, L., Quinlivan, P. A. and Knappe, D. R. U. Effects of activated carbon surface chemistry and pore structure on the adsorption of organic contaminants from aqueous solution[J]. Carbon, 2002, 40: 2085-2100.

Li, W., Livi, K. J. T., Xu, W., et al. Formation of crystalline Zn-Al layered double hydroxide precipitates on γ-alumina: The role of mineral dissolution[J]. Environmental Science and Technology, 2012, 46: 11670-11677.

Li, X., Pignatello, J. J., Wang, Y., et al. New insight into the mechanism of adsorption of ionizable compounds on carbon nanotubes[J]. Environmental Science and Technology, 2013, 47: 8334-8341.

Liang, B., Lehmann, J., Solomon, D., et al. Stability of biomass-derived black carbon in soils[J]. Geochimica et Cosmochimica Acta, 2008, 72: 6069-6078.

Liang, B., Wang, C.-H., Solomon, D., et al. Oxidation is key for black carbon surface functionality and nutrient retention in Amazon anthrosols[J]. British Journal of Environment and Climate Change, 2013, 3(1): 9-23.

Limousin, G., Gaudet, J. P., Charlet, L., et al. Sorption isotherms: A review on physical bases, modeling and measurement[J]. Applied Geochemistry, 2007, 22(2): 249-275.

Lin, D. H., Li, T. T., Yang, K. and Wu, F. C. The relationship between humic acid (HA) adsorption on and stabilizing multiwalled carbon nanotubes (MWNTs) in water: Effects of HA, MWNT and solution properties[J]. Journal of Hazardous Materials, 2012a, 241: 404-410.

Lin, Y., Munroe, P., Joseph, S., Kimber, S., et al. Nanoscale organomineral reactions of biochars in ferrosol: An investigation using microscopy[J]. Plant and Soil, 2012b, 357(1): 369-380.

Liu, F., Xu, Z., Wan, H., et al. Enhanced adsorption of humic acids on ordered mesoporous carbon compared with microporous activated carbon[J]. Environmental Toxicology and Chemistry, 2011, 30(4): 793-800.

Long, Y., Palmer, J. C., Coasne, B., SliwinskaBartkowiak, M. and Gubbins, K. E. Under pressure: quasi-high pressure effects in nanopores[J]. Microporous and Mesoporous Materials, 2012, 154: 19-23.

Lu, Y. and Pignatello, J. J. Demonstration of the "conditioning effect" in soil organic matter in support of a pore deformation mechanism for sorption hysteresis[J]. Environmental Science and Technology, 2002, 36: 4553-4561.

Lynch, J., Clark, J. and Stocks, B. Charcoal production, dispersal, and deposition from the Fort Providence experimental fire: Interpreting fire regimes from charcoal records in boreal forests[J]. Canadian Journal of Forest Research, 2004, 1656(1): 1642-1656.

Mao, J.-D., Johnson, R. L., Lehmann, J., et al. Abundant and stable char residues in soils: Implications for soil fertility and carbon sequestration[J]. Environmental Science and Technology, 2012, 46: 9571-9576.

Martell, A. E., Smith, R. M., Motekaitis, R. J. Critically Selected Stability Constants of Metal Complexes Database[D]. U. S. Department of Commerce, National Institute of Standards and Technology, Gaithersburg, MD, 2004.

Martin, S. M., Kookana, R. S., Zwieten, L. V, et al. Marked changes in herbicide sorption-desorption upon ageing of biochars in soil[J]. Journal of Hazardous Materials, 2012, 231-232: 70-78.

Masiello, C. A., Chen, Y., Gao, X., et al. Biochar and microbial signaling: Production conditions determine effects on microbial communication[J]. Environmental Science and Technology, 2013, 47: 11496-11503.

McBeath, A. V., Smernik, R. J., Schneider, M. P. W., et al. Determination of the aromaticity and the degree of aromatic condensation of a thermosequence of wood charcoal using NMR[J]. Organic Geochemistry, 2011, 42: 1055-1064.

Moore, B. C., Wang, Y., Cannon, F. S., et al. Relationships between adsorption mechanisms and pore structure for adsorption of natural organic matter by virgin and reactivated granular activated carbons during water treatment[J]. Environmental Engineering Science, 2010, 27: 187-198.

Müller, E. A., Hung, F. R. and Gubbins, K. E. Adsorption of water vapor-methane mixtures on activated carbons[J]. Langmuir, 2000, 16: 5418-5424.

Nguyen, B. T., Lehmann, J., Kinyangi, J., et al. Long-term black carbon dynamics in cultivated soil[J]. Biogeochemistry, 2008, 89(3): 295-308.

Nguyen, B. T., Lehmann, J., Hockaday, W. C., et al. Temperature sensitivity of black carbon decomposition and oxidation[J]. Environmental Science and Technology, 2010, 44(9): 3324-3331.

Ni, J., Pignatello, J. J. and Xing, B. Adsorption of aromatic carboxylate ions to charcoal black carbon is accompanied by proton exchange with water[J]. Environmental Science and Technology, 2011, 45: 9240-9248.

Nocentini, C., Certini, G., Knicker, H., et al. Nature and reactivity of charcoal produced and added to soil during wildfire are particle-size dependent[J]. Organic Geochemistry, 2010, 41(7): 682-689.

Oen, A. M. P., Beckingham, B., Ghosh, U., et al. Sorption of organic compounds to fresh and field-aged activated carbons in soils and sediments[J]. Environmental Science and Technology, 2011, 46(2): 810-817.

Olivier, J. P. Improving the models used for calculating the size distribution of micropore volume of activated carbons from adsorption data[J]. Carbon, 1998, 36: 1469-1472.

Pendleton, P., Wong, S. H., Schumann, R., et al. Properties of activated carbon controlling 2-methylisoborneol adsorption[J]. Carbon, 1997, 8: 1141-1149.

Petosa, A. R., Jaisi, D. P., Quevedo, I. R., et al. Aggregation and deposition of engineered nanomaterials in aquatic environments: Role of physicochemical interactions[J]. Environmental Science and Technology, 2010, 44(17): 6532-6549.

Pignatello, J. J. Adsorption of organic compounds by black carbon from aqueuous solution[M]. in J.-M. Xu, and D. L. Sparks, (eds) Molecular Environmental Soil Science. Springer, 2013: 359-385.

Pignatello, J. J. and Xing, B. Mechanisms of slow sorption of organic chemicals to natural particles[J]. Environmental Science and Technology, 1996, 30(1): 1-11.

Pignatello, J. J., Kwon, S. and Lu, Y. Effect of natural organic substances on the surface and adsorptive properties of environmental black carbon (char): Attenuation of surface activity by humic and fulvic acids[J]. Environmental Science and Technology, 2006, 40: 7757-7763.

Rossen, J. and Olson, J. The controlled carbonisation and archaeological analysis of SE U.S. wood charcoals[J]. Journal of Field Archaeology, 1985, 12(1): 445-456.

Rouquerol, F., Rouquerol, J. and Sing, K. Adsorption by Powders and Porous Solids[M]. San Diego, CA: Academic Press, 1999.

Sander, M. and Pignatello, J. J. Characterization of charcoal adsorption sites for aromatic compounds: Insights drawn from single-solute and bi-solute competitive experiments[J]. Environmental Science and Technology, 2005a, 39: 1606-1615.

Sander, M. and Pignatello, J. J. An isotope exchange technique to assess mechanisms of sorption hysteresis applied to naphthalene in kerogenous organic matter[J]. Environmental Science and Technology, 2005b, 39: 7476-7484.

Sander, M. and Pignatello, J. J. On the reversibility of sorption to black carbon: Distinguishing true hysteresis from artificial hysteresis caused by dilution of a competing adsorbate[J]. Environmental Science and Technology, 2007, 41: 843-849.

Sander, M. and Pignatello, J. J. Sorption irreversibility of 1,4-dichlorobenzene in two natural organic matter-rich geosorbents[J]. Environmental Toxicology and Chemistry, 2009, 28: 447-457.

Sander, M., Lu, Y. and Pignatello, J. J. A thermodynamically based method to quantify sorption hysteresis[J]. Journal of Environmental Quality, 2005, 34: 1063-1072.

Sander, M., Lu, Y. and Pignatello, J. J. Conditioning annealing studies of natural organic matter solids linking irreversible sorption to irreversible structural expansion[J]. Environmental Science and Technology, 2006, 40: 170-178.

Schneider, M. P. W., Lehmann, J. and Schmidt, M. W. I. Charcoal quality does not change over a century in a tropical agroecosystem[J]. Soil Biology and Biochemistry, 2011, 43: 1992-1994.

Scott, A. C. Observations on the nature and origins of fusain[J]. International Journal of Coal Geology, 1989, 12(1-4): 443-475.

Scott, A. C. and Jones, T. P. Microscopical observations of recent and fossil charcoal[J]. Microscopy and Analysis, 1991, 24(1): 13-15.

Shih, Y.-H., and Gschwend, P. M. Evaluating activated carbon-water sorption coefficients of organic compounds using a linear solvation energy relationship approach and sorbate chemical activities[J]. Environmental Science and Technology, 2009, 43(3): 851-857.

Singh, N. and Kookana, R. S. Organomineral interactions mask the true sorption potential of biochars in soils[J]. Journal of Environmental Science and Health Part B, 2009, 44: 214-219.

Six, J., Bossuyt, H., Degryze, S., et al. A history of research on the link between (micro) aggregates, soil biota, and soil organic matter dynamics[J]. Soil and Tillage Research, 2004, 79(1): 7-31.

Smedley, J. M., Williams, A. and Bartle, K. D. A mechanism for the formation of soot particles and soot deposits[J]. Combustion and Flame, 1992, 91: 71-82.

Smith, B., Yang, J., Bitter, J. L., et al. Influence of surface oxygen on the interactions of carbon nanotubes with natural organic matter[J]. Environmental Science and Technology, 2012, 46(23): 12839-12847.

Snoeyink, V. L. and Weber, W. J., Jr. The surface chemistry of active carbon[J]. Environmental Science and

Technology, 1987, 1: 228-234.

Solomon, D., Lehmann, J., Wang, J., et al. Micro-and nano-environments of C sequestration in soil: A multi-elemental STXM-NEXAFS assessment of black C and organomineral Associations[J]. Science of the Total Environment, 2012a, 438: 372-388.

Solomon, D., Lehmann, J., Harden, J., et al. Micro-and nano-environments of carbon sequestration: Multi-element STXM-NEXAFS spectromicroscopy assessment of microbial carbon and mineral associations[J]. Chemical Geology, 2012b, 329: 53-73.

Southall, N. T., Dill, K. A. and Haymet, A. D. J. A view of the hydrophobic effect[J]. Journal of Physical Chemistry B, 2002, 106(3): 521-533.

Spokas, K. A., Novak, J. M., Stewart, C. E., et al. Qualitative analysis of volatile organic compounds on biochar[J]. Chemosphere, 2011, 85: 869-882.

Sposito, G. The Chemistry of Soils[M]. New York: Oxford University Press, 1989.

Stone, A. T. Reactions of extracellular organic ligands with dissolved metal ions and mineral surfaces[M]. in J. F. Banfield and K. H. Nealson (eds) Geomicrobiology: Interactions between Microbes and Minerals. Mineralogical Society of America: Chantilly, VA, 1997, 35: 309-344.

Strawn, D. G. and Sparks, D. L. Sorption kinetics of trace elements in soils and soil material[M]. in H. M. Selim and I. Iskandar (eds) Fate and Transport of Heavy Metals in the Vadose Zone. Lewis Publishers: Chelsea, MI, 1999: 1-28.

Stumm, W. Reactivity at the mineral water interface: Dissolution and inhibition[J]. Colloids and Surfaces A: Physicochemical and Engineering Aspects, 1997, 120(1-3): 143-166.

Stumm, W. and Morgan, J. J. Aquatic Chemistry[M]. NY: Wiley-Interscience, 1996.

Swiatkowski, A., Pakula, M., Biniak, S., et al. Influence of the surface chemistry of modified activated carbon on its electrochemical behaviour in the presence of lead(II) ions[J]. Carbon, 2004, 42(15): 3057-3069.

Teixido, M., Pignatello, J. J., Beltran, J. L., et al. Speciation of the ionizable antibiotic sulfamethazine on black carbon (biochar)[J]. Environmental Science and Technology, 2011, 45: 10020-10027.

Teixido, M., Hurtado, C., Pignatello, J. J., et al. Predicting contaminant adsorption in black carbon-amended soil for the veterinary antimicrobial, sulfamethazine[J]. Environmental Science and Technology, 2013, 47: 6197-6205.

Théry-Parisot, I., Chabal, L. and Chrzavzez, J. Anthracology and taphonomy, from wood gathering to charcoal analysis: A review of the taphonomic processes modifying charcoal assemblages, in archaeological contexts[J]. Palaeogeography, Palaeoclimatology, Palaeoecology, 2010, 291(1-2): 142-153.

Thompson, A. and Goyne, K. W. Introduction to the sorption of chemical constituents in soils[J]. Nature Education Knowledge, 2012, 3: 7.

Traina, S. J. and Laperche, V. Contaminant bioavailability in soils, sediments, and aquatic environments[J]. Proceedings of the National Academy of Sciences of the United States of America, 1999, 96(7): 3365-3371.

Trivedi, P. and Axe, L. Predicting divalent metal sorption to hydrous Al, Fe, and Mn oxides[J]. Environmental Science and Technology, 2001, 35: 1779-1784.

Turick, C. E., Tisa, L. S. and Caccavo Jr, F. Melanin production and use as a soluble electron shuttle for Fe(III) oxide reduction and as a terminal electron acceptor by shewanella algaebry[J]. Applied and Environmental Microbiology, 2001, 68(5): 2436-2444.

Uchimiya, M., Lima, I. M., Klasson, K. T., et al. Contaminant immobilization and nutrient release by biochar soil amendment: Roles of natural organic matter[J]. Chemosphere, 2010, 80(8): 935-940.

Uchimiya, M., Klasson, K. T., Wartelle, L. H., et al. Influence of soil properties on heavy metal sequestration by biochar amendment 2: Copper desorption isotherms[J]. Chemosphere, 2011, 82: 1438-1447.

Uchimiya, M., Bannon, D. I. and Wartelle, L. H. Retention of heavy metals by carboxyl functional groups of biochars in small arms range soil[J]. Journal of Agricultural and Food Chemistry, 2012, 60: 1798-1809.

Vaughan, A. and Nichols, G. Controls on the deposition of charcoal: Implications for sedimentary accumations of fusain[J]. Journal of Sedimentary Research, 1995, A65(1): 129-135.

Verwey, E. J. W. and Overbeek, J. T. G. Theory of the Stability of Lyophobic Colloids[M]. Amsterdam: Elsevier, 1948.

Wang, D., Zhang, W., Hao, X., et al. Transport of biochar particles in saturated granular media: Effects of pyrolysis temperature and particle size[J]. Environmental Science and Technology, 2012, 47(2): 821-828.

Wang, X. L., Shu, L., Wang, Y. Q., et al. Sorption of peat humic acids to multi-walled carbon nanotubes[J]. Environmental Science and Technology, 2011, 45(21): 9276-9283.

Wang, Y., Li, Y., Kim, H., et al. Transport and retention of fullerene nanoparticles in natural soils[J]. Journal of Environmental Quality, 2010, 39(6): 1925-1933.

Wang, Y., Wang, L., Fang, G. D., Herath, H., Wang, Y. J., Cang, L., Xie, Z. B. and Zhou, D. M. Enhanced pcbs sorption on biochars as affected by environmental factors: Humic acid and metal cations[J]. Environmental Pollution, 2013, 172: 86-93.

Weber, W. J., Kim, S. H. and Johnson, M. D. Distributed reactivity model for sorption by soils and sediments 15: Highconcentration co-contaminant effects on phenanthrene sorption and desorption[J]. Environmental Science and Technology, 2002, 36: 3625-3634.

Wen, B., Huang, R. X., Li, R. J., et al. Effects of humic acid and lipid on the sorption of phenanthrene on char[J]. Geoderma, 2009, 150(1-2): 202-208.

Wulfsberg, G. Inorganic Chemistry[M].CA , Sausalito: University Science Books, 2000.

Xia, G. and Pignatello, J. J. Detailed sorption isotherms of polar and apolar compounds in a high-organic soil[J]. Environmental Science and Technology, 2001, 35: 84-94.

Xiao, B. and Thomas, K. M. Adsorption of aqueous metal ions on oxygen and nitrogen functionalized nanoporous activated carbons[J]. Langmuir, 2005, 21(9): 3892-3902.

Xing, B. and Pignatello, J. J. Dual-mode sorption of low-polarity compounds in glassy poly (vinyl chloride) and soil organic matter[J]. Environmental Science and Technology, 1997, 31: 792-799.

Yang, Y. and Sheng, G. Pesticide adsorptivity of aged particulate matter arising from crop residue burns[J]. Journal of Agricultural and Food Chemistry, 2003, 51: 5047-5051.

Yao, F. X., Arbestain, M. C., Virgel, S., et al. Simulated geochemical weathering of a mineral ash-rich biochar in a modified Soxhlet reactor[J]. Chemosphere, 2010, 80(7): 724-732.

Zhang, H., Lin, K., Wang, H. et al. Effect of Pinus radiata derived biochars on soil sorption and desorption of phenanthrene[J]. Envronmental Pollution, 2010, 158: 2821-2825.

Zhang, L., Hou, L., Wang, L., et al. Transport of fullerene nanoparticles (nC60) in saturated sand and sandy soil: Controlling factors and modeling[J]. Environmental Science and Technology, 2012a, 46(13): 7230-7238.

Zhang, W., Wang, L. and Sun, H. Modifications of black carbons and their influence on pyrene sorption[J]. Chemosphere, 2011, 85(8): 1306-1311.

Zhang, X., Kah, M., Jonker, M. T. O. and Hofmann, T. Dispersion state and humic acids concentration-dependent sorption of pyrene to carbon nanotubes[J]. Environmental Science and Technology, 2012b, 46(13): 7166-7173.

Zhou, Z., Sun, H. and Zhang, W. Desorption of polycyclic aromatic hydrocarbons from aged and unaged charcoals with and without modification of humic acids[J]. Environmental Pollution, 2010, 158(5): 1916-1921.

Zhu, D. and Pignatello, J. J. Characterization of aromatic compound sorptive interactions with black carbon (charcoal) assisted by graphite as a model[J]. Environmental Science and Technology, 2005, 39: 2033-2041.

Zhu, D., Kwon, S. and Pignatello, J. J. Adsorption of single-ring organic compounds to wood charcoals prepared under different thermochemical conditions[J]. Environmental Science and Technology, 2005, 39: 3990-3998.

Zimmerman, A. R. Abiotic and microbial oxidation of laboratory-produced black carbon (biochar)[J]. Environmental Science and Technology, 2010, 44: 1295-1301.

生物炭在土壤中的稳定性

Johannes Lehmann、Samuel Abiven、Markus Kleber、Genxing Pan、
Bhupinder Pal Singh、Saran P. Sohi、Andrew R. Zimmerman

10.1 引言

与生物质相比,生物炭在土壤中的停留时间是一个更关键的特性(Lehmann et al., 2006)。研究表明,碳化会导致生物炭的原料特性发生改变(见第 6 章),与生物质原料相比,生物炭具有更高的稳定性和更长的在土壤中的停留时间,这意味着生物炭的矿化速度要比制备生物炭的生物质的矿化速度更慢。生物炭矿化的程度各不相同,因此本章讨论了生物质原料性质和各种条件对生物炭矿化的影响。本章使用稳定性这个术语[一个可测量的数值参数,如用平均停留时间(MRT)表示,见专栏 10-1]来描述生物炭在土壤中停留的时间长短。

与未碳化的生物质相比,生物炭的稳定性更高,可以通过以下几种方式增强其对生态系统的贡献:①生物质转化为生物炭的净 CO_2 排放量减少,这有效地缓解了气候变化(Whitman et al., 2010;见第 27 章);②生物炭在土壤中所产生的所有积极影响持续时间较长,例如,对养分(见第 7 章、第 9 章和第 15 章)和水的有效性(见第 19 章)的影响,或减轻农药(见第 23 章)和毒素(见第 20~22 章)对土壤的影响。生物炭的持久存在并不意味着其最初对土壤产生的所有积极影响会延续,因为其性质在暴露于土壤(见第 9 章)中后会发生变化,例如,会失去土壤的酸中和能力(见第 7 章)或吸附多环芳烃的能力(见第 22 章)。但是,在表面氧化和阳离子保留的情况下,生物炭也可能会产生有利的影响(见第 9 章)。亚马孙流域特有的人为土壤的特性(*Terra Preta de Indio*; Lehmann et al., 2003)通常被视为生物炭对土壤生产力长期影响的结果,但由于其复杂的形成历史,必须进行深入研究(Lehmann, 2009)。另外,基于生物炭性质的易变性,人们不能对所有生物炭材料进行统一概括,需要仔细讨论不同的生物炭性质。

本章将从以下几个方面展开讨论:①综述有关生物炭稳定性的研究;②概述生物

炭相对稳定性的机制（与未碳化的有机物相比）；③讨论管理方式或环境变化对生物炭稳定性的影响；④评估和预测生物炭在土壤中的稳定性，并建立理论基础。

10.2 生物炭的稳定性

有大量研究报道了生物炭类似物在土壤中的稳定性，这推动了人们对作为稳定性碳（C）来源的生物炭的研究。这些生物炭类似物可能包括天然植被火炭（Krull et al., 2006；Knicker et al., 2012），铁矿石生产中的木炭残渣等人为添加物（Cheng et al., 2008），以及在考古沉积物中的农业和家庭木炭残渣（Calvelo Pereira et al., 2014；相关术语请参见第1章）。根据 ^{14}C 年代测定法，碳化或植被中的热解碳（PyC）通常是土壤中最持久的有机碳形式（Pessenda et al., 2001）。即使在几千年后，考古纪录中及大量生物炭类似物积累的人为土壤中也常显示含有大量的 PyC（Glaser et al., 2001；见第2章）。

但是，即使可以用 ^{14}C 年代测定法来测量样品的年代，但仅对土壤中存在的大量生物炭类似物或对 PyC 进行量化，仍无法确定 MRT。通过测量这些生物炭类似物的储量来估计其稳定性必须满足以下几个条件：①输入量必须是已知的或近似的；②除矿化外，必须对侵蚀、淋滤或燃烧等物理质量损失进行量化，因为忽略物理质量损失计算出的最小 MRT 可能会明显偏高；③必须有两个以上的时间点才能使用 PyC 储量的差异。如果只有一个或两个可测量的时间点可用，那么基于本章接下来讨论的忽略时间矿化动力学的基本原理，单一的衰减指数只能给出近似 MRT 的最小值。从根本上讲，必须知道矿化函数才能对 MRT 进行预测。由于在试验早期阶段观察到的矿化速率（缓慢或快速）不一定保持恒定，因此不能对 MRT 进行可靠的预测。如果数据来自现有成熟生态系统中的观测值，则数值估算将无法充分反映缓慢的矿化过程。因此，一些研究中的 MRT 在 2000 年以上，而另一些研究中的 MRT 不到 100 年（见表 10.1），这些结论并不矛盾。除了其他试验条件的差异，这还能反映所观测到矿化曲线的一部分，并用于推测矿化过程的其他部分（见专栏 10-1）。另外，MRT 估算中的一个重要未知因素是土壤的未来状态（管理系统、干扰、氧化还原状态的变化等），因为这些因素都能够改变生物炭在垂直和水平两个方向的矿化率。

另一个问题是需要对土壤中残留有机物质的储量，以及热解有机物质（PCM）的循环进行定量分析：①测量炭或木炭，但实际上通常量化的可能是 PyC，它是包含非 PyC 的 PCM 部分（定义见第1章）；②量化 PyC 时会出现一般性问题，PyC 通常通过分析定义，因此其结果取决于所使用的方法（Hammes et al., 2007；见第24章）；③有机碳不仅会被矿化成 CO_2，而且可能通过非生物过程和生物过程转变成其他碳形式（见第9章），这些碳形式没有被量化为有机碳，但是，它们仍然会以非有机碳的形式存在于土壤中，这对于解释代谢产物产生的碳和未烧焦炭中有机物存在的差异是很重要的。因此，为了便于讨论，本章使用"矿化"一词表示有机碳向 CO_2 的转化，而使用"分解"一词表示有机碳向其他有机物质的转化，其他有机物质通常指微生物代谢和破碎的产物。

表 10.1 生物炭和火炭的矿化及其评估方法（按 MRT 排序）

计算的MRT[1]（年）	稳定性[2]	计算方法[3]	研究类型	矿化温度（℃）	评估期（年）	原料	制备[4]	土壤类型或土壤质地类别	参考文献
6	94.50%	S	新鲜生物炭培养	23	0.18	小麦秸秆	热解几秒钟；525℃	砂壤土	Bruun et al.（2012）
7	91%	S	新鲜生物炭培养	25	0.31	大麦根	热解40 min；375℃	砂壤土	Bruun et al.（2008）
11	99.19%	S	新鲜生物炭培养	30	0.04	甘蔗渣	热解40 min；350℃	石英砂、微生物接种剂	Cross and Sohi（2011）
11	84%	S	新鲜生物炭培养	可变（平均21）	1～2（重复应用）	桉木	炭窑热解2 d；500～600℃	强风化黏磐土	Kimetu and Lehmann（2010）
12	97.10%	S	新鲜生物炭培养	23	0.18	小麦秸秆	热解2 h；525℃	砂壤土	Bruun et al.（2012）
13	4 HL	D	新鲜生物炭培养	30	2.33	黑麦草	热解1～4 min；有氧条件下350℃	始成土	Hilscher and Knicker（2011）
14	98%	S	新鲜生物炭培养	20	0.16	玉米青贮	热解2 h；600℃	粉砂质土壤、耕地	Bamminger et al.（2014）
27	89.50%	S	新鲜生物炭培养	32	1.37	伽玛草	热解3 h；250℃	软土	Zimmerman et al.（2011）
35	99.75%	S	新鲜生物炭培养	30	0.04	甘蔗渣	热解40 min；550℃	石英砂、微生物接种剂	Cross and Sohi（2011）
38	21 MRT	S	新鲜生物炭培养	20	0.16	玉米秸秆	热解2 h；350℃	石英砂、微生物接种剂	Hamer et al.（2004）
41	23 MRT	S	新鲜生物炭培养	20	0.16	黑麦秸秆	热解2 h；350℃	石英砂、微生物接种剂	Hamer et al.（2004）
43	16 HL	S	新鲜生物炭培养	25	0.55	芒草	热解20 min；575℃	壤质砂土、软土	Bai et al.（2013）
51	96.80%	S	新鲜生物炭培养	25	1.92	橡木颗粒	快速热解；550℃	淋溶土、黑土、潜育土	Stewart et al.（2013）
58	20 HL	D	新鲜生物炭培养	25	0.55	芒草	热解20 min；575℃	砂质始成土	Bai et al.（2013）
58	99.16%	S	新鲜生物炭培养	25	0.24	芒草	热解30 min；350℃	残存湿淋溶土，pH值为7.6	Luo et al.（2011）

(续表)

计算的MRT[1]（年）	稳定性[2]	计算方法[3]	研究类型	矿化温度（℃）	评估期（年）	原料	制备[4]	土壤类型或土壤质地类别	参考文献
61	95.10%	S	新鲜生物炭培养	32	1.37	伽玛草	热解3 h; 400 ℃	软土	Zimmerman et al. (2011)
62	95.20%	S	新鲜生物炭培养	32	1.37	伽玛草	热解3 h; 250 ℃	淋溶土	Zimmerman et al. (2011)
76	96.10%	S	新鲜生物炭培养	32	1.37	伽玛草	热解3 h; 400 ℃	淋溶土	Zimmerman et al. (2011)
79	99.39%	S	新鲜生物炭培养	25	0.24	芒草	热解30 min; 350 ℃	残存湿淋溶土，pH值为3.7	Luo et al. (2011)
81	39 MRT	D	新鲜生物炭培养	27	0.43	黑麦草	热解4 h; 450 ℃	始成土	Maestrini et al. (2014a)
92	48 MRT（自己计算）[5]	D	新鲜生物炭培养	22	0.2	小麦芽	热解40 min; 450 ℃	干燥的红砂土	Farrell et al. (2013)
107	97.20%	S	新鲜生物炭培养	32	1.37	伽玛草	热解3 h; 650 ℃	软土	Zimmerman et al. (2011)
111	62 MRT	D	新鲜生物炭培养	20	0.33	桉木	热解40 min; 450 ℃	变性土	Keith et al. (2011)
113	63 MRT	S	新鲜生物炭培养	20	0.16	橡木	热解2 h; 350 ℃	石英砂，微生物接种剂	Hamer et al. (2004)
121	56 HL	D	新鲜生物炭培养	30	0.13	松木	燃烧4 min; 有氧条件350 ℃	始成土	Hilscher et al. (2009)
122	60 MRT	S	复垦土壤的温室（以第二指数速率作为比）	25	0.6	松木和橡树渣	火衍生物炭	不饱和始成土	Knicker et al. (2013)
130	56 HL	S	火灾清除土壤的化学时序，氧化回收炭	可变（平均17.7）	51	稀树草，原草	火衍生物炭	砂质黏土	Bird et al. (1999)
131	46 HL	D	新鲜生物炭培养	25	0.55	芒草	热解20 min; 575 ℃	砂质壤土，始成土	Bai et al. (2013)
133	67 TOT（99.25%）	S	熟化和新鲜的炭黑	可变（20~50，平均24）	0.5	金合欢	火衍生物炭	玻璃珠	Zimmermann et al. (2012)

(续表)

计算的MRT[1]（年）	稳定性[2]	计算方法[3]	研究类型	矿化温度（℃）	评估期（年）	原 料	制 备[4]	土壤类型或土壤质地类别	参考文献
141	28%	S	火灾清除土壤的时序，通过NMR回收焦炭	可变（平均19~21）	100	天然木质植被	火炭	强风化黏磐土	Nguyen et al. (2008)
146	99.43%	S	新鲜生物炭培养	可变（0~25，平均8.4）	0.83	松树树苗	热解5 h；450 ℃	始成土	Maestrini et al. (2014b)
170	89 MRT	D	新鲜生物炭培养	22	5	牛粪	热解40 min；400 ℃	变性土	Singh et al. (2012)
173	80 MRT	S	用100年老化的生物炭在土壤中培养	30	0.48	硬木	在木炭窑中进行热解；2 d；500~600 ℃	美国东北部不同的土壤	Cheng et al. (2008)
179	100 MRT	D	新鲜生物炭培养	20	0.33	桉木	热解40 min；550 ℃	变性土	Keith et al. (2011)
181	82 MRT	D	新鲜生物炭培养	32	1	花梨木	燃烧3 h；250 ℃	石英砂、微生物接种剂	Zimmerman (2010)
183	60 HL	D	新鲜生物炭培养	28	0.3	原始林木	考古木炭（番木瓜）	石英砂、微生物接种剂	Calvelo Pereira et al. (2014)
198	99.58%	S	新鲜生物炭培养	可变（0~25，平均8.4）	0.83	松树树苗	热解5 h；450 ℃	始成土	Singh et al. (2014)
201	105 MRT	D	新鲜生物炭培养	22	5	造纸厂污泥	热解40 min，蒸汽活化；550 ℃	变性土	Singh et al. (2012)
212	99.76%	n/a	新鲜生物炭培养	21	0.27	混合木	热解1~3 s；500 ℃	典型的薄层湿软土	Spokas et al. (2009)
217	98 MRT	D	新鲜生物炭培养	32	3.2	伽玛草	热解3 h；400 ℃	石英砂、微生物接种剂	Zimmerman and Gao (2013)
220	72 HL	D	新鲜生物炭培养	28	0.3	原始林木	考古木炭（Horotiu）	石英砂、微生物接种剂	Calvelo Pereira et al. (2014)
231	96 MRT	D	新鲜生物炭培养	32	1	雪松木	燃烧3 h；250 ℃	石英砂、微生物接种剂	Zimmerman (2010)
239	125 MRT	D	新鲜生物炭培养	22	5	家禽垫料	热解40 min；400 ℃	变性土	Singh et al. (2012)

(续表)

计算的MRT[1]（年）	稳定性[2]	计算方法[3]	研究类型	矿化温度（℃）	评估期（年）	原料	制备[4]	土壤类型或土壤质地类别	参考文献
244	127 MRT	T	新鲜生物炭培养	可变（13～25，平均19）	1.4	玉米秸秆	在36 ℃·min⁻¹下热解；550 ℃	淋溶土	Herath et al.（2014）
251	113 MRT	D	新鲜生物炭培养	32	1	雪松木	热解3 h；525 ℃	石英砂、微生物接种剂	Zimmerman（2010）
260	128 MRT（自行计算）	D	新鲜生物炭培养	25	1.13	大麦根	用空气热解24 h；500 ℃	低黏土	Bruun et al.（2013）
262	129 MRT（自行计算）	D	新鲜生物炭培养	25	1.13	大麦根	用空气热解24 h；400 ℃	低黏土	Bruun et al.（2013）
268	132 MRT（自行计算）	D	新鲜生物炭培养	25	1.13	大麦根	用空气热解24 h；400 ℃	低黏土	Bruun et al.（2013）
269	99.82%	S	新鲜生物炭培养	25	0.24	芒草	热解30 min；700 ℃	残存湿淋溶土，pH值为7.6	Luo et al.（2011）
269	93 MRT	D	新鲜生物炭培养	32	1	甘蔗渣	热解3 h；400 ℃	石英砂、微生物接种剂	Zimmerman（2010）
269	121 MRT	D	新鲜生物炭培养	32	1	花梨木	热解3 h；400 ℃	石英砂、微生物接种剂	Zimmerman（2010）
275	98.90%	S	新鲜生物炭培养	32	1.37	伽玛草	热解3 h；650 ℃	淋溶土	Zimmerman et al.（2011）
293	75%	S	火烧土壤的时序，BPCA回收焦炭	可变（平均6.6）	97	天然草原植被	火衍生生物炭	软土	Hammes et al.（2008）
311	162 MRT	T	新鲜生物炭培养	可变（13～25，平均19）	1.4	玉米秸秆	在36 ℃·min⁻¹下热解；350 ℃	火山灰土	Herath et al.（2014）
311	140 MRT	D	新鲜生物炭培养	32	1	甘蔗渣	热解3 h；525 ℃	石英砂、微生物接种剂	Zimmerman（2010）
325	147 MRT	D	新鲜生物炭培养	32	1	雪松木	热解3 h；400 ℃	石英砂、微生物接种剂	Zimmerman（2010）

(续表)

计算的MRT[1] (年)	稳定性[2]	计算方法[3]	研究类型	矿化温度 (℃)	评估期 (年)	原料	制备[4]	土壤类型或土壤质地类别	参考文献
331	149 MRT	D	新鲜生物炭培养	32	3.2	橡木	热解3 h; 400 ℃	石英砂、微生物接种剂	Zimmerman and Gao (2013)
341	178 MRT	T	新鲜生物炭培养	可变（13～25，平均19）	1.4	玉米秸秆	在36 ℃·min⁻¹下热解; 550 ℃	火山灰土	Herath et al. (2014)
346	99.86%	S	新鲜生物炭培养	25	0.24	芒草	热解30 min; 700 ℃	残存湿淋溶土，pH值为3.7	Luo et al. (2011)
359	200 MRT	S	新鲜生物炭培养	20	3.2	黑麦草	热解13 h; 400 ℃	贫瘠的淋溶土或黄土	Kuzyakov et al. (2009)
369	166 MRT	D	新鲜生物炭培养	32	3.2	松木	热解3 h; 250 ℃	石英砂、微生物接种剂	Zimmerman (2010)
369	192 MRT	T	新鲜生物炭培养	可变（13～25，平均19）	1.4	玉米秸秆	在36 ℃·min⁻¹下热解; 350 ℃	淋溶土	Herath et al. (2014)
381	213 MRT	D	新鲜生物炭培养	20	1	桉木	热解40 min; 450 ℃	新成土	Fang et al. (2014a)
381	172 MRT	D	新鲜生物炭培养	32	3.2	橡木	燃烧3 h; 250 ℃	石英砂、微生物接种剂	Zimmerman and Gao (2013)
390	217 MRT	D	新鲜生物炭培养	20	1	桉木	热解40 min; 450 ℃	变性土	Fang et al. (2014a)
420	234 MRT	D	新鲜生物炭培养	20	1	桉木	热解40 min; 450 ℃	氧化土	Fang et al. (2014a)
441	199 MRT	D	新鲜生物炭培养	32	1	甘蔗渣	热解3 h; 650 ℃	石英砂、微生物接种剂	Zimmerman (2010)
458	207 MRT	D	新鲜生物炭培养	32	3.2	松木	热解3 h; 400 ℃	石英砂、微生物接种剂	Zimmerman (2010)
463	258 MRT	D	新鲜生物炭培养	20	1	桉木	热解40 min; 450 ℃	始成土	Fang et al. (2014a)
506	228 MRT	D	新鲜生物炭培养	32	1	花梨木	热解3 h; 650 ℃	石英砂、微生物接种剂	Zimmerman (2010)
510	267 MRT	D	新鲜生物炭培养	22	5	桉树叶	热解40 min, 蒸汽活化; 400 ℃	变性土	Singh et al. (2012)
549	248 MRT	D	新鲜生物炭培养	32	3.2	伽玛草	热解3 h; 525 ℃	石英砂、微生物接种剂	Zimmerman and Gao (2013)

(续表)

计算的MRT[1]（年）	稳定性[2]	计算方法[3]	研究类型	矿化温度（℃）	评估期（年）	原 料	制 备[4]	土壤类型或土壤质地类别	参 考 文 献
551	303 MRT	B	火炭建模	可变（平均20.4）	n/a	稻草	火衍生炭	水稻土	Lehndorff et al. (2014)
552	250 MRT	D	新鲜生物炭培养	32	3.2	伽玛草	燃烧3 h；250 ℃	石英砂、微生物接种剂	Zimmerman and Gao (2013)
557	99.70%	S	新鲜生物炭培养	25	1.92	橡木颗粒	快速热解；550 ℃	潜育黑土	Stewart et al. (2013)
561	294 MRT	D	新鲜生物炭培养	22	5	桉木	热解40 min，400 ℃	变性土	Singh et al. (2012)
582	263 MRT	D	新鲜生物炭培养	32	3.2	松木	热解3 h；525 ℃	石英砂、微生物接种剂	Zimmerman (2010)
594	311 MRT	D	新鲜生物炭培养	22	5	牛粪	热解40 min，蒸汽活化；550 ℃	变性土	Singh et al. (2012)
594	292 MRT	D	新鲜生物炭培养	25	0.49	松木	热解5 h；450 ℃	始成土	Santos et al. (2012)
605	273 MRT	D	新鲜生物炭培养	32	1	雪松木	热解3 h；650 ℃	石英砂、微生物接种剂	Zimmerman (2010)
616	344 MRT	D	新鲜生物炭培养	20	1	桉木	热解40 min；550 ℃	始成土	Fang et al. (2014a)
623	326 MRT	D	新鲜生物炭培养	22	5	桉木	热解40 min，蒸汽活化；400 ℃	变性土	Singh et al. (2012)
709	320 MRT	D	新鲜生物炭培养	32	3.2	橡木	热解3 h；525 ℃	石英砂、微生物接种剂	Zimmerman and Gao (2013)
736	362 MRT（自行计算）	D	新鲜生物炭培养	25	1.13	大麦根	用空气热解24 h；600 ℃	中级黏土	Bruun et al. (2013)
751	393 MRT	D	新鲜生物炭培养	22	5	家禽垫料	热解40 min，蒸汽活化；550 ℃	变性土	Singh et al. (2012)
755	371 MRT（自行计算）	D	新鲜生物炭培养	25	1.13	大麦根	用空气热解24 h；500 ℃	中级黏土	Bruun et al. (2013)
785	386 MRT	D	新鲜生物炭培养	25	1.13	大麦根	用空气热解24 h；400 ℃	中级黏土	Bruun et al. (2013)

(续表)

计算的MRT[1]（年）	稳定性[2]	计算方法[3]	研究类型	矿化温度（℃）	评估期（年）	原料	制备[4]	土壤类型或土壤质地类别	参考文献
788	94%	S	火烧土壤的时序，BPCA回收焦炭	可变（平均5.5）	55	天然草原植被	火衍生炭	软土	Vasilyeva et al. (2011)
807	450 MRT	D	新鲜生物炭培养	20	1	桉木	热解40 min；550 ℃	变性土	Fang et al. (2014a)
824	405 MRT（自行计算）	D	新鲜生物炭培养	25	1.13	大麦根	用空气热解24 h；600 ℃	高黏土	Bruun et al. (2013)
854	420 MRT（自行计算）	D	新鲜生物炭培养	25	1.13	大麦根	用空气热解24 h；400 ℃	高黏土	Bruun et al. (2013)
893	439 MRT（自行计算）	D	新鲜生物炭培养	25	1.13	大麦根	用空气热解24 h；500 ℃	高黏土	Bruun et al. (2013)
902	444 MRT	D	新鲜生物炭培养	25	0.49	松木	热解5 h；450 ℃	安山土壤	Santos et al. (2012)
951	429 MRT	D	新鲜生物炭培养	32	3.2	橡木	热解3 h；650 ℃	石英砂、微生物接种剂	Zimmerman and Gao (2013)
1037	578 MRT	D	新鲜生物炭培养	20	1	桉木	热解40 min；550 ℃	氧化土	Fang et al. (2014a)
1090	571 MRT	D	新鲜生物炭培养	22	5	桉木	蒸汽活化；550 ℃	变性土	Singh et al. (2012)
1092	609 MRT	D	新鲜生物炭培养	20	1	桉木	热解40 min，蒸汽活化；550 ℃	新成土	Fang et al. (2014a)
1114	503 MRT	D	新鲜生物炭培养	32	3.2	松木	热解72 h；650 ℃	石英砂、微生物接种剂	Zimmerman (2010)
1314	600 MRT	D	新鲜生物炭的现场试验，测量 $^{13}CO_2$	可变（平均26）	2	杧果木	在木炭窑中进行热解，48 h；400~600 ℃	氧化土	Major et al. (2010)
1558	703 MRT	D	新鲜生物炭培养	32	3.2	橡木	燃烧72 h；650 ℃	石英砂、微生物接种剂	Zimmerman and Gao (2013)
1905	882 MRT（自行计算）	D	千年生物炭培养土壤	30	1.5	未知	因燃烧或碳化而产生的未知焦炭	黏土氧化到砂质灰土	Liang et al. (2008)

207

（续表）

计算的MRT[1]（年）	稳定性[2]	计算方法[3]	研究类型	矿化温度（℃）	评估期（年）	原料	制备[4]	土壤类型或土壤质地类别	参考文献
2425	1270 MRT	D	新鲜生物炭培养	22	5	桉木	热解40 min；蒸汽活化；550 ℃	变性土	Singh et al. (2012)
2721	1300 MRT	B	火炭建模	可变（平均27）	n/a	天然草原植被	火衍生炭	砂质始成土	Lehmann et al. (2008)
2736	1433 MRT（自行计算）	D	新鲜生物炭培养	22	0.2	桉树芽	热解40 min；450 ℃	干燥的红砂土	Farrell et al. (2013)
3080	1613 MRT	D	新鲜生物炭培养	22	5	桉木	热解40 min；550 ℃	变性土	Singh et al. (2012)
3202	1444 MRT	D	新鲜生物炭培养	32	3.2	松木	热解3 h；650 ℃	石英砂、微生物接种剂	Zimmerman (2010)
3857	1400 HL	n/a	新鲜生物炭培养	可变（17～27）	0.18	山核桃壳	热解30 min；700 ℃	壤性砂	Novak et al. (2010)
4419	1993 MRT	D	新鲜生物炭培养	32	3.2	伽玛草	热解3 h；650 ℃	石英砂、微生物接种剂	Zimmerman and Gao (2013)
5448	2603 MRT	B	火炭建模	可变（平均27）	n/a	天然草原植被	火衍生炭	黏土质始成土	Lehmann et al. (2008)

注：[1] MRT使用图10.3中的温度换算（Q10；专栏10-1中解释的换算方程）将全球平均地表温度调整为10 ℃；使用单指数单参数模型计算单次测量期间恢复的MRT。

[2] MRT：平均停留时间；HL：半衰期；TOT：周转时间（对于双指数模型，取加权平均值）；MRT、HL和TOT以年为单位，在研究中生物炭矿化温度的单一测量期间的回收率以%为单位。

[3] S：单指数模型；D：双指数模型；T：三重指数模型（模型在后面部分解释）；B：预算；如果不使用模型，只测量一次回收率（通常用于只有一次测量的试验），则为n/a。

[4] 最高热解温度时间。

[5] 引用文献中不存在的计算，根据原始数据重新计算得到。

> **专栏 10-1　稳定性定量术语**
>
> 稳定性通常通过测定释放的 CO_2 或土壤中碳残留量随时间的变化来确定。数值模拟通常采用指数衰减的方法，其结果表示为衰减速率、平均停留时间（MRT，相当于平均寿命）、半衰期或周转时间，这也适用于生物炭。这些结果在数学上有相关性（Six and Jastrow, 2002）。衰减速率是指数衰减函数中的指数（k，是环境条件的函数），单位为时间单位$^{-1}$，即
>
> $$Biochar_t = Biochar_0 e^{-kt}$$
>
> MRT 是衰减速率（$1/k$）的倒数，是生物炭的平均停留时间。半衰期是 50% 的生物炭被矿化所需要的时间。半衰期可以通过将 MRT 乘以 2 取自然对数后得到。计算周转时间需要知道生物炭的剩余量，周转时间通过将平衡时的生物炭剩余量除以单位时间的损失量得到。
>
> 生物炭和其他天然有机物等非均质复合材料通常由单个化合物或多个化合物（以下称为"组分"）的混合物组成，每种化合物的衰减速率不同。这可能需要使用不同的（虽然通常是概念上的）"库"来分配多个指数函数以描述整个衰减过程。由于生物炭的难降解组分占主导地位，因此，当考虑长时间尺度时，可以简化该计算过程。该方程可以用数学方法来求解，从而得到 "k" 的估计值。这种方法适用的前提是假设碳库之间没有相互作用，分解产物也没有转移到其他碳库。尽管此假设不适用于所有土壤有机碳形式，但可以用于保守估计生物炭的稳定性。另一种方法是以土壤有机碳模型为代表的多库建模，如 Century（Parton et al., 1994）和 RothC（Coleman et al., 1997）。这种方法考虑了一个或多个其他库的产物进入指定库的物质，并在每个连续计算的"时间步"（动态模拟）中重新评估每个库的状态。

从理论上讲，单独使用稳定的 ^{13}C 同位素（见下文），或者与 PyC 定量结合使用，可以更好地区分不同物质的转化和迁移过程。然而，PCM 的来源可能与土壤中非 PCM 的来源相同，因此来自现有的木炭或木炭沉积物的可能很小。迄今为止，尚未有任何研究利用 ^{13}C 同位素差异来追踪古代燃料或历史性人为添加物中的 PyC。与其他元素同位素相比，使用 ^{13}C 同位素差异可能更适合在室内或野外研究，例如，向土壤中添加具有相反稳定同位素组成的生物炭进行长期试验。除 ^{13}C 年代测定法之外，^{14}C 放射性同位素尚未被用于模拟或量化土壤中现有炭或木炭中 PyC 的矿化程度，因此该研究极具挑战性和探索价值。

10.2.1　有机物矿化的野外研究

本节的目的是概述有关生物炭稳定性的科学证据，但选择的方法不同会极大地影响其估计值，因此对稳定性的讨论很大程度上受到了影响。考虑到野外研究和室内研究都有极其不同的限制条件，因此下文将对这两种类型的研究分开进行讨论。野外研究可以量化实际的生物炭周转量，包括气候差异、土壤类型、恒定的有机碳输入量、土壤管理（如耕作）和植物的生长等。然而，利用野外研究来区分生物炭矿化与通过其他途径在表层土壤中消失的生物炭具有一定的局限性。与室内研究相比，野外研究限制了生物炭类型之间进行对比的研究，这从表 10.1 中的每个野外研究的处理数量较少就可以看出来。

目前，研究人员已报道了在不同的野外条件下，PCM 的 MRT 的变化范围为 6～5448

年（年平均温度为 10 ℃，见表 10.1）。应用生物炭的目的是长期改善土壤或进行碳固存，因此这个时间范围很长。MRT 的变化主要取决于不同的 PCM 特性，这些特性不是随机的，可以根据原材料的特性及环境和生物的差异进行预测（在后面的章节中讨论）。尽管生物炭与未碳化的残留物相比，预测矿化的材料特性有根本的不同，但从原则上讲，这与未碳化废弃物分解过程中人们所熟知的差异没有什么不同（Zhang et al., 2008）。MRT 变化的另一个原因是试验方法和所采用的推断方法存在差异，这将在后面的章节中讨论。

10.2.2 人为添加生物炭

近 10 年的研究表明，向土壤中添加生物炭后，CO_2 排放量没有变化（Wardle et al., 2008; Kimetu and Lehmann, 2010; Zhang et al., 2012），但是这些研究都没有单独评估 CO_2 的来源。人们可以通过同位素法区别其他来源的 CO_2 与施用生物炭后排放的 CO_2，这是量化生物炭矿化最可靠的方法（Major et al., 2010）。重复测量土壤中的 ^{13}C 不仅可以检测同位素标记的生物炭的独特特征，还可以掌握土壤生态系统对生物炭矿化的所有相关影响（Kimetu and Lehmann, 2010）。这些方法估算的生物炭中 C 的 MRT 为 11～1314 年（全球年平均温度为 10 ℃，见表 10.1）。以上两种方法都无法将 C 与残留在土壤中的原始生物炭（以 PyC 为主），以及任何分解产物（如微生物代谢产物或碎片）区分开来。因此，我们还需要进行其他试验来评估分解产物，例如，追踪微生物衍生脂质中的同位素（Santos et al., 2012; Farrell et al., 2013），或者单独追踪，已知的 PyC 中的同位素，这些同位素是从施用的生物炭中衍生出来的（分析分离后，第 25 章），以评估分解产物。

任何一种方法都有其优缺点。由于土壤有机碳储量大、生物炭矿化度相对较小及 MRT 计算需要频繁测量等局限性，对土壤中施用生物炭的残留 ^{13}C 同位素差异的定量研究面临挑战（见专栏 10-1）。量化 CO_2 的挑战包括：需要在试验区内多个地方分别采样，长时间内对低同位素差异的检测，频繁或连续测量产生的相关工作量较大、费用较高（Major et al., 2010）。这些挑战与其他有机改良剂或植物凋落物 MRT 的定量计算相似。

迄今为止，除对燃料衍生炭的研究外，还没有任何野外研究将 PyC 量化作为生物炭量化的替代物（Nguyen et al., 2008; Schneider et al., 2011）。结合 ^{13}C 同位素技术，对生物炭施用后残留的 PyC 进行定量分析，可能会产生潜在的价值。但是，单独测量 PyC 作为对其稳定性的评估，仍然存在方法限制，以及选择捕获哪种形式的 PyC 等问题（见第 24 章）。

任何方法都需要单独评估其物理损失，如迁移到下层土壤或土壤表面的侵蚀。如 Major 等（2010）所述，如果大部分的土壤被侵蚀或淋溶，即使用 ^{13}C 重复测量土壤中生物炭的 MRT，其值也可能是错误的或低于实际值的。

10.2.3 通过自然碳循环中的 PyC 平衡进行定量

由于持续数年以上的试验很难维持与预测的数百年至数千年的 MRT 相比，在实际施用生物炭时只能进行相对短期的评估。此外，真正长期持续进行的几百年的试验结果在一定时间内无法得到，而计算自然碳动力学的 PyC 平衡可以作为一个突破点（Czimczik and Masiello, 2007）。

火灾是地球碳循环的一部分，其时间周期远远超过了估算生物炭在土壤中稳定性的时间周期（Bowman et al., 2009）。因此，火灾残留物在很长一段时间内沉积在土壤中，并且可以作为由相似生物质在相同条件下制备的生物炭的类似物。亚马孙流域考古土壤中的木炭和爱荷华州软土中自然火灾所形成的木炭具有相似的分子特性（Mao et al., 2012）。

根据自然碳循环计算 MRT 需要满足以下 3 个要求：①随着时间的推移，已知的且最好是准连续的碳输入；②一段时期内的碳输入量远远超过 MRT；③可量化的碳输入量超过矿化的最小碳输出量。大量未知的碳输出将会导致生物炭的稳定性被低估，因此对于高 MRT 而言，该估计值可视为一种保守估计。草原燃烧可能更适合用于估算其稳定性，因为其发生得更频繁，而森林火灾发生较分散，所以最近的大多数火灾可能会在碳输入中占主导地位（Ohlson et al., 2009）。木炭输入对 MRT 的估计值有显著影响，但在某些情况下可能会受到试验数据的限制，并导致澳大利亚北部大量草地的 MRT 估计值为 1300～2600 年（Lehmann et al., 2008）。此外，可以将这种方法推广到稻田中稻草的定期人为焚烧情况，据计算，中国稻田的 MRT 估计值为 113～920 年（Lehndorff et al., 2014）。

10.2.4 年代序列

年代序列通过对过去不同时间接受生物炭型的 PCM 土壤进行采样，用空间代替时间来进行计算（Bird et al., 1999; Preston and Schmidt, 2006; Hammes et al., 2008; Nguyen et al., 2008; Vasilyeva et al., 2011; Alexis et al., 2012）。这些也被称为"假年代序列"，因为它们实际上并不是随时间多次采样得出的，而是随时间变化得出的结论，历史上已有其用于生物炭和土壤管理以外用途的记录（Huggett, 1998）。在几乎相同的环境条件（植被、土壤类型和气候）和管理（耕作和种植制度）下，确定足够多的地点以获得相同数量和相同类型的生物炭，对于年代序列来说仍是一个挑战。这些评估还局限于由火灾产生而非人为添加生物炭产生的 PCM。与常用的通过使用研究者管理的生物炭添加剂进行野外观察而获得的生物炭的矿化相比，年代序列所具有的优点是理论上生物炭矿化可以进行数百年（Hammes et al., 2008; Nguyen et al., 2008）或数千年（Preston and Schmidt, 2006；由 Gavin 等于 2003 年计算）的观测。与野外研究相似，年代序列在评估或排除生物炭的物理迁移方面也面临重大挑战。侵蚀可能是导致生物炭从土壤中消失的主要途径（见第 11 章），忽略这一过程将导致对生物炭矿化的错误估计（Nguyen et al., 2008）。年代序列只能提供较小的矿化估计值。因此，除非已知侵蚀和浸出速率很低，否则不应使用年代序列来估计。

10.2.5 生物炭矿化的室内研究

室内研究允许对试验条件进行控制，以探讨不同环境和生物炭特性对矿化的影响。室内研究的缺点是持续时间通常有限（尽管迄今为止发表的最长观察结果来源于室内培养研究）、缺乏凋落物输入，以及缺少大型动物、植物或土壤管理，这也会影响微生物的再接种、水和温度的动态变化。可以预期的是，在各种不同 PCM 和试验条件的研究中，即使调整到相同的培养温度（见表 10.1），计算的 MRT 也在 6～4419 年内变化。这种变化在很大程度上是由不同的生物炭性质和试验条件（包括土壤性质、土壤生物区系等）导致的，这些将在后面的研究结果中讨论。

室内培养研究的一个重要优势是可以利用老化生物炭。这些老化生物炭是从生产木炭的储存地点获得（Cheng et al., 2008; Calvelo Pereira et al., 2014）、从火灾易发点的土壤炭组分分离（Shindo, 1991）和土壤表面收集（Zimmermann et al., 2012），或者在室内使用氧化剂试验制得的（Cross and Sohi, 2013）。此外，培养土壤中含有的大量 PyC 已被用于评估近似矿化率，并且应与含有少量 PyC 或无 PyC 的相邻土壤进行比较（Cheng et al., 2008; Liang et al., 2008; Knicker et al., 2013）。这种老化可能会减少生物炭易矿化组分及降低生物炭的芳香性。前一种作用可以通过相对较大的非 PyC 组分的短期矿化来减少长期预测 MRT 存在的偏差。通过最易被化学氧化的 PyC 组分的 ^{14}C 测定，可以确定在很长时间内残留的生物炭是否具有更强的矿化作用（Krull et al., 2006）。通过密切关注矿物之间的相互作用，经过几千年之后，生物炭表面官能团组成类似，表明矿化作用基本上没有变化（Liang et al., 2008）。过去几十年（McBeath et al., 2013）、几百年（Schneider et al., 2011），甚至几千年（Liang et al., 2008）的研究表明，土壤中残留炭的整体化学组成没有变化（不要将其与表面性质的变化相混淆，因为后者的变化可能非常大，详见第 9 章）。

10.3 生物炭的稳定性机制

不同的稳定性机制决定了生物炭和有机物矿化的时间。10.4 节将对可能决定全球物质分解最重要的因素（湿度和温度等环境条件）进行讨论。与其他可供分解者使用的材料相比，初始矿化为 CO_2 和分解为微生物产物的速率（见图 10.1 中的过程①）可作为植物残渣的化学和物理特性相比的函数（所有其他条件相同）。生物炭在土壤中长期稳定的主要原因是，分解者与有机物的空间分离或物理分离（如图 10.1 中的过程②所示为"聚集"），以及与矿物的相互作用（见图 10.1 中的"矿物相互作用"）（Schmidt et al., 2011），通常统称为"稳定化"。这种稳定化过程可理解为，在材料性质不变的情况下稳定性的增强或 MRT 的增大。本章没有讨论生物炭在土壤中的稳定性的大小（见本书的其他章节），但简要概述了材料偏好、物理分离和矿物相互作用这 3 种不同机制的重要性。

材料偏好通常被视为一种短期机制，经过几天或几个月后，未烧焦残留物中的炭仍持续存在，这在很大程度上取决于微生物群落对凋落物的适应性和替代能源的存在（Kleber, 2010）。由于没有矿化为 CO_2 的植物炭被分解为微生物产物，其难降解的化学性质并不是生物炭稳定性的主要原因（Schmidt et al., 2011），而是下文所讨论的物理分离和矿物相互作用所致。这与热解过程中化学成分发生显著变化的生物炭（见第 6 章）不同，相对于未碳化的植物残渣的分解，随着时间的推移，与矿物发生相互作用之前的初始衰变阶段（见图 10.1 中的过程①）对生物炭的定量极其重要，但不同时间的机理可能在性质上一致（见专栏 10-2）。这是由于微生物更适应有机碳形式，这种形式的代谢需要较少的活化能。材料特性的变化是由于热解使其产生了类似于矿物的特性，这可以看作形成高结晶和有序的矿物石墨的第一步，包括以下几个方面：①石墨烯片的形状比那些聚缩合环系统大得多（因此微生物不应将其作为能量来源）；②具有结晶特性的涡轮碳层堆叠体的聚集；③在不同热解温度和原料的作用下，产生无限多种的多聚缩合结构分子（见第 6 章）。

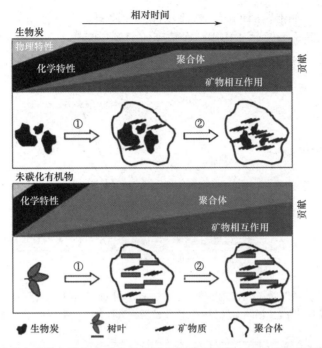

图10.1 土壤中生物炭或未碳化有机物的稳定性各种机制及其贡献。来自生物炭的碳停留在土壤中的绝对时间可能更长；相对短期的分解和矿化（类似于凋落物分解）；聚合体和矿物相互作用的长期持久性（生物炭在长时间的变化过程中可能会有所不同；图中面积越大，该机制的重要性越高）

生物炭在碳化过程中的结构变化是不均匀的，在纳米尺度上的变化很大（见第9章），取决于它们所产生的生物分子（Knicker，2011）。研究发现，利用核磁共振（NMR）光谱，在350 ℃和600 ℃下由橡木和玉米秸秆制备的新鲜生物炭中检测到18～40个C原子（Nguyen et al.，2010）。通过吸附^{13}C标记的苯，在500 ℃和700 ℃下热解制备的栗木生物炭中检测到25～52个C原子（McBeath et al.，2011）。研究还发现，在中西部软土和亚马孙黑土的生物炭中至少有20个C原子（Mao et al.，2012）。这里提到的环结构的平均团簇都较小，且随热解温度的升高而增大。这些团簇将连接在更大的、能在很长一段时间内保持颗粒形式（Liang et al.，2008）的PyC上（Mao et al.，2012），并且在600 ℃左右也能获得一定程度的空间有序性（Kercher and Nagle，2003；Nguyen et al.，2010）。虽然纳米尺寸的空间组合对生物炭稳定性的重要性仍不清楚（Lehmann et al.，2009），但如果已知PCM中存在不同的洋葱状或富勒烯型结构，且具有不同的结构稳定性，那么纳米尺寸的空间组合可能对生物炭的稳定性极其重要（Hata et al.，2000；Harris，2005；Paris et al.，2005；Bourke et al.，2007；Cohen-Ofri et al.，2007）。已有研究表明，净效应是指在更高温度下热解的生物炭的稳定性更大（见图10.2）。

生物炭不仅含有占其主导地位的芳香环结构，还含有其他不同数量的化合物（Baldock and Smernik，2002；Czimczik et al.，2002），这些化合物可能在几个月内快速矿化，如含有脂肪族碳的化合物（Cheng et al.，2006；Hilscher et al.，2009；Nguyen et al.，2010）。非芳香族碳的比例通常随着热解温度的升高而降低（Nguyen et al.，2010；McBeath et al.，2014）。然而，在研究热解温度对矿化作用的影响时（见图10.2），除考虑试验条件（见下文）外，还要考虑其他热解条件（如停留时间、空气流动性）和原料性质（如灰分含量）的共同作用，因为这些因素的不同会导致矿化作用存在较大的差异。因此，了解土壤中不同生物炭的分子组成和基本性质，对于定量和预测土壤中不同生物炭的矿化作用具有重要意义。

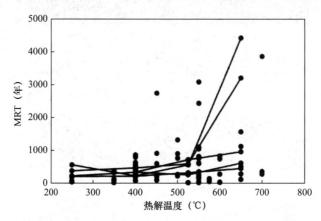

图10.2　生物炭的平均停留时间（MRT）与热解温度的函数（MRT从表10.1调整到10 ℃；不包括燃料和燃烧衍生的PCM；折线指相同原料和相同矿化试验的数据，这些数据可用于最大温度范围）

专栏 10-2　生物炭稳定性的概念

碳化能降低有机物的矿化能力，本章所讨论的内容也证明了这一点。但是，从机械论的角度来看，将生物炭的稳定性归咎于物质本身的稳定性是不正确的。调和这一明显的矛盾为解释这些结果提供了一个有用的概念框架。不仅能证明碳化会导致矿化程度降低，也为设计最大稳定性的生物炭系统提供了一个有用的概念框架。

当微生物群落具有适应有机物结构的能力，且没有其他额外的机制可以赋予其更高的稳定性时（如正文中所讨论的低温、低湿及与矿物或团聚体的相互作用或聚集），任何有机物理论上都可能被认为是可被微生物矿化的（Ekschmitt et al., 2005）。土壤中有大量的细菌、真菌和动物分解者，其中大部分都适应食物供应和基质特性的变化。与碳水化合物相比，理论上来说，生物炭特有的芳香族碳形式在与O_2反应时能产生更大的能量（苯环的能量约为 40 kJ·g^{-1}，葡萄糖的能量约为 15 kJ·g^{-1}，见第 6 章）。因此，其为分解者利用芳烃作为能源提供了动力。事实上，白腐真菌能够产生酶，从而导致较小的多芳族环（Hatakka and Hammel, 2011）和富勒醇（Schreiner et al., 2009）矿化。然而，与土壤生态系统中的大多数其他有机碳形式相比（所有其他因素相同），生物炭的化学性质极其特殊，并且在能量上不具有矿化优势。微生物更适应它们所熟悉的环境（主场优势；Ayres et al., 2009），而不适应加入生物炭后的环境。土壤中其他更常见的碳源更易代谢，因为它们生产所需酶的能源成本较低（Schimel and Weintraub, 2003）。向黑土中添加植物凋落物可减少含有 PyC 土壤的矿化作用（Liang et al., 2010）。因此，生物炭在土壤中的稳定性取决于材料特性之间的关系，而不是其原有的稳定性或抗性。传统的抗性概念可以很好地描述所观察到的矿化动力学，而热力学上正确的抗性概念可以解释环境条件中更大的变化。

物理分离通过分离团聚体内部的有机基质（Tisdall and Oades, 1982），或堵塞使微生物

无法进入小孔，进而使原本容易分解的有机碳持久存在（Kaiser and Guggenberger, 2008），这个过程对生物炭的影响程度尚不清楚。尽管在团聚体内部观察到由植被制备的炭材料（Brodowski et al., 2005; Lehmann et al., 2005），但在团聚体外部的自由轻组分（Glaser et al., 2000; Shindo et al., 2004; Murage et al., 2007）、重组分或矿物相关组分（Glaser et al., 2000; Liang et al., 2008）中观察到更多的炭材料（Glaser et al., 2000; Liang et al., 2008）。沉积大约30年后，土地焚烧产生的焦炭碎片仍清晰可见，并且存在粒径大于50 mm的颗粒，经数百年（Nguyen et al., 2008）甚至数千年（Glaser et al., 2000; Lehmann et al., 2005; Liang et al., 2008）后其仍然保持颗粒状。由于这些颗粒太大，无法进入纳米孔中，因而会减少微生物的进入，因此小孔堵塞可能不是生物炭持久存在的重要原因。然而，为具有不同密度、尺寸和亲水性的非PyC开发的物理分馏技术可能不适用于生物炭。由于缺乏足够的证据，人们认为孔隙中的有机质集聚和堵塞在很长一段时间内对生物炭稳定性的影响低于与矿物的相互作用（见图10.1）。这也与研究发现的未与矿物相互作用的生物炭的初始矿化率较低的情况一致（Baldock and Smernik, 2002; Whitman et al., 2013）。

PCM在长时间保持的颗粒性质本身就可以被描述为"自聚集"。经几千年以后，生物炭颗粒的化学特性几乎不变，其内部与周围分解者群落的物理分离可能会降低矿化速率（Liang et al., 2008）。砂土的培养试验证实了这一点，在砂土中，尽管颗粒的表面积相似，但较小的生物炭颗粒比较大的生物炭颗粒具有更快的矿化速率（Zimmerman, 2010），这归因于生物炭的物理特性（见图10.1中的过程①）。与植物残渣相比，生物炭在较长时间内的稳定性仍然很重要。

生物炭与矿物的相互作用是土壤中所有有机物长期存在的主要机制。老化PCM的直径较小，并且带负电官能团的负载量较高（Mao et al., 2012）。基于带负电官能团的自由基含量和电化学性质（Joseph et al., 2013），其与带正电矿物相互作用的概率很大。这种相互作用可能发生在溶解的矿物元素（包括Al、Mn、Fe和Ca）中，也可能发生在土壤矿物（如铁、铝氧化物或层次硅酸盐）中。光谱分析表明（Nguyen et al., 2008; Joseph et al., 2010, 2013; Chia et al., 2012; Heymann, 2012），土壤PyC含量与易受影响的夏威夷土壤中的短程有序矿物相关（Cusack et al., 2012）。随着3种丹麦土壤中黏土含量从11%增加到23%，大麦根生物炭的矿化率显著降低（Bruun et al., 2013），而0.3%～27%的黏土含量对黑土中以老化PCM为主的有机碳矿化率没有影响（Liang et al., 2008）。培养试验测定显示，木材生物炭的MRT在氧化土中（具有更大比例的短程有序矿物）比在来自澳大利亚的变性土和始成土中高22%～35%（Fang et al., 2014a）。与花岗岩土壤相比，在含有大量短程有序黏土矿物的安山岩土壤中培养时，松木制备的生物炭的矿化量在6个月内减少了1/2，而未经处理木材的矿化量没有差异（Santos et al., 2012）。另外，玉米秸秆生物炭的矿化不受暗色土中热解温度的影响，但在淋溶土中培养时，矿化量减少了近1/2（Herath et al., 2014）。这表明在活性黏土矿物作用下，碳化有机物的稳定性可能更高，但仍不清楚这些是否是由不同分子的相互作用引起的。从土壤中生物炭表面负电荷的比例很高的情况（见第9章）来看，PCM的稳定性可能比未碳化有机物的稳定性高，但与其他有机物质相比，短程有序矿物的相关性差异无法得到证实（Cusack et al., 2012）。此外，尽管生物炭颗粒与矿物之间存在分子相互作用，在几千年（至少8000年；Liang et al., 2008）后，生物炭仍可以在土壤中保持颗粒状（Joseph et al., 2010, 2013），但其可用表面有限。生物炭具有较大的比表面积（见第5章），当土壤中的生物炭含量较高时，即使数千年以后，其比表面积仍然很高（Liang et al., 2006）。然而，通过常规比表面积测量方法评估的生物炭的孔隙很大一部分可能比黏土矿物的孔隙要小，而用 N_2 或 CO_2 进行评估的生物炭表面孔隙大于黏土矿物的孔隙。生物炭与矿物之间的相互作用可能在定性和定量研究上与未碳化有机物的相互作用不同，需要进一步研究来认识生物炭表面质量和数量的时间依赖性（见第9章）。

尚不清楚生物炭中的碳被微生物分解成其他微生物产物（代谢物或碎片）时，与矿物元素或表面的相互作用在时间尺度或相对重要性方面是否不同。一方面，土壤中存在"黑腐殖质酸"分解产物，其化学成分与未碳化的有机残留物的分解产物不同（Shindo and Honma, 2001; De Melo Benites et al., 2004; Kramer et al., 2004）；另一方面，生物炭的部分或所有分解产物的化学性质也有可能与未碳化的植物残渣的化学性质相同（特别是无法以高空间分辨率找到碱性提取物的官能团组成时；Heymann et al., 2014），并且表现出与未知有机物相同的特性。

10.4 矿化机理

10.4.1 生物过程

生物炭与土壤中所有有机残留物一样，会被矿化成 CO_2（Potter, 1908; Shneour, 1966），并被微生物分解成其他有机物质（Wengel et al., 2006）。构成生物炭的 PyC 与其他天然有机物不同，分解者通常缺乏分解热解产生的多种热变化有机相所需的全套酶，如上文和专栏10.2所述。微生物可能优先在某些生物炭中繁殖（Lehmann et al., 2011），这或许能增强生物炭的生物矿化作用（Farrell et al., 2013; Luo et al., 2013），并且可能与生物炭中易矿化的碳含量相关（Luo et al., 2013）。研究表明，某些土壤动物（如蚯蚓）会优先摄取含有再发酵炭（Topoliantz and Ponge, 2003, 2005）或生物炭（Van Zwieten et al., 2010）的土壤。蚯蚓可将生物炭分散在土壤中，从而减小生物炭的粒径，但是这些过程对矿化作用的影响尚不清楚（Ameloot et al., 2013）。生物炭类型多样，要想达到相同的效果，必须认识生物炭的特性。

同样，一些研究表明，可以优先利用根系和根毛研究生物炭（见第14章）。根系可以分泌质子或低分子酸，从而改变根系的化学环境和生物活性。这些过程是否会对生物炭矿化产生影响目前尚不可知。

10.4.2 化学过程

虽然土壤生物群落的活动过程可能是生物炭矿化的主要途径，但非生物过程也可以导致生物炭矿化成大量 CO_2，并极大地促进生物矿化。某些生物炭中含有的无机碳酸盐（Enders et al., 2012）可通过溶解反应进行溶解（Farrell et al., 2013）。如果存在大量 CO_2，则通过溶解过程释放的 CO_2 可能影响使用天然的 ^{13}C 丰度和双池混合模型方法估算的矿化速率（Singh et al., 2012a; Bruun et al., 2013）。此外，稳定性预测不会考虑这些无机碳酸盐的方法估算的（如使用 H/C_{org}），但是在矿化分析研究中必须考虑无机碳酸盐的影响。没有一项计算生物炭 MRT 的培养研究单独考虑了这种影响（见表 10.1），因此值得探讨的是，将无机碳与总碳分开计算是否可以准确地预测富含灰分的生物炭的矿化速率（Singh et al., 2012a; Farrell et al., 2013），这对于含有无机碳酸盐（Enders et al., 2012）的某些废弃物（如动物和人类粪便、污泥、食物垃圾），以及热解过程未完全排除 O_2 所制备生物炭的土壤在计算生物炭 MRT 时尤为重要。（Bruun et al., 2013）。

PyC 表面的非生物氧化作用起初（在非有机碳代谢后）可能比生物氧化作用更重要（以月为时间尺度）（Cheng et al., 2006），即使它本身并不会导致碳损失，但仍可能促进生物代谢。事实上，可能需要非生物过程（包括后面讨论的物理缩减；见第 9 章）来实现稠合芳香环结构的生物矿化。值得注意的是，生物氧化和非生物氧化可能同时发生，并且在不同类型的生物炭之间可能存在很大差异。在最初的几个月，有机碳转化为 CO_2 的非生物矿化量占总矿化量的 1/3（Zimmermann et al., 2012）～1/2（Zimmerman, 2010）或更多（Bruun et al., 2013）。单独使用新鲜生物炭进行试验（不使用微生物接种剂）也显示出部分 CO_2 的显著变化，这归因于生物炭与水的非生物反应（Spokas and Reicosky, 2009; Spokas et al., 2009）和 CO_2 的解吸（Bruun et al., 2013）。然而，即使在室内也不能完全保持无菌环境，但非生物过程又很重要，因此还需要进行其他相关研究。

光氧化对残留在土壤表面的生物炭来说可能很重要（King et al., 2012）。然而，目前还没有关于生物炭光氧化过程的研究。从森林火灾的枯枝落叶层中收集到老化炭的数据表明，可浸出 C 的比例呈现上升趋势（Abiven et al., 2011），但没有通过排除其他过程来明确说明光氧化的贡献。Skjemstadet 等（1996）分析认为，PyC 是有机物中抗光氧化的组分，这表明生物炭的 PyC 组分可能比大多数未烧焦的有机物更难通过光氧化过程而矿化。

10.4.3 物理过程

生物炭可能会发生物理分解，从而通过与土壤矿物的相互作用增强矿化作用和稳定性。例如，研究发现，在没有黏土矿物的情况下，较小的颗粒比较大的颗粒更容易矿化（Zimmerman, 2010）。森林火灾发生 30 年后，在潮湿的热带山地土壤中没有发现直径大于 50 μm 的炭颗粒，这表明生物炭数十年后会被分解（Nguyen et al., 2008）。分解过程通常可能是由霜冻、温度和湿度变化、盐风化、根系或土壤耕作引起的机械应力导致的（见第 9 章）。目前，物理过程对生物炭生物矿化的影响仍不可知。植物根系在生物炭孔隙中的增殖（见第 14 章）可能激发人们研究这一过程是如何影响生物炭生物矿化的。如化学过程所述，物理分解可能类似于矿物的风化过程，从而导致生物矿化的发生。

10.5 环境和土壤管理对生物炭稳定性的影响

10.5.1 温度

温度对环境中的生物、化学和物理过程具有极大的影响，因此也有可能影响土壤中生物炭的矿化。土壤中有机碳的物理过程会对矿化产生影响，对于那些矿化速率较慢的有机物质，生物矿化程度通常会随着温度的升高而提高（Davidson and Jannsens, 2006），这可

用 Q_{10} 来表示（温度每升高 10 ℃，矿化度的增加量）。因此，在其他因素保持不变的情况下，生物炭矿化对土壤温度变化的敏感性可能高于未碳化的有机物。但是，目前无法直接比较土壤温度对未碳化有机物和已碳化有机物的影响。Fang 等（2014b）发现，在含有生物炭的土壤培养试验中，Q_{10} 不受生物炭类型（在 450 ℃或 550 ℃下由木质生物质制备）的影响，这表明土壤矿物与生物炭之间的相互作用可以降低未碳化有机物的温度敏感性（Davidson and Jannsens，2006）。但是，随着热解温度从 350 ℃升高到 600 ℃，玉米秸秆生物炭的 Q_{10} 从 1.2 提高到 1.6（10～20 ℃）（Nguyen et al.，2010）。因此，在没有与矿物（培养在砂土中进行）或其他变量有明显相互作用时，Q_{10} 可作为生物炭矿化温度敏感性变化幅度的指标。在玻璃珠上培养的老化衍生炭的 Q_{10} 为 1.7（在 20 ℃下；Zimmermann et al.，2012）。Cheng 等（2008）根据碳储量变化计算得出，在 5～15 ℃下，Q_{10} 为 3.4，这与 Nguyen 等（2010）在 350 ℃下热解制备的橡木生物炭在相同的试验温度下得出的结果相同。通过总结已发表的文献的数据，发现 Q_{10} 随矿化温度升高而非线性减小［见图 10.3（a）］，这种非线性关系的变化在一定程度上是生物炭的 H/C 的函数，因此也是其矿化作用的函数［见图 10.3（b）］。但是，除材料特性外，其他因素也同样重要。相同的有机物（Feng and Simpson，2008）和生物炭（Fang et al.，2014b）在不同土壤中培养所得的 Q_{10} 不同正说明了这一点。

迄今为止，生物炭 Q_{10} 高于或处于未碳化植物凋落物矿化值的上限（Gholz et al.，2000；Fierer et al.，2005），这也适用于较高 Q_{10} 和较低 H/C 的生物炭［见图 10.3（b）］之间的比较。Q_{10} 对生物炭特性的依赖程度随矿化温度的降低而增加［见图 10.3（a）］。但是，如前所述，除材料特性外，其他条件也对 Q_{10} 的大小起着重要作用。

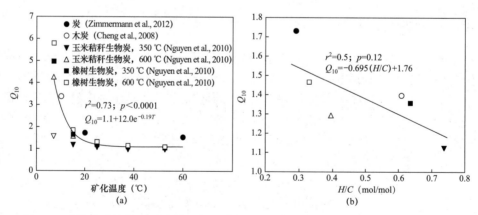

图10.3　生物炭矿化的 Q_{10} 随矿化温度和生物炭 H/C 的影响（矿化温度为20 ℃时的 Q_{10}）

目前为止，试验确定的 Q_{10} 可能表示的是生物炭中更容易矿化的部分，因为培养试验得出的 Q_{10} 必然取决于最初几个月培养所产生的 C 的特性。然而，从存储地点收集的 130 年的木炭（Cheng et al.，2008）或自然老化木炭的矿化（Zimmermann et al.，2012）评估温度敏感性的研究，与使用新鲜生物炭进行培养的温度敏感性密切相关（Nguyen et al.，2010）。从 -22 ℃时生物炭表面特性的变化可以看出，低于冰点的温度仍可能导致氧化（Cheng and Lehmann，2009）。然而，在这种低温条件下，矿化作用可能有限，并且没有任何研究表明这种氧化与未碳化的生物质相比会有所不同。

10.5.2 水分

水分是控制土壤中有机碳矿化的主要因素。生物炭矿化模型极易受水分变化的影响，尤其是在干燥季节会导致观测到的矿化程度与预测的矿化程度存在差异，这种现象并不少见（Foereid et al., 2011）。1年后，与不饱和条件相比，在饱和土壤水分条件下（可能同时降低O_2有效性）并没有显著降低600 ℃热解制备的生物炭的矿化量（Nguyen and N. Lehmann, 2009）。然而，在饱和土壤水分条件下，350 ℃下由玉米秸秆制备的生物炭的矿化量减少了1/2。在饱和/不饱和交替条件与饱和土壤含水量之间，350 ℃下由橡木制备的生物炭也观察到了类似的减少趋势，但是，目前尚不清楚水分缺少到什么程度才会导致矿化量减少，以及这是否与未燃烧有机物所观察到的水分含量不同（例如，松树和橡木热带草原的水分含量低于5%～15%；Yuste et al., 2007）。此外，在野外条件下，水分和温度之间的相互作用及其对生物炭矿化的影响尚未开展研究。

10.5.3 土壤性质

土壤类型，特别是土壤质地和土壤矿物在生物炭矿化中起着重要作用（如前所述），而未碳化有机物则因其对团聚体和矿物相互作用的影响广为人知。土壤pH值越高，生物炭的矿化作用越强（Cheng et al., 2008; Luo et al., 2011）。游离金属（如Al）对微生物的毒性较低，由短期有序氧化物导致的生物炭稳定性较低，可能会导致其在土壤中的稳定性降低，这超过了在碱性土壤中更易发生的钙桥接的稳定作用。

10.5.4 耕作

土壤耕作通常通过通气、破坏大团聚体或从矿物表面解吸等多种过程使土壤有机碳的矿化作用增强。一方面，如果生物炭颗粒发生物理破碎，并且暴露出碳表面（否则会在颗粒内部受到保护），那么耕作后生物炭的矿化速率就可能比其他有机物更快。另一方面，由于没有矿物相互作用或团聚体保护的生物炭的矿化速率通常在耕作过程中降低得更多，因此可能会出现相反的结果。Skjemstad等（2004）的研究表明，在澳大利亚两个地点的不同类型的土壤耕种8～18年后，火灾几乎没有减少C含量。同样，通过苯聚羧酸（BPCA）法测定，休耕并没有显著减少PyC含量，而总有机碳含量在55年内下降了33%（Vasilyeva et al., 2011），并且没有发现任何耕作（可检测的）促进了生物炭的矿化作用。在获得进一步研究结果之前，可以假设耕作对生物炭矿化的比例增加与其他土壤有机碳的比例增加类似。这意味着，如果要将这些数据应用于耕作的农业土壤，必须对未耕作的土壤中由火灾产生木炭的矿化证据进行修正，以进一步了解耕作对矿化的影响。

10.5.5 植物碳输入

植物源有机碳的输入（如根系、根系分泌物或枯枝落叶），以及任何其他有机物（如动物粪便、绿肥或堆肥）的输入将通过新陈代谢或激发作用改变土壤中生物炭的矿化（见第16章）。较高的土壤有机碳含量也被认为会增强4种北美土壤中的生物炭矿化（Gomez et al., 2014)。当从没有种植植物的土壤培养结果外推到在农业土壤中施用生物炭时，必须考虑这些影响。

10.5.6 燃烧

在植被发生火灾或农作物残余物燃烧的情况下，就地燃烧可能导致生物炭排放 CO_2。在随后的火灾中，天然焦炭的燃烧可能是自然生态系统中焦炭积累量降低的原因之一（Ohlson and Tryterud, 2000; imczik et al., 2005）。然而，燃烧试验导致埋在枯枝落叶层 20 mm 深处的木炭损失仅为 7%（Santin et al., 2013），而将木炭放置在土壤表面进行最大限度燃烧时，木炭损失不到 8%（Saiz et al., 2014），这表明其再燃率非常低。在试验过程中，超过 20 mm 深的土壤温度低于 50 ℃。因此，将生物炭加入矿物土壤中时的木炭损失甚至可能会低于该值（Bradstock and Auld, 1995）。在进行现代土壤管理时，人们可能会向土壤中添加生物炭，并避免在农田中燃烧作物残余物，所以燃烧可能不像在自然生态系统中那样发挥重要的作用。因为在自然生态系统中，大多数炭都积累在有机层、土壤表面甚至地面木本植被上。

10.6 生物炭稳定性评估

大多数生物炭稳定性的评估试验都是通过向土壤中添加生物炭来进行的，而不是使用现有的生物炭类似物，如源自火灾的木炭或制备木炭产生的残留物。采用这种方法的主要原因是，它能更好地控制试验条件，如控制除生物炭矿化外的所有因素不变，包括适当的控制措施、利用同位素差异的能力，以及允许与现代生物炭管理有关的不同生物炭特性。生物炭特性尤为重要，因为具有不同特性的生物炭在不同的试验条件下（10～1000 年，见表 10.1）的矿化差异与碳化和未碳化的物料之间的差异相似（1.5 阶幅度；Baldock and Smernik, 2002; Santos et al., 2012; Maestrini et al., 2014b）。使用生物炭类似物的自然或历史沉积物只能研究一部分可能的生物炭类型，如从草或森林火灾得到的生物炭，并且不能直接表征原材料（除了模拟如木炭制备过程或火灾过程）。然而，对这些沉积物的评估为生物炭的稳定性评估提供了证据，并且超出了通过试验添加生物炭直接量化的范围。本节并没有进一步讨论这些问题，而是假定允许添加生物炭并进行监测试验以进行生物炭的稳定性评估。

10.6.1 短期评估和长期预测

严格来说，相对于大多数对长期矿化速率的评估而言，所有将生物炭应用于土壤的试验都是短期评估。短期评估适用于室内研究和野外试验。这是由于大多数研究的时间段可能超过了在试验开始时监测施用于土壤中生物炭矿化的时间段，并且需要在观察期之外进行推算，以及需要用多种方法来提高计算 MRT 的可信度，因此增加了不确定性。除推算外，还可以通过以下方式来延长观察时间：①在室内研究期间，生物炭可能暴露于更高的温度下，从而加速分解，而分解可以通过温度敏感性评估进行数据校正；②如其他章节所述，利用老化生物炭进行研究。如 10.5 节所讨论的，最好能进行野外试验，但现实环境和管理条件不允许同时进行室内研究和野外试验，因此，出于保持工作量可控的原则，通常只能研究很少类型的生物炭。此外,尤其是在强季节性气候下,环境条件的变化(如土壤湿度和温度)导致推测工作面临挑战(Maestrini et al., 2014b)。室内研究在使用何种生物炭和试验条件方面具有很高的灵活性(见表10.1),可以用于推测短期数据,但观察周期通常不超过几年,通常比这短得多。然而,尚不清楚室内研究是否高估或低估了未碳化生物质试验得出的矿化度(Bonan et al., 2013)。

此外,根据生物炭向土壤中施用目的的不同,试验对数据的要求也会随之变化。如果要研究生物炭对气候变化的减缓作用,则可能需要百年到千年的数据,具体取决于碳交易周期;而几年或几十年的相关信息就足以证明生物炭对土壤改良的重要性,通常在几年后就可能被认为是"长期的"。

如果要进行超出常规试验(无论是室内研究还是野外试验)时间周期的研究,则需要进行推算。目前,通过对测得的数据进行方程拟合并研究超过测量持续时间的数据,就可以对未来的矿化过程做出预测。人们需要选择正确的方程来推算生物炭的性质和矿化过程,这些方程通常被称为"模型",它们能表示基本的机制。这些模型可以有不同的形式,能计算半衰期或MRT(见专栏10-1),并且计算出的值通常要长于观察周期。

10.6.2 计算方法

植物凋落物的矿化通常使用单指数函数(见专栏10-1)建模。但是,在由低分子酸和富氮挥发性化合物组成的新鲜生物炭中,不稳定组分的可矿化率与不同形态的环状碳组成的较不稳定组分的矿化率差异较大(见第6章),因此需要使用具有不同矿化率的数据库进行计算。在使用单个或多个指数时,计算得出的MRT差异很大,其取决于可用数据的数量和持续时间。使用保留超过100年的生物炭的碳理论数据(假设3个部分具有不同的MRT指数函数),会导致计算得出的平均MRT为712年[见图10.4(a)]。通过前5年、整个周期或最后50年的数据拟合单指数函数得出的MRT估计值差异很大,为52~610年[见图10.4(b)]。对于8.5年的培养试验,Kuzyakov等(2014)计算得出的MRT是前2.5年计算得出的MRT的2倍(Kuzyakov et al., 2009)。因此,测量可用的持续时间,以及是否考虑了相对快速的初始矿化对计算得出的MRT有极大的影响。

理论上,可能需要使用2个或多个指数模型(Bai et al., 2013; Zimmerman and Gao, 2013; Herath et al., 2014),因为生物炭的C是以PyC形式的连续体组成的(Preston and Schmidt, 2006),其矿化速率会逐渐降低。多个指数模型的使用除需要长期观察外,还需要对这些模型进行参数化处理,以进行多次测量。通常仅对残留生物炭进行一两次测量(Nguyen and Lehmann, 2009; Whitman et al., 2013),因此,使用此类数据得出的MRT的估算值较小(Singh et al., 2012b)。以Singh等(2012a)的矿化试验为例,使用单指数模型计算得出的MRT为966年,而使用双指数模型计算得出的MRT为1614年,使用多指数模型(由Zimmerman于2010年提出的模型)计算得出的MRT为16313528年[见图10.4(c)]。因此,至少需要利用双指数模型来充分解释矿化动力学。此外,也可以用不同的方法来解释初始快速矿化,例如,通过忽略初始快速矿化来拟合曲线[见图10.4(b)]。虽然在计算中加入额外的数据库可能会得到更准确的长期矿化近似值,但用实际测量数值来推算远超过测量数据的值可能更合适。因此,当只有几年的数据可用时,利用双指数模型可以改进MPT的估计值。如果用于特定数据集的模型不充分,就很难评估现有数据所涵盖时间周期外所发生的生物炭的矿化。如图10.4（c）所示的3个模型计算得出的MRT的范围很广就说明了这一点。此外，野外试验中温度和湿度条件的可变性也增加了推测难度（Maestrini et al., 2014b）。因此，人们应该研发包括环境因素和分解者的动态模型，而目前这些模型仅处于研发初始阶段（Foereid et al., 2011）。

试验的持续时间也会影响试验结果。可以使用双指数模型进行周期较长的试验，以对较大的MRT进行估算，而低于200年的MRT估计仅针对持续时间短于1年的试验［见图10.4（d）］。在试验结束时，如果仅进行一次测量，则所有计算得出的MRT都将小于700年。无论使用哪种模型，火灾衍生的炭的MRT通常都小于热解生物炭的MRT，并且不超过500年［见图10.4（d）］。

对基于双指数模型使用多种方法和从最终残留生物炭的C中计算MRT进行比较，结果表明，随着MRT的增大，模型对MRT的估计值越来越小。当用双指数模型估算的MRT小于1800年时，模型估算的MRT比实际值平均小39%，最大偏差达93%［见图10.4（e）］。即使估算MRT的最大绝对差发生在矿化程度最低的生物炭上，与使用双指数模型进行的连续测量和计算相比，2000年以上的MRT估算也很少通过单一测量方法进行。但在计算100年后残留的生物炭时，该差异发生在矿化程度最高的生物炭上［BC_{+100}；见图10.4（f）］。由双指数模型估算的BC_{+100}高于95%的生物炭，其被低估的程度相对较低（最大变化范围为原始生物炭的86%～99%）。同样，在100年的时间尺度内，改变矿化库的矿化率与双指数模型中的低矿化率对生物炭残留量的影响不大（Foereid et al., 2011）。与未碳化的有机物相比，使用正确的模型和使用双指数模型（而不是单指数模型）对生物炭更重要，因为估算得出的生物炭的MRT通常大于试验持续时间，而未碳化的植物残留物通常不会出现这种情况。

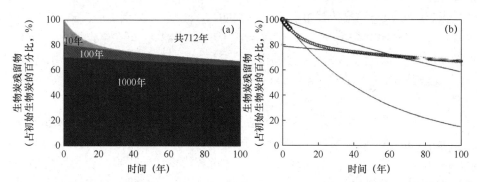

图10.4　不同方法对MRT估算的影响。（a）粒径和MRT不同的生物炭（10年、100年和1000年的MRT分别为20%、10%和70%）。（b）使用单指数模型和（a）中的数据以3种不同方法来计算MRT（生物炭-$C_{残余量}=ae^{-k \times yrs}$），包括：前5年的数据，$a=100$；100年的数据，$a=100$；最近50年的数据，$a=$拟合数据。（c）使用3种不同方法计算在550 ℃热解的木材生物炭矿化的MRT，分别使用单指数模型（虚线，生物炭-$C=100e^{-0.00104t}$）、双指数模型（实线，生物炭-$C=0.13e^{-58t}+99.87e^{-0.00065t}$）或多指数模型（Zimmerman, 2010）（虚线，生物炭-$C=100-(100(1-e^{0.00081})/(1-0.63))e^{1-0.627t}$）。（d）与试验持续时间相关的温度调整后的MRT：使用试验持续时间内多次测量的双指数模型；使用试验后单次测量的单指数模型；火灾衍生焦炭的试验［不考虑计算；表10.1中的数据，包括Whitman等（2013）的数据、图10.2中的温度敏感性；$n = 156$］。（e）比较了通过使用所有数据的双指数模型或生物炭残留物的单指数模型计算的温度调节的MRT（允许使用双指数模型，见表10.1；$n=76$）。（f）100年后（BC_{+100}）的生物炭-$C_{残余量}$

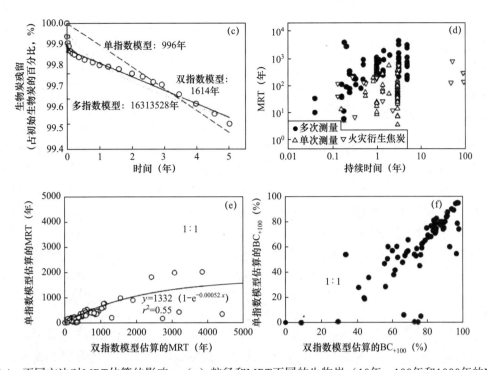

图10.4 不同方法对MRT估算的影响。(a) 粒径和MRT不同的生物炭(10年、100年和1000年的MRT分别为20%、10%和70%)。(b) 使用单指数模型和(a)中的数据以3种不同方法来计算MRT(生物炭-$C_{残余量}=ae^{-k \times yrs}$),包括:前5年的数据,$a=100$;100年的数据,$a=100$;最近50年的数据,$a=$拟合数据。(c) 使用3种不同方法计算在550 ℃热解的木材生物炭矿化的MRT,分别使用单指数模型(虚线,生物炭-$C=100e^{-0.00104t}$)、双指数模型(实线,生物炭-$C=0.13e^{-58t}$ + $99.87e^{-0.00065t}$)或多指数模型(Zimmerman, 2010)(虚线,生物炭-$C=100-(100(1-e^{0.00081})/(1-0.63)e^{1-0.627t})$。(d) 与试验持续时间相关的温度调整后的MRT;使用试验持续时间内多次测量的双指数模型;使用试验后单次测量的单指数模型;火灾衍生焦炭的试验[不考虑计算;表10.1中的数据,包括Whitman等(2013)的数据、图10.2中的温度敏感性;$n=156$]。(e) 比较了通过使用所有数据的双指数模型或生物炭残留物的单指数模型计算的温度调节的MRT(允许使用双指数模型,见表10.1;$n=76$)。(f) 100年后(BC_{+100})的生物炭-$C_{残余量}$(续)

10.7 利用生物炭特性预测生物炭的矿化

生物炭矿化程度的预测只有在考虑了材料性质、环境因素(包括土壤性质)和分解者动态的综合模型可用时才能与基本理论完全一致。利用生物炭特性来预测生物炭矿化程度最多只能得到一个保守的预估值,这种预估值未来应该通过更复杂的方法加以改进。为利用生物炭特性预测生物炭的矿化程度,以及进行更全面的建模,可以使用适当的矿化替代物,但其应满足以下要求:①足够低的成本(以便进行研究、监测和验证的常规测量);②相对快的分析测试方法(最好在几个小时之内);③可重复性;④对不同生物炭特性和分析能力的稳健性;⑤与矿化具有较强的线性关系;⑥可在不同的分析试验中使用;⑦在理想情况下获得特定的化学特性[改编自Budai(2013)]。

与未碳化的有机物相比,最有可能影响碳化有机物相对稳定性的因素是上文和第6章中讨论的缩合芳香族碳形式。植物残留物不包括碳化产生的缩合芳香族碳形式，这些形式是通过碳化产生的，并且随着热解温度的升高和时间的延长而增多（见第 6 章）。此外，矿物含量等（见第 6 章）原料的性质也会改变生物炭中的碳形式。可以通过使用 NMR 等光谱技术测量总芳香度，该光谱技术在个别研究中已被证明与矿化有很好的相关性（Singh et al., 2012a）。然而，使用不同的 NMR 分析方法在不同的试验条件下可能会影响包括多个研究在内的相关性，如图 10.5（a）、图 10.5（b）所示。例如，芳香族碳的团簇大小在生物炭之间可以发生显著变化，而与芳香度无关（McBeath and Smernik, 2009; Nguyen et al., 2010），并且稳定性可能比芳香度更重要（Mao et al., 2012）。此外，可以通过使用 NMR 光谱技术测量吸附在生物炭上的 ^{13}C 同位素标记的苯来识别已量化的、不同形式的缩合芳香族碳，从而改进推测方法（McBeath et al., 2011）。目前为止，使用这种方法测量总芳香度更能代表生物炭矿化的相关性（Singh et al., 2012a）。

测量原子量 O/C 或 H/C 的方法更经济，是芳香度的有效替代指标，其可以提供更大的分析通量和更广泛的有效性（Wang et al., 2013），并能很好地与矿化相关联（Spokas, 2010; Budai et al., 2013）。对于某些富含明矾（污泥中的硫酸铝）或灰分的原料，需要对无机 C、H 和 O 进行额外的校正（Enders et al., 2012; Wang et al., 2013）。常见的校正方法是测量挥发性碳和固定碳的含量，这种方法通常被称为工业分析，它是煤炭和木炭工业采用的一种方案（ASTM, 2007）。对于低灰分生物炭，挥发性碳或固定碳的含量可能与 O/C 或 H/C 相关（Enders et al., 2012），其在预测生物炭矿化方面发挥了重要作用（Zimmerman, 2010）。

迄今为止，所测得的 H/C_{org} 低于 0.4 的生物炭的 MRT（在 10 ℃时）超过 1000 年，如图 10.5（c）所示。这意味着在类似的条件下，这些生物炭在 100 年后仍将保留超过 90% 的 C[BC_{+100}，见图 10.5（d）]。在 500 ℃以上通过慢速热解制备的大多数生物炭的 H/C_{org} 低于 0.4（Enders et al., 2012; Schimmelpfennig and Glaser, 2012）。未发现下降的 MRT 或 BC_{+100} 低于最小值，这可能与上面提到的关联有关，因为除生物炭的特性外，其他多种因素也影响了生物炭的矿化。来自单个研究的数据集可以更好地控制试验条件。在图 10.5（d）中，基于全球数据集计算的 H/C_{org} 与 BC_{+100} 之间的相关性 r^2 为 0.45，Singh 等（2012a）使用 10 个生物炭的 H/C_{org} 与 BC_{+100} 重新计算的 r^2 为 0.96。除生物炭特性外，许多变化源于试验条件的差异，其中包括试验的土壤类型（校正温度）、温度、湿度、微生物群落、野外试验的黏土矿物和质地等。这说明，从所有土壤有机碳的动态变化可以清楚地看出，仅通过生物炭特性无法预测其矿化程度（见专栏 10-2）。目前，从可用数据观察到的异常值位于估计 MRT 的上限，而不是下限［见图 10.5（c）］，这表明土壤管理和场地因素的共同影响可能会显著增强土壤稳定性，而且会超过全球数据集预测的平均值或阈值。

未碳化有机物的 H/C_{org} 远高于 1（Baldock and Smernik, 2002; Enders et al., 2012；取值为 1.4～1.6），这表明碳化作用使矿物残渣的矿化程度降低了至少 1 个数量级。对碳化（在温度为 350～450 ℃）和未碳化的残留物进行的试验表明，矿化程度降低了 1.5 个数量级（Baldock and Smernik, 2002; Santos et al., 2012）。由于不同的残留物（如树叶与木材）在未碳化的情况下已经具有不同的初始矿化速率（Santos et al., 2012; Whitman et al., 2013），因此，对于那些具有较低矿化速率的未碳化残留物，对于会发生矿化的矿物残渣而言，矿化绝对还原差值的差异较小，这对整个生命周期的排放平衡有一定的指导意义（见第 27 章）。

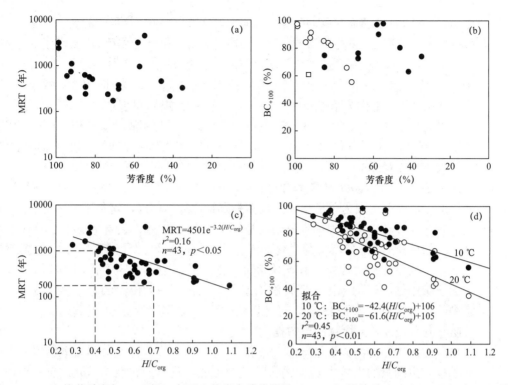

图10.5 H/C_{org} 或芳香度与MRT或100年后生物炭中碳残留量（BC_{+100}）的关系。（a）～（c）在10 ℃下，（d）在10 ℃和20 ℃下；（b）中数据来自Singh等（2012a），空心符号表示用造纸污泥作为原料（只有温度调节数据计算的BC_{+100}，包括表10.1中允许使用热解（非燃烧或火）制备的生物炭进行一年或多年试验；注意，涉及MRT的图中y轴取对数；H/C_{org} 和芳香度由T. Wang和A. Zimmerman提供）

10.8 结论与展望

在相同的环境条件下（如土壤温度和湿度、土壤性质、分解者群落），碳化可显著降低有机物的矿化程度（至少1.5个数量级）。生物炭的矿化在一定程度上取决于材料特性。但是，矿化程度的相对降低与其有机物形式（如 H/C_{org} 和芳香度）显著相关，而有机物形式又取决于生物质热解的条件（见第5章和第6章），包括碳化温度和时间的变化，以及生物质的性质（主要是灰分含量），也可能存在其他值得进一步研究的性质。通过评估生物炭的芳香度、芳香缩合及有机 C、H、O 的原子比等特性可以更好地预测这些特殊变化。

然而，试验地点和条件（如培养温度、培养介质、野外试验与室内研究）之间，以及计算 MRT 的外推方法之间的差异增加了这些变化的复杂性，未来的建模工作应包括造成这些差异的来源。对试验数据进行适当讨论和分析应包括以下内容。

- 接受生物炭在化学特性和物理特性方面的差异。在不了解其差异的情况下，某种生物炭的特定行为可能不能推断其他生物炭的行为。
- 将同类型生物炭进行比较。为了估算生物质碳化对其在土壤中的稳定性的增强程度，在相同的试验条件下，才需要将添加到土壤中的新鲜生物炭的矿化程度与相应未碳化生物质的矿化程度进行比较。将新鲜生物炭的矿化情况与以下情况进行比较通常会产生错误解释：①土壤有机碳的矿化作用通常包括来自植被燃烧形成的炭，或者在一定程度上来自来源更广的生物质的分解，并通过矿物相互作用固定，同时也能稳定生物炭；②不同未碳化生物质的矿化（木材和树叶原料的矿化）之间的变化，与其碳化和未碳化之间的差异为同一个数量级；③在不同的试验条件下，将未碳化的生物质矿化，不同的培养温度或作为培养介质的砂土和富含 Fe 的黏土之间的差异，可能会比碳化产生更大的影响（未来的研究应说明其有效性是否与碳化相似）；④无未碳化的生物质，侧重于评估碳化对矿化作用影响的试验应包含其与未碳化生物质的比较，并且最好在其掺入土壤后考虑这些因素（通常是新鲜生物质，而不是干燥的植物残留物）。

- 使用正确的模型：MRT 的预测和计算，以及来自新鲜生物炭的其他矿化测量必须使用双指数模型，因为单指数模型最多只能给出最小估计，这是不准确的。
- 区分物理迁移和矿化：侵蚀和淋溶（见第 11 章）可能是导致生物炭在田间试验中被去除的重要途径，但不应与矿化混淆。在某些情况下，"流动性"与"不稳定性"被混淆，或者其被"固定"在土壤表面，对矿化具有"稳定"作用。实际上，与表面土壤中的有机物相比，埋在湖泊或海洋沉积物中被侵蚀的有机物，或下层土壤中的有机物的矿化程度较低。野外矿化试验很难解释生物炭的迁移，尤其是侵蚀，应防止其被侵蚀，并测量浸出数据。
- 将矿化归因于正确的来源：生物炭有助于土壤中 CO_2 的排放，掺入生物炭的土壤和未掺入生物炭的土壤中 CO_2 的排放差异可能不具有加和性。因此，有必要使用同位素来区分来源于生物炭或其他来源的 CO_2 或残留的土壤碳。

除对现有数据进行适当分析外，可能需要确定未来研究的优先顺序，以填补一些知识空白（见表 10.2）。目前，野外试验的数据仍然很少，需要全球研究人员的共同努力，在更多地点和更长时间范围内进行比较试验。无论是在野外还是在室内，有关生物炭稳定性的研究都可能需要包括以下组成部分：①足够的 ^{13}C 或 ^{14}C 同位素富集，以区分生物炭和其他物质产生的 CO_2，最好大于自然丰度所能达到的水平；②大于以年为时间尺度的试验周期；③测量足够数量的数据，以允许使用双池模型；④与未碳化的有机物进行充分比较。

表 10.2 预测土壤中生物炭稳定性的研究重点

优先事项	目标知识差距	比较方式	期望	挑战性
实地研究	不同农业气候区域的长期矿化；室内研究的未知变化	现场与室内研究	更高或更低的矿化程度	除矿化以外的损失很难量化；外推法受到土壤水分和温度变化的挑战
土壤应用	光氧化；耕作方法之间的差异；侵蚀	掺入与表面施涂	更高或更低的矿化程度	应用的机械化和野外试验成本较高，通常需要大量的生物炭（尤其是使用同位素标记）
土壤矿物质	土壤矿物质影响的机理和程度	生物炭与相应的未碳化有机残留物	由于稳定，矿化程度相似或更低	除室内培养外，还需要进行长期野外评估，以及伴随的相互作用的光谱定量
模型	转换机制的量化和预测，包括在标准土壤有机碳模型中	集成与非集成过程（如稳定性、湿度、温度、分解器）	更高或更低的矿化程度	对环境和土壤条件的定量响应，以及模型参数化的分解动力学方面的知识差距（它们之间相互作用，以及和生物炭特性之间的作用）

无论是在土壤表面还是在土壤内部,施用生物炭及土壤中存在的任何类型的矿物质都会影响未碳化有机物的矿化。有许多因素可以预测碳化残留物的不同反应,但它们对矿化的净影响还没有被充分量化。控制生物炭矿化所有过程的综合建模不仅为预测在土壤中停留一段时间后的生物炭特性提供了一个新途径,而且为认识生物炭矿化,以及为控制生物炭稳定性的不同因素之间的相互作用提供了很大帮助。这不仅有助于了解生物炭矿化,而且有助于确定指导政策、碳交易方法和未来碳管理战略预测的前进方向。

参考文献

Abiven, S., Hengartner, P., Schneider, M. P. W., et al. Pyrogenic carbon soluble fraction is larger and more aromatic in aged charcoal than in fresh charcoal[J]. Soil Biology and Biochemistry, 2011, 43: 1615-1617.

Alexis, M. A., Rasse, D. P., Knicker, H., et al. Evolution of soil organic matter after prescribed fire: A 20-year chronosequence[J]. Geoderma, 2012, 189-190.

Ameloot, N., Graber, E. R., Verheijen, F. G. A., et al. Interactions between biochar stability and soil organisms: Review and research needs[J]. European Journal of Soil Science, 2013, 64: 379-390.

ASTM. ASTM D1762-84 Standard Test Method for Chemical Analysis of Wood Charcoal[S].

Ayres, E., Steltzer, H., Simmons, B. L., et al. Homefield advantage accelerates leaf litter decomposition in forests[J]. Soil Biology and Biochemistry, 2009, 41: 606-610.

Bai, M., Wilske, B., Buegger, F., et al. Degradation kinetics of biochar from pyrolysis and hydrothermal carbonization in temperate soils[J]. Plant and Soil, 2013, 372: 375-387.

Baldock, J. A. and Smernik, R. J. Chemical composition and bioavailability of thermally altered Pinus resinosa (red pine) wood[J]. Organic Geochemistry, 2002, 33: 1093-1109.

Bamminger, C., Marschner, B. and Jüschke, E. An incubation study on the stability and biological effects of pyrogenic and hydrothermal biochar in two soils[J]. European Journal of Soil Science, 2014, 65: 72-82.

Bird, M. I., Moyo, C., Veendaal, E. M., et al. Stability of elemental carbon in a savanna soil[J]. Global Biogeochemical Cycles, 1999, 13: 923-932.

Bonan, G.B., Hartmann, M. D., Parton, W. J., et al. Evaluating litter decomposition in earth system models with long-term litterbag experiments: An example using the Community Land Model Version 4 (CLM4)[J]. Global Change Biology, 2013, 19: 957-974.

Bourke, J., Manley-Harris, M., Fushimi, C., et al. Do all carbonized charcoals have the same chemical structure? 2. A model of the chemical structure of carbonized charcoal[J]. Industrial and Engineering Chemistry Research, 2007, 46: 5954-5967.

Bowman, D. M. J. S., Balch, J. K., Artaxo, P., et al. Fire in the earth system[J]. Science, 2009, 324: 481-484.

Bradstock, R. A. and Auld, T. D. Soil temperatures during experimental bushfires in relation to fire intensity: consequences for legume germination and fire management in South-Eastern Australia[J]. Journal of Applied Ecology, 1995, 32: 76-84.

Brodowski, S., Amelung, W., Haumeier, L., et al. Morphological and chemical properties of black carbon in physical soil fractions as revealed by scanning electron microscopy and energy-dispersive X-ray spectroscopy[J]. Geoderma, 2005, 128: 116-129.

Bruun, E. W., Ambus, P., Egsgaard, H., et al. Effects of slow and fast pyrolysis biochar on soil C and N turnover dynamics[J]. Soil Biology and Biochemistry, 2012, 46: 73-79.

Bruun, S., Jensen, E. S. and Jensen, L. S. Microbial mineralization and assimilation of black carbon:

Dependency on degree of thermal alteration[J]. Organic Geochemistry, 2008, 39: 839-845.

Bruun, S., Clauson-Kaas, S., Bubolska, L., et al. Carbon dioxide emissions from biochar in soil: Role of clay, microorganisms and carbonates[J]. European Journal of Soil Science, 2013, 65: 52-59.

Budai, A., Zimmerman, A. R., Cowie, A. L., et al. Biochar carbon stability test method: An assessment of methods to determine biochar carbon stability[S]. Carbon Methodology: IBI Document, 2013.

Calvelo Pereira, R., Camps Arbestain, M., Kaal, J., et al. Detailed carbon chemistry in charcoals from pre-European Maori gardens of New Zealand as a tool for understanding biochar stability in soils[J]. European Journal of Soil Science, 2014, 65: 83-95.

Cheng, C.H.and Lehmann, J. Ageing of black carbon along a temperature gradient[J]. Chemosphere, 2009, 75: 1021-1027.

Cheng, C. H., Lehmann, J., Thies, J. E., et al. Oxidation of black carbon by biotic and abiotic processes[J]. Organic Geochemistry, 2006, 37: 1477-1488.

Cheng, C. H., Lehmann, J., Thies, J. E., et al. Stability of black carbon in soils across a climatic gradient[J]. Journal of Geophysical Research, 2008, 113, G02027.

Chia, C. H., Munroe, P., Joseph, S., et al. Analytical electron microscopy of black carbon and microaggregated mineral matter in Amazonian Dark Earth[J]. Journal of Microscopy, 2012, 245: 129-139.

Cohen-Ofri, I., Popovitz-Niro, R. and Weiner, S. Structural characterization of modern and fossilized charcoal produced in natural fires as determined by using electron energy loss spectroscopy[J]. Chemistry—A European Journal, 2007, 13: 2306-2310.

Coleman, K., Jenkinson, D. S., Crocker, G. J., et al. Simulating trends in soil organic carbon in long-term experiments using[J]. Geoderma, 1997, 81: 29-44.

Cross, A. and Sohi, S.P. The priming potential of biochar products in relation to labile carbon contents and soil organic matter status[J]. Soil Biology and Biochemistry, 2011, 43: 2127-2134.

Cross, A. and Sohi, S. P. A method for screening the relative long-term stability of biochar[J]. Global Change Biology-Bioenergy, 2013, 5: 215-220.

Cusack, D. F., Chadwick, O. A., Hockaday, W. C., et al. Mineralogical controls on soil black carbon preservation[J]. Global Biogeochemical Cycles, 2012, 26, GB2019.

Czimczik, C. I., Preston, C. M., Schmidt, M. W. I., et al. Effects of charring on mass, organic carbon, and stable carbon isotope composition of wood[J]. Organic Geochemistry, 2002, 33: 1207-1223.

Czimczik, C. I., Schmidt, M. W. I. and Schulze, E. D. Effects of increasing fire frequency on black carbon and organic matter in Podzols of Siberian Scots pine forests[J]. European Journal of Soil Science, 2005, 56: 417-428.

Czimczik, C. I. and Masiello, C. A. Controls on black carbon storage in soils[J]. Global Biogeochemical Cycles, 2007, 21, GB3005.

Davidson, E. A. and Jannsens, I. A. Temperature sensitivity of soil carbon decomposition and feedbacks to climate change[J]. Nature, 2006, 440: 165-173.

De Melo Benites, V., De Sá Mendonça, E, Schaefer, C. E. G. R., et al. Properties of black soil humic acids from high altitude rocky complexes in Brazil[J]. Geoderma, 2004, 127: 104-113.

Ekschmitt, K., Liu, M., Vetter, S., et al. Strategies used by soil biota to overcome soil organic matter stability-why is dead organic matter left over in the soil?[J]. Geoderma, 2005, 128: 167-176.

Enders, A., Hanley, K., Whitman, T., et al. Characterization of biochars to evaluate recalcitrance and agronomic performance[J]. Bioresource Technology, 2012, 114: 644-653.

Fang, Y., Singh, B., Singh, B. P., et al. Biochar carbon stability in four contrasting soils[J]. European Journal of Soil Science, 2014a, 65: 60-71.

Fang, Y., Singh, B. P. and Singh, B. Temperature sensitivity of biochar and native carbon mineralisation in biochar-amended soils[J]. Agriculture, Ecosystems and Environment, 2014b, 119: 158-167.

Farrell M., Kuhn, T. K., Macdonald, L. M., et al. Microbial utilisation of biochar-derived carbon[J]. Science of the Total Environment, 2013, 465: 288-297.

Feng, X. and Simpson, M. J. Temperature responses of individual soil organic matter components[J]. Journal of Geophysical Research-Biogeosciences, 2008, 113, G03036.

Fierer, N., Craine, J. M., Mc Lauchlan, K., et al. Litter quality and the temperature sensitivity of decomposition[J]. Ecology, 2005, 86: 320-326.

Foereid, B., Lehmann, J. and Major, J. Modeling black carbon degradation and movement in soil[J]. Plant and Soil, 2011, 345: 223-236.

Gavin, D. G., Brubaker, L. B. and Lertzman, K. P. Holocene fire history of a coastal temperate rain forest based on soil charcoal radiocarbon dates[J]. Ecology, 2003, 84: 186-201.

Gholz, H. L., Wedin, D. A., Smitherman, S. M., et al. Long-term dynamics of pine and hardwood litter in contrasting environments: Towards a global model of decomposition[J]. Global Change Biology, 2000, 6: 751-765.

Glaser, B., Balashov, E., Haumaier, L., et al. Black carbon in density fractions of anthropogenic soils of the Brazilian Amazon region[J]. Organic Geochemistry, 2000, 31: 669-678.

Glaser, B., Haumaier, L., Guggenberger, G., et al. The "Terra Preta" phenomenon: A model for sustainable agriculture in the humid tropics[J]. Naturwissenschaften, 2001, 88: 37-41.

Gomez, J. D., Denefa, K., Stewart, C. E., et al. Biochar addition rate influences soil microbial abundance and activity in temperate soils[J]. European Journal of Soil Science, 2014, 65: 28-39.

Hamer, U., Marschner, B., Brodowski, S., et al. Interactive priming of black carbon and glucose mineralization[J]. Organic Geochemistry, 2004, 35: 823-830.

Hammes, K., Schmidt, M. W. I., Smernik, R. J., et al. Comparison of quantification methods to measure fire-derived (black/elemental) carbon in soils and sediments using reference materials from soil, water, sediment and the atmosphere[J]. Global Biogeochemical Cycles, 2007, 21, GB3016.

Hammes, K., Torn, M. S., Lapenas, A. G., et al. Centennial black carbon turnover observed in a Russian steppe soil[J]. Biogeosciences Discussion, 2008, 5: 661-683.

Harris, P. J. F. New perspectives on the structure of graphitic carbons[J]. Critical Reviews in Solid State and Materials Sciences, 2005, 30: 235-253.

Hata, T., Imamura, Y., Kobayashi, E., et al. Onion-like graphitic particles observed in wood charcoal[J]. Journal of Wood Science, 2000, 46: 89-92.

Hatakka, A. and Hammel, K. E. Fungal biodegradation of lignocelluloses in M. Hofrichter and R. Ullrich (eds) The Mycota: Industrial Applications[M]. Berlin Heidelberg: Springer, 2011: 319-340.

Herath, H. M. S. K., Camps-Arbestain, M., Hedley, K. J., et al. Experimental evidence for sequestering C with biochar by avoidance of CO_2 emissions from original feedstock and protection of native soil organic matter[J]. Global Change Biology Bioenergy, 2014.

Heymann, K. Black carbon in soil organic and mineral matter[D]. Ithaca, USA: Cornell University, 2012.

Heymann, K., Lehmann, J., Solomon, D., et al. Can functional group composition of alkaline isolates from black carbon-rich soils be identified on a sub-100 nm scale?[J]. Geoderma, 2014, 235-236: 163-169.

Hilscher, A. and Knicker, H. Degradation of grass-derived pyrogenic organic material, transport of the residues within a soil column and distribution in soil organic matter fractions during a 28 month microcosm experiment[J]. Organic Geochemistry, 2011, 42: 42-54.

Hilscher, A., Heister, K., Siewert, C., et al. Mineralisation and structural changes during the initial phase of microbial degradation of pyrogenic plant residues in soil[J]. Organic Geochemistry, 2009, 40: 332-342.

Huggett, R. J. Soil chronosequences, soil development, and soil evolution: A critical review[J]. Catena, 1998, 32: 155-172.

Joseph, S. D., Camps-Arbestain, M., Lin, Y., et al. An investigation into the reactions of biochar in soil[J]. Australian Journal of Soil Research, 2010, 48: 501-515.

Joseph, S. D., Graber, E. R., Chia, C., et al. Shifting paradigms: development of high efficiency biochar fertilizers based on nanostructures and soluble components[J]. Carbon Management, 2013, 4: 323-343.

Kaiser, K. and Guggenberger, G. Mineral surfaces and organic matter[J]. European Journal of Soil Science, 2008, 54: 219-236.

Kercher, A. K. and Nagle, D. C. Microstructural evolution during charcoal carbonization by X-ray diffraction analysis[J]. Carbon, 2003, 41: 15-27.

Keith, A., Singh, B. and Singh, B. P. Interactive priming of biochar and labile organic matter mineralization in a smectite-rich soil[J]. Environmental Science and Technology, 2011, 45: 9611-9618.

Kimetu, J. M. and Lehmann, J. Stability and stabilization of biochar and green manure in soil with different organic carbon contents[J]. Australian Journal of Soil Research, 2010, 48: 577-585.

King, J. Y., Brandt, L. A. and Adair, E. C. Shedding light on plant litter decomposition: Advances, implications and new directions in understanding the role of photodegradation[J]. Biogeochemistry, 2012, 111: 57-81.

Kramer, R. W., Kujawinski, E. B. and Hatcher, P. G. Identification of black carbon derived structures in a volcanic ash soil humic acid by Fourier transform ion cyclotron resonance mass spectrometry[J]. Environmental Science and Technology, 2004, 38: 3387-3395.

Kleber, M. What is recalcitrant soil organic matter?[J]. Environmental Chemistry, 2010, 7: 320-332.

Knicker, H. Pyrogenic organic matter in soil: Its origin and occurrence, its chemistry and survival in soil environments[J]. Quaternary International, 2011, 243: 251-263.

Knicker, H., Nikolova, R., Dick, D. P., et al. Alteration of quality and stability of organic matter in grassland soils of Southern Brazil highlands after ceasing biannual burning[J]. Geoderma, 2012, 181-182: 11-21.

Knicker, H., González-Vila, F. J. and GonzálezVázquez, R. Biodegradability of organic matter in fire-affected mineral soils of Southern Spain[J]. Soil Biology and Biochemistry, 2013, 56: 31-39.

Krull, E. S., Swanston, C. W., Skjemstad, J.O., et al. Importance of charcoal in determining the age and chemistry of organic carbon in surface soils[J]. Journal of Geophysical Research, 2006, 111, G04001.

Kuzyakov, Y., Subbotina, I., Chen, H., et al. Black carbon decomposition and incorporation into microbial biomass estimated by ^{14}C labeling[J]. Soil Biology and Biochemistry, 2009, 41: 210-219.

Kuzyakov, Y., Bogomolova, I. and Glaser, B. Biochar stability in soil: Decomposition during eight years and transformation as assessed by compound-specific ^{14}C analysis[J]. Soil Biology and Biochemistry, 2014, 70: 229-236.

Lehmann, J. Terra Preta Nova-where to from here? in W. I. Woods, W. G. Teixeira, J. Lehmann, C. Steiner, A. WinklerPrins and L. Rebellato (eds) Amazonian Dark Earths: Wim Sombroek's Vision[M]. Berlin: Springer, 2009: 473-486.

Lehmann, J., Kern, D. C., Glaser, B., et al. Amazonian Dark Earths: Origin, Properties, Management[M]. The Netherlands: Kluwer Academic Publishers, 2003.

Lehmann, J., Liang, B., Solomon, D., et al. Near-edge X-ray absorption fine structure (NEXAFS) spectroscopy for mapping nano-scale distribution of organic carbon forms in soil: Application to black carbon particles[J]. Global Biogeochemical Cycles, 2005, 19, GB1013.

Lehmann, J., Gaunt, J. and Rondon, M. Bio-char sequestration in terrestrial ecosystems-A review[J]. Mitigation and Adaptation Strategies for Global Change, 2006, 11: 403-427.

Lehmann, J., Skjemstad, J. O., Sohi, S., et al. Australian climate-carbon cycle feedback reduced by soil black carbon[J]. Nature Geoscience, 2008, 1: 832-835.

Lehmann, J., Czimczik, C., Laird, D., et al. Stability of biochar in soil. in J. Lehmann and S. Joseph, (eds) Biochar for Environmental Management: Science and Technology[M]. London: Earthscan Publication, 2009: 183-205.

Lehmann, J., Rillig, M., Thies, J., et al. Biochar effects on soil biota-A review[J]. Soil Biology and Biochemistry, 2011, 43: 1812-1836.

Lehndorff, E., Roth, P. J., Cao, Z.-H., et al. Black carbon accrual during 2000 years of paddy-rice and non-paddy cropping in the Yangtze River Delta, China[J]. Global Change Biology, 2014, 20: 1968-1978.

Liang, B., Lehmann, J., Solomon, D., et al. Black carbon increases cation exchange capacity in soils[J]. Soil Science Society of America Journal, 2006, 70: 1719-1730.

Liang, B., Lehmann, J., Solomon, D., et al. Stability of biomass-derived black carbon in soils[J]. Geochimicaet Cosmochimica Acta, 2008, 72: 6069-6078.

Liang, B., Lehmann, J., Sohi, S. P., et al. Black carbon affects the cycling of non-black carbon in soil[J]. Organic Geochemistry, 2010, 41: 206-213.

Luo, Y., Durenkamp, M., De Nobili, M., et al. Short term soil priming effects and the mineralisation of biochar following its incorporation to soils of different pH[J]. Soil Biology and Biochemistry, 2011, 43: 2304-2314.

Luo, Y., Durenkamp, M., De Nobili, M., et al. Microbial biomass growth, following incorporation of biochars produced at 350 ℃ or 700 ℃, in a silty-clay loam soil of high and low pH[J]. Soil Biology and Biochemistry, 2013, 57: 513-523.

Maestrini, B., Herrmann, A. M., Nannipieri, P., et al. Ryegrass-derived pyrogenic organic matter changes organic carbon and nitrogen mineralization in a temperate forest soil[J]. Soil Biology and Biochemistry, 2014a, 69: 291-301.

Maestrini, B., Abiven, S., Singh, N., et al. Carbon losses from pyrolysed and original wood in a forest soil under natural and increased N deposition[J]. Biogeosciences Discussions, 2014b, 11: 1-31.

Major, J., Lehmann, J., Rondon, M., et al. Fate of soil-applied black carbon: Downward migration, leaching and soil respiration[J]. Global Change Biology, 2010, 16: 1366-1379.

Mao, J. -D., Johnson, R. L., Lehmann, J., et al. Abundant and stable char residues in soils: Implications for soil fertility and carbon sequestration[J]. Environmental Science and Technology, 2012, 46: 9571-9576.

McBeath, A. V. and Smernik, R. J. Variations in the degree of aromatic condensation of chars[J]. Organic Geochemistry, 2009, 40: 1161-1168.

McBeath, A. V., Smernik, R. J., Schneider, M. P., et al. Determination of the aromaticity and the degree of aromatic condensation of a thermosequence of wood charcoal using NMR[J]. Organic Geochemistry, 2011, 42: 1194-1202.

McBeath, A. V., Smernik, R. J. and Krull, E. S. A demonstration of the high variability of chars produced from wood in bushfires[J]. Organic Geochemistry, 2013, 55: 38-44.

McBeath, A. V., Smernik, R. J., Krull, E. S., et al. The influence of feedstock and production temperature on biochar carbon chemistry: A solid-state ^{13}C NMR study[J]. Biomass and Bioenergy, 2014, 60: 121-129.

Murage, E. W., Voroney, P. and Beyaert, R. P. Turnover of carbon in the free light fraction with and without charcoal as determined using the ^{13}C natural abundance method[J]. Geoderma, 2007, 138: 133-143.

Nguyen, B. and Lehmann, J. Black carbon decomposition under varying water regimes[J]. Organic Geochemistry, 2009, 40: 846-853.

Nguyen, B., Lehmann, J., Kinyangi, J., et al. Long-term black carbon dynamics in cultivated soil[J]. Biogeochemistry, 2008, 89: 295-308.

Nguyen, B., Lehmann, J., Hockaday, W. C., et al. Temperature sensitivity of black carbon decomposition and oxidation[J]. Environmental Science and Technology, 2010, 44: 3324-3331.

Novak, J. M., Busscher, W. J., Watts, D. W., et al. Short-term CO_2 mineralization after additions of biochar and switchgrass to a Typic Kandiudult[J]. Geoderma, 2010, 154: 281-288.

Ohlson, M. and Tryterud, E. Interpretation of the charcoal record in forest soils: Forest fires and their production and deposition of macroscopic charcoal[J]. The Holocene, 2000, 10: 519-525.

Ohlson, M., Dahlberg, B., Økland, T., et al. The charcoal carbon pool in boreal forest soils[J]. Nature Geoscience, 2009, 2: 692-695.

Paris, O., Zollfrank, C. and Zick ler, G. A. Decomposition and carbonisation of wood biopolymers-A microstructural study of softwood pyrolysis[J]. Carbon, 2005, 43: 53-66.

Parton, W. J., Schimel, D. S., Ojima, D. S., et al. A general model for soil organic matter dynamics: Sensitivity to litter chemistry, texture and management. in R. B. Bryant and R. W. Arnold (eds) Quantitative Modeling of Soil Forming Processes[C]. Proceedings of a symposium sponsored by Divisions S-5 and S-9 of the Soil Science Society of America in Minneapolis, Minnesota, USA, 2 November 1992, 1994: 147-167.

Pessenda, L. C. R., Boulet, R., Aravena, R., et al. Origin and dynamics of soil organic matter and vegetation changes during the Holocene in a forest-savanna transition zone, Brazilian Amazon region[J]. Holocene, 2001, 11: 250-254.

Potter, M. C. Bacteria as agents in the oxidation of amorphous carbon[J]. Proceedings of the Royal Society of London B, 1908, 80: 239-250.

Preston, C. M. and Schmidt, M. W. I. Black (pyrogenic) carbon: A synthesis of current knowledge and uncertainties with special consideration of boreal regions[J]. Biogeosciences, 2006, 3: 397-420.

Saiz, G., Goodrick, I., Wurster, C. M., et al. Charcoal re-combustion efficiency in tropical savannas[J]. Geoderma, 2014, 219-220: 40-45.

Santin, C., Doerr S. H., Preston, C., et al. Consumption of residual pyrogenic carbon by wildfire[J]. International Journal of Wildland Fire, 2013, 22: 1072-1077.

Santos, F., Torn, M. S. and Bird, J. A. Biological degradation of pyrogenic organic matter in temperate forest soils[J]. Soil Biology and Biochemistry, 2012, 51: 115-124.

Schimel, J. P and Weintraub, M. N. The implications of exoenzyme activity on microbial carbon and nitrogen limitation in soil: A theoretical model[J]. Soil Biology and Biochemistry, 2003, 35: 549-563.

Schimmelpfennig, S. and Glaser, B. One step forward toward characterization: Some important material properties to distinguish biochars[J]. Journal of Environmental Quality, 2012, 41: 1001-1013.

Schmidt, M. W. I., Torn, M. S., Abiven, S., et al. Persistence of soil organic matter as an ecosystem property[J]. Nature, 2011, 478: 49-56.

Schneider, M., Lehmann, J. and Schmidt, M. W. I. Charcoal quality does not change over a century in a tropical agro-ecosystem[J]. Soil Biology and Biochemistry, 2011, 43: 1992-1994.

Schreiner, K. M., Filley, T. R., Blanchette, R. A., et al. White-rot basidiomycete-mediated decomposition of C-60 fullerol[J]. Environmental Science and Technology, 2009, 43: 3162-3168.

Shindo, H. Elementary composition, humus composition, and decomposition in soil of charred grassland plants[J]. Soil Science and Plant Nutrition, 1991, 37: 651-657.

Shindo, H. and Honma, T. Significance of burning vegetation in the formation of black humic acids in Japanese volcanic ash soils. in E. A. Ghabbour and G. Davies, (eds) Humic Substances: Structure, Models and Function[M]. Special Publication No. 273, Royal Society of Chemistry, Cambridge, UK, 2001: 297-306.

Shindo, H., Honna, T., Yamamoto, S., et al. Contribution of charred plant fragments to soil organic carbon in Japanese volcanic ash soils containing black humic acids[J]. Organic Geochemistry, 2004, 35: 235-241.

Shneour, E. A. Oxidation of graphite carbon in certain soils[J]. Science, 1966, 151: 991-992.

Singh, B. P., Cowie, A. L. and Smernik, R. J. Biochar stability in a clayey soil as a function of feedstock and pyrolysis temperature[J]. Environmental Science and Technology, 2012a, 46: 11770-11778.

Singh, N., Abiven, S., Torn, M. S., et al. Fire-derived organic carbon in soil turns over on a centennial scale[J]. Biogeosciences, 2012b, 9: 2847-2857.

Singh, N. Abiven, S., Maestrini, B., et al. Transformation and stabilization of pyrogenic organic matter in a temperate forest field experiment[J]. Global Change Biology, 2014, 29: 1629-1642.

Six, J. and Jastrow, J. Organic Matter Turnove[M]. New York, USA: Marcel Dekker, 2002: 936-942.

Skjemstad, J. O., Clarke, P., Taylor, J. A., et al. The chemistry and nature of protected carbon in soil[J]. Australian Journal of Soil Research, 1996, 34: 251-271.

Skjemstad, J. O., Spouncer, L. R., Cowie, B., et al. Calibration of the Rothamsted organic carbon turnover model (RothC ver. 26.3), using measurable soil organic carbon pools[J]. Australian Journal of Soil Research, 2004, 42: 79-88.

Spokas, K. Review of the stability of biochar in soils: predictability of O/C molar ratios[J]. Carbon Management, 2010, 1: 289-303.

Spokas, K. A. and Reicosky, D. C. Impact of sixteen different biochars on soil greenhouse gas production[J]. Annals of Environmental Science, 2009, 3: 179-193.

Spokas, K. A., Koskinen, W. C., Baker, J. M., et al. Impacts of woodchip biochar additions on greenhouse gas production and sorption/degradation of two herbicides in a Minnesota soil[J]. Chemosphere, 2009, 77, 574-581.

Stewart, C. E., Zheng, J., Botte, J., et al. Co-generated fast pyrolysis biochar mitigates greenhouse gas emissions and increases carbon sequestration in temperate soils[J]. Global Change Biology-Bioenergy, 2013, 5: 153-164.

Tisdall, J. M. and Oades, J. M. Organic matter and water-stable aggregates in soils[J]. Journal of Soil Science, 1982, 33: 141-163.

Topoliantz, S. and Ponge, J. F. Burrowing activity of the geophagous earthworm Pontoscolex corethurus (Oligochaeta: Glossoscolecidae) in the presence of charcoal[J]. Applied Soil Ecology, 2003, 23: 267-271.

Topoliantz, S. and Ponge, J. F. Charcoal consumption and casting activity by Pontoscolex corethrurus (Glossoscolecidae)[J]. Applied Soil Ecology, 2005, 28: 217-224.

Van Zwieten, L., Kimber, S., Morris, S., et al. Effects of biochar from slow pyrolysis of papermill waste on agronomic performance and soil fertility[J]. Plant and Soil, 2010, 327: 235-246.

Vasilyeva, N. A., Abiven, S., Milanovskiy, E. Y., et al. Pyrogenic carbon quantity and quality unchanged after 55 years of organic matter depletion in a Chernozem[J]. Soil Biology and Biochemistry, 2011, 43: 1985-1988.

Wang, T., Camps-Arbestain, M. and Hedley, M. Predicting C aromaticity of biochars based on their elemental composition[J]. Organic Geochemistry, 2013, 62: 1-6.

Wardle, D. A., Nilsson, M. C. and Zackrisson, O. Fire-derived charcoal causes loss of forest humus[J].

Science, 2008, 320: 629.

Wengel, M., Kothe, E., Schmidt, C. M., et al. Degradation of organic matter from black shales and charcoal by the wood-rotting fungus Schizophyllum commune and release of DOC and heavy metals in the aqueous phase[J]. Science of the Total Environment, 2006, 367: 383-393.

Whitman, T., Scholz, S. and Lehmann, J. Biochar projects for mitigating climate change: An investigation of critical methodology issues for carbon accounting[J]. Carbon Management, 2010, 1: 89-107.

Whitman, T., Hanley, K., Enders, A. and Lehmann, J. Predicting pyrogenic organic matter mineralization from its initial properties and implications for carbon management[J]. Organic Geochemistry, 2013, 64: 76-83.

Yuste, J. C., Baldocchi, D. D., Gershenson, A., et al. Microbial soil respiration and its dependency on carbon inputs, soil temperature and moisture[J]. Global Change Biology, 2007, 13: 2018-2035.

Zhang, A., Bian, R., Pan, G., et al. Effects of biochar amendment on soil quality, crop yield and greenhouse gas emission in a Chinese rice paddy: A field study of 2 consecutive rice growing cycles[J]. Field Crops Research, 2012, 127: 153-160.

Zhang, D., Hui, D., Luo, Y., et al. Rates of litter decomposition in terrestrial ecosystems: Global patterns and controlling factors[J]. Journal of Plant Ecology, 2008, 1: 85-93.

Zimmerman, A. Abiotic and microbial oxidation of laboratory-produced black carbon (biochar)[J]. Environmental Science and Technology, 2010, 44: 1295-1301.

Zimmerman, A. R. and Gao, B. The stability of biochar in the environment. in Ladygina, N. and Rineau, F., (eds) Biochar and Soil Biota[M]. Boca Raton, USA: CRC Press, 2013: 1-40.

Zimmerman, A., Gao, B. and Ahn, M. Y. Positive and negative mineralization priming effects among a variety of biochar-amended soils[J]. Soil Biology and Biochemistry, 2011, 43: 1169-1179.

Zimmermann, M., Bird, M. I., Wurster, C., and Smernik, R. Rapid degradation of pyrogenic carbon[J]. Global Change Biology, 2012, 18: 3306.

第11章

生物炭在环境中的迁移

Cornelia Rumpel、Jens Leifeld、Cristina Santin、Stefan Doerr

11.1 引言

由于生物炭的高稳定性，其在土壤中的矿化时间很可能达到几个世纪。生物炭的异位迁移过程可以在更短的时间内决定其损失量。生物炭和相关的养分或微污染物可以通过水、风或动物迁移，也可以通过土壤剖面内的垂直运动及异位水平或横向运动迁移。该迁移过程不仅受生物炭物理性质的影响，如粒度、密度等（见第3章），而且受疏水性、吸附性等化学性质的影响（见第10章）。此外，将新鲜的生物炭加入矿物土壤中的一个特点是，生物炭容易通过淋溶或侵蚀过程浸出，施入的生物炭后续未与矿物进行相互作用，这与影响植物材料（如作物残渣或堆肥）游离颗粒有机物的过程几乎一样。在生物炭应用的最初几年，异位去除生物炭可能比微生物降解更重要（Major et al., 2010; Foereid et al., 2011）。生物炭迁移的方向和数量受其应用类型、添加形式、土壤类型、地势地貌、土地管理示例（如耕作与不耕作）及气候的影响。例如，将生物炭以浆液的形式应用于环境可能更有利于垂直迁移（特别是在砂质土壤中）。在黏性土壤中施用干生物炭可能有利于通过风蚀或水蚀进行异位迁移。在生物活性部位，生物炭可能会通过蚯蚓和节肢动物与其他有机物一起垂直迁移。在潮湿的气候条件下，尤其是在陡坡地带，水蚀有可能成为生物炭异位迁移的主要机制；而在干燥条件下，风蚀可能是生物炭的一种重要迁移机制。

引起土壤流失和迁移的过程与其规模有关，因此生物炭和其他有机物在环境中的迁移和归趋是一个复杂的过程（Lal, 2003; Kuhn et al., 2009）。不应将生物炭垂直迁移和水平迁移的过程与其较差的稳定性（抗降解性）相混淆，因为这些过程可能不会影响其矿化。生物炭易受淋溶或侵蚀的影响，尽管在中期或最终沉积地点不会对土壤性质产生任何预期的积极影响，但中长期内仍可能从大气中截留。大多数被侵蚀的有机物可能不会迁移到海洋沉积物中，但会在土壤积聚的河流盆地中以砂砾或冲积物的形式迁移到清除地点而沉积（Kuhn et al., 2009; Regnier et al., 2013）。被侵蚀的生物炭的沉积位置可能对其环境影响及碳储存潜力具有重要影响。因此，在考虑生物炭迁移的总体影响时，必须考虑生物炭异位迁移的影响。

本章总结了已发表的有关土壤中生物炭垂直迁移的过程，以及通过水蚀和风蚀在地表的异位迁移过程的文献。对生物炭迁移过程的总结均考虑了物理、化学及生物过程在调节生物炭迁移方面的作用。同时，本章概述了生物炭的迁移，尤其是关于其在地表的定量迁移，包括在迁移和沉积点过程中的潜在归趋。

11.2 生物炭在土壤剖面中的垂直迁移

生物炭垂直迁移的野外研究主要基于对自然生成炭的垂直分布和迁移的观察，而不是基于可控的生物炭试验。经常有报道指出，土壤深层有大量的热源有机物（PCM）（Skjemstad et al., 1999; Hammes et al., 2008; Knicker et al., 2012）。欧洲的长期农业试验表明，在深层土壤中，热解碳（PyC）相对土壤有机碳总量（SOC）的比例较大，PyC 约占 SOC 的 50%（Brodowski et al., 2007）。

11.2.1 迁移速率

为了评估生物炭在土壤中的垂直迁移速率，研究人员在自然条件下对 PCM 进行了定量研究和对照试验。在山区和亚高山带的土壤中，Carcaillet（2001a，2001b）、Carcaillet 和 Talon（2001）在地表以下 1.4 m 处发现了木炭颗粒（粒径 >0.4 mm，被浮选分离），并将深层土壤中的碳积累归因于垂直迁移。许多颗粒在表层土壤中存在了几千年，因此具有较高的丰度和较小的 ^{14}C 年龄。土壤中动物的生物扰动和树木的倒伏（连根拔起）被认为是木炭颗粒垂直迁移的主要机制。Carcaillet（2001a）的研究发现，木炭颗粒向下迁移 1 m 最快需要不到 500 年，迁移速率为 2 $mm \cdot yr^{-1}$。有研究指出，过去 2000 年形成的大多数木炭颗粒都存在于土壤表面以下 0.3 m 处，但经过 2500～6000 年后，木炭颗粒主要存在于地表以下 0.4～0.7 m 处。然而，一些木炭颗粒可能会表现出行为，因此生物炭的迁移速率不能代表其他类型炭的迁移速率。利用苯多羧酸（BCPA）在经过不同再处理的温带混合草地上测量了新衍生 PyC 的垂直迁移速率（Dai et al., 2005）。一项研究将几个未燃烧的对照组与 2 年或 3 年内遭受冬季或夏季火灾的地点进行了比较，结果发现与未燃烧的对照组相比，实验开始后 5 年内（最后一次火灾后 5 年内），地表以下 0.1～0.2 m 处的 PyC/SOC 含量增大，该研究认为生物扰动是迁移的主要机制。Leifeld 等（2007）也报道了使用差示扫描量热法（DSC）和核磁共振（NMR）测量在排水泥炭土壤中 PyC 的迁移速率。从 PyC 的深度分布和应用时间可以推测出其迁移速率为 6～12 $mm \cdot yr^{-1}$，该迁移速率是由土壤中存在大孔隙及地下水位升高引起的。Major 等（2010）在砂质土壤中施用了 ^{13}C 标记的生物炭，并在哥伦比亚的一项控制农业试验中研究了其归趋，该试验进行的两个季节的年平均降水量（MAP）高达 2200 mm。在这一段时期内，标记生物炭从地表以下 0.1 m 迁移到 0.15～0.3 m，生物炭明显向下迁移，迁移量约占生物炭施用量的 0.22%～0.45%，溶解有机碳（DOC）所占比例高于颗粒有机碳。研究表明，生物炭的质量变化相对较小，但迁移速率很高，每年能迁移几厘米。Felber 等（2014）进行了 8 个月的研究，发现温带草原地区的生物炭迁移速率与此相似，约为 30 $mm \cdot yr^{-1}$。Nguyen 等（2008）将肯尼亚西部的森林火灾进行时间序列分析（MAP 为 2000 mm），通过 ^{13}C NMR 和炭颗粒计数法测量了砂质黏土中 PyC 的浓度和储量，结果发现在森林火炭沉积后的最初 30 年内，PyC 的储量（地表以下 0～0.1

m）显著减少了70%，但此后没有进一步减少。炭颗粒的损失比大块PyC的损失更多。如果将所有PyC的损失都归因于PyC通过土柱的迁移，则其最小迁移速率为3 mm·yr^{-1}。在100年内，0～0.1 m的表层土壤中共损失了0.6 kg·m^{-2}的PyC。

11.2.2 生物炭垂直迁移机制

颗粒生物炭或木炭从表层土壤（从植被层中）迁移到深层土壤的过程表明，沉积作用是PCM通过土壤进行迁移的一个重要途径。这可以解释为，颗粒在土柱中通过较大的孔隙迁移，或者在这些孔隙的水柱中进行迁移。生物炭的粒径范围通常很广（见第3章），因此粒径微米级至毫米级范围内的大孔隙和中孔隙是其迁移的可能途径。这种机制可能发生在大孔隙比例较高的土壤中（如砂质矿物土壤和有机土壤），可能在优先迁移路径及形成裂缝的垂直土壤带中发挥着更重要的作用。相比之下，具有大量中孔隙和微孔隙的土壤可能更有利于生物炭的固持。Major等（2010）的研究表明，当生物炭在短时间内（2～3年）进行垂直迁移时，固体生物炭颗粒的迁移效率低于溶解态生物炭，并且生物扰动可能也参与了生物炭的迁移。

穴居生物和其他生物的干扰（如树木被连根拔起）等生物扰动常常被认为是炭迁移的机制（Skjemstad et al., 1999; Carcaillet, 2001; Eckmeier et al., 2007; Haefele et al., 2011）。对土壤形成过程的研究表明，生物扰动可能是土壤中大量物质迁移的原因（Wilkinson et al., 2009），因此几乎所有种类的颗粒都可能发生与此机制相关的垂直迁移。根和真菌菌丝与生物炭之间的密切联系（Joseph et al., 2010）可能会进一步促进其在土壤中的迁移，也可能通过锚定机制减弱生物炭的迁移。但是，从上述野外试验中很难直接获得生物炭或PCM在土柱中的迁移机制。不仅是PCM，目前对所有颗粒有机物的原位垂直迁移的有限研究都无法得出具体的迁移机制。

迁移机制的理解来自可控的室内研究，比如通过将 ^{13}C 标记的生物炭添加到人工基质或土柱中（Hilscher and Knicker, 2011; Bruun et al., 2012; Zhang et al., 2010; Wang et al., 2012, 2013），Hilscher 和 Knicker（2011）研究了在恒定含水量条件下，PyC在填充矿物土在80 mm土柱中的垂直迁移，经过28个月后，高达3.2%的 Py^{13}C 从土柱中浸出。Zhang 等（2010）、Wang 等（2012）使用石英砂填充柱研究了生物炭迁移的控制因素，通过探究饱和条件下生物炭的迁移，发现生物炭的制备温度和粒径是其迁移的两个重要控制因素。在550 ℃下热解制备的生物炭比在350 ℃下热解制备的生物炭的迁移性差，且粒径≤2 μm的生物炭比粒径≤100 μm的生物炭的迁移性差。相比之下，原料对生物炭迁移的影响较小，小麦秸秆生物炭与松针生物炭在砂柱中固持了13%～88%。该试验强调了不同生物炭的表面电荷（以ζ电位测量）能控制它们在砂柱中的迁移速率。优先固持在填充柱中的生物炭的特征是负ζ电位较小，从而减弱了生物炭颗粒与砂粒之间的相互排斥作用。具有最高亲水性的物质也显示出最大的迁移速率。在类似试验中，Zhang等（2010）研究了pH值、IS和水饱和度对生物炭迁移率的影响。在不饱和介质中，生物炭固持量更高。在较低的pH值和较高的IS下，生物炭的迁移性较差，这是颗粒之间的静电排斥力减弱所致。较大的颗粒（粒径微米级）受机械过滤的影响更大，而溶液中较小的颗粒受化学作用的影响更大。较大颗粒的优先固持导致填充柱迁移过程中颗粒尺寸的分层。在人工和近似无菌条件下的研究对解释野外试验结果有重要意义，研究结果表明：①在新制备和高度疏水性生物炭的风化和氧化过程中，其迁移率可能会增大，这也与其他研究结果一致（Hockaday et al., 2007）；②可以按粒径大小在土柱中对生物炭进行分级；③土壤水分运动也是生物炭迁移的一个重要因素。由于热解条件和粒径会对生物炭的迁移性产生影响，因此新制备生物炭的迁移率在一定程度上是可以控制的。因此，制备条件可能是决定生物炭垂直迁移的重要因素。Bruun 等（2012）在室内使用快速热解和慢速热解制备生物炭，研究了土柱中生物炭在环境运动中的迁移率。不同的热解条件导致生物炭具有较大的粒径及少量的酸性官能团和可溶性碳化合物（慢速热解制备生物炭），或者具有大量的酸性官能团、较高比例的可溶性化合物及较小的平均粒径（快速热解制备有机碳）。研究发现，快速热解制备生物炭比慢速热解制备生物炭具有更高的迁移率，这主要归因于生物炭性质的差异。

　　Abiven 等（2011）研究了从板栗木材中新制备的生物炭和 10 年前的野生生物炭的可萃取性和组成，发现可溶性组分小于 3 g·kg^{-1} 炭的数量级与 Bruun 等（2012）制备的生物炭几乎一样。Abiven 等（2011）使用 BPCA 分子标记显示，尽管老化生物炭与新制备生物炭的可萃取性相似，但所萃取物质的分子组成随时间的推移而变化，这表明较大的 PyC 分子簇随时间而变得可溶。

　　总之，野外试验和室内研究的结果表明，土壤中 PCM 的初始平均垂直迁移速率约为每年 2 mm 到几毫米。但是，这并不意味着所有 PCM 都受迁移速率的影响。实际上，大量添加的生物炭可能在土壤表层中存在数年至数百年。迁移速率可能会随时间的推移而下降（见图 11.1），并且迁移的生物炭种类也会发生变化。尽管在施用生物炭后，颗粒组分可以直接进行迁移，但随着时间的推移，颗粒氧化、溶解度和破碎的增加，以及较大颗粒优先固持在上层土壤中，将有利于溶解的生物炭向土壤更深处迁移。生物炭垂直迁移受生物炭的表面性质，以及土壤 pH 值和 IS 的影响。已有研究发现，PCM 与土壤黏粒、粉粒或土壤团聚体密切相关（Glaser and Amelung, 2003; Brodowski et al., 2006, 2007; Joseph et al., 2010），但是这些因素对生物炭在土壤中迁移的影响尚不清楚。此外，生物扰动对生物炭迁移能力的影响有待进一步研究。

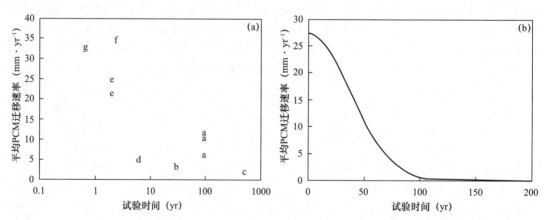

图 11.1　（a）PCM 的平均迁移速率与试验时间的关系 [$r=-0.81$，$p=0.00$，X 轴为对数转换后的数据。数据来源：a 来自 Leifeld 等（2007）；b 来自 Nguyen 等（2008）；c 来自 Carcaillet（2001）；d 来自 Dai 等（2005）发表文章图中的读取数据；e 来自 Major 等（2010）（迁移速率分别适用于两个不同层次的 Biochar-DOC）；f 来自 Hilscher 和 Knicker（2011）、Felber 等（2014）]。

　　（b）生物炭迁移速率的假想变化，假设初始迁移速率等于（a）图中 27.2 mm·yr^{-1} 的截距，$y = 2.72 e^{-t(yr) \times 0.0007119}$，迁移速率随时间的变化是根据（a）图中线性回归计算的。

11.3 生物炭随地形变化的水平／横向迁移

PCM 受不同侵蚀过程的影响，导致其在土壤表面的水平／横向重新分布，以及在淡水和海洋沉积物中沉积（Masiello and Druffel, 2001; De Rosa et al., 2011）。有机物的侵蚀过程高度依赖不同的空间尺度（van Noordwijk et al., 1997）和时间尺度（Wang et al., 2013）。由于侵蚀过程主要在土壤表面进行（有机质和生物炭浓度最高），侵蚀的沉积物通常会富集有机质，其中的碳含量可能比原始土壤中的碳含量高 5 倍（Lal, 2005）。侵蚀过程主要分为两个阶段，首先将颗粒从土壤中分离出来，然后通过风或水进行迁移（Morgan, 1995）。

11.3.1 迁移速率

侵蚀造成的生物炭异位损失可能比上述因素更重要。最近的野外试验和室内模拟研究证实，侵蚀可能会导致生物炭从改良地点大量迁移到其他地方（Major et al., 2010; Foereid et al., 2011）。生物炭施用于土壤后易受到风和水的作用而发生侵蚀。在砂质土壤上用小麦秸秆燃烧制备的生物炭进行的降雨试验表明，生物炭在地表沉积后，单次降雨的径流可能会使 7% ~ 55% 的 PCM 水平迁移（Rumpel et al., 2009）。在降雨试验中（控制条件），径流共侵蚀 PyC 3 g·m^{-2}·h^{-1}，而在喷溅侵蚀过程中增大到 19 g·m^{-2}·h^{-1}（Rumpel et al., 2009）。Major 等（2010）进行了一项为期 2 年的田间试验以研究生物炭的归趋，结果发现，在强降雨期间，径流可以去除生物炭 232 ~ 614 g·m^{-2}·yr^{-1}，这相当于他们在 2 年试验时间内测得的最大生物通量。但是，只有极少被侵蚀的有机物和生物炭能到达海洋沉积物中，这被认为是最终的沉积形式（Masiello, 2004）。Regnier 等（2013）估计，来自内陆水域的人为碳排放（有机碳和无机碳）只有 10% 到达了公海，40% 在迁移过程中又排放到了大气中，而其余 50% 沿淡水、河口和沿海地区封存。目前，人们对迁移途径的潜在有效性和可能涉及的数量知之甚少，但可以从 PCM 的相关研究中获得一些见解。Jaffé 等（2013）对全球从陆地向海洋输送的木炭进行的最新研究估计，全球每年溶解的木炭为 26.5±1.8 Tg，约占河流 DOC 总量的 10%。相对于估计的全球每年 40 ~ 250 Tg 的 PyC 产量，以溶解形式从陆地输送的 PyC 是其中一个重要因素。

11.3.2 生物炭的水平／横向迁移机制

雨滴撞击土壤表面存在物理力，因此生物炭颗粒通常通过雨滴飞溅分离（Torri and Poesen, 1992）。撞击土壤表面的雨滴使沉积物分离并向各个方向投射，分离出的大部分物质可能会被推进 0.5 m 或更远的距离。因此，在局部地区雨滴本身可以导致土壤颗粒的净输送（Kinnell, 1990）。对于生物炭而言，雨滴撞击土壤表面的动能可能导致粒径分离，从而形成胶体颗粒，而胶体颗粒又极易受水运输的影响（Guggenberger et al., 2008）。雨水飞溅使土壤物质分离，从而产生一些松散的颗粒，这些颗粒可促使迁移程度加剧，如通过地表径流。径流的存在会增强土壤的分离和迁移（Kinnell, 1988, 1991; Le Bissonnais et al., 1998; Chaplotand Le Bissonnais, 2003）。受这些过程影响的大多数矿物颗粒会在土壤中重新分布，但是，某些在水中沉降速度非常低的土壤成分可能会迁移到更远的地方。由于生物炭密度低且具有多孔结构（Glaser et al., 2000；见第 3 章），因此在土壤中大生物炭颗粒会浮起；而最小的生物炭颗粒的胶体性质也可能使它们停留在悬浮液中迁移更远距离（Mulleneers et al., 1999）。

对于用生物炭改良的斜坡农业土壤而言，耕作侵蚀可能是一个重要过程。耕作侵蚀是通过耕作使土壤向下坡逐渐转移的过程（Lindstrom et al., 1990），这是一个全球问题。在耕作密集的耕地上，耕作导致的土壤流失为 $1.5 \sim 60 \ kg \cdot m^{-2} \cdot yr^{-1}$（Blanco-Canqui and Lal, 2010）。耕作侵蚀对于生物炭流失的影响尚未量化，但可以采用保护性农业和免耕手段减少生物炭的流失（见第 26 章）。

尽管侵蚀过程通常会导致生物炭的损失，但这种损失可能仅代表其从给定位置迁移到其他地方后重新沉积，而不是它的矿化作用。实际上，水蚀和耕作侵蚀会持续导致材料的迁移和沉积，尤其是通过层间侵蚀过程损失（如雨水飞溅、雨水冲刷）的有机物，除非经过径流活动悬浮在地表，否则只能迁移很短的距离，并积聚在沉积的地壳中（Le Bissonnais et al., 1998）。被侵蚀的生物炭可能通过细沟或沟壑侵蚀迁移到河流中，这是通过细沟或沟壑中的水流侵蚀土壤的一个非选择性过程。然而，细沟中的沉积物也容易在土壤表面重新沉积，这取决于侵蚀系统的地貌特征（见图 11.2 和图 11.3；Kuhn et al., 2009）。必须定量化各种迁移过程中的参数，以完成全球碳预算及评估侵蚀的影响（van Oost et al., 2007）。同时，也必须考虑到大部分被侵蚀的生物炭可能没有到达海洋，而是迁移和沉积在陆地盆地中，这需要对其影响和归趋进行评估（见图 11.2）。

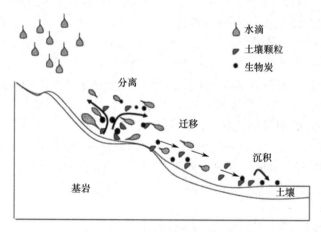

图11.2 生物炭改良土壤侵蚀过程

生物炭的损失与有机物通过侵蚀从其处置地点损失的过程类似，这个过程可能会受到许多因素的影响，如土壤性质、地形、地表覆盖和土壤湿度等。一般来说，富含黏土的土壤因具有更大的团聚体，稳定性相对更高且不易受到侵蚀。上坡位置通常更易受到侵蚀，坡脚位置是最终的沉积地点（McCarty and Ritchie, 2002）。与其他有机物类型相比，生物炭迁移的选择性可能会导致其优先迁移（Wang et al., 2013）。Rumpel 等（2006）发现，在陡坡上进行刀耕火种后，木炭对 PCM 的优先侵蚀除与其迁移的选择性有关外，还可能与木炭沉积在土壤表面有关，因此 PCM 会在土壤有机质或植物碎屑之前被优先去除。

研究发现，降雨强度和持续时间对侵蚀过程中的有机质迁移具有重要影响（Polyakov et al., 2004; Strickland et al., 2005）。低强度降雨由于迁移能力低可优先去除颗粒有机物（Martinez-Mena et al., 2012）。因此，倾斜的地形可能会导致生物炭损失。高强度的降雨会产生大量的地表径流，增强沉积物和相关有机物的迁移，从而导致更多的有机物被去除。地表径流是控制河流泥沙供应和迁移的关键因素（Dietrich and Dunne, 1978）。就生物炭而言，土壤流失可能导致新沉积的生物炭，以及老化过程中与土壤颗粒相关的老化生物炭成分的大量损失（Czimczik and Masiello, 2007; Liang et al., 2008）。在一个受火灾影响的地点的试验证实了地表径流对定量PCM去除的重要性（该地点的地表有机物主要是炭颗粒），经过6个月后，土壤中40%的有机物受地表径流的作用被清除（Novara et al., 2011）。

Rumpel等（2009）在一次降雨过程中观察到了PCM不同大小的对比，这表明不同类型的生物炭可能受到不同水蚀过程的影响。生物炭的水力特性（如疏水性）可能会影响其对水蚀和浸出的敏感性（见上文）。生物炭的疏水性可能取决于制备生物炭的温度，因此其疏水性在一定程度上是可以控制的。有研究发现，低温会导致生物炭具有高疏水性（Kinney et al., 2012）。当生物炭具有疏水性时，其孔隙空间不会充满水，因此，疏水性生物炭的总体容量仍然很小，从而可以促进其漂浮和优先迁移。亲水性生物炭可能会浸水，因而其漂浮能力较弱。此外，生物炭的粒径对确定侵蚀过程的影响程度来说很重要。因此，生物炭老化过程中和/或迁移过程中发生的破碎可能会影响其对侵蚀和迁移的影响程度，而较小的颗粒更容易发生异位迁移（Guggenberger et al., 2008）。由于缺乏试验数据，目前土壤性质与生物炭在水平/横向上的迁移的相关性尚未得到充分了解。与其他有机物类型相比，生物炭迁移的选择性（Wang et al., 2013）可能会导致其优先迁移。

生物炭在裸露的土壤表面容易遭受风蚀。由于颗粒密度较低，生物炭比其他类型的有机物更易受到风蚀的影响。研究发现，风蚀影响了野外火灾后几个月内土壤中的C损失和N损失（Hasselquist et al., 2011）。据估计，$235\ g \cdot m^{-2} \cdot d^{-1}$的C损失和$19\ g \cdot m^{-2} \cdot d^{-1}$的N损失与焚烧鼠尾草导致的草原生态系统盐渍带的风沙沉积有关。迄今为止，即使风对生物炭迁移的数量具有潜在影响，但是风对有机物的侵蚀在很大程度上仍然被忽略。在种植周期内使用生物炭时，其在土壤中扩散时会产生粉尘，并对风蚀产生一定的影响，因此，农业生产中侵蚀的颗粒有机物可能是一个新兴的空气质量问题（Pattey and Qiu, 2012），这一问题将会引起人们更大的关注（见第26章）。

固体生物炭在野外发生生物氧化反应或非生物氧化反应可能会使其产生水溶性产物。这种水溶性产物会以芳香酸的形式出现，并且存在于含炭土壤的腐殖质酸提取物中（Haumaier and Zech, 1995）。缩合的芳香烃结构包括从受污染土壤中取样的炭颗粒中淋溶出的大部分溶解有机物（Hockaday et al., 2006）。在受污染的土壤水、地下水和河水中发现了这些芳香烃结构，表明它们在流域内具有高度流动性（Hockaday et al., 2007），尽管它们也可能与土壤矿物相互作用而导致其具有较高的稳定性（Knicker, 2011）。需要注意的是，在氧化条件下，生物炭的高极性和增加的水溶性可能会增强其与土壤溶液在垂直方向的迁移，但也可能会促进其在水平/横向与径流水一起迁移。

在剖面尺度，通过垂直迁移和横向的异位迁移影响不同生物炭组分损失的过程如表11.1所示。

表11.1 在剖面尺度，通过垂直迁移和横向的异位迁移影响不同生物炭组分损失的过程

规模	过程	优先受影响的组分
土壤剖面（垂直迁移）	渗透 生物扰动 胶体迁移 浸出	小粒径/胶体 所有组分 胶体 可溶性组分
异位（水平迁移）	钻蚀、坡面侵蚀 细沟或沟壑侵蚀 面状侵蚀 耕作侵蚀 风蚀 雨溅 水流	所有组分 所有组分 所有组分 所有组分 轻质组分、小颗粒 轻质组分 可溶性组分

在其他溶解有机物存在的情况下，可以通过疏水相互作用来迁移新制备的非极性生物炭颗粒（Ding et al., 2013）。最近的研究表明，从土壤中以溶解形式输出的C可能是生物炭损失的一个重要机制，这可能是连接陆地和海洋碳循环的关键（Jaffe et al., 2013）。溶解态生物炭的迁移主要发生在老化的PCM中（Dittmar et al., 2012a）。Dittmar等（2012b）的研究表明，PyC可以在数十年后以溶解形式从土壤迁移到水系统中，并且这种溶解态生物炭的迁移可能与其他溶解有机物（Ding et al., 2013）或矿物（黏土）颗粒（Knicker, 2011）有关。然而，到目前为止，这种耦合传输只是基于溶解有机物和溶解焦炭浓度之间相关性的假设（Ding et al., 2013; Jaffé et al., 2013）。因此，研究人员迫切需要进行试验来验证该机制，以及其在定量生物炭迁移中的重要性。放射性碳年代测定结果表明，在河流运移的PCM中，老化PCM的运移可能占很大比例（Ziolkowski and Druffel, 2010）。对从新制备炭中提取的溶解PyC的化学成分与从老化炭中提取的溶解焦炭的化学成分进行比较，结果发现稠合芳香族酸的分子形态的差异较小，这可以通过流域迁移过程中发生的物理变化或化学变化来解释（Hockaday et al., 2007）。这些过程决定了PCM中的溶解有机物的归趋。

专栏11-1 生物炭在时空尺度内的迁移

生物炭的迁移受原始生物炭性质的影响，并且这些性质会随生物炭的破碎和氧化而变化。随着时间的推移，生物炭与其他土壤颗粒和土壤生物群的相互作用变得十分重要，这可能会改变生物炭的迁移特性和迁移机制。生物炭的主要迁移途径是通过水的横向迁移，而在土壤剖面中的垂直迁移很少且速度较慢，但可能会显著改变土壤性质和生物炭的停留时间（见图11.3）。大多数迁移过程具有选择性，并且会导致生物炭的组分沿横向和纵向的迁移路径分离。

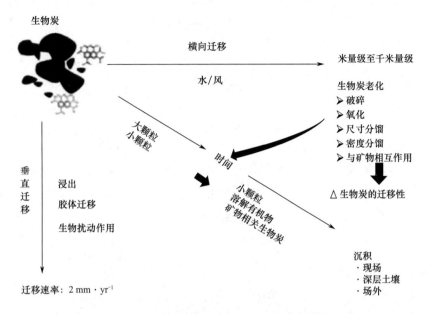

图11.3 生物炭随时间推移在空间上的垂直和横向迁移

11.4 生物炭迁移的归趋

  生物炭的侵蚀和沉积可能会显著地影响其归趋，同时会改变生物炭和沉积土或沉积物的碳预算（见图11.4）。侵蚀过程将从土壤中去除生物炭，尤其是在地形复杂或暴露于强风的地方。用生物炭改良土壤，可能会导致碳（以及潜在的肥力）的净损失，但在被侵蚀的生物炭再沉积和积累的土壤或沉积物中，碳（和潜在的肥力）会净增加。再沉积可能发生在迁移的地方附近，或者在较长时间内迁移到流域内的沉积区，或者迁移到更远的河流、湖泊或海洋沉积物中（见图11.4）。同时，再沉积的位置取决于生物炭颗粒的物理性质、化学性质、施用生物炭地点的地形、流域特征，以及导致生物炭侵蚀事件发生的规模和频率等。值得注意的是，由于存在不利于微生物活动的条件，将被侵蚀的生物炭埋在沉积点很可能增强其防侵蚀能力（Lal, 2003; Erhe et al., 2012）。在缺氧沉积点（如湖泊沉积物、河流和沿海沉积物及海洋沉积物等），其防侵蚀能力会更强（见图11.4）。从长远来看，生物炭以溶解态固存在深海中也很重要（Dittmar and Paeng, 2009; Ziolkowski and Druffel, 2010）。潮汐作用和地下水排泄可能是溶解性PyC通过地表径流进一步迁移到海洋中沉积的重要过程（Dittmar et al., 2012a）。此外，生物炭在海洋中的归趋可能取决于其循环通过海洋表面透光层的速率，因为芳香族组分似乎比其他溶解性有机物更易光化（Stubbins et al., 2012）。研究表明，PyC对河流迁移有机碳的贡献会随季节变化（Mitra et al., 2002），但是引起这种变化的原因尚不清楚。由于生物炭的颗粒密度较低，因此目前尚未对其是否易受河流优先迁移的影响进行调查研究。

在迁移过程中可能发生物理和化学变化，这导致碳通过生物炭矿化作用迁移到大气中（见图11.4）。而侵蚀也会导致物理分离、磨损及团聚体的损坏。在迁移过程中的物理分离可能会导致优先去除最细微（粒径 <2 mm）和密度最小的生物炭颗粒（Rumpel et al., 2009）。与较大的生物炭颗粒（粒径 >2 mm）相比，这些颗粒组分可能富含氮，并且可能含有较少的持久性芳香化合物（Rumpel et al., 2007; Nocentini et al., 2010）。如果这些化合物从生物炭改良的土壤中流失，则可能会降低生物炭对农业生产的有益影响，因为与较大的颗粒相比，这些化合物可能具有更高的活性和更高的阳离子交换能力。然而，也有研究认为，磨损或雨水飞溅会使生物炭释放出更稳定的芳香结构，这些芳香结构会以其他方式嵌入更易被微生物分解的基质中（Zimmermann et al., 2012）。尽管芳香结构仅在原始生物炭中占很小的部分，但由于其具有较高的稳定性，因此其能在土壤中存在数千年（Zimmermann et al., 2012）。

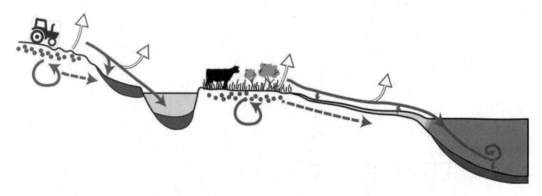

图11.4 来自改良土壤的主要生物炭通量（实线箭头表示生物炭在地表的迁移机制；虚线箭头表示由于矿化作用生物炭向大气中迁移；箭头大小不代表不同过程量化的重要性）

生物炭的垂直迁移过程也可能是，通过地下水到达河网（见图11.4）。Dittmar 等（2012a）的研究表明，这是溶解性 PyC 的主要来源。当生物炭沿土壤剖面垂直向下迁移时，根据土壤类型及其防止有机物分解和／或迁移的能力，其也可能会有效地在深层土壤中积累（Brodowski et al., 2007）。富含短程有序矿物的土壤可能具有最高的 PyC 固持潜力（Cusack et al., 2012）。在这些土壤中（Diekow et al., 2005; Rumpel et al., 2008; Knicker et al., 2012），炭累积主要出现在 A 层（0.05～0.1 m）以下的底层土中，而在砂土 A 层以下未显示出任何 PyC 的存在。这些结果表明，某些氧化的木炭可能在迁移过程中吸附在了矿物表面，与金属络合或形成 Ca^{2+} 桥而被固定（Knicker, 2011）。此外，已有研究表明，生物炭颗粒在多孔介质中的迁移和截留在很大程度上依赖 pH 值和 IS（Zhang et al., 2010）。随着电荷密度和静电排斥力的增大，这些参数对老化生物炭颗粒的影响也随之增大，从而导致更高的水溶性和迁移速率（Zhang et al., 2010）。pH 值和 IS 可能会随土壤剖面深度的变化而变化，因此生物炭在土壤剖面不同部分的积累很可能与土壤类型密切相关。

11.5 展望

尽管迁移过程对于生物炭在其应用地点的损失，以及在环境中的迁移过程的潜在转化非常重要，但目前很少有人对这些过程进行定量研究，也没有将生物炭损失与未碳化的有机质损失进行比较。显然，由于其特殊的物理和化学特性，生物炭与矿质土壤颗粒相比更容易受到侵蚀。虽然可以从木炭研究中得出一些结论，但目前仍不清楚生物炭在多大程度上比未碳化的植物来源的有机物更易受到侵蚀，以及这种侵蚀如何随时间推移而变化。尽管一些学者评估了影响其迁移影响程度的理化参数和生物炭特性，但对于土壤特性在生物炭的垂直和水平/横向迁移能力方面的作用知之甚少。生物活性对生物炭的迁移可能也很重要，但是其潜在的重要性尚未得到评估。同时，导致生物炭异位迁移的具体过程及可能涉及的数量方面存在知识差距，人们对这些过程的迁移距离和迁移时间的认识也十分有限。因此，人们需要进行以迁移过程为导向的控制试验，以区分控制生物炭迁移的各种因素，并将该过程与生物炭特性随时间推移的变化联系起来。同时，需要评估生物炭侵蚀对其稳定性的影响，并将其侵蚀纳入碳循环模型中，以全面评估生物炭在全球碳预算中的潜在影响。

参考文献

Abiven, S., Hengartner, P., Schneider, M. P. W, Singh, N., et al. Pyrogenic carbon soluble fraction is larger and more aromatic in aged charcoal than in fresh charcoal[J]. Soil Biology and Biochemistry, 2011, 43: 1615-1617.

Alexis, M. S., Rasse, D. P., Knicker, H., et al. Eution of soil organic matter after prescribed fire: A 20-year chronosequence[J]. Geoderma, 2012c, 189-190: 98-107.

Berhe, A. A., Harden, J. W., Torn, M. S., et al. Persistence of soil organic matter in eroding versus depositional landform positions[J]. Journal of Geophysical Research, 2012, doi: 10.1029/2011JG001790.

Blanco-Canqui, H. and Lal, R. Tillage erosion[A]. In H. Blanco-Canqui and R. Lal（eds）Principles of Soil Conservation and Management[M]. Springer, 2010, 109-135.

Brodowski, S., John, B., Flessa, H., et al. Aggregate-occluded black carbon in soil[J]. European Journal of Soil Science, 2006, 57: 539-546.

Brodowski, S., Amelung, W., Haumaier, L., et al. Black carbon contribution to stable humus in German arable soils[J]. Geoderma, 2007, 139: 220-228.

Bruun, E. W., Petersen, C., Strobel, B. W., et al. Nitrogen and carbon leaching in repacked sandy soil withadded fine particulate biochar[J]. Soil Science Society of America Journal, 2012, 76: 1142-1148.

Carcaillet, C. Are Holocene woodcharcoal fragments stratified in alpine and subalpine soils? Evidence from the Alps based on AMS C-14 Dates[J]. Holocene, 2001a, 11: 231-242.

Carcaillet, C. Soil particles reworking evidences by AMS C-14 dating of charcoal[J]. Earth and Planterary Sciences, 2001b, 332: 21-28.

Carcaillet, C. and Talon, B. Soil carbon sequestration by Holocene fires inferred from soil charcoal in the dry French Alps[J]. Arctic Antarctic and Alpine Research, 2001, 33: 282-288.

Chaplot, V. A. M. and Le Bissonnais, Y. Runoff features for interrill erosion at different rainfall intensities, slope lengths and gradients in an agricultural loessial hillslope[J]. Soil Science Society of America Journal, 2003, 67(3): 844-851.

Cusack, D. F., Chadwick, O. A., Hockaday, W. C., et al. GB2019. Mineralogical controls on soil black carbon preservation[S]. Global Biogeochemical Cycles, 2012, 26.

Czimczik, C. I. and Masiello, C. A. Controls on black carbon storage in soils[J]. Global Biogeochemical Cycles, 2007, 21: GB3005.

Dai, X., Boutton, T. W., Glaser, B., Ansley, R. J., et al. Black carbon in a temperate mixed-grass savanna[J]. Soil Biology and Biochemistry, 2005, 37: 1879-1881.

de La Rosa, J. M., Sánchez García, L., de Andrés, J. R., et al. Contribution of Black Carbon in recent sediments of the Gulf of Cadiz. Applicability of different quantification methodologies[J]. Quaternary International, 2011, 243: 264-272.

Diekow, J., Mielniczuk, J., Knicker, H., Bayer, C., et al. Carbon and nitrogen stocks in physical fractions of a subtropical Acrisol as influenced by long-term no-till cropping systems and N fertilisation[J]. Plant and Soil, 2005, 268: 319-328.

Dietrich, W. E. and Dunne, T. Sediment budget for a small catchment in mountainous terrain[J]. Zeitschrift für Geomorphologie Supplement, 1978, 29: 191-206.

Ding, Y., Yamashita, Y., Dodds W. K., et al. Dissolved black carbon in grassland streams: Is there an effect of recent fire history?[J]. Chemosphere, 2013, 90: 2557-2562.

Dittmar, T. and Paeng, J. A heat-induced molecular signature in marine dissolved organic matter[J]. Nature Geoscience, 2009, 2: 175-179.

Dittmar, T., Peng, J., Gihring, T. M., et al. Discharge of dissolved black carbon from a fire-affected intertidal system[J]. Limnology and Oceanography, 2012a, 57: 1171-1181.

Dittmar, T., Rezende, C. E., Manecki, M., et al. Continuous flux of dissolved black carbon from a vanished tropical forest biome[J]. Nature Geoscience, 2012b, 5: 618-622.

Eckmeier, E., Gerlach, R., Skjemstad, J. O., et al. Minor changes in soil organic carbon and charcoal concentrations detected in a temperate deciduous forest a year after an experimental slash-and-burn[J]. Biogeosciences, 2007, 4: 377-383.

Felber, R., Leifeld, J., Horák J., et al. A Nitrous oxide emission reduction with greenwaste biochar: Comparison of laboratory and field experiments[J]. European Journal of Soil Science, 2014, 65: 128-138.

Foereid, B., Lehmann, J. and Major, J. Modeling black carbon degradation and movement in soil[J]. Plant and Soil, 2011, 345: 223-236.

Glaser, B. and Amelung, W. Pyrogenic carbon in native grassland soils along a climosequence in North America[J]. Global Biogeochemical Cycles, 2003, 17: GB1064.

Glaser B., Balashov E., Haumaier L., et al. Black carbon in density fractions of anthropogenic soils of the Brazilian Amazon region[J]. Organic Geochemistry, 2000, 31: 669-678.

Guggenberger, G., Rodionov, A., Shibistova, O., et al. Storage and mobility of black carbon in permafrost soils of the forest tundra ecotone in Northern Siberia[J]. Global Change Biology, 2008, 14: 1367-1381.

Haefele, S. M., Konboon, Y., Wongboon, W., et al. Effects and fate of biochar from rice residues in rice-based systems[J]. Field Crops Research, 2011, 121: 430-440.

Hammes, K., Torn, M. S., Lapenas, A. G., et al. Centennial black carbon turnover observed in a Russian steppe soil[J]. Biogeosciences, 2008, 5: 1339-1350.

Hasselquist, N. J, Germino, M. J., Sankey, J. B., et al. Aeolian nutrient fluxes following wildfire in sagebrush steppe: implications for soil carbon storage[J]. Biogeosciences, 2011, 8: 3649-3659.

Haumaier, L. and Zech, W. Black carbon—Possible source of highly aromatic components of soil humic acids[J]. Organic Geochemistry, 1995, 23: 191-196.

Hilscher, A. and Knicker, H. Degradation of grass-derived pyrogenic organic material, transport of the residues within a soil column and distribution in soil organic matter fractions during a 28 month microcosm experiment[J]. Organic Geochemistry, 2011, 42: 42-54.

Hockaday, W. C., Grannas, A. M., Kim, S., et al. Direct molecular evidence for the degradation and mobility of black carbon in soils from ultrahigh-resolution mass spectral analysis of dissolved organic matter from a fire-impacted forest soil[J]. Organic Geochemistry, 2006, 37: 501-510.

Hockaday, W., Grannas, A., Kim, S., et al. The transformation and mobility of charcoal black carbon in a fire-impacted watershed[J]. Geochimica et Cosmochimica Acta, 2007, 71: 3432-3445.

Jaffé, R., Ding, Y., Niggemann, J., et al. Global charcoal mobilization from soils via dissolution and riverine transport to the oceans[J]. Science, 2013, 340: 345-347.

Joseph, S. D., Camps-Arbestain, M., Lin, Y., et al. An investigation into the reactions of biochar in soil[J]. Australian Journal of Soil Research, 2010, 48: 501-515.

Kinnell, P. I. A. The influence of flow discharge sediment on sediment concentrations in raindrop induced flow transport[J]. Australian Journal of Soil Research, 1988, 26: 575-582.

Kinnell, P. I. A. Modelling erosion by rain-impacted flow[J]. Catena supplement, 1990, 17: 55-66.

Kinnell, P. I. A. The effect of flow depth on sediment transport induced by raindrops impacting shallow flows[J]. Transaction of the American Society of Agricultural Engineers, 1991, 34: 161-168.

Kinney, T. J., Masiello, C. A., Dugan, B., et al. Hydrologic properties of biochars produced at different temperatures[J]. Biomass and Bioenergy, 2012, 41: 34-43.

Knicker, H. Pyrogenic organic matter in soil: Its origin and occurrence, its chemistry and survival in soil environments[J]. Quaternary International, 2011, 243: 251-263.

Knicker, H., Nikolova, R., Dick, D. P., et al. Alteration of quality and stability of organic matter in grassland soils of Southern Brazil highlands after ceasing biannual burning[J]. Geoderma, 2012, 181: 11-21.

Kuhn, N. J., Hoffmann, T., Schwanghart, W., et al. Agricultural soil erosion and global carbon cycle: Controversy over?[J]. Earth Surface Processes and Landforms, 2009, 34: 1033-1038.

Lal, R. Soil erosion and the global carbon budget[J]. Environment International, 2003, 29: 437-450.

Lal, R. Soil erosion and carbon dynamics[J]. Soil and Tillage Research, 2005, 81: 137-142.

Le Bissonnais, Y., Benkhadra, H., Chaplot, V. A. M., et al. Crusting, runoff and sheet erosion on silty loamy soils at various scales and upscaling from m^2 to small catchments[J]. Soil and Tillage Research, 1998, 46: 69-80.

Leifeld, J., Fenner, S. and Müller, M. Mobility of black carbon in drained peatland soils[J]. Biogeosciences, 2007, 4: 425-432.

Liang B., Lehmann J., Solomon D., et al. Stability of biomass-derived black carbon in soils[J]. Geochimica et Cosmochimica Acta, 2008, 72: 6069-6078.

Lindstrom, M. J., Nelson, W. W., Schumacher, T. E., et al. Soil movement by tillage as affected by slope[J]. Soil and Tillage Research, 1990, 17: 255-264.

Masiello, C. A. and Druffel, E. R. M. Carbon isotope geochemistry of the Santa Clara River[J]. Global Biogeochemical Cycles, 2001, 15: GB001290.

Major, J., Lehmann, J., Rondon, M., et al. Fate of soil-applied black carbon: Downward migration, leaching and soil respiration[J]. Global Change Biology, 2010, 16: 1366-1379.

Martinez-Mena, M., López, J., Almagro, M., et al. Organic carbon enrichment in sediments: Effects of rainfall characteristics under different land uses in a Mediterranean area[J]. Catena, 2012, 94: 36-42.

Masiello, C. A. New directions in black carbon organic geochemistry[J]. Marine Chemistry, 2004, 92: 201-213.

McCarty, G. W. and Ritchie, J. C. Impact of soil movement on carbon sequestration in agricultural ecosystems[J]. Environmental Pollution, 2002, 116: 423-430.

Mitra, S., Bianchi, T. S., McKee, B. Q., et al. Black carbon from the Mississippi River: Quantities, sources and potential implications for the global C cycle[J]. Environmental Science and Technology, 2002, 36: 2296-2302.

Morgan, R. P. C. Soil Erosion and Conservation, Longman Group Limited[R]. London, 1995.

Mulleneers, H. A. E., Koopal, L. K., Swinkels, G. C. C., et al. Flotation of soot particles from a sandy soil sludge[J]. Colloids and Surfaces A: Physicochemical and Engineering Aspects, 1999, 151: 293-301.

Nguyen, B. T., Lehmann, J., Kinyangi, J., et al. Long-term black carbon dynamics in cultivated soil[J]. Biogeochemistry, 2009, 89: 295-308.

Nocentini, C., Certini, G., Knicker, H., et al. Nature and reactivity of charcoal produced and added to soil during wildfire are particle-size dependent[J]. Organic Geochemistry, 2010, 41: 682-689.

Novara, A., Gristina, L., Bodì, M. B., et al. The impact of fire on redistribution of soil organic matter on a Mediterranean hillslope under maquia vegetation type[J]. Land Degradation and Development, 2011, 2: 530-536.

Pattey, E. and Qiu, G.-W. Trends in primary particulate matter emissions from Canadian agriculture[J]. Journal of the Air and Waste Management Association, 2012, 62: 737-747.

Polyakov, V. O., Nearing, M. A. and Shipitalo, M. J. Tracking sediment redistribution in a small watershed: Implications for agro-landscape eution[J]. Earth Surface Processes and Landforms, 2004, 29: 1275-1291.

Regnier, P., Friedlingstein, P., Ciais, P., et al. Anthropogenic perturbation of the carbon fluxes from land to ocean[J]. Nature Geoscience, 2013, 6: 597-607.

Rumpel, C., Chaplot, V., Planchon, O., et al. Preferential erosion of black carbon on steep slopes with slash and burn agriculture[J]. Catena, 2006, 65: 30-40.

Rumpel, C., González-Pérez, J. A., Bardoux, G., et al. Composition and reactivity of morphologically distinct charred materials left after slash-and-burn practices in agricultural tropical soils[J]. Organic Geochemistry, 2007, 38: 911-920.

Rumpel, C., Chaplot, V., Chabbi, A., et al. Stabilisation of HF soluble and HCl resistant organic matter in tropical sloping soils under slash and burn agriculture[J]. Geoderma, 2008, 145: 347-354.

Rumpel, C., Ba, A., Darboux, F., et al. Erosion budget of pyrogenic carbon at meter scale and process selectivity[J]. Geoderma, 2009, 154: 131-137.

Skjemstad, J. O., Taylor, J. A., Janik, L. J., et al. Soil organic carbon dynamics under long-term sugarcane monoculture[J]. Australian Journal of Soil Research, 1999, 37: 151-164.

Strickland, T. C., Truman, C. C. and Frauenfeld, B. Variable rainfall intensity effects on carbon characteristics of eroded sediments from two coastal plain ultisols in Georgia[J]. Journal of Soil and Water Conservation, 2005, 60: 142-148.

Stubbins, A., Niggemann, J. and Dittmar, T. Photo-lability of deep ocean dissolved black carbon[J]. Biogeosciences, 2012, 9: 1661-1670.

Torri, D. and Poesen, J. The effect of soil surface slope on raindrop detachment[J]. Catena supplement, 1992, 19: 561-577.

van Noordwijk, M., Cerri, C., Woomer, P., et al. Soil carbon dynamics in the humid tropical forest zone[J]. Geoderma, 1997, 9: 87-225.

van Oost, K, Quine, T. A., Govers, G., et al. The impact of agricultural soil erosion on the global carbon cycle[J]. Science, 2007, 318: 626-629.

Wang, C., Walter, M. T. and Parlange, J.-Y. Modeling simple experiments of biochar erosion from soil[J]. Journal of Hydrology, 2013, 499: 140-145.

Wang, D. J., Zhang, W., Hao, X. Z., et al. Transport of biochar particles in saturated granular media: Effects of pyrolysis temperature and particle size[J]. Environmental Science and Technology, 2012, 47: 821-828.

Wilkinson, M. T., Richards, P. J. and Humphreys, G. S. Breaking ground: Pedological, geological, and ecological implications of soil bioturbation[J]. Earth-Science Reviews, 2009, 97: 257-272.

Zhang, W., Niu, J. Z., Morales, V. L., et al. Transport and retention of biochar particles in porous media: Effect of pH, ionic strength, and particle size[J]. Ecohydrology, 2010, 3: 497-508.

Zimmermann, M., Bird, M. I., Wurster, C., et al. Rapid degradation of pyrogenic carbon[J]. Global Change Biology, 2012, 18: 3306-3316.

Ziolkowski, L. A. and Druffel, E. R. M. Aged black carbon identified in marine dissolved organic carbon[J]. Geophysical Research Letters, 2010, 37: L16601.

生物炭对农作物产量的影响

Simon Jeffery、Diego Abalos、Kurt A. Spokas、Frank G. A. Verheijen

12.1 引言

未来几十年里,在不进一步破坏地球环境系统完整性的前提下,要实现可持续发展的粮食安全战略对人类来说将是一项严峻的挑战(Mueller et al., 2012)。人类消耗的绝大部分热量(>99%)来自土壤,而来自海洋和其他水生生态系统的热量不到1%(FAO, 2009)。研究表明,到2050年,农作物的产量需要增加约1倍才能满足人口增长、饮食变化(尤其是肉食消费增长)、城镇化及生物能源利用所导致的对土地利用日益增加的需求(Foley et al., 2011)。在这种情况下,我们该如何以可持续的方式生产更多的食物?

农业的发展是气候变化的主要推动力,如果为了增加粮食产量而扩大农业规模,那么气候变化问题可能会进一步恶化(Tilman et al., 2011)。目前,人们正在研究和讨论几种管理方案和政策(Foley et al., 2011)[例如,提高资源利用效率,促进"合理饮食",减少食物浪费,研发包括转基因作物在内的先进作物品种,缩小"产量差距"(在产量较低的地区)]。考虑到气候变化问题的严重性,以及实施上述大多数管理方案的难度,在不影响环境或几乎不破坏环境的情况下,人们迫切需要采用新的措施以实现更高的产量。

其中一项措施是使用生物炭作为土壤改良剂。在土壤中施用生物炭可以通过固碳潜在地缓解气候变化(更多信息见第27章)。除了对温室气体净平衡的有益影响,施用生物炭还可以提高作物产量(Jeffery et al., 2011; Spokas et al., 2012)。一些研究发现,向土壤中施用生物炭可使作物产量提高300%以上(Cornelissen et al., 2013)。然而,对已发表的文献进行系统总结发现,施用生物炭使作物产量提高的现象较少,在某些情况下反而产生了负面影响(Jeffery et al., 2011)。因此,有必要详细地了解在土壤中施用生物炭对作物产量的影响,以便对可能产生的影响进行准确预测。目前,有必要总结生物炭对作物产量(和其他生态系统服务)的潜在影响(无论是正面的还是负面的),以便有效地制定政策,为人们今后应用生物炭提供建议。

生物炭被认为是另一种形式的有机物。然而,尽管经过多年的研究,人们对土壤有机物与作物产量之间的关系（Loveland and Webb, 2003），以及生物炭和作物产量之间的相互作用（Spokas et al., 2012）仍然知之甚少。Janzen（2006）指出，土壤有机质的存在和转化对土壤肥力都是至关重要的。有机物可以通过供应和交换养分（通过分解和阳离子交换）及水（通过将水保留在有机物上）直接提高作物产量。此外，有机物还可以通过改变土壤结构来间接提高土壤肥力，该结构对幼苗出苗（提供良好的土壤—种子接触）和根系发育（抵抗和恢复压实）具有一定的作用，可以改善土壤的渗透性（涝渍会阻止微生物分解），并减少侵蚀（种子或农作物的损失）。然而，生物炭的大部分有机组分（相对于无机组分或灰分）在土壤中的停留时间较长（见第 10 章），因此生物炭对土壤肥力和生产力的影响可能与土壤有机物不同。目前，人们对于向土壤中添加生物炭对作物产量的影响已经有了初步了解，但许多问题尚未解决，有待进一步研究。

严格从农艺学角度出发，人们必须考虑施用生物炭的潜在益处，因为它能提高土壤生产力，而土壤生产力又取决于土壤性质。土壤性质包括：①物理性质，如孔隙的大小和连续性、团聚体的稳定性和质地等，它们共同决定了土壤的结构；②化学性质，如有机物的含量和组成、养分的含量和有效性、矿物质、pH 值、盐度，以及对植物生长有害的元素和化合物的含量等；③生物特性，如微生物的生物量和土壤动物的数量、活性和多样性等（Cassman, 1999）。为了能在制定详细的政策之前将生物炭应用于农业，生物炭必须在不使其他土壤变得贫瘠的情况下，直接或间接地改善土壤的某些关键特性。因此，探讨生物炭对作物产量的影响及其机制，有助于了解生物炭是否有助于实现全球粮食安全及减缓气候变化。

本章概述了生物炭用于提高作物生产力的发展历史和潜力，在简要介绍了美洲印第安人首次在农业上应用生物炭的历史之后，对目前报道的生物炭影响作物生产力的研究数据进行了定量分析，并讨论了主要影响机制。最后，本章利用这些数据为开发生物炭决策辅助工具提供了框架，为哪种生物炭类型最适合应用于特定土壤／作物／气候的决策提供依据。

12.2 生物炭作为土壤改良剂的简史

早在现代科学出现之前，生物炭就被应用于农业中。通过长期添加生物炭和其他农业改良剂，亚马孙河流域出现了肥沃的深色土壤（称为"人为黑土"或"*Terra Preta de Indio*"），这与史前的人为土壤改良活动和古代亚马孙地区当地人的废物管理活动有关（Glaser et al., 2001; Mann, 2002）。这一假设从土壤中发现的人工制品（如陶瓷片）中得到了证实，这些人工制品的数量通常随土壤深度增大而减少（Lima et al., 2002）。人们认为，炭块和人工制品形成的这些沉积物是亚马孙地区特有的，它们的出现与人类长期使用这些土地有关（Heckenberger et al., 1999；请参阅第 2 章）。

19 世纪，英国人在耕地中加入一些木炭后，包括燕麦、芜菁和草类在内的某些农作物的收成几乎翻了一番，因此生物炭作为土壤改良剂（人工肥料）得到了大力推广（Davy, 1856; Durden, 1849; Raynbird, 1847）。Lefroy（1883）指出，那个时期的生物炭是通过热解堆积的生物质得到的，虽然在热解过程中有非常少的氧气进入生物质堆中，但氧气的输入量足以使生物质进行焖烧。随后,将制备的生物炭以 0.5 kg·m^{-2} 的量施用于土壤中(Lefroy, 1883)。

据报道,生物炭能够减少病原体对马铃薯和桃树的伤害,该发现已在 1854 年申请了专利《基于生物炭和吸附的碳氢化合物(生物油)的防腐肥料》(Chesebrough, 1874)。虽然这些发现推动了城市污泥用作碳化原料,并将由此制备的生物炭应用于农业领域(Universal Charcoal and Sewage Company Ltd., 1875)。但是,生物炭并不总是能提高土壤肥力。有研究发现,生物炭不仅吸收了土壤所需养分(Davy, 1856),还吸收了 S(Blake, 1893)。此外,在其他土壤中也发现作物产量提高很少或根本没有提高,导致这些差异的确切原因尚不清楚。Durden(1849)指出:"将泥炭作为肥料进行试验的结果非常矛盾,也很难对这种矛盾进行解释。这说明在人工肥料的作用方面,我们还有很多需要学习的地方。"因此,19 世纪,人们将木炭用于农业并不总是能提高作物产量,所以人们并不接受这种土壤改良方式,他们将木炭视为非常昂贵的改良剂,认为不值得花钱使用(Davis and Copeland, 1874; Durden, 1849)。

近年来,人们对生物炭及其对作物生产力影响的研究兴趣迅速增加,并发表了越来越多的研究成果。从现在的研究来看,人们已经准备好重新探讨 Durden 在 1849 年提到的作物产量存在差异的原因,并进一步研究生物炭对土壤的影响。然而,分析大多数研究数据需要新的技术,这在 Durden 所在的时代是不现实的。近年来发展的 Meta 分析就是一种有价值的技术,它可以为以上研究提供技术支撑。

12.3 通过 Meta 分析定量了解生物炭在作物生产中的作用

Meta 分析是一种统计技术,通常与特定主题相关的已发表文献的系统综述合并分析。Meta 分析的主要优势在于,它可以从不同的研究中统计数据,以估计总体的"效应大小"。与仅在有限的假设和条件下单独分析单个研究后进行外推或预测相比,Meta 分析技术在将结果外推到新的领域及预测可能产生的影响大小时具有更强的稳健性。Meta 分析也是一种非常有用的工具,它可以使用已报道的数据来检验假设的结果,以弥补人们的认知中仍然存在的不足。

虽然本章未对 Meta 分析技术进行系统综述(如需更多信息请参见 BMJ 于 1997 年发表的文章),但本章提供了一些背景资料以帮助读者理解本章涉及的图。在生态学应用中,"响应比"通常被认为是最适用的效应度量标准(Hedges et al., 1999),这也适用于对照组(无生物炭种植的农作物)与试验组(用生物炭种植的农作物)的度量标准。

Jeffery 等(2011)发表了一篇关于 Meta 分析的文章,汇总了当时不同研究中的数据。与单个研究的结果相比,该研究分析得到的生物炭对作物生产力的影响结果更有代表性,并且该研究提出了未来必须要深入研究的领域。Jeffery 等(2011)还提出了相同的方法(单变量 Meta 分析模型的应用),将响应比建模用作研究水平随机效应和解释性因子变量的函数,并通过与响应比的方差对该分析进行了更新和补充,以将更多在原始文献和灰色文献(尚未提交同行评审的研究,如硕士论文)中可用的 60 项研究包含在内。

值得注意的是,原始文献中的绝大多数研究,以及 Meta 分析中使用的研究都是一些短期研究。源自黑土的研究表明,生物炭对作物生产力的积极影响可能会长期(几十年到几百年）存在。但是，尚无向此类土壤中添加生物炭的数量、质量或时间的数据，因此来自此类研究的数据未纳入 Meta 分析。同时，研究的试验结果常常不一致，这在很大程度上取决于试验条件和试验设计。尽管如此，Meta 分析仍然能得出一些潜在的机制，因此它依然是一个可用于深入了解产量变化机制的有用工具。然而，在解释研究结果时需要注意，在每种情况下观察到的结果都有可能是与其相关联的某种潜在过程或现象造成的，因此可能会将该结果错误地归因于某种特定机制，这一点应在随后对可能机制的讨论中进行考虑。

发表偏差，也称为"文件绘制问题"（Rosenthal, 1979），可能是由于研究人员未发表或期刊不接受发表而没有显示出显著影响的研究引起的，意味着此类研究仅限于"文件绘制"。这也意味着已发表的文献统计可能存在偏差，这会提供错误的指示，并得出错误的结论，即观察到的影响比实际影响更大。灰色文献已包含在进行 Meta 分析的数据库中，这有助于将发表偏差影响结果的风险降到最低。只有在有足够的方法来证明试验设计足够稳健的前提下，才能将灰色文献的研究结果包含在内。此外，在 Meta 分析中，可以计算发表偏差影响结果的可能性。"失安全系数"（Orwin, 1983）是衡量发表偏差对结果影响的可能性的一个参数。为了将"均值"的显著性降低到不显著的结果，需要将 1000 多个的试验纳入分析，分析结果表明，在对照组（无生物炭）和试验组（有生物炭）之间没有显著差异。因此，发表偏差不太可能对后面报告的结果产生显著影响。

12.3.1 生物炭施用量

在不同的试验中，生物炭以不同的施用量应用于不同的领域，施用量从 $0.1\ kg\cdot m^{-2}$ 到大于 $15\ kg\cdot m^{-2}$，但是不同的施用量导致的结果可能类似。对结果的解释因试验装置之间的许多差异而变得复杂，这些差异可能包括不同的土壤类型、生物炭类型、农作物类型，以及进行的田间试验或温室盆栽试验类型。使用响应比的优点之一在于，它允许将试验结果统一到相同的尺度上，以在不同的试验结果之间进行更稳健的比较。然而，应该注意的是，单变量 Meta 分析并不是一个完美的程序，该分析对结果的解释必须谨慎，因为影响不同试验结果的协变量并不是在所有情况下都存在的。

图 12.1 展示了在一定范围的土壤－生物炭系统中，不同生物炭施用量（$0.1\ kg\cdot m^{-2}$）对作物生产力的影响。如果只给出施用量，则使用文献中报道的体积密度和应用深度来计算；对于没有提供这类数据的情况，联系过有关作者。虽然生物炭施用量的增加通常导致作物生产力更大程度地提高，但是很多结果的差异很大。当生物炭施用量较低（$0.1\sim0.5\ kg\cdot m^{-2}$）和较高（$>15\ kg\cdot m^{-2}$）时，作物产量增加并不显著。这表明低于 $0.5\ kg\cdot m^{-2}$ 和高于 $15\ kg\cdot m^{-2}$ 的生物炭施用量起的作用不足以导致作物产量增加。但是，应该注意的是，高于 $15\ kg\cdot m^{-2}$ 施用量的所有数据（4 项研究）均来自同一篇文献。其中的一种解释可能是，在高施用量水平下，生物炭可能会引入大量富含盐分的灰分，从而导致"盐胁迫"（Spokas et al., 2012）。Woolf 等（2010）在为缓解气候变化而将生物炭应用于土壤的讨论中提出，（大多数）农业系统中全球生物炭的施用量为 $5\ kg\cdot m^{-2}$。从图 12.1 可以看出，如果在全球范围内不加选择地随机使用生物炭，作物产量将平均增加 18%。

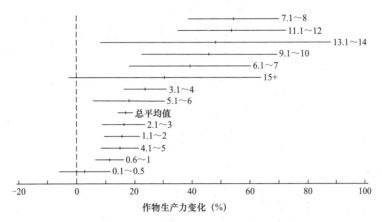

图12.1 不同生物炭施用量对土壤影响的森林图（以 $kg \cdot m^{-2}$ 当量表示的条形右边的施用量范围。点表示均值，条形图表示置信区间为95%；如果条形图未超过作物生产率标记的0%变化，以垂直虚线表示，则所有结果均在 $P \leqslant 0.05$ 时显著）

随着更多数据的补充，可以对Meta分析进行更新，以区分不同的生物炭-土壤-作物系统，从而提高分析的稳健性。如果以 $5 kg \cdot m^{-2}$ 的施用量大规模地施用生物炭到土壤中，则能使估计值更接近实际情况。在先前发表的Meta分析文献中，更新的Meta分析仅包含约1/3的研究，Jeffery等（2011）估计 $5 kg \cdot m^{-2}$ 的生物炭施用量可使作物产量平均提高约28%。图12.1中4.1～ $5 kg \cdot m^{-2}$ 的生物炭施用量对作物产量影响的分析表明，预期的产量增长接近18%，尽管比先前估计的少，但在统计方面仍显著增长。必须指出的是，$5 kg \cdot m^{-2}$ 的生物炭施用量是在碳交易和减少温室气体排放的背景下提出的，其目的并不是使作物产量最大化，因为如此大规模地施用生物炭是不经济的。研究表明，高于 $0.5 kg \cdot m^{-2}$ 的生物炭施用量会使作物量提高。

总体平均作物生长力的增长率表明，如果在前面提到的注意事项的基础上大规模地、不加选择地施用生物炭，将对作物生产力产生预期影响。因此，预测当地作物生产力会有相当大的变化。这种变化可能是由土壤类型和管理方式、生物炭类型（原料和热解条件）、作物类型和当地气候等因素引起的。此外，由于原始文献中绝大多数研究所用的时间相对较短，1年以上研究的数据不到10%，因此目前该结果及其随时间变化的持续性尚不清楚。

12.3.2 生物炭对不同农作物的影响

如图12.2所示，不同作物的生长对生物炭有不同的反应。如前所述，图12.2是指导未来研究的有用工具，但不应将其视为特定作物对施用生物炭响应的绝对值。4种全球最重要的经济作物（水稻、小麦、玉米和大豆）在种植时施用生物炭后均显示出单位产量的显著提高，分别约为16%、17%、19%和22%。温州蜜柑树显示施用生物炭后单位产量最高增长了约43%，尽管这一结果仅基于一项研究。对于甘蔗、甜菜、燕麦、红三叶草等其他作物，与未施用生物炭种植相比，施用生物炭后产量的增长效果并不显著。黑麦草是唯一一种在施用生物炭后生长表现出显著负响应的作物。同样，在解释这些数据时，需要考虑每种作物可能不是在同一类型的生物炭和土壤上以相同的生物炭施用量生长的，并且其他共同变量在两次试验之间也可能有所不同。如图12.2所示为根据文献中现有数据，得出的施用不同类型、不同量的生物炭种植的每种作物的平均响应（以及95%的置信区间）。

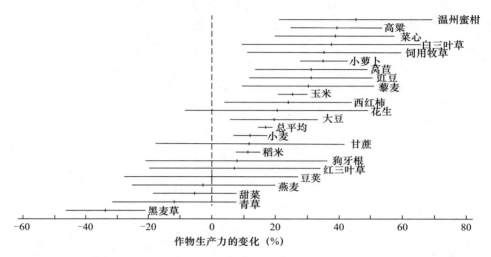

图12.2　生物炭在土壤中施用对不同作物生产力的影响（点表示均值，条形图表示置信区间为95%；如果条形图未超过作物生产率标记的0%变化，以垂直虚线表示，则所有结果均在$P \leqslant 0.05$时显著）

由于可用数据相对较少，这些作物生产力的增长程度无法确定，因为这取决于它们在何处及在哪种土壤上生长。例如，若某种作物（如高粱）在贫瘠的土壤条件下种植，由于它是一种低价值农作物，因此可能会产生更强的生产力正响应。另外，高价值农作物（如大豆）只能在更肥沃的土壤上种植，因此添加生物炭可能不会使其产量大幅度增加。但是，人们仍然需要进行进一步工作来调查和验证这些假设。

某些农作物名称是通用的，如"豆"和"草"，这导致有些结果不准确，通常是因为农作物的响应不是该论文的主要调查内容。但是，给定农作物的特定物种（甚至栽培品种）可以获得更高质量的研究数据，将提高施用生物炭后预测作物生产力变化的有效性。来自同一个试验的两个三叶草生产力研究能够解释为什么标明作物的物种如此重要：红三叶草（*Trifolium pratense*）和白三叶草（*Trifolium repens*），在施用生物炭后，白三叶草的生产力提高约38%，具有统计学意义；而红三叶草的生产力没有任何统计意义上的显著变化。即使是同一属的植物，其对施用生物炭的响应也大不相同。对这种结果的解释必须谨慎：每种三叶草都生长在不同的土壤中（砂壤土与砂质壤土），并且土壤中施用的生物炭类型不同（一种是通过在400 ℃下热解制备的；另一种是通过水热碳化制备的，通常不属于生物炭）。随着可用数据越来越多，适合作物种植的代表性生物炭和土壤的组合范畴越来越广泛，Meta分析的稳定性也将显著提高。

12.3.3　生物炭类型

就生物炭的物理性质和化学性质而言，其可变性比用于制备生物炭的各种潜在原料都要大。这是由于在不同条件下制备的生物炭性质不同，如热解温度、停留时间、处理方式（如蒸汽活化、气化及快速热解；见第3章）。此外，生物炭可以进行后期处理，如营养富集或与堆肥混合（见第25章）。

尽管由不同方法制备的生物炭可能具有不同的特性，但由相同原料制备的生物炭之间仍然具有相似性或可比性。例如，无论采用何种制备方法，由家禽粪便制备的生物炭的P含量都明显高于由木材制备的生物炭的P含量。因此，可以对使用相同原料的不同试验的响应比进行分组（见图12.3）。

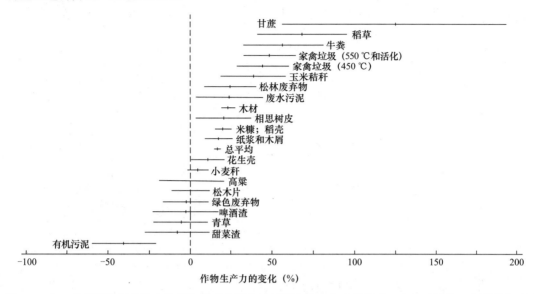

图12.3 由一系列原料制备的生物炭施用到土壤中对不同作物生产力的影响（点表示均值，条形图表示置信区间为95%；如果条形图未超过作物生产率标记的0%变化，以垂直虚线表示，则所有结果均在$P≤0.05$时显著）

与未施用生物炭的对照组相比，许多由不同原料制备的生物炭施用后作物生产力的变化显示出统计意义上的显著差异（如95%置信区间不跨越0%垂直线），但大多数原料差异并未引起显著不同的产量效应，如代表95%置信区间的条形图所示。除此之外，由有机污泥制备的生物炭对作物生产力具有统计意义上的显著负响应，而由甘蔗制备的生物炭与由其他大多数原料制备的生物炭相比，施用后作物生产力显著提高。导致这些影响的潜在机制将在下文进行更详细的讨论，但重点会放在营养物质（如牛粪、家禽粪便）与持水能力，以及土壤生物区系结构的组合影响（如木材、稻壳）上（Lehmann et al., 2011）。

图12.3和图12.2之间的比较凸显了在处理诸如生态系统或农业系统之类的复杂系统时Meta分析的局限性。在图12.2中，唯一对施用生物炭表现出负响应的作物是黑麦草；在图12.3中，唯一对作物生产力表现出负响应的原料是有机污泥。之所以出现该现象，是因为查看了用于Meta分析的数据库，其中仅有一项研究调查了以有机污泥为原料制备的生物炭对黑麦草的影响，而且是唯一一项调查了有机污泥生物炭对黑麦草生长影响的研究。因此，根据目前的数据无法断定该负响应是由原料类型、作物类型造成的，还是两者之间的相互作用造成的。但是，这也显示了Meta分析作为指导未来研究工具的优势。确定原料或农作物是否是造成这种负响应的原因是目前需要进一步调查的首要问题。

12.3.4 不同pH值下生物炭对农作物产量的影响

生物炭的石灰效应是导致作物增产的常见机制之一，因生物炭通常具有较高的pH值，从而能够提高土壤的pH值（Verheijen et al., 2010）。图12.4给出了验证这种假设机制的证据，在所研究土壤的最酸性范围内（pH值为4.0～5.5），土壤中出现了最大限度的积极响应。

但是，目前尚无数据显示生物炭施用到土壤中之后pH值是如何变化的，因此必须再次谨慎地对此进行解释。

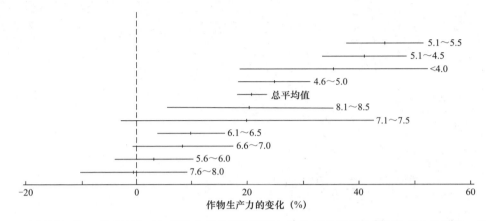

图12.4 在不同初始pH值范围内（如条形右侧的范围所示）生物炭的施用对作物生产力的影响。其中，点表示均值，条形图表示置信区间为95％；如果条形图未超过作物生产率标记的0％变化，以垂直虚线表示，则所有结果均在$P≤0.05$时显著

图12.4中的总平均值高于图12.1中的总平均值，是由于该分析排除了一些未提供初始土壤pH值数据的研究。此类研究的响应比通常较低，因此这种排除会导致总平均值的增大。

pH值总平均值为8.1～8.5的土壤中作物生产力也有显著增加；但是，在中性至弱碱性土壤（pH值为7.1～7.5或7.6～8.0）中，或者在pH值为5.6～6.0的弱酸性土壤中，都没有发现作物生产力有明显的变化，其原因尚不清楚。但生物炭组合试验表明，与这些土壤的pH值相比，其他一些共同变量在作物产量响应方面更为重要。12.4节对生物炭可能通过pH值影响作物生产力的潜在机制进行了进一步的讨论。

12.4 生物炭影响作物生产力的机制

12.4.1 养分

施用矿物肥料是提高养分利用率最快、最简单的方法。在过去的几十年中，施肥大大地提高了农作物的产量（见图12.5）。尽管生物炭的难降解性使其不可能等同于肥料，但众所周知，生物炭的施用对养分的动态起着关键作用。生物炭既可以通过直接施用起作用，也可以通过影响养分可用性的土壤特性间接起作用。生物炭含有植物必需的常量和微量营养元素（见第7章），其存在取决于初始原料中的营养元素含量和热解条件（Alexis et al., 2007）。图12.3表明，与由谷物或类似的营养贫乏的残渣所制备的生物炭相比，由牛粪和家禽粪便等富含营养的原料制备的生物炭有更好的作物增产效果。从这个意义上讲，土壤原有的养分是制约作物对施用生物炭后土壤养分响应的决定因素。

N通常是最重要的植物营养元素，也是最昂贵的添加剂，还是所有常量营养元素中对加热最敏感的元素。生物炭的研究表明，尽管加热挥发会造成不稳定N的大量损失

（70%～90%），但生物炭残留物仍可能含有大量 N（21～370 mg·kg·dw^{-1}）。然而，只有一小部分 N 可以直接释放到土壤 N 库中（Rajkovich et al., 2012），其释放速率由生物炭的生产变量决定（Rovira et al., 2009），因为生物炭中的大部分 N 是杂环的（见第 6 章）。生物炭可以减少土壤中 N 的损失，如 N_2O 排放、NH_3 挥发和 N 淋失（Taghizadeh-Toosi et al., 2012），并通过提高 N 的利用率来增加 N 的输入（Rondon et al., 2007），因此假设生物炭添加后作物的 N 有效性、利用率更高。生物炭本身通常不仅含有难降解的 C，而且生物炭表面通常存在不稳定的碳化合物，这导致最初施用于土壤时 N 被固定。当生物炭被施用到土壤中时，补充 N 源（矿物或有机物）可能是解决这一问题的有效策略（Abalos et al., 2013）。

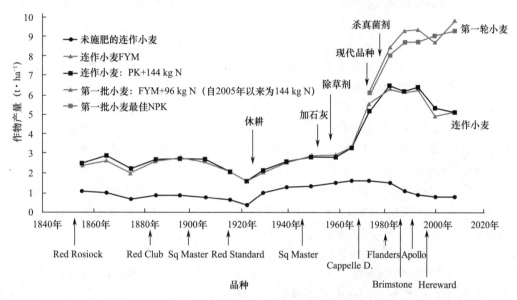

图12.5　1852—1990年在 *Rothamsted* 的 *Broadbalk* 上施用肥料和农家肥料种植的冬小麦的产量（显示了改变品种的影响，以及引入杂草控制、杀真菌剂和作物轮作以尽量减少土壤传播病原体的影响；经出版商许可使用）

生物炭引起的土壤养分变化对 P、K 循环影响尤为显著（Rajkovich et al., 2012）。这两种养分都可以通过灰分或与生物炭相关的不稳定有机化合物直接进入土壤（见第 7 章），并随着这些化合物的老化而变得可利用（Yamato et al., 2006）。生物炭的石灰效应降低了土壤溶液中 Fe 和 Al 的浓度，因此先前结合的 P 更容易被植物所利用（Cui et al., 2011）。如下文所述，生物炭间接地对菌根真菌的丰度产生积极影响，从而增加了植物的 N 和 P 含量（Warnock et al., 2007；见第 13 章）。此外，生物炭可以增大土壤中的阳离子交换能力（如 K；见第 7 章和第 9 章），从而固持养分，同时减小因其表面吸附养分而导致的 P 淋溶损失（Beck et al., 2011; Slavich et al., 2013）。

通过改变土壤的 pH 值，生物炭可以间接提高其他土壤养分（如 Ca 或 Mg）的利用率，这些养分限制了高风化热带土壤中玉米的生长（Major et al., 2010）；也间接提高了 B 和 Mo 的有效性，它们是生物固氮的重要辅助因子（Rondon et al., 2007）。生物炭的添加可以减小土壤中其他生长抑制剂的含量（见第 14 章），从而提高在未经改良的土壤系统中种植的作物产量（Turner, 1955; Sheldrake et al., 1978）。有研究发现，一些高浓度生长抑制剂化合物也会被吸附到生物炭上，从而抑制植物的生长（Deenik et al., 2010; Nelson et al., 2012）。

在某些情况下，生物炭还可能导致作物产量下降，这可能与高硫含量、高盐度（Elseewi et al., 1978）及 Al 或 Mn 的毒性（Rees and Sidrak, 1956）有关。活性炭也通过降低养分的利用率对作物产量产生一定的负面影响。作物产量下降的问题可以通过将生物炭与肥料共同添加来解决（Mahall and Callaway, 1992）。

12.4.2 石灰效应

酸性土壤（pH 值 ≤ 5.5 的土壤）是全世界范围内农业生产最重要的限制因素之一。世界上大约有 30% 的土壤是酸性土壤，而在世界上适合耕种的土壤中，高达 50% 的土壤是酸性土壤（vonUexküll and Mutert, 1995）。酸性土壤会限制作物的生长，降低作物产量。主食作物，特别是粮食作物，会受到酸性土壤的不利影响。例如，全世界 20% 的玉米和 13% 的大米是在酸性土壤中生长的（vonUexküll and Mutert, 1995），增大此类土壤的 pH 值可能会对作物产量产生有益影响。

大多数生物炭都是中性或碱性的（见第 7 章）。许多野外试验表明，当土壤的 pH 值较低时，施用生物炭后其 pH 值会显著增大。有研究表明，施用生物炭对植物生产力产生积极影响的主要机制之一可能是石灰效应（Jeffery et al., 2011）。石灰效应的有利影响包括：提高养分的有效性和利用率（主要是 P，它高度依赖 pH 值，但也包括 N、Ca、Mg 和 Mo），降低一些对植物生长有害的元素的有效性（如 Al^{3+} 和 Mn^{2+}），增强豆类中 N_2 固定及微生物的有机分解。Meta 分析中的大多数研究（74%）是在热带和亚热带地区进行的，而热带和亚热带地区的酸性土壤占世界酸性土壤的 60%。研究结果一致表明，由于石灰效应，在这些土壤上施用生物炭会提高作物的生产力。

在碱性土壤中，pH 值的增大可能会增强 Ca 与 P 的结合，从而降低植物吸收 P 的有效性，因此生物炭引起的石灰效应可能是不确定的。Meta 分析发现，在 pH 值为 7.1 ~ 8.0 的土壤中添加生物炭对作物产量没有产生显著影响，但在 pH 值为 8.1 ~ 8.5 的土壤中添加生物炭对作物产量具有显著的正响应。生物炭施用于碱性土壤中可能不影响土壤 pH 值。由于不能从 Meta 分析得出有力的结论，因此必须进行进一步的研究。实际上，农民在作物生产中仅使用生物炭来调节 pH 值并不经济、可行，因为与农用石灰相比，生物炭的成本相对较高（Galinato et al., 2011）。在砂质土壤中，Collins（2008）发现需要 0.135 kg·m^{-2} 石灰才能将土壤 pH 值提高 1.0，而用"有机废物"制备的生物炭施用 4.25 kg·m^{-2}，才能实现相同的土壤 pH 值变化。但是，正如 Galinato 等（2011）所建议，考虑到任何其他与 pH 值无关的植物生长效益（如养分和土壤 WHC）或 C 补偿，从经济效益方面来说施用生物炭的经济性可能高于施用石灰。然而，Slavich 等（2013）发现，与石灰相比，他们使用的两种生物炭的情况并非如此。再次强调，本研究的持续时间相对较短（与生物炭在土壤中的潜在停留时间相比），在 Meta 分析中使用的生物炭的研究时间也相对较短。但是，目前还没有证据表明，与石灰相比，生物炭的石灰效应持续时间是否有所不同。

12.4.3 土壤水文效应

生物炭通常可以提高土壤持水能力（见第 19 章），因此其有提高雨养农业生态系统中农作物产量的潜力，雨养农业生态系统占全球农业生态系统的 80%，在实现粮食安全方面发挥着关键作用。在灌溉系统中，增加持水量可以降低灌溉成本，以及解决与灌溉相关的问题，如盐度增加问题。然而，生物炭对土壤持水能力的准确影响相关证据很少，具体取决于生物炭的物理性质和化学性质（见第19章）。

12.4.4　生物相互作用

生物炭在土壤中（见第13章）的生物效应分为短期效应和长期效应两种。生物炭通过热解制备后，通常其表面会产生一系列底物，如糖和醛（Painter, 2001），在1~2个生长季内，它们的迁移相对较快，并且仅对土壤群落有短期影响（Zackrisson et al., 1996）。生物炭可能还包含具有消灭细菌或真菌特性的化合物，如甲酚和甲醛（Painter, 2001），但是，这些化合物在土壤中的寿命很短，因此其对微生物群落的长期影响很可能会被最小化（Zackrisson et al., 1996）。如前所述，生物炭还可以使养分进入土壤中，由于这种化合物可被土壤生物体利用或被植物吸收，因此养分的作用时间也可能相对较短。如前面所讨论的土壤水分状况，长期影响可能来自生物炭的结构效应和间接效应。这里将集中讨论对作物产量有影响的生物效应。

1. 菌根真菌

菌根真菌对作物生产力非常重要，因为它们与大多数作物物种的根系结合，增强了作物对养分和水分的吸收能力。菌根真菌的有益作用是农作物增产的最常见假设机制之一（Warnock et al., 2007, 2010；见第13章）。大多数生物炭对菌根影响的研究发现，生物炭施用到土壤中后，在增加菌根丰度方面具有很强的积极作用（Ishii and Kadoya, 1994; Vaario et al., 1999）。Nishio（1996）指出，"众所周知，使用木炭刺激土壤中丛枝菌根真菌可以促进植物生长。"他还指出，苜蓿在无菌土壤中生长时，生物炭不会对它产生刺激；但是，在含有天然菌根真菌的未灭菌土壤中生长时，苜蓿的生产力增加了约1.8倍。这表明，不仅生物炭和作物本身对作物产量产生了积极影响，生物炭和土壤生物区系之间的相互作用也对作物产量产生了积极影响。

生物炭的结构是观察到积极影响的主要原因之一（见第13章）。生物炭结构具有多孔性，因此可以保护孔隙外的真菌菌丝，使得真菌菌丝可以嵌入生物炭孔隙空间；另外，真菌菌丝会散布到生物炭微孔中，并从其他微生物中觅食，从而减少竞争（Saito and Marumoto, 2002）。Warnock等（2007）假设，生物炭可能通过对其他土壤微生物的间接影响而对菌根真菌产生有益作用，并有可能导致植物真菌信号传递受到干扰，以及解除生物炭颗粒表面有毒物质的毒性（见第13章）。

2. 微生物效率

除菌根真菌外，生物炭孔隙结构空间还可能为其他微生物提供生存环境（见第13章）。与不添加生物炭的土壤相比，在添加生物炭的土壤中，生物炭是导致微生物生物量增加的主要机制之一（Lehmann et al., 2011）。除增加微生物的生物量外，生物炭还可以提高微生物的呼吸效率。呼吸效率指的是呼吸的CO_2与微生物生物量的比率，其通常在存在生物炭的情况下会增大。土壤中CO_2的增加是土壤有机物转化效率提高的一个指标。土壤有机物的分解和相关养分的释放也是控制土壤肥力的一个非常重要的因素，因此很有可能影响作物生产力。有证据表明，向土壤中添加生物炭会导致激发效应，从而加速土壤有机物的转化。然而，这种影响是相对短期的（Keithet al., 2011），需要进一步研究来了解这个过程，并解释为什么不同生物炭类型的影响不同。

3. 生物固氮

如前所述，N 通常是作物生产力的限制性养分。共生生物固氮（BNF）是维持和改善土壤肥力的重要 N 源。据估计，豆类提供给土壤 N 的全球添加量约为 $2.6×10^{10}$ kg（Herridge et al., 2008）。生物炭改良剂已被证明可增加豆类中的 BNF（Nishio, 1996; Rondon et al., 2007）。此外，已有研究发现增大生物炭的施用量会进一步增加 BNF（Rondon et al., 2007; Ogawa and Okimori, 2010）。

目前，人们已提出了生物炭影响 BNF 的几种机制。生物炭的施用可以导致矿物质 N 的固定化（Rondon et al., 2007），这可能导致已知氮素利用率减小，从而增加 BNF。此外，生物炭作为改良剂可增加 P 的生物有效性（Rondon et al., 2007）。生物炭改良后 P 的生物有效性增加与几种豆类中 BNF 的增加有关（Nishio and Okano, 1991; Rondon et al., 2007; Tagoe et al., 2008）。此外，生物炭通常含有大量养分，如 K、Ca 和 Mg，这可能对豆科植物有益，从而会增加 BNF。其他潜在的机制包括生物炭施用后土壤 pH 值的增大（Ogawa and Okimori, 2010），或者微量元素（B 和 Mo）含量的增加（Rondon et al., 2007）。

4. 诱导系统抗性

生物炭提高作物生产力的另一个潜在机制是通过诱导系统抗性来减小病原物种的负面影响（见第 14 章）。人们在草莓、辣椒、西红柿（Elad et al., 2010; Meller Harel et al., 2012）、桃子和土豆（Walden, 1860）中都观察到了这种现象。迄今为止，已经有研究报道了生物炭可以使某些真菌病原体及其他害虫（如宽螨害虫）的抗性增强。然而，该效应的准确机制仍不清楚，这方面的研究工作还在进行。

5. 其他机制

将黑色物质（如生物炭）施用于土壤中可能会对反射的太阳辐射量（反照率）产生影响，从而影响土壤表面的温度。生物炭对土壤反照率（Meyer et al., 2012; Genesio et al., 2012; Oguntunde et al., 2008; Verheijen et al., 2013）和土壤温度的相关影响（Vaccari et al., 2011）已有许多研究，包括 Wollny 于 1881 年关于土壤颜色如何影响土壤温度的试验，该试验中土壤反照率下降了 4%～26%，土壤温度最高升高 2 ℃。然而，在全面了解生物炭、地表径流和土壤温度之前，还需要研究生物炭对土壤水分保持、表面蒸发、种子萌发和作物覆盖的复杂效应。生物炭的存在可能会对种子发芽、根系生长，以及作物生长尤其是早期生长产生积极影响（Nelson et al., 2012），也会增加土壤反照率。

生物炭在短期内可以吸附除草剂、杀虫剂、杀菌剂和杀线虫剂（Wang et al., 2010；见第 23 章）。一方面，可能需要更高的施用量来达到相同程度的虫害控制效果；另一方面，生物炭可能会降低农药的浸出性，保护作物种子，防止非目标除草剂的伤害，并为污染土壤的生产利用提供可能。

12.5 生物炭用于草地恢复

生物炭对生态恢复具有一定的潜在作用。对放牧草场或某些边缘土地进行生态恢复的目的之一是将其恢复为生物多样性较高的草原。一些土地通常营养过剩，无法成为生物高度多样性的草原。相反，在营养相对丰富的条件下生长较好的少数物种通常占主导地位。因此，要将它们恢复为生物高度多样性的草原，就需要使土壤养分状况贫瘠化。

低土壤肥力通常与半自然低地草原上的高生物多样性有关（Janssens et al., 1998）。然而，近几十年来，许多草原通过重新播种、施用肥料和除草剂，以及偶尔增加排水，来"改良"放牧，以提高放牧率和不断获得青贮饲料（Bakker, 1989）。这意味着许多低生产力的"草原专家"往往被少数能在这种营养相对丰富的生产环境下生长较旺盛的植物所取代。这种取代现象将导致该类系统的生物多样性随之减小（McKinney and Lockwood, 1999）。极高的营养水平通常会促进竞争性草和多年生杂草的生长，这会大大抑制半自然草地物种的生长（Bakker, 1989; Walker et al., 2004）。因此，高土壤肥力是限制高生物多样性的草地恢复的最重要的非生物因素之一（Walker et al., 2004）。这种土壤养分状况的贫瘠化将降低多年生杂草和竞争性草的竞争优势，从而有助于将这类地区恢复为生物高度多样性的草地。为了克服土壤肥力过高的限制，管理人员常割草并清除干草，引入食草动物吃草以浓缩养分，甚至清除整个表层土壤。

这为制备生物炭提供了一种替代方法，即割下的干草被热解并返回土壤；同时，有助于减缓气候变化（见第 27 章），以及提供生物燃料（见第 3 章）的潜在附加效益。另外，土壤系统内生物炭的矿化度较低会使其变得贫瘠，这意味着与单独加入干草相比，土壤群落的能量减少和 N 含量减小。然而，无论是在生物炭研究方面还是在生态恢复研究方面，这都是一个新的领域，目前有关生物炭对生物高度多样性草原恢复的有效性研究仍在进行。

12.6 生物炭决策辅助框架

尽管科学家们已对生物炭在土壤中的相互作用进行了 200 多年的研究（在这段时间内研究强度有了很大的变化），但目前对这种相互作用的机制仍然没有充分的解释，也没有形成一个可靠的、适用于所有土壤和生物炭系统的决策辅助工具（见第 8 章）。此外，即使有辅助工具也不可能像其他营养元素的辅助工具那样准确，因此它并不总是有效的。过去，促进生物炭在农业中的应用一直受到优化和准确预测作物产量提高的认知差距的阻碍。如今，我们面临类似的问题，尽管研究数据的数量在不断增长，对生物炭与土壤之间相互作用的理解也有所提高，但仍然缺乏生物炭和土壤的全面表征，这妨碍了对现有研究成果的利用（见第 8 章）。但是，在开发潜在决策辅助框架背景下讨论当前的技术水平，可以突出显示有待填补的知识空白，以便未来有效地开发完整的决策辅助工具。因此，结合 Meta 分析结果，人们可以明确今后的研究方向。图 12.6 给出了生物炭和土壤组合决策的潜在作用。

为了充分开发决策辅助工具，人们需要在更广泛的生态系统框架内对土壤、生物炭和农作物之间的相互作用进行研究。图 12.6 还描述了每种土壤、生物炭和植物组合的一些必要信息，以便有效使用该辅助工具。

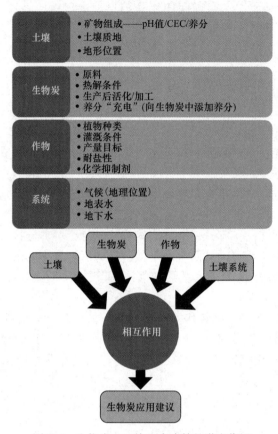

图12.6 生物炭和土壤组合决策的潜在作用

12.6.1 土壤类型

大量研究表明，土壤类型在确定生物炭施加量的影响方面起着关键作用（见图12.6）。Jeffery等（2011）的Meta分析表明，在酸性和中性土壤，以及质地较粗或中等（含砂量较高）的土壤中，生物炭对作物生产力的改善最明显。图12.4进一步验证了土壤pH值的重要性，图12.4与Jeffery等（2011）的研究相比，使用了扩展的数据库。因此，土壤质地和pH值无疑是决策辅助工具开发中应考虑的两个因素。相关研究表明，人们还需要将土壤和生物炭的化学成分纳入决策辅助工具（见图12.6）。

可用数据库中已存有一些土壤化学信息，如美国农业研究中心的在线土壤数据库（USDA-NRCS，2013）、欧洲土壤数据中心的土壤数据库（ESDAC，2013）和非洲土壤信息系统（AfSIS，2013）。这些在线数据库和土壤地图可以提供基于地理位置（如纬度/经度）的详细土壤信息。然而，在人们的理解中，除pH值以外，通过与土壤化学的相互作用来描述与生物炭的相互作用仍然不够完善。而在许多地方，目前土壤地图的分辨率在使用前还需要进行完善。同样，在生物炭性质随时间推移变化（见第9章）及其效率方面，还需要进行更多的研究。

12.6.2 生物炭类型

正如第10章所强调的,生物炭涵盖了大量潜在的不同形式的化合物。Mukome等(2013)提出了灰分含量和 C/N 差异可用于建立基于原料的生物炭使用指南,当前正在研发下一代分类方案(见第8章)。从未碳化固化的植物残渣来看,预计 C/N 低于30的生物炭会增加净 N 矿化,而 C/N 高于30的生物炭将有利于 N 固持(Bosatta and Ågren,1995)。然而生物炭的实际情况有所不同,因为大多数 N 都以杂环 C 形式结合,导致微生物和植物无法直接利用 N(见第7章、第8章、第15章),因此生物炭对 N 有效性的影响可能是其他机制导致的(见第15章)。低 N 生物炭中的少量易矿化 C 可引起土壤中 N 的短期固持,而施用氮肥可在一定程度上解决该问题(Steiner et al., 2008),通常建议使用有机物残留物代替生物炭用作土壤改良剂。灰分含量和 C/N 不能反映生物炭中 C 的稳定性,或者其对植物生长/作物产量及其他基于土壤的生态系统服务的总体影响,因此其不太可能作为生物炭在作物生产期间潜在用途的评价指标。

如第7章所述,原料是影响生物炭养分含量的主要因素。因此,如果生物炭的施加是为了解决土壤中养分不足的问题,就应该选择最有利于增加土壤养分含量的原料(见第8章)。例如,可以使用相对富 P 的动物粪便或家禽粪便作为制备生物炭的原料,并将该生物炭施用于贫瘠的土壤,如热带地区。但是,对养分的需求也需要与现有的土壤化学、作物的耐盐性和土壤微量养分进行权衡。

高度可变的热解过程导致生物炭产品的化学性质和分布的差异(见第3章、第5~7章)。这些差异既是原料的相关函数,也是热解反应的函数(Ayache et al., 1990; Butuzova et al., 1998; Williams and Nugranad, 2000)。虽然室内研究规模装置已经取得了进步,但是目前为止还没有统一的模型来预测生物炭在不同平台上的化学组成或分布(Bradbury et al., 1979; Navarro et al., 2012; Cantrell et al., 2007; Cantrell and Martin, 2012; Lin et al., 2012)。因此,为了提高热解过程的再现性需要进一步研究影响这些变化的因素,只有具有目标特性的生物炭才可能在未来进行大规模制备(更多细节见第8章)。

12.6.3 植物/农作物类型

根据 Hodgson 和 Townsend(1973)的说法,植物生长会受到改良剂的化学性质和物理性质的影响。关于粉煤灰,他们观察到总盐度、pH 值和有效 B 与植物生长之间具有相关性。然而,这种现象并不普遍,因为植物类型也决定了其对土壤 pH 值和可溶性盐变化的敏感性程度。

和土壤—生物炭系统一样,每种植物物种甚至各种物种都可能与这种土壤—生物炭系统产生特定的相互作用。作物和生物炭之间的主要相互作用包括短期内的养分效应。一些生物炭会将大量富含盐分的灰分引入土壤系统,因此在某些情况下会导致土壤中的盐度增加,特别是在生物炭施用量较高的情况下。可以提高某些农作物对高盐度/高 B 浓度的耐受性,而将其他农作物归类为敏感农作物或半耐受农作物(见表12.1),这种耐受水平可能会对哪种生物炭(以及施用量如何)获得最高产量产生影响。同时,时间因素也很重要,无论是就未来作物类型的潜在变化而言,还是就气候变化而言,作物对时间因素都可能有不同的要求。

表 12.1　根据植物种类对盐的不同耐受水平的分类（数据来自 Hodgson 和 Townsend，1973）

耐受农作物	半耐受农作物	敏感农作物
甜三叶草		生菜
紫花苜蓿	芜菁	大麦
黑麦	萝卜	土豆
小麦		豌豆
红羊茅		豆子

Hodgson 和 Townsend（1973）在研究粉煤灰的施用量时，将 B 作为关键元素。

生物炭中的灰分可能包含多种盐，包括 K、Ca、Mo、Mn、Zn、Mg（Doran and Martens, 1972; Schnappinger et al., 1975; Rondon et al., 2007；见第 7 章），因此必须对生物炭进行评估。生物炭评估工作也在进行中（见第 28 章），其为决策辅助工具开发提供了有价值的信息，为最终用户提供了更有效的指导。一旦决策辅助工具被充分开发，其就可以成为一系列"方法"之一，并作为潜在的未来生物炭可持续性政策的一部分，为相关战略（如"生物炭环境认证"）提供信息。

12.7　结论

生物炭已被证明可以提高农作物的生产力。但是，在很多情况下，我们对所观察到的产量增加效应背后的相互作用机制尚不可知，因此无法提供普遍适用的指导。最近几十年里，许多假设的机制在先前详细的讨论中被检验过。所提议的假设的机制均存在不同数量和质量的依据，其可以按以下几类进行划分（应注意的是，这些机制并非都适用于所有情况，会因生物炭、作物和土壤类型等不同而有所差异，此分类并未列出全部机制，只是进行补充说明）。

已知的直接机制：

（1）引入养分；

（2）诱导对害虫的系统抗性；

（3）降低 Al 的毒性。

已知的间接机制：

（1）养分有效性的影响；

（2）pH 值的影响；

（3）N 损失减少——氮淋失、N_2O 排放。

假设的机制（积极的）：

（1）生物相互作用，包括菌根真菌、生物氮固定剂；

（2）持水量增加。

假设的机制（消极的）：

（1）固定氮；

（2）在高 pH 值的土壤中 pH 值升高；

（3）植物毒性；

（4）农药的效力降低；

（5）硫含量；

（6）盐度问题。

虽然 Meta 分析是比较不同研究结果的有力工具，但其解释必须谨慎，尤其是在处理生态系统或农业系统等复杂系统时。因为观察到的结果可能是由一些与其相关的潜在过程或现象引起的，因此可能导致将结果错误地归因于某种特定机制。随着更多的研究被纳入数据库，这种错误的风险将逐渐降低。

尽管生物炭可以作为土壤改良剂，并且有助于作物生产，但为了理解更多观察到的效应背后的机理，仍需要进行更多的研究，从而实现普遍理解和全球评估。这种理解有助于开发一种决策辅助工具，最终指导用户为其土壤—植物系统选择最合适的生物炭，并提供有效的政策指导。

参考文献

Abalos, D., Sanz-Cobena, A., Garcia-Torres, L., et al. Role of maize stover incorporation on nitrogen oxide emissions in a non-irrigated Mediterranean barley field[J]. Plant and Soil, 2013, 364: 357-371.

AfSIS. Africa soil information service[DB/OL]. Accessed 16 November 2013.

Alexis, M. A., Rasse, D. P., Rumpel, C., et al. Fire impact on C and N losses and charcoal production in a scrub oak ecosystem[J]. Biogeochemistry, 2007, 82: 201-216.

Ayache, J., Oberlin, A. and Inagaki, M. Mechanism of carbonization under pressure, part II: Influence of impurities[J]. Carbon, 1990, 28: 353-362.

Bakker, J. P. Nature Management by Grazing and Cutting: On the Ecological Significance of Grazing and Cutting Regimes Applied to Restore Former Species-rich Grassland Communities in the Netherlands[M]. Netherlands, 1989.

Beck, D. A., Johnson, G. R. and Spolek, G. A. Amending green roof soil with biochar to affect runoff water quantity and quality[J]. Environmental Pollution, 2011, 159: 2111-2118.

Blake, W. P. Note upon the absorption of sulphur by charcoal[J]. Science, 1893, 21: 326-327.

Bosatta, E. and Ågren, G.I. Theoretical analyses of interactions between inorganic nitrogen and soil organic matter[J]. European Journal of Soil Science, 1995, 46: 109-114.

Bradbury, A. G. W., Sakai, Y. and Shafizadeh, F. A kinetic model for pyrolysis of cellulose[J]. Journal of Applied Polymere Science, 1979, 23: 3271-3280.

Butuzova, L., Razvigorova, M., Krzton, A., et al. The effect of water on the yield and structure of the products of brown coal pyrolysis and hydrogenation[J]. Fuel, 1998, 77: 639-643.

Cantrell, K. B. and Martin, J. H. Stochastic state-space temperature regulation of biochar production. Part I: Theoretical development[J]. Journal of the Science of Food and Agriculture, 2012, 92: 481-489.

Cantrell, K. B., Ro, K. Mahajan, D., Anjom, M., et al. Role of thermochemical conversion in livestock waste-to-energy treatments: obstacles and opportunities[J]. Industrial Engineering and Chemistry Research, 2007, 46: 8918-8927.

Cassman, K. G. Ecological intensification of cereal production systems: yield potential, soil quality, and precision agriculture[J]. Proceedings of the National Academy of Sciences of the USA, 1999, 96: 5952-5959.

Chesebrough, N. Antiseptic fertilizer[P]. Being British Patent Number: 2451. M.A. Stroh. London, 1874.

Collins, H. Use of biochar from the pyrolysis of waste organic material as a soil amendment: laboratory and greenhouse analyses, A Quarterly Progress Report Prepared for the Biochar Project[R]. WA: USDA-ARS, Prosser, 2008.

Cornelissen, G., Martinsend, V., Shitumbanuma, V., et al. Biochar effect on maize yield and soil characteristics in five conservation farming sites in Zambia[J]. Agronomy, 2013, 3: 256-274.

Cui, H. J., Wang, M. K., Fu, M.K., et al. Enhancing phosphorus availability in phosphorus-fertilized zones by reducing phosphate adsorbed on ferrihydrite using rice straw-derived biochar[J]. Journal Soils and Sediments, 2011, 11: 1135-1141.

Davis, H. V. and Copeland, H. Davis' Superphosphate and Animal Charcoal Fertilizer[Z]. Anthony & Sons, New Bedford, 1874: 28.

Davy, E. W. XXII. On some experiments made with a view to determine the comparative value of peat and peat-charcoal for agricultural purposes[A]. The London, Edinburgh, and Dublin Philosophical Magazine and Journal of Science[M]. 1856, 11: 172-178.

Deenik, J. L., Mcclellan, T., Uehara, G., et al. Charcoal atile matter content influences plant growth and soil nitrogen transformations[J]. Soil Science Society of America Journal, 2010, 74: 1259-1270.

Doran, J. W. and Martens, D. C. Molybdenum availability as influenced by application of fly ash to soil[J]. Journal of Environmental Quality, 1972, 1: 186-189.

Durden, E. H. On the application of peat and its products, to manufacturing, agricultural, and sanitary purposes[C]. Proceedings of the Geological and Polytechnic Society of the West Riding of Yorkshire, 1849, 3: 339-366.

Elad, Y., David, D. R., Harel, Y. M., et al. Induction of systemic resistance in plants by biochar, a soil-applied carbon sequestering agent[J]. Phytopathology, 2010, 100: 913-921.

Elseewi, A. A., Bingham, F. T. and Page, A. L. Availability of sulfur in fly ash to plants[J]. Journal of Environmental Quality, 1978, 7: 69-73.

ESDAC. European Soil Portal Data Inventory[DB/OL]. Accessed 30 October 2013.

FAO. Food Balance Sheets[DB/OL]. Accessed 10 November 2013.

Foley, J. A., Ramankutty, N., Brauman, K. A., et al. Solutions for a cultivated planet[J]. Nature, 2011, 478: 337-342.

Galinato, S. P., Yoder, J. K. and Granatstein, D. The economic value of biochar in crop production and carbon sequestration[J]. Energy Policy, 2011, 39: 6344-6350.

Genesio, L., Miglietta, F., Lugato, E., Baronti, S., Pieri, M. and Vaccari, F. P. Surface albedo following biochar application in durum wheat[J]. Environmental Research Letters, 2012, 7(1): 014025.

Glaser, B., Haumaier, L., Guggenberger, G., et al. The "Terra Preta" phenomenon: A model for sustainable agriculture in the humid tropics[J]. Naturwissenschaften, 2001, 88: 37-41.

Heckenberger, M. J., Petersen, J. B. and Neves, E. G. Village size and permanence in Amazonia: Two archaeological examples from Brazil[J]. Latin American Antiquity, 1999, 10: 353-376.

Hedges, L. V., Gurevitch, J. and Curtis, P. S. The meta-analysis of response ratios in experimental ecology[J]. Ecology, 1999, 80(4): 1150-1156.

Herridge, D. F., Peoples, M. B. and Boddey, R. M. Global inputs of biological nitrogen fixation in agricultural systems[J]. Plant and Soil, 2008, 311: 1-18.

Hodgson, D. R. and Townsend, W. N. The amelioration and revegetation of pulverized fuel ash[A]. in R. J. Hutnik and G. Davis (eds). Ecology and Reclamation of Devastated Land II[J]. Gordon and Breach. New York, 1973:247-271.

Ishii, T. and Kadoya, K. Effects of charcoal as a soil conditioner on citrus growth and vesicular-arbuscular mycorrhizal development[J]. Journal of the Japanese Society for Horticultural Science, 1994, 63: 529-535.

Janssens, F., Peeters, A., Tallowin, J. R. B., et al. Relationships between soil chemical factors and grassland diversity[J]. Plant and Soil, 1998, 202: 69-78.

Janzen, H. H. The soil carbon dilemma: Shall we hoard it or use it?[J]. Soil Biology and Biochemistry, 2006, 38: 419-424.

Jeffery, S., Verheijen, F. G. A., van der Velde, M., et al. A quantitative review of the effects of biochar application to soils on crop productivity using meta-analysis[J]. Agriculture, Ecosystems and Environment, 2011, 144: 175-187.

Johnston, A. E. The Rothamsted classical experiments[A]. In R. A. Leigh and A. E. Johnston (eds), Long-term Experiments in Agricultural and Ecological Sciences[J]. CAB International, Wallingford. UK, 1994: 9-38.

Keith, A., Singh, B. and Singh, B. P. Interactive priming of biochar and labile organic matter mineralization in a smectite-rich soil[J]. Environmental Science and Technology, 2011, 45: 9611-9618.

Lefroy, J. H. Remarks on the chemical analyses of samples of soil from Bermuda[N]. Foreign and Commonwealth Office Collection, Royal Gazette, Hamilton, UK, 1883:42.

Lehmann, J., Rillig, M. C., Thies, J., et al. Biochar effects on soil biota—A review[J]. Soil Biology and Biochemistry, 2011, 43: 1812-1836.

Lima, H. N., Schaefer, C. E. R., Mello, J. W. V., et al. Pedogenesis and pre-Colombian land use of "Terra Preta Anthrosols" ("Indian black earth") of Western Amazonia[J]. Geoderma, 2002, 110: 1-17.

Lin, Y., Cho, J., Davis, J. M., et al. Reaction-transport model for the pyrolysis of shrinking cellulose particles[J]. Chemical Engineering Science, 2012, 74: 160-171.

Loveland, P. and Webb, J. Is there a critical level of organic matter in the agricultural soils of temperate regions: A review[J]. Soil and Tillage Research, 2003, 70(1): 1-18.

Mahall, B. and Callaway, R. Root communication mechanisms and intracommunity distributions of two Mojave Desert shrubs[J]. Ecology, 1992, 73: 2145-2151.

Major, J., Rondon, M., Molina, D., et al. Maize yield and nutrition during 4 years after biochar application to a Colombian savanna oxisol[J]. Plant and Soil, 2010, 333: 117-128.

Mann, C. C. The real dirt on rainforest fertility[J]. Science, 2002, 297: 920-923.

Matthias Egger, George Davey Smith, Andrew N Phillips. Meta-analysis: principles and procedures[J]. British Medical Journal, 1997, 315: 1533.

McKinney, M. L. and Lockwood, J. L. Biotic homogenisation: a few winners replacing many losers in the next mass extinction[J]. Trends in Ecology and Eution, 1999, 14: 450-453.

Meller Harel, Y., Elad, Y., Rav-David, D., et al. Biochar-induced systemic response of strawberry to foliar fungal pathogens[J]. Plant and Soil, 2012, 357: 245-257.

Meyer, S., Bright, R. M., Fischer, D., et al. Albedo impact on the suitability of biochar systems to mitigate global warming[J]. Environmental Science and Technology, 2012, 46(22): 12726-12734.

Mueller, N. D., Gerber, J. S., Johnston, M., et al. Closing yield gaps through nutrient and water management[J]. Nature, 2012, 490: 254-257.

Mukome, F. N. D., Zhang, X., Silva, L. C. R., et al. Use of chemical and physical characteristics to investigate trends in biochar feedstocks[J]. Journal of Agricultural and Food Chemistry, 2013, 61(9): 2196-2204.

Navarro, M. V., Martínez, J. D., Murillo, R., et al. Application of a particle model to pyrolysis, comparison of different feedstock: Plastic, tyre, coal and biomass[J]. Fuel Processing Technology, 2012, 103: 1-8.

Nelson, D. C., Flematti, G. R., Ghisalberti, E. L., et al. Regulation of seed germination and seedling growth by chemical signals from burning vegetation[J]. Plant Biology, 2012, 63: 107-130.

Nishio, M. Microbial fertilizers in Japan, FFTC-Extension Bulletins[Z]. National Institute of Agro-Environmental Sciences, 1996: 1-12.

Nishio, M. and Okano, S. Stimulation of the growth of alfalfa and infection of mycorrhizal fungi by the application of charcoal[N]. Bulletin of the National Grassland Research Institute, 1991, 45: 61-71.

Oguntunde, P. G., Abiodun, B. J., Ajayi, A. E., et al. Effects of charcoal production on soil physical properties in Ghana[J]. Journal of Plant Nutrition and Soil Science, 2008, 171(4):591-596.

Ogawa, M. and Okimori, Y. Pioneering works in biochar research[J]. Japan, Australian Journal of Soil Research Soil Research, 2010, 48: 489-500.

Orwin, R. G. A fail-safe N for effect size in meta-analysis[J]. Journal of Educational and Behavioral Statistics, 1983, 8: 157-159.

Painter, T. J. Carbohydrate polymers in food preservation: An integrated view of the Maillard reaction with special reference to the discoveries of preserved foods in Sphagnum dominated peat bogs[J]. Carbohydrate Polymers, 2001, 36: 335-347.

Rajkovich, S., Enders, A., Hanley, K., et al. Corn growth and nitrogen nutrition after additions of biochars with varying properties to a temperate soil[J]. Biology and Fertility of Soils, 2012, 48: 271-284.

Raynbird, H. On peat charcoal as a manure for turnips and other crops[J]. The Journal of the Royal Agricultural Society of England, 1847, 7: 12.

Rees, W. J. and Sidrak, G. H. Plant nutrition on fly-ash[J]. Plant and Soil, 1956, 8: 141-159.

Rondon, M. A., Lehmann, J., Ramırez, J., et al. Biological nitrogen fixation by common beans (Phaseolus vulgaris L.) increases with bio-char additions[J]. Biology and Fertility of Soils, 2007, 43: 699-708.

Rosenthal, R. The file drawer problem and tolerance for null results[J]. Psychological Bulletin, 1979, 86(3): 638-641.

Rovira, P. Duguy, B. and Vallejo, V. R. Black carbon in wildfi re-affected shrubland mediterranean soils[J]. Journal of Plant Nutrition and Soil Science, 2009, 172: 43-52.

Saito, M. and Marumoto, T. Inoculation with arbuscular mycorrhizal fungi: The status quo in Japan and the future prospects[J]. Plant and Soil, 2002, 244: 273-279.

Schnappinger, M. G., Martens, D. C. and Plank, C. O. Zinc availability as influenced by application of flyash to soil[J]. Environmental Science and Technology, 1975, 9: 258-261.

Sheldrake, R., Doss, G. E., St. John, L. E. J., et al. Lime and charcoal amendments reduce fluoride absorption by plants cultured in a perlite-peat medium[J]. Journal of the American Society of Horticultural Science, 1978, 103: 268-70.

Slavich, P. G., Sinclair, K., Morris, S. H., et al. Contrasting effects of manure and greenwaste biochars on the properties of an acidic ferralsol and productivity of a subtropical pasture[J]. Plant and Soil, 2013, 366: 213-227.

Spokas, K. A., Cantrell, K. B., Novak, J. M., et al. Biochar: A synthesis of its agronomic impact beyond carbon sequestration[J]. Journal of Environmental Quality, 2012, 41: 973-989.

Steiner, C., Glaser, B., Teixeira, W. G., et al. Nitrogen retention and plant uptake on a highly weathered central Amazonian Ferralsol amended with compost and charcoal[J]. Journal of Plant Nutrition and Soil Science, 2008, 171(6): 893-899.

Taghizadeh-Toosi, A., Clough, T. J., Sherlock, R. R., et al. Biochar adsorbed ammonia is bioavailable[J]. Plant and Soil, 2012, 350: 57-69.

Tagoe, S. O., Horiuchi, T. and Matsui, T. Effects of carbonized and dried chicken manures on the growth, yield, and N content of soybean[J]. Plant and Soil, 2008, 306: 211-220.

Tilman, D., Balzer, C., Hill, J., et al. Global food demand and the sustainable intensification of agriculture[J]. Proceedings of the National Academy of Sciences of the United States of America, 2011, 108(50): 20260-20264.

Turner, E. R. The effect of certain adsorbents on the nodulation of clover plants[J]. Annals of Botany, 1955, 19: 149-160.

Universal Charcoal and Sewage Company Ltd. The profitable utilisation of towns refuse: As carried on by the Universal Charcoal and Sewage Company Limited[Z]. Ireland and Co. Printers, Manchester, 1875.

USDA-NRCS. Web Soil Survey[DB/OL]. Accessed 10 November 2013.

Vaario, L. M., Tanaka, M., Ide, Y., et al. In vitro ectomycorrhiza formation between Abies firma and Pisolithus tinctorius[J]. Mycorrhiza, 1999, 9: 177-183.

Vaccari, F. P., Baronti, S., Lugato, E., et al. Biochar as a strategy to sequester carbon and increase yield in durum wheat[J]. European Journal of Agronomy, 2011, 34: 231-38.

Verheijen, F. G. A., Jeffery, S., Bastos, A. C., et al. Biochar application to soils-A critical scientific review of effects on soil properties, processes and functions[M]. Luxembourg: Office for the Official Publications of the European Communities, 2010.

Verheijen, F. G. A., Jeffery, S., van der Velde, M., et al. Reductions in soil surface albedo as a function of biochar application rate: Implications for global radiative forcing[J]. Environmental Research Letters, 2013, 8(4): 1-7.

Von Uexkull, H. R. and Mutert, E. Global extent, development and economic impact of acid soils[J]. Plant and Soil, 1995, 171: 1-15.

Walden, J. H. Soil culture: containing a comprehensive view of agriculture, horticulture, pomology, domestic animals, rural economy, and agricultural literature[M]. New York: C. M. Saxton, Barker and Co, 1860.

Walker, K. J., Stevens, P. A., Stevens, D. P., et al. The restoration and re-creation of species-rich lowland grassland on land formerly managed for intensive agriculture in the UK[J]. Biological Conservation, 2004, 119: 1-18.

Wang, H., Lin, K., Hou, Z, Richardson, B., et al. Sorption of the herbicide terbuthylazine in two New Zealand forest soils amended with biosolids and biochars[J]. Journal of Soil and Sediments, 2010, 10: 283-289.

Warnock, D. D., Lehmann, J., Kuyper, T. W., et al. Mycorrhizal responses to biochar in soil-concepts and mechanisms[J]. Plant and Soil, 2007, 300: 9-20.

Warnock, D. D., Mummey, D., McBride, B., et al. Influences of non-herbaceous biochar on arbuscular mycorrhizal fungal abundances in roots and soils: Results from growth-chamber and field experiments[J]. Applied Soil Ecology, 2010, 46: 450-456.

Williams, P. T. and Nugranad, N. Comparison of products from the pyrolysis and catalytic pyrolysis of rice husks[J]. Energy, 2000, 25: 493-513.

Wollny, E. Untersuchungen über den Einfluß der Farbe des Bodens auf dessen Erwärmung[J]. Forschungen auf dem Gebiete der Agrikultur-Physik, 1881, 4: 327-365.

Woolf, D., Amonette, J. E., Street-Perrott, F. A., et al. Sustainable biochar to mitigate global climate change[J]. Nature Communications, 2010, 1: 56.

Yamato, M., Okimori, Y., Wibowo, I. F., et al. Effects of the application of charred bark of Acacia mangium on the yield of maize, cowpea and peanut, and soil chemical properties in South Sumatra, Indonesia[J]. Soil Science and Plant Nutrition, 2006, 52: 489-495.

Zackrisson, O., Nilsson, M. C. and Wardle, D. A. Key ecological function of charcoal from wildfire in the boreal forest[J]. Oikos, 1996, 77: 10-19.

第13章

生物炭对土壤生物群落丰度、活性和多样性的影响

Janice E. Thies、Matthias C. Rillig 和 Ellen R. Graber

13.1 引言

许多研究表明，生物炭会影响土壤的生物特性（Ogawa et al., 1983；见表 13.1 ~ 表 13.5），已有研究人员对这方面的内容进行了总结（Lehmann et al., 2011; Ameloot et al., 2013; Ladygina and Rineau, 2013）。

生物炭可以通过各种方式影响土壤中的生物群落，包括：

（1）生物炭可以成为微生物的栖息地，因为它能使微生物免受捕食的威胁或脱水的影响（Steinbeiss et al., 2009; Lehmann et al., 2011）；

（2）生物炭可以改变土壤中的一些非生物因素（例如，通过调节 pH 值或改变有毒化合物的存在形式和生物可利用性），从而使某些生物群落更具竞争优势（Graber et al., 2011a, 2011b; McCormack et al., 2013）；

（3）生物炭可以作为能源或矿物质养分的来源（Saito and Muramoto, 2002; Warnock et al., 2007; Ameloot et al., 2013），从而引起生物群落结构的变化；

（4）生物炭可以通过吸附重要的信号分子来改变土壤生物之间的信号传递（Masiello et al., 2013）；

（5）植物类型和植物群落与土壤生物群落相互作用可能会引起植物—土壤—生物炭循环的变化（Bever et al., 2010）；

（6）生物炭可以改变土壤食物链，通过改变碳基质质量及其对土壤细菌和真菌的有效性来实现对土壤动物自上而下或自下而上的调控（McCormack et al., 2013）。

这些与土壤生物群落变化的潜在机制并不相互排斥，反而可能同时起作用。因此，向土壤中添加生物炭后，须弄清其对土壤生物群落的作用机制。大多数试验结果都是凭经验观察得到的，需要进一步研究才可能弄清其因果关系。因为生物炭的吸附特性会干扰许多用于表征微生物种群及其活动的方法（特别是基于土壤提取的方法），所以在解释数据时必须严谨。

土壤微生物群落对土壤、气候和管理相关的许多因素（包括有机物的输入，如生物炭）高度敏感（Thies and Grossman, 2006）。但是，生物炭影响土壤生物群落的方式可能与施入的"标准"有机物不同，因为原始生物油或热解后残留在生物炭表面的冷凝物分解后所形成的物质不可能成为生物所需能量或细胞碳的重要来源（见第 10 章）。生物炭可以改变土壤环境的物理特性（见第 19 章）和化学特性（见第 9 章、第 15 章），从而影响土壤生物群落的组成和活性。

生物炭不是一种均一的物质，尤其是在考虑其对土壤生物群落影响的时候。制备生物炭所用的原料、热解条件（时间和温度），以及热解后处理不同，导致生物炭的特性差异很大（见第 8 章），因此，生物炭的物理特性和化学特性在很大程度上决定了其在特定环境下的作用机制。生物炭之间具有高度差异性，导致其对土壤生物群落影响的报道相互矛盾。生物炭对土壤微生物群落的影响还受到生物炭在土壤中的停留时间和土壤特性的影响。将新制备的生物炭与老化（表面受到生物和非生物过程影响后）生物炭添加到土壤中时产生的影响截然不同。Joseph 等（2010）列出了影响生物炭特性及其在土壤中随时间变化的因素，包括养分及其有效性、有机物含量、土壤矿物成分和质地、pH 值 /Eh 条件、存在的毒素、土壤生物群落、生长的植物类型、生物炭与根际的接触程度及土壤水分随时间的变化等。以上这些因素共同影响生物炭改良土壤中生物群落的活性、丰度和多样性的变化。

13.2　生物炭作为土壤微生物的潜在栖息地

生物炭，尤其是老化生物炭因具有多孔结构（见第 5 章）、高比表面积，以及吸附可溶性有机物（见第 9 章和第 23 章）、气体和无机养分（见第 9 章和第 17 章）的能力，可以为微生物生长和增殖提供栖息地。然而一些短期研究表明，相对于非热解碳基质而言，新制备的生物炭可能更适合微生物栖息（Anderson et al., 2011; Chen et al., 2013）。

生物质的热解导致其孔容积增大了几千倍，热解温度和原料的性质也会影响孔容积（见第 5 章）。不同的生物炭具有不同的比表面积（见第 5 章），而微生物可以在不同比表面积的生物炭上增殖。根据生物炭孔隙的大小，以及生物炭孔隙是否被矿物、生物油及其他挥发性化合物和半挥发性化合物（可能在热解过程中重新凝结在生物炭表面）堵塞等情况，可以判断微生物能否进入生物炭的内部空间。有学者提出，生物炭的孔隙可以作为微生物增殖的避难所或栖息地，使它们免受自然天敌的捕食（Saito and Muramoto, 2002; Warnock et al., 2007），或者使土壤中竞争能力较弱的微生物可以在生物炭中生存（Ogawa, 1994）。在不同原料和热解条件下观察到的生物炭孔径变化表明，随着时间的推移，除非土壤颗粒、微生物成分或其他有机物堵塞了生物炭的孔隙，否则微生物都可以在大孔中增殖以免受到损害（微孔对于大多数微生物来说都太小；见第 5 章）。同时，孔隙率较高的生物炭可能在土壤干燥的情况下比周围的土壤能保持更多的水分（见第 19 章）。

Quilliam 等（2013）研究了生物炭孔径分布及土壤老化对定殖在其中的微生物种类及其代谢能力的影响，该研究中的生物炭是从 3 年前混合了 5 kg·m^{-2} 的硬木生物炭的土壤中提取的。老化生物炭的 SEM 图像显示，在 50 个随机观察的区域中，有 40.7% 的区域至少包含一种微生物，但是这些微生物稀疏分布在生物炭的内外表面；大约 17.5% 的生物炭孔径小于 1 μm，相当于生物炭总孔容积的 29.6%，这部分孔隙是微生物无法定殖的。该研究发现，硬木生物炭在实际土壤中放置了 3 年之后，对于微生物来说并不是一个理想的栖息环境。但其他研究发现，无论是在一般土壤中施用几百年后的衍生炭（Zackrisson et al., 1996），还是在亚马孙黑土中的生物炭（Tsai et al., 2009），都大大提高了微生物的定殖率。

Pietikäinen 等（2000）发现，分别由腐殖质和木材制备的两种生物炭比活性炭（1.5 mL·g^{-1} 干物质）或浮石（1.0 mL·g^{-1} 干物质）具有更高的持水量（2.9 mL·g^{-1} 干物质）。在生物炭和土壤中，较小的孔隙比大孔隙（10～20 μm）对土壤毛细管水的吸收量更大、保留时间更长。生物炭孔隙中的水分可能会使土壤中的总含水率增大（见第 19 章）。作为一种通用的生物溶剂，水在生物炭孔隙中的存在会大大提高生物炭的"宜居性"。对于具有高矿物灰分含量或表面凝结了大量挥发性物质（VM）的生物炭来说，随着时间的推移，灰分的滤出或者 VM 的矿化会导致孔隙率的增大，因此生物炭的持水能力、为微生物提供表面定殖及吸附各种元素和化合物的能力还会在一段时间内增强。但随着生物炭的老化及其表面电荷的增加，黏土、矿物质、微生物代谢物和其他有机物可能会覆盖在生物炭的表面，最终再次堵塞其孔隙。因此，随着时间的推移，土壤微生物与生物炭表面的关系将发生改变，这与生物炭是否可以作为不同微生物种群的栖息地、不同微生物种群能否矿化生物炭表面相关的碳氢化合物，以及其是否受益于可能吸附在生物炭表面的矿物质和有机物有关。

除了水，二氧化碳（CO_2）、氧气（O_2）和氮气（N_2）等各种气体也会溶解在孔隙水中，占据空气填充的孔隙空间，或者因化学作用被吸附到生物炭表面（Antal and Grønli, 2003），后一过程是由非晶石墨烯和微晶石墨烯晶格中存在的结构缺陷引起的（见第 6 章）。在生物炭孔隙中存在好氧或厌氧环境，这取决于空气与水填充的孔隙空间的比例、气体的相对浓度、扩散速率，以及它们在生物炭表面吸附的程度，且这些因素随着时间的推移而变化（Joseph et al., 2010）。在 O_2 充足的情况下，有氧呼吸是产生能量的主要代谢途径，主要的最终代谢产物为 H_2O 和 CO_2。随着 O_2 浓度的降低和 CO_2 浓度的升高，只要有合适的末端电子受体，兼性厌氧菌就开始厌氧呼吸。厌氧呼吸的最终产物包括一氧化氮（NO）、氧化亚氮（N_2O）和氮气（N_2；硝酸盐呼吸、反硝化）、硫化氢（H_2S；硫酸盐呼吸）或甲烷（CH_4；CO_2 呼吸）。在厌氧发酵过程中也可能产生酸和醇，因此，扩散到生物炭孔隙中的 O_2，以及在微生物呼吸过程中使用的末端电子受体，将在很大程度上决定剩余孔隙的空气成分，以及该环境对定殖在其中的微生物的"宜居性"。从生物炭改良的土壤中释放 N_2O 和 CH_4 的相关讨论见第 18 章。

湿度、温度、氢离子（H^+）浓度（pH 值）和氧化还原电势（Eh）是影响土壤细菌丰度、多样性和活性最主要的物理因素和化学因素（Wardle, 1998; Husson, 2013）。在一项跨洲研究中，Fierer 和 Jackson（2006）发现，土壤细菌群落的多样性和丰度不仅因生态系统的类型而异，而且与土壤 pH 值相关，所得结论是中性土壤中细菌多样性最高，而酸性土壤中细菌多样性最低，土壤的 pH 值也会强烈影响微生物种群的活性。

尽管有些细菌能够适应极端 pH 值环境，并且产生了抗性酶，但是大多数酶和蛋白质在强酸（pH 值小于 4.0）或强碱（pH 值大于 9.0）条件下会变性或失活，从而影响许多代谢过程。

生物炭的 pH 值取决于制备它所用原料和热解温度（见第 7 章）。生物炭的 pH 值变化很大，将影响在生物炭上及生物炭周围定殖的微生物群落，并可能决定微生物的活性。基于微生物固有的 pH 值耐受性，在酸性和碱性条件下真菌很可能占优势，而大多数细菌更倾向于中性条件。因此，向土壤中添加生物炭可能会改变邻近土壤的 pH 值，从而引起附近生物群落组成的变化，如真菌与细菌的比例（Chen et al., 2013）。微生物种群的变化可能反过来影响细菌和真菌的宿主及其捕食者的种群（McCormack et al., 2013）。土壤 pH 值的变化也可能影响细胞外酶活性，从而影响整体微生物活性，进而显著改变土壤功能。

Eh 会受到涉及电子转移的氧化还原反应控制，它将对微生物活性、群落结构和多样性产生强烈影响（Husson, 2013），并且各种微生物都适应特定的 Eh 条件。一方面，厌氧细菌只能在极低 Eh（还原条件）的狭窄范围内生长，在这种条件下，厌氧细菌的数量要比真菌的数量多得多（Seo and DeLaune, 2010）；另一方面，好氧微生物（如放线菌属）虽然需要较高的 Eh，但可以在更宽的范围内生长（Rabotnova, 1963）。在适度的还原条件下（Eh>250 mV），真菌的生存能力要强于细菌（Husson, 2013）。由于生物炭的固体组分（Joseph et al., 2010; Kluepfel et al., 2014）和水溶性组分（Graber et al., 2014b）都具有氧化还原活性，并且可以改变土壤的氧化还原潜力，因此生物炭可能参与根际中多种广泛的化学反应和生物电子转移反应（Graber et al., 2014b）。这些反应包括依赖电子传递的微生物过程（Lovley, 2012），尤其是涉及氮循环的微生物过程（Cayuela et al., 2013），以及涉及铁（Fe）和锰（Mn）等养分的还原和溶解的化学过程（Graber et al., 2014b）。未来研究的一个重要领域是，了解生物炭的 pH 值、Eh、灰分含量和成分、存在的生物油或冷凝物、孔径分布和孔含量（固相、气相和液相）与定殖微生物群落的交互作用，以及这些生物炭特性对土壤生物地球化学和植物生产力相关的微生物代谢过程的影响。

13.3　生物炭作为土壤生物的基质

土壤有机碳在土壤养分循环及改善植物有效水储量、土壤缓冲能力和土壤结构方面起着关键作用（Horwath, 2014）。作为一种碳基质，生物炭可能会影响许多土壤过程和特性。土壤微生物种群会受到添加到土壤中的生物炭质量（见第 5 章、第 6 章、第 7 章）和数量的影响。生物炭的质量在很大程度上取决于所用原料和热解条件（见第 3 章）。快速碳化（Deenik et al., 2010）和低温热解会在生物炭表面残留生物油及其他再冷凝的衍生物（见第 3 章），这些再冷凝的热解残留物可作为微生物生长和代谢的基质。但是，McClellan 等（2007）的研究表明，一方面，它们可能对植物及许多微生物有毒害作用；另一方面，某些微生物可能会在残留物上定殖，例如，在一项试验中进行了 4 种生物炭对 6 种真菌的直接体外毒性测试（Graber et al., 2014a）。

灰分、生物油和其他可冷凝的挥发性化合物［如焦木酸（PA）］可用来描述热解后残留在生物炭表面的各种物质（见第3章）。生物炭表面残留的热解冷凝物包括容易被土壤微生物代谢的水溶性化合物，如酸、醇、醛、酮和糖。然而，根据原料和热解条件的不同，这些冷凝物也可能包含多环芳烃（PAHs）、甲酚、二甲苯酚、甲醛、丙烯醛和其他有毒羰基化合物（Painter, 2001），还可能包含具有一定"选择性"的化合物，这些化合物能够选择用于代谢这些冷凝物的特定微生物。Ogawa等（1994）、Zackrisson等（1996）、Watzinger等（2014）和Maestrini等（2014）的研究表明，这些物质可以作为特定微生物的碳源和能源，然而这些基质的有效期只有几个季度，并且无法决定生物群落的组成情况。

在新制备生物炭表面生长的微生物种群能够产生分解基质所需要的酶，但由于很少有微生物能够将它们作为能量、细胞碳和／或养分，所以完全代谢那些高度复杂、不寻常的基质需要很长时间。定殖在新制备生物炭（表面残留着热解冷凝物）上的微生物，可能会与那些定殖在生物炭表面吸附了其他物质（被代谢的沉积物、DOC和养分）的微生物有很大不同。

Watzinger等（2014）在100 d的培养试验过程中，在黏盘土和黑钙土中添加了用^{13}C标记的小麦壳生物炭来改良2种土壤，然后测量了7次磷脂脂肪酸（PLFA），结果发现，仅在改良后的土壤中培养5周后，指示放线菌的PLFA（10 Me 18∶0）便耗尽了^{13}C。这表明，微生物群落需要适应基质质量的变化，以代谢生物炭衍生的碳。总体而言，在这种短期培养中，生物炭中不到2%的碳被矿化。在一个相关的盆栽试验中，用^{13}C标记的柳树（木材和树叶）生物炭对黏盘土和黑钙土进行了改良，并在109 d的培养过程中对PLFA进行了8次测量。在黑钙土中，随着生物炭的添加，大多数PLFA显著减少，尤其是与革兰氏阳性细菌（G^+）相关的PLFA。在黏盘土中，^{13}C标记的PLFA代表生物炭中的碳，其在51 d后才被放线菌和革兰氏阴性细菌（G^-）矿化。柳树生物炭中微生物的生物量的标记量为0.6%～3.5%（Watzinger et al., 2014）。Maestrini等（2014）使用^{13}C标记的黑麦草生物炭来评估生物炭衍生碳的短期矿化作用，以及^{13}C与森林形成层中微生物的结合情况。结果显示，经过5 mon的培养后，4.3%的热解^{13}C被矿化，其中0.45%存在于微生物的生物量碳中。因此，生物炭衍生的碳并不是微生物的重要基质来源。Nguyen等（2014）也发现，经过189 d的培养后，添加的生物炭只有1.1%～2.1%被矿化。

一旦溶解的有机碳（DOC）被吸附到生物炭表面，生物炭表面就会开始新陈代谢（Hamer et al., 2004；见第16章）。在此之后，定殖在生物炭上微生物的主要"食物"是有机物和无机营养物质，这些营养物质在生物油、其他挥发性化合物和半挥发性化合物消失后被吸附到生物炭表面（可能在热解和／或灰分消失过程中重新凝聚在生物炭表面）。生物炭表面吸附化合物的性质也会受到环境中的有机物特性、土壤类型和质地，以及种植地周围生长植物的影响。因此，随时间的变化生物炭的表面特性将会导致许多微生物定殖在生物炭表面（见13.4节）。

Smith 等（1992）提出，生物炭对营养物质和含碳基质的吸附动力学变化（见第 9 章）可能会改变微生物之间的竞争作用，从而改变其整体群落结构和微生物活动。Pietikäinen 等（2000）使用活性炭（AC）、浮石和两种生物炭［分别由岩高兰（*Empetrum nigrum*）和有机森林层（Organic Forest Horizon）制备］来验证其吸附 DOC 的能力，以及对微生物种群的影响。结果表明，活性炭吸附的 DOC 最多，浮石吸附的 DOC 最少，两种生物炭吸附的 DOC 介于活性炭和浮石之间。1 个月后，所有吸附剂的表面都生长着微生物，但两种生物炭中微生物的呼吸活性最高。此外，PLFA 曲线和生物群落水平的生理分布图（Biolog, Hayward, CA）显示，这两种生物炭中的微生物群落最相似，并且不同于定殖在浮石或活性炭上的微生物群落；定殖在浮石和活性炭上的微生物种群之间也有很大的不同（Pietikäinen et al., 2000）。通常，定殖在这些吸附剂表面的微生物群落的差异可能使植物养分有效性和养分循环发生很大变化。

研究发现，生物炭表面的生物油或其他挥发性冷凝产物被代谢之后，由于其组成成分相对不活泼，因此生物炭很稳定，且随着时间推移其化学过程或生化过程几乎不会改变（Nichols et al., 2000）。然而，生物炭会被缓慢矿化。尽管如此，其分解速度仍比未碳化的有机化合物慢得多（见第 10 章）。

13.4 生物炭对土壤分析测定的干扰

在分析生物炭改良土壤中的生物群落时，不同的方法可能会出现各种问题，目前为止科研人员只解决了其中几个问题。生物炭吸附各种有机分子和无机分子的能力可能会对许多方法造成影响。通常，用于检测土壤生物群落丰度（微生物的生物量）及其活性（例如，将 ATP 作为土壤能量电荷的量度，将 CO_2 的释放量作为土壤呼吸活动的量度）的大多数测定方法会被提取（或释放）分子的吸附作用所干扰。因此，生物炭的吸附能力可能会给大多数用于评估土壤生物群落的生物多样性、活性和丰度的方法（酶活性、DNA 提取和后续分子分析）带来重大偏差（Jin, 2010）。例如，Gomez 等（2014）发现，在所有生物炭改良的土壤中，PLFA 提取效率均大幅度降低（约 77%）。他们强调，在使用 PLFA 生物标记物来评估生物炭改良土壤中的微生物反应时，需要测量和校正提取效率产生的误差。

由于生物炭可以吸附 DOC、无机营养元素（如 NH_4^+、HPO_4^{2-} 和 $H_2PO_4^-$）、CO_2 和 O_2，完全提取这些化合物或测量释放气体的能力很可能会受到影响，因此，在生物炭改良土壤上进行的大多数分析得出的值很可能被低估了。生物炭的这种吸附作用可能会直接影响测定结果，如无机氮含量的测量结果（通常由 KCl 或 K_2SO_4 萃取），或一些更复杂的测量方法的测量结果（例如，利用熏蒸法释放的细胞碳含量来估算微生物的生物量，或者测量所含样品顶空中捕获的 CO_2 来计算土壤的呼吸活性）。一些研究检测了向美国纽约州奥本市的矿物土壤中添加 $3\ kg\cdot m^{-2}$ 玉米秸秆生物炭后 DOC 的吸附情况，研究发现，在存在生物炭的情况下，土壤中的 DOC 含量显著减少，这表明经过生物炭改良后土壤吸附 DOC 的能力非常高（见图 13.1；Jin et al., 2008; Jin, 2010）。这些结果说明，随着土壤中生物炭施用量的增加，土壤DOC提取物中微生物的生物量可能被严重低估了，提取效率也会因生物炭的类型而异。因此，重新推出新的计算标准对于改进基于提取的微生物参数的估算是非常必要的，例如，掺入特定的标记分子并评估其回收率。

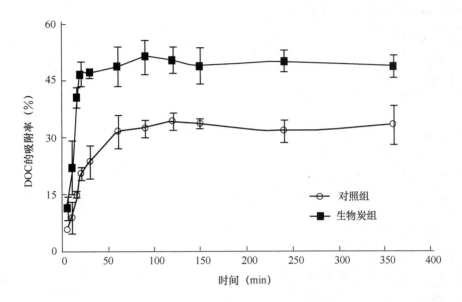

图13.1 与未添加生物炭的土壤（对照组）相比，添加3 kg·m^{-2}的生物炭后土壤（生物炭组）对DOC的吸附率［在10 g土壤中加入40 mL的0.05 mol·L^{-1} K$_2$SO$_4$，含DOC 100 mg·L^{-1}，振荡5 min、10 min、15 min、20 min、30 min、60 min、90 min、120 min、150 min、240 min、360 min；氧化和红外气体分析测量DOC（$n=3$，条形代表标准差；Jin et al., 2008; Jin, 2010）］

当测量的变量来自土壤提取物或顶空气体测量值时，大多数微生物的分析值将被低估。然而在某些情况下，分析值可能会被高估，例如，在熏蒸萃取法中使用氯仿估算微生物的生物量时，生物油或其他冷凝物在生物炭表面可能会溶解（Ameloot et al., 2013）。同样，像 Bruun 等（2014）报道的那样，如果在分析过程中大量碳酸盐溶解，则微生物的呼吸活动可能会被高估。

13.5 生物炭对土壤生物活性的影响

化学异养土壤生物的生长和代谢过程需要碳基质和养分的参与。碳基质为生物的合成提供能量和细胞碳。生物炭可以改变土壤中可利用的碳基质的质量和数量，并通过其吸附性能影响关键营养元素的有效性。研究人员通过评估生物炭和土壤的类型，探究了生物炭作为改良剂对土壤微生物活性的影响，其中包括对 CO_2 的变化（主要由于微生物的呼吸作用；见表 13.1）、土壤酶活性（见表 13.2）和氮转化（氮矿化、硝化、脱氮和固氮；见表 13.3）的影响。本节接下来讨论了在生物炭改良土壤中观察到的这些过程的变化及其所涉及的潜在机制。

表13.1 研究土壤微生物碳循环对生物炭改良反应的试验条件和方法/变量

微生物碳循环变量	趋势	其他因素	研究类型	应用的比率	采样时间(mon)	原料	制备条件	土壤类型或结构类别	参考文献
CO_2的变化	↑	无菌和非无菌土壤+/-黏土	室内	0.47、0.36、0.35 (kg·m⁻²·当量)	13.6	大麦根 ^{14}C标记	马弗炉慢速热解，24 h 400 ℃，500 ℃、600 ℃	从阶段性淋溶土到淋溶土	Bruun等(2014)
CO_2的变化	nc		田间	3、6 (kg·m⁻²)	3	山毛榉、橡木、榛、桦树的商业混合物	热解，2 h，500 ℃	粉砂壤土	Castaldi等(2011)
CH_4的变化	nc				14				
CO_2的变化	↑↓	+堆肥+氮肥（-）对照组	GH（小麦）	0、0.5、2.5 (kg·m⁻²)	2.3	桉树	热解，24 h，600 ℃	典型灰土	Dempster等(2012)
CO_2的变化	↑ hvm ↑ lvm	高VM 低VM	室内	0%、2.5% (w/w)	0.5	澳洲坚果	快速热解40 min，300~800 ℃	氧化土	Deenik等(2010)
CO_2的变化	nc	+氮磷钾+堆肥+污泥	室内	0、2 (kg·m⁻²)	6	伊犁栎	慢速热解600 ℃	夏旱冲积新成土	Fernández等(2014)
CO_2的变化	↑	老化生物炭	室内	0%、1%、5%、10%、20% (w/w)	12	橡木	快速热解，600 ℃	淋溶黑土 普通淋溶土 普通潜育土 潜育黑土	Gomez等(2014)
CO_2的变化（见图14.1）	↑↓		田间（玉米）	0、0.1、1.2、3 (kg·m⁻²)	6 18	玉米秸秆	慢速热解，600 ℃	干旱灌淤土（粉砂壤土）	Jin (2010) Jin等(2008)
CO_2的变化	↑ ↓ oak650	生物炭冲洗除去灰分	室内	0%、10% (w/w)	6.2	橡木 伽马草	热解3 h，650 ℃ 热解3 h，250 ℃	新成土 砂地森林 未烧过的土壤 砂地森林 烧过的土壤	Khodadad等(2011)

(续表)

微生物碳循环变量	趋势	其他因素	研究类型	应用的比率	采样时间(mon)	原料	制备条件	土壤类型或结构类别	参考文献
$^{14}CO_2$的变化	↑ ↓	+/-葡萄糖(×5)，+/-混合(×5)	室内	0%，2.4%(w/w)	38.8	黑麦草 ^{14}C标记	马弗炉慢速热解4.5 h, 20~400 ℃加热13 h, 400 ℃	肥沃的普通土淋溶土黄土	Kuzyakov等(2009)
$^{13}CO_2$的变化	↑$_{18d}$ ↓	+/-N	室内	0，13 (mg·g^{-1})	0.13~5.2 (×5)	黑麦草 ^{14}C标记	热解4 h, 450 ℃	雏形土（森林）	Maestrini等(2014)
CO_2的变化	↑		GH（玉米）	0, 1, 3, 5, 10, 20 (g·kg^{-1})	0.66	水葫芦	碳化0.5 h, 300 ℃	半湿润正常新成土	Masto等(2013)
CO_2的变化 qCO_2	↓ ↓		室内	4%, 8%(w/w)	2.3	污水污泥	热解2 h, 600 ℃	砂壤土	Paz-Ferreiro等(2012)
$^{14}CO_2$的变化	↓ ↑	^{14}C标记葡萄糖	田间	0, 5 (kg·m^{-2})	36	混合灰、山毛榉和橡木片	热解48 h, 450 ℃	饱和始成土砂质粘壤土	Quilliam等(2013)
CO_2的变化	↑		室内	0, 1.12, 2.24, 4.48 (kg·m^{-2})	0.6~1.6 (×8)	^{13}C标记黍、蓝莓	热解2 h, 500 ℃	干旱的$Haplocambids$典型的薄层复夏旱软土	Smith等(2010)
$^{13}CO_2$的变化	nc		室内	添加30%的碳	1.6~6 (×7)	^{13}C标记葡萄糖、酵母	水热热解, 600 ℃	饱和冲积土（耕地）雏形土（森林）	Steinbeiss等(2009)
CO_2的变化	↑$_{1.6}$		室内	0.98, 1.95, 3.9 (kg·m^{-2})	1.6 6.9	$Doug\ fir$杉球团、$Doug\ fir$树皮、柳枝稷、AD^{5}纤维	热解30 min, 600 ℃	干旱砂土($Torripsamment$ $four\ silt\ loamsan\ Ultic$ $and\ a\ Boralfic$ $Argixeroll,\ Ultic$ $Haploxeroll$)饱水缺氧的普通灰土	Streubel等(2011)

(续表)

微生物碳循环变量	趋势	其他因素	研究类型	应用的比率	采样时间（mon）	原料	制备条件	土壤类型或结构类别	参考文献
CO_2的变化	↑org ↓con	有机（绿色废物）Conven（+NPK）	室内	0%、1.5%、3%（w/w）	2	梧桐树、橡树、山毛榉、樱桃（混合）	热解16 h，600 ℃	淋溶土 雏形土（砂土）	Ulyett等（2014）
CO_2的变化根 SOC	↓ ↑		田间（苹果树）	1（kg·m^{-2}）	17	混合木（桃、葡萄藤）	热解，500 ℃	典型钙积土	Ventura等（2014）
CO_2的变化	↑	+NPK	GH（大麦）	0%、3%（w/w）	3.6（×9）	^{13}C耗尽的柳树（木材+lvs）	热解 8 h，525 ℃	肥沃的砂土 黏磐土钙质黑钙土	Watzinger等（2014）
CO_2的变化 CH_4的变化	nc		室内	0%、0.99%、2.44%（w/w）	3.3	小麦秸秆	快速热解，450 ℃	典型的黑钙土	Wu等（2013）
CO_2的变化 CH_4的变化	nc		室内	2%（w/w）	1.8	猪粪 大麦秸秆	碳化，600~800 ℃，NaOH/KOH消解30 min，320 ℃，冷却、过滤、干燥	稻草（在稻田或牧场下）	Yoo和Kang（2012）

注：1. 测得的变量：qCO_2为微生物商数，即每单位微生物生物量的呼吸量。
2. 整个应用率数据的总体趋势：nc表示相对于研究改良未改期同对照组土壤没有变化；箭头后面的下标表示观察到趋势的测量日期（或月份）；相对于研究期间未改良对照组土壤，同一条线上的双向变化表示先增加后减少，或者先减少后增加。
3. GH为温室研究，括号内标明生长的植物（使用时）；室内表示室内孵化研究；堆表示堆肥；田间表示田间试验。在括号中标出生长的植物。
4. 每月对试验单位进行采样的时间，括号单元将表示采样1次以上，但少于3次，每次采样以月为单位；在整个试验过程中，采样超过3次的试验单元具有指定的时间范围，然后是采样单元的次数（例如，×7表示在给定时间范围内采样7次）。
5. AD表示厌氧消化液。

表 13.2 研究土壤微生物酶活性对生物炭改良反应的试验条件和方法/变量

微生物酶活性	趋势	其他因素	研究类型	应用的比率	采样时间(mon)	原料	制备条件	土壤类型或结构类别	参考文献
β-葡萄糖苷酶 脂肪酶 N-乙酰葡萄糖苷酶 氨肽酶	测定和土壤依赖		室内	0%、2% (w/w)	0.2	柳枝稷	快速热解	Pachic Ultic 薄层夏旱软土—粉壤土 Torripsamment 旱生砂土 Haplocambid 旱生砂壤土	Bailey等(2011)
β-葡萄糖苷酶 蔗糖酶 脱氢酶 碱性磷酸酶 酸性磷酸酶	nc ↑ ↑ ↑ nc	+N	田间 （水稻）	0、2、4 (kg·m^{-2})	6	小麦秸秆	热解，350~550℃	湿润人为土壤、砂壤土	Chen等(2013)
纤维素酶 蔗糖酶 脲酶 磷酸酶	↑ ↑ ↑ ↓↑	+NPK Cd、Pb 污染	田间（水稻/小麦轮作）	0、1、2、4 (kg·m^{-2})	36	小麦秸秆	热解，450℃	富含铁的水耕人为土	Cui等(2013)
β-葡萄糖苷酶 亮氨酸氨基肽酶 碱性磷酸酶	nc nc nc	厌氧消化物、油菜籽粉、生物乙醇残留物、污水污泥、堆肥	室内	0%、5% (w/w)	0.9	绿色废物	热解，550℃	正规的低盐基湿润弱育土冲积新成土 Eurudept（碱性）	Galvez等(2012)
β-D-葡萄糖苷酶 β-D-纤维二糖酶 β-D-葡萄糖醛酸苷酶 氨肽酶 磷酸酶	↓ ↓ ↑ ↑ ↑		田间 （玉米）	0、0.1、1.2、3 (kg·m^{-2})	6 18	玉米秸秆	慢速热解，600℃	（粉砂壤土）	Jin (2010) Jin等(2008)

(续表)

微生物酶活性	趋势	其他因素	研究类型	应用的比率	采样时间（mon）	原料	制备条件	土壤类型或结构类别	参考文献
苯酚氧化酶 脲酶 磷酸酶	↑ ↑ ↑	堆肥过程中取样	露天堆	0%、2% (w/w)	1.2 4.9	桤栎	木炭窑热解 400~600 ℃	家禽粪便、稻壳和苹果堆肥	Jindo等 (2012)
β-葡萄糖苷酶	↓	与活化碳相比	室内	0、20 (mg·L^{-1})	4.5h	栗木	热解5 h, 450 ℃	无土壤或仅缓冲	Lammirato 等 (2011)
苯酚氧化酶 蛋白酶	↓ nc	+/−N	室内	0、13 (mg·g^{-1})	0.13~5.2 (×5)	^{13}C标记的黑麦草	热解4 h, 450 ℃	雏形土（森林）	Maestrini等 (2014)
脱氢酶荧光素二 乙酸酯-水解酶 酸性磷酸单酯酶 碱性磷酸酯酶 过氧化氢酶	↑ ↑ ↑ ↑		GH（玉米）	0、1、3、 5、10、20 (g·kg^{-1})	0.66	水葫芦	碳化0.5 h, 300 ℃	半湿润正常新成土	Masto等 (2013)
β-葡萄糖苷酶 脱氢酶 酸性磷酸单酯酶 芳基硫酸酯酶	↓ nc nc		室内	4%、8% (w/w)	2.3	污水污泥	热解2 h, 600 ℃	Umbrisol砂壤土	Paz-Ferreiro等 (2012)
β-葡萄糖苷酶 亮氨酸-氨肽酶 碱性磷酸酯酶 芳基硫酸酯酶	nc ↑ ↑ ↓		田间（苹果树）	1 (kg·m^{-2})	17	混合木材（桃木和葡萄树木）	热解, 500 ℃	普通钙积土	Ventura等 (2014)

(续表)

微生物酶活性	趋势	其他因素	研究类型	应用的比率	采样时间（mon）	原料	制备条件	土壤类型或结构类别	参考文献
β-葡糖苷酶	nc		室内	0%、0.99%、2.44%（w/w）	3.3	小麦秸秆	快速热解 450 ℃	正常黑钙土	Wu等（2013）
脱氢酶	nc								
尿素酶	↓								
β-葡糖苷酶	↑	相关的焦炭类	室内	2%（w/w）	1.8	猪粪 大麦秸秆	碳化，600~800 ℃在NaOH/KOH下消解 30 min，冷却，过滤，干燥	老成土（在稻田或牧草下）	Yoo和Kang（2012）
N-乙酰基-葡糖苷氨基葡糖苷酶	nc								
磷酸酶	↑								
芳基硫酸酯酶	nc								

注：1. 测量的变量：Alk-磷酸酶表示碱性磷酸酶；Neu-磷酸酶表示中性磷酸酶。
2. 应用的比率数据的总体趋势；nc表示相对于未改良的对照组土壤没有变化；箭头后面的下标表示观察到趋势的测量日期（或月份）；相对于研究期内未改良的对照组土壤，同一条线上的双向变化表示先增加后减少，或者先减少后增加。
3. GH表示温室研究，括号内标明生长的植物（使用时）；室内表示室内培养研究；堆表示堆肥；田间表示田间试验，在括号中标明生长的植物。
4. 每月对试验单位进行采样的时间。试验单位采样1次以上，但少于3次，每次采样以月为单位；在整个试验过程中，采样单位具有指定时间范围内，然后是采样单位的次数（例如，×5表示在给定时间范围内采样5次）。

283

表 13.3 研究生物炭改良剂对土壤微生物氮循环响应的试验条件和方法/变量

微生物氮循环变量	趋势	其他因素	研究类型	应用的比率	采样时间（mon）	原料	制备条件	土壤类型或结构类别	参考文献
氨矿化、硝化 amoA基因-AOB T-RFLP分析	↓	+堆肥 +氮肥（-）对照组	GH（小麦）	0, 0.5, 2.5 (kg·m^{-2})	2.3	桉树	热解24 h, 600 ℃	典型灰土	Dempster等（2012）
氨矿化	↓	高VM 低VM			0.5	澳洲坚果	闪速热解 40 min, 300~800 ℃	湿润腐殖土	Deenik等（2010）
氨矿化 硝化 蛋白酶	↑4 d nc ↑18 d nc	+/- N	室内	0, 13 (mg·g^{-1})	0.13~5.2 (×5)	^{14}C标记的黑麦草	热解4 h, 450 ℃	雏形土（森林）	Maestrini等（2014）
氨矿化	↓8 d		室内	4%, 8% (w/w)	2.3	污水污泥	热解2 h, 600 ℃	砂壤土	Paz-Ferreiro等（2012）
氨矿化 硝化 qPCR amoA 基因-AOB amoA 基因-AOA	nc ↑ ↑	+NPK		0, 2.4, 7.2 (kg·m^{-2})	4 14	山毛榉	热解2 h, 500 ℃	黑钙土	Prommer等（2014）
氨矿化	↓在2种3/5土壤中		室内	0.98, 1.95, 3.9 (kg·m^{-2})	1.6	Doug fir杉球团 Doug fir杉树皮 柳枝稷 AD^5 纤维	热解30 min, 600 ℃	砂淤泥壤土，详见表14.2	Streubel等（2011）

(续表)

微生物氮循环变量	趋势	其他因素	研究类型	应用的比率	采样时间（mon）	原料	制备条件	土壤类型或结构类别	参考文献
氮矿化 N_2O释放 酶活性	↑ ↓ ↑		室内	2%(w/w)	1.8	猪粪 大麦秸秆	碳化 600~800 ℃ NaOH/KOH在320 ℃下消解30 min，冷却、过滤、干燥	老成土（在稻田或牧草下）	Yoo和Kang（2012）
氮矿化 硝化	nC_{org} ↓$_{con}$ ↑$_{org}$ $_{con}$	收集的有机物（绿色废物）（+NPK）	室内	0%, 1.5%, 3%(w/w)	2(×13)	美国梧桐、橡木、山毛榉、樱桃木（混合木）	热解16 h, 600 ℃	淋溶锥形土（砂壤土）	Ulyett等（2014）
氮矿化 亚硝化 N_2O析出	nc, ↓$_{14}$ nc, nc ↑$_3$, nc		田间	3, 6 (kg·m^{-2})	3 14	山毛榉、橡木、榛树、桦树的商业混合物	热解2 h, 500 ℃	粉砂壤土	Castaldi等（2011）
氮化 潜在DGGE amoA基因 amoA基因-AOB 16S rRNA基因的硝化总和 潜在DGGE amoA基因-AOB的qPCR	↑$_{144}$ ↓$_{900}$ ↑$_{144}$ ↓$_{900}$		林木炭		144 900	美国黄松花、旗松	1992年发生自然火灾，1934年以来没有火灾	Dystrocryepts 森林土	Ball等（2010）

(续表)

微生物氮循环变量	趋势	其他因素	研究类型	应用的比率	采样时间(mon)	原 料	制备条件	土壤类型或结构类别	参考文献
amoA基因-AOB的pPCR	↑		室内	5%、10%、20%（w/w）	0.9、2.8	棉秆	热解650 ℃	砂壤土	Song等（2014）
amoA基因-AOA	↑								
潜在的AmOx	↑								
氮化克隆库测序 amoA基因-AOB	nc								
amoA基因-AOA	nc								
氮循环基因的qPCR:		水饱和柱+NPK+糖蜜	室内	0%、1%、2%、10%（w/w）	6（×6）	柳枝稷（柳枝草）	热解350 ℃，然后800 ℃蒸干	B horizon 旱生淡棕钙土（用过的底土）	Ducey等（2013）
amoA-AOB	nc								
nirS	nc								
nirK	↑								
nosZ	↑								
nifH	↑								
16S rRNA基因	nc								
N_2O释放	↓		室内	0%、2%、10%（w/w）	2.9（×8）	绿色废物	高温热解700 ℃	钙质薄层土（50% w/w 碎石）	Harter等（2014）
氮循环基因转录本的qPCR:									
amoA-AOB	nc								
amoA-AOA	↑								
nirS	nc								
nirK	nc								
nosZ	↑								
nifH	↑								
16S rRNA基因	nc								

(续表)

微生物氮循环变量	趋势	其他因素	研究类型	应用的比率	采样时间(mon)	原料	制备条件	土壤类型或结构类别	参考文献
氮循环基因的N_2O进化qPCR: *narG* *nirS* *nirK* *nosZ* *nosZ / nirK*	↓ ↓ ↑ ↑ ↑		堆	0%、3%(w/w)	0.1~2.7(×7)	竹类	热解 600 ℃	堆肥猪粪、木屑和锯末	Wang等(2013)
N_2O释放	↓	重新润湿的土壤	室内	0%、0.99%、2.44%(w/w)	3.3	小麦秸秆	快速热解, 450 ℃	典型黑灰钙土	Wu等(2013)
N_2O释放			室内(培养皿)	0%、10%(w/w)	0.23	市政生物质废物	热解	典型简育湿润灰烬土-壤土	Yanai等(2007)
生节AMF			GH(苜蓿)	0%、5%、10%(v/v)	2.8	废啤酒的谷物	水热碳化	漂白淋溶土	George等(2012)
N_2固定(乙炔还原)	↑	+/-N	GH(松木和桤木)	0%、5%、10%(w/w)	2 3 4	美国黑松木	在300 ℃下热解50 min, 然后在410 ℃下热解30 min	灰色淋溶土	Robertson等(2012)

(续表)

微生物氮循环变量	趋势	其他因素	研究类型	应用的比率	采样时间(mon)	原料	制备条件	土壤类型或结构类别	参考文献
N_2固定(^{15}N同位素稀释)	↑		GH(豆类)	0, 0.003, 0.006, 0.009 ($kg·m^{-2}$)	2.5	桉树	在350℃下热解1 h	典型半湿润氧化土	Rondon等(2007)
AMF	nc								

注：1. 测量的变量：T-RFLP表示末端限制性片段长度多态性；qPCR表示定量聚合酶链反应；DGGE表示变性梯度凝胶电泳；AOA表示氨氧化古细菌；AOB表示氨氧化细菌；AMF表示丛枝菌根真菌；请参阅文本以获取所测量基因的名称。

2. 应用的比率数据的总体趋势：nc表示相对于未改良的对照组土壤没有变化，或者先减少后增加；箭头后面的下标表示观察到趋势的测量日期（或月份）；相对于研究期内未改良的对照组土壤，同一条线上的双向变化表示先增加后减少，或者先减少后再增加。

3. GH表示温室研究，生长的植物在括号内表示(使用时)；室内表示室内培养研究。堆表示堆肥；田间表示田间试验，括号中标明了生长的植物。

4. 取样试验单位的时间（以月为单位），对试验单位采样了1次以上3次以下，每个月内进行1次采样；采样超过3次的试验过程中，在整个试验单位具有指定时间范围，然后是采样单位的次数（例如，×7表示在给定时间范围内采样7次）。

5. AD表示厌氧消化。

13.5.1 化学吸附对土壤微生物活性的影响

土壤中的生物炭可以增强对 DOC（见图 13.1）、无机养分、各种气体，以及潜在的有毒化合物［如农药（见第 23 章）、重金属（见第 20 章）和多环芳烃（PAHs；见第 22 章）］的吸附，这些吸附活动都会影响土壤微生物的丰度、多样性和活性。Wardle 等（1998）在温室研究中探讨了向北方森林土壤中添加生物炭对植物生长和微生物生物量的短期影响，研究人员将生物炭添加到从 3 个林下植被不同的森林系统收集来的土壤有机层中，在该测试系统中土壤微生物的生物量和植物的生长量都出现了增长。研究还发现，生物炭吸附了杜鹃科植物分解产生的次生代谢产物和酚类，最终增大了土壤养分的有效性。第 15 章将对此进行详细讨论。

吸附的化学物质是否具有生物有效性，吸附过程是增强还是降低了微生物活性，将取决于该化学物质在生物炭表面的结合位点数量、在该竞争吸附位点是否存在其他分子、生物炭的物理和化学特性，以及微生物在生物炭上的定殖情况。化学物质在生物炭上的结合强度还根据分子间相互作用的类型（疏水相互作用、共价键、范德华力、阴/阳离子交换量或离子取代）而变化（Joseph et al., 2010；见第 9 章）。

生物炭对基质和微生物的吸附：一方面，可能导致附着在细菌附近的基质浓度更高，从而可能提高对基质的利用率（Ortega-Calvo and Saiz-Jimenez, 1998）；另一方面，因为细胞无法接触到层间的基质，所以进入膨胀黏土（如蒙脱石）层间的嘌呤、氨基酸和肽可能不会影响微生物代谢。生物炭孔隙内吸附的潜在基质也可能是这种情况。

目前，尚不清楚生物炭的种类对不同类别化合物的吸附有何差异。因此，在生物炭改良土壤中，化合物的有效性是提高还是降低，以及相关的微生物活性如何受到影响都有待确定（Pietikäinen et al., 2000; Lammirato et al., 2011）。考虑到土壤中生物炭、无机养分、酶、矿物质和微生物之间复杂的相互作用，研究人员仍需要进一步探索关于生物炭对土壤有机物的直接影响机制（例如，与微生物细胞壁或参与其中的荚膜材料的表面相互作用），以及由于有机物、养分、黏土和其他矿物质的吸附引起的间接影响机制（见第 9 章）。这些机制的研究将提高人们对生物炭（作为土壤改良剂）潜在效益，以及其改善土壤障碍因子（如酸度或重金属毒性）能力的理解（见第 20 章）。

如上所述，对于许多潜在的定殖微生物来说，新制备的生物炭不是一个非常"宜居"的环境。尽管如此，大多数研究还是依靠短期培养试验来评估与生物炭相关的微生物群落的活性、多样性、丰度的变化。就可利用的碳基质和潜在的毒性化合物而言，早期定殖的微生物必须能够"忍受"新制备的生物炭所提供的苛刻的生存环境（Graber et al., 2010）。

13.5.2　CO_2 释放

许多研究报告（见表 13.1）均描述了生物炭改良土壤中 CO_2 释放量出现短暂增加的现象（Steinbeiss et al., 2009; Deenik et al., 2010; Smith et al., 2010; Streubel et al., 2011; Khodadad et al., 2011; Dempster et al., 2012; Masto et al., 2013; Bruun et al., 2014; Gomez et al.,

2014; Maestrini et al., 2014; Watzinger et al., 2014; Ameloot et al., 2013）。几项研究发现，CO_2 的释放量出现先急剧增加而后减少的现象（Kuzyakov et al., 2009; Streubel et al., 2011; Dempster et al., 2012; Maestrini et al., 2014；见表 13.1）。但在一些短期（< 6 mon）研究中，没有出现添加生物炭后 CO_2 的释放量发生变化的现象（Castaldi et al., 2011; Yoo and Kang, 2012; Wu et al., 2013）。

添加生物炭之后的 6 mon 或更长时间的测量结果表明，CO_2 的释放量要么没有发生变化（Domene et al., 2014; Fernández et al., 2014），要么随着非根际土壤中生物炭施用速率的增加，土壤中 CO_2 的释放总量显著减少（Jin, 2010; Schimmelpfenning et al., 2014），而在根际土壤中则没有出现这种现象（见图 13.2；Jin, 2010）。添加了生物炭的土壤在短期内释放出 CO_2，其原因可能是：①微生物利用生物炭表面残留的有机化合物（生物油）作为基质的呼吸活动（Deenik et al., 2010; Maestrini et al., 2014; Watzinger et al., 2014）；②碳酸盐（Bruun et al., 2014）或化学吸附 CO_2 的非生物释放；③现有土壤有机质库的短期释放（和／或新陈代谢；见第 16 章；Pietikäinen et al., 2000; Kuzyakov et al., 2009; Maestrini et al., 2014）；④因与生物炭接触而死亡的微生物被其他适应能力更强的微生物所分解。其中，最后一种假设尚未经过严格验证。

不同研究报道中 CO_2 释放量的变化似乎与生物炭改良土壤的时间和底物碳的可利用性密切相关。在短期培养试验中，通常会观察到 CO_2 释放量的短暂增加。随着生物炭中存在的生物油被微生物分解，CO_2 的释放量会随着时间推移而减少。在容易获得有机碳的地方（如在根际土壤中），或者在未施用碳基质的地方，生物炭改良土壤和未改良土壤中 CO_2 的释放量没有差异（见图 13.2）。

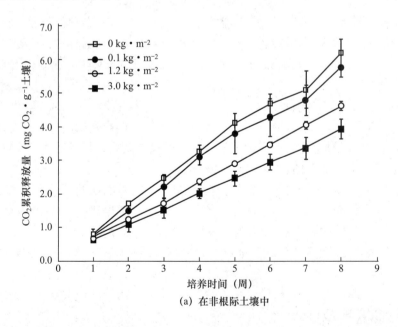

(a) 在非根际土壤中

图13.2　生物炭改良6个月后取样的土壤。（a）在非根际土壤中，随着生物炭施用量的增加，土壤呼吸速率降低，但（b）在根际土壤中不受影响；在20 g土壤、50%保水能力下培养，利用 0.5 mol·L^{-1} NaOH的电导率变化来量化CO_2的释放量（$n = 3$；Jin et al., 2008; Jin, 2010）

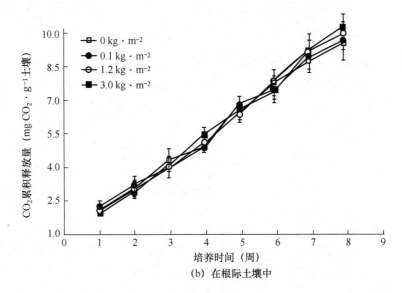

(b) 在根际土壤中

图13.2 生物炭改良后6个月取样的土壤。(a) 在非根际土壤中,随着生物炭施用量的增加,土壤呼吸速率降低,但 (b) 在根际土壤中不受影响;在20 g土壤、50%保水能力下培养,利用 0.5 mol·L^{-1} NaOH的电导率变化来量化CO_2的释放量($n = 3$;Jin et al., 2008; Jin, 2010)(续)

在生物炭改良非根际土壤6个月、18个月(见图13.2;Jin, 2010),以及在培养研究几个月后(Streubel et al., 2011; Dempster et al., 2012; Paz-Ferreiro et al., 2012; Maestrini et al., 2014)观察到微生物的呼吸速率降低。这表明生物炭可以通过以下几种途径来影响在其上定殖的微生物的活性:①低质量或低数量的碳基质或存在的毒素;②改变细菌与真菌的比例(或种群结构);③提高碳利用率(Paz-Ferreiro et al., 2012);④增强与生物炭相关的化石营养菌的协同作用来增强对CO_2的固定作用;⑤减小种群的丰度;⑥这些反应的某些组合的潜在机制尚待探索(见第16章)。如上所述,在生物炭改良土壤中测得的CO_2释放量的减少也可能是微生物呼吸产生的CO_2被化学吸附到生物炭表面所致。如果存在化学吸附,那么被吸附的CO_2无法通过典型的分析方法测定,从而导致估算的微生物呼吸速率降低。生物炭改良土壤中CO_2释放量减少的机制不太可能是微生物的丰度降低所致,因为一些研究发现,在生物炭改良土壤中虽然有较高的微生物数量,但CO_2的释放量减少(Jin, 2010; Paz-Ferreiro et al., 2012)或保持不变(Domene et al., 2014)。Steiner 等(2008)观察到,将葡萄糖添加到生物炭改良土壤中时,CO_2释放量增加,这表明随着时间的推移,在生物炭改良土壤中观察到的微生物呼吸速率降低可能归因于基质质量、数量或可利用性的变化。此类变化通常会导致在添加了生物炭的土壤中提早观察到两相矿化反应(Ameloot et al., 2013)。

一种尚未被充分探明的机制可能会使某些生物炭在某些土壤中起到生物降解作用。如果与生物炭有关的元素或化合物的毒素浓度能够杀死敏感的微生物,则存活的微生物种群将很容易在这些死亡细胞中定殖,因为它们通常营养丰富且易于降解。这在一定程度上可以解释加入生物炭后土壤中立即出现CO_2释放的现象。

13.5.3 土壤酶活性

细菌和真菌依靠自身产生的胞外酶将环境中的基质降解为较小的分子，然后将其吸收到细胞中用于初级代谢和次级代谢（Thies and Grossman, 2006; Paul, 2014）。土壤团聚体、植物根系、黏土颗粒、土壤有机物及生物炭表面特性对土壤酶活性的变化非常重要。生物炭将不同程度地影响胞外酶的活性，这取决于生物炭表面相互作用的蛋白质的分子位置和局部化学环境的性质，如 pH 值的变化。如果功能性酶活性位点暴露在外，并且能够自由地与周围环境相互作用，则会表现出同样的甚至更高的微生物活性。然而，如果掩盖了活性位点或使酶变性，则会导致酶活性降低（Lammirato et al., 2011）。在生物炭改良土壤中，某些种类的酶活性较高，而其他种类的酶活性较低（Bailey et al., 2011）。这归因于这些酶与土壤颗粒的相互作用，以及它们的分子组成和折叠特性，即它们如何（或是否）被生物炭表面吸附或被生物炭周围的化学环境改性。同样地，生物炭表面的生物油和冷凝物中所含的各种化合物也可以充当酶抑制剂（竞争性、非竞争性或无竞争性），从而改变酶的功能和代谢回转率。

最近，在生物炭改良土壤中测定的大多数土壤酶是水解酶，如 β-葡萄糖苷酶、脲酶、磷酸酶和芳基硫酸酯酶等，因为它们分别在 C、N、P 和 S 的矿化中起着核心作用（见表 13.2）。

表 13.2 总结了一些测量生物炭改良土壤中有机碳降解酶活性变化的研究。β-葡萄糖苷酶是矿化土壤中关键碳基质（如纤维素）的一种酶，它被检测到的频率最高，并且对土壤 pH 值及土壤管理方法的变化很敏感（Acosta-Martínez and Tabatabai, 2000）。有 4 项研究表明，这种酶的活性会降低（Jin, 2010; Lammirato et al., 2011; Paz-Ferreiro et al., 2012; Chen et al., 2013）；有 3 项研究发现，这种酶的活性没有明显变化（Galvez et al., 2012; Wu et al., 2013; Ventura et al., 2014）；有 1 项研究表明，β-葡萄糖苷酶的活性增加（Yoo and Kang, 2012）。Jin（2010）发现，生物炭的存在显著降低了土壤中酶的活性，并表明酶的活性降低是由于生物炭对酶和/或基质的吸附，而不是改良土壤中酶本身的活性低。Chen 等（2013）提出，β-葡萄糖苷酶活性的降低很可能与生物炭改良土壤中持久性碳的优势地位有关，而生物炭改良土壤不是这种酶的首选基质。

据报道，在生物炭改良土壤中，其他几种重要的碳矿化酶的活性也会增加，如脱氢酶（Chen et al., 2013; Masto et al., 2013; Paz-Ferreiro et al., 2012）、纤维素酶（Cui et al., 2013）、β-D-葡萄糖醛酸苷酶（Jin, 2010）、蔗糖酶（Cui et al., 2013）和酚氧化酶（Jindo et al., 2012）。然而，Wu 等（2013）发现在生物炭改良土壤中脱氢酶的活性没有变化，而 Maestrini 等（2014）观测到了酚氧化酶活性的降低。N-乙酰氨基葡萄糖苷酶（一种几丁质降解酶）的活性不受生物炭改良的影响（Yoo and Kang, 2012），这与转化酶一样（Chen et al., 2013）；而 β-D-葡萄糖醛酸苷酶（Jin, 2010）的活性降低。

Jin 等人（2008）发现，用于分析生物炭改良土壤中酶活性的荧光酶—基质复合物的代谢回转率较低，这表明生物炭吸附了基质、酶或酶—基质复合物。他们发现，通过酶标记的荧光酶分析（ELF）法可在酶活性部位形成明亮的荧光沉淀物，并可直接用显微镜进行评估以克服上述局限性，也可用于定量和定性生物炭颗粒上的酶活性（见图 13.3；Jin,

2010）。Jin（2010）发现，在基于 MUF（4-甲基伞形甘油基）的酶分析中，生物炭改良土壤中，β-D-葡萄糖醛酸苷酶的活性被低估了 2～3 倍，碱性磷酸酶的活性被低估了 5～6 倍。这些低估值可能只是下限，因为使用 ELF 法无法通过显微镜观察进入孔隙的基质。

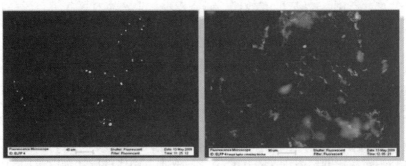

(a) 培养 4 小时后磷酸酶活性位点图像　　(b) 真菌菌丝在生物炭上定殖，生物炭颗粒周围的磷酸酶活性位点呈现明亮荧光

图13.3　生物炭颗粒的显微镜荧光图像（Jin, 2010），其中亮点表示生物炭中酶标记荧光（ELF）酒精沉淀（酶活性位点）的荧光

在一些短期的培养试验中，Bailey 等（2011）在 3 种土壤中添加了生物炭 [2%（w/w）]，并于 7 d 后测定了 β-葡萄糖苷酶、N-乙酰氨基葡萄糖苷酶、亮氨酸氨肽酶和脂肪酶的活性。对于前两种酶，他们使用荧光分析法和比色法进行分析发现，在存在生物炭的情况下，不同土壤类型和不同测定方法测定的酶活性存在显著差异。例如，比色法测定结果显示，在粉质壤土和砂壤土中 β-葡萄糖苷酶活性增加，在砂壤土中 β-葡萄糖苷酶活性降低；荧光分析法测定结果显示，在生物炭改良与未改良粉质壤土和砂壤土中 β-葡萄糖苷酶的活性无显著差异，但在砂壤土中 β-葡萄糖苷酶的活性显著降低。Bailey 等（2011）在进行测定之前，将纯酶或基质暴露于生物炭中观察到的结果与在经过 7 d 培养土壤中观察到的结果不一致，他们因此得出结论，土壤基质和酶—基质复合物都可能与生物炭改良土壤中的生物炭相互作用。考虑到这些结果，生物炭的类型也可能在酶活性测定中，以及在酶—基质回转中发挥作用，但这一点被许多研究人员忽略了。

在最近的几项研究中测定的催化氮矿化反应的酶活性要么增加，要么降低，要么不受生物炭的显著影响，其中包括脲酶（Cui et al., 2013; Jindo et al., 2012; Wu et al., 2013）、亮氨酸氨基肽酶（Jin, 2010; Galvez et al., 2012; Ventura et al., 2014）和蛋白酶（Maestrini et al., 2014）。另外，在矿质氮（Cui et al., 2013）或堆肥（Jindo et al., 2012）改良土壤中发现了氮矿化反应的增强。

类似地，与对照组相比，磷矿化酶和硫矿化酶在生物炭改良土壤中的活性要么显著增加，要么没有显著变化，包括磷酸酶（Yoo and Kang, 2012; Jindo et al., 2012）、碱性磷酸酶（Jin, 2010; Galvez et al., 2012; Chen et al., 2013; Masto et al., 2013; Ventura et al., 2014）、酸性磷酸酶（Paz-Ferreiro et al., 2012; Chen et al., 2013; Masto et al., 2013）、中性磷酸酶（Cui et al., 2013）和芳基硫酯酶（Yoo and Kang, 2012; Paz-Ferreiro et al., 2012; Ventura et al., 2014）。生物炭中的磷含量（主要存在于灰分中）取决于原料和热解条件，这在许多土壤中可能是重要的磷源。例如，碱性磷酸酶的活性和真菌菌丝在生物炭表面的共定位结果显示（通过 ELF 法分析可见），真菌菌丝可能是生物炭中磷酸酶的重要来源（见

图 13.3；Jin, 2010）。

Masto 等（2013）发现，生物炭改良提高了过氧化氢酶和荧光蛋白二乙酸酯水解酶的活性（用于评估微生物总活性，包括蛋白酶、脂肪酶和酯酶的活性），同时降低了污染土壤中镉（Cd）和铅（Pb）的有效性。研究发现，生物炭对这些重金属的吸附降低了它们对微生物群落的影响，这也可以通过酸性磷酸酶、碱性磷酸酶和脱氢酶活性的增加得到证实。

13.5.4 氮循环过程

土壤中氮循环的关键是通过微生物细胞外酶从土壤有机质(氨化)中释放铵态氮(NH_4^+；见 13.5.3 节)。土壤溶液中的铵被微生物和植物（固定化）不同程度地吸收，它们与黏土、土壤有机物和生物炭上的阳离子交换位点结合，或者被硝化细菌作为能量源和还原电位。在碱性土壤中，或者在添加生物炭增大土壤 pH 值的情况下，NH_4^+/NH_3 平衡可能会倾向于挥发性氨（NH_3）的损失。随着土壤中生物炭的老化，其阳离子交换量（CEC）因含氧官能团的形成而增加，从而增加土壤溶液中 NH_4^+ 在生物炭表面的吸附量（见第 9 章和第 15 章）。通过改变植物和土壤生物群对 NH_4^+ 的吸收，或通过硝化细菌将其氧化为硝酸盐（NO_3^-），以及生物炭对 NH_4^+ 吸附都可能会导致土壤氮循环过程发生重大变化。

1. 氮矿化作用

氮矿化率通常是通过在不同时间点使用过量的高浓度盐溶液［通常为氯化钾（KCl）］，从土壤中提取 NH_4^+ 来测量的。提取的 NH_4^+ 反映了在一定时期内从有机氮库中矿化（氨化）的氮，这些氮在土壤溶液中是游离的，或者在阳离子交换位点可与 K^+ 交换。生物炭（以及 SOM）吸附（交换）NH_4^+ 的能力与生物炭的 CEC 有关。生物炭的 CEC 依赖 pH 值（Silber et al., 2010），在与环境适应的 pH 值范围内，CEC 会随着 pH 值的增大而增大。因此，一些作为氮矿化率测量值提取的 NH_4^+ 实际上可能部分代表了 NH_4^+ 在生物炭吸附位点上的吸附和交换对 pH 值的依赖性特征。

表 13.3 统计了氮矿化率的增大、减小和无变化的情况。氮矿化率的变化与土壤类型，以及生物炭作为氮源或氮汇的潜力有关（Streubel et al., 2011）。使用含氮量低的原料（如桉树、山毛榉木或棉秆）制备的生物炭改良土壤，这会导致氮矿化率随生物炭施用量的增加而减小（Dempster et al., 2012; Song et al., 2014）或无明显变化（Prommer et al., 2014; Ulyett et al., 2014）。用 4%（w/w）的污水污泥生物炭改良土壤的氮矿化率与未改良土壤的没有区别；但施用 8%（w/w）的污水污泥生物炭时，氮矿化率降低了；在没有生物炭的情况下施用未热解的污水污泥时，氮矿化率增大了 1 个数量级（PazFerreiro et al., 2012）。在用含氮量高的原料制备的猪粪生物炭改良土壤的短期培养中，观察到氮矿化率的增加；而在使用含氮量较低的大麦秸秆制备的生物炭时，未观察到氮矿化率的明显变化（Yoo and Kang, 2012）。Castaldi 等（2011）使用混合原料生物炭时发现，氮矿化率在前 3 个月并未显著变化，但在后 14 个月显著下降。在施用绿色废弃物和生物炭的有机管理土壤中氮矿化率没有变化，而在施用氮磷钾肥料和生物炭的土壤中氮矿化率出现短暂（5 天）增加，之后随时间的推移大幅下降（Ulyett et al., 2014）。Maestrini 等（2014）发现，在施用生物炭后的最初几天，氮矿化率显著增加，但之后随着时间的推移而下降。Deenik 等（2010）

发现，在含有较高或较低 VM 的澳洲坚果壳生物炭改良土壤中，氮矿化率显著降低。氮矿化率的降低伴随着 CO_2 释放量的急剧增加，表明所有矿化的氮都被快速固定在微生物中。总而言之，这些研究表明，所用原料的性质、土壤类型、停留时间、VM 含量和生物炭吸收 NH_4^+ 的能力均可能影响净氮矿化对生物炭变化的响应。

2. 硝化作用

硝化是指氨氧化细菌或古细菌首先将 NH_4^+ 氧化为亚硝酸盐（NO_2^-），然后由亚硝酸盐细菌将 NH_4^+ 氧化为硝酸盐（NO_3^-）的过程。氮矿化为 NH_4^+ 的速率及其后续可利用性都将影响硝化细菌和古细菌种群的活性和丰度。这些硝化细菌和古细菌使用 NH_4^+（或 NO_2^-）作为电子供体产生还原潜力，以将 CO_2 固定在生物质细胞中，而不是仅将其作为细胞生长所需的氮源。硝化速率是通过在不同时间点提取和定量最终产物（NO_2^- + NO_3^-）来衡量的。目前尚不清楚 NH_4^+ 在生物炭上的吸附究竟是促进还是抑制了硝化物催化的电子转移反应。如果吸附到生物炭上的 NH_4^+ 仍然有效，则在生物炭改良土壤中，NO_3^- 的产生及潜在的硝化物含量的增加，都会引起 NO_3^- 有效性的变化，进而影响生物炭改良土壤中反硝化作用的潜在速率（将 NO_3^- 还原为 N_2）。其他人提出的改变 NO_3^- 有效性的机制包括 NO_3^- 吸附到 DOC 上（Dempster et al., 2012）、微生物中 NO_3^- 的固定（见第 15 章）、NO_3^- 通过二价阳离子桥接保留在生物炭上（Mukherjee et al., 2011）等。

Castaldi 等（2011）在一项为期 14 个月的田间试验中测量了使用混合木材制备的生物炭对土壤进行改良后的硝化率（见表 13.3）。他们发现，改良土壤和未改良土壤的硝化率在 3 个月或 14 个月内没有差异。然而，Maestrini 等（2014）使用黑麦草生物炭在室内试验发现，在培养的前 18 d，硝化作用增强，但在培养 5 个月后，硝化作用与对照组土壤没有差异。Domene 等（2014）报告了在向种植玉米的土壤中添加生物炭 3 年后，玉米秸秆矿化率的增大，但未观察到采样土壤中出现较高的 NO_3^- 浓度。Ulyett 等（2014）在为期 2 个月的室内培养中，用混合木质生物炭和绿色废弃物或氮—磷—钾复合肥改良了土壤。他们发现，硝化作用与所用氮改良剂的形态密切相关，而与生物炭的存在无关；无论生物炭的改良情况如何，用绿色废弃物改良的土壤中硝化作用减弱，而用氮—磷—钾复合肥改良的土壤中硝化作用增强。他们还发现，在用绿色废弃物改良土壤中碳矿化作用增强，而在用氮—磷—钾复合肥改良土壤中碳矿化作用减弱，这表明微生物的固氮作用可能降低了绿色废弃物改良土壤中 NH_4^+ 的有效性，从而减弱了硝化作用。同样，在 Prommer 等（2014）进行的为期 14 个月的田间试验中，向生物炭改良土壤中添加氮—磷—钾复合肥导致硝化率增加 3 倍。他们使用 ^{15}N 来定量表示 N 在不同土壤氮库中的迁移情况，结果发现在经生物炭改良的土壤中，有机氮的总转化量减少 50% ~ 80%，并且有机氮库中流动的蛋白质减少。他们推测，生物炭可能吸附了在矿化过程中释放的蛋白质，或者可能释放了蛋白酶和/或氨基肽，从而降低了它们的活性。尽管减小了 NH_4^+ 的有效性，但在生物炭和氮—磷—钾复合肥综合改良的土壤中，总硝化量和硝酸盐消耗量增加了 2 倍。

氨氧化细菌和古细菌

Prommer 等（2014）使用氨氧化细菌和古细菌氨单加氧酶（*amo*A）基因的定量 PCR（qPCR）发现，在生物炭与氮—磷—钾复合肥综合改良的土壤中，氨氧化古细菌（AOA）

比氨氧化细菌（AOB）多 3.2～3.6 倍；另外，AOA 的数量增加了 1.5 倍，AOB 的数量增加了 1.7 倍。他们推测山毛榉木生物炭为微生物提供了一个合适的栖息地，其中缓慢生长的硝化菌与足够的水、养分和 CO_2 发挥协同作用，以促进微生物种群数量的增加和活性的增强。Song 等（2014）研究了棉铃生物炭改良土壤在室内培养 12 周的硝化氮丰度、活性和多样性的变化。在使用 *amo*A 基因的 qPCR 后，他们发现生物炭改良的碱性土壤培养 4 周后 AOA 和 AOB 的丰度都增加了，并且 AOB 的丰度始终比 AOA 的丰度更高。尽管如此，潜在的氨氧化与 AOA 的丰度而不是与 AOB 的丰度显著相关。氨氧化细菌的克隆和序列分析表明，生物炭改良土壤中 AOB 的多样性增加，而 AOA 的多样性下降。与 Castaldi 等（2011）Maestrini 等（2014）的研究结论一致，Prommer 等（2014）在前 4 周的培养中发现，在生物炭改良土壤中增大的硝化率也是短暂的，这与经过水处理的未改良土壤没有区别。Dempster 等（2012）使用末端限制性片段长度多态性分析（T-RFLP）评估了分别用桉树生物炭、堆肥或氮肥改良土壤中 AOB 种群的变化，他们发现在仅添加了 N 的生物炭改良土壤中，AOB 种群组成发生了变化。

在一项较长期的研究中，Ball 等（2010）在自然火灾发生 12 年和 75 年后，对受到火灾影响的森林土壤进行了采样。他们发现，火灾发生 12 年后，土壤中的硝化率和通过 qPCR 测定的细菌 *amo*A 基因的丰度都增加，但在火灾发生 75 年后，土壤中的这两个指标均下降。在使用 PCR 扩增的 *amo*A 基因和 16S rRNA 基因的变性梯度凝胶电泳（DGGE）分析了 AOB 和土壤细菌的群落组成变化后，他们发现，在最近发生火灾的土壤中，硝化螺菌种群成为优势种群。他们认为，土壤 pH 值的升高及对抑制性化合物的吸附可能是氨氧化细菌丰度增加的原因，同时从近期被烧毁的森林中取样的土壤中的硝化作用也随之增强，这与 DeLuca 等（2006）先前提出的结果是一致的。

与好氧土壤培养的结果相反，在水饱和条件下，Harter 等（2014）并未发现 AOA 或 AOB 的丰度与生物炭作为改良剂存在任何相关性。

与生物炭表面的相互作用，特别是在生物炭孔隙内的相互作用，可能会促进硝化过程中氧化还原反应的发生（Joseph et al., 2010），这可能会提高 NH_4^+ 氧化的效率，以及 AOA 和 AOB 的丰度。与生物炭施用有关的 pH 值变化（最常见的是降低土壤酸度），也可能会影响种群的活性和丰度。未来，对硝化作用的研究应集中于阐明观察到反应的潜在机制，例如，土壤持水量的变化及其对 O_2 有效性的潜在影响；还须考虑生物炭对土壤中细菌核酸提取效率的影响。Feinstein 等（2009）使用 qPCR 技术来提取土壤中的细菌核酸，结果表明，从同一土壤样品中重复进行 DNA 提取会产生越来越多的可扩增核糖体 RNA，这说明即使没有生物炭，核酸的提取效率也有可能很低，而且可能会影响后续分析。需要注意，只有 Harter 等（2014）考虑过生物炭对土壤中细菌核酸提取效率的潜在影响。因此，未来研究从生物炭改良土壤中提取细菌核酸时，需要解释提取效率变化的原因。

3. 反硝化作用

使用生物炭和堆肥改良土壤可能减少由硝化、反硝化和异化硝酸盐还原为氨（DNRA）导致的 N_2O 排放（见第 17 章）。反硝化是按照厌氧呼吸过程 NO_3^- 依次还原为 NO_2^-、一氧化氮（NO）、N_2O 和 N_2 的反应。催化这些反应的酶分别是硝酸盐还原酶（*Nar*）、亚硝酸盐还原酶（*Nir*）、一氧化氮还原酶（*Nor*）和氧化亚氮还原酶（*Nos*）。表 13.3 总结了通过 qPCR 定量分析脱氮途径中这些关键酶中编码关键酶的基因（*nar*G、*nir*S、*nir*K、*nos*Z）复制数量的研究，并在一项研究（Harter et al., 2014）中通过量化这些关键酶的基因转录本（RNA 提取物的 qPCR）数量，评估了反硝化菌丰度的变化。

Castaldi 等（2011）发现，使用混合木材生物炭改良农田土壤 3 个月后，脱氮酶的活性（DEA）明显高于未改良的土壤，较高的 DEA 适合较高的 N_2O 通量。然而，在 3 个月内，在生物炭改良土壤中测得的 N_2O 排放量始终低于未改良的土壤。由于排放量测量的高度可变性，N_2O 排放量很少有显著性差异。在 14 个月时，生物炭改良土壤中的 DEA 与未改良土壤没有差异，但 N_2O 排放量略低于未改良土壤。同样，由于排放测量的高度可变性，这些差异并不明显。Yoo 和 Kang（2012）发现 N_2O 的排放取决于生物炭原料和土壤类型。用猪粪生物炭改良的稻田土壤中的 N_2O 排放量增加，但是用大麦秸秆生物炭改良土壤中的 N_2O 排放量没有增加。相比之下，在牧场中，猪粪生物炭改良土壤中 N_2O 的排放没有变化，但在大麦秸秆生物炭改良土壤中观察到 N_2O 排放量减少。猪粪生物炭改良土壤中存在较高的净氮矿化（$NH_4^+ + NO_3^-$），以及稻田土壤中可能有较高的反硝化菌群潜力，是观察到较高反硝化率的可能机制。在大麦秸秆生物炭改良的牧场土壤中观察到的脱氮减少，可能是由于氮矿化率与未改良土壤相比没有变化。Yoo 和 Kang（2012）提出，真菌生物量减少（通过 qPCR 评估），或两种生物炭之间潜在的抑制性化合物含量上的差异可以解释上述结果。

Wu 等（2013）用投加量为 0.99% 或 2.44%（w/w）的小麦秸秆生物炭改良了黑钙土，并在短期培养试验中发现，添加的生物炭强烈抑制了 N_2O 的排放。与未改良的土壤相比，在添加 0.99% 和 2.44%（w/w）小麦秸秆生物炭的土壤中，N_2O 的平均排放量分别降低了 66% 和 99%。Yanai 等（2007）发现，当在室内培养中将干燥土壤的水填充孔隙空间（WFPS）重新润湿至 79% 后，与对照组土壤相比，生物炭改良土壤（10%w/w）中的 N_2O 排放量减少了 89%。在测试 pH 值影响（由灰分比例控制）的后续试验中，生物炭改良土壤（8.2%w/w）的 N_2O 排放量比对照组土壤低了 80%，而只有灰分处理（1.6%w/w）土壤的 N_2O 排放量与对照组土壤相同。由于在 3 种处理中均将 pH 值设置为 6.0，因此在生物炭处理中观察到的 N_2O 排放量的减少与 pH 值无关。当添加 83% WFPS 的水时，与对照组土壤相比，经生物炭改良的土壤在 2%（w/w）和 8.2%（w/w）时会排放更多的 N_2O。他们假设相对于对照组土壤而言，生物炭在 79% 的 WFPS 下吸附了足够的水，以限制反硝化作用，但在 83% 的 WFPS 下不能充分改善土壤透气性，因而不会对 N_2O 的排放产生较大影响。

Wang 等（2013）在混合肥料和木片原料堆肥过程中研究了竹炭生物炭对 N_2O 排放的影响。他们发现，与不含生物炭的堆肥相比，添加了生物炭的堆肥可显著减少 N_2O 排放。他们通过 qPCR 对 7 次采集样本的反硝化途径中的关键基因（包括 *nar*G、*nir*S、*nir*K 和 *nos*Z）进行量化，发现 *nar*G 的复制数随时间变化，但一旦堆肥开始冷却，其复制数就会显著减少。在生物炭改良堆肥中，从升温阶段中期到冷却阶段，在大多数采样点，*nir*K 的基因复制数减少，而 *nir*S 和 *nos*Z 的基因复制数高于对照组。随着时间的推移，*nir*K、*nir*S 和 *nos*Z 的复制数与 N_2O 排放量成负相关，说明在堆肥过程中，生物炭改良堆肥的 N_2O 排放量较低。此外，生物炭改良的堆肥具有较高的初始温度和较高的峰值温度，并更快地进入冷却阶段，从而缩短了堆肥时间。Wang 等（2013）提出，水分含量降低和通气量的增加是限制生物炭改良堆肥中反硝化作用的关键因素，pH 值的提高也改善了产生 N_2O 的微生物的活性（Šimek et al., 2002）。同时，NO_2^--N 的减少表明 NH_4^+ 在生物炭表面的吸附减弱了硝化作用，因此可以利用 NO_3^- 作为厌氧硝酸盐呼吸的末端电子受体。在堆肥的前 2 周，由于堆肥的 pH 值升高，N 也可能以 NH_3 的形式损失。经过生物炭改良的堆肥及未改良堆肥的 pH 值均保持在 8.0 以上，直到堆肥的最后 3 周之前两种堆肥的 pH 值都没有差异，在最后 3 周，经过生物炭改良的堆肥的 pH 值显著升高。pH 值升高可能会使 NH_4^+ 向 NH_3 方向转化，导致 N 以 NH_3 的形式而不是以 N_2O 或 N_2 的形式损失。

Ducey 等（2013）、Harter 等（2014）使用 qPCR 量化了对硝化作用（*amo*A）、脱氮作用（*nir*S、*nir*K 和 *nos*Z）、固氮作用（*nif*H）的氮循环基因的控制变化，以及一般细菌对生物炭改良土壤的响应（16S rRNA 基因）。Harter 等（2014）还通过 RNA 提取、逆转录和 qPCR 量化了这些基因的转录。两项研究都发现，*amo*A 基因丰度未发生显著变化，但 *nif*H 基因复制数和 16S rRNA 基因丰度显著增加。Ducey 等（2013）发现，相对于未改良的土壤，在改良土壤中分别添加 1%（w/w）、2%（w/w）和 10%（w/w）的柳枝稷生物炭后，土壤中 *nif*H 基因复制数增加了 3 倍，16S rRNA 基因丰度分别增加了 44%、86% 和 136%。相反，Harter 等（2014）发现，用 10%（w/w）绿色废弃物生物炭改良的钙质薄层土（50% 砾石）与未改良土壤之间的 16S rRNA 基因复制数和丰度没有显著差异。与 Ducey 等（2013）的研究结果一致，Harter 等（2014）发现，在经过 10%（w/w）生物炭改良土壤中，*nif*H 基因复制数显著增加，这种情况在研究期间持续存在（2.9 个月）。Ducey 等（2013）研究了干旱单钙基土壤，测量到经过生物炭改良 6 个月后 *nir*S、*nir*K 和 *nos*Z 基因复制数显著增加，尽管在评估的其他时间点，*nir*K 基因丰度与对照组没有显著差异。除与测量得到的任何土壤特性（包括 NH_4^+）均不显著相关的 *amo*A 以外，所有其他基因丰度均与土壤中的 N、C 浓度成正相关，而与 NO_3^- 成负相关。这反映了反硝化菌对能量和细胞碳有机基质的依赖性，以及在限氧条件下使用 NO_3^- 作为末端电子受体。虽然没有测量到 N_2O 的排放，但是较高的 *nir*S 基因丰度和相对较低的 *nos*Z 基因丰度表明，N 以 N_2O 的形式从该系统中损失。相反，Harter 等（2014）发现，生物炭改良土壤中的 *nos*Z 基因丰度更高，并且 N_2O 排放量始终较低。

在由 454 焦磷酸测序文库支持的 T-RFLP 分析中，Anderson 等（2011）发现，在松木生物炭改良的粉壤土中，对氮循环起关键作用的细菌种群发生了显著变化（见表 13.5、图 13.4）。他们发现，生物炭改良土壤中生丝微菌科和分枝杆菌科种群的增加，使生物炭可以增强 NO_3^- 异化还原为 NH_4^+（DRNA）的能力。他们还推测，生物炭吸附 NH_4^+ 可能导致可观察到的硝化细菌数量减少，进而降低 NO_3^- 对反硝化作用的有效性。慢生根瘤科植物在生物炭改良土壤中广泛存在，它们能够固定 N_2，发生反硝化作用；它们还表达了 *nos*Z 基因，这意味着反硝化的最终产物 N_2 可能比 N_2O 更占优势。这种相互作用可能有助于解释在生物炭改良土壤和堆肥中经常观察到的 N_2O 排放量减少的现象。为了更好地理解生物炭对氮循环的影响，还需要更多的机理研究来阐明所提出的这种相互作用。这些信息对于指导在不同土壤中使用不同生物炭以获得理想的结果至关重要。第 17 章将更详细地讨论生物炭对土壤中 N_2O 排放量的影响。

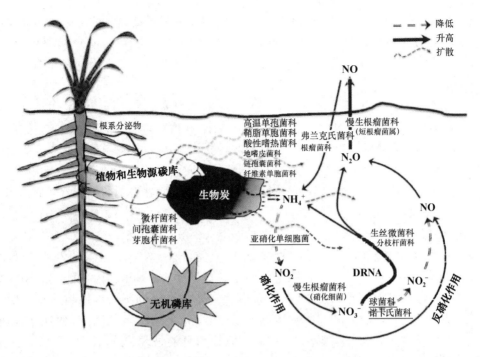

图13.4 由Anderson等（2011）发现的用松木生物炭修复土壤中的细菌种群，其中，每个细菌种群的字体大小代表变化的相对大小，加下画线的种群数量减少

4. 重氮菌固氮

将生物炭用作土壤改良剂可能会对重氮细菌、根瘤和 N_2 的固定产生影响（见表13.3）。重氮细菌是一组特殊的细菌，具有不同的种系进化史，可以将大气中的 N_2 还原为氨（NH_3），NH_3 通常可用于氨基酸的生产。重氮细菌既可以作为自由活动的土壤细菌（如固氮菌属和固氮螺菌属），也可以作为各种植物的共生菌，例如，在豆科植物根上形成 N_2 固定结节的根瘤菌，以及和许多树根结合的弗兰克氏菌属。只有细菌域和古细菌域的生物才具有固氮酶的遗传能力，而固氮酶是固定大气中 N_2 的必需酶。然而，固氮酶在 O_2 存在条件下是失活的，需要 Fe 和 Mo 才能充分发挥作用。

生物炭的微孔是重氮菌的栖息地。如果 Fe 和 Mo 供应充足，大气中 N_2 的固定将增强微生物在生物炭环境中的竞争力，从而提高它们在生物炭和邻近土壤微生物群落中的比例和代表性。

对于共生菌（如根瘤菌）而言，因为豆科植物将优先从土壤溶液中吸收无机氮，所以土壤中 N 的有效性将对根瘤和随后 N_2 的固定产生强烈影响。大多数生物炭的低氮含量，以及生物炭表面和土壤溶液之间的 NH_4^+ 交换可能会限制植物根系中可利用的 N，从而刺激根瘤的形成（George et al., 2012），以及促进豆类和放线菌中 N_2 的固定（Robertson et al., 2012；见表13.3）。

Matsuo Ogawa 已经研究了固氮菌和菌根真菌 30 多年。1994 年，他总结了向土壤中添加木炭时微生物的反应（Ogawa, 1994）。他发现，向农田土壤中添加生物炭可以增加无氮培养基上从土壤样品中培养和分离用于 N_2 固定的细菌的数量，固氮菌可以从这些分离株中鉴定出来；以生物炭为基础的根瘤菌制剂接种大豆可提高大豆的结瘤率和氮素利用率；向土壤中添加生物炭似乎还可以刺激重氮细菌的 N_2 固定活性。Ogawa（1994）提出，这些细菌对 N 的竞争能力较弱，但它们在土壤中的存活率可因其在生物炭孔隙中的定殖能力而提高。

大多数生物炭的无机氮含量非常低，这会使重氮细菌在其表面定殖方面具有竞争优势。根瘤菌与植物共生促进 N_2 固定化，可能是 NH_4^+ 在生物炭表面的吸附所致，这可能会降低土壤溶液中无机氮的浓度，并改善根瘤和氮的固定。生物炭还可能吸附重要的信号分子，如结节因子，从而增加其在土壤中的存活期，以及它们与相容的根瘤菌相互作用的可能性，从而改善结瘤。相反，信号分子的吸附可通过减少靶器官的信号接收来抑制相关的反应（Masiello et al., 2013）。

Rondon 等（2007）测试了在哥伦比亚土壤（Colombian Soil）中添加生物炭对菜豆根瘤菌结瘤固氮的影响。随着生物炭施用量的增加（0 kg·m^{-2}、0.003 kg·m^{-2}、0.006 kg·m^{-2} 和 0.009 kg·m^{-2}），固定化衍生 N 的比例（%NdF）从对照组的 50% 增加到施用 0.006 kg·m^{-2} 生物炭的 72%，并使豆类产量提高了 46%。他们将这些发现归因于 Mo 和 B（固氮酶功能）利用率的增加、土壤 pH 值的增大及氮固定化的增加。根瘤菌更适应中性条件，因此在强酸性土壤中增大 pH 值可能是改善结瘤和增强 N_2 固定化的主要因素。研究人员还研究了添加生物炭是否增强了 AMF 的定殖，但未观察到任何明显的影响。

生物炭作为接种剂载体

许多微生物已经通过分批培养以接种剂的形式添加到适当的载体中，或者在播种前将接种剂放置在种植沟中，也可以将接种剂直接黏附在种子上，来增加作物产量。共生和非共生的 N_2 固定细菌、其他促进植物生长的根际细菌［PGPR，如芽孢杆菌、假单胞菌、腐生植物（如哈茨木霉）和菌根真菌］均已用作施肥土壤的接种剂。Ogawa（1994）在过去 20 多年中一直将生物炭用作根瘤菌和丛枝菌根真菌（AMF）的载体基质。其他研究（Takagi, 1990）表明，生物炭是 N_2 固定根瘤菌、中生根瘤菌和慢生根瘤菌的适合载体（Lehmann et al., 2011）。预测生物炭载体在农业和环境修复中的作用并不困难。Cui 等（2013）认为，生物炭可能是最有效的接种剂载体系统，还可能通过增加有机污染物在负载了细菌（根据其降解目标污染物的能力而选择）的生物炭上的吸附，改善生物修复工作的效果。

13.6 与生物炭相互作用的生物的丰度、多样性和群落结构

土壤生物种群极为丰富，包括各种细菌、古细菌、真菌、藻类、原生动物、线虫、节肢动物和无脊椎动物，其大小、功能和反应时间各不相同。现有种群之间、土壤化学特性和物理特性，以及根系分泌物之间的相互作用（在特定环境中，以及在不同植物物种之间，随时间推移和植物需求而变化），将决定整个生态系统的功能和生产力。不同生物炭的化学特性和物理特性通过改变土壤有机物或矿物质的可溶性和颗粒状有机物（基质）、矿物养分、pH 值、土壤适耕性和细胞外酶的活性，使土壤—食物网相互作用变得更复杂，这

些都可能影响相关微生物群落的丰度、多样性和结构。

13.6.1 根际微生物群落

根际微生物群落由根际环境中的全部微生物组成，对植物发育的所有方面几乎都具有深远的影响，包括种子发芽、幼苗活力、植物生长发育、植物营养和植物健康等。实际上，植物可以被视为超生物体，其部分功能取决于根际微生物群落的特定功能和性状。作为"回报"，植物通过光合作用将固定的大部分 C（约 1/3）释放到根际中，为微生物群落提供养分，并影响其组成和活性（Mendes et al., 2013）。土壤中存在的生物炭可能会改变植物产生的代谢物和渗出物，以及其在土壤中的丰度和分布，这是由于碳化合物和 / 或用于植物与微生物之间，以及微生物与微生物之间交流的重要信号分子的差异性吸附。因此，根际生物炭可能影响根际微生物群落的结构和功能。第 14 章对这方面的研究进行了较为详细的论述。

13.6.2 细菌和古细菌

关于细菌和古细菌与不同生物炭及土壤类型的相关研究尚处于起步阶段。过去几年，许多研究调查了生物炭改良土壤中微生物种群的丰度（见表 13.4）和多样性（见表 13.5），结果发现在生物炭特性、生物炭与土壤类型之间的相互作用，以及对其他试验因素（如肥料或堆肥的添加）的共同反应方面差异很大。但是，许多研究是观察性的，很少是机制性的。

1. 丰度

通过熏蒸提取法（Jin, 2010; Maestrini et al., 2014; Domene et al., 2014）、基质诱导呼吸法（Masto et al., 2013）或磷脂脂肪酸分析法（Steinbeiss et al., 2009; Gomez et al., 2014; Watzinger et al., 2014）测定微生物量时，发现生物炭改良土壤中微生物量的测量频率较高，并且经常发现微生物量增加。一些研究（均使用熏蒸提取法）表明，在田间试验中添加生物炭后，微生物量在不同时间段内都没有变化 [6 个月、14 个月或 17 个月（Chen et al., 2013; Fernández et al., 2014; Castaldi et al., 2011; Rutigliano et al., 2014; Ventura et al., 2014）；或者短于 3 个月的短期培养研究（Yoo and Kang, 2012; Paz-Ferreiro et al., 2012）]。两项研究报告称，在短期室内培养中，生物炭改良土壤中的微生物量减少 [<3 个月（Dempster et al., 2012）；<5 个月（Jindo et al., 2012）；见表 13.4]。

一些研究使用 PLFA 分析来估计微生物量，这也为生物炭改良土壤中总种群的丰度变化提供了依据。Gomez 等（2014）在为期 12 个月的室内培养中，发现在使用橡木颗粒生物炭改良的几种土壤中的 G⁻ 细菌种群增加。该试验还发现，在测试过的所有生物炭改良的土壤中，PLFA 提取效率降低了 77%，并且当使用 PLFA 生物标记物评估生物炭改良土壤中的微生物响应时，有必要对 PLFA 提取效率进行测量和校正（Gomez et al., 2014）。Watzinger 等（2014）发现，在用 ^{13}C 标记的小麦秸秆生物炭改良的土壤中，G⁻ 细菌和放线菌的数量均增加，而 G⁺ 细菌和真菌的种群与未经改良的土壤对照组没有差别。他们发现，放线菌的 PLFA 生物标记物在 ^{13}C 中消耗最多，这表明这组细菌在生物炭衍生的 C 中最活跃。Khodadad 等（2011）使用扩增核糖体基因间隔分析（ARISA），同样发现放线菌种群在生物炭改良的土壤中受到刺激。

表 13.4 用于研究土壤中微生物丰度对生物炭改良反应变化的试验条件和方法/变量

微生物丰度变量	趋势	其他因素	研究类型	应用的比率（s）	采样时间 (mon)	原料	制备条件	土壤类型或结构类别	参考文献
MB-FE	nc		田间（小麦）	3、6 (kg·m^{-2})	14	山毛榉、橡木、榛、桦树的商业混合物	热解2 h, 500 ℃	粉砂壤土	Castaldi等(2011)
MBC-FE MBN-FE MB-C/N	→ nc nc	+无机氮 +有机氮 (一) 对照组	GH (小麦)	0、0.5、2.5 (kg·m^{-2})	2.3	桉树	热解24 h, 600 ℃	典型灰土	Dempster等(2012)
MB-FE	nc	+NPK +堆肥 +污泥	室内	0、2 (kg·m^{-2})	6	伊犁栎	慢速热解 600 ℃	夏旱冲积新成土	Fernández等(2014)
MB-FE	↑	+/−N	田地（玉米）	0、0.1、1.2、3 (kg·m^{-2})	6 18	玉米秸秆	慢速热解600 ℃	干旱灌淤土（粉砂壤土）	Jin (2010) Jin等 (2008)
MB-FE	↓	在堆肥过程中采样	户外干草	0%、2% (w/w)	1.2 4.9	阔叶树	热解碳窑 400~600 ℃	鸡粪、谷壳、苹果堆肥	Jindo等(2012)
MB-SIR	↑		GH (玉米)	0、1、3、5、10、20 (g·kg^{-1})	0.66	水葫芦	碳化0.5 h, 300 ℃	半湿润正常新成土	Masto等(2013)
MB-FE	↑		室内	0、13 (mg·g^{-1})	0.13~5.2 (×5)	^{13}C标记的黑麦草	热解4 h, 450 ℃	雏形（森林）	Maestrini等(2014)
MB-FE	→	+/−N	室内	4%、8% (w/w)	2.3	污水污泥	热解2 h, 600 ℃	Umbrisol 砂壤土	Paz-Ferreiro等(2012)
MBN-FE	nc		田间（苹果树）	1 (kg·m^{-2})	17	混合木（桃、葡萄藤）	热解, 500 ℃	普通钙积土	Ventura等(2014)

(续表)

微生物丰度变量	趋势	其他因素	研究类型	应用的比率 (s)	采样时间 (mon)	原料	制备条件	土壤类型或结构类别	参考文献
MBC-FE	nc		室内	2% (w/w)	1.8	猪粪、大麦秸秆 (B)	碳化 600~800 ℃，NaOH/KOH消化 30 min，320 ℃，冷却、冷却、干燥	老成土（在稻田或牧场下）	Yoo和Kang (2012)
MBN-FE	↑$_M$								
qPCR的16S rRNA基因（细菌）	nc								
16S rRNA基因（古细菌）	nc								
ITS1-ITS4（真菌）	↑$_B$ ↓$_B$	↑ 稻田 ↓ 牧场							
MBC、MBN-FE	nc		田间（水稻）	0, 2, 4 (kg·m^{-2})	6	小麦秸秆	热解，350~550 ℃	水耕人为土、砂壤土	Chen等 (2013)
qPCR16S rRNA基因（细菌）	↑								
18S rRNA基因（真菌）	↓								
F/B	↓								
qPCR 16S rRNA基因	↑	去除灰分的生物炭	室内	0%、10% (w/w)	6.2	橡木、伽马草	热解3 h, 650 ℃ 热解3 h, 250 ℃	新成土 未烧的砂土 烧过的砂土	Khodadad等 (2011)
培养细菌	↑								
放线菌	↑								
MB-PLFA	↑	12个月的生物炭 ^{13}C自然丰度	室内	0%、1%、5%、10%、20% (w/w)	0	橡木颗粒	快速热解，600 ℃	Luvic Phaozem、普通淋溶土、普通潜育土、潜育黑土	Gomez等 (2014)
G$^-$细菌	↑				12				

(续表)

微生物丰度变量	趋势	其他因素	研究类型	应用的比率(s)	采样时间(mon)	原料	制备条件	土壤类型或结构类别	参考文献
MB-PLFA 真菌(酵母BC) G⁻细菌(葡萄糖BC)	↑ ↑		室内	添加了30%碳	2.8	葡萄糖酵母 ¹³C标记	水热热解，600 ℃	饱和冲积土（耕种）锥形土（森林）	Steinbeiss等(2009)
MB-¹³C-PLFA G⁻细菌、放线菌 G⁺细菌、真菌	↑、↑ nc		室内 GH（大麦）	0%、3%（w/w）	3.3（×7） 3.6（×8）	小麦糠，¹³C耗尽的柳木	热解8 h，525 ℃	砂壤土 黏盘土 黑钙土	Watzinger等(2014)
培养放线菌 真菌 细菌	↑ ↑ nc	+NPK Cd、Pb污染↓	田间（稻米/小麦轮作）	0、1、2、4（kg·m⁻²）	36	小麦秸秆		铁积累 滞流 人为溶胶	Cui等(2013)
培养细菌 真菌	转移细菌和真菌		GH胡椒粉	0%、1%、3%（w/w）	3	柑橘木	热解，450 ℃	无土园艺培养基	Graber等(2010)
培养细菌 真菌 AMF 杂草出现	nc、↑₂ nc、↑₂ ↓₃₆、↑₂ nc、↑₂	40~50 d 幼苗移植	田间（豆类）	0、2.5、5（kg·m⁻²）重新应用相同的速率	施用BC的第36个月和第2个月	水曲柳、山毛榉和橡木碎混合	热解，48 h，450 ℃	饱和锥形土 砂壤土	Quilliam等(2012)
培养细菌 放线菌 真菌	↑Soil ↓BC ↑BC	附着于BC的土壤和分开培养的BC	露天花盆（大豆）	0%、10%（w/w）	1 2.2 3	玉米芯颗粒	没有关于热解的信息，生物炭用5%的黏土制粒	20年以上大豆土	Sun等(2013)

(续表)

微生物丰度变量	趋势	其他因素	研究类型	应用的比率（s）	采样时间（mon）	原料	制备条件	土壤类型或结构类别	参考文献
亮氨酸掺入细菌 短期 长期	↑ nc		田间	0、2.5、5（kg·m^{-2}）重新应用相同的速率	应用后的36 d和7 d	水曲柳、山毛榉和橡木碎片混合	热解，48 h，450 ℃	饱和雏形土	Rousk等（2013）
掺入麦角固醇真菌中的乙酸酯短期长期	nc nc			0、0.4（kg·m^{-2}）重新应用相同的速率	应用后的12 d和7 d	小麦糠	热解，20 min，450 ℃	黄色铁铝土	

注：1. 测量变量：FE—熏蒸提取；MB—微生物量；MBC—微生物量碳；MBN—微生物量氮；PLFA—磷脂脂肪酸；qPCR—定量聚合酶链反应；SIR—基质诱导的呼吸。

2. nc—相对于未改良土壤没有变化；箭头后面的下标表示观察到趋势的测量日期（或月份）；相对于研究期内未改良土壤，同一条线上的双向变化表示要么先增加后减少，要么先减少后再增加。

3. GH—温室研究，生长的植物用括号标明（使用时）；室内—室内培养研究；堆—堆肥；田间—田间试验，括号中标明了生长的植物。

4. 取样试验单位的时间（以月为单位，除非另有说明）；试验单位采样1次以上但少于3次，每个采样时间以月为单位；在整个试验过程中，采样超过3次的试验单位具有指定的时间范围，以及采样单位的次数（例如，×5表示在给定时间范围内采样5次）。

305

表 13.5 用于研究土壤微生物多样性对生物炭改良的响应的试验条件和方法/变量

微生物多样性变量	趋势	其他因素	研究类型	应用的比率（s）	采样时间（mon）	原料	制备条件	土壤类型或结构类别	参考文献
T-RFLP 454 Seq Library 16S rRNA 基因 RNA（CDNA）	在两个之间变化	+/- 烧结玻璃 +/- 营养素	GH（黑麦草）	0%, 10%（v/v）	0.5～2.8（×6）	辐射松	热解，350℃之后600℃	*Templeton* 淤泥沃土	Anderson 等（2011）
T-RFLP 16S rRNA 基因 ITS1-ITS4（真菌）	在两个之间变化	+/-N	田间（玉米）	0, 0.1, 1.2, 3（kg·m^{-2}）	6 18	玉米秸秆	慢速热解 550℃	干旱灌淤土（粉砂壤土）	Jin（2010）Jin 等（2008）
T-RFLP 16S rRNA 基因 DGGE 18S rRNA 基因 克隆 Library-Fungal Seq	在两个之间变化	+N	田间（水稻）	0, 2, 4（kg·m^{-2}）	6	小麦秸秆	热解，350～550℃	水耕人为土、砂壤土	Chen 等（2013）
T-RFLP DGGE FLX 焦磷酸测序	细菌变化	40～50 d 苗期移植	GH（甜辣椒）	0%, 3%（w/w）	3	柑橘木	炭坑	砂质土壤	Kolton 等（2011）
DGGE 16S rRNA 基因 18S rRNA 基因	nc ↑	堆肥	户外干草	0%, 2%（w/w）	1.2 4.9	枹栎	木炭窑热解 400～600℃	鸡粪、谷壳、苹果堆肥	Jindo 等（2012）
DGGE 多样化 16S rRNA 基因	↑		GH（豆类）	0%, 10%（w/w）	1 2.2 3	玉米穗	未提及	大豆土	Sun 等（2013）

(续表)

微生物多样性变量	趋势	其他因素	研究类型	应用的比率(s)	采样时间(mon)	原料	制备条件	土壤类型或结构类别	参考文献
ARISA 细菌-ITS 克隆和ITS测序	放线菌↑	去除灰分的生物炭	室内	0%、10% (w/w)	6.2	橡木伽马草	热解 3 h, 650 ℃煅烧 3 h, 250 ℃	新成土未烧的砂土烧过的砂土	Khodadad 等 (2011)
克隆和测序 16S rRNA (V3) ITS1-ITS4	↑ taxa ↑ taxa		室内	0%、5% (w/w)	3.2	森林废弃物	热解 1 h, 400 ℃	森林壤土	Hu 等 (2014)
培养地放线菌, 真菌的 PCR 测序	↑ in PGPR	40~50 d 幼苗移植	GH(番茄和胡椒)	0%、1%、3%、5% (w/w)	3	柑橘木	木炭坑	无土园艺培养基	Graber 等 (2010)
CLPP 的丰度和多样性	变量增量 + BC	+N+ 堆肥和阴性控制	GH(小麦)	0%、0.45%、2.27% (w/w) (= 0、0.5、2.5 kg·m^{-2})	2.3	桉树	热解 24 h, 600 ℃	典型灰土	Dempster 等 (202)

注:
1. 测量变量: FE—熏蒸提取; MB—微生物量; MBC—微生物量碳; MBN—微生物量氮; PLFA—磷脂脂肪酸; qPCR—定量聚合酶链反应; SIR—基质诱导的呼吸。
2. 整个应用的比率总体趋势; nc—相对于未改良土壤没有变化; 箭头后面的下标表示观察到趋势的测量日期(或月份); 同一条线上的双向变化表明, 在研究期间相对于未改良土壤, 要么先增加后减少, 要么减少后增加。
3. GH—温室研究, 括号内标明生长的植物(使用时); 室内—室内培养研究; 堆—堆肥; 田间—田间试验, 括号内标明已种植的植物。
4. 每月对试验单位进行采样的时间(除非另有说明); 试验单元采样1次以上(但少于3次, 每个采样时间以月为单位; 在整个试验过程中, 采样超过3次的试验单位具有指定的时间范围, 以反应采样单位在给定时间范围内采样5次(例如, ×5表示在给定时间范围内采样5次)。

Chen 等（2013）在种植水稻 6 个月的田间试验中，使用 qPCR 计数了细菌的 16S rRNA 基因和真菌的 18S rRNA 基因。他们发现，用小麦秸秆生物炭改良稻田土壤可增加细菌 16S rRNA 基因的复制数，但真菌 18S rRNA 基因的复制数减少，表明生物炭改良土壤中真菌与细菌的比值（F/B）减小，细菌更占优势。尽管总量发生了变化，但生物炭改良土壤中的微生物量碳和微生物量氮与未改良土壤中微生物量碳和微生物量氮没有显著差异。相反，Yoo 和 Kang（2012）发现，用猪粪生物炭或大麦秸秆生物炭对牧场土壤或稻田土壤进行改良后，细菌或古细菌 16S rRNA 基因复制数没有变化。但是，大麦秸秆生物炭对真菌内部转录间隔区（ITS）复制数的影响存在差异，其中，稻田土壤中的复制数增加，而牧草土壤中的复制数减少。

已有一些研究使用平板计数来评估生物炭对细菌、放线菌和真菌等可培养种群的影响（见表 13.4）。Khodadad 等（2011）发现，生物炭改良森林土壤中放线菌和细菌的数量有所增加，这些土壤有的先前受到过火灾影响，有的没有。Cui 等（2013）发现，在麦草生物炭改良的重金属（Cd、Pb）污染的土壤中，真菌和放线菌的数量增加，而细菌的数量减少。Graber 等（2010）在添加了柑橘木生物炭的无土壤园艺培养基中种植了辣椒，结果发现辣椒根际中可培养的细菌和真菌种群发生了变化。生物炭增加了非根际土壤中的普通细菌和丝状真菌的数量，以及根际土壤中普通细菌、丝状真菌、酵母、木霉菌和放线菌的数量。异构体测序结果表明，具有生物防治或促进植物生长特性的细菌和真菌占优势。此外，试验提高了辣椒植株对叶面真菌病害的抗性，并促进了植株生长（Elad et al., 2010; Graber et al., 2010）。Sun 等（2013）从土壤中分离出细菌、放线菌和真菌，这些土壤是分别从玉米芯生物炭土壤混合物及在培养几个月后的盆栽土壤中分离收集来的。在生物炭附近的土壤中，可培养的细菌种群受到抑制，而在生物炭颗粒中培养时，真菌数量明显增加。放线菌最初几个月在靠近生物炭颗粒的土壤中受到抑制，但 3 个月后在生物炭颗粒上培养出来的放线菌数量明显增多。Rousk 等（2013）通过亮氨酸掺入量估算了两种土壤中的细菌活性，通过麦角甾醇中乙酸掺入量来估算真菌活性。其中，一种土壤是取样 3 年前用混合木材生物炭改良的淋溶雏形土，另一种是取样 1 年前用小麦糠生物炭改良的黄色铁铝土（长期）。之后的试验选择从对照组的取样土壤中重新施用生物炭（短期）。在淋溶雏形土中，细菌生长率在短期内显著增加，但在长期样品中与未改良土壤没有差异，而真菌生长率在短期和长期生物炭改良土壤中均不受影响，这导致真菌与细菌的比率在短期内显著下降。在黄色铁铝土中，生物炭对细菌或真菌的生长率在短期或长期内均无显著影响，而且细菌和真菌种群的非显著变化仅在短期内导致真菌与细菌比率的显著增大。

总体而言，特别是在短期内，G^- 细菌和放线菌似乎对土壤中添加生物炭而引起变化的响应最迅速且始终如一。这些细菌包含许多种类，它们是快速增长的细菌，一旦获得能源、碳和养分，就能够在生长和新陈代谢方面快速响应。如果某些生物炭在土壤中具有短期的"生物熏蒸"作用，则已经死亡的微生物可提供高度不稳定的细胞成分来源，这在短期内将会通过可利用这一优势的种群数量的增加得到反映。一旦消耗了这种不稳定的有机物，就会达到新的平衡状态，生物炭改良土壤和未改良土壤之间的差异将减小，正如在长期研究中所观察到的那样（Castaldi et al., 2011; Ventura et al., 2014；见表 13.4）。Quilliam 等（2012）的研究很好地说明了这一点，他们从一项为期 3 年的田间试验中取样，并用混合木材生物炭对土壤进行了改良，发现细菌和真菌的种群与未改良的土壤类似。但是，当将地块分割，并对每个地块的一半进行与 3 年前同样的处理时（施用 0 kg·m^{-2}、2.5 kg·m^{-2} 或 5 kg·m^{-2} 生物炭），种群发生了快速变化。2 个月后，经过生物炭改良的土壤中细菌数量增加，

AMF 数量增加了 1 倍，而其他真菌数量减少。他们得出结论，尽管生物炭是一种重要的固碳剂，但其对土壤质量和有益微生物种群的影响可能是短暂的，而在温带的砂质壤土中，生物炭的施用对作物的生长调节是必要的。但是，在美国纽约州的土壤中，Domene 等（2014）测得的微生物量更高，但仅出现在添加量为 3 kg·m^{-2}，周期为 3 年的玉米秸秆生物炭土壤中。随着生物炭颗粒在土壤中老化，以及对 DOC、养分和矿物质的吸附，这些颗粒在促进微生物生长和活性方面可能与其他土壤团聚体类似。因此，施需要持续应用以优化在不同土壤和不同种植系统中生物炭的施用。显然，这需要进行长期的田间试验，以便更明确地了解不同来源和制备工艺下的生物炭是如何、为何，以及在多长时间内显著影响不同土壤类型及气候条件下微生物群落的性质和功能，从长远来看如何影响作物的生长和土壤的质量。

2. 多样性

科学家对与生物炭相关的微生物群落的多样性研究才刚开始（见表 13.5），但一些观察结果显示出一致性，即无论是在温带土壤中，还是在热带土壤中，无论是在森林环境下，还是在农业环境下，生物炭改良剂都会改变土壤中微生物的活性和多样性。如上所述，细菌相对于真菌更容易富集，而 G$^-$ 细菌和放线菌比其他 G$^+$ 细菌更占优势。通过使用多种分子方法，表 13.5 中的研究结果表明，生物炭改良土壤中微生物群落发生了明显变化。这种变化的持续时间和变化方向在很大程度上取决于土壤类型、生物炭特性、作物类型和主要气候（特别是湿度和温度状况），这也将影响土壤中生物炭的老化过程。大多数采用分子方法表征生物炭改良土壤中群落变化的研究，都发现了细菌和真菌群落的明显变化（见表 13.5）。研究土壤微生物群落的方法包括 PCR 指纹（T-RFLP 和 DGGE）、基于 PCR 的克隆文库及 PLFA 分析。其中，一些研究继续开发基于 PCR 的克隆文库，并进行了后续测序；另一些研究则使用 PLFA 分析来表征土壤中微生物群落水平的变化（见表 13.4）。

Jin（2010）很好地说明了群落组成中的这种"变化"。该研究使用 T-RFLP PCR 分析评估了施用高达 3 kg·m^{-2} 生物炭改良温带土壤 6 个月和 18 个月后细菌和真菌种群的变化。施用生物炭 6 个月后，细菌和真菌群落都发生了明显变化，18 个月后变化更明显（见图 13.5）。

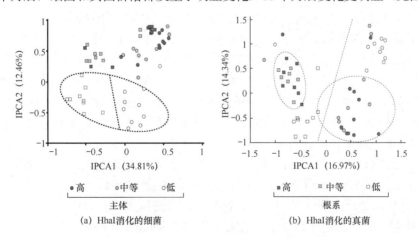

图 13.5 受玉米秸秆生物炭施用量增加的影响，HhaI 消化的细菌（16S rRNA 基因）和 HhaI 消化的真菌（ITS1-4）的 T-RFLP DNA 图谱的加性主效应与倍增。其中，施用生物炭 18 个月后在温带土壤中取样（Jin, 2010）；低表示施用 0 kg·m^{-2}、0.1 kg·m^{-2} 生物炭，中等表示施用 1.2 kg·m^{-2} 生物炭，高表示施用 3 kg·m^{-2} 生物炭

细菌、真菌的根际和土壤群体明显分离,这反映了两种土壤环境之间存在明显的碳基质差异。生物炭的施用导致细菌、真菌的优势种群发生明显变化,表现为施用少量生物炭（0 kg·m^{-2}、0.1 kg·m^{-2}）比施用中等量（1.2 kg·m^{-2}）或大量（3 kg·m^{-2}）生物炭土壤样品的种群分离更明显。这些结果与 Anderson 等（2011）、Chen 等（2013）的结果一致。他们还发现,土壤细菌和真菌群落受到生物炭土壤改良剂的强烈影响。

Anderson 等（2011）研究了生物炭改良土壤和烧结玻璃改良土壤（Sintered Glass-Amended Soil；添加和不添加养分）中形成的细菌群落,这些细菌群落受到黑麦草根际和非根际土壤的影响（见表 13.5、图 13.4）。在种植 2 周和 12 周后采集土壤样本,并用 T-RFLP 进行分析。通过将末端限制性片段（TRF）长度与他们使用未改良田间土壤开发的 454 焦磷酸测序文库获得的长度进行比较,得到了主要 T-RFLP 峰。从所有处理的土壤和根际土壤中提取 DNA 和 RNA,能够广泛地识别细菌群落间（DNA 分析、基因组）和群落内相对活性（RNA 分析、转录组）的变化。通过 T-RFLP 和 454 焦磷酸测序文库的联合应用发现,生物炭改良土壤和烧结玻璃改良土壤在群落水平上存在明显差异。根际受影响的土壤和非根际土壤之间的群落组成差异也很容易检测到。与生物炭改良土壤相关的主要发现总结在其概念图中（见图 13.4）,该图还说明了根际、生物炭和矿质土壤环境之间的潜在相互关系,尤其是在富含生物炭的改良土壤中,慢生根瘤菌科、生丝微菌科、嗜热菌科、酸性嗜热菌科、弗兰克氏菌科、钩端螺旋体科和微菌科数量增加,而小单孢菌科、诺卡氏菌科、链孢囊菌科和豆科的种群数量减少。

Chen 等（2013）也使用了 T-RFLP 来测定土壤微生物群落,并将 TRFs 与未经改良土壤制备的序列克隆文库进行了比较,以将主要的 TRF 分配给家系水平的细菌群。他们发现,在生物炭改良的稻田土壤中,微生物群落明显向以细菌为主的方向转变,并通过香农—辛普森指数测量出细菌具有更高的多样性。在施用 4 kg·m^{-2} 生物炭的最高比例下,伯克霍尔德氏菌、酸性细菌（Gp 3）和厌氧菌科（绿弯菌）,以及一般的 γ-蛋白杆菌的数量均显著增加,而嗜氢菌科细菌,如嗜甲基菌科、氯霉素、硝基螺旋菌、扁平菌科、拟杆菌科和 β-甲杆菌属的数量普遍减少。

Kolton 等（2011）通过使用 T-RFLP、DGGE 和焦磷酸测序研究了生物炭对温室辣椒根部相关细菌群落结构的影响。与其他研究一样,T-RFLP 和 DGGE PCR 也证实了生物炭改良土壤中根际细菌种群的明显变化。在从焦糖测序获得的 21142 个序列中,有 92%～95% 与菌类门（从 12% 增加到 30%）、变形杆菌门（从 71% 下降到 47%）、放线菌门和厚壁菌门相关联,并且这些门中的许多物种具有促进植物生长的特性。在生物炭改良土壤富集的属中,有降解几丁质和纤维素的几丁质噬菌体和细胞弧菌,以及降解一系列芳香族化合物的氢噬菌体和脱氯单胞菌。

Sun 等（2013）利用 DGGE 技术分析去除生物炭颗粒后土壤中的微生物群落,并将其与生物炭颗粒上的群落进行了比较。根据香农—维纳指数（Shannon-Wiener Index）,经过 3 个月的培养后,细菌多样性最高的是生物炭颗粒,细菌多样性最低的是生物炭颗粒附近的土壤。在生物炭颗粒群落中富集了 DGGE 条带的克隆和测序,产生了与杆菌科、芽孢杆菌、鞘氨醇单胞菌、酸性细菌、变形杆菌、绿藻科和放线杆菌最密切相关的序列（>95% 的相似性）。通过培养试验,Sun 等（2013）发现真菌主导了生物炭颗粒上的群落,但细菌主导了受生物炭影响的土壤中的群落。这与 Chen 等（2013）、Jindo 等（2012）的发现一致,后者使用 DGGE 评估了生物炭改良家禽粪便堆肥中的细菌群落和真菌群落，结果发现生物炭对真菌多样性的促进作用大于细菌。这可能是因为真菌一般都是异养生物（仅依赖有机碳进行新陈代谢），并且进化出了高度的代谢多样性，使其能够使用多种有机基质，并在不适合其他微生物生长的环境中快速生长（见第 14 章）。

数项研究已利用克隆和测序技术来鉴定受生物炭土壤改良剂影响最大的细菌和真菌的主要的门、科和属。Hu 等（2014）扩增了细菌 16S rRNA 基因（V3）和真菌的 ITS1-ITS2 区，并从所得的扩增子中构建了一个克隆文库，对具有不同 RFLPs 的克隆进行测序。他们在生物炭改良土壤中获得了 24 种独特的细菌属和 11 种真菌属，而在未改良土壤中获得了 18 种细菌属和 8 种真菌属。在生物炭改良土壤中，尽管真菌的总体多样性普遍较低，尤其是子囊菌，但变形菌、放线菌和酸性细菌在细菌克隆文库中表现良好，木霉菌属和拟青霉属在真菌克隆文库中表现良好。这与 Chen 等（2013）的观点一致，后者还使用 DGGE，以及对生物炭改良土壤群落特有的条带进行了测序，结果发现生物炭改良稻田土壤中的子囊菌（和球菌）的比例有所降低。

施用生物炭的盆栽土壤中特有的细菌异构体的克隆和测序产生了具有促进植物生长（PGP）能力的优势细菌属，包括假单胞菌、短杆菌、链霉菌、中根瘤菌和芽孢杆菌（Graber et al., 2010）。作者认为，在这些试验中，PGP 物种的富集可能由于温室番茄和辣椒的生长。他们还指出，与生物炭相关的某些化合物在较高浓度下会产生毒性，而这些化合物在低剂量下可能会刺激植物生长（毒物兴奋效应）。

在短期培养试验中，细菌往往比真菌在生物炭改良土壤中更占优势。从克隆文库测序和焦磷酸测序中发现了优势细菌家族——G^- 细菌家族，这与上述讨论更广泛的 PLFA 分析（丰度）的结果一致。尽管许多真菌可以分解多种芳香族碳化合物，但细菌和古细菌中的生物也具有可分解芳香族碳化合物的高活性酶，许多细菌也能够比真菌更快地对基质有效性的变化做出反应，从而增加它们在生物炭土壤群落中的比例。研究表明，由于生物炭表面残留的冷凝挥发物和灰分提供的养分的分解及相关的 pH 值变化，短期内种群不一定会随着时间的推移而发生动态变化，因此需要更长期的研究来验证这些结论。

13.6.3 真菌

土壤真菌在功能和系统发育上都是一个特殊的类群（Thorn and Lynch, 2007），包括真菌门和非真菌门。就功能而言，真菌通常可细分为腐生植物、植物病原体和共生菌（通常是菌根真菌）。这些种群间的每个种群对生物炭的应用都表现出多种多样的反应，每个种群中的特定真菌也是如此。在简要介绍这些菌群时，主要讨论的是菌根真菌，重点研究其与生物炭的相互作用。

1. 腐生真菌

作为分解者，腐生真菌尤其重要，因为它们可能会影响生物炭在土壤中的持久性和可修复性。与细菌相反，真菌具有菌丝侵入生长习性（Wessels, 1999），这使得它们可以进入固体物质内部，也意味着腐生真菌可能是生物炭颗粒内部的有效定殖者。不仅如此，真菌还具有广泛的酶促能力，这进一步说明研究真菌作为生物炭分解剂的必要性。例如，Laborda 等（1999）的研究表明，真菌（木霉属和青霉属）可以通过产生锰过氧化物酶和酚氧化酶之类的酶来促进煤（硬煤、次烟煤和褐煤）的降解。Hockaday（2006）还报道了真菌漆酶对生物炭的降解。

由于菌丝可以有效地探索固体基质的内部结构，所以生物炭颗粒可以作为真菌的栖息地，而不是细菌的栖息地。菌丝特别适合在固体表面和侵入基质上生长，并可以施加巨大的穿透力。通常，作为异养菌，真菌完全依赖有机碳进行新陈代谢，并且已进化出高度的代谢多样性，这也使它们能够在对其他生物来说过于苛刻的各种环境下生长。随着土壤中生物炭的老化，孔隙可能会被有机物堵塞，从而阻止细菌定殖。然而，真菌菌丝可以探入被堵塞的孔隙中，并代谢其内含物。但是，Ogawa 和 Yamabe（1986）提出，与菌根真菌相比，腐生真菌不适合在生物炭上定殖。在很大程度上，真菌在生物炭上的定殖取决于生物炭本身的性质，以及在土壤中吸附的不稳定有机化合物的数量和性质。吸附的不稳定有机化合物可能是土壤微生物重要的碳源和能量来源。例如，Pietikäinen 等（2000）发现，森林火灾自然产生的生物炭是微生物群落的栖息地，但没有特别强调真菌是否会在生物炭上定殖。在大约有 100 年历史的生物炭中，Hockaday 等（2007）通过 SEM 观察了老化生物炭颗粒内部不明微生物的层状生长。这些微生物的直径约为 4 μm，因此，不明微生物可能是真菌而不是放线菌。以上结果表明，真菌可以同时栖息在生物炭颗粒的外部和内部。目前，研究人员尚不清楚真菌是否可以通过分泌细胞外酶来化学改性生物炭材料，但真菌及其相关的细胞外酶可能在此过程中起到至关重要的作用。

基于真菌的菌丝特性，其可以帮助稳定土壤基质和土壤团聚体中的生物炭。真菌菌落和代谢产物在中等和宏观聚集物水平上起着黏合剂的作用（Tisdall and Oades, 1982; Rillig and Mummey, 2006）。

2. 病原真菌

土壤传播的真菌病原体因其在自然生态系统和农业生态系统中降低生产力的作用而受到广泛关注（Agrios, 1997）。它们引起病害的严重程度取决于宿主易感性、病原体毒性和环境条件（病害三角区）之间的相互作用，并且某些或所有因素会受到土壤中添加的生物炭的影响（Graber et al., 2014a）。Graber 等将生物炭添加到土壤中可能影响土壤传播的病原体及其引起病害的方式进行了综述（Graber et al., 2014a），具体内容如下。

（1）生物炭提供的养分（Silber et al., 2010），或由于生物炭的存在而提供的更多养分（Graber et al., 2014a）可以提高植物活力，从而影响植物对土壤病原微生物的敏感性。

（2）通过添加生物炭可以促进土壤微生物（Graber et al., 2010; Kolton et al., 2011）与病原体竞争资源，产生对病原体有毒的化合物或寄生病原体。生物炭促进的有益微生物也可以直接促进植物的生长，从而影响植物的敏感性或抗病性。

（3）向土壤中添加生物炭导致根系结构的变化可能与宿主的易感性有关，因为内部根系可能为土壤传播的病原体提供更大的比表面积（Newsham et al., 2005）。另外，生物炭可减缓大麦根毛发育的情况（Prendergast-Miller et al., 2014）。

（4）生物炭可能吸收土壤中致病性病原体产生的毒素，如细胞外酶（Daoud et al., 2010; Lammirato et al., 2011）和有机酸，从而保护根系免受土壤传播的病原体的物理破坏。

（5）生物炭可能参与催化毒素的非生物降解或生物降解（Oh et al., 2013）。

（6）与生物炭易矿化组分相关的有毒有机化合物（Das et al., 2008; Graber et al., 2010），可能会抑制土壤中的病原微生物。

（7）生物炭可能通过对分泌物的不同吸附，或者通过改变分泌的化合物来改变根际中根系分泌物的化学性质。这种变化可能影响根际对病原微生物发育的适应性。

（8）生物炭具有氧化还原活性，可能会参与根际中的化学反应和生物电子转移反应（Joseph et al., 2010; Graber et al., 2014b; Kluepfel et al., 2014）。通过这种方式，生物炭可以影响依赖电子转移的微生物过程（Lovley, 2012; Cayuela et al., 2013），直接或间接地影响土壤病原体。

（9）生物炭诱导的根际pH值变化（Yuan and Xu, 2012）或pH值-Eh耦合变化（Husson, 2013），可能会严重地影响病原体的生存力。

（10）添加生物炭引起的持水能力的变化（Zhang and You, 2013），可能会改变根际的环境条件，从而改变病原体"喜好"的生态位点。例如，生物炭调节的持水能力的增加可能有利于带有游动孢子的病原体。

（11）生物炭可诱导系统性植物防御机制（Elad et al., 2010），引发剂是生物炭携带的化学物质、生物炭诱导的微生物，或者两者兼有（Meller Harel et al., 2012）。诱导植物的先天防御系统可以增强其对土壤致病菌的抵抗力。

尽管在生物炭对土壤病原菌的影响中起作用的因素很多，但是关于向土壤中添加的生物炭是如何影响土壤真菌病原体的，以及植物对病害易感性的信息仍然很少。Matsubara等（2002）首次探讨了基于枯萎病镰刀菌病原系统和接种丛枝菌根（AM）真菌来研究生物炭和致病真菌之间的相互作用。结果发现，接种AM真菌后，植物的病害指数大大降低，而向土壤中添加生物炭后病害指数进一步降低。这充分表明，生物炭可以增强接种AM真菌的植物的抗真菌侵染能力。Elmer和Pignatello（2011）的研究表明，添加生物炭可以增强AM真菌对芦笋根的定殖作用，即使在添加了已知可减少AM真菌在芦笋中定殖的化感病菌的情况下。研究认为，这是由于生物炭吸附了化感病菌。该观察结果证实了Wardle等（1998）的早期工作，该研究提出木炭吸附化感病菌是将木炭添加到土壤中改善植物活力的一种方式。

研究表明，由土壤病原体引起的病害严重程度可能显示出明显的U字形生物炭施用量—响应曲线。以相对较低的施用量（5%）施用松木生物炭，可抑制橡树和枫树的疫霉枯萎病（Zwart and Kim, 2012）；而以较高的施用量（20%）施用松木生物炭对病害无影响，甚至有利于病害的产生。同样，4种生物炭[由两种原料，即桉树木屑（EUC）和温室废物（GHW）在两种热解温度（350 ℃和600 ℃）下制备]给出了显著的U字形生物炭施用量—响应曲线，发现黄瓜（Jaiswal et al., 2014a）和豆类（Jaiswal et al., 2014b）的枯萎病均由茄根枯菌引起。两种GHW生物炭的最大保护作用发生在比EUC生物炭（1 wt%）低的施用量（0.5 wt%）下，当GHW生物炭施用量为3 wt%时，很容易引起病害。然而，在最高生物炭施用量下，植物的生长参数仍在增加。Jaiswal等（2014b）描述了"转移的最大值效应"，即在不同生物炭施用量下，生长促进和病害抑制可以达到最大值，这需要更多的工作来解释其作用机制。生物炭中存在某些物理毒性化合物以较高的施用量将其施用于土壤可能会损害植物的根系，并使植物易受到病原菌的攻击，这一点已经在某些植物残留物中观察到（Patrick and Toussoun, 1965; Ye et al., 2004）。显然，在某个病理系统中导致病害抑制的条件不一定在其他系统中起作用，这个普遍规律对于大多数病害抑制手段是成立的（Azcon Aguilar and Barea, 1996; Bonanomi et al., 2007）。

由于缺乏数据，所以有必要继续研究生物炭对多种生物（真菌、细菌、病毒、线虫和其他土壤生物）病害的影响；还需要对各种种植系统进行研究，以确定特定病原体与宿主之间的相互作用，以及为何会受到生物炭施用的影响。在施用了生物炭的田间试验中，需要监测植物病害的症状。结果表明，在没有致病性病原体的情况下，植物的生长参数对生物炭施用量的敏感性远远低于存在病原体的情况（Jaiswal et al., 2014a, 2014b）。考虑到生物炭对病害的抑制潜力，优化生物炭在土壤或园艺介质中的施用量是未来研究的重要途径。正如 Jaiswal 等（2014a）所言，土壤传播的病原体在土壤中生存了很多年，病原体的聚集可能要花数年才能产生重大破坏。土壤中生物炭的持久性碳组分的半衰期非常长，滥用有可能导致流行病害的恶性增加，并导致农作物损失。

3. 菌根真菌

菌根是常见的根—真菌共生体，在陆地生态系统中起着关键作用（Rillig, 2004）。菌根有几种类型，最常见的是丛枝菌根（AM）和外生菌根（EM）（Smith and Read, 1997），这是两种在形态、生理和生态上有截然不同的植物寄主和真菌伴生发育系统的菌根。本小节的讨论集中在 AM 真菌上，但许多方面可能也适用于 EM 真菌。菌根和生物炭之间的相互作用引起了人们的浓厚兴趣，引起这种兴趣的原因有 3 方面。首先，菌根真菌无处不在，几乎是所有生物群落中的关键组成部分（Treseder and Cross, 2006），因此，了解土壤添加剂（包括生物炭）对其性能的影响非常重要。AM 真菌定殖在大多数重要的农作物物种（如玉米、水稻、小麦等）上，因此它们对农业生态系统的生产力和可持续性方面具有重要影响。其次，菌根对管理干预很敏感（Schwartz et al., 2006）。例如，添加生物炭之后，人们很容易推测菌根接种和生物炭改良在提高土壤质量和植物生长方面可能产生的协同效应。在土壤中施用生物炭刺激了 AM 真菌对作物的共生作用，例如，Solaiman 等（2010）报道了澳大利亚小麦根部真菌定殖量的增加，即使施用生物炭两年后，其霉菌定殖潜力也有所增加。同样地，LeCroy 等（2013）发现，在短期（4 周）温室试验中加入苹果木屑生物炭后，高粱根系真菌定殖量增加。Nzanza 等（2012）发现，无论是否施用生物炭，接种 AM 真菌对番茄生长及其产量均没有任何益处。最后，大多数研究表明，生物炭对菌根的丰度具有很强的积极作用（Warnock et al., 2007; Solaiman et al., 2010; Le Croy et al., 2013）。

Warnock 等（2007）、LeCroy 等（2013）总结了菌根对施用生物炭之后响应的相关研究，并提供了一些生物炭对菌根影响的潜在机制，其中一些机制是以前提出的，但几乎未经过全面的验证。这里，相关机制被重组为物理效应、化学效应和生物效应。当然，这些是高度相关的，而且会同时起作用。

1）物理效应

Saito（1989）发现，向富含 C 的土壤中施用生物炭后，在提取的生物炭颗粒上可以看到 AM 真菌的菌丝和孢子，并且 AM 真菌已定殖在这些生物炭颗粒上。有人认为，生物炭颗粒的多孔性或腐生植物竞争的减弱（这种栖息地被认为不太适合这些生物的生存）可能是出现这种情况的原因（Saito, 1989; Saito and Muramoto, 2002）。Saito 和 Muramoto（2002）认为，生物炭颗粒可作为 AM 真菌的微环境，使它们得以生存，还可以提供保护，使其免遭捕食者的捕食。Ezawa 等（2002）发现，与其他材料相比，在生物炭 [30% 的施用率（v/v）]存在情况下，AM 真菌根部定殖量增加了，这种影响主要归因于生物炭的多孔性。除了进行观察，人们还需要对这些颗粒的菌丝定殖量或功能性进行评估。因此，未来需要进行高度可控的机理研究，以便从这些观察结果中排除其他真菌。有文献记载，AM 真菌与多孔颗粒（如膨胀黏土）具有关联（Baltruschat, 1987），因此，其通常可作为 AM 真菌的栖息地（作为载体材料），并且表面和微环境在改善菌根与植物根系的相互作用中起着重要作用。LeCroy 等（2013）的研究表明，菌根接种会导致生物炭颗粒的表面性质发生变化（氧化增加），然而，这种变化的基本机制尚不清楚。但是，菌根真菌不仅可以对生物炭颗粒中的孔隙做出反应，而且可能改变生物炭表面的理化性质。

2）化学效应

大量研究结果表明，化学变化在生物炭对菌根丰度的影响中具有重要作用，如养分有效性和 pH 值的变化（Warnock et al., 2007）。生物炭可以改变并增加生根区 N 和 P 的有效性。根据制备温度和原料性质，生物炭本身可能会添加养分（见第 7 章）。菌根真菌及其宿主提供的 C 对这些变量反应敏感。不同的化学效应与根际信号传递有关，根际信号传递是土壤信息的"高速公路"（Bais et al., 2004）。抑制性化合物的吸附或分离，以及正信号分子的缓慢释放是生物炭干扰根际真菌或其他信号交换的实例。AM 真菌可以对许多化学信号（如类黄酮、倍半萜和松果内酯）做出响应，这些信号会影响真菌的生长或分裂（Akiyama et al., 2005）。尽管最近 Masiello 等（2013）报道生物炭可以吸附用于细胞间信号传导和细菌间基因表达调控的化合物，但几乎没有直接证据表明土壤中的 AM 真菌之间存在生物炭的信号干扰。Rillig 等（2010）发现，虽然使用了水热碳化材料，但试验结果也证明碳化材料对 AM 真菌冠状芽孢的孢子发芽率有积极影响，既可以控制 pH 值，又可以防止孢子与碳质材料直接接触。

3）生物效应

从生物相互作用的角度来看，相同养分水平、低养分水平和高养分水平都会影响生物的丰度和功能。生物炭的存在及其对土壤理化性质的影响都可以改变微生物之间的竞争或起到促进作用。例如，菌根真菌可以与树液菌竞争（Gadgil and Gadgil, 1971），生物炭可以改变这种相互作用的强度。另外，菌根辅助细菌（Garbaye, 1994）可以帮助菌根真菌在根系定殖，这可能会刺激此类微生物的生长。显然，菌根真菌被嵌入复杂的功能网中，该功能网涉及多个生物群，相互作用也可能受到生物炭的影响。这种复杂养分关系最典型的例子是根系、AM 真菌、细菌与有机物中的细菌消耗者之间的相互作用（Koller et al., 2013）。菌根真菌以下的养分由根和土壤中的真菌组成，据推测主要受到自下而上的控制（Wardle, 2002）。专性生物营养型 AM 真菌和 EM 真菌（包括具有腐生能力的物种）的碳分配对于菌根真菌的定殖至关重要，这种分配通过不同的方式和水平进行调节（Koide and Schreiner, 1992; Parniske, 2008），包括对真菌的促进作用，如养分的获取（Javot et al., 2007）。真菌，包括菌根真菌，易受土壤动物的捕食，改变捕食相互作用。例如，通过对食草动物的毒性作用，或者在生物炭颗粒中提供庇护所（无天敌空间），使生物丰度发生变化。但是，目前还没有任何证据可以直接验证这些机制，因为当前研究的重心主要放在总体影响的记录方面。

4. 研究需求

为了研究生物炭对菌根共生体的影响，未来需要研究的一些重要内容如下。

（1）研究需要确定特定的机制假设，以超越单一的效果观察评估。只有这样，才能理解生物炭效应的根本原因，并提出明确的管理建议。

（2）探索全参数空间（如生物炭原料、制备温度、施用率、施用时间、土壤养分状况、生态系统类型），以更全面地了解生物炭对菌根共生的影响。归纳全参数空间仍然很困难，还没有足够的数据来进行可靠的分析。

（3）负面或中性影响的报道同样重要，目前的报道倾向于介绍正面影响。

（4）为了了解生物炭对菌根的影响，需要以更有差异性的方式检查菌根反应变量。这需要测量真菌的不同阶段。例如，对于 AM 真菌来说，应测量其自由基外和自由基内阶段、根和土壤中的孢子形成和真菌群落组成阶段。

（5）迄今为止，大多数研究都集中在生物炭对菌根真菌丰度的影响上。然而，关于菌根真菌群落如何受到生物炭的影响，从而影响植物生长的研究却很少。这是很难通过试验来解决的，因为可以检验这一点的工具是有限的。例如，可以从生物炭改良土壤中提取孢子群落，并将其与不受生物炭影响的群落进行比较，以研究这种菌根真菌群落对植物生长的影响。LeCroy 等（2013）提供的一些证据（尽管来自非常短期的研究）表明，生物炭在某些情况（原料、养分条件）下可能会使 AM 真菌的互生性降低，甚至减缓植物的生长。因此，在真菌聚集水平上进行跟进研究是很重要的。

（6）以上讨论主要集中在单个宿主植物水平上的菌根，但菌根在生态系统中的作用以一种分级的方式表现出来（O'Neill et al., 1991）。已知 AM 真菌对于调节包括杂草在内的共生植物之间的相互作用至关重要（Marler et al., 1999），因此，需要考虑生物炭如何通过影响菌根而改变杂草和农作物等植物群落成员之间的竞争平衡。在生态系统层面，生物炭对单个宿主植物及植物群落的变化都很重要，但菌根真菌会以多种方式影响多种生态系统层面的过程（Rillig, 2004）。在生物炭和土壤碳储存的背景下，菌根真菌对土壤聚集的相互作用会产生极大的影响（Rillig and Mummey, 2006）。

13.6.4 土壤动物群落

与生物炭研究的其他方面相比，关于生物炭对土壤动物群落影响的直接数据（除蚯蚓的相互作用外）相对较少。但实际上，土壤动物群落与其他土壤生物群落一样，也会受到生物炭一系列作用机制的影响。动物对食物的摄取具有选择性，因此很有可能直接受到生物炭存在的影响。例如，食地动物群，如蚯蚓（Topoliantz and Ponge, 2003, 2005）或弹尾目动物会摄入水炭颗粒（Salem et al., 2013b），然而，摄入水炭颗粒是一个活跃的过程还是偶发过程尚不清楚。实际上，所有上述间接影响的群落效应都可能导致土壤动物群落的变化。从根本来讲，通过土壤碎屑食物网流动的能量和物质被组织成能量通道，即基于真菌和细菌的能量通道（植物捕食者产生了额外的能量流）。这些能量通道产生于一个简单的事实，即不同的生物体倾向于以细菌或真菌为食。因此，如果响应生物炭的细菌和真菌数量发生变化，那么这些变化将转化为土壤碎屑食物网中较高养分水平的变化。同样，通过自上而下的调控，生物炭对土壤动物群落的任何影响都可能对生物量的消耗产生影响。

考虑生物炭对土壤动物群落的影响很重要，原因如下：

（1）土壤动物群落进行一系列重要的生态系统过程，如调节或分解土壤结构（Ameloot et al., 2013）；

（2）土壤动物群落有助于生物炭材料的稳定或分解（Ameloot et al., 2013）；

（3）土壤动物群落可以增强生物炭在土壤中的结合和迁移；

（4）土壤动物群落可以响应生物炭，对食物链中较低的生物施加自上而下的控制效果（Lehmann et al., 2011）。

1. 蚯蚓

截至目前，有关生物炭对土壤动物群落影响的大部分信息都适用于蚯蚓，这很有可能是因为它们的营养习性，这意味着这些生物有可能直接将生物炭颗粒与土壤一起摄入。Lehmann 等（2011）、Weyers 和 Spokas（2011）、Ameloot 等（2013）概述了蚯蚓与生物炭的相互作用，读者可参考这些研究以获取详细信息。一项与蚯蚓有关的研究发现，蚯蚓有可能减轻新制备的生物炭所带来的负面影响。Salem 等（2013a）的研究表明，在添加了蚯蚓的土壤中，添加水热碳化物质对植物生长的负面影响减小。虽然尚不清楚这是否也普遍适用于生物炭，但该结果表明有必要将蚯蚓纳入生物炭对土壤生物群落的影响评估中。

2. 弹尾虫

Salem 等（2013b）的饲喂试验研究直接表明，弹尾目（两个物种）动物可以摄取碳化物质的颗粒（试验中使用了水炭，其性质可能与热解制备的生物炭有所不同），并从与这些颗粒紧密相连的微生物群落中获得养分。在此之前，只有间接证据可用，例如，用烧焦的材料作为土壤层中粪便颗粒的相关研究数据（Lehmann et al., 2011）。Marks 等（2014）使用多种原料制备的生物炭对弹尾虫进行了室内生物测定，并记录了生物炭对弹尾虫成活和繁殖的影响。这些结果无法直接追溯到特定的参数，即使结果显示 pH 值的影响可能很重要。

然而，此类研究还处于起步阶段，仍然存在许多悬而未决的问题，包括：①弹尾目动物和其他微管足类动物（如甲螨）在群落水平上对生物炭是否有影响；②微管足类动物是否有助于生物炭的稳定，或者是否可以促进其分解（通过肠道）；③弹尾目动物和其他微管足类动物是否可以帮助将生物炭掺入土壤中。

3. 线虫

线虫虽然是土壤中最丰富的动物之一，但向土壤中添加生物炭后其响应仍缺乏研究。Zhang 等（2013）在种植冬小麦（*Triticum aestivum L.*）的研究工作中最早报道了线虫响应。虽然向土壤生态系统中添加生物炭不会影响土壤线虫的总丰度，但生物态会引起捕食群落的变化。这充分表明，人们需要继续进行生物量和丰度的测量。生物炭的添加导致了食真菌动物的增加，改变了食真菌动物和食细菌动物之间的比例，使潜在的植物寄生虫有所减少。相比之下，在 48 h 试验中，与未改良的土壤相比，向土壤中添加 0.5% 和 1% 的快速热解玉米秸秆生物炭对致病性根结线虫二期幼体的存活率没有任何影响（无论是正面影响还是负面影响；Graber et al., 2011b）。因此，在得出任何结论之前，人们还需要进行更多的研究，今后在生物炭试验中也应考虑使用线虫。

13.7 结论与展望

生物炭改良土壤作为一种良好的土壤管理策略，其施用旨在支持并使土壤生物群落发挥其调节关键生态系统的功能，以确保土壤的长期肥力，并为作物持续生产提供保障。用生物炭改良土壤需要慎重选择原料和热解条件，以找到与预期生态系统目标相匹配的生物炭类型。在向土壤中施用生物炭的许多其他目标中，重要的是确保土壤生物群落的功能得以持续发挥，以便维持关键的生态系统功能，并避免无意中偏向植物拮抗剂，如病原体。

目前，给定系统如何响应生物炭的改良很难预测。为了推进人们对生物炭改良土壤潜在机制的理解，必须开始研究在土壤/植物系统中具有良好特性的生物炭。一种更系统的方法能使人们选出控制不同系统中多样性的主要因素，并帮助在这些系统中充分利用生物炭，使其发挥最大优势。

在未来的工作中，研究人员需要仔细考虑生物炭对各种土壤生物群落多样性和功能的影响。尽管目前已有一个针对微生物群落的可靠数据库，但对土壤动物群落的研究明显滞后。这应该是未来对于土壤生物群落与生物炭之间关系研究的重点。

现在，生物炭研究进入了另一个阶段，应注重对机制进行研究，而不是进行纯粹的现象观察；同时，应对一系列 Meta 分析的原始数据（生物炭、环境、生物群落）进行深入研究。

参考文献

Acosta-Martínez, V. and Tabatabai, M. A. Enzyme activities in a limed agricultural soil[J]. Biology and Fertility of Soils, 2000, 31: 85-91.

Agrios, G. N. Plant Pathology[M]. 4th edtion. San Diego: Academic Press, 1997.

Akiyama, K., Matsuzaki, K-I. and Hayashi, H. Plant sesquiterpenes induce hyphal branching in arbuscular mycorrhizal fungi[J]. Nature, 2005, 435: 824-827.

Ameloot, N., Graber, E. R., Verheijen, F. G. A., et al. Interactions between biochar stability and soil organisms: Review and research needs[J]. European Journal of Soil Science, 2013, 64: 379-390.

Anderson, C. R., Condron, L. M., Clough, T. J., et al. Biochar induced soil microbial community change: Implications for biogeochemical cycling of carbon, nitrogen and phosphorus[J]. Pedobiologia, 2011, 54: 309-320.

Antal, M. J. and Grønli, M. The art, science, and technology of charcoal production[J]. Industrial Engineering and Chemistry Research, 2003, 42: 1619-1640.

Azcon Aguilar, C. and Barea, J. M. Arbuscular mycorrhizas and biological control of soil-borne plant pathogens-An overview of the mechanisms involved[J]. Mycorrhiza, 1996, 6: 457-464.

Ball, P. N., MacKenzie, M. D., DeLuca, T. H., et al. Wildfire and charcoal enhance nitrification and ammonium-oxidizing bacterial abundance in dry montane forest soils[J]. Journal of Environmental Quality, 2010, 39: 1243-1253.

Bailey, V. L., Fansler, S. J., Smith, J. L., et al. Reconciling apparent variability in effects of biochar amendment on soil enzyme activities by assay optimization[J]. Soil Biology and Biochemistry, 2011, 43: 296-301.

Bais, H. P., Park, S. W., Weir, T. L., et al. How plants communicate using the underground information superhighway[J]. Trends in Plant Science, 2004, 9: 26-32.

Baltruschat, H. Evaluation of the suitability of expanded clay as carrier material for VAM spores in field inoculation of maize[J]. Angewandte Botanik, 1987, 61: 163-169.

Bever, J. D., Dickie, I. A., Facelli, E., et al. Rooting theories of plant ecology in microbial interactions[J]. Trends in Ecology and Evolution, 2010, 25: 468-478.

Bonanomi, G., Antignani, V., Pane, C., et al. Suppression of soilborne fungal diseases with organic amendments[J]. Journal of Plant Pathology, 2007, 89: 311-324.

Bruun, S., Clauson-Kaas, S., Bobulska, L., et al. Carbon dioxide emissions from biochar in soil: Role of clay, microorganisms and carbonates[J]. European Journal of Soil Science, 2014, 65: 52-59.

Castaldi, S., Riondino, M., Baronti, S., et al. Impact of biochar application to a Mediterranean wheat crop on soil microbial activity and greenhouse gas fluxes[J]. Chemosphere, 2011, 85: 1464-1471.

Cayuela, M.L., Sánchez-Monedero, M. A., Roig, A., et al. Biochar and denitrification in soils: When, how much and why does biochar reduce N_2O emissions[J]. Scientific Reports, 2013, 3, 1732.

Chen, J. H., Liu, X. Y., Zheng, J. W., et al. Biochar soil amendment increased bacterial but decreased fungal gene abundance with shifts in community structure in a slightly acid rice paddy from Southwest China[J]. Applied Soil Ecology, 2013, 71: 33-44.

Cui, L. Q., Yan, J. L., Yang, Y. G., et al. Influence of biochar on microbial activities of heavy metals contaminated paddy fields[J]. Bioresources, 2013, 8: 5536-5548.

Daoud, F. B.-O., Kaddour, S. and Sadoun, T. Adsorption of cellulase Aspergillus niger on a commercial activated carbon: kinetics and equilibrium studies[J]. Colloids and Surfaces B: Biointerfaces, 2010, 75: 93-99.

Das, K. C., Garcia-Perez, M., Bibens, B., et al. Slow pyrolysis of poultry litter and pine woody biomass: Impact of chars and bio-oils on microbial growth[J]. Journal of Environmental Science and Health Part A, 2008, 43: 714-724.

Deenik, J. L., McClellan, T., Uehara, G., et al. Charcoal volatile matter content influences plant growth and soil nitrogen transformations[J]. Soil Science Society of America Journal, 2010, 74: 1259-1269.

DeLuca, T. H., MacKenzie, M. D., Gundale, M. J., et al. Wildfire-produced charcoal directly influences nitrogen cycling in forest ecosystems[J]. Soil Science Society America Journal, 2006, 70: 448-453.

Dempster, D. N., Gleeson, D. B., Solaiman, Z. M., et al. Decreased soil microbial biomass and nitrogen mineralisation with Eucalyptus biochar addition to a coarse textured soil[J]. Plant and Soil, 2012, 354: 311-324.

Domene, X., Mattana, S., Hanley, K., et al. Medium-term effects of corn biochar addition on soil biota activities and functions in a termperate soil cropped to corn[J]. Soil Biology and Biochemistry, 2014, 72: 152-162.

Ducey, T. F., Ippolito, J. A., Cantrell, K. B., et al. Addition of activated switchgrass biochar to an aridic sub-soil increases microbial nitrogen cycling gene abundances[J]. Applied Soil Ecology, 2013, 65: 65-72.

Elad, Y., Rav David, D., Meller Harel, Y., et al. Induction of systemic resistance in plants by biochar, a soil-applied carbon sequestering agent[J]. Phytopathology, 2010, 100: 913-921.

Elmer, W. H. and Pignatello, J. J. Effect of biochar amendments on mycorrhizal associations and Fusarium crown and root rot of Asparagus in replant soils[J]. Plant Disease, 2011, 95: 960-966.

Ezawa, T., Yamamoto, K. and Yoshida, S. Enhancement of the effectiveness of indigenous arbuscular mycorrhizal fungi by inorganic soil amendments[J]. Soil Science and Plant Nutrition, 2002, 48: 897-900.

Feinstein, L. M., Sul, W. J. and Blackwood, C. B. Assessment of bias associated with incomplete extraction of microbial DNA from soil[J]. Applied and Environmental Microbiology, 2009, 75: 5428-5433.

Fernández, J. M., Nieto, M. A., López-de-Sá, E. G., et al. Carbon dioxide emissions from semi-arid soils amended with biochar alone or combined with meral and organic fertilizers[J]. Science of the Total Environment,

2014, 482: 1-7.

Fierer, N. and Jackson, R.B. The diversity and biogeography of soil bacterial communities[J]. Proceedings of the National Academy of Sciences, 2006, 103: 626-631.

Gadgil, R. L. and Gadgil, P. D. Mycorrhiza and litter decomposition[J]. Nature, 1971, 233:1-33.

Galvez, A., Sinicco, T., Cayuela, M. L., et al. Short term effects of bioenergy by-products on soil C and N dynamics, nutrient availability and biochemical properties[J]. Agriculture Ecosystems and Environment, 2012, 160: 3-14.

Garbaye, J. Helper bacteria: A new dimension to the mycorrhizal symbiosis[J]. New Phytologist, 1994, 128: 197-210.

George, C., Wagner, M., Kücke, M., et al. Divergent consequences of hydrochar in the plant-soil system: Arbuscular mycorrhiza, nodulation, plant growth and soil aggregation effects[J]. Applied Soil Ecology, 2012, 59: 68-72.

Gomez, J. D., Denef, K., Stewart, C. E., et al. Biochar addition rate influences soil microbial abundance and activity in temperate soils[J]. European Journal of Soil Science, 2014, 65: 28-39.

Graber, E. R., Meller-Harel, Y., Kolton, M., et al. Biochar impact on development and productivity of pepper and tomato grown in fertigated soilless media[J]. Plant and Soil, 2010, 337: 481-496.

Graber, E. R., Tsechansky, L., Gerstl, Z., et al. High surface area biochar negatively impacts herbicide efficacy[J]. Plant and Soil, 2011, 353: 95-106.

Graber, E. R., Tsechansky, L., Khanukov, J., et al. Sorption, volatilization, and efficacy of the fumigant 1,3-dichloropropene in a biochar-amended soil[J]. Soil Science Society of America Journal, 2011, 75: 1365-1373.

Graber, E. R., Frenkel, O., Jaiswal, A. K., et al. How may biochar influence severity of diseases caused by soilborne pathogens[J]. Carbon Management, 2014, 5: 169-183.

Graber, E. R., Tsechansky, L., Lew, B., et al. Reducing capacity of water extracts of biochars and their solubilization of soil Mn and Fe[J]. European Journal of Soil Science, 2014, 65: 162-172.

Hamer, U., Marschner, B., Brodowski, S., et al. Interactive priming of black carbon and glucose mineralisation[J]. Organic Geochemistry, 2004, 35: 823-830.

Harter, J., Krause, H-M., Schuettler, S., et al. Linking N_2O-emissions from biochar-amended soil to the structure and function of the N-cycling microbial community[J]. ISME Journal, 2014, 8: 660-674.

Hockaday, W. C. The organic geochemistry of charcoal black carbon in the soils of the University of Michigan Biological Station[D]. Columbus: Ohio State University, 2006.

OH Hockaday, W. C., Grannas, A. M., Kim, S., et al. The transformation and mobility of charcoal in a fire-impacted watershed[J]. Geochimica et Cosmochimica Acta, 2007, 71: 3432-3445.

Horwath, W. Carbon cycling and formation of soil organic matter[M]//E. A. Paul (ed). Soil Microbiology, Ecology and Biochemistry, 4th edtion. Dordrecht: Elsevier, 2014.

Hu, L., Cao, L. and Zhang, R. Bacterial and fungal taxon changes in soil microbial community composition induced by short-term biochar amendment in red oxidized loam soil[J]. World Journal of Microbiology and Biotechnology, 2014, 30: 1085-1092.

Husson, O. Redox potential (Eh) and pH as drivers of soil/plant/microorganism systems: A transdisciplinary overview pointing to integrative opportunities for agronomy[J]. Plant and Soil, 2013, 362: 389-417.

Jaiswal, A. M., Elad, Y., Graber, E. R., et al. Rhizoctonia solani suppression and plant growth promotion in cucumber as affected by biochar pyrolysis temperature, feedstock and concentration[J]. Soil Biology and Biochemistry, 2014, 69: 110-118.

Jaiswal, K. A., Frenkel, O., Elad, Y., et al. Non-monotonic influence of biochar dose on bean seedling growth and susceptibility to Rhizoctonia solani: The Shifted Rmax-Effect[J]. Plant and Soil, 2014.

H., Penmetsa, R. V., Terzaghi, N., Cook, D. R., et al. A Medicago truncatula phosphate transporter indispensable for the arbuscular mycorrhizal symbiosis[J]. Proceedings of the National Academy of Sciences, 2014, 104: 1720-1725.

Jin, H. Characterization of Microbial Life Colonizing Biochar and Biochar-Amended Soils[D]. Ithaca: Cornell University, 2010.

NY Jin, H., Lehmann, J. and Thies, J.E. Soil microbial community response to amending corn soils with corn stover charcoal[C]. Newcastle: Conference of International Biochar Initiative, 2008, 8-10.

Jindo, K., Suto, K., Matsumoto, K., et al. Chemical and biochemical characterization of biochar-blended composts prepared from poultry manure[J]. Bioresource Technology, 2012, 110: 296-404.

Joseph, S.D., Camps-Arbestain, M., Lin, Y., et al. An investigation into the reactions of biochar in soil[J]. Australian Journal of Soil Research, 2010, 48: 501-515.

Khodadad, C. L. M., Zimmerman, A. R., Green, S. J., et al. Taxa-specific changes in soil microbial community composition induced by pyrogenic carbon amendments[J]. Soil Biology and Biochemistry, 2011, 43: 385-392.

Kluepfel, L., Keiluweit, M., Kleber, M., et al. Redox properties of plant biomass-derived black carbon (biochar)[J]. Environmental Science and Technology, 2014, 48: 5601-5611.

Koide, R. T. and Schreiner, R. P. Regulation of the vesicular-arbuscular mycorrhizal symbiosis[J]. Annual Review of Plant Physiology and Plant Molecular Biology, 1992, 43: 557-581.

Koller, R., Rodriguez, A., Robin, C., et al. Protozoa enhance foraging efficiency of arbuscular mycorrhizal fungi for mineral nitrogen from organic matter in soil to the benefit of host plants[J]. New Phytologist, 2013, 199: 203-211.

Kolton, M., Meller Harel, Y., Pasternak, Z., et al. Impact of biochar application to soil on the root-associated bacterial community structure of fully developed greenhouse pepper plants[J]. Applied and Environmental Microbiology, 2011, 77: 4924-4930.

Kuzyakov, Y., Subbotina, I., Chen, H., et al. Black carbon decomposition and incorporation into microbial biomass estimated by ^{14}C labeling[J]. Soil Biology and Biochemistry, 2009, 41: 210-219.

Laborda, F., Monistrol, I. F., Luna, N., et al. Processes of liquefaction/solubilization of Spanish coals by microorganisms[J]. Applied Microbiology and Biotechnology, 1999, 52: 49-56.

Ladygina, N. and Rineau, F. (eds). Biochar and Soil Biota[M]. Boca Raton: CRC Press, 2013.

Lammirato, C., Miltner, A. and Kaestner, M. Effects of wood char and activated carbon on the hydrolysis of cellobiose by β-glucosidase from Aspergillus niger[J]. Soil Biology and Biochemistry, 2011, 43: 1936-1942.

LeCroy, C., Masiello, C. A., Rudgers, J. A., et al. Nitrogen, biochar, and mycorrhizae: Alteration of the symbiosis and oxidation of the char surface[J]. Soil Biology and Biochemistry, 2013, 58: 248-254.

Lehmann, J., Rillig, M.C., Thies, J., et al. Biochar effects on soil biota-A review[J]. Soil Biology and Biochemistry, 2011, 43: 1812-1836.

Lovley, D. R. Electromicrobiology[J]. Annual Review of Microbiology, 2012, 66: 391-409.

Maestrini, B., Herrmann, A. M., Nannipieri, P., et al. Ryegrass-derived pyrogenic organic matter changes organic carbon and nitrogen mineralization in a temperate forest soil[J]. Soil Biology and Biochemistry, 2014, 9: 291-301.

Marks, E. A. N., Mattana, S., Alcañiz, J. M., et al. Biochars provoke diverse soil mesofauna reproductive responses in laboratory bioassays[J]. European Journal of Soil Biology, 2014, 60: 104-111.

Marler, M. J., Zabinski, C. A. and Callaway, R. M. Mycorrhizae indirectly enhance competitive effects of an invasive forb on a native bunchgrass[J]. Ecology, 1999, 80: 1180-1186.

Masiello, C. A., Chen, Y., Gao, X. D., et al. Biochar and microbial signaling: production conditions determine effects on microbial communication[J]. Environmental Science and Technology, 2013, 47: 11496-11503.

Masto, R. E., Kumar, S., Rout, T. K., et al. Biochar from water hyacinth (Eichornia crassipes) and its impact on soil biological activity[J]. Catena, 2013, 111: 64-71.

Matsubara, Y-I., Hasegawa, N. and Fukui, H. Incidence of Fusarium root rot in asparagus seedlings infected with arbuscular mycorrhizal fungus as affected by several soil amendments[J]. Journal of the Japanese Society of Horticultural Science, 2002, 71: 370-374.

McClellan, A. T., Deenik, J., Uehara, G., et al. Effects of flash carbonized macadamia nutshell charcoal on plant growth and soil chemical properties[J]. American Society of Agronomy Abstracts, 2007, 3-7.

Nov., New Orleans, LA McCormack, S. A., Ostle, N., et al. Biochar in bioenergy cropping systems: impacts on soil faunal communities and linked ecosystem processes[J]. Global Change Biology Bioenergy, 2013, 5: 81-95.

Meller Harel, Y., Elad, Y., Rav-David, D., et al. Biochar mediates systemic response of strawberry to foliar fungal pathogens[J]. Plant and Soil, 2012, 357: 245-257.

Mendes, R., Garbeva, P. and Raaijmakers, J. M. The rhizosphere microbiome: Significance of plant beneficial, plant pathogenic, and human pathogenic microorganisms[J]. FEMS Microbiology Reviews, 2013, 37: 634-663.

Mukherjee, A., Zimmerman, A. R. and Harris, W. Surface chemistry variations among a series of laboratory-produced biochars[J]. Geoderma, 2011, 163: 247-255.

Newsham, K. K., Fitter, A. H. and Watkinson, A. R. Multi-functionality and biodiversity in arbuscular mycorrhizas[J]. Trends in Ecology and Evolution, 2005, 10: 407-411.

Nguyen, B. T., Koide, R. T., Dell, C., et al. Turnover of soil carbon following addition of switchgrass-derived biochar to four soils[J]. Soil Science Society of America Journal, 2014, 78: 531-537.

Nichols, G. J., Cripps, J. A., Collinson, M. E., et al. Experiments in waterlogging and sedimentology of charcoal: results and implications[J]. Paleogeography, Paleoclimatology, Paleoecology, 2000, 164: 43-56.

Nzanza, B., Marais, D. and Soundy, P. Effect of arbuscular mycorrhizal fungal inoculation and biochar amendment on growth and yield of tomato[J]. International Journal of Agriculture and Biology, 2012, 6: 965-969.

Ogawa, M., Yambe, Y. and Sugiura, G. Effects of charcoal on the root nodule formation and VA mycorrhiza formation of soy bean[C]//The Third International Mycological Congress (IMC3) Abstract, 1983: 578.

Ogawa, M. and Yamabe, Y. Effects of charcoal on VA mycorrhizae and nodule formation of soybeans[R]. Tokyo: Ministry of Agriculture, Forestry and Fisheries, Japan, 1986: 108-133.

Ogawa, M. Symbiosis of people and nature in the tropics[J]. Farming Japan, 1994, 28: 10-34.

Oh, S.-Y., Son, J.-G. and Chiu, P. C. Biochar-mediated reductive transformation of nitro herbicides and explosives[J]. Environmental Toxicology and Chemistry, 2013, 32: 501-508.

O'Neill, E. G., O'Neill, R. V. and Norby, R. J. Hierarchy theory as a guide to mycorrhizal research on large-scale problems[J]. Environmental Pollution, 1991, 73: 271-284.

Ortega-Calvo, J.-J. and Saiz-Jimenez, C. Effect of humic fractions and clay on biodegradation of phenanthrene by a Pseudomonas fluorescens strain isolated from soil[J]. Applied and Environmental Microbiology, 1998, 64: 3123-3126.

Painter, T. J. Carbohydrate polymers in food preservation: An integrated view of the Maillard reaction with special reference to discoveries of preserved foods in Sphagnum-dominated peat bogs[J]. Carbohydrate Polymers, 2001, 36: 335-347.

Parniske, M. Arbuscular mycorrhiza: The mother of plant root endosymbioses[J]. Nature Reviews Microbiology, 2008, 6: 763-775.

Patrick, Z. and Toussoun, T. Plant residues and organic amendments in relation to biological control[M]//K. F.

Baker and W. C. Snyder (eds). Ecology of Soil-Borne Plant Pathogens: Prelude to Biological Control. Berkeley: University of California Press, 1965: 440-459.

Paul, E. A. (ed). Soil Microbiology, Ecology and Biochemistry[M]. 4th edtion. Amsterdam: Elsevier, 2014.

Paz-Ferreiro, J., Gasco, G., Gutierrez, B., et al. Soil biochemical activities and the geometric mean of enzyme activities after application of sewage sludge and sewage sludge biochar to soil[J]. Biology and Fertility of Soils, 2012, 48: 511-517.

Pietikäinen, J., Kiikkilä, O. and Fritze, H. Charcoal as a habitat for microbes and its effect on the microbial community of the underlying humus[J]. Oikos, 2000, 89: 231-242.

Prendergast-Miller, M.T., Duvall, M. and Sohi, S. P. Biochar-root interactions are mediated by biochar nutrient content and impacts on soil nutrient availability[J]. European Journal of Soil Science, 2014, 65: 173-185.

Prommer, J., Wanek, W., Hofhansl, F., et al. Biochar decelerates soil organic nitrogen cycling but stimulates soil nitrification in a temperate arable field trial[J]. PLoS ONE, 2014, 9: 386-388.

Quilliam, R. S., Marsden, K. A., Gertler, C., et al. Nutrient dynamics, microbial growth and weed emergence in biochar amended soil are influenced by time since application and reapplication rate[J]. Agriculture Ecosystems and Environment, 2012, 158: 192-199.

Quilliam, R. S., Glanville, H. C., Wade, S. C., et al. Life in the 'charosphere' -Does biochar in agricultural soil provide a significant habitat for microorganisms?[J]. Soil Biology and Biochemistry, 2012, 65: 287-293.

Rabotnova, I. L. The importance of physical-chemical factors (pH and rH2) for the life activity of microorganisms[R]. Jena: Translation of German edition of Russian book, 1963, 226.

Rillig, M. C. Arbuscular mycorrhizae and terrestrial ecosystem processes[J]. Ecology Letters, 2004, 7: 740-754.

Rillig, M. C. and Mummey, D. L. Mycorrhizas and soil structure[J]. New Phytologist, 2006, 171: 41-53.

Rillig M. C., Wagner, M., Salem, M., et al. Material derived from hydrothermal carbonization: effects on plant growth and arbuscular mycorrhiza[J]. Applied Soil Ecology, 2010, 45: 238-242.

Robertson, S. J., Rutherford, P. M., Lopez-Gutierrez, J. C., et al. Biochar enhances seedling growth and alters root symbioses and properties of sub-boreal forest soils[J]. Canadian Journal of Soil Science, 2012, 92: 329-340.

Rondon, M., Lehmann, J., Ramírez, J., et al. Biological nitrogen fixation by common beans (*Phaseolus vulgaris L.*) increases with bio-char additions[J]. Biology and Fertility of Soils, 2007, 43: 699-708.

Rousk, J., Dempster, D. N. and Jones, D. L. Transient biochar effects on decomposer microbial growth rates: Evidence from two agricultural case studies[J]. European Journal of Soil Science, 2013, 64: 770-776.

Rutigliano, F.A., Romano, M., Marzaioli, R., et al. Effect of biochar addition on soil microbial community in a wheat crop[J]. European Journal of Soil Biology, 2014, 60: 9-15.

Saito, M. Charcoal as a micro-habitat for VA mycorrhizal fungi and its practical implication[J]. Agriculture, Ecosystems and Environment, 1989, 29: 341-344.

Saito, M. and Muramoto, T. Inoculation with arbuscular mycorrhizal fungi: The status quo in Japan and the future prospects[J]. Plant and Soil, 2002, 244: 273-279.

Salem, M., Kohler, J., Wurst, S., et al. Earthworms can modify effects of hydrochar on growth of Plantago lanceolata and performance of arbuscular mycorrhizal fungi[J]. Pedobiologia, 2013, 56: 219-224.

Salem, M., Kohler, J. and Rillig, M. C. Palatability of carbonized materials to collembola[J]. Applied Soil Ecology, 2013, 64: 63-69.

Schimmelpfenning, S., Müller, C., Grünhage, L., et al. Biochar hydrochar and uncarbonized feedstock application to permanent grassland-Effects on greenhouse gas emissions and plant growth[J]. Agriculture, Ecosystems and Environment, 2014, 191: 39-52.

Schwartz, M. W., Hoeksema, J. D., Gehring, C. A., et al. The promise and the potential consequences of the global transport of mycorrhizal fungal inoculum[J]. Ecology Letters, 2006, 9: 501-515.

Seo, D. C. and DeLaune, R. D. Effect of redox conditions on bacterial and fungal biomass and carbon dioxide production in Louisiana coastal swamp forest sediment[J]. Science of the Total Environment, 2010, 408: 3623-3631.

Silber, A., Levkovitch, I. and Graber, E. R. pH-dependent mineral release and surface properties of cornstraw biochar: Agronomic implications[J]. Environmental Science and Technology, 2010, 44: 9318-9323.

Šimek, M., Jisova, L. and Hopkins, D. W. What is the so-called optimum pH for denitrification in soil?[J]. Soil Biology and Biochemistry, 2002, 34: 1227-1234.

Smith, S. E. and Read, D. J. Mycorrhizal Symbiosis[M]. 2nd edtion. San Diego: Academic Press, 1997.

Smith, J. L., Collins, H. P. and Bailey, V. L. The effect of young biochar on soil respiration[J]. Soil Biology and Biochemistry, 2010, 42: 2345-2347.

Smith, S. C., Ainsworth, C. C., Traina, S. J., et al. Effect of sorption on the biodegradation of quinoline[J]. Soil Science Society of America Journal, 1992, 56: 737-746.

Solaiman, Z. M., Blackwell P., Abbott L. K., et al. Direct and residual effect of biochar application on mycorrhizal root colonisation, growth and nutrition of wheat[J]. Australian Journal of Soil Research, 2010, 48: 546-554.

Song, Y., Zhang, X., Ma, B., et al. Biochar addition affected the dynamics of ammonia oxidizers and nitrification in microcosms of a coastal alkaline soil[J]. Biology and Fertility of Soils, 2014, 50: 321-332.

Spokas, K. A., Novak, J. M., Stewart, C. E., et al. Qualitative analysis of volatile organic compounds on biochar[J]. Chemosphere, 2011, 85: 869-882.

Steinbeiss, S., Gleixner, G. and Antonietti, M. Effect of biochar amendment on soil carbon balance and soil microbial activity[J]. Soil Biology and Biochemistry, 2009, 41: 1301-1310.

Steiner, C., Das, K. C., Garcia, M., et al. Charcoal and smoke extract stimulate the soil microbial community in a highly weathered xanthic Ferralsol[J]. Pedobiologia, 2008, 51: 359-366.

Streubel, J. D., Collins, H. P., Garcia-Perez, M., et al. Influence of contrasting biochar types on five soils at increasing rates of application[J]. Soil Science Society of America Journal, 2011, 75: 1402-1413.

Sun, D. Q., Meng, J. and Chen, W. F. Effects of abiotic components induced by biochar on microbial communities[J]. Acta Agriculturae Scandinavica Section B-Soil and Plant Science, 2013, 63: 633-641.

Takagi, S. Immobilization method of root nodule bacteria within charcoal and effective inoculation method to the legume[R]. TRA Report (in Japanese), 1990: 229-248.

Thies, J. E. and Grossman, J. M. The soil habitat and soil ecology[M]//N. Uphoff, A. S. Ball, E. Fernandes., et al. (eds). Biological Approaches to Sustainable Soil Systems. Boca Raton: CRC Press, 2006: 59-78.

Thorn, R. G. and Lynch, M. D. J. Fungi and eukaryotic algae[M]//E. A. Paul (ed). Soil Biology and Biochemistry. 3rd edtion. Amsterdam: Elsevier, 2007: 145-162.

Tisdall, J. M. and Oades, J. M. Organic matter and water-stable aggregates in soils[J]. Journal of Soil Science, 1982, 33: 141-163.

Topoliantz, S. and Ponge, J-F. Burrowing activity of the geophagous earthworm Pontoscolex corethrurus (Oligochaeta: Glossoscolecidae) in the presence of charcoal[J]. Applied Soil Ecology, 2003, 23: 267-271.

Topoliantz, S. and Ponge, J-F. Charcoal consumption and casting activity by Pontoscolex corethrurus (Glossoscolecidae)[J]. Applied Soil Ecology, 2005, 28: 217-224.

Treseder, K. K. and Cross, A. Global distributions of arbuscular mycorrhizal fungi[J]. Ecosystems, 2006, 9: 305-316.

Tsai, S. M., O'Neill, B., Cannavan, F. S., et al. The microbial world of terra preta[M]//W. I. Woods, W. Teixeira, J. Lehmann., et al. (eds). Amazonian Dark Earths: Wim Sombroek's Vision. Berlin: Springer, 2009: 299-308.

Ulyett, J., Sakrabani, R., Kibblewhite, M., et al. Impact of biochar addition on water retention, nitrification and carbon dioxide evolution from two sandy loam soils[J]. European Journal of Soil Science, 2014, 65: 96-104.

Ventura, M., Zhang, C., Baldi, E., et al. Effect of biochar addition on soil respiration partitioning and root dynamics in an apple orchard[J]. European Journal of Soil Science, 2014, 65: 186-195.

Wang, C., Lu, H. H., Dong, D. A., et al. Insight into the effects of biochar on manure composting: Evidence supporting the relationship between N_2O emission and denitrifying community[J]. Environmental Science and Technology, 2013, 47: 7341-7349.

Wardle, D. A. Controls of temporal variability of the soil microbial biomass: A global-scale synthesis[J]. Soil Biology and Biochemistry, 1998, 30: 1627-1637.

Wardle, D. A. Communities and Ecosystems[M]. Princeton: Princeton University Press.

Wardle, D. A., Zackrisson, O. and Nilsson, M. C. The charcoal effect in Boreal forests: Mechanisms and ecological consequences[J]. Oecologia, 1998, 115: 419-426.

Warnock, D. D., Lehmann, J., Kuyper, T. W., et al. Mycorrhizal responses to biochar in soil-Concepts and mechanisms[J]. Plant and Soil, 2007, 300: 9-20.

Watzinger, A., Feichtmair, S., Kitzler, B., et al. Soil microbial communities responded to biochar application in temperate soils and slowly metabolized C^{13}-labelled biochar as revealed by ^{13}C PLFA analyses: Results from a short-term incubation and pot experiment[J]. European Journal of Soil Science, 2014, 65: 40-51.

Wessels, J. G. H. Fungi in their own right[J]. Fungal Genetics and Biology, 1999, 27: 134-145.

Weyers, S. L. and Spokas, K. A. Impact of biochar on earthworm populations: A review[J]. Applied and Environmental Soil Science, 201: 541-592.

Wu, F. P., Jia, Z. K., Wang, S. G., et al. Contrasting effects of wheat straw and its biochar on greenhouse gas emissions and enzyme activities in a Chernozemic soil[J]. Biology and Fertility of Soils, 2013, 49: 555-565.

Yanai, Y., Toyota, K. and Okazaki, M. Effects of charcoal addition on N_2O emissions from soil resulting from rewetting air-dried soil in short-term laboratory experiments[J]. Soil Science and Plant Nutrition, 2007, 53: 181-188.

Ye, S.F., Yu, J. Q., Peng, Y. H., et al. Incidence of Fusarium wilt in *Cucumis sativus L.* is promoted by cinnamic acid, an autotoxin in root exudates[J]. Plant and Soil, 2004, 263: 143-150.

Yoo, G. and Kang, H. Effects of biochar addition on greenhouse gas emissions and microbial responses in a short-term laboratory experiment[J]. Journal of Environmental Quality, 2012, 41: 1193-1202.

Yuan, J.-H. and Xu, R.-K. Effects of biochars generated from crop residues on chemical properties of acid soils from tropical and subtropical China[J]. Soil Research, 2012, 50: 570-578.

Zackrisson, O., Nilsson, M-C. and Wardle, D. A. Key ecological function of charcoal from wildfire in the Boreal forest[J]. Oikos, 1996, 77: 10-19.

Zhang, J. and You, C. Water holding capacity and absorption properties of wood chars[J]. Energy and Fuels, 2013, 27: 2643-2648.

Zhang, X.-K., Li, Q., Liang, W.-J., et al. Soil nematode response to biochar addition in a Chinese wheat field[J]. Pedosphere, 2013, 23: 98-103.

Zwart, D. C. and Kim, S. H. Biochar amendment increases resistance to stem lesions caused by *Phytophthora* spp. in tree seedlings[J]. Hortscience, 2012, 47: 1736-1740.

第14章

生物炭对植物生理生态的影响

Claudia Kammann、Ellen R. Graber

14.1 引言

本章主要从植物的角度来评估生物炭的影响（见图14.1）。植物根系和生物炭之间的相互作用是土壤中生物炭正反馈循环的关键，然而到目前为止，该领域几乎没有开展任何工作（见图15.1和第15章）。第15章将讨论关于生物炭效应的"植物观点"：土壤—植物—水的关系，范围从干旱和渗透胁迫到缺氧、根—茎同化物质的分配、根系结构和根系生长对土壤中生物炭的响应；土壤生物群落—根际相互作用；由生物炭引起的（植物）激素的信号传导，以及对植物抗病性的影响。尽管植物养分是植物生理生态学中的重要因素，但它并不是本章的重点，因为第15章将对其进行详细讨论。

利用生物炭进行植物生理生态研究不足的可能原因之一是，从狭义的农艺学"产量"角度看待植物的局限性。植物被认为是以养分和水为动力的简单的光合作用机器，可以提供农艺产量和/或农作物残渣。另外，由于植物"钉在原地不动"的性质，光合作用常常被错误地认为是被动反应（反馈响应）和持久反应。实际上，这些看法过于狭隘（见图14.1）。从人类的角度来看，大的生物量或水果/种子产量可能是好的，但不一定符合植物的长期生存策略。植物还可以主动改变不利条件，例如，通过根系分泌物、"根觅食"、菌根相互作用或根瘤中的N_2固定共生（见第13章）。此外，植物可以感知并准备应对环境（非生物）和生物的当前压力和即将面临的压力（称为前馈响应），例如，在秋季温度和光周期引起叶片的衰老，在落叶之前，植物会重新分配有价值的养分给多年生组织。

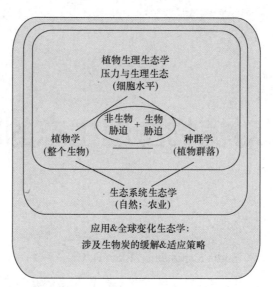

图14.1 植物生理生态学研究领域和水平及其相互作用：缓解和适应全球变化，与在土地利用中添加生物炭的主要目标有关［根据Schulze et al.（2005）修改］

植物可以通过消耗比其自身所需更多的资源（如水）、散发出对周围个体有毒的化感化合物，或者通过其他个体控制对光的获取来与其他植物竞争。这些行为都会给周围的生物带来不利影响，而给自身带来好处（Chamovitz, 2012）。同时，植物个体可能通过释放挥发性化学信号来警告对方（如害虫），以此实现植物间的"互相帮助"，从而使"被警告"的个体诱导防御（甚至可以在害虫到达之前；Chamovitz, 2012）。植物还可以通过释放挥发性化学物质，向它们提供特定的分泌物和害虫拮抗剂，积极吸引有用的根瘤菌。

植物对生物炭的生理反应可能是理解"生物炭效应"的关键（Elad et al., 2011），原因是植物生理特性（如根系结构和形态）或参与环境响应的植物基因活性发生了变化，有可能使人们对生物炭的作用模式有深刻的认识。但是，目前关于生物炭影响植物基因表达的信息还很少（Meller-Harel et al., 2011; Noguera et al., 2012; Viger et al., 2014）。此外，生物炭的物理和化学性质差异很大，并且植物的生理特性和环境适应能力也有很大差异，因此，植物对添加到土壤中的生物炭的响应可能差异非常大。目前，了解特定植物/生物炭系统以某种方式做出响应的原因仍处于研究起步阶段。

在自然生态系统中，有几个因素可以决定一个物种是否存在（Lambers et al., 2008; Larcher, 2003）：首先，植被生态历史（物种是否出现过？）；其次，生理特性（压力因素：它可以发芽、生长、生存和繁殖吗？）；再次，生物条件（它是否能成功竞争并保护自己？）。野生植物的基因遗传优势是掌握胁迫、争夺资源、抵御攻击（见图14.2）。但农艺植物是个例外，其空间分布、发芽和生长会受到人为干预（Pollan, 2002）。受到人为干预而得到大量养分、水分和化学防护的农作物，尽管数十年的繁殖和人类的"纵容"可能削弱了它们的"自卫能力"，但它们的"祖先"是来源于物种丰富、相互作用较强的群落和生态系统的野生植物。在单一生物水平（个体生物学）及冠层或群落水平（群落生态学）了解植物的生理生态反应，有助于阐明植物对生物炭的响应（见图14.1）。除了养分，了解植物对生物炭的生理生态反应可能有助于弄清生物炭的作用机制。然而，目前人们的认知结构是非常不完整的，这是生物炭研究的一个重大知识盲区。

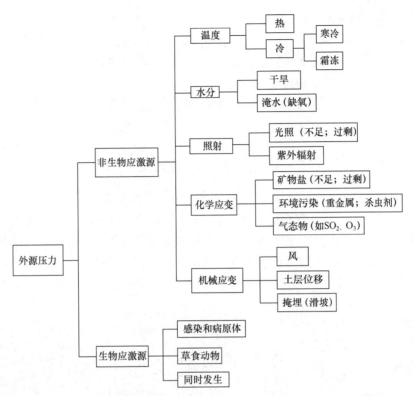

图14.2 作为植物胁迫源的环境非生物因子和生物因子（根据Schulze等2005年的研究修改；生物炭影响非生物应激源"水"和生物应激源"感染"是本章的主题）

鉴于目前已发表的相关科研成果较少，本章主要关注可严重影响和降低植物生产力的两个主要植物生态胁迫因子（见图14.2），以及与生物炭相关的效应途径：水分胁迫（干旱或淹水，导致缺氧），生物应激（虫害和病原体）。本章将简要讨论生物炭和非生物因子（如土壤温度）对植物根系生长的影响。其他章节还涉及其他胁迫因素，如矿物植物养分（缺乏或过剩：见第7章、第8章和第15章）、重金属毒性改善（见第20章）或酸性土壤中的铝毒性（pH值效应；见第7章）。

14.2 生物炭与植物—土壤水的关系

14.2.1 生物炭、土壤水和植物生理

陆生植物的主要特征包括有助于避免原生质水分流动的大液泡、限制蒸发的保护性角质层、调节蒸腾作用的气孔。细胞水势主要由细胞渗透势（渗透活性物质产生的吸力）和细胞壁施加的反作用力（静水膨胀压力）决定，当水饱和时，两者之和为零［见 Larcher（2003）、Lambers 等（2008）编写的书籍］。

生物炭可以降低叶片的脯氨酸含量（水分胁迫的一个指标），并使藜麦叶片的渗透势降低到更低的负值（Kammann et al., 2011）。在充足的水分或干旱条件下，施用生物炭的

植株的生长情况也明显好于对照组。试验发现，在没有添加生物炭的情况下，植物含水率可以作为生物炭影响水分含量的参考点，以此消除其他因素对生物炭持水能力的干扰（见第19章）。因此，生物炭改良植物生长的部分原因是植物生理特性的改善，而不是根区水分的增加（Kammann et al., 2011）。在第2项温室研究中，在不同作物（玉米）、生物炭和土壤组合中观察到叶片渗透势的改善。显然，水分状况的改善至少是作物明显生长的部分原因（Haider et al., 2014）。

14.2.2 生物炭与土壤—植物—大气连续系统

为了从土壤中摄取水分，植物需要具有比土壤保持水分更大的力（吸力）。这种吸力通过大气中的水蒸气压力释放给植物（见图14.3）。因此，通过植物流动的水，以及从土壤流入根系的水，都是由植物地上部分到大气的水分流失所驱动的。植物可以通过改变根系结构和生根深度、减小蒸腾面、改变新梢发育和形态、改变气孔对蒸腾的控制来调节水分的损失，因此，植物可以被看作土壤和大气之间的一个活跃的"水桥"（见图14.3）。

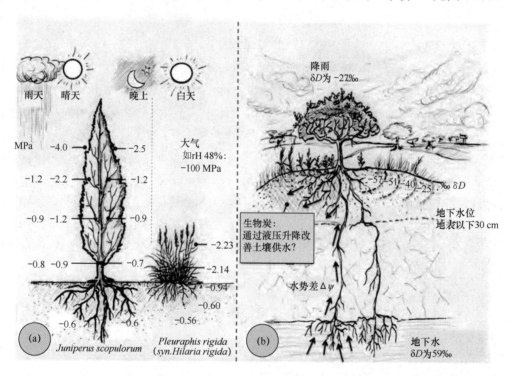

图14.3 土壤—植物—大气连续系统。（a）不同植物生长形态的垂直水势剖面（MPa；在一个雨天和晴天的晚上，分别测量了美国西部干旱地区的刺柏属树种）；（b）水力提升，如果周围的土壤水势（Ψ）比枝条的水势（Ψ）更低，例如，当蒸腾作用低的时候（晚上），到达地下水位的树木或灌木的根部会吸收、提升地下水，并将水分释放到土壤中[温带树种糖槭的同位素水（氘）特征表明，大部分木质部水分来自地下水；对树荫下的草本（水寄生）植物的研究表明，植被越靠近树荫，地下水上升的可能性越大]。从理论上讲，生物炭可能有助于储存植物输送的被灌木或树木水力提升到地表土壤中的地下水，这取决于生物炭孔径与土壤孔径的比较结果（见图14.4；根据Schulze等2005年的研究结果重新绘制和修改）

沿这条路径流动的水量与参与水分吸收的根系部分（主要由未干燥的根尖和根毛组成），以及该吸水部分和土壤之间的水势差成正比。一种植物的根系吸收水分的比例越大，它所能吸收的总水分也就越多，然而，根的水力传导度和细胞膜渗透性（例如，由于水通道蛋白基因表达的变化）也会随着土壤水分条件的变化而变化（Marschner, 2012）。根系和土壤之间的水势差越小，植物吸收水分的可能性就越大（见图 14.3、表 14.1）。水分运动的总驱动力是植物和大气之间的巨大电位差，而不是土壤和植物之间的电位差。因此，由于生物炭改良导致的土壤水势改善将增加向植物输送的水分（如增强砂土的持水能力），而不会对驱动力（水势梯度）产生负面影响 [见图 14.3（a）]。如果添加生物炭对土壤水分状况或根系结构有影响，则会改变植物的水分吸收。根系与土壤的接触及土壤中的水分运动对于向植物根系输送可移动养分也很重要（Marschner, 2012），因此，植物供水中生物炭变化的次要影响可能是植物养分的变化。

表 14.1 土壤或空气中的水分状况，以相对湿度或相应的水势（Ψ）表示，其表征了土壤—植物—大气连续系统的生存状况 [增加植物可用水量的生物炭应包含土壤水分张力为 $-1 \sim 0.01$ MPa 的孔隙（见图 14.4）]。

土壤、植物或有机体的状况	湿度（%）	Ψ（MPa）
土壤田间容量	100	0.0
接近永久性枯萎点	99	−1.35
植物的强烈水分胁迫	98	−2.72
湿空气	93	−10.0
沙漠植物中测得的最低 Ψ	90	−14.1
地衣光合作用的活化	80	−30.1
霉菌呼吸的活化	70	−48.1
办公地点周围的环境	48	−100.0

土壤中储存的水量取决于孔径分布，其主要是颗粒尺寸和土壤有机质（SOM）含量的函数。与细颗粒或富含 SOM 的土壤相比，粗颗粒、低 SOM 含量土壤的持水能力低得多（见图 14.4）。通常，水在直径大于 50 μm 的孔隙中快速渗透，在直径为 10～50 μm 的孔隙中缓慢移动，而在直径小于 10 μm 的孔隙中通过毛细作用力保持与重力的平衡。植物的可用水定义为，在 pF 值为 1.8 [如果不包括缓慢渗透的水，则 pF 值为 2.5；pF 值被定义为水头（cm）的对数值] 和 pF 值为 4.2 之间的水量。如果孔隙直径太小，则水无法被植物和大气之间的吸力排出。只有少数适应干旱条件的植物能够从直径小于 0.2 μm 的孔隙中摄取水分。如果生物炭的添加改变了土壤的孔隙直径分布，则它可能会改变保水曲线，如图 14.4 所示。这种效应在低 SOM 含量的砂土中最明显。

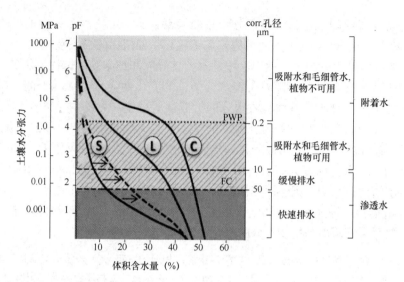

图14.4 土壤水分张力、孔径和体积含水量之间的关系示意。相对于砂土（S）、壤土（L）或黏土（C）的土壤体积含水量（X轴）作图；土壤水分张力（矩阵势），单位为MPa，或者表示为水头的对数值或pF值（左侧Y轴）；右侧Y轴显示了毛细管的平均孔径（如土壤—生物炭混合物）及由此产生的植物平均水利用率（PWP表示大多数植物的永久枯萎点；FC表示场地容量，大约等于WHC，即干扰土壤样品的持水量）；虚线举例说明了在与含有大量中孔和大孔的生物炭混合的砂质土壤中可能的迁移情况

生物炭的孔径分布和孔隙连通性将决定其保水性和输水性（Abel et al., 2013; Kinney et al., 2012; Zygourakis et al., 2013）。生物炭中的许多孔径可能小于 0.2 μm，这取决于生物炭的类型（Sun et al., 2012; Zygourakis et al., 2013），因此其无法提供植物有效水。然而，在干旱环境下，充满水的生物炭微孔可以作为水蒸气的来源，水蒸气可以沿着浓度和温度梯度在土壤中移动。随着时间推移，土壤中生物炭的孔隙结构和填充方式可能会发生变化。有关生物炭与土壤水之间的深入讨论见第 19 章。

14.2.3 植物对干旱胁迫的响应和生物炭的缓解作用

根系能感知土壤干燥状况，并提高脱落酸（ABA）的产量。植物激素通过木质部进入叶片，诱导其气孔关闭，并降低其细胞壁的延展性（Lambers et al., 2008; Marschner, 2012）。当叶片的生长受到限制时，同化物会优先输送到植物根系［见图 14.5（a）］。因此，与植物地上部分和根系结构的变化相比，植物根系的生长得到促进：ABA 抑制了乙烯（C_2H_4）的生物合成，从而抑制侧根分支和根毛形成。相反，当根系生长至潮湿的地方时，ABA 的产量会下降，C_2H_4 的生物合成恢复，根系产生分支并形成更多的根毛来利用水分（见图 14.5）。

生物炭可以通过多种方式影响植物的生长周期［见图 14.5（b）］：①保留更多的植物有效水［PAW；见图 14.4、图 14.5（b）］；②降低土壤的抗拉强度（TS），从而形成更大的渗透深度和更密集的底土根系分枝来寻找水分［Bruun et al., 2014；见图 14.5（b）］；③通过其矿物含量直接改善 K 含量（见第 15 章），这与补偿干旱胁迫有关；④加强潜在的非常规水力提升（见图 14.3）；⑤通过支持有益的土壤根瘤菌间接促进植物生长（见第

13章）；⑥其可能携带多种化学物质因而具有植物激素效应（Graber et al., 2010, 2013）。这些化学物质可能会干扰或增加干旱胁迫下植物生长调节的现有信号链。

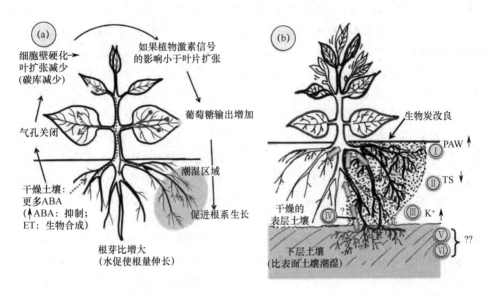

图14.5 （a）干旱胁迫下的源汇—碳库分配和植物激素信号传导；（b）可能的生物炭影响途径Ⅰ～Ⅵ（参见文本）的概念模型（根据Lambers等2008年的研究修改）

一些实地研究表明，生物炭可能有助于改善作物的水分供应状况。Liu等（2012）在德国东部SOM含量较小的砂质土壤上进行的一项田间试验表明，在添加了3.25 kg·m^{-2}堆肥和2 kg·m^{-2}木质生物炭之后，玉米的产量增加（高达40%），这可能归因于植物有效水的显著增加。在赞比亚进行的生物炭田间试验中，Cornelissen等（2013）观察到在5个高度风化、土壤呈酸性、阳离子交换能力低的地区中，有一个地区的生长量显著增加，他们认为生长量显著增加的部分归因于植物有效水供应的显著增加。

在许多研究中也发现，添加生物炭后土壤持水能力增加，其中，WHC必须调整到相同的水平以避免人为因素的干扰（Abel et al., 2013; Artiola et al., 2012; Belyaeva and Haynes, 2012; Busch et al., 2012; Busch et al., 2013; Case et al., 2012; Kammann et al., 2011, 2012; Kinney et al., 2012; Rajkovich et al., 2012）。添加的生物炭不仅增加了最大抗重力持水量，而且在添加了生物炭的砂土中，永久枯萎点的持水量（pF值为4.2，见图14.4和第19章）也增加了（Abel et al., 2013; Cornelissen et al., 2013）。在这些研究中，植物有效水随着生物炭的改良而增加，这归因于田间持水量（或最大WHC）增加的水量大于永久枯萎点土壤保留的水量（见图14.4）。因此，生物炭确实有可能缓解砂土（而不是黏土）中植物的干旱胁迫（见第19章），其他提高植物抗旱性的机制也可能参与其中。Kammann等（2011）使用了浇水方案，即向添加了生物炭和没有添加生物炭的土壤中提供等量的水。尽管两组试验的植物获得了相同量的水分，但它们的生长状况显著改善，这与植物耐旱状况的改善有关。

在大多数室内和受控环境下，需要添加高施用量的生物炭［4%（w/w）或更高］来显著增加植物有效水（例如，在添加了4%（w/w）的生物炭后，植物有效水增加

20%～30%）（Cornelissen et al., 2013）；堆积密度相对较低的生物炭，如利用小麦秸秆或芒草（Utomo, 2013; Brecht, 2013）、玉米秸秆（Abel et al., 2013）或玉米芯残留物（Kinney et al., 2012）制备的生物炭对植物有效水的影响更为显著。生物炭对砂质土壤的影响要比对黏质土壤的影响明显得多（Abel et al., 2013; Cornelissen et al., 2013; Kinney et al., 2012）。当土壤堆积密度为 1.2 t·m^{-3} 且施用深度为 0.2 m 时，添加 4%（w/w）的生物炭相当于添加了约 9.6 kg·m^{-2} 的生物炭，这可能会限制该土壤的应用。然而，在干旱气候条件下，涉及雨水灌溉农业的实际情况中，即使植物有效水的适度增加也可能造成植物产量之间的差异。保护性耕作可能允许使用较少量的生物炭，因为它仅施用于生根区（Cornelissen et al., 2013）。研究人员采用保护性耕作方法，在施用 0.4 kg·m^{-2} 生物炭的情况下，种植的覆盖率达到约 5%（w/w）。当然，在根区施用如此多的生物炭可能会导致意想不到的后果，例如，在短期内可促进致病性真菌的大量增殖（Graber et al., 2014; Jaiswal et al., 2014），以及对植物产生毒性［Graber et al., 2010; Jaiswal et al., 2014；见图 14.6（b）］。

关于生物炭改良土壤中的根系穿透深度、根系形态（包括分枝方式）和根毛发育等方面的研究较少。据报道，生物炭的施用与否对根系形态特征的影响几乎没有差异（Prendergast-Miller et al., 2013）。Bruun 等（2014）的研究是一个例外，该研究不是对表层土进行改良，而是用 1%（w/w）的生物炭对硬质土进行了改良。他们发现小麦的根系穿透得越深、根系分支越多，对土壤的利用量越大，会显著提高小麦秸秆和谷物的产量。

目前，生物炭缓解干旱的另一个尚未探索的作用途径可能与"夜间水力提升"现象有关［见图 14.3（b）］。在温带地区，特别是在干旱环境下，多年生植物的根系可以达到数十米深度（Schulze et al., 2005）。夜间，在植物负水势的吸力驱动下，水可以通过植物根系从较深、潮湿的土壤层向上流动，进入上部根系和茎/叶（见图 14.3）。如果周围上层土壤基质的水势比根系或地上部分的水势低得多，则提升的水分会从根系流到周围表层土壤。这种机制可以帮助邻近的浅根物种存活（Larcher, 2003; Schulze et al., 2005）。在气孔开放的白天，植物的水势因蒸腾作用变得更低（见图 14.3），水分又被表层土壤的根系吸收。旱作农业系统中的另一个机制是由水势差驱动的土壤中水蒸气的运动。在夜间降温期间，水从较深的温暖层向上扩散，并在表层土壤中重新凝结（热凝结），再加上雾气凝结和露珠，有时足以维持旱地农业的植物生长（Larcher, 2003）。从理论上讲，生物炭可以在热凝结过程中为水蒸气提供一个额外的捕集器。Cornelissen 等（2013；见图 14.5）观察到的两种不同生物炭对水蒸气的吸附行为证实了这一观点。目前还没有关于生物炭与水力提升和/或热凝结现象的机理研究，但它值得进一步研究。

添加生物炭缓解干旱胁迫的另一种途径可能是通过直接养分效应（见第 15 章）。例如，钾（K$^+$）是调节气孔运动和植物渗透势所必需的（Marschner, 2012）。缺 K$^+$ 减小了气孔直径、光合作用和韧皮部同化物的负荷，同时增大了暗呼吸和碳损失（Marschner, 2012），这会导致水资源利用率的下降。因此，如果生物炭提供 K$^+$（生物炭矿物组分的一个共同组分），它可能有助于缓解干旱胁迫。然而，这种效应（如果有的话）是短暂的，因为在所有 pH 值条件下，生物炭中的 K$^+$ 都是高度水溶性的钾盐（Silber et al., 2010），因此它们的浸出速率很快。

综上所述，生物炭对土壤保水及向植物输水的影响机制是不同的，这些机制还需要更系统的研究。相关研究应该与植物的功能和性状相结合，因为生物炭与植物之间的响应可能有助于确定具体的作用机制［见图14.5（b）］。显然，这些机制都不是单独作用的，它们与生物炭的其他特性之间可能存在协同或拮抗作用，可以通过控制单一试验变量来区分这些作用机制。例如，假设生物炭通过其多孔结构改变土壤的保水性，则也许可以添加非生物炭多孔物质进行对照试验（如浮石；Pietikäinen et al., 2000）。改良机制的理解，对于最终匹配作物、生物炭和气候至关重要，从而对缓解干旱胁迫作出重要贡献。例如，在干旱和强降水交替发生的气候中，可能有必要提高植物的有效持水量，并避免出现暂时性缺氧的情况发生。根据生物炭的孔隙特征，这两种情况都有可能是由添加的生物炭引起的（Brecht, 2013）。

14.3 植物激素信号作为生物炭的作用途径

植物激素信号在调节库源关系，以及在高等植物的同化物分配、生长、发育和胁迫反应中发挥着重要作用［Lambers et al., 2008; Marschner, 2012；见图14.5（a）］。它们是化学信使，合成和作用的位点通常是物理分离的。除气态乙烯和油菜素类固醇外，大多数植物激素都是通过木质部（向上）或韧皮部（向下）运输的。

本节的目的是用一个例子（乙烯）来阐述植物中植物激素信号调节的重要性，涉及的物质和途径可能与生物炭有关（Graber et al., 2010, 2013; Spokas et al., 2010; Meller-Harel et al., 2012），或者与生物炭添加后形成的微生物群落有关。（Kolton et al., 2011；见第13章）。然而，人们对生物炭—植物激素作用的认识还处于起步阶段。以植物为中心的观点可能有助于解释植物对生物炭作为改良剂的非线性响应（Graber et al., 2014）。

乙烯（C_2H_4）是一种简单的化学物质，通常被认为是"发芽""衰老"或"果实成熟"的植物激素。C_2H_4可以在植物体内从根部转移到芽，反之亦然。它诱导芽生长，以避免在淹水或光照不足（如在一个密集的树冠）的情况下缺氧。它还能减少缺氧时的根系伸长，并能促进根系增厚和通气组织的形成，以及侧根分枝和根毛的形成（Marschner, 2012; Lambers et al., 2008; Larcher, 2003）。C_2H_4还参与抗病性调节（van Loon et al., 2006），从本质上讲，C_2H_4是植物对生物和非生物胁迫响应的一种强制性调节因子（Dugardeyn and Van Der Straeten, 2008; Pierik et al., 2006）。

在土壤中（Dowdell et al., 1972; Sexstone and Mains, 1990），细菌（如丁香假单胞菌）和真菌（如青霉菌）等微生物通过两种生物合成途径也可以产生C_2H_4（Zechmeister-Boltenstern and Smith, 1998）。同时，在耗氧量经常超过产氧量的土壤中，尤其是在缺氧情况下，它可以被微生物降解（Rigler and Zechmeister-Boltenstern, 1999; Zechmeister-Boltenstern and Smith, 1998）。

生物炭可以释放、吸收C_2H_4，或者不影响C_2H_4的产生（Spokas et al., 2010; Fulton et al., 2013）。Spokas等（2010）测试了12种生物炭和1种活性炭在不同条件下的C_2H_4释放潜力，观察到：①一些干燥的生物炭可以释放C_2H_4；②湿润的生物炭倾向于释放更多的C_2H_4；③在田间试验中，与土壤混合的生物炭的C_2H_4平均释放量高于生物炭单独作用的C_2H_4平均释放量。然而，他们没有确定生物炭或生物炭改良土壤中C_2H_4的释放机制。

植物激素C_2H_4的"效应"通常是负面的，因为在高浓度下它可能对植物生长有害（Rigler and Zechmeister-Boltenstern, 1999; Pierik et al., 2007; Dugardeyn and Van Der Straeten,

2008）。因此，如果生物炭释放出大量的 C_2H_4，则可能通过 C_2H_4 产生抑制作用（Fulton et al., 2013）。然而，低剂量的 C_2H_4 在促进植物生长方面具有完全不同的作用。Pierik 等（2006）提出了植物生长对 C_2H_4 响应的双相模型，其主要影响细胞伸长，对光合作用也有影响，如图14.6（a）所示。

在许多情况下，如图14.6（b）所示，已经观察到生物炭的双相反应，其中有很多可能的原因。一种可能的机制涉及"毒物兴奋效应"：低施用量刺激、高施用量抑制（如图14.6中的Ⅱ或Ⅲ所示），这是由于生物炭中存在各种化学物质（不一定是 C_2H_4；Graber et al., 2010）。生物炭施用引发双相反应的原因值得深入研究，因为这种效应可能会限制生物炭的应用。如果需要了解更多有关"毒物兴奋效应"研究领域的信息，请见参考书籍（Steinberg, 2012）或综述（如 Calabrese and Blain, 2009）。

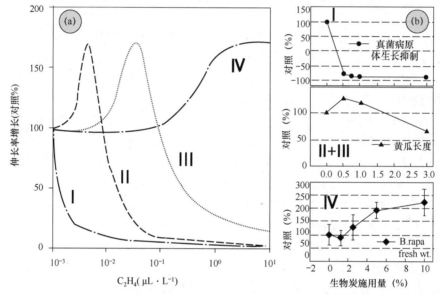

图14.6 （a）包括双相反应的施用量反应模型（Pierik et al., 2006，经过修改），已公布的结果显示了物种特异性剂量反应曲线对乙烯暴露的宽泛生态幅度：（Ⅰ）黄瓜的根伸长；（Ⅱ）拟南芥的胚轴长度；（Ⅲ）小麦胚芽鞘长度；（Ⅳ）耐油茅的叶柄伸长。（b）植物对施用生物炭的响应，不一定是因为C_2H_4，与其一致的有：（Ⅰ）抑制土壤真菌、病原菌、核盘菌、菌丝生长（Graber et al., 2014）；（Ⅱ）或（Ⅲ）受到立枯丝核菌感染后的黄瓜长度（Jaiswal et al., 2014）；（Ⅳ）在未施肥的泥炭基质中生长的甘蓝型油菜鲜重［摘自Busch et al.（2013），修改后］

生物炭衍生的 C_2H_4 的含量可能在生物炭制备或掺入后的数周或数月内降低（Fulton et al., 2013），这是由于生物炭可以作为微生物群落的生长基质，这些微生物可能会以不同的方式产生或消耗 C_2H_4（Zechmeister-Boltenstern and Smith, 1998）。此外，根毛被截留在充满水或缺氧的生物炭孔隙中，可能会产生 C_2H_4（感应缺氧），从而将"生长和伸长"信号发送到植物的地上部分。

目前，只有一项研究测试了在有/无生物炭改良剂的土壤容器中 C_2H_4 的产生情况（Di Lonardo et al., 2013）。研究发现，当在封闭容器中用 $0.5\ g·L^{-1}$ 生物炭或活性炭改良无土琼脂培养基时，栽培白杨树的封闭容器中 C_2H_4 浓度降低。随着产生 C_2H_4 的植物在封闭容器中生长，与对照组相比，生物炭和活性炭处理组的 C_2H_4 浓度随着时间的推移而降低。

添加的生物炭和活性炭显著改善了植株的根系发育和存活率,并且植株的地上部分更细长(黄化),但地上部分的生物量没有增加(Di Lonardo et al., 2013)。作者将其促进生长的作用归因于生物炭对 C_2H_4 的吸附作用。在添加了生物炭的培养基但没有植物的容器中,C_2H_4 浓度很低,这与在没有生物炭的对照培养基中没有差别。当然,该试验装置是人工配置的,因为在正常生长条件下植物释放的 C_2H_4 会排放到大气中。需要注意的一点是,生长介质中的生物炭吸收 C_2H_4,而不是释放 C_2H_4。

综上所述,生物炭和植物激素的响应机制,包括在根—生物炭界面生长的微生物的活动,显然未得到充分探索,而对这些领域的系统研究有可能会加深对生物炭效应的理解。利用不敏感或不能产生某种植物激素的转基因植物,或利用具有某种病原体防御机制的转基因植物,有可能会加深对生物炭效应的认识和理解。

14.4 生物炭与根系生长的关系

14.4.1 生物炭与根系生长、土壤温度的关系

植物的根系是根据其特定的物种形态和当地的土壤条件发育起来的,表现出相当高的可塑性。根系不断生长,寻找水分和养分,最终形成共生体,因为通常只有未木栓化的幼根部分(根尖及包括根毛在内的伸长区)才能吸收水分(Larcher, 2003; Lambers et al., 2008)。在浅层、强压实、潮湿或其他低氧土壤中,根系生长受到阻碍;而在寒冷土壤中,根系生长延迟。在寒冷或压实土壤中,植物水分供应不足的主要原因是根系生长不良(Larcher, 2003)。关键的一点是,生物炭是否能够通过改善根系结构和生长状况来促进植物生长。

施用生物炭而导致的土壤抗拉强度和堆积密度的降低(见第19章),可以通过缓解物理限制和不利的缺氧环境来促进根系生长。然而,由于土壤温度的变化,生物炭的添加也可能间接地改变根系的生长,这可能归因于生物炭使土壤变黑而导致反照率(反射率)减小,或者由于降低了堆积密度而改善了曝气。即使植物的所有其他条件都相似,土壤温度也能在很大程度上影响根的生长、形态和根冠比(Sattelmacher et al., 1990)。

生物炭的添加可显著减小无植被的温带土壤的反照率(Meyer et al., 2012),因此理论上可以产生全球性影响(Verheijen et al., 2013),包括减少固碳的负面影响(只要农业土壤在休耕期间裸露,便不建议农业耕作)。总之,裸土中的生物炭可能会在春季加速土壤变暖和根系生长,对养分循环产生积极影响。因此,添加生物炭而导致的土壤变暖可以为北方或温带地区的幼苗提供一个"领先优势",而种植的作物是否能达到预期效果取决于作物种类和气候带。在干旱(亚热带)地区,将生物炭添加到土壤中可能会导致土壤温度意外升高,并对作物生长产生不良影响。另外,如果生物炭改善了温暖气候下植物的水分供应,通过蒸腾作用可能会使植物免受热胁迫,因为它能促进土壤降温。据 Schubert(2006)报道,高温和干旱胁迫的结合导致甜菜糖产量的负协同效应降低,因此蒸腾降温效应可能有利于农业增产。目前,人们还完全不清楚生物炭使土壤变暖,以及蒸发、蒸腾、冷却的最终可能性结果是什么。

14.4.2 生物炭对根系生长发育的影响

在研究植物对添加生物炭的响应时，除少数研究外，根系反应的测量均基于干净、干燥的生物量（Noguera et al., 2010; Rajkovich et al., 2012）。众所周知，这样的测量容易受到人为因素的影响，因为残留并附着在根系上的土壤颗粒的比重远远大于干燥材料的比重；同时，彻底清洗通常不仅去除了附着的土壤颗粒，而且去除了大部分根茎。因此，生物炭添加与否、如何影响、为什么影响根系结构的问题，以及此类影响的意义仍是一个尚未深入探讨的主题。Bruun 等（2014）的研究是一个例外，他们用 0.5%、1%、2% 或 4% 的秸秆生物炭改良了丹麦农业土壤的坚硬砂质底土层。体积密度的降低及植株有效水储量的增加，使大麦的根系穿透深度和根分枝（根密度）增加。添加 1% 的秸秆生物炭后，生物炭改良土壤下层的根系密度最高，相应的粮食产量提高（与对照组相比，提高了 22%；Bruun et al., 2014）。另一项使用根瘤菌的研究发现，两种不同的生物炭施用量（$2\ kg \cdot m^{-2}$ 和 $6\ kg \cdot m^{-2}$）对根系性状（特定根系长度、根系密度、根系长度与根系体积的比、根系组织密度）没有明显影响（Prendergast-Miller et al., 2011）。对大麦根系发育的第 2 项研究发现，在对照组和生物炭处理组之间，总根系长度、特定根系长度、根系质量和根系长度比没有显著差异。然而，与无生物炭对照组相比，芒草生物炭处理后的根系生物量（及地上部分的生物量）和附着在根际的土壤质量显著高于无生物炭对照组，而柳树生物炭处理组的根系生物量和根际土壤附着量显著低于无生物炭对照组（Prendergast-Miller et al., 2013）。然而，与对照组相比，所有生物炭处理组的根鞘土壤质量（主要是与根毛发育和根系紧密相连的土壤）显著降低（Prendergast-Miller et al., 2013）。作者认为这归因于养分的输送，特别是含 P 的芒草生物炭进入植物根系，减少了根毛形成。在根际土壤中发现的生物炭颗粒明显多于非根际土壤，这个结果显然支持上述论点（Prendergast-Miller et al., 2013）。

这些结果与以前结果中生物炭通常会诱导根毛形成，以及摄取生物炭孔隙中水分和养分并存储形成鲜明对比（Joseph et al., 2010, 2013）。以上结果表明，只有生物炭提供了在其他情况下无法获得的养分时，植物才会从生物炭孔隙中摄取养分或水分。

根毛是一种细长的表皮细胞，主要具有两项功能：水分和养分交换，根与周围植物之间的固定和黏附。典型的根毛呈圆柱状，长度为 $80 \sim 1500\ \mu m$，直径为 $5 \sim 20\ \mu m$，具体取决于品种。根毛的大小也随环境条件而变化，包括 pH 值、离子浓度、水势、土壤质地、相对湿度和存在的根际微生物等（Hofer, 1991）。相比之下，许多生物炭具有复杂的孔结构，由微孔、中孔和大孔等多个相互连接的网络组成，大小从 $0.5\ nm$ 到 $10\ \mu m$ 左右不等，具体取决于原料和制备温度（Sun et al., 2012; Zygourakis et al., 2013）。氮气（N_2）吸附—解吸试验表明，生物炭中的绝大多数孔隙直径小于 $2\ nm$，许多孔隙狭窄且呈狭缝状（Sun et al., 2012）。与生物炭的微孔比表面积相比，其大孔的比表面积非常小（Sun et al., 2012）。然而，大孔体积占生物炭孔体积的大部分，并且更容易接触水、根毛和微生物，这可能决定了生物炭许多重要的水文特性和环境特性（Sun et al., 2012）。生物炭保留了其亲本植物原料的细胞结构的主要特征，因此由具有较大细胞的原料（如木材）制备的生物炭具有直径约 $10\ \mu m$ 或更大的大孔（Sun et al., 2012）。相比之下，由纤维素秸秆（如玉米秸秆）制备的生物炭的孔隙结构特征是：孔壁和孔通道更薄，直径约为 $1\ \mu m$（Sun et al., 2012）。密度大的原料（如牛粪、家禽粪便、坚果壳和污泥）或没有较大孔隙的原料（如橙皮或橄榄果渣)可能具有较小的孔直径,因此,生物炭大孔和根毛可能非常不匹配,只有分布在生物炭颗粒外部的部分大孔才可以被根毛接近。

除尺寸的限制外,生物炭大孔的化学环境可能不利于根毛在生物炭中的生长,特别是在新制备的生物炭中。这是因为生物炭大孔可能会被束缚水填充,这些束缚水含氧量低,含有高浓度盐离子(如 K^+、Ca^{2+}、Na^+ 或 Cl^-)或高含量的植物毒性化合物。这种微环境并不利于根毛的发育,因为大多数根系更喜欢在潮湿的空气中产生根毛,而不是浸入水中或在氧气不充足的水中(Hofer, 1991)。此外,盐离子的存在还会强烈地抑制根毛的发育(Hofer, 1991),以及根对 Ca^{2+} 的吸收(Halperin et al., 1997),植物毒性化合物也是如此。基于以上考虑,虽然人们可能普遍认为,植物产生根毛是为了摄取生物炭孔隙中的水分和养分(Joseph et al., 2010, 2013),但这可能是一种罕见的情况,或者其会随着生物炭在土壤中的老化而变化。生物炭颗粒可能比根系土壤颗粒大,因此其有利于根毛生长。这一观点在 Prendergast-Miller 等(2013)和图 14.7 中发表的照片中得到了证实。这可能是生物炭处理的土壤中根毛形成量减少导致的,或者由于生物炭的改良补充了土壤中的有效磷含量,从而减少了对根毛形成的需要。在进一步研究中,人们需要通过试验设计来探究影响根毛形成和根系形态的因素,如土壤类型(粒径)、抗拉强度、空气容量,以及水分和养分的利用率,以确定新制备生物炭和土壤中老化生物炭的影响机制。

与根毛相比,真菌菌丝是圆柱形的线状结构,直径约 2 μm,长度可达几厘米。真菌菌丝直径比许多根毛直径小,所以更容易进入生物炭大孔(但不是中孔或微孔)。真菌菌丝特别"喜欢"生长在固体表面,以及入侵基质和组织,它们具有很强的穿透力。真菌通常是异养菌,因此仅依赖有机碳进行代谢,结果导致它们进化出高度的代谢多功能性,从而能够使用各种有机基质,还能在对于其他生物体而言过于苛刻的各种环境下生长。生物炭大孔中较低的 O_2 含量、盐溶液、不流动而污浊的孔隙水不一定会对多种土壤真菌产生抑制作用,反而可以提供适宜的微环境,以促进其生存和繁殖。多项研究表明,生物炭的大孔可能保护细菌和真菌免受其他微生物的侵害(Saito, 1990; Warnock et al., 2007; Lehmann et al., 2011)。第 13 章更详细地讨论了生物炭作为改良剂对土壤生物的影响。

图14.7 春季大麦(*Hordeum vulgare L.*)的细根和根毛在土壤中添加的芒草生物炭颗粒周围生长(植物根系结构可能对促进其从生物炭颗粒表面和孔隙中吸收水分和养分起重要作用)(图片来源:Miranda Prendergast-Miller、Prendergast-Miller等于2013年发表文章中的图1)

14.4.3 根际微生物群落

植物被认为是超级生物，其特定功能依赖根际微生物群落；反过来，它们将光合作用固定的 C 沉积到根际中，从而培养了微生物群落，并影响其组成和活性（Mendes et al.，2013）。目前，已经有大量研究表明，许多与根系相关的微生物对种子发芽、幼苗活性、植物生长发育、植物营养和健康状况都有明显的影响，例如，固氮细菌、菌根真菌、促进植物生长的根际细菌（PGPR）和真菌（PGPF）、生防菌、真菌寄生菌、非寄生线虫和原生动物都可以对植物生长产生有益作用。它们有助于土壤中养分和矿物质的转运和循环，可以改善土壤的物理结构，产生稳定的土壤团聚体，并为抵御土壤病原体（如病原性真菌、卵菌、细菌和植物寄生虫）提供第一道防护。根际微生物群落有助于提高某些植物在极端环境（如干旱、洪涝、盐碱）条件下的生存能力。其他环境胁迫因子，如 pH 值和高浓度有毒化合物，也会受到根际细菌的影响。最近的几篇综述，涉及根际微生物的各个方面，以及植物和根际微生物之间的相互依赖关系（Bakker et al., 2013; Bitas et al., 2013; Farag et al., 2013; Junker and Tholl, 2013; Mendes et al., 2013; Vacheron et al., 2013）。

大多数（即使不是全部）根际细菌和根际真菌是代谢产物的生产者，这些代谢产物会抑制竞争性微生物的生长或活性（Bitas et al., 2013），它们还会产生各种挥发性有机化合物 VOCs，参与根际的长距离信号传递。细菌的挥发性有机化合物（VOCs）会干扰系统发育不同细菌的群体感应，并能诱导植物的系统抗性，同时促进植物生长。这些生物源 VOCs 通常是亲脂性的，具有低分子量（<300 Da）、高蒸气压（在 20℃时为 0.01 kPa 或更高），属于若干化学类别，包括醇、硫醇、醛、酯、萜类化合物和脂肪酸衍生物（Bitas et al., 2013）。已发现微生物的 VOCs 可作为信号分子，调节微生物之间，以及微生物与植物根系之间的短距离和长距离相互作用，这归因于它们在土壤气相和液相中的流动性。它们还在调节植物生长、诱导系统抗逆性和植物毒性中发挥作用（Bitas et al., 2013）。由于添加到土壤中的生物炭会导致根际微生物群落结构发生重大变化（Anderson et al., 2011; Kolton et al., 2011），因此根际中细菌 VOCs 代谢产物的特性可能会随之变化。此外，许多生物炭本身会释放出许多有机小分子和 VOCs（Graber et al., 2010, 2014; Spokas et al., 2010），其中一些是具有相同 [如苯甲醛（Spokas et al., 2010）、3-苯基丙酸（Graber et al., 2014）] 或者类似结构 [如丙烷 1,2-二醇（Graber et al., 2010）] 的微生物 VOCs（Bitas et al., 2013），并且可能对植物的生长和健康产生类似的直接影响。生物炭还可以吸附挥发性化合物（Graber et al., 2011a），并且由于原始生物炭有限的吸附能力（Graber et al., 2011b），生物炭吸附位点上各种有机化合物之间的竞争会导致 VOCs 的性质发生重大变化。土壤中生物炭的老化也会改变生物炭的吸附能力（见第 9 章和第 23 章），并影响 VOCs 在土壤中的分布。添加生物炭引起微生物代谢物的变化，以及生物炭的化学物质对植物信号传递的影响，需要进一步研究。

14.4.4 生物炭的氧化还原电位作为土壤—微生物—植物根系相互作用的驱动力

许多研究表明，生物炭可能具有明显的氧化还原活性，因此，生物炭可以在土壤和植物根际的一系列氧化还原反应中起作用（Joseph et al., 2010; Lin et al., 2012; Cayuela et al.,

2013; Graber et al., 2014; Kluepfel et al., 2014)。近年来，生物炭对土壤反硝化微生物电子穿梭的促进被认为是在用生物炭改良的许多不同农业土壤中观察到 N_2O 排放量减少的机制之一（Briones, 2012; Cayuela et al., 2013；见第 17 章）。生物炭既是电子供体（还原剂，其中 O_2 是最常见的电子受体物种），又是电子受体（Kluepfel et al., 2014）。在没有 O_2 的情况下，电子受体（如 NO_3^-、MnO_2 和 Fe_xO_y）之间的氧化还原反应可能是生物炭氧化的原因（Nguyen and Lehmann, 2009）。根据 Graber 等（2014）的报道，从生物炭中释放的水溶性酚类化合物具有明显的还原能力，并且通过还原土壤中的 Mn、Fe 氧化物，可以在一定的 pH 值下溶解土壤中的 Mn、Fe。Choppala 等（2012）将人为污染的土壤和生物炭悬浮液中 Cr^{6+} 的损失，以及在光照条件下铬酸盐诱导毒性的降低归因于生物炭参与氧化还原过程。在还原剂存在的条件下，生物炭可以促进（催化）二硝基除草剂和硝基炸药的还原转化（Oh et al., 2013）。根据 Contescu 等（1998）的研究，具有高 π 电子密度的热解碳芳香区的电子传递过程伴随着表面氧化和含氧官能团的形成。这种非生物氧化还原驱动的过程可能是生物炭在土壤中氧化的主要途径。

氧化还原反应是许多植物生理活动、微生物活动和土壤化学过程的主要驱动力。因此，生物炭参与土壤和根际的氧化还原反应可能是生物炭影响土壤微生物—根系连续性的重要过程的方式之一（Briones, 2012; Graber et al., 2014）。这些过程包括微生物电子传递、养分循环、养分的根系吸收、自由基清除、有机结构的非生物形成、污染物降解，以及污染物的迁移或固定（Bartlett and James, 1993）。对农业系统中氧化还原和 pH 值的综述详见 Husson 于 2012 年发表的文章。

14.5 生物胁迫：生物炭对植物防御及对抗病原体的作用

14.5.1 植物防御概述

植物虽然静止不动，但并非没有防御能力，它们已经预先形成了大量的、复杂的结构，可以抵抗生物胁迫和非生物胁迫。预先形成的结构包括植物角质层、细胞壁、刺、解毒酶和受体，它们可以感知压力并激活可诱导的植物防御。诱导型防御机制差异很大，包括：①强化细胞壁；②产生化学抗菌物质，如活性氧、萜类、生物碱、防御相关蛋白（防御素或病原体相关蛋白）和酶（几丁质酶或过氧化物酶）；③超敏反应（阻止疾病传播的宿主细胞迅速死亡）；④释放吸引内生菌、捕食者或微生物的化学信号；⑤释放挥发性化合物，诱导同一种植物或附近植物的其他叶片防御。诱导防御可以有效抵抗多种病原体和寄生虫，包括真菌、细菌、病毒、线虫和节肢动物害虫（Vallad and Goodman, 2004）。Walters 和 Heil（2007）指出，诱导抗性的进化可能是为了在无病原体或无昆虫的条件下节约能源。然而，当防御在"攻击"后被激活时，能源消耗仍会增加，这是由于能源分配从植物生长转移到植物防御。在对诱导抗性和植物与有益菌（如菌根真菌）之间的相互作用进行权衡时，还会产生生态成本（Walters and Heil, 2007）。

在模拟的植物系统中，诱导抗性通常分为两种主要类型：系统获得性抗性（SAR），诱导性系统抗性（ISR）。这两种抗性通过其调节途径和激发子的性质来区分（Vallad and

Goodman, 2004)。SAR 对多种植物均有效,并且与 PR 蛋白的产生有关,并通过水杨酸(SA) 依赖性代谢途径调节。SAR 可以由化学激发子和生物激发子触发。已知会引发 SAR 的化学物质包括合成的水杨酸类似物 2,6-二氯亚异烟酸、活化酯(Iriti et al., 2004; Perazzolli et al., 2008)、茉莉酸甲酯(Belhadj et al., 2006)、几丁质(Rajkumar et al., 2008)、壳聚糖(Aziz et al., 2006)、海带多糖(Trouvelot et al., 2008)和 β-氨基丁酸(Hamiduzzaman et al., 2005)。此外,SAR 可以被磷酸盐、硅、氨基酸、脂肪酸和细胞壁碎片刺激(Reuveni et al., 1995; Walters et al., 2005; Wiese et al., 2005)。生物激发子可以是微生物释放的化学物质,它们会沿 SA 途径诱导 SAR。环境因素,如渗透压、水分和质子胁迫、机械伤害和极端温度也会诱发 SAR(Ayres, 1984; Wiese et al., 2004;前馈响应;见图 14.1)。相比之下,ISR 通过植物促生根瘤菌(PGPR)和真菌(PGPF)系统性发育响应植物根系的定殖(Van der Ent et al., 2009),并由植物激素茉莉酸和 C_2H_4 调节。通常,ISR 与茉莉酸或 C_2H_4 的生物合成增强无关,也与大量变化的防御相关基因表达无关;相反,表达 ISR 的植物会"提前准备好"以增强防御机制。与非初生植物体相比,初生植物体在受到胁迫后表现出更快、更强的细胞防御激活响应(Conrath et al., 2006)。激发效应也是 SAR 的组成部分,激发效应不仅局限于生物胁迫,还观察到了对非生物胁迫(如盐、热、冷和干旱)的影响(Ton and Maunch-Mani, 2003)。

14.5.2 生物炭介导对植物叶片和土壤传播病害的保护

目前,针对生物炭是否可以,以及如何诱导植物抵抗生物胁迫或非生物胁迫的研究有限。对温室中的辣椒和番茄植株的研究发现,添加生物炭的土壤培养基能够调节植物对叶片病害微生物的系统抗性(Elad et al., 2010)。在用柑橘木材制备的生物炭进行的改良处理中,由(灰霉病)食尸动物和(干燥性甲虫病,原名 *Leveillula taurica*)活养寄生物叶片病原体引起的病害的严重性明显降低。由于生物炭在植物发育所有阶段的位置(在土壤中)与感染的位置(在叶片上)在空间上是分开的,并且在生命周期的病原体在任何时候都没有进入土壤,因此生物炭对致病因子没有直接毒性。由此得出的结论是,土壤介质中生物炭的存在会引起植物的整个系统响应,其他原料(温室中的胡椒植物废料、橄榄果渣和桉木片)制备的生物炭可降低番茄植株感染灰霉病后的严重程度(Elad et al., 2011)。在大多数情况下,无论原料、制备温度(350 ℃或 450 ℃)、病害类型的分析(整株叶片与离体叶片)、暴露于生物炭的时间或植株的年龄如何,生物炭都会对灰霉病产生抗性。但是,病害的发展通常表现出 U 字形的生物炭施用量—病害严重性响应曲线(生物炭施用量为 0 wt%~3 wt%)。

为了研究生物炭调节的番茄—灰霉病菌相互作用的诱导抗性途径,对 3 种野生型番茄进行病害的定量分析,并将其与激素不敏感突变体或转化子对 C_2H_4、茉莉酸和 SA 的响应进行比较(Mehari et al., 2013)。在添加 1 wt% 或 3 wt% 生物炭(由温室生产废弃物在 450 ℃下制备)的盆栽混合物中,3 种野生型番茄植株的叶片比不添加生物炭的番茄植株的叶片更不易发生病害。C_2H_4 不敏感突变体和非 SA 对生物炭改良的响应与野生型番茄植株相似。然而,无论是否添加生物炭,茉莉酸的缺陷突变体都表现出相同的病害水平(Mehari et al., 2013)。除茉莉酸缺陷型突变体外,生物炭的改良诱导了番茄所有基因中相关防御基因的表达。这些结果表明,茉莉酸信号传导通路参与了生物炭介导的番茄对灰葡萄孢的抗性。实际上，对坏死病原体（如灰葡萄孢）的抗性通常需要激活茉莉酸信号传导通路（El Oirdi et al., 2011）。番茄中的这种信号传导通路通常是由根际微生物触发的，缺乏茉莉酸会增加番茄对各种病原体的敏感性（van Loon et al., 2006）。茉莉酸相关的转录因子在建立激发效应中起着核心作用（Van der Ent et al., 2009）。

实时 qPCR 技术为草莓叶片病原体 B. cinerea 和 Podosphaera 攻击草莓叶片中的 SA 和茉莉酸 /C_2H_4 诱导信号通路提供了生物炭介导系统植物防御的分子证据（Meller Harel et al., 2012）。这些植物在盆栽培养基中生长，其分别添加了 0%（w/w）、1%（w/w）和 3%（w/w）的木材衍生生物炭，采用完全发酵的试验装置，其目的是消除生物炭对植物营养和水分吸收或释放的可能影响。在生物炭改良的盆栽培养基中生长的植物，受到灰质芽孢杆菌和番石榴假单胞菌感染后，可以表达相关抗性基因。生物炭介导 SAR 和 ISR 信号通路的基因表达，以及诱导植物启动防御状态的能力，可能是生物炭有助于减少不同类型病原体（如食尸动物、活养寄生物和半活养寄生物）感染的机制之一（Meller Harel et al., 2012）。

生长在含有 4.2%（w/w）生物炭（由气化法制备）土壤中的拟南芥的全部基因表达的数据显示，许多参与刺激生物量增加的基因（与油菜素类固醇、生长素生物合成与信号传导相关）表达增加（Viger et al., 2014）。同时，与植物防御相关的基因，包括茉莉酸和 SA 的生物合成通路减少（Viger et al., 2014）。但是，由于没有进行病原体攻击，因此无法推断涉及植物防御基因的普遍减少是否会导致随后对病原体攻击的易感性。此外，人们也没有探究添加的生物炭对养分和水分的固持效果的潜在影响。

除了诱导植物对叶真菌病原体的系统抗性反应外，生物炭还抑制或减轻了各种病理系统中的土壤病害［Matsubara et al., 2002; Elmer and Pignatello, 2011; Zwart and Kim, 2012; Jaiswal et al., 2014；见第 13 章和 Graber 等人（2014）］。由于土壤病原体与生物炭直接接触，因此生物炭降低由土壤病原体引起的病害严重程度的潜在机制有很多（见第 13 章）。它们可能包括对病原体的直接毒性、刺激对病原体有拮抗作用的化学和 / 或微生物环境、吸附病原体产生的植物毒素或诱导系统性植物防御。给定生物炭—病理系统中的控制机制可能与另一个系统中重要的控制机制截然不同。Elmer 和 Pignatello（2011）在研究中，将芦笋根系病害的减少归因于生物炭对刺孢镰刀菌、天门冬酰胺和增菌体产生毒素的吸附作用。除此之外，业内还没有关于控制机制的研究。

在涉及生物胁迫的研究中经常会观察到 U 字形生物炭施用量—病害响应曲线（Elad et al., 2011; Zwart and Kim, 2012; Jaiswal et al., 2013, 2014; Graber et al., 2014）。大多数系统最终都会呈现 U 字形生物炭施用量—病害响应曲线（Graber et al., 2010, 2014; Jaiswal et al., 2014；见图 14.6）。生物炭中可能含有一些植物毒性化合物，当生物炭施用量较高时，可能会损害植物根系，并使它们更容易受到病原体的侵害，就像某些植物残渣一样（Patrick and Toussoun, 1965; Ye et al., 2004）。在较低生物炭施用量下，此类与生物炭有关的化合物可能会引发或诱导系统性植物防御。据报道，许多植物的生长指标、某些代谢过程和植物病害的发生率都证明了这种毒理效应在多种植物中起作用（Calabrese and Blain, 2009）；包括苯酚、羧酸、脂肪酸、芳香族化合物、碳氢化合物等在内的许多种类的化学物质会在植物中引起倒 U 字形的激素剂量—病害响应曲线（Calabrese and Blain, 2009）。各种化感物质（Liu et al., 2003）、植物激素 C_2H_4（Pierik et al., 2006；见图 14.6）、某些除草剂（Velini et al., 2008; Cedergreen et al., 2009）和抗生素（Migliore et al., 2010）也会出现这种响应曲线。U 字形生物炭施用量—病害响应曲线也能解释 Viger 等（2014）报道的拟南芥属植物防御相关基因总体减少的原因，Viger 等（2014）研究了当生物炭施用量很高时［分别为 4.2%（w/w）和 8.4%（w/w）的生物炭（气化法制备）］的基因响应。基于生物炭的制备过程，该生物炭中含有高浓度的有毒化合物，如多环芳烃（PAHs；Hale et al., 2012; Hilber et al., 2012; Schimmelpfennig and Glaser, 2012; Wiedner et al., 2013），但 Viger 等（2014）并没有对此进行单独研究。

14.5.3 Karrikins 在生物炭介导植物响应的影响中所起的作用

Karrikins 是植物燃烧时在烟雾中发现的植物生长调节剂（Chiwocha et al., 2009; Nelson et al., 2012），其能有效地打破许多物种种子的休眠状态，这些物种适应了经常经历火灾和烟雾的环境。事实证明，Karrikins 还可以在很少发生火灾的地方促进种子发芽，并控制幼苗的生长，这表明其重要性可能远远超出火生态学。研究表明，拟南芥的种子对烟雾中的 Karrikins 具有刺激和特异性响应（Nelson et al., 2009）。由此可得，生物炭可能含有 Karrikins 或 Kararrikin 化合物，特别是在相对较低的温度下，以及在能够使烟气在生物炭孔隙中凝结的环境下。然而，目前为止，这一假设尚未得到验证。大多数研究都报道了生物炭对种子萌发具有中性效应（Busch et al., 2012, 2013; Rogovska et al., 2012; Bargmann et al., 2013），而负效应主要与水热炭有关［由富含水的生物质原料，在低温（200～250℃）的水中高压制备；Libra et al., 2011］。在大多数情况下，测试系统涉及农作物，而不是适应周期性变化的植物物种。

14.6 从植物角度看生物炭：问题多于答案

上面的讨论表明，从植物生理生态学的角度来分析生物炭效应，在生物炭影响植物的不同响应机制方面可能会有新发现。显然，研究植物的生理生态学变化既可以解答以往的疑问，又能探索到新的知识领域。例如，Noguera 等（2012）在温室研究中观察到，在生物炭改良土壤中生长的水稻叶片蛋白质的更新速度加快（与衰老反应相当），这导致枝条的生长明显加快，但根系生物量没有增加（Noguera et al., 2010）。首先回答初步的问题：为什么水稻地上部分的生物量会随着生物炭的改良而增加？紧接着要回答的问题是：为什么控制叶片蛋白分解代谢的 3 个基因和构建二磷酸核酮糖羧化酶的 2 个基因的表达会随着土壤中生物炭的改良而上调？生物炭上是否存在影响植物基因表达和上调的类似角蛋白的物质？如果有，作用机制是什么？低氧生物炭孔隙中的土壤微生物群落是否会产生 C_2H_4 来调节这些衰老基因的表达？在相同的生物炭和土壤，但在不同的植物物种中，能否产生相同的效果？当生物炭在土壤中开始老化时，这种影响会持续多久（例如，如果这种影响是由微生物降解的生物炭所含的化学物质引起的）？

选择 Noguera 等（2012）在植物生理生态特性研究中的一个例子，是因为它既代表了潜在价值，也从植物角度探讨了生物炭对植物生长的影响。本章所强调的植物生理生态特性、植物形态和适应响应、激素信号传导及与土壤中添加的生物炭相关的有机体相互作用变化的例子，往往只触及表面。不管怎么样，来自非生物（如水）和生物（病原体）胁迫的例子有希望阐明，从植物角度（植物生理生态学和土壤生态学，包括根际微生物群落）提高对机制的理解对于未来开发特定用途的生物炭至关重要。深入理解生物炭介导的植物响应对于将"粗略的生物炭工具"塑造成一系列更精细、更合理的生物炭工具是必不可少的。

参考文献

Abel, S., Peters, A., Trinks, S., et al. Impact of biochar and hydrochar addition on water retention and water repellency of sandy soil[J]. Geoderma, 2013, 202: 183-191.

Anderson, C. R., Condron, L. M., Clough, T. J., et al. Biochar induced soil microbial community change: Implications for biogeochemical cycling of carbon, nitrogen and phosphorus[J]. Pedobiologia, 2011, 54: 309-320.

Artiola, J. F., Rasmussen, C. and Freitas, R. Effects of a biochar-amended alkaline soil on the growth of romaine lettuce and bermudagrass[J]. Soil Science, 2012, 177: 561-570.

Ayres, P. G. The interaction between environmental-stress injury and biotic disease physiology[J]. Annual Review of Phytopathology, 1984, 22: 53-75.

Aziz, A., Trotel-Aziz, P., Dhuicq, L., et al. Chitosan oligomers and copper sulfate induce grapevine defense reactions and resistance to gray mold and downy mildew[J]. Phytopathology, 2006, 96: 1188-1194.

Bakker, P., Doornbos, R. F., Zamioudis, C., et al. Induced systemic resistance and the rhizosphere microbiome[J]. Plant Pathology Journal, 2013, 29: 136-143.

Bargmann, I., Rillig, M. C., Buss, W., et al. Hydrochar and biochar effects on germination of spring barley[J]. Journal of Agronomy and Crop Science, 2013, 199: 360-373.

Bartlett, R. J. and James, B. R. Redox chemistry of soils[J]. Advances in Agronomy, 1993, 50: 151-208.

Belhadj, A., Saigne, C., Telef, N., et al. Methyl jasmonate induces defense responses in grapevine and triggers protection against Erysiphe necator[J]. Journal of Agricultural and Food Chemistry, 2006, 54: 9119-9125.

Belyaeva, O. N. and Haynes, R. J. Comparison of the effects of conventional organic amendments and biochar on the chemical, physical and microbial properties of coal fly ash as a plant growth medium[J]. Environmental Earth Sciences, 2012, 66: 1987-1997.

Bitas, V., Kim, H. S., Bennett, J. W., et al. Sniffing on microbes: Diverse roles of microbial volatile organic compounds in plant health[J]. Molecular Plant-Microbe Interactions, 2013, 26: 835-843.

Brecht, N. Wasserverfügbarkeit für Pflanzen in Böden mit und ohne biochar (water availability for plants in soils with and without biochar)[D]. Giessen: Giessen University, 2013.

Briones, A. M. The secrets of El Dorado viewed through a microbial perspective[J]. Frontiers in Microbiology, 2012, 3: 239-239.

Bruun, E. W., Petersen, C. T., Hansen, E., et al. Biochar amendment to coarse sandy subsoil improves root growth and increases water retention[J]. Soil Use and Management, 2014, 30: 109-118.

Busch, D., Kammann, C., Grünhage, L., et al. Simple biotoxicity tests for evaluation of carbonaceous soil additives: Establishment and reproducibility of four test procedures[J]. Journal of Environmental Quality, 2012, 41: 1023-1032.

Busch, D., Stark, A., Kammann, C. I., et al. Genotoxic and phytotoxic risk assessment of fresh and treated hydrochar from hydrothermal carbonization compared to biochar from pyrolysis[J]. Ecotoxicology and Environmental Safety, 2013, 97: 59-66.

Calabrese, E. J. and Blain, R. B. Hormesis and plant biology[J]. Environmental Pollution, 2009, 157: 42-48.

Case, S. D. C., McNamara, N. P., Reay, D. S., et al. The effect of biochar addition on N_2O and CO_2 emissions from a sandy loam soil the role of soil aeration[J]. Soil Biology and Biochemistry, 2012, 51: 125-134.

Cayuela, M. L., Sanchez-Monedero, M. A., Roig, A., et al. Biochar and denitrification in soils: When, how much and why does biochar reduce N_2O emissions?[J]. Scientific Reports, 2013, 3, 17-32.

Cedergreen, N., Felby, C., Porter, J. R., et al. Chemical stress can increase crop yield[J]. Field Crops Research, 2009, 114: 54-57.

Chamovitz, D. What a Plant Knows: A Field Guide to the Senses[M]. New York: Scientific American/Farrar, Straus and Giroux, 2012.

Chiwocha, S. D. S., Dixon, K. W., Flematti, G. R., et al. Karrikins: A new family of plant growth regulators in smoke[J]. Plant Science, 2009, 177: 252-256.

Choppala, G. K., Bolan, N. S., Megharaj, M., et al. The influence of biochar and black carbon on reduction and bioavailability of chromate in soils[J]. Journal of Environmental Quality, 2012, 41: 1175-1184.

Conrath, U., Beckers, G. J., Flors, V., et al. Priming: Getting ready for battle[J]. Molecular Plant-Microbe Interactions, 2006, 19: 1062-1071.

Contescu, A., Vass, M., Contescu, C., et al. Acid buffering capacity of basic carbons revealed by their continuous pK distribution[J]. Carbon, 1998, 36: 247-258.

Cornelissen, G., Martinsen, V., Shitumbanuma, V., et al. Biochar effect on maize yield and soil characteristics in five conservation farming sites in Zambia[J]. Agronomy, 2013, 3: 256-274.

Di Lonardo, S., Vaccari, F. P., Baronti, S., et al. Biochar successfully replaces activated charcoal for in vitro culture of two white poplar clones reducing ethylene concentration[J]. Plant Growth Regulation, 2013, 69: 43-50.

Dowdell, R. J., Smith, K. A., Crees, R., et al. Field studies of ethylene in the soil atmosphere equipment and preliminary results[J]. Soil Biology and Biochemistry, 1972, 4: 325-331.

Dugardeyn, J. and Van Der Straeten, D. Ethylene: Fine-tuning plant growth and development by stimulation and inhibition of elongation[J]. Plant Science, 2008, 175: 59-70.

El Oirdi, M., Abd El Rahman, T., Rigano, L., et al. Botrytis cinerea manipulates the antagonistic effects between immune pathways to promote disease development in tomato[J]. Plant Cell, 2011, 23: 2405-2421.

Elad, Y., Rav David, D., Meller Harel, Y., et al. Induction of systemic resistance in plants by biochar, a soil-applied carbon sequestering agent[J]. Phytopathology, 2010, 100: 913-921.

Elad, Y., Cytryn, E., Meller-Harel, Y., et al. The biochar effect: Plant resistance to biotic stresses (invited review)[J]. Phytopathologia Mediterranea, 2011, 50: 335-349.

Elmer, W. H. and Pignatello, J. J. Effect of biochar amendments on mycorrhizal associations and Fusarium crown and root rot of Asparagus in replant soils[J]. Plant Disease, 2011, 95: 960-966.

Farag, M. A., Zhang, H. M. and Ryu, C.M. Dynamic chemical communication between plants and bacteria through airborne signals: induced resistance by bacterial volatiles[J]. Journal of Chemical Ecology, 2013, 39: 1007-1018.

Fulton, W., Gray, M., Prahl, F., et al. A simple technique to eliminate ethylene emissions from biochar amendment in agriculture[J]. Agronomy for Sustainable Development, 2013, 33: 469-474.

Graber, E. R., Harel, Y. M., Kolton, M., et al. Biochar impact on development and productivity of pepper and tomato grown in fertigated soilless media[J]. Plant and Soil, 2010, 337: 481-496.

Graber, E. R., Tsechansky, L., Khanukov, J., et al. Sorption, volatilization and efficacy of the fumigant 1,3-dichloropropene in a biochar-amended soil[J]. Soil Science Society of America Journal, 2011, 75: 1365-1373.

Graber, E. R., Tsechansky, L., Gerstl, Z., et al. High surface area biochar negatively impacts herbicide efficacy[J]. Plant and Soil, 2011, 353: 95-106.

Graber, E. R., Tsechansky, L., Lew, B., et al. Reducing capacity of water extracts of biochars and their solubilization of soil Mn and Fe[J]. European Journal of Soil Science, 2013, 65: 162-172.

Graber, E. R., Frenkel, O., Jaiswal, A. K., et al. How may biochar influence severity of diseases caused by soilborne pathogens?[J]. Carbon Management, 2014, 5: 169-183.

Haider, G., Koyro, H. W., Azam, F., et al. Biochar but not humic acid product amendment affected maize yields via improving plant-soil moisture relations[J]. Plant and Soil, published online, 2014.

Hale, S. E., Lehmann, J., Rutherford, D., et al. Quantifying the total and bioavailable polycyclic aromatic hydrocarbons and dioxins in biochars[J]. Environmental Science and Technology, 2012, 46: 2830-2838.

Halperin, S. J., Kochian, L. V. and Lynch, J. P. Salinity stress inhibits calcium loading into the xylem of excised barley (Hordeum vulgare) roots[J]. New Phytologist, 1997, 135: 419-427.

Hamiduzzaman, M. M., Jakab, G., Barnavon, L., et al. β-aminobutyric acid-induced resistance against downy mildew in grapevine acts through the potentiation of callose formation and jasmonic acid signaling[J]. Molecular Plant-Microbe Interactions, 2005, 18: 819-829.

Hilber, I., Blum, F., Leifeld, J., et al. Quantitative determination of PAHs in biochar: A prerequisite to ensure its quality and safe application[J]. Journal of Agricultural and Food Chemistry, 2012, 60: 3042-3050.

Hofer, R. Root hairs, in Y. Waisel, A. Eshel and U. Kafkafi (eds) Plant Roots: The Hidden Half[S]. New York: Marcel Dekker Inc., 1991: 129-148.

Husson, O. Redox potential (Eh) and pH as drivers of soil/plant/microorganism systems: A transdisciplinary overview pointing to integrative opportunities for agronomy[J]. Plant and Soil, 2012, 362: 389-417.

Iriti, M., Rossoni, M., Borgo, M., et al. Benzothiadiazole enhances resveratrol and anthocyanin biosynthesis in grapevine, meanwhile improving resistance to Botrytis cinerea[J]. Journal of Agricultural and Food Chemistry, 2004, 52: 4406-4413.

Jaiswal, A. K., Elad, Y., Graber, E. R., et al. Rhizoctonia solani suppression and plant growth promotion in cucumber as affected by biochar pyrolysis temperature, feedstock and concentration[J]. Soil Biology and Biochemistry, 2014, 69: 110-118.

Joseph, S. D., Camps-Arbestain, M., Lin, Y., et al. An investigation into the reactions of biochar in soil[J]. Australian Journal of Soil Research, 2010, 48: 501-515.

Joseph, S. D., Graber, E. R., Chia, C. H., et al. Shifting paradigms: Development of high-efficiency biochar fertilizers based on nano-structures and soluble components[J]. Carbon Management, 2013, 4: 323-343.

Junker, R. R. and Tholl, D. Volatile organic compound mediated interactions at the plant-microbe interface[J]. Journal of Chemical Ecology, 2013, 39: 810-825.

Kammann, C. I., Linsel, S., Gößling, J., et al. Influence of biochar on drought tolerance of Chenopodium quinoa Willd and on soil plant relations[J]. Plant and Soil, 2011, 345: 195-210.

Kammann, C., Ratering, S., Eckhard, C., et al. Biochar and hydrochar effects on greenhouse gas (CO_2, N_2O, CH_4) fluxes from soils[J]. Journal of Environmental Quality, 2012, 41: 1052-1066.

Kinney, T. J., Masiello, C. A., Dugan, B., et al. Hydrologic properties of biochars produced at different temperatures[J]. Biomass and Bioenergy, 2012, 41: 34-43.

Kluepfel, L., Keiluweit, M., Kleber, M., et al. Redox properties of plant biomass-derived black carbon (biochar)[J]. Environmental Science and Technology, 2014, 48(10): 5601-5611.

Kolton M., Meller Harel, Y., Pasternak, Z., et al. Impact of biochar application to soil on the root-associated bacterial community structure of fully developed greenhouse pepper plants[J]. Applied & Environmental Microbiology, 2011, 77: 4924-4930.

Lambers, H., Chapin III, F. S. and Pons, T. L. Plant Physiological Ecology[M]. Berlin: Springer, 2008.

Larcher, W. Physiological Plant Ecology. Ecophysiology and Stress Physiology of Functional Groups[M]. Berlin: Springer, 2003.

Lehmann, J., Rillig, M. C., Thies, J., et al. Biochar effects on soil biota a review[J]. Soil Biology and Biochemistry, 2011, 43: 1812-1836.

Libra, J. A., Ro, K. S., Kammann, C., et al. Hydrothermal carbonization of biomass residuals: A comparative review of the chemistry, processes and applications of wet and dry pyrolysis[J]. Biofuels, 2011, 2: 71-106.

Lin, Y., Munroe, P., Joseph, S., et al. Nanoscale organo- mineral reactions of biochars in ferrosol: An investigation using microscopy[J]. Plant and Soil, 2012, 357: 369-380.

Liu, D. L., An, M., Johnson, I. R., et al. Mathematical modeling of allelopathy. III. A model for curve-fitting allelochemical dose responses[J]. Nonlinearity in Biology, Toxicology, Medicine, 2003, 1: 37-50.

Liu, J., Schulz, H., Brandl, S., et al. Short-term effect of biochar and compost on soil fertility and water status of a Dystric Cambisol in NE Germany under field conditions[J]. Journal of Plant Nutrition and Soil Science, 2012, 175: 698-707.

Marschner, P. Marschners Mineral Nutrition of Higher Plants[M]. Amsterdam: Elsevier Academic Press, 2012.

Matsubara, Y., Hasegawa, N. and Fukui, H. Incidence of fusarium root rot in asparagus seedlings infected with arbuscular mycorrhizal fungus as affected by several soil amendments[J]. Journal of the Japanese Society of Horticultural Science, 2002, 71: 370-374.

Mehari, Z. H., Meller Harel, Y., Rav-David, D., et al. The nature of systemic resistance induced in tomato (Solanum lycopersicum) by biochar soil treatments[R]. IOBC/WPRS Bulletin, 2013, 89: 227-230.

Meller Harel Y., Koltan, M., Elad, Y., et al. Induced systemic resistance in strawberry (Fragaria ananassa) to powdery mildew using various control agents[R]. IOBC/WPRS Bulletin, 2011, 71: 23-26.

Meller-Harel, Y., Elad, Y., Rav-David, D., et al. Biochar mediates systemic response of strawberry to foliar fungal pathogens[J]. Plant and Soil, 2012, 357: 245-257.

Mendes, R., Garbeva, P. and Raaijmakers, J. M. The rhizosphere microbiome: Significance of plant beneficial, plant pathogenic, and human pathogenic microorganisms[J]. FEMS Microbiology Reviews, 2013, 37: 634-663.

Meyer, S., Bright, R. M., Fischer, D., et al. Albedo impact on the suitability of biochar systems to mitigate global warming[J]. Environmental Science and Technology, 2012, 46: 12726-12734.

Migliore, L., Rotini, A., Cerioli, N. L., et al. Pytotoxic antibiotic sulfadimethoxine elicits a complex hormetic response in the weed *Lythrum salicaria L*[J]. Dose-Response, 2010, 8: 414-427.

Nelson D. C., Riseborough J. A., Flematti G. R., et al. Karrikins discovered in smoke trigger Arabidopsis seed germination by a mechanism requiring gibberellic acid synthesis and light[J]. Plant Physiology, 2009, 149: 863-873.

Nelson, D. C., Flematti, G. R., Ghisalberti, E. L., et al. Regulation of seed germination seedling growth by chemical signals from burning vegetation[M]//S. S. Merchant (ed). Annual Review of Plant Biology, 2012, 63: 107-130.

Nguyen, B. T. and Lehmann, J. Black carbon decomposition under varying water regimes[J]. Organic Geochemistry, 2009, 40: 846-853.

Noguera, D., Rondón, M., Laossi, K. R., et al. Contrasted effect of biochar and earthworms on rice growth and resource allocation in different soils[J]. Soil Biology and Biochemistry, 2010, 42: 1017-1027.

Noguera, D., Barot, S., Laossi, K. R., et al. Biochar but not earthworms enhances rice growth through increased protein turnover[J]. Soil Biology and Biochemistry, 2012, 52, 13-20.

Oh, S.-Y., Son, J. G. and Chiu, P. C. Biochar-mediated reductive transformation of nitro herbicides and explosives[J]. Environmental Toxicology and Chemistry, 2013, 32: 501-508.

Patrick, Z. A. and Toussoun, T. A. Plant residues and organic amendments in relation to biological control[M]//K. F. Baker and W. C. Snyder (eds). Ecology of Soil-Borne Plant Pathogens: Prelude to Biological Control, Berkeley: University of California Press, 1965: 440-459.

Perazzolli, M., Dagostin, S., Ferrari, A., et al. Induction of systemic resistance against Plasmopara viticola in grapevine by Trichoderma harzianum T39 and benzothiadiazole[J]. Biological Control, 2008, 47: 228-234.

Pierik, R., Tholen, D., Poorter, H., et al. The Janus face of ethylene: Growth inhibition and stimulation[J]. Trends in Plant Science, 2006, 11: 176-183.

Pierik, R., Sasidharan, R. and Voesenek, L. A. C. J. Growth control by ethylene: Adjusting phenotypes to the environment[J]. Journal of Plant Growth Regulation, 2007, 26: 188-200.

Pietikainen J., Kiikkila, O. and Fritze, H. Charcoal as a habitat for microbes and its effect on the microbial community of the underlying humus[J]. Oikos, 2000, 89: 231-242.

Pollan, M. The Botany of Desire: A Plants-Eye View of the World[M]. New York: Random House Trade Paperbacks, 2002.

Prendergast-Miller, M. T., Duvall, M. and Sohi, S. P. Localisation of nitrate in the rhizosphere of biochar-amended soils[J]. Soil Biology and Biochemistry, 2011, 43: 2243-2246.

Prendergast-Miller, M. T., Duvall, M. and Sohi, S.P. Biochar root interactions are mediated by biochar nutrient content and impacts on soil nutrient availability[J]. European Journal of Soil Science, 2013, 65: 173-185.

Rajkovich, S., Enders, A., Hanley, K., et al. Corn growth and nitrogen nutrition after additions of biochars with varying properties to a temperate soil[J]. Biology and Fertility of Soils, 2012, 48: 271-284.

Rajkumar, M., Lee, K. J. and Freitas, H. Effects of chitin and salicylic acid on biological control activity of *Pseudomonas* spp. against damping off of pepper[J]. South African Journal of Botany, 2008, 74: 268-273.

Reuveni, M., Agapov, V. and Reuveni, R. Induced systemic protection to powdery mildew in cucumber by phosphate and potassium fertilizers: Effects of inoculum concentration and post-inoculation treatment[J]. Canadian Journal of Plant Pathology-Revue Canadienne de Phytopathologie, 1995, 17: 247-251.

Rigler, E. and Zechmeister-Boltenstern, S. Oxidation of ethylene and methane in forest soils effect of CO_2 and mineral nitrogen[J]. Geoderma, 1999, 90: 147-159.

Rogovska, N., Laird, D., Cruse, R. M., et al. Germination tests for assessing biochar quality[J]. Journal of Environmental Quality, 2012, 41: 1014-1022.

Saito, M. Charcoal as a micro habitat for VA mycorrhizal fungi, and its practical application[J]. Agriculture Ecosystems and Environment, 1990, 29: 341-344.

Sattelmacher, B., Marschner, H. and Kühne, R. Effects of the temperature of the rooting zone on the growth and development of roots of potato (Solanum tuberosum)[J]. Annals of Botany, 1990, 65: 27-36.

Schimmelpfennig, S. and Glaser, B. One step forward toward characterization: Some important material properties to distinguish biochars[J]. Journal of Environmental Quality, 2012, 41: 1001-1013.

Schubert, S. Pflanzenernährung[M]. Stuttgart: Eugen Ulmer, 2006.

Schulze, E.-D., Beck, E. and Müller-Hohenstein, K. Plant Ecology[M]. Berlin: Springer, 2005.

Sexstone, A. J. and Mains, C. N. Production of methane and ethylene in organic horizons of spruce forest soils[J]. Soil Biology and Biochemistry, 1990, 22: 135-139.

Silber A., Levkovitch, I. and Graber, E. R. pH-dependent mineral release and surface properties of cornstraw biochar: Agronomic implications[J]. Environmental Science and Technology, 2010, 44: 9318-9323.

Spokas, K. A., Baker, J. M. and Reicosky, D. C. Ethylene: Potential key for biochar amendment impacts[J]. Plant and Soil, 2010, 333: 443-452.

Steinberg, C. E.W. Stress ecology: environmental stress as ecological driving force and key player in evolution[M]. heidelberg: springer, 2012.

Sun, H., Hockaday, W. C., Masiello, C. A., et al. Multiple controls on the chemical and physical structure of biochars[J]. Industrial and Engineering Chemistry Research, 2012, 51: 3587-3597.

Ton, J. and Mauch-Mani, B. Elucidating Pathways Controlling Induced Rresistance[M]. Voss and G. Ramos (eds). Chemistry of Crop Protection, Weinheim: Wiley-VCH, 2003: 99-109.

Trouvelot, S., Varnier, A. L., Allègre, M., et al. A β-1,3 glucan sulfate induces resistance in grapevine against Plasmopara viticola through priming of defense responses, including HR-like cell death[J]. Molecular

Plant-Microbe Interactions, 2008, 21: 232-243.

Utomo, R. Der Einfluss unterschiedlicher Biokohle-Produkte auf die Porengrößenverteilung eines sandigen Bodens[D]. Gießen: Technical University Mittelhessen, 2013.

Vacheron, J., Desbrosses, G., Bouffaud, M. L., et al. Plant growth-promoting rhizobacteria and root system functioning[J]. Frontiers in Plant Science, 2013, 4: 356.

Vallad, G. E. and Goodman, R. M. Systemic acquired resistance and induced systemic resistance in conventional agriculture[J]. Crop Science, 2004, 44: 1920-1934.

Van der Ent, S., Van Wees, S. C. and Pieterse, C. M. Jasmonate signaling in plant interactions with resistance-inducing beneficial microbes[J]. Phytochemistry, 2009, 70: 1581-1588.

Van Loon, L. C., Geraats, B. P. J. and Linthorst, H. J. M. Ethylene as a modulator of disease resistance in plants[J]. Trends in Plant Science, 2006, 11: 184-191.

Velini, E. D., Alves, E., Godoy, M. C., et al. Glyphosate applied at low doses can stimulate plant growth[J]. Pest Management Science, 2008, 64: 489-496.

Verheijen, F. G. A., Jeffery, S., van der Velde, M., et al. Reductions in soil surface albedo as a function of biochar application rate: Implications for global radiative forcing[J]. Environmental Research Letters, 2013, 8, 044008.

Viger, M. Hancock, R. D., Miglietta, F., et al. More plant growth but less plant defence? First global gene expression data for plants grown in soil amended with biochar[J]. Global Change Biology Beioenergy, in press, 2014: 12182.

Walters, D. and Heil, M. Costs and trade-offs associated with induced resistance[J]. Physiological and Molecular Plant Pathology, 2007, 71: 3-17.

Walters, D., Walsh, D., Newton, A., et al. Induced resistance for plant disease control: Maximizing the efficacy of resistance elicitors[J]. Phytopathology, 2005, 95: 1368-1373.

Warnock, D. D., Lehmann, J., Kuyper, T. W., et al. Mycorrhizal responses to biochar in soil concepts and mechanisms[J]. Plant and Soil, 2007, 300: 9-20.

Wiedner, K., Rumpel, C., Steiner, C., et al. Chemical evaluation of chars produced by thermochemical conversion (gasification, pyrolysis and hydrothermal carbonization) of agro-industrial biomass on a commercial scale[J]. Biomass and Bioenergy, 2013, 59: 264-278.

Wiese, J., Kranz, T. and Schubert, S. Induction of pathogen resistance in barley by abiotic stress[J]. Plant Biology, 2004, 6: 529-536.

Wiese, J., Wiese, H., Schwartz, J., et al. Osmotic stress and silicon act additively in enhancing pathogen resistance in barley against barley powdery mildew[J]. Journal of Plant Nutrition and Soil Science, 2005, 168: 269-274.

Ye, S. F., Yu, J. Q., Peng, Y. H., et al. Incidence of Fusarium wilt in *Cucumis sativus L.* is promoted by cinnamic acid, an autotoxin in root exudates[J]. Plant and Soil, 2004, 263: 143-150.

Zechmeister-Boltenstern, S. and Smith, K. A. Ethylene production and decomposition in soils[J]. Biology and Fertility of Soils, 1998, 26: 354-361.

Zwart, D. C. and Kim, S. H. Biochar amendment increases resistance to stem lesions caused by *Phytophthora* spp. in tree seedlings[J]. HortScience, 2012, 47: 1736-1740.

Zygourakis, K., Sun, H. and Markenscoff, P. A nanoscale model for characterizing the complex pore structure of biochars[J]. Aiche Journal, 2013, 59(9): 3412-3420.

第15章

生物炭对土壤养分转化的影响

Thomas H. DeLuca、Michael J. Gundale、M. Derek MacKenzie 和 Davey L. Jones

15.1 引言

生物炭应用的关键是其对土壤肥力和植物生产的影响（Lehmann, 2007）。土壤中营养元素的含量非常丰富，但只有少部分营养元素能在短期内被植物吸收。这些能被吸收的营养元素才是植物有效养分，它们将直接影响植物的生长情况（Marschner, 2006），因此人们非常关注生物炭如何影响养分转化，以及植物如何吸收这些有效养分。越来越多的研究表明，在土壤中添加生物炭可以提高各种自然和农业环境下的植物产量（Lehmann and Rondon, 2006; Atkinson et al., 2010; Jeffery et al., 2011）。因为大多试验以短期研究为主，并且试验中使用的土壤、作物和生物炭改良剂之间存在差异，所以生物炭对土壤养分循环的影响也是不同的，但目前这方面的研究仍然较少。

本章主要总结生物炭影响植物养分有效性的几种常规机制，评估生物炭对养分循环的影响，以及其在养分循环中的具体转化，并论述本书中的其他章节及其他生物炭的物理和化学性质（见第 5 章和第 6 章；Atkinson et al., 2010; Shrestha et al., 2010），包括生物炭在土壤中的稳定性（Shrestha et al., 2010）、生物炭对土壤动物和植物生理生态的影响（见第 13 章和第 14 章；Atkinson et al., 2010; Lehmann et al., 2011）、生物炭对土壤特性的影响（Atkinson et al., 2010; Beesley et al., 2011）、生物炭对痕量气体通量的影响（见第 18 章；Jones et al., 2011），以及生物炭在生物燃料技术或土壤固碳中的应用（见第 10 章；Lehmann, 2007; Lee et al., 2010; Macias and Arbestain, 2010）。这些总结旨在探索生物炭对土壤养分转化的影响，这种影响可能会对森林和农业景观中的植物生长产生短期影响或长期影响（Atkinson et al., 2010）。本章重点关注了氮、磷和硫循环与生物炭之间的相互作用，并探讨了这些循环中的变化对植物养分供应及其在其他生态系统中的长期影响。这项工作尝试区分生物炭对生态系统的短期影响和长期影响。

15.2 生物炭对养分迁移和转化机制的影响

研究表明,将生物炭应用于农业和森林土壤中可以增加植物对许多养分的生物利用和吸收(Glaser et al., 2002; Lehmann et al., 2003; Steiner et al., 2007; Jeffery et al., 2011; Nelson et al., 2011)。虽然已经有一些提高养分利用率的机制(Atkinson et al., 2010),但关于生物炭对特定养分循环机制影响的研究还很少。在不同的温度和氧化条件下,以不同原料新制备的生物炭表面具有高浓度的有效养分,这表明生物炭本身可以在短时间内产生施肥效应(Chan and Xu, 2009; Jeffery et al., 2011)。另外,研究发现新制备的生物炭上有植物可直接利用的 NH_4^+ 盐(Gundale and DeLuca, 2006; Chan and Xu, 2009; Spokas et al., 2012)。关于生物炭对氮循环中特定转化(间接改变)的影响研究还较少(Lehmann, 2007; Clough and Condron, 2010; Clough et al., 2013),如缺乏生物固氮、氮矿化、硝化作用和气态氮损失等方面的研究(Clough and Condron, 2010)。

生物炭对植物生长和养分储备的长期影响会受到其对养分转化作用机制的影响(见图 15.1),因此生物炭对养分转化的影响对碳减排政策的可行性和可持续性非常重要(Lehmann, 2007; Roberts et al., 2010)。本节总结了生物炭影响养分循环的 3 种机制:①增加不稳定有机养分的含量和周转率;②改变土壤的理化性质;③改变土壤中的微生物群落。

15.2.1 增加不稳定有机养分的含量和周转率

生物炭在较长时间内加速养分循环的主要机制是,其可作为高可用性养分的短期来源,这些养分可充当生物质或土壤中不稳定的有机养分(Jeffery et al., 2011)。如上文和第 7 章所述,新制备的/未风化的生物炭,尤其是以养分丰富的原料制备的生物炭,含有高可用性营养盐,可直接为植物提供短期的养分来源(Chan and Xu, 2009; Atkinson et al., 2010)。在热解过程中,尤其是在材料表面,加热会使某些养分挥发[如 N 以氮氧化物(NO_x)的形式挥发],而其他养分则集中在剩余的生物炭中(Gundale and DeLuca, 2006; Nelson et al., 2011)。原料、热解温度及原料在给定温度下的保留时间、氧气供应量和热解速率都会对生物炭表面的化学性质产生直接影响(Gundale and DeLuca, 2006; Atkinson et al., 2010)。一些特殊元素在加热过程中会变成不可分解的形式,或者以可溶性氧化物的形式释放出来,然后流失到大气中,从而影响生物炭表面灰烬残留物的化学成分(Chan and Xu, 2009)。对于由木质材料制备的生物炭,C 在约 100 ℃时开始挥发,N 在 200 ℃以上时开始挥发,S 在 375 ℃以上时开始挥发,而 K 和 P 在 700~800 ℃时开始挥发(Neary et al., 2005),Mg、Ca 和 Mn 在高于 1000℃时才会挥发(Neary et al., 1999; Knoepp et al., 2005)。这些元素之间挥发温度的差异会导致生物炭上元素浓度的化学计量发生变化,由于挥发温度较低,总 S 浓度和总 N 浓度相对其他元素浓度通常会较低(Knudsen et al., 2004; Trompowsky et al., 2005)。营养盐则会在生物炭表面积累,在低温生物炭(<500 ℃)中,NH_4^+ 和 SO_4^{2-} 的浓度增大(Knudsen et al., 2004; Gundale and DeLuca, 2006);而在高温生物炭中,NO_3^-、PO_4^{3-}、Ca^{2+}、Mg^{2+} 和痕量金属的浓度增大(Gundale and DeLuca, 2006; Chan and Xu, 2009; Atkinson et al., 2010; Nelson et al., 2011)。

因为土壤中含有相对丰富的养分,所以添加到土壤中的生物炭通常只对土壤总养分作出适度的贡献(Chan et al., 2007)。但是,这些土壤养分中只有一小部分是生物可利用的,所以在生物炭表面灰烬残留物中添加营养盐可能会显著提高某些养分的生物有效性(Gundale and DeLuca, 2006; Yamato et al., 2006; Chan et al., 2007)。这种生物可利用养分的短期输入可以提高植物的生产力(总生物量)(Kimetu et al., 2008; Jeffery et al., 2011),也会影响植物残留物中的养分返回土壤的数量和质量(Major et al., 2010)。植物对土壤的C输入是通过根系的渗出和土壤迁移,以及地上组织的衰老和死亡来实现的。研究表明,植物凋落物的养分浓度对养分矿化速率有很强的控制作用(Stevenson and Cole, 1999; Brady and Weil, 2002),因此,高浓度的植物有机质可能使土壤中的不稳定养分含量增加。理论上来说,生物炭在短期内增加了返回土壤并可用于矿化的不稳定有机养分的总量(DeLuca et al., 2006; Gundale and DeLuca, 2007; Major et al., 2010)。如图15.1所示,这种反馈涉及高等植物的养分吸收、更多不稳定的有机养分返回土壤的量和更高的养分矿化速率,并可在一段时间内提高植物的养分利用率。植物和土壤之间养分循环的持久性可能取决于从生物炭中释放的养分含量、释放的频率(如单剂量、多剂量或每年1次)、循环期间从系统中迁移养分的程度(Jeffery et al., 2011)、养分被混入难降解有机物或不溶性矿物的程度(Hedley et al., 1982)、在特定时间点通过淋滤或挥发造成的养分长期流失的程度(Lehmann et al., 2003; Yanai et al., 2007),以及难处理的有机矿物复合物的长期积累(或衰退)程度。

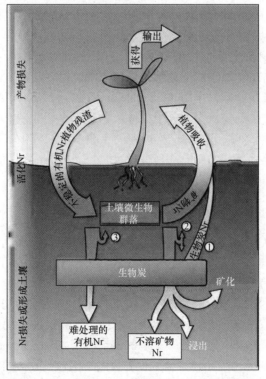

图15.1 生物炭对土壤环境中养分(Nr)转化影响的概念模型。生物炭可以通过以下方式提高养分的利用率和周转率:①作为养分的直接来源;②保持养分循环流通,防止损失;③通过提高微生物活性来增大分解速率

15.2.2 改变土壤的理化性质

除对土壤中有效养分的直接贡献外，生物炭还具有多种影响土壤养分转化的物理、化学性质。有关生物炭理化性质的更详细介绍见第5章、第6章，以及 Atkinson 等（2010）的研究。生物炭是一种高比表面积（Beesley et al., 2011）、高孔隙率（Keech et al., 2005）、电荷可变的有机材料，其表面残留物通常富含碱金属［见图 15.2（b）；Atkinson et al., 2010］。将生物炭添加到土壤中，其有可能改变土壤的理化性质，从而影响养分转化率。例如，生物炭能够增加土壤持水能力、改变气体交换通道、增加阳离子交换量（CEC）、增加土壤表面的吸附能力、增加酸性矿物土壤的碱饱和度、改变土壤的 pH 值（Glaser et al., 2002; Bélanger et al., 2004; Keech et al., 2005; Liang et al., 2006; Atkinson et al., 2010）。这些生物炭的特性取决于热解温度和持续热解时间（Gundale and DeLuca, 2006; Bornermann et al., 2007; Joseph et al., 2007），以及制备生物炭的原料（Gundale and DeLuca, 2006; Streubel et al., 2011）。

大多数养分的转化归因于土壤微生物进行的酶介导反应。土壤微生物进行代谢活动的环境需要具有适当水势和氧化还原条件（Alexander, 1991; Briones, 2012）。生物炭的物理结构包含一系列孔隙（Keech et al., 2005），这些孔隙可以直接影响土壤微生物的水势和氧化还原环境（Joseph et al., 2010）。土壤科学家将微孔定义为直径小于 30 μm 的孔（Brady and Weil, 2002），它们是具有高比表面积与体积比的毛细管空间，即使在土壤水分严重枯竭时也能保持水分（Kammann et al., 2011），从而形成潮湿的微型场所（Lehmann and Rondon, 2006）。生物炭中通常还包含大孔（直径大于 75 μm），可以作为气体交换通道（Keech et al., 2005），从而影响了土壤生物群落的氧化还原环境（Joseph et al., 2010; Lehmann et al., 2011）。有机残留物在有氧条件下分解得更快，因此，在本就缺乏气体交换通道的土壤中，生物炭可能会增强养分矿化作用（Gundale and DeLuca, 2006; Asai et al., 2009）。同样地，一些特殊的养分转化需要氧作为电子受体，如硝化作用和硫氧化作用，这表明生物炭的物理结构可能会在本来就缺乏气体交换通道的土壤中增加氧化转化（DeLuca et al., 2006; Asai et al., 2009; Joseph et al., 2010）。因此，生物炭不同的孔径分布保证了其在不同环境、不同水分和氧化还原条件下都存在多种土壤微环境（Joseph et al., 2010）。在从微生物到植物的所有生物生命系统中，梯度和电势差（浓度、氧化还原电位、pH 值）是物质和电子流动（新陈代谢和能量获取）的先决条件。因此，添加的生物炭可通过以下方式增强微生物与植物根部相关的总养分循环过程：①在生物炭颗粒周围或穿过生物炭颗粒时，利用更大的氧化还原电位差、酸碱度或养分浓度梯度创造更多的"微环境"（Briones, 2012; Joseph et al., 2013）；②在土壤基质中创造更多微观代谢。如果"生物炭的微环境"满足较高的有机物（如农作物或根部残留物）输入，则可能会形成积极的总养分循环，从长远看可以改善土壤肥力（见图 15.1）。生物炭的添加可以改变养分转化的其他机制，包括：①减少土壤养分流失（Crutchfield et al., 2010; Ding et al., 2010; Prendergast-Miller et al., 2011; Ventura et al., 2013）；②减少养分向不溶性矿物或难溶性有机物的转化（Cui et al., 2011; Nelson et al., 2011）；③减少 N 的气态损失，无论是以 NH_3、N_2 还是以 N_2O（Prendergast-Miller et al., 2011; Taghizadeh-Toosi et al., 2012a; Spokas et al., 2012）的形式；④改善养分循环的其他限制，如改善生物炭在土壤中的吸附特性（见图 15.1）。研究表明，生物炭具有短暂的阴离子交换能力和适当的高阳离子交换量，其在土壤中的离子交换能力随时间推移而变化（Brewer et al., 2011）。因生物炭的表面灰烬残留物中含有碱性金属，故在酸性土壤中生物炭还可以改善土壤的酸碱度（Brewer et al., 2011）。某些生物炭单位质量的离子交换量相对较高（Atkinson et al., 2010），因此将其添加到某些土壤中可以增加表层土壤的离子交换量。淋溶或径流会从生态系统中带走养分，导致土壤肥力随时间推移下降。在某些情况下，生物炭还可以减少淋失和挥发（Prendergast Miller et al., 2011; Taghizadeh-Toosi et al., 2012a; Spokas et al., 2012; Ventura et al., 2013），从而增加了植物或微生物有效养分的总量。诸多研究表明，生物炭可以通过影响土壤的酸碱度（Bélanger et al., 2004; Atkinson et al., 2010）和阳离子交换量（Crutchfield et al., 2010; Ding et al., 2010）来同时减少养分的淋失和挥发。然而，在生物炭改良表层土壤中，某些生物炭的碱性性质可能又会增加 NH_3 的挥发（Chen et al., 2013）。

  生物炭影响养分循环的另一个机制是它对土壤溶液的化学转化（见图 15.1）及对碳循环的影响。虽然生物炭本身只含有少量的生物可利用碳（Jones et al., 2010; Major et al., 2010），但多项研究表明，它对多种碳都有很强的吸附作用。生物炭具有高比表面积、多孔性（见图 15.2 和图 15.3），并且通常具有疏水性，这使其成为吸附疏水性有机化合物的理想材料（Cornelissen et al., 2004; Keech et al., 2005; Bornermann et al., 2007; Gundale and DeLuca, 2007）。研究表明，将活性炭添加到土壤中时，可溶性或游离酚类化合物的含量会降低（DeLuca et al., 2002; Wallstedt et al., 2002; Berglund et al., 2004; Keech et al., 2005; Gundale and DeLuca, 2006; MacKenzie and DeLuca, 2006）。其他研究表明，在野外自然火灾中形成的炭，或农业残留物燃烧过程中形成的炭还具有吸附酚类及各种芳香族化合物和疏水性有机化合物的作用（Yaning and Sheng, 2003; Brimmer, 2006; DeLuca et al., 2006; Gundale and DeLuca, 2006; MacKenzie and DeLuca, 2006; Bornermann et al., 2007）。通过这些吸附反应，生物炭可以：①降低可能对特定的养分转化物产生抑制作用的微生物（如硝化细菌）活性（White, 1991; Ward et al., 1997; Paaainen et al., 1998）；②减少营养丰富的分子，如蛋白质与单宁复合物的络合（Kraus et al., 2003; Gundale et al., 2010）；③降低土壤溶液中生物有效碳的浓度，增强对无机 N、P 或 S 的固定（Schimel et al., 1996; Stevenson and Cole, 1999；见图 15.1）。土壤中的可溶性碳与生物炭表面的相互作用是影响养分有效性和转化的关键机制，但这方面的研究还很少（MacKenzie and DeLuca, 2006; Nelissen et al., 2012）。

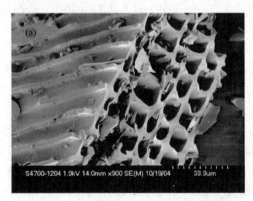 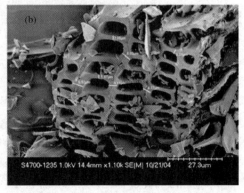

图15.2 从爱荷华州北部森林土壤中收集到的（a）高吸附性和（b）低吸附性生物炭的电子显微镜图（Brimmer, 2006）。其中，高吸附性生物炭（最近形成的未成熟炭）具有开放气孔，而低吸附性生物炭（成熟炭）的许多孔被有机物堵塞

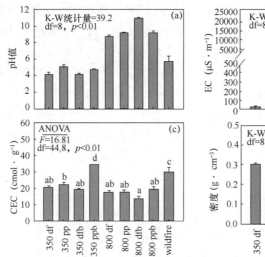
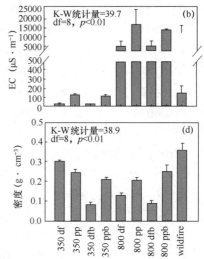

图15.3 道格拉斯冷杉或黄松木材或树皮制备的生物炭的pH值、电导率（EC）、阳离子交换量（CEC）和密度（Gundale and DeLuca, 2006）。将符合正态性假设的数据用Student-Neuman-Kuels 程序（其中字母表示成对差异）进行比较，用Kruskal-Wallis（K-W）统计量比较非正常数据

15.2.3 改变土壤中的微生物群落

向土壤中添加生物炭可以改变土壤中微生物的生物量、群落组成和活性，微生物可以通过几种特定的养分循环机制和分解植物残体来影响养分矿化。有关生物炭对土壤中微生物群落影响的完整介绍见第13章。生物炭影响土壤中微生物的因素有很多，包括为微生物提供栖息地的生物炭多孔结构（Pietikäinen and Fritze, 1993），以及生物炭对植物生长和碳输入的影响（Major et al., 2010）、微量矿物质的来源（Rondon et al., 2007）、对微生物信号化合物或抑制性植物酚类化合物的吸附作用（DeLuca et al., 2006; Ni et al., 2010）或对土壤理化性质的影响。很少有研究区分这些因素的相对重要性，而关于生物炭影响土壤中微生物群落特性的机制仍然不是很清楚（Lehmann et al., 2011）。

尽管生物炭影响土壤中微生物群落特性的机制还存在一些不确定性，但诸多研究表明，向土壤中添加生物炭可引起微生物量的增加。O'Neill 等（2009）、Liang 等（2010）的研究表明,富含热解碳(PyC)的亚马孙流域人为土壤中的微生物量比邻近的低含量 PyC 土壤高 1～2个数量级。Anderson 等（2011）采用生物炭改良后的土壤进行了短期试验，研究发现，在温带草场土壤中加入生物炭后，土壤中各种微生物群落的丰度都略有增加，增幅为 5%～14%。Pietikäinen 等（2000）的研究还表明，土壤中的微生物呼吸量和生物量随着热解碳质（PCM）的添加而增加。也有研究表明，在向土壤中添加生物炭后，微生物活性无明显变化（Jones et al., 2012）。土壤微生物是有机养分矿化和氧化或养分转化的主要驱动力，这表明生物炭引起的微生物群落的变化可能会影响植物与土壤之间的养分转化速率。

除观察到微生物对添加的生物炭有各种反应外，研究还表明，生物炭可以改变微生物的组成（Anderson et al., 2012; Jones et al., 2012; Ducey et al., 2013），有时也会使对养分循环和植物养分获取发挥关键作用的官能团数量增加（Lehmann et al., 2011）。在提取稳定有机物或不溶性矿物中的养分方面，菌根真菌发挥了关键作用，生物炭添加到土壤中之后，菌根真菌的数量既有增加（Saito, 1990; Makoto et al., 2010; Solaiman et al., 2010）也有减少（Warnock et al., 2007; Lehmann et al., 2011）。考虑到菌根在养分获取中的特定功能作用，菌根生物量和真菌定殖的变化会导致一些无法利用的养分（极稳定的有机物和不溶性矿物，尤其是 P）流向生物质，从而影响在植物和土壤之间主动转化的不稳定有机物含量，但这方面的研究还较少。除菌根之外，一些养分转化率也随着添加的生物炭而提高或降低，在某些情况下，养分转化率的改变与土壤中微生物群落的丰度变化有关。例如，经常观察到生物炭改良的森林土壤中硝化速率的增大（DeLuca et al., 2006; Gundale and DeLuca, 2007），这与生物炭孔隙空间中数量较多的硝化细菌有关（Ball et al., 2010）。尽管越来越多的研究描述了微生物群落组成的变化，或者生物炭对养分转化率的影响（Lehmann et al., 2011），但很少有研究将养分转化率的变化与土壤中微生物群落的功能变化明确联系起来（Ball et al., 2010; Ducey et al., 2013）。

15.3 生物炭对特定养分转化的影响

如前所述，生物炭可以通过一系列机制来影响森林或农业生态系统中的养分转化，以及土壤和植物之间的年周转总量。但是，植物养分转化在不同的理化性质下存在显著差异，例如，存在的分子种类、数量和质量不同，以及微生物在给定土壤下转化分子种类获取能量的能力不同（pH 值和氧化还原电势不同）。对于添加到土壤中的生物炭，不同营养元素的特性决定了特定元素与生物炭之间的循环方式。以下各节总结了生物炭对氮、磷和硫循环的影响。生物炭含有一定数量的可溶性无机氮和无机磷（见第 7 章、图 15.4），可以快速或缓慢地释放到土壤中。本节将重点关注生物炭对土壤中养分转化而不是养分输送的影响。

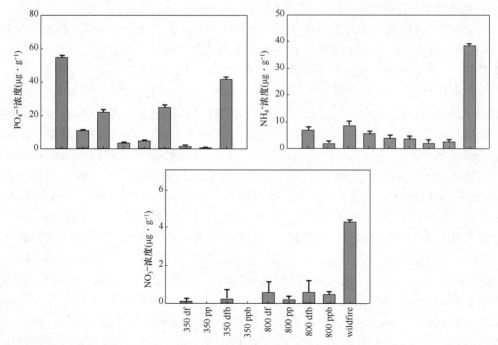

图15.4 在350 ℃或800 ℃下由道格拉斯松、黄松木和树皮制备的生物炭中的可溶性PO_4^{3-}、NH_4^+和NO_3^-浓度（Gundale and DeLuca, 2006）。将符合正态性假设的数据进行单向方差分析，随后用Student-Neuman-Kuels程序（其中字母表示成对差异）进行比较，用Kruskal-Wallis（K-W）统计量比较非正常数据

15.3.1 氮

在大多数寒冷或温和的陆地生态系统中，氮是唯一具有限制性的植物养分（Vitousek and Howarth, 1991），并且经常限制农业生产力。在土壤中，大多数氮以复杂的有机形式存在，在被大多数农业植物吸收之前必须被矿化（从有机氮转化为 NH_4^+ 或 NO_3^-）（Stevenson and Cole, 1999），但人们逐渐发现大多数植物也可以吸收有机氮（Jones et al., 2002; Schimel and Bennett, 2004）。最近的研究表明，在表层矿物土壤中添加生物炭可能会直接影响氮的转化。本节总结了生物炭对氨化、硝化、挥发、反硝化、N_2O 排放（见第 17 章）和 N_2 固定化的直接影响和间接影响的证据，同时提出了可能驱动这些变化的潜在机制。

1. 氨化和硝化

氮矿化是将有机氮转化为无机氮（主要是 NH_4^+ 或 NO_3^-）的过程。有机氮到 NH_4^+ 的转化一般称为氨化。这个过程是由众多的生物体共同驱动的，这些生物体能够进行蛋白质的酶促变性，并从有机化合物（如氨基酸和氨基糖）中去除酰胺基。硝基阳离子是指自养细菌、古细菌及某些真菌将有机氮（通过异养生物）或 NH_4^+-N 氧化为 NO_3^-（Stevenson and Cole, 1999; Leininger et al., 2006）。研究发现，在温带和北方森林土壤中添加生物炭可以提升土壤的净硝化率（Berglund et al., 2004; DeLuca et al., 2006）。然而，草原（DeLuca et al., 2006）或农业土壤（Lehmann et al., 2003; Rondon et al., 2007）中尚无相关的研究结果。表 15.1 总结了相关文献中的结果，与未加生物炭处理的对照组相比，表 15.1 总结了相关生物炭或活性炭改良的土壤样品、田间或围隔产生的氨化作用和硝化作用。

在森林生态系统中的一些研究旨在了解添加五氯苯酚后硝化作用增强的机制。DeLuca 等（2002）的研究表明，利用无机氮浓度非常低的森林土壤，当向土壤中添加不稳定的有机氮底物（甘氨酸）时，氨化作用增强，这表明氨化作用受到有机氮底物的限制。由于添加甘氨酸而导致的 NH_4^+ 的大量增加并未引起土壤中 NO_3^- 浓度的增大，这表明硝化作用不受有机氮底物的限制（DeLuca et al., 2002），但硝化速率超过了氨化速率。在同一项研究中，向有机层中添加活性炭会轻微刺激硝化作用（见表 15.1），但将甘氨酸与活性炭一起添加会持续刺激硝化作用，这表明该生物炭以某种方式减弱了抑制硝化作用的影响（DeLuca et al., 2002; Berglund et al., 2004）。对最近一次森林火灾中收集的木炭（DeLuca et al., 2006; MacKenzie and DeLuca, 2006），以及在室内控制条件下制备的炭（Gundale and DeLuca, 2006）进行研究，结果发现在室内短期（24 h）研究中硝化细菌的活性会影响净硝化作用。该结果表明，活性炭吸附的有机化合物（和特定的萜烯）抑制了净硝化作用（White, 1991; Ward et al., 1997; Paaainen et al., 1998），或者引起 NH_4^+ 的固定化（McCarty and Bremner, 1986; Schimel et al., 1996; Ward et al., 1997; Uusitalo et al., 2008）。在硝化活性较低的土壤中添加生物炭，生物炭中的硝化细菌群落可快速响应，这表明生物炭在土壤环境中可能吸附了抑制性化合物（Zackrisson et al., 1996），从而使硝化作用得以进行。火灾遗留的炭会对 N 的有效性产生类似的短期影响，这些炭可能会在发生火灾后几年到几十年内持续产生影响。生物炭在这些森林土壤中也可能通过营造有利于氨氧化细菌生长的条件（如增大 pH 值、减少抑制化合物）来增加氨氧化细菌的数量（Ball et al., 2010）。

表 15.1 对世界各地不同生态系统中土壤的研究表明，生物炭（天然生物炭、实验室制备的生物炭或活性炭）对氮矿化、硝化和固定化的影响

生态系统	生物炭类型	养分来源和培养方式	对照组 NH_4^+-N	对照组 NO_3^--N	添加生物炭组 NH_4^+-N	添加生物炭组 NO_3^--N	统计差异	参考文献
森林								
黄松木，MT西部	野火生物炭，黄松木	温室中的甘氨酸，树脂收集，30 d	150±200（μg N·cap^{-1}）‡	200±100	700±400	1200±500	无NH_4^+ 有NO_3^-	MacKenzie 和 DeLuca（2006）
黄松木，MT西部	实验室生物炭，黄松木	实验室中的$(NH_4)SO_4$ 和H_2PO_4，氧培养，15 d	NA（μg N g soil^{-1}）	40±5	NA	70±3	有NO_3^-	DeLuca 等（2006）
黄松木，MT西部	实验室生物炭，美国黄松（木材和树皮），道格拉斯冷杉（木材和树皮）	实验室中的甘氨酸，有氧培养，14 d	47±4（μg N g·soil^{-1}）	5±1	ppw†20±5 ppb 25±6 dfw 32±8 dfb 27±3	ppw 21±4 ppb 20±8 dfw 11±8 dfb 16±4	有NH_4^+ 无NO_3^- 有NH_4^+ 有NO_3^- 无NH_4^+ 无NO_3^- 无NH_4^+ 无NO_3^-	Gundale 和 DeLuca（2006）
	活性炭	田间甘氨酸，树脂收集，30 d	20±13（μg N·cap^{-1}）‡	0.06±0.02	低410±99 高780±302	低0.12±0.03 高1.89±1.1	有NH_4^+ 有NO_3^-	DeLuca 等（2002）
欧洲赤松，瑞典	活性炭	实验室中的甘氨酸，有氧培养，14 d 田间甘氨酸，树脂收集，75 d	46±6（μg N g·soil^{-1}） 20±3（μg N cap^{-1}）‡	2.8±0.4 0.20±0.20	1350±50 146±42	5.5±0.6 0.6±0.1	有NH_4^+ 有NO_3^- 有NH_4^+ 无NO_3^-	Berglund 等（2004）

(续表)

生态系统	生物炭类型	养分来源和培养方式	对照组 NH$_4^+$-N	对照组 NO$_3^-$-N	添加生物炭组 NH$_4^+$-N	添加生物炭组 NO$_3^-$-N	统计差异	参考文献
农业								
南卡罗来纳州生产的玉米	豌豆壳生物炭	4.9×10^{-3} kg·m^{-2} UAN (28)，有氧，25 d	4.74 (mg·L^{-1})	256.85	25 d 2.25 67 d ND	78.67 43.98	无NH$_4^+$ 有NO$_3^-$ 无NH$_4^+$ 无NO$_3^-$	Novak 等 (2010)
澳大利亚甘多土冬小麦	小麦残留生物炭	无、有氧，7 d	3.70 ± 0.38 (mg N·kg^{-1})	2.02 ± 0.31	新制备的1.42 ± 0.21 老化的3.87 ± 0.76	1.05 ± 0.05 1.74 ± 0.30	无报道	Dempster 等 (2012)
英国威尔士饱和始成土多年生黑麦	混合硬木生物炭	无、有氧，7 d	15.0 ± 14.2 (mg N·kg^{-1})	26.8 ± 12.2	新制备的0.63 ± 0.45 老化的5.16 ± 3.50	0.24 ± 0.08 30.7 ± 12.6	无报道	Dempster 等 (2012)
华盛顿地区5种农业土壤(S, SiL)	4种原料、花旗松木、花旗松皮、柳枝、消化纤维	无、有氧，49 d	可矿化氮	30~70 (mg N·kg^{-1})	可矿化氮	低	在大多数情况下明显降低	Streubel 等 (2011)

注：1. $^+$ ppw—离子树脂分析在直径约25.4 mm的尼龙网状胶囊中使用了大约1 g混合床树脂。
2. * ppw—黄松树皮；dfw—道格拉斯森林树木；dtb—在350 ℃下制备的花旗松树皮生物炭。
3. §生物炭的低施用量为0.1 kg·m^{-2}，高施用量为1 kg·m^{-2}。
4. S—砂质土壤；SiL—粉质壤土。

在另一项研究中，DeLuca 等（2006）评估了经生物炭处理和未经生物炭处理的森林土壤中的总硝化率，试图解释养分贫瘠的针叶林中硝化率增加的原因。生物炭改良森林土壤的总硝化率几乎是未处理土壤的 4 倍，这证明了生物炭对硝化细菌群落的促进作用。研究发现，用生物炭处理过的灭菌土壤的硝化活性也略有增加，这表明生物炭表面的氧化物可能会刺激一定量的 NH_4^+ 自动氧化（DeLuca et al., 2006）。木灰中通常含有高浓度的金属氧化物，包括 CaO、MgO、Fe_2O_3、TiO_2 和 CrO（Koukouzas et al., 2007）。生物炭暴露在溶解的灰烬中可能会导致这些潜在的催化氧化物保留在生物炭的活性表面（Le Leuch and Bandosz, 2007）。这些表面氧化物反过来可以有效地吸附 NH_4^+ 或 NH_3，并潜在地催化 NH_4^+ 的光氧化（Lee et al., 2005）。

与森林生态系统相比，在农业系统中添加生物炭产生了不同的结果，部分原因是在农业系统试验中测试了各种不同的原料。研究发现，在农业土壤中添加生物炭可以减少或在某些情况下增加净氮矿化（Yoo and Kang, 2010; Streubel et al., 2011; Güereña et al., 2013）。Streubel 等（2011）测试了美国华盛顿州农业区的 5 种不同土壤，从砂质土壤到粉质壤土，并用 3 种生物炭对其进行了改良（见表 15.1）。研究发现，除了砂质土壤中柳枝稷生物炭的含量最高，显著提高了 NH_4^+ 和 NO_3^- 的产量外，生物炭对所有土壤都没有显著影响，或者减少了氮的矿化。在实验室培养条件下，在碱性、石灰性农业土壤中，添加 1% ~ 10% 的柳枝稷生物炭对土壤进行了改良，发现生物炭的应用减少了 NH_4^+ 和 NO_3^- 的积累（Ducey et al., 2013）。但是，当用富含氮的原料（如猪粪）制备的生物炭处理土壤时，在实验室培养中观察到净氮矿化作用和净硝化作用的增强（Yoo and Kang, 2010），并且在相同土壤中添加大麦秸秆生物炭对氮矿化作用没有显著影响。利用分子分析研究了农业土壤中微生物对添加生物炭后的响应，在生物炭存在的情况下，发现亚硝化细菌（$NH_4^+ \to NO_2^-$）减少，并且观察到硝化细菌（$NO_2^- \to NO_3^-$）增加（Anderson et al., 2012）。但是，这些变化对硝化率几乎没有影响，因为分子分析表明氨氧化细菌的基因丰度和 NO_3^- 积累速率之间几乎没有关系（Ducey et al., 2013）。这些结果与生物炭在森林系统土壤中引起的积极影响形成了对比，与很少或没有出现净硝化作用的农业系统土壤相比，在添加生物炭之前，森林系统土壤中就已经表现出固有的高净硝化作用和 NO_3^- 积累速率（例如，对照组中含有的 NO_3^--N 超过 113 mg·kg^{-1}）（Ducey et al., 2013）。Nelissen 等（2012）发现，用玉米生物炭改良的砂质土壤中的总氨化率和硝化率显著提高，而硝化率的提高归因于自养硝化细菌具有更高的底物利用率。

生物炭在土壤环境中停留的时间长短也会影响氮的矿化潜力，这与生物炭孔隙随时间推移被有机物堵塞有关，这与 Zackrisson 等（1996）的假设一样。Dempster 等（2012）发现，在澳大利亚和英国的不同农业土壤中，用"旧"生物炭改良的土壤比用"新"生物炭改良的土壤更可能导致无机氮积累（见表 15.1）。这对使用生物炭就地保留无机氮肥的管理实践有重要的意义。人们可能需要定期向农业系统中添加"新"生物炭，以帮助保留无机氮肥，这种做法也可能会螯合大量的 C。相比之下，Novak 等（2010）报道，当新鲜木材生物炭添加到酸性农业土壤中时，净氮矿化率略有增加。据报道，在热带农业土壤中添加生物炭会降低氮有效性（Lehmann et al., 2003），或者增加作物对氮的吸收和输出（Steiner et al., 2007; Cornelissen et al., 2012）。氮有效性的降低是由于生物炭的碳氮比较高，因此，NH_4^+ 吸附到生物炭上的可能性更大，这反过来降低了氮淋失的可能性，并随着时间的推移在表层土壤中保持更高的氮肥力（Steiner et al., 2007）。另外，美国纽约玉米田的 ^{15}N 试验发现，生物炭诱导的微生物量增加会影响氮的净固定化（Güereña et al., 2013）。

多项研究表明，生物炭可以从土壤溶液中吸收 NH_4^+（Lehmann et al., 2011; Spokas et al., 2012; Taghizadeh-Toosi et al., 2012a），从而降低了土壤中 NH_4^+ 的利用率，但此假设尚未得到充分验证。生物炭上 NH_4^+ 的增加可以暂时产生该部分微生物利用或植物吸收的养分。添加生物炭减少了 N_2O 的排放，这归因于生物炭对 NO_3^- 吸附的增加（Zwieten et al., 2010）。据报道，木质生物炭对 NO_3^- 的吸附作用微不足道（Jones et al., 2012）。除吸收无机氮外，生物炭还具有吸附有机氮化合物（如氨基酸、肽、蛋白质）的潜力，用固氮微生物覆盖生物炭，可以减弱氮的净矿化或硝化作用，或者刺激生物炭颗粒周围和内部的固氮微生物生长。此外，土壤中的生物炭最终会被有机物堵塞，并将矿物质和部分有机物聚集在一起（Brodowski et al., 2006），这些聚集物中存在的氮可能会在一段时间内无法再利用，并受到保护以防止其发生转化。

2. 固定化

由木材或其他低氮原料制备的生物炭是一种高碳氮比的贫氮材料，而由富氮原料制备的生物炭可以作为氮源（Lehmann et al., 2006）。研究表明，虽然木屑生物炭中的营养物质非常稳定（DeLuca and Aplet, 2008），但将新制备的木屑生物炭添加到土壤中时，也会发生一些分解反应（Schneour, 1966; Spokas et al., 2009; Jones et al., 2011）。也有研究发现，在土壤中添加生物炭后，微生物呼吸速率增大，这表明生物炭正在被分解，或者生物炭引起了土壤中有机碳的沉积（Wardle et al., 2008; Spokas et al., 2009; Novak et al., 2010）。然而，最近的研究发现，向土壤中添加生物炭后，因为生物炭中释放的无机碳（碳酸盐）增强了微生物活性，从而使 CO_2 的释放量增加（Jones et al., 2011）。尤其是低温生物炭，其更可能引起净养分的固定化，因为它们含有较高浓度的生物可利用碳和残留生物油（Steiner et al., 2007; Nelissen et al., 2012; Clough et al., 2013）。相比之下，高温生物炭含有更丰富的石墨烯结构，这些结构对微生物降解的抵抗力更高，残留的挥发物更少。当生物炭含有高浓度的生物可利用碳时（见第 16 章），任何由生物炭刺激的固定化都可能导致土壤中可利用无机氮在短期内减少，从而减少硝化作用和 N_2O 的排放（见第 17 章；Steiner et al., 2007）。

3. 气态氮的排放

过去几年中，人们越来越了解生物炭如何影响土壤中气态氮的转化，从而了解生态系统中的氮收支，以及生物炭应用对温室气体排放的影响。生物炭对 N_2O 的影响引起了很多关注（Yanai et al., 2007; Spokas et al., 2009; Clough et al., 2010; Cornelissen et al., 2012），因为 N_2O 是一种重要的温室气体（Hansen et al., 2005），并且会消耗臭氧层中的物质（Ravishankara et al., 2009）。一些研究还探讨了生物炭应用对反硝化作用和 NH_3 挥发潜力的影响，以评估生物炭对农业土壤中氮保留的影响（Jones et al., 2012; Taghizadeh-Toosi et al., 2012a）。从土壤中排放的 N_2O 与硝化和反硝化过程有关，这种机制在第 17 章中将进行详细介绍。

目前，许多研究致力于评估经过生物炭改良的农业土壤中 N_2O 的产生（作为温室气体），但是评估生物炭对反硝化作用影响的研究很少。Kammann 等（2012）发现，在"脱氮诱导条件"下，向德国农业土壤中添加 $5\ kg·m^{-2}$ 花生壳制备的生物炭后，N_2O 的排放量显著减少。但是，当向土壤中添加 $5×10^{-3}\ kg·m^{-2}$ 使用 NH_4NO_3 处理过的生物炭时，N_2O 的排放量实际上会随着生物炭的添加而增加（Kammann et al., 2012）。后者的结果与 Jones 等（2012）的发现相似，该发现表明在美国北威尔士州，两年前将 5 kg·m^{-2} 和 1×10^{-2} kg·m^{-2} 使用 NH$_4$NO$_3$ 处理过的木屑生物炭添加到土壤中后，DEA 的反硝化酶活性增加。研究还表明，向土壤中添加生物炭可增加反硝化细菌群落的数量（Anderson et al., 2012; Ducey et al., 2013）。

如上所述，当生物炭应用于高硝化率的农业或草原土壤时，其通常对净硝化率没有影响（DeLuca et al., 2006; Rondon et al., 2007; Dempster et al., 2012; Jones et al., 2012）。相比之下，生物炭或活性炭通过增强净硝化作用和硝化活性来改良净硝化作用低的森林土壤（Berglund et al., 2004; DeLuca et al., 2006）。此外，在生物炭处理过的可溶性富 C 土壤中，NO$_3^-$ 的积累将在厌氧条件下增强反硝化作用的潜力（McCarty and Bremner, 1992）。在水热条件下制备的木炭可增加可溶性碳的含量，并有可能增强微生物的呼吸作用（Kammann et al., 2012）和反硝化作用。但是，使用木屑生物炭可能会导致可溶性有机碳的长期净减少（见第 16 章），其反过来又会降低脱氮电位。

一些研究也评估了生物炭对 NH$_3$ 挥发的影响（Steiner et al., 2010; Doydora et al., 2011; Jones et al., 2012; Taghizadeh-Toosi et al., 2012a, 2012b; Chen et al., 2013）。在碱性条件和高浓度 NH$_4^+$ 存在的情况下，农业土壤中的 NH$_3$ 挥发会增加；而在阳离子交换量较高的土壤中，NH$_3$ 挥发会减少（Stevenson and Cole, 1999）。已知生物炭，以及与灰分混合的生物炭会暂时提高土壤的 pH 值（Glaser et al., 2002; Jones et al., 2012），但在通常情况下，暂时提高土壤 pH 值不足以增加 NH$_3$ 的挥发。Taghizadeh-Toosi 等（2012a, 2012b）的研究表明，NH$_3$ 被有效地吸附到木屑生物炭的表面，并且使 NH$_3$ 以 NH$_4^+$ 的形式被解吸到溶液中，从而防止了 N 在大气中的损失。

向农业土壤、酸性森林土壤中添加生物炭可减小 NH$_4^+$ 的浓度（Le Leuch and Bandosz, 2007; Taghizadeh-Toosi et al., 2012a），从而降低了 NH$_3$ 挥发的可能性。Steiner 等（2010）发现，当生物炭的添加率为 20%（w/w）时，家禽粪便堆肥过程中 NH$_3$ 的释放量明显减少。Doydora 等（2011）发现，将家禽粪便与生物炭以 1∶1 混合后加入土壤中，NH$_4^+$ 的挥发量可减少 50%～60%。Jones 等（2012）发现，生物炭对 NH$_4^+$ 具有较强的吸附能力。此外，田间试验研究发现，向土壤中添加 5 kg·m^{-2} 生物炭时，NH$_3$ 挥发率会降低；但向土壤中添加 2.5 kg·m^{-2} 生物炭时，NH$_3$ 挥发率没有降低（Jones et al., 2012）。在农业土壤中，生物炭通常会导致 NH$_4^+$ 的减少，这可能是因为生物炭表面可以吸附可溶性 NH$_4^+$。然而，用生物炭处理的农业土壤中 NO$_3^-$ 形成的减少表明，氧化途径的减少可能会使更多的 NH$_4^+$ 存在并可用于固定化。需要进一步研究来确定生物炭减少土壤中挥发 NH$_4^+$ 的能力。

15.3.2 生物固氮

研究表明，生物固氮作用将绝大部分的 N 注入了农业生态系统（Galloway et al., 2008）。目前，在外部 N 输入很少的农业生态系统中，采用生物固氮手段是非常有必要的，并且需要全面了解生物炭对共生、非共生固氮生物的影响。半个世纪前，当研究人员在探究木炭作为土壤改良剂的作用时，对生物炭在豆科植物中固氮的影响方面进行了一定程度的研究。研究发现，生物炭对土壤物理特性具有积极影响（Tryon, 1948），但尚未发现生物炭对固氮植物的影响。表 15.2 总结了 PCM 应用对豆科植物结瘤和固氮影响的研究结果，以下对其中一些研究进行描述。

Vantis 和 Bond（1950）发现，以 1%（v/v）的比率向土壤中添加木材生物炭会导致三叶草上的根瘤数量减少，但会增加豌豆的总根瘤质量和氮气的总固定量。在生物炭比率较高（大于2%）的情况下，生物炭对结瘤没有影响（Vantis and Bond, 1950）。Turner（1955）发现，三叶草中根瘤的数量显著增加，水热炭进一步增加了结瘤，并表明抑制性化合物可以通过生物炭各种形式的预处理去除（Turner, 1955）。这种处理方法可能会影响植物激素类的化学物质（见第14章）。在堆肥研究的生长培养基中添加或不添加生物炭[5%（w/w）]会产生不同的结果，添加生物炭会使根瘤数量显著减少、大小显著减小（Devonald, 1982）。本章对生物炭的预处理及多环芳烃含量未进行讨论。

表15.2 关于生物炭或活性炭对豆类作物生长、结瘤和固氮作用影响的研究结果。对于每项研究，计算相对对照试验的单个变量的百分比变化。除 Quilliam 外，所有研究均为盆栽试验，Quilliam 将生物炭的实际应用与温室盆栽试验相结合

生物炭类型和比例（w/w）	响应植物	响应增长率	根瘤	固氮酶活性	来源
木材生物炭2%	豌豆	+37%	+25%	NA	Vantis和Bond（1950）
木材生物炭4%	豌豆	+45%	−11%	NA	
木材生物炭8%	豌豆	+8%	−31%	NA	
活性炭1%	豌豆		−1%	NA	
动物生物炭2%	豌豆	NS或中性	−1%	NA	
木材生物炭1%~2%	三叶草	NA	+97%	NA	Turner（1955）
木材生物炭粉末1∶1	番茄	−24%	−39%	NA	Devonald（1982）
树皮生物炭1%	紫花苜蓿	+70%	NA	+517%	Nishio和Okano（1991）
木材生物炭3%	菜豆	+25%	NA	+42%	Rondon 等（2007）
木材生物炭6%	菜豆	+39%	NA	+64%	
木材生物炭9%	菜豆	NS	NA	NS	
鸡粪生物炭0.4%	大豆	+5%	+100%	NA	Tagoe 等（2008）
鸡粪生物炭0.8%	大豆	+41%	+190%	NA	
木材生物炭2.5%	白三叶草	中性	NA	+250%	Quilliam 等（2012）
木材生物炭5%	白三叶草	中性	−70%	+350%	Quilliam 等（2012）

注：NA—无数据；NS—$P<0.05$时不显著。

这些研究表明，活性炭对百脉根的结瘤具有明显的抑制作用（Wurst and van Beersum, 2008）。另外，在大棚试验中，在淤泥壤土上施用富含养分的生物炭（碳化鸡粪），会增加大豆根瘤的数量，提高根瘤的质量，并增加总氮的产量（Tagoe et al., 2008）。在最近的一项田间试验研究中（Quilliam et al., 2013），将高含量的木屑生物炭应用于温带农业土壤（共施用 2.5×10^{-3} kg·m^{-2}、5×10^{-3} kg·m^{-2} 和 1×10^{-2} kg·m^{-2} 生物炭），收集土壤并将其放入播种了三叶草的盆栽中，结果发现，在盆栽土壤中施用高剂量的生物炭后，三叶草的根瘤数量减少，但是提高了根瘤的质量和固氮酶活性（Quilliam et al., 2013）。

Rondon 等（2007）测试了向含有根瘤菌的普通菜豆的结瘤和非结瘤品种中添加不同量木材（桉树）制备的生物炭的效果，并通过同位素稀释法测量了氮素吸收量的变化。与对照组相比，生物炭在施用量为 30 g·kg^{-1} 或 60 g·kg^{-1} 时可显著提高 N_2 产量和大豆产量，但向土壤中施用 90 g·kg^{-1} 生物炭时，反而降低了大豆产量（Rondon et al., 2007）。所有生物炭处理均增加了可固氮的豆类组织中 N 的百分比。这项研究进一步表明，生物炭可

能会影响生物固氮，这是痕量金属［如镍（Ni）、铁（Fe）、硼（B）、钛（Ti）和钼（Mo）］的有效性增加的结果。生物炭的最高施用量降低了大豆产量，如果将其应用到极限，可能会阻碍 N_2 的固定。

生物炭对豆类作物性能和结瘤作用的影响不同，这是由于不同生物炭的养分及其各自吸附信号化合物的能力不同。在豆科作物中，根瘤的形成是由信号化合物（通常是类黄酮）的释放引起的（Jain and Nainawatee, 2002）。这种多酚化合物很容易被生物炭吸收（Gundale and DeLuca, 2006）。一些研究发现，由于高 P 需求的结瘤菌（如根瘤菌）完全限制了 P 含量，活性炭减少了结瘤，而低吸附性富 P 生物炭增加了结瘤（Rondon et al., 2007）。

许多研究评估了在农业生态系统中增加土壤固氮细菌活性的潜力，但是仅有几篇论文对此进行了直接评估（见表 15.2）。直接评估法的局限性是，向土壤中添加生物炭可能会增加乙烯的产量（Spokas et al., 2010；见第 14 章），乙烯在乙炔还原试验中被用作固氮细菌活性的替代物，乙炔还原试验是估算固氮酶活性最常用的技术。众所周知，土壤溶液中过量的可溶性氮会降低土壤固氮细菌的 N_2 固定率（Kitoh and Shiomi, 1991; DeLuca et al., 1996），而可用的土壤 P 可以刺激 N_2 固定（Chapin et al., 1991）。因此，土壤固氮细菌的活性可能随生物炭引起的 P 溶解度的增加而增加（Lehmann et al., 2003; Steiner et al., 2007），也可通过降低土壤的可溶性氮浓度（由于 NH_4^+ 的固定化或表面吸附）来提高土壤固氮细菌的活性。因此，生物炭可能成为土壤固氮细菌生长和增殖的良好载体或培养基。木材和纤维素基生物炭是低氮介质，但可以吸收土壤 P（见第 7 章）。在低无机氮环境下，生物炭会影响净硝化作用（DeLuca et al., 2006），因此，最终可能通过土壤固氮细菌来降低土壤的 N_2 固定作用。有些学者认为，其他一些机制可能也会影响土壤固氮细菌的活性，但目前这方面的研究还较少。

15.3.3 磷

研究发现，向土壤中添加生物炭可以增加或减少土壤中 P 的利用率（Steiner et al., 2007; Nelson et al., 2011）。在大多数生态系统中，除 N 以外，P 往往是限制初级生产的第二个主要营养元素，在热带地区则通常是主要限制因素（随后限制微生物对 N_2 的固定）。与 N 不同，几乎没有研究表明植物会直接吸收有机磷，因此，含有有机磷聚合物（如磷脂、DNA、磷酸化蛋白等）的土壤有机质需要在细胞外被酶分解后才能被吸收。无机磷最常被植物吸收的形式为 HPO_4^{2-} 或 $H_2PO_4^-$。微生物细胞（如磷酸腺苷）可以直接吸收一些低分子量有机磷，但是与吸收无机磷相比，吸收效果可能很差。与 N 相反，因为生物炭对矿物相（如在 Fe、Al 羟基氧化物表面）的强烈吸附及其形成矿物沉淀物的能力（例如，无机磷在土壤中的溶解度和扩散速率）极低，所以生物炭本身可以被当作一个 P 源，但它也可以通过一系列其他机制直接或间接地影响土壤中 P 的行为，这些机制包括：①土壤 pH 值的变化；②改变酶效率；③增加 P 溶解度的有机矿物复合物形成；④植物和微生物群落结构的变化。

1. 生物炭中磷的释放及其对磷浸出的影响

大多数生物炭都含有大量的 P，人们早就发现生物炭中的 P 可以释放出来（Tryon, 1948）。生物炭原料中的 P 含量通常为木材残渣中 P 含量的 0.01%～0.1%，为作物残渣中

P含量的0.1%～0.4%，为粪便和生物固体中P含量的0.5%～5%（Barrelet et al., 2006; Liu et al., 2011; Wang et al., 2012）。在每种原料中，P可能以不同的化学形式存在，从而会影响其进入土壤后的利用率。当植物残渣被热解时，有机碳在大约100 ℃时开始挥发，而P直到约700 ℃才挥发（Knoepp et al., 2005）。通过不均匀地挥发碳和裂解有机磷键，有机材料的燃烧或炭化可大大提高植物组织中P的利用率，从而使焦化材料中的可溶性磷盐残留，同时热解形成多种形式的矿物磷，它们主要与Fe、Al、Ca和Mg形成配合物。因此，源自生物固体（污水污泥）的生物炭很可能具有较高比例的磷酸铁和磷酸铝，但磷酸铁和磷酸铝的溶解性不如磷酸钙和磷酸镁。因此，生物炭包含3个P库，1个可自由溶解，1个可与Fe和Al强结合，1个可作为原始材料的残留物保证有机结合。每种物质的比例取决于原料和热解条件（见第6章；Liu et al., 2011）。许多研究表明，木屑生物炭中所含的P很大一部分可以立即溶解，并易于释放到土壤溶液中（Gundale and DeLuca, 2006）。根据原料的不同，当试验中生物炭的添加量为0.01～0.05 kg·m^{-2}时，P的添加量应为0.0001～0.25 kg·m^{-2}，具体添加量取决于原料。假设原料中的P有5%～20%可用（见第7章），当考虑以0.0005～0.0050 kg·m^{-2}含P肥料作为添加的合成肥料时，可以少施加一些生物炭。然而，在实验室试验中，生物炭中没有发现P的浸出增加（Laird et al., 2010; Borchard et al., 2012a; Schultz and Glaser, 2012）。Quilliam等（2012）描述了在农业土壤中，在生物炭施用量为2.5 kg·m^{-2}和5 kg·m^{-2}（或0 kg·m^{-2}、2.5 kg·m^{-2}、5 kg·m^{-2}、2.5 kg·m^{-2}+2.5 kg·m^{-2}和5 kg·m^{-2}+5 kg·m^{-2}生物炭试验）的基础上，再施用木屑生物炭（2.5 kg·m^{-2}和5 kg·m^{-2}）显著增加了土壤有效磷（0.5 Mmol乙酸提取）。然而，磷有效性的显著增加并没有使试验作物的叶面P浓度增加（Quilliam et al., 2012）。

2. 生物炭对磷酸酶和溶磷细菌的影响

生物炭可使土壤微生物群落的丰度、结构和活性发生明显变化（Lehmann et al., 2011）。微生物种群中存在大量功能冗余的细菌，这可能会导致磷循环速率的变化。据观察，生物炭会影响植物根系的菌落定殖，进而改变土壤对P的吸收（Warnock et al., 2007; Lehmann et al., 2011）。

研究表明，在短期试验中，生物炭的添加会引起磷酸酶活性的增强（Bailey et al., 2010; Yoo and Kang, 2010; Jindo et al., 2012），这将增加土壤有机物和有机残留物中P的释放。其他研究表明，生物炭的添加对土壤磷酸酶的影响很小（Jones et al., 2010）。对生物炭改良过的土壤进行分析发现，土壤中产生溶磷化合物的细菌增加（Hamdali et al., 2008; Anderson et al., 2012），这是生物炭诱导溶磷细菌增多的间接证据。生物炭是否对溶磷细菌的产生有任何直接影响仍需要进一步研究。

除直接释放可溶性磷外，生物炭还具有较高的CEC（Liang et al., 2006）。其吸附的Al、Fe或Ca可能会影响P的溶解度（见第9章）。研究表明，新制备的生物炭在较低pH值下具有较强的瞬时阴离子交换能力（Cheng et al., 2008），可能超过生物炭的总离子交换量，这些交换位点有可能会与Al和Fe的氧化物竞争吸收可溶性磷，该结果与在腐殖质酸和黄腐酸提取物中观察到的结果相似（Sibanda and Young, 1986; Hunt et al., 2007）。目前，还没有研究评估生物炭和可变电荷表面（短期内的阴离子交换能力）对磷循环和磷有效性的影响。

随着生物炭老化，生物炭表面的正电荷交换位点减少、负电荷交换位点增多（Cheng

et al., 2008)。高阳离子交换量的生物化学基础尚未完全理解（见第 5 章、第 6 章和第 9 章），但可能由于含氧官能团（如羧基）的存在，含氧官能团可由微生物降解后在碳化材料表面形成的高表面氧碳比来表示（Liang et al., 2006; Cheng et al., 2008; Preston and Schmidt, 2006）。因在土壤中的离子交换量本来就很低，磷有效性和磷循环利用可能会受到生物炭在长期使用过程中阳离子交换量的限制。通过减少根表面附近游离 Al^{3+} 和 Fe^{3+} 的存在，生物炭可以促进不稳定磷组分的形成和循环。

3. 络合

磷循环的重要组成部分包括一系列沉淀反应，其会影响 P 的溶解度，最终影响植物与微生物之间可供吸收和循环的 P 的含量。这些沉淀反应发生的程度受土壤 pH 值的强烈影响，这是由于负责沉淀的离子（Al^{3+}、Fe^{3+} 和 Ca^{2+}）容易受 pH 值的影响（Stevenson and Cole, 1999）。在碱性土壤中，P 的溶解度主要受其与 Ca^{2+} 相互作用的影响，Ca^{2+} 在此形成磷灰石矿物。在酸性土壤中，P 的有效性主要受其与 Al^{3+} 和 Fe^{3+} 相互作用的影响，而 Al^{3+}、Fe^{3+} 的磷酸盐在其中形成。生物炭可通过改变 pH 值，从而改变 P 与 Al^{3+}、Fe^{3+} 和 Ca^{2+} 相互作用的强度，来影响 P 沉淀到这些不溶性溶液中（Lehmann et al., 2003; Topoliantz et al., 2005），或者通过吸附有机分子形成金属离子的螯合物，否则将会沉淀 P（DeLuca，未发表的数据，见图 15.4）。后一种途径对于植物 P 的利用尤其重要（Dias et al., 2010；见第 25 章）。生物炭的堆肥研究表明，生物炭可通过分解作用促进有机物分解转化成稳定的有机物，或者改变 Tewa Preta 的有机碳循环模式（Liang et al., 2010）。

大量研究表明，生物炭通常可以通过增大酸性土壤的 pH 值来改变土壤的酸碱度（Mbagwu, 1989; Matsubara et al., 2002; Lehmann et al., 2003）。没有证据表明在碱性土壤中添加生物炭会减小土壤的 pH 值，但是研究表明，在酸性土壤中添加生物炭会增大土壤的 pH 值（Cheng et al., 2006）。向酸性土壤中添加生物炭后，pH 值会增大是由于生物炭中碱金属（Ca^{2+}、Mg^{2+} 和 K^+）氧化物的浓度增大，以及土壤中可溶性 Al^{3+} 的浓度降低（Steiner et al., 2007）。短期内将这些碱性金属作为可溶性盐，并将其与生物炭交换位点关联，可能是生物炭对 P 的溶解度最显著的影响，特别是在酸性土壤中，pH 值的细微变化会减少 P 的沉淀。相反，在中性土壤或碱性土壤中添加生物炭（及相关的灰渣），可能对 P 的有效性会产生微弱的影响，因为添加碱金属只会加剧 Ca^{2+} 驱动的限制磷。

除对土壤 pH 值的影响外，生物炭还可能影响与 P 沉淀相关的其他几种机制。例如，生物炭通过诱导螯合有机分子的表面吸附，来影响 P 的生物利用度。生物炭是一种良好的表面吸附剂，可吸附各种分子量的极性或非极性有机分子（Sudhakar and Dikshit, 1999; Schmidt and Noack, 2000; Preston and Schmidt, 2006; Bornermann et al., 2007）。与 Al^{3+}、Fe^{3+} 和 Ca^{2+} 螯合相关的有机分子可能会吸附到疏水或带电的生物炭表面，从长远来看，随着时间的流逝，有机生物炭或有机矿物中开始形成生物炭复合物，这有助于可溶性磷在老化生物炭颗粒周围的保留和交换（Briones, 2012; Joseph et al., 2013）。但是，从短期来看，P 的溶解度降低可能由以下机制所致。螯合物的吸附可能会对 P 的溶解度有正影响或负影响，螯合物包括简单的有机酸、酚酸、氨基酸及复杂的蛋白质或碳水化合物（Stevenson and Cole, 1999），图 15.5 提供了此类交换的示例。据报道，有两种化合物可能是从矢车菊科的根系分泌物释放出来的化感化合物：儿茶素和 8-羟基喹啉（Vivanco et al., 2004; Callaway and Vivanco, 2007），它们也会影响 P 的生物利用度。金属螯合物可能会间接增加 P 的溶解度(Stevenson and Cole, 1999; Shen et al., 2001)。在碱性(pH值为8.0)钙质土壤中,儿茶素有效地增加了P的溶解度,当添加到富含Al^{3+}的酸性(pH值为5.0)土壤中时,8-羟基喹啉增加了P的溶解度(见图15.5)。在这些土壤中添加生物炭消除了土壤系统中可溶性螯合物,进而消除了螯合物对P溶解度的影响。例如,向生长旺盛的锦葵盆栽中施用生物炭,随着生物炭施用量的增加,锦葵对P的吸附会减少(Gundale and DeLuca, 2007)。生物炭对P溶解度的间接影响会随着土壤类型和蔬菜覆盖度变化,这体现了植物与土壤相互作用的复杂性。

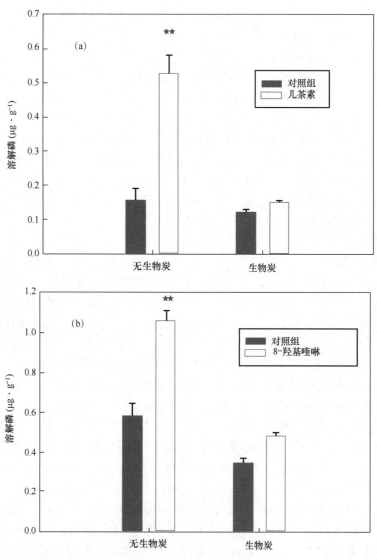

图15.5 从填充了(a)钙质土壤(pH值为8.0)单独用儿茶素或生物炭或(b)富含铝的酸性土壤(pH值为6.0)单独用8-羟基喹啉或生物炭填充的柱子中溶出的P(DeLuca,未公布的数据)。在30 g的土壤中加入浓度为50 mg·kg^{-1}的磷酸盐,对其进行了改良,然后将其放入50 mL淋滤管中(n = 3.0)。不使用任何土壤(对照组),以及用螯合剂或螯合剂加上生物炭[1%(w/w)]处理土壤,使其湿润培养16 h,然后连续3次用0.01 Mmol $CaCl_2$冲洗,最后在分段流动自动分析仪上分析渗滤液中的正磷酸盐,使用SPSS对数据进行方差分析

15.3.4 硫

目前，很少有研究关注生物炭作为土壤改良剂对土壤中硫转化的影响。硫在土壤的生物化学和植物生理中起着极其重要的作用（Stevenson and Cole, 1999; Marschner, 2006）。硫是两种氨基酸（半胱氨酸和蛋氨酸）的组成部分，是蛋白质合成的必需元素，并且是所有生物体能量转换的基本组成部分。硫也是自养生物需要的能量，并且是厌氧条件下氧化分解的替代电子受体（Stevenson and Cole, 1999）。尽管由高硫原料制备的生物炭具有将硫释放到土壤溶液中的潜力（Uchimiya et al., 2010），但几乎没有证据表明生物炭的应用增强了土壤的氧化或还原能力。考虑到硫循环和氮循环之间的相似性（Stevenson and Cole, 1999），生物炭肯定会影响土壤中 S 的矿化和氧化活性。虽然大部分土壤中的 S 都来自地层本身，但大多数土壤中的 S 以有机态存在，在被植物吸收之前必须先矿化（从有机硫转化为 SO_4^{2-}）（Stevenson and Cole, 1999）。有机硫以硫酸酯或碳键硫的形式存在，后者在被植物吸收之前必须先氧化为 SO_4^{2-}。目前，还没有研究直接评估生物炭对农业或森林土壤中有机硫转化的影响（与下文讨论的生物炭中的 S 释放不同），但是，许多相关研究表明，向土壤中添加生物炭可能会改变土壤中有机硫的转化。

一项调查生物炭对 S 有效性影响的研究是在实验室的 PVC 玻璃柱中使用 2 种类型的土壤、3 种农业残留物制备的生物炭改良剂进行的（Churka Blum et al., 2013）。这项研究将新制备的玉米壳生物炭与豌豆和油菜生物炭比较，评估了向土壤中添加玉米壳生物炭后 S、C 和 N 的矿化。虽然这几种生物炭改良剂的碳矿化率和氮矿化率均很低，但观察发现玉米壳生物炭是几种生物炭改良剂中硫矿化率最高的。该结果表明，残留物中 S 的释放可能是残留物中硫化合物的作用。生物炭中高浓度的酯硫和可溶性 SO_4^{2-} 对生物活性的适度增加表明，可溶性 SO_3^{2-}、SO_4^{2-} 很容易从酯硫中释放出来，使无机硫在生物炭处理的土壤中迅速积累（Churka Blum et al., 2013）。

研究表明，向酸性农业土壤中添加生物炭会导致土壤 pH 值的净增大（见第 7 章），这可能是由生物炭中碱性氧化物的浓度增大造成的（Glaser et al., 2002; Topoliantz et al., 2005），弱酸至中性条件有利于 S 矿化。与 N 的观测结果大致相同（Smithwick et al., 2005），松林生态系统中的火灾也会使 S 的矿化率增大（Binkley et al., 1992）。S 的矿化率的增大很可能是火灾中部分燃烧或温度加热超过 200 ℃后，由残留物中的可溶性硫释放导致的（Gray and Dighton, 2006）。S 氧化作用由自养生物（如硫杆菌属）和异养生物（如嗜酸性硫杆菌属）的 S 氧化共同进行，因生物炭的存在而引起的 pH 值升高对 S 氧化作用会产生负面效应。生物炭中浓度相对较高的一些微量元素正是自养生物所需要的（见第 13 章），而向土壤中添加生物炭时，微量元素的含量也会增加（Rondon et al., 2007）。向土壤中添加生物炭最终会减少土壤矿物的表面反射，从而导致春季土壤升温更快（Meyer et al., 2012），反过来可能会增大 S 的氧化率或矿化率（Stevenson and Cole, 1999）。

人们已经对生物炭、活性炭和石墨在高温下将 SO_2 化学还原为 C 吸附的硫化物效用进行了深入研究（Humeres et al., 2005），以评估这些材料作为吸附剂从污染流中去除 SO_2 的能力。目前，没有公开的报道表明在生物炭存在的情况下，土壤中 SO_2 的还原作用增强。向矿质土壤中添加生物炭还可能直接或间接影响硫吸附反应和硫还原。但是，与 NO_3^- 一样，未老化的、新制备的生物炭可能缺乏吸附 SO_2 的能力（Borchard et al., 2012b）。如第 5 章所述，生物炭通过增大比表面积、增强持水能力和改善地表排水来改善土壤物理性质。通过改善土壤的这些物理性质可以增加土壤的通气量，但反过来又会降低异化硫还原的可能性（Stevenson and Cole, 1999）。S很容易吸附到土壤环境中的矿物表面，特别是吸附到暴露的铁氧化物和铝氧化物上。一旦Fe和Al被吸附到生物炭表面，SO_2就会与暴露的金属氧化物相互作用。相反，研究表明向土壤中添加有机物可减弱酸性森林土壤中SO_2的吸附程度（Johnson, 1984），因此生物炭改良剂可以增加富含Fe的酸性土壤中S的溶液浓度。目前，将生物炭添加到土壤后评估硫转化的研究还比较缺乏，需要在这个领域进行更多研究。

15.4 结论与展望

将生物炭应用于农业土壤中极大地改善了土壤的物理、化学和生物性质。本章总结了生物炭作为土壤改良剂对土壤养分转化的影响，并讨论了影响土壤养分转化的相关机制。向土壤中添加生物炭可能会直接或间接改变养分循环。研究表明，生物炭的施用可能会增强土壤中NH_4^+的保留程度，同时会增加农作物对N的吸收。然而，几乎没有研究表明向土壤中加入生物炭可提高N的有效性，但是，生物炭会使森林土壤净硝化作用增强，其对土壤养分循环的负面影响很小，对净氮淋失和N_2O排放的影响最小。添加生物炭会使P的溶解度增加，这可能是因为施用的生物炭直接添加了P，而不是改变了磷循环。目前，向农业土壤中添加生物炭后磷肥吸收增强的机制还需要进一步研究。在土壤中添加生物炭可能会刺激菌根定殖，这可能会导致P的吸收增强，但是当与富含P的物质一起使用时，这种作用就会消失。目前，人们还需要进行其他研究来阐明生物炭对土壤养分转化的影响。例如，无论是施用生物炭后的短期内还是在长期内，生物炭对土壤养分转化的影响。在富含PyC的老化土壤中，有以下几点需要关注：①生物炭在什么条件下会刺激或减少不同生态系统中的氮矿化、硝化和固定化作用？②生物炭对NH_4^+的吸附会大大降低N的利用率吗？还是会浓缩氮用于植物和微生物？③在矿质土壤中添加的生物炭通过什么机制影响P的利用？④生物炭是否吸附酶并保持其活性？⑤生物炭如何影响S的有效性，以及通过什么机制影响？这些问题的答案只能通过对生物炭进行进一步的研究才能获得。

参考文献

Alexander, M. Introduction to Soil Microbiology[M]. Malabar, FL: Krieger Publishing Company, 1991.

Anderson, C. R., Condron, L. M., Clough, T. J., et al. Biochar induced soil microbial community change: Implications for biogeochemical cycling of carbon, nitrogen and phosphorus[J]. Pedobiologia, 2011, 54: 309-320.

Asai, H., Samson, B. K., Stephan, H. M., et al. Biochar amendment techniques for upland rice production in Northern Laos 1. Soil physical properties, leaf SPAD and grain yield[J]. Field Crops Research, 2009, 111: 81-84.

Atkinson, C. J., Fitzgerald, J. D. and Hipps, N. A., et al. Potential mechanisms for achieving agricultrual benefits from biochar application to temperate soils: A review[J]. Plant and Soil, 2010, 337: 1-18.

Bailey, V. L., Fansler, S. J., Smith, J. L., et al. Reconciling apparent variability in effects of biochar amendment on soil enzyme activities by assay optimization[J]. Soil Biology and Biochemistry, 2010, 43: 296-301.

Ball, P., Mackenzie, M. D., Deluca, T. H., et al. Wildfire and charcoal enhance AOB in forests of the Inland Northwest[J]. Journal of Environmental Quality, 2010, 39: 1243-1253.

Barrelet, T., Ulrich, A., Rennenberg, H., et al. Seasonal profiles of sulphur, phosphorus, and potassium in Norway spruce wood[J]. Plant Biology, 2006, 8: 462-469.

Beesley, L., Moreno-Jimenez, E., Gomez- Eyles, J. L., et al. A review of biochar's potential role in the remediation, revegetation and restoration of contaminated soils[J]. Environmental Pollution, 2011, 159: 3269-3282.

Bélanger, N. I., Côté, B., Fyles, J. W., et al. Forest regrowth as the controlling factor of soil nutrient availability 75 years after fire in a deciduous forest of southern Quebec[J]. Plant Soil, 2004, 262: 363-372.

Berglund, L. M., DeLuca, T. H. and Zackrisson, O., et al. Activated carbon amendments of soil alters nitrification rates in Scots pine forests[J]. Soil Biology and Biochemistry, 2004, 36: 2067-2073.

Binkley, D., Richter, J., David, M. B., et al. Soil chemistry in a loblolly/longleaf pine forest with interval burning[J]. Ecological Applications, 1992, 2: 157-164.

Borchard, N., Wolf, A., Laabs, V., et al. Physical activation of biochar and its meaning for soil fertility and nutrient leaching—A greenhouse experiment[J]. Soil Use and Management, 2012a, 28: 177-184.

Borchard, N., Prost, K., Kautz, T., et al. Sorption of copper (II) and sulphate to different biochars before and after composting with farmyard manure[J]. European Journal of Soil Science, 2012b, 63: 399-409.

Bornermann, L., Kookana, R. S. and Welp, G. Differential sorption behavior of aromatic hydrocarbons on charcoals prepared at different temperatures from grass and wood[J]. Chemosphere, 2007, 67: 1033-1042.

Brady, N. C. and Weil, R. R. The nature and properties of soils[M]. Upper Saddle River: Prentice Hall, 2002.

Brewer, C. E., Unger, R., Schmidt-Rohr, K., et al. Criteria to select biochars for field studies based on biochar chemical properties[J]. Bioenergy Research, 2011, 4: 312-323.

Brimmer, R. J. Sorption potential of naturally occurring charcoal in ponderosa pine forests of western Montana[D]. Masters Thesis: University of Montana, 2006.

Briones, A. M. The secrets of El Dorado viewed through a microbial perspective[J]. Frontiers in Microbiology, 2012, 3: 239.

Brodowski, S., John, B., Flessa, H., et al. Aggregate-occluded black carbon in soil[J]. European Journal of Soil Science, 2006, 57: 539-546.

Callaway, R. M. and Vivanco, J. M. Invasion of plants into native communities using the underground information superhighway[J]. Allelopathy Journal, 2007, 19: 143-151.

Chan, K. Y. and Xu, Z. Biochar: Nutrient properties and their enhancement[J]. Biochar for Environmental Management, 2009, 4: 67-84.

Chan, K. Y., Van Zwieten, L., Meszaros, I., et al. Agronomic values of green waste biochar as a soil amendment[J]. Australian Journal of Soil Research, 2007, 45: 629-634.

Chapin, D. M., Bliss, L.C. and Bledsoe, L. J. Environmental regulation of nitrogen fixation in a high arctic lowland ecosystem[J]. Canadian Journal of Botany, 1991, 69: 2744-2755.

Chen, C. R., Phillips, I. R., Condron, L. M., et al. Impacts of greenwaste biochar on ammonia atilisation from bauxite processing residue sand[J]. Plant and Soil, 2013, 367: 301-312.

Cheng, C. H., Lehmann, J., Thies, J. E., et al. Oxidation of black carbon by biotic and abiotic processes[J]. Organic Geochemistry, 2006, 37: 1477-1488.

Cheng, C. H., Lehmann, J. and Engelhard, M. H. Natural oxidation of black carbon in soils: changes in molecular form and surface charge along a climosequence[J]. Geochimica Et Cosmochimica Acta, 2008, 72: 1598-1610.

Churka Blum, S., Lehmann, J., Solomon, D., et al. Sulfur forms in organic substrates affecting S mineralization in soil[J]. Geoderma, 2013, 200-201: 156-164.

Clough, T. J., Bertram, J. E., Ray, J. L., et al. Unweathered wood biochar impact on nitrous oxide emissions from a bovine-urine-amended pasture soil[J]. Soil Science Society America Journal, 2010, 74: 852-860.

Clough, T. J. and Condron, L. M. Biochar and the nitrogen cycle: Introduction[J]. Journal of Environmental Quality, 2010, 39: 1218-1223.

Clough, T. J., Condron, L. M., Kammann, C., et al. A review of biochar and soil nitrogen dynamics[J]. Agronomy, 2013, 3: 275-293.

Cornelissen, G., Elmquist, M., Groth, I., et al. Effect of sorbate planarity on environmental black carbon sorption[J]. Environmental Science and Technology, 2004, 38: 3574-3580.

Cornelissen, G., Rutherford, D. W., Arp, H. P. H., et al. Sorption of pure N_2O to biochars and other organic and inorganic materials under anydrous conditions[J]. Environmental Science and Technology, 2012, 47: 7704-7712.

Crutchfield, E. F., Merhaut, D. J., Mcgiffen, M. E., et al. Effects of biochar on nutrient leaching and plant growth[J]. Hortscience, 2010, 45: S163-S163.

Cui, H. J., Wang, M. K., Fu, M. L., et al. Enhancing phosphorus availability in phosphorus-fertilized zones by reducing phosphate adsorbed on ferrihydrite using rice straw-derived biochar[J]. Journal of Soils and Sediments, 2011, 11: 1135-1141.

DeLuca, T. H., Drinkwater, L. E., Wiefling, B. A., et al. Free-living nitrogen-fixing bacteria in temperate cropping systems: Influence of nitrogen source[J]. Biology and Fertility of Soils, 1996, 23: 140-144.

DeLuca, T. H., Nilsson, M.-C. and Zackrisson, O. Nitrogen mineralization and phenol accumulation along a fire chronosequence in Northern Sweden[J]. Oecologia, 2002, 133: 206-214.

DeLuca, T. H., MacKenzie, M. D., Gundale, M. J., et al. Wildfire-produced charcoal directly influences nitrogen cycling in forest ecosystems[J]. Soil Science Society America Journal, 2006, 70: 448-453.

DeLuca, T. H. and Aplet, G. H. Charcoal and carbon storage in forest soils of the Rocky Mountain West[J]. Frontiers in Ecology and the Environment, 2008, 6: 1-7.

Dempster, D. N., Jones, D. L. and Murphy, D. V. Organic nitrogen mineralisation in two contrasting agro-ecosystems is unchanged by biochar addition[J]. Soil Biology and Biochemistry, 2012, 48: 47-50.

Devonald, V. G. The effect of wood charcoal on the growth and nodulation of peas in pot culture[J]. Plant and Soil, 1982, 66: 125-127.

Dias, B. O., Silva, C. A., Higashikawa, F. S., et al. Use of biochar as bulking agent for the composting of poultry manure: Effect on organic matter degradation and humification[J]. Bioresource Technology, 2010, 101: 1239-1246.

Ding, Y., Liu, Y. X., Wu, W. X., et al. Evaluation of biochar effects on nitrogen retention and leaching in multi-layered soil columns[J]. Water Air and Soil Pollution, 2010, 213: 47-55.

Doydora, S. A., Cabrera, M. L., Das, K. C., et al. Release of nitrogen and phosphorus from poultry litter amended with acidified biochar[J]. International Journal of Environmental Research and Pulblic Health, 2011, 8: 1491-1502.

Ducey, T. F., Ippolito, J. A., Cantrell, K. B., et al. Addition of activated switchgrass biochar to an aridic subsoil increases microbial nitrogen cycling gene abundances[J]. Applied Soil Ecology, 2013, 65: 65-72.

Galloway, J. N., Townsend, A. R., Erisman, J. W., et al. Transformation of the nitrogen cycle: Recent trends, questions, and potential solutions[J]. Science, 2008, 5878: 889-892.

Glaser, B., Lehmann, J. and Zech, W. Amerliorating physical and chemical properties of highly weathered soils in the tropics with charcoal-A review[J]. Biology and Fertility of Soils, 2002, 35: 219-230.

Gray, D. M. and Dighton, J. Mineralization of forest litter nutrients by heat and combustion[J]. Soil Biology and Biochemistry, 2006, 38: 1469-1477.

Güereña, D., Lehmann, J., Hanley, K., et al. Nitrogen dynamics following field application of biochar in a temperate North American maize-based production system[J]. Plant and Soil, 2013, 365: 239-254.

Gundale, M. J. and DeLuca, T. H. Temperature and source material influence ecological attributes of ponderosa pine and Douglas-fir charcoal[J]. Forest Ecology And Management, 2006, 231: 86-93.

Gundale, M. J. and DeLuca, T. H. Charcoal effects on soil solution chemistry and growth of Koeleria macrantha in the ponderosa pine/douglas-fir ecosystem[J]. Biology and Fertility of Soils, 2007, 43: 303-311.

Gundale, M. J., Sverker, J., Albrectsen, B. R., et al. Variation in protein complexation capacity among and within six plant species across a boreal forest chronosequence[J]. Plant Ecology, 2010, 211: 253-266.

Hamdali, H., Hafi di, M., Virolle, M. J., et al. Growth promotion and protection against damping-off of wheat by two rock phosphate solubilizing Actinomycetes in a P-deficient soil under greenhouse conditions[J]. Applied Soil Ecology, 2008, 40: 510-517.

Hansen, J., Sato, M., Ruedy, R., et al. Efficacy of climate forcings[J]. Journal of Geophysical Research, 2005, 110: 1-45.

Hedley, M. J., Stewart, J. W. B. and Cauhan, B. S. Changes in inorganic and organic soil phosphorous fractions by cultivation and by laboratory incubations[J]. Soil Science Society of America Journal, 1982, 46: 970-976.

Humeres, E., Peruch, M., Moreira, R., et al. Reduction of sulfur dioxide on carbons catalyzed by salts[J]. International Journal of Molecular Sciences, 2005, 6: 130-142.

Hunt, J. F., Ohno, T., He, Z., et al. Inhibition of phosphorus sorption to goethite, gibbsite, and kaolin by fresh and decomposed organic matter[J]. Biology and Fertility of Soils, 2007, 44: 277-288.

Jain, V. and Nainawatee, H. S. Plant flavonoids: signals to legume nodulation and soil microorganisms[J]. Journal of Plant Biochemistry and Biotechnology, 2002, 11: 1-10.

Jeffery, S., Verheijen, F. G. A., Van Der Velde, M., et al. A quantitative review of the effects of biochar application to soils on crop productivity using meta-analysis[J]. Agriculture Ecosystems and Environment, 2011, 144: 175-187.

Jindo, K., Suto, K., Matsumoto, K., et al. Chemical and biochemical characterisation of biochar-blended composts prepared from poultry manure[J]. Bioresource Technology, 2012, 110: 396-404.

Johnson, D. W. Sulfur cycling in forests[J]. Biogeochemistry, 1984, 1: 29-43.

Jones, B. E. H., Haynes, R. J. and Phillips, I. R. Effect of amendment of bauxite processing sand with organic materials on its chemical, physical and microbial properties[J]. Journal of Environmental Management, 2010, 91: 2281-2288.

Jones, D. L., Healey, J. R., Willett, V. B., et al. Dissolved organic nitrogen uptake by plants—An important N uptake pathway?[J]. Soil Biology and Biochemistry, 2002, 37: 413-423.

Jones, D. L., Murphy, D. V., Khalid, M., et al. Short-term biochar- induced increase in soil CO_2 release is both biotically and abiotically mediated[J]. Soil Biology and Biochemistry, 2011, 43: 1723-1731.

Jones, D. L., Rousk, J., Edwards-Jones, G., et al. Biochar-mediated changes in soil quality and plant growth in a three year field trial[J]. Soil Biology and Biochemistry, 2012, 45: 113-124.

Joseph, S. D., Downie, A., Munroe, P., et al. Biochar for carbon sequestration, reduction of greenhouse gas emissions and enhancement of soil fertility, a review of the materials science: Proceedings from Australian Combustion Symposium[C]. Australia: University of Sydney, 2007.

Joseph, S. D., Camps-Arbestain, M., Lin, Y., et al. An investigation into the reactions of biochar in soil[J]. Australian Journal of Soil Research, 2010, 48: 501-515.

Joseph, S., Graber, E. R., Chia, C., et al. Shifting paradigms: Development of high-efficiency biochar fertilizers based on nano-structures and soluble components[J]. Carbon Management, 2013, 4: 323-343.

Kammann, C. I., Linsel, S., Gossling, J. W., et al. Influence of biochar on drought tolerance of Chenopodium quinoa Willd and on soil-plant relations[J]. Plant and Soil, 2011, 345: 195-210.

Kammann, C., Ratering, S., C, E. and Müller, C. Biochar and hydrochar effects on greenhouse gas (carbon dioxide, nitrous oxide, and methane) fluxes from soils[J]. Journal of Environmental Quality, 2012, 41: 1052-1066.

Keech, O., Carcaillet, C. and Nilsson, M.-C. Adsorption of allelopathic compounds by wood-derived charcoal: The role of wood porosity[J]. Plant and Soil, 2005, 272: 291-300.

Kimetu, J. M., Lehmann, J., Ngoze, S., et al. Reversibility of productivity decline with organic matter of differing quality along a degradation gradient[J]. Ecosystems, 2008, 11: 726-739.

Kitoh, S. and Shiomi, N. Effect of mineral nutrients and combined nitrogen sources in the medium on growth and nitrogen fixation of the Azolla-Anabaena association[J]. Journal of Soil Science and Plant Nutrition, 1991, 37: 419-426.

Knoepp, J. D., Debano, L. F. and Neary, D. G. Wildland Fire in Ecosystems: Effects of Fire on Soil and Water[R]. Ogden: U.S. Department of Agriculture, Forest Service, Rocky Mountain Research Station, 2005.

Knudsen, J. N., Jensen, P. A., Lin, W. G., et al. Sulphur transformations during thermal conversion of herbaceious biomass[J]. Energy and Fuels, 2004, 18: 810-819.

Koukouzas, N., Hämäläinen, J., Papanikolaou, D., et al. Mineralogical and elemental composition of fly ash from pilot scale fluidised bed combustion of lignite, bituminous coal, wood chips and their blends[J]. Fuel, 2007, 86: 2186-2193.

Kraus, T. E. C., Dahlgren, R. A. and Zasoski, R. J. Tannins in nutrient dynamics of forest ecosystems-A review[J]. Plant and Soil, 2003, 256: 41-66.

Laird, D., Fleming, P., Wang, B., et al. Biochar impact on nutrient leaching from a Midwestern agricultural soil[J]. Geoderma, 2010, 158: 436-442.

Le Leuch, L. M. and Bandosz, T. J. The role of water and surface acidity on the reactive adsorption of ammonia on modified activated carbons[J]. Carbon, 2007, 45: 568-578.

Lee, D. K., Cho, J. S. and Yoon, W. L. Catalytic wet oxidation of ammonia: Why is N_2 formed preferentially against NO_3^-?[J]. Chemosphere, 2005, 61: 573-578.

Lee, J. W., Hawkins, B., Day, D. M., et al. Sustainability: The capacity of smokeless biomass pyrolysis for energy production, global carbon capture and sequestration[J]. Energy and Environmental Science, 2010, 3: 1695-1705.

Lehmann, J. Bio-energy in the black[J]. Frontiers in Ecology and the Environment, 2007, 5: 381-387.

Lehmann, J. and Rondon, M. Bio-char soil managment on highly weathered soils in the humid tropics[M]. Boca Raton, FL: Taylor and Francis, 2006, 517-530.

Lehmann, J., Da Silva Jr., J. P., Steiner, C., et al. Nutrient availability and leaching in an archaeological Anthrosol and a Ferrasol of the Central Amazon basin: Fertilizer, manure, and charcoal amendments[J]. Plant and Soil, 2003, 249: 343-357.

Lehmann, J., Gaunt, J. and Rondon, M. Biochar sequesteration in terrestrial ecosystems—A review[J]. Mitigation and Adaptation Strategies for Global Change, 2006, 11: 403-427.

Lehmann, J., Rillig, M. C., Thies, J., et al. Biochar effects of soil biota—A review[J]. Soil Biology and Biochemistry, 2011, 43: 1812-1836.

Leininger, S., Urich, T., Schloter, M., et al. Archaea predominate among ammonia-oxidizing prokaryotes in soils[J]. Nature, 2006, 442: 806-809.

Liang, B., Lehmann, J., Solomon, D., et al. Black carbon increases cation exchange capacity in soils[J]. Soil Science Society America Journal, 2006, 70: 1719-1730.

Liang, B. Q., Lehmann, J., Sohi, S. P., et al. Black carbon affects the cycling of non-black carbon in soil[J]. Organic Geochemistry, 2010, 41: 206-213.

Liu, W.-J., Zeng, F.-X., Jiang, H., et al. Preparation of high adsorption capacity bio-chars from waste biomass[J]. Bioresource Technology, 2011, 102: 8247-8252.

Macias, F. and Arbestain, M. C. Soil carbon sequestration in a changing global environment[J]. Mitigation and Adaptation Strategies for Global Change, 2010, 15: 511-529.

MacKenzie, M. D. and DeLuca, T. H. Charcoal and shrubs modify soil processes in ponderosa pine forests of western Montana[J]. Plant and Soil, 2006, 287: 257-267.

Major, J., Lehmann, J., Rondon, M., et al. Fate of soil-applied black carbon: Downward migration, leaching and soil respiration[J]. Global Change Biology, 2010, 16: 1366-1379.

Makoto, K., Tamai, Y., Kim, Y. S., et al. Buried charcoal layer and ectomycorrhizae cooperatively promote the growth of Larix gmelinii seedlings[J]. Plant And Soil, 2010, 327: 143-152.

Marschner, H. Mineral Nutrition of Higher Plants[M]. NY: Academic Press, 2006.

Matsubara, Y.-I., Hasegawa, N. and Fukui, H. Incidence of Fusarium root rot in asparagus seedlings infected with arbuscular mycorrhizal fungus as affected by several soil amendments[J]. Journal of the Japanese Society of Horticultural Science, 2002, 71: 370-374.

Mbagwu, J. S. C. Effects of organic amendments on some physical properties of a tropical Ultisol[J]. Biological Wastes, 1989, 28: 1-13.

McCarty, G. W. and Bremner, J. M. Inhibition of nitrification in soil by acetylenic compounds[J]. Soil Science Society of America, 1986, 50: 1198-1201.

McCarty, G. W. and Bremner, J. M. Availability of organic carbon for denitrification of nitrate in subsoils[J]. Biology and Fertility of Soils, 1992, 14: 219-222.

Meyer, S., Bright, R. M., Fischer, D., et al. Albedo impact on the suitability of biochar systems to mitigate global warming[J]. Environmental Science and Technology, 2012, 46: 12726-12734.

Neary, D. G., Klopatek, C. C., DeBano, L. F., et al. Fire effects on belowground sustainability: A review and synthesis[J]. Forest Ecology and Management, 1999, 122: 51-71.

Neary, D. G., Ryan, K. C. and DeBano, L. F. Wildland fire in ecosystems: Effects of fire on soil and water[R]. Ogden: U.S. Department of Agriculture, Forest Service, Rocky Mountain Research Station, 2005.

Nelissen, V., Rütting, T., Huygens, D., et al. Maize biochars accelerate short-term soil nitrogen dynamics in a loamy sand soil[J]. Soil Biology and Biochemistry, 2012, 55: 20-27.

Nelson, N. O., Agudelo, S. C., Yuan, W., et al. Nitrogen and phosphorus availability in biochar-amended soils[J]. Soil Science, 2011, 176: 218-226.

Ni, J. Z., Pignatello, J. J. and Xing, B. S. Adsorption of aromatic carboxylate ions to black carbon (biochar) is accompanied by proton exchange with water[J]. Environmental Science and Technology, 2010, 45: 9240-9248.

Nishio, M. and Okano, S. Stimulation of the growth of alfalfa and infection of mycorrhizal fungi by the application of charcoal[J]. Bull Natl Grassl Res Inst, 1991, 45: 61-71.

Novak, J. M., Busscher, W. J., Watts, D. W., et al. Short-term CO_2 mineralization after additions of biochar and switchgrass to a Typic Kandiudult[J]. Geoderma, 2010, 154: 281-288.

O'Neill, B., Grossman, J., Tsai, M. T., et al. Bacterial community composition in Brazilian Anthrosols and adjacent soils characterized using culturing and molecular identification[J]. Microbial Ecology, 2009, 58: 23-35.

Paaainen, L., Kitunen, V. and Smolander, A. Inhibition of nitrification in forest soil by monoterpenes[J]. Plant and Soil, 1998, 205: 147-154.

Pietikäinen, J. and Fritze, H. Microbial biomass and activity in the humus layer following burning: Short-term effects of two different fires[J]. Canadian Journal of Forest Research, 1993, 23: 1275-1285.

Pietikäinen, J., Kiikkila, O. and Fritze, H. Charcoal as a habitat for microbes and its effect on the microbial community of the underlying humus[J]. Oikos, 2000, 89: 231-242.

Prendergast-Miller, M. T., Duvall, M. and Sohi, S. P. Localisation of nitrate in the rhizosphere of biochar-amended soils[J]. Soil Biology and Biochemistry, 2011, 43: 2243-2246.

Preston, C. M. and Schmidt, M. W. I. Black (pyrogenic) carbon: A synthesis of current knowledge and uncertainties with special consideration of boreal regions[J]. Biogeosciences, 2006, 3: 397-420.

Quilliam, R. S., Marsden, K. A., Gertler, C., et al. Nutrient dynamics, microbial growth and weed emergence in biochar amended soil are influenced by time since application and reapplication rate[J]. Agriculture, Ecosystems, and Environment, 2012, 158: 192-199.

Quilliam, R. S., Jones, D. L. and DeLuca, T. H. Biochar application reduces nodulation but increases nitrogenase activity in clover[J]. Plant and Soil, 2013, 366: 83-92.

Ravishankara, A.R., Daniel, J. S. and Portmann, R. W. Nitrous oxide (N_2O): The dominant ozone-depleting substance emitted in the 21st century[J]. Science, 2009, 326: 123-125.

Roberts, K. G., Gloy, B. A., Joseph, S., et al. Life cycle assessment of biochar systems: Estimating the energetic, economic, and climate change potential[J]. Environmental Science Technology, 2010, 44: 827-833.

Rondon, M., Lehmann, J., Ramirez, J., et al. Biological nitrogen fixation by common beans (*Phaseolus vulgaris L.*) increases with bio-char additions[J]. Biology and Fertility of Soils, 2007, 43: 699-708.

Saito, M. Charcoal as a micro habitat for VA mycorrhizal fungi, and its practical application[J]. Agriculture, Ecosystems and Environment, 1990, 29: 341-344.

Schimel, J. P. and Bennett, J. Nitrogen mineralization: Challenges of a changing paradigm[J]. Ecology, 2004, 85: 591-602.

Schimel, J. P., Van Cleve, K., Cates, R. G., et al. Effects of balsam polar (*Populus balsamifera*) tannin and low molecular weight phenolics on microbial activity in taiga floodplain soil: Implications for changes in N cycling during succession[J]. Canadian Journal of Botany, 1996, 74: 84-90.

Schmidt, M. W. I. and Noack, A. G. Black carbon in soils and sediments: Analysis, distribution, implications, and current challenges[J]. Global Biogeochemical Cycles, 2000, 14: 777-793.

Schneour, E. A. Oxidation of graphite carbon in certain soils[J]. Science, 1966, 151: 991-992.

Schultz, H. and Glaser, B. Effects of biochar compared to organic and inorganic fertilizers on soil quality and plant growth in a greenhouse experiment[J]. Journal of Soil Science and Plant Nutrition, 2012, 175: 410-422.

Shen, C., Kahn, A. and Schwartz, J. Chemical and electrical properties of interfaces between magnesium and aluminum and tris-(8-hydroxy quinoline) aluminum[J]. Journal of Applied Physics, 2001, 89: 449-459.

Shrestha, G., Traina, S. J. and Swanston, W. Black carbon's properties and role in the environment: A comprehensive review[J]. Sustainability, 2010, 2: 294-320.

Sibanda, H. M. and Young, S. D. Competitive adsorption of humus acids and phosphate on goethite, gibbsite and two tropical soils[J]. European Journal of Soil Science, 1986, 37: 197-204.

Smithwick, E. A., Turner, H. M., Mack, M. C., et al. Post fire soil N cycling in northern conifer forests affected by severe, stand replacing wildfires[J]. Ecosystems, 2005, 8: 163-181.

Solaiman, Z. M., Blackwell, P., Abbott, L. K., et al. Direct and residual effect of biochar application on mycorrhizal root colonisation, growth and nutrition of wheat[J]. Australian Journal of Soil Research, 2010, 48: 546-554.

Spokas, K. A., Koskinen, W. C., Baker, J. M., et al. Impacts of woodchip biochar additions on greenhouse gas production and sorption/degradation of two herbicides in a Minnesota soil[J]. Chemosphere, 2009, 77: 574-581.

Spokas, K. A., Baker, J. M. and Reicosky, D. C. Ethylene: Potential key for biochar amendment impacts[J].

Plant and Soil, 2010, 333: 443-452.

Spokas, K. A., Novak, J. M. and Venterea, R. T. Biochar's role as an alternative N-fertilizer: Ammonia capture[J]. Plant and Soil, 2012, 350: 35-42.

Steiner, C., Teixeira, W. G., Lehmann, J., et al. Long term effects of manure, charcoal, and mineral fertilization on crop production and fertility on a highly weathered Central Amazonian upland soil[J]. Plant and Soil, 2007, 291: 275-290.

Steiner, C., Das, K. C., Melear, N., et al. Reducing nitrogen loss during poultry litter composting using biochar[J]. Journal of Environmental Quality, 2010, 39: 1236-1242.

Stevenson, F. J. and Cole, M. A. Cycles of Soil: Carbon, Nitrogen, Phosphorus, Sulfur, Micronutrients[M]. New York: John Wiley and Sons, Inc., 1999.

Streubel, J. D., Collins, H. P., Garcia-Perez, M., et al. Influence of contrasting biochar types on five soils at increasing rates of application[J]. Soil Science Society of America Journal, 2011, 75: 1402-1413.

Sudhakar, Y. and Dikshit, A. K. Kinetics of endosulfan sorption onto wood charcoal[J]. Journal of Environ Science and Health B, 1999, 34: 587-615.

Taghizadeh-Toosi, A., Clough, T. J., Sherlock, R. R. et al. Biochar adsorbed ammonia is bioavailable[J]. Plant and Soil, 2012a, 350: 57-69.

Taghizadeh-Toosi, A., Clough, T. J., Sherlock, R. R., et al. A wood based low-temperature biochar captures NH_3-N generated from ruminant urine-N, retaining its bioavailability[J]. Plant and Soil, 2012b, 353: 73-84.

Tagoe, S. O., Horiuchi, T. and Matsui, T. Effects of carbonized and dried chicken manures on the growth, yield and N content of soybean[J]. Plant and Soil, 2008, 306: 211-220.

Topoliantz, S., Pong, J.-F. and Ballof, S. Manioc peel and cahrcoal: A potential organic amendment for sustainable soil fertility in the tropics[J]. Biology and Fertility of Soils, 2005, 41: 15-21.

Trompowsky, P. M., Benites, V. D. M., Madari, B. E., et al. Characterization of humic like substances obtained by chemical oxidation of eucalyptus charcoal[J]. Organic Geochemistry, 2005, 36: 1480-1489.

Tryon, E. H. Effect of charcoal on certain physical, chemical, and biological properties of forest soils[J]. Ecological Monographs, 1948, 18: 82-115.

Turner, E. R. The effect of certain adsorbents on the nodulation of clover plants[J]. Annals of Botany, 1955, 19: 149-160.

Uchimiya, M., Lima, I., Klasson, K., et al. Contaminant immobilization and nutrient release by biochar soil amendment: Roles of natural organic matter[J]. Chemosphere, 2010, 80: 935-940.

Uusitalo, M., Kitunena, V. and Smolander, A. Response of C and N transformations in birch soil to coniferous resin atiles[J]. Soil Biology and Biochemistry, 2008, 40: 2643-2649.

Van Zwieten, L., Kimber, E. S., Morris, S., et al. Influence of biochars on flux of N_2O and CO_2 from Ferrosol[J]. Australian Journal of Soil Research, 2010, 48: 555-568.

Vantis, J. T. and Bond, G. The effect of charcoal on the growth of leguminous plants in sand culture[J]. Annals of Applied Biology, 1950, 37: 159-168.

Ventura, M., Sorrenti, B., Panzacchib, et al. Biochar reduces short-term nitrate leaching from A horizon in an apple orchard[J]. Journal of Environmental Quality, 2013, 42: 76-82.

Vitousek, P. M. and Howarth, R. W. Nitrogen limitation on land and in the sea: How can it occur?[J]. Biogeochemistry, 1991, 13: 87-115.

Vivanco, J. M., Bais, H. P., Stermitz, F. R., et al. Biogeographical variation in community response to root allelochemistry: Novel weapons and exotic invasion[J]. Ecology Letters, 2004, 7: 285-292.

Wallstedt, A., Coughlan, A., Munson, A. D., et al. Mechanisms of interation between Kalmia angustifulia cover and Picea mariana seedlings[J]. Canadian Journal of Forest Research, 2002, 32: 2022-2031.

Wang, T., Arbestain, M. C., Hedley, M. et al. Chemical and bioassay characterisation of nitrogen availability in biochar produced from dairy manure and biosolids[J]. Organic Geochemistry, 2012, 51: 45-54.

Ward, B. B., Courtney, K. J. and Langenheim, J. H. Inhibition of Nitrosmonas europea by monoterpenes from coastal redwood (*Sequoia sempervirens*) in whole-cell studies[J]. Journal of Chemical Ecology, 1997, 23: 2583-2599.

Wardle, D. A., Nilsson, M. C. and Zackrisson, O. Fire-derived charcoal causes loss of forest humus[J]. Science, 2008, 320: 629.

Warnock, D. D., Lehmann, J., Kuyper, T. W., et al. Mycorrhizal response to biochar in soil — Concepts and mechanisms[J]. Plant and Soil, 2007, 300: 9-20.

White, C. The role of monoterpenes in soil nitrogen cycling processes in ponderosa pine[J]. Biogeochemistry, 1991, 12: 43-68.

Wurst, S. and Van Beersum, S. The impact of soil organism composition and activated carbon on grass-legume competition[J]. Plant and Soil, 2008, 314: 1-9.

Yamato, M., Okimori, Y., Wibowo, I. F., et al. Effects of the application of charred bark of Acacia mangium on the yeild of maize, cowpea and peanut, and soil chemical properties in South Sumatra, Indonesia[J]. Soil Science and Plant Nutrition, 2006, 52: 489-495.

Yanai, Y., Toyota, K. and Okazaki, M. Effects of charcoal addition on N_2O emissions from soil resulting from rewetting air-dried soil in short-term laboratory experiments[J]. Soil Science and Plant Nutrition, 2007, 53: 181-188.

Yaning, Y. and Sheng, G. Enhanced pesticide sorption by soils containing particulate matter from crop residue burning[J]. Environmental Science and Technology, 2003, 37: 3635-3639.

Yoo, G. and Kang, H. Effects of biochar addition on greenhouse gas emissions and microbial responses in a short-term laboratory experiment[J]. Journal of Environmental Quality, 2010, 41: 1193-1202.

Zackrisson, O., Nilsson, M. C. and Wardle, D. A. Key ecological function of charcoal from wildfire in the Boreal forest[J]. Oikos, 1996, 77: 10-19.

生物炭改良土壤中的激发效应：生物炭与土壤有机质相互作用对碳储存的影响

Thea Whitman、Bhupinder Pal Singh 和 Andrew R. Zimmerman

16.1 引言

近年来，虽然人们对土壤中生物炭持久性的认识有所提高，但对生物炭与非生物炭（原生）土壤有机质（SOM）相互作用方式的研究才刚刚开始。近10年的研究表明，向土壤中添加生物炭会影响土壤有机碳（SOC）的矿化。相反，环境中生物炭的矿化作用也会随土壤类型而变化，这可能是由于天然SOM和其他土壤特性对生物炭矿化作用的影响。基于多种原因，认识和研究生物炭与SOM的相互作用非常重要。首先，必须理解并量化这些相互作用，以便生物炭使用者或土地管理者能够准确预测土壤中的碳储量（经生物炭改良后）。其次，土壤的许多重要性质（如肥力、持水能力和团聚性）均取决于土壤中有机质（OM）的含量。最后，添加生物炭后SOC循环的任何变化都会影响与SOM相关的其他养分的循环，包括N和P，这可能会改变土壤微生物或植物的养分有效性、养分淋失或气体释放速率。因此，生物炭与SOM之间的相互作用可能会对生物炭应用于土壤所获得的大部分或全部效应产生重要影响。关于生物炭与SOM相互作用的研究论文数量仍在增多，本章总结了关于生物炭与SOM相互作用的现有研究成果，对这些相互作用的可能机制进行了理论推导，并提出了未来的研究方向和方法。

16.2 "激发效应"：生物炭与SOM的相互作用

术语"激发效应"通常用于描述由于添加新的OM源（如生物炭，见图16.1），而增加或减少其他OM源（如天然SOM）的矿化。

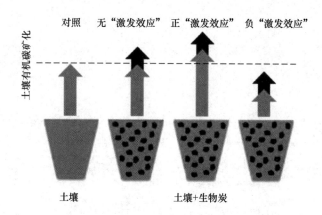

图16.1 生物炭对土壤有机质（SOM）的正、负"激发效应"。其中，箭头的长短表示土壤中SOM（灰色）和生物炭（黑色）矿化的C的程度，并比较了未添加生物炭的土壤（最左侧）和添加生物炭（右侧3种情况）的土壤中的情况

"激发效应"最早是由 Löhnis 在 1926 年发现的，他观察到向土壤中添加新鲜有机质或绿肥会刺激现有 SOM 中的 N 矿化（Löhnis, 1926）。大约 30 年后，Bingeman 等（1953）提出"激发效应"既可以是正的（矿化增加），也可以是负的（矿化减少）。正的（或负的）"激发效应"是指，与未经生物炭处理的土壤相比，改良后土壤中的 SOM 周转更快（或更慢）。近年来，这个术语已被广泛应用。Kuzyakov 等（2000）将"激发效应"定义为，"相对温和的土壤处理引起的 SOM 周转的快速短期变化。"相对温和的土壤处理是指向土壤中施用有机肥、矿物肥或根系渗出有机物；而对土壤进行物理处理则是指对土壤进行干燥和再湿润。显然，在这样一个宽泛的定义下，"激发效应"几乎成了由外力引起的任何 SOM 周转率变化的同义词。

研究发现，在含有生物炭的系统中，"激发效应"是相互的，即每个碳源—生物炭和 SOM 都会影响另一个碳源的矿化（Keith et al., 2011; Zimmerman et al., 2011）。此外，在实验室的培养研究中发现（Keith et al., 2011; Zimmerman et al., 2011; Singh and Cowie, 2014），正激发效应和负激发效应可以同时发生，但随着时间的推移，其相对重要性可能会发生变化（Zimmerman and Gao, 2013）。虽然本章讨论的所有系统都包括天然 SOM 和生物炭，但本章也会讨论有其他 OM 输入的系统，如新鲜植物残体、根系分泌物或根系凋落物。由于文献中对"激发效应"一词赋予了广泛而多样的含义，为了明确起见，将优先使用术语"增加/减少分解或矿化"（相对于无生物炭处理的 SOM 或 SOC）。

16.3 添加的生物炭对天然 SOC 矿化趋势的影响及其机制

添加生物炭后，天然 SOC 矿化的增加或减少可能有不同的机制。在讨论这些机制之前，应首先了解"表观激发"现象。Blagodatskaya 和 Kuzyakov（2008）将"表观激发"现象归因于微生物新陈代谢（或"维持呼吸"）的加速，例如，向土壤系统中添加养分或有机基质会增加土壤中 CO_2 的释放。因此，虽然微生物的碳周转可能会增加，但非微生物量的

SOC矿化不会增加。研究发现，微生物活性的增加（通过增加酶的数量和持续的共代谢效应而增加）可能伴随着SOC的矿化。这种现象被定义为"真正的激发效应"。"真正的激发效应"是指呼吸产生的CO_2量大于作为微生物量存在的碳量（Kuzyakov, 2010）。通过测量基质对微生物生物量的影响，以及对微生物碳库的贡献，"表观激发"现象可以与"真正的激发效应"区分开来（Paterson and Sim, 2013）。

因为土壤、生物炭类型和试验条件方面存在诸多差异，文献数量也有限，所以目前很难在生物炭对天然有机碳矿化的影响方面进行有意义的分析。通过整理13项生物炭与SOM相互作用的研究数据，本节制作了一条无生物炭的对照处理基线，得到了图16.2和图16.3，选择相关文章的标准是这些研究是否将SOM和生物炭衍生的碳进行了有效的划分。大多数研究表明，添加生物炭可增强SOC的矿化，但这种现象一般发生在室内短期或较长期研究的早期阶段（Luo et al., 2011; Zimmerman et al., 2011; Singh and Cowie, 2014; Farrell et al., 2013；见图16.3）。

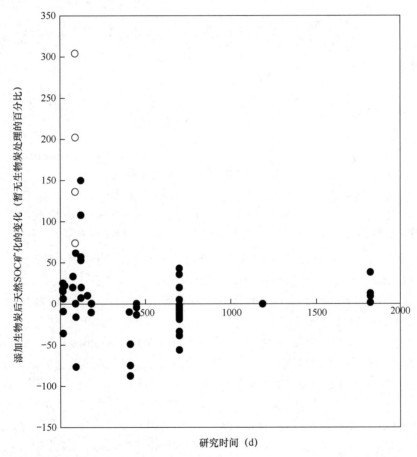

图16.2 生物炭对天然SOC矿化的净影响（相对于无生物炭对照组）及总研究时间的关系。13项研究数据来自Kuzyakov et al., 2009; Steinbeiss et al., 2009; Cross and Sohi et al., 2011; Jones et al., 2011; Keith et al., 2011; Luo et al., 2011; Zimmerman et al., 2011; Bruun and El-Zehery et al., 2012; Santos et al., 2012; Farrell et al., 2013; Maestrini et al., 2014; Singh and Cowie, 2014。其中，空心圆圈表示来自Luo等（2011）的数据

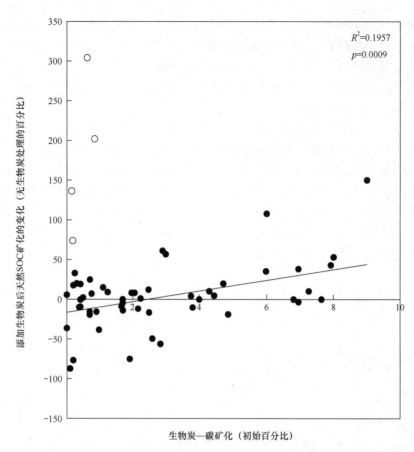

图16.3 生物炭对天然SOC矿化的净影响（研究结束；相对于无生物炭控制），与添加的生物炭矿化总分数的关系。直线表示线性回归，$R^2=0.19$，$p=0.0009$。采用图16.2标题中列出的13项研究的数据，空心圆圈表示Luo等（2011）的数据，这些数据未包含在回归分析中

一些研究发现，天然SOC矿化的增加随着时间的推移而减弱（Keith et al., 2011; Zimmerman et al., 2011; Singh and Cowie, 2014）。也有研究表明，随着生物炭的加入，SOC矿化会逐渐减弱（Kuzyakov et al., 2009; Dempster et al., 2011; Keith et al., 2011; Jones et al., 2012; Stewart et al., 2012; Prayogo et al., 2013; Whitman et al., 2014b）。还有一些研究发现，生物炭的添加会立即减弱SOC矿化（Cross and Sohi, 2011; Whitman et al., 2014a）。这些SOC矿化的瞬时减弱可能是暂时的，下面将讨论减小SOC矿化的可能机制，如基质转换或稀释效应（Singh and Cowie, 2014; Whitman et al., 2014a）。诸多研究表明，添加生物炭对天然SOC矿化没有显著影响（Kuzyakov et al., 2009; Cross and Sohi, 2011; Dempster et al., 2011; Mukome et al., 2013; Prayogo et al., 2013）。因为研究系统具有多样性，所以研究结果也存在差异。这些差异可能是由于生物炭中不稳定碳的比例（Luo et al., 2011）、土壤中不稳定OM的数量和类型（Keith et al., 2011）、土壤中生物炭老化的程度（Leung et al., 2010; Cross and Sohi, 2011; Zimmerman et al., 2011）、土壤类型及其他因素造成的。本章涵盖了可能驱动这些不同效应的机制，更多详细信息如表16.1所示。下面是对生物炭与SOM相互作用机制的讨论，包括添加生物炭的主要效应（增加与减弱SOC矿化），以及添加的生物炭是直接影响微生物的代谢（直接影响）还是仅通过改变土壤的理化性质间接影响微生物的活动。

第16章 生物炭改良土壤中的激发效应：生物炭与土壤有机质相互作用对碳储存的影响

表16.1 生物炭与土壤有机碳相互作用研究总结［修改自 Zimmerman 和 Gao（2013）］

资料来源	生物炭原料和生产条件	土壤	培养时间（d）	生物炭的碳矿化（占添加总量的百分比，%）	土壤的碳矿化（与无生物炭对照组相比变化，%）	初始BC-C/初始SOC-C（m/m）
Kuzyakov 等（2009）	^{14}C标记黑麦草，400 ℃，13 h	淋溶土	1181	4.0	0.0	0.1
	^{14}C标记黑麦草，400 ℃，13 h	黄土	1181	4.0	减少	1.1
Steinbeiss 等（2009）	^{13}C标记葡萄糖，水热热解	耕地饱和流质土	120	8.0	53.0	0.3
	^{13}C标记酵母，水热热解	耕地饱和流质土	120	9.0	150.0	0.3
	^{13}C标记葡萄糖，水热热解	森林风化土	120	3.0	57.0	0.3
	^{13}C标记酵母，水热热解	森林风化土	120	6.0	108.0	0.3
Major 等（2010）	杜果树修剪后在窑中烧焦，400~600 ℃，48 h	哥伦比亚大草原氧化土	730	2.2	38.5	0.1~5
Zimmerman 等（2011）	草，在N_2下250 ℃	森林淋溶土	90	0.9	-15.6	4.7
	草，在N_2下650 ℃	森林淋溶土	90	0.9	-15.6	4.7
	草，在N_2下250 ℃	湿地软土	90	6.8	0.1	1.0
	草，在N_2下650 ℃	湿地软土	90	0.2	-76.4	1.2
	草，在N_2下250 ℃	森林淋溶土	90~500	1.9	-75.1	3.8
	草，在N_2下650 ℃	森林淋溶土	90~500	0.1	-87.1	4.7
	草，在N_2下250 ℃	湿地软土	90~500	3.8	-9.9	1.0
	草，在N_2下650 ℃	湿地软土	90~500	2.6	-49.8	1.2
Cross 和 Sohi（2011）	甘蔗渣350 ℃，40 min	小粉质黏土壤土	14	1.1	15.1	1.7
	甘蔗渣550 ℃，40 min	小粉质黏土壤土	14	0.2	18.0	1.8
	甘蔗渣350 ℃，40 min	可耕作壤土	14	0.7	25.1	0.9
	甘蔗渣550 ℃，40 min	可耕作壤土	14	0.0	6.1	1.0
	甘蔗渣350 ℃，40 min	草原壤土	14	0.4	-9.3	0.5
	甘蔗渣550 ℃，40 min	草原壤土	14	0.0	-36.0	0.5

（续表）

资料来源	生物炭原料和生产条件	土壤	培养时间（d）	生物炭的碳矿化（占添加总量的百分比，%）	土壤的碳矿化（与无生物炭对照组相比变化，%）	初始BC-C/初始SOC-C（m/m）
Keith 等（2011）	¹³C标记桉树450 ℃，40 min	改性土	120	0.8	7.4	3.0
	¹³C标记桉树550 ℃，40 min	改性土	120	0.4	19.4	3.3
Luo 等（2011）	稻草，在Ar下350 ℃，30 min	潮湿缺氧的湿淋溶土，低pH值	87	0.6	304.0	5.7
	稻草，在Ar下350 ℃，30 min	潮湿缺氧的湿淋溶土，高pH值	87	0.8	202.0	5.1
	稻草，在Ar下700 ℃，30 min	潮湿缺氧的湿淋溶土，低pH值	87	0.1	136.0	5.7
	稻草，在Ar下700 ℃，30 min	潮湿缺氧的湿淋溶土，高pH值	87	0.2	74.0	5.1
Jones 等（2011）	混合硬木，450 ℃，48 h	放牧草地中性成层土	21	约0.045	21	2.2
Bruun 和 El-Zehery（2012）	大麦秸秆，400 ℃	淋溶土	451	1.7	0	0.06
	大麦秸秆，400 ℃	淋溶土	451	1.7	−4.5	0.28
	大麦秸秆，400 ℃	淋溶土	451	1.7	−13.6	0.57
Santos 等（2012）	N_2下富含¹³C的松树，450 ℃，5 h	森林安山岩土	180	0.4	−10.0	0.1
	N_2下富含¹³C的松树，450 ℃，5 h	森林安山岩土	180	0.4	0.0	0.1
Stewart 等（2012）	橡木，550 ℃快速热解	干燥的黏化干软土	699	4.9	−18.8	0.8
	橡木，550 ℃快速热解	干燥的黏化干软土	699	2.5	−16.7	4.1
	橡木，550 ℃快速热解	干燥的黏化干软土	699	1.7	−8.3	8.2
	橡木，550 ℃快速热解	干燥的黏化干软土	699	2.8	−56.3	16.5
	橡木，550 ℃快速热解	饱水缺氧的普通干软土	699	7.6	0.0	0.5
	橡木，550 ℃快速热解	饱水缺氧的普通干软土	699	4.7	20.0	2.5
	橡木，550 ℃快速热解	饱水缺氧的普通干软土	699	6.0	35.4	4.9
	橡木，550 ℃快速热解	饱水缺氧的普通干软土	699	7.9	43.1	9.8

(续表)

资料来源	生物炭原料和生产条件	土壤	培养时间（d）	生物炭的碳矿化（占添加总量的百分比，%）	土壤的碳矿化（与无生物炭对照组相比变化，%）	初始BC-C/初始SOC-C（m/m）
Stewart 等（2012）	橡木，550 ℃快速热解	干燥的普通干软土	699	6.9	3.0	0.4
	橡木，550 ℃快速热解	干燥的普通干软土	699	3.7	4.5	1.9
	橡木，550 ℃快速热解	干燥的普通干软土	699	4.4	4.5	3.8
	橡木，550 ℃快速热解	干燥的普通干软土	699	7.7	−34.3	7.6
	橡木，550 ℃快速热解	人工土	699	2.1	−11.5	0.3
	橡木，550 ℃快速热解	人工土	699	0.7	−19.2	1.4
	橡木，550 ℃快速热解	人工土	699	0.7	−15.4	2.8
	橡木，550 ℃快速热解	人工土	699	1.0	−38.5	5.7
Farrell 等（2013）	在N_2下用^{13}C标记的小麦秸秆，450 ℃	干燥的粗砂土	74	0.3	20.0	0.2
	在N_2下用^{13}C标记的蓝桉，450 ℃	干燥的粗砂土	74	0.2	33.0	0.3
Maestrini 等（2014）	在N_2下用^{13}C标记的黑麦草，450 ℃，4 h					
Singh 和 Cowie（2014）	桉树400 ℃，40 min	草原改性土	1820	2.0	8.3	1.4
	桉树叶片400 ℃，经蒸汽活化	草原改性土	1820	2.5	12.4	1.3
	家禽粪便400 ℃，40 min	草原改性土	1820	6.9	38.2	0.8
	牛粪400 ℃，40 min	草原改性土	1820	7.3	10.3	0.3
	桉树550 ℃，40 min	草原改性土	1820	0.5	2.1	1.6
	桉树叶片550 ℃，蒸汽活化	草原改性土	1820	1.2	9.3	1.4
	家禽粪便550 ℃，40 min活化	草原改性土	1820	2.1	8.3	0.8
	牛粪500 ℃，40 min	草原改性土	1820	2.2	1.0	0.3

16.3.1 生物炭促进 SOC 矿化的机制

1. 直接影响

1)不稳定碳引起的微生物活性和酶数量的增加

生物炭可以提供能量丰富的有机化合物来促进微生物的生长和活动(Luo et al., 2013; Singh and Cowie, 2014),从而加速各种类型 OM(包括 SOM 在内)的降解。例如,在培养试验早期,向土壤中添加富含不稳定化合物的生物炭后,可观察到天然 SOC 矿化增加(Zimmerman et al., 2011; Singh and Cowie, 2014);未来几年,生物炭都可以增加 SOC 矿化(Singh and Cowie, 2014)。例如,Luo 等(2011)发现,与高温(700 ℃)制备芒草生物炭相比,低温(350 ℃)制备芒草生物炭添加到土壤中后具有更高的短期 SOC 矿化度,低温(350 ℃)制备芒草生物炭中含有更高的提取碳(其可能是微生物可利用的)。类似地,Singh 和 Cowie(2014)的研究表明,相对于对照组而言,在 400 ℃下以粪肥为原料制备的生物炭比在 550 ℃下以植物为原料制备的生物炭的矿化度更高。Zimmerman 等(2011)发现,在土壤培养早期(最初 3 个月)添加生物炭,SOC 矿化度有较大的增加;与添加由草制备的生物炭(在 250 ℃ 和 400 ℃下制备)相比,添加橡树生物炭(在 535 ℃ 和 650 ℃下制备)也会使 SOC 矿化度有较大的增加(见专栏 16-1)。

天然 SOC 矿化度增加,相关的生物炭挥发性物质含量也会更高(Zimmerman et al., 2011),并且能产生更多的溶解碳浸出物(Mukherjee and Zimmerman, 2013)。生物炭表面的水溶性碳组分可能会被立即释放出来,随后生物炭孔隙中的水溶性碳组分缓慢扩散(Jones et al., 2011),其扩散速率在一定程度上决定了这一过程发生的时间尺度。因为这一解释建立在土壤中富含能量的有机化合物有限的前提下,所以在含有不太稳定的 SOM 或添加 OM 的土壤中最有可能出现上述现象(Keith et al., 2011; Zimmerman et al., 2011)。同样,生物炭中不稳定碳组分的含量可以用来预测这种影响的持续时间和影响程度。在添加生物炭后,天然 SOC 矿化与每次试验中生物炭的碳矿化比例之间的相关性证实了该预测结果(见图 16.3)。Luo 等(2011)的数据表明,在添加生物炭后,天然 SOC 矿化度增加相对较大的原因可能是培养时间相对较短(87 d),在最初 3 d 中可观察到大部分天然 SOC 矿化度增加,或者在酸性土壤中 pH 值效应导致生物炭中无机碳的释放(Farrell et al., 2013)。

专栏 16-1 关于生物炭性质的说明

生物炭的一些性质可以解释生物炭与 SOM 之间的相互作用机制。如第 10 章所述,生物炭中有许多易矿化或相对持久的 OM(Hilscher et al., 2009; Nguyen et al., 2010)。生物炭中大部分的碳来源于芳香族有机物(MacBeath and Smernik, 2009; Singh et al., 2012),但也有一小部分碳来源于其他可提取且相对易矿化的有机组分(Farrell et al., 2013; Whitman et al., 2013; Lin et al., 2012; Zimmerman and Gao, 2013)。不稳定有机物,如根系分泌物(Zhu and Cheng, 2010)或新鲜有机物(Fontaine et al., 2004)的添加对土壤的影响研究已被广泛报道,这些研究阐述了生物炭中不稳定有机组分的作用。此外,与其他有机土壤改良剂相比,生物炭对 SOM 循环的影响可能是生物炭特有的,特别是那些与持久性有机物成分或灰分含量相关的影响,但是区分不同形式的有机物成分或灰分对 SOC 矿化的影响还需要进一步研究(Singh and Cowie, 2014)。

"共代谢"是指需要添加更多不稳定化合物来产生酶，以引起更复杂的 SOM 化合物分解，而不仅仅是微生物活性增加。（见图 16.4）。换言之，如果没有额外添加有机基质，这些复杂 SOM 化合物的分解是不可能发生的。Lin 等（2012）发现少量小分子量的有机化合物就属于可以增加酶数量的不稳定化合物。然而，在不同的生物炭和土壤组合及试验条件下，还需要通过更具针对性的试验来区分"共代谢"的作用和一般微生物的作用。

2）"开采"SOM 中的 N 或 P

养分"开采"是指，微生物在寻找养分的过程中，对 OM 进行分解，伴随着碳的矿化，从而获得微生物自身所需的养分。生物炭虽然富含相对稳定的有机碳，但也含有一些可溶的、相对易分解的有机基质。微生物可通过分解这些有机基质以获得其生长和活动所需要的养分（如 N 或 P）。因为需要 N 或 P 的微生物是通过释放 OM 降解酶来分解 SOM 的，所以微生物在"开采"SOM 中的 N（Ramirez et al., 2012）或 P 时，土壤中的碳矿化可能会增加。因此，可

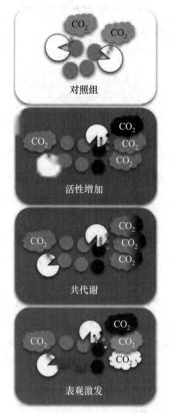

图16.4 添加生物炭可增加SOC矿化或诱导"激发"的两种方式。白色的"吃豆人"代表微生物，圆圈代表SOC（灰色）和生物炭（黑色）。微生物维持呼吸排放的CO_2（黑色）及"表观激发"（白色）和碳矿化（灰色）产生的CO_2

以利用生物炭颗粒表面或孔隙来吸附 SOM、N 或 P，直接或暂时地稳定 N 或 P 元素，进一步降低 N 或 P 的可用性。这一机制尚未得到详细研究，很容易与添加不稳定有机基质导致的微生物活性增加相混淆。设计土壤中有效氮或磷具有不同水平和类型，以及的生物炭中具有不同水平的可矿化碳的试验有助于区分这些机制。

2. 间接影响

1）pH 值影响

添加生物炭可以改变土壤的 pH 值（见第 7 章），从而提高微生物的活性，故添加生物炭对微生物和酶有利。Luo 等（2011）认为酸性（pH 值为 3.7）土壤中的 SOC 矿化度比偏碱性（pH 值为 7.6）土壤中的 SOC 矿化度的增加幅度更大，这可能是由添加 350 ℃和 700 ℃芒草生物炭的石灰效应造成的。本节的重点是区分与土壤 pH 值变化相关的机制，例如，将生物炭（通常是碱性的）添加到酸性土壤中时，其对无机碳释放（Dempster et al., 2011; Jones et al., 2011; Farrell et al., 2013; Bruun et al., 2014）或碳酸盐溶解（在污泥生物炭中）的影响。生物炭在氧化过程中会产生酸性物质，进而改变土壤的 pH 值，即使

在碱性土壤中也是如此（Singh et al., 2012）。Stewart 等（2012）发现，与只添加 550 ℃ 快速热解橡木生物炭的对照组相比，添加生物炭的酸性土壤中的天然 SOC 矿化显著增加。随着生物炭的添加，酸性土壤变得更加碱性，而已经呈碱性土壤的天然 SOC 矿化减少。

2）养分抑制的缓解

生物炭含有大量的养分，其中一部分可能以生物易于利用的形式存在（见第 7 章）。添加这些生物可利用的养分可以缓解养分抑制，提高微生物活性。在连续批量制备草生物炭和橡树生物炭的过程中，N 和 P 的累积损失分别占最初存在的总氮和总磷的 0.5%～8% 和 5%～100%（Mukherjee and Zimmerman, 2013）。此外，淋洗液中铵态氮通常是最丰富的 N 形态，但也有一些生物炭会释放硝酸盐，而有机氮和有机磷分别占总氮和总磷流失量的 61% 和 93%。在另一项研究中，小桉树木质生物炭中 15%～20% 的 Ca、10%～60% 的 P 和约 2% 的 N 很容易流失（Wu et al., 2011）。因为生物炭中许多养分释放的速度非常快，而其他养分则是在较长时间内逐渐浸出的（Mukherjee and Zimmerman, 2013）。随着时间的推移，生物炭对天然 SOC 矿化的影响程度和方向也可能发生变化。

3）微生物栖息地的改善和土壤动物有效刺激

生物炭作为一种高度多孔的材料，其可为微生物提供栖息地（Pietikäinen et al., 2000），并提高微生物活性，从而提高碳的利用率。微生物在生物炭上定殖的可能原因包括：①保护微生物在孔隙内免受捕食；②生物炭表面存在定殖微生物相对更易获得 OM 和养分。例如，Wright 等（1995）发现较小的土壤孔径（直径小于 6 μm）可以保护荧光假单胞菌免受土壤纤毛虫（Colpoda steinii）的侵袭。Hamer 等（2004）提出，在砂土培养基中添加 350 ℃ 玉米秸秆（Zea Mays L.）生物炭和黑麦（Secale graale L.）生物炭可以增加 SOC 的矿化，因为秸秆生物炭具有更大的比表面积可供微生物生长（但他们没有直接测试这一点）。如果这种机制很重要，则其可能与其他机制同时作用，虽然较低温度制备的生物炭与较高温度制备的生物炭相比，比表面积和孔体积都小得多，但它们对 SOC 矿化的程度影响却比高温生物炭更大（Zimmerman, 2010; Singh and Cowie, 2014）。此外，Quilliam 等（2013）发现，450 ℃ 混合阔叶木生物炭在饱和原始土壤中埋置 3 年后，微生物的定殖作用是有限的（但他们没有将定殖率与相邻土壤的定殖率进行比较）。

生物炭除了直接作为微生物的栖息地，还可能通过改变土壤物理条件来影响微生物栖息地。例如，向土壤中添加生物炭可能会改变土壤温度或持水能力（见第 19 章）。当然，如果这些变化能为微生物带来更理想的湿度，其可能会增加微生物的活性。正如向土壤中添加生物炭会影响土壤的持水能力一样，生物炭的多孔结构也会增加土壤的曝气量，从而增加土壤的含氧量，以促进微生物有氧呼吸。Jones 等（2011）在草原土壤中加入 450 ℃ 阔叶木生物炭进行试验，结果发现土壤通气性的改善可能不是由添加的生物炭造成的，因为这些草原土壤可能本身已经具有相对较好的结构，不排除其他生物炭与土壤系统也是如此。在试验研究中，是否或如何控制土壤物理因素，如土壤中空气与水的孔隙空间比、持水能力或水势，是一个具有挑战性的问题，这些因素可能会对土壤微生物的生物量和活性产生重要影响，从而影响生物炭与 SOM 的相互作用。例如，水分含量应该通过不同土壤与生物炭混合物中的重力水含量、充分孔隙空间或水压势来标准化吗？每种选择可能会产生不同的结果。

生物炭的其他不稳定成分也可以刺激微生物活性。在氧化老化过程中，生物炭表面获得取代的芳香族官能团，包括酚、醌和内酯类（Cheng and Lehmann, 2009; Cheng et al., 2008; Mukherjee et al., 2014），这些芳香族官能团增加了土壤中活跃微生物的数量（Visser, 1985）。此外，这些化合物还可以充当电子穿梭体，在微生物呼吸过程中充当电子受体（Scott et al., 1998）。

土壤动物倾向于促进 SOM 的分解，这归因于土壤动物对有机物的粉碎，增大了有机物被微生物攻击的表面积，但也可能归因于其他机制，如放牧动物对真菌分解者的影响（Bradford et al., 2002）或土壤动物驱动的氮矿化（Osler and Sommerkorn, 2007）。因此，如果生物炭的添加促进了土壤动物的活动（见第13章），则可以加速 SOM 的分解。到目前为止，虽然关于生物炭对土壤动物影响的研究很少（Lehmann et al., 2011），但是一些研究发现蚯蚓更喜欢某些生物炭-土壤组合（Chan et al., 2008）。

16.3.2 添加生物炭降低 SOC 矿化的机理

1. 直接影响

1) 基质交换

Kuzyakov 等（2000）、Singh 和 Cowie（2014）对添加生物炭的土壤进行了试验，结果表明生物炭中最不稳定的有机组分可能会被微生物优先使用，以临时替代天然 SOC，从而减少天然 SOC 矿化（见图 16.5）。这种现象在可接受外部供应的不稳有机质的贫碳土壤中更为重要。Gontikaki 等（2013）、Guenet 等（2010）都提出了这种机制，以解释该机制在添加了不稳定 OM 的土壤系统中的作用。因为该机制依赖这些不稳定的生物炭组分而存在，所以它只会持续到这些化合物被微生物耗尽为止（Whitman et al., 2014a）。

2) 稀释效应

稀释效应（见图 16.5）与基质交换相似，只是微生物优先使用生物炭稳定组分；相反，土壤中（来自生物炭和天然 SOC）的总不稳定碳数量比微生物所能使用的要多，从而导致 SOC 矿化暂时减少。将 350 ℃糖枫

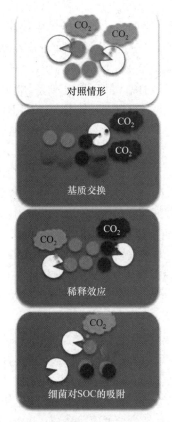

图16.5 添加生物炭可能减少SOC矿化的3种机制。其中，白色的"吃豆人"代表微生物，圆圈代表SOC（灰色）和生物炭（黑色），气泡代表微生物矿化的SOC（灰色）和生物炭（黑色）释放的CO_2

生物炭添加到土壤中后，这种效应和基质交换的结合会在短期（<1周）内导致天然SOC矿化减少（Whitman et al., 2014a）。

2. 间接影响

1）不稳定SOC的吸附

热解材料对多种天然有机化合物具有较高的吸附亲和力，包括难降解的OM（Kasozi et al., 2010; Li et al., 2002），以及不稳定且水溶性的SOM组分，使微生物难以获得这些物质。这可以采取固定的形式，即SOM被吸附在生物炭颗粒的孔隙中，从物理角度上对微生物不可用；还可以采用吸附保护的形式，即SOM被吸附在生物炭表面，微生物不容易获得（见图16.6）。研究发现，这两种机制对矿物表面一系列分子大小的有机化合物都有效（Zimmerman et al., 2004）。具有较大吸附能力的生物炭（高温生物炭和硬木生物炭）通常会长期导致SOC矿化的下降（Zimmerman et al., 2011）。在一项培养研究中，Cross和Sohi（2011）发现，最高温度制备的甘蔗渣生物炭使草地土壤呼吸作用大幅度下降。Kuzyakov等（2009）发现，在一项培养试验中，添加了400℃制备的黑麦草（*Lollium perenne*）生物炭后的黄土中SOC矿化降低。这种吸附在动力学上可能受扩散到生物炭孔隙中的缓慢速度限制（Kasozi et al.,

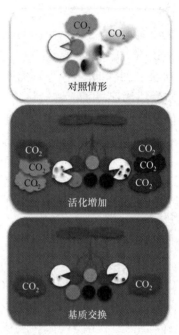

图16.6 根源碳对SOC和生物炭的碳矿化的两种可能影响。白色"吃豆人"代表微生物，圆圈代表SOC（浅灰色）、生物炭（黑色）和根源碳（深灰色），气泡代表SOC（浅灰色）、生物炭（黑色）和根源碳（深灰色）微生物矿化排放的CO_2

2010），从而延迟了这种机制的作用。此外，生物炭的表面和孔隙网可能会被土壤中的高分子有机物堵塞（Pignatello et al., 2006），从而抑制生物炭对溶解有机物的吸附。由生物炭的吸附特性导致的SOC矿化降低与其更难降解的组分有关。如图16.3所示的SOC矿化增加和BC矿化成正线性关系表明了这一点。

2）微生物酶或信号分子的吸附

和其他有机化合物一样，微生物酶在生物炭表面有很高的附着力。生物炭表面或周围的pH值或离子强度的变化以及吸附时微生物酶的构象变化或发生的空间位阻，会使生物炭吸附的酶失活或被抑制，这可能发生在酶—矿物相互作用中（Quiquampoix and Burns, 2007; Zimmerman and Ahn, 2010）。当将酶附着到在650℃下热解制备的草生物炭和橡树生物炭上时，其活性降低了60%～99%。然而，当酶分别附着到在250℃和400℃下制备的橡树生物炭和草生物炭上时，其活性保持在80%以上（Zimmerman and Gao, 2013）。这些变化归因于不同生物炭的表面形态和化学性质的差异。Masiello等（2013）最近的研究表明，生物炭也可以吸附微生物群体感应信号化合物。生物炭对这些化合物的去除或灭活会干扰生物膜的形成、氮共生和根茎作物的虫害等过程。

3）有机质—金属相互作用增加和稳定的聚集体形成

生物炭可以通过配体交换或阳离子桥联机制来调节天然或添加的有机质与土壤矿物之间的相互作用（Liang et al., 2010; Keith et al., 2011; Fang et al., 2014）。生物炭释放的溶解OM及胶体可能有助于形成稳定的土壤团聚体，在这些团聚体中，微生物较难接触到SOC（Brodowski et al., 2006; Liang et al., 2010）。Liang等（2010）发现，与生物炭附近的土壤层相比，在富含高度老化生物炭的人为土壤中，不稳定的有机质能更快地进入受到物理保护的土壤组分中。Singh和Cowie（2014）在长达5年的长期培养研究的后期阶段发现，生物炭老化过程中有机矿物相互作用的增加是生物炭改良的黏土（相对于未改良的对照组）中天然SOC矿化降低的原因之一。Mukherjee等（2014）发现，在生长季节内向粉壤土中添加650℃橡木生物炭后，土壤中的稳定团聚体或团聚体的几何平均直径在一个生长季内没有显著变化，这表明形成团聚体需要比一个生长季更长的时间，或者需要与植物和土壤动物相互作用。当提供额外的不稳定有机质时（Keith et al., 2011），或者在生物炭存在的情况下，通过增加植物根系分泌物，这些生物炭调节的有机矿物相互作用可以得到加强（Major et al., 2010; Slavich et al., 2013）。Keith等（2011）发现，在相对少的木质生物炭存在的情况下，不稳定OM（甘蔗渣）可以快速稳定化。因此，生物炭改良的矿质土壤中较高的有机质含量将有利于增加微生物量并增强微生物活性，促进稳定的团聚体形成和土壤结构的发展，这可能是通过微生物群增强有机矿物相互作用实现的（Young et al., 1998）。同样，Herath等（2014）发现，在富含OM的矿质土壤（火山灰土）中，用350℃玉米秸秆生物炭进行改良时，稳定团聚体的形成比在含有相对较低的天然SOM的淋溶土中更容易，但是，对于550℃生物炭，在火山灰土和淋溶土中观察到的稳定团聚体的形成趋势相反。

4）养分有效性降低

生物炭可能通过直接吸附降低土壤中的养分有效性（Mukherjee and Zimmerman, 2013; Chintala et al., 2014）。尽管Kuzyakov等（2009）没有明确判断养分的有效性，但是生物炭对养分的吸附解释了在含有400℃黑麦草生物炭的养分贫瘠黄土中观察到的碳矿化降低的原因。添加生物炭还可能导致养分沉淀，其将转化为不可用的形式［由于pH值变化（见第15章，或与生物炭衍生的矿物养分相互作用（见第7章）］，从而降低土壤中天然养分的可用性。此外，生物炭的存在可能会增加微生物对矿物质养分的固持，特别是当生物炭存在时其生长和活动被促进，从而导致矿物质养分并入微生物量，使养分更不容易被获取，降低天然SOM矿化（Novak et al., 2010；见第15章）。此外，Prommer等（2014）的一项实地研究表明，木材生物炭的添加减缓了土壤有机氮的循环，这可能是通过生物炭表面和孔隙网对各种形式的土壤有机氮和酶的吸附实现的，并认为非生物炭衍生SOM的增加增强了土壤C的固存。

5）抑制养分"开采"

将大量有效养分（如有效N或P）添加到生物炭中，可能会使微生物对老化的SOM的"开采"减少（Ramirez et al., 2012; Chintala et al., 2014），这反过来会降低与微生物分解SOM有关的SOC矿化。虽然"黑氮"可能在SOM循环中发挥重要作用（Knicker, 2007），但确实减少了生物炭的有效氮（见第7章），尤其是在较高温度（>500℃）或用木质低氮原料制备生物炭时。因此，在生物炭中添加有效养分而抑制养分的"开采"并不是大多数生物炭降低 SOC 矿化的共同机制，但由高氮或高磷原料（如肥料或生物固体）制备的低温生物炭除外。这取决于生物炭的类型（Singh et al., 2010；见第 7 章），生物炭中大部分 P 可能以生物容易利用的形式存在（Singh et al., 2010；见第 7 章），这可能对添加生物炭后抑制 SOM 的 P "开采"产生影响。

6）pH 值效应、毒性、氧气限制导致微生物和土壤动物受到抑制

添加生物炭也会改变土壤的 pH 值（见第 15 章），这些变化对微生物不利，会降低微生物的活性。这在很大程度上取决于特定土壤和生物炭的组合及其各自的特性（Enders et al., 2013）。生物炭的氧化既有非生物过程，也有生物过程（Zimmerman, 2010；见第 9 章）。如果这种氧化消耗氧气的速度非常快，则可能会抑制好氧微生物和胞外 OM 分解酶（如氧化酶）的活性。由于生物炭主要是芳香烃，其中不稳定碳的含量相对较低，所以这种机制在接近厌氧的土壤中才可能发生。此外，生物炭可能与有毒化合物相关联，如多环芳香烃（见第 21 章）或乙烯（Spokas et al., 2010），它们可能会抑制微生物的活动。这些化合物的存在因生物炭而异，取决于生产机制、条件和使用的原料（Hale et al., 2012）。如果这些或其他变化抑制了土壤动物（见第 13 章），它们对 SOM 的分解作用就会被抑制（Bradford et al., 2002）。

16.4 土壤有机质影响生物炭的碳周转机制

16.3 节讨论了生物炭影响 SOM 分解的机制及在相反方向上的应用。为了理解这些相互作用，必须将生物炭视为一种非均质材料，任意单个生物炭样品中应具有不同的成分，并且一种生物炭与另一种生物炭不同，这些不同取决于其原料、热解温度和制备条件。一般来说，人们期望天然 SOM 通过不同的机制改变生物炭中的不稳定组分（如水溶性、挥发性或脂肪族化合物），而不是改变生物炭中的难降解成分（如芳香族化合物）的碳矿化。

16.4.1 不稳定 SOM 促进生物炭碳矿化

Zimmerman 等（2011）发现，生物炭的碳矿化率随土壤中 SOM 不稳定性的增加而提高。此外，在生物炭与土壤或砂土混合物中添加不稳定 OM 可以提高生物炭的碳矿化率（Hamer et al., 2004; Nocentini et al., 2010; Keith et al., 2011; Luo et al., 2011）。最可能的解释是，不稳定 OM 的存在或添加会增强微生物的活性和酶的产生，从而通过"共代谢"效应刺激生物炭的分解。这类似于生物炭对 SOC 矿化作用的活性增强机制。

大多数研究并未明确区分可能导致生物炭的碳矿化率提高的机制，但 SOC 或 OM 添加的形式和数量很重要。Hamer 等（2004）在砂土培养研究中发现，添加（高度不稳定）葡萄糖会提高 350 ℃的木材生物炭和玉米秸秆生物炭的碳矿化率。然而，Nocentini 等（2010）观察到，虽然 350 ℃松树生物炭和木材生物炭的碳矿化是通过添加葡萄糖来促进的，但在砂土培养介质中，纤维素（一种糖聚合物）不会刺激碳矿化。Keith 等（2011）在土壤培养试验中发现，450 ℃和 550 ℃的桉树生物炭的碳矿化率随着相对不稳定的甘蔗残渣添加量的增加而提高，尽管这种影响会随着时间推移而减弱。这种现象表明，生物炭的碳矿化

是由土壤中容易获得的有机碳及微生物活性的增加而引起的。添加的碳源一旦耗尽，其对生物炭中碳矿化的影响也可能消失。与Hamer等（2004）的发现类似，Kuzyako等（2009）在培养研究中观察到添加葡萄糖的生物炭碳矿化率提高，但他们也注意到，虽然添加葡萄糖提高了两种土壤类型中400℃多年生黑麦草（Lolium perenne）生物炭碳矿化率，但在低碳黄土中，添加葡萄糖对生物炭碳矿化率的影响比在相同母质的高碳土壤中更大。这表明，天然土壤碳也与添加的SOM相互作用，其影响程度取决于天然土壤碳的水平，以及所添加的OM、SOM和生物炭的相对碳矿化率。

16.4.2 不稳定SOM降低生物炭碳矿化率

不稳定的OM添加量或较高的SOC含量不一定会使生物炭的碳矿化率增高。Liang等（2010）研究发现，与生物炭含量较低的相邻土壤相比，没有证据表明添加有机物（甘蔗叶）可以刺激富含生物炭的人为土释放CO_2。这些土壤在几个世纪前就已经添加了生物炭，这些成分会随着时间的推移而分解，因此，由生物炭中易矿化成分驱动的任何效应都可能不再有效。Fang等（2014）发现，450℃和550℃的桉树生物炭中的碳在与富含石英的低碳燃烧溶胶混合时碳矿化率最大，与富含蒙脱石的中等碳变性土混合时碳矿化率较小，在富含石英的高碳氧化土中碳矿化率更低。除了土壤矿物学或有机物与矿物相互作用对减小生物炭碳矿化率造成影响，类似于基质交换的机制也可以解释为什么增加天然SOM或添加不稳定OM会导致生物炭的碳矿化率减小。这解释了在先前休耕的土壤中不同热解温度下制备的甘蔗渣生物炭的碳矿化率比在高碳农业或草原土壤中更大的原因（Cross and Sohi, 2011）。在这项研究中，生物炭中的不稳定碳组分可能会比休耕土壤中天然SOC更容易获得基质，而休耕土壤本身的CO_2排放量最低。Zavalloni等（2011）观察到，500℃硬木生物炭和麦秸混合物在氧化土中的CO_2总排放量低于将生物炭和秸秆分别单独添加到土壤中的排放量，这可以解释为基质交换或稀释效应。然而，无法判断生物炭是否"取代"了麦秸矿化；反之，也无法判断SOC矿化是如何变化的。

16.4.3 土壤质地、矿物组成和结构对生物炭矿化的影响

土壤质地和矿物组成可直接影响生物炭的动态变化。例如，Bruun等（2014）发现土壤中黏土含量对生物炭碳矿化影响很小，但显然在黏土含量较高的土壤中，生物炭碳矿化略低。这与我们对黏土矿物的理解是一致的，黏土矿物通常与SOC稳定度的增加有关（Six et al., 2002）。黏土还可能与SOC、添加的不稳定OM和生物炭碳矿化之间发生相互作用，对生物炭的碳矿化产生间接影响（Fang et al., 2014; Zavalloni et al., 2011）。Keith等（2011）观察到黏性土壤中生物炭的碳矿化率随着不稳定OM添加量的增加而减小，这可能表明活性有机质的添加增强了生物炭与土壤颗粒之间有机矿物的相互作用，从而保护了生物炭的碳矿化不受影响。土壤结构也可能在生物炭与SOC的相互作用中发挥作用。例如，Kuzyakov等（2009）观察到，土壤混合提高了生物炭的碳矿化率，这表明土壤对生物炭的物理保护被破坏，但也可能是由土壤混合过程中释放的不稳定有机质刺激造成的。

16.5 植物根系对 SOC 和生物炭相互作用的影响

大量研究表明，植物根系及其相对不稳定分泌物的存在往往会导致 SOC 矿化增加（Cheng et al., 2003; Kuzyakov, 2010）。然而，很少有人研究生物炭与植物系统的相互作用，这与预期不符，无论是天然的还是种植的系统都包含植物，因而希望在种植系统中生物炭与 SOC 的相互作用会有所不同。添加生物炭，可通过根系分泌物和菌根推动地下碳输入的变化（见第 14 章）；反过来，根系的存在和根系碳输入的动态变化也可以改变 SOC 和生物炭中的碳循环。但仍然存在许多问题：来源于根的碳是否会增加对微生物群落的总体刺激，从而增加 SOC 和生物炭矿化，或者这种碳源是否会比其他碳源优先使用，从而降低 SOC 和生物炭矿化（见图 16.6）。但是，包括植物在内的关于生物炭与 SOC 相互作用的研究很少，这些影响在很大程度上是没有被验证的。

Ventura 等（2014）发现，由果树枝在 500 ℃下制备的生物炭不会改变苹果园土壤中 CO_2 总排放量，但当通过挖沟摘除树根时，土壤中 CO_2 总排放量会增加。这表明施用生物炭会减弱根系呼吸，根的存在抑制了生物炭和/或 SOC 矿化，或者改变了 CO_2 来源。然而，挖沟会带来许多复杂的因素，特别是在挖沟过程中杀死的根系会一次性输入大量的碳。在一项现场试验中，Major 等（2010）发现，在草原土壤中添加杧果木生物炭后，土壤 CO_2 排放量净增加，试验第 2 年这种效果有所下降。他们还观察到，添加生物炭的土壤中地上生物量增加，因此认为 CO_2 排放量增加可能是由于植物地下生长和活动的增加。Slavich 等（2013）发现，将饲养场粪便和绿色废弃物在 550 ℃下制备的生物炭应用于种植饲料花生（*Arachis pintoi cv. Amarillo*）的铁铝土，多花黑麦草（*Lolium multiflorum*）轮作增加了土壤总碳含量，比单独添加生物炭增加的碳更多。Whitman 等（2014a）发现，向土壤中添加 350 ℃糖枫生物炭可抵消玉米植物（*Zea mays L.*）引起的 SOC 矿化的增加。这种反作用可能是由于根系对地下总碳的贡献增加，从而减少或抵消根系引起的 SOC 损失。这可能是由于生物炭增强了有机碳或来源于根的碳的稳定性，也可能是由于在根和生物炭存在情况下有机矿物相互作用的增强。虽然将植物纳入该系统的影响因素大部分尚未确定，但它们可能很重要，这使得温室、田间试验和室内研究成为未来研究的一个重要领域。

16.6 多种机制同时作用，并可能影响微生物群落

本章讨论的多种机制，既可以单一增强 SOM 或抑制生物炭分解、矿化，也可以同时起作用。例如，虽然可以观察到 SOC 矿化的净增加，但 SOC 也可能正在变得稳定；反之亦然。这说明，研究者还需要使用不同的方法和精心设计试验来测试假设，并评估在哪些条件下及在试验的不同阶段哪些机制占主导地位。此外，这些影响大多数都取决于生物炭在土壤中的施用量，在实际应用中可能会有很大的变化。以上这些机制大多数都会引起土壤微生物群落的变化。例如，生物炭的添加最初可能会作用于 r–对策（富营养生物）；然后，随着时间的推移，不稳定生物炭中的碳不断被消耗，可能会向 k–对策（贫营养生物）转变，

留下更持久的 OM（Zimmerman et al., 2011）。Farrell 等（2013）观察到，450 ℃小麦秸秆和蓝桉生物炭的 SOC 矿化增加，通过对磷脂脂肪酸的复合特异性进行同位素分析，可以确定生物炭的不稳定碳最初被共生革兰氏阳性菌迅速耗用。真菌对生物炭的不稳定碳的吸收随着时间的推移而增加，在 74 d 培养结束时，在放线菌中检测到部分生物炭的不稳定碳。生物炭可以改变土壤微生物群落（Anderson et al., 2011; Watzinger et al., 2014），这种土壤微生物群落的改变可能会进一步增强分解动力学的变化，或者可能通过特定的相互作用（如竞争）以其他方式改变土壤微生物的活性，从而为此处描述的机制增加了另一层复杂性。

16.7 研究生物炭与 SOM 相互作用的方法和途径

为了检测生物炭引起的 SOM 中碳矿化的变化，不仅需要测量添加生物炭后的碳矿化速率，还需要区分来自不同碳源（生物炭、天然 SOM 或其他改性有机材料）的碳。一种"相加"方法是，将单独培养土壤、单独生物炭及用生物炭改良土壤的碳矿化率进行比较；然后将单独培养土壤和单独生物炭的碳矿化率加权，并与两者混合培养土壤的碳矿化率进行比较。Wardle 等（2008）在网袋研究中使用了这种方法，该研究使用有机表面层材料，在 450 ℃下由小灌木、岩高兰制备的生物炭，以及两者的混合物制备生物炭。同样，Zimmerman 等（2011）研究了一系列单独制备的生物炭，并将其与一些土壤混合。虽然"相加"方法作为交互效果的指示很有用，但其有两个限制：第一个限制是，不能确定总碳矿化的变化是由于 SOC 矿化的变化引起的，还是生物炭的不稳定碳矿化的变化引起的，或者两者兼而有之；第二个限制是，"相加"要求土壤和生物炭分别有一个碳矿化率基准，虽然这不是单独培养土壤的问题，但生物炭通常不是孤立在土壤中存在的。例如，是否以及如何给土壤接种微生物；用养分改良土壤；控制或考虑 pH 值效应；将一些惰性基质混合到土壤中；如何保持"等效"水分。此外，网袋研究还存在一些问题，特别是不能区分有机质粉碎、淋溶和矿化造成的损失。

使用稳定的放射性同位素对 SOM 和生物炭中的 CO_2 进行分离，可以缓解其中的一些限制。如果两种底物具有不同的 ^{13}C : ^{12}C 或 ^{14}C 含量，则可以区分它们的 CO_2 排放量。与使用 C_4 和 C_3 光合作用途径的植物类似，稳定的碳同位素比的差异也可能是自然发生的。例如，Cross 和 Sohi（2011）、Luo 等（2011）、Zimmerman 等（2011）、Stewart 等（2012）都在生物炭与 SOC 相互作用研究中应用了这种"自然丰度"方法：将来自 C_3 植被系统（如温度森林）的土壤与来自 C_4 植被系统衍生的生物炭（如玉米秸秆或甘蔗渣）进行培养。相反，Singh 和 Cowie（2014）通过将来自 C_4 植被系统（以米切尔草丛为主的无树草原）的土壤，与具有 C_3 植被系统特有的 ^{13}C : ^{12}C 的生物炭（桉木和树叶、粪便或牛粪）进行培养，研究了生物炭与 SOC 的相互作用。稳定或放射性同位素含量的差异也可能是植物在富含 $^{13}CO_2$ 或 $^{14}CO_2$ 的环境中生长，或者在 $^{13}CO_2$ 中枯萎（与大气中的 CO_2 相比）所产生的人为差异。Keith 等（2011）、Farrell 等（2013）、Fang 等（2014）、Whitman 等（2014a，2014b）使用这种方法来区分具有稳定碳同位素的 SOC 和具有不稳定碳同位素的生物炭。Hamer 等（2004）、Jones 等（2011）、Kuzyakov 等（2009）使用这种方法来区分放射性碳同位素 ^{14}C。与"自然丰度"方法相比，使用富碳同位素的优点是可以产生较大的碳通量同位素特征或含量差异，从而可以检测到微弱的碳矿化差异。这在测量生物炭衍生的 CO_2 时尤为重要，生物炭的不稳定组分可能相对较低，随着时间的推移可能会低于检测限值，因为生物炭的不稳定组分被矿化了。富集的碳标记还可以帮助减小同位素分馏产生的误差，在同位素分馏中，生物或化学过程可以区分较重的碳同位素，从而将呼吸产生的 CO_2 从碳底物的整体特征中区分出来。

无论使用哪种方法，所有室内研究都可能存在误差，因为它们无法真正模拟常见植物生长的实际环境（Qiao et al., 2014）。此外，大多数室内研究都没有考虑到环境因素对生物炭分解的影响，这些环境因素包括紫外线暴露、雨水渗透、生物扰动、气候参数（如温度、冻融循环、饱和与不饱和），它们已被证实可以改变微生物的活性、影响 OM 的降解过程（Sun et al., 2002; Cravo-Laureau et al., 2011）。研究表明，橡木生物炭在饱和与不饱和交替条件下降解最快（Nguyen and Lehmann, 2009）。另外，在营养限制、不稳定有机碳耗尽和代谢产物积累等非理想条件下，微生物的生物量可能会随着培养时间的推移而下降（Spokas, 2010; Singh and Cowie, 2014）。此外，室内研究选择的某些微生物群落可能不能代表自然土壤中的微生物群落（Lehmann et al., 2011）。

建模方法也被用来评估生物炭与 SOM 相互作用对土壤碳储量和土壤中生物炭持久性的长期影响（Zimmerman et al., 2011; Woolf and Lehmann, 2012）。生物炭持久性的估算方法有一级动力学模型、单库指数模型、双库指数模型和幂函数矿化模型，但最常用的是双库指数模型。在双库指数模型中，SOC 被表示为两个库：一个相对快的循环组分和一个相对慢的循环组分，每个组分的碳矿化都符合一级动力学模型。Zimmerman 等（2011）对生物炭和单独添加的 SOC 混合物及生物炭和土壤混合物中的碳矿化的模拟过程进行了比较，以便在近两年的室内培养中确定土壤和生物炭相互作用的方向和程度。他们发现，这些模型会受到一级动力学的约束，即不同底物的碳矿化之间没有相互作用。新一代土壤碳循环模型未来可能会具有更好的能力，以模拟生物炭改良土壤系统中的 C 动态，从而增加对生物炭与 SOM 相互作用机制的认识。Blagodatsky 等（2010）将建模分解为一个顺序过程来模拟这种相互作用，其中，OM 在被微生物使用之前必须被溶解，SOC 的矿化率取决于微生物的生物量库的大小。Bruun 等（2010）建议利用分馏方法来开发可用于参数化的有机物连续质量分布模型，而不是使用离散库的分馏方法和模型。其他可能的方法包括 Neill 和 Guenet（2010）的方法，他们比较了两种不同的模型："扩展质量作用"模型在微生物尺度上概括了酶动力学；在给定一组质量和能量约束的情况下，"最可能的动力学"模型确定了最有可能的碳通量，同时将微生物和有机质颗粒本质上作为单独的成分来处理。这两个模型都考虑了不同类型 OM 之间的相互作用，但 Neill 和 Guenet（2010）发现，在匹配室内培养数据时，"最可能的动力学"模型比"扩展质量作用"模型表现得更好。

未来的模型应能够使用更短的野外或室内培养数据（通常 1～8.5 年），来预测生物炭改良土壤时 C 中长期（100 年或更长时间）的稳定性。Woolf 和 Lehmann（2012）修改了土壤周转模型，以预测 3 个玉米种植农业生态区中，向土壤中添加和不添加生物炭对 SOC 的长期影响。在他们的土壤周转模型中，生物炭导致的 SOC 矿化增加对 SOC 储量的长期影响可以忽略不计（100 年损失 3%～4%），由于稳定性提高而减少的 SOC 损失可能会在 100 年内使 SOC 储量增加 30%～60%。这种方法的主要问题是，预测结果取决于哪些假设机制将推动这些变化。根据起作用的潜在机制，将这些变化模拟为速率常数（确定不同的SOC矿化库的速度）或分配常数（确定一定数量的SOC如何在更稳定或不稳定的库之间分配）可能更合适。例如，Woolf和Lehmann（2012）研制的模型通过增加SOC分解速率常数来增加SOC的矿化，增加的SOC分解速率常数与土壤中生物炭的总量成比例，但模型通过增强SOC转移到稳定的有机矿物组分而不是矿化的比例来减少SOC的矿化。因此，建模工作取决于我们对基本机制的理解。存在的困难是，环境中的生物炭随着时间的推移而演变（Singh et al., 2013; Kuzyakov et al., 2014），这些相互作用可能是动态的，其程度和方向都会随时间的推移而变化（Keith et al., 2011; Zimmerman et al., 2011; Singh and Cowie, 2014）。开发能够结合这种复杂性机理的模型还需要花费很长的时间。

截至目前，除Wardle等（2008）、Major等（2010）、Slatich等（2013）、Ventura等（2014）的研究之外，大多数生物炭与SOC的相互作用研究都是在室内进行的。此外，很少有对生物炭与SOC的相互作用（包括系统中的植物）研究进行探讨，故Major等（2010）、Slavich等（2013）、Ventura等（2014）、Ventura等（2014a）的工作是有意义的。所有这些研究都依赖双碳同位素和添加剂相结合的方法（Major et al., 2010; Whitman et al., 2014a），或者只依靠一种添加方法（Slatich et al., 2013）来发现生物炭的不稳定碳、SOC或植物衍生的碳源。但是，关于3种碳源成分的研究很少，其部分原因可能是在区分两种以上的碳源方面存在困难（见专栏16-2）。

专栏16-2　使用碳同位素区分3个部分系统

在植物存在的情况下，实地和温室研究中的生物炭与SOM相互作用相对较少的一个原因是，对于3个以上部分系统（包括土壤、生物炭和植物）的相互作用效应，想使用2种标准碳同位素分配方法将土壤碳或土壤CO_2排放分离成其组成部分是非常困难的，但使用3种碳同位素（稳定的^{12}C和^{13}C及放射性的^{14}C）则可以实现这一点。例如，可以采取试验形式，使用^{13}C丰度水平来区分土壤和植物（例如，C_3土壤和C_4植物，或者具有一种^{13}C丰度标记的成分），并且区分具有富集^{14}C的生物炭。然而，放射性碳的使用将涉及复杂的法规，特别是在野外研究中应用这些方法，其过程可能相对复杂，成本可能较昂贵。

作为第2种方法，也可以在2个平行试验中采用富集的^{13}C（而不是富集的^{14}C），首先将生物炭加入土壤，然后用^{13}C标记植物，这使得根、生物炭和土壤对CO_2排放总量的贡献有了合理的确定性。仅使用2种稳定同位素进行分配需要一系列可能的解决方案（见图16.7）。因此，该方法仍需应用一组关于3个部分系统之间的相互作用的假设（消除了最终检测此类相互作用的可能性）。但是，如果富集的^{13}C非常多，则可以得出这样的结论：土壤中的生物炭因为植物的相互作用，在自然丰度水平（例如，试验1中的土壤＋根系或试验2中的土壤＋生物炭）下，对照组的^{13}C的任何变化相对于试验1和试验2中分别来自植物和生物炭的^{13}C富集特征来说都是很小的，这种方法将需要超过自然丰度水平的非常强的^{13}C富集，但会使操作成本变得相对昂贵。

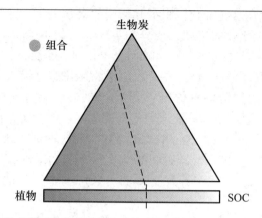

图16.7 假设3个部分系统的多重同位素分区解决方案的图形概念。阴影表示每个控制端元（生物炭、SOC和植物）的$^{13}C:^{12}C$，灰色圆圈表示给定系统的组合$^{13}C:^{12}C$。黑色虚线表示组合同位素比率的可能分配方案。在2个部分系统（植物和SOC之间构成的矩形）中，只有一种解决方案（例如，57%来自植物，43%来自SOC），但是3个部分系统（生物炭、SOC和植物构成三角形）有多种解决方案

第3种方法可以只使用2种稳定同位素，但需要加倍处理，其中一种成分在2种处理中的化学性质和物理性质相同，只是每种处理中有不同的同位素特征（例如，具有2个^{13}C富集水平的生物炭；Kuzyakov and Bol, 2004）。重要的是，具有2个不同同位素特征的部分系统，在其他方面的功能必须相同。这意味着生物炭或植物比土壤更适合作为候选物，因为植物可以在相同的环境下生长（仅在不同的^{13}C富集水平下），然后用于制备生物炭。因此，在SOM含量和组成没有差异的情况下，产生两种不同$\delta^{13}C$的土壤将是一个挑战。

在第4种方法中，如果可以确保3个部分系统中的2个部分系统具有相同的$^{13}C:^{12}C$（例如，C_3土壤和C_3植物），则可以将第3个部分系统（如^{13}C标记的生物炭）与前2个部分系统区分开，但这不能使前两者彼此区分开（例如，无法区分由生物炭引起的根系呼吸或SOC矿化的变化）。

此外，我们未发现任何研究使用成像方法来直接观察野外试验中生物炭与SOC的相互作用。关键的土壤过程发生在微米和纳米尺度上（Mueller et al., 2013），这可能是理解关于生物炭与SOC相互作用的具体机制，特别是生物炭表面或周围SOC稳定的确凿证据。纳米级二次离子质谱（NanoSIMS）等技术提供了亚微米尺度的土壤团聚体的元素和同位素组成，纳米级二次离子质谱可能是推动这个领域发展的变革性工具（Heister et al., 2012; Mueller et al., 2013）。

16.8 SOC与生物炭相互作用对土壤碳和肥力管理的意义

生物炭与SOC相互作用对土壤碳管理的影响取决于：①所涉及的特定土壤和生物炭；②土壤管理实践和目标。人们开始进一步研究不同的生物炭如何影响不同的土壤，但在开发出可靠的预测模型之前，还有很多工作要做。目前，在不同土壤和植物组成的环境中，单独测试每种生物炭在土壤中的作用很有必要，这可以验证关于生物炭对土壤影响的假设。

特别是对于土壤碳的影响，随着对生物炭与土壤碳相互作用理解的加深，碳债信比（Whitman et al., 2013）或类似的指标用于预测生物炭对未来碳库存的影响非常有用。与添加生物质和碳矿化相比，碳债信比量化了生物炭的净碳影响，包括在其制备、施用到土壤和随后的碳矿化过程中损失的碳（见专栏16.3；Whitman et al., 2013）。Herath等（2014）修改了Whitman等（2013）引入的碳债信比，以量化生物炭对天然SOC矿化的影响（见专栏16-3）。

> **专栏 16-3　不同"激发效应"下的碳债信比**
>
> 　　碳债信比是生物炭制备后，以及将两种材料（生物炭或原料）分别施用于同一土壤后，生物炭中残留的碳与原始原料（未裂解的生物质）中残留的碳之比。碳债信比大于1表示生物炭中残留的碳比原始原料中更多；而碳债信比小于1表示生物炭中残留的碳更少，即生物炭制备过程中的碳损失超过了通过碳化而增加的碳（Whitman et al., 2013）。随着两种材料以不同的速率碳矿化，碳债信比将随着时间而变化。
>
> 　　碳债信比被Herath等（2014）修改为净碳债信比。净碳债信比结合了生物炭和SOC的相互作用效应，以表明添加生物炭对土壤中的净碳影响，包括SOC矿化的变化。添加生物炭或原始原料会导致SOC矿化，净碳债信比就是通过改变这种碳矿化变化来达到目的的。
>
> 　　碳债信比取决于原始原料和所制备生物炭的特性（见图16.8）。各种特征（生物炭制备过程中的初始碳损失、剩余生物炭的相对碳矿化率和"激发效应"）对碳债信比起重要作用的时间尺度取决于具体的系统。
>
>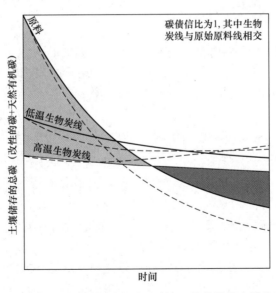
>
> 图16.8　随时间变化生物炭对土壤中总碳的影响概念示意。比较改性的未碳化生物质、低温生物炭或高温生物炭+天然有机碳的变化。实线和虚线分别表示土壤中总碳在未"激发效应"和有"激发效应"下随时间变化的情况，阴影区域表示高温生物炭在未"激发效应"下的碳负债（浅灰色）和碳信用（深灰色）。特定的曲线轨迹会随着生物质碳矿化率、热解过程中的碳损失、生物炭碳矿化率及正负"激发效应"造成的影响而变化，这些影响可能会随着时间推移而改变

SOM 中碳和养分的循环是土壤生态系统必不可少的部分，因此，一定要对此循环的变化进行评估。例如，虽然减缓土壤碳循环或增加土壤中难降解碳的相对数量是固碳和应对气候变化的关键策略，但对 SOM 循环的扰动也可能对土壤养分可用性的研究产生重要影响。如果研究的主要目标是减少土壤中 SOC 的总体矿化或增加土壤中相对残留的碳，那么使用温度较高、易降解、碳水平较低的生物炭可能会减少由生物炭中更不稳定的有机碳组分引起的任意交互效应。然而，更高温度制备的生物炭将导致更多的 C 和其他一些元素的损失，这会减少生物炭上的 C 含量，并减少土壤中的可用养分（Whitman et al., 2013；见第 7 章）。此外，减缓 SOM 分解不仅意味着 C 流失减少，而且 N、P 和其他养分从有机质中释放的速度也更慢。如果生物炭引起的 SOM 分解速率减慢，长此以往，可能会对生态系统功能产生影响，如可利用养分减少。

在分子和微生物群落水平上更好地理解生物炭与 SOM 相互作用的机制，将有助于识别和分类特定的生物炭与土壤组合，这些组合易受 SOC 损失增加或减少的影响。例如，如果生物炭的相关性质（不稳定或稳定部分或灰分含量的百分比）和土壤的相关性质（总 SOC 及其质量、酸碱度、矿物学或质地）决定了土壤与添加的生物炭交互的碳循环响应，在建模框架中可以考虑使用这些性质来预测和分析生物炭与 SOM 的相互作用。这样可以减少每个独立系统对特定生物炭和土壤测试的需求。此外，这些信息可用来预测长期的（如持续的 pH 值变化）或短暂的（如不稳定的馏分驱动的相互作用）影响。显然，这些相互作用还需要进一步研究，以确定向土壤中添加生物炭对气候的净影响。

16.9 结论与展望

在过去的几年中，对于生物炭与 SOM 相互作用方面的研究已经取得了实质性进展，但有必要进行更多的研究，尤其是在种植系统和更长的时间范围内。现在已经知道 SOM 和生物炭之间会相互作用，并对这些影响的原因提出了许多强有力的假设，下一步就是着重理解和量化每种生物炭与土壤组合的具体相互作用机理，并了解这些相互作用如何随着时间推移演变。这对于确定生物炭与土壤（植物）的相互作用，以及它如何在生物炭改良系统的碳核算中被考虑是必要的。此外，目前理解生物炭与 SOM 相互作用的研究方法可以通过多种方式加以扩展和改进，具体包括：

- 对照研究，以隔离和测试特定机制，而不是一般现象；
- 设计研究，以确定特定环境条件、一系列特定时间范围内，以及特定生物炭和土壤类型对不同相互作用机制的影响；
- 分析微生物群落和活动，以确定哪些微生物群落导致或受各种生物炭与 SOM 相互作用的影响；
- 使用微观层次研究（如纳米级二次离子质谱）来支持或反对各种机制，特别是阐明微生物区系—生物炭相互作用、生物炭表面或周围及团聚体上的 SOC 稳定的机制；
- 解决许多微观层次研究中存在的人为因素或混淆因素，特别是缺乏 C 和养分的连续输入和输出，可能包括进行柱流动试验，并量化所有通量；

- 进行更多和更长期的野外试验，以研究生物炭与土壤的相互作用，其中包括反复的 OM 或生物炭输入；
- 研究包括植物及其根、土壤和生物炭在内的 3 个部分系统的动力学，将土壤碳储量和通量分为 2 个以上的部分需要创新的方法，如 3 个碳同位素系统，或者在野外或温室环境中设计 2 个碳同位素系统；
- 开发动态模型，并确定易于测量的替代物，以预测 100 年内土壤中的碳动态，其中考虑到生物炭和土壤的相互作用，用于建模和政策应用。

理解生物炭与 SOC（植物）的相互作用，有必要对（自然或人为）添加到土壤中的生物炭是如何随着时间推移改变土壤碳储量的进行预测。随着各种机制的作用，这些相互作用可能导致 SOC 固存增加或减少。未来，人们还需要进行跨学科的研究，涉及土壤物理学、生物地球化学、土壤微生物生态学、植物生态生理学、农学和矿物学，以确定哪些机制重要及何时重要。

参考文献

Anderson, C. R., Condron, L. M., Clough, T. J., et al. Biochar induced soil microbial community change: Implications for biogeochemical cycling of carbon, nitrogen and phosphorus[J]. Pedobiologia, 2011, 54: 309-320.

Bingeman, C. W., Varner, J. E. and Martin, W. P. The effect of the addition of organic materials on the decomposition of an organic soil[J]. Soil Science Society of America Journal, 1953, 17: 34-38.

Blagodatskaya, E. and Kuzyakov, Y. Mechanisms of real and apparent priming effects and their dependence on soil microbial biomass and community structure: Critical review[J]. Biology and Fertility of Soils, 2008, 45: 115-131.

Blagodatsky, S., Blagodatskaya, E., Yuyukina, T., et al. Model of apparent and real priming effects: Linking microbial activity with soil organic matter decomposition[J]. Soil Biology and Biochemistry, 2010, 42: 1275-1283.

Bradford, M. A., Tordoff, G. M., Eggers, T., et al. Microbiota, fauna, and mesh size interactions in litter decomposition[J]. Oikos, 2002, 99: 317-323.

Brodowski, S., John, B., Flesa, H., et al. Aggregate-occluded black carbon in soil[J]. European Journal of Soil Science, 2006, 57: 539-546.

Bruun, S. and El-Zehery, T. Biochar effect on the mineralization of soil organic matter[J]. Pesquisa Agropecuária Brasileira, 2012, 47: 665-671.

Bruun, S., Ågren, G. I., Christensen, B. T., et al. Measuring and modeling continuous quality distributions of soil organic matter[J]. Biogeosciences, 2010, 7: 27-41.

Bruun, S., Clauson-Kaas, S., Bobulská, L., et al. Carbon dioxide emissions from biochar in soil: Role of clay, microorganisms and carbonates[J]. European Journal of Soil Science, 2014, 65: 52-59.

Chan, K. Y., Van Zwieten, L., Meszaros, I., et al. Using poultry litter biochars as soil amendments[J]. Soil, Land Care, and Environmental Research, 2008, 46: 437-444.

Cheng, C. H. and Lehmann, J. Ageing of black carbon along a temperature gradient[J]. Chemosphere, 2009, 75: 1021-1027.

Cheng, C. H., Lehmann, J. and Engelhard, M. H. Natural oxidation of black carbon in soils: Changes in molecular form and surface charge along a climosequence[J]. Geochimicaet Cosmochimica Acta, 2008, 72: 1598-

1610.

Cheng, W., Johnson, D.W. and Fu, S. Rhizosphere effects on decomposition[J]. Soil Science Society of America Journal, 2003, 67: 1418-1427.

Chintala, R., Schumacher, T. E., McDonald, L. M., et al. Phosphorus sorption and availability from biochars and soil/biochar mixtures[J]. CLEAN-Soil, Air, Water, 2014, 42: 626-634.

Cravo-Laureau, C., Hernandez-Raquet, G., Vitte, I., et al. Role of environmental fluctuations and microbial diversity in degradation of hydrocarbons in contaminated sludge[J]. Research in Microbiology, 2011, 162: 888-895.

Cross, A. and Sohi, S. P. The priming potential of biochar products in relation to labile carbon contents and soil organic matter status[J]. Soil Biology and Biochemistry, 2011, 43: 2127-2134.

Dalenberg, J. W. and Jager, G. Priming effect of small glucose additions to ^{14}C-labelled soil[J]. Soil Biology and Biochemistry, 1981, 13: 219-223.

Dempster, D. N., Gleeson, D. B., Solaiman, Z. M., et al. Decreased soil microbial biomass and nitrogen mineralisation with Eucalyptus biochar addition to a coarse textured soil[J]. Plant and Soil, 2011, 354: 311-324.

Enders, A., Hanley, K., Whitman, T., et al. Characterization of biochars to evaluate recalcitrance and agronomic performance[J]. Bioresource Technology, 2013, 114: 64-653.

Fang, Y., Singh B., Singh B. P., et al. Biochar carbon stability in four contrasting soils[J]. European Journal of Soil Science, 2014, 65: 60-71.

Farrell, M., Kuhn, T. K., Macdonald, L. M., et al. Microbial utilisation of biochar-derived carbon[J]. Science of the Total Environment, 2013, 465: 288-297.

Fontaine, S., Bardoux, G., Abbadie, L., et al. Carbon input to soil may decrease soil carbon content[J]. Ecology Letters, 2004, 7: 314-320.

Gontikaki, E., Thornton, B., Huvenne, V. A. I., et al. Negative priming effect on organic matter mineralisation in NE Atlantic slope sediments[J]. PLoS One, 2013, 8: e67722.

Guenet, B., Leloup, J., Raynaud, X., et al. Negative priming effect on mineralization in a soil free of vegetation for 80 years[J]. European Journal of Soil Science, 2010, 61: 384-391.

Hale, S. E., Lehmann, J., Rutherford, D., et al. Quantifying the total and bioavailable polycyclic aromatic hydrocarbons and dioxins in biochars[J]. Environmental Science and Technology, 2012, 46: 2830-2838.

Hamer, U., Marschner, B., Brodowski, S., et al. Interactive priming of black carbon and glucose mineralisation[J]. Organic Geochemistry, 2004, 35: 823-830.

Heister, K., Höschen, C., Pronk, G. J., et al. NanoSIMS as a tool for characterizing soil model compounds and organomineral associations in artificial soils[J]. Journal of Soils and Sediments, 2012, 12: 35-47.

Herath, H. M. S. K., Camps-Arbestain, M., Hedley, M. J., et al. Experimental evidence for sequestering C with biochar by avoidance of CO_2 emissions from original feedstock and protection of native soil organic matter[J]. Global Change Biology, 2014, 3: 12183.

Hilscher, A., Heister, K., Siewert, C., et al. Mineralisation and structural changes during the initial phase of microbial degradation of pyrogenic plant residues in soil[J]. Organic Geochemistry, 2009, 40: 332-342.

Jones, D. L., Murphy, D. V., Khalid, M., et al. Short-term biochar-induced increase in soil CO_2 release is both biotically and abiotically mediated[J]. Soil Biology and Biochemistry, 2011, 43: 1723-1731.

Jones, D. L., Rousk, J., Edwards-Jones, G., et al. Biochar-mediated changes in soil quality and plant growth in a three year field trial[J]. Soil Biology and Biochemistry, 2012, 45: 113-124.

Kasozi, G. N., Zimmerman, A. R., Nkedi-Kizza, P., et al. Catechol and humic acid sorption onto a range of laboratory-produced black carbons (biochars)[J]. Environmental Science and Technology, 2010, 44: 6189-6195.

Keith, A., Singh, B. and Singh, B. P. Interactive priming of biochar and labile organic matter mineralization in a smectite-rich soil[J]. Environmental Science and Technology, 2011, 45: 9611-9618.

Knicker, H. How does fire affect the nature and stability of soil organic nitrogen and carbon? A review[J]. Biogeochemistry, 2007, 85: 91-118.

Kuzyakov, Y. Priming effects: Interactions between living and dead organic matter[J]. Soil Biology and Biochemistry, 2010, 42: 1363-1371.

Kuzyakov, Y. and Bol, R. Using natural ^{13}C abundances to differentiate between three CO_2 sources during incubation of a grassland soil amended with slurry and sugar[J]. Journal of Plant Nutrition and Soil Science, 2004, 167: 669-677.

Kuzyakov, Y., Friedel, J.K. and Stahr, K. Review of mechanisms and quantification of priming effects[J]. Soil Biology and Biochemistry, 2000, 32: 1485-1498.

Kuzyakov, Y., Subbotina, I., Chen, H., et al. Black carbon decomposition and incorporation into soil microbial biomass estimated by ^{14}C labeling[J]. Soil Biology and Biochemistry, 2009, 41: 210-219.

Kuzyakov, Y., Bogomolova, I. and Glaser, B. Biochar stability in soil: Decomposition during eight years and transformation as assessed by compound-specific ^{14}C analysis[J]. Soil Biology and Biochemistry, 2014, 70: 229-236.

Lehmann, J., Rillig, M. C., Thies, J., et al. Biochar effects on soil biota – A review[J]. Soil Biology and Biochemistry, 2011, 43: 1812-1836.

Li, L., Quinlivan, P. A. and Knappe, D. R. U. Effects of activated carbon surface chemistry and pore structure on the adsorption of organic contaminants from aqueous solution[J]. Carbon, 2002, 40: 2085-2100.

Liang, B., Lehmann, J., Sohi, S. P., et al. Black carbon affects the cycling of non-black carbon in soil[J]. Organic Geochemistry, 2010, 41: 206-213.

Lin, Y., Munroe, P., Joseph, S., et al. Water extractable organic carbon in untreated and chemical treated biochars[J]. Chemosphere, 2012, 87: 151-157.

Löhnis, F. Nitrogen availability of green manures[J]. Soil Science, 1926, 22: 253-290.

Luo, Y., Durenkamp, M., De Nobili, M., et al. Short term soil priming effects and the mineralisation of biochar following its incorporation to soils of different pH[J]. Soil Biology and Biochemistry, 2011, 43: 2304-2314.

Luo, Y., Durenkamp, M., De Nobili, M., et al. Microbial biomass growth, following incorporation of biochars produced at 350 ℃ or 700 ℃, in a silty-clay loam soil of high and low pH[J]. Soil Biology and Biochemistry, 2013, 57: 513-523.

MacBeath, A. V. and Smernik, R. J. Variation in the degree of aromatic condensation of chars[J]. Organic Geochemistry, 2009, 40: 1161-1168.

Maestrini, B., Herrmann, A. M., Nannipieri, P., et al. Ryegrass-derived pyrogenic organic matter changes organic carbon and nitrogen mineralization in a temperate forest soil[J]. Soil Biology and Biochemistry, 2014, 69: 291-301.

Major, J., Lehmann, J., Rondon, M., et al. Fate of soil-applied black carbon: Downward migration, leaching and soil respiration[J]. Global Change Biology, 2010, 16: 1366-1379.

Masiello, C. A., Chen, Y., Gao, X., et al. Biochar and microbial signaling: Production conditions determine effects on microbial communication[J]. Environmental Science and Technology, 2013, 47: 11496-11503.

Mueller, C. W., Weber, P. K., Kilburn, M. R., et al. Advances in the analysis of biogeochemical interfaces: NanoSIMS to investigate soil microenvironments[J]. Advances in Agronomy, 2013, 121: 1-46.

Mukome, F., Six, J. and Parikh, S. J. The effects of walnut shell and wood feedstock biochar amendments on greenhouse gas emissions from a fertile soil[J]. Geoderma, 2013, 200: 90-98.

Mukherjee, A. and Zimmerman, A. R. Organic carbon and nutrient release from a range of laboratory-produced biochars and biochar-soil mixtures[J]. Geoderma, 2013, 193-194: 122-130.

Mukherjee, A., Lal, R. and Zimmerman, A. R. Effects of biochar and other amendments on the physical properties and greenhouse gas emissions of an artificially degraded soil[J]. Science of the Total Environment, 2014, 487: 26-36.

Mukherjee, A., Zimmerman, A. R., Hamdan, R., et al. Physicochemical changes in pyrogenic organic matter (biochar) after 15 months field-aging[J]. Solid Earth Discussions, 2014, 6: 731-760.

Neill, C. and Guenet, B. Comparing two mechanistic formalisms for soil organic matter dynamics: A test with in vitro priming effect observations[J]. Soil Biology and Biochemistry, 2010, 42: 1212-1221.

Nguyen, B. T. and Lehmann, J. Black carbon decomposition under varying water regimes[J]. Organic Geochemistry, 2009, 40: 846-853.

Nguyen, B. T., Lehmann, J., Hockaday, W. C., et al. Temperature sensitivity of black carbon decomposition and oxidation[J]. Environmental Science and Technology, 2010, 44: 3324-3331.

Nocentini, C., Guenet, B., Di Mattia, E., et al. Charcoal mineralisation potential of microbial inocula from burned and unburned forest soil with and without substrate addition[J]. Soil Biology and Biochemistry, 2010, 42: 1472-1478.

Novak, J. M., Busscher, W. J., Watts, D. W., et al. Short-term CO_2 mineralization after additions of biochar and switchgrass to a Typic Kandiudult[J]. Geoderma, 2010, 154: 281-288.

Osler, G. H. R. and Sommerkorn, M. Toward a complete soil C and N cycle: Incorporating the soil fauna[J]. Ecology, 2007, 88: 1611-1621.

Paterson, E. and Sim, A. Soil-specific response functions of organic matter mineralization to the availability of labile carbon[J]. Global Change Biology, 2013, 19: 1562-1571.

Pietikäinen, J., Kiikkilä, O. and Fritze, H. Charcoal as a habitat for microbes and its effect on the microbial community of the underlying humus[J]. OIKOS, 2000, 89: 231-242.

Pignatello, J. J., Kwon, S. and Lu, Y. Effect of natural organic substances on the surface and adsorptive properties of environmental black carbon (char): Attenuation of surface activity by humic and fulvic acids[J]. Environmental Science and Technology, 2006, 40: 7757-7763.

Prayogo, C., Jones, J. E. and Baeyens, J. Impact of biochar on mineralisation of C and N from soil and willow litter and its relationship with microbial community biomass and structure[J]. Biology and Fertility of Soils, 2013, 50: 695-702.

Prommer, J., Wanek, W., Hofhansl, F., et al. Biochar Decelerates Soil Organic Nitrogen Cycling but Stimulates Soil Nitrification in a Temperate Arable Field Trial[J]. PLoS ONE, 2014, 9: e86388.

Qiao, N., Schaefer, D., Blagodatskaya, E., et al. Labile carbon retention compensates for CO_2 released by priming in forest soils[J]. Global Change Biology, 2014, 20: 1943-1954.

Quilliam, R. S., Glanville, H. C. and Wade, S. C. Life in the "charosphere" – Does biochar in agricultural soil provide a significant habitat for microorganisms?[J]. Soil Biology and Biochemistry, 2013, 65: 287-293.

Quiquampoix, H. and Burns, R. G. Interactions between proteins and soil mineral surfaces: Environmental and health consequences[J]. Elements, 2007, 3: 401-406.

Ramirez, K. S., Craine, J. M., and Fierer, N. Consistent effects of nitrogen amendments on soil microbial communities across biomes[J]. Global Change Biology, 2012, 18: 1918-1927.

Santos, F., Torn, M.S. and Bird, J.A. Biological degradation of pyrogenic organic matter in temperate forest soils[J]. Soil Biology and Biochemistry, 2012, 51: 115-124.

Scott, D. T., McKnight, D. M., Blunt-Harris, E. L., et al. Quinone moieties act as electron acceptors in the reduction of humic substances by humics-reducing micro-organisms[J]. Environmental Science and Technology, 1998, 32: 2984-2989.

Singh, B. P. and Cowie, A. L. Long-term influence of biochar on native organic carbon mineralisation in a low-carbon clayey soil[J]. Scientific Reports, 2014, 4: 3687.

Singh, B., Singh, B. P. and Cowie, A. L. Characterisation and evaluation of biochars for their application as a soil amendment[J]. Australian Journal of Soil Research, 2010, 48: 516-525.

Singh, B. P., Cowie, A. L. and Smernik, R. J. Biochar carbon stability in a clayey soil as a function of feedstock and pyrolysis temperature[J]. Environmental Science and Technology, 2012, 46: 11770-11778.

Singh, N., Abiven, S., Maestrini, B., et al. Transformation and stabilization of pyrogenic organic matter in a temperate forest field experiment[J]. Global Change Biology, 2013, 20: 1629-1642.

Six, J., Conant, R. T., Paul, E. A., et al. Stabilization mechanisms of soil organic matter: Implications for C-saturation of soils[J]. Plant and Soil, 2002, 241: 155-176.

Slavich, P. G., Sinclair, K., Morris, S. G., et al. Contrasting effects of manure and green waste biochars on the properties of an acidic ferralsol and productivity of a subtropical pasture[J]. Plant and Soil, 2013, 366: 213-227.

Spokas, K. A. Review of the stability of biochar in soils: Predictability of O : C molar ratios[J]. Carbon Management, 2010, 1: 289-303.

Spokas, K. A., Baker, J. M. and Reicosky, D. C. Ethylene: Potential key for biochar amendment impacts[J]. Plant and Soil, 2010, 333: 443-452.

Steinbeiss, S., Gleixner, G. and Antonietti, M. Effect of biochar amendment on soil carbon balance and soil microbial activity[J]. Soil Biology and Biochemistry, 2009, 41: 1301-1310.

Stewart, C. E., Zheng, J., Botte, J., et al. Co-generated fast pyrolysis biochar mitigates green-house gas emissions and increases carbon sequestration in temperate soils[J]. GCB Bioenergy, 2012, 5: 153-164.

Sun, M. Y., Aller, R. C., Lee, C., et al. Effects of oxygen and redox oscillation on degradation of cell-associated lipids in surficial marine sediments[J]. Geochimica and Cosmochimica Acta, 2002, 66: 2003-2012.

Ventura, M., Zhang, C., Baldi, E., et al. Effect of biochar addition on soil respiration partitioning and root dynamics in an apple orchard[J]. European Journal of Soil Science, 2014, 65: 186-195.

Visser, S. A. Physiological action of humic substances on microbial cells[J]. Soil Biology and Biochemistry, 1985, 17: 457-462.

Wardle, D. A., Nilsson, M. C. and Zackrisson, O. Fire-derived charcoal causes loss of forest humus[J]. Science, 2008, 32: 629-629.

Watzinger, A., Feichtmair, S., Kitzler, B., et al. Soil microbial communities responded to biochar application in temperate soils and slowly metabolized ^{13}C-labelled biochar as revealed by ^{13}C PLFA analyses: Results from a short-term incubation and pot experiment[J]. European Journal of Soil Science, 2014, 65: 40-51.

Whitman, T., Hanley, K., Enders, A., et al. Predicting pyrogenic organic matter mineralization from its initial properties and implications for carbon management[J]. Organic Geochemistry, 2013, 64: 76-83.

Whitman, T., Enders, A. and Lehmann, J. Pyrogenic carbon additions to soil counteract positive priming of soil carbon decomposition by plants[J]. Soil Biology and Biochemistry, 2014a, 73: 33-41.

Whitman, T., Zihua, Z. and Lehmann, J. Carbon mineralizability determines interactive effects on mineralization of pyrogenic organic matter and soil organic carbon[J]. Environmental Science and Technology, 2014b, 503331.

Woolf, D. and Lehmann, J. Modelling the long-term response to positive and negative priming of soil organic carbon by black carbon[J]. Biogeochemistry, 2012, 111: 83-95.

Wright, D. A., Killham, K., Glover, L. A., et al. Role of pore size location in determining bacterial activity during predation by protozoa in soil[J]. Applied and Environmental Microbiology, 1995, 61: 3537-3543.

Wu, H., Yip, K., Kong, Z., et al. Removal and recycling of inherent inorganic nutrient species in mallee biomass and derived biochars by water leaching[J]. Industrial and Engineering Chemistry Research, 2011, 50: 12143-12151.

Young, I. M., Blanchart, E., Chenu, C., et al. The interaction of soil biota and soil structure under global change[J]. Global Change Biology, 1998, 4: 703-712.

Zavalloni, C., Alberti, G., Biasiol, S., et al. Microbial mineralization of biochar and wheat straw mixture in soil: a short-term study[J]. Applied Soil Ecology, 2011, 50: 45-51.

Zhu, B. and Cheng, W. Rhizosphere priming effect increases the temperature sensitivity of soil organic matter decomposition[J]. Global Change Biology, 2010, 17: 2172-2183.

Zimmerman, A. R. and Ahn, M.-Y. Organo-mineral enzyme interactions and influence on soil enzyme activity[M]. Berlin Heidelberg: Springer-Verlag, 2010.

Zimmerman, A. R. and Gao, B. The stability of biochar in the environment[M]. Boca Raton: CRC Press, 2013.

Zimmerman, A. R., Goyne, K. W., Chorover, J., et al. Mineral mesopore effects on nitrogenous organic matter absorption[J]. Organic Geochemistry, 2004, 35: 355-375.

Zimmerman, A. R., Gao, B. and Ahn, M.-Y. Positive and negative carbon mineralization priming effects among a variety of biochar-amended soils[J]. Soil Biology and Biochemistry, 2011, 43: 1169-1179.

第 17 章

生物炭对土壤中氧化亚氮及甲烷排放的影响

Lukas Van Zwieten、Claudia Kammann、Maria Luz Cayuela、Bhupinder Pal Singh、Stephen Joseph、Stephen Kimber、Scott Donne、Tim Clough 和 Kurt A. Spokas

17.1 引言

自 VanZwieten 等（2009）的文献综述发表以来，我们更加深入地理解了生物炭对除 CO_2 外的温室气体 [GHG，包括氧化亚氮（N_2O）、甲烷（CH_4）] 的影响。N_2O 是一种强效温室气体（单分子增温潜势约为 CO_2 的 300 倍），也是一种重要的臭氧层消耗物（Ravishankara et al., 2009），它的大气浓度从前工业化时代的 270 ppbv 增加到超过 324 ppbv（Ussiri and Lal, 2013; IPCC, 2013），其农业排放（$4 \sim 6 \ Tg \cdot N_2O\text{-}N \cdot yr^{-1}$）来源于氮肥和粪肥的施用，天然土壤的排放量（$6 \sim 7 \ Tg \cdot N_2O\text{-}N \cdot yr^{-1}$）占全球 N_2O 来源的 56%～70%（Syakila and Kroeze, 2011）。CH_4 的辐射强迫约为 CO_2 的 25 倍（Forster et al., 2007），它在大气中的浓度是前工业时代的 2 倍多，达到 1803 ppbv（IPCC, 2013）。土壤是 CH_4 的主要汇集场所，人们在 20 年前就对土地使用类型变化和施用肥料对全球 CH_4 消耗的影响进行了评估（Ojima et al., 1993），结果显示人类活动已经使全球 CH_4 容量减少了 30%。自那时起，矿物氮肥的使用量不断增加（Galloway et al., 2008），土壤退化、森林砍伐、大气中 CO_2 浓度的增加及热浪频率升高将进一步减少全球 CH_4 的容量（Hansen et al., 2012）。因此，生物炭可以在增强土壤 CH_4 汇方面为全球农业土壤作出贡献。

本文通过对已发布数据进行 Meta 分析检验了生物炭是否可减少 N_2O 排放，总结了当前减排过程的机制。已有文献对生物炭减少土壤中 CH_4 排放的过程进行了总结，但其数据量不足以完成 Meta 分析。本章旨在对生物炭影响排放的关键机制进行进一步理解，以减小量化温室气体净减排潜力的不确定性（Cowie et al., 2012；见第 27 章）。

17.2 生物炭改良后减少 N_2O 排放的依据

为了客观地研究生物炭对土壤中 N_2O 排放的影响，使用已经发表的论文，以及 MetaWin 第 2 版统计软件进行 Meta 分析（Rosenberg et al., 2000）。为了测试发表论文中存在偏差的可能性，使用 Rosenthal 的 Fail-safe N 检验（Rosenthal, 1979）。

此次分析对 2007 年至 2013 年 5 月发表的 30 篇论文进行了 242 次直接比较（Yanai et al., 2007; Spokas et al., 2009; Spokas and Reicosky, 2009; Cayuela et al., 2010, 2013; Clough et al., 2010; Singh et al., 2010a; VanZwieten et al., 2010a; Bruun et al., 2011; Scheer et al., 2011; Augustenborg et al., 2012; Case et al., 2012; Cheng et al., 2012; Jia et al., 2012; Kammann et al., 2012; Sarkhot et al., 2012; Schouten et al., 2012; Stewart et al., 2012; Taghizadeh-Toosi et al., 2012; Zhang et al., 2012a,2012b; Zheng et al., 2012; Ameloot et al., 2013; Angst et al., 2013; Malghani et al., 2013; Saarnio et al., 2013; Suddick and Six, 2013; Troy et al., 2013; Wang et al., 2013），排除了在整个试验过程中仅有 1 次或 2 次样本的研究，每个样本处理最少重复 3 次后方可被纳入 Meta 分析。有关数据源、汇总及 Meta 分析程序的详细说明参见 Cayuela 等（2014）的研究。该研究记录了试验方法、对照和试验条件（N_2O 平均排放量或 N_2O 累计排放量）及其标准偏差。Meta 分析的效应量衡量标准为响应比（RR）的对数，即

$$\ln RR = \ln(X_B/X_C) \tag{17-1}$$

式中，X_B 代表生物炭处理后 N_2O 含量的平均值，X_C 代表对照的平均值。为了评估生物炭改良后的整体效应,将生物炭的原料类型大致分为木质原料、农作物残余物和其他原料（粪便、污泥、造纸厂残余物和生产废料）；为了评估生物炭施用率的影响，对数据进行了标准化［以生物炭质量 / 土壤质量为标准（以干重为基础）］，如果数据不足，则假设将所描述土壤的标准容重纳入 0～200 mm 剖面进行研究。

生物炭对土壤中 N_2O 排放影响 ［见图 17.1（a）］ 的研究表明，无论是室内研究还是田间试验，N_2O 排放量都显著减少。在纳入 Meta 分析的所有研究中，平均减排率为 54%±6%（置信区间为 95%）。尽管大多数研究报道了 N_2O 排放量的减少，但也有研究报道了 N_2O 排放量的增加（Bruun et al., 2011; Case et al., 2012; Kammann et al., 2012; Stewart et al., 2012）。尽管室内研究和田间试验所观察到的差异很小，但田间试验仅使用了 32 种处理方法，突出了野外试验数据的匮乏。

生物炭的原料类型对 N_2O 的排放量有显著影响 ［见图 17.1（b）］，木质生物炭和农作物残余物生物炭均减少了 N_2O 排放量，而由其他原料制备的生物炭在统计学上没有显著影响。其他大部分生物炭是用粪便或家禽垫料制备的，因此包括化学成分在内的因素，尤其是生物可利用氮含量（Wang et al., 2012）及其物理特性（比表面积和孔隙率）限制了生物炭在减少 N_2O 排放方面的作用。

尽管生物炭施用率对田间 N_2O 排放的影响处于较低的罗森塔尔故障安全数 ［见图 17.1（c）］，但施用率较高对 N_2O 排放的影响更大。干土施用量低于 1%（w/w）时 N_2O 排放量与对照相比没有显著差异。在室内研究分析中，生物炭施用量对土壤中 N_2O 排放的影响尤为明显 ［见图 17.1（d）］，其中施用量低于 2%（w/w）不会导致 N_2O 排放量在统计学上显著减小。随着土壤中生物炭含量的增加，N_2O 排放量减小的趋势会更加明显。

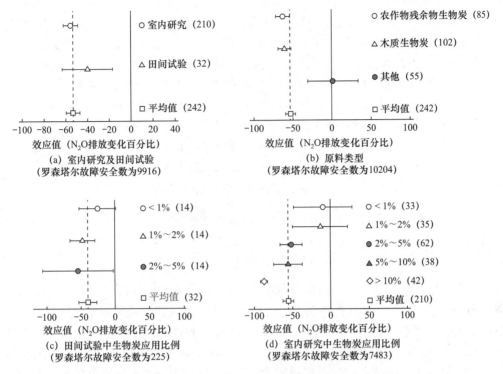

图17.1 施用生物炭后N_2O排放量的变化（95%置信区间均值百分比）

Meta 分析结果表明，木质生物炭或农作物残余物生物炭的比率高于 1%（w/w）时，在减小 N_2O 排放量方面比用其他原料制备的生物炭更加有效。同时，许多论文中的数据由于没有提供测量方差而无法使用，也证明了田间试数据的缺乏（Cayuela et al., 2014）。为了更好地记录生物炭的田间试验数据（Morris et al., 2013），需要对室内研究条件及田间试验区域划分进行反复验证，因为当间隔大于 1 m 时，N_2O 排放量的空间变异性可能很高。此外，时间分析可以捕捉到如改良、耕作和降雨事件后的 N_2O 排放量峰值。

17.3 施用生物炭减少土壤 N_2O 排放量的机理研究

17.3.1 控制 N_2O 排放的土壤因素

土壤中 N_2O 的排放量受生物和非生物过程影响，这是生产者和消费者作用的最终结果。Butterbach-Bahl 等（2013）总结了土壤中 N_2O 形成的关键过程，包括：①自养和异养硝化过程中羟胺的化学分解；②在光照、潮湿和活性表面对土壤硝酸盐（NO_3^-）进行化学反硝化及硝酸铵的非生物分解；③同一种硝化微生物体内的硝化—反硝化作用；④不同微生物的耦合硝化—反硝化作用［亚硝酸盐（NO_2^-）氧化剂产生的 NO_3^- 立即被反硝化菌原位反硝化］；⑤在限氧（O_2）条件下，使用氮氧化物作为电子受体的生物体的反硝化作用；⑥有机氮化合物与氮氧化物的共同反硝化作用；⑦NO_3^- 氨化或异化 NO_3^- 还原为铵（NH_4^+）。众所周知，金属阳离子可以催化硝化作用，尤其是铁（Fe）、锡（Sn）（Chao and

Kroontje, 1966; Hansen et al., 1996）。由于金属阳离子浓度较低,这些附加的转化途径在过去不受重视（Nelson and Bremner, 1970）。总而言之,每个过程对 N_2O 排放量的相对贡献都取决于土壤的特性［质地、有效碳（C）、pH 值、微生物活性、温度和含水量；Baggs, 2011］。

生物反硝化是 N_2O 排放的主要来源,称为生物学上的"广义过程"（Butterbach-Bahl et al., 2013）,涉及硝化细菌、N_2 固定菌（共生和非共生）、硫代硫酸盐氧化菌、甲基营养菌、好氧和厌氧菌群、异养生物、自养生物、光合细菌及极端微生物。在反硝化过程中,NO_3^- 通过一组酶被还原为 N_2,这些酶分别是硝酸还原酶（Nar）、亚硝酸还原酶（Nir）、一氧化氮还原酶（Nor）和氧化亚氮还原酶（Nos）,它们分别将 NO_3^- 转化为 NO_2^-（Nar）、将 NO_2^- 转化为 NO（Nir）、将 NO 转化为 N_2O（Nor）、将 N_2O 转化为 N_2（Nos）,这些反应通常是在厌氧条件下诱导产生的（Robertson and Groffman, 2007）。

$$NO_3^- \xrightarrow{Nar} NO_2^- \xrightarrow{Nir} NO \xrightarrow{Nar} N_2O \xrightarrow{Nos} N_2$$

17.3.2 生物炭在 N_2O 排放中的作用

生物炭减少土壤 N_2O 排放量的机制仍然不明确（Van Zwieten et al., 2009; Cayuela et al., 2013; Clough et al., 2013）,这些机制很可能与生物炭和土壤特性及其相互作用有关。生物炭施用于土壤中可能会通过改变以下性质来影响 N_2O 的排放：①土壤物理性质（如气体扩散性、聚集性、保水性；Quin et al., 2014）；②土壤化学性质（如 pH 值、Eh、有机氮和无机氮、溶解性有机碳的有效性、有机矿物相互作用）；③土壤生物性质（如微生物群落结构、微生物量与活性、大型动物群活性、氮循环酶；参见 Cayuela et al., 2013; Harter et al., 2013; Van Zwieten et al., 2014）。这些土壤性质的改变会影响氮的矿化—固定化、转化、硝化或反硝化过程。对土壤性质的许多潜在影响可能与生物炭的化学组成（低分子量有机化合物、脂肪族与芳香族碳比例、固有氮含量和形态、灰分含量、酸中和能力）和物理特性（比表面积、吸附特性、颗粒大小）有关。随着时间推移,生物炭表面逐渐形成负电荷（Cheng et al., 2006）,随后与天然有机物和黏土矿物相互作用（Joseph et al., 2010; Lin et al., 2012a; Fang et al., 2014a, 2014b）,这可能有利于进一步减缓土壤中 N_2O 的排放。

下文描述了将生物炭施用到土壤后可能减少或增加 N_2O 排放量的具体机制。施用生物炭所造成的 N_2O 排放量的相对变化（减少、增加或没有变化）取决于几种非生物和生物机制同时作用的最终结果。生物炭与 N_2O 相互作用的机制很少被详细评估,通常以"假设"的形式被提及。

17.3.3 生物炭影响土壤中氮的有效性

生物炭通常是高 C、N 比的材料,它由相对不稳定、低分子量的有机化合物组成,尽管与原料相比其孔隙数量要少得多,但其也能为微生物提供一个合适的栖息地（见第 13 章）。生物炭的特性有利于微生物的生长,当微生物利用生物炭中挥发性或不稳定成分中的碳时,会诱导氮在土壤中的固定化（见第 15 章和第 18 章）。这一机制将降低土壤的生物有效氮含量,从而减少硝化和反硝化过程的底物来减少 N_2O 的排放量。生物炭还可以通过一系列其他机制来加强土壤氮循环,包括：①生物炭表面及孔隙对 NO_3^-、NH_4^+、有机氮类和酶的直接吸附（Dempster et al., 2012; Kameyama et al., 2012; Yao et al., 2012;

Prommer et al., 2014)；②生物炭诱导形成有机物—矿物组合物（Liang et al., 2010; Keith et al., 2011; Fang et al., 2014a, 2014b; Singh and Cowie, 2014）。这些影响可能与原料类型和制备条件有关，会对生物炭的孔隙结构（Downie et al., 2009）和电荷特性（Singh et al., 2010b）产生影响，尤其是在土壤氧化过程中，随着生物炭表面带负电荷官能团的形成，更有利于生物炭对 NH_4^+ 的静电吸附（Cheng et al., 2006, 2008; Liang et al., 2006）。Singh 等（2010a）发现，土壤中生物炭老化后，NH_4^+-N 的浸出量显著减少，而 Taghizadeh-Toosi 等（2012）的研究表明，生物炭吸附的 NH_3 具有生物有效性。目前，尚无文献详细记载生物炭的静电吸附是否限制了微生物对无机氮的利用。此外，生物炭诱导形成的有机物—矿物组合物可能会稳定或减弱土壤中有机物的矿化作用（Liang et al., 2010; Keith et al., 2011; Singh and Cowie, 2014），这可能会降低土壤中有机氮的生物有效性。

17.3.4 生物炭改变土壤中生物可利用碳的供应

相对于未碳化的有机质，生物炭通常不是生物可利用碳（不稳定）或可溶性有机碳的重要来源（Van Zwieten et al., 2014）。通过脱氮剂还原 NO_3^- 需要有现成的碳供应，30 mol 碳能完全反硝化 24 mol NO_3^-（Saggar et al., 2013）。生物炭的内在不稳定碳随原料类型、制备条件的变化而变化，粪便生物炭或低温制备生物炭的不稳定碳含量高于植物生物炭或高温制备生物炭（Lin et al., 2012b; Singh et al., 2012; Wang et al., 2012）。生物炭还可以吸附多种有机化合物（Spokas et al., 2011; Lin et al., 2012b; Cole et al., 2012; Chen et al., 2013）。生物炭中固有的、吸附的不稳定有机化合物可能在一定程度上促进微生物的反硝化作用。但是，后期处理也极大地影响了这些吸附的不稳定有机化合物，较长的存储时间通常会导致在生物炭上观察到不稳定碳含量较低（Spokas et al., 2011）。另外，生物炭可以通过促进微生物的生长和增强呼吸作用来减少土壤中的天然不稳定有机碳，从而加快土壤有机碳的分解（Luo et al., 2011; Farrell et al., 2013; Singh and Cowie, 2014；见第 16 章）。生物炭快速增强了微生物的有氧运动可能会潜在地诱导局部厌氧作用，并有利于反硝化作用（Van Zwieten et al., 2009; Harter et al., 2013）。这对于接近完全厌氧条件的情况尤为重要，否则可能会影响对 O_2 敏感的 N_2O 还原酶的活性。Wang 等（2013）在堆肥培养研究中观察到，由 *nosZ* 基因编码的 N_2O 还原酶的转录复制数显著增加。同样，Harter 等（2013）发现，不同于含 *nirS* 基因和 *nirK* 基因的反硝化菌，向土壤中添加生物炭促进了含 *nosZ* 基因的 N_2O 还原酶的生长和活性，改变了反硝化菌的群落组成。Harter 等（2013）、Van Zwieten 等（2014）认为，关键的电子受体（NO_3^-）和供体（NH_4^+、溶解有机碳）、物种的生物有效性降低、土壤 pH 值升高、生物炭的电子传递特性等条件改变将增强 *nosZ* 基因的丰度和表达活性（Cayuela et al., 2013），从而促进生物炭改良土壤中的 N_2O 还原为 N_2。然而，生物炭对 *nosZ* 基因丰度的影响取决于土壤和生物炭特性（Van Zwieten et al., 2014），因为 *nosZ* 基因丰度的增加仅在砂土中观察到，更肥沃的土壤对其影响很小。这强调了理解不同类型土壤作用机制的重要性，并认为生物炭具有减少 N_2O 排放的潜力。

17.3.5 生物炭中的生物可利用碳被 N_2O 氧化

根据 Avdeev 等（2005）的报道，N_2O 可以氧化一系列芳香族和脂肪族化合物。假设一个氧原子通过 N_2O 的 1,3-偶极环加成转移到 C=C 键上（见图 17.2），生成的中间产物分

解生成酮和 N_2。生物炭在其内外表面均含有一系列芳香族化合物和非芳香族化合物，因此，这些化合物可能被氧化，导致 N_2O 被还原［如 Avdeev 等（2005）所述］。但是，这些有机化合物并不是很稳定（Bridgewater et al., 1999），并且会在土壤中降解（Luo et al., 2011; Zimmermann et al., 2011; Jones et al., 2011; Singh et al., 2012; Bai et al., 2013）。Spokas（2012）通过田间老化的生物炭观察到，随着有机化合物被土壤微生物氧化或代谢，这种 N_2O 减排机制的长期效应会随着时间的推移而下降。然而，生物炭还能吸附土壤中的有机化合物（Turner, 1955; Beesley et al., 2010; Martin et al., 2012），通过补充生物炭表面的芳香族化合物，可以潜在地增强这一机制的作用。

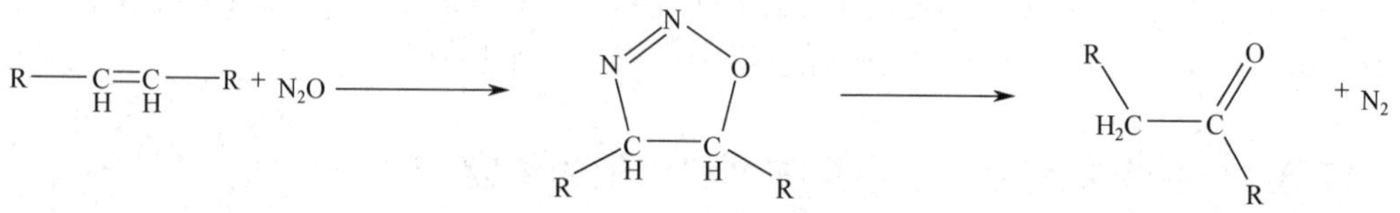

图17.2　N_2O 氧化芳香族碳的过程（Avdeev等2005年重新绘制）

17.3.6　生物炭提高土壤 pH 值

生物炭可呈碱性，其碱化程度取决于制备的原料类型和热解温度。生物炭中碱性物质的主要形式包括含氧有机官能团、灰分（金属氧化物）和碳酸盐矿物（Yuan et al., 2011a）。生物炭还可能含有大量的可溶碱性阳离子（Singh et al., 2010b）。近年来，稠环芳香族和芳香族 C—O 基团数量与生物炭的 pH 值成正相关（Li et al., 2013）。因此，碱性较高的生物炭可以用来改善酸性土壤和提升土壤 pH 值（Van Zwieten et al., 2010b; Yuan and Xu, 2011; Yuan et al., 2011b）。通过向土壤中添加生物炭可以增加土壤中碱性和低分子有机化合物浓度，也能增强土壤微生物的呼吸作用和电子传递特性，从而提高含 *nosZ* 基因微生物的活性。Harter 等（2013）、Wang 等（2013）、Van Zwieten 等（2014）观察到了反硝化菌群可以通过这些变化促进反硝化过程（$N_2O \rightarrow N_2$），降低反硝化过程中 N_2O 的产率（Cayuela et al., 2013）。

17.3.7　生物炭影响气体的扩散率和曝气

土壤结构影响水和气体在土壤中的迁移和储存，特别是其多孔性和孔隙结构（Zhang et al., 2005）。生物炭可以通过降低土壤容重直接增大土壤孔隙率。Karhu 等（2011）将硬木生物炭（桦木）以 $0.9\ kg \cdot m^{-2}$ 的比例施用于粉壤土，研究发现土壤容重降低了4%，但孔隙率和持水量分别增加了2%和11%。Quin 等（2014）使用微型计算机断层扫描（μCT 扫描仪）同样证明添加木质生物炭的土壤孔隙率随时间的推移而增大，同时发现两种黏土的孔径在增大、连通性也在增强，但在砂质土壤中没有观察到这种现象。土壤通气量的增加（Yanai et al., 2007; Quin et al., 2014）取决于生物炭类型及施用率，可以减弱厌氧微环境，并通过减弱反硝化作用降低 N_2O 排放。Case 等（2012）发现，添加生物炭增强土壤肥力对降低砂壤土中 N_2O 排放的贡献很小。

17.3.8　生物炭影响微生物活性

吸附在生物炭上的有机化合物可暂时抑制硝化菌和反硝化菌的活性，降低 N_2O 的排放。生物炭上有种类繁多的有机化合物（Mahinpey et al., 2009; Clough et al., 2010; Deenik et al., 2010; Spokas et al., 2011; Cole et al., 2012），可以改变土壤中有机化合物的生物有效性（Martin et al., 2012）。这些有机化合物是在生物炭的热解过程中形成的，对植物和微生物种群有广泛的影响。目前，对痕量有机物改变土壤性质的了解仍处于起步阶段（Insam and Seewald, 2010）。一项关于天然木材燃烧研究得出的结论表明，碳化材料上存在植物刺激性的化合物（Nelson et al., 2012），这些化合物是在生物质热解过程中产生的，可能会抑制/刺激种子发芽（Keeley et al., 1985）。某些与生物炭有关的化合物也可以抑制植物和微生物的活性（Asita and Campbell, 1990; Brown and van Staden, 1997; Guillén and Manzanos, 2002; Olsson et al., 2004），这可能与植物病原体的抑制（Elad et al., 2010; Graber et al., 2010）及 N_2O 的产量有关（Clough et al., 2010; Clough and Condron, 2010）。然而，吸附作用并不是土壤中生物炭发挥减排作用的唯一机制，因为还发生了其他土壤化学、物理和微生物变化，这些不同类型的变化发生在特定类型的土壤和生物炭环境中（Merritt et al., 2007; Lehmann et al., 2011; Clough et al., 2013）。

17.3.9 生物炭对 N_2O 的吸附

生物炭可以直接吸附包括 N_2O 在内的气体。Cornelissen 等（2013）发现，在无菌和无水条件下，生物炭对 N_2O 的固定量要比金属氧化物或有机物（有机物或植物凋落物）高 1 个数量级。他们还发现，在 350 ℃以上制备的生物炭吸附能力最强（Q_{max}；单位为 $cm^3 \cdot g^{-1}$），在 350～700 ℃制备的松木生物炭的吸附亲和力增加。需要注意的是，低温制备松木生物炭的比表面积为 60 $m^2 \cdot g^{-1}$，而高温制备生物炭的比表面积为 176 $m^2 \cdot g^{-1}$，由于在 350 ℃制备的生物炭官能团含量很高，因此其对 N_2O 的吸附机理可能与高温制备生物炭不同。作者指出，在潮湿环境中，纳米孔充满水，生物炭的吸附能力会发生变化。水对 N_2O 具有很高的溶解度（20 ℃时溶解度为 0.12 $g \cdot 100\ mL^{-1}$），确定 N_2O 的溶解度和迁移机制对其地表排放是否产生影响很重要。更重要的是，土壤水包含一系列阴离子、阳离子、胶体黏土颗粒和溶解有机物，这些物质含有高浓度的官能团。土壤水中的这些成分可能会与生物炭相互作用，从而影响其对 N_2O 的吸附能力。

17.3.10 生物炭在改变氧化还原反应中的作用

硝化作用和反硝化作用是氧化还原反应（Verstraete and Focht, 1977）。当化学物质接受（提供）电子时，发生还原（氧化）反应。氧化物质和还原物质的相对丰度可以通过伏特计测量惰性指示电极和参比电极之间的电位差来表示。氧化还原电位（Eh）是指在原电池中参照标准氢电极测得的由氧化还原电对（如 SO_4^{2-} 和 H_2S）组成电极的电势。土壤中的 Eh 通常为 -300～900 mV（Marcias and Camps-Arbestain, 2010），而淹水土壤中的 Eh 为 250～350 mV（Kirk et al., 2003）。Chesworth 等（2006）进行了热力学计算，以确定溶液中元素的各种化学形态与 Eh 和 pH 值的复合函数的稳定区域，并用 Eh–pH 值或 Pourbaix 图表示。在氧化条件（Eh>500 mV，pH 值为 7）下，氮的热力学稳定形式为 NO_3^-，而在较低的氧化还原条件（Eh<400 mV，pH 值为 7）或 pH 值小于 9.2 时，NH_4^+ 占主导地位。当 Eh<0 mV、pH 值约为 4 时，气态碳的稳定形态为 CH_4。随着 pH 值的提升，Eh 呈现线性下降，其斜率取决于 H^+ 和 e^- 比值。当 pH 值大于 6 且 Eh>0 mV 时，Fe 的稳定形态为

Fe^{3+};而当pH值小于6时,Fe的稳定形态为Fe^{2+}(见图17.3)。

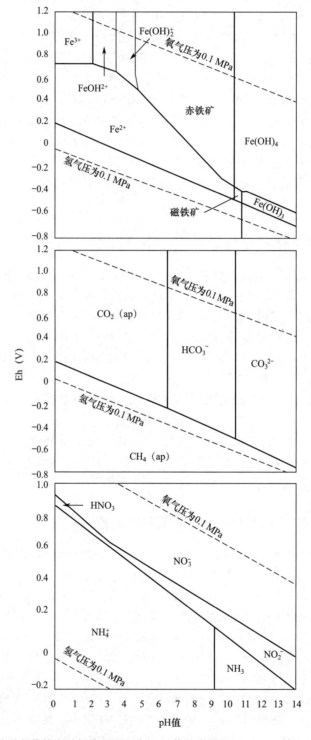

图17.3 相关物种的优势度随氧化还原电位和pH值的变化(Chesworth等2006年重新绘制)

据 Hou 等（2000）报道，稻田中产生的 CH_4 和 N_2O 与 Eh 及微生物群落组成有关，仅当土壤 Eh<-100 mV 时才会有大量 CH_4 排放，而当 Eh<200 mV 时 N_2O 排放并不显著，并且观察到了 CH_4 和 N_2O 排放之间存在显著的负相关关系。Yu 等（2001）报道，美国、中国的 4 种稻田，以及比利时的小麦田和玉米田在 Eh 为 120～250 mV 时会产生 N_2O。稻田、玉米田和小麦田分别在 Eh 为 -150～170 mV、-215 mV 和 -195 mV 时开始产生 CH_4。

土壤的干湿循环会导致铁氧化物的形成，Fe^{2+}（还原物种）或 Fe^{3+}（氧化物种）会覆盖土壤颗粒（Kirk et al., 2003）和生物炭（Lin et al., 2012a）。在降雨期间，CH_4 和 N_2O 的排放量通常会增加（Li et al., 1992），特别是在添加化肥和其他高氮有机肥料时。Van Cleemput（1998）报道了土壤含水量、土壤深度和温度、Fe^{2+} 浓度、碳酸钙（$CaCO_3$）和铜（Cu）浓度与非生物脱氮速率之间的复杂关系，在饱和土壤中加入 Fe^{2+}，N_2 的反硝化速率就会增大，同时 pH 值的提升也促进了 N_2 的还原。Moraghan 和 Buresh（1977）也证明，在 pH 值为 8 的含有 Fe^{2+} 和 Cu^{2+} 的水性体系中，N_2O 会被还原为 N_2；但当 pH 值降至 6 时，这种化学还原反应没有发生。

生物炭对土壤 pH 值会产生影响，但是关于其在改变 Eh 作用方面的文献报道很少。生物炭通常被还原，并具有酸中和能力（Oh et al., 2013），因此施用生物炭会导致土壤局部 pH 值升高、Eh 降低。Graber 等（2014）发现，一些源自生物炭的不稳定有机分子增大了 Fe 和 Mn 的利用率。这些氧化还原活性不稳定的有机金属化合物分子（Graber et al., 2014），以及氧化还原活性矿物（铁氧化物或锰氧化物）可能会大量出现。例如，废水污泥生物炭含有 2.2% 的 Fe（w/w）（Zhao et al., 2013），粪便生物炭含有 23% 的 Fe（w/w）（Van Zwieten et al., 2010a）。550 ℃ 以下制备的生物炭既可以接受电子，又可以提供电子，可以作为土壤中电荷的来源（Qu, 2002; Zhang et al., 2011; Joseph et al., 2013）。Van der Zee 和 Cervantes（2009）将电子穿梭体（也称氧化还原介质）定义为可以被可逆氧化和还原的有机分子，其具有在多个氧化还原反应中充当电子载体的能力。同样，土壤有机质具有氧化还原活性（Klüpfel et al., 2014），可以作为厌氧微生物呼吸的末端电子受体，生物炭在暂时缺氧系统（如湿地和土壤）曝气时具有再氧化能力。生物炭作为氧化还原活性材料可以作为微生物燃料电池的阳极用于发电（Zhang et al., 2011）。如果环境缺氧，生物炭表面的微生物可能会氧化有机物和 CH_4，这些反应产生的电子会转移到生物炭中，并促进电子受体的还原（Yuan et al., 2013）。

生物炭与土壤有机质、矿物质、纳米铁、硅（Si）和氧化铝相互作用，在生物炭表面和孔隙内形成覆盖层（Joseph et al., 2010, 2013; Lin et al., 2012a）。为了证明这一点，图 17.4 显示了从稻田土壤中获得的水稻秸秆生物炭的表面形貌，在该多孔生物炭表面形成了直径小于 50 nm 的氧化铁颗粒，EDS 光谱显示 Fe 纳米颗粒嵌入有机化合物中。高分辨率 TEM 和 EDS 能谱显示，Fe^{2+} 和 Fe^{3+} 均存在于该有机矿物层中（数据未显示）。

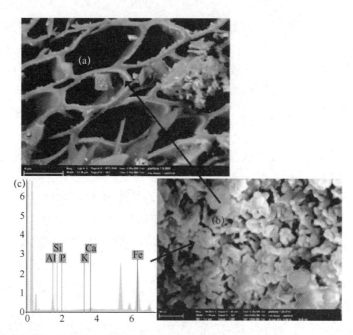

图17.4 (a) 从越南北部的田间试验中获取的老化水稻秸秆生物炭的内部孔隙；(b) 生物炭表面的纳米颗粒的高分辨率图像；(c) 对纳米粒子进行 EDS 光谱分析，结果显示混合的 Fe、Al、O 相和围绕粒子的有机化合物（澳大利亚纽卡斯尔大学）

Fe 是协调氮转变的关键（Chao and Kroontje, 1966; Hansen et al., 1996; Alowitz and Scherer, 2002; Dhakal et al., 2014）。Li 等（2012）发现，当 Fe 和有机物被氧化或还原时，氮化合物的还原作用和氧化作用会增强，他们称其为"$Fe^{3+}-Fe^{2+}$ 氧化还原论"。Fe^{2+} 和 NO_3^- 或 NO_2^- 反应产生 N_2（还原物种），有利于 FeOOH 的形成（Chao and Kroontje, 1966）。与仅含 Fe^{2+} 的体系相比，添加无定形的 Fe^{3+} 氢氧化物和磁铁矿可大大提高体系的反应速率（Chao and Kroontje, 1966）。如果纳米粒子表面吸附 N_2O 或周围有可溶性 N_2O，就有可能通过催化还原 N_2O。因此，在淹水土壤中进行的培养试验显示，含 23% Fe（w/w）的污泥生物炭在降低 N_2O 排放方面比其他原料制备的生物炭更有效（Van Zwieten et al., 2010a）。

Cayuela 等（2013）使用了不同类型的土壤（90% 孔隙空间含水）和在 500 ℃下制备的生物炭进行了室内培养试验，研究表明，无论生物炭是否存在，在非生物条件下土壤均不会释放 N_2O，这表明生物炭不会与土壤中的氢醌、金属离子或自由基进行催化反应，并诱导 N_2O 的形成。然而，他们发现在使用生物炭后，N_2O 的形成及 N_2O/N_2 的持续减少，可能是因为生物炭增强了反硝化作用的最后一步（将 N_2O 还原为 N_2），生物炭起到了"电子传递"的作用，促进了电子向土壤反硝化微生物的转移。

土壤孔隙内的其他过程可能会影响 N_2O 的还原速率和 CH_4 的氧化速率。植物根毛穿透孔隙可以改变土壤局部 Eh 和 pH 值，特别是当有机酸被排出时（Husson, 2013），阳离子和阴离子在孔隙内的移动也会导致 Eh 和 pH 值的变化。老化的生物炭表面可能会形成生物膜，如净化水的活性炭（Simpson, 2008），生物膜可以调节 Fe 的生物地球化学循环和 pH 值的变化（Lee and Beveridge, 2001）。图 17.5 总结了可能发生在生物炭表面和孔隙内的与氧化还原反应相关的反应。显然，人们需要仔细考虑这些复杂的相互关系，以便今后研究生物炭改良土壤减少非 CO_2 气体排放涉及的机制。

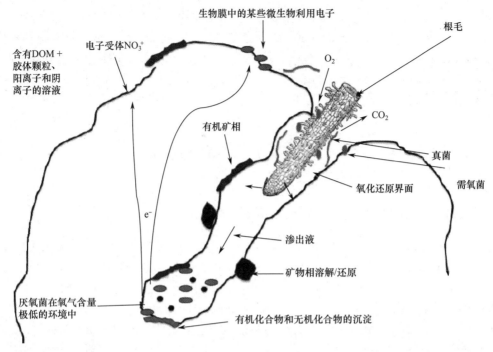

图17.5 土壤、微生物、根毛与生物炭的相互作用，以及生物炭孔隙中氧化还原电位的产生示意

17.4 施用生物炭可能导致土壤 N_2O 增排的机制

某些生物炭可能含有可测量的生物有效氮（Wang et al., 2012），如由粪便或污泥制备的生物炭，将其添加到土壤中后可能会增大 N_2O 的排放量（Singh et al., 2010a），尽管 Rajkovich 等（2012）从富含 ^{15}N 的低温家禽粪便生物炭中提取的 $\delta^{15}N$ 仅略有增大。另外，在较低温度（<450 ℃）下制备的粪便生物炭（与植物生物炭相比）也可能包含一定数量的相对易降解的有机化合物（Singh et al., 2012）。这些不稳定的有机化合物可能通过代谢作用诱导天然土壤有机物的正向"激发"（Luo et al., 2011; Singh and Cowie, 2014），也可能暂时增大微生物中碳和氮的转化率（见第 16 章），以气体形式释放无机氮而造成损失。然而，高温热解可能将原料碳和原料氮转化为生物有效性和矿化度较低的芳香族化合物和杂环结构化合物（Knicker et al., 1996; Almendros et al., 2003; González-Pérez, et al., 2004; Wang et al., 2012），这可能会减弱碳化产生的净效应。

生物炭的施用在某些情况下可以增强土壤的持水能力，这可能归因于其多孔结构（Ulyett et al., 2013; Quin et al., 2014），这样在土壤中就产生了更多的厌氧场所，只要水不被植物迅速消耗，就可以通过反硝化作用排放 N_2O（见第 14 章）。另外，假设在某些土壤中施用生物炭可以通过其多孔性直接改善土壤通气性，或随时间推移而增加土壤聚集性间接改善土壤通气性（Liu et al., 2012; Herath et al., 2013; Quin et al., 2014）。但是，N_2O 还原酶（nosZ）对 O_2 敏感，因此通过生物炭增强通气性可能会抑制 N_2O 还原为 N_2。

从长远来看，如室内研究（Liang et al., 2010）、堆肥试验（Jindo et al., 2012）和长期田间试验（Slavich et al., 2013）研究表明，如果生物炭增加 SOC 的含量超出了难降解生物炭中的 C 含量，生物炭的应用可能会增加反硝化菌的长期 C 底物供应。在高持水量下连续培养 1.5 年后，Kammann 等（2012）证明了 NO_3^- 的添加导致了 N_2O 排放量的峰值升高（短暂的）；同样地，随着生物炭添加量的增加，N_2O 排放量的峰值也显著升高。此外，Spokas（2012）证明，田间老化的生物炭增加了 N_2O 的排放量，今后人们需要进一步研究生物炭在田间条件下的长期影响。

17.5 生物炭减少土壤中 CH_4 排放的依据

17.5.1 影响 CH_4 净通量的土壤因素

CH_4 的消耗和生产是相互对立的过程，两者的净平衡决定了生态系统是 CH_4 的源还是汇（Kammann et al., 2001; Von Fischer and Hedin, 2002; Conrad, 2007a; Kammann et al., 2009; Von Fischer et al., 2009）。CH_4 的排放会随着年份的变化而变化，这是好氧土壤系统中土壤温度和水分含量变化导致的直接结果（Spokas and Bogner, 2011）。

全球最大的 CH_4 净氧化率是在潮湿的原始森林中测得的（Price et al., 2004）。土壤的 CH_4 汇强度会随着人为影响的增加而降低。原始、古老森林对 CH_4 的吸收率通常高于新生森林或草地，特别是在大量施肥的情况下，草地对 CH_4 的吸收率比森林更低（Hiltbrunner et al., 2012）。在经常耕作和施氮肥的农业土壤中，CH_4 的消耗通常很少（Powlson et al., 1997）或者根本不消耗（Hütsch, 2001b）。

土壤和大气之间的 CH_4 净交换是由产甲烷古菌和好氧性甲烷氧化菌（噬甲烷菌）控制的。CH_4 易在缺氧环境中产生，如在沼泽、泥炭地、湖泊沉积物、淹水的稻田、陆地及反刍动物或金龟科幼虫的肠道中（Hackstein and Stumm, 1994; Kammann et al., 2009），其中有机碳会被产生 CH_4 的古生菌降解（Whalen, 2005; Conrad, 2007a, 2007b）。土壤中 CH_4 的消耗普遍存在于陆地环境中（Seiler et al., 1984; Hütsch, 2001a），它对全球 CH_4 汇的贡献约为 5%（IPCC, 2007）。噬甲烷 α- 变形菌和 γ- 变形菌的活动导致了 CH_4 的吸收，这些变形菌以 CH_4 作为唯一的碳源，且需要 O_2（Conrad, 2007a）。土壤 CH_4 的净消耗量主要取决于土壤中的气体扩散率和噬甲烷菌的活性（Castro et al., 1994, 1995; Von Fischer et al., 2009）。

影响 CH_4 排放的关键因素包括：①土壤水分变化；②通过压实土壤或增加土壤容重减少土壤通气量（两者都会影响气体扩散率，从而影响 CH_4 和 O_2 供应；Castro et al., 1994; Hiltbrunner et al., 2012）；③ NH_4^+ 的抑制作用（通过施用氮肥，或在酸性土壤中添加 NH_4^+ 后减弱硝化作用；Holmes et al., 1995; Schnell and King, 1995）；④微生物群落组成发生了变化（缺乏确凿的证据；Gulledge et al., 1997）。噬甲烷菌群落结构和活性主要受土壤水分和扩散率的影响（Shrestha et al., 2012），也受内源性 CH_4 浓度的影响（Knief et al., 2006），即厌氧微生物产生的 CH_4。

17.5.2 生物炭影响 CH_4 净浓度

生物炭在土壤中的应用证明了生物炭会引起 CH_4 消耗率的增大或减小。Karhu 等（2011）

在芬兰南部粉壤土中添加 0.9 kg·m^{-2} 低温制备的、比表面积较小的桦木生物炭，其中，0.5 kg·m^{-2} 的生物炭添加至土壤 0.07～0.2 m 深度，随后添加 0.4 kg·m^{-2} 的生物炭至土壤 0.06 m 深度。为了减小 N_2O 和 CH_4 的排放量，在翻耕牧草—三叶草混合物之前添加生物炭，试验共进行 6 周（5～6 月，共 9 次），每 2 周在现场测量一次 GHG 通量。研究表明，添加生物炭并未减少 N_2O 的排放，但与对照土壤相比，CH_4 的吸收量增加了 96%。生物炭的添加增大了土壤水分扩散系数，减少了土壤水分的流失，从而增大了 CH_4 净吸收量。然而，Karhu 等（2011）所使用的低温制备生物炭因具有较多羧基，能吸附 NH_3，并减小土壤中 NH_4^+ 的浓度（Taghizadeh-Toosi et al., 2012）。因此，与对照土壤相比，生物炭的存在可能阻止了甲烷单加氧酶（MMO，参与噬甲烷菌代谢过程中的第一种酶）对 NH_4^+ 的抑制作用（Karhu et al., 2011）。

添加生物炭对土壤的其他影响包括古细菌（产甲烷菌或噬甲烷菌）的群落和活性的变化。Feng 等（2012）调查了一个生长期水稻生物群落中微生物的丰度和活性，他们发现产甲烷菌的丰度和活性没有变化，但噬甲烷菌的丰度大大增加，因此导致 CH_4 的净排放量降低。Khan 等（2013）的发现与 Feng 等（2012）的结果一致。Khan 等（2013）发现，在种植水稻的淹水土壤中添加污泥生物炭后，CH_4 净排放量［5%（w/w）］转换为 CH_4 净吸收量［10%（w/w）］，导致稻米产量增加了 149%，达到 175%。Yu 等（2013）研究稻田体系的 CH_4 净通量，当孔隙含水率为 30% 和 65% 时会刺激 CH_4 净消耗，但当孔隙含水率为 100% 并添加生物炭时，CH_4 净排放量增加。但是，大部分厌氧的稻田土壤中的好氧噬甲烷菌群落和 CH_4 氧化动力学是完全不同的（分别对噬甲烷菌表现出高亲和力和低亲和力；Dunfield, 2007），导致 CH_4 净通量变化的机理不同。

大多数研究表明，生物炭对 N_2O 的排放几乎没有影响，但增加了 CH_4 的排放。在噬甲烷菌活性极低的土壤中，添加生物炭 3 个月内并未观察到 CH_4 消耗量的变化（Kammann et al., 2012）。在澳大利亚新南威尔士州的亚热带牧场，Scheer 等（2011）采用自动化、高时间分辨率的室内系统，施用 1.0 kg·m^{-2} 的木质生物炭或粪便生物炭，在 6 周内没有发现 CH_4 净消耗量的变化。同样地，Castaldi 等（2011）在意大利（托斯卡纳）粉质土壤中种植硬质小麦，并添加 3.0 kg·m^{-2} 和 6.0 kg·m^{-2} 的木炭后，第一个生长季的 CH_4 净消耗量没有变化。Kammann 等（2012）在多年生黑麦草的温室盆栽试验中添加 5.0 kg·m^{-2} 的花生壳生物炭后，未发现 CH_4 净消耗量的明显变化。Zhang 等（2012a）在以 CH_4 排放为主的湿稻田中，连续两个季节施用了高达 4.0 kg·m^{-2} 的小麦秸秆生物炭，发现 CH_4 的净排放量增加。但是，密闭室法不易评估噬甲烷菌对 CH_4 总消耗量的贡献。在添加和不添加粪便生物炭和松木生物炭的淹水生态系统中，两种不同的生物炭都没有改变 CH_4 的净通量（Troy et al., 2013）。

Spokas 和 Reicosky（2009）研究了添加 16 种生物炭［10%（w/w）］对 3 种不同土壤（农业土壤、森林苗圃土壤和垃圾填埋场土壤）中 CH_4 净通量的影响，观察到农业土壤和垃圾填埋场土壤中的 CH_4 净吸收量降低，森林苗圃土壤中的 CH_4 净排放量得到缓解。但是，由于没有将土壤水分调节至相同的基质势或持水量，添加 10%（w/w）的生物炭可能会使土壤湿度降低到 CH_4 不易氧化的程度。总体而言，关于生物炭对土壤 CH_4 净汇影响的报道很少，并且结论不一致（Spokas and Reicosky, 2009; Karhu et al., 2011; Feng et al., 2012; Kammann et al., 2012）。

生物炭可以通过以下机制潜在地改善 CH_4 净消耗量：①减小土壤容重；②增强土壤通气能力；③改变土壤持水能力，进而影响土壤气体的扩散率。土壤中通气孔隙率和湿度的增加（特别是在干燥土壤中），可能会激发 CH_4 氧化，而永久枯萎点的增加会在土壤非常干燥时降低 CH_4 的消耗量（见第 14 章和第 19 章）。然而，生物炭可能会扩大砂质土壤中甲烷营养菌的最佳含水量范围（Liu et al., 2012; Abel et al., 2013），并可能减少土壤水分流失（Karhu et al., 2011），从而大大减小 CH_4 的消耗量（Kammann et al., 2001; Spokas and Bogner, 2011）。

总之，生物炭对 CH_4 净吸收量影响的定性评估是良好的：①在生态系统中，确实有大量活跃的甲烷营养菌群落，这些群落没有因农业生产大幅减少；②生物炭有利于甲烷营养菌的生存，并改善对 O_2 的输送和对土壤氮循环的影响（Clough et al., 2013）。因此，在未来的研究中必须严格控制土壤湿度和含氧量，以阐明产生有益结果的机理。

17.5.3 自然火灾形成的炭能否作为生物炭的替代品

本节的研究与生物炭研究类似，目前大多数对自然火灾形成的炭的研究是短期的。木炭对土壤的长期影响可以在发生野火并产生灰烬和炭的生态系统中进行研究。然而，从这些事件中量化炭的添加仍然很困难。Burke 等（1997）、Kim 等（2011）报道，加拿大北方针叶林、沥干的北方桦木竹燃烧后，CH_4 净消耗量呈现上升趋势。Takakai 等（2008）报道，与未被破坏或砍伐的原始森林相比，在燃烧的西伯利亚落叶松林（*taiga*）中 CH_4 的消耗量增加了 3.3 倍。

然而，在较干燥的森林生态系统中，森林燃烧后 CH_4 消耗量未发现明显变化。在地中海灌木林中，Castaldi 和 Fierro（2005）在轻度或重度的试验性火灾下没有观察到 CH_4 消耗量的差异，可能是因为 CH_4 消耗的主要位置在更深的土壤层中。因此，土壤表面的炭不会影响噬甲烷菌的活性（Castaldi and Fierro, 2005）。在近两年的调查中，澳大利亚的干燥热带草原燃烧过和未燃烧过的土地的 CH_4 净消耗量也没有差异（Livesley et al., 2011）。在雨季的最初几个月，炭似乎促进了 CH_4 的吸收，但这种影响随后被抑制。此外，Gathany 和 Burke（2011）在美国黄松林（美国蒙大拿州）的未燃烧过的土地与燃烧过的土地中的研究显示，CH_4 的消耗量没有任何变化。

草原生态系统的反应似乎与森林生态系统不同。在巴西的塞拉多（草原），燃烧前和燃烧后 1 年几乎没有显示 CH_4 的消耗（Poth et al., 1995），但是土壤 CH_4 的消耗量在燃烧后不久明显增加。对于这种短期效应，作者提出两种解释：①火烧掉了抑制 CH_4 消耗的植物；②由于缺乏植物养料，产生 CH_4 的白蚁活动暂时减少。总之，自然生态系统的结果表明，火灾形成炭后，CH_4 的消耗量一般不会减少，并且只会刺激潮湿生态系统中 CH_4 的消耗，而在此系统中噬甲烷菌很可能接近土壤表层。有证据表明，炭和甲烷营养菌的共存刺激了 CH_4 的消耗。

17.6 通过避免生物质的其他应用来缓解温室气体排放

为确保施用生物炭可以获得环境、社会和经济净效益，必须考虑其可持续性（Cowie

et al., 2012）。未经处理的生物质直接作为土壤改良剂或对其热解后，它们的 C 和 N 的含量将发生明显的变化。尽管本章提供了在添加或不添加氮肥情况下生物炭施用后 GHG 减排潜力的数据，但有必要对未经处理和热解后生物质之间的 GHG 排放通量进行比较，以完成替代方法的生命周期评估。反刍动物粪便中的 N 损失可能超过 IPCC 报告中的分配值（1% 的施用氮转化为 N_2O 的值）（Klein et al., 2006）。已经公布的施用于农业土壤的家禽粪便中 N 的排放系数从 3.2% ~ 5.8%（Sistani et al., 2011）上升到 6.8%（Cabrera et al., 1994）。禽类粪便的 C 和 N 比率相对于其他动物粪便更容易激发 N_2O 排放（Granli and Bøckmann, 1994）。越来越多的试验证据表明，热解生物质和未热解生物质在土壤中应用时，土壤中 GHG 的排放都明显得到缓解。Van Zwiete 等（2013）在使用自动化的高分辨率方法进行的田间试验中比较了任一家禽垫料（草垫、鸡粪、羽毛、碎屑的混合物）或同样的家禽垫料在 550 ℃下热解后改良的农田土壤中的 N_2O 排放，标准化了田间土壤中的总碳和植物有效氮输入量，结果发现与未热解生物质相比，热解生物质降低了 50% 的 N_2O 排放，这使得单位作物 N_2O 的排放强度降低，而产量没有损失。作者认为，N_2O 排放的缓解是由于生物质中 C 和 N 的稳定，以及土壤 pH 值的提升；提高 *nosZ* 基因的丰度，可能在强降雨过程中导致更完全的反硝化作用（Harter et al., 2013）。在一项室内研究中，Schouten 等（2012）比较了牛粪和 500 ℃下快速热解的牛粪生物炭对 N_2O 排放的影响，结果显示牛粪中有 4.0% 的 N 转化为 N_2O，而牛粪生物炭中只有 0.6% 的 N 转化为 N_2O。同样，Schimmelpfennig 等（2014）对用类似的原料、水热炭和生物炭改良剂与用猪粪施肥的富碳黏质草原土壤进行了比较，并观察到生物炭改良后，N_2O 排放量减少了 50%，而添加相同的原料后，N_2O 的排放量增加了 600%。

一项室内研究比较了小麦秸秆及其在 450 ℃下快速热解制备的生物炭对黑钙土中总氮转化和 N_2O 排放的影响（Cheng et al., 2012）。施用小麦秸秆生物炭可将 NH_4^+ 和 NO_3^- 的固定率分别提高 302% 和 95%，将硝化率降低 32%，并将 N_2O 产量提高 37% 以上。与未经改良的对照土壤相比，生物质热解制备的生物炭不会影响氮循环过程或 N_2O 排放。作者强调，在不增大 N_2O 形成速率的情况下，生物炭的应用可能是一种长期固碳（将生物炭中所含的稳定碳储存在土壤中）策略。

17.7 展望

为了更好地掌握生物炭对土壤中除 CO_2 之外 GHG 排放的影响及机理，未来应加强以下相关研究。

- 由于生物炭在土壤中的停留时间较长，所以必须了解其长期影响，以及对 GHG 质量平衡的影响。生物炭对 GHG 生产和消耗的影响是否只是短期的？从长远来看是否存在刺激生产或降低土壤 GHG 消耗的潜在危险？这需要对生物炭类似物的使用进行长期研究（如亚马孙流域黑土、木炭窑遗址等），以及进行全球尺度的长期田间试验研究。
- 关于生物炭与植物的相互作用，以及 N 或 C 利用率的变化对土壤 GHG 排放影响的数据很少。例如，如果使用生物炭改善土壤中的约束因素，如 Al 毒性或土壤 pH 值，有证据表明这可能会提高肥料的使用效率，进而降低所需的肥料氮含量。

此外，生物炭与植物根和根毛的相互作用改变了土壤 pH 值和 Eh，从而影响了 GHG 的产生。因此，建议今后的研究确定单位作物产量的 N_2O 排放量。

- 生物炭明显改变了土壤中不稳定碳的存在和有效性，并且这种改变会随着时间推移而变化。由于不稳定碳是反硝化作用的重要因素，有效碳含量的减少会限制反硝化菌的活性，这需要进行短期试验和长期试验来验证和量化。同样，该机制可能减少产甲烷菌的底物，但是迄今为止尚不清楚该机制对被淹没的或潮湿的农业系统中 CH_4 排放通量变化的影响程度。

- 与未经处理原料的替代用途相比，需要更多的成果来量化热解原料的效果，以评估生物炭（相对于原料）的净减排潜力，需要通过生命周期评估方法分析田间试验所得的数据，以确保环境负荷不会在粮食生产周期中转移到其他地方。

- 需要根据生物炭、土壤和气候对土壤理化性质的影响，来考虑微生物群落组成和功能基因的变化，尤其是 *nosZ* 基因的丰度和表达。

- 了解氧化还原驱动的矿物元素（包括纳米颗粒）和光催化矿物（如生物炭上的 TiO_2）在土壤环境中对 N_2O 的化学还原作用，虽然具有挑战性但很有研究价值。

- 关于生物炭在改变土壤物理条件方面作用的信息很少，尤其是在气体扩散性和孔隙连通性方面。生物炭改良过的土壤可能通过改善土壤结构而具有更高的孔隙率，从而最大限度地减少了有助于反硝化作用的氧化还原条件。但是，与此同时，较高的气体扩散率可能会导致 N_2O 的损失更大，或者会导致更多的 CH_4 被吸收（甲烷营养菌）。

- 在耕作的农业土壤中，CH_4 的浓度很低，添加吸附碳氢化合物的生物炭可以激发甲烷营养菌的活性，从而促进土壤对大气中 CH_4 的吸收。添加生物炭作为一种气候缓解策略，需要进一步研究。

- 生物炭老化后在土壤中形成电荷位点，可以减弱与 NH_4^+ 相关的甲烷营养菌的抑制作用。从理论上讲，如果生物炭引起硝化作用或 NH_4^+ 吸附（缓解）加速，则可以同时缓解和抑制甲烷营养菌的活性，有机物加速氨化可能会产生抑制作用。显然，旱地农业系统和湿地农业系统都需要进行更多的研究。

- 生物炭传递电子或协助氧化还原反应的机理是最难理解的，这一机理可能有助于降低生物炭改良土壤中 N_2O 的排放量。官能团和氧化还原反应的研究非常复杂，需要更多的关注。

17.8 结论

Meta 分析表明，生物炭在各种各样的土壤类型中都降低了 N_2O 的排放量（约 50%），但是大多数数据来自室内研究或短期田间试验。尤其是在降低 N_2O 排放量方面，木质原料和作物残余物原料比粪便或加工废物原料更有效。有明确的证据表明，生物炭可以改变土壤氮循环，这将限制氮底物的有效性，因此会影响 N_2O 排放到大气中的途径，并通过限制微生物对 NH_4^+ 的利用减弱对甲烷营养菌的抑制。已有研究表明，土壤电化学、微生物群落组成的变化，以及"电子传递"提升了 N_2O 还原为 N_2 的能力。图 17.6 展示了对当前生物炭工作的总结，以及其对 N_2O 排放量的影响，其可以指导该领域未来的研究工作。

生物炭对 CH_4 的消耗和产生过程的影响机制需要进一步了解，因为湿地生态系统和陆地生态系统之间的影响可能会形成对比。有确凿的证据表明，某些生物炭有益于甲烷营养菌生存，但其长效性和机制仍然不清楚。

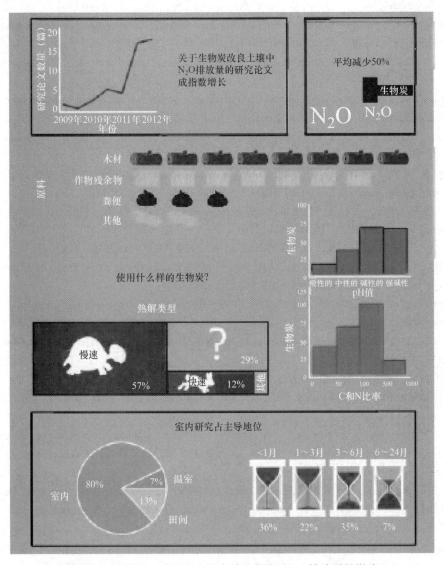

图17.6　通过Meta分析得出的有关生物炭对N_2O排放量的影响

参考文献

Abel, S., Peters, A., Trinks, S., et al. Impact of biochar and hydrochar addition on water retention and water repellency of sandy soil[J]. Geoderma, 2013, 202: 183-191.

Alowitz, M. J. and Scherer, M. M. Kinetics of nitrate, nitrite, and Cr(VI) reduction by iron metal[J]. Environmental Scienceand Technology, 2002, 36: 299-306.

Almendros, G., Knicker, H. and González-Vila, F. J. Rearrangement of carbon and nitrogen forms in peat after progressive thermal oxidation as determined by solid-state ^{13}C- and ^{15}N-NMR spectroscopy[J]. Organic Geochemistry, 2003, 34: 1559-1568.

Ameloot, N., De Neve, S., Jegajeevagan, K. Short-term CO_2 and N_2O emissions and microbial properties of biochar amended sandy loam soils[J]. Soil Biology and Biochemistry, 2013, 57: 401-410.

Angst, T. E., Patterson, C. J., Reay, D. S., et al. Biochar diminishes nitrous oxide andnitrate leaching from diverse nutrient sources[J]. Journal of Environmental Quality, 2013, 42: 672-682.

Asita, A. O. and Campbell, I. A. Antimicrobial activity of smoke from different woods[J]. Letters in Applied Microbiology, 1990, 10: 93-95.

Augustenborg, C. A., Hepp, S., Kammann, C., et al. Biochar and earthworm effects on soil nitrous oxide and carbon dioxide emissions[J]. Journal of Environmental Quality, 2012, 41: 1203-1209.

Avdeev, V, I., Ruzankin, S. F. and Zhidomirov, G. M. Molecular mechanism of direct alkene oxidation with nitrous oxide: DFT Analysis[J]. Kinetics and Catalysis, 2005, 46: 177-188.

Baggs, E. M. Soil microbial sources ofnitrous oxide: Recent advances in knowledge, emerging challenges and future direction[J]. Current Opinion in Environmental Sustainablity, 2011, 3: 321-327.

Bai, M., Wilske, B., Buegger, F., et al. Degradation kinetics of biochar from pyrolysis and hydrothermal carbonization intemperate soils[J]. Plant and Soil, 2013, 372: 375-387.

Beesley, L., Moreno-Jiménez, E. and Gomez-Eyles, J. L. Effects of biochar and greenwaste compost amendments on mobility, bioavailability and toxicity of inorganic and organic contaminants in a multi-element polluted soil[J]. Environmental Pollution, 2010, 158: 2282-2287.

Bridgewater, A. V., Meier, D. and Radlein, D. An overview of fast pyrolysis of biomass[J]. Organic Geochemistry, 1999, 30: 1479-1493.

Brown, N. A. C. and van Staden, J. Smoke as a germination cue: A review[J]. Plant Growt Regulation, 1997, 22: 115-124.

Bruun, E. W., Müller-Stöver, D., Ambus, P., et al. Application of biochar to soil and N_2O emissions: Potential effects of blending fast-pyrolysis biochar with anaerobically digested slurry[J]. European Journal of Soil Science, 2011, 62: 581-589.

Burke, R. A., Zepp, R. G., Tarr, M. A., et al. Effect of fire on soil-atmosphere exchange of methane and carbon dioxide in Canadian boreal forest sites[J]. Journal of Geophysical Research-Atmospheres, 1997, 102: 29289-29300.

Butterbach-Bahl, K., Baggs, E. M., Dannenmann, M., et al. Nitrous oxide emissions from soils: How well do we understand the processes and their controls?[J]. Philosophical Transactions of the Royal Society of London B Biological Sciences, 2013, 368(20): 130122.

Cabrera, M. L., Chiang, S. C., Merka, W. C., et al. Nitrous-oxide and carbon-dioxide emissions from pelletized and nonpelletized poultry litter incorporated into soil[J]. Plant and Soil, 1994, 163: 189-95.

Case, S. D. C., McNamara, N. P., Reay, D. S., et al. The effect of biochar addition on N_2O and CO_2 emissions from a sandy loam soil — The role of soil aeration[J]. Soil Biology and Biochemistry, 2012, 51: 125-134.

Castaldi, S. and Fierro, A. Soil atmosphere methane exchange in undisturbed and burned Mediterranean shrubland of southern Italy[J]. Ecosystems, 2005, 8: 182-190.

Castaldi, S., Riondino, M., Baronti, S., et al. Impactof biochar application to a Mediterranean wheat crop on soil microbial activity and greenhouse gas fluxes[J]. Chemosphere, 2011, 85: 1464-1471.

Castro, M. S., Mellilo, J. M., Steudler, P. A., et al. Soil moisture as apredictor of methane uptake by temperate forest soils[J]. Canadian Journal of Forest Research, 1994, 24: 1805-1810.

Castro, M. S., Steudler, P. A., Mellilo, J. M., et al. Factors controlling atmospheric methane consumption by temperate forest soils[J]. Global Biogeochemical Cycles, 1995, 9: 1-10.

Cayuela, M. L., Oenema, O., Kuikman, P. J., et al. Bioenergy by-products as soil amendments? Implications for carbon sequestration and greenhouse gas emissions[J]. Global Change Biology-Bioenergy, 2010, 2: 201-213.

Cayuela M L, MA Sánchez-Monedero, Roig A, et al. Biochar and denitrification in soils: When, how much and why does biochar reduce N_2O emissions?[J]. Scientific Reports, 2013, 3: 1732.

Cayuela, M. L., Van Zwieten, L., Singh, B. P., et al. Biochar's role inmitigating soil nitrous oxide emissions: A review and meta-analysis[J]. Agriculture, Ecosystems and Environment, 2014, 191: 5-16.

Chao, T-T. and Kroontje, W. Inorganic nitrogen transformations through the oxidation and reduction of iron I[J]. Soil Science Society of America Journal, 1966, 30: 193-196.

Chen, L., Wang, Z. Y. and Zheng, H. The formation of toxic compounds during biochar production[J]. Applied Mechanics and Materials, 2013, 361: 867-870.

Cheng, C. H., Lehmann, J., Thies, J. E., et al. Oxidation of black carbon by biotic and abiotic processes[J]. Organic Geochemistry, 2006, 37: 1477-1488.

Cheng, C-H., Lehmann, J. and Engelhard, M. H. Natural oxidation of black carbon insoils: Changes in molecular form and surface charge along a climosequence[J]. Geochimicaet Cosmochimica Acta, 2008, 72: 1598-1610.

Cheng, Y., Cai, Z-C., Chang, S. X., et al. Wheat straw and its biochar have contrasting effects on inorganic N retention and N_2O production in acultivated Black Chernozem[J]. Biology and Fertility of Soils, 2012, 48: 941-946.

Chesworth W., Cortizas A. M., García-Rodeja E.. The redox-pH approach to the geochemistry of the Earth's land surface, with application to peatlands[J]. Developments in Earth Surface Processes, 2006, 9.

Clough, T. J. and Condron, L. M. Biochar and the nitrogen cycle: Introduction[J]. Journal of Environmental Quality, 2010, 39: 1218-1223.

Clough, T. J., Bertram, J. E., Ray, J. L., et al. Unweathered wood biochar impact on nitrous oxide emissions from a bovine-urine-amended pasture soil[J]. Soil Science Society of America Journal, 2010, 74: 852-860.

Clough, T. J., Condron, L. M., Kammann, C., et al. A review of biochar and soil nitrogen dynamics[J]. Agronomy, 2013, 3: 275-293.

Cole, D. P., Smith, E. A. and Lee, Y. J. High-resolution mass spectrometric characterization of molecules on biochar from pyrolysis and gasification of switch grass[J]. Energy Fuels, 2012, 26: 3803-3809.

Conrad R. Microbial Ecology of Methanogens and Methanotrophs[J]. Advances in Agronomy, 2007, 96(07): 1-63.

Cornelissen, G., Martinsen, V., Shitumbanuma, V., et al. Biochar effect on maize yield and soil characteristics in five conservation farming sitesin Zambia[J]. Agronomy, 2013, 3: 256-274.

Cowie, A. L., Downie, A. E., George, B. H., et al. Is sustainability certification for biochar the answer to environmental risks?[J]. Pesquisa Agropecuaria Brasileira, 2012, 47: 637-648.

Deenik, J. L., McClellan, T., Uehara, G., et al. Charcoal atile matter content influences plant growth and soil nitrogen transformations[J]. Soil Science Society of America Journal, 2010, 74: 1259-1270.

Dempster, D. N., Jones, D. L. and Murphy, D. V. Organic nitrogen mineralisation in two contrasting agro ecosystemsis unchanged by biochar addition[J]. Soil Biology and Biochemistry, 2012, 48: 47-50.

Dhakal, P., Matocha, C. J., Huggins, F. E., et al. Nitrite reactivity with magnetite[J]. Environmental Science and Technology, 2014, 47: 6206-6213.

Dunfield, P. F. The soil methane sink[M]. UK: Wallingford, 2007, 152-170.

Elad, Y., David, D. R., Harel, Y. M., et al. Induction of systemic resistance in plants by biochar, asoil-applied carbon sequestering agent[J]. Phytopathology, 2010, 100: 913-921.

Fang, Y., Singh, B., Singh, B. P. Biochar carbon stability in four contrasting soils[J]. European Journal of Soil Science, 2014, 65: 60-71.

Fang, Y., Singh, B. P. and Singh, B. Temperature sensitivity of biochar and native carbon mineralisation in biochar amended soils[J]. Agriculture, Ecosystems and Environment, 2014, 191: 158-167.

Farrell, M., Kuhn, T. K., Macdonald, L. M., et al. Microbial utilisation of biochar-derived carbon[J]. Science of the Total Environment, 2013, 465: 288-297.

Feng, Y. Z., Xu, Y. P., Yu, Y. C., et al. Mechanisms of biochar decreasing methane emission from Chinese paddy soils[J]. Soil Biology and Biochemistry, 2012, 46: 80-88.

Galloway, J. N., Townsend, A. R., Erisman, J. W., et al. Transformation of the nitrogen cycle: Recent trends, questions, and potential solutions[J]. Science, 2008, 320: 889-892.

Gathany, M. A. and Burke, I. C. Post-fire soil fluxes of CO_2, CH_4 and N_2O along the Colorado Front Range[J]. International Journal of Wildland Fire, 2011, 20: 838-846.

González-Pérez, J. A., González-Vila, F. J., Almendros, G., et al. The effect of fire on soil organic matter–A review[J]. Environment International, 2004, 30: 855-870.

Graber, E., Meller Harel, Y., Kolton, M., et al. Biochar impact on development and productivity of pepper and tomato grown infertigated soil-less media[J]. Plant and Soil, 2010, 337: 481-496.

Graber, E. R., Tsechansky, L., Lew, B., et al. Reducing capacity of water extracts of biochars and their solubilization of soil Mn and Fe[J]. European Journal of Soil Science, 2014, 65: 162-172.

Granli, T. and Bøckmann, O. C. Nitrous oxide from agriculture[J]. Norwegian Journal of Agricultural Sciences, 1994(12): 1-128.

Guillén, M. D. and Manzanos, M. J. Study of the atile composition of an aqueous oak smoke preparation[J]. Food Chemistry, 2002, 79: 283-292.

Gulledge, J., Doyle, A. P. and Schimel, J. P. Different NH_4^+-inhibition patterns of soil CH_4 consumption: A result of distinct CH_4-oxidizer populations across sites?[J]. Soil Biology and Biochemistry, 1997, 29: 13-21.

Hackstein, J. H. P. and Stumm, C. K. Methane production in terrestrial arthropods[J]. Proceedings of the National Academy of Sciences, 1994, 91: 5441-5445.

Hansen, H. C. B., Koch, C. B., Nancke-Krogh, H., et al. Abiotic nitrate reduction to ammonium: Key role of green rust[J]. Environmental Science and Technology, 1996, 30: 2053-2056.

Hansen, J., Sato, M. and Ruedy, R. Perception of climate change[J]. Proceedings of the National Academy of Sciences, 2012, 109: 2415-2423.

Harter, J., Krause, H-M., Schuettler, S., et al. Linking N_2O emissions from biochar-amended soil to the structure and function of the N-cycling microbial community[J]. The ISME Journal, 2013, 8: 660-674.

Herath, H. M. S. K., Camps-Arbestain, M. andHedley, M. Effect of biochar on soil physical properties in two contrasting soils: An Alfisol and an Andisol[J]. Geoderma, 2013, 209-210: 188-197.

Hiltbrunner, D., Zimmermann, S., Karbin, S., et al. Increasing soil methane sink along a 120-year afforestation chronosequence is driven by soil moisture[J]. Global Change Biology, 2012, 18: 3664-3671.

Holmes, A. J., Costello, A., Lidstrom, M. E., et al. Evidence that particulate methane momooxygenase and ammonia monooxygenase may be eutionarily related[J]. FEMS Microbiology Letters, 1995, 132: 203-208.

Hou, A. X., Chen, G. X., Wang Z. P., et al. Methane and nitrous oxide emissions from arice field in relation to soil redox and microbiological processes[J]. Soil Science Society of America Journal, 2000, 64: 2180-2186.

Husson, O. Redox potential (Eh) and pH as drivers of soil/plant/microorganism systems: A trans-disciplinary overview pointing to integrative opportunities for agronomy[J]. Plant and Soil, 2013, 362: 389-417.

Hütsch, B. W. Methane oxidation innon-flooded soils as affected by crop production[J]. European Journal of

Agronomy, 2001, 14: 237-260.

Hütsch, B. W. Methane oxidation, nitrification, and counts of methanotrophic bacteria in soils from a long-term fertilization experiment ("Ewiger Roggenbau" at Halle)[J]. Journal of Plant Nutrition and Soil Science, 2001, 164: 21-28.

Insam, H. and Seewald, M. Vol atile organic compounds (VOCs) in soils[J]. Biology and Fertility of Soils, 2010, 46: 199-213.

Jia, J., Li, B., Chen, Z., et al. Effects of biochar application on vegetable production and emissions of N_2O and CH_4[J]. Soil Science and Plant Nutrition, 2012, 58: 503-509.

Jindo, K., Suto, K., Matsumoto, K., et al. Chemical and biochemical characterisation of biochar-blended composts prepared from poultry manure[J]. Bioresource Technology, 2012, 110: 396-404.

Jones, D. L., Murphy, D. V., Khalid, M., et al. Short-term biochar induced increase in soil CO_2 release is both biotically and abiotically mediated[J]. Soil Biology and Biochemistry, 2011, 43: 1723-1731.

Joseph, S. D., Camps-Arbestain, M., Lin, Y., et al. An investigation into the reactions of biochar in soil[J]. Australian Journal of Soil Research, 2010, 48: 501-515.

Joseph, S., Graber, E. R., Chia, C., et al. Shifting paradigms: Development of high efficiency biochar fertilizers based on nanostructures and soluble components[J]. Carbon Management, 2013, 4: 323-343.

Kameyama, K., Miyamoto, T., Shiono, T., et al. Influence of sugarcane bagasse-derived biochar application on nitrate leaching in calcaric dark red soil[J]. Journal of Environmental Quality, 2012, 41: 1131-1137.

Kammann, C., Grünhage, L., Jäger, H. J., et al. Methane fluxes from differentially managed grass land study plots: The important role of CH_4 oxidation in grassland with a high potential for CH_4 production[J]. Environmental Pollution, 2001, 115: 261-273.

Kammann, C., Hepp, S., Lenhart, K., et al. Stimulation of methane consumption by endogenous CH_4 productionin aerobic grassland soil[J]. Soil Biology and Biochemistry, 2009, 41: 622-629.

Kammann, C., Ratering, S., Eckhard, C., et al. Biochar and hydrochar effects on greenhouse gas (CO_2, N_2O, CH_4) fluxes from soils[J]. Journal of Environmental Quality, 2012, 41: 1052-1066.

Karhu, K., Mattila, T., Bergstrom, I., et al. Biochar addition to agricultural soil increased CH_4 uptake and water holding capacity — Results from a short-term pilot field study[J]. Agriculture Ecosystems and Environment, 2011, 140: 309-313.

Keeley, J. E., Morton, B. A., Pedrosa, A., et al. Role of allelopathy, heat and charred wood in the germination of chaparral herbs and suffrutescents[J]. Journal of Ecology. 1985, 73: 445-458.

Keith, A., Singh, B. and Singh, B. P. Interactive priming of biochar and labile organic matter mineralization in a smectite-rich soil[J]. Environmental Science and Technology, 2011, 45: 9611-9618.

Khan, S., Chao, C., Waqas, M., et al. Sewage sludge biochar influence upon rice (*Oryza sativa L*) yield, metal bioaccumulation and greenhouse gas missions from acidic paddy poil[J]. Environmental Science and Technology, 2013, 47: 8624-8632.

Kim, Y. S., Makoto, K., Takakai, F., et al. Greenhouse gas emissions after a prescribed fire in white birch-dwarf bamboo stands in northern Japan, focusing onthe role of charcoal[J]. European Journal of Forest Research, 2011, 130: 1031-1044.

Kirk, G. J. D., Solivas, J. L. and Alberto, M. C. Effects of flooding and redox conditions on solute diffusion in soil[J]. European Journal of Soil Science, 2003, 54: 617-624.

Klüpfel. L., Piepenbrock, A., Kappler, A., et al. Humic substances as fully regenerable electron acceptors in recurrently anoxic environments[J]. Nature Geoscience, 2014, 7: 195-200.

Knicker, H., Almendros, G., Gonzalez-Vila, F. J., et al. ^{13}C- and ^{15}N-NMR spectroscopic examination of the transformation of organic nitrogen in plant biomass during thermal treatment[J]. Soil Biology and Biochemistry, 1996, 28: 1053-60.

Knief, C., Kolb, S., Bodelier, P. L. E., et al. The active methanotrophic community in hydromorphic soils changes in response to changing methane concentration[J]. Environmental Microbiology, 2006, 8: 321-333.

Lee, J-U. and Beveridge, T. J. Interaction between iron and Pseudomonas aeruginosa biofilms attached to Sepharose surfaces[J].Chemical Geology, 2001, 180: 67-80.

Lehmann, J., Rillig, M., Thies, J., et al. Biochar effects on soil biota—A review[J]. Soil Biology and Biochemistry, 2011, 43: 1812-1836.

Li, C., Frolking, S. and Frolking, T. Amodel for nitrous oxide eution from soil driven by rain events; model structure and sensitivity[J]. Journal of Geophysical Research, 1992, 97: 9759-9776.

Li, Y. C., Yu, S., Strong, J. Are the biogeochemical cycles of carbon, nitrogen, sulfur and phosphorus driven by the "FeIII-FeII redox wheel" in dynamic redox environments?[J]. Journal of Soils and Sediments, 2012, 12: 683-693.

Li, X., Shen, Q., Zhang, D., et al. Functional groups determine biochar properties (pH and EC) asstudied by two-dimensional ^{13}C NMR correlation spectroscopy[J]. PLoS ONE, 2013, 8: 65949.

Liang, B., Lehmann, J., Solomon, D., et al. Black carbon increases cation exchange capacity insoils[J]. Soil Science Society of America Journal, 2006, 70: 1719-1730.

Liang, B., Lehmann, J., Sohi, S. P., et al. Black carbon affects the cycling of non-black carbon in soil[J]. Organic Geochemistry, 2010, 41: 206-213.

Lin, Y., Munroe, P., Joseph, S., et al. Nanoscale organomineral reactions of biochars in ferrosol: An investigation using microscopy[J]. Plant and Soil, 2012, 357: 369-380.

Lin, Y., Munroe, P., Joseph, S., et al. Water extractable organic carbon in untreated and chemical treated biochars[J]. Chemosphere, 2012, 87: 151-157.

Liu, J., Schulz, H., Brandl, S., et al. Short-term effect of biochar and compost on soil fertility and water status of a Dystric Cambisol in NE Germany under field conditions[J]. Journal of Plant Nutrition and Soil Science, 2012, 175: 698-707.

Livesley, S. J., Grover, S., Hutley, L. B., et al. Seasonal variation and fire effects on CH_4, N_2O and CO_2 exchange in savanna soils of northern Australia[J]. Agricultural and Forest Meteorology, 2011, 151: 1440-1452.

Luo, Y., Durenkamp, M., De Nobili, M., et al. Short term soil priming effects and the mineralisation of biochar following its incorporation to soils of different pH[J]. Soil Biology and Biochemistry, 2011, 43: 2304-2314.

Macías, F. and Camps-Arbestain, M. Soil carbon sequestration in a changing global environment[J]. Mitigation and Adaptation Strategies for Global Change, 2010, 15: 511-529.

Mahinpey, N., Murugan, P., Mani, T. Analysis of bio-oil, biogas, and biochar from pressurized pyrolysis of wheat straw using a tubular reactor[J]. Energy Fuels, 2009, 23: 2736-2742.

Malghani, S., Gleixner, G. and Trumbore, S. E. Chars produced by slow pyrolysis and hydrothermal carbonization vary in carbon sequestration potential and greenhouse gases emissions[J]. Soil Biology and Biochemistry, 2013, 62: 137-146.

Martin, S. M., Kookana, R. S., Van Zwieten, L., et al. Marked changes in herbicide sorption-desorption upon ageing of biochars in soil[J]. Journal of Hazardous Materials, 2012, 231-232: 70-78.

Merritt, D. J., Turner, S. R., Clarke, S. Seed dormancy and germination stimulation syndromes for Australian temperate species[J]. Australian Journal of Botany, 2007, 55: 336-344.

Moraghan, J. T. and Buresh, R. J. Chemical reduction of nitrite and nitrous oxide by ferrous iron[J]. Soil Science Society of America Journal, 1977, 41: 47-50.

Morris, S., Kimber, S., Van Zwieten, L. Improving the statistical preparation for measuring soil N_2O flux byclosed chamber[J]. Science of the Total Environment, 2013, 465: 166-172.

Nelson, D. W. and Bremner, J. M. Role of soil minerals and metallic cations in nitrite decomposition and chemodenitrification in soils[J]. Soil Biology and Biochemistry, 1970, 2: 1-8.

Nelson, D. C., Flematti, G. R., Ghisalberti, E. L., et al. Regulation of seed germination and seedling growth by chemical signals from burnin gegetation[J]. Annual Review of Plant Biology, 2012, 63: 107-130.

Ojima, D. S., Valentine, D. W., Mosier, A. R., et al. Effect of land use change on methane oxidation in temperate forest and grassland soils[J]. Chemosphere, 1993, 26: 675-685.

Oh, S-Y., Son, J-G. and Chiu, P. C. Biochar-mediated reductive transformation of nitro herbicides and explosives[J]. Environmental Toxicology and Chemistry, 2013, 32: 501-508.

Olsson, M., Ramnäs, O. and Petersson, G. Specific atile hydrocarbons in smoke from oxidative pyrolysis of softwood pellets[J]. Journal of Analytical and Applied Pyrolysis, 2004, 71: 847-854.

Poth, M., Anderson, I. C., Miranda, H. S., et al. The magnitude and persistence of soil NO, N_2O, CH_4, and CO_2 fluxes from burned tropical savanna in Brazil[J]. Global Biogeochemical Cycles, 1995, 9: 503-513.

Powlson, D. S., Goulding, K. W. T., Willison, T. W., et al. The effect of agriculture on methane oxidation in soil[J]. Nutrient Cycling in Agroecosystems, 1997, 49: 59-70.

Price, S. J., Sherlock, R. R., Kelliher, F. M., et al. Pristine New Zealand forest soil is a strong methane sink[J]. Global Change Biology, 2004, 10: 16-26.

Prommer, J., Wanek, W., Hofhansl, F., et al. Biochar decelerates soil organic nitrogen cycling but stimulates soil nitrification in a temperate arable field trial[J]. PLoS ONE, 2014, 9: 86388.

Qu, D. Studies of the activated carbons used in double-layer supercapacitors[J]. Journal of Power Sources, 2002, 109: 403-411.

Quin, P. R., Cowie, A. L., Flavel, R. J., et al. Oil mallee biochar improves soil structural properties—A study with X-ray micro-CT[J]. Agriculture Ecosystems Environment, 2014, 191: 142-149.

Rajkovich, S., Enders, A., Hanley, K., et al. Corn growth and nitrogen nutrition after additions of biochars with varying properties to a temperate soil[J]. Biology and Fertility of Soils, 2012, 48: 271-284.

Ravishankara, A. R., Daniel, J. S. and Portmann, R. W. Nitrous oxide (N_2O): The dominant ozone-depleting substance emittedin the 21st Century[J]. Science, 2009, 326: 123-125.

Robertson, G. P. and Groffman, P. M. Nitrogen transformations[M]. Oxford: ElsevierAcademic Press, 2007, 341-362.

Rosenberg, M. S., Adams, D. C., Gurevitch, J. MetaWin: Statistical Software for Meta-Analysis. Version 2.0[M]. Massachusetts: Sunderland, 2000.

Rosenthal, R. The file drawer problem and tolerance for null results[J]. Psychological Bulletin, 1979, 86: 638-641.

Saarnio, S., Heimonen, K. and Kettunen, R. Biochar addition indirectly affects N_2O emissions via soil moisture and plant Nuptake[J]. Soil Biology and Biochemistry, 2013, 58: 99-106.

Saggar, S., Jha, N., Deslippe, J., et al. Denitrification and $N_2O : N_2$ production in temperate grasslands: Processes, measurements, modelling and mitigating negative impacts[J]. Science of the Total Environment, 2013, 465: 173-195.

Sarkhot, D. V., Berhe, A. A. and Ghezzehei, T. A. Impact of biochar enriched with dairy manure effluent on carbon and nitrogen dynamics[J]. Journal of Environmental Quality, 2012, 41: 1107-1114.

Scheer, C., Grace, P., Rowlings, D., et al. Effect of biochar amendment on the soil-atmosphere exchange of greenhouse gases from an intensive subtropical pasture in northern New South Wales, Australia[J]. Plant and Soil, 2011, 345: 47-58.

Schimmelpfennig, S., Müller, C., Grünhage, L., et al. Biochar, hydrochar and uncarbonized feedstock application to permanent grassland effects on greenhouse gas emissions and plant growth[J]. Agriculture, Ecosystems and Environment, 2014, 191: 39-52.

Schnell, S. and King, G. M. Stability of methane oxidation capacity to variations in methane and nutrient concentrations[J]. FEMS Microbiology Ecology, 1995, 17: 285-294

Schouten, S., van Groenigen, J. W., Oenema, O., et al. Bioenergy from cattle manure? Implications of anaerobic digestion and subsequent pyrolysis for carbonand nitrogen dynamics in soil[J]. Global Change Biology-Bioenergy, 2012, 4: 751-760.

Seiler, W., Conrad, R. and Scharffe, D. Field studies of methane emission from termite nests into the atmosphere and measurements of methane uptake by tropicalsoils[J]. Journal of Atmospheric Chemistry, 1984, 1: 171-186.

Shrestha, P. M., Kammann, C., Lenhart, K., et al. Linking activity, composition and seasonal dynamics of atmospheric methane oxidizers in a meadow soil[J]. The International Society for Microbial Ecology Journal, 2012, 6: 1115-1126.

Simpson, D. Biofilm processes in biologically active carbon water purification[J]. Water Research, 2008, 42: 2839-2848.

Singh, B. P. and Cowie, A. L. Long-term influence of biochar on native organic carbon mineralisation in a low-carbon clayey soil[J]. Scientific Reports, 2014, 4: 3687.

Singh, B. P., Hatton, B. J., Singh, B., et al. Influence of biochars on nitrous oxide emission and nitrogen leaching from two contrasting soils[J]. Journal of Environmental Quality, 2010, 39: 1224-1235.

Singh, B., Singh B. P. and Cowie, A. L. Characterisation and evaluation of biochars for their application as a soil amendment[J]. Soil Research, 2010, 48: 516-525.

Singh, B. P., Cowie, A. L. and Smernik, R. J. Biochar carbon stability in a clayey soil as a function of feedstock and pyrolysis temperature[J]. Environmental Science and Technology, 2012, 46: 11770-11778.

Sistani, K. R., Jn-Baptiste, M., Lovanh, N., et al. Atmospheric emissions of nitrous oxide, methane, and carbon dioxide from different nitrogen fertilizers[J]. Journal of Environmental Quality, 2011, 40: 1797-805.

Slavich, P. G., Sinclair, K., Morris, S. H., et al. Contrasting effects of manure and green waste biochars on the properties of an acidic ferralsol and productivity of a subtropical pasture[J]. Plant and Soil, 2013, 366: 213-227.

Spokas, K. A. Impact of biochar field aging on laboratory greenhouse gas production potentials[J]. Global Change Biology-Bioenergy, 2012, 5: 165-176.

Spokas, K. A. and Bogner, J. E. Limits and dynamics of methane oxidation in landfill cover soils[J]. Waste Management, 2011, 31: 823-832.

Spokas, K. A. and Reicosky, D. C. Impact of sixteen different biochars on soil greenhouse gas production[J]. Annals of Environmental Science, 2009, 3: 179-193.

Spokas, K. A., Koskinen, W. C., Baker, J. M. Impacts of woodchip biochar additions on greenhouse gas production and sorption/degradation of two herbicides in a Minnesota soil[J]. Chemosphere, 2009, 77: 574-581.

Spokas, K. A., Novak, J. M., Stewart, C. E., et al. Qualitative analysis of atile organic compounds on biochar[J]. Chemosphere, 2011, 85: 869-882.

Stewart, C. E., Zheng, J., Botte J. Co-generated fast pyrolysis biochar mitigates green-house gas emissions and increases carbon sequestration intemperate soils[J]. Global Change Biology-Bioenergy, 2012, 5: 153-164.

Suddick, E. C. and Six, J. An estimation of annual nitrous oxide emissions and soil quality following the amendment of high temperature walnut shell biochar and compost to a small scale vegetable crop rotation[J]. Science of the Total Environment, 2013, 465: 298-307.

Syakila, A. and Kroeze, C. The global nitrogen budget revisited[J]. Greenhouse Gas Measurement and Management, 2011, 1: 17-26.

Taghizadeh-Toosi, A., Clough, T., Sherlock, R., et al. Biochar adsorbed ammonia is bioavailable[J]. Plant and Soil, 2012, 350: 57-69.

Takakai, F., Desyatkin, A. R., Lopez, C. M. L., et al. Influence of forest disturbance on CO_2, CH_4 and N_2O fluxes from larch forest soil in the permafrost taiga region of eastern Siberia[J]. Soil Science and Plant Nutrition, 2008, 54: 938-949.

Troy, S. M., Lawlor, P. G., O'Flynn, C.J., et al. Impact of biochar addition to soil on greenhouse gas emissions following pig manure application[J]. Soil Biology and Biochemistry, 2013, 60: 173-181.

Turner, E. R. The effect of certain adsorbents on the nodulation of clover plants[J]. Annals of Botany, 1955, 19: 149-160.

Ulyett, J., Sakrabani, R., Kibblewhite, M. Impact of biochar addition on water retention, nitrification and carbon dioxide eution from two sandy loam soils[J]. European Journal of Soil Science, 2013, 65: 96-104.

Ussiri, D. and Lal, R. The role of nitrous oxide on climate change[M]//D. Ussiri and R. Lal (eds) Soil Emission of Nitrous Oxide andits Mitigation. The Netherlands: Springer, 2013, 1-28.

Van Cleemput, O. Subsoils: Chemo-and biological denitrification, N_2O and N_2 emissions[J]. Nutrient Cycling in Agroecosystems, 1998, 52: 187-194.

Van der Zee, F. P. and Cervantes, F. J. Impact and application of electron shuttles on the redox (bio) transformation of contaminants: A review[J]. Biotechnology Advances, 2009, 27: 256-277.

Van Zwieten, L., Singh, B-P, Joseph, S., et al. Biochar and emissions of non-CO_2 greenhouse gases from soil[M]//Biochar for Environmental Management: Science and Technology. London: Earthscan, 2009, 227-249.

Van Zwieten, L., Kimber, S., Morris, S., et al. Influence of biochars onflux of N_2O and CO_2 from Ferrosol[J]. Australian Journal of Soil Research, 2010, 48: 555-568.

Van Zwieten, L., Kimber, S., Morris, S., et al. Effects of biochar from slow pyrolysis of paper mill waste on agronomic performance and soil fertility[J]. Plant and Soil, 2010, 327: 235-246.

Van Zwieten, L., Kimber, S. W., Morris, S. G., et al. Pyrolysing poultry litter reduces N_2O and CO_2 flux[J]. Science of the Total Environment, 2013, 465: 279-287.

Van Zwieten, L., Singh, B. P., Kimber, S. W. L., et al. An incubation study investigating mechanisms that impact N_2O flux from soil following biochar application[J]. Agriculture, Ecosystems and Environment, 2014, 191: 53-62.

Verstraete, W. and Focht, D. D., et al. Biochemical ecology of nitrification and denitrification[J]. Advances in Microbial Ecology, 1977, 1: 135-214.

Von Fischer, J. C., Butters, G., Duchateau, P. C., et al. In situmeasures of methanotroph activity in upland soils: A reaction-diffusion model and field observation of water stress[J]. Journal of Geophysical Research-Biogeosciences, 2009, 114, G01015.

Wang, C., Lu, H., Dong, D., et al. Insight into the effects of biochar on manure composting: Evidence supporting the relationship between N_2O emission and enitrifying community[J]. Environmental Science and Technology, 2013, 47: 7341-7349.

Wang, T., Camps-Arbestain, M., Hedley, M., et al. Chemical and bioassay characterisation of nitrogen availability in biochar produced from dairy manure and biosolids[J]. Organic Geochemistry, 2012, 51: 45-54.

Whalen, S. C. Biogeochemistry of methane exchange between natural wetland sand the atmosphere[J]. Environmental Engineering Science, 2005, 22: 73-94.

Yanai, Y., Toyota, K. and Okazaki, M. Effects of charcoal addition on N_2O emissions from soil resulting from rewettingair-dried soil in short-term laboratory experiments[J]. Soil Science and Plant Nutrition, 2007, 53: 181-188.

Yao, Y., Gao, B., Zhang, M., et al. Effect of biochar amendment on sorption and leaching of nitrate, ammonium, and phosphate in a sandysoil[J]. Chemosphere, 2012, 89: 1467-1471.

Yu, K., Wang, Z., Vermoesen, A., Patrick, Jr. W. and van Cleemput, O., et al. Nitrous oxideand methane emissions from different soil suspensions: Effect of soil redox status[J]. Biology and Fertility of Soils, 2001, 34: 25-30.

Yu, L., Tang, J., Zhang, R., Effects of biochar application on soil methane emission atdifferent soil moisture levels[J]. Biology and Fertility of Soils, 2013, 49: 119-128.

Yuan, J-H. and Xu, R-K. The amelioration effects of low temperature biochar generated from nine crop residues onan acidic Ultisol[J]. Soil Use and Management, 2011, 27: 110-115.

Yuan, J-H., Xu, R-K. and Zhang, H. The forms of alkalis in the biochar produced from crop residues at different temperatures[J]. Bioresource Technology, 2011, 102: 3488-3497.

Yuan, J-H., Xu, R-K., Qian, W. Comparison of the ameliorating effects on an acidic ultisol between four crop straws and their biochars[J]. Journal of Soils and Sediments, 2011, 11: 741-750.

Yuan, Y., Yuan, T., Wang, D., et al. Sewage sludge biochar as anefficient catalyst for oxygen reduction reactionin an microbial fuel cell[J]. Bioresource Technology, 2013, 144: 115-120.

Zhang, A. F., Bian, R. J., Pan, G. X., et al. Effects of biochar amendment on soil quality, crop yield and greenhouse gas emission in a Chinese ricepaddy: A field study of 2 consecutive rice growing cycles[J]. Field Crops Research, 2012, 127: 153-160.

Zhang, A., Liu, Y., Pan, G., et al. Effect of biochar amendment on maize yield and greenhouse gas emissions from a soil organic carbon poor calcareous loamy soil from Central China Plain[J]. Plant and Soil, 2012, 351: 263-275.

Zhang, F., Pant, D. and Logan, B. Long-term performance of activated carbonair cathodes with different diffusion layer porosities in microbial fuel cells[J]. Biosensors and Bioelectronics, 2011, 30: 49-55.

Zhang, X., Deeks, L. K., Bengough, A. G., et al. Determination of soil hydraulic conductivity with the lattice Boltzmann method and soilthin-section technique[J]. Journal of Hydrology, 2005, 306: 59-70.

Zhao, L., Cao, X., Masek, O., et al. Heterogeneity of biochar properties as a function of feedstock sources and production temperatures[J]. Journal of Hazardous Materials, 2013, 256-57: 1-9.

Zheng, J., Stewart, C. E. and Cotrufo, M. F. Biochar and nitrogen fertilizer alterssoil nitrogen dynamics and greenhouse gas fluxes from two temperate soils[J]. Journal of Environmental Quality, 2012, 41: 1361-1370.

Zimmerman, A. R., Gao, B. and Ahn, M-Y. Positive and negative carbon mineralization priming effects among a variety of biochar-amended soils[J]. Soil Biology and Biochemistry, 2011, 43: 1169-1179.

第 18 章

生物炭对养分流失的影响

David Laird 和 Natalia Rogovska

🌱 18.1 引言

生物炭对养分流失的影响是土壤内部发生的复杂化学、物理和生物过程的结果。生物炭本身含有一些养分,这些养分可能会促进土壤中潜在可浸出养分的积累(Chan et al., 2008; Laird et al., 2010b; Revell et al., 2012a)。生物炭作为化肥或粪便添加到土壤中也有助于积累潜在的可浸出养分。土壤—植物系统包含大量有机形态和无机形态的养分。养分(无论来源如何)在土壤中流失还是保留,取决于这些养分在土壤溶液中的保留程度。这些养分被土壤颗粒表面吸附/沉淀为不溶或微溶的无机相,保留在不流动的土壤水或土壤有机质中。在不流动的土壤水或土壤有机质中,养分的流失还受到生物过程的显著影响。多年生植被下存在的完整的根—菌根系统对回收养分非常有效(Veresoglou et al., 2012)。然而,在一年生作物系统中,养分更有可能流失,因为一年生作物使土壤在 1 年中有 7 个月或更长时间处于休耕状态(Tonitto et al., 2006)。另外,气候对养分的流失起着重要作用,降雨量高的地区的养分比潜在蒸发量超过降水量的干旱地区的养分更容易流失(Tveitnes et al., 1996)。

生物炭会影响养分的流失,因为它可以改变:土壤的物理特性,如堆积密度、孔隙率、渗透性和持水能力;土壤的化学特性,如 pH 值、阳离子交换能力、阴离子交换能力(见第 7 章);土壤吸附可溶性有机化合物和无机化合物的能力(见第 9 章);微生物种群在土壤中的活性(见第 13 章);植物的生长和分化。本章总结了有关养分流失的现有文献,并讨论了生物炭改良土壤对养分流失影响的基本机制和过程。

🌱 18.2 生物炭对养分固持和流失的影响

早在 1847 年,Allen 就观察到生物炭在改善土壤养分固持方面的潜力,他指出,木炭能吸附并浓缩其孔隙内的养分,其吸附量可达木炭自身体积的 20 ~ 80 倍以上。在过去 10 年中,基于生物炭可以吸附养分、减少养分流失的特性,人们重新对生物炭的农业用途产生了兴趣（Lehmann et al., 2003; Laird et al., 2010a; Major et al., 2012）。

室内研究表明，生物炭极大地影响养分的流失。例如，一项为期 45 周的土柱淋滤试验研究表明（Laird et al., 2010a），在典型的中西部农业土壤中添加硬木生物炭可以减少 P 的浸出，在添加干猪粪后，P 的浸出率从 29% 减少到 5% [见图 18.1（a）]。在同一项研究中，添加粪肥后 NO_3^- 的净浸出率从 60% 降至 40% [见图 18.1（b）]。施肥后第 1 周观察到了生物炭对 P 浸出的影响。相比之下，NO_3^- 浸出的显著差异在施肥后 10 周才出现，并且对 NO_3^- 浸出的影响远小于对 P 浸出的影响。延迟响应研究表明，生物炭影响了 NH_4^+ 的吸附作用及有机氮的矿化和/或硝化作用，而不是直接吸附 NO_3^-。添加 20 $g·kg^{-1}$ 生物炭的土柱中 NO_3^- 的浸出量明显高于对照土柱和其他任何生物炭添加量的土柱。对此结果最好的解释是高比例的生物炭增强了土壤有机氮的矿化作用。在这项研究中，硬木生物炭不是 P 或 N 的重要来源；相反，K^+ 的浸出量随干猪粪和生物炭添加量的增加而增加 [见图 18.1（c）]，反映了施加的干猪粪和生物炭都是 K^+ 的重要来源。尽管 K^+ 的浸出量增加，但随着生物炭添加量的增加，猪粪中 K^+ 的浸出率从 44% 降至 29%。生物炭和肥料中的其他养分（Cu、Mn、Zn、Ca、Mg、B 和 Si）也观察到了类似的浸出现象（Laird et al., 2010a）。

另一项室内研究评估了生物炭在不使用化肥的泥炭基质中对养分的动态影响（Altland and Locke, 2012）。将泥炭与生物炭混合（按重量计分别为 0%、1%、5% 和 10%），用 N、P、K 复合溶液浸渍并重复多次，以确定生物炭对养分固持和流失的影响。在 12 个流失试验中，对照土柱和生物炭改良土柱中累积的 NO_3^- 流失没有显著差异，约为最初施用 NO_3^- 的 47%。但是，硝酸盐峰值释放量较低，并且随着生物炭施用量的增加峰值出现得更晚，这表明生物炭并非不可逆地结合 NO_3^-，而是固持并缓慢释放。与 NO_3^- 相似，生物炭倾向于降低正磷酸盐（H_xPO_4）的峰值释放量，并使其随时间缓慢释放。Dünisch 等（2007）的研究表明，木材残余物生物炭（由粉煤灰热解和窑炉制备，温度不明确）从养分中吸收的 N 比其生物质多 1 倍，吸收的 K 比其生物质多 100 倍。此外，与含有养分的木材残渣相比，含有养分的生物炭中 N 和 K 的流失率显著降低，这表明养分与生物炭的碳基质发生化学结合。生物炭的蒸汽活化和化学活化进一步提高了养分固持能力。在温室研究中（Borchard et al., 2012），与未改良的对照土壤相比，在粉壤土中施用生物炭量降低了 17% NO_3^- 的流失，而施用蒸汽活化生物炭的土壤中 NO_3^- 流失量降低了 31%。

其他温室研究和室内研究也报告了施用生物炭对养分固持和流失的影响，但结果并不一致。施用次生林残渣生物炭显著减少了铁铝土中 NH_4^+ 的流失量，但增加了 NO_3^- 的流失量（Lehmann et al., 2003）。NH_4^+ 流失量的减少归因于生物炭的高阳离子交换量（Ding et al., 2010; Nelissen et al., 2012）。然而，Jones 等（2012）得出了相反的结论，他们报道在砂质壤土中（饱和始成土），在 450 ℃ 下制备的新老混合木材生物炭的 NH_4^+ 固持能力很低。根据吸附等温线，研究人员估算在田间施用 $5×10^{-9}$ $kg·m^{-2}$ 生物炭时，特定生物炭理论上能够固持的 NH_4^+ 的最大量仅为 $3×10^{-4}$ $kg·N·m^{-2}$，而非 $1.42×10^{-3}$ $kg·N·m^{-2}$。这些结果的差异可能是制备生物炭的原料和/或热解条件的不同导致的。

在过去的几年里，生物炭对农田规模养分流失影响的研究有限。Major 等（2012）在施加矿物肥料的哥伦比亚热带稀树大草原上，将 2 $kg·m^{-2}$ 的生物炭分别施用在种植玉米和大豆作物的土壤中，在第 3 年和第 4 年进行了水质测量，结果发现在地表（0～50 mm）施用生物炭后，使用抽气式测渗仪在 0.15 m 深度提取的土壤溶液中 Ca^{2+}、Mg^{2+}

和 K^+ 的浓度增加,而 NH_4^+、NO_3^- 和 P 的浓度不受生物炭的影响。相比之下,Guerena 等(2013)的记录显示,施用生物炭 2 年后,在生物炭改良的温带地区始成土中 NH_4^+ 和 NO_3^- 的加权平均浓度显著降低。

生物炭对养分流失影响的不同研究结果与试验所处的不同环境有关,包括不同的土壤类型、生物炭类型、施肥措施和种植制度。表 18.1 总结了最近有关生物炭对养分流失影响的室内研究和田间试验。显然,生物炭具有减少养分流失的潜力,可以提高农业生产中养分的利用率。但是,生物炭在现代农业中的广泛使用还存在障碍,因此目前必须针对特定类型的生物炭、特定地区和特定种植系统的土壤确定其农艺价值和环境价值。

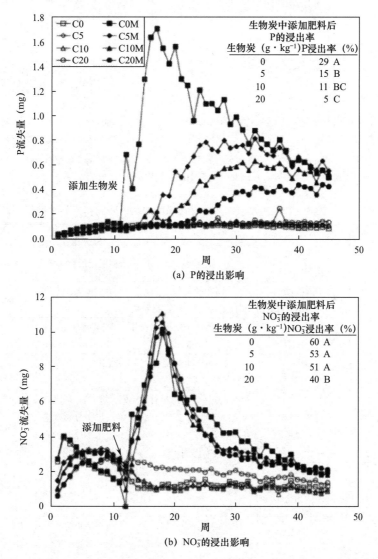

图 18.1 生物炭中添加肥料后对 P、NO_3^-、K 浸出的影响。其中,空心符号表示生物炭未接受肥料改良,实心符号表示生物炭已接受肥料改良。处理名称(C0、C5、C10 和 C20)表示生物炭的添加量(分别为 0 g·kg^{-1}、5 g·kg^{-1}、10 g·kg^{-1} 和 20 g·kg^{-1})和肥料的添加量(M),同一大写字母后浸出养分的比例无显著差异(Laird et al., 2010a;经出版商许可)

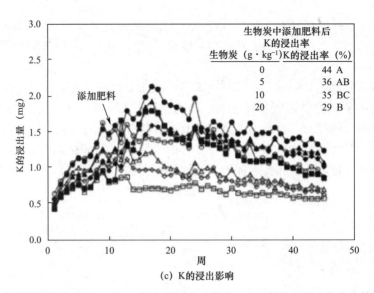

(c) K的浸出影响

图18.1 生物炭中添加肥料后对P、NO_3^-、K浸出的影响。其中，空心符号表示生物炭未接受肥料改良，实心符号表示生物炭已接受肥料改良。处理名称（C0、C5、C10和C20）表示生物炭的添加量（分别为0 g·kg⁻¹、5 g·kg⁻¹、10 g·kg⁻¹和20 g·kg⁻¹）和肥料的添加量（M），同一大写字母后浸出养分的比例无显著差异（Lairdet al., 2010a；经出版商许可）（续）

表18.1 有关生物炭对养分浸出影响的室内研究和田间试验

生物炭	土壤特性	观察结果	参考文献
由果树混合原料制备，500 ℃	粉质黏土壤土（田间试验）	NO_3^-浸出量减少72%，对NH_4^+浸出没有影响	Ventura et al., 2013
玉米秸秆，600 ℃	细砂质黏壤土（实地研究）	施肥率100%时NO_3^-的浸出量减少82%；施肥率降低（50%）时没有效果	Guerena et al., 2013
花生壳，600 ℃	砂土（室内研究）	NO_3^-和NH_4^+的浸出量分别减少34%和14%；P的浸出量增加39%	Yao et al., 2012
巴西胡椒木，600 ℃	砂土（室内研究）	NO_3^-和NH_4^+的浸出量分别减少30%和35%；P的浸出量减少21%	
本地制备的混合木材，500～700 ℃	典型的半干湿黏土（田间试验）	在生根区内浸出有所不同，在1.2 m深度处Ca^{2+}、Mg^{2+}、K^+、NO_3^-和Sr^{2+}的浸出量分别减少了14%、22%、31%、2%和14%，而NH_4^+和P的浸出量没有影响	Major et al., 2012
柳枝，250 ℃	旱细壤土（室内研究）	Ca、Mg和NO_3^-的累积浸出量分别减少了27%、27%和88%；K的浸出量增加了47%；P的浸出量没有影响	Ippolito et al., 2012
柳枝，250 ℃		NO_3^-的累积浸出量减少了67%；K和P的浸出量分别增加了267%和172%；Ca和Mg的浸出量没有影响	
柳枝，250 ℃	旱壤土（室内研究）	Ca、Mg和NO_3^-的浸出量分别减少了32%、28%和72%；K和P的浸出量没有影响	
柳枝，250 ℃		Mg、K和P的浸出量分别增加了10%、11%和152%；NO_3^-的浸出量减少了37%	

（续表）

生　物　炭	土壤特性	观察结果	参考文献
甘蔗渣，800 ℃	黏土（室内研究）	NO_3^-的浸出量减少了5%	Kameyam et al., 2012
混合木材，475 ℃	粉质和砂质土壤（室内研究）	P和NO_3^-的浸出量没有影响	Borchard et al., 2012
贾拉木，600 ℃	砂土（溶渗仪盆栽）	NO_3^-的浸出量减少了28%	Dempster et al., 2012
竹子，600 ℃	砂质淤泥（室内研究）	在地下10~20 cm深度，NH_4^+的浸出量减少了15%	Ding et al., 2010
混合木材，550 ℃	典型的薄层湿软细壤土（室内研究）	K、Mg、Zn、Ca和N的浸出量分别增加了74%、14%、28%、35%和26%；P、Cu、Mn、Na、B和Si的浸出量没有影响	Laird et al., 2010a[1]
胡桃壳，700 ℃	典型的湿润老成壤土（室内研究）	K、Na的浸出量分别增加了206%、110%；P、Zn的浸出量分别减少了35%、78%；Ca、Mg和S的浸出量无影响	Novak et al., 2009a[2]

注：1. 对照土柱和以最高比例改良的土柱之间的累积浸出差异（2% w/w）；
　　2. 培养67 d后，对照土柱和以最高比例改良的土柱之间的浸出差异。

18.3 影响养分固持和流失的机制和过程

18.3.1 生物炭表面的化学性质对养分固持和流失的影响

生物炭表面有机官能团的浓度和性质是生物炭与土壤溶液中养分相互作用的关键。生物炭表面的阳离子交换位点主要是由于在氧化过程中形成了羧酸盐官能团（Cheng et al., 2006; Uchimiya et al., 2011）。羧酸根通过共振稳定，共振使羧酸根的2个氧原子之间电负性离域，因此，羧酸盐被电离的pH值很广。众所周知，简单有机酸，如甲酸、乙酸和苯甲酸的pK_a分别为3.75、4.76和4.20。当吸电子基团（如=O或—Cl）位于同一个分子上时，羧酸酯基团倾向于减小pK_a，而给电子烷基的存在则倾向于增大pK_a。同一个分子上存在两个羧酸根基团会导致两个不同的pK_a，如邻苯二甲酸的pK_a为2.89和5.28。生物炭表面的羧酸根基团的pK_a并不精确。但是，本节可以假定生物炭羧酸盐基团的pK_a处于相似的pH值范围内，并且受到与有机酸相同的吸电子和供电子过程的影响。因此，生物炭表面的大多数羧基会在自然土壤pH值条件下被离子化，在酸性条件下生物炭的CEC会减小（Kim et al., 2013）。生物炭表面其他潜在可电离的酸性有机官能团（如酚、内酯、乳醇和硫酚）的pK_a通常很高，在相应土壤pH值条件下不太容易被电离。

有关生物炭表面AEC或阴离子交换位点性质的报道相对较少。一些研究表明，生物炭的AEC可以忽略不计（Inyang et al., 2010）；而另一些报道则表明新制备的生物炭有一定的AEC（Silber et al., 2010），但随着生物炭的老化，其AEC减小（Cheng et al., 2006; Cheng and Lehmann, 2009）。迄今为止，生物炭表面阴离子交换位点的化学性质尚不清楚，但是包含 N（吡啶、咪唑鎓）、O（吡喃、噁唑鎓）和 S（硫代吡啶鎓）杂环在内的稠合芳香族结构能够产生正表面电荷，这可能是由 AEC 变化引起的（Lawrinenko and Laird, 2012）。例如，吡啶可能在热解过程中通过氨基酸、核酸和其他含 N 生物分子的缩合形成（Knicker, 2007）。吡啶的 pK_a 为 5.2（Bansal, 1999），因此，在酸性土壤条件下，生物炭表面的吡啶基团可能会提升阴离子交换能力。在碱性条件下，吡啶基团为中性，此时其 AEC 降为零。生物炭灰分中的各种铁、铝氢氧化物也可能对生物炭的 AEC 有促进作用（Wang et al., 2012a; Xu et al., 2013）。

显然，生物炭中阴离子交换位点的类型和稳定性，以及制备生物炭的原料性质、热解条件和 AEC 的形成之间的关系需要进一步研究。在生物炭中含有阴离子交换位点的情况下，它们会增强 NO_3^- 和 H_xPO_4 在土壤中的固持能力，从而延缓这些阴离子养分的流失。NO_3^- 是一种几乎不受静电力影响的中性阴离子，而 H_xPO_4 可能会与氢氧化物、羧基表面官能团发生配体交换反应（见图 18.2）。这种表面络合反应比简单的静电相互作用能更大限度地固持 H_xPO_4。生物炭通过配体交换反应固持 H_xPO_4 的能力尚未开展深入的研究。但是，本节推测在低温下制备的生物炭具有较高密度的表面官能团，而老化的生物炭被功能化（见第 9 章），这种机制具有最大的固持 H_xPO_4 的能力。

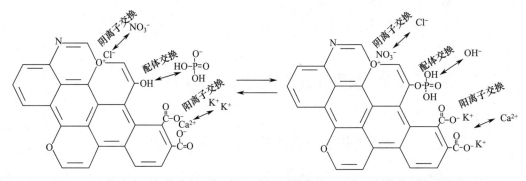

图18.2 生物炭表面与养分相互作用的机制（配体交换、阳离子交换或阴离子交换）

18.3.2 生物炭影响土壤溶液的化学性质，进而影响养分的固持和流失

根据生物炭和土壤的性质，向土壤中施用生物炭可以提高或降低土壤 pH 值（Novak et al., 2009a; Peng et al., 2011; Uzoma et al., 2011a; Hass et al., 2012）。但是，农业中使用的大多数生物炭的 pH 值很高，可以作为石灰剂（Lu et al., 2012; Revell et al., 2012a），其碳酸钙当量（CCE）通常为 9%~22%，粉碎的石灰石的 CCE 为 98%~100%（Hass et al., 2012）。生物炭对土壤 pH 值和交换性酸度的影响已被广泛研究。大多数报告表明，施用生物炭导致土壤 pH 值显著升高、可交换 Al^{3+} 浓度降低、碱性饱和度增加（Novak et al., 2009a; Van Zwieten et al. 2010; Yuan and Xu, 2011）。土壤 pH 值是影响养分迁移和流失的主要因素，因此生物炭的施用可以改变土壤 pH 值，进而间接影响养分流失。

土壤 pH 值对养分溶解度的影响已得到充分证明。pH 值越高，某些养分（Mo）的迁移率越高，而其他养分（Fe、Mn）的迁移率下降。有报道称，在酸性土壤中施用生物炭后，土壤 pH 值变化引起了养分流失，生物炭的施用同时显著降低了叶片中 Mn 的含量（Dharmakeerthi et al., 2012）。对于养分，以 P 为例，生物炭对 P 的吸附能力及 P 的生物有效性都高度依赖 pH 值，最有效、最易浸出的形态出现在 pH 值为 5.5～7.0 时（Tisdale et al., 1993）。施用生物炭后，生物炭引起的土壤 pH 值升高使得酸性土壤中 P 的生物有效性增加（Atkinson et al., 2010; Abebe and Endalkachew, 2011; Abebe et al., 2012）。尽管 P 的生物有效性很高，但由于生物炭对 H_xPO_4 和有机磷化合物的吸附，生物炭改良过的酸性土壤中 P 的浸出量有所减小（Laird et al., 2010b; Yao et al., 2012）。另外，在高 pH 值的石灰土中，生物炭不会改变 P 的生物有效性（Lentz and Ippolito, 2012）。

土壤溶液的 pH 值不仅影响土壤养分的流动性，而且影响生物炭自身的养分释放和土壤溶液中养分的存在。Silber 等（2010）研究了在 500 ℃下制备的玉米秸秆生物炭的养分释放与 pH 值的关系（pH 值为 4.5～8.9）。H_xPO_4、Ca^{2+} 和 Mg^{2+} 的释放随着 pH 值的降低而增加，并且 H^+ 的消耗呈现零级动力学，而玉米秸秆生物炭中 K^+ 的释放不受 pH 值的影响。同样，Zheng 等（2013）观察到在不同温度下制备的巨型芦苇生物炭中 H_xPO_4 和 NH_4^+ 随 pH 值的变化而释放。通常，随着 pH 值的增大，H_xPO_4 和 NH_4^+ 释放得更少；而当 pH 值为 2.0～7.0 时，K^+ 的释放量没有差异；当 pH 值在 8.0 以上时，K^+ 的释放量略有下降，但随着 pH 值的进一步增大，K^+ 的释放量显著下降。因此，土壤的 pH 值会影响生物炭本身释放养分的速率。

施用到土壤中的生物炭释放的各种元素会对土壤中的养分产生影响。具体而言，土壤溶液中大量的 Ca^{2+} 有利于其在矿物表面沉淀，从而形成不溶的钙磷酸盐。钙磷酸盐的沉淀—溶解反应影响了整个生长期 P 的动力学（Schwartz et al., 2011; Wang et al., 2012b）。许多生物炭中含有大量以碳酸盐和易溶盐形式存在的 Ca^{2+}，施用生物炭后 Ca^{2+} 可以释放到土壤溶液中（Singh et al., 2010a）。Xu 等（2013）发现，尽管施用生物炭导致土壤 pH 值增大，生物炭中 P 的直接释放提高了 P 的有效性，但观察到的 P 的有效性大大低于预期，他们将这种差异归因于生物炭中 Ca^{2+} 对土壤中 P 的沉淀。Hollister 等（2013）也得出了类似的结论，他们报道了几种生物炭之间 P 吸附能力存在的显著差异，假设某些生物炭中存在可交换的 Mg^{2+}，从而降低了 PO_4^{3-} 的去除率，因为 Mg^{2+} 抑制了羟基磷灰石的结晶（Cao et al., 2007）。许多研究人员报道了施用生物炭增大 / 减小 P 的浸出率（Altland and Locke, 2012; Ippolito et al., 2012; Laird et al., 2010a; Parvagee et al., 2013; Yao et al., 2011），或者对 P 的浸出率没有影响（Doydora et al., 2011），土壤 pH 值和生物炭释放的无机元素的差异可能是 P 的浸出率不同的原因。

18.3.3 生物炭老化对养分的固持和流失的影响

新制备的生物炭大多数都是疏水性的（Kinney et al., 2012）。生物炭的疏水性主要取决于热解温度，在 400 ℃或更低热解温度下制备的生物炭具有极强的疏水性，而在更高热解温度下制备的生物炭具有亲水性，但在水中超声处理的生物炭的疏水性会大大降低（Kinney et al., 2012）。从疏水性到亲水性的转变涉及生物炭灰分和缩合芳香族碳组分的水合、水解和氧化反应，特别是生物炭表面发生的氧化反应会产生带负电荷的酸性有机官能团，这些有机官能团增大了 CEC（Cheng et al., 2006; Joseph et al., 2010; Zimmerman et al., 2011），并降低了生物炭的 pH 值和零点电荷（PZNC；Cheng et al., 2008）。这些表面化学反应可能直接影响养分的流失。

Laird 等对从爱荷华州典型松软土物理分离的老化生物炭进行了固态 MAS-CP

^{13}C-NMR分析（放射性碳年龄为670±40 ybp）（Laird et al., 2008），结果清楚地显示其含有强羧基、氧—烷基、烷基碳峰和显著的芳烃碳峰，而新制备的生物炭只有芳烃碳峰（见图18.3）。尽管该生物炭的SEM图像没有显示其含有生物有机材料，但核磁共振谱中氧—烷基和烷基碳峰的存在表明某些生物有机物被吸附在老化的生物炭表面。除氧化机制以外，生物有机酸和其他有机分子吸附在生物炭表面是在土壤环境中功能化的另一种机制（见第9章）。因此，生物炭老化是通过增加表面官能团的数量和吸附含有养分的有机分子来提高养分的固持能力的。例如，Jones等（2012）比较了施用到土壤3年后回收的生物炭与新制备的生物炭的化学性质，结果发现回收的生物炭的pH值（从8.8降低为6.7）、电导率（降低为原来的1/4）、溶解有机碳含量（降低为原来的1/8）、总溶解氮（增加了2.5倍）、可交换氨基酸含量（增加了26倍）和硝酸盐含量（增加了24倍）都发生了显著变化。

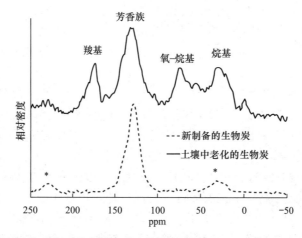

图18.3 从爱荷华州典型松软土物理分离的老化生物炭的固态MAS-CP ^{13}C-NMR光谱（放射性碳年龄为670±40 ybp），以及在500 ℃下缓慢热解新制备的羊茅生物炭的固态MAS-CP ^{13}C-NMR光谱（*表示旋转边带的位置），结果表明老化包括生物有机化合物的氧化和吸附（Laird et al., 2008；经出版商许可）

最终，随着生物炭在土壤环境中的老化，其表面变得更加极性化，这增大了土壤持水量，从而延长了养分在生根区内的停留时间，增大了养分被植物吸收的可能性（Uzoma et al., 2011b; Glaser et al., 2002）。Ventura等（2013）使用安装在土壤耕种层下的离子交换树脂溶渗仪评估了施用生物炭后1～4个月内、5～18个月内NO_3^-和NH_4^+的累积浸出量。在施用生物炭后的最初4个月中，生物炭施用对NO_3^-累积浸出量没有影响；但是，在生物炭施用5～18个月内NO_3^-累积浸出量减少了75%。在采样期间NH_4^+的浸出量不受生物炭施用的影响。他们推测，在5～18个月内观察到NO_3^-浸出量减少，是由于较高的持水率及植物对N的吸收增加而导致渗水减少（Ventura et al., 2013）。

18.3.4 生物炭影响土壤的物理性质以影响养分固持和流失

施用生物炭可以改变土壤的物理特性，如堆积密度（BD）、土壤持水性、土壤结构和团聚体稳定性。大多数生物炭具有较大的内部孔隙率，其初级孔隙结构来自原料，次级孔隙结构则受热解条件（温度、氧的利用率）的影响（Bird et al., 2008）。这种内部多孔性使生物炭可以作为土壤改良剂，从而降低土壤的堆积密度、增大总孔隙率（见图18.4）。

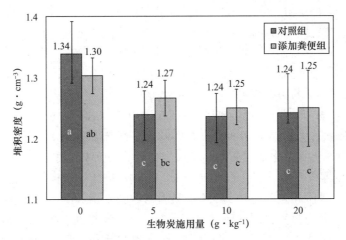

图18.4 在施用生物炭483 d后测量生物炭对照组和添加粪便组对土壤容重的影响，不同的字母表示有明显差异（$P<0.05$），误差棒为标准偏差（Laird et al., 2010b；经出版商许可）

添加生物炭增加了土壤中的微孔、中孔数量，从而增加了粗质土壤的持水能力（见第19章），降低了水在土壤剖面中的流动。当养分被固持在不流动的水中时，其流失率会降低。多种因素协同改善了作物的生长性能；反过来，改善作物的生长性能相当于增强植物对养分和水分的吸收，从而间接减少养分的流失。对于相对易迁移的养分（如 NO_3^-）和一价碱性阳离子（如 K^+）而言，这种机制最为重要，因为它们非常容易浸出（Dempster et al., 2012）。

有大量证据证明了生物炭对土壤水分固持的影响。Glaser 等（2002）证实，经过生物炭改良的土壤的持水能力要比仅含有少量生物炭的土壤的持水能力高18%。与未经改良的对照土壤相比，在砂质土壤中施用 $2×10^{-9}$ kg·m^{-2} 刺槐（*Robiniapseudoacacia L.*）生物炭（500 ℃）可使土壤的持水能力提高97%，并显著降低导水率（Uzoma et al., 2011b）。然而，生物炭的施用对土壤水的影响取决于土壤和生物炭的特性、施用率和施用深度（Basso et al., 2013）。例如，Tryon（1948）报道，在壤土中添加木炭对其持水能力没有影响，而在黏土中添加木炭则降低了其持水能力。与未经改良的对照土壤相比，在 $-10 \sim 0$ kPa内，添加1%和3%甘蔗渣生物炭的黏土的非饱和导水率较高，而在 $-100 \sim -10$ kPa内黏土的非饱和导水率较低（Kameyama et al., 2012）。Asai 等（2009）发现，添加 $1.6×10^{-9}$ kg·m^{-2} 生物炭的黏土（48%的黏土）的饱和导水率和未添加生物炭的对照土壤没有差异，但添加 $1.6×10^{-9}$ kg·m^{-2} 生物炭的壤土（28%的黏土）的饱和导水率增加了176%。土壤持水能力和导水率的这种变化会对养分的流失产生重大影响。例如，Bell 和 Worrall（2011）发现，用生物炭改良的土壤中 NO_3^- 的排放量减小了41%，其中56%的 NO_3^- 浸出变化归因于渗滤液体积的变化。

18.3.5 生物炭与溶解性有机物相互作用对养分固持和流失的影响

溶解性有机物（DOM）占土壤有机物总量的一小部分，但由于在土壤中的高流动性、强反应性及对养分的高吸附量,其在土壤中的作用非常重要(Munch et al., 2002)。DOM可以从土壤中浸出,通过微生物代谢氧化或吸附到黏土或有机物颗粒表面,从而停留在土壤基质中(Kothawala et al., 2009; Schneider et al., 2010)。由于生物炭孔隙度高、比表面积大且包含极性和非极性表面,因此它通常会增强土壤吸附和固持DOM的能力(Pietikainen et al., 2000; Lin et al., 2012a),从而减少与DOM相关养分的流失。例如,Guerena等(2013)的研究表明,生物炭改良后的土壤对溶解有机氮的吸附量比对照土壤高50%。

生物炭既是DOM的潜在来源,又是DOM的汇集场所。生物炭在热解过程中会生成低分子量有机化合物,并吸附在生物炭表面。Rostad等(2010)观察到,在250~900℃下由各种原料制备的生物炭的DOM浓度不同,在脂肪族碳含量较高的低温生物炭中,DOM的浓度最高。化学活化处理通常会增加生物炭的DOM含量,这是由于添加的试剂催化了生物炭表面的水解反应(Lin et al., 2012b)。生物炭向土壤中提供了大量的DOM,这可能会影响溶解相和吸附相之间生物DOM的吸附—解吸平衡(Beesley et al., 2010; Rostad et al., 2010)。此外,无论是生物源的还是热解源的DOM吸附到生物炭表面,都可能激发微生物的活性并增加微生物的丰度,进而影响养分的循环和迁移(Steiner et al., 2009)。

源自生物炭的DOM浸出会促进吸附或络合在其表面的土壤养分流失。Bell和Worrall(2011)使用块状木料生物炭对未被植被覆盖和已被植被覆盖的耕地和森林土壤进行改良,研究了DOM的浸出情况,发现在生物炭改良土壤中淋滤液DOM浓度高于未改良土壤,但是仅在已被植被覆盖的土壤中存在显著差异。其他研究者则发现生物炭(混合木材,450℃)改良过的土壤的DOM浓度,和未经改良的土壤的DOM浓度没有差异(Jones et al., 2012)。因此,生物炭与DOM相互作用潜在地增加或减少了养分流失,这些变化主要取决于生物炭的特性、土壤特性及土地类型。

18.3.6 生物炭影响土壤微生物活动对养分固持和流失的影响

土壤微生物活性对许多养分的迁移有显著的影响。普遍认为,生物炭中大多数缩合的芳烃碳都无法利用,或者只能很缓慢地用于微生物分解(见第10章)。然而,施用生物炭会促使土壤理化性质发生变化,这种变化会影响微生物活性和养分循环(见第15章)。生物炭内部的孔隙为微生物提供了栖息地(Bird et al., 2008),而生物炭表面容易吸附土壤溶液中的无机养分和不稳定的DOM,它们可分别作为微生物的养分和代谢底物。生物炭通常包含有机化合物和/或无机化合物,它们调节参与养分循环的微生物和酶的活性(Yanai et al., 2007; Spokas et al., 2010)。生物炭的石灰效应会影响微生物活性,在其他环境条件均相同的情况下,微生物活性会随着pH值(通常为3.7~8.3)增大而增强(Aciego Pietri and Brookes, 2009)。因此,生物炭既为土壤微生物提供了适宜的栖息地,又影响了微生物的生长、繁殖和群落结构(Pietikainen et al., 2000; Kolb et al., 2009; Dempster et al., 2010),从而影响了养分循环和植物吸收或流失养分的有效性。

N是植物养分的关键元素,其流失会引发严重的环境问题。添加生物炭后土壤氮循环加快,净矿化、硝化作用和NH_4^+消耗速率增大(Nelissen et al., 2012)。对照土壤中大多数矿化的NH_4^+源自不稳定的氮库,而在生物炭改良土壤中,大多数矿化的NH_4^+源自稳定的氮库。研究表明,生物炭可以刺激微生物降解稳定的土壤有机质(正向激发)。因此,在有根系的情况下可以增强氮循环和植物对N的摄取,反之则会增加流失量。生物炭中含有大量不稳定碳,生物炭的施用可能会导致土壤中的有效氮被固定(见第 15 章),从而限制了 NO_3^- 的浸出。由于生物炭中的大多数 C 不能被微生物利用,或者只能缓慢地被微生物利用,因此任何氮固定作用都被认为是一种短暂现象(Baldock and Smernik, 2002; Lehmann et al., 2003)。然而,人们对这种现象的持续时间了解甚少。一些研究者假设在施用生物炭后,其对氮循环和氮浸出的影响在第 1 年后开始减小(Baldock and Smernik, 2002; Jones et al., 2012; Nelissen et al., 2012),而另一些研究者认为这种影响可以持续更长的时间(Guerena et al., 2013; Spokas, 2013; Ventura et al., 2013)。在施用生物炭 2 年后的温带农业土壤中,Guerena 等(2013)研究了施用富含 ^{15}N 的氮肥后的氮动力学,结果显示生物炭的施用显著减少了无机氮的浸出量,但对玉米摄取氮量或玉米产量没有影响。经生物炭改良后,土壤和微生物生物质中总氮肥的回收利用率提高了 3 倍($P<0.1$)。研究者认为,生物炭的添加增强了肥料中氮的固定,并提高了输入有机氮库的比例,从而减少了浸出量。

Anderson 等(2011)对比了存在或不存在生物炭情况下土壤微生物群落随时间的变化,发现生物炭能够通过促进一些微生物的生长来调节土壤氮形态,这些微生物参与将 NO_3^- 异化还原至 NH_4^+,然后将其吸附到生物炭表面从而减少 NO_3^- 浸出量。生物炭还抑制了将 NH_4^+ 氧化为 NO_3^- 的亚硝基藻科物种的活性,从而减弱了 NO_3^- 的高流动性(Anderson et al., 2011)。这些发现可以解释部分研究者观察到的在生物炭改良土壤中 NO_3^- 的浸出量减少(Dempster et al., 2012; Ippolito et al., 2012; Kameyama et al., 2012; Yao et al., 2012; Zheng et al., 2012)。

18.3.7 生物炭特性对养分固持和流失的影响

添加到土壤中的生物炭会影响养分的迁移、固持和流失。富含养分的生物炭,如动物粪便生物炭是潜在可流失养分的来源,尤其是 K^+、N 和 P(Chan et al., 2008; Revell et al., 2012b)。Singh 等(2010a)观察到,与未改良的对照土壤相比,在 400 ℃下热解制备的家禽粪便生物炭改良的淋溶土和变性土中,NO_3^- 的浸出量增加;而在相同温度下制备的碎木(桉木)生物炭不会影响 NO_3^- 的浸出量。氨氮浸出过程不受生物炭类型的影响。家禽粪便生物炭改良土壤中 NO_3^- 的浸出量减少更大,这是由于家禽粪便生物炭中不稳定的氮含量较高。Hyland 等(2010)也进行了类似的研究,他们研究了各种生物炭和氮肥改良剂在温室条件下对氮浸出和玉米生长的影响。在对照组中,NO_3^- 的浸出量为 3.2×10^{-3} kg·m^{-2}。在用 7%、300 ℃下热解制备的橡木和造纸废物生物炭改良的土壤中,硝酸盐的浸出量分别减少为 1.6×10^{-3} kg·m^{-2} 和 1.2×10^{-3} kg·m^{-2};在相同温度(300 ℃)下制备的家禽粪便生物炭和锯末混合物生物炭对土壤进行改良,硝酸盐浸出量增加至 6.4×10^{-3} kg·m^{-2}。

木质生物炭中含量相对较低的养分也有潜在的可流失性。例如,在一项为期 500 d 的土柱研究中,硬木生物炭中存在的阳离子(K^+、Mg^{2+}、Zn^{2+} 和 Ca^{2+})的浸出量随着生物炭施用率的提高而明显增加(Laird et al., 2010a)。此外,最近的一项研究发现,木质生物炭中 15%~20% 的 Ca^{2+}、10%~60% 的 P、约 2% 的 N 可以用蒸馏水浸出,这些养分的流失量随制备生物炭的热解温度和原料的变化而变化(Wu et al., 2011)。

低温制备的生物炭最初含有较多的极性有机官能团,可以作为养分交换位点,从而提高土壤养分固持能力(Novak et al., 2009b; Song and Guo, 2012)。随着时间的推移,不稳定化合物发生矿化，低温制备的生物炭可能会失去养分的固持能力。相比之下，高温制备的生物炭起初可能具有较低的养分固持能力，但由于它们比表面积更大，随着时间的推移，生物炭表面被氧化，它们从土壤溶液中吸附极性有机化合物，从而具有了更强的养分固持能力（见第9章）。这种生物炭可能会影响肥料中养分的释放，从而促使作物吸收更多养分，并减少浸出造成的养分流失（Ippolito et al., 2012; Kameyama et al., 2012）。Asada等（2002）比较了在500 ℃、700 ℃和1000 ℃下制备的竹子（*Phyllostachys*）生物炭的吸附性能，发现在500 ℃下制备的生物炭中含有酸性官能团，对NH_4^+的吸附和固持效果最好；相反，由于碱性官能团的形成，在700～800 ℃下由甘蔗（*Saccharum offcinarum L.*）渣制备的生物炭对NO_3^-的吸附量更高（Kameyama et al., 2012）。在这两项研究中，比表面积、微孔体积与养分的最大吸附量无关，这表明物理吸附对NO_3^-和NH_4^+的固持能力没有影响。

Yao等（2012）比较了砂质土壤中12种生物炭吸附NO_3^-、H_xPO_4和NH_4^+的能力，发现不同类型生物炭的吸附能力存在差异，并且大多数生物炭几乎没有或完全没有吸附NO_3^-和H_xPO_4的能力（吸附率最高分别为3.7%和3.1%）。然而，研究显示大多数生物炭可有效吸附NH_4^+，吸附率为3.8%～15.7%。显然，根据不同的生物炭类型和土壤类型，添加生物炭对养分流失的影响可能是积极的、消极的或不存在的，具体机制还不明确。

生物炭对养分固持和流失的影响在众多研究中都难以得出准确的结论，这在很大程度上归因于生物炭特性存在差异。生物质原料、热解速率、最高热解温度及在热解炉中的停留时间均会影响生物炭的结构和化学特性（如化学成分、灰分、挥发物的含量和组成、脂肪族和芳香族碳的分布、比表面积、孔结构和表面官能团；Baldock and Smernik, 2002; Downie and Munroe, 2009; Sun et al., 2012）。这些变量的差异可能对土壤中生物炭的性质、稳定性，以及对土壤微生物、化学特性和物理特性具有深远的影响，并且会影响养分的固持和流失。

18.4 结论与展望

生物炭的施用对养分流失量增加或减少的影响取决于生物炭、土壤、养分的性质，以及生物炭在土壤中停留的时间。图18.5说明了养分与土壤中生物炭相互作用的主要机制。①生物炭具有增加土壤持水量的能力，而固持在水中的养分不会流失。②养分的固持能力在砂质和肥沃的土壤中可能很强；生物炭可以增大土壤导水率从而增加养分的流失，特别是在黏性土壤中；大多数生物炭含有酸性官能团，其能增大生物炭的CEC，这使它们能够吸附并减少阳离子养分的流失。③相比之下，大多数生物炭的AEC几乎为零，因此在大多数经生物炭改良的温带地区土壤中NO_3^-的迁移率相对较高；但是，少数生物炭具有一定的AEC和直接固持NO_3^-的能力。④生物炭特性对于评估其对养分流失的潜在影响非常重要，灰分中的养分与新制备的生物炭混合可以与土壤水反应并溶解，使养分更容易流失。⑤大多数生物炭可以增大土壤pH值，这是影响许多养分可溶性、可流失性的主要因素。⑥大多数生物炭具有高吸附能力，可以吸附含有可矿化养分的生物有机分子。⑦有机化合物的吸附减少了与DOM相关养分的流失，但是被吸附的有机化合物为微生物提供了底物，这可以促进有机养分的循环和矿化作用。⑧ PO_4^{3-} 与生物炭中或土壤溶液中的 Ca^{2+} 发生共沉淀，可以减少养分流失。

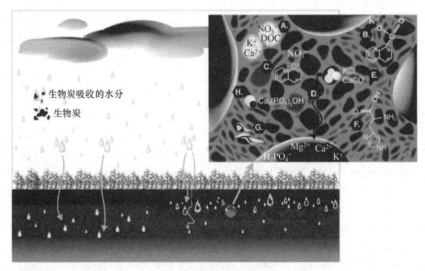

图18.5 土壤环境中生物炭与养分之间的相互作用机制摘要。图中，用字母表示的相互作用机制在文中进行了讨论，A. 水和养分的物理滞留；B. 通过阳离子交换固持养分；C. 通过阴离子交换固持养分；D. 养分从生物炭中释放；E. 生物炭的石灰性改变了土壤的pH值，从而影响养分的溶解度；F. 含有养分的生物有机化合物的吸附；G. 微生物活动影响养分循环；H. 养分的共沉淀

未来的研究应着重开发一种功能分类系统，该功能分类系统可用于预测作物、生物炭与气候之间的相互作用，以及其对养分流失和利用效率的影响。生物炭特性的显著变化取决于热解过程中的原料和热化学条件，以及任何制备后由于物理、化学处理或风化作用而发生的变化，这既是挑战也是机遇。如果没有一种生物炭功能分类系统考虑生物炭特性的差异，那么需要针对某些区域的特定应用进行特定生物炭产品的试验和试错开发，生物炭产业规模的扩大可能会受到限制。但是，如果使用生物炭功能分类系统，就可以预测哪种生物炭最适合特定的土壤、农作物和气候组合，哪种生物炭最适合减少相关养分流失。这将使工程师能够优化热解系统，以制备适合特定用途的高品质生物炭。养分流失的减少，原则上意味着作物生产中养分利用率的提高，前提是固持的养分可以保持生物有效性，这需要在温室和田间进行试验。如果农民能够在降低施肥率的情况下不影响生物炭改良土壤中的作物产量，那么可能会对生物炭的价值和水质产生重大影响。根据最近添加生物炭的土壤肥力研究，研究者需要考虑各种生物炭中植物有效养分的含量，以及生物炭对养分固持和生物有效性的影响。另外，与生物炭有关的大部分养分流失资料是在大自然中观察得到的，显然研究者需要进行创新研究，以明确记录生物炭改良土壤中养分固持的特定机制。

参考文献

Abebe, N. and Endalkachew, K. Impact of biomass burning on selecte physicochemical properties of Nitisol in Jimm zone, Southwestern Ethiopia[J]. Internationa Research Journal of Agricultural Science and Soil Science, 2011, 1: 394-401.

Abebe, N., Endalkachew, K., Mastawesha, M., et al. Effect of biochar application on soil properties an nutrient uptake of lettuces (*Lactuca sativa*) grown in chromium polluted soils[J]. American-Eurasian Journal of Agricultural an Environmental Sciences, 2012, 12: 369-376.

Aciego Pietri, J. C. and Brookes, P. C. Substrate inputs and pH as factors controlling microbial biomass, activity and communit structure in an arable soil[J]. Soil Biology an Biochemistry, 2009, 41: 1396-1405.

Allen, R. L. A brief compend of American agriculture[M]. New York: Saxton, 1847.

Altland, J. E. and Locke, J. C. Biochar affects macronutrient leaching from a soill esssubstrate[J]. Hortscience, 2012, 47: 1136-1140.

Anderson, C. R., Condron, L. M., Clough, T. J., et al. Biochar induced soil microbial community change: Implications for biogeochemical cycling of carbon, nitrogenand phosphorus[J]. Pedobiologia, 2011, 54: 309-320.

Asada, T., Ishihara, S., Yamane, T., et al. Science of bamboo charcoal: Study on carbonizing temperature of bamboo charcoal and removal capability of harmful gases[J]. Journal of Health Science, 2002, 48: 473-479.

Asai, H., Samson, B. K., Stephan, H. M., et al. Biochar amendment techniques for upland rice production in Northern Laos: 1. Soil physical properties, leaf SPAD and grain yield[J]. Field Crops Research, 2009, 111: 81-84.

Atkinson, C. J., Fitzgerald, J. D. and Hipps, N. A. Potential mechanisms for achieving agricultural benefits from biochar application to temperate soils: A review[J]. Plant and Soil, 2010, 337: 1-18.

Baldock, J. A. and Smernik, R. J. Chemical composition and bioavailability of thermally, altered Pinus resinosa (Red Pine) wood[J]. Organic Geochemistry, 2002, 33: 1093-1109.

Bansal, R. Heterocyclic chemistry[M]. New Delhi, India: New Age International, 1999.

Basso, A. S., Miguez, F. E., Laird, D. A., et al. Assessing potential of biochar for increasing water-holding capacity of sandy soils[J]. GCB Bioenergy, 2013, 5(2): 132-143.

Beesley, L., Moreno-Jiménez, E. and Gomez-Eyles, J. L. Effects of biochar and greenwaste compost amendments on mobility, bioavailability and toxicity of inorganic and organic contaminants in a multi-element polluted soil[J]. Environmental Pollution, 2010, 158: 2282-2287.

Bell, M. J. and Worrall, F. Charcoal addition to soils in NE England: A carbon sink with environmental co-benefits?[J]. Science of the Total Environment, 2011, 409: 1704-1714.

Bird, M. I., Ascough, P. L., Young, I. M., et al. X-ray microtomographic imaging of charcoal[J]. Journal of Archaeological Science, 2008, 35: 2698-2706.

Borchard, N., Wolf, A., Laabs, V., et al. Physical activation of biochar and its meaning for soil fertility and nutrient leaching—agreenhouse experiment[J]. Soil Use and Management, 2012, 28: 177-184

Cao, X., Harris, W. G., Josan, M. S., et al. Inhibition of calcium phosphate precipitation under environmentally-relevant conditions[J]. Science of the Total Environment, 2007, 383: 205-215.

Chan, K. Y., Van Zwieten, L., Meszaros, I., et al. Usingpoultry litter biochars as soil amendments[J]. Australian Journal of Soil Research, 2008, 46: 437-444.

Cheng, C. H. and Lehmann, J. Ageing of black carbon along a temperature gradient[J]. Chemosphere, 2009, 75: 1021-1027.

Cheng, C. H., Lehmann, J., Thies, J. E., et al. Oxidation of black carbon by biotic andabiotic processes[J]. Organic Geochemistry, 2006, 37: 1477-1488.

Cheng, C.-H., Lehmann, J. and Engelhard, M. H. Natural oxidation of black carbon in soils: Changes in molecular form and surface charge along a climo sequence[J]. Geochimica et Cosmochimica Acta, 2008, 72: 1598-1610.

Dempster, D. N., Jones, D. L. and Murphy, D. V. Clay and biochar amendments decreased inorganic but not dissolved organic nitrogen leaching in soil[J]. Soil Research, 2012, 50: 216-221.

Ding, Y., Liu, Y. X., Wu, W. X., et al. Evaluation of biochar effects on nitrogen retention and leaching in multi-layered soilcolumns[J]. Water Air and Soil Pollution, 2010, 213: 47-55.

Downie, A. C. and Munroe P.. Physical properties of biochar[M]. London: Earthscan, 2009, 13-32.

Doydora, S. A., Cabrera, M. L., Das, K. C., et al. Release of nitrogen and phosphorus from poultry litter amended with acidified biochar[J]. International Journal of Environmental Research and Public Health, 2011, 8: 1491-1502.

Dünisch, O., Lima, V. C., Seehann, G., et al. Retention properties of wood residues and their potential for soil amelioration[J]. Wood Science and Technology, 2007, 41: 169-189.

Glaser, B., Lehmann, J. and Zech, W. Ameliorating physical and chemical propertiesof highly weathered soils in the tropics with charcoal—A review[J]. Biology and Fertility of Soils, 2002, 35: 219-230.

Güereña, D., Lehmann, J., Hanley, K., et al. Nitrogen dynamics following field application of biochar in a temperate North American maize-based production system[J]. Plant and Soil, 2013, 365: 239-254.

Hass, A., Gonzalez, J. M., Lima, I. M., et al. Chicken manure biocharas liming and nutrient source for acid Appalachian soil[J]. Journal of Environmental Quality, 2012, 41: 1096-1106.

Hollister, C. C., Bisogni, J. J. and Lehmann, J. Ammonium, nitrate, and phosphate sorption to and solute leaching from biochar sprepared from corn stover (*Zea mays* L.) and oak wood (*Quercus* spp.)[J]. Journal of Environmental Quality, 2013, 42: 137-144.

Inyang, M., Gao, B. P., Ding, W. C., et al. Biochar from anaero bically digested sugarcane bagasse[J]. Bioresource Technology, 2010, 101: 8868-8872.

Ippolito, J. A., Novak, J. M., Busscher, W. J., et al. Switch grass biochar affects two aridisols[J]. Journal of Environmental Quality, 2012, 41: 1123-1130.

Jones, D. L., Rousk, J., Edwards-Jones, G., et al. Biochar-mediated changes in soil quality and plant growth in a three year field trial[J]. Soil Biology & Biochemistry, 2012, 45: 113-124.

Joseph, S. D., Camps-Arbestain, M., Lin, Y., et al. Aninvestigation into the reactions of biochar in soil[J]. Australian Journal of Soil Research, 2010, 48: 501-515.

Kameyama, K., Miyamoto, T., Shiono, T., et al. Influence of sugarcane bagasse-derived biochar application on nitrate leaching in calcaric dark red soil[J]. Journal of Environmental Quality, 2012, 41: 1131-1137.

Kim, P., Johnson, A. M., Essington, M. E., et al. Effect of pH on surface characteristics of switch grass derived biochars produced by fast pyrolysis[J]. Chemosphere, 2013, 90: 2623-2630.

Kinney, T. J., Masiello, C. A., Dugan, B., et al. Hydrologic properties of biochars produced at different temperatures[J]. Biomass and Bioenergy, 2012, 41: 34-43.

Knicker, H. How does fire affect the nature and stability of soil organic nitrogen and carbon? A review[J]. Biogeochemistry, 2007, 85: 91-118.

Kolb, S. E., Fermanich, K. J. and Dornbush, M. E. Effect of charcoal quantity on microbial biomass and activity in temperate soils[J]. Soil Science Society of America Journal, 2009, 73: 1173-1181.

Kothawala, D. N., Moore, T. R. and Hendershot, W. H. Soil properties controlling the adsorption of dissolved organic carbon to mineral soils[J]. Soil Science Society of America Journal, 2009, 73: 1831-1842.

Laird, D. A., Chappell, M. A., Martens, D. A., et al. Distinguishing black carbon from biogenic humic substances in soil clay fractions[J]. Geoderma, 2008, 143: 115-122.

Laird, D. A., Fleming, P. D., Wang, B., et al. Biochar impact on nutrient leaching from a Midwestern agricultural soil[J]. Geoderma, 2010, 158: 436-442.

Laird, D. A., Fleming, P. D., Davis, D. D., et al. Impact of biochar amendments onthe quality of a typical Midwestern agricultural soil[J]. Geoderma, 2010, 158: 443-449.

Lehmann, J., Silva, J. P., Steiner, C., et al. Nutrient availability and leaching in an archaeological Anthrosol and a Ferralsol of the Central Amazon basin: Fertilizer, manure and charcoal amendments[J]. Plant and Soil, 2003, 249: 343-357.

Lentz, R. D. and Ippolito, J. A. Biochar and manure affect calcareous soil and cornsilage nutrient concentrations and uptake[J]. Journal of Environmental Quality, 2012, 41: 1033-1043.

Lin, Y., Munroe, P., Joseph, S. Migration of dissolved organic carbonin biochars and biochar-mineral complexes[J]. Pesquisa Agropecuaria Brasileira, 2012, 47: 677-686.

Lin, Y., Munroe, P., Joseph, S., et al. Water extract ableorganic carbon in untreated and chemical treated biochars[J]. Chemosphere, 2012, 87: 151-157.

Lu, Z. L., Li, J. Y., Jiang, J. Amelioration effects of wastewater sludge biochars on red soil acidity and their environmental risk[J]. Huanjing Kexue, 2012, 33: 3585-3591.

Major, J., Rondon, M., Molina, D., et al. Nutrient leaching in a colombian savanna oxisol amended with biochar[J]. Journal of Environmental Quality, 2012, 41: 1076-1086.

Munch, J. M., Totsche, K. U. and Kaiser, K. Physicochemical factors controlling the release of dissolved organic carbon from columns of forest sub-soils[J]. European Journal of Soil Science, 2002, 53: 311-320.

Nelissen, V., Rutting, T., Huygens, D., et al. Maize biochars accelerate short-term soil nitrogen dynamics in a loamy sand soil[J]. Soil Biology and Biochemistry, 2012, 55: 20-27.

Novak, J. M., Busscher, W. J., Laird, D. A., et al. Impact of biochar amendment on fertility of a Southeastern coastal plain soil[J]. Soil Science, 2009, 174: 105-112.

Novak, J. M., Lima, I., Xing, B. S., et al. Characterization of designer biochar produced at different temperatures and their effects on a loamy sand[J]. Annals of Environmental Science, 2009, 3: 195-206.

Parvage, M. M., Ulen, B., Eriksson, J., et al. Phosphor usavailability in soils amended with wheat residue char[J]. Biology and Fertility of Soils, 2013, 49: 245-250.

Peng, X., Ye, L. L., Wang, C. H., et al. Temperature and duration dependent rice straw-derived biochar: Characteristics and its effects on soil properties of an Ultisol in southern China[J]. Soil and Tillage Research, 2011, 112: 159-166.

Pietikainen, J., Kiikkila, O. and Fritze, H. Charcoal as a habitat for microbes and its effect on the microbial community of the underlying humus[J]. Oikos, 2000, 89: 231-242.

Revell, K. T., Maguire, R. O. and Agblevor, F. A. Influence of poultry litter biochar on soil properties and plant growth[J]. Soil Science, 2012, 177: 402-408.

Revell, K. T., Maguire, R. O. and Agblevor, F. A. Field trials with poultry litter biochar and its effect on forages, green peppers, and soil properties[J]. Soil Science, 2012, 177: 573-579.

Rostad, C. E., Rutherford, D.W. and Wershaw, R. L. Effects of formation conditions of biochar on water extracts[R]. Denver, CO: GSADenver Annual Meeting, 2010.

Schneider, M. P. W., Scheel, T., Mikutta, R., et al. Sorptive stabilization of organic matter by amorphous Al hydroxide[J]. Geochimica et Cosmochimica Acta, 2010, 74: 1606-1619.

Schwartz, R. C., Dao, T. H. and Bell, J. M. Manure and mineral fertilizer effectson seasonal dynamics of bioactive soilphosphorus fractions[J]. Agronomy Journal, 2011, 103: 1724-1733.

Silber, A., Levkovitch, I. and Graber, E. R. pH-dependent mineral release and surface properties of corn straw biochar: Agronomic implications[J]. Environmental Science and Technology, 2010, 44: 9318-9323

Singh, B., Singh, B. P. and Cowie, A. L. Characterisation and evaluation of biochars for their application as a soil amendment[J]. Australian Journal of Soil Research, 2010, 48: 516-525.

Singh, B. P., Hatton, B. J., Singh, B., et al. Influence of biochar son nitrous oxide emission and nitrogen leaching from two contrasting soils[J]. Journal of Environmental Quality, 2010, 39: 1224-1235.

Song, W. P., and Guo, M. X. Quality variations of poultry litter biochar generated at different pyrolysis temperatures[J]. Journal of Analytical and Applied Pyrolysis, 2012, 94: 138-145.

Spokas, K. A. Impact of biochar field aging on laboratory greenhouse gas production potentials[J]. Global Change Biology Bioenergy, 2013, 5: 165-176.

Spokas, K. A., Baker, J. M. and Reicosky, D. C. Ethylene: Potential key for biochar amendment impacts[J]. Plant and Soil, 2010, 333: 443-452.

Sun, H., Hockaday, W. C., Masiello, C. A., et al. Multiple controls on the chemical and physical structure of biochars[J]. Industrial and Engineering Chemistry Research, 2012, 51: 3587-3597.

Tryon, E. H. Effect of charcoal on certain physical, chemical, and biological properties of forest soils[J]. Ecological Monographs, 1948, 18: 81-115.

Tveitnes, S., Fugleberg, O. and Opstad, S. L. Leaching of plant nutrients indrainage water as influenced by cropping system, fertilization and climatic factors[J]. Norwegian Journal of Agricultural Sciences, 1996, 10: 555-582.

Uchimiya, M., Chang, S. and Klasson, K. T. Screening biochars for heavy metal retention in soil: Role of oxygen functional groups[J]. Journal of Hazardous Materials, 2011, 190: 432-441.

Uzoma, K. C., Inoue, M., Andry, H., et al. Effect of cow manure biochar on maize productivity under sandy soil condition[J]. Soil Use and Management, 2011, 27: 205-212.

Uzoma, K. C., Inoue, M., Andry, H., et al. Influence of biochar application on sandy soil hydraulic properties and nutrient retention[J]. Journal of Food Agriculture and Environment, 2011, 9: 1137-1143.

Van Zwieten, L., Kimber, S., Morris, S., et al. Effects of biochar from slow pyrolysis of paper mill waste on agronomic performance and soil fertility[J]. Plant and Soil, 2010, 327: 235-246.

Ventura, M., Sorrenti, G., Panzacchi, P., et al. Biochar reduces short-term nitrate leaching from Ahorizon in an apple orchard[J]. Journal of Environmental Quality, 2013, 42: 76-82.

Veresoglou, S. D., Chen, B. D. and Rillig, M. C. Arbuscular mycorrhiza and soil nitrogen cycling[J]. Soil Biology and Biochemistry, 2012, 46: 53-62.

Wang, T., Arbestain, M. C., Hedley, M. Chemical and bioassay characterisation of nitrogen availability inbiochar produced from dairy manure and biosolids[J]. Organic Geochemistry, 2012, 51: 45-54.

Wang, L., Ruiz-Agudo, E., Putnis, C. V., et al. Kinetics of calcium phosphate nucleation and growth on calcite: Implications for predicting the fate of dissolved phosphate species in alkaline soils[J]. Environmental Science and Technology, 2012, 46: 834-842.

Wu, H., Yip, K., Kong, Z., et al. Removal and recycling of inherent inorganic nutrient species in Mallee biomass and derived biochars by water leaching[J]. Industrial and Engineering Chemistry Research, 2011, 50: 12143-12151.

Xu, G., Wei, L. L., Sun, J. N., et al. What is more important for enhancing nutrient bioavailability with biochar application into a sandy soil: Direct orindirect mechanism?[J]. Ecological Engineering, 2013, 52: 119-124.

Yanai, Y., Toyota, K. and Okazaki, M. Effects of charcoal addition on N_2O emissions from soil resulting from rewetting air-dried soilin short-term laboratory experiments[J]. Soil Science and Plant Nutrition, 2007, 53: 181-188.

Yao, Y., Gao, B., Inyang, M., et al. Removal of phosphate from aqueous solution by biochar derived from anaerobically digested sugar beet tailings[J]. Journal of Hazardous Materials, 2011, 190: 501-507.

Yao, Y., Gao, B., Zhang, M., et al. Effect of biochar amendment on sorption and leaching of nitrate, ammonium, and phosphate in a sandysoil[J]. Chemosphere, 2012, 89: 1467-1471.

Yuan, J. H. and Xu, R. K. The amelioration effects of low temperature biochar generated from nine crop residues onan acidic Ultisol[J]. Soil Use and Management, 2011, 27: 110-115.

Zheng, H., Wang, Z. Y., Deng, X., et al. Characteristics and nutrient values of biochars produced from giant reed at different temperatures[J]. Bioresource Technology, 2013, 130: 463-471.

Zheng, J. Y., Stewart, C. E. and Cotrufo, M. F. Biochar and nitrogen fertilizer alters soil nitrogen dynamics and greenhouse gasfluxes from two temperate soils[J]. Journal of Environmental Quality, 2012, 41: 1361-1370.

Zimmerman, A. R., Gao, B. and Ahn, M. Y. Positive and negative carbon mineralization priming effects among a variety of biochar-amended soils[J]. Soil Biology and Biochemistry, 2011, 43: 1169-1179.

第19章

生物炭对土壤水文性质的影响

Caroline A. Masiello、Brandon Dugan、Catherine E. Brewer、Kurt A. Spokas、
Jeffrey M. Novak、Zuolin Liu、Giovambattista Sorrenti

19.1 引言

生物炭具有改变土壤水文性质的潜力,这些改变可能导致土壤水循环和由水介导的生态系统发生显著变化。生物炭可以改变土壤的渗透率、排水率、土壤中储存的水量(包括以植物有效态存储的水)及土壤的疏水性。生物炭改良土壤还具有通过改变土壤团聚体和土壤碳循环引发土壤水文间接变化的潜质。生物炭也可以通过其他间接机制起作用,因为土壤水是土壤微生物活动的核心(Van Gestel et al., 1992),所以土壤水的有效性变化可能会引起土壤微生物的变化,如温室气体(CO_2、N_2O 和 CH_4)含量的变化,以及土壤动物活动、养分利用率或溶质淋溶的变化。

Mulcahy 等(2013)的研究表明上述变化是有益的,在干旱的农业土壤中,生物炭改良土壤导致植物可利用水量增加。其他潜在的有利影响可能是因为生物炭增加了土壤水分含量,从而修复了生态系统(Artiola et al., 2012);或者土壤排水量增加,从而减少了生态系统中 CH_4 和 N_2O 的产生。如果这些作用与生物炭的营养效益协同发生,则其将变得更加重要(见第 7 章、第 15 章和第 18 章)。但是,与生物炭的农业效应一样,生物炭对土壤水文性质的影响也可能是中性或负面的。为了更有效地施用生物炭改良土壤,需要更好地理解如何控制生物炭驱动土壤水文性质的变化。

生物炭驱动的土壤水文性质的变化最初是由土壤中基本物理特性的变化引起的。要了解生物炭对土壤水文性质的影响,必须首先了解生物炭如何改变根际土壤的物理特性。通过添加生物炭而改变的土壤关键特性包括堆积密度、孔隙率(包括孔径和孔隙连通性)、粒径分布和土壤表面化学性质。这些变化表现为可测量土壤水文性质的变化,如土壤导水率(由变量 K 表示)和土壤持水量(称为土壤水势或土壤水吸力,缩写为 y)。土壤导水率的变化可能会导致地表径流和渗流之间的降水分配发生变化(Zhang et al., 2012),从而改变径流、淋溶和侵蚀的风险。土壤水势的增大通常会导致土壤持水能力增强,也可能使植物有效水分含量增加。施用生物炭具有增加植物有效水的潜力,更加有利于干旱易发区的农业发展。了解生物炭水文效应机制有助于改善

半干旱地区农业土壤，可以提高农业土壤的抗旱能力。

本章总结了有关生物炭改变土壤水文性质的机制，同时考虑短期和长期过程，将机制可能产生的结果与生物炭驱动的水文变化观测结果进行比较，并概述相关研究需求，提供了在室内研究和田间试验中生物炭对土壤水文改良效应的最佳方法。

19.2 生物炭和土壤水：影响过程

土壤的物理性质和生物炭的理化性质将对土壤水文性质产生直接影响。生物炭的理化性质包括颗粒形状、大小和内部孔隙的几何形状（见图19.1），以及生物炭表面的化学性质（如亲水域和疏水域的比例），这些将直接影响土壤水文性质。

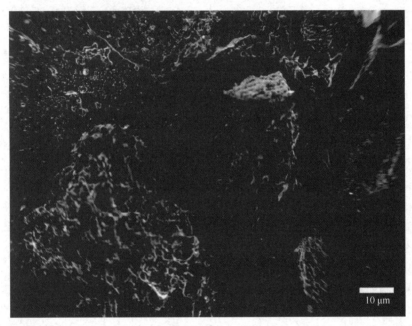

图19.1 小麦秸秆生物炭（500 ℃）的扫描电子显微镜（SEM）图像，记录在JEOL 6500 SEM上，工作电压为15 kV和1000x（120 μm全宽）。注意，尽管所有生物炭颗粒都是在同一批次制备的，但不同生物炭颗粒的孔隙率复杂、变化很大。图片由爱德华·科洛斯基（明尼苏达大学）收集

水在土壤颗粒之间流动，有时会穿过土壤颗粒的孔隙。土壤水文性质的改变与土壤孔隙的体积、尺寸和连通性息息相关。当生物炭的形状、大小和/或内部孔隙率与土壤孔隙相比有所不同时，它可能会改变土壤水文状况。生物炭对土壤孔隙大小和形状的影响在一定程度上取决于所使用土壤的类型。因此，在将生物炭添加到土壤中前无法完全表征其生物活性，这意味着相同的生物炭对土壤水文性质的影响可能会因改良土壤的特性不同而有所不同，也意味着生物炭与生物炭－土壤混合物的水文行为没有直接联系（见专栏19-1）。

了解生物炭改良剂改变土壤孔隙空间机制有助于理解生物炭、土壤和水混合物的直接行为，这可能是由于生物炭本身内部是多孔的，也可能是由于生物炭可以改变土壤颗粒之间孔隙的大小、形状和数量。这些效应可以用颗粒内孔隙和颗粒间孔隙来描述，其中，颗粒内孔隙代表颗粒内部的孔隙，颗粒间孔隙代表颗粒之间的孔隙（见图19.2）。水可以储

存在两种类型的孔隙中，水从任何孔隙中流出所需的能量取决于颗粒孔隙半径，因此生物炭—土壤混合物的水势取决于生物炭及混入土壤的粒径。两种类型的孔隙都可能影响水流过土壤的速率（由土壤的导水率定义的特性，用 K 表示）。颗粒内孔隙对总生物炭和土壤孔隙率（颗粒内孔隙率＋颗粒间孔隙率）的影响与土壤基质无关，因为生物炭的颗粒内孔隙率最初不会土壤类型而变化（见图19.2）。然而，颗粒间孔隙率将随土壤类型、生物炭和土壤颗粒大小而变化，因此，预测生物炭的水文效应需要对土壤的颗粒大小和质地，以及生物炭的颗粒大小进行研究。

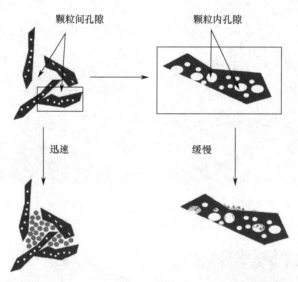

图19.2　颗粒间孔隙和颗粒内孔隙（将生物炭添加到土壤中时，如果土壤颗粒大小小于颗粒间孔隙，颗粒间孔隙会迅速与土壤颗粒结合。但是，颗粒内孔隙填充速度更慢，其填充速率可能取决于土壤颗粒大小、生物炭孔隙连通性、土壤微生物过程和当地的水文条件）

　　从长远来看，由于生物炭及其分解产物会与土壤环境发生反应，因此生物炭可能会改变土壤基质的聚集性和化学性质。虽然这种变化的时间尺度尚不清楚，但可以对其变化过程进行概述。土壤 pH 值的变化会影响聚集的首要过程。如果生物炭 pH 值与土壤 pH 值有显著差异，则这种情况将在施用生物炭后发生，并很可能引发土壤过程的一系列变化，包括由导水率（K）控制的流体运动和土壤聚集。生物炭与土壤环境中的微生物和化学物质发生反应时，会发生物理分解和化学分解。化学分解可以从土壤中释放出溶解有机碳（DOC）（Hockaday et al., 2006, 2007; Dittmar et al., 2012; Jaffé et al., 2013; Wang et al., 2013），或者与土壤矿物质结合（Cusacket et al., 2012; Kramer et al., 2012）。可溶性生物炭颗粒的溶解和矿化反应可以扩大有机矿物质碳库的大小，相应地可以改变土壤质地。土壤的物理分解（如耕作分解、冻融、黏土膨胀、干燥开裂或生物辅助分解）可以减小生物炭的粒径，直到生物炭最终通过土壤环境中的径流被浸出（Huisman et al., 2012; Jaffé et al., 2013）。然而，这种物理分解也可以通过形成土壤矿物质表层来保护生物炭颗粒，使其不受化学和/或微生物矿化作用的影响，从而提高生物炭的稳定性（Huisman et al., 2012；见图 19.2 和图 19.3）。生物炭可以作为矿物和有机颗粒团聚体的核心（Awad et al., 2013），改善聚集情况和孔隙的有效性（见图19.2、图19.3 和图19.4）。0.1～50 μm 的颗粒间孔隙对增加植物有效水分至关重要，因为水分很容易在重力影响下从较大的孔隙流失（Jury et al., 1991），而纳米级的孔隙不太可能储存植物易获取形式的水分。随着时间的推移，生物炭暴露在土壤环境中后，颗粒间孔隙和颗粒内孔隙都可能被微生物和/或土壤矿物质填充（见图19.3、图19.4），从而引发土壤水分的长期变化。因此，可以合理地假设，生物炭暴露在富含黏土的土壤中会通过孔隙堵塞（见图19.3）和土壤物质的黏附（见图19.4）降低生物炭的整体孔隙率。

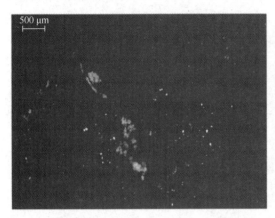 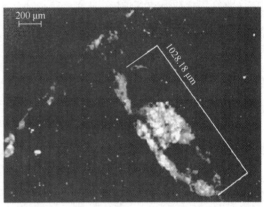

图19.3 阔叶木生物炭碎片的横截面，在野外条件下粗糙的温带壤土（含氟浸渍土/氟浸渍土）中暴露4年（1.5 kg·m^{-2}）后，生物炭的大孔隙已经开始被土壤填满

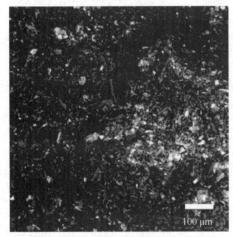 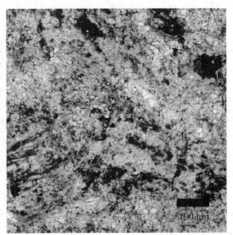

(a) 新制备的生物炭　　　　　　　　(b) 在明尼苏达州农田暴露2年的同一生物炭

图19.4 新制备的生物炭和在明尼苏达州农田暴露2年的同一生物炭的SEM-EDX扫描结果，以及通过SEM-EDX分析估计其化学成分的变化，分析由Aspex公司进行

19.3 生物炭对土壤持水能力的影响

迄今为止，大多数关于水和生物炭的研究都考察了生物炭对土壤持水能力的影响，通常测量的是饱和土壤持水量，并允许其在特定时间内自由排放。土壤持水量（WHC）也称为田间持水量，可以定义为在土壤水势（压力）为 -33 kPa 时土壤中的水分含量。生

物炭本身具有高度可变的持水能力，一些生物炭样品在水中的质量是其自身质量的 10 倍以上（Brockhoff et al., 2010; Kinney et al., 2012）。但是，向土壤中添加持水量高的生物炭并不会导致土壤持水量的增加，将土壤和生物炭混合后，颗粒间孔隙可能会消失（见图 19.2）。在土壤中施用生物炭后，颗粒间孔隙的体积由生物炭和土壤的颗粒大小和形状控制，也受任何施加的压力控制。因此，最有意义的测量不是测量生物炭的持水量，而是测量生物炭与土壤混合物的持水量（见表 19.1 和专栏 19-1）。

表 19.1 生物炭对土壤持水量的影响。其中，将生物炭施用量的单位 kg·m^{-2} 和 wt/wt% 转换为 kg·m^{-2} = wt/wt% × 深度（m）× 堆积密度（kg·m^{-3}）/10

参考文献	土壤类型	生物炭类型	施用量	施用量（kg·m^{-2}）	对土壤持水量的影响
Tryon（1948）	砂土	松木、硬木	15、30、45（v/v）	—	增加了 6%、12%、18%、15%、30%、45%
	壤土	松木、硬木	15、30、45（v/v）	—	没有影响
	黏土	松木、硬木	15、30、45（v/v）	—	减少了 15%、30%、45%、7%、13%、20%
Busscher 等（2011）	典型的 Kandiudult	山核桃壳	1（wt/wt）	2.2	E 层增加了 7%，E 层+Bt 层增加了 8%
Karhu 等（2011）	粉砂土	桦树	0.36（wt/wt）	0.9	增加了 11%
Streubel 等（2011）	干旱的 Torripsamments	道格拉斯冷杉颗粒（WP）、道格拉斯冷杉树皮（SB）、柳枝稷草（SW）、动物消化纤维（ADF）	0.4、0.75、1.5	0.98、1.95、3.9	所有生物炭对砂壤土的持水量均无影响；ADF 对砂壤土和壤土的持水量没有影响
	Ultic Argixeroll	WP、SB、SW、ADF	0.4、0.75、1.5	0.98、1.95、3.9	SB 在 3.9 kg·m^{-2} 时增加 15.7%，SW 增加 15.1%，但 WP 无影响
	Pachic Ultic ploxeroll	WP、SB、SW、ADF	0.4、0.75、1.5	0.98、1.95、3.9	SB 在 3.9 kg·m^{-2} 时增加了 14.9%，SW 增加了 20.5%，WP 没有影响
	Boralfic Argixeroll	WP、SB、SW、ADF	0.4、0.75、1.5	0.98、1.95、3.9	WP、SB 和 SW 在 3.9 kg·m^{-2} 时增加了 12.5%
	潮湿的灰土	WP、SB、SW、ADF	0.4、0.75、1.5	0.98、1.95、3.9	WP 在 3.9 kg·m^{-2} 时增加了 34.2%，SB 增加了 10.1%，SW 增加了 7%
Briggs 等（2012）	典型的 Dystroxerept	杰克松	0.5、1、5（wt/wt）	—	每添加 1% 生物炭，持水量增加了 0.01%（wt/wt）
Kinney 等（2012）	湿淋溶土	玉兰叶、苹果木、玉米秸秆	2、5、7（wt/wt）	—	增加了 25%～36%
	湿变性土	玉兰叶、苹果木、玉米秸秆	2、5、7（wt/wt）	—	没有影响

（续表）

参考文献	土壤类型	生物炭类型	施用量	施用量（kg·m⁻²）	对土壤持水量的影响
Liu等（2012）	酸性始成土	堆肥+商业木炭	—	3.25堆肥+0.5、1、2生物炭	32.5%堆肥+20%生物炭使植物有效持水量翻倍
Novak等（2012）	典型的 Kandiudult	花生壳、山核桃壳、家禽垫料、柳枝稷、硬木废料	2（wt/wt）	4.5	增加了高达10.3%
	干旱的 Haplocalcid	柳枝稷	2（wt/wt）	4.5	增加了3%~7%
	干旱的 Haplocambid	柳枝稷	2（wt/wt）	4.5	增加了3%~7%
Basso等（2012）	砂质壤土	红橡木	3、6（wt/wt）	6.3~6.5、1.21~1.24	分别增加了3%、6%、44%~84%、29%~38%
Githinji（2014）	壤砂土	花生壳	25、50、75、100（v/v）	—	25%、50%、75%、100%饱和时分别增加了16%、24%、60%、60%

专栏 19-1　仅根据生物炭的持水量不能线性预测生物炭—土壤的持水量

经生物炭改良的土壤的持水量是土壤性质和生物炭性质的函数，因此，生物炭的持水量不一定与任何土壤—生物炭混合物的最终持水量有关。生物炭的持水量可能很高，有些生物炭在水中的质量可以超过自身质量的10倍（Kinney et al., 2012）。生物炭内部的多孔不能容纳大量的水，并且只有当生物炭不规则形状的颗粒之间含水时，才有可能有非常大的持水量［见图19.5（a）］。经生物炭改良后，这些空间充满了土壤颗粒［见图19.5（b）］，实际可用水量大大减少（Kinney et al., 2012）。

(a)　　　　　　　　(b)

图19.5　生物炭孔隙及土壤颗粒分布

已有研究认为，土壤持水量受生物炭和改良土壤的共同影响。一些关于土壤与生物炭混合物的研究表明，土壤持水量的增加幅度为 0%～30%（Basso et al., 2012; Kinney et al., 2012; Novak et al., 2012; Lei and Zhang, 2013），而不是纯生物炭使持水量增加 10 倍（Kinney et al., 2012）。但是，其他研究也未发现某些生物炭与土壤组合的持水量发生显著变化（Laird et al., 2010; Kinney et al., 2012; Abel et al., 2013）。当存在影响时，持水量较低的土壤的改善效果最好（Kinney et al., 2012），而在迄今为止进行的土壤持水量测量（增水后 6 d）中，添加到砂土中的硬木生物炭引起的持水量变化最大（Novak et al., 2012）。

虽然持水量是生物炭对土壤和水储量影响的粗略指标，但它并未提供有关生物炭是否能以有益于植物生长的方式改变土壤水文性质的信息。为此，需要获取有关生物炭影响植物有效水的信息。植物有效水是土壤中的水分被土壤颗粒"松散"地固持，能被植物完全吸收的水分。迄今为止，关于生物炭对植物永久萎蔫点（PWP）及植物有效水影响的信息很少。

19.4 植物有效水

生物炭可以用于储存土壤水分，但只有其中一小部分土壤水分能被植物吸收。要了解生物炭如何影响植物的生长，首先必须了解生物炭改良土壤对植物有效水的影响。植物有效水指田间持水量和植物永久萎蔫点之间的差值。土壤持水量（在某些研究中也称为田间持水量），是在重力驱动的排水作用下，去除多余水分后的土壤含水量（这个过程需要 24～48 h；土壤含水量在 -33 kPa 的压力下，即土壤吸力为 33 kPa）。植物永久萎蔫点是指植物枯萎所需的含水量，即土壤承受 -1500 kPa 压力时的含水量。土壤会排放超过土壤持水量的水，并且植物没有吸取低于植物永久萎蔫点的能力，因此认为土壤持水量和植物永久萎蔫点之间保持的水量可被植物吸收。由于对土壤持水量和植物永久萎蔫点中生物炭驱动的变化研究仍然有限，因此尚不清楚在什么条件下生物炭可能会改变植物有效水。

如果在干旱多发的农业地区，生物炭以增加植物有效水的目的施用，那么它将具有显著的农业效益。然而，正如生物炭对渗透速率的影响一样，很少有关于生物炭对植物有效水影响的研究。目前，砂土和壤土方面已经有了一些研究，但还没有关于细粒土的研究，也还没有关于生物炭改变植物有效水可能机制的研究。虽然最重要的机制可能是改变颗粒内孔隙和颗粒间孔隙的数量、大小和分布，但生物炭也可能改变土壤中盐分的含量和组成，盐分本身不会影响土壤持水量，但会改变土壤总持水量（土壤水势）。

对于砂质土壤的研究表明，施用生物炭增加了植物有效水（见表 19.2）。将生物炭添加到砂质土壤中之后，植物有效水的改变尤为重要，生物炭的驱动作用可能会因为作物受干旱影响较小而转化为更高的作物生产力。Liu 等（2012）报道，施用堆肥和 $2×10^{-4}$ mg·m^{-2} 生物炭改良土壤后植物有效水增加了 1 倍。Brockhoff 等（2010）将生物炭以 5%～25% 的体积比施用量添加至种植草皮草的砂质培养基中，发现植物有效水增加。Briggs 等（2012）将生物炭以 0.5%～5% 的体积比施用量对取自干燥的砂壤土的土壤碳层进行改良，在室内中将使用的生物炭研磨至 150 μm，发现植物有效水的增加率为 4%～50%。根据 Brockhoff 等（2010）、Briggs 等（2012）的研究，随着生物炭施用量的增大，植物有效水呈现线性增长；Brockhoff 等（2010）、Briggs 等（2012）的研究中 R^2 分别为 0.97 和 0.99。Abel 等（2013）的研究发现，用玉米秸秆生物炭改良土壤后，植物有效水有所增加（增加约 5%）。

表 19.2 生物炭对植物有效水的影响

参考文献	土壤类型	生物炭数据（原料、颗粒大小）	施用量	施用量 ($kg \cdot m^{-2}$)	对植物有效水的影响
Liu等（2012）		未提供		2	增加了100%
Brockhoff等（2010）	砂地草皮中间物	未提供	按体积计算 5%~15%		增加了40%~270%
Briggs等（2012）	砂质壤土、干燥土壤	颗粒小于150 μm	按质量计算 0.5%~5%		增加了4%~50%
Abel等（2013）	砂土和砂壤土	热解后玉米秸秆原料过筛至小于2 mm	按质量计算 1%~5%		增加了16%

生物炭增加植物有效水的能力是一个重要的特性，生物炭的有效利用需要更好地掌握这一特性机制，只有增加相关数据的收集与研究才有可能探明该机制。粒径（生物炭和土壤）及生物炭孔隙率的信息对于认识土壤持水机制特别重要，因此鼓励科研人员对这些基本数据进行研究（见专栏19-2）。

专栏 19-2　生物炭—土壤试验的最佳数据报告

最低限值：
- 生物炭的基本特性，包括生物炭颗粒大小。
- 土壤的基本特性，包括土壤颗粒的大小和质地（如砂土、壤土、黏土）。
- 生物炭以 $kg \cdot m^{-2}$ 和 %（质量）为单位的施用量信息。
- 生物炭改良前后土壤持水量的变化。
- 生物炭改良前后的植物永久萎蔫点。

如果可能进行更多的测量，建议添加：
- 生物炭密度（见专栏19-3）。
- 生物炭孔隙率。
- 改良前后的土壤容重。

专栏 19-3　测量生物炭密度

测量生物炭密度有 3 种方法（见图 19.6）。对于每种方法，文献中存在多个术语，有时使用相同的术语来描述不同的方法。在报告生物炭密度数据时，研究人员必须明确他们使用的是哪种方法。

(a) 固体密度或骨架密度　　　(b) 包络密度或体积密度　　　(c) 振实密度或容积密度

图19.6　测量生物炭密度的3种方法

（1）固体密度或骨架密度：固体密度是通过测量已知质量的生物炭置换的氦气体积来确定的。由于氦原子非常小，它几乎可以穿透生物炭颗粒中所有连通的孔，从而可以测量材料的固体框架（或骨架）。现有数据表明，该性质与热解温度相关（Brown et al., 2006; Brewer et al., 2014; Wiedemeyer et al., 2015）。纯石墨的固体密度上限为 2.1 g·cm^{-3}，但是如果生物炭包含高浓度灰分，则可能会超过该上限。

（2）包络密度或体积密度：包络密度是通过测量生物炭（如砂子或蜡）置换的非润湿固体材料的体积来确定的，它可以与骨架密度结合来计算生物炭的孔隙率。

（3）振实密度或容积密度：通过将已知质量的生物炭装填到已知体积的腔室内，并"敲击"该腔室以实现均匀填充，可以确定振实密度。由于测量的体积包括了生物炭颗粒之间的孔隙空间，这种测量方法可能产生最低密度。这些颗粒间的孔隙将被田间的土壤颗粒填充，从而使振实密度成为生物炭对土壤容重潜在影响的上限。

虽然数据有限，但可以得出结论：颗粒内孔隙和颗粒间孔隙在决定生物炭影响植物有效水方面发挥了作用。生物炭中的孔隙从小于 1 nm 到数十微米不等（见图 19.3 和图 19.4；Sun et al., 2012），虽然生物炭在 1～10 nm 内都有丰富的内部孔隙，但植物不太可能在这么小的孔隙中产生足够的吸力来克服保持水分的毛细作用力。只有大部分生物炭的颗粒内孔隙能以植物可利用的形式储存水分（Brewer et al., 2014）。通过考虑孔隙半径，水分将通过孔隙半径在毛细管压力等于植物永久萎蔫点时移动，表达式为

$$r = \frac{2\gamma\cos\theta}{P_c} \tag{19-1}$$

式中，r 是孔隙半径，P_c 是毛细管压力，γ 是表面张力，θ 是接触角。当 P_c = 1500 kPa（等于植物永久萎蔫点）、γ = 0.073 N·m^{-1}（在 20 ℃时水和空气界面的表面张力）、$\theta < 90°$（假设亲水性土壤 + 生物炭混合物；Kinney et al., 2012）时，可以估计半径小于 0.01 mm 的孔隙中储存的水将无法用于植物（被吸收）；但是，植物可达到的确切孔隙半径可能会大得多，并且将受决定 γ 和 θ 的环境条件控制，包括温度、水化学和土壤化学条件。

生物炭的粒径也可能对颗粒内孔隙和颗粒间孔隙中的有效水起关键作用。将生物炭研磨成约 100 μm（0.1 mm）大小的颗粒，会使约 10 mm 大小的颗粒内孔隙断裂，而这些孔隙以最小的吸力（最容易被植物吸收的形式）固持水分。一般来说，生物炭样品研磨得越均匀，颗粒内孔隙率就越小。Briggs 等（2012）报道，当生物炭在施用前被研磨到 150 μm 时，植物有效水增加了 4%～50%，可能是对特定土壤类型（粗砂）的较低估计值。

颗粒间孔隙可能会在使植物有效水增加的孔隙率中发挥重要作用。这种孔隙率的增加

是土壤和生物炭共同作用的结果，不能独立于土壤进行表征（见专栏19-1）。粒径小于改良土壤颗粒的生物炭可能会填满土壤颗粒之间的空隙，从而减小土壤颗粒间的孔隙，并增加从这些颗粒间孔隙中排出水所需要的吸力。粒径等于或大于改良土壤颗粒的生物炭也可能随着孔径和土壤水势的变化而改变土壤颗粒间孔隙。

从理论上讲，生物炭有可能在根本没有改善植物有效水的情况下显著增加土壤的持水量。如果大多数生物炭的孔隙非常小，和/或受到狭窄的孔喉的限制，则可能会发生这种情况。这是因为从很小的孔隙/孔喉中排出水分所需的吸力应超过孔隙最狭窄部分的毛细管压力。毛细管压力与孔喉半径成反比，植物可以从中排出孔隙水的最小孔喉约为10 nm。由于毛细管压力不是产生土壤水势的唯一作用力，其实际最小孔径极限接近几微米，而生物炭的孔隙直径比这小得多（Sun et al., 2012; Illingworth et al., 2013）。虽然现有的技术可以量化生物炭微孔大小范围内的孔隙率（如 N_2 吸附/BET），但这个尺寸范围内的孔隙几乎不可能以植物可利用的形式储存水分。

从 Abel 等（2013）的研究观察到，土壤持水量的大部分增长发生在土壤孔隙中，这些孔隙太小使得植物有效水无法进入。由于 Abel 等（2013）没有精细研磨生物炭，因此他们保留了能够容纳植物有效水的较大生物炭孔隙，并发现某些样品中植物有效水有所增加。如果将这些样品细磨，则最小孔隙的特性可能会对整个系统起主导作用，从而导致植物有效水减少。这项研究指出，在研究生物炭对土壤水分的影响时，表征生物炭粒径和孔径非常重要。尽管这些孔隙在显微镜图像中很明显（见图 19.3，以及下文物理表征部分），但是对于生物炭大孔隙（1～100 μm）的比例几乎没有定量数据，这些大孔隙可能对生物炭改善植物有效水的能力起重要作用。

19.5 生物炭与土壤导水率

土壤导水率（K）是流体（通常是水）流过土柱难易程度的度量，其以速度单位表示。较高导水率的土壤往往有利于渗透，可以迅速将水输送到土壤深处，较低的导水率则表明土壤渗透率较低。根据一个地区的土壤类型和气候，可能需要增大或减小土壤导水率。例如，在砂质土壤中，水分可能会迅速从根部流失，因此可能需要减少土壤导水率；相反，在渗透速度非常慢而导致积水的黏土中，可能需要增大土壤导水率。

土壤导水率可以进一步描述为饱和导水率（K_{sat}）和非饱和导水率（K_{unsat}）。K_{sat} 指在孔隙100%饱和系统中水的流动难易程度，它表示土壤的最大导水率。K_{sat} 由土壤特性（固有渗透性）和流体特性（密度、黏度）控制。K_{unsat} 指当孔隙中水不是100%饱和时水的流动难易程度。在渗流区内孔隙部分水饱和，部分被空气饱和。K_{unsat} 的大小取决于其固有渗透率、相对渗透率函数、流体密度和黏度。在完全饱和的土壤上进行一次导水率试验来确定土壤或土壤混合物的 K_{sat}。在具有不同饱和度的土壤上进行一系列的导水率试验，或者了解单一的导水率（如 K_{sat}），以及导水率如何随饱和度变化来确定 K_{unsat}。了解更复杂的 K_{unsat} 需要了解含生物炭的土壤中 K_{sat} 的变化、生物炭如何影响土壤饱和度及如何影响 K_{sat}。在评估 K_{sat} 时，假设饱和度为100%，该评估提供了一个关于导水率的最终结果。

虽然关于生物炭对 K_{sat} 影响的数据有限，但是很有前景。一些土柱试验研究表明，对砂质土壤进行生物炭改良会导致土壤导水率降低（砂质土壤中的排水速度较慢）（Brockhoff et al., 2010; Githinji et al., 2014)。然而，由于影响这些变化的物理过程和化学过程尚不明确，因此，还不能从这些研究中得出生物炭能始终改善土壤水分流动的结论。如果不能明确机制，将无法预测生物炭在什么时候改变土壤导水率。制备生物炭的原料和条件对土壤导水率的影响，以及受生物炭影响的土壤团聚体与土壤导水率之间的相互作用尚不清楚。很可能是生物炭改变了土壤的聚集性及水在土壤中的流动方式，这种相互作用与时间相关，随着添加生物炭的土壤发生变化，生物炭的重要性也会增加。关于生物炭驱动土壤导水率变化的更多研究可能会得到该过程的模型，该模型可以根据生物炭类型、土壤类型及生物炭和土壤的粒径估算土壤导水率的变化。由于水在部分饱和土壤中经常发生渗透和径流，在了解如何控制土壤导水率之后，下一步将了解相对渗透率的影响。

如果生物炭颗粒大小是赋予初始水力传导度的主要因素（基于聚集在确定土壤导水率中的作用的设想），可以得出结论，生物炭颗粒对砂质土壤和颗粒较大的富含黏土土壤的改良是有利的（见图19.7）。但是，由于现有文献并未统一报道生物炭的粒径，并且尚未探索其与聚集的相互作用，因此无法确定生物炭的粒径是否是造成土壤导水率变化的原因。现有的两项研究（Githinji et al., 2014; Brockhoff et al., 2010）并没有与粒径假说相矛盾，但都没有提供足够的信息来推断其他假说体系。在 Githinji 等（2014）的研究中，生物炭增大了土壤中砂砾级和黏土级土壤的粒径（同时减小了粉砂土壤的粒径），但无法确定颗粒粒径变化是否与土壤导水率的变化相关。Brockhoff 等（2010）的研究报道，在砂土中使用柳枝稷快速热解制备生物炭可以降低土壤导水率。

这种柳枝稷在热解之前通过 2 mm 筛，所得到的生物炭颗粒非常细小，约有 20 wt%、30 wt%、50 wt% 的生物炭颗粒粒径分别大于 100 μm、50～100 μm、小于 50 μm（Brewer，未发表的数据）。

生物炭中的最大孔隙直径可以达到 100 mm（见图 19.3），这可以在土壤水文过程中发挥重要作用（Brewer et al., 2014），土壤团聚体在这个系统中也扮演着重要的角色。为了解生物炭在水文方面的优势，需要更好地了解颗粒的大小、土壤团聚体及由此产生的孔隙结构。

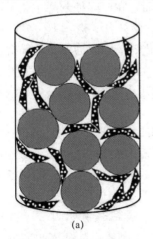 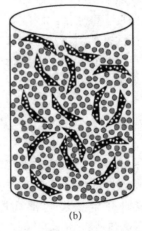

(a) (b)

图19.7 如果控制生物炭粒度影响土壤导水率，（a）当生物炭颗粒小于土壤基质时，土壤导水率会降低，（b）当生物炭颗粒大于土壤基质时，土壤导水率增加。土壤和生物炭粒径不太可能是生物炭改性体系中影响土壤导水率的唯一因素，可能起重要作用的因素还包括生物炭制备原料、制备条件、土壤和生物炭颗粒形状（影响填料）、植物效应和土壤团聚体中生物炭驱动的变化

19.6 生物炭表面化学性质与疏水性

生物炭的疏水性在一定程度上取决于其表面的化学性质,并随制备条件和制备原料而变化。在 400～500 ℃下制备的生物炭最初可能呈现出疏水性(Briggs et al., 2012; Kinney et al., 2012; Abel et al., 2013),这可能会影响降雨进入土壤。生物炭最初观察到较弱的疏水性(Briggs et al., 2012; Kinney et al., 2012; Abel et al., 2013),但在室内将其用水冲洗后,这种情况将消失。由于水渗透到较小孔隙中的速率可能较慢,因此,在田间疏水性较弱的生物炭孔隙中水分保留的时间可能较长。在小的内部孔隙中,持久的疏水性会导致水分推迟进入这些孔隙中,从而延迟农业效益的实现。

生物炭的疏水性(通过表面化学效应)可以影响土壤导水率和植物有效水,其表面化学性质会影响生物炭的疏水性或亲水性,进而影响水湿润生物炭表面的能力。如果生物炭颗粒具有疏水性,那么其可以用来储存水,而可流动的水的体积将会减小,这将减小生物炭的储水率和导水率。孔隙中流体的表面化学性质和盐分会影响生物炭周围双层膜的厚度,双层膜内的水被结合在颗粒表面,因此不能流动。在这种情况下,化学条件可能增大结合水的体积,产生可能储存更多水的系统,但这些水可能是不流动的,因此对植物或多孔系统中的流体或溶质运输不起作用。

19.7 生物炭的物理特性:预测土壤水文性质较好的工具和枢纽

生物炭对土壤水文性质的影响需要更好地被了解,特别是它对土壤水分流动和植物有效水的影响。这种认识将通过室内研究及温室、田间试验来实现。生物炭、土壤和气候条件组合复杂,因此无法在田间进行全部试验。虽然田间试验是检验生物炭效应的最好标准,但进行大量重复的田间试验既昂贵又耗时,而且在田间控制降水、温度和土壤微生物群落等重要特性也具有挑战性。因此,需要精心设计室内试验,以了解生物炭的物理特性、化学特性、土壤特性是如何驱动土壤水文性质变化的;同时需要进行简短的、大量重复的温室试验来验证室内试验的结果,以筛选出在统计学上有意义的生物炭特性。确定在统计学上有意义的、重要的特性之后,必须进行长期的田间实验来评估生物炭在实际应用中的效果。

生物炭和土壤颗粒大小、生物炭内部孔隙特征会对土壤导水率和植物有效水产生影响,这使得未来关于生物炭对土壤水文性质影响的研究需要对一系列最小值进行测量。未来需要对生物炭颗粒大小和土壤颗粒大小产生的影响进行研究。生物炭的制备温度、制备原料等条件会影响生物炭颗粒内部孔隙率(Brewer et al., 2014)。

今后还应该研究生物炭内部孔隙的特征,包括孔隙大小和孔隙连通性(见专栏 19-1)。然而,这些特性并不像颗粒大小那样容易测量。孔隙大小的分布可以用水银孔隙度计测量,但这项技术成本昂贵,并且需要具有安全处理 Hg 的能力。N_2 吸附试验可以测量生物炭的表面积和微孔率,但 N_2 吸附试验不能测量大于约 0.1 mm 的孔隙,这限制了对 1～100 mm 孔隙的检测能力,而这些孔隙可能对植物有效水的储存起到重要作用。

比重瓶测定法是一种很有前景的技术方法，可以测定生物炭的孔隙总体积。该方法既能测量生物炭的骨架密度，又能测量生物炭颗粒的密度，然后可以根据这两个密度计算总的生物炭孔隙率（Brewer et al., 2014）。Brewer 等（2014）使用比重瓶测定法确定了生物炭中可用的孔隙总体积，发现原料类型是影响孔隙总体积的主要因素，草类生物炭的孔隙总体积约为木材类生物炭的 2 倍。和热解方式一样，热解温度也是影响因素之一。比重瓶测定法与水银孔隙度计测得的值非常吻合，两者的结果均比 N_2 吸附试验测得的孔隙率大 90% 左右（Brewer et al., 2014）。比重瓶测定法测量的孔隙率在表征生物炭、生物炭与土壤混合物方面很有前景，因为该测定法快速、简便且不需要使用 Hg。生物炭孔径的复杂分布，以及内部孔隙率可能对储水和导水率产生影响，因此，在研究生物炭对土壤水文性质的影响时，提供尽可能多的孔隙之一信息非常重要。

在表征生物炭孔隙结构方面，使用其他技术可能会有额外收获。孔径可能与土壤水势有关，这意味着在变化的土壤水势下测量生物炭含水量可以获得有关孔径分布的信息。基于质子核磁共振（NMR）的土壤水分测量可以获得孔隙大小和总孔隙率的信息（Hou et al., 1994）。NMR 的优势是检测水而不是检测孔隙，因此只测量水可进入的孔隙空间。结合 NMR 和比重瓶测定法可以提供有关饱和状态的生物炭或生物炭与土壤混合物的信息。在饱和状态下的表征也将阐明生物炭改良对土壤导水率变化的影响。基于 NMR 成像测量孔隙率还可以确定孔隙水是流动的还是静止的，从而进一步认识哪些水可以流动或被植物利用。

19.8 展望

生物炭对土壤水文性质影响的进一步研究应针对不同原料和热解条件下制备的不同粒径的生物炭进行室内研究和田间试验。最终，将植物对生物炭的影响，以及其在土壤过程中的反馈整合起来至关重要，还应探讨其他处理方法对土壤水文性质的影响。在室内，生物炭在不同土壤类型（如砂土、黏土、粉砂壤土）中培养后，土壤水文性质应作为研究重点。这项评估还需要对生物炭的物理特性（包括颗粒大小、颗粒分布）及其改良的土壤进行严格控制（见专栏 19-2）。这些试验的设计应与当前的田间试验同时进行，例如，将预测的农田生物炭施用量（$0.1 \sim 1 \text{ kg} \cdot \text{m}^{-2}$）和土壤体积密度保持一致，因为这会受到耕作方法（如旋转耕作、圆盘耕作等）和其他改良剂（如堆肥）的影响。室内研究应测量土壤的基本水力特性，如土壤保水曲线（或土壤水分特征曲线），以估算植物有效水，以及土壤在饱和条件及不饱和条件下的导水率。

田间试验需要研究生物炭对实际土壤水文性质的影响，其可以对室内研究无法获得的生物炭影响进行时间序列分析。田间试验应该包括对渗透率的测量，因为与室内研究相比，它可以进行更多关于添加生物炭对田地影响的观察；还应该对土壤体积密度进行更详细的评估，并从生物炭和对照土壤中获得尽可能多的有关大孔和微孔尺寸的信息（见专栏 19-2）。这些特征和土壤水分数据应与室内研究，以及农作物产量数据结合起来，以帮助了解生物炭对土壤的水文效应与改善作物生长之间的关系。由于改善作物生长会减少土壤水分，因此解释这一现象可能具有挑战性（Major et al., 2010）。

未来，我们需要在生态系统上进行生物炭水文模型试验，以确定生物炭对区域规模中水体及其环境流动性的影响（Wang et al., 2013）。在流域尺度上，渗透率的变化可以改变径流、蒸发和通过渗透传递到含水层的降水量的百分比。由于河流流量和容积等性质的变化可能会有差异，因此预先了解生物炭改良方案有益于预测跨流域和流域内的水流变化。生物炭与水土之间的相互作用（Wang et al., 2013）至关重要，因为水土相互作用会严重影响生物炭在生态系统中的停留时间（Rumpel et al., 2006; Major et al., 2010）。此外，生物炭溶解到地表水系统中的有机碳负荷也是一个重要因素（Jaffe et al., 2013），其可能对有机营养食物网和生物地球化学反应产生二次影响（Thurman, 1985）。生物炭不仅影响土壤和作物体系，还可能影响下游生态系统。

参考文献

Abel, S., Peters, A., Trinks, S., et al. Impact of biochar and hydrochar addition on water retention and water repellency of sandy soil[J]. Geoderma, 2013, 202-203:183-191.

Artiola, J. F., Rasmussen, C. and Freitas, R. Effects of a biochar-amended alkaline soil on the growth of romaine lettuce and Bermuda grass[J]. Soil Science, 2012, 177(9): 561-570.

Awad, Y. M., Blagodatskaya, E., Ok, Y. S. and Kuzyakov, Y. Effects of polyacry lamide, biopolymer and biochar on the decomposition of ^{14}C-labelled maize residues and on their stabilization in soil aggregates[J]. European Journal of Soil Science, 2013, 64(4): 488-499.

Basso, A. S., Miguez, F. E., Laird, D. A., et al. Assessing potential of biochar for increasing water-holding capacity of sandy soils[J]. Global Change Biology–Bioenergy, 2012, 5(2): 132-143.

Brewer, C. E., Chuang, V. J., Masiello, C. A., et al. New approaches to measuring biochar density and porosity[J]. Biomass and Bioenergy, 2014, 66: 176-185.

Briggs, C., Breiner, J. M. and Graham, R. C. Physical and chemical properties of Pinus ponderosa charcoal: Implications for soil modification[J]. Soil Science, 2012, 177(4): 263-268.

Brockhoff, S. R., Christians, N. E., Killorn, R. J., et al. Physicaland mineral-nutrition properties of sand-based turfgrass root zones amended with biochar[J]. Agronomy Journal, 2010, 102(6): 1627-1631.

Brown, R., Kercher, A., Nguyen, T., et al. Production and characterization of synthetic wood chars foruse as surrogates for natural sorbents[J]. Organic Geochemistry, 2006, 37(3): 321-333.

Busscher, W. J., Novak, J. M. and Ahmedna, M. Physical effects of organic matter amendment of a Southeastern US coast alloamy sand[J]. Soil Science, 2011, 176(12): 661-667.

Cusack, D. F., Chadwick, O. A., Hockaday, W. C., et al. Mineral ogical controls on soil black carbon preservation[J]. Global Biogeochemical Cycles, 2012, 26(2): GB2019.

Dittmar, T., de Rezende, C. E., Manecki, M., et al. Continuous flux of dissolved black carbon from a vanished tropical forest biome[J]. Nature Geoscience, 2012, 5(9):618-622.

Githinji, L. Effect of biochar application rate on soil physical and hydraulic properties of a sandy loam[J]. Archives of Agronomy and Soil Science, 2014, 60(4): 457-470.

Hockaday, W., Grannas, A., Kim, S. and Hatcher, P. Direct molecular evidence for the degradation and mobility of black carbon in soils from ultra high-resolution mass spectral analysis of dissolved organic matter from a fire-impacted forest soil[J]. Organic Geochemistry, 2006, 37(4): 501-510.

Hockaday, W., Grannas, A., Kim, S., et al. The transformation and mobility of charcoal in a fire-impacted watershed[J]. Geochimica et Cosmochimica Acta, 2007, 71(14): 3432-3445.

Hou, L., Cody, G. D., Hatcher, P. G., et al. Imaging themicro structure of low-rank coals–A study combining nuclear magnetic resonance, scanning electron and optical microscopic imaging[J]. Fuel, 1994, 73(2): 199-203.

Huisman, D. J., Braadbaart, F., van Wijk, I. M., et al. Ashes to ashes, charcoal to dust: Micromorphological evidence for ash-induced disintegration of charcoal in Early Neolithic (LBK) soil features in Elsloo (The Netherlands)[J]. Journal of Archaeological Science, 2012, 39: 994-1004.

Illingworth, J., Williams, P. T. and Rand, B. Characterisation of biochar porosity from pyrolysis of biomass flax fibre[J]. Journal of the Energy Institute, 2013, 86(2): 63-70.

Jaffé, R., Ding, Y., Niggemann, J., et al. Global charcoal mobilization from soils via dissolution and river in etransport to the oceans[J]. Science, 2013, 340(6130): 345-347.

Jury, W.A., Gardner, W.R., Gardner, W.H. Soil Physics[M]. NewYork: John Wiley & Sons, 1991.

Karhu, K., Mattila, T., Bergström, I. and Regina, K. Biochar addition to agricultural soil increased CH_4 uptake and water holding capacity–Results from ashort-term pilot field study[J]. Ecosystems & Environment, 2011, 140(1-2): 309-313.

Kinney, T. J., Masiello, C. A., Dugan, B., et al. Hydrologic properties of biochars produced at different temperatures[J]. Biomass and Bioenergy, 2012, 41: 34-43.

Kramer, M. G., Sanderman, J., Chadwick, O. A., et al. Long-term carbon storage through retention of dissolved aromatic acids by reactive particles in soil[J]. Global Change Biology, 2012, 18(8): 2594-2605.

Laird, D. A., Fleming, P., Davis, D. D., et al. Impact of biochar amendments on the quality of a typical Midwestern agricultural soil[J]. Geoderma, 2010, 158: 443-449.

Lei, O. and Zhang, R. Effects of biochars derived from different feedstocks and pyrolysis temperatures on soil physical and hydraulic properties[J]. Journal of Soils and Sediments, 2013, 13(9): 1561-1572.

Liu, J., Schulz, H., Brandl, S., et al. Short-term effect of biochar and compost on soil fertility and water status of a Dystric Cambisol in NE Germany under field conditions[J]. Journal of Plant Nutrition and Soil Science, 2012, 175(5): 698-707.

Major, J., Lehmann, J., Rondon, M., et al. Fate of soil-applied blackcarbon: Downward migration, leaching and soil respiration[J]. Global Change Biology, 2010, 16(4): 1366-1379.

Mulcahy, D. N., Mulcahy, D. L. and Dietz, D. Biochar soil amendment increases tomato seedling resistance to drought in sandy soils[J]. Journal of Arid Environments, 2013, 88: 222-225.

Novak, J. M., Busscher, W. J., Watts, D. W.,et al. Biochars impact on soil-moisture storage in an Ultisol and two Aridisols[J]. Soil Science, 2012, 177(5): 310-320.

Rumpel, C., Chaplot, V., Planchon, O., et al. Preferential erosion of black carbon onsteep slopes with slash and burn agriculture[J]. Catena, 2006, 65(1): 30-40.

Streubel, J. D., Collins, H. P., Garcia-Perez, M., et al. Influence of contrasting biochar types on five soils at increasing rates of application[J]. Soil Science Society of America Journal, 2011, 75(4): 402-1413.

Sun, H., Hockaday, W. C., Masiello, C. A.,et al. Multiple controls onthe chemical and physical structure of biochars[J]. Industrial and Engineering Chemistry Research, 2012, 51(9): 3587-3597.

Thurman, E. M. Organic Geochemistry of Natural Waters[M]. The Netherlands: Kluwer Academic Publishers, 1985.

Tryon, E. Effect of charcoal on certain physical, chemical, and biological properties of forest soils[J]. Ecological Monographs, 1948, 18(1): 81-115.

Van Gestel, M., Ladd, J. N. and Amato, M. Microbial biomass responses to seasonal change and imposed drying regimes atincreasing depths of undisturbed top soil[J]. Soil Biology and Biochemistry, 1992, 24: 103-111.

Wang, C., Walter, M. T. and Parlange, J. Y. Modeling simple experiments of biochar erosion from soil[J]. Journal of Hydrology, 2013, 499: 140-145.

Wang, D., Zhang, W., Hao, X., et al. Transport of biochar particles insaturated granular media: Effects of pyrolysis temperature and particle size[J]. Environmental Science and Technology, 2013, 47(2): 821-828.

Wiedemeyer, D. B., Abiven, S., Hockaday, W. C., et al. Aromaticity and degree of aromatic condensation of char[J]. Organic Geochemistry, 2015, 78: 135-143.

Zhang, A., Bian, R., Pan, G., et al. Effects of biochar amendment on soil quality, cropyield and greenhouse gas emission in a Chinese rice paddy: A field study of 2 consecutive rice growing cycles[J]. Field and Crop Research, 2012, 127: 153-160.

第20章

生物炭与重金属

Luke Beesley、Eduardo Moreno-Jimenez、Guido Fellet、Leonidas Melo 和 Tom Sizmur

20.1 引言

20.1.1 土壤中的重金属

地质风化和人为活动都会向环境中引入点源和面源的重金属污染。采矿、冶炼、工业加工和废物处置使城市和农村环境中的重金属浓度产生了变化，而化肥、除草剂和杀虫剂的使用将导致农业系统中的重金属浓度过高（Ross, 1994）。浓度过高的重金属是最具毒性和环境破坏性的，如镉（Cd）、铬（Cr）、铜（Cu）、汞（Hg）、镍（Ni）、铅（Pb）、锌（Zn）等（Ross, 1994），其中过渡金属是植物新陈代谢必需的营养元素（如 Cu、Ni、Zn）。根据定义，重金属是指密度大于 5 g·cm^{-3} 的元素（Ross, 1994），在工业和生物学上有着重要的意义（Alloway, 1995）。根据这个定义，砷（As）虽然不是重金属，但由于其对人类的致癌作用和对植物的毒性，被列为"危险元素"或"潜在有毒元素"（Moreno-Jimenez et al., 2012）。通过直接或间接接触，超过环境风险水平的重金属和 As 会使生物群体或人类产生有毒反应（Adriano, 2001; Abrahams, 2002; Vangronsveld et al., 2009）。

20.1.2 暴露及风险

在生态系统中，重金属的特性、迁移率和毒性非常复杂。由于本书涉及"环境管理"相关内容，因此将通过应用方法重点关注生物炭与环境中重金属的相互作用，以及生物炭影响环境中重金属的主要机制。土壤和沉积物中的重金属分为多个结合阶段，具体包括：①与固相结合；②与固相表面结合；③与溶液中的配体结合；④作为溶液中的游离离子。通常，溶液中的游离离子能被生物体吸收，因此具有生物可利用性（Di Toro et al., 2001; Thakali et al., 2006）。如果溶解在土壤溶液中的金属离子浓度降低（如被植物吸收），金属将从土壤表面和复合物中解吸从而提高溶液中金属离子的浓度，确保其重新达到平衡。如果金属的可结合表面积增大，则体系重新平衡，金属将从土壤溶液中析出并吸附在土壤表面。重金属溶解在溶液中，被生物体吸收并迁移到可能产生毒性效应的细胞中，才会产生毒性效应。

通过来源—路径—受体模型可以简化生物体与污染物之间复杂的相互作用（Hodson, 2010）。在这种情况下，污染源是重金属（如 Pb），受体是生物有机体（如蚯蚓），路径是导致污染物被生物有机体吸收的过程（例如，Pb 从土壤表面解吸到土壤溶液中，并被蚯蚓吸收后在肠道壁扩散）（Sneddon et al., 2009）。重金属污染场地的修复可以通过以下方式进行：①去除全部或部分来源；②消除路径；③改变受体的暴露形态（Nathanail and Bardos, 2004）。因此，降低重金属的生物可利用性（Semple et al., 2004），会减弱其对受体生物的毒性（Park et al., 2011）。由于重金属不能像有机污染物那样被降解或分解，而且受体不能在复杂的生态系统（如土壤基质）中被完全隔离，因此降低风险的唯一可行选择是打破来源—路径—受体之间的联系。

生物有效浓度是污染土壤风险评估和分类的基础，而非绝对浓度（Swartjes, 1999; Fernandez et al., 2005）。因此，基于环境风险的监管体系应关注土壤中重金属的影响，而不是重金属的浓度（Beesley et al., 2011）。在大多数国家的立法背景下，正是这种对人类或生态系统造成伤害的可能性（影响）决定了该地点是否被污染，而不是污染物本身存在的（浓度）。正如已经确定的重金属影响比浓度更重要，如果用生物炭治理被重金属污染的环境，那么它打破路径（从来源到受体）的能力将成为重点（见图 20.1）。

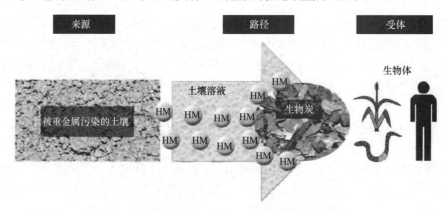

图20.1 生物炭干扰下重金属从来源到受体的路径

20.1.3 生物炭作为修复剂和改良剂

生物炭是有机基质，可以通过各种物理、化学手段使重金属钝化，以降低其生物可利用性（Bolan and Duraisamy, 2003; Bernal et al., 2006）。由于废物量较大，通常需要以其他方式进行处理（如填埋、焚烧等），与这些"硬"工程处理方式相比，将废物作为土壤有机改良剂更经济合理。热解有机质制备的生物炭比其原料具有更大的比表面积和更高的阳离子交换量（CEC），并且比未热解的有机质的分解速率更低。理论上来说，与其他不稳定的有机材料（如堆肥、肥料等）相比，添加较小剂量的生物炭也能达到相同的效果。

向受污染的土壤（和水域）中添加生物炭，其可以作为可溶解金属离子的吸附剂，在吸附剂表面和溶液浓度之间建立一种新的平衡。本章在深入探讨机制之前，先指出了生物炭的优缺点。生物炭的特性适用于重金属污染基质的修复，但可能并不适用于一些特定的应用。在这些应用中，期望实现的效果是提高必需元素的有效性。Zn 是植物必需的养分，也是强化食品和饲料的重要元素，但其过量便是一种有毒物质。与其研究生物炭基质中重金属浓度的增大或减小，不如将重点放在生物利用率、迁移率及与土地利用相关的具体要求上。

20.2 重金属—生物炭在土壤/水界面的相互作用

20.2.1 直接机制

生物炭固定重金属的直接机制包括但不限于基本的化学过程和主要的"表面"过程，如吸附和络合。生物炭可以通过离子交换、物理吸附和沉淀等直接手段来迁移和钝化重金属和 As（Gomez-Eyles et al., 2013a）。这些机制将在本节进行讨论。

1. 化学吸附

生物炭暴露在大气中时（例如，新制备的生物炭在土壤中进行环境风化时），其表面发生的氧化反应（Cheng et al., 2006）改变了生物炭表面上大量的含氧官能团（如羧基、羟基、苯酚和羰基）（Liang et al., 2006; Lee et al., 2010; Uchimiya et al., 2010b, 2011b），导致生物炭表面带负电且 CEC 增大；此外，随着热解温度的升高，CEC 先增大后减小（Gaskin et al., 2008; Lee et al., 2010; Harvey et al., 2011; Mukherjee et al., 2011）。根据原材料的不同，CEC 的峰值出现在 250～350 ℃。O 和 C 比例变低，含氧（酸）官能团数量减少会减小高温热解制备生物炭的 CEC（Cheng et al., 2006; Lee et al., 2010; Harvey et al., 2011; Uchimiya et al., 2011a; Shen et al., 2012）。较低温度（<500 ℃）下快速热解制备的生物炭（Beesley et al., 2010; Beesley and Marmiroli, 2011），具有金属钝化能力，部分原因是这些新制备的生物炭具有较高的 CEC。与土壤 CEC 相似的生物炭，不能像 CEC 大于土壤的生物炭那样有效地钝化重金属（Gomez-Eyles et al., 2011）。热带地区的土壤风化程度高、酸性强、有机碳含量低，矿物以高岭石、铁（Fe）或铝（Al）氢氧化物为主，其 CEC 较低（Fontes and Alleoni, 2006）。这些土壤比温带地区的土壤更容易产生植物毒性，因为它们无法以沉淀的形式保留重金属（Naidu et al., 1998; Melo et al., 2011）。在这种土壤中，添加生物炭可能会增大 CEC，并有效地钝化重金属。例如，Jiang 等（2012）的研究表明，将 3% 和 5% 水稻秸秆生物炭添加到氧化土（富含铁或铝羟基氧化物）中，会增大其 CEC，从而更好地钝化 Cu^{2+} 和 Pb^{2+}。

金属的表面吸附与生物炭中 H^+ 的释放直接相关（Uchimiya et al., 2010b），也与溶液中 Na、Ca、S、K 和 Mg 的释放有关（Uchimiya et al., 2011a），这表明金属在酸性官能团上结合，也可以同时与其他阳离子进行交换。在水溶液中，生物炭在给定浓度下对单一金属的吸附能力通常比在有多种金属存在的情况下更强，因为金属之间存在对结合位点的竞争（Lima and Marshall, 2005）。含 P 配体和 S 配体分别影响 Pb 和 Hg 等金属离子的吸附，它们分别对磷酸盐和硫酸盐具有很强的亲和力（Cao et al., 2009; Uchimiya et al., 2010b）。

2. 物理吸附

生物炭表面除了发生离子交换,还可以释放非化学计量的表面质子和阳离子(Uchimiya et al., 2010b; Harvey et al., 2011)。在 pH 值低于零点电荷时,吸附的金属离子多于释放的质子或阳离子,可发生净吸附(Sanchez-Polo and Rivera-Utrilla, 2002),这种净吸附不能单纯地归因于离子交换。生物炭和活性炭吸附金属的热力学参数表明,吸附是一个吸热的物理过程(Kannan and Rengasamy, 2005; Liu and Zhang, 2009; Harvey et al., 2011)。带正电的金属阳离子与生物炭芳香族结构上共享电子"云"的 C=O 配体或 C=C 相关的 π 电子发生静电相互作用(Swiatkowski et al., 2004; Cao et al., 2009; Uchimiya et al., 2010b; Harvey et al., 2011)。金属阳离子由于其 d 轨道上"缺失"电子而带正电,因此当带正电的阳离子接近苯环时,与苯环相关的 p 电子"云"被极化,带负电荷的苯环表面与带正电的金属阳离子之间存在微弱的静电相互作用(Gomez-Eyles et al., 2013a)。

生物炭的热解温度升高会增加其芳香性,而含氧官能团的丰度会降低(Harvey et al., 2011; McBeath et al., 2011)。因此,升高热解温度会由于"弱"的静电键合(阳离子和 π 电子相互作用)增大吸附阳离子的比例,或者更强的化学吸附减小吸附阴离子的比例。因此,低温热解可以形成内外两种含氧(酸)官能团的球形配合物,从而在短期内有效地钝化金属。由于生物炭表面的官能团是不完全热解产生的,并且与未热解有机物有关,因此随着时间推移,这些有机物可能会在土壤环境中被分解(施用后的第 90 d 内;Zimmerman et al., 2011),并且这些生物炭非热解部分的分解可能会导致 CEC 随时间推移而减小,从而使金属释放回溶液中。对于新制备的生物炭,假设高热解温度和低热解温度制备的生物炭存在差异,较高热解温度制备的生物炭可能会产生表面负电荷,该负电荷在较长的时间内保持稳定,但是生物炭表面吸附金属离子的能力较弱;而较低热解温度制备的生物炭将具有更多的表面负电荷,该负电荷结合金属的能力很强,但是这种能力会随时间推移而减弱。然而,经过几个月的时间,生物炭表面将被氧化,并形成带负电荷的官能团(见第 10 章),这可能足以抵消由于原始生物炭中残留的未热解有机物矿化而造成的 CEC 损失。表 20.1 总结了吸附研究结果,报告了热解温度对重金属吸附能力的影响。

表 20.1 基于批量吸附试验总结的热解温度对重金属吸附能力的影响

实验	生物炭制备条件	调查结果	参考文献
Pb 和阿特拉津的分批水相吸附;测定生物炭与粪肥和活性炭的吸附能力	牛粪在200 ℃和350 ℃下热解,以粪肥和木本植物源活性炭作为对照	Pb 与磷酸盐和碳酸盐的沉淀是主要的固持机制(84%~87%),表面吸附占13%~16%。低热解温度制备的生物炭对Pb的吸附量高于高热解温度制备的生物炭,其吸附率是AC的6倍。奶牛粪便生物炭对Pb有较强的钝化能力	Cao et al., 2009
在酸性砂质土壤中添加了10%(w/w)的生物炭改良剂,使用加标量为Cd、Cu、Ni和Pb的酸性降雨反应器模拟降雨	棉籽壳在350 ℃、500 ℃、650 ℃和800 ℃时热解	较低热解温度(350 ℃、500 ℃和650 ℃)制备的生物炭保留了大部分Cd、Cu、Ni和Pb(比没有生物炭的土壤的吸附能力高4倍)。对于Cd和Ni,最高热解温度(800 ℃)制备的生物炭的吸附能力低于没有生物炭的土壤。当添加到土壤中时,与低热解温度制备的生物炭相关的高含氧官能团增强了生物炭的重金属螯合能力	Uchimiya et al., 2011b

(续表)

实　验	生物炭制备条件	调查结果	参考文献
向Cu和Zn溶液中添加1 g、5 g、10 g和50 g生物炭进行批量吸附试验	分别在450 ℃和600 ℃热解过程制备硬木生物炭和玉米秸秆生物炭	重金属去除率随溶液中生物炭剂量的增加而增大（添加1 g·L^{-1}生物炭去除率小于20%，添加50 g·L^{-1}生物炭去除率大于90%），而去除率降低减少了溶液中生物炭颗粒的聚集。高热解温度制备的生物炭对Cu和Zn的去除率最高（在600 ℃下大于90%，在450 ℃下大于80%）。向受重金属污染的溶液中添加更多生物炭可以提高金属去除率，但是生物炭颗粒的聚集会降低去除效率	Chen et al., 2011

3. 沉淀

生物炭原材料的组成不可能全部是有机物，热解后可能含有原材料中的矿物质，这会使其产生无机（或灰分）组分。原材料矿物质的含量为：木质生物质中小于1%，粪便或农作物残渣中约为25%。经过高温热解后，粪便生物炭的灰分含量高达50%，骨粉生物炭的灰分含量高达85%（见第8章）。因此，Na、K、Ca、Mg、P、S、Si和C的矿物质盐通常以氧化物形式存在于灰分中，其含量随热解温度的升高而增加（Gaskin et al., 2008）。Uchimiya等（2010b）发现，铅磷酸盐沉淀物可以有效地将Pb固持在鸡粪便生物炭中，而用磷酸盐沉淀的Pb被牛粪生物炭吸附，占总吸附量的87%（Cao et al., 2009）。磷酸铅矿物，如水蜡石、羟基焦晶石（Cao et al., 2011）、铅磷酸盐、铅羟基磷灰石（Chen et al., 2006）有助于生物炭的吸附。磷酸铅矿物的溶解度非常低，因此与其他二价阳离子相比，它们的形成会增强生物炭吸附高浓度Pb的能力（Namgay et al., 2010; Uchimiya et al., 2010b; Trakal et al., 2011）。其他金属（如Cu、Cd或Zn）也可能会发生沉淀，它们主要在高pH值条件下沉淀为不溶性磷酸盐和碳酸盐（Lindsay, 1979）。

20.2.2 间接机制

间接机制被定义为生物炭对土壤性质（物理特性、生物特性和化学特性）产生影响，进而影响重金属的保留或释放。向土壤中添加生物炭可以提高土壤pH值、微生物的生物量、有机碳含量、持水能力和养分利用效率（见第8章；Major et al., 2009; Atkinson et al., 2010; Sohi et al., 2010; Karami et al., 2011; Lehmann et al., 2011），从而影响重金属的保留和释放。

1. pH值变化

目前，很多研究报道了向土壤中添加生物炭可以引起土壤pH值的变化（Yamato et al., 2006; Chan et al., 2007; Uchimiya et al., 2010a; Van Zwieten et al., 2010; Bell and Worrall, 2011）。金属溶解度随pH值的变化而变化，通常在较高的pH值下金属溶解度较低。类金属的地球化学性质不同，较高的pH值会降低类金属在土壤中的保留率（Adriano, 2001）。在大多数情况下，当土壤pH值升高时，阴离子交换量（AEC）会减小，并且砷氧离子与土壤中带正电荷的物质（如铁、锰氧化物等）表面络合，使As的溶解度和可利用性增加（Moreno-Jimenez et al., 2012）。阳离子金属（如Cu、Zn、Pb）与土壤表面负电荷（如黏土矿物质、有机物）结合，由于CEC与pH值成正相关，溶解度会随pH值的降低而升高。当土壤的pH值升高时，越来越多的金属附着在带负电荷的土壤颗粒的表面，As会从带正电的土壤颗粒表面释放出来。有研究报道，土壤pH值的升高会增大As的迁移率，使其被生物吸收（Fitz and Wenzel，2002；Moreno-Jiménez et al.，2012）。锑（Sb）和钼（Mo）的地球化学性质与As更类似，而不是金属（在土壤中显示为阴离子和不带电荷的物种），因此可以预测它们与As产生的影响类似，尽管到目前为止还没有足够的信息得出生物炭对类金属化学影响的结论。

有研究报道称，在将生物炭施用到中性或酸性污染土壤后，土壤孔隙水的pH值升高（Beesley et al.，2010，2011，2013，2014；Beesley and Dickinson，2011；Karami et al.，2011；Zheng et al.，2012），这是金属和As在孔隙水中的迁移率增大导致的。其他研究也报道了生物炭对土壤的石灰效应，这通常是碱性生物炭的应用导致的（Namgay et al.，2010；Fellet et al.，2011）。Sizmur等（2011d）发现，在酸性矿山土壤（pH值为2.7）中添加荨麻生物炭，土壤pH值升高超过4个单位。Jones等（2012）报道，在玉米/草轮作种植的农业土壤中添加木质生物炭（450℃）后引起了石灰效应（pH值在2年后从6.86升高至7.18，但在3年后降至6.6）。在该研究中，从土壤中回收的（老化的）生物炭的pH值在3年内下降了2个单位，这表明生物炭的石灰效应可能是短暂的，因此对金属元素和pH值的影响可能同样是短暂的。表20.2总结了生物炭对污染土壤使用不同方法进行改良后，生物炭的pH值对重金属可提取性的影响。

表20.2 精选案例研究，详细介绍了生物炭的pH值对重金属可提取性的影响，并通过不同方法进行了评估

试 验	土壤和生物炭	提取工艺	调查结果	参考文献
室内分批测试，以确定生物炭是否可用于降低矿山尾矿中易提取重金属（Cd、Cr、Cu、Ni、Pb和Zn）的浓度	果园修剪残枝生物炭（500℃）与受污染的黄铁矿尾矿（pH值为8.1）的混合比例为0%、1%、5%和10%（w/w）	单一浸出力测试（毒性特征浸出程序；TCLP）和生物利用度（二亚乙基三胺五乙酸；DTPA）	通过添加1%、5%生物炭，将矿山尾矿对照样品的pH值升高为8.0，升高了约2个单位，而添加10%生物炭的pH值达到了10.0。通过添加生物炭，CEC也增大。施用生物炭最多（10%）时，可显著降低Cd、Pb和Zn的生物有效性，显著提高Cr、Cu的生物有效性，对Ni的生物有效性没有影响。Cd、Cr和Pb的浸出率下降最明显的是生物炭施用率最高（10%）的情况。生物炭在降低Cd的生物利用率和浸出率方面最为有效	Fellet等（2011）
土柱淋溶试验，以确定生物炭对运河附近受工业污染的沉积物源土壤中过量渗滤液中As、Cd和Zn的去除效果	以30%（v/v）的比率将硬木生物炭（450℃）添加到结构较差的沉积土壤（pH值为6.2）中	用去离子水（pH值为5.5）连续提取土壤，并将所得渗滤液通过生物炭柱。测定通过生物炭柱之前和之后土壤渗滤液中的As浓度和金属浓度。试验后，洗涤生物炭，并扫描电子显微镜（SEM）元素图谱确定表面吸附	生物炭能显著提高渗滤液的pH约2个单位（土壤渗滤液的pH值约为6.0，通过生物炭柱后pH值约为8.0）。通过生物炭柱后，土壤渗滤液中Cd和Zn的浓度大大降低，As受生物炭的影响不显著。通过SEM元素扫描图像确认了Cd和Zn的生物炭表面残留，结果显示生物炭可以快速固持并保留从土壤中浸出的Cd和Zn	Beesley和Marmiroli（2011）

（续表）

试　　验	土壤和生物炭	提取工艺	调查结果	参考文献
盆栽试验，以确定生物炭能否有效减小矿井土壤中Cu和Pb的迁移性和溶解性	硬木生物炭（450℃）与被Cu、Pb污染的酸性矿山土壤（pH值为5.4）以20%（v/v）混合	根状茎采样器多次抽取孔隙水（每月1次，共3个月；每盆1次）	施用生物炭可升高孔隙水的pH值（在生物炭改良土壤中，控制pH值的峰值为5.0~6.5）；生物炭不会明显增大DOC浓度；生物炭显著、急剧地降低了Cu和Pb浓度。与对照组相比，在第2个月和第3个月的下降幅度更大。生物炭对于持续降低孔隙水中Cu和Pb的浓度有效	Karami等（2011）

2. 有机物和可溶性碳

生物炭施用于土壤可以增大有机质的浓度，尤其是可提取有机质的浓度（Lin et al., 2012b）。在施用生物炭后，土壤产生了正"激发效应"或负"激发效应"（"激发效应"被定义为通过输入新的有机质来刺激现有土壤有机质的降解），使DOC浓度增加或降低（Cheng et al., 2008; Hartley et al., 2009; Novak et al., 2009; Gomez-Eyles et al., 2011; Bell and Worrall, 2011; Zimmerman et al., 2011; Zheng et al., 2012）。由于一些金属（如Cu）会与有机质形成络合物，因此，向土壤中，特别是向干旱或半干旱地区有机质含量低的土壤中添加生物炭，可能会产生有机金属络合物。然而，有机质在土壤中的矿化经常导致大量DOC生成，即使在短期土柱淋溶试验中，也会导致高浓度的DOC从生物炭中浸出（Beesley and Marmiroli, 2011）。这究竟是原位矿化的结果，还是生物炭表面有机组分与灰分中矿物部分复合浸出的结果，目前仍有争议。在生物炭改良的土壤中，一些盆栽试验（Beesley and Dickinson, 2011）和田间试验（Jones et al., 2012）发现了DOC和金属（尤其是Cu和As）的协同作用（Beesley et al., 2010），但在其他田间试验和盆栽试验中并未发现这种作用的显著效果（Karami et al., 2011）。

与金属相比，As和可溶性有机物协同作用的机制尚不清楚。Mikutta和Kretzschmar（2011）研究发现，在腐殖质提取物中Fe^{3+}络合物和砷酸盐形成了三元络合物，这可能与DOC的增加导致As的迁移率增大有关，或者可能由于DOC直接与As竞争土壤表面的结合位点（Fitz and Wenzel, 2002），从而导致可溶性As含量随着DOC浓度的增大而增加（Hartley et al., 2009）。在存在未烧焦的有机质情况下，土壤中的As会被甲基化（Oremland and Stolz, 2003），甲基化As的毒性比无机As要小（Hughes, 2002），但是在生物炭改良土壤中甲基化As的形成尚未见报道。

3. 磷有效性

田间试验证明（Hass et al., 2012; Quilliam et al., 2012），生物炭可能是P的来源，或者可以提高P的生物利用率（Sohi et al., 2010; Cui et al., 2011; Ippolito et al., 2012; Wang et al., 2012）。因为磷酸盐的化学性质类似As^{5+}，所以有效P的增加会导致土壤表面解吸后的As释放到溶液中（Meharg and Macnair, 1992; Cao et al., 2003），但是由于P和As会再次竞争相同的转运蛋白，因此植物对As的吸收有限（Meharg and Macnair, 1992）。因此，可以通过提高可溶性P的浓度来避免植物吸收As^{5+}（Moreno-Jiménez et al., 2012）。如果As的可溶性部分没有被植物吸收，那么就有可能渗入地表水和地下水中（Fitz and Wenzel, 2002）。

Karami 等（2011）在盆栽试验中发现，经生物炭改良后土壤中有效 Pb 会减少，这表明铅磷酸盐沉淀是导致孔隙水中可溶性 Pb 大量减少的原因。Fellet 等（2011）指出，使用果园修剪残枝制备的生物炭（550 ℃）改良矿区土壤时增加了总磷的含量，因为该生物炭的总磷浓度约为土壤的 45 倍。Beesley 等（2013）还发现，同一种生物炭的孔隙水中 P 浓度比盆栽试验中受污染矿井土壤中 P 浓度高约 14 倍，这表明生物炭可以作为退化土壤的 P 来源。

4. 还原/氧化（氧化还原反应）

生物炭表面的含氧官能团可能会影响对氧化还原反应敏感的金属的氧化活性，其在土壤中的应用会改变土壤孔隙率和土壤的物理结构，从而影响微观氧化还原条件。在这些情况下，氧化还原敏感元素将改变其形态和地球化学性质，例如，As^{3+} 在缺氧环境（<100 mV）下比 As^{5+} 更具迁移性，并且毒性大于 As^{5+}（Borch et al., 2010）；Cr 可以在有氧环境（>300～400 mV）下氧化成比 Cr^{3+} 更具毒性的 Cr^{6+}；Cu^+ 也可以在缺氧条件下存在（Borch et al., 2010）。在低热解温度（250 ℃）下制备的椰子壳生物炭将 Cr 吸附到表面后（Shen et al., 2012），Cr^{6+} 被完全还原为 Cr^{3+}；而在较高的热解温度（350 ℃和 600 ℃）下制备的椰子壳生物炭，在溶液中除去的 Cr 较少，并且在吸附之前就已经发生还原反应。

生物炭的施用导致了土壤体积孔隙率的增大（Warnock et al., 2007; Atkinson et al., 2010），能在充满水的生物炭孔隙中观察到根系增殖（Joseph et al., 2010）。然而，尚不清楚生物炭的孔隙网络是否可以提供厌氧条件。在这种情况下，由于生物炭的改良而引起的土壤水文特征变化，以及由此产生的氧化还原作用可能会增加生物与亚砷酸盐（As^{3+}）等毒性更强的元素接触的风险（Gomez-Eyles et al., 2013a）。这种机制可以解释生物炭改良后 As 迁移性发生的变化（Beesley et al., 2013），并且可以解释由于生物炭的存在，Cr^{6+} 被还原为无毒性的 Cr^{3+}，生物炭减轻了 Cr 的毒性，提升了生物利用率（Choppala et al., 2012）。

20.2.3 生物炭中的重金属

生物炭中含有重金属，这些重金属来源于原材料，在热解过程中重金属可能在灰分中积累并富集。灰分可能会增加土壤中的重金属含量，并降低土壤的金属吸附能力。Freddo 等（2012）报道了一种最全面的筛选方法，以确定生物炭中重金属的浓度，他们分析了 9 种不同的生物炭（水稻秸秆、玉米秸秆、竹、红木和软木等在 300～600 ℃下制备的生物炭），表 20.3 总结了生物炭中的重金属浓度，并将其与欧洲各地典型土壤中的重金属浓度进行了比较。

表 20.3 根据提取剂选定的生物炭中的重金属浓度范围

重金属/类金属	欧洲表土背景浓度（$mg \cdot kg^{-1}$）[1]	最大允许阈值范围（$mg \cdot kg^{-1}$）[2]	生物炭中测定的浓度范围（$mg \cdot kg^{-1}$）	提取剂	参考文献
As	6	12～100	0.01～8.8	酸	Hossain 等（2010）；Freddo 等（2012）；Bird 等（2012）；Beesley 和 Marmiroli（2011）；Beesley 等（2013）；Zheng 等（2012）
			<100（$\mu g \cdot L^{-1}$） <0.1（$\mu g \cdot g^{-1}$）	水	
Cd	0.2	1.4～39	<0.01～8.1	酸	He 等（2010）；Hossain 等（2010）；Freddo 等（2012）；Bird 等（2012）；Gasco 等（2012）；Knowles 等（2011）Beesley 和 Marmiroli（2011）；Mendez 等（2012）；Zheng 等（2012）
			<100（$\mu g \cdot L^{-1}$） 0.01（$\mu g \cdot g^{-1}$）	水	

（续表）

重金属/类金属	欧洲表土背景浓度（mg·kg⁻¹）[1]	最大允许阈值范围（mg·kg⁻¹）[2]	生物炭中测定的浓度范围（mg·kg⁻¹）	提取剂	参考文献
Cr	22	64~1200	0.02~230	酸	Hossain等（2010）；Freddo等（2012）；Bird等（2012）
Cu	14	63~1500	<0.01~2100	酸/碱	He等（2010）；Hossain等（2010）；Freddo等（2012）；Bird等（2012）；Gasco等（2012）；Mankansingh等（2011）；Knowles等（2011）；Graber等（2010）；Mendez等（2012）；Graber等（2010）；Chen等（2011）；Hartley等（2009）
Cu			<0.01~0.18	水	
Cu			70	固体（XRF）	
Pb	16	70~500	0.12~196	酸	He等（2010）；Hossain等（2010）；Freddo等（2012）；Bird等（2012）；Gasco等（2012）；Knowles等（2011）；Mendez等（2012）
Zn	52	200~7000	0.64~3300	酸/碱	He等（2010）；Hossain等（2010）；Freddo等（2012）；Bird等（2012）；Gasco（2012）；Mankansingh等（2011）；Knowles等（2011）；Graber等（2010）；Mendez等（2012）；Graber等（2010）；Chen等（2011）；Zheng等（2012）；Beesley和Marmiroli（2011）；Hartley等（2009）
Zn			<0.01~0.95 <300（μg·L⁻¹）	水	
Zn			6.3~6.5（μg·g⁻¹） 70	固体（XRF）	

注：1. 资料来源：Lado等（2008）基于26个欧盟成员国的1588份样本；报告的数据为中位数。
2. 资料来源：美国堆肥委员会和美国农业部（2001）关于堆肥的文章（IBI, 2013）。

在所有研究中，发现某些生物炭中的重金属含量大多低于堆肥过程中施用生物炭的建议阈值，但超过了欧洲表土中重金属总浓度的中位数，这表明它们可能对某些土壤造成重金属负荷。然而，已报道的水溶液中重金属浓度通常很低，这意味着重金属的浸出风险很低。在某些情况，重金属浸出的风险可能增加，例如，使用被污染的原材料来制备生物炭。Lucchini等（2014）用挪威云杉（*Picea albies*）制备的生物炭对农业牧场土壤进行改良，与未经处理的生物炭不同，该生物炭在热解之前已经用Cu基木材防腐剂进行了加压处理。在土壤中施用Cu基木材防腐剂处理的生物炭后，Cu的生物有效性增加，从而降低了向日葵（*Helianthus annuus*）的生物量。Debela等（2012）为了将土壤中的重金属固定到生物炭中，对重金属污染的土壤与木屑进行了共热解。研究结果表明，尽管热解温度有所不同，但与新鲜土壤相比，通过共热解可以将Cd和Zn的浸出量减少高达93%。但是，随着热解温度的升高，共热解过程使As浸出量提高了10倍。Mendez等（2012）用污水污泥制备生物炭，以确定热解过程是否会降低污泥中重金属的浸出率和生物可利用性，并将其应用于农业土壤。热解后金属的总浓度增大，这归因于其在灰分中的积累，但植物中可利用的Cu、Ni、Pb和Zn浓度降低，Cd的迁移率降低。因此，将被重金属污染的原材料制备的生物炭应用于土壤时，应谨慎施用以免对土壤产生其他毒性。

20.2.4 生物炭改性

生物炭可以在制备过程中进行改性，也可以在施用于土壤时进行改性，以获得比未改性的生物炭更好的效果（Mench et al., 2003）。氧化铁（FeO_x）和其他金属（Al、Mn等）氧化物是金属和类金属（如As、Hg、Se、Cr、Pb等）的有效结合位点，可用于修复重金属污染的土壤和沉积物（Warren et al., 2003; Waychunas et al., 2005）。金属氧化物与金属的结合形式包括：与表面原子形成化学键（化学吸附），通过内外球络合形成共价键、离子键或氢键（Waychunas et al., 2005）。铁氧化物可以有效地固定 As（Dixit and Hering, 2003）。浸渍 FeO_x 的吸附剂已应用于水溶液中，例如，活性炭浸渍 FeO_x 可以提高 FeO_x 的有效性（通过增大表面积；Reed, 2000; Vaughan and Reed, 2005）。在热解之前用 FeO_x 溶液浸泡原材料，可以将 FeO_x 负载到生物炭上（Chen et al., 2011），或者可以将生物炭在热解后浸泡在 Fe 溶液中（Muñiz et al., 2009; Chang et al., 2010）。制备这些生物炭的成本高于制备未改性的生物炭，因此它们可能仅适合特定的小规模应用。Lin 等（2012a）进行了生物炭对富 Fe 土壤（铁氧体）的培育（老化）试验，在老化过程中观察到了 Al 和 Fe 的保留，这表明矿物—生物炭（有机）复合物的形成与生物炭表面碳的减少和表面氧化程度的增加有关。富 Fe 材料可以固定 As，它们提供了阴离子交换位点（Masscheleyn et al., 1991），因此可以通过在制备期间或预施用期间改变其特性来增强生物炭对金属和 As 的保留能力。

20.3 毒性

20.3.1 植物毒性

1. 金属

生物炭吸附重金属的能力会降低其生物利用率，从而导致生长在受污染基质中的植物出现毒性反应。硬木生物炭可以提高黑麦草（Lolium perenne）在 Cd 和 Zn 污染土壤中的发芽率（Beesley et al., 2010），这归因于土壤孔隙水中重金属 Cd 和 Zn 浓度降低。Karami 等（2011）用 30%（v/v）的硬木生物炭改良了 Cu 和 Pb 污染的矿区土壤，并研究了黑麦草（Lolium perenne）的发芽和金属吸收情况。在该研究中，孔隙水中 Cu 和 Pb 的浓度分别降低为原来的 1/8 和 1/4，黑麦草茎部 Cu 和 Pb 的浓度分别降低为原来的 1/3 和 1/4。该土壤植物的金属毒性降到最低，从而得出结论：生物炭可用于帮助作物产量不高的重金属污染地区进行植被恢复，但重金属抑制植物萌发的特性会阻碍重金属修复（Beesley et al., 2011）。表 20.4 汇总了一些研究结果，介绍了植物在生物炭改良土壤中对重金属的吸附效果。

表 20.4 使用生物炭与其他有机改良剂的盆栽土壤植物生物量和重金属吸收试验精选案例

试 验	土 壤	生物炭	调查结果	参考文献
测定添加生物炭对改良土壤中生长的作物植株（Zn）的生物强化作用。生物可利用性（$Ca(NO_3)_2$ 提取）及土壤、植物中金属浓度测定（HNO_3 提取），如 Cd、Cr、Cu 和 Pb 的浓度	酸性（pH 值为 5.6）粉壤土	在 350 ℃下制备的松木生物炭以 20%（v/v）的比例混合在种植 11 种农作物的土壤中，包括甜菜根（Beta vulgaris）、菠菜（Spinacia oleracea）、萝卜（Raphanus sativus）、西兰花（Brassica oleracea）、胡萝卜（Daucus carota）、韭菜（Allium ampeloprsum）、洋葱（Allium cepa）、生菜（Lactuca sativa）、玉米（Zea mays）、番茄（Solanum lycopersicum）和小胡瓜（Cucurbita pepo）	当生物炭单独添加到土壤中时：①生物可利用的 Cd、Cu 和 Pb；②没有测定的重金属总浓度；③除甜菜根外，其他农作物的地上生物量与对照土壤的地上的生物量无显著差异，Zn 强化仅发生在单一生物炭处理的萝卜上，而在 11 种农作物中，有 9 种农作物通过联合生物炭和生物炭处理使 Zn 强化显著（单独生物炭处理为 8 种）。单一生物炭对提高生物量和促进对重金属的吸附效果不明显	Gartler 等（2013）

(续表)

试　验	土　壤	生物炭	调查结果	参考文献
研究生物炭（施用类型和施用速率）对湿地灯红草生长、生物可利用性（CaCl$_2$提取）和Cd吸收的影响	低Cd浓度的中性（pH值为6.9）砂壤土，添加0 mg·kg^{-1}、10 mg·kg^{-1}和50 mg·kg^{-1} Cd溶液	在550℃下制备的油榈和小麦糠生物炭以0.5%和5%（w/w）混合到Cd加标土壤中，然后将湿地高峰种（Juncus subsecundas）移植到加标的土壤—生物炭混合物中	施加不同类型和比例的生物炭均能显著升高土壤pH值。添加5%生物炭可使土壤生物有效性降低96%。在非Cd加标对照土壤中，添加生物炭显著减少了枝条数、根长和总生物量（高于或低于地下），但加标土壤中无论是否有生物炭均无显著差异。整个植株对Cd的总去除量（植物组织中的Cd在所有生物炭/生物炭组合中均显著降低，除了10 mg·kg^{-1} Cd的0.5%小麦糠生物炭外。生物炭可有效钝化Cd，并减少其吸收，但不能促进该湿地物种的生长	Zhang等（2013）
确定添加生物炭是否可以减小Cu的毒性，确定了可利用的土壤（NaNO$_3$提取）中Cu的浓度和植物（HNO$_3$）中Cu的浓度，并根据Cu的剂量和添加的生物炭测定植物的生物量	"伪谷类"藜麦、野生藜麦初发芽，在施肥的盆栽培养基（pH值为5.8）中生长，然后在粗砂中生长，加入50 μg·g^{-1}和200 μg·g^{-1} Cu溶液	在600~800℃下制备的森林绿色废物生物炭，以2%和4%（w/w）的比例混合到土壤中	2%和4%（w/w）掺入土壤：添加2%和4%的生物炭（50 μg·g^{-1} Cu）时，可使土壤生物有效性降低为原来的1/6~1/5；添加2%和4%的生物炭（200 μg·g^{-1} Cu）时，可使土壤生物有效性分别降低为原来的1/42~1/11。在没有生物炭的情况下，在200 μg·g^{-1} Cu剂量下，植物完全死亡。在2%和4%的生物炭叶片中，低、高Cu剂量下均减小了叶片的Cu浓度。在高Cu剂量情况下，添加4%的生物炭增大了根部的Cu浓度，但降低了梢部的Cu浓度。生物炭有效地减小了Cu生物可利用性，并减小了Cu的毒性，减轻了植物的胁迫症状	Buss等（2012）

Brennan和Moreno（未发表数据）通过黑麦草的发芽率，测试了两种生物炭（在350℃下制备）应用于Hg污染土壤（>1000 mg·kg^{-1}）的效果，结果表明：松木制备的生物炭略微提高了植物发芽率，而橄榄木制备的生物炭（灰分含量高于松木制备的生物炭）使植物发芽率提高了1倍，但均未显著影响土壤的pH值或电导率。因此，生物炭可能会降低污染土壤中Hg的植物有效性和植物毒性，然而最近的证据表明生物炭对Hg的吸附可能并不比天然沉积物中更有效（Gomez-Eyles et al., 2013b），因此植物发芽率的提高可能与Hg的毒性降低无关。

2. 类金属

类金属既具有金属和非金属的性质，又具有与金属不同的地球化学性质。鉴于As的毒性和潜在的致癌性，一些研究考察在As污染的土壤中添加生物炭的影响。这些研究已经广泛地证明，生物炭会导致土壤pH值升高，并将类金属释放到溶液中（土壤孔隙水）

（Beesley et al.，2011）。Hartley 等（2009）报道，这种作用并未导致叶片对 As 的吸收显著增加，也未对巨芒草的生物量产生影响。据 Beesley 等（2013）报道，用果园修剪残枝制备的生物炭对严重污染的矿区土壤进行改良后，在种植和不种植番茄（*Solanum lycopersicum*）的情况下，孔隙水中的 As 浓度分别增加了约 5 倍和 9 倍。生物炭对植物产量的影响不显著，尽管孔隙水中 As 的浓度增加，但植物根部和地上部位的 As 浓度均显著降低，而果实中的 As 浓度非常低（2.5 μg·kg^{-1}）；他们研究讨论了生物炭的添加对增大根际 Fe 浓度，以及将 As 固定在根际的可能性。此外，Lin 等（2012a）报道了生物炭保留 Fe 的原因；而 Sneddon 等（2009）将 Fe 基改良剂用于固定土壤中的 Sb（来自废弃弹药碎片），但目前尚无添加生物炭对锗（Ge）、硒（Se）等其他类金属污染土壤产生影响的数据。

20.3.2 对土壤生物的毒性

蚯蚓是土壤中重要的生物，它们在土壤中的作用包括：①增加微生物的生物量和多样性；②在土壤中形成排水通道；③加速有机物的分解；④提高植物的养分利用率。蚯蚓通常被称为土壤生态系统"工程师"（Jones et al.，1994; Jouquet et al.，2006），是土壤环境中的关键物种（Jordán，2009）。缺少蚯蚓会对生态系统功能产生不利影响，所以需要特别关注它们在污染土壤中的行为（Smith et al.，2005）。大多数生物炭对重金属，以及对土壤生物毒性的影响研究都以蚯蚓为对象，特别是在土壤生态毒理学中最常用的蚯蚓物种是 *Eisenia fetida*。Gomez-Eyles 等（2011）报道，因为生物炭降低了可溶性有机碳的浓度，所以 *Eisenia fetida* 对 Cu 的吸收量因为硬木生物炭的添加而减少。Cao 等（2011）报道，因为生物炭中的磷酸盐矿物将 Pb 沉淀为不溶性的氢化焦石，因此添加牛粪生物炭可以减少 *Eisenia fetida* 中 Pb 的生物积累，最多可减少 79%。

有研究表明，土壤通过蚯蚓肠道时发生的化学变化会导致土壤环境中金属生物有效性增加（Sizmur and Hodson，2009; Sizmur et al.，2011c）。由于生物炭钝化重金属的机制与土壤有机成分和无机成分（阳离子交换）固定金属的机制类似，蚯蚓可能会导致生物炭表面的金属解吸。因此，在考虑生物炭对土壤环境中金属生物有效性的影响时，需要解决以下 3 个重要问题：

（1）土壤生物是否会摄取生物炭？
（2）蚯蚓对吸附在生物炭表面的金属生物有效性有何影响？
（3）除改变金属生物有效性外，生物炭对蚯蚓活动是否还有其他影响？

1. 土壤生物摄取生物炭吗

土壤生物对生物炭的摄取量取决于生物炭颗粒的大小。许多室内研究探讨了生物炭对土壤生物的影响，或者使用生物炭进行修复处理时，将生物炭研磨成细粉［例如，筛分至小于 2 mm；Gomez-Eyles 等人（2011）］后再添加到试验容器中。然而，将生物炭研磨成粉末不适用于田间试验，原因包括：①将生物炭研磨成粉末需要大量能量；②由于风的作用，土壤表面存在生物炭损失；③空气中的生物炭粉末会增加吸入或与皮肤接触的风险。大多数研究表明，食土热带蚯蚓（*Pontoscolex corethrurus*）在混合了生物炭的土壤中会摄取生物炭颗粒（Topoliantz and Ponge，2003，2005; Ponge et al.，2006）。蚯蚓更喜欢摄取生物炭和矿物土壤颗粒的混合物，而不是单独摄取生物炭颗粒或土壤，这是通过将密度较低的生物炭颗粒移开、选择性地摄取土壤来实现的（Topoliantz and Ponge, 2003; Ponge et al., 2006）。目前，没有证据表明蚯蚓将生物炭作为营养来源（Topoliantz and Ponge, 2003）。相反，弹尾虫（弹尾目）可以消耗碳物质，并以生物炭作为其唯一的食物来源维持其生命活动（Salem et al., 2013）。

2. 蚯蚓对金属生物有效性的影响

土壤通过蚯蚓肠道提高了污染土壤中重金属的迁移率，从而提高了生物有效性（Sizmur et al., 2011a），主要是由于有机碳溶解度的增大（Sizmur et al., 2011, 2011b）。蚯蚓在生物炭修复的污染土壤中的活动可能会将生物炭与矿质土壤混合，促进生物炭表面对重金属的吸附，或者改变土壤—生物炭混合物的化学性质，并使重金属从生物炭表面解吸。生物炭的破碎对上述每种可能性都有一定的促进作用，这可以增强对重金属的吸附或者刺激微生物活性和 DOC 的产生。

Beesley 和 Dickinson（2011）发现，蚯蚓的加入降低了土壤中 DOC 的浓度，从而降低了生物炭改良土壤中 As、Cu 和 Pb 的迁移率。Sizmur 等（2011d）使用同一种蚯蚓发现，向生物炭改良的污染土壤中添加蚯蚓，对 Cu、Pb 或 Zn 的迁移率或生物有效性没有影响。生物炭对金属迁移率的影响很大（增加超过 1 个数量级），以至于蚯蚓对其相对较小的影响被生物炭的存在所缓冲。Gomez-Eyles 等（2011）在添加或不添加生物炭的污染土壤中接种了 *Eisenia fetida*，结果发现其增大了未改良土壤中金属的迁移率，但对改良土壤中金属的迁移率影响不大。在施用改性生物炭和接种蚯蚓的土壤中，As 和 Cd 的迁移率最低。因此，蚯蚓在施用生物炭后似乎并没有增大土壤中金属的迁移率；相反，如果它们降低了金属的迁移率，这可能是因为它们摄取了生物炭颗粒，并促进了生物炭与矿质土壤的混合。图 20.2 给出了蚯蚓对生物炭改良土壤中重金属的影响。

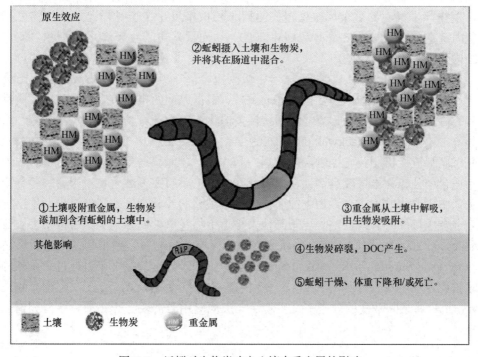

图20.2　蚯蚓对生物炭改良土壤中重金属的影响

3. 重金属浓度升高的生物炭对蚯蚓活动的影响

施用到农业土壤中的肥料通常含有高浓度粪便的重金属，其在生物炭重复施用后会在土壤中累积（Nicholson et al., 2003）。与粪便原材料相比，粪便制备生物炭中的有机物含量更低，但（非挥发性）重金属的浓度更高（Cantrell et al., 2012）。Liesch 等（2010）研究了两种不同生物炭对 *Eisenia fetida* 的毒性。尽管家禽粪便生物炭中重金属（As、Cu、Zn）的浓度较高（分别为 52 mg·kg^{-1}、177 mg·kg^{-1} 和 1080 mg·kg^{-1}），属于亚致死浓度。相反，由于土壤 pH 值升高，家禽粪便生物炭的高施用量导致了蚯蚓的高死亡率。Li 等（2011）、Gomez-Eyles 等（2011）均报告 *Eisenia fetida* 在木屑生物炭改良的土壤中体重减轻，而 Liesch 等（2010）报道未观察到显著影响。有研究表明，生物炭改良土壤中减小 *Eisenia fetida* 体重的方法是避免土壤干燥，可以通过在施用前对生物炭进行预湿润来克服（Li et al., 2011）。这些短期试验表明，尽管某些类型的生物炭（特别是用粪便制备的生物炭）在施用后可能会有急性毒性，但生物炭对蚯蚓种群和蚯蚓活动的长期影响是微不足道的（Weyers and Spokas, 2011）。迄今为止，没有证据表明生物炭中的重金属对蚯蚓有直接的毒性作用。

20.4 工业污染、矿区和城市土地的修复

受污染、工业影响的矿区和城市土地通常是稀少或缺乏植被覆盖的土地（Mench et al., 2010），并且与重金属毒性有关。植被重建是受污染土壤稳定和修复的关键（Arienzo et al., 2004; Ruttens et al., 2006），因为植被覆盖减小了裸露土壤上的污染物向近岸河道迁移或被受体生物吸入的可能性（Tordoff et al., 2000），恢复了有机物和养分的自然循环功能。

对植物产生毒性的重金属浓度过高阻碍了植被修复［在这种情况下，植物可能无法在根部固定重金属（Pulford and Watson, 2003）］，而且其功能性（有机质含量、养分状况、土壤结构、持水能力）较差。

本节讨论了生物炭如何在批量试验中吸附重金属，并评估了生物炭掺入后土壤基质中重金属迁移和生物可利用性变化之间的关系。根据以前的报道，生物炭对土壤质量的影响（有充分证据证明）有助于直接或间接恢复退化土地的土壤功能，如石灰效应、增加持水量和改善土壤结构（Blackwell et al., 2009; Atkinson et al., 2010; Sohi et al., 2010）。然而，只有有机肥料或无机肥料与生物炭改良剂一起添加时才能获得更多益处，这也表明生物炭往往不适合单独作为土壤改良剂促进植被恢复，这主要与大多数生物炭中有效养分浓度较低有关。由于退化的土壤在人为剥蚀后往往缺乏足够的养分来恢复自然过程，生物炭可能不是最适合土壤的专有改良剂。尽管其他人报道生物炭单独添加到土壤中会带来农业效益（Novak et al., 2009），事实上有一些研究报道了仅添加生物炭之后植物的生长量反而下降（Kishimoto and Sugiura, 1985; Mikan and Abrams, 1995）。本节接下来将通过一系列的案例研究来说明这些相关性（见专栏 20-1～专栏 20-3）：①生物炭调节迁移/生物有效性和稳定/络合重金属之间平衡的效率；②生物炭在土地应用时需要考虑拓展、维持和增强一系列功能。

专栏 20-1 工业污染位点

前工业用地土壤中通常含有可能呈碱性的建筑废料。Hartley等（2009）将硬木生物炭（400 ℃）混合到3个碱性基质（pH值大于7.0）中，这些基质是从英国大曼彻斯特和米德兰兹地区的老工业制造厂和废物处理场收集的。该工业用地土壤以As污染为主（>60 mg·kg^{-1}），将巨大根茎的芒草移植到土壤和生物炭的混合物中，并生长8个月。短期轮作矮林（SRC）物种（如芒属）由于生长速度快、金属吸收率相对较高，以及可作为生物能源作物，经常被用于植物修复。由于本研究中没有发现As迁移率（土壤孔隙水）或叶面As浓度的显著增加，因此As的低迁移系数使（土壤—植物）表面这层土壤适合种植生物能源作物。在这种情况下，可以将生物质热解并返回土壤进行第2轮种植，从而保持稳定的植被覆盖度，形成闭环轮换修复策略。

在酸性基质中，碱性生物炭可能具有石灰效应，可以降低重金属的迁移率。将英格兰北米德兰兹地区斯塔福德郡基茨格罗夫运河岸的酸性（pH值为5.5）沉积物土壤与生物炭混合进行试验评估（Beesley et al., 2010）。结果显示，疑似富含重金属的废水被排入运河，使海底沉积物中的Cd、Zn富集，随后被移走并堆积在运河边。用30%（v/v）的硬木生物炭（400 ℃）改良土壤，并在56 d内测量孔隙水中As、Cd、Cu、Zn的浓度。黑麦草（*Lolium perenne*）发芽毒性试验用于证明生物炭是否可以有效减小植物毒性，并促进土壤植被的重建（Moreno-Jimenez et al., 2011）。

孔隙水中Cd和Zn浓度的急剧下降伴随着As和Cu浓度的快速上升（见图20.3），这是由于pH值的升高和DOC的增加。植物毒性试验表明，施用生物炭后根系出苗率显著提高，生物炭可以通过降低基质的植物毒性来促进该地区土壤中植被的生长。

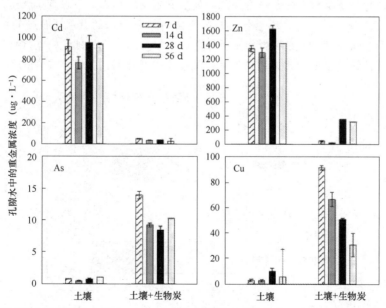

图20.3 在工业区混合生物炭的土壤中，56 d内孔隙水中的重金属浓度。注意：Cd和Zn与As和Cu的特性截然不同（基于Beesley等2010年文章中的图形修改）

无脊椎动物种群规模和多样性的改善是工业污染场地修复成功的一项指标。功能性土壤应该能够丰富微生物和无脊椎动物种群的多样性。Gomez-Eyles 等（2011）用 10%（w/w）硬木生物炭（600 ℃）改良多金属（As、Cd、Co、Cu、Ni、Pb 和 Zn）污染的土壤，该土壤取自英格兰南部的煤气厂。在 56 d 的短期试验后，他们测定了水中重金属、As 和 DOC 的可提取浓度。其中，一半的试验引进了 10 只成年蚯蚓（*Eisenia fetida*），而另一半试验没有引进蚯蚓。研究者发现，在 28 d、56 d 后，添加生物炭组的蚯蚓体重减小明显大于不添加生物炭组，研究者还发现蚯蚓的活动导致 Co、Cu 和 Ni 的迁移，而生物炭保留了这些可溶性组分。因此，生物炭减少了蚯蚓对污染物的迁移，并且可以通过保留有效态重金属来降低毒性，但也可能减少蚯蚓的数量和活动，从而降低蚯蚓的有益影响。

对于工业污染土壤，在使用生物炭之前需要事先了解多元素污染场地的重金属分布和形态，以及通过植物和土壤生态测定法监测生态毒性。

专栏 20-2 矿区土壤

结构较弱的废尾矿土壤是矿区土壤的典型代表（Wong, 2003）。堆肥、粪便和污泥以前用作矿区缓释养分的来源（Wong, 2003），但生物炭的 C 和 N 的比变化很大（7/1 ～ 400/1；Chan and Xu, 2009），但其 N 利用率很低（第 8 章），这意味着它可能需要额外添加有机肥料或无机肥料。Karami 等（2011）通过黑麦草（*Lolium perenne*）盆栽试验对 Cu、Pb 迁移率（通过孔隙水收集）进行了测定，这些土壤来自英国柴郡阿尔德利埃奇附近的一个矿区，受 Pb 污染严重（> 20000 mg·kg^{-1}）。在土壤中加入 20%（v/v）的硬木生物炭（400 ℃）、添加 30%（v/v）的绿色肥料（用作肥料）、不添加绿色肥料，这 3 种处理均降低了 Cu 和 Pb 的迁移率，但对黑麦草的生物量和重金属的吸附有不同的影响。与对照组相比，单独使用生物炭无法提高黑麦草的产量，而生物炭与绿色肥料结合使用的效果比仅使用绿色肥料的效果更好（见图 20.4）。因此，这种影响使生物炭在农业应用方面的性能较差，但在修复矿区时，只要有足够的植被覆盖来稳定未固结的尾矿就能减少其迁移，就不需要考虑作物产量。

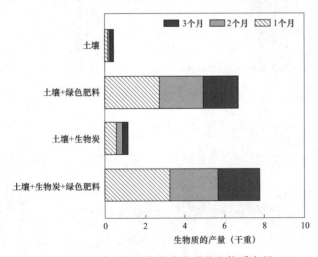

图 20.4 受 Cu 和 Pb 污染的矿区土壤进行生物炭改良后的生物质产量（Karami et al., 2011）

Beesley 等（2013）在西班牙马德里地区有机物含量较低（<2%）的矿山 As 污染（>6000 mg·kg^{-1}）的酸性土壤（pH 值为 5.0）中测定了 As 的迁移率（通过孔隙水测量），并使用 30%（v/v）果园修剪残枝生物炭（500 ℃）对土壤进行改良。以番茄（*Solanum lycopersicum*）为对象，研究生物炭加入土壤后（分别施加营养液、不施加营养液）番茄对 As 的吸收情况，测定土壤中 As 到根部、芽部和果实的迁移，结果显示向土壤中添加生物炭极大地提高了 As 在孔隙水中的迁移率，这表明已经发生了植物吸收。但事实并非如此，因为添加生物炭会显著降低根部和地上部分的 As 浓度，而果实中的 As 浓度非常低（<3 μg·kg^{-1}）。与对照组相比，施肥不会导致根部的 As 浓度显著降低，而地上部分的 As 浓度显著高于未施肥土壤与生物炭混合物中的 As 浓度（见图 20.5）。

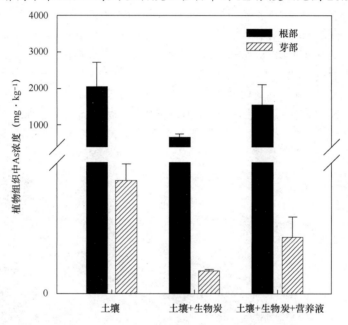

图 20.5　在生物炭和 N、P、K 改良的矿区土壤中生长的番茄（*Solanum lycopersicum*）不同部位的 As 浓度（Beesley et al., 2013）

　　在矿区修复中，生物炭施用应采用以下两种方法：①如果场地主要被金属污染，则需要施用额外的有机肥料；②如果场地被 As 污染，则使用 Fe 基（或其他 As 固定化）改良剂。在同时处理被金属和 As 污染的土壤时，必须根据生物质的需要，并对污染物的可溶性进行评估之后，事先对土壤进行物理化学分析后逐个处理。

专栏 20-3　城市土壤

　　城市土壤中的重金属来源更分散，如大气沉降，而工业或采矿现场的重金属更可能来自它本身。大气沉降不仅对表层土壤中的重金属浓度有影响，而且通过 10 年的淋滤，使在几十厘米深度的土壤和孔隙水中的重金属浓度高于背景浓度（Clemente et al., 2008）。土壤表面添加生物炭可以作为 DOC 的来源，而 DOC 可以通过城市土壤淋溶充当重金属的载体,并将DOC和金属复合物重新分布到较浅的土壤深度(Beesley and Dickinson, 2011)。为了证实这种效果,在一次田间试验中,Beesley和Dickinson(2011)在英格兰柴郡威德尼斯附近的中型城市中心,于城市土壤表层0.3 m处施用了硬木生物炭(400 ℃)(见图20.6),对土壤孔隙水金属、As和DOC浓度监测1年,监测深度分别为0.25 m、0.5 m和0.75 m [见图20.6 (d)],并与类似的绿色堆肥废弃物和未热解的木屑进行了比较[见图20.6 (c)]。使用来自同一地点(0～0.25 m深度)的土壤,以30%(v/v)的比例混合生物炭进行了平行的中层土壤试验,在6个月的时间内监测了中层土壤中的孔隙水,其目的是确定生物炭是否能使金属迁移,以及其程度是否与其他常用改良剂相同,并确定应用方法是否为决定因素。使用的特定研究场所是在17世纪中叶建立在教堂土地上的花园,它从工业活动(矿石冶炼、精炼等)中输入了相当多的可溶性重金属。在19世纪和20世纪初,土壤中重金属含量增大,土壤中As的浓度在1 m深度内保持不变[见图20.6 (c)]。

在上述土壤中添加生物炭增大了从土壤表层0.25 m处收集的孔隙水中DOC的浓度,但对深层土壤的影响很小。As浓度与DOC浓度存在相关性,说明生物炭对表层土壤中的As有一定的活化作用。先前的研究已经确定该地点有潜在的毒性风险,因为该地点是一个城市菜园,园中的莴苣叶片中该类金属的浓度超过了食品安全监管阈值(Warren et al., 2003)。考虑到城市农业(除了河床或改良土壤)使用表土,因此在这些地方添加生物炭可能会增加As的迁移及植物对As的吸收,从而增大了被人类食用的风险。

图20.6 城市土壤现场:(a)试验壕沟所在的花园;(b)在土壤剖面发现了埋藏在土壤表面富含重金属的烟灰沉积物[工业时代(标有*)];(c)表面改良箱;(d)在0.25 m、0.5 m和0.75 m深处放置的孔隙水取样器

在向城市土壤中添加生物炭时,应考虑当地以前的工业遗迹,确定其是否存在表土受到污染的风险,以及这些场地是否适合城市规划和家庭菜园使用,或者是否可能被规划为草坪、休闲场所,或者禁止作为农田。

20.5 结论与展望

生物炭对重金属有各种各样的影响，在修复重金属污染土壤时，单独使用生物炭或将其与其他改良剂结合使用具备多种优势。尽管生物炭是水体中重金属的有效吸附剂，但这并不意味着其能在环境中作为重金属治理的有效性指标，因为必须考虑到生态、生物和物理（生态系统）相互作用。例如，生物炭可以增加土壤的CEC、降低重金属的生物有效性，因此生物炭可以通过减少植物毒性来协助某些受污染土壤的植被恢复，在初始CEC低、有机质含量低、基质中重金属保留能力低的土壤中尤其如此。综上所述，重金属污染的热带土壤、干旱和半干旱地区土壤比温带和海洋地区土壤更适合添加生物炭。在生物炭制备过程中、制备后都能够改变生物炭的性质，以优化生物炭特性来适合特定的应用，但这可能会增加成本。有文献记载将生物炭与额外添加的肥料一起施用是有益的，这是改善生物炭在有效养分方面缺点的一种选择。

生物炭的性质和重金属含量因其本身的原材料和制备条件的不同而有很大差异。除此之外，很少有关于生物炭成分的标准（IBI, 2013），这要求在环境中施用生物炭时更加谨慎，直到有适当的方法和标准来预先筛选其效果（见第9章和第30章）。生物炭对重金属影响的田间试验，以及对类金属（如As）的研究也很少。生物炭对金属和As的行为具有不确定性。在生态系统水平上的相互作用研究任务十分艰巨，即同时考虑土壤菌群和动物群落，并弄清生物炭在这些复杂系统中的影响极具挑战性。

将来的研究需要：①深入研究生物炭和As（类金属）的相互作用；②深入生物炭在实地应用中的研究；③深入监测生物炭对相互关联的土壤动物群落和金属行为的影响；④考虑到生物炭的优缺点，应该在生物炭适用场所及其最终用途方面做出重要区分。因此，生物炭负载重金属可能适用于恢复工业场所土壤，而原始生物炭可能适用于农业或住宅区土壤。考虑到生物炭的最终用途，还需要使其在剂量和类型方面具有更高的灵活性。

参考文献

Abrahams, P. W. Soils: Their implications to human health[J]. Science of the Total Environment, 2002, 291: 1-32.

Adriano, D. C. Trace elements in terrestrial environments[M]. New York: Springer-Verlag, 2001.

Alloway, B. J. Heavy metals in soils[M]. Glasgow, UK: Blackie Academic & Professional, 1995.

Arienzo, M., Adamo, P. and Cozzolino, V. The potential of Lolium perenne for revegetation of contaminated soil from ametal lurgical site[J]. Science of The Total Environment, 2004, 319: 13-25.

Atkinson, C., Fitzgerald, J. and Hipps, N. Potential mechanisms for achieving agricultural benefits from biochar application to temperate soils: A review[J]. Plant and Soil, 2010, 337: 1-18.

Beesley, L. and Dickinson, N. Carbonand trace element fluxes in the pore water of an urban soil following greenwaste compost, woody and biochar amendments, inoculated with the earthworm Lumbricus terrestris[J]. Soil Biology and Biochemistry, 2011, 43: 188-196.

Beesley, L. and Marmiroli, M. Theimmobilisation and retention of soluble arsenic, cadmium and zinc by biochar[J]. Environmental Pollution, 2011, 159: 474-480.

Beesley, L., Moreno-Jiménez, E. and Gomez-Eyles, J. L. Effects of biochar and greenwaste compost amendments on mobility, bioavailability and toxicity of inorganic and organic contaminants in a multi-element polluted soil[J]. Environmental Pollution, 2010, 158: 2282-2287.

Beesley, L., Moreno-Jimenez, E., Gomez-Eyles, J. L., et al. A review of biochars' potential role in the remediation, revegetation and restoration of contaminated soils[J]. Environmental Pollution, 2011, 159: 474-480.

Beesley, L., Marmiroli, M., Pagano, L., et al. Biochar addition to an arsenic contaminated soil increases arsenic concentrations in the porewater but reduces uptake to tomato plants (*Solanum lycopersicum* L.)[J]. Science of the Total Environment, 2013, 454: 498-608.

Beesley, L., Inneh, O. S., Norton, G. J., et al. Assessing theinfluence of compost and biochar amendments on the mobility and toxicity of metals and arsenic in a naturally contaminated mine soil[J]. Environmental Pollution, 2014, 186: 195-202.

Bell, M. J. and Worrall, F. Charcoal addition to soils in NE England: A carbon sink with environmental cobenefits?[J]. Science of the Total Environment, 2011, 409: 1704-1714.

Bernal, M. P., Clemente, R. and Walker, D. J. The role of organic amendment in the bioremediation of heavy metal-polluted soils[M]. New York: Nova Pub., 2006: 2-58.

Bird, M. J., Wurster, C. M., De Paula Silva, P. H., et al. Algal biochar: Effects and applications[J]. Global Change Biology-Bioenergy, 2012, 4: 61-69.

Blackwell, P., Reithmuller, G. and Collins, M. Biochar application to soil[M]. London: Earthscan, 2009: 207-226.

Bolan, N. S. and Duraisamy, V. Role of inorganic and organic soil amendments onimm obilisation and phytoavailability of heavy metals: A review involving specific case studies[J]. Australian Journal of Soil Research, 2003, 41: 533-555.

Borch, T., Kretzschmar, R., Kappler, A., et al. Biogeochemical redox processes and their impact on contaminant dynamics[J]. Environmental Science and Technology, 2010, 44: 15-23.

Buss, W., Kammann, C. and Koyro, H-W. Biochar reduces copper toxicity in Chenopodium quinoa Willd in sandy soil[J]. Journal of Environmental Quality, 2012, 41: 1157-1165.

Cantrell, K. B., Hunt, P. G., Uchimiya, M., et al. Impact of pyrolysis temperature and manure source on physicochemical characteristics of biochar[J]. Bioresource Technology, 2012, 107: 419-428.

Cao, X., Ma, L. Q. and Shiralipour, A. Effects of compost and phosphate amendments on arsenic mobility in soils and arsenic uptake by the hyper accumulator *Pterisvittata L*[J]. Environmental Pollution, 2003, 126: 157-167.

Cao, X. D, Ma, L. N, Gao, B., et al. Dairy-manure derived biochar effectively sorbs lead and atrazine[J]. Environmental Science and Technology, 2009, 43: 3285-3291.

Cao, X., Ma, L., Liang, Y., et al. Simultaneous immobilization of lead and atrazine incontaminated soils using dairy-manure biochar[J]. Environmental Science and Technology, 2011, 45: 4884-4889.

Chan, K. and Xu, Z. Biochar: nutrient properties and their enhancement[M]. London: Earthscan, 2009: 67-84.

Chan, K., Van Zwieten, L., Meszaros, I., et al. Agronomic values of greenwaste biochar as a soil amendment[J]. Australian Journal of Soil Research, 2007, 45: 629-634.

Chang, Q., Lin, W. and Ying, W.-C. Preparation of iron-impregnated granular activated carbon for arsenic removal from drinking water[J]. Journal of Hazardous Materials, 2010, 184: 515-522.

Chen, B. L., Chen, Z. M. and Lv, S. F. Anovel magnetic biochar efficiently sorbs organic pollutants and phosphate[J]. Bioresource Technology, 2011, 102: 716-723.

Chen, S. B., Zhu, Y. G., Ma, Y. B., et al. Effect of bone charapplication on Pb bioavailability in a Pb-contaminated soil[J]. Environmental Pollution, 2006, 139: 433-439.

Chen, X., Chen, G., Chen, L., et al. Adsorption of copper and zinc by biochars produced from pyrolysis of hardwood and corn straw in aqueous solution[J]. Bioresource Technology, 2011, 102: 8877-8884.

Cheng, C. H., Lehmann, J., Thies, J. E., et al. Oxidation of blackcarbon by biotic and abiotic processes[J]. Organic Geochemistry, 2006, 37: 1477-1488.

Cheng, C. H., Lehmann, J. and Engelhard, M. H. Natural oxidation of black carbon insoils: Changes in molecular form and surface charge along climo sequence[J]. Geochimica Cosmochimica Acta, 2008, 72: 1598-1610.

Clemente, R., Dickinson, N. M. and Lepp, N. W. Mobility of metals and metalloids in amulti-element contaminated soil 20 years after cessation of the pollution source activity[J]. Environmental Pollution, 2008, 155: 254-261.

Choppala, G. K., Bolan, N. S., Megharaj, M., et al. The influence of biochar and black carbon on reduction and bioavailability of chromate in soils[J]. Journal of Environmental Quality, 2012, 41: 1175-1184.

Cui, H. J., Wang, M. K., Fu, M. L., et al. Enhancing phosphorous availability inphosphorous-fertilised zones by reducing phosphate adsorbed on ferrihydrite using rice straw-derived biochar[J]. Journal of Soils and Sediments, 2011, 11: 1135-1141.

Debela, F., Thring, R. W. and Arocena, J. M. Immobilization of heavy metals byco-pyrolysis of contaminated soil with woody biomass[J]. Water, Air and Soil Pollution, 2012, 223: 1161-1170.

Di Toro, D. M., Allen, H. E., Bergman, H. L., et al. Biotic ligand model of the acute toxicity of metals. 1. Technical basis[J]. Environmental Toxicology and Chemistry, 2001, 20: 2383-2396.

Dixit, S. and Hering, J. G. Comparison of Arsenic (V) and Arsenic (III) Sorption onto Iron Oxide Minerals: Implications for Arsenic Mobility[J]. Environmental Science and Technology, 2003, 37: 4182-4189.

Fellet, G., Marchiol, L., Delle Vedove, G., et al. Application of biocharon mine tailings: Effects and perspectives for land reclamation[J]. Chemosphere, 2011, 83: 1262-1267.

Fernández, M. D., Cagigal, E., Vega, M. M., et al. Ecological risk assessment of contaminated soils through direct toxicity assessment[J]. Ecotoxicology and Environmental Safety, 2005, 62: 174-184.

Fitz, W. J. and Wenzel, W. W. Arsenic transformations in the soil-rhizo sphere-plant system: Fundamentals and potential application to phytoremediation[J]. Journal of Biotechnology, 2002, 99: 259-278.

Fontes, M. and Alleoni, L. Electrochemical attributes and availability of nutrients, toxic elements and heavy metals intropical soils[J]. Scientia Agricola, 2006, 63: 589-608.

Freddo, A., Cai, C. and Reid, B. J. Environmental context ualisation of potential toxic elements in polycyclic aromomatic hydrocarbons in biochar[J]. Environmental Pollution, 2012, 171: 18-24.

Gartler, J., Robinson, B., Burton, K., et al. Carbon aceous soil amendments to biofortify crop plants withzinc[J]. Science of the Total Environment, 2013, 465: 308-313.

Gasco, G., Paz-Ferreiro, J. and Mendez, A. Thermal analysis of soil amended with sewage sludge and biochar from sewage sludge pyrolysis[J]. Journal of Thermal Analysis and Calorimetry, 2012, 108: 769-775.

Gaskin, J., Steiner, C., Harris, K., et al. Effect of low-temperature pyrolysis conditions on biochar for agriculturaluse[J]. Transactions of the American Society of Agricultural and Biological Engineers, 2008, 51: 2061-2069.

Gomez-Eyles, J. L., Sizmur, T., Collins, C. D., et al. Effects of biochar and the earthworm *Eisenia fetida* on the bioavailability of polycyclic aromatic hydrocarbons and potentially toxic elements[J]. Environmental Pollution, 2011, 159: 616-622.

Gomez-Eyles, J. L., Beesley, L., Moreno-Jiménez, E., et al. The potential of biochar amendments to remediate contaminated soils[M]. NewHampshire: Science Publishers, 2013a.

Gomez-Eyles, J. L., Yupanqui, C., Beckingham, B., et al. Evaluation of biochars and activated carbons forin situ remediation of sediments impacted with organics, mercury, and methyl mercury[J]. Environmental Science and Technology, 2013b, 47: 13721-13729.

Graber, E. R., Harel, Y. M., Kolton, M., et al. Biochar impact on development and productivity of pepper and tomato grown infertigated soil less media[J]. Plant and Soil, 2010, 337: 481-496.

Hartley, W., Dickinson, N. M., Riby, P., et al. Arsenic mobility in brown field soils amended with green waste compost or biochar and planted with Miscanthus[J]. Environmental Pollution, 2009, 157: 2654-2662.

Harvey, O. R., Herbert, B. E., Rhue, R. D., et al. Metal interactions at the biochar-water interface: Energetics and structure-sorption relationships elucidated by flow adsorption microcalorimetry[J]. Environmental Science and Technology, 2011, 45: 5550-5556.

Hass, A., Gonzalez, J. M., Lima, I. M., et al. Chicken manure biocharas liming and nutrient source for acid appalachian soil[J]. Journal of Environmental Quality, 2012, 41: 1096-1106.

He, Y. D., Zhai, Y. B., Li, C. T., et al. The fate of Cu, Zn, Pb and Cd during the pyrolysis of sewage sludge at different temperatures[J]. Environmental Technology, 2010, 31: 567-574.

Hodson, M. E. The need for sustainable soil remediation[J]. Elements, 2010, 6: 363-368.

Hossain, M. K., Strezov, V., Yin Chan, K., et al. Agronomic properties of wastewater sludge biochar and bioavailability of metals in production of cherry tomato (*Lycopersicon esculentum*)[J]. Chemosphere, 2010, 78: 1167-1171.

Hughes, M. F. Arsenic toxicity and potential mechanisms of action[J]. Toxicology Letters, 2002, 133: 1-16.

IBI. Standardized product definition and product testing guidelines for biochar that is used in soil[R]. Report, International Biochar Initiative, 2013.

Ippolito, J. A., Laird, D. A. and Busscher, W. J. Environmental benefits of biochar[J]. Journal of Environmental Quality, 2012, 41: 967-972.

Jiang, J., Xu, R., Jiang, T., et al. Immobilization of Cu(II), Pb(II) and Cd(II) by the addition of rice straw derived biochar to a simulated polluted Ultisol[J]. Journal of Hazardous Materials, 2012, 229-230: 145-150.

Jones, C. G., Lawton, J. H. and Shachak, M. Organisms as ecosystem engineers[J]. Oikos, 1994, 69: 373-386.

Jones, D. L., Rousk, J., Edwards-Jones, G., et al. Biochar-mediated changes in soil quality and plant growth in a three year field trial[J]. Soil Biology and Biochemistry, 2012, 45: 112-124.

Jordán, F. Keystone species and foodwebs[J]. Philosophical Transactions of the Royal Society B: Biological Sciences, 2009, 364: 1733-1741.

Joseph, S. D., Camps-Arbestain, M., Lin, Y., et al. Aninvestigation into the reaction of biochar in soil[J]. Australian Journal of Soil Research, 2010, 48: 501-515.

Jouquet, P., Dauber, J., Lagerlöf, J., et al. Soil invertebrates asecosystem engineers: Intended and accidental effects on soil and feedback loops[J]. Applied Soil Ecology, 2006, 32: 153-164.

Kannan, N. and Rengasamy, G. Comparison of Cadmium Ion Adsorption on Various Activated Carbons[J]. Water, Air and Soil Pollution, 2005, 163: 185-201.

Karami, N., Clemente, R., Moreno-Jimenez, E., et al. Efficiency of greenwaste compost and biochar soil amendments for reducing lead and copper mobility and uptake to ryegrass[J]. Journal of Hazardous Materials, 2011, 191: 41-48.

Kishimoto, S. and Sugiura, G. Charcoalas a soil conditioner[M]. South Africa: Pretoria, 1985, 12-23.

Knowles, O. A., Robinson, B. H., Contangelo, A., et al. Biochar for the mitigation of nitrate leaching from soil amended with biosolids[J]. Science of the Total Environment, 2011, 409: 3206-3210.

Lado, L. R., Hengl, T. and Reuter, H. I. Heavy metals in European soils: Ageostatistical analysis of the FOREGS geochemical database[J]. Geoderma, 2008, 148: 189-199.

Lee, J. W., Kidder, M., Evans, B. R., et al. Characterization of biochars produced from cornstovers for soil amendment[J]. Environmental Science and Technology, 2010, 44: 7970-7974.

Lehmann, J., Rillig, M. C., Thies, J., et al. Biochar effects on soil biota–A review[J]. Soil Biology and Biochemistry, 2011, 43: 1812-1836.

Li, D., Hockaday, W. C., Masiello, C. A. Earthworm avoidance of biochar can be mitigated by wetting[J]. Soil Biology and Biochemistry, 2011, 43: 1732-1737.

Liang, B., Lehmann, J., Solomon, D., et al. Blackcarbon increases cation exchange capacity insoils[J]. Soil Science Society of America Journal, 2006, 70: 1719-1730.

Liesch, A., Weyers, S., Gaskin, J., et al. Impact of two different biochars on earthworm growth and survival[J]. Annals of Environmental Science, 2010, 4: 1-9.

Lima, I. M. and Marshall, W. E. Adsorption of selected environmentally important metals by poultry manure-based granular activated carbons[J]. Journal of Chemical Technology and Biotechnology, 2005, 80: 1054-1061.

Lin, Y., Munroe, P., Joseph, S., et al. Nanoscale organomineral retentions of biochars in ferrosoil and investigation using microscopy[J]. Plant and Soil, 2012a, 357: 369-380.

Lin, Y., Munroe, P., Joseph, S., et al. Water extractable organic carbon in untreated and chemical treated biochars[J]. Chemosphere, 2012b, 87: 151-157.

Lindsay, W. L. Chemical Equilibria in Soils[M]. Chichester: John Wiley and Sons Ltd., 1979.

Liu, Z. and Zhang, F. S. Removal of leadfrom water using biochars prepared from hydrothermal lique faction of biomass[J]. Journalof Hazardous Materials, 2009, 167: 933-939.

Lucchini, P., Quilliam, R. S., DeLuca, T. H., et al. Increased bioavailability of metals in two contrasting agricultural soils treated with wastewood-derived biochar and ash[J]. Environmental Science and Pollution Research, 2014, 21: 3230-3240.

Major, J., Steiner, C., Downie, A. and Lehmann, J. Biochar effects on nutrient leaching[M]. London: Earthscan, 2009.

Mankansingh, U., Choi, P. C. and Ragnarsdottir, V. Biochar applicationin a tropical, agricultural region: A plot scalestudy in Tamil Nadu, India[J]. Applied Geochemistry, 2011, 26: 218-221.

Masscheleyn, P. H., Delaune, R. D. and Patrick, W. H. Effect of redox potential and pH on arsenic speciation and solubility in a contaminated soil[J]. Environmental Science and Technology, 1991, 25: 1414-1419.

McBeath, A. V., Smernik, R. J., Schneider, M. P. W., et al. Determination of the aromaticity and the degree of aromatic condensation of a thermo sequence of wood charcoal using NMR[J]. Organic Geochemistry, 2011, 42: 1194-1202.

Meharg, A. A. and Macnair, M. R. Suppression of the high affinity phosphate uptake system: A mechanism of arsenate tolerance in *Holcus lanatus* L.[J]. Journal of Experimental Botany, 1992, 43: 519-524.

Melo, L. C. A., Alleoni, L. R. F. and Swartjes, F. A. Derivation of critical soil cadmium concentrations for the state of São Paulo, Brazil, based on human health risks[J]. Human and Ecological Risk Assessment: An International Journal, 2011, 17: 1124-1141.

Mench, M., Bussière, S., Boisson, J., et al. Progress in remediation and revegetation of the barren Jales gold mine spoil after in situ treatments[J]. Plant and Soil, 2003, 249: 187-202.

Mench, M., Lepp, N., Bert, V., et al. Successes and limitations of phytotechnologies at field scale: Outcomes, assessment and outlook from COST Action859[J]. Journal of Soils and Sediments, 2010, 10: 1039-1070.

Mendez, A., Gomez, A., Paz-Ferreiro, J., et al. Effects of sewage sludge biochar on plant metal availability after application to a Mediterranean soil[J]. Chemosphere, 2012, 89: 1354-1359.

Mikan, C. and Abrams, M. Altered forest composition and soil properties of historic charcoal hearths in Southeastern Pennsylvania[J]. Canadian Journal of Forest Research, 1995, 25: 687-696.

Mikutta, C. and Kretzschmar, R. Spectroscopic evidence for ternary complex formation between arsenate and ferric iron complexes of humic substances[J]. Environmental Science and Technology, 2011, 45: 9550-9557.

Moreno-Jimenez, E., Beesley, L., Lepp, N. W., et al. Field sampling of soil pore water to evaluate trace element mobility and associated environmental risk[J]. Environmental Pollution, 2011, 159: 3078-3085.

Moreno-Jimenez, E., Esteban, E. and Penalosa, J. M. The fate of Arsenic inthe soil-plant system[M]. USA: Reviews of Environmental Contamination and Toxicology Springer, 2012.

Mukherjee, A., Zimmerman, A. R. and Harris, W. Surface chemistry variations among aseries of laboratory-produced biochars[J]. Geoderma, 2011, 163: 247-255.

Muñiz, G., Fierro, V., Celzard, A., et al. Synthesis, characterization and performance in arsenic removal of iron-doped activated carbons prepared by impregnation with Fe(III) and Fe(II)[J]. Journal of Hazardous Materials, 2009, 165: 893-902.

Naidu, R., Sumner, M. and Harter, R. Sorption of heavy metals in strongly weathered soils: An overview[J]. Environmental Geochemistry and Health, 1998, 20: 5-9.

Namgay, T., Singh, B. and Singh, B. P. Influence of biochar application to soil on the availability of As, Cd, Cu, Pb, and Zn to maize (*Zea mays* L.)[J]. Australian Journal of Soil Research, 2010, 48: 638-647.

Nathanail, C. P. and Bardos, R. P. Reclamation of Contaminated Land[M]. Chichester: Wiley, 2004.

Nicholson, F. A., Smith, S. R., Alloway, B. J., et al. An inventory of heavy metals inputs to agricultural soils in England and Wales[J]. Science of The Total Environment, 2003, 311: 205-219.

Novak, J. M., Busscher, W. J., Laird, D. L., et al. Impact of biochar amendment on fertility of a southeastern coastal plain soil[J]. Soil Science, 2009, 174: 105-112.

Oremland, R. S. and Stolz, J. F. The ecology of arsenic[J]. Science, 2003, 300: 939-944.

Park, J. H., Choppala, G. K., Bolan, N. S., et al. Biochar reduces the bioavailability and phytotoxicity of heavy metals[J]. Plant and Soil, 2011, 348: 439-451.

Ponge, J. F., Topoliantz, S., Ballof, S., et al. Ingestion of charcoal by the Amazonian earthworm Pontoscolex corethrurus: A potential for tropical soil fertility[J]. Soil Biology and Biochemistry, 2006, 38: 2008-2009.

Pulford, I. D. and Watson, C. Phytoremediation of heavy metal contaminated land by trees—A review[J]. Environment International, 2003, 29: 529-540.

Quilliam, R. S., Marsden, K. A., Gertler, C., et al. Nutrient dynamics, microbial growthand weed emergence in biochar amended soil are influenced by time since application and reapplication rate[J]. Agriculture, Ecosystems and Environment, 2012, 158: 192-199.

Reed, B. Adsorption of heavy metalsusing iron impregnated activated carbon[J]. Journal of Environmental Engineering, 2000, 126: 896-874.

Ross, S. M. Toxic metals in Soil-plant Systems[M]. Chichester: Wiley, 1994.

Ruttens, A., Mench, M., Colpaert, J. V., et al. Phytostabilization of a metal contaminated sandy soil. I: Influence of compost and/or inorganic metal immobilizing soil amendments on phytotoxicity and plant availability of metals[J]. Environmental Pollution, 2006, 144: 524-532.

Salem, M., Kohler, J. and Rillig, M. C. Palatability of carbonized materials to Collembola[J]. Applied Soil Ecology, 2013, 64: 63-69.

Sanchez-Polo, M. and Rivera-Utrilla, J. Adsorbent-adsorbate interactions in the adsorption of Cd(II) and Hg(II) on ozonized activated carbons[J]. Environmental Science and Technology, 2002, 36: 3850-3854.

Semple, K. T., Doick, K. J., Jones, K. C., et al. Peer reviewed: Defining bioavailability and bioaccessibility of contaminated soil and sediment is complicated[J]. Environmental Science & Technology, 2004, 38: 228A-231A.

Shen, Y. S., Wang, S. L., Tzou, Y. M., et al. Removal of hexavalent Cr by coconut coir and derived chars—The effect of surface functionality[J]. Bioresource Technology, 2012, 104: 165-172.

Sizmur, T. and Hodson, M. E. Do earthworms impact metal mobility and availability in soil?—A review[J]. Environmental Pollution, 2009, 157: 1981-1989.

Sizmur, T., Palumbo-Roe, B., Watts, M. J., et al. Impact of the earthworm *Lumbricus terrestris L.* on As, Cu, Pb and Zn mobility and speciation incontaminated soils[J]. Environmental Pollution, 2011a, 159: 742-748.

Sizmur, T., Tilston, E. L., Charnock, J., et al. Impacts of epigeic, anecic and endogeic earthworms on metal and metal loid mobility and availability[J]. Journal of Environmental Monitoring, 2011b, 13: 266-273.

Sizmur, T., Watts, M. J., Brown, G. D., et al. Impact of gut passage and mucus secretion by the earthworm Lumbricus terrestris on mobility and speciation of arsenic in contaminated soil[J]. Journal of Hazardous Materials, 2011c, 197: 169-175.

Sizmur, T., Wingate, J., Hutchings, T., et al. *Lumbricus terrestris L.* does not impact on the remediation efficiency of compost and biochar amendments[J]. Pedobiologia, 2011d, 54: S211-S216.

Smith, R., Pollard, S. J. T., Weeks, J. M., et al. Assessing significant harm to terrestrial ecosystems from contaminated land[J]. Soil Use and Management, 2005, 21: 527-540.

Sneddon, J., Clemente, R., Riby, P., et al. Source-pathway recept or investigation of the fate of trace elements derived from shot gun pellets discharged in terrestrial ecosystems managed for game shooting[J]. Environmental Pollution, 2009, 157: 2663-2669.

Sohi, S., Krull, E., Lopez-Capel, E., et al. A review of biochar and its use and function in soil[J]. Advances in Agronomy, 2010, 105: 47-82.

Swartjes, F. A. Risk-based assessment of soil and groundwater quality in the Netherlands: Standards and remediation urgency[J]. Risk Analysis, 1999, 19: 1235-1249.

Swiatkowski, A., Pakula, M., Biniak, S., et al. Influence of the surface chemistry of modified activated carbon on its electrochemical behaviour in the presence of lead(II) ions[J]. Carbon, 2004, 42: 3057-3069.

Thakali, S., Allen, H. E., Di Toro, D. M.,et al. Terrestrial biotic ligand model. 2. Application to Ni and Cu toxicities to plants, invertebrates, and microbes in soil[J]. Environmental Science & Technology, 2006, 40: 7094-7100.

Topoliantz, S. and Ponge, J.-F. Burrowing activity of the geophagous earthworm Pontoscolex corethrurus (*Oligochaeta: Glossoscolecidae*) in the presence of charcoal[J]. Applied Soil Ecology, 2003, 23: 267-271.

Topoliantz, S. and Ponge, J. F. Charcoal consumption and casting activity by *Pontoscolex* corethrurus (Glossoscolecidae)[J]. Applied Soil Ecology, 2005, 28: 217-224.

Tordoff, G. M., Baker, A. J. M. and Willis, A. J. Current approaches to there vegetation and reclamation of metal life rousmine wastes[J]. Chemosphere, 2000, 41: 219-228.

Trakal, L., Komárek, M., Száková, J., et al. Biochar application to metal-contaminated soil: Evaluating of Cd, Cu, Pb and Zn sorption behavior using single-and multi-element sorption experiment[J]. Plant, Soil and Environment, 2011, 57: 372-380.

Uchimiya, M., Lima, I. M., Klasson, K. T., et al. Contaminantim mobilization and nutrient release by biochar soil amendment: Roles of natural organic matter[J]. Chemosphere, 2010a, 80: 935-940.

Uchimiya, M., Lima, I. M., Klasson, K. T., et al. Immobilization of heavy metal ions (Cu(II), Cd(II), Ni(II), and Pb(II)) by broilerlitter-derived biochars in water and soil[J]. Journal of Agricultural Food Chemistry, 2010b, 58: 5538-5544.

Uchimiya, M., Chang, S. and Klasson, K. T. Screening biochars for heavy metal retention in soil: Role of oxygen functional groups[J]. Journal of Hazardous Materials, 2011a, 190: 432-441.

Uchimiya, M., Wartelle, L. H., Klasson, K. T., et al. Influence of pyrolysis temperature on biochar property and function as a heavy metal sorbent in soil[J]. Journal of Agricultural Food Chemistry, 2011b, 59: 2501-2510.

Vangronsveld, J., Herzig, R., Weyens, N., et al. Phytoremediation of contaminated soils and groundwater: Lessons from the field[J]. Environmental Science and Pollution Research, 2009, 16: 765-794.

Van Zwieten, L., Kimber, S., Morris, S., et al. Effects of biochar from slow pyrolysis of paper mill waste on agronomic performance and soil fertility[J]. Plant and Soil, 2010, 327: 235-246.

Vaughan, R. L. and Reed, B. E. Modeling As(V) removal by an iron oxide impregnated activated carbon using the surface complexation approach[J]. Water Research, 2005, 39: 1005-1014.

Wang, T., Camps-Arbestain, M., Hedley, M., et al. Predicting phosphorous bioavailability from high-ash biochars[J]. Plant and Soil, 2012, 357: 173-187.

Warnock, D., Lehmann, J., Kuyper, T., et al. Mycorrhizal responses to biochar in soil—Concepts and mechanisms[J]. Plant and Soil, 2007, 300: 9-20.

Warren, G. P., Alloway, B. J., Lepp, N. W., et al. Field trials to assess the uptake of arsenic by vegetables from contaminated soils and soil remediation with iron oxides[J]. Science of the Total Environment, 2003, 311: 19-33.

Waychunas, G. A., Kim, C. S. and Banfield, J. F. Nanoparticulate iron oxide minerals in soils and sediments: Unique properties and contaminant scavenging mechanisms[J]. Journal of Nanoparticle Research, 2005, 7: 409-433.

Wong, M. H. Ecological restoration of mine degraded soils, with emphasis on metal contaminated soils[J]. Chemosphere, 2003, 50: 775-780.

Weyers, S. L. and Spokas, K.A. Impact of biochar on earthworm populations: A review[J]. Applied and Environmental Soil Science, 2011.

Yamato, M., Okimori, Y., Wibowo, I. F., et al. Effects of the application of charred bark of Acaciamangium on the yield of maize, cow pea and peanut, and soil chemical properties in South Sumatra, Indonesia[J]. Soil Science and Plant Nutrition, 2006, 52: 489-495.

Zhang, Z., Solaiman, Z. M., Meny, K., et al. Biochars immobilize soil cadmium, but do not improve growth of emergent wetland species Juncus subsecundus in cadmium-contaminated soil[J]. Journal of Soils and Sediments, 2013, 13: 140-151.

Zheng, R. L., Cai, C., Liang, J. H., et al. The effects of biochars from rice residues on the formation of iron plaque and the accumulation of Cd, Zn, Pb, As in rice (*Oryza sativa* L.) seedlings[J]. Chemosphere, 2012, 89: 856-862.

Zimmerman, A. R., Gao, B. and Ahn, M. Y. Positive and negative carbon mineralization priming effects among a variety of biochar-amended soils[J]. Soil Biology and Biochemistry, 2011, 43: 1169-1179.

第21章

生物炭中的多环芳烃和多氯联苯

Thomas D. Bucheli、Isabel Hilber 和 Hans-Peter Schmidt

21.1 引言

生物炭在用作动物饲料、畜牧垫草的添加剂、肥料或土壤改良剂时，必须符合所有法规要求。其中，重金属或有机物，如多环芳烃（PAHs）、多氯代二苯并二噁英、呋喃（PCDD/Fs）和多氯联苯（PCBs）等污染物的残留量不能超过规定的阈值。这些化合物可能由原材料直接引入，也可能产自热解过程。因此，国际生物炭组织（IBI）将美国环境保护署（EPA）发布的生物炭中共 16 种 PAHs、PCDD/Fs 和 PCBs 的阈值设定了一个最大允许范围，分别为 6～20 mg·kg^{-1}（干重）、9 ng·kg^{-1}（毒性当量 I-TEQ）和 0.2～0.5 mg·kg^{-1}（干重）（IBI, 2013）。同样，欧洲生物炭认证（EBC）也要求优质和普通生物炭中的 PAHs 含量分别低于 4 mg·kg^{-1} 和 12 mg·kg^{-1}（干重），而 PCDD/Fs 含量则必须低于 20 ng·kg^{-1}（毒性当量）和 0.2 mg·kg^{-1}（干重）（EBC, 2012）。

本章将对生物炭中的有机污染物进行系统概述。由于关于多氯联苯类污染物的数据很少，因此本章主要讨论 PAHs，同时对其他的一些化合物进行简要概述。在介绍了生物炭热解过程中污染物如何形成的一些基本原理之后，本章汇总了最新的生物炭文献数据（主要是 PAHs），并确定了可能影响残留污染物浓度至关重要的热解参数。本章特别关注了目前生物炭样品、样品处理和污染物定量分析方法和步骤上的不足。此外，本章对于污染物的生物有效组分和生物可给组分也进行了讨论，并根据其环境相关性对数据进行了探讨。最后，本章指出了该领域目前的研究缺口，并提出了展望。

21.2 热解过程中有机污染物的形成原理

根据所需产品的不同，生物质的热（化学）分解可以在是否存在 O_2、H_2 或 H_2O 的不同温度下进行。通常，在没有 O_2、H_2 或 H_2O 参与的情况下，生物质在 500～700 ℃的加热过程称为热解（见第 3 章）；如果在较高温度（>800 ℃）下添加 O_2（不管是否有其他析出物），则称为气化，随着 O_2 含量的增加，气化在高温下会转化为燃烧；在压力和温度较低的情况下（<300 ℃）添加 H_2O，则称为水热碳化［在（超

临界）液体条件下]。本章相应章节中有关热解过程的详细信息请参阅相关文献。生物质的主要成分是纤维素、半纤维素和木质素，这些物质在热解过程中会转化为气态、液态和固态产物，该过程是通过大量热化学反应进行的。在这些反应中，由于温度、升温速率或热解装置的物理参数不同，生物质通过热解最终转化为不同类型的合成气、油脂和热解碳质材料（PCM）。在生物质热解过程中，无论是前体、中间产物还是最终产物，都有无数的有机化合物参与。这些有机化合物包括挥发性有机化合物，如羧酸、左旋葡糖、取代酚类（如邻苯二酚）、烷基化苯（如甲苯、二甲苯）（Evans and Milne, 1987; Pakdel and Roy, 1991; Britt et al., 2001; Demirbas and Arin, 2002; Morf et al., 2002; Mohan et al., 2006; Cole et al., 2012; Kibet et al., 2012）。某些具有毒性的物质是有机污染物。其中，多环芳烃（PAHs）和多氯联苯是最受关注的有机化合物，将在下文中详细讨论。

21.2.1 多环芳烃（PAHs）

PAHs 是生物炭中普遍存在的潜在污染物之一，它们是在燃烧和热解过程中形成的。人们在可控的室内条件下深入研究生物质（成分包括纤维素、半纤维素和木质素，下文将简要概述）的热解过程，因此发现了在燃烧过程中会形成 PAHs（Richter and Howard, 2000）。然而，人们对从低技术、小规模到高技术、工业化规模的传统生物炭制备工艺的了解仍相当有限，尤其是制备过程中 PAHs 的形成机制方面尚不清楚。

在生物质热解（Garcia-Perez, 2008; Keiluweit et al., 2012）及任何燃料燃烧（更普遍）过程中（Mastral and Callen, 2000），PAHs 有如下两种基本形成机制（见图 21.1）。

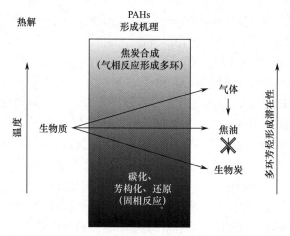

图21.1 生物质热解的主要产物和PAHs的主要形成过程（气体相热解和固相反应，如碳化、芳构化和还原。生物质热解和形成PAHs有关的参数和产物分别标记为黑色和灰色。假定PAHs的形成主要通过气体在较高温度下热解合成，那么在生物炭制备过程中应避免气体和焦油冷凝到生物炭上）

一方面，PAHs 通过热解合成产生，即在高温条件下（>500 ℃）原料中的有机物裂解生成不同的气态烃自由基，这些气态烃自由基经过一系列的双分子反应形成更大的（聚）芳环结构（Evans and Milne, 1987; Mastral and Callen, 2000; Ravindra et al., 2008），与脱氢加乙炔（HACA）的成环机制一致。Ledesma 等（2002）发现，在 500～1000 ℃热解邻苯二酚（一种作为固体燃料的单环芳香烃模型化合物）时，PAHs 的产率随着环数的增加而降低；在 700 ℃时，轻质的 PAHs 比重质的 PAHs 先形成，而重质的 PAHs 在 800 ℃以上才开始形成。Morf 等（2002）报道，木屑热解生成的焦油中会含有极少量的 PAHs，然而当热解温度达 750～800 ℃时，PAHs 的产量显著增加，其中在制备过程中萘是产量最高的 PAHs（Morf et al., 2002）；在 700～920 ℃时，观察到䓛烯（Britt et al., 2004）、纤维素、果胶、绿原酸（McGrath et al., 2001）及多酚类化合物（Sharma and Hajaligol, 2003）通过热解形成 PAHs，PAHs 的产量随温度的升高和停留时间（以 ms 为单位）的延长而增加（Britt et al., 2001; McGrath et al., 2001）。

另一方面，固体材料在低温（<600 ℃）下转化为 PCM 时，通过缩合、碳化和芳构化会形成 PAHs（Hajaligol et al., 2001; McGrath et al., 2003；见图 21.1）。这一点已在室内特别针对纤维素材料（400～600 ℃；Hajaligol et al., 2001; McGrath et al., 2003）和植物类固醇（尽管温度略高于 600～700 ℃；Britt et al., 2001）进行了研究。Kaal 等（2012）也发现在低温下制备生物炭会形成 PAHs，他们检测到在 200～700 ℃下热解制备的木材和稻草 PCM 中 PAHs 的数量随热解温度的升高不断增加。Fagernäs 等（2012）对在不同时间点收集的气体和焦油样品中的 PAHs 进行了定量分析，并将蒸馏温度从 195 ℃升高至 445 ℃，通过 ^{13}C 核磁共振谱（^{13}C-NMR）研究了热解过程中 PAHs 的形成。尽管这类研究主要将固相作为一个整体来描述，而不是描述其可提取的部分，但其可以表明这些化学结构的形成过程。有研究表明，在低于 500 ℃时制备的 PCM 中含有的 PAHs 多为小于 7 个环的芳香结构。美国环境保护署发布的 16 种 PAHs 由 2～6 个环组成。在热解温度高达 700 ℃时，环的数量最高增加到 19 个（McBeath et al., 2011），这表明在此温度下制备的 PCM 含有大量的 PAHs。Brewer 等（2009）的 ^{13}C-NMR 研究表明，慢速热解和快速热解制备的 PCM 中含有 7～8 个环的芳香族团簇，而气化会生成含有 17 个稠环的芳香结构。然而，Knicker 等（2008）认为，这种材料主要由石墨多环芳结构组成，作为木质素和纤维素的残留物，森林火灾产生的煤焦仍可能含有异原子结构（Knicker et al., 2008）。

21.2.2 多氯联苯

大量研究表明，燃烧和气化过程都能形成 PCDD/Fs，尤其是城市废物燃烧（Turainen et al., 1998; McKay, 2002; Kulkarni et al., 2008; Altarawneh et al., 2009）。Taylor 和 Dellinger（1999）总结了氯化烃的高温热解过程；Buser 等（1978）、Buser（1979）、Evans 和 Dellinger（2003）研究了氯苯、2-氯酚或 PCBs 等氯化有机排放物热解生成 PCDD/Fs 的过程。然而，关于生物质在热解过程中如何形成多氯联苯类化合物的研究很少。Bjorkman 和 Stromberg（1997）研究了生物质在热解和气化过程中氯的释放，在 300～500 ℃时柳叶稷热解所产生的焦油中未发现有机氯化合物，然而在苜蓿燃烧过程中检测到了多氯联苯（PCDD/Fs 的潜在前体物）。因此，他们指出 O_2 可能是影响氯苯类化合物形成的一个重要因素。现有研究表明，在完全热解条件下不可能二次生成多氯联苯，如果原料中存在合适的前体物，则可能会形成 PCDD/Fs。

21.3 热解产物中的 PAHs

Fagernäs 等（2012）的桦木慢速热解研究是目前唯一一项实现了对所有热解产物中

的 PAHs 进行质量平衡的研究。3200 kg 木材原料在分批碳化罐中能产生 4 kg PAHs（33 种不同化合物的总和），其大多数存在于焦油（62%）或气体（37%）中，只有 0.6% 存在于 PCM 中。另一项研究是在不同的热解条件（195～440 ℃）下进行的，但此研究在所有的 PCM 中都未检测出 PAHs，但在气体组分中能够检测到（定量分析），并且在 415 ℃时检测到最大值。相对于固相中的 PAHs，大多数 PAHs 存在于焦油和气体中，主要机制与上文概述的机制一致，并且可能与优化的热解过程直接相关，其目的是将生物炭中残留的 PAHs 浓度降至最低。

21.3.1 焦油和生物油

虽然对相关材料和热解产物中的 PAHs 的分析研究已经进行了数十年，但直到最近人们才开始关注生物炭自身可能残留的 PAHs。例如，Pakdel 和 Roy（1991）研究发现，在白杨木屑真空热解所得的油相中 PAHs 占 0.06%～0.24%，而在木材气化炉中所得的焦油中 PAHs 占 50% 以上。不同农业废弃物在 500 ℃下快速热解制备的生物油中，PAHs 的平均浓度为 3.3～12.7 mg·L^{-1}（共 21 种化合物），其中以轻质化合物为主（Pakdel and Roy, 1991）。Cordella 等（2012）报道，在室内固定床热解炉中 650 ℃热解玉米秸秆、杨树和柳枝稷 30 min 制备的生物油中，PAHs 的含量为 28～183 mg·kg^{-1}（湿重）。葡萄脱醇残渣气化产生的焦油中，大约含有 10%～20%(w/w)的 PAHs（以轻质化合物为主）（Hernandez et al., 2013）。

21.3.2 气相和空气颗粒

Re-Poppi 和 Santiago-Silva（2002）报道，生产木炭过程中排放的木材烟气中存在大量的 PAHs。Barbosa 等（2006）对传统木炭炉排放的烟气中的 PAHs 进行了定量分析，其平均浓度为 26±8 μg·m^{-3}。根据气体—粒子分布理论（Pankow, 1987; Bidleman, 1988），轻质 PAHs（萘到蒽）主要以气相形式排放，而较重的 PAHs 绝大多数与颗粒物相结合。萘约占量化排放量的 40%，尤其是在碳化过程开始时占主导地位。

21.3.3 生物炭中 PAHs 的总浓度

热解过程中 PAHs 的形成机制主要是在室内可控条件下得到的，热解方式主要为快速热解或慢速热解，其参数可能并不代表实际制备的生物炭，并且对固体残留物的关注也较少。此外，上述讨论与发现在很大程度上关于 PAHs 的形成，目前还不清楚它们是否适用于或有助于了解生物炭中残留的 PAHs。因此，本节检索了生物炭和相关材料中 PAHs 浓度的文献，并在表 21.1 中总结了大约 20 篇文献。大多数文献都是近期的，但也有一些是早期的研究工作，研究了与生物炭相关的材料，特别是木炭中的 PAHs。表 21.1 还总结了一些常规参数，特别是工艺参数，如原料、热解类型，以及与样品制备和分析有关的一些信息。同样，大部分研究工作是在可控的室内条件下进行的，目的是研究不同热解参数对 PAHs 形成的影响。

表 21.1 生物炭或相关固体材料中 PAHs 的浓度

产品	原料	热解过程	温度（℃）	持续时间（h）	样品制备、数量	样品分析	样品数量	PAHs：最小、最大、中位数（mg·kg^{-1}）	参考文献
木炭煤球	木材	n.a.	n.a.	50~80	被压成相当小的颗粒	索氏苯取法，使用适当的有机溶剂，内部标准；n.a.	3	0.8, 2.2, 1.3	Kushwaha等（1985）
木炭	豌豆秸秆、桉木	慢	450	1	范围：过筛<0.5mm；0.04~4.0 g	加压流体苯取法，正己烷，内部标准：苯取后添加3种氘化PAHs	2	0.1, 0.1, —	Fernandes和Brooks（2003）
木炭	桦木、硬木、松木	慢	600	n.a.	n.a.	LMBG方法，7.00~40，内部标准：n.a.	2	3.5, 13.9, —	Zhurinsh等（2005）
PCM	松木	慢	450~1000	0.05	磨碎，0.035~0.057 mm；n.a.	索氏苯取法或PFE（ASE），甲醇：甲苯（1∶1）或二氯甲烷，内部标准：在苯取前添加已选定氘化PAHs	4	1.0, 3.6, 3.3	Poster等（2003）；Brown等（2006）
木炭	柏、板栗木、竹	碳化	1000	1	砂浆；n.a.	索氏苯取法，甲苯：乙醇（3∶7），内部标准：仅用于定量的16种氘化PAHs	3	0.1, 0.2, 0.1	Nakajima等（2007）
生物炭	多种	慢	400~550	n.a.	范围<2 mm；n.a.	索氏苯取法，二氯甲烷，内部标准：仅量化	11	n.a.	Singhde等（2010）
生物炭	硬木	n.a.	600	n.a.	已筛<2 mm；约4 g	加压流体苯取法，丙酮：己烷（1∶1），内部标准：苯取前添加1种未指定的化合物	1	1.2	Gomez-Eyles等（2011）

(续表)

产品	原料	热解过程	温度(℃)	持续时间(h)	样品制备、数量	样品分析	样品数量	PAHs：最小、最大、中位数 (mg·kg^{-1})	参考文献
生物炭	苹果木、锯末	慢	525	4	n.a.	n.a.	1	3.4	Li等（2011）
PCM	桦木硬木	慢	450	8	n.a.	超声波、甲苯，内部标准：4种氘化PAHs作为内部量化标准	1	9.6	Fagernäs等（2012）
生物炭	大米、竹子、玉米、红木	慢	300~600	1~12	<2 mm；5 g	ASE，二氯甲烷，内部标准：n.a.	9	0.1，8.7，2.4	Freddo等（2012）
生物炭	多种	多种	250~840	0.003~8	范围，已筛<0.3 mm；0.5 g	索式萃取法，甲苯，内部标准；萃取前添加5种氘化PAHs	63	0.1，45.0，0.2	Hale等（2012）
生物炭	木头、木残留物、草	慢	750	n.a.	范围，已筛<0.7 mm；1 g	索式萃取法，甲苯，内部标准：萃取前添加16种氘化PAHs	4	9.1，361，36.3	Hilber等（2012）
生物炭	草、松木	慢	100~700	I	范围，已筛<0.25 mm；0.1 g	ASE，甲苯：甲醇（1：1），内部标准；萃取前添加3种氘化PAHs	14	0.0，20.2，0.5	Keiluweit等（2010, 2012）
生物炭	小麦、稻草、杨树、云杉木材	慢	400~525	5~10	大概范围；5 g	索式萃取法，乙腈，内部标准：n.a.	9	1.8，33.6，5.8	Kloss等（2012）

（续表）

产品	原料	热解过程	温度（℃）	持续时间（h）	样品制备、数量	样品分析	样品数量	PAHs：最小、最大、中位数（mg·kg^{-1}）	参考文献
生物炭	稻壳、木材	慢	300~600	0.5~48	n.a；5 g	微波，正己烷：丙酮：三乙胺（50：45：5），内部标准：n.a.	2	9.6、64.6、—	Quilliam等（2012）
生物炭	硬木、玉米、草	慢、快、气化	475~850	n.a.	范围，筛分<0.5 mm；0.001~0.002 g	热解吸，内部标准：n.a.	6	0.5、197、19.1g	Rogovska等（2012）
生物炭	多种	多种	350~800（200 ℃为水炭）	n.a.	n.a.	索氏苯取法，正己烷，内部标准：添加3种氘化PAHs（添加时不清楚）	64	0.8、11、103、4.5	Schimmelpfennig和Glaser（2012）
生物炭	稻壳	气化	1000	n.a.	n.a.	ASE，二氯甲烷和丙酮，内部标准：n.a.	1	31.7、—、—	Shackley等（2012）
PCM	松林	气化	450	n.a.	0.03~0.45 mm；1 g	索氏苯取法，二氯甲烷，内部标准：n.a.	1	49.8、—、—	San Miguel等（2012）
生物炭	各种，主要是木头和废材	快、慢	350~550	n.a.	粉碎，筛分<1 mm，然后研磨；1 g（Torri et al., 2010; Fabbri et al., 2012）	索氏苯取法，丙酮：环己烷（1：1），内部标准：萃取前添加3种氘化PAHs	11	1.12、18.7、3.6	Fabbri等（2013）
生物炭	巨大的芦苇茎	慢	200~600	2	研磨，筛分~0.2 mm；2 g	索氏苯取法，二氯甲烷：己烷（1：1），内部标准：n.a.	6	0.1、2.1、0.6	Wang等（2013）

早期关于木炭中PAHs的报道可追溯到大约30年前,但那时利用气相色谱和质谱法对PAHs进行痕量分析才刚刚起步,因此,本节不对这种开创性的工作进行系统的讨论。为了说明此类早期相关文献,本节总结了Kushwaha等(1985)的研究(见表21.1)。他们的研究指出,木炭煤球中的PAHs含量低于1 mg·kg^{-1}。在21世纪的前10年,黑炭作为重要的有机污染物吸附剂,各种形态的黑炭越来越受到环境化学家的关注(Cornelissen et al., 2005)。尽管大多数文献都涉及煤灰和类似煤灰的材料,但也有几篇研究生物炭和木炭中PAHs的形成和含量的文献体现了研究者对黑炭的关注(见表21.1)。Singh等(2010)首次分析了生物炭中的PAHs,但其浓度低于检测限。大约220个生物炭样品中的PAHs总含量在很大程度上存在3个数量级的差异(0.1～100 mg·kg^{-1};$-1 \leqslant \log(conc) \leqslant 2$),有些异常值高达10000 mg·kg^{-1}($\log(conc)=4$;见表21.1、图21.2)。下文将对已有数据进行总结,并分析总体趋势及相应参数。在与个别文献的数据进行比较时,测定方法的选择对于数据的解释至关重要,因此本节将生物炭中PAHs的测定方法作为重点。

1. 生物炭样品、样品预处理和化学分析

表21.1展示了生物炭样品和样品预处理方法之间的巨大差异。首先,很多文献没有报道采取、样品大小、均匀化和样品代表性方面的内容;其次,有几篇文献遗漏了有关样品制备的基本信息,如研磨、筛分、最终粒度分布等;最后,从那些报道了这些参数的文献中能明显看出,这些参数没有公认的程序或相应的尺寸标准。样品大多经过各种研磨,并通过不同孔径(0.03～2 mm)的筛网进行筛分。化学分析的样品质量从热解析时的几毫克(Rogovska et al., 2012)到随后湿化学萃取时的0.04～5.0 g。

萃取方法包括加压流体萃取(加速溶剂萃取)法、索氏萃取法、超声波、微波和简单的液体萃取,表21.1中大约一半的文献中的样品萃取都采用索氏萃取法。除了萃取方法不同,文献中所使用萃取溶剂的种类也多种多样,如甲苯($n=3$)、正己烷($n=2$)、环己烷、二氯甲烷($n=4$),或者乙腈和甲苯、乙腈和正己烷、二氯甲烷和丙酮($n=4$)、二氯甲烷和甲醇($n=2$)、二氯甲烷和乙醇的混合溶剂。此外,萃取时间也从几小时到36 h不等。

只有5篇文献记录了使用同位素标记的PAHs作为替代品(萃取前添加的内部标准),以补偿样品萃取、净化和溶剂去除过程中分析物的损失(见表21.1)。一些研究使用这些化合物仅用于量化分析,在某些情况下,文献中并未介绍是如何使用内部标准的,而在大约50%的文献中,根本没有提供与替代品相关的任何信息。替代品回收率在单个氘化PAHs(Hilber et al., 2012)、萃取方法和溶剂之间(Fabbri et al., 2013),甚至生物炭样品(Keiluweit et al., 2012)之间存在很大差异。轻质PAHs(由于挥发)和重质PAHs(由于生物炭对其的不可逆吸附)的回收率均较低(Hilber et al., 2012; Keiluweit et al., 2012; Fabbri et al., 2013)。这些研究结果表明了研究生物炭在分析中所遇到的多方面困难。

分析方法、质量保证和控制参数的巨大差异不可避免地会影响分析结果,尤其是影响各个研究之间的可比性。这一点已经通过比较生物炭或生物炭相关材料中PAHs不同量化方法证明了。Jonker和Koelmans(2002)发现,从木炭中提取PAHs的回收率差异高达50%。Freddo等(2012)使用不同的萃取溶剂研究发现,生物炭中16种PAHs的总浓度为2.1～8.7 mg·kg^{-1}(美国环境保护署发布)。Hilber等(2012)总结得出,在使用不同种类的溶剂萃取相同生物炭时,在生物炭中检测出的PAHs浓度差异高达10倍(美国环境保护署发布的16种PAHs)。将果园的修剪枝慢速热解制备生物炭,并用不同的溶剂萃取,测得其含有的PAHs(由美国境环境保护署发布的16种PAHs)浓度为1.7～3.2 mg·kg^{-1}(Fabbri et al., 2013)。

方法上的差异导致的数据变化很可能是由于忽略了热解过程中参数的系统性影响,这可能是与已公布相关数据差异较大的主要原因。因此，研究者不仅需要对单个研究提供的数据进行统一评估，还需要进行数据的单独评估。这种方法上的分歧在新兴研究领域的早期阶段并不罕见，大约10年前土壤、污泥或生物废弃物等样本基质也遇到了类似的困难（Lambkin et al., 2004）。

2. 热解参数对焦炭中PAHs含量的影响

对上述生物质热解过程中产生PAHs的基本原理进行分析，单个热解参数（如热解类型、温度、保留时间和原料）对最终产物中的PAHs浓度可能有影响，因此，下文将根据表21.1中列出的参考文献中的数据进行讨论。

1) 热解类型

图21.2包含了其他文献的数据，但是图21.2（b）中仅展示了部分数据。在比较不同热解类型时，木材气化生成的PAHs浓度最高（Freddo et al., 2012; Hale et al., 2012; Rogovska et al., 2012; Schimmelpfennig and Glaser, 2012），这是因为在高热解温度下热解合成的PAHs在固体残渣上冷凝（Hale et al., 2012; Schimmelpfennig and Glaser, 2012）。在某些窑炉或烟囱等难以控制的初始端的热解过程中，PAHs浓度往往也很高，这可能与上述论证相一致［见图21.2（a）］（Hale et al., 2012; Schimmelpfennig and Glaser, 2012）。比较热解和水热碳化（碳氢化合物）产生的有机材料发现，后者的PAHs浓度较低（Schimmelpfennig and Glaser, 2012）。

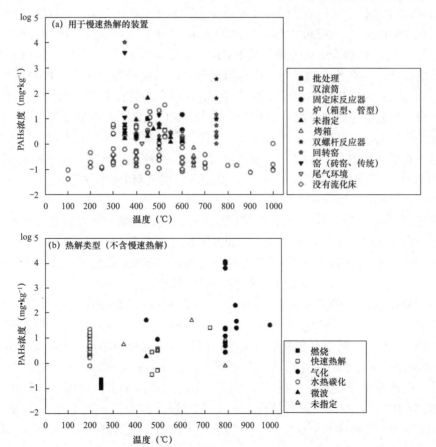

图21.2 生物炭中PAHs总浓度随温度和热解类型的变化。（a）慢速热解；（b）其他热解方式。数据来自表21.1所列的参考文献，大多数包括美国环境保护署发布的16种PAHs总和

环境样品中单个PAHs对其总浓度的相对贡献（PAHs Fingerprint分析）通常被广泛用于PAHs源解析（Yunker et al., 2002; Brändli et al., 2008）。许多文献中都采用了类似的方法，通过计算不同生物炭中PAHs的相对贡献可以知道生物炭的来源（Freddo et al., 2012; Hale et al., 2012; Kloss et al., 2012; Schimmelpfennig and Glaser, 2012）。为了检测PAHs的分布模型能否区分不同的热解类型，图21.3展示了萘（美国环境保护署发布的生物炭中含有的16种PAHs中最轻质的一种）占PAHs总浓度的比例与温度的关系。关于碳氢化合物中萘的占比低于热解产物（Schimmelpfennig and Glaser, 2012）的观点仅得到部分证实，尽管前者中萘的占比低于40%，但是后者约1/3的产物中萘的占比也低于40%［见图21.3（b）］。Schimmelpfennig和Glaser（2012）的研究表明，回转窑中萘的占比一直很高［30%～80%；见图21.3（a）］，但并非都如此，气化的生物炭中萘的占比为20%～70%［见图21.3（b）］，而通过慢速热解制备的生物炭中萘占40%或更高的比例［见图21.3（a）］。

2）温度

在慢速热解过程中PAHs浓度大多随热解温度升高而增大，通常在400～500℃达到中间水平［Hale et al. 2012; Keiluweit et al., 2012; Rogovska et al., 2012；见图21.2（a）］，该范围内的PAHs主要形成过程可能是碳化、芳构化和还原等固相反应。Freddo等（2012）的研究表明，在300℃（12 h）的热解温度下产生的PAHs浓度高于在600℃下（2.5 h）热解产生的PAHs浓度。在300℃时产生的PAHs应该是原料直接碳化和芳构化的结果，而在600℃时气相热解合成可能是形成PAHs的主要原因。然而，在N_2氛围中不断带走热解释放的气体，并在单独的冷却室中冷凝成焦油，以这种方式形成的PAHs可能不会对生物炭造成污染。在回转窑热解反应器（与Pyreg®中使用的技术相似）中制备的生物炭［见图21.1（a），750℃时的空方块］中PAHs浓度升高的部分原因可能是应用了专门针对生物炭优化的分析方法（Hilber et al., 2012），当时还没有调整好操作的参数。如果在相对较高的温度下操作，回转窑热解似乎也能产生浓度相对较高的PAHs（Schimmelpfennig and Glaser, 2012）。在其他热解类型中［见图21.2（b）］，温度与PAHs浓度没有显著的相关性，PAHs浓度主要分散在200～1000℃的3个数量级上。

假设低分子量与高分子量PAHs的比例取决于温度，前者在低温时占主导地位，后者在高温时占主导地位（Hale et al., 2012）。此假设的基本条件是，轻质PAHs最初是在较低温度下生成的，但在较高的温度下它们会转化为重质PAHs。此外，重质PAHs会首先冷凝并与生物炭结合，而轻质PAHs更易挥发，所以可能更易于从系统中排出。图21.3显示萘在PAHs总量中的贡献高达95%。在大多数样品（约70%）中，萘的占比可达40%。然而，萘的占比与温度的关系尚不清楚。Hale等（2012）也没有发现不同环数的PAHs的相对贡献量与温度有明显的相关性，但其他研究提出了与之相反的结论。例如，Kloss等（2012）发现萘的占比随温度升高而增大；Freddo等（2012）报道，在300℃和600℃时，芘的浓度不变，但萘的浓度降低。在这两种情况下，热解气体都在管式炉中不断地被Ar和N_2去除。在这种情况下，人们会假设较高的温度有助于蒸发和清除较轻质PAHs。因此，慢速热解至少可以观察到萘的占比似乎随着热解温度的升高而增大［见图21.3（a）］。

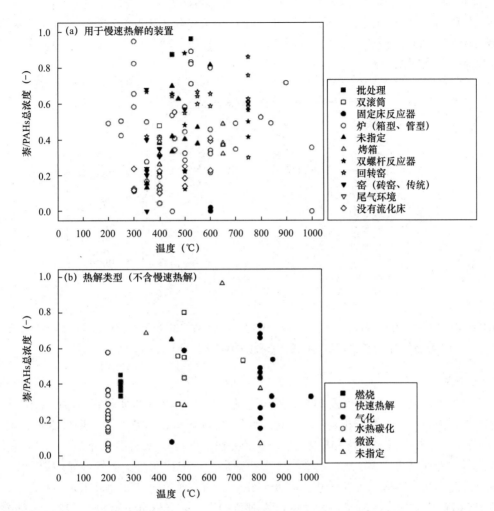

图21.3 萘与生物炭中16种PAHs之和的比率与温度和热解类型的关系（美国环境保护署）。（a）慢速热解；（b）其他热解类型（数据来自表21.1中列出的参考文献汇总）

Keiluweit 等（2012）对生物炭中的分子标记物（如 1-甲基-7-异丙基菲或 1,7-二甲基菲）进行了定量分析，发现它们在 300～400 ℃时浓度相对较高，但在高于 400 ℃时浓度显著降低。这类化合物是木质素、纤维素等制备生物炭过程中缩合和芳构化产生的中间产物，因此形成低温 PAHs 是主要过程，而不是热解合成。在较高的温度下，取代的 PAHs 将通过消除烷基或热解合成将其融合成更大的环[请参见 Keiluweit 等（2012）及上述文献]，从而转化为未取代的 PAHs。

3）停留时间

虽然总结的文献数据未显示 PAHs 的残留物对生物炭的停留时间有任何相关性（见图 21.4），但某些个别研究显示随停留时间的延长 PAHs 浓度有降低的趋势。Hale 等（2012）指出，在"更多控制条件"下制备的生物炭中 PAHs 的浓度随热解时间的缩短而升高。在图 21.4 中，当停留时间短于 4 h 时，PAHs 浓度为 0.097～1.98 mg·kg^{-1}；当停留时间短于 8 h 时，PAHs 浓度为 0.074～0.596 mg·kg^{-1}。Kloss 等（2012）在停留时间为 10 h 时观察到，PAHs 浓度要比停留时间为 5 h 时稍低。Fabbri 等（2013）发现，当在窑式反应炉中停留较长时间时，慢速热解产生的生物炭中 PAHs 浓度较低，但是萘对 PAHs 总浓度的相对贡献与停留时间没有任何关系（数据未显示）。

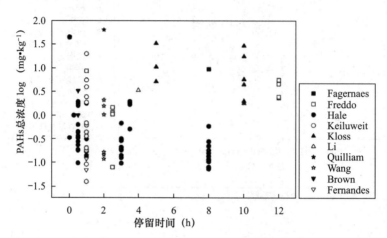

图21.4　PAHs总浓度与生物炭停留时间的关系。由表21.1中的数据编译而成，有一个数据点省略了停留时间为48 h的数据（美国环境保护署的16种PAHs浓度为9.6 mg·kg^{-1}）

4）原料

原料类型对 PAHs 的浓度没有明显影响［见图 21.5（a）］。木质材料产生的 PAHs 浓度显著高于其他原料（方差分析；未指明的木材和草料：$p = 0.000725$；未指明的木材和硬木：$p = 0.001171$；未指明的木材和松木：$p = 0.000014$；残留物呈现正态分布），应以气化的方式制备生物炭（见上文）。一旦这些样本被移除，在统计学意义上的差异就消失了。个别研究的结果相当零碎，无法绘出一幅简明扼要的图。无论温度如何，玉米秸秆制备的生物炭中 PAHs 浓度均高于稻草、竹子或红木制备的生物炭（Freddo et al., 2012）。Keiluweit 等（2012）发现，在 200～600 ℃由草制备的生物炭中 PAHs 浓度比松木制备的生物炭高 1.6～3.6 倍。Kloss 等（2012）发现，在管式炉中慢速热解 5～10 h 后，秸秆、杨木和云杉制备的生物炭中 PAHs 的浓度不随温度发生变化。

草中的萘组分［见图 21.5（a）］明显低于未指明的木材和竹子（方差分析；草和未指明的木材：$p=0.046$；草和竹子：$p=0.005$）。这一结果与 Hale 等（2012）的发现均指出，仅在草制备的生物炭中发现了较高浓度的 PAHs，而在木材制备的生物炭中没有发现。

5）热解后处理对 PAHs 含量的影响

有关生物炭老化或者后期减少 PAHs 含量的研究较少。Hale 等（2012）的研究表明，在水溶液中老化 1 年会增大 PAHs 的浓度，这可能是因为生物炭的亲水性或水溶性成分被浸出，从而导致生物炭的质量损失。Fabbri 等（2013）比较了刚制备的生物炭和在桶中储存 1 年后的生物炭中的 PAHs 含量，发现两种生物炭中 PAHs 的浓度非常接近，分别为 3.6 mg·kg^{-1} 和 3.1 mg·kg^{-1}，并且没有观察到轻质 PAHs 会优先消失。

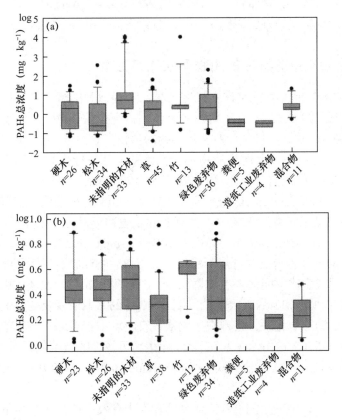

图21.5 PAHs总浓度（a），萘与美国环境保护署发布的16种PAHs总浓度的比值（b），（数据来自表21.1）

6）生物炭中PAHs总浓度的相关结论

截至目前，本书调查了大约20篇有关生物炭中PAHs总浓度及热解过程中PAHs形成机制的文献，得出了以下有关生物炭中PAHs形成和残留量的结论。

- 热解条件、采样方式和分析方法不同，使得对不同研究中收集的数据进行全面比较和解释相当困难。
- 大部分数据来自受控条件下的室内研究。由于难以表征和控制这些特定过程（不一定是热解过程），因此难以阐明在工业规模下传统热解装置中PAHs的形成机制。
- 木材气化炉和热解装置通常在不可控条件下运行，这会导致产生最高的PAHs浓度。
- 慢速热解制备的生物炭中的PAHs浓度在500 ℃达到最大。PAHs形成的主要机制可能是固相反应。例如，在较低温度下的碳化、芳构化和还原反应，以及在较高温度下的气相热合成。
- 大多数PAHs可能是气相热合成的，因此在生物炭冷凝设备中气态和液态热解产物可能含有较高浓度的PAHs。
- 原料或停留时间等热解参数对生物炭中PAHs总浓度几乎没有影响。
- PAHs主要由较轻质PAHs构成，如萘、菲、氟蒽和芘；重质PAHs，如苯并（a）

芘的浓度相对较低。除原料外,所研究的热解参数对 PAHs 的形成没有明显的影响。
- 关于热解后生物炭处理的研究很少,并且没有有效减轻 PAHs 污染。

21.3.4 生物炭中 PAHs 的生物有效性和生物可及性

PAHs 的总浓度目前仍可能是许多研究人员、工程师和决策者等关注的焦点,尤其是其相关法律规定限值。在过去 10 年内,研究者们研究了关于 PAHs 环境暴露及生态毒理学影响方面的相关性,并试图量化和定义污染物的生物有效性(更准确地说是"化学活性")或生物可及性,因为生物有效性或生物可及性是环境和目标生物实际暴露的部分。这些定义的介绍已经超出了本章的范围,读者可以参考相关文献(Alexander, 2000; Reid et al., 2000a; Cornelissen et al., 2005; Reichenberg and Mayer, 2006)以获取更多资料。目前,业界已经开发了许多被动采样方法来模拟生物有效性及生物可及性,采用了不同的材料萃取,如 Tenax(Cornelissen et al., 1997)、聚甲醛(POM；Jonker and Koelmans, 2001)和环糊精(Reid et al., 2000b)。尽管自由水可能不是蚯蚓等土壤生物吸收有机污染物的唯一途径,但这些方法已被证明或多或少能代表生物累积性。Chai 等(2012)发现,由于活性炭和生物炭的改良,蚯蚓对 PCDD/Fs 的吸收减少可能与 POM 的萃取浓度及较小的颗粒(可能已经避免了摄入较大的颗粒)相关。蚯蚓在生物炭改良土壤中积累的六氯苯浓度比使用化学环糊精萃取所得的更高(Song et al., 2012)。量化生物可及性的技术包括污染物吸附(Mayer et al., 2011)和吸附性生物可及性提取(Gouliarmou and Mayer, 2012),Cui 等(2013)对此类技术进行了综述。

生物炭在热解过程中产生的 PAHs 是否具有生物有效性还存在很多争议。一方面,源于古野火的三叠纪炭中与生物炭相关的颗粒对 PAHs 具有强烈而永久的吸附作用,见 Abu Hamad 等的综述(2012)。在这些地质层中发现的炭中的 PAHs 浓度与生物炭中的 PAHs 浓度相似。例如,Shen 等(2011)报道了中国眉山二叠系—三叠系界线,以及美国环境保护署发布的 16 种 PAHs 中的 7 种 PAHs 总浓度为 0.6～17.9 mg·kg^{-1}。因此,PAHs 在地质时期内根本不可能吸附在木炭上。另一方面,Zimmerman(2010)、Singh 等(2012)通过相对短期的培养试验发现,土壤中的 PCM(生物炭、炭和木炭)的周转速率低于 100 年(远低于之前的假设)。如果吸附剂在这种情况下被降解,就能全部释放已吸附的 PAHs。

下面的两个试验确定了吸附到 PCM 上的 PAHs 的生物有效性。第一种方法取决于吸附 PAHs 的吸附剂,吸附量达到平衡后 PAHs 将再次解吸。Zhou 等(2010)发现,PCM 可以吸附 45%～95% 的 PAHs(菲和芘)达到平衡需要 25 d,但在 60 d 后会解吸。解吸可分为快速解吸和慢速解吸,主要取决于化合物的疏水性、吸附污染物后的老化程度和吸附量。Marchal 等(2013)的研究表明,添加的 ^{14}C-菲(平衡 24～48 h)有 65%～88% 可以从 PCM 中解吸,解吸量的减少并不阻碍生物降解。但是,这种方法的缺点是 PAHs 在吸附剂中的分布不同于天然 PAHs 的分布。特别是,这包括可能会受到"永久阻塞"的部分 PAHs,如在构成单个烟灰颗粒的类石墨烯薄片之间。因此,未来人们还需要研究天然 PAHs 在环境中的解吸能力。

天然 PAHs 很难从煤烟和 PCM 中解吸出来(快速解吸的组分小于 1%),预计在高温下产生的 PAHs 的去除时间长达数百年(Jonker et al., 2005)。事实上,PCM 中快速解吸的组分（通常认为是生物可利用的）低于汽油、石油、木材和煤烟。然而，人们只研究了菲和较重质的PAHs。Gouliarmou和Mayer（2012）发现，木材和煤烟中有20%～70%的PAHs具有生物可及性。两项研究的木炭解吸结果之间的差异可能是所采用方法不同导致的，Jonker等（2005）的研究使用了温和的超临界流体萃取，而Gouliarmou和Mayer（2012）使用环糊精作为溶质载体，将硅棒作为离子阱。

当生物炭悬浮在水中时，通过POM萃取定量的PAHs的生物有效浓度范围为0.2～10 ng·L^{-1}（Hale et al., 2012）。以质量为基准，生物有效性约为生物炭中PAHs总量的千分之几。相对而言，老化生物炭中PAHs在水相中的浓度较低。随着制备温度的升高和热解时间的延长，PAHs总浓度呈现下降趋势。本节统计了Hale等（2012）在补充资料中提供的数据，结果表明，PAHs总浓度和生物可及的PAHs浓度之间（美国环境保护署发布的16种PAHs的总和）没有相关性，但萘与PAHs总浓度的比通常在生物有效浓度（0.3～0.9）中比总浓度（0.1～0.5）高，这表明较轻质的PAHs更容易解吸。在生物有效浓度为162 ng·L^{-1}时，气化生物炭中PAHs在水相中的浓度最高（Hale et al., 2012）。水基加压液体萃取（可能是比POM萃取更精准的萃取方法）不会使气化生物炭（8.7 mg·kg^{-1}）中的PAHs解吸到检测限以上（Freddo et al., 2012）。

Hockaday等（2007）对PCM渗滤液中的溶解有机物进行了表征。48 h后，0.2%的热解碳以溶解有机物的形式存在于渗滤液中。通过ESI FT-ICR分析得出约有1200个峰，这些峰可能是由稠合的芳环结构引起的。Rogovska等（2012）指出，生物炭的水浸提物抑制了玉米幼苗的生长，间接证明了污染物的部分有效性。

到目前为止，关于生物炭中PAHs的生物有效性的数据还不是很全面。尽管化学活性定量方法（如POM萃取；Jonker and Koelmans, 2001; Hale et al., 2012）有效，并且适用于生物炭，但从风险评估的角度来看，其可能并不是最合适的方案，因为其仅代表水相中的浓度，即仅代表直接的生物有效性，而不是具体可获得的总量。Mayer等（2011）、Gouliarmou和Mayer（2012）建立的生物可及性方法似乎更具代表性，但该方法尚未用生物炭进行测试。由于生物炭本身是PAHs的强吸附剂（Hale et al., 2011），因此在生物炭存在的情况下，可能很难确定受体阶段所需的吸附条件。

21.4 生物炭中的多氯芳香族化合物

尽管有大量关于在热化学过程中形成PCDD/Fs的文献，但生物炭或与其密切相关的材料中关于PCDD/Fs浓度的研究仍然很少，特别是，氯苯类化合物或PCBs，尚无任何公开发表的数据。Conesa等（2009）比较了在850℃时热解和燃烧不同废弃物产生的PCDD/Fs排放量，结果显示热解材料（如聚酯纺织品、废纸）产生的PCDD/Fs浓度较低，其浓度范围从未检测达到在污水污泥中的232 pg I-TEQ·g^{-1}。对秸秆气化过程中产生的飞灰和底灰渣中的氯代化合物进行研究，前者的PCDD/Fs低于定量的检测限，而后者按pg I-TEQ·g^{-1}计算时，PCDD/Fs基本可以忽略不计（Asikainen et al., 2002）。Hale等（2012）对13种生物炭中的PCDD进行了定量分析，发现其浓度为0.005～1.20 pg·g^{-1} TEQ（中值为0.13 pg·g^{-1} TEQ）。Hale等指出，一些食物垃圾制备的生物炭中PCDD含量较高，可能是因为排放物中的氯含量较高。目前关于生物炭中 PCDD/Fs 的研究非常有限,因此其形成机制及浓度范围仍不清楚。

21.5 研究的差距和影响

21.5.1 研究方法

各种各样的高温热解设备受到人们的关注,包括各种小型室内设备,以及从低成本、低产量、低技术到工业化规模的高科技机械设备。从生物炭产品质量控制和质量保证、生物炭制备的可重复性及潜在标准物质的生产角度来看,将相应指标进行标准化是非常有益的。

综上所述,需要协调生物炭采样、样品制备和分析,使单个研究的结果具有可比性,为生物炭的认证和立法提供坚实的基础。在这方面,应参考类似于其他环境模型的指导文件,如美国环境保护署关于固体废物的指南(美国环境保护署,2013)或欧洲标准化委员会关于废物特征(CEN, 2009)的指导文件,如果可行,那么应在相关标准中针对生物炭进行调整或进行规定。尽管所有指导文件或标准化文件的详细说明超出了本章的范围,但此处仍给出一些建议。

首先,采样必须确保所取的小份样本能够代表整个批次(Bucheli et al., 2014),因此,所需样品必须彻底混匀(例如,最少翻转和倒置几次)。此外,必须根据粒度分布调整样本量,样本越粗糙,二次取样量必须越大。根据经验,粒径大约 10 mm 的颗粒需要约 1.5 kg 的采样量。如果污染物以"块状"(按体积比例分布)形式存在,采样的要求会更高。为了安全起见,按表面积比例分布的污染物(如与生物炭相关的 PAHs 也应该如此要求)(Bunge and Bunge, 1999; ISO, 2006)。一些工作场所的安全条例规定,生物炭在制备后需要进行润洗,以减少粉尘的暴露。因此,在润洗后样品需要进一步干燥。干燥应谨慎操作(如在 40 ℃下),以避免或尽量减少挥发性轻质 PAHs(尤其是萘)的损失。然后,通过研磨可以减小样品的粒度,以便后续萃取。研究证明,粒径为 0.75 mm 的样品可以完全萃取(这种材料中 PAHs 的浓度与经过球磨的样品中的 PAHs 浓度相同;Hilber et al., 2012)。萃取的关键是选择合适的萃取剂,有几篇文献指出甲苯或甲苯与甲醇的混合物可以作为 PAHs 的首选萃取剂(Jonker and Koelmans, 2002; Hale et al., 2012; Hilber et al., 2012)。根据德国工业规范(DIN, 1995;原则 B),甲苯也被推荐用于 PAHs 污染土壤的分析。由于 PAHs 与甲苯溶剂的 Hildebrand 溶解度参数相近,因此,对于高芳香性的生物炭而言,甲苯的优点是很显著的(Fitzpatrick and Dean, 2002; Hilber et al., 2012)。由于 PAHs 是生物炭在热解过程中的伴生化合物,具有较强的吸附性和紧密的结合性,因此建议采用更严格的萃取方法,如索氏萃取法。为了保证分析方法的可靠性,在萃取之前应添加各个目标分析物的同位素标记类似物作为替代标准,并得出回收率。轻质 PAHs 在各种分析步骤中,特别是在溶剂萃取和清理过程中容易发生损失。考虑到它们不同的理化性质,特别是蒸气压和辛醇-水分配系数不同,这种损失难以避免,需要根据情况进行单独考虑。美国环境保护署发布的 16 种 PAHs 的同位素标样都可以在市场上购买到,且价格便宜,因此推荐使用。基于此,人们认为气相色谱－质谱法优于液相色谱－紫外法或荧光检测法。

不同的研究人员可能会使用不同的方法来分析 PAHs，但必须有合适的参考材料作为标准来对比，且不同的试验之间可以进行比较或进行环形对比试验。

21.5.2 在热解过程中或热解后减少 PAHs 的产生

研究表明，生物炭中的 PAHs 浓度可低至几 mg·kg^{-1}，理论上可以满足 IBI（IBI，2013）和 EBC 的要求，EBC 将优质级生物炭和基础级生物炭的上限分别定为 4 mg·kg^{-1} 和 12 mg·kg^{-1}（EBC，2012）。从文献（n=218）中收集到的所有生物炭中，仍有 20%～30%（如果使用优化的分析方法，可能还会更多）的生物炭所含 PAHs 的浓度不符合优质级和基础级，这说明生物炭的质量还有进一步改进的空间。

在生物炭制备过程中减少 PAHs 的措施是将热解气体分流和分别收集。在这些热解技术解决方案中，可以从热解反应器的下端收集气体并燃烧，产生的热量用于维持热解温度，无论从能源角度还是从产品质量角度来看，似乎都是可行的。但面临的问题可能是在低预算和小型反应器中难以实现这种操作，而其他工艺参数，如温度、停留时间或原料类型并不是很重要。关于 O$_2$ 在热解过程中如何影响 PAHs 产量的相关研究很少，而且有些研究结果不一致。氧化环境可以提高 PAHs 产量，但也可能导致一些挥发性有机物（Spokas et al.，2011）和某些化合物及前体物（Sharma and Hajaligol，2003）在转化为 PAHs 之前被氧化。后一个过程在 McGrath 等（2003）的研究中占主导地位，在该研究中，通过向载气流中加入 O$_2$，并加热石英管降低了低温热解过程的 PAHs 产量。Conesa 等（2009）比较了原料的热解和燃烧过程，发现在热解过程中气相中 PAHs 的浓度较高。Rey-Salgueiro 等（2004）发现，在 O$_2$ 有限的条件（接近热解的条件）下燃烧产生的灰烬中不含 PAHs，而其他人的研究中则有。综上所述，这一工艺参数显然没有得到充分研究（这就是上文没有提到它的原因），特别是在大规模的工业生物炭制备条件下没有得到研究。

目前，业界正在进一步研究减少热解后 PAHs 产量的方法，如除气、活化、堆肥、微生物接种等。但是，目前尚没有任何确凿的数据。从原理上讲，至少对残留的轻质 PAHs 进行部分的热解吸是可行的，这在不同的室内研究中得到了证明，例如，对城市灰尘（Waterman et al.，2000）、烟灰（Kamensand Coe，1997；Guilloteau et al.，2008；Loepfe et al.，1993）或活性炭（Loepfe et al.，1993）进行分析。在任何情况下，都需要对解吸的污染物进行捕获，并进行适当的处理，以避免其排放。从 PAHs 残留物的角度来看，如果热解过程中形成的残留物已经很少，则不必进行过多的热解后处理。

21.5.3 环境风险

为了评估生物炭中污染物的环境风险，将污染物浓度与用作土壤改良剂或肥料的其他材料的浓度，以及相应法规中的限值联系起来具有指导意义。生物炭中 PAHs 的浓度约为几 mg·kg^{-1}，具有相对较好的可比性。例如，Brändli 等（2005）的一篇综述报道了绿色废物（n=23）和家庭有机废物堆肥（n=78）中美国环境保护署发布的 16 种 PAHs 的平均浓度为 1.7～1.9 mg·kg^{-1}（干重）。对 69 份堆肥和消化物样品进行分析得出的 PAHs（除二苯并[a,h]蒽外）的平均浓度为 3.0 mg·kg^{-1}（干重），其中 1/4 样品中的 PAHs 浓度高于瑞士关于堆肥的相关标准［4 mg·kg^{-1}（干重）；瑞士《降低化学品处理风险条例》（瑞士立法，2005；Brandli et al., 2007a）］。污水污泥制备生物炭中 PAHs 的浓度高达 199 mg·kg^{-1}（干重）（Stevens et al., 2003; Harrison et al., 2006）。还有人对用于森林施肥的木灰中的 PAHs 浓度进行了研究（Pitman, 2006; Augusto et al., 2008），结果显示 PAHs 浓度差异很大，据报道浓度范围为几 mg·kg^{-1}（Bundt et al., 2001; Rey Salgueiro et al., 2004）到几百 mg·kg^{-1}（Asikainen et al., 2002）。因此，在一些国家，此类应用受到法律的管制。例如，在丹麦，木灰中的 PAHs 浓度不得超过 3 mg·kg^{-1}（Pitman, 2006）。

Hale 等（2012）量化的生物炭中 PCDD/Fs 的中值浓度为 0.13 pg·g^{-1} TEQ，不到瑞士［中值浓度：3.2 pg·g^{-1} TEQ；Brändli et al., 2007b］和全球范围［中值浓度：8.5～9.5 pg·g^{-1} TEQ; Brändli et al., 2005］的堆肥和消化物中的量化值的 1/20，不到瑞士相应标准值的 1/150［20 pg·g^{-1} TEQ；瑞士立法（2005）］。总之，从污染物浓度和质量通量的角度来看，与其他可回收肥料或土壤改良剂相比，生物炭等同于甚至优于其他土壤改良剂。

温带表层土壤中 PAHs 浓度通常低于 1 mg·kg^{-1}。例如，Wilcke（2000）报道了耕地或草地中 PAHs 浓度约为 0.2 mg·kg^{-1}，而森林土壤中 PAHs 浓度约为 0.9 mg·kg^{-1}（平均值，统计美国环境保护署发布的 16 种 PAHs）。代表瑞士所有主要土地利用类型的 105 个观测点的 PAHs 中值浓度为 163 μg·kg^{-1}（统计美国环境保护署发布的 16 种 PAHs；Desaules et al., 2008）。城市土壤中的 PAHs 浓度通常为 1～4 mg·kg^{-1}（Wilcke, 2000; Desaules et al., 2008）。《德国联邦土壤保护条例》[PAHs 浓度标准值：3 mg·kg^{-1}；德国立法（1999）]和《瑞士土壤影响条例》[PAHs 浓度标准值：1 mg·kg^{-1}；瑞士法律（2012）] 表明，可以在每亩土壤中加入几千吨优质生物炭（见上文），直到达到规定值。显然这个数量远远超过任何农业生产实践的数量，并且即使定期施用这种生物炭也不大可能大幅度增加土壤中的 PAHs 浓度。此外，并非所有生物炭引入的 PAHs 都可能具有生物有效性或生物可及性，并且生物炭还可能吸附土壤中已经存在的部分有机污染物（Chen and Yuan, 2011; Hale et al., 2011）。因此，从 PAHs 暴露的角度来看，只要以上述方式保证生物炭的质量，施用生物炭就不可能会对土壤环境构成任何重大的生态毒理风险。从产品质量、声誉、市场营销及科学的角度来看，为了确保生物炭的安全使用，对商业使用的热解装置和生物炭反应器中 PAHs 的形成机制进行更深入的了解仍然是有必要的。

背景土壤中的 PCDD/Fs 范围为 1.1～11 pg·g^{-1} TEQ（Schmid et al., 2005），《瑞士土壤影响条例》中的预警值为 5 pg·g^{-1} TEQ（瑞士立法，2012），从而在 PAHs 的质量通量方面得出与上述相似的结论。因此，根据上述提出和讨论的现有数据得出的初步结论是，如果遵循当前适用的生物炭制备和质量保证标准的建议（EBC, 2012; IBI, 2013），特别是在原料选择方面，PCDD/Fs 不太可能构成重大的环境风险。当然，在实际应用中应避免使用含有大量氯和重金属（如 Cu）的原料，这些原料可以作为产生 PCDD/Fs 的催化剂。

致谢

感谢 Daniele Fabbri、Bruno Glaser、Stefanie Kloss、Kurt Spokas、Sonja Schimmelpfennig 和 Franz Zehetner 与我们分享了他们研究的原始数据。

参考文献

Abu Hamad, A. M. B., Jasper, A. and Uhl, D. The record of Triassic charcoal and other evidence for palaeo-wildfires: Signal for atmospheric oxygen levels, taphonomic biases or lack of fuel?[J]. International Journal of Coal Geology, 2012, 96-97: 60-71.

Alexander, M. Aging, bioavailability, and overestimation of risk from environmental pollutants[J]. Environmental Science and Technology, 2000, 34: 4259-4265.

Altarawneh, M., Dlugogorski, B. Z., Kennedy, E. M. and Mackie, J. C. Mechanisms for formation, chlorination, dechlorination and destruction of polychlorinated dibenzo-p-dioxins and dibenzofurans (PCDD/Fs)[J]. Progress in Energy and Combustion Science, 2009, 35: 245-274.

Asikainen, A. H., Kuusisto, M. P., Hiltunen, M. A. and Ruuskanen, J. Occurrence and destruction of PAHs, PCBs, ClPhs, ClBzs, and PCDD/Fs in ash from gasification of straw[J]. Environmental Science and Technology, 2002, 36: 2193-2197.

Augusto, L., Bakker, M. R. and Meredieu, C. Wood ash applications to temperate forest ecosystems-Potential benefits and drawbacks[J]. Plant and Soil, 2008, 306: 181-198.

Barbosa, J. M. D., Re-Poi, N. and SantiagoSilva, M. Polycyclic aromatic hydrocarbons from wood pyrolyis in charcoal production furnaces[J]. Environmental Research, 2006, 101: 304-311.

Bidleman, T. F. Atmospheric processes: Wet and dry deposition of organic compounds are controlled by their vapor particle partitioning[J]. Environmental Science and Technology, 1988, 22: 361-367.

Bjorkman, E. and Stromberg, B. Release of chlorine from biomass at pyrolysis and gasification conditions[J]. Energy and Fuels, 1997, 11: 1026-1032.

Brändli, R. C., Bucheli, T. D., Kuer, T., et al. Persistent organic pollutants in source-separated compost and its feedstock materials: A review of field studies[J]. Journal of Environmental Quality, 2005, 34: 735-760.

Brändli, R. C., Bucheli, T. D., Kuer, T., et al. Organic pollutants in compost and digestate. Part 1. Polychlorinated biphenyls, polycyclic aromatic hydrocarbons and molecular markers[J]. Journal of Environmental Monitoring, 2007a, 9: 456-464.

Brändli, R. C., Kuer, T., Bucheli, T. D., et al. Organic pollutants in compost and digestate. Part 2. Polychlorinated dibenzo-p-dioxins, and furans, dioxin-like polychlorinated biphenyls, brominated flame retardants, perfluorinated alkyl substances, pesticides, and other compounds[J]. Journal of Environmental Monitoring, 2007b, 9: 465-472.

Brändli, R. C., Bucheli, T. D., Ammann, S., et al. Critical evaluation of PAHs source aortionment tools using data from the Swiss soil monitoring network[J]. Journal of Environmental Monitoring, 2008, 10: 1278-1286.

Brewer, C. E., Schmidt-Rohr, K., Satrio, J. A. and Brown, R. C. Characterization of biochar from fast pyrolysis and gasification systems[J]. Environmental Progress and Sustainable Energy, 2009, 28: 386-396.

Britt, P. F., Buchanan, A. C., Kidder, M. M., et al. Mechanistic investigation into the formation of polycyclic aromatic hydrocarbons from the pyrolysis of plant steroids[J]. Fuel, 2001, 80: 1727-1746.

Britt, P. F., Buchanan III, A. C. and Owens Jr., C. V. Mechanistic investigation into the formation of polycyclic aromatic hydrocarbons from the pyrolysis of terpenes[J]. Preprints of Papers-American Chemical Society Division of Fuel Chemistry, 2004, 49: 868-871.

Brown, R. A., Kercher, A. K., Nguyen, T. H., et al. Production and characterization of synthetic wood chars for use as surrogates for natural sorbents[J]. Organic Geochemistry, 2006, 37: 321-333.

Bucheli, T. D., Bachmann, H. J., Blum, F., et al. On the heterogeneity of biochar and consequences for its representative sampling[J]. Journal of Analytical and Applied Pyrolysis, 2014, 107: 25-30.

Bundt, M., Krauss, M., Blaser, P. and Wilcke, W. Forest fertilization with wood ash: Effect on the distribution and storage of polycyclic aromatic hydrocarbons (PAHs) and polychlorinated biphenyls (PCBs)[J]. Journal of Environmental Quality, 2001, 30: 1296-1304.

Bunge, R. and Bunge, K. Probenahme auf Altlasten: Minimal notwendige Probenmasse[J]. Altlasten Spektrum, 1999: 174-179.

Buser, H. R. Formation of polychlorinated dibenzofurans (PCDFs) and dibenzo-para-dioxins (PCDDs) from the pyrolysis of chlorobenzenes[J]. Chemosphere, 1979, 8: 415-424.

Buser, H. R., Bosshardt, H. P. and Rae, C. Formation of polychlorinated dibenzofurans (PCDFs) from pyrolysis of PCBs[J]. Chemosphere, 1978, 7: 109-119.

Cen. Characterization of waste-Determination of polycyclic aromatic hydrocarbons (PAH) in waste using gas chromatography mass spectrometry (GC/MS)[J]. European Committee for Standarization. 2009.

Chai, Y. Z., Currie, R. J., Davis, J. W., et al. Effectiveness of activated carbon and biochar in reducing the availability of polychlorinated dibenzo-pdioxins/dibenzofurans in soils[J]. Environmental Science and Technology, 2012, 46: 1035-1043.

Chen, B. L. and Yuan, M. X. Enhanced sorption of polycyclic aromatic hydrocarbons by soil amended with biochar[J]. Journal of Soils and Sediments, 2011, 11: 62-71.

Cole, D. P., Smith, E. A. and Lee, Y. J. High-resolution mass spectrometric characterization of molecules on biochar from pyrolysis and gasification of switchgrass[J]. Energy and Fuels, 2012, 26: 3803-3809.

Conesa, J. A., Font, R., Fullana, A., et al. Comparison between emissions from the pyrolysis and combustion of different wastes[J]. Journal of Analytical and Applied Pyrolysis, 2009, 84: 95-102.

Cordella, M., Torri, C., Adamiano, A., et al. Bio-oils from biomass slow pyrolysis: A chemical and toxicological screening[J]. Journal of Hazardous Materials, 2012, 231: 26-35.

Cornelissen, G., Gustafsson, O., Bucheli, T. D., et al. Extensive sorption of organic compounds to black carbon, coal, and kerogen in sediments and soils: Mechanisms and consequences for distribution, bioaccumulation, and biodegradation[J]. Environmental Science and Technology, 2005, 39: 6881-6895.

Cornelissen, G., Vannoort, P. C. M. and Govers, H. A. J. Desorption kinetics of chlorobenzenes, polycyclic aromatic hydrocarbons, and polychlorinated biphenyls: Sediment extraction with Tenax® and effects of contact time and solute hydrophobicity[J]. Environmental Toxicology and Chemistry, 1997, 16: 1351-1357.

Cui, X. Y., Mayer, P. and Gan, J. Methods to assess bioavailability of hydrophobic organic contaminants: Principles, operations, and limitations[J]. Environmental Pollution, 2013, 172: 223-234.

Demirbas, A. and Arin, G. An overview of biomass pyrolysis[J]. Energy Sources, 2002, 24: 471-482.

Desaules, A., Ammann, S., Blum, F., et al. PAH and PCB in soils of Switzerland: Status and critical review[J]. Journal of Environmental Monitoring, 2008, 10: 1265-1277.

DIN. Bodenbeschaffenheit-Bestimmung von polycyclischen aromatischen Kohlenwasserstoffen (PAK)-Hoc hleistungsFlüssigkeitschromatographie (HPLC) Verfahren[S]. ISO 13877: 1995-06[S]. Berlin: Beuth Verlag.

European Biochar Foundation (EBC). European biochar certificate: Guidelines for a sustainable production of biochar[S]. Switzerland: Arbaz, 2012.

Evans, C. S. and Dellinger, B. Mechanisms of dioxin formation from the high-temperature pyrolysis of 2-chlorophenol[J]. Environmental Science and Technology, 2003, 37: 1325-1330.

Evans, R. J. and Milne, T. A. Molecular characterization of the pyrolysis of biomass 1 Fundamentals[J]. Energy and Fuels, 1987, 1: 123-137.

Fabbri, D., Torri, C. and Spokas, K. A. Analytical pyrolysis of synthetic chars derived from biomass with potential agronomic application (biochar). Relationships with impacts on microbial carbon dioxide production[J]. Journal of Analytical and Applied Pyrolysis, 2012, 93: 77-84.

Fabbri, D., Rombola, A. G., Torri, C. and Spokas, K. A. Determination of polycyclic aromatic hydrocarbons in biochar and biochar amended soil[J]. Journal of Analytical and Applied Pyrolysis, 2013, 103: 60-67.

Fagernäs, L., Kuoppala, E. and Simell, P. Polycyclic aromatic hydrocarbons in birch wood slow pyrolysis products[J]. Energy and Fuels, 2012, 26: 6960-6970.

Fernandes, M. B. and Brooks, P. Characterization of carbonaceous combustion residues: II. Nonpolar organic compounds[J]. Chemosphere, 2003, 53: 447-458.

Fitzpatrick, L. J. and Dean, J. R. Extraction solvent selection in environmental analysis[J]. Analytical Chemistry, 2002, 74: 74-79.

Freddo, A., Cai, C. and Reid, B. J. Environmental contextualisation of potential toxic elements and polycyclic aromatic hydrocarbons in biochar[J]. Environmental Pollution, 2012, 171: 18-24.

Garcia-Perez, M. The formation of polyaromatic hydrocarbons and dioxins during pyrolysis[D]. Washington: Washington State University, 2013.

German legislation. Bundes-Bodenschutz-und Altlastenverordnung (BBodSchV)[S]. 1999.

Gomez-Eyles, J. L., Sizmur, T., Collins, C. D., et al. Effects of biochar and the earthworm Eisenia fetida on the bioavailability of polycyclic aromatic hydrocarbons and potentially toxic elements[J]. Environmental Pollution, 2011, 159: 616-622.

Gouliarmou, V. and Mayer, P. Sorptive Bioaccessibility Extraction (SBE) of soils: Combining a mobilization medium with an absorption sink[J]. Environmental Science and Technology, 2012, 46: 10682-10689.

Guilloteau, A., Nguyen, M. L., Bedjanian, Y. and Le Bras, G. Desorption of polycyclic aromatic hydrocarbons from soot surface: Pyrene and fluoranthene[J]. Journal of Physical Chemistry A, 2008, 112: 10552-10559.

Hajaligol, M., Waymack, B. and Kellogg, D. Low temperature formation of aromatic hydrocarbon from pyrolysis of cellulosic materials[J]. Fuel, 2001, 80: 1799-1807.

Hale, S. E., Hanley, K., Lehmann, J., et al. Effects of chemical, biological, and physical aging as well as soil addition on the sorption of pyrene to activated carbon and biochar[J]. Environmental Science and Technology, 2011, 45: 10445-10453.

Hale, S. E., Lehmann, J., Rutherford, D., et al. Quantifying the total and bioavailable polycyclic aromatic hydrocarbons and dioxins in biochars[J]. Environmental Science and Technology, 2012, 46: 2830-2838.

Harrison, E. Z., Oakes, S. R., Hysell, M. and Hay, A. Organic chemicals in sewage sludges[J]. Science of the Total Environment, 2006, 367: 481-497.

Hernandez, J. J., Ballesteros, R. and Aranda, G. Characterisation of tars from biomass gasification: Effect of the operating conditions[J]. Energy, 2013, 50: 333-342.

Hilber, I., Blum, F., Leifeld, J., et al. Quantitative determination of PAHs in biochar: A prerequisite to ensure its quality and safe application[J]. Journal of Agricultural and Food Chemistry, 2012, 60: 3042-3050.

Hockaday, W. C., Grannas, A. M., Kim, S. and Hatcher, P. G. The transformation and mobility of charcoal in a fire-impacted watershed[J]. Geochimica et Cosmochimica Acta, 2007, 71: 3432-3445.

International Biochar Initiative. Standardized product definition and product testing guidelines for biochar that is used in soil[S]. IBI, 2013.

Soil quality-Sampling-Part 8: Guidance on sampling of stockpiles[S]. ISO 10381-8, Switzerland: Geneva, 2006.

Jonker, M. T. O., Hawthorne, S. B. and Koelmans, A. A. Extremely slowly desorbing polycyclic aromatic hydrocarbons from soot and soot-like materials: Evidence by supercritical fluid extraction[J]. Environmental Science and Technology, 2005, 39: 7889-7895.

Jonker, M. T. O. and Koelmans, A. A. Polyoxymethylene solid phase extraction as a partitioning method for hydrophobic organic chemicals in sediment and soot[J]. Environmental Science and Technology, 2001, 35: 3742-3748.

Jonker, M. T. O. and Koelmans, A. A. Extraction of polycyclic aromatic hydrocarbons from soot and sediment: Solvent evaluation and implications for sorption mechanism[J]. Environmental Science and Technology, 2002, 36: 4107-4113.

Kaal, J., Schneider, M. P. W. and Schmidt, M. W. I. Rapid molecular screening of black carbon (biochar) thermosequences obtained from chestnut wood and rice straw: A pyrolysis-GC/MS study[J]. Biomass and Bioenergy, 2012, 45: 115-129.

Kamens, R. M. and Coe, D. L. A large gas-phase stripping device to investigate rates of PAH evaporation from airborne diesel soot particles[J]. Environmental Science and Technology, 1997, 31: 1830-1833.

Keiluweit, M., Nico, P. S., Johnson, M. G. and Kleber, M. Dynamic molecular structure of plant biomass-derived black carbon (biochar)[J]. Environmental Science and Technology, 2021, 44: 1247-1253.

Keiluweit, M., Kleber, M., Sparrow, M. A., Simoneit, B. R. T. and Prahl, F. G. Solvent-extractable polycyclic aromatic hydrocarbons in biochar: Influence of pyrolysis temperature and feedstock[J]. Environmental Science and Technology, 2012, 46: 9333-9341.

Kibet, J., Khachatryan, L. and Dellinger, B. Molecular products and radicals from pyrolysis of lignin[J]. Environmental Science and Technology, 2012, 46: 12994-13001.

Kloss, S., Zehetner, F., Dellantonio, A., et al. Characterization of slow pyrolysis biochars: Effects of feedstocks and pyrolysis temperature on biochar properties[J]. Journal of Environmental Quality, 2012, 41: 990-1000.

Knicker, H., Hilscher, A., Gonzalez-Vila, F. J. and Almendros, G. A new conceptual model for the structural properties of char produced during vegetation fires[J]. Organic Geochemistry, 2008, 39: 935-939.

Kulkarni, P. S., Crespo, J. G. and Afonso, C. A. M. Dioxins sources and current remediation technologies: A review[J]. Environment International, 2008, 34: 139-153.

Kushwaha, S. C., Clarkson, S. G. and Mehkeri, K. A. Polycyclic aromatic hydrocarbons in barbecue briquets[J]. Journal of Food Safety, 1985, 7: 177-201.

Lambkin, D., Nortcliff, S. and White, T. The importance of precision in sampling sludges, biowastes and treated soils in a regulatory framework[J]. Trac-Trends in Analytical Chemistry, 2004, 23: 704-715.

Ledesma, E. B., Marsh, N. D., Sandrowitz, A. K. and Wornat, M. J. Global kinetic rate parameters for the formation of polycyclic aromatic hydrocarbons from the pyrolyis of catechol, a model compound representative of solid fuel moieties[J]. Energy and Fuels, 2002, 16: 1331-1336.

Li, D., Hockaday, W. C., Masiello, C. A. and Alvarez, P. J. J. Earthworm avoidance of biochar can be mitigated by wetting[J]. Soil Biology and Biochemistry, 2011, 43: 1732-1737.

Loepfe, M., Burtscher, H. and Siegmann, H. C. Analysis of combustion products using time-of-flight mass-spectrometry[J]. Water Air and Soil Pollution, 1993, 68: 177-184.

Marchal, G., Smith, K. E. C., Rein, A., et al. Comparing the desorption and biodegradation of low concentrations of phenanthrene sorbed to activated carbon, biochar and compost[J]. Chemosphere, 2013, 90: 1767-1778.

Mastral, A. M. and Callen, M. S. A review an polycyclic aromatic hydrocarbon (PAHs) emissions from energy generation[J]. Environmental Science and Technology, 2000, 34: 3051-3057.

Mayer, P., Olsen, J. L., Gouliarmou, V., et al. A contaminant trap as a tool for isolating and measuring the desorption resistant fraction of soil pollutants[J]. Environmental Science and Technology, 2011, 45: 2932-2937.

McBeath, A. V., Smernik, R. J., Schneider, M. P. W., et al. Determination of the aromaticity and the degree of aromatic condensation of a thermosequence of wood charcoal using NMR[J]. Organic Geochemistry, 2011, 42: 1194-1202.

McGrath, T., Sharma, R. and Hajaligol, M. An experimental investigation into the formation of polycyclic-aromatic hydrocarbons (PAHs) from pyrolysis of biomass materials[J]. Fuel, 2001, 80: 1787-1797.

McGrath, T. E., Chan, W. G. and Hajaligol, M. R. Low temperature mechanism for the formation of polycyclic aromatic hydrocarbons from the pyrolysis of cellulose[J]. Journal of Analytical and Alied Pyrolysis, 2003, 66: 51-70.

McKay, G. Dioxin characterisation, formation and minimisation during municipal solid waste (MSW) incineration: Review[J]. Chemical Engineering Journal, 2002, 86: 343-368.

Mohan, D., Pittman, C. U. and Steele, P. H. Pyrolysis of wood/biomass for bio-oil: A critical review[J]. Energy and Fuels, 2006, 20: 848-889.

Morf, P., Hasler, P. and Nussbaumer, T. Mechanisms and kinetics of homogeneous secondary reactions of tar from continuous pyrolysis of wood chips[J]. Fuel, 2002, 81: 843-853.

Nakajima, D., Nagame, S., Kuramochi, H., et al. Polycyclic aromatic hydrocarbon generation behavior in the process of carbonization of wood[J]. Bulletin of Environmental Contamination and Toxicology, 2007, 79: 221-225.

Pakdel, H. and Roy, C. Hydrocarbon content of liquid products and tar from pyrolysis and gasification of wood[J]. Energy and Fuels, 1991, 5: 427-436.

Pankow, J. F. Review and comparative analysis of the theories on partitioning between the gas and aerosol particulate phases in the atmosphere[J]. Atmospheric Environment, 1987, 21: 2275-2283.

Pitman, R. M. Wood ash use in forestry: A review of the environmental impacts[J]. Forestry, 2006, 79: 563-588.

Poster, D. L., de Alda, M. J. L., Schantz, M. M., et al. Development and analysis of three diesel particulate-related standard reference materials for the determination of chemical, physical, and biological characteristics[J]. Polycyclic Aromatic Compounds, 2003, 23: 141-191.

Quilliam, R. S., Rangecroft, S., Emmett, B. A., et al. Is biochar a source or sink for polycyclic aromatic hydrocarbon (PAHs) compounds in agricultural soils?[J]. Global Change Biology-Bioenergy, 2012, 5: 96-103.

Ravindra, K., Sokhi, R. and Van Grieken, R. Atmospheric polycyclic aromatic hydrocarbons: Source attribution, emission factors and regulation[J]. Atmospheric Environment, 2008, 42: 2895-2921.

Re-Poi, N. and Santiago-Silva, M. R. Identification of polycyclic aromatic hydrocarbons and methoxylated phenols in wood smoke emitted during production of charcoal[J]. Chromatographia, 2002, 55: 475-481.

Reichenberg, F. and Mayer, P. Two complementary sides of bioavailability: Accessibility and chemical activity of organic contaminants in sediments and soils[J]. Environmental Toxicology and Chemistry, 2006, 25: 1239-1245.

Reid, B. J., Jones, K. C. and Semple, K. T. Bioavailability of persistent organic pollutants in soils and sediments-A perspective on mechanisms, consequences and assessment[J]. Environmental Pollution, 2000a, 108: 103-112.

Reid, B. J., Stokes, J. D., Jones, K. C. and Semple, K. T. Nonexhaustive cyclodextrin-based extraction technique for the evaluation of PAH bioavailability[J]. Environmental Science and Technology, 2000b, 34: 3174-3179.

Rey-Salgueiro, L., Garcia-Falcon, M. S., Soto-Gonzalez, B. and Simal-Gandara, J. Procedure to measure the level of polycyclic aromatic hydrocarbons in wood ashes used as fertilizer in agroforestry soils and their transfer from ashes to water[J]. Journal of Agricultural and Food Chemistry, 2004, 52: 3900-3904.

Richter, H. and Howard, J. B. Formation of polycyclic aromatic hydrocarbons and their growth to soot: A review of chemical reaction pathways[J]. Progress in Energy and Combustion Science, 2000, 26: 565-608.

Rogovska, N., Laird, D., Cruse, R. M., et al. Germination tests for assessing biochar quality[J]. Journal of Environmental Quality, 2012, 41: 1014-1022.

San Miguel, G., Dominguez, M. P., Hernandez, M. and Sanz-Perez, F. Characterization and potential applications of solid particles produced at a biomass gasification plant[J]. Biomass and Bioenergy, 2012, 47: 134-144.

Schimmelpfennig, S. and Glaser, B. One step forward toward characterization: Some important material properties to distinguish biochars[J]. Journal of Environmental Quality, 2012, 41: 1001-1013.

Schmid, P., Gujer, E., Zennegg, et al. Correlation of PCDD/Fs and PCB concentrations in soil samples from the Swiss soil monitoring network (NABO) to specific parameters of the observation sites[J]. Chemosphere, 2005, 58: 227-234.

Shackley, S., Carter, S., Knowles, T., et al. Sustainable gasification-biochar systems? A case-study of rice-husk gasification in Cambodia, Part I: Context, chemical properties, environmental and health and safety issues[J]. Energy Policy, 2012, 42: 49-58.

Sharma, R. K. and Hajaligol, M. R. Effect of pyrolysis conditions on the formation of polycyclic aromatic hydrocarbons (PAHs) from polyphenolic compounds[J]. Journal of Analytical and Applied Pyrolysis, 2003, 66: 123-144.

Shen, W. J., Sun, Y. G., Lin, Y. T., et al. Evidence for wildfire in the Meishan section and implications for Permian-Triassic events[J]. Geochimica et Cosmochimica Acta, 2011, 75: 1992-2006.

Singh, B., Singh, B. P. and Cowie, A. L. Characterisation and evaluation of biochars for their application as a soil amendment[J]. Australian Journal of Soil Research, 2010, 48: 516-525

Singh, B. P., Cowie, A. L. and Smernik, R. J. Biochar carbon stability in a clayey soil as a function of feedstock and pyrolysis temperature[J]. Environmental Science and Technology, 2012, 46: 11770-11778.

Song, Y., Wang, F., Bian, Y. R., et al. Bioavailability assessment of hexachlorobenzene in soil as affected by wheat straw biochar[J]. Journal of Hazardous Materials, 2012, 217: 391-397.

Song, Y. F., Jing, X., Fleischmann, S. and Wilke, B. M. Comparative study of extraction methods for the determination of PAHs from contaminated soils and sediments[J]. Chemosphere, 2002, 48: 993-1001.

Spokas, K. A., Novak, J. M., Stewart, C. E., et al. Qualitative analysis of volatile organic compounds on biochar[J]. Chemosphere, 2011, 85: 869-882.

Stevens, J. L., Northcott, G. L., Stern, G. A., et al. PAHs, PCBs, PCNs, organochlorine pesticides, synthetic musks, and polychlorinated n-alkanes in UK sewage sludge: Survey results and implications[J]. Environmental Science and Technology, 2003, 37: 462-467.

Swiss legislation. Ordinance on reduction of risks related to handling of chemicals[S]. 2005.

Swiss legislation. Ordinance related to impacts on soils[S]. 1998.

Taylor, P. H. and Dellinger, B. Pyrolysis and molecular growth of chlorinated hydrocarbons[J]. Journal of Analytical and Applied Pyrolysis, 1999, 49: 9-29.

Torri, C., Adamiano, A., Fabbri, D., et al. Comparative analysis of pyrolysate from herbaceous and woody energy crops by Py-GC with atomic emission and mass spectrometric detection[J]. Journal of Analytical and Applied Pyrolysis, 2010, 88: 175-180.

Tuurainen, K., Halonen, I., Ruokojarvi, P., et al. Formation of PCDDs and PCDFs in municipal waste incineration and its inhibition mechanisms: A review[J]. Chemosphere, 1998, 36: 1493-1511.

US EPA. Test Methods for Evaluating Solid Waste, Physical/Chemical Methods[S]. 2013.

Wang, Z., Zheng, H., Luo, Y., et al. Characterization and influence of biochars on nitrous oxide emission from agricultural soil[J]. Environmental Pollution, 2013, 174: 289-296.

Waterman, D., Horsfield, B., Leistner, F., et al. Quantification of polycyclic aromatic hydrocarbons in the NIST standard reference material (SRM1649A) urban dust using thermal desorption GC/MS[J]. Analytical Chemistry, 2000, 72: 3563-3567.

Wilcke, W. Polycyclic aromatic hydrocarbons (PAHs) in soil: A review[J]. Journal of Plant Nutrition and Soil Science Zeitschrift für Pflanzenernahrung und Bodenkunde, 2000, 163: 229-248.

Yunker, M. B., Macdonald, R. W., Vingarzan, R., et al. PAHs in the Fraser River basin: A critical appraisal of PAH ratios as indicators of PAH source and composition[J]. Organic Geochemistry, 2002, 33: 489-515.

Zhou, Z. L., Sun, H. W. and Zhang, W. Desorption of polycyclic aromatic hydrocarbons from aged and unaged charcoals with and without modification of humic acids[J]. Environmental Pollution, 2010, 158: 1916-1921.

Zhurinsh, A., Zandersons, J. and Dobele, G. Slow pyrolysis studies for utilization of impregnated waste timber materials[J]. Journal of Analytical and Applied Pyrolysis, 2005, 74: 439-444.

Zimmerman, A. R. Abiotic and microbial oxidation of laboratory-produced black carbon (biochar)[J]. Environmental Science and Technology, 2010, 44: 1295-1301.

（活化的）生物炭对土壤和沉积物中有机化合物的吸附

Sarah E. Hale、Gerard Cornelissen 和 David Werner

22.1 引言

土壤和沉积物污染是一个严重的世界性环境问题（美国环境保护署, 1997; De Kimpe and Morel, 2000），传统的"挖掘－倾倒"或土壤及沉积物的疏浚方法往往存在成本高、效率低等问题（Bridges et al., 2010）。因此，研发具有成本效益的原位修复方法，以降低污染物的生物有效性和毒性非常重要。

22.1.1 （活化的）生物炭对土壤/沉积物中有机化合物的吸附

在受污染的土壤和沉积物中添加与污染物结合的碳质吸附剂是一种新型的土壤和沉积物修复策略。活性炭（由化石煤块和生物质制成）由于优异的吸附性能，常被作为主要的吸附剂。本章将探讨使用未活化生物炭或活化生物炭进行土壤和沉积物修复的可能性。考虑到完整的生命周期，生物炭或活化生物炭（来自生物质的活性炭，其中生物质材料受到人工高温或高压处理）的可持续性比由煤制备的活性炭更强，主要因为后者是由化石原料制成的（Sparrevik et al., 2011）。

吸附剂的制备主要利用了富含天然热解碳（PyC）的材料，如木炭、焦炭、煤烟（也包括煤，但严格来说它不是热解产生的）等，其对许多有机污染物具有很高的吸附能力（Luthy et al., 1997; Jonker et al., 2004; Cornelissen et al., 2005; Millward et al., 2005; Pignatello et al., 2006）。活性炭是天然材料的人工替代品，这些天然材料可以通过煤、褐煤和泥炭等化石原料，以及椰子壳等可再生生物质材料制备获得（Amstaetter et al., 2012）。活性炭的制备需要在无氧条件下加热原料，然后进行氧化以去除杂质，最后使用蒸汽活化，在这种情况下，突然加热会使水气化，这使该材料具有复杂的孔隙结构和非常大的比表面积（约 $1000\ m^2 \cdot g^{-1}$），从而对有机化合物（包括疏水性化合物和低疏水性化合物）具有非常高的吸附能力。

活性炭和生物炭均可作为有机化合物的强吸附剂。然而，生物炭的吸附能力通常比活性炭低，因而在天然 PyC 含量相对较低的土壤或沉积物中，生物炭的修复效果将最大化（下文将对此进行讨论）。强吸附剂被添加到受污染土壤或沉积物中时，一般会出现 3 个阶段，即污染物从受污染土壤或沉积物的较弱吸附位点转移到强吸附剂的较强吸附位点。首先，污染物从土壤或沉积物基质中解吸出来；然后，通过吸附抑制分子扩散，或者通过土壤沉积物孔隙结构中的孔隙水迁移到最近的活性炭或生物炭颗粒周边；最后，污染物被活性炭或生物炭颗粒截获（Werner et al., 2006; Cho et al., 2012）。具体过程如图 22.1 所示。生物炭本身也含有少量污染物（PAHs；见第 21 章），但与受污染的土壤或沉积物中的污染物含量相比，该污染物含量通常非常低（Hale et al., 2012a）。

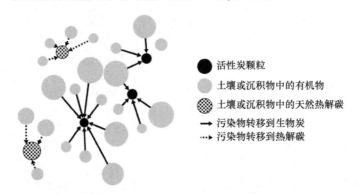

图22.1　活性炭或生物炭对污染土壤或沉积物中的有机污染物的吸附过程

22.1.2　活性炭或生物炭对污染物有效浓度的影响

修复技术的有效性是根据其降低污染物总浓度的能力来评估的，因为这些污染物浓度在相关规定中有较明确的标准。然而，有研究表明，生物可利用的污染物有效浓度比土壤或沉积物中污染物的总浓度更能代表污染物迁移对生物群落产生不利影响的水平（Kraaij et al., 2003; Vinturella et al., 2004; Cornelissen et al., 2006b; Ehlers and Loibner, 2006; Hawthorne et al., 2007; Sun and Ghosh, 2007; Friedman et al., 2009）。

为了量化生物可利用的污染物有效浓度，一种方法是对暴露于"处理过的"土壤或沉积物中的目标生物（如贻贝、蠕虫或植物）进行残留分析。由于可以根据化学可及性和化学活性来考虑生物可利用的污染物浓度，因此出现了几种替代物来代替生物体（Semple et al., 2004; Reichenberg and Mayer, 2006）。被动采样器可用于测定生物可利用的污染物自由溶解浓度，并测量样品的化学活性（Mayer et al., 2003）。化学可及性可以使用物理化学方法来测量，包括用水、丁醇和甲醇等溶剂温和萃取（Kelsey, 1997; Liste and Alexander, 2002），以及利用超临界流体（Latawiec et al., 2008）和环糊精（Reid et al., 2000）在替代相中积累（Cornelissen et al., 2001）。可利用的污染物有效浓度经过活性炭或生物炭处理后通常会降低，因此可以测试其处理效率。比如，将活性炭以沉积物质量的 1% ～ 5% 的施用量添加到土壤中，可使饱和孔隙水中部分有机化合物浓度下降 70% ～ 99%，底栖生物对这些污染物的生物吸收率降低 70% ～ 90%（Ghosh et al., 2011）。

22.2 影响活性炭和（活化的）生物炭吸附有机化合物的过程和性质

为了进行有效的修复，添加的吸附剂对污染物的吸附能力必须比土壤或沉积物基质对污染物的吸附能力更强，即吸附剂分配系数（K_d）要大于土壤或沉积物的 K_d。为了实现这一目标，要么吸附剂的 K_d 很高，要么土壤或沉积物的 K_d 相对较低。例如，活化过程导致活性炭的 K_d 比生物炭高 10～100 倍（Cornelissen et al., 2005），这将使活性炭对污染物的吸附能力比生物炭对污染物的吸附能力更高。活性炭的吸附能力高于生物炭的有以下原因：①比表面积差异（活性炭的比表面积通常是生物炭的 3～10 倍）；②与生物炭相比，活性炭更加凝聚，表面官能团更少（Hale et al., 2011）。然而，含有某些官能团的低疏水性的化合物，可能会在生物炭和此类污染物之间发生极性或氢键结合，导致此类化合物也被未活化的生物炭有效吸附（Teixido et al., 2013）。

因此，在确定吸附剂的有效性时，影响吸附剂和土壤或沉积物的 K_d 的因素显得尤为重要。以下章节将详细说明这些因素分别对土壤或沉积物改良剂的影响。

22.2.1 土壤或沉积物中的有机碳总含量、有机碳特性和污染物浓度

对于疏水性有机化合物（HOCs），影响土壤或沉积物的 K_d 的最主要因素是土壤或沉积物中天然（环境中存在的）有机碳（OC）的含量和特性。土壤和沉积物有机质是一种复杂的混合物，其中热解碳（PyC）材料对 HOCs 的吸附能力特别强。土壤或沉积物的总吸附量可以表示为（Accardi-Deyand Gschwend, 2003; Cornelissen et al., 2005）

$$K_{d,\text{未修正}} = f_{AOC} K_{AOC} + f_{PyC} K_{PyC} \tag{22-1}$$

式中，f_{AOC} 和 f_{PyC} 分别为无定形 OC、AOC（来自小生物分子）和 PyC（来自煤焦、烟灰）的质量分数；K_{AOC} 和 K_{PyC} 分别为 OC、AOC 和 PyC 的吸附系数。PyC 由高度无序的芳香层组成，具有较高的 C 含量、相对较小的极性、非常大的微孔网络结构、非常高的比表面积（Allen-King et al., 2002; Zhu and Pignatello, 2005; Cornelissen et al., 2006a）。假设 HOCs 对这些材料的吸附主要通过以下两种方式发生：①当 PyC 形成时，HOCs 在受限孔内或芳香族结构之间的物理吸附；②PyC 形成后在外表面及中孔、大孔和微孔上的可逆吸附（Jonker and Koelmans, 2002; Koelmans et al., 2006）。HOCs 能有效吸附烟灰（Jonker and Koelmans, 2002）、煤炭（Cornelissen and Gustafsson, 2005; Yang et al., 2008）、木炭（Jonker et al., 2004）和油烟（Hong and Luthy, 2007）等富含 PyC 的物质。与不含此类物质的土壤和沉积物相比，这种较强的 PyC 吸附作用会使"实际环境"中含有 PyC 的土壤和沉积物中整体吸附量增加 10～100 倍（Cornelissen et al., 2005）。

PyC 主要是在 375 ℃下热解产生的（CTO375，见第 24 章），少数样品使用化学、微观和光氧化方法测定，约占土壤总有机碳的 5% 和沉积物有机碳的 9%，这些结论是基于 50 种和 90 种不同的研究结果（来自世界各地的几十种材料的研究）得出的。Cornelissen 等（2005）还撰写了相关综述。在一些国家和地区，如澳大利亚，由于发生了大量的燃烧，通过紫外线氧化，天然 PyC 的平均含量达到了 40%（Skjemstad et al., 1996）。

用 AC 或生物炭修复后，土壤或沉积物的总吸附量为

$$K_{d,修正}=f_{AOC}K_{AOC}+f_{PyC}K_{PyC}+f_{AC/生物炭}K_{AC/生物炭} \qquad (22-2)$$

式中，$f_{AC/生物炭}$ 和 $K_{AC/生物炭}$ 分别为 AC 或生物炭的质量分数和吸附系数。

PyC 含量低的土壤或沉积物通常表现出较低的总 K_d，对于此类土壤或沉积物，使用吸附剂改良后的效果会比较明显（$f_{AC/生物炭}K_{AC/生物炭}$ 与未修正的 K_d 相比较高）。例如，向几乎不含天然 PyC 的哈特威尔湖沉积物中添加少量 AC（2%）（因为它远离市区的 PyC 来源，并且流域中存在 PCBs 的点源），发现其减少了至少 98% 的有效污染物（Werner et al., 2005）。但是，被污染的港口沉积物或工业土壤中可能含有大量的 PyC（CTO375 测定的 OC 含量高达 50%；Cornelissen et al., 2006a; Brändli et al., 2008）。因此，此类沉积物或土壤中某种污染物的 K_d 可能比未受污染的沉积物或土壤中相同污染物的 K_d 高 10～100 倍（Cornelissen et al., 2005）。

AC 和生物炭的吸附都是非线性的，这意味着吸附位点有限，K_d 会随污染物浓度的增加而降低。但是，在非常低（$<1\ ng\cdot L^{-1}$）的游离水污染物浓度下，PCM 的吸附可能会变得更加线性（Werner et al., 2010）。在较高的污染物浓度下，PCM 将趋于饱和，吸附能力逐渐减弱（Cornelissen et al., 2005），最终导致高浓度污染物的无效吸附。例如，向被污染的旧金山猎人角的沉积物中添加焦炭（Zimmerman et al., 2004），以及向含有高浓度 PAHs 的杂酚油污染的土壤中添加 AC，可以观测到高度污染的沉积物和土壤的饱和效应（Brändli et al., 2008）。

PyC 含量和污染物浓度对土壤或沉积物中 K_{oc} 和 K_d 的影响如图 22.2 所示。由于吸附剂浓度增加，生物炭 K_d 的减小遵循浓度每增加 3 个数量级约减小 1 个数量级的规律（在 $1\ \mu g\cdot L^{-1}$ 时，吸附剂的 K_d 为 $1\ ng\cdot L^{-1}$ 时的 1/10）。对于 AC，其吸附的非线性可能更强，在这种情况下，通常可以观察到浓度每增加 2 个数量级 K_d 就会约减小 1 个数量级（Walters and Luthy, 1984; Cornelissen et al., 2006a）。

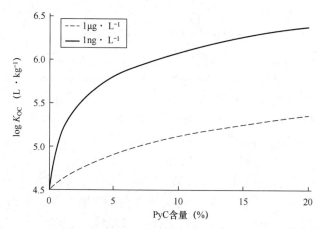

图22.2 天然PyC含量（作为总有机碳含量的一部分）和污染物浓度（土壤或沉积物中的PAHs）对OC和水分布比K_{OC}的影响［随着天然PyC含量的增加，对土壤或沉积物的整体吸附可增加2个数量级，而在低于3个数量级的污染物浓度下，吸附可增加1个数量级。在土壤和沉积物中，天然PyC含量约占总有机碳含量的5%～10%。相关方程可以在Cornelissen等（2005）的研究中找到］

研究表明，AC 或生物炭对重度污染的土壤或沉积物的修复效果可能很差，其可能最

适合修复中度污染的土壤或沉积物。向中度污染的土壤或沉积物中添加 AC 或生物炭可以降低污染物浓度,以满足相关质量标准。然而,一系列的研究结果表明,污染物浓度的降低与污染物-吸附剂的比值没有显著相关性(Hilber and Bucheli, 2010)。

生物炭的 K_d 通常比 AC 的低(两种材料的产品种类繁多)。因此,只有在天然 PyC 含量相当低(含有少量烟尘或木炭)的土壤或沉积物中,生物炭可能才有效,因为土壤或沉积物中的天然木炭也会以类似的方式提高对有机化合物的吸附能力。

22.2.2 污染物分子与吸附剂的相互作用

许多相互作用决定了某种污染物与 AC 或生物炭颗粒的吸附能力,这些已经在第 9 章中进行了讨论。

22.2.3 天然有机物污染(吸附衰减)

沉积物孔隙水中的天然有机物(NOM)会降低 AC 或生物炭对目标污染物的吸附能力。与清洁水系统相比,根据沉积物、污染物、NOM、AC 或生物炭的理化特性及污染物浓度,沉积物系统中的 AC 或生物炭的吸附强度(通过污染物和 AC 的分配系数测量)最多可降低 2 个数量级(Cornelissen and Gustafsson, 2004; Jonker et al., 2004; Cornelissen et al., 2006a; Pignatello et al., 2006; Werner et al., 2006; Brändli et al., 2008; McDonough et al., 2008; Koelmans et al., 2009)。然而,Hale 等(2009)指出,污染物通过 NOM 沉积物和吸附位点扩散,由孔隙堵塞引起的吸附衰减程度可能会随着时间的推移而降低(见图 22.3)。有关此类机制的完整讨论,读者可参阅第 9 章。

溶解有机质占据了孔喉和大孔,限制了HOCs进入微孔。随着沉积物与AC接触时间的增加,HOCs通过溶解有机质的扩散进入微孔并被有效隔离

图22.3 吸附剂修复土壤或沉积物中可能发生的竞争吸附现象及其动力学示意(用AC作为吸附剂,也可以在土壤中使用生物炭或沉积物作为吸附基质)

与 AC 相同,土壤的存在会降低生物炭的吸附能力,因为土壤中的其他有机分子能够竞争生物炭上的吸附位点。例如,其对苯二酚的吸附减少了 28%(Cheng and Lehmann, 2009),对敌草隆的吸附减少了 60%(Yang and Sheng, 2003b)。将 400 ℃下制备且混合剂量为 0.1% 的松针生物炭加入土壤中,生物炭对菲的吸附系数降低了 2 个对数单位(Chen and Yuan, 2011)。

22.2.4 吸附剂老化对吸附特性的影响

由于尚未进行长期的野外研究,生物炭在修复处理后的长时间修复效果目前还没有进行深入探索。然而,有研究已经从人工老化过程的角度考虑了暴露于实际环境中的生物炭理化性质的变化（Yang and Sheng, 2003b; Cheng et al., 2006, 2008; Nguyen et al., 2008; Cheng and Lehmann, 2009; Yao et al., 2010; Hale et al., 2011）。各种试验方法已被用于生物炭的人工老化，如改良的索氏萃取法（Yao et al., 2010）、100 d 的蒸馏水浸提（Kasozi et al., 2010）、暴露于实际环境一段时间（Yang and Sheng, 2003b）、微生物接种和冻融循环（Hale et al., 2011）。Cheng 和 Lehmann（2009）测量了在 30 ℃和 70 ℃时人工老化和自然老化后橡树生物炭对苯二酚的吸附情况，与未老化生物炭（9.61 mg·g^{-1}）相比，70 ℃下制备的生物炭（2.65 mg·g^{-1}）和老化生物炭（4.28 mg·g^{-1}）对苯二酚的吸附量显著下降。Yang 和 Sheng（2003b）在室内条件下，分别将土壤、小麦秸秆生物炭和灰化土壤进行 1 个月、3 个月、6 个月和 12 个月的老化处理。结果表明，与未老化生物炭相比，经过 1 个月后老化生物炭对敌草隆的吸附量减少了 50%～60%。Hale 等（2011）通过高温（60 ℃和 110 ℃）、微生物接种和冻融循环对玉米秸秆生物炭进行老化。结果表明，高温老化生物炭与未老化生物炭相比，对芘的吸附量仅为未老化生物炭的 1/2，而由另外两种老化方法制备的生物炭的吸附量没有降低。

22.3 生物炭对有机化合物的吸附

本节总结了生物炭的现有吸附数据，并将这些数据与未改良土壤或沉积物中污染物的吸附量进行比较，从而估算非活化生物炭对污染土壤或沉积物的潜在修复效果。

在没有土壤或沉积物的情况下，生物炭对有机化合物的吸附（强度和能力）不及 AC（见表 22.1）。例如，无烟煤基 AC 对菲的吸附强度较大，$\log K_d$ 为 7.8 L·kg^{-1}（Hale and Werner, 2010），而煤烟、木炭和煤炭对菲的吸附强度较小，$\log K_d$ 为 5.3～6.1 L·kg^{-1}（Jonker and Koelmans, 2002）。将这些值与菲和不同生物炭的其他值进行比较（见表 22.1 和图 22.4），发现生物炭的 $\log K_d$ 略低于其他碳质吸附剂（Wang and Xing, 2007; Chen and Huang, 2011; Kong et al., 2011）。

表 22.1　未活化生物炭对多种化合物的吸附能力（在没有土壤或沉积物的情况下，数据如图 22.4 所示）

生物炭	制备温度（℃）	污染物	吸附强度（$\log K_d$ 在 1 mg·L^{-1}）	参考文献
污染物类别：PAHs				
橙皮	150～700	萘	2.44～4.77	Chen and Chen, 2009
橙皮	150～700	1-萘酚	2.14～4.25	Chen and Chen, 2009
松针和废弃物	100～700	萘	2.47～3.04	Chen et al., 2008
松针和废弃物	100～700	菲	3.77～5.12	Chen and Yuan, 2011
稻草	—	萘	2.67	Chen and Huang, 2011
稻草	—	菲	4.05	Chen and Huang, 2011
混合木炭	300～820	菲	5.6～7.08	James et al., 2005
几丁质	250～400	萘	4.09～4.24	Wang and Xing, 2007
几丁质	250～400	菲	4.57～4.82	Wang and Xing, 2007
纤维素	250～400	萘	4.52～4.72	Wang and Xing, 2007
纤维素	250～400	菲	4.19～4.98	Wang and Xing, 2007
松木	150～700	萘	2.18～5.21	Chen et al., 2012

（续表）

生物炭	制备温度（℃）	污染物	吸附强度（logK_d 在 1 mg·L^{-1}）	参考文献
大豆秸秆	700	菲	1.84	Kong et al., 2011
家禽垫料、猪粪、小麦秸秆	250～400	菲	1.87～2.45	Sun et al., 2011b
玉米秸秆	600	芘	6.17	Hale et al., 2011
枫木刨花	400	苯	logK_d 在 1 μg·L^{-1}：3.6	Kwon and Pignatello, 2005
枫木刨花	400	苯 萘 菲	logK_d 在 1 μg·L^{-1}：4.0 logK_d 在 1 μg·L^{-1}：6.8 logK_d 在 1 μg·L^{-1}：8.3	Pignatello et al., 2006
污染物类别：杀虫剂、除草剂、杀真菌剂、杀菌剂				
小麦及水稻残留物	燃烧；不受控制的条件	敌草隆	约 5.1	Yang and Sheng, 2003a, 2003b
牛粪	200～300	阿特拉津	log$K$（L·mol^{-1}）3.0～3.3	Cao et al., 2009
草、木材、家禽垫料、小麦秸秆、猪粪	200～600	氟啶酮 诺氟拉松	2.10～4.55 2.93～4.43	Sun et al., 2011a
小麦秸秆	燃烧；不受控制的条件	阿特拉津	3.30	Loganathan et al., 2009
稻草	250～500	乙草胺 2,4-D	0.12～0.65 0.21～5.48	Lu et al., 2012
水杉木片	700	三丁基锡	1.28	Xiao et al., 2011
混合绿色废物	900	阿特拉津 辛嗪	2.64 2.71	Zheng et al., 2010
污染物类别：抗生素				
污泥	550	氟哌酸	0.52～0.81	Yao et al., 2013
4 种木材	450～600	磺胺甲噁唑	1.28～2.02	Yao et al., 2012
硬木废弃物	600	磺胺二甲嘧啶	4.18	Teixido et al., 2011
家禽垫料、猪粪、小麦秸秆	250～400	17α 乙炔基雌二醇	0.92～2.26	Sun et al., 2011b
污染物类别：芳香族有机物				
传统工艺制作的木炭	无进一步细节	对苯二酚	2.4～3.4 logK_d（L·kg^{-1}）	Cheng and Lehmann, 2009 Zhu et al., 2005
枫木刨花	400	二甲苯 二氯苯 四甲基苯 三乙苯 环己烷 甲基苯酚 硝基甲苯 二硝基甲苯 三硝基甲苯	5.4 5.6 5.1 5.6 3.9 5.0 5.6 6.5 6.6	

（续表）

生物炭	制备温度（℃）	污染物	吸附强度（logK_d 在 1 mg·L^{-1}）	参考文献
松针和废弃物	100～700	硝基苯	1.39～2.11	Chen et al., 2008
		间二硝基苯	1.40～2.04	
稻草	未提供数据	硝基苯	1.16	Chen and Huang, 2011
小麦秸秆和松针	350～550	2,4,4-PCB	2.79～8.39	Wang et al., 2013
草木	250～650	苯邻二酚	2.46～4.37	Kasozi et al., 2010
家禽垫料、猪粪、小麦秸秆	250～400	双酚 A	0.97～1.98	Sun et al., 2011b
污染物类别：邻苯二甲酸盐				
草、木材	200～700	邻苯二甲酸二乙酯	2.00～2.65	Sun et al., 2012
		邻苯二甲酸二丁酯	0.36～3.71	
		丁基苄基邻苯二甲酸酯	0.28～3.44	
污染物类别：氯代烃				
大豆秸秆、花生壳	300～700	三氯乙烯	0.53～1.14	Ahmadd et al., 2012
污染物类别：挥发性石油烃				
木屑	800	正戊烷	3.60	Bushnaf et al., 2011
	800	正己烷	3.78	
	800	正辛烷	4.31	
	800	环己烷	2.06	
	800	甲基环戊烷	2.42	
	800	甲基环己烷	2.43	
	800	异辛烷	3.36	
	800	甲苯	3.45	
	800	间二甲苯	2.86	
	800	1,2,4-三甲基苯	2.94	

表 22.1 中报道的生物炭的 logK_d 也高于相应土壤的 logK_d。例如，发现水稻基生物炭吸附敌草隆的效率是土壤的 400～2500 倍（Yang and Sheng, 2003a, 2003b; Sheng et al., 2005）。因此，通过向土壤中添加 AC 或生物炭（占土壤总质量的 5%），复合土壤的吸附能力增强。与纯土壤的吸附能力相比，添加 AC 和生物炭的土壤的吸附能力分别增加了 2400～37000 倍和 70～4000 倍（见表 22.2）。将 450 ℃ 和 850 ℃ 制备的桉树生物炭以 0.1%～5% 的剂量（总质量分数）添加到土壤中，与未添加生物炭的土壤相比，添加 450 ℃ 和 850 ℃ 制备的桉树生物炭的土壤中污染物的去除率分别提高了 7～80 倍和 5～125 倍（Yu et al., 2006）。此外，将 350 ℃ 和 700 ℃ 制备的辐射松生物炭以 0.5% 的剂量（总质量分数）添加到土壤中，与未添加生物炭的土壤相比，添加生物炭的土壤对菲的吸附能力分别增加了 45 倍和

723 倍（Zhang et al., 2010），芘对添加生物炭的土壤的吸附亲和力比芘对纯土壤的吸附亲和力高 50～500 倍（Hale et al., 2011）。

除 82 种观察到的污染物－生物炭系统中的 17 种外，生物炭在土壤或沉积物中的吸附 K_d 通常超过 $\log K_{OC}$（见图 22.4）。其中，$\log K_{OC}$ 不包括土壤或沉积物中的 PyC——它是没有 PyC 的土壤或沉积物的平均值。根据表 22.1 和图 22.4 中的数据，200～400 ℃ 制备的生物炭的中位数 $\log K_d$ 比 $\log K_{OC}$ 高出 20 倍（四分位间距，IQR 因子为 3～200）。600～800 ℃ 制备的生物炭 K_d 超过了 K_{OC} 的中位数因子（6.0；IQR 因子为 1.3～87）。研究者没有观察到高温制备的生物炭具有更强的吸附能力（高温制备的生物炭通常具有更大的比表面积和更强的芳香性）（Yu et al., 2006; Nguyen and Lehmann, 2009）。

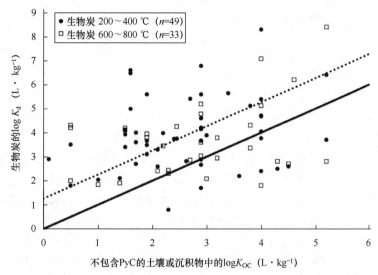

图22.4　未活化生物炭对有机化合物吸附的 $\log K_d$，与土壤或沉积物 $\log K_{OC}$ 的比值。其中，K_{OC} 是天然有机物的估计值，K_d 是含 30%～70%OC 的生物炭的估计值。因此，OC 归一化的 $\log K_{biochar}$ 比计算值高 0.2～0.5 倍。1∶1 实线表示对未活化生物炭和 OC 具有同等吸附能力；虚线表示生物炭的中位数吸附 K_d（$n=82$）

总的来说，生物炭的吸附能力比土壤或沉积物 OC 的吸附能力高 1～2 个数量级。这意味着生物炭可以用于土壤或沉积物的修复，因为在理想情况下，如果生物炭的添加量等于土壤或沉积物中的 C 含量，那么它将使污染物有效浓度降低 1～2 个数量级。然而，下面讨论的 3 个因素将使这种"理想"情况出现的可能性为零：①生物炭吸附污染物后及其自身的老化通常导致其吸附量减小为原来的 1/10～1/5；②土壤或沉积物中存在 PyC，通常会使 K_{OC} 增加 10 倍甚至更多；③生物炭的持久性是有限的，其持久性因环境条件、分解者行为和生物炭性质的不同而有很大差异（见第 10 章），因而会影响吸附能力。前两个因素将导致生物炭的吸附强度等于或低于土壤或沉积物 OC 的吸附强度，因此降低了其作为吸附剂的价值，而第三个因素会导致吸附量随着时间推移而减小。为了避免这些因素的影响，以能源和碳封存为代价，将生物炭活化，是生物炭作为吸附剂的一种方式。然而，在应用中还应考虑生物炭和土壤或沉积物的特性及污染的严重性，以便在考虑到前两个因素后，确定特定的生物炭是否能够提供比土壤 OC 更高的吸附能力。

对于某些化合物而言，生物炭对它们的吸附作用远远超过（1000 倍以上）土壤或沉积物 OC 的吸附作用，其中包括 PAHs、PCBs、单芳香族化合物和某些药物。在此类情况下，非活化生物炭作为吸附剂的潜在效果要好很多。

22.4 影响污染物迁移的因素

除上面已经讨论过的影响热力学吸附平衡的因素外，影响污染物迁移的因素也很重要，因为它们决定了在何时添加吸附剂。多个因素共同决定了污染物从土壤或沉积物中释放出来，并到达添加的 AC 或生物炭颗粒表面的强吸附位点所需的时间。

22.4.1 吸附剂粒径及其与污染物的接触时间

一些研究集中探究了吸附剂粒径及其与污染物的接触时间对处理效率的影响。这些数据目前仅用于 AC，但相关概念也适用于活化生物炭和非活化生物炭。在旧金山猎人角沉积物中加入 1.7%（质量百分比）的 AC，并混合 1 个月后，粒径为 180～250 μm、75～180 μm 和 25～75 μm 的 AC 可将波罗的海蛤（Macoma balthica）的 PCBs 生物累积量减少 41%、73% 和 89%（McLeod et al., 2007）。将 3.2% 粒径为 74～177 μm 的 3 种 AC 添加到劳里岑海峡的沉积物中，水中 DDT 的去除率分别从 15% 增加到 66%、从 19% 增加到 43%、从 67% 增加到 83%（Tomaszewski et al., 2007）。同样，在旧金山猎人角沉积物中分别用 AC（原样）和粒径 25～75 μm 的 AC 进行修复，水中 PCBs 的去除率从 82% 增加到 97%（Zimmerman et al., 2005）。此外，将 AC 粉碎至 75～250 μm，可使水中 PCBs 浓度降低 67%，而未粉碎的 AC 未能降低 PCBs 浓度，这可以用毫米级 AC 对污染物的吸附动力学来解释。关于 AC 与沉积物的接触时间，Werner 等（2005）观察到，向哈特威尔湖沉积物中添加 2%（w/w）的 AC（粒径为 70～300 μm），并混合 1 个月后，水中 PCBs 浓度下降了 95%；6 个月和 18 个月后，水中 PCBs 浓度已降至分析检测限以下。Brandli 等（2008）对含有 38 mg·kg^{-1} PAHs、2% PAC（45 μm）和 GAC（430～1700 μm）的城市土壤进行了修复，观察到 PAC 和 GAC 中的 PAHs 浓度分别降低了 99% 和 64%。

因此，较小的颗粒在短期内能更有效地降低有机污染物的浓度，其原因包括：①其较大的比表面积不太容易被 NOM 和脂质堵塞；② AC 颗粒到颗粒内部的扩散距离较小（扩散延迟，这可能会严重影响吸附速率）；③对于 PAC 而言，从土壤或沉积物到 AC 颗粒的平均距离更短，从而增加了污染物从土壤或沉积物到 AC 的传质速率。

22.4.2 土壤或沉积物－吸附剂的传质速率（解吸和扩散）

土壤或沉积物基质中污染物的解吸，可能会对使用 AC 或生物炭进行修复产生一定的影响。慢速解吸可以通过缓慢扩散来解释，要么通过有机质基质（Brusseau et al., 1991; Brusseau and Rao, 1991），要么穿过颗粒内的孔壁（Wu and Gschwend, 1986; Steinberg et al.; Ball and Roberts, 1991；见图 22.3）。通常观察到沉积物中 HOCs 的解吸是一个双相过程（Carmichael et al., 1997; Cornelissen et al., 1997; Cornelissen et al., 1998a, 1998b; Ghosh et al., 2001; Shor et al., 2003)，这是因为不同区域的沉积物基质不同。首先，结合度较弱的污染物快速释放；然后，结合度较强的污染物缓慢释放。快速解吸的污染物可能存在于土壤或沉积物中的非 PyC 有机物中（Cornelissen et al., 2005），而缓慢解吸的污染物可能与 PyC 有关（Cornelissen et al., 2005; Jonker et al., 2005）。在老化时间较长的沉积物中，快速解吸的组分往往会被降解，因此几乎所有残留污染物都会被缓慢释放（Cornelissen et al., 1998b）。由于这种缓慢解吸的作用，污染物从土壤或沉积物颗粒到 AC 或生物炭颗粒的传质过程可能非常缓慢，已有研究对长达数十年的传质过程进行了模拟（Werner et al., 2006）。在修复的土壤或沉积物中，非均匀的 AC 或生物炭延长了传质时间（Cho et al., 2012）。大量研究表明，自然环境中的 PCBs 和二噁英或呋喃的传质时间长达数年（Cho et al., 2012; Denyes et al., 2013; Cornelissen et al., 2012）。

22.4.3 机械过程（生物扰动作用）

生物扰动作用可以影响污染物从受污染的沉积物释放到上覆水中（Hedman et al., 2009），以及土壤混合的过程，但对后者的影响可能小得多。生物扰动是由底栖动物活动驱动颗粒迁移的现象。1 m^2 的底部表面占据着多达 50000 个寡毛纲动物（Thibodeaux and Bierman, 2003）。寡毛纲动物通过头部向下的方式进食颗粒，这些颗粒通过寡毛纲动物的肠道移动，它们产生的粪便颗粒形成了沉淀床表面的土堆。这个过程受到水体干扰，其有助于从沉积物中释放污染物的所有化学物质。这种生物扰动作用可以持续数十年，直到源物质中的可逆污染物都被耗尽为止（Thibodeaux and Bierman, 2003）。

22.5 吸附剂对污染物生物降解的影响

土壤微生物对可生物降解污染物的分解是重要的污染衰减机制，因此需要仔细评估（活化）生物炭或 AC 对污染物生物降解的副作用。文献报道了 AC 或生物炭对土壤污染物生物降解的一系列负面影响（Rhodes et al., 2008; Yang et al., 2009; Rhodes et al., 2010; Jones et al., 2011; Song et al., 2012a; Sopeña et al., 2012）或正面影响（Vasilyeva et al., 2001; Leglize et al., 2008; Bushnaf et al., 2011）。为了理解这些可变的结果，需要考虑不同机制如何控制污染物的生物降解率，相关内容在以下章节中讨论。

22.5.1 污染物的生物有效性和生物可及性

Semple 等（2004）将污染物定义为可被生物利用的物质，前提是"它们可以在特定时间内从生物所处的介质中自由地穿过生物细胞膜"，并且可以被生物利用，那么原则上来说它们具有生物有效性，也可以是"从生物体中物理去除或经过一段时间后才具有生物有效性"。吸附法是通过 AC 或生物炭颗粒的微孔进行强吸附和截留，以降低污染物的生物有效性和生物可及性。如果细胞内酶分解污染物是相关的生物降解机制，那么污染物生物有效性的降低似乎是修复中不可避免的副作用。在室内批量试验中，通过提供低浓度盐溶液和调整适宜的温度，来对微生物的生长条件进行优化。在这种情况下，污染物的生物降解率一般由污染物的生物有效性控制。因此，AC 或生物炭降低了污染物的生物降解率也就不足为奇了。例如，在批量试验中，向土壤中添加 AC 后，菲的矿化作用显著降低（Rhodes et al., 2008; Yang et al., 2009; Rhodes et al., 2010），用生物炭对土壤进行改良可以减弱六氯苯的损耗（Song et al., 2012b），并降低西玛津（Jones et al., 2011）和异丙隆的生物降解率（Sopeña et al., 2012）。从长远来看，污染物生物降解率的降低可能会抵消向含有有机污染物的土壤或沉积物中添加 AC 或生物炭所带来的一些好处。

22.5.2 污染物的毒性

如果高浓度的污染物或其代谢产物具有很强的毒性，那么污染物生物有效性的降低可能会促进其矿化。例如，AC 修复了被三硝基甲苯（TNT）严重污染的土壤后，TNT 的毒性会降低，代谢产物会增加（Vasilyeva et al., 2002）。用 AC 对被 PCBs 严重污染的土壤进行修复，也观察到了类似的结果（Vasilyeva et al., 2010）。

22.5.3 生物细胞外的电子转移

通过（活化）生物炭和 AC 的石墨烯芳香结构进行生物细胞外的电子转移，可以促使与 PyC 相关的、对氧化还原敏感的有机化合物还原，如 1,3,5- 三硝基 -1,3,5- 三氮杂环己烷（RDX）和 TNT（Kemper et al., 2008; Xu et al., 2010）。在用生物炭及氧化还原敏感的有机化合物控制良好的批量试验中，生物炭或 AC 促进了污染物的分解。在实际含有 PyC 的改良土壤（Vasilyeva et al., 2002）中，污染物加速分解的程度可以用非生物 PyC 表面反应性来解释（Xu et al., 2013），也可能涉及生物细胞外的电子穿梭，其机制有待研究。

22.5.4 无机营养物质的可利用性

在没有对微生物生长条件进行优化的系统中，污染物的有效性并不是微生物活性最关键的限制因素。为了说明这一点，Bushnaf 等（2011）进行了研究，其研究结果表明，无论有无生物炭改良，沙土中石油烃的降解总量都是相同的。这归因于无机营养物质限制了微生物生长，在该条件下，经生物炭改良的土壤中单芳香烃的生物有效性降低，使得更多可利用的石油烃（如环状烷烃和支链烷烃）能够发生更多的生物降解。

22.5.5 微生物生态学

土壤微生物之间具有协同或拮抗作用。在土壤中添加强吸附剂后，污染物的生物有效性和生长速率降低，可能会使降解污染物的微生物的竞争力降低。因此，可以通过添加 AC 或生物炭来隔离污染物，以减少土壤微生物降解污染物所占的相对比重。然而，一项对 PAHs 污染的城市土壤中细菌群落结构和功能的调查发现，无论是否添加 2% 的 AC，AC 都仅对主要细菌群落结构和 PAHs 降解物的丰度产生轻微影响（Meynet et al., 2012）。这种轻微影响可用 PAHs 降解物的多功能性来解释，它可以使用多种不同的化合物作为 OC 底物，从而在吸附剂改良的土壤环境中生存。

22.5.6 代谢途径的调节

具备多功能降解污染物功能的微生物可根据底物和养分的有效性来调节其代谢途径。例如，在受石油烃污染的土壤中生长旺盛的假单胞菌（Elazhari-Ali et al., 2013）会根据底物的可利用性来调节代谢途径（Rojo, 2010），并维持碳氮平衡（Amador et al., 2010）。有机污染物生物有效性的降低，可能会使微生物调节其代谢途径。在给定的环境条件下，它们将不再合成污染物降解酶。然而，Meynet 等（2012）在基于 AC 的土壤修复实地溶渗试验中，比较了活性土壤样品和生物杀菌剂抑制的土壤样品中 PAHs 的生物有效性。尽管 PAHs 的生物有效性很低，但在 AC 改良的颗粒状土壤中，PAHs 的生物降解过程非常活跃。Egli（2010）的研究表明，在低底物、碳受限的生长条件下，细菌细胞会尽可能多地表达其转运蛋白及分解代谢途径中的酶，这个过程不会阻碍替代性碳/能量的供应，反而有利于分解代谢酶的生成。

22.5.7 代谢

在某些情况下，观察到生物炭改良的土壤中微生物对易矿化土壤有机质的降解作用增强，但在其他情况下却没有观察到（见第 16 章）。理论上，增强的土壤有机质矿化作用可以促进土壤污染物的共代谢分解，但这一机制有待进一步研究。未来，为了更好地了解 AC 或生物炭对土壤和沉积物中有机污染物生物代谢的长期影响，需要更多的经验和证据来支撑。

22.6 生物炭作为吸附剂在环境修复中的作用

吸附剂的一个缺点是成本较为昂贵，AC 的制备和使用成本约为 2$·kg^{-1}（Ghosh et al., 2011）。因此，需要用更低成本的物质替代 AC。生物炭的主要优势在于：制备原料为一些废弃的生物质材料，用很低的成本或根本不需要成本就可以获得，除了可能需要支付一些其他费用（见第 31 章）；制备生物炭只需要较低的温度，与使用高温、高压生产 AC 相比，其能耗和成本更低。但是，生物炭对有机污染物的吸附强度和吸附能力低于 AC。因此，这是一个需要权衡的问题，应对完整的生命周期进行评估：AC 较强的化学作用（较强的污染物吸附能力）是否可以抵消其活化所需的能耗？

迄今为止，尚不清楚所报告的关于 AC 的修复效果是否可以推广应用到生物炭上，因为向受污染的土壤或沉积物中添加生物炭进行修复尚未深度研究（Cao et al., 2009; Beesley et al., 2010; Gomez-Eyles et al., 2011）。

22.6.1 生物炭在土壤和沉积物修复中的作用：室内研究

与室内使用 AC 对土壤或沉积物进行修复的研究相比，使用生物炭进行修复的研究相对较少（Yu et al., 2009; Beesley et al., 2010; Cao et al., 2011; Gomez-Eyles et al., 2011; Chai et al., 2012; Oleszczuk et al., 2012; Song et al., 2012b），这些将在下文进行讨论。一项试验对 PAHs 生物有效浓度进行了检测，将在 600 ℃下制备的硬木生物炭以 30%（v/v）的剂量 [相

当于约10%（w/w）]添加到土壤中。与未改良的土壤相比，在接触60 d后，使用环糊精萃取法测出PAHs生物有效浓度，其中4环和5环的PAHs生物有效浓度降低了50%，2环和3环的PAHs生物有效浓度降低了40%（Beesley et al., 2010）。另一项研究发现，无论是否有蚯蚓存在，将相同的生物炭加入不同的土壤中（Gomez-Eyles et al., 2011），使用环糊精萃取法测定PAHs生物有效浓度，28 d后生物炭使PAHs生物有效浓度均减小（以初始可利用的土壤浓度的百分比表示）10%左右，56 d后均减小20%左右。用胎儿肠杆菌（$E. fetida$）处理可以持续增加PAHs生物有效浓度，因此蚯蚓的存在和之后的混合物有助于将污染物从生物炭改良后的土壤中释放出来。

将生物炭以不超过5%的剂量添加到污水、污泥中，发现玉米秸秆生物炭和造纸废物生物炭有效减少了（自由溶解）PAHs-16总量，分别减少19.3%和37.9%（Oleszczuk et al., 2012），并且分子量较大的PAHs的生物有效浓度降低幅度更大。Chai等（2012）利用玉米秸秆和松木制备的商业生物炭进行试验，证实了PCDD/Fs有效浓度降低；在相同粒径下，当以土壤OC含量的0.1倍添加生物炭时，玉米秸秆生物炭比松木生物炭更能降低PCDD/Fs有效浓度。他们还对生物炭剂量的影响进行了研究，结果显示，在更大生物炭剂量下，PCDD/Fs水相浓度降低幅度更大。另外，生物炭的粒径从83% <250 μm减小到70% <45 μm，也会导致PCDD/Fs水相浓度持续降低。总体来说，低氯化代同系物的有效浓度下降幅度最大，水相浓度总体下降幅度为40%～80%。在500 ℃下以小麦秸秆为原料制备生物炭，并利用环糊精和丁醇萃取法来检测土壤和0.1%生物炭混合物中六氯苯（HCB）的浓度（Song et al., 2012b）。化学萃取法的测定结果显示，生物炭的加入显著降低了土壤中HCB的萃取率。一项对阿特拉津有效浓度的研究，使用了更温和的萃取技术（如CaC_{l2}；Cao et al., 2011）。将在450 ℃下用牛粪制备的生物炭在土壤进行210 d的培育后，土壤中的阿特拉津总浓度没有显著降低，但是使用CaC_{l2}导致阿特拉津的有效浓度降低了66%～81%。随着生物炭的施用量增大和培育时间的延长，阿特拉津的有效浓度会持续降低。

上述大多数数据表明，生物炭能够降低污染物有效浓度，从而减少生物累积量，但是生物炭没有AC那么高的效率（通常高达95%～99%，尤其是在室内情况下）。因此，根据上文讨论的生物炭K_d，生物炭可能只能产生相对有限的影响（见表22.1和图22.4）。

22.6.2 活性炭改良土壤和沉积物的野外研究

本节讨论了活性炭野外试验（包括活性生物炭和无烟煤中的活性炭），因为尚未使用非活性生物炭进行环境修复的野外试验。然而，AC的试验结果可以扩展到活性生物炭，因为源于无烟煤的AC与生物炭的性质相似（Amstaetter et al., 2012），并且活化可能是生物炭降低土壤或沉积物中有效污染物浓度的必需途径。此外，如果要使用生物炭进行试验，在AC修复方案中获得有用的信息将是一个重要的起点。

AC领域的许多综述已经被发表出来（Hilberand Bucheli, 2010; Ghosh et al., 2011; Rakowska et al., 2012）。AC修复方案也在美国加利福尼亚州亨特斯角海军造船厂、美国纽约州格拉斯河、挪威特隆赫姆港、挪威格伦兰峡湾和荷兰比斯博斯的沉积物中进行了测试（Cho et al., 2009; Cornelissen et al., 2011, 2012; Ghosh et al., 2011; Rakowska et al., 2012）。另外，研究人员在挪威德拉门也进行了土壤田间试验（Hale et al., 2012b; Jakob et al., 2012; Meynet et al., 2012）。

在美国旧金山猎人角沉积物的一次混合试验中，AC 被混合到沉积物中，并达到标准深度 0.3 m（Cho et al., 2007, 2009），测得的 AC 施用量平均为 2.0%～3.2%（w/w），且施用量随采样位置和混合设备的不同而发生变化。AC 修复没有影响沉积物的再悬浮或 PCBs 在水体中的释放，也没有对现有的大型底栖生物群落组成、丰富度或多样性产生不利影响[这在随后的研究中得到证实（Cornelissen et al., 2011; Kupryianchyk et al., 2011）]。吸附剂在美国旧金山猎人角的沉积物中使用 5 年后，长期修复的效果也十分显著，并且能明显观察到污染物有效浓度的持续降低（Cho et al., 2012）。此外，室内研究表明，在野外暴露 18 个月的 AC，仍然可以使 PCBs 的浓度降低约 90%（Cho et al., 2009）。

在美国纽约州格拉斯河，用活性生物炭处理了 3～5 m 深被 PCBs 污染的沉积物，得到的最重要的结果是，沉积物生物群对 PCBs 的吸收量减少了 90% 以上，但是 PCBs 从沉积物到 AC 的传质过程需要数年才能完成。年度监测结果表明，AC 在减少生物群中 PCBs 吸收方面的有效性逐渐提高（Beckingham and Ghosh, 2011）。

在挪威特隆赫姆港进行的第 3 次野外试验中，研究者将无烟煤 AC 应用于海洋水底环境（Cornelissen et al., 2011），与对照区域相比，PAHs 在沉积物和水体中的通量显著降低。AC 和黏土混合物的效果最好，并且对底栖生物的危害也最小。同样，研究人员在挪威格林斯峡湾进行了另一项野外试验，该试验研究了 25 mm 无烟煤 AC 和黏土覆盖层对从沉积物到水体中的二噁英和呋喃的通量，以及生物体吸收的影响，对大面积（最高达 40000 m^2）且在较深的水中（30m 和 100 m）对生物体吸收的影响。结果表明，沉积物使水污染物迁移和生物体吸收减少了 50%～90%，从而证实了沉积物到 AC 的传质时间可能长达数年（Cornelissen et al., 2012）。

最近的一项野外试验在荷兰被 PCBs 污染的河口沉积物中进行，44000 kg 材料被运到现场进行试验（Rakowska et al., 2012）。这项试验调查了几种营养水平的生物累积，并将其与处理的化学效果联系起来。粉末状和颗粒状的 AC 不仅显著降低了孔隙水中的污染物浓度（仅 6 个月后增长 20 倍），而且减少了底栖无脊椎动物、浮游动物、大型植物和水生动物对污染物的吸收。

在挪威德拉门的实地研究中，AC 被添加到污染的城市土壤中，以固定 PAHs。土壤孔隙水采样器测得的游离 PAHs 浓度表明，经过 17 个月和 28 个月后，粉末状 AC 使污染物浓度分别降低了 92% 和 72%，相比之下，颗粒状 AC 则使污染物浓度分别降低了 85% 和 63%（Hale et al., 2012b）。生物累积的研究还显示，与颗粒状 AC 相比，粉末状 AC 去除 PAHs 的功效更高，然而，粉末状 AC 对植物和蚯蚓的生长会造成不良影响，而颗粒状 AC 则会促进其生长（Jakob et al., 2012）。研究者对细菌基因进行鉴定的结果表明，AC 对微生物的影响较小。然而，随着时间的流逝，PAHs 的生物降解和其他自然衰减机制对于去除城市土壤中自由溶解的 PAHs 非常有效，尤其是在未改良的土壤中。因此，在这种情况下，AC 改良剂表现出的优势也逐渐减弱，这是由于未改良土壤中 PAHs 的有效性逐渐降低（Meynet et al., 2012）。

22.7 结论与展望

生物炭修复被污染土壤或沉积物时，在本身吸附能力弱的环境中能够表现出最好的效果。例如，在天然 PyC 含量较低或低污染程度的环境中，生物炭吸附位点将达到饱和。而在含 2% OC 的土壤中，添加 2% 具有平均吸附性能的生物炭，将导致污染物的生物有效性降低为原来的 1/17（见表 22.2）。

表 22.2　未活化生物炭的吸附强度及其在土壤或沉积物修复中的可能效果

过　　程	量化效果
生物炭的吸附强度	中位数为 17，强于非 PyC（四分位间距因子：1.4 ～ 156；$n=82$）
NOM、脂质对生物炭吸附的衰减（弱化）	中位数为 5 ～ 10
由于天然 PyC 的大量吸附，对土壤或沉积物的吸附作用较强	中位数为 10 ～ 30，强于非 PyC

但是，有两个因素使这种"理想情况"成为例外。首先，高污染的土壤中通常含有大量的天然 PyC，因此具有较强的吸附能力（超过 1 个数量级）。此外，天然有机质或脂质的污染、孔隙堵塞或吸附位点的竞争，会导致生物炭的吸附强度出现明显降低，这表明添加少量生物炭通常不具有很强的修复作用。另外，在实际应用中必须确定所使用的生物炭的持久性与修复所需时间相符合。

有些生物炭确实表现出很强的吸附能力（比其他有机物的吸附能力强 1000 倍甚至更多）。使用这些材料后，含有 PyC 的土壤或沉积物也有可能被成功修复，即使生物炭的污染机制发生变化。

虽然研究者在（活性）生物炭用于有机污染土壤或沉积物的吸附和修复方面取得了许多进展，但仍存在一些问题。在进行修复时，第一个关键问题是确定生物炭－土壤－污染物的联合，以达成所需的目标。如上所述，OC 的含量及天然 PyC 和污染物的浓度都会影响这一目标。

生物炭对各种有机污染物的吸附能力和吸附强度有待进一步研究。为了选择最佳的生物炭材料进行修复，生物炭的吸附能力必须与其理化性质紧密联系在一起。在这方面，研究者还应考虑活性生物炭（生物质材料通过人造高压、蒸汽或高温制备）。

研究者应从完整生命周期评估的角度将生物炭作为一种修复工具。例如，与非活性生物炭相比，活性生物炭具有更优异的理化性质，但能量密集的活化过程是削弱生物炭固有积极环境的因素之一，即碳固存。

此外，野外使用生物炭来修复污染的土壤或沉积物存在明显的差距。如果此时使用生物炭（活性或非活性）被认为是合理的，那么可以从 AC 对被污染土壤或沉积物的改良过程中汲取部分经验，这些经验可以为生物炭的使用提供理论基础。长期的野外试验也将有助于解决生物炭作为一种吸附材料随时间变化的问题。除生物炭的物理化学处理效果外，了解生物炭对被污染土壤生态和微生物的潜在副作用也很重要。此外，从农业生物炭应用中获得的机理见解，对于土壤修复应用也很重要；反之亦然。

最后，必须认识到，修复效果不仅取决于吸附剂和吸附质的理化性质，而且取决于吸附剂和吸附质对土壤生态的影响。场地管理人员必须做出符合成本限制及相应法规和准则的决策，只有满足这些要求后，使用生物炭进行修复才能被视为一种合适的修复方案。

参考文献

Accardi-Dey, A. and Gschwend, P. M. Reinterpreting literature sorption data considering both absorption into organic carbon and adsorption onto black carbon[J]. Environmental Science and Technology, 2003, 37: 99-106.

Ahmad, M., Lee, S. S., Dou, X. M., et al. Effects of pyrolysis temperature on soybean stover and peanut shell-derived biochar properties and TCE adsorption in water[J]. Bioresource Technology, 2012, 118: 536-544.

Allen-King, R. M., Grathwohl, P. and Ball, W. P. New modeling paradigms for the sorption of hydrophobic organic chemicals to heterogeneous carbonaceous matter in soils, sediments, and rocks[J]. Advances in Water Resources, 2002, 25: 985-1016.

Amador, C. I., Canosa, I., Govantes, F. and Santero, E. Lack of CbrB in Pseudomonas putida affects not only amino acids metabolism but also different stress responses and biofilm development[J]. Environmental Microbiology, 2010, 12: 1748-1761.

Amstaetter, K., Eek, E. and Cornelissen, G. Sorption of PAHs and PCBs to activated carbon: Coal versus biomass-based quality[J]. Chemosphere, 2012, 87: 573-578.

Ball, W. P. and Roberts, P. V. Long-term sorption of halogenated organic-chemicals by aquifer material. 2. Intraparticle diffusion[J]. Environmental Science and Technology, 1991, 25: 1237-1249.

Beckingham, B. and Ghosh, U. Field scale reduction of PCB bioavailability with activated carbon amendment to river sediments[J]. Environmental Science and Technology, 2011, 45: 10567-10574.

Beesley, L., Moreno-Jimenez, E. and Gomez-Eyles, J. L. Effects of biochar and greenwaste compost amendments on mobility, bioavailability and toxicity of inorganic and organic contaminants in a multi-element polluted soil[J]. Environmental Pollution, 2010, 158: 2282-2287.

Brändli, R. C., Hartnik, T., Henriksen, T. and Cornelissen, G. Sorption of native polyaromatic hydrocarbons (PAHs) to black carbon and amended activated carbon in soil[J]. Chemosphere, 2008, 73: 1805-1810.

Bridges, T. S., Gustavson, K. E., Schroeder, P., et al. Dredging processes and remedy effectiveness: Relationship to the 4 Rs of environmental dredging[J]. Integrated Environmental Assessment and Management, 2010, 6: 619-630.

Brusseau, M. L. and Rao, P. S. C. Influence of sorbate structure on nonequilibrium sorption of organic compounds[J]. Environmental Science and Technology, 1991, 25: 1501-1506.

Brusseau, M. L., Jessup, R. E. and Rao, P. S. C. Nonequilibrium sorption of organic chemical: Elucidation of rate-limiting processes[J]. Environmental Science and Technology, 1991, 25: 134-142.

Bushnaf, K. M., Puricelli, S., Saponaro, S. and Werner, D. Effect of biochar on the fate of volatile petroleum hydrocarbons in an aerobic sandy soil[J]. Journal of Contaminant Hydrology, 2011, 126: 208-215.

Cao, X. D., Ma, L. N., Gao, B. and Harris, W. Dairy-manure derived biochar effectively sorbs lead and atrazine[J]. Environmental Science and Technology, 2009, 43: 3285-3291.

Cao, X. D., Ma, L. N., Liang, Y., et al. Simultaneous immobilization of lead and atrazine in contaminated soils using dairy-manure biochar[J]. Environmental Science and Technology, 2011, 45: 4884-4889.

Carmichael, L. M., Christman, R. F. and Pfaender, F. K. Desorption and mineralization kinetics of phenanthrene and chrysene in contaminated soils[J]. Environmental Science and Technology, 1997, 31: 126-132.

Chai, Y. Z., Currie, R. J., Davis, J. W., et al. Effectiveness of activated carbon and biochar in reducing the availability of polychlorinated dibenzo-p-dioxins/dibenzofurans in soils[J]. Environmental Science and Technology, 2012, 46: 1035-1043.

Chen, B. L. and Chen, Z. M. Sorption of naphthalene and 1-naphthol by biochars of orange peels with different pyrolytic temperatures[J]. Chemosphere, 2009, 76: 127-133.

Chen, B. and Huang, W. Effects of compositional heterogeneity and nanoporosity of raw and treated biomass-generated soot on adsorption and absorption of organic contaminants[J]. Environmental Pollution, 2011, 159: 550-556.

Chen, B. L. and Yuan, M. X. Enhanced sorption of polycyclic aromatic hydrocarbons by soil amended with biochar[J]. Journal of Soils and Sediments, 2011, 11: 62-71.

Chen, B. L., Zhou, D. D. and Zhu, L. Z. Transitional adsorption and partition of nonpolar and polar aromatic contaminants by biochars of pine needles with different pyrolytic temperatures[J]. Environmental Science and Technology, 2008, 42: 5137-5143.

Chen, Z. M., Chen, B. L. and Chiou, C. T. Fast and slow rates of naphthalene sorption to biochars produced at different temperatures[J]. Environmental Science and Technology, 2012, 46: 11104-11111.

Cheng, C. H. and Lehmann, J. Ageing of black carbon along a temperature gradient[J]. Chemosphere, 2009, 75: 1021-1027.

Cheng, C. H., Lehmann, J., Thies, J. E., et al. Oxidation of black carbon by biotic and abiotic processes[J]. Organic Geochemistry, 2006, 37: 1477-1488.

Cheng, C. H., Lehmann, J. and Engelhard, M. H. Natural oxidation of black carbon in soils: Changes in molecular form and surface charge along a climosequence[J]. Geochimica et Cosmochimica Acta, 2008, 72: 1598-1610.

Cho, Y. -M., Smithenry, D. W., Ghosh, U., et al. Field methods for amending marine sediment with activated carbon and assessing treatment effectiveness[J]. Marine Environmental Research, 2007, 64: 541-555.

Cho, Y. M., Ghosh, U., Kennedy, A. J., et al. Field application of activated carbon amendment for in-situ stabilization of polychlorinated biphenyls in marine sediment[J]. Environmental Science and Technology, 2009, 43: 3815-3823.

Cho, Y. M., Werner, D., Choi, Y. and Luthy, R. G. Long-term monitoring and modeling of the mass transfer of polychlorinated biphenyls in sediment following pilot-scale in-situ amendment with activated carbon[J]. Journal of Contaminant Hydrology, 2012, 129: 25-37.

Cornelissen, G. and Gustafsson, O. Sorption of phenanthrene to environmental black carbon in sediment with and without organic matter and native sorbates[J]. Environmental Science and Technology, 2004, 38: 148-155.

Cornelissen, G. and Gustafsson, O. Importance of unburned coal carbon, black carbon, and amorphous organic carbon to phenanthrene sorption in sediments[J]. Environmental Science and Technology, 2005, 39: 764-769.

Cornelissen, G., Vannoort, P. C. M. and Govers, H. A. J. Desorption kinetics of chlorobenzenes, polycyclic aromatic hydrocarbons, and polychlorinated biphenyls: Sediment extraction with Tenax (R) and effects of contact time and solute hydrophobicity[J]. Environmental Toxicology and Chemistry, 1997, 16: 1351-1357.

Cornelissen, G., Rigterink, H., Ferdinandy, M. M. A. and Van Noort, P. C. M. Rapidly desorbing fractions of PAHs in contaminated sediments as a predictor of the extent of bioremediation[J]. Environmental Science and Technology, 1998a, 32: 966-970.

Cornelissen, G., Van Noort, P. C. M. and Govers, H. A. J. Mechanism of slow desorption of organic compounds from sediments: A study using model sorbents[J]. Environmental Science and Technology, 1998b, 32: 3124-3131.

Cornelissen, G., Rigterink, H., Ten Hulscher, D. E. M., et al. A simple Tenax (R) extraction method to determine the availability of sediment-sorbed organic compounds[J]. Environmental Toxicology and Chemistry, 2001, 20: 706-711.

Cornelissen, G., Gustafsson, O., Bucheli, T. D., et al. Extensive sorption of organic compounds to black carbon, coal, and kerogen in sediments and soils: Mechanisms and consequences for distribution, bioaccumulation, and biodegradation[J]. Environmental Science and Technology, 2005, 39: 6881-6895.

Cornelissen, G., Breedveld, G. D., Kalaitzidis, S., et al. Strong sorption of native PAHs to pyrogenic and unburned carbonaceous geosorbents in sediments[J]. Environmental Science and Technology, 2006a, 40: 1197-1203.

Cornelissen, G., Breedveld, G. D., Naes, K., et al. Bioaccumulation of native polycyclic aromatic hydrocarbons from sediment by a polychaete and a gastropod: Freely dissolved concentrations and activated carbon amendment[J]. Environmental Toxicology and Chemistry, 2006b, 25: 2349-2355.

Cornelissen, G., Elmquist Kruså, M., Breedveld, G. D., et al. Remediation of contaminated marine sediment using thin-layer capping with activated carbon: A field experiment in Trondheim Harbor, Norway[J]. Environmental Science and Technology, 2011, 45: 6110-6116.

Cornelissen, G., Amstaetter, K., Hauge, A., et al. Large-scale field study on thin-layer capping of marine PCDD/Fs-contaminated sediments in Grenlandfjords, Norway: Physicochemical effects[J]. Environmental Science and Technology, 2011, 46: 12030-12037.

De Kimpe, C. R. and Morel, J. -L. Urban soil management: A growing concern[J]. Soil Science, 2000, 165: 31-40.

Denyes, M. J., Rutter, A. and Zeeb, B. A. In situ application of activated carbon and biochar to PCB-contaminated soil and the effects of mixing regime[J]. Environmental Pollution, 2013, 182: 201-208.

Egli, T. How to live at very low substrate concentration[J]. Water Research, 2010, 44: 4826-4837.

Ehlers, G. A. C. and Loibner, A. P. Linking organic pollutant (bio) availability with geosorbent properties and biomimetic methodology: A review of geosorbent characterisation and (bio) availability prediction[J]. Environmental Pollution, 2006, 141: 494-512.

Elazhari-Ali, A., Singh, A. K., Davenport, R. J., et al. Biofuel components change the ecology of bacterial volatile petroleum hydrocarbon degradation in aerobic sandy soil[J]. Environmental Pollution, 2013, 173: 125-132.

Friedman, C. L., Burgess, R. M., Perron, M. M., et al. Comparing polychaete and polyethylene uptake to assess sediment resuspension effects on PCB bioavailability[J]. Environmental Science and Technology, 2009, 43: 2865-2870.

Ghosh, U., Talley, J. W. and Luthy, R. G. Particle-scale investigation of PAH desorption kinetics and thermodynamics from sediment[J]. Environmental Science and Technology, 2001, 35: 3468-3475.

Ghosh, U., Luthy, R. G., Cornelissen, G., et al. In-situ sorbent amendments: A new direction in contaminated sediment management[J]. Environmental Science and Technology, 2011, 45: 1163-1168.

Gomez-Eyles, J. L., Sizmur, T., Collins, C. D. and Hodson, M. E. Effects of biochar and the earthworm Eisenia fetida on the bioavailability of polycyclic aromatic hydrocarbons and potentially toxic elements[J]. Environmental Pollution, 2011, 159: 616-622.

Hale, S. E. and Werner, D. Modeling the mass transfer of hydrophobic organic pollutants in briefly and continuously mixed sediment after amendment with activated carbon[J]. Environmental Science and Technology, 2010, 44: 3381-3387.

Hale, S. E., Tomaszewski, J. E., Luthy, R. G. and Werner, D. Sorption of dichlorodiphenyltrichloroethane (DDT) and its metabolites by activated carbon in clean water and sediment slurries[J]. Water Research, 2009, 43: 4336-4346.

Hale, S. E., Hanley, K., Lehmann, J., et al. Effects of chemical, biological, and physical aging as well as soil addition on the sorption of pyrene to activated carbon and biochar[J]. Environmental Science and Technology,

2011, 45: 10445-10453.

Hale, S. E., Lehmann, J., Rutherford, D., et al. Quantifying the total and bioavailable polycyclic aromatic hydrocarbons and dioxins in niochars[J]. Environmental Science and Technology, 2012a, 46: 2830-2838.

Hale, S. E., Elmquist, M., Brändli, R., et al. Activated carbon amendment to sequester PAHs in contaminated soil: A lysimeter field trial[J]. Chemosphere, 2012b, 87: 177-184.

Hawthorne, S. B., Azzolina, N. A., Neuhauser, E. F. and Kreitinger, J. P. Predicting bioavailability of sediment polycyclic aromatic hydrocarbons to Hyalella azteca using equilibrium partitioning, supercritical fluid extraction, and pore water concentrations[J]. Environmental Science and Technology, 2007, 41: 6297-6304.

Hedman, J. E., Tocca, J. S. and Gunnarsson, J. S. Remobilization of polychlorinated biphenyl from Baltic Sea sediment: Comparing the roles of bioturbation and physical resuspension[J]. Environmental Toxicology and Chemistry, 2009, 28: 2241-2249.

Hilber, I. and Bucheli, T. D. Activated Carbon amendment to remediate contaminated sediments and soils: A review[J]. Global Nest Journal, 2010, 12: 305-317.

Hong, L. and Luthy, R. G. Availability of polycyclic aromatic hydrocarbons from lampblack-impacted soils at former oil-gas plant sites in California, USA[J]. Environmental Toxicology and Chemistry, 2007, 26: 394-405.

Jakob, L., Hartnik, T., Henriksen, T., et al. PAH-sequestration capacity of granular and powder activated carbon amendments in soil, and their effects on earthworms and plants[J]. Chemosphere, 2012, 88: 699-705.

James, G., Sabatini, D. A., Chiou, C. T., et al. Evaluating phenanthrene sorption on various wood chars[J]. Water Research, 2005, 39: 549-558.

Jones, D. L., Edwards-Jones, G. and Murphy, D. V. Biochar mediated alterations in herbicide breakdown and leaching in soil[J]. Soil Biology and Biochemistry, 2011, 43: 804-813.

Jonker, M. T. O. and Koelmans, A. A. Sorption of polycyclic aromatic hydrocarbons and polychlorinated biphenyls to soot and soot-like materials in the aqueous environment mechanistic considerations[J]. Environmental Science and Technology, 2002, 36: 3725-3734.

Jonker, M. T. O., Hoenderboom, A. M. and Koelmans, A. A. Effects of sedimentary sootlike materials on bioaccumulation and sorption of polychlorinated biphenyls[J]. Environmental Toxicology and Chemistry, 2004, 23: 2563-2570.

Jonker, M. T. O., Hawthorne, S. B. and Koelmans, A. A. Extremely slowly desorbing polycyclic aromatic hydrocarbons from soot and soot-like materials: Evidence by supercritical fluid extraction[J]. Environmental Science and Technology, 2005, 39: 7889-7895.

Kasozi, G. N., Zimmerman, A. R., Nkedi-Kizza, P. and Gao, B. Catechol and humic acid sorption onto a range of laboratory-produced black carbons (Biochars)[J]. Environmental Science and Technology, 2010, 44: 6189-6195.

Kelsey, J. W., Kottler, B. D. and Alexander, M. Selective chemical extractants to predict bioavailability of soil-aged organic chemicals[J]. Environmental Science and Technology, 1997, 31: 214-217.

Kemper, J. M., Ammar, E. and Mitch, W. A. Abiotic degradation of hexahydro1,3,5-trinitro-1,3,5-triazine in the presence of hydrogen sulfide and black carbon[J]. Environmental Science and Technology, 2008, 42: 2118-2123.

Koelmans, A. A., Jonker, M. T. O., Cornelissen, G., et al. Black carbon: The reverse of its dark side[J]. Chemosphere, 2006, 63: 365-377.

Koelmans, A. A., Meulman, B., Meijer, T. and Jonker, M. T. O. Attenuation of polychlorinated biphenyl sorption to charcoal by humic acids[J]. Environmental Science and Technology, 2009, 43: 736-742.

Kong, H. L., He, J., Gao, Y. Z., et al. Cosorption of phenanthrene and mercury (II) from aqueous solution by soybean stalk-based biochar[J]. Journal of Agricultural and Food Chemistry, 2011, 59: 12116-12123.

Kraaij, R., Mayer, P., Busser, F. J. M., et al. Measured pore-water concentrations make equilibrium partitioning work: A data analysis[J]. Environmental Science and Technology, 2003, 37: 268-274.

Kupryianchyk, D., Reichman, E. P., Rakowska, M. I., et al. Ecotoxicological effects of activated carbon amendments on macroinvertebrates in nonpolluted and polluted sediments[J]. Environmental Science and Technology, 2011, 45: 8567-8574.

Kwon, S. and Pignatello, J. J. Effect of natural organic substances on the surface and adsorptive properties of environmental black carbon (char): Pseudo pore blockage by model lipid components and its implications for N-2-probed surface properties of natural sorbents[J]. Environmental Science and Technology, 2005, 39: 7932-7939.

Latawiec, A. E., Swindell, A. L. and Reid, B. J. Environmentally friendly assessment of organic compound bioaccessibility using sub-critical water[J]. Environmental Pollution, 2008, 156: 467-473.

Leglize, P., Alain, S., Jacques, B. and Corinne, L. Adsorption of phenanthrene on activated carbon increases mineralization rate by specific bacteria[J]. Journal of Hazardous Materials, 2008, 151: 339-347.

Liste, H. H. and Alexander, M. Butanol extraction to predict bioavailability of PAHs in soil[J]. Chemosphere, 2002, 46: 1011-1017.

Loganathan, V. A., Feng, Y. C., Sheng, G. D. and Clement, T. P. Crop-residuederived char influences sorption, desorption and bioavailability of atrazine in soils[J]. Soil Science Society of America Journal, 2009, 73: 967-974.

Lou, L. P., Wu, B. B., Wang, L. N., et al. Sorption and ecotoxicity of pentachlorophenol polluted sediment amended with rice-straw derived biochar[J]. Bioresource Technology, 2011, 102: 4036-4041.

Lu, J. H., Li, J. F., Li, Y. M., et al. Use of rice straw biochar simultaneously as the sustained release carrier of herbicides and soil amendment for their reduced leaching[J]. Journal of Agricultural and Food Chemistry, 2012, 60: 6463-6470.

Luthy, R. G., Aiken, G. R., Brusseau, M. L., et al. Sequestration of hydrophobic organic contaminants by geosorbents[J]. Environmental Science and Technology, 1997, 31: 3341-3347.

Mayer, P., Tolls, J., Hermens, J. L. M. and Mackay, D. Equilibrium sampling devices[J]. Environmental Science and Technology, 2003, 37: 184A-191A.

McDonough, K. M., Fairey, J. L. and Lowry, G. V. Adsorption of polychlorinated biphenyls to activated carbon: Equilibrium isotherms and a preliminary assessment of the effect of dissolved organic matter and biofilm loadings[J]. Water Research, 2008, 42: 575-584.

McLeod, P. B., Van Den Heuvel-Greve, M. J., Luoma, S. N. and Luthy, R. G. Biological uptake of polychlorinated biphenyls by Macoma balthica from sediment amended with activated carbon[J]. Environmental Toxicology and Chemistry, 2007, 26: 980-987.

Meynet, P., Hale, S. E., Davenport, R. J., et al. Effect of activated carbon amendment on bacterial community structure and functions in a PAH impacted urban soil[J]. Environmental Science and Technology, 2012, 46: 5057-5066.

Millward, R. N., Bridges, T. S., Ghosh, U., et al. Addition of activated carbon to sediments to reduce PCB bioaccumulation by a polychaete (*Neanthes arenaceodentata*) and an amphipod (*Leptocheirus plumulosus*)[J]. Environmental Science and Technology, 2005, 39: 2880-2887.

Nguyen, B. T. and Lehmann, J. Black carbon decomposition under varying water regimes[J]. Organic Geochemistry, 2009, 40: 846-853.

Nguyen, B. T., Lehmann, J., Kinyangi, J., et al. Long-term black carbon dynamics in cultivated soil[J]. Biogeochemistry, 2008, 89: 295-308.

Oleszczuk, P., Hale, S. E., Lehmann, J. and Cornelissen, G. Activated carbon and biochar amendments decrease pore-water concentrations of polycyclic aromatic hydrocarbons (PAHs) in sewage sludge[J]. Bioresource Technology, 2012, 111: 84-91.

Pignatello, J. J., Kwon, S. and Lu, Y. F. Effect of natural organic substances on the surface and adsorptive properties of environmental black carbon (char): Attenuation of surface activity by humic and fulvic acids[J]. Environmental Science and Technology, 2006, 40: 7757-7763.

Rakowska, M. I., Kupryianchyk, D., Harmsen, J., et al. In situ remediation of contaminated sediments using carbonaceous materials[J]. Environmental Toxicology and Chemistry, 2012, 31: 693-704.

Reichenberg, F. and Mayer, P. Two complementary sides of bioavailability: Accessibility and chemical activity of organic contaminants in sediments and soils[J]. Environmental Toxicology and Chemistry, 2006, 25: 1239-1245.

Reid, B. J., Stokes, J. D., Jones, K. C. and Semple, K. T. Nonexhaustive cyclodextrin-based extraction technique for the evaluation of PAH bioavailability[J]. Environmental Science and Technology, 2000, 34: 3174-3179.

Rhodes, A. H., Carlin, A. and Semple, K. T. Impact of black carbon in the extraction and mineralization of phenanthrene in soil[J]. Environmental Science and Technology, 2008, 42: 740-745.

Rhodes, A. H., Mcallister, L. E., Chen, R. and Semple, K. T. Impact of activated charcoal on the mineralization of ^{14}C-phenanthrene in soils[J]. Chemosphere, 2010, 79: 463-469.

Rojo, F. Carbon catabolite repression in Pseudomonas: Optimizing metabolic versatility and interactions with the environment[J]. Fems Microbiology Reviews, 2010, 34: 658-684.

Semple, K. T., Doick, K. J., Jones, K. C., et al. Defining bioavailability and bioaccessibility of contaminated soil and sediment is complicated[J]. Environmental Science and Technology, 2004, 38: 228A-231A.

Sheng, G. Y., Yang, Y. N., Huang, M. S. and Yang, K. Influence of pH on pesticide sorption by soil containing wheat residue derived char[J]. Environmental Pollution, 2005, 134: 457-463.

Shor, L. M., Rockne, K. J., Taghon, G. L., et al. Desorption kinetics for field-aged polycyclic aromatic hydrocarbons from sediments[J]. Environmental Science and Technology, 2003, 37: 1535-1544.

Skjemstad, J. O., Clarke, P., Taylor, J. A., et al. The chemistry and nature of protected carbon in soil[J]. Australian Journal of Soil Research, 1996, 34: 251-271.

Song, Y., Wang, F., Bian, Y., et al. Bioavailability assessment of hexachlorobenzene in soil as affected by wheat straw biochar[J]. Journal of Hazardous Materials, 2012a, 217-218: 391-397.

Song, Y., Wang, F., Bian, Y. R., et al. Bioavailability assessment of hexachlorobenzene in soil as affected by wheat straw biochar[J]. Journal of Hazardous materials, 2012b, 217: 391-397.

Sopeña, F., Semple, K., Sohi, S. and Bending, G. Assessing the chemical and biological accessibility of the herbicide isoproturon in soil amended with biochar[J]. Chemosphere, 2012, 88: 77-83.

Sparrevik, M., Saloranta, T., Cornelissen, G., et al. Use of life cycle assessments to evaluate the environmental footprint of contaminated sediment remediation[J]. Environmental Science and Technology, 2011, 45: 4235-4241.

Spokas, K. A., Koskinen, W. C., Baker, J. M. and Reicosky, D. C. Impacts of woodchip biochar additions on greenhouse gas production and sorption/degradation of two herbicides in a Minnesota soil[J]. Chemosphere, 2009, 77: 574-581.

Steinberg, S. M., Pignatello, J. J. and Sawhney, B. L. Persistence of 1,2-dibromoethane in soils: Entrapment in intraparticle micropores[J]. Environmental Science and Technology, 1987, 21: 1201-1208.

Sun, K., Keiluweit, M., Kleber, M., et al. Sorption of fluorinated herbicides to plant biomass-derived biochars as a function of molecular structure[J]. Bioresource Technology, 2011a, 102: 9897-9903.

Sun, K., Ro, K., Guo, M. X., et al. Sorption of bisphenol A, 17 alpha-ethinyl estradiol and phenanthrene on thermally and hydrothermally produced biochars[J]. Bioresource Technology, 2011b, 102: 5757-5763.

Sun, K., Gao, B., Ro, K. S., et al. Assessment of herbicide sorption by biochars and organic matter associated with soil and sediment[J]. Environmental Pollution, 2012, 163: 167-173.

Sun, X. L. and Ghosh, U. PCB bioavailability control in Lumbriculus variegatus through different modes of activated carbon addition to sediments[J]. Environmental Science and Technology, 2007, 41: 4774-4780.

Teixido, M., Pignatello, J. J., Beltran, J. L., et al. Speciation of the ionizable antibiotic sulfamethazine on black carbon (biochar)[J]. Environmental Science and Technology, 2011, 45: 10020-10027.

Teixido, M., Hurtado, C., Pignatello, J. J., et al. Predicting contaminant adsorption in black carbon (biochar)-amended soil for the veterinary antimicrobial sulfamethazine[J]. Environmental Science and Technology, 2013, 47: 6197-6205.

Thibodeaux, L. J. and Bierman, V. J. The bioturbation-driven chemical release process[J]. Environmental Science and Technology, 2003, 37: 252A-258A.

Tomaszewski, J. E., Werner, D. and Luthy, R. G. Activated carbon amendment as a treatment for residual DDT in sediment from a superfund site in San Francisco Bay, Richmond, California, USA[J]. Environmental Toxicology and Chemistry, 2007, 26: 2143-2150.

US Environmental Protection Agency. The incidence and severity of sediment contamination in surface waters of the United States. Volume 1. National sediment quality survey: EPA-823-R-97-006[R]. Washington DC: US EPA,1997.

Vasilyeva, G. K., Kreslavski, V. D., Oh, B. T. and Shea, P. J. Potential of activated carbon to decrease 2,4,6-trinitrotoluene toxicity and accelerate soil decontamination[J]. Environmental Toxicology and Chemistry, 2001, 20: 965-971.

Vasilyeva, G. K., Kreslavski, V. D. and Shea, P. J. Catalytic oxidation of TNT by activated carbon[J]. Chemosphere, 2002, 47: 311-317.

Vasilyeva, G. K., Strijakova, E. R., Nikolaeva, S. N., et al. Dynamics of PCB removal and detoxification in historically contaminated soils amended with activated carbon[J]. Environmental Pollution, 2010, 158: 770-777.

Vinturella, A. E., Burgess, R. M., Coull, B. A., et al. Use of passive samplers to mimic uptake of polycyclic aromatic hydrocarbons by benthic polychaetes[J]. Environmental Science and Technology, 2004, 38: 1154-1160.

Walters, R. W. and Luthy, R. G. Equilibrium adsorption of polycyclic-aromatic hydrocarbons from water onto activated carbon[J]. Environmental Science and Technology, 1984, 18: 395-403.

Wang, H. L., Lin, K. D., Hou, Z. N., et al. Sorption of the herbicide terbuthylazine in two New Zealand forest soils amended with biosolids and biochars[J]. Journal of Soils and Sediments, 2010, 10: 283-289.

Wang, X. L. and Xing, B. S. Sorption of organic contaminants by biopolymer-derived chars[J]. Environmental Science and Technology, 2007, 41: 8342-8348.

Wang, Y., Wang, L., Fang, G. D., et al. Enhanced PCBs sorption on biochars as affected by environmental factors: Humic acid and metal cations[J]. Environmental Pollution, 2013, 172: 86-93.

Werner, D., Higgins, C. P. and Luthy, R. G. The sequestration of PCBs in Lake Hartwell sediment with activated carbon[J]. Water Research, 2005, 39: 2105-2113.

Werner, D., Ghosh, U. and Luthy, R. G. Modeling polychlorinated biphenyl mass transfer after amendment of contaminated sediment with activated carbon[J]. Environmental Science and Technology, 2006, 40: 4211-4218.

Werner, D., Hale, S. E., Ghosh, U. and Luthy, R. G. Polychlorinated biphenyl sorption and availability in field-contaminated sediments[J]. Environmental Science and Technology, 2010, 44: 2809-2815.

Wu, S. C. and Gschwend, P. M. Sorption kinetics of hydrophobic organic compounds to natural sediments and soils[J]. Environmental Science and Technology, 1986, 20: 717-725.

Xiao, X. Y., Sheng, G. D. and Qiu, Y. P. Improved understanding of tributytin sorption on natural and biochar-amended sediments[J]. Environmental Toxicology and Chemistry, 2011, 30: 2682-2687.

Xu, W., Pignatello, J. J. and Mitch, W. A. Role of black carbon electrical conductivity in Mediating Hexahydro-1,3,5-trinitro-1,3,5-triazine (RDX) transformation on carbon surfaces by sulfides[J]. Environmental Science and Technology, 2013, 47: 7129-7136.

Xu, W. Q., Dana, K. and Mitch, W. Black-carbon mediated destruction of nitroglycerin and RDX by hydrogen sulfide: Relevance to in situ remediation[J]. Abstracts of Papers of the American Chemical Society, 2010, 240.

Yang, Y. N. and Sheng, G. Y. Enhanced pesticide sorption by soils containing particulate matter from crop residue burns[J]. Environmental Science and Technology, 2003a, 37: 3635-3639.

Yang, Y. N. and Sheng, G. Y. Pesticide adsorptivity of aged particulate matter arising from crop residue burns[J]. Journal of Agricultural and Food Chemistry, 2003b, 51: 5047-5051.

Yang, Y., Ligouis, B., Pies, C., et al. Occurrence of coal and coal-derived particle-bound polycyclic aromatic hydrocarbons (PAHs) in a river floodplain soil[J]. Environmental Pollution, 2008, 151: 121-129.

Yang, Y., Hunter, W., Tao, S., et al. Effect of activated carbon on microbial bioavailability of phenanthrene in soils[J]. Environmental Toxicology and Chemistry, 2009, 28: 2283-2288.

Yao, F. X., Arbestain, M. C., Virgel, S., et al. Simulated geochemical weathering of a mineral ash-rich biochar in a modified Soxhlet reactor[J]. Chemosphere, 2010, 80: 724-732.

Yao, H., Lu, J., Wu, J., et al. Adsorption of fluoroquinolone antibiotics by wastewater sludge biochar: Role of the sludge source[J]. Water Air and Soil Pollution, 2013, 224.

Yao, Y., Gao, B., Chen, H., et al. Adsorption of sulfamethoxazole on biochar and its impact on reclaimed water irrigation[J]. Journal of Hazardous materials, 2012, 209: 408-413.

Yu, X. Y., Ying, G. G. and Kookana, R. S. Sorption and desorption behaviors of diuron in soils amended with charcoal[J]. Journal of Agricultural and Food Chemistry, 2006, 54: 8545-8550.

Yu, X. Y., Ying, G. G. and Kookana, R. S. Reduced plant uptake of pesticides with biochar additions to soil[J]. Chemosphere, 2009, 76: 665-671.

Yu, X. Y., Pan, L. G., Ying, G. G. and Kookana, R. S. Enhanced and irreversible sorption of pesticide pyrimethanil by soil amended with biochars[J]. Journal of Environmental Sciences-China, 2010, 22: 615-620.

Zhang, H. H., Lin, K. D., Wang, H. L. and Gan, J. Effect of Pinus radiata derived biochars on soil sorption and desorption of phenanthrene[J]. Environmental Pollution, 2010, 158: 2821-2825.

Zheng, W., Guo, M. X., Chow, T., et al. Sorption properties of greenwaste biochar for two triazine pesticides[J]. Journal of Hazardous Materials, 2010, 181: 121-126.

Zhu, D. Q. and Pignatello, J. J. Characterization of aromatic compound sorptive interactions with black carbon (charcoal) assisted by graphite as a model[J]. Environmental Science and Technology, 2005, 39: 2033-2041.

Zhu, D. Q., Kwon, S. and Pignatello, J. J. Adsorption of single-ring organic compounds to wood charcoals prepared under different thermochemical conditions[J]. Environmental Science and Technology, 2005, 39: 3990-3998.

Zimmerman, J. R., Ghosh, U., Millward, R. N., et al. Addition of carbon sorbents to reduce PCB and PAH bioavailability in marine sediments: Physicochemical tests[J]. Environmental Science and Technology, 2004, 38: 5458-5464.

Zimmerman, J. R., Werner, D., Ghosh, U., et al. Effects of dose and particle size on activated carbon treatment to sequester polychlorinated biphenyls and polycyclic aromatic hydrocarbons in marine sediments[J]. Environmental Toxicology and Chemistry, 2005, 24: 1594-1601.

第23章

生物炭与农药的保留/功效

Ellen R. Graber 和 Rai S. Kookana

23.1 引言

害虫防治产品（如除草剂、杀真菌剂、杀虫剂和杀鼠剂）已被广泛应用于现代农业中，以减少由疾病、昆虫、杂草和害虫导致的农作物损失。2007年，全球共施用了$2.4×10^9$ kg含活性成分的农药，耗资390亿美元（Grube et al., 2011；见图23.1）。预计2019年虫害防治市场规模将增长到520亿美元，南美和亚太地区的国家预计将大幅度增加其在全球市场中的份额（Ceresana, 2012）。根据美国环境保护署收集的2007年美国农药的使用数据，在农业方面使用的虫害防治产品占使用总量的63%，其余用途还包括家庭、花园、工业、商业和政府部门等（Grube et al., 2011）。农业中常用的常规虫害防治产品中有50%以上是土壤杀虫剂（Grube et al., 2011）。

虽然虫害防治产品已在传统农业领域被广泛使用，但据估计全球范围内的6种主要农作物（小麦、水稻、玉米、马铃薯、大豆和棉花）的年产量会因疾病、昆虫、杂草和害虫而减少1/3（Oerke, 2006）。如果不使用虫害防治产品，作物年产量将会加倍减小（Oerke, 2006）。因此，影响土壤虫害防治产品功效的农业活动都可能会对粮食的生产和安全产生极大的影响。

生物炭在土壤中的应用是一种可以改变农药功效的技术，因为大多数生物炭的突出特性之一是它们对许多有机化合物（包括在土壤中施用的虫害防治产品）具有相当强的吸附亲和力。在土壤中添加这种吸附剂可能会导致农药分子从土壤溶液中大量转移到土壤固体中，从而导致多重影响，包括：①需要防治虫害的土壤溶液中活性成分减少；②生物有效性降低，从而减弱了农药的微生物降解；③微生物活性增强导致农药的降解增加；④上层土壤中残留农药的累积、转移和发展；⑤农药吸附至流动的生物炭胶体或与生物炭衍生的有机配体形成可溶性复合物，使得其迁移能力提升。如果含生物炭的土壤因侵蚀或径流而发生位置转移，那么富集虫害防治产品的生物炭颗粒也可能成为地表水污染或空气污染的来源。

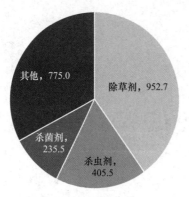 

(a) 2007年全球农药使用量（1000 t）　　(b) 2007年全球农药成本（×10⁹美元）

图23.1　（a）全世界使用了数千吨的虫害防治产品；（b）2007年的数据统计显示全球虫害防治产品成本达到了数十亿美元（除草剂包括植物生长促进剂；杀虫剂包括杀螨剂；杀菌剂包括杀线虫剂和熏蒸剂；其他是指各种常规有害生物防治产品，以及用于有害生物防治的化学品，如硫磺、石油和硫酸；Grube et al., 2011）

鉴于生物炭在土壤中的高吸附能力（见第9章）和较长的半衰期（见第10章），在生物炭广泛应用于农业土壤之前，需要充分记录和了解向土壤中添加生物炭对虫害防治的潜在不利影响。探索生物炭对虫害防治的潜在影响是本章的重点。另外，本书第14章讨论了与其相反的内容，即生物炭增强植物对病虫害抗性的潜力。

23.2　背景

23.2.1　概述

吸附是指气态或液态分子在某一表面的积累。吸附与吸收不同，吸收可以看作小分子在大分子链内的液态增溶作用。吸附和吸收在试验上很难区分，吸附一词通常用来指未确定的过程，它可以分别指吸收或吸附，也可以既是吸收又是吸附。

大量研究表明，吸附是控制农药在环境中的药效、迁移和归趋的主要过程。农药对植物、生物或非生物的降解、挥发、积累和淋溶的有效性受到吸附作用的影响。事实上，虫害防治产品的制造商基于农作物害虫系统、土壤有机质（SOM）含量及土壤质地（砂土、黏土和淤泥含量）提出了一系列农药施用量的建议，因为土壤性质对农药的吸附起决定性作用，可以控制农药的可用性和功效。

23.2.2　农药在土壤中的吸附

当涉及农药吸附时，对3个土壤相（固态、液态和气态）的研究非常重要。土壤固体包括不同的矿物质（如石英、方解石、蒙脱石和氧化铁等）和有机物（如生物聚合物、微生物、根系分泌物及处于不同降解阶段的植物凋落物等）。尽管纯黏土矿物和金属氧化物表面活性较高，但在大多数土壤中，这些表面已被有机物涂层高度覆盖，而有机物涂层极大地改变了它们的吸附特性,这导致 SOM 影响了土壤中所有有机分子的吸附。SOM 的结构中包含了各种官能团(如酚、羧基、羟基)和许多依赖 pH 值的分散大分子。在低 pH 值条件下,由于 SOM 内部的氢键作用,SOM 倾向于聚集并变得低疏水性;而在高 pH 值条件下,由于去质子化和静电排斥作用,SOM 会变得分散。

对吸附过程产生重要影响的水相化学特征包括 pH 值、离子强度和氧化还原条件,这些都会影响固体的表面性质、水固相之间的相互作用及溶质的性质。水固相之间的相互作用对吸附剂与固体之间的相互作用有重要影响(Graber and Mingelgrin, 1994)。例如,在低 pH 值条件下,由于质子对黏土矿物上永久电荷的中和作用,黏土表面和水之间的吸引力降低,从而导致除草剂的吸附增加(Hartley and Graham-Bryce, 1980)。

农药通常包含非极性的、可电离的官能团,也可以同时具有多个官能团,因此它们可以在给定的 pH 值条件下接受和提供质子(Lorphensri et al., 2006)。这样的性质使许多农药可以根据周围土壤环境中不同的 pH 值来变换自身的存在形式,包括阳离子、中性分子、两性离子或阴离子,并可以通过多种机制与土壤成分相互作用,如范德华力、电荷转移、络合、配体交换、离子交换和阳离子桥联。与土壤表面一样,化学环境(水和其他溶质)和官能团(羟基、甲基、卤素或硝基)在农药分子中的位置均会影响吸附物质与农药表面相互作用的强度和机理。除了确定分子的相对酸性和碱性,官能团的位置、数量和类型还会影响分子与水形成分子间键的能力,以及与不同表面、不同部位键合的能力(Borisover and Graber, 1997)。

23.2.3 吸附等温线

在恒定温度下,污染物浓度(S)与溶液中非吸附分子的浓度(C)之间的平衡关系称为吸附等温线。吸附剂与吸附质在溶液中,S 和 C 通常会在很宽的范围内成比例(分布系数 K_d),即

$$S = K_d C \tag{23-1}$$

非离子型污染物分子和缺乏与吸附剂特异性相互作用能力的分子间的吸附(Borisover and Graber, 1997)通常遵循式(23-1)中的关系,并且主要受 SOM 控制(Chiou et al., 1983)。但是,由于大多数农药都包含可电离的官能团,因此它们的吸附很少能用上述关系来描述,其通常遵循 Langmuir 模型或其他模型(Yu et al., 2006)。Langmuir 模型描述了以下情况:吸附质与吸附剂表面相互作用达到单层的最大表面覆盖率,其中存在一种吸附位点,其与相邻吸附质彼此不相互作用,也不会使吸附剂的结构发生变化:

$$S = \frac{CbQ}{1+bQ} \tag{23-2}$$

式中,参数 b 是吸附质对吸附剂表面的亲和性,Q 是未达到完全填充时可能的最大表面覆盖率(容量)。在相对较低的溶液浓度下,当 C 接近零时,S 和 C 成比例(所谓"亨利定律"区域),式(23-2)逐渐变为式(23-1)。由于表面充满了分子,因此 S 和 C 的成比例关系将被打破。

液-固相吸附系统与 Langmuir 模型的偏差主要是因为吸附表面是不均匀的,并且具有各种不同能量的吸附位点。当存在多种表面和不同的能量吸附位点时,吸附等温线可以

被认为是每种类型吸附位点的 Langmuir 等温线的总和。这种"总和等温线"的 S 相对于 C 的斜率将出现递减。在这种情况下,吸附数据通常可以通过 Freundlich 等温线模型得到,该模型假定吸附点能量呈现指数分布:

$$S = K_f C^n \tag{23-3}$$

式中,K_f 是 Freundlich 分布系数,n 为拟合参数。Freundlich 等温线模型有几个缺陷,第一个缺陷是除了 $n=1$ 的情况,模型永远无法展现线性"亨利定律"区域;第二个缺陷是,当 C 提高到任意的分数次幂 n 时,K_f 的量纲和值将取决于 n 的值。尽管 Freundlich 等温线模型存在缺陷,但其仍被广泛应用于模拟吸附剂与高度异构分布的吸附质的吸附过程,如土壤和生物炭。

生物炭这种微孔(孔径小于 2 nm)吸附剂有时可以用 Polanyi、Duninin 和 Radushkevich 的方法来模拟,该方法描述了被吸附的气态分子与紧密相邻的孔壁之间相互作用力的增强而引起的微孔填充。微孔填充会导致高度非线性的吸附行为,并且最大吸附容量 S_{max}(单位为 $cm^3 \cdot g^{-1}$)由吸附剂的微孔体积决定。Polyani-Manes 理论将这一理论从蒸汽系统扩展到水系统,两者的主要区别是在水系统中吸附质必须替换为等体积的水(Xia and Ball, 1998):

$$S = \frac{V_{micro}}{V_m} \exp\left[-\left(\frac{-RT \ln \frac{C}{S}}{\beta E_0}\right)^n\right] \tag{23-4}$$

式中,V_{micro} 是吸附剂的微孔体积(单位为 $cm^3 \cdot g^{-1}$);V_m 是吸附剂的摩尔体积(单位为 $cm^3 \cdot mol^{-1}$);β 是相关系数,可以通过吸附剂与标准吸附剂的摩尔体积比近似表示;E_0 是标准蒸汽的吸附能。

在某些情况下,吸附剂假设由两种成分组成,分别具有吸收剂和吸附质的特性。这种情况可以由"双模"等温线模型来描述,此模型是上述吸附模型的组合,例如,式(23-1)与式(23-2)、式(23-3)或式(23-4)中的任意一个模型。多种吸附分子的存在,导致它们会对吸附位点进行竞争,在某些情况下,甚至水分子也可以与有机分子竞争吸附位点,或者通过创建新的吸附域(Sorption Domains)来辅助吸附(Borisover and Graber, 2002, 2004)。事实上,在如此复杂的自然环境下预测农药的吸附行为并不简单。

23.2.4 生物炭的理化性质及其与农药的相互作用

根据制备条件和原料的不同,生物炭可以由多种相和组分组成,如碳表面、矿物质、可溶性有机大分子、碳化程度低的生物质等。这些相和组分可能对农药具有显著的吸附作用。碳表面的吸附反应取决于表面的官能团数量、类型和固有反应性,以及官能团的可及性、其他官能团的类型和相似度。生物炭中的矿物质(灰分)可以吸附多种农药,主要通过与金属氧化物、羟基氧化物、氢氧化物及无定形硅酸盐和层状硅酸盐矿物相关的羟基结合进行吸附。低碳化有机物可以作为许多农药的吸附剂,基于这个方面的性质,生物炭有望与农药分子表现出连续的吸附反应性,并且首先填充亲和力高的位点。

虽然生物炭的比表面积比活性炭小得多,功能化程度也低得多,但大多数生物炭对农药和其他有机分子的吸附性和容量都大大超过了土壤吸附剂（Matsui et al., 2002; Gimeno et al., 2003; Smernik, 2009; Zheng et al., 2010; Graber et al., 2011a, 2011b）。和土壤一样，生物炭的反应性也取决于周围水相的化学环境（如 pH 值、氧化还原条件、离子强度）。值得注意的是，在较高的 pH 值条件下，木炭对氨苄西林和阿特拉津（弱碱性除草剂）的吸附量更高（Yamane and Green, 1972），这与 pH 值对除草剂中土壤矿物吸附产生的影响恰恰相反。这是因为木炭对未解离分子有巨大的吸附容量。在电中性条件下，农药在木炭上的吸附作用是最大的（Anderson, 1947）。

与大多数土壤固体不同，生物炭具有明显的纳米性和微孔隙，农药分子能被填充到这些微孔隙中。对于非特异性相互作用的有机分子，微孔度和纳米孔隙率越大[比表面积（SSA）随之越大]，最大吸附容量和等温线的非线性就越大（Bornemann et al., 2007; Chen and Chen, 2009; Wang et al., 2010; Yang et al., 2010）。吸附能力也随着碳结构结晶度的增大而增强，同时微孔度、SSA 和结晶度均随着热解温度（最高处理温度，HTT）的升高而增大（Lua et al., 2004; Brown et al., 2006; Lehmann, 2007）。随着 HTT 的升高，-OH 和 -CH 含量逐渐减少，C=C 含量增加，并且胺 -N 转化为吡啶 -N（见第 6 章）。这些特性也会影响生物炭的吸附能力，主要是通过增加 $\pi-\pi$ 键的相互作用、增加表面疏水性和微孔体积从而减少氢键的形成来影响的。

其他影响生物炭吸附能力的因素包括表面酸碱度、阳离子交换量（CEC）、表面官能团和表面异质性。生物炭表面可能具有高度异质性、亲水性、疏水性、酸性和碱性官能团，其相对比例取决于原料和制备参数（见第 9 章）。氧原子是生物炭表面最丰富的杂原子，羧基、酚基和酮基基团对生物炭的表面功能起主要作用。由于官能团的损失，在 HTT 条件下制备的生物炭具有较低的 CEC（Lehmann, 2007）。然而，在老化过程中，碳表面形成羧基和其他含氧官能团，导致 CEC 增大、表面酸度提高。同时，老化导致碳表面正电荷消失，使得阴离子交换量（AEC）大幅降低（Cheng et al., 2006, 2008; Cheng and Lehmann, 2009）。更多关于生物炭表面和老化影响的信息详见第 9 章。

由于农药-生物炭吸附反应并不总是仅涉及弱的可逆键合机制，因此在吸附和解吸之间经常会观察到滞后现象，这可能会导致残留物的形成（Braida et al., 2003; Pignatello et al., 2006; Zeng et al., 2006; Sander and Pignatello, 2007）。虽然关于生物炭理化性质与解吸滞后之间关系的信息很少，但有迹象表明，在高温条件下制备的生物炭和 SSA 较大的生物炭上，化合物将表现出更明显的解吸滞后现象（Yu et al., 2010; Zhang and He, 2010）。解吸滞后不仅取决于表面官能团，还与吸附分子的性质有关。例如，有报道称具有供电子基团的芳香族化合物在活性炭上的解吸表现出高度滞后，而具有吸电子基团的化合物的解吸是可逆的（Tamon and Okazaki, 1996）。增加表面酸性位点会导致解吸滞后现象消失，这是由氧化过程中碳表面能量的变化引起的（Tamon and Okazaki, 1996），这可能与土壤中的生物炭有关，因为随着时间的推移，土壤中的生物炭表面会被氧化。

不同类型的吸附质分子之间对吸附位点的竞争，对生物炭颗粒与农药之间的相互作用产生了重要影响，特别是对于在高温条件下制备的生物炭（Bornemann et al., 2007; Chen et al., 2012）。相关研究报道，在低温条件下制备的生物炭对 1-萘酚的共溶质吸附增加（Chen et al., 2012），金属和有机物对多氯联苯（PCBs）的吸附也会有所增加（Y. Wang et al., 2013），这些效应值得进一步研究。

23.2.5 流动胶体对农药的吸附及与可溶性有机配体的络合

杀虫剂不仅吸附在土壤中不流动的固体表面，而且可以与流动的有机物质（悬浮胶体和可溶性物质）相互作用。控制农药在水相和固体颗粒之间的化学机理同样影响着农药在土壤溶液和流动胶体之间的传质。虽然农药的转移和传质会因为固体颗粒的吸附而减弱，但由于它们与可移动胶体颗粒之间的吸附作用，其在水溶液中的表观溶解度及由此引起的迁移率可能会增大，而影响程度取决于胶体颗粒的大小及其浓度、可溶性有机配体的浓度、土壤孔径分布和溶液离子强度（控制胶体絮凝的趋势）。在低温条件下制备的生物炭颗粒比在高温条件下制备的生物炭颗粒更具有流动性，胶体颗粒与固定表面之间的酸碱相互作用阻碍了颗粒的迁移（Wang et al., 2013）。除了对流动胶体颗粒的吸附，通过与生物炭或SOM衍生的可溶性有机配体形成复合物可以增强农药的迁移（Jaffe et al., 2013），这种效应强化了生物炭改良土壤中虫害防治产品的淋溶作用（Cabrera et al., 2011; Larsbo et al., 2013）。

通过本节内容可知，当生物炭添加到土壤中时，土壤中的吸附传质过程可能发生很大的变化，导致平衡向更高的吸附相浓度和更低的水相浓度迁移。较低的水相浓度意味着单位农药施用量的活性较低，会对虫害防治产生负面影响，这将在下文进行说明。需要特别注意的是，这些过程也会增加农药的浸出。当存在生物炭时，农药分子在土壤及大气的各个部分（在风蚀情况下）之间的平衡分布如图23.2所示。

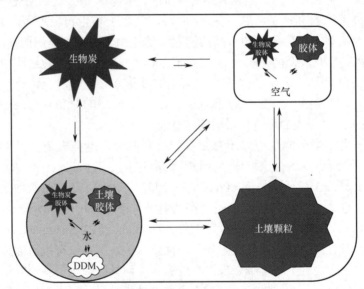

图23.2 在风蚀情况下，农药分子在土壤及大气的各个部分之间的平衡分布示意（其中，DOM是溶解的有机物。在没有生物炭的情况下，平衡箭头的长度是相等的；而在有生物炭的情况下，平衡箭头的长度是不相等的。图中描述了添加生物炭对平衡分布的影响）

23.3 生物炭对农药功效的影响

大约在40年前，澳大利亚的Toth和Milham（1975）指出，在各种条件下燃烧雀稗的产物从水溶液中吸收了大量的敌草隆。他们报道，某些含碳的灰分产品显著降低了敌草隆的植物毒性；在稻茬灰土上施用除草剂，两种苗期前除草剂禾草丹（S-ethyl hexahydro-1, 4-azepinel-thiolcarbamate）和草达灭（S-4-氯苄酶-N,N-二乙基锂氨基甲酸盐）的药效显著降低（约60%；Toth et al., 1981）。有研究显示，在施用阿拉伯黄背草制备的生物炭时，也发现了类似的植物毒性降低效果（Toth et al., 1999）。

此后的几项研究证实，土壤中存在的燃烧残渣会导致农药功效降低。例如，Yang等（2006）报道了敌草隆的除草效力降低的情况；而Xu等（2008）报道了氯马松在小麦和水稻秸秆生物炭（露天焚烧残留物）改良的土壤中去除杂草的效力降低的情况。Yang等（2006）的研究表明，随着土壤中焦炭含量的增加，需要施用更多的除草剂才能达到理想的除草效果；当土壤中含有0.5%的小麦秸秆生物炭时，即使加倍施用敌草隆也无法控制杂草的生长，当小麦秸秆生物炭的施用量低于0.1%时，土壤中的生物炭也显著降低了敌草隆的效力。这种作用主要是由于生物炭强大的结合和固存能力。Graber等（2011a）也证明了这一点，他们使用绿狐尾（*Setaria viridis*）进行生物测定，测定了两种比表面积不同的生物炭在一定范围内的施用量（0 kg·m^{-2}、1.3 kg·m^{-2}、2.6 kg·m^{-2}和5.2 kg·m^{-2}）下对S-甲草胺和甲磺草胺的吸附能力和植物有效性的影响（见图23.3）。

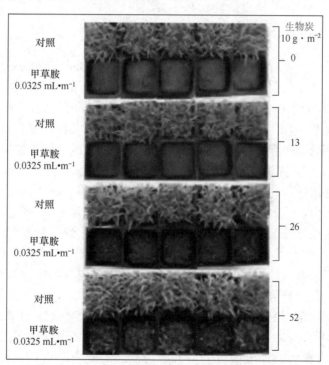

图23.3　14 d后对生物炭进行生物测定的照片，比较施用0.0325 mL浓度的甲草胺或未施用的情况下，不同生物炭施用量（生物炭质量比分别为0%、0.5%、1%和2%，相当于0 kg·m^{-2}、1.3 kg·m^{-2}、2.6 kg·m^{-2}、5.2 kg·m^{-2}）下绿狐尾的发育状况［改编自Graber等（2011b）］

Graber等（2011a）指出，高SSA的生物炭（242 m^2·g^{-1}）对两种除草剂的吸附率比低SSA的生物炭（3.6 m^2·g^{-1}）高1个数量级。两种生物炭的存在均会阻碍对杂草的去除及除草剂发挥应有的效力，即使施用了最大剂量的除草剂也是如此。研究得出以下结论：①高 SSA 的生物炭在吸附除草剂方面非常有效；②增加除草剂的剂量不一定能抵消高 SSA 的生物炭改良的土壤中除草剂有效性的减弱。

这种作用不仅限于除草剂，例如，在生物炭改良的土壤中，熏蒸剂 1,3- 二氯丙烯防治线虫的功效也受到不利影响（Graber et al., 2011b）。对于该研究中使用的低 SSA 的生物炭（3 $m^2 \cdot g^{-1}$），当生物炭以 1% 的浓度（2.6 $kg \cdot m^{-2}$）添加时，所需熏蒸剂的剂量翻倍。Graver 等（2011b）得出结论，如果使用了较高 SSA 的生物炭，则农药的有效剂量将超过建议的最大剂量，该结果也归因于受到生物炭的吸附作用而失活。

综上所述，生物炭的吸附特性对施用农药的最终效果有显著影响。即使大幅度增加农药剂量，也可能无法弥补生物炭的强吸附作用而造成的生物有效性的损失。有报道称，即使以最大或两倍推荐剂量施用农药，农药效果也会减弱（Graber et al., 2011a; Nag et al., 2011）。显然，如果对生物炭的施用量进行调整，农药的投入成本就会增加，这会带来额外的经济影响。如果不调整农药剂量，可能会造成产量损失，以及带来如本章后面讨论的其他长期影响。到目前为止，仅在室内条件下观察到施用生物炭后农药的功效下降，而这可能无法代表实际情况。下文将讨论在一些文献中出现的关于老化生物炭对农药吸附影响的相关研究。

23.3.1 生物炭对农药功效的潜在负面影响

生物炭对土壤的改良增加了对农药的吸附（Yang and Sheng, 2003a; Sheng et al., 2005; Spokas et al., 2009; Wang et al., 2010; Cabrera et al., 2011; Graber et al., 2011a, 2011b; Si et al., 2011），同时使农药的生物有效性下降（Yu et al., 2009; Graber et al., 2011a, 2011b; Nag et al., 2011），这意味着生物炭可以减轻农药的污染，并抑制农作物吸收农药。例如，Yu 等（2009）使用在两种不同热解温度（450 ℃和 850 ℃）下制备的不同生物炭对土壤进行修复，生物炭施用量达到 1%（按质量计）。随着土壤中生物炭含量的增加，小葱对两种杀虫剂（克百威和毒死蜱，疏水性不同）的吸收量下降。在 850 ℃下制备的生物炭在抑制植物对农药的吸收方面效果尤为显著。使用 1%（w/w）的在高温条件下制备的生物炭处理过的土壤中，根和鳞茎中农药的浓度降低了 1 个数量级。这一特性可用于修复被农药污染的土壤（见第 21 章）。Yao 等（2012）的研究显示，在生物炭改良的土壤中，磺胺甲噁唑的流动性和生物有效性明显低于未改良的土壤。但是，含高浓度磺胺甲噁唑的生物炭能够抑制细菌的生长，说明被吸附的化合物部分存在可利用性。该质量指标表示，在低温条件下制备的生物炭可用于开发缓释除草剂配方，以提高除草剂功效、减少浸出（Lu et al., 2012）。

从如图 23.2 所示的关于农药在固定相和流动相之间的分配机制可以清楚地看到，在某些情况下，生物炭的添加可能促进虫害防治产品的浸出。这一点在杀虫剂吡咯菌酯（Pyracrostrobin）中也有观察到，在 5 种用于测试的农药中，吡唑酮是最具吸附能力的化合物（Larsbo et al., 2013）。在该研究中，有人认为生物炭充当了吡咯菌酯的载体，但并未确定载体材料，可能是可移动胶体大小的生物炭颗粒或可移动的溶解有机碳（DOC）－吡唑啉的配合物。这证实了早期的观察结果，即根据添加的生物炭和杀虫剂的性质，在生物炭改良的土壤中，杀虫剂的浸出将会增加（Cabrera et al., 2011）。该研究中添加了氟隆和 3 种生物炭，以及除草剂 MCPA 和 1 种生物炭后，色谱柱流出物浓度达到峰值的时间缩短

(Cabrera et al., 2011)。Wang 等（2013）报道，生物炭颗粒的迁移和固存依赖热解温度和颗粒尺寸，随着热解温度的升高，微粒和纳米颗粒生物炭的迁移能力均显著减弱，这是由于在高温条件下制备的生物炭具有较低的负 Zeta 电位和较高的酸碱度，从而减弱了生物炭颗粒和砂粒之间的排斥相互作用。生物炭颗粒的迁移能力随粒径的减小而显著增强。

在土壤中添加生物炭对农药功效和生物降解的潜在影响如图 23.4 所示。

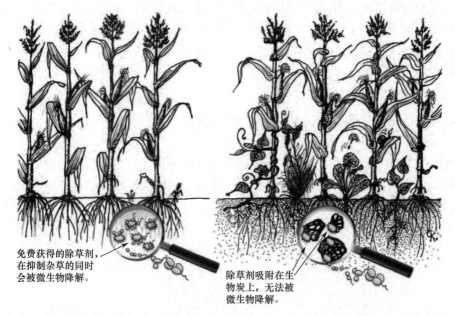

图23.4 在土壤中添加生物炭对农药功效和生物降解的潜在影响。左边为无生物炭、无害虫的玉米田；右边是施用生物炭、害虫（杂草、昆虫）较多的玉米田（由Claudia Kammann绘制）

23.3.2 农药的化学作用

生物炭对农药性质影响的程度不仅取决于生物炭本身的性质，而且取决于农药分子的化学性质。例如，Nag 等（2011）评估了在 450 ℃下制备的小麦秸秆生物炭对两种常用除草剂（阿特拉津和三氟脲苷）的影响，并在两种不同土壤中对 1 年生黑麦草的生长效果进行了评估。在水溶性方面，阿特拉津（35 mg·L^{-1}）和三氟尿苷（0.022 mg·L^{-1}）间存在很大差异。阿特拉津通过阻断叶片吸收光能及产生电子荧光来影响光合作用，最终导致细胞膜破裂、叶片死亡。另外，二硝基苯胺类除草剂（如氟乐灵）通过中断敏感植物根尖的有丝分裂来抑制根的形成（Ashton and Crafts, 1981; Grover et al., 1997）。通过向土壤中施用不同比例的生物炭 [0%（w/w）、0.5%（w/w）和 1.0%（w/w）] 和除草剂（0 倍、0.5 倍、1 倍、2 倍和 4 倍推荐剂量）来进行生物测定，研究发现，向土壤中添加生物炭可以提高黑麦草的存活率和生物量。剂量反应分析显示，当土壤中存在 1% 的生物炭时，用于土壤的阿特拉津 GR50 值（杂草生物量减少 50% 所需要的剂量）比对照土壤（没有生物炭）增加了 3.5 倍，而氟乐灵的 GR50 值只增加了 1.6 倍(见图 23.5)。这两种除草剂的区别在于，阿特拉津的流动性更好，因此与生物炭的接触率更高；而氟乐灵通过与植物根部接触而起作用，其流动性较低，意味着它与生物炭的接触率较低，因此更容易被植物利用。

Graber 等（2011a）也探讨了除草剂的化学作用。他们发现，虽然异丙甲草胺和甲磺草胺的辛醇－水分配系数相差 250 倍，但在两种不同的生物炭上，它们的吸附差异很小。生物炭孔隙填充机理可以解释这一现象（Xia and Ball, 1998），如果两种吸附质分子处于相同的物理状态（固相、液相、气相），则添加吸附剂的剂量与吸附质的质量几乎相同。因此，异丙甲草胺和甲磺草胺之间的吸附差异相对较小，这与固态甲磺隆和液态异丙甲草胺的填充效率、化合物与生物炭表面发生的特定相互作用（Borisover and Graber, 2002, 2003）、甲磺草胺的部分解离、摩尔体积和水溶性的差异有关。孔隙填充作为生物炭中主要的吸附机制，对于最终预测生物炭改良土壤中其他农药的行为可能具有特殊的意义。然而，仍有许多工作需要进行，尤其是对杀虫剂与吸附剂之间相互作用的研究。

23.4 生物炭吸附对农药残留的影响及变化

生物炭可以通过以下方式影响农药的降解速度：①化合物在含碳物质表面的强吸附和固存，可以改变农药的生物有效性；②根据土壤环境和生物炭的性质，对微生物活性产生积极影响或消极影响。③刺激或催化非生物降解反应。生物炭可以提供养分和碳以刺激微生物活动，从而加快生物降解速度。另外，有毒物质（如苯酚和芳香烃）可能会对微生物活性产生不利影响，致使生物降解率下降。实际上，相关研究报道，在生物炭改良过的土壤中，农药降解率可能升高或降低。

大量研究表明，由于生物炭的强吸附作用和生物有效性降低，农药的生物降解率也有所降低。例如，在使用生物炭改良的土壤中，乙酰草胺（Spokas et al., 2009）、阿特拉津（Loganathan et al., 2009; Spokas et al., 2009; Nag et al., 2011）、苄腈（Zhang et al., 2006）、敌草隆（Yang et al., 2006）、异丙醇（Sopena et al., 2012）、MCPA（Hiller et al., 2009）和氟乐灵（Nag et al., 2011）等除草剂的降解速率降低。同样地，Yu 等（2009）指出，呋喃丹和毒死蜱的降解速率随着土壤中生物炭含量的增加而降低；在经过生物炭改良的土壤中，该化合物的持久性显著增加。在 35 d 的时间内，未经改良的土壤中有 86% ~ 88% 的农药消失，但在改良的土壤中只有 51% 的呋喃丹和 44% 的毒死蜱消失，其中 1% 的生物炭是在 850 ℃下桉树木片热解制备的。也有报道称，杀虫剂氟虫腈和毒死蜱会对土壤中的生物炭产生影响（Yang et al., 2010）。表 23.1 总结了许多向土壤中添加生物炭对吸附、解吸和降解影响的有关研究。

表 23.1 经灰烬和生物炭改良的土壤中农药吸附、生物有效性和降解性的部分研究

原料	吸附剂及其制备温度	污染物	吸附	解吸	生物有效性、功效和其他影响	来源文献
小麦秸秆和水稻残留物	生物炭/灰分、未知温度、露天燃烧	苯丙胺和敌草隆除草剂	↑含量1%的生物炭吸附（2500倍）	NS	↓除草功效	Yang and Sheng（2003a）、Sheng et al.（2005）、Yang et al.（2006）
小麦秸秆	生物炭/灰分、未知温度、露天燃烧	苄腈除草剂	↑含量1%的生物炭吸附（10倍）	NS	↑初始降解	Zhang et al.（2004, 2005）

（续表）

原料	吸附剂及其制备温度	污染物	吸附	解吸	生物有效性、功效和其他影响	来源文献
玉米秸秆	快速热解生物炭、500 ℃	熏蒸剂：顺、逆-1,3-二氯丙烯	↑含量1%的生物炭吸附（10～100倍）	NS	↓杀线虫的功效	Graber et al.（2011a）
木材、桉树	生物炭：传统的土坑；800 ℃批次处理	除草剂：异丙甲草胺和甲磺草胺	↑生物炭上的吸附量大于土壤（3～4个数量级）；在高温条件下制备的生物炭比在低温条件下制备的生物炭高1个数量级	NS	↓除草功效；在高温条件下制备的生物炭比低温条件下制备的生物炭更明显	Graber et al.（2011b）
桉树	450 ℃和850 ℃	敌草隆除草剂、毒死蜱和呋喃丹杀虫剂	↑吸附		↓降解和植物吸收	Yu et al.（2006）、Yu et al.（2009）
牛粪	200 ℃和350 ℃	阿特拉津	↓采用在350 ℃下制备的生物炭吸附阿特拉津	NS[1]		Cao et al.（2009）
小麦	生物炭/灰分、未知温度、露天燃烧	阿特拉津	↑不进行碳化处理的炭与土壤的吸附量（800～3800倍）	↓解吸	↓在碳化土壤和炭中矿化率分别为11%和20%	Loganathan et al.（2009）
混合锯末	快速热解生物炭、500 ℃	阿特拉津和乙草胺	↑通过添加5%（w/w）生物炭进行吸附		↓在碳化土壤中的耗散（2～3倍），5%（w/w）	Spokas et al.（2009）
绿色废物——枫木、榆木和橡木木屑及树皮的混合物	450 ℃下限氧热解60 min	阿特拉津和西玛津	↑吸附	NS		Zheng et al.（2010）
硬木、锯末、澳洲坚果壳、木托盘	原始、快速和慢速热解的6种生物炭、500～850 ℃	氟美隆和MCPA	↑大多数生物炭中的吸附；↓低SSA的生物炭中的吸附	↓除低比表面积生物炭外，大多数都发生解吸	↑尽管在某些生物炭改良过的土壤中具有高吸附能力，但仍会浸出	Cabrera et al.（2011）

注：[1] "NS" 表示未被研究过。

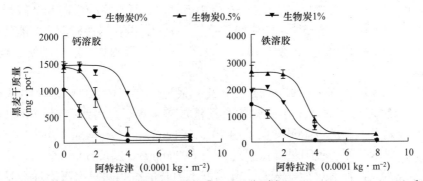

图23.5　1年生黑麦草（ARG）茎部的剂量响应曲线［显示了分别在0%（w/w）、0.5%（w/w）和1%（w/w）生物碳改良的钙溶胶和铁溶胶中，不同剂量的阿特拉津除草剂对生物量的影响］

尽管出现了上述结果,但相关报道指出生物炭能增强对农药的降解（Zhang et al., 2005, 2006; Qiu et al., 2009）,这表明了生物炭与土壤中化学物质之间相互作用的复杂性。Zhang 等（2005）向土壤中添加生物炭,通过释放养分和刺激微生物活性,提高了苄腈除草剂的初始降解率;由于生物炭的吸附作用,之后出现了一个较慢的降解阶段。生物炭对农药降解率的影响也与农药的初始浓度有关（Zhang et al., 2006）。同样地,Qiu 等（2009）研究在焦炭（自然燃烧的小麦秸秆残留物）改良土壤中的阿特拉津和二氯苯（单独或混合）降解时注意到,特异性降解菌对这两种农药的降解率会随着焦炭施用量的增加而逐渐提高。这种影响归因于焦炭的存在对微生物的刺激,大多数人认为磷（P）是生物降解的主要限制因素,这表明具体效果可能因生物炭的性质及其营养状况不同而存在差异。

23.5 土壤中生物炭吸附特性随时间的变化及其对农药功效的影响

如上所述,生物炭的碳表面会对一系列有机化学物质和无机化学物质产生强烈的亲和力。目前,已有一些研究报道了土壤中有机化学物质和矿质的紧密联系。一些研究发现,土壤中有机化学物质和矿质的相互作用可以堵塞有机化学物质的吸附位点（Bonin and Simpson, 2007; Singh and Kookana, 2009）。例如,Ahangar 等（2008）在对照普通土壤和氢氟酸（HF）处理的土壤对敌草隆和菲的吸附研究中发现,在 HF 处理的土壤中,单位质量 OC 的吸附量增加了 2 倍,尽管土壤中 OC 的净损失达到约 25%。这种影响归因于 HF 处理过程中矿物质从有机化学物质表面去除。另外,有一些研究发现,可能是 pH 值引起了有机化学物质结构的变化。其他一些研究也可以支持这一观点（Salloum et al., 2001; Boin and Simpson, 2007; Singh and Kookana, 2009）。

据报道,黏土及铁（Fe）、铝（Al）氧化物的加入会导致非离子有机化合物的吸附量减小（Schlautman and Morgan, 1993; Celis et al., 2006）。积累在生物炭表面的土壤矿物质和有机物可能会堵塞吸附位点和孔隙（Joseph et al., 2010）,因此可以推测,随着时间推移,在土壤中生物炭表面发生的相互作用可能会影响其吸附特性。

迄今为止,老化对生物炭吸附特性的影响尚不清楚。Yang 等（2003b）的研究报告显示,土壤中的木炭（露天焚烧的农作物残渣）老化 12 个月后并未导致敌草隆吸附的变化。同样,Jones 等（2011）指出,生物炭在土壤中停留 2 年后,对西玛津的吸附和降解行为的影响与新制备的生物炭相似,这表明生物炭对除草剂行为的影响在这段时间内没有发生改变。经生物炭改良的土壤在 30 ℃下培养 10 个月发现,1,3-二氯丙烯的吸附不受影响（Graber et al., 2011b）。

与上述研究相反,Yang 和 Sheng（2003b）报道,在室内 30 ℃的条件下对土壤和生物炭的混合物进行培养,土壤生物炭悬浮液放置 1 年后,对敌草隆的吸附量降低了 50%~60%,对苯二酚的吸附量降低了约 10%（Cheng and Lehmann, 2009）；在 70 ℃的培养条件下,对苯二酚的吸附量降低了约 90%（Cheng and Lehmann, 2009）,这一高温系统虽然与环境无关,但有可能代表在实际情况下更长的时间间隔内吸附性会发生一些变化。Martin 等（2011）指出,在农田土壤中,老化对生物炭的吸附性能有显著影响。他们研究了两种除草剂（敌草隆和阿特拉津）在富含铁氧化物和铝氧化物的土壤中的吸附、解吸行为，该土壤用两种不同类型的生物炭改良过，并且在农田土壤中存放了32个月。与未改良的对照土壤相比，生物炭改良过的土壤（$1\ kg \cdot m^{-2}$）对除草剂的吸附量增加了2～5倍，但对阿特拉津的吸附没有这种差异。生物炭加入土壤中32个月后，对敌草隆的吸附量显著降低。对于阿特拉津，生物炭老化的同时也消除了解吸滞后现象；而对于敌草隆，生物炭老化导致吸附量明显降低，但并未显著减弱解吸滞后现象（见图23.6）。这可能反映了两种化合物的化学性质不同，从而使生物炭的吸附性能产生了差异。研究者通过X射线光电子能谱、扫描电子显微镜和透射电子显微镜对研究地点收集的生物炭颗粒进行检测，揭示了土壤中矿物与生物炭表面1年内的相互作用（Lin et al.，2012）。

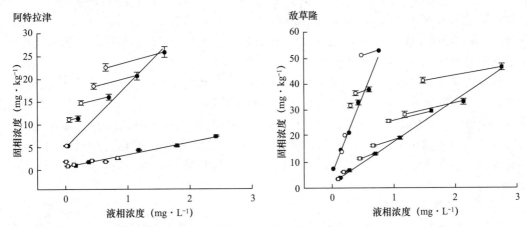

图23.6 阿特拉津和敌草隆在老化土壤（●，■）和新改良土壤（○，□；用$1\ kg \cdot m^{-2}$的家禽垫料生物炭改良）的吸附（■，□）和解吸（●，○）曲线。误差线表示3份样本均值的标准误差（$n=3$），部分符号包含误差线（Martin et al.，2011）

23.6 生物炭可持续利用对农药功效影响的建议

由于目前没有"生物炭施用的标准"，因此很难提出相应的建议。在科学试验方面，绝大多数生物炭的野外实验都是在生物炭的应用水平下进行的，用量为$0.1～2\ kg \cdot m^{-2}$（Blackwell et al.，2009；Jeffery et al.，2011；见第13章）。然而，因生物炭成本高，农民在大规模农业中使用如此大剂量的生物炭是不可能的（Joseph et al.，2013）。生物炭作为堆肥等其他土地应用材料的组成部分（Dias et al.，2010；Steiner et al.，2010），其施用的浓度可能相对较低，但是定期施用堆肥意味着生物炭在土壤中将达到很高的浓度。除此之外，堆肥生物炭的吸附特性尚不清楚。另外，如果生物炭主要用于固碳，预计其总剂量为$5\ kg \cdot m^{-2}$（Woolf et al.，2010）。许多研究表明，在$1～2\ kg \cdot m^{-2}$的生物炭施用水平下，高SSA的生物炭会大大减小土壤施用农药的可利用性，因此有必要增加农药的剂量避免虫害带来危害。在最坏的情况下，土壤中含有高SSA的生物炭可能使土壤中施用的虫害防治剂无效，这可能会对粮食生产产生重大的负面影响。鉴于生物炭在土壤中的半衰期为100～1000年（Zimmerman，2010；见第11章），因此将生物炭应用于土壤时必须考虑到可持续的土壤管理要求。土壤是粮食生产过程中必不可少的。根据目前所获得的资料来看，具有较低 SSA 的生物炭（以较低 HTT 生产的生物炭）最能满足防治虫害的要求。此外，从效率的角度来看，生物炭施用量超过 $2\ kg \cdot m^{-2}$ 时，其使用寿命可能存在问题。因此，研究者需要更全面地了解生物炭和农药的相互作用，这些相互作用是如何随着生物炭在土壤中的老化而变化的，以及由此产生的影响，并给出明确的建议。

23.7 结论与展望

过去，许多相关研究讨论了在土壤中添加生物炭对环境产生的各种影响，也确定了许多研究需求及参数（Atkinson et al., 2010; Kookana, 2010; Sohi et al., 2010; Elad et al., 2011; Jeffery et al., 2011; Lehmann et al., 2011; Ameloot et al., 2013; Graber and Elad, 2013）。以下是一些在生物炭对农药功效影响方面中值得研究的具体问题。

最近的文献对"向土壤中添加生物炭将增强土壤吸附农药的能力"这一说法提出了不同的观点。实际上，研究人员已经发现，当一些生物炭添加到土壤中时，土壤对农药的吸附能力会减弱，并导致更多的农药浸出（Cabrera et al., 2011; Larsbo et al., 2013）。虽然这归因为农药与生物炭中产生的 DOC 络合作用，但目前文献中还没有这方面的直接证据。因此，有必要确定生物炭的关键特性，这些关键特性可能会减少农药的吸附，增强农药的浸出。

许多生物炭具有纳米大小的微孔，微孔填充是农药在生物炭上吸附的主要机制之一（Graber et al., 2011a）。因此，孔隙可及性和连通性有望确定生物炭改良土壤中农药的吸附动力学，进而确定其在生物有效性、持久性和有效性方面发挥的重要作用。目前，研究者对农药在生物炭上的吸附、解吸动力学方面的认识还不够充分。

由于已发表的研究是在室内进行的基础研究，主要使用新制备、精细研磨的生物炭和混合良好的土壤进行组合，以研究农药的吸附—解吸及生物的有效性。但是，大型野外生物炭颗粒的吸附、解吸行为，以及它们与耕作土壤的结合可能大不相同，因此其对农药功效的影响可能与室内研究的预测结果有很大的不同。基于此，进行实地研究和考虑颗粒大小的影响，对于确定生物炭在土壤中固定农药的能力是十分必要的。

生物炭一旦应用于土壤，由于发生大量的生物地球化学相互作用，以及周围的化学环境的变化，其吸附特性也会迅速改变。目前，研究者对土壤中生物炭和有机矿物的相互作用、生物炭老化的后果，以及农药和微生物相互作用的环境条件变化的了解极为有限。

有限的证据表明，某些生物炭会随着时间的推移而失去其在土壤中隔离农药的能力。但是，研究者对以下问题缺乏明确的认知：①生物炭在土壤中的停留时间对其抑制农药能力有什么影响；②土壤和生物炭性质如何影响老化率；③生物炭能否通过设计、预处理或施用于土壤的方式进行控制，以避免其对农药效果和残留物积累产生负面影响（如通过掺入、捆扎或地下填埋）。

农药在生物炭改良土壤中功效低下，有可能促进杂草生长和虫害抗性的增强，这与农药剂量不足（农药的剂量少于推荐剂量）引起的现象类似。据我们所知，目前尚无文献评估生物炭在土壤中的潜在影响。

参考文献

Ahangar, A. G., Smernik, R. J., Kookana, R. S. and Chittlebrough, D. J. Separating the effect of organic matter-mineral interactions and organic matter chemistry on sorption of diuron and phenanthrene[J]. Chemosphere, 2008, 72: 886-890.

Ameloot, N., Graber, E. R., Verheijen, F. and De Neve, S. Biochar (in) stability in soils: The role of soil organisms[J]. European Journal of Soil Science, 2013, 64: 379-390.

Anderson, H. A. Experimental studies on the pharmacology of activated charcoal[J]. Acta Pharmacologica et Toxicologica, 1947, 3: 199-218.

Ashton, F. M., Crafts, A. S., John W., et al. Potential mechanisms for achieving agricultural benefits from biochar application to temperate soils: A review[J]. Plant and Soil, 1981, 337: 1-18.

Blackwell, P., Riethmuller, G. and Collins, M. Biochar application to soil, in J. Lehmann and S. Joseph (eds) Biochar for Environmental Management: Science and Technology[M]. London: Earthscan, 2009.

Bonin, J. L. and Simpson, M. J. Variation in phenanthrene sorption coefficients with soil organic matter fractionation: The results of structure or conformation[J]. Environmental Science and Technology, 2007, 41: 153-159.

Borisover, M. and Graber, E. R. Specific interactions of nonionic organic compounds with soil organic carbon[J]. Chemosphere, 1997, 34: 1761-1776.

Borisover, M. and Graber, E. R. Simplified link solvation model (LSM) for sorption in natural organic matter[J]. Langmuir, 2002, 12: 4775-4782.

Borisover, M. and Graber, E. R. Classifying NOM-Organic sorbate interactions using compound transfer from an inert solvent to the hydrated sorbent[J]. Environmental Science and Technology, 2003, 24: 5657-5664.

Borisover, M. and Graber, E. R. Hydration of natural organic matter: Effect on sorption of organic compounds by humin and humic acid fractions vs original peat material[J]. Environmental Science and Technology, 2004, 15: 4120-4129.

Bornemann, L. C., Kookana, R. S. and Welp, G. Differential sorption behaviour of aromatic hydrocarbons on charcoals prepared at different temperatures from grass and wood[J]. Chemosphere, 2007, 5: 1033-1042.

Braida, W. J., Pignatello, J. J., Lu, Y. F., et al. Sorption hysteresis of benzene in charcoal particles[J]. Environmental Science and Technology, 2003, 2: 409-417.

Brown, R. A., Kercher, A. K., Nguyen, T. H., et al. Production and characterization of synthetic wood chars for use as surrogates for natural sorbents[J]. Organic Geochemistry, 2006, 37: 321-333.

Cabrera, A., Cox, L., Spokas, K. A., et al. Comparative sorption and leaching study of the herbicides fluometuron and 4-chloro-2-methylphenoxyacetic acid (mcpa) in a soil amended with biochars and other sorbents[J]. Journal of Agricultural and Food Chemistry, 2011, 23: 12550-12560.

Cao, X., Ma, L., Gao, B. and Harris, W. Dairy-manure derived biochar effectively sorbs lead and atrazine[J]. Environmental Science & Technology, 2009, 43 (9): 3285-3291.

Celis, R. H., De Jonge, L., De Jonge, W., et al. The role of mineral and organic components in phenanthrene and dibenzofuran sorption by soil[J]. European Journal of Soil Science, 2006, 57: 308-319.

Ceresana, Ceresana research market study: Crop protection[R]. 2012.

Chen, B. L. and Chen, Z. M. Sorption of naphthalene and 1-naphthol by biochars of orange peels with different pyrolytic temperatures[J]. Chemosphere, 2009, 1: 127-133.

Chen, Z. M., Chen, B. L., Zhou, D. D. and Chen, W. Y. Bisolute sorption and thermodynamic behavior of organic pollutants to biomass-derived biochars at two pyrolytic temperatures[J]. Environmental Science and Technology, 2012, 22: 12476-12483.

Cheng, C. H. and Lehmann, J. Ageing of black carbon along a temperature gradient[J]. Chemosphere, 2009, 8: 1021-1027.

Cheng, C. H., Lehmann, J., Thies, J. E., et al. Oxidation of black carbon by biotic and abiotic processes[J]. Organic Geochemistry, 2006, 11: 1477-1488.

Cheng, C. H., Lehmann, J. and Engelhard, M. H. Natural oxidation of black carbon in soils: Changes in molecular form and surface charge along a climosequence[J]. Geochimica et Cosmochimica Acta, 2008, 6: 1598-1610.

Chiou, C. T., Porter, P. E. and Schmeddling, D. W. Partition equilibria of nonionic organic compounds between soil organic matter and water[J]. Environmental Science and Technology, 1983, 17: 227-231.

Dias, B. O., Silva, C. A., Higashikawa, F. S., et al. Use of biochar as bulking agent for the composting of poultry manure: Effect on organic matter degradation and humification[J]. Bioresource Technology, 2010, 101(4): 1239-1246.

Elad, Y., Cytryn, E., Harel, Y. M., et al. The biochar effect: Plant resistance to biotic stresses[J]. Phytopathologia Mediterranea, 2011, 3: 335-349.

Gimeno, O., Plucinski, P., Kolaczkowski, S. T., et al. Removal of the herbicide mcpa by commercial activated carbons: Equilibrium, kinetics, and reversibility[J]. Industrial and Engineering Chemistry Research, 2003, 5: 1076-1086.

Graber, E. R. and Elad, Y. Biochar impact on plant resistance to disease. in N. Ladygina (ed.) Biochar and Soil Biota[M]. Boca Raton, Florida: CRC Press, 2013.

Graber, E. R. and Mingelgrin, U. Clay swelling and regular solution theory[J]. Environmental Science and Technology, 2013, 13: 2360-2365.

Graber, E. R., Tsechansky, L., Gerstl, Z. and Lew, B. High surface area biochar negatively impacts herbicide efficacy[J]. Plant and Soil, 2011a, 353: 95-106.

Graber, E. R., Tsechansky, L., Khanukov, J. and Oka, Y. Sorption, volatilization and efficacy of the fumigant 1,3-dichloropropene in a biochar-amended soil[J]. Soil Science Society of America Journal, 2011b, 4: 1365-1373.

Grover, R., Wolt, J. D., Cessna, A. J. and Schiefer, H. B. Environmental fate of trifluralin[J]. Reviews of Environmental Contamination Technology, 1997, 153: 65-90.

Grube, A., Donaldson, D., Kiely, T. and Wu, L. Pesticides industry sales and usage: 2006 and 2007 market estimates: EPA 41[R]. Washington, DC: U.S. Environmental Protection Agency, 2011.

Hartley, G. S. and Graham-Bryce, I. J. Physical Principles of Pesticide Behavior: The Dynamics of Applied Pesticides in the Local Environment in Relation to Biological Response[M]. London: Academic Press Inc, 1980.

Hiller, E., Bartal, M., Milicka, J. and Cernansky, S. Environmental fate of the herbicide mcpa in two soils as affected by the presence of wheat ash[J]. Water Air and Soil Pollution, 2009, 197: 395-402.

Jaffé, R., Ding, Y., Niggemann, J., et al. Global charcoal mobilization from soils via dissolution and riverine transport to the oceans[J]. Science of the Total Environment, 2013, 6130: 345-347.

James, G., Sabatini, D. A., Chiou, C. T., et al. Evaluating phenanthrene sorption on various wood chars[J]. Water Research, 2005, 4: 549-558.

Jeffery, S., Verheijen, F. G. A., van der Velde, M. and Bastos, A. C. A quantitative review of the effects of biochar application to soils on crop productivity using meta-analysis[J]. Agriculture, Ecosystems and the Environment, 2011, 1: 175-187.

Jones, D. L., Edwards-Jones, G. and Murphy, D. V. Biochar mediated alterations in herbicide breakdown and leaching in soil[J]. Soil Biology and Biochemistry, 2011, 43: 804-813.

Joseph, S. D., Camps-Arbestain, M., Lin, Y., et al. An investigation into the reactions of biochar in soil[J]. Australian Journal of Soil Research, 2010, 6-7: 501-515.

Joseph, S., Graber, E. R., Chia, C. H., et al. Shifting paradigms: Development of high-efficiency biochar fertilizers based on nano-structures and soluble components[J]. Carbon Management, 2013, 3: 323-343.

Kookana, R. S. The role of biochar in modifying the environmental fate, bioavailability, and efficacy of pesticides in soils: A review[J]. Australian Journal of Soil Research, 2010, 7: 627-637.

Larsbo, M., Löfstrand, E., de Veer, D. v. A. and Ulén, B. Pesticide leaching from two swedish topsoils of contrasting texture amended with biochar[J]. Journal of Contaminant Hydrology, 2013, 147: 73-81.

Lehmann, J. Bio-energy in the black[J]. Frontiers in Ecology and the Environment, 2007, 7: 381-387.

Lehmann, J., Rillig, M. C., Thies, J., et al. Biochar effects on soil biota: A review[J]. Soil Biology and Biochemistry, 2011, 43: 1812-1836.

Lin, Y., Munroe, P., Joseph, S., et al. Nanoscale organo-mineral reactions of biochars in ferrosol: An investigation using microscopy[J]. Plant and Soil, 2012, 357 : 369-380

Loganathan, V. A., Feng, Y. C., Sheng, G. D. and Clement, T. P. Crop-residue-derived char influences sorption, desorption and bioavailability of atrazine in soils[J]. Soil Science Society of America Journal, 2009,73(3): 967-974.

Lorphensri, O., Intravijit, J., Sabatini, D. A., et al. Sorption of acetaminophen, 17 alpha-ethynyl estradiol, nalidixic acid, and norfloxacin to silica, alumina, and a hydrophobic medium[J]. Water Research, 2006, 40(7): 1481-1491.

Lu, J. H., Li, J. F., Li, Y. M., et al. Use of rice straw biochar simultaneously as the sustained release carrier of herbicides and soil amendment for their reduced leaching[J]. Journal of Agricultural and Food Chemistry, 2012, 60(26): 6463-6470.

Lua, A. C., Yang, T. and Guo, J. Effects of pyrolysis conditions on the properties of activated carbons prepared from pistachio-nut shells[J]. Journal of Analytical and Applied Pyrolysis, 2004, 72(2): 279-287.

Martin, S. M., Kookana, R. S., Van Zwieten, L. and Krull, E. Marked changes in herbicide sorption-desorption upon ageing of biochars in soil[J]. Journal of Hazardous Materials, 2011, 231: 7-78.

Matsui, Y., Knappe, D. R. U., Iwaki, K. and Ohira, H. Pesticide adsorption by granular activated carbon adsorbers. 2. Effects of pesticide and natural organic matter characteristics on pesticide breakthrough curves[J]. Environmental Science and Technology, 2002, 36(15): 3432-3438.

Nag, S. K., Kookana, R. S., Smith, L., et al. Poor efficacy of herbicides in biochar-amended soils as affected by their chemistry and mode of action[J]. Chemosphere, 2011, 84(11): 1572-1577.

Oerke, E. C. Crop losses to pests[J]. Journal of Agricultural Science, 2006, 144: 31-43.

Pignatello, J. J., Kwon, S. and Lu, Y. F. Effect of natural organic substances on the surface and adsorptive properties of environmental black carbon (char): Attenuation of surface activity by humic and fulvic acids[J]. Environmental Science and Technology, 2006, 40(24): 7757-7763.

Qiu, Y., Pang, H., Zhou, Z., et al. Competitive bidegradation of dichlobenil and atrazine co-existing in soil amended with char and citrate[J]. Environmental Pollution, 2009, 157: 2964-2969.

Salloum, M. J., Dudas, M. J. and McGill, W. B. Variation of 1-naphthol sorption with organic matter fractionation: The role of physical conformation[J]. Organic Geochemistry, 2001, 32: 709-719.

Sander, M. and Pignatello, J. J. On the reversibility of sorption to black carbon: Distinguishing true hysteresis from artificial hysteresis caused by dilution of a competing adsorbate[J]. Environmental Science and

Technology, 2007, 41(3): 843-849.

Schlautman, M. and Morgan, J. Effects of aqueous chemistry on the binding of polycyclic aromatic hydrocarbons by dissolved materials[J]. Environmental Science and Technology, 1993, 27: 961-969.

Sheng, G. Y., Yang, Y. N., Huang, M. S. and Yang, K. Influence of pH on pesticide sorption by soil containing wheat residue-derived char[J]. Environmental Pollution, 2005, 134(3): 457-463.

Si, Y., Wang, M., Tian, C., et al. Effect of charcoal amendment on adsorption, leaching and degradation of isoproturon in soils[J]. Journal of Contaminant Hydrology, 2011, 123(1): 75-81.

Singh, N. and Kookana, R. S. Organo-mineral interactions mask the true sorption potential of biochars in soils[J]. Journal of Environmental Science and Health, Part B, 2009, 44: 214-219.

Smernik, R. J. Biochar and sorption of organic compounds. in J. Lehmann and S. Joseph (eds) Biochar for Environmental Mangement: Science and Technology[M]. London: Earthscan, 2009.

Sohi, S. P., Krull, E., Lopez-Capel, E. and Bol, R. A review of biochar and its use and function in soil[J]. Advances in Agronomy, 2010, 105, 47-82.

Sopena, F., Semple, K. T., Sohi, S. and Bending, G. Assessing the chemical and biological accessibility of the herbicide isoproturon in soil amended with biochar[J]. Chemosphere, 2012, 88: 77-83.

Spokas, K. A., Koskinen, W. C., Baker, J. M. and Reicosky, D. C. Impacts of woodchip biochar additions on greenhouse gas production and sorption/degradation of two herbicides in a minnesota soil[J]. Chemosphere, 2009, 77(4): 574-581.

Steiner, C., Das, K. C., Melear, N. and Lakly, D. Reducing nitrogen loss during poultry litter composting using biochar[J]. Journal of Environmental Quality, 2010, 39(4): 1236-1242.

Tamon, H. and Okazaki, M. Desorption characteristics of aromatic compounds in aqueous solution on solid adsorbents[J]. Journal of Colloid and Interface Science, 1996, 179(1): 181-187.

Toth, J. and Milham, P. J. Activated carbon and ash-carbon effects on adsorption and phytotoxicity of diuron[J]. Weed Research, 1975, 15: 171-176.

Toth, J., Milham, P. J. and Raison, J. M. Ash from rice stubble inactivates thiobencarb and molinate[J]. Weed Research, 1981, 21: 113-117.

Toth, J., Milham, P. J. and Kaldor, C. J. Decreased phytotoxicity of diuron applied over ash of recently burned kangaroo grass (themeda australis (r.Br.) stapf)[J]. Plant Protection Quarterly, 1999, 14(4): 151-154.

Wang, D. J., Zhang, W., Hao, X. Z. and Zhou, D. M. Transport of biochar particles in saturated granular media: Effects of pyrolysis temperature and particle size[J]. Environmental Science and Technology, 2013, 47(2): 821-828.

Wang, H. L., Lin, K. D., Hou, Z. N., et al. Sorption of the herbicide terbuthylazine in two New Zealand forest soils amended with biosolids and biochars[J]. Journal of Soils and Sediments, 2010, 10(2): 283-289.

Wang, Y., Wang, L., Fang, G. D., et al. Enhanced PCBs sorption on biochars as affected by environmental factors: Humic acid and metal cations[J]. Environmental Pollution, 2013, 172: 86-93.

Woolf, D., Amonette, J. E., Street-Perrott, F. A., et al. Sustainable biochar to mitigate global climate change[J]. Nature Communications, 2010, 1(5): 56.

Xia, G. and Ball, W. P. Adsorption partitioning uptake of nine low-polarity organic chemicals on a natural sorbent[J]. Environmental Science and Technology, 1998, 33(2): 262-269.

Xu, C., Liu, W. P. and Sheng, G. D. Burned rice straw reduces the availability of clomazone to barnyardgrass[J]. Science of the Total Environment, 2008, 392(2-3): 284-289.

Yamane, V. K. and Green, R. E. Adsorption of ametryne and atrazine on an oxisol, montmorillonite, and charcoal in relation to pH and solubility effects[J]. Soil Science Society of America Proceedings, 1972, 36: 58-64.

Yang, X. B., Ying, G. G., Peng, P. A., et al. Influence of biochars on plant uptake and dissipation of two pesticides in an agricultural soil[J]. Journal of Agricultural and Food Chemistry, 2010, 58(13): 7915-7921.

Yang, Y. N. and Sheng, G. Y. Enhanced pesticide sorption by soils containing particulate matter from crop residue burns[J]. Environmental Science and Technology, 2003a, 37(16): 3635-3639.

Yang, Y. N. and Sheng, G. Y. Pesticide adsorptivity of aged particulate matter arising from crop residue burns[J]. Journal of Agricultural and Food Chemistry, 2003b, 51(17): 5047-5051.

Yang, Y. N., Sheng, G. Y. and Huang, M. S. Bioavailability of diuron in soil containing wheat-straw-derived char[J]. Science of the Total Environment, 2006, 354(2-3): 170-178.

Yao, Y., Gao, B., Chen, H., et al. Adsorption of sulfamethoxazole on biochar and its impact on reclaimed water irrigation[J]. Journal of Hazardous Materials, 2012, 209: 408-413.

Yu, X. Y., Ying, G. G. and Kookana, R. S. Sorption and desorption behaviors of diuron in soils amended with charcoal[J]. Journal of Agricultural and Food Chemistry, 2006, 54(22): 8545-8550.

Yu, X. Y., Ying, G. G. and Kookana, R. S. Reduced plant uptake of pesticides with biochar additions to soil[J]. Chemosphere, 2009, 76(5): 665-671.

Yu, X. Y., Pan, L. G., Ying, G. G. and Kookana, R. S. Enhanced and irreversible sorption of pesticide pyrimethanil by soil amended with biochars[J]. Journal of Environmental Sciences-China, 2010, 22(4): 615-620.

Zeng, G. M., Zhang, C., Huang, G. H., et al. Adsorption behavior of bisphenol a on sediments in Xiangjiang river, central-south China[J]. Chemosphere, 2006, 65(9): 1490-1499.

Zhang, J. H. and He, M. C. Effect of structural variations on sorption and desorption of phenanthrene by sediment organic matter[J]. Journal of Hazardous Materials, 2010, 184(1-3): 432-438.

Zhang, P., Sheng, G., Wolf, D. C. and Feng, Y. Reduced biodegradation of benzonitrile in soil containing wheat-residue-derived ash[J]. Journal of Environmental Quality, 2004, 33(3): 868-872.

Zhang, P., Sheng, G., Feng, Y. and Miller, D. M. Role of wheat-residue-derived char in the biodegradation of benzonitrile in soil: Nutritional simulation versus adsorptive inhibition[J]. Environmental Science and Technology, 2005, 39(14): 5442-5448.

Zhang, P., Sheng, G. Y., Feng, Y. H. and Miller, D. M. Predominance of char sorption over substrate concentration and soil pH in influencing biodegradation of benzonitrile[J]. Biodegradation, 2006, 17(1): 1-8.

Zheng, W., Guo, M., Chow, T., et al. Sorption properties of greenwaste biochar for two triazine pesticides[J]. Journal of Hazardous Materials, 2010, 181(1-3): 121-126.

Zimmerman, A. R. Abiotic and microbial oxidation of laboratory-produced black carbon (biochar)[J]. Environmental Science and Technology, 2010, 44(4): 1295-1301.

第24章

土壤中生物炭的分析测试方法

Michael Bird

24.1 引言

生物炭是有机物在缺氧条件下热解的产物,由热解碳质材料(PCM)及无机灰分组成,在某些情况下还含有部分或完全未热解的有机物。因此,在自然环境条件下,生物炭的化学成分和持久性可能存在很大的差异(见第5~10章)。然而,生物炭涵盖了PCM中其他材料的化学特性,这些材料分别是炭、木炭、黑炭、烟灰、微晶石墨和碳单质(Schmidt and Noack,2000;有关信息请参见第1章和第6章)。

因为生态系统中(稀树草原、草原和一些森林)会发生燃烧,所以自然环境中的PCM通常存在于土壤中,实际上在某些土壤中PCM可占土壤总有机碳(SOC)的50%以上(Lehmann et al.,2008;见图24.1)。在具有重要历史意义的土壤中(Schmidt et al.,2000),或者以前人类加入过PCM的土壤中蕴含着丰富的PCM(Glaser and Berk,2012)。因此,现代土壤中的天然PCM可能已经存在于该土壤中数百年甚至数千年了。随着时间的流逝,这种PCM被粉碎成更细的颗粒(Skjemstad et al.,1999;Nocentini et al.,2010),尤其是颗粒表面会发生明显的化学变化(Kaal et al.,2008a;Ascough et al.,2011)。由于许多土壤中存在天然的PCM,天然的PCM在理化性质方面与主动添加到土壤中的生物炭可能相似,因此对添加到土壤中的生物炭进行测量和分离变得复杂。

测量土壤中生物炭不是为了检验生物炭的碳封存和碳交易,而是为了对生物炭的碳容量进行常规检验。对生物炭的碳容量的常规检验最好在其添加到土壤中之前就进行(见第27章)。这个检验过程可能需要至少100年稳定土壤中碳的比例(Budai et al.,2013),这一过程取决于碳交换途径,还需要在现场及室内对生物炭的稳定性进行评估,以便预测(而不是检测)生物炭随时间推移的浸出或矿化(Bird et al.,2000;Nguyen et al.,2008;Vasilyeva et al.,2011)。此外,在一系列土壤、气候和土地管理实践中,了解"生物炭—植物—土壤系统"的动力学及其内部的相互作用,通常需要对生物炭的碳容量进行量化,并将生物炭从土壤中分离,以进行进一步的分析和表征(Major et al.,2010a,2010b)。因此,测量PCM(包括土壤中的生物炭PCM)的主要原因是为研究打下基础，以支持和改进生物炭系统在缓解气候变化及增强土壤肥力和恢复力方面的应用。

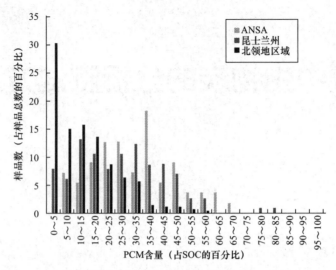

图24.1 来自澳大利亚昆士兰州、北领地区域（NT）和澳大利亚国家土壤档案（ANSA）的452种澳大利亚土壤中PCM对SOC的相对贡献（根据Lehmann等2008年的文章修改）

24.2 定量、分离及表征

目前，已有许多技术可用于定量、分离及表征土壤中的PCM（包括生物炭PCM）。其中，大多数技术是在土壤科学之外的领域研发的，包括化学、材料科学、地球科学和大气科学。这些技术已被用来对土壤PCM进行分析，以更好地了解环境中PCM的产生和动力学，以及生物炭PCM在土壤中的影响、行为及相关相互作用。

这些技术总体可以分为5大类别：①物理技术是非破坏性的，其依靠密度或尺寸上的简单差异将PCM与其他土壤成分分离；②化学氧化技术具有破坏性，与样品中SOC的其他成分相比，其更依赖PCM中某些成分对氧化剂的排斥力；③热技术也具有破坏性，相对于样品中SOC的其他成分，其更依赖PCM中某些成分在高温下对分解的排斥力；④光谱技术是非破坏性的，其依靠磁场、红外线或X射线辐射影响样品，并测量样品被磁或光子刺激时的反应，据此推断样品中化学键的性质和丰度，以及那些具有PCM特征的化学键；⑤分子标记技术具有破坏性，其通过化学方法或热方法分解样品，然后测量从PCM中衍生出的多种化合物的丰度。

在测量PCM组成、仪器的成本、可及性及其量化，以及PCM的详细化学性质等方面，这些技术有较广泛的应用范围。但是，没有一种技术是"理想"技术，尽管大多数技术都能得出较准确的分析结果，但不同技术对同一种样品测量得出的PCM浓度可能会存在较大的差异，在某些情况下，即使使用相同技术测量得出的结果也会有很大差异（Schmidt et al., 2001; Hammes et al., 2007; Roth et al., 2012）。图24.2清晰展示了通过多种技术和室内试验分析的标准土壤样品的范围。值得注意的是，除某些物理技术外，大多数技术仅测量PCM的PyC成分，而不测量H、O、N、S或灰分等成分。

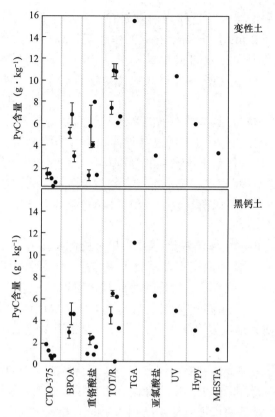

图24.2 Hammes等（2007）在土壤环形比对试验标准上确定的PCM丰度，还比较了Hypy（Meredith et al., 2012）和MESTA（Hsieh, 2007）的结果

一些化学技术和热技术可以将PCM与其他有机物或所有土壤成分分离开来，这十分有利于PCM的进一步表征。然而，使用这些技术很难将样品中PCM的所有组成部分与其他SOC区分开来，因此大多数技术寻求最大限度地保留PCM，同时尽量减少其他SOC的干扰，或者仅量化PCM的特定组分。如果以量化最大范围的PCM组分为主要目标，则可能会导致分析样品中存在其他SOC；而如果以分离PCM并对其进行表征（同位素组成、表面特征、化学特征）为主要目标，则需要去除其他SOC组分，这可能会导致用于分析的PCM组分减少，这部分通常是PCM中较为稳定的部分。非破坏性方法可以量化整个PCM或PCM中某个特定指标，其缺点是PCM无法与土壤分离或完全分离，从而阻碍了进一步分析。另外，一些非破坏性技术可能需要使用一种或多种破坏性技术进行校准。

因此，需要根据待解决的问题来选择使用的技术，例如，确定PCM中需要测量哪一组成部分，以及在测量时需要的化学表征程度、类型及所需样品的数量，之后再选择技术进行分析，并考虑进行测量所需的设施和每次分析的成本。

24.3 现场采样及室内处理

在任何与土壤有关的生物炭研究中，土壤样品的采集和制备都是至关重要的一步。需要注意的是：①PCM在许多土壤中天然存在，并且常被粉碎成无法识别的大小和形态；

②在最开始时,添加到土壤中的生物炭通常是在"土壤中",而不是"土壤的一部分",因为土壤粒径通常小于 2 mm,而用于农业的生物炭粒径可能大于这一尺寸。在这种情况下,这种方法的优点是可以通过简单的筛分从土壤中回收大量生物炭,但这同时意味着,在样品制备过程中应注意不要将大块生物炭弄碎,除非所有材料都要磨碎后通过 2 mm 孔径的筛子。

土壤是高度异质的材料,其特性在横向和纵向上都会发生变化,某些土壤特性(如养分)也会随时间发生变化。这种可变性也会延伸到土壤中的 PCM,因此在设计采样策略时必须考虑这种变化,以确保对土壤参数的分析具有可靠性和代表性。这通常需要从每个采样单元中抽取多个样本,尽管这些样本可以合并为单个单元的样本代表进行分析。另外,重复采样十分重要,因为它可以衡量整个采样区域的变异性。样品的数量和重复分析的次数取决于每个项目的具体目标。

通常,人们还需要根据土壤体积而不是质量来检测土壤参数,其中包括生物炭中的 PCM 含量。尽管可以使用各种挖掘工具采集土壤样品,但最好使用实心壁管并深入到已知深度来采集一定体积的土壤样品,以便使用已知体积和质量的干燥土壤来计算土壤容重(单位为 $g \cdot cm^{-3}$ 或 $kg \cdot m^{-3}$);然后使用土壤容重来计算单位体积内土壤成分的丰度或含量。如果土壤的改变使其结构发生了变化,则有必要报道变化后土壤的浓度当量(Ellert and Bettany, 1995)。

可以通过以下几点来确定试验的具体方案:①对待解决问题的可变性范围和所需采样量进行预估;②确定达成目标所需的采样深度和采样量,以确定采样的代表性;③对有代表性的样品进行分析。样品的采集应使用已知体积的土壤取样器或壁管进行,通常最小直径为 25 mm,也可以选择更大的尺寸。应将土壤取样器打入所需土壤深度,在不损失土壤的情况下将其从底部取出,倒入贴有标签的袋子中并称重。如果需要将样品混合在一起,则应在二次采样之前将其充分混合均匀。在下一步操作之前通常应风干样品,如果要确定堆积密度,则必须在 105 ℃下干燥每个样品至恒重并重新称重。根据研究需要,可能要进行进一步的粒度分级,或者进行粉碎。更多有关土壤样品采集和制备的操作指南可参见 Major(2009)和 Boone 等(1999)的工作。

24.4 分析技术

24.4.1 物理分离技术

物理分离技术利用了以下原理:PCM 通常具有 2 $g \cdot cm^{-3}$ 以下的有效密度(包括未润湿的孔隙空间),即它的密度低于土壤中发现的矿物基质(通常大于 2 $g \cdot cm^{-3}$),并且总 PCM 比例比矿物基质大。因此,通过浮选和密度分离技术从土壤中分离生物炭非常有效。Schreiner 和 Brown(1912)使用湿法筛分,然后使用比重为 1.8 $g \cdot cm^{-3}$ 的四氯化碳和溴仿溶液进行密度分离,并在显微镜下进行手动分离,成功将美国土壤中的 PCM 与 34 种不同的其他成分分离。

最早的具有放射性碳的样品之一是公元 79 年因庞贝古城毁灭而使面包卷烧焦变成的

PCM（Arnold and Libby, 1949）。人们认识到可以快速、准确地测定这种PCM的年代，这一认识促进了从具有考古价值的沉积物中分离这种PCM的技术发展。Matson（1955）为考古开发的浮选技术的原理是：将沉积物浆液搅动，使密度相对低且较粗的PCM组分（以及其他植物残渣）在悬浮液中停留时间长于矿物组分，从而使矿物组分短暂沉降，最后将浆液倒入保留PCM的筛子上，让悬浮的细矿物组分也通过筛子；重复该过程，直到没有任何材料保留在筛子上为止。可以手动清洗并挑选出残留在筛子上的物料，使其与其他植物残渣分离。另外，可以调整筛子的筛孔大小以配合材料的性质，如果只需要少量的材料，那么就可以在双目显微镜下从浓缩物中手动挑选出几十毫克直径约为100 μm的颗粒（Bird et al., 2002）。Kenward等（1980）总结了多种浮选技术，Gumerman和Umemoto（1987）也引入了有用的改进方法，后者使用鱼缸清洁虹吸管改善了考古沉积物中有机物的回收，尤其是改善了相对致密的木炭PCM的回收。

Kloss等（2012）使用了最基本的技术，他们从奥地利的烧毁地通过时间序列筛分出土壤样品，然后在双目显微镜下人工挑选了PCM，发现PCM浓度随着时间的推移而降低，最大浓度沿土壤剖面向下移动。Zackrisson等（1996）还使用人工筛分技术对美国北方森林土壤中的PCM进行定量研究，并研究了土壤与微生物的相互作用；而Nguyen等（2008）使用精心挑选的PCM研究了肯尼亚土壤100年间表面化学特征随时间的变化。

通过使用一系列不同比重的液体可以进一步控制分离效率，特别是当粒径较小时。Struever（1968）使用氯化锌（$ZnCl_2$; 1.6 g·cm^{-3}），而Bodner和Rowlett（1980）使用硫酸铁（$Fe_2[SO_4]_3 \cdot xH_2O$; 1.6 g·cm^{-3}）来改善沉积物中PCM的回收。也有研究者用聚钨酸钠（$Na_6[H_2W_{12}O_{40}]$; 1.8 g·cm^{-3}）成功分离了较小的PCM碎片（Glaser et al., 2000），或者从成岩石墨中分离出烟灰PCM（Veilleux et al., 2009）。所有这些化合物均以固体形态与水混合，因此可以精准控制溶液的最终比重。根据需要分离材料的不同密度，也可以使用丙酮（0.79 g·cm^{-3}）和乙醚（0.72 g·cm^{-3}）等液体来分离新制备的生物炭及与矿物相关的生物炭，或者将有机残渣中的生物炭分离出来。

使用密度比重为1.6～2.0 g·cm^{-3}的碘化钠（NaI）或聚钨酸钠的分离技术现已用于部分分离方案中，这种技术通常与其他化学分离技术结合使用，以分离出不同周转时间的土壤碳汇（Trumbore and Zheng, 1996; Sohi et al., 2001; Zimmermann et al., 2007）。PCM被认为是低密度部分的主要成分，无论采用何种化学技术对其进行处理都具有耐受性，因此被归类到耐受性有机碳库中。以上讨论的物理技术的优点主要有：成本低廉，易于实施，并且仅靠浮选技术就可以在现场进行样品处理。在一些情况下，添加到农业土壤中的生物炭颗粒往往具有较大的尺寸，因此在施用一段时间后还可以有效地将其从土壤中分离，从而对土壤中的生物炭总量进行粗略的测量，或者提供分离样品以进行详细的表征。而物理技术的缺点在于，随着颗粒尺寸的减小，手动收集生物炭碎渣所用的时间会延长，因此，如果是对易于分离的生物炭大碎块的数量进行计算，则土壤中生物炭的数量估计值可能会比实际情况少。但是，这可能为测量生物炭碎片在土壤中分解并转化成更小粒径碎片的速度提供了一种有用的方法。此外，由于有机溶剂可能会溶解生物炭中的有机化合物，而无机化合物可能难以从样品中完全去除，因此研究者应确保用于密度分离的化学药品不会影响后续对PCM的分析。

24.4.2 化学技术

1. 重铬酸盐氧化

Schollenberger（1927）首次提出通过重铬酸盐的氧化来量化SOC，经过修正后，该技术已成为广泛使用的Walkley-Black技术的基础（Walkley and Black, 1934）。但Walkley-Black技术不能完全氧化OC，特别是氧化PCM的速度比其他形式的有机物要慢（Piper, 1942）。Wolbach和Anders（1989）首先利用不同的氧化时间从沉积物中分离出碳单质的PCM组分，然后将其燃烧以进行定量测量及确定稳定的C同位素组成（Wolbach et al., 1988）。重铬酸盐可以提供用于氧化的纯有机物浓缩物，这一步骤是将样品用HCl脱碳，并使用HCl或HF去除硅酸盐之后进行的。Lim和Cachier（1996）发现，从湖泊和海洋沉积物中去除干酪根所需的反应时间长达28 h，而在55 ℃下于0.1 Mmol $K_2Cr_2O_7$/2Mmol硫酸溶液中放置60 h，可以从大部分材料中分离碳单质的PCM，并且这种氧化时长并没有过度降低C元素的PCM组分丰度。Bird和Gröcke（1997）首先将重铬酸盐氧化法用于分析实验室生产的PCM和土壤样品。该研究表明，炭PCM显示出广泛的氧化敏感性，因此重铬酸盐氧化法仅量化了PCM的一种成分。Skjemstad等（1999）得出了相同的结论，他们还报道了氧化速率和粒径的相关函数。

Bird和Gröcke（1997）表示，在60 ℃下于0.1 Mmol $K_2Cr_2O_7$/2 Mmol硫酸溶液中氧化72 h后，土壤样品中95%以上的OC被去除。处理后的残留物被称为"抗氧化碳单质"（OREC，能可靠地定量可能含有非热源物质的PCM成分），可以确定其C同位素组成以获取PCM的来源信息（见图24.3）。氧化时间超过72 h，剩余材料中C同位素组成不再发生变化，可证实此时OC已被完全去除。Bird（1999）在津巴布韦马托波斯消防试验的土壤样品中使用了该技术，结果证明在50年的防火期内，PCM的重要组成部分已从0～50 mm的土壤中消失。

Masiello等（2002）比较了在60 ℃下使用0.1 Mmol $K_2Cr_2O_7$及在23 ℃下使用0.25 Mmol $K_2Cr_2O_7$来定量海洋沉积物中的PCM，并确定稳定的C同位素组成情况，以及分离出的PCM放射性碳活性。研究得出的结论是，在较高温度下的反应速率更快，而在两个温度下计算得出的PCM浓度相似，但放射性碳测量的精度在23 ℃时较高。Song等（2002）在Lim和Cachier（1996）的试验流程中添加了溶剂萃取和碱萃取，以从土壤、沉积物和生物炭中分离脂质和腐殖质酸组分，从而进行单独表征。

此后，在一系列试验条件下重铬酸盐氧化技术已广泛用于对土壤中PCM的分离、定量（Rumpel et al., 2006; Knicker et al., 2007; Hammes et al., 2007; Meredith et al., 2012），以及抗性成分的定量分析（Hammes et al., 2007; Calvelo Pereira et al., 2011; Ascough et al., 2011; Meredith et al., 2012; Naisse et al., 2013）。显然，重铬酸盐氧化技术可以为PCM成分的测定提供一种有用的测量技术。其显著优势在于，分离出的材料可以通过其他技术进一步分析，包括稳定同位素（源）、核磁共振（NMR）光谱法（成分）、放射性碳（定年）。

但是，重铬酸盐氧化技术在应用方面存在一些问题尚未解决。第一个问题是在纯PCM内重铬酸盐的氧化似乎不会发生。Bird和Gröcke（1997）指出，在基本不含PCM的南极海洋沉积物样本中，一小部分OC在重铬酸盐的氧化中存续了下来，但是其在碱性过氧化物溶液中很容易被氧化。Knicker等（2007）发现，尽管缩短氧化时间至6 h，但从植物和土壤样本中提取的疏水性化合物（链烷烃和长链碳氢化合物）都能抵抗重铬酸盐的氧化。Meredith 等（2013）使用氢热解技术检验了 Song 等（2002）的土壤样品中重铬酸盐的氧化残留物，结果表明氧化后的残留物中 12.2% 的碳易受氢热解的影响。使用 GC/MS 对氢热解产物进行分析，结果表明，其中 70% 可能是热源性的 PAHs；Hypy 的鉴定结果显示，非黑炭组分中 31.3% 的质量（或 PCM 中 3.7% 的 C 被重铬酸盐氧化，然后利用溶剂和碱萃取）由疏水性长链烃组成，它们很可能是非热源性（微生物）生物脂质和表皮蜡的成分。

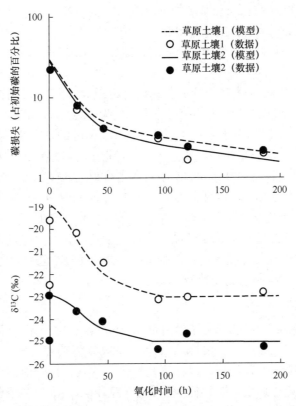

图24.3 两种经过重铬酸盐氧化的草原土壤（数据来自Bird和Gröcke于1997发表的文章）的碳损失和C同位素组成（$\delta^{13}C$值）［将数据建模为3个组成部分：不稳定SOC（70%，$T_{1/2}$ = 0.1 h；土壤1 = −23.5‰，土壤2 = −26‰）、抗SOC或不稳定PCM（26%，$T_{1/2}$ = 10 h；土壤1 = −18.4‰，土壤2 = −22.5‰）；抗PCM（4%，$T_{1/2}$ = 150 h；土壤1 = −23‰，土壤2 = −25‰）］

第二个问题可以由图 24.2 中的数据显示，Hammes 等（2007）对此进行了讨论，即使用了各种不同的方案，不同试验报告的同一项土壤标准的各项数值仍然相差了 6 倍。这并不奇怪，因为这些用于测量同一标准样品的条件范围差距较大（Hammes et al., 2007; Meredith et al., 2012），其中氧化剂浓度范围为 0.1～0.5 Mmol，而氧化时间为 10 min～400 h，氧化温度范围为 22.5～80 ℃。从上面的讨论可以明显得出专门研究土壤或各种 PCM 材料中 OC 和 PCM 氧化动力学的条件（Bird and Gröcke, 1997; Song et al., 2002）。这些条件为非 PCM 的最佳去除提供了基础，而对 PCM 的去除效果很差，这与稳定同位素测量中所证明的一致（Bird and Gröcke, 1997）。

步骤1：样品初步制备需要进行初步尺寸分级或压碎，然后在105 ℃下干燥去除水分。

步骤2：在室温下使用6 Mmol HCl去除碳酸盐，并放置过夜。

步骤3：在22 Mmol HF：6 Mmol HCl为2：1的混合物中进行硝化以脱去矿质（聚四氟乙烯，温度不低于60 ℃放置过夜），然后在60 ℃下用6 Mmol HCl处理以去除氟化物。

步骤4：去除疏水性有机化合物。Song等（2002）在甲醇：丙酮：苯为2：3：5的条件下进行了索氏萃取，但是其他溶剂结合超声处理或加速溶剂萃取也可能实现脂质的有效去除。

步骤5：如果需要对腐殖质酸萃取物进行单独定量测量，则可以使用0.1 Mmol NaOH在室温下进行隔夜萃取，但这对于分离PCM不是必需的。

步骤6：在55～60 ℃下，在0.1 Mmol $K_2Cr_2O_7$/2 Mmol H_2SO_4 中硝化60～72 h以去除非PCM有机碳。

在这些范围内选择的条件对分析不会有显著的影响，在72 h内进行常规分析较为方便。这些步骤结束后剩余的C可通过元素分析量化为PCM的含量。

上述重铬酸盐氧化过程为土壤和生物炭中PCM丰度的估计提供了有效的操作基础，并且可以在大多数化学实验室内轻松实施。对于特定土壤环境中的生物炭，上述方案中残留的疏水性化合物可能仅是分离的PCM样品中非常微小的一部分。重铬酸盐氧化技术的优势在于，它有相当多且不断增多的文献作为支撑，并且由于PCM与所有其他成分相隔离，因此可用于进一步分析化学结构和同位素组成。该技术的主要缺点是整个过程会涉及多个步骤，包括使用诸如HF之类的化学药品，这些化学药品存在严重的健康和安全隐患。还应该注意的是，重铬酸盐氧化技术会将低凝聚的PCM（PCM也可能受到环境退化的影响）氧化，因此其偏向于分析测量高凝聚的PCM。

2. 紫外线光氧化

Skjemstad等（1993）最早开发了紫外线（UV）光氧化技术，用于检测与矿物聚集体结合而受到遮蔽的SOC组分。Skjemstad等（1996）将功率更大的2.5 kW光氧化剂与NMR和扫描电子显微镜结合使用，以检测光氧化后的残留物。他们得出的结论是，残渣中有高达30%的C来自PyC，其中细小的颗粒（粒径<53 μm）在馏分中占很大比例（高达88%）。

Skjemstad等（1999）使用一种优化的紫外线光氧化技术直接估算了土壤中PyC的含量。该技术包括：用HF对一定大小的分馏土壤样品进行脱矿从而浓缩有机成分；然后将其在氧气饱和的水中光氧化2 h；最后将处理后样品的CP-MAS^{13}C NMR信号与来自同一样品的Bloch Decay NMR信号进行校准，以校准PyC的芳基-C峰的指示，同时校准样品中残留木质素衍生的O-芳基峰的干扰。另外，CP-MAS ^{13}C NMR技术可以更快速地测量样品中的PyC。

正如Skjemstad等（1999）所指出的，该技术"对炭和木质素的分布和化学性质做出了许多假设，因此不能简单地将其视为定量测试"。但是，这些假设是较为保守的，因此可以将此估算值视为"实际"PyC的最小值。与Schmidt等（2001）测定土壤中PyC的技术进行对比的结果表明，对于大多数样品，紫外线光氧化技术测得的PyC比其他化学技术或热技术高2～3倍。在Hammes等（2007）的对比研究中，与其他技术相比，紫外线光氧化技术成功量化了PCM样品中的PyC，并且在土壤样品的上限范围内得到了合理的结果，这与紫外线光氧化技术的温和性质相一致，并且具有和 NMR 一样量化所有芳香族 C 的能力。但是，紫外线光氧化技术无法区分 PCM 中的 PyC 和某些干扰物质（如煤）。

紫外线光氧化技术的主要优点是，它可以在广泛的 PCM 中测量芳香族 C；其缺点是，它只能在同一个实验室内进行，依赖专门的设备，还依赖不同样本之间的校准。紫外线光氧化技术已用于校准其他技术，如中红外光谱技术（Mid-Infrared Spectroscopy；Janik et al., 2007），这样的校准反过来又被用来证明 PyC 对澳大利亚 SOC 汇的重大贡献（通常为 10%～30%，最高可达 80%；Lehmann et al., 2008）。

3. 过氧化物氧化

Smith 等（1973，1975）首先使用碱性过氧化氢溶液氧化海洋沉积物中的有机物，以便通过红外光谱技术定量碳单质 PyC。以此为基础，几位研究人员开发了碱性（NaOH 或 KOH）过氧化物处理技术，从一系列沉积物中分离出 PCM，从而量化随时间变化的沉积物中的 PyC 含量，通常将酸处理（HCl）、HF 脱矿和密度分离中的一种或多种结合起来，然后通过燃烧生成 CO_2 或颗粒进行定量（Rose, 1990; Emiliani et al., 1991）。Wolbach 和 Anders（1989）的报道显示，由于碱性过氧化物试剂相对不稳定，因此他们放弃了最初的试验，转而采用重铬酸盐处理。尽管该技术尚未在标准土壤材料上进行测试，但 Wu 等（1999）的一项研究发现，该技术确实有潜力作为土壤中 PCM 的定量技术。Cross 和 Sohi（2013）还使用了过氧化氢作为试剂，以加速生物炭样品的老化。

4. 亚氯酸钠氧化

Simpson 和 Hatcher（2004）测试了一种技术，其中使用乙酸溶液中的亚氯酸钠（$NaClO_2$）来氧化木质素和其他非 PCM 的芳香族化合物，并通过 NMR 定量分析残留在样品中的 PyC 组分。该技术可以区分 PyC 和非 PyC，包括土壤中的 PyC。只有一个研究报道了 Hammes 等（2007）的环形比对试验结果，结果表明 PyC 受到了试剂的强烈破坏，但所报道的土壤标准值与使用其他氧化技术得出的结果相似。Hammes 等（2007）得出的结论是，该技术有一定的使用价值，但仍需要进一步发展，并且 NMR 定量分析相对昂贵。De la Rosa 等（2008a）发现，该技术在处理沿海和河口沉积物方面表现良好。

5. 四氧化钌氧化

四氧化钌（RTO）是一种强氧化剂，长期以来一直用于氧化有机物。RTO 通常在室温下用于各种试验，尤其是用于分析煤和碳氢化合物（Berkowitz and Rylander, 1958）。该技术尚未应用于 PyC 定量的测量，但多项研究已经证明，RTO 释放出的某些稠合芳香环（大小为 3～37 个环）可能源自 PCM（Ikeya et al., 2011），并且氧化后的残留成分中已成功检测出 PyC（Quénéa et al., 2005）。这项技术对土壤中 PyC 的定量分析有一定的潜力。

6. 硝酸氧化

Verardo（1997）提出了一种简单、快速的硝酸氧化技术，用于定量分析海洋沉积物中的 PyC。硝酸氧化技术的原理是，在 50 ℃下逐滴向相同温度的热板上银杯中的样品添加浓硝酸，每次添加完后将其蒸发至干燥；预处理完成后，通过元素分析确定样品中的 C 含量。该技术由于简单且快速而具有较高吸引力。然而，Bird 和 Cali（1998）发现，以前通过重铬酸盐氧化技术测量 OC 含量小于 1% 的南极海洋沉积物样品时，对其使用原位硝酸氧化技术后，50% 的 PyC 得到还原。Middelburg 等（1999）得出结论，简单的硝酸氧化明显会高估海洋沉积物中的 PyC 含量。需要注意的是，硝酸氧化技术在用于定量分析土壤中的生物炭 PyC 之前，必须先使用土壤材料进行进一步的验证。

24.4.3 热技术

1. 烧失量（LOI）

LOI 是指，在加热炉中对已称重的样品进行一段时间的加热，并将观察到的质量损失归因于样品中的有机物。LOI 长期以来被用于近似测量 SOC 含量（Ball, 1964）。LOI 的测定在 375～850 ℃变化很大，根据分析目的的不同，测定时间从数十分钟到数小时不等。由于在相同温度范围内黏土矿物更容易流失其中的结构水，因此用 LOI 确定 SOC 含量会很复杂，这可能会带来一些问题，尤其是在富含黏土的土壤中。

Koide 等（2011）专门对 LOI 测定技术进行了改进以用于生物炭研究。他们使用该技术在含有或未含有生物炭的土壤中对 LOI 进行测定，整个过程在马弗炉中 550 ℃下持续 4 h。土壤样品中生物炭的质量可以由含有生物炭的土壤样品的 LOI、"纯"土壤（不包括生物炭）的 LOI、纯生物炭的 LOI 来计算。该技术要求提供生物炭处理前且具有代表性的土壤样本，以及添加了生物炭的土壤样本。该技术的效果还取决于土壤和生物炭的 LOI 随时间推移是否稳定，Koide 等（2011）的研究在 15 个月内就出现了这种情况，但是他们认为这些假设可能并不适用于所有土壤或生物炭，因为生物炭的化学性质会随着时间变化，这会影响所有技术的测定结果。

尽管如此，由于该技术成本较低、易于实施，因此具有一定的价值。该技术非常适合研究将生物炭作为土壤改良剂添加进土壤"之前"和"之后"的情况。

2. 化学热氧化（CTO）

CTO 最初是为了量化沉积物和气溶胶中的煤焦和煤烟 PCM 而开发的。Winkler（1985）在 450～500 ℃下对残渣的 LOI 测定了 3 h，然后通过对 Laird 和 Campbell（2000）硝酸氧化技术的改进，得出了一种简单的硝酸硝解技术。Cachier 等（1989）开发了一种简单的热技术来定量气溶胶样品中的烟灰 PyC。该热技术通过将样品暴露于 HCl 烟气来脱碳，然后在 340 ℃下通过 2 h 的纯氧气流去除 OC，最后通过燃烧生成 CO_2 来确定剩余的 PyC。

Kuhlbusch（1995）扩展了从生物质燃烧残渣中定量 PCM 热的技术。该技术添加了初始酸（HCl 和 HNO_3）和碱（NaOH）萃取，在 340 ℃下通过在纯氧气中暴露 2 h，将 PyC 与剩余 OC 分离，最后通过元素分析仪定量 PyC。

这项被称为 CTO-375 的技术最初由 Gustafsson 等（1996）提出，并用于从沉积物中分离烟尘 PyC。在原始技术中，OC 是在 375 ℃的马弗炉中热解 24 h 去除的，脱碳后通过元素分析仪确定烟灰 PyC 组分。Gustafsson 等（2001）在包含或不包含 PCM 的一系列样本上验证了该技术。

Gélinas 等（2001）指出，任何热技术都有从 OC 产生 PyC 的风险，因而会导致得出的 PyC 含量出现正偏差。为了将产生 PyC 的风险降至最低，研究者在热处理之前增加了其他化学操作步骤。首先，使用 HF 或 HCl 对样品进行脱矿；然后，用三氟乙酸和 HCl 对有机物进行水解处理。在这些预处理之后，将样品在 375 ℃ 的空气中热处理 24 h，处理后剩余的 PyC 由元素分析仪定量分析。虽然这种技术确实降低了加热过程中样品碳化的风险，但在洗涤过程中损失了部分疏水性煤烟组分（Elmquist et al., 2004）。

CTO-375 技术自最初开发以来已经进行了大量的测试和验证。Elmquist 等（2004）使用标准添加方法推断，与样品中的氯离子和金属阳离子的催化接触导致氧化反应增强，天然样品中的煤烟 PyC 可能被低估。Elmquist 等（2006）没有在天然炭中检测到 PyC，这归因于与矿物的催化反应，以及焦炭 PCM 比煤烟 PCM 具有更大的内表面积，使氧气和颗粒表面接触面增大。Agarwal 和 Bücheli（2011）对该方法进行了改进，将温度调整到 375 ℃，并测试了该技术在富含有机物的土壤样品中的使用情况。

在相同的样本上使用 CTO-375 技术和其他技术进行比较研究（Schmidt et al., 2001; Hammes et al., 2007），已经确认 CTO 技术可以定量 PCM 中最凝聚的成分，并且可以区分 PCM 和其他干扰物质，但是无法量化凝聚较少的 PCM，例如，在大多数生物炭和土壤中发现的 PCM（Nguyen et al., 2004; Elmquist et al., 2006）。CTO-375 技术的最新对比研究表明，CTO-375 技术对纯烟灰 PyC 具有良好的定量效果，但是掺入自然土壤的烟灰的回收率范围很广（15%~270%；Roth et al., 2012）。该研究还报道了相同样品的系统差异，这些差异与使用管式炉和马弗炉的氧气渗透率有关。

总之，CTO-375 技术的优点是：流程规划合理且明确，操作较少，设备常见且工艺条件易于精度控制。CTO-375 技术的缺点是：仅限于分析 PCM 的高凝聚组分，并且可能由于基体受催化氧化的不同程度而被低估，也可能由于碳化程度而被高估。CTO-375 技术已被用于量化在全球采集的土壤样品中的 PCM（Bücheli et al., 2004; Nam et al., 2009; Agarwal and Bücheli, 2011; Hamilton and Hartnett, 2013）。另外，利用 CTO-375 技术可以分离出 PyC，从而可以进行下一步的形态或同位素组成分析（Zencak et al., 2007; Song et al., 2012）。

3. 热重分析－差示扫描量热技术（TGA-DSC）

热重分析用来测量样品在受控条件下受热时的质量损失，而差示扫描量热技术用来测量组成样品的化合物在放热或吸热分解时放出或吸收的能量。TGA-DSC 已被广泛用于表征纯的矿物、有机化合物或复杂的混合物，如土壤。热重分析和差示扫描量热技术的结合使人们能够确定矿物和有机成分的相对贡献，并可以根据分解温度对有机成分进行定量。Lopez-Capel 等（2005）利用 TGA-DSC 对 SOC 馏分中的多个有机成分进行了分析测试，发现与 SOC 馏分相对应的多个有机成分都可以被检测出来。Leifeld（2007）研究了 TGA-DSC 定量和定性分析土壤和纯 PCM 材料中 PyC 的潜力。在恒定的气流量下，将样品逐渐加热至 600 ℃，并以峰值和 50% 的燃烧温度、峰高和反应总热量估算样品中 PCM 的稳定性（见图 24.4）。另外，研究者使用标准添加技术对样品进行评估，研究发现，520 ℃ 或大于 520 ℃ 时的热量完全来自 PCM，并且只要 PCM 含量高于 SOC 含量的 3%，就可以有效地定量土壤中的 PCM 含量。De la Rosa 等（2008b）发现，"难熔有机物"（包括在 475~650 ℃ 下由 TGA-DSC 峰值定量得到的 PCM）与由 NMR 技术定量得到的 SOC 芳香族的成分（尽管无法明确区分出 PCM）存在较好的一致性。

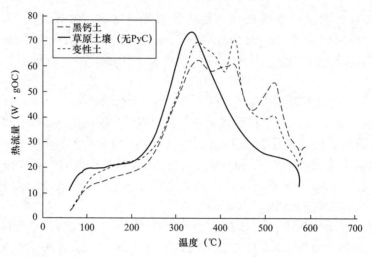

图24.4 黑钙土（长虚线）、变性土（短虚线）和不带PCM的草原土壤（实线）的TGA-DSC温度谱图［温度峰值较低时（<400 ℃）为SOC，温度峰值高于400 ℃时（存在时）为不同热稳定性的PCM；Leifeld，2007］

由于只有 Hammes 等（2007）进行了环形比对试验研究，因此无法确定 TGA-DSC 在不同实验室之间的可重复性 Hammes 等（2007）得出的结论是，TGA-DSC 因简单的操作或许就能检测到所有的 PyC，而具有一定潜力，但它可能会高估 OC 含量较低的土壤中的 PyC，而且会在一些不含 PyC 的材料中检测到 PyC。虽然 TGA-DSC 没有分离 PyC，但 Manning 等（2008）已经证明，可以在演化过程中确定 C 同位素组成 CO_2，该技术在土壤样品中 SOC 的来源识别方面将显示出相当强大的潜力（De la Rosa et al., 2008 b）。

4. 热光透射率/反射率

热光透射率/反射率（TOT/R）最初是为了从大气气溶胶样品中分离、定量 OC 和元素碳而开发的。该技术在不同比例氦气和氧气的混合气体中，在滤纸上以 800 ℃ 加热样品。在分析过程中产生的 CO_2 会被转化为甲烷，使用火焰电离检测器对其进行定量分析。由于碳化不可避免，因此在整个分析过程中会不断监测激光的反射率（或透射率），用于校准有机化合物的原位碳化，从而可以量化样品中的 PyC（Chow et al., 1993）。近年来，该技术已用于测定气溶胶样品中 OC 和 PyC 的 C 同位素组成（Huang et al., 2006），并成功地区分了焦炭的 PyC 和烟灰的 PyC（Han et al., 2007a）。

Han 等（2007b）将该技术扩展到土壤和沉积物的测量中，包括使用 HCl 和 HF 脱矿，并将残留物沉积在一个过滤盘上进行 TOT/R 分析。研究结果发现，该技术的可重复性一般在 10% 左右，土壤和沉积物的浓度与利用 CTO-375 技术获得的结果成正相关。Zhan 等（2013）使用标准添加法来确认 TOT/R 分析是否可用于测量黄土样品中的 PCM，发现结果与在相同样品中利用 CTO-375 技术得到的结果成正相关。Zhan 等（2012）使用 TOT/R 分析证明了中国黄土高原大范围土壤中的 PCM 丰度（0.02～5.5 g·kg^{-1}；SOC 含量为 2%～37%，随着深度的增加而降低），结果显示烟尘 PCM 与煤焦 PCM 的丰度在样本集合中成正相关。

在 Hammes 等（2007）的环形比对试验中，在 4 个实验室中使用了 TOT/R 技术，虽然不同实验室之间的可重复性在合理范围内，但事实上很难实现样品在过滤器上的均匀分布。该研究还报道了一些已知的不含 PyC 的标准，其中包括页岩、黑色素和煤的大量"错误数据"。在标准土壤中，TOT/R 分析的结果与其他技术得到的结果具有可比性。在 TOT/R 分析可以普遍应用于生物炭相关的土壤研究之前，还需要进一步开发减少"错误数据"的技术。

5. 氢热解（Hypy）

Hypy 技术是一项相对较新的技术，最初用于萃取包括煤和油页岩在内的不稳定成分，以便进行详细表征（Love et al., 1995）。Ascough 等（2009）首次将 Hypy 技术作为 PyC 定量和分离的潜在技术进行了测试。

Hypy 技术以相对缓慢的升温速率（8～550 ℃·min^{-1}）进行热解，在高氢压力（>150 bar）的辅助下，用分散的硫化钼催化剂将不稳定碳与耐高温 PyC 分离。研究表明，热不稳定材料的转化率为 100%，主要产物为二氯甲烷可熔油。PyC 如果存在于样品中，它将不受 Hypy 技术的影响，可以在反应器中萃取后进行表征。研究还表明，Hypy 技术会产生较多的碳氢化合物（Love et al., 1997），其优点是可以在分子水平上分别识别和表征样品中的不稳定 PyC 成分（Ascough et al., 2010）。

Meredith 等（2012）使用 Hypy 技术测量了 Hammes 等（2007）环形比对试验样本中的 PyC。研究发现：①除了与 PyC 成分相似的高级煤，Hypy 技术成功地去除了其他所有干扰物质；②对于包括土壤在内的所有样品，Hypy 技术的结果都在其他方法获得的结果范围之内；③该分析可重复性很高，差距在 ±0.5%。研究还发现，Hypy 技术分离出的 PyC 成分可以推断出大于 7 个芳香环的多环芳香族化合物（与聚苯乙烯沸点 525 ℃ 一致）。

在生物炭的固碳潜力背景下，通过 Hypy 技术分离出的 PyC 成分很可能在土壤中百年甚至千年保持稳定，较小的热源性 PAHs 更易被微生物降解（Juhasz et al., 2000; Juhasz and Naidu, 2000; Seo et al., 2009）。图 24.9 显示了被 Hypy 技术识别为 PyC 的木源生物炭成分，并将其与使用 NMR、BPCA 技术生成的相同材料的结果进行了对比（Wurster et al., 2013）。NMR 和 BPCA 技术都能测量样品中大部分的多酚化合物，因此，在较低的温度下比 Hypy 技术测量的 PyC 浓度更高，随着热解温度的升高，测量的 PyC 浓度增大，这一趋势在所有技术中都是相似的。在 600 ℃ 以上时，生物炭中约 90% 的 C 在 Hypy 技术处理下是稳定的。

Wurster 等（2012）使用了生物炭和一系列不同 C 同位素组成的有机基质的混合物，测试了 Hypy 技术去除所有不稳定碳的能力，并通过 Hypy 技术确定了分离的 PCM 成分。研究发现，微量污染的中位数仅为原始 OC 总量的 0.5%，在经过 Hypy 技术处理后仍然存在。只要残留的 PyC 占样品中 OC 总量的 4% 以上，就可以对这种残留污染物的 PyC 丰度进行校准，并且不会影响 C 同位素组成的计算。在生物炭相关研究中应满足这些条件。

Hypy 技术几乎不需要任何化学反应，并且过程很快，它在所有测量 PyC 的技术中可以进行最精确的分离。如果需要对 PyC 的所有成分进行完全定量，则可以使用 Hypy 技术进行详细表征（Meredith et al., 2013）。特别是对于被封存的生物炭，Hypy 技术的 PyC（在环形尺寸 >8 个的多环芳香族化合物中的 C）很可能与已存在几百年甚至上千年的稳定生物炭成分相似。目前，使用 Hypy 技术的主要局限性在于，2013 年与之相关的 9 家单位里只有 3 家单位从事对生物炭的研究。

6. Rock-Eval 热解技术

Rock-Eval 热解技术最初是为石油勘探而设计的，其无须进行任何预处理即可自动筛查大量岩石和沉积物样品中所含的碳氢化合物。在使用该技术时，样品首先在惰性气体中加热到 650 ℃，然后在含氧环境下加热到 850 ℃，并在整个加热过程中持续监测碳氢化合物、CO 和 CO_2 的释放。

Oen 等（2006）首次研究报道了 CTO-375 技术与 Rock-Eval 热解技术测定的 PyC 结果之间的相关性。Poot 等（2009）使用 Hammes 等（2007）进行的环形比对试验标准评估了该技术用于量化数据的潜力，并提出了两种可能的 PyC 测量技术：①基于氧化过程中 C 的释放率（%RC；耐火材料炭）；②基于使用纯氧化技术氧化 50% 碳时的温度（$T_{50\%}$）。研究发现，这两种测量技术与 Hammes 等（2007）使用的 CTO-375 技术测量焦炭 PyC、烟灰和气溶胶标准品的结果密切相关，这表明该方法可以定量 PCM 中最难熔的成分，并且该技术测定了 PyC 中的一种重要成分——吡醇，这说明样品在加热期间的碳化是一个问题。但是，该技术并未在试验中用于标准土壤样品，因此该技术对土壤中 PyC 定量测定的适用性还有待评价。

7. 多元素扫描热分析（MESTA）

MESTA 技术是指，在封闭的石英管中，以恒定的加热速度在可操控的气体环境下将样品从室温逐渐加热到 800 ℃，样品中的挥发性 C、N 和 S 成分被阻隔于高温石英管中，然后根据它们在整个加热循环中的逸出量对它们各自的氧化物进行持续定量分析（Hsieh, 2007）。

Hsieh 和 Bugna（2008）对多种材料进行了测量，以优化 PyC 分析技术，包括对应 Hammes 等（2007）的一些环形比对试验标准，然后根据结果初步得出结论：550 ℃ 以上 C 的释放可以认为来源于 PyC。与其他几项技术类似，MESTA 技术在烟尘等高凝聚材料中也能准确地鉴定 PyC，但由于难以从木材和草炭中发现 PyC，因此其更适合分析"顽固的" PyC，如残留在烟灰中的 PyC 等。PyC 可能在土壤中保留上百年，因此人们对生物炭封存的相关研究可能更感兴趣。在标准土壤样品的环形比对试验中，MESTA 技术得出 PyC 的丰度更高，这进一步表明了 MESTA 技术对土壤中生物炭的研究潜力。

8. 热梯度（ThG）技术

在 ThG 技术中，将样品放置在管式炉中，并在恒定的氧气流下逐步加热到 1000 ℃，使用红外探测器连续监测 CO_2 和水分的损失（Schwartz, 1995）。Roth 等（2012）评估了 ThG 技术用于定量 PyC，其结果显示：一方面，低估了煤烟中的 PyC 含量；另一方面，严重高估了土壤混合物中 PyC 的含量。虽然 ThG 技术的简易性具有吸引力，但是在实际应用 ThG 技术之前还需要进一步的研究。

24.4.4 光谱技术

1. 核磁共振波谱（NMR）

NMR 利用特定原子核的磁性来获得有机分子的化学结构和环境信息。Barron 等（1980）首次利用 ^{13}C 交叉极化结合魔角旋转核磁共振技术（HR/MAS）对土壤有机质的化学结构进行了检测,证明了烷基、邻烷基和芳香族基团可以根据特征化学位移来分辨。自那时起,将交叉极化(CP)、直接极化(DP)NMR 技术应用于土壤中天然有机质的研究已取得巨大的进步。例如,利用分子混合模型(MMM)可以估计土壤中的碳水化合物、蛋白质、木质素、脂肪族化合物和 PCM,并判断含量最大的有机质的生物分子含量(Nelson and Baldock, 2005)。因此,结合元素分析与 MMM 可以对土壤中的 PCM 进行半定量测定。

PyC 主要由多芳香(芳基)碳组成,这意味着,对木质素邻芳基的干扰进行校准,NMR 就可以用于量化土壤中的 PyC(Skjemstad et al., 1996)。由于信号的稀释及顺磁性矿物相的干扰,在未经处理的土壤中通常无法实现 PyC 的定量分析(Smernik et al., 2000)。NMR 对 PyC 的定量分析可以利用另一种技术对材料进行预处理实现。Skjemstad 等(1999)和 Smernik 等(2000)对材料进行脱矿和紫外线光氧化后进行 NMR 定量;Knicker 等(2008)对材料进行脱矿、重铬酸盐氧化和 NMR 组合处理,成功测定了巴西草原土壤中的 PyC。McBeath 等(2011)将 NMR 技术扩展为通过测量 ^{13}C 苯吸附到 PyC 上的化学迁移,确定了 PyC 中芳香族团的大小。这项技术还没有应用于从土壤中化学分离或热分离 PCM。

NMR 的主要优点是,能够对 PyC 中的所有芳香族簇进行定量分析,并提供样品中有机成分性质的详细信息。其缺点是,比较昂贵,通常需要与一种或多种其他技术结合使用,而每种技术都会在分析过程中产生潜在偏差。

2. 中红外光谱(MIR)

MIR 可以测量样品中红外辐射的透射率或吸光度。由于单个化学键能对特征波数的刺激产生响应,因而能够通过参考其他方法(如 NMR)生成的校准曲线来进行量化。该技术是 Smith 等 1973 年首次对海洋沉积物中的 PCM 进行研究时开发的(使用了一种涉及碱性过氧化物氧化的技术,见前文),随后进行了深入发展,以提高特征波数下碳单质 PCM 的吸光度(Smith et al., 1975)。长期以来,MIR 也一直被用来表征 SOC(Skjemstad et al., 1993)。

Haaland 和 Thomas(1988)的偏最小二乘回归技术已经发展了 20 多年,其已被用于表征 SOC(Janik and Skjemstad, 1995)。Janik 等(2007)使用 MIR 来测定奥地利和肯尼亚土壤样品中的颗粒 OC 和木炭 PyC,并与紫外线光氧化技术测得的值进行校准($0 \sim 11\ g \cdot kg^{-1}$)来定量分析(见图 24.5)。Zimmermann 等(2007)对粒度分级材料进行

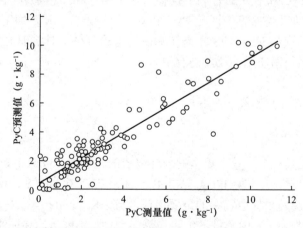

图24.5　MIR预测的PyC值与紫外线光氧化技术测量得到的PyC值之间的关系
（数据来自Janik et al., 2007）

亚氯酸盐氧化后，使"顽固"SOC 成分得到浓缩，并使用 MIR 对 111 个土表样品进行了定量分析后认为其中包含 PyC 的"顽固"SOC 成分。Bornemann 等（2008）利用 BPCA 技术校准的 MIR 成功预测了 300 个土壤样品中的 PyC，并提出 BPCA 标记苯丙酸的 MIR 预测可以作为凝结 PyC 的一种测量方法。

MIR 的优势在于，具有快速、廉价及可用于预测包括 PyC 在内的多种土壤组分丰度。其缺点在于，PyC 和 SOC 中的官能团之间存在相似性（Bellon-Maurel and McBratney, 2011），需要用其他 PyC 量化技术得的结果进行校准。目前，业界尚无针对土壤中 PyC 的全球通用的校准方法（Roth et al., 2012）。为了获得最佳结果，可能需要创建一个专门针对特定研究区域土壤的校准数据库。

3. 芘荧光损失（PFL）

Flores-Cervantes 等（2009）研究了使用 PFL 在一系列样本类型中量化 PyC 的可能性。该技术利用了某种形式的 PyC 吸附多环芳香族化合物的特性，测量当芘被吸附到样品中的 PyC 时，掺入固体样品悬浮液中芘的荧光信号的损失。Hammes 等（2007）在环形比对试验中使用标准生物炭和土壤样品通过 PFL 得出的 PyC 估算值，明显高于通过 CTO-375 技术得出的 PyC 估算值，但作者认为 CTO-375 技术仅能测量浓缩的 PyC。因此，样品中的 PyC 仅占总 PyC 的一小部分。但是，在某些情况下，用 PFL 测量得出的土壤和焦炭标准物的丰度比 Hammes 等（2007）研究中使用各种技术确定的丰度至少高 1 个数量级，因此在将该技术用于研究土壤中的生物炭之前需要对其进行进一步的验证。

4. 近边 X 射线吸收精细结构（NEXAFS）光谱技术

NEXAFS 光谱法使用强力的同步加速器产生的偏振 X 射线探测样品表面（10～100 nm），以获得原子局部键合环境的吸收光谱。Keiluweit 等（2010）使用 NEXAFS 光谱技术和许多其他技术来量化生物炭化学结构随制备温度的变化，发现其从较低温度下的非晶态多芳香族形态变化为较高温度下的无序石墨晶体。Heymann 等（2011）利用 NEXAFS 光谱技术对 Hammes 等（2007）的 PyC 环形比对试验中使用的样品进行分析，发现 NEXAFS 光谱技术可用于鉴别 PyC 参照样品中的特征芳香族碳。NEXAFS 光谱技术还被成功用于区分 PyC 和潜在的有机干扰物（如干酪根和黑色素），但是由于吸收光谱的相似性，其无法在烟煤或褐煤中区分 PyC 和 C。虽然通过 NMR 确定了芳香烃碳丰度的相关性，但作者认为在将 NEXAFS 光谱技术视为定量分析工具之前，还需要进一步研究，而且目前可供该光谱技术使用的仪器尚有限。

24.4.5　分子标记技术

1. 苯多甲酸（BPCA）

BPCA 是一类由具有 1～6 个羧基的苯环组成的化合物。Glaser 等（1998）首先提出，BPCA 可用于定量 PyC，因为 BPCA 是在 PyC 氧化时产生的（Shafizadeh and Sekiguchi, 1983），并且是 SOC 腐殖质提取物中的重要组成部分。Schneider 等（2010）从 PyC（Haumaier and Zech, 1995；见图 24.6）中测量了生物炭热序列中的 BPCA，并证明了随着生物炭制备温度升高，每个苯环上羧基取代数不断增多，多芳香族簇的尺寸不断增大。

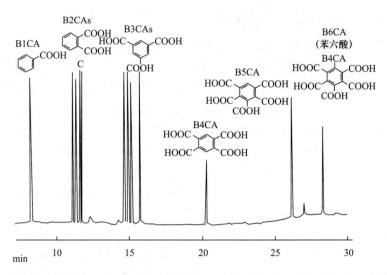

图24.6 BPCA中化合物样品B1CA~B6CA的气相色谱图，柠檬酸标准品标记为"C"（由Glaser等于1998年修改）

Brodowski 等（2005）改进了 Glaser 等（1998）的原始方法，以消除已知的人为干扰。

目前常用的消除干扰的方法包括：在 105 ℃下用 4 Mmol 三氟乙酸（TFA）消解去除 Fe 和 Al，然后在 170 ℃下用硝酸将 PyC 氧化 8 h，并将其转化为 BPCA；使用离子交换树脂去除阳离子，然后将萃取物冷冻干燥，再用气相色谱技术测定三甲基硅基衍生物中的 BPCA 含量。Glaser 等（1998）、Brodowski 等（2005）都使用柠檬酸作为标准品，但 Schneider 等（2010）建议使用邻苯二甲酸，因为邻苯二甲酸在酸性溶液中更稳定，并且在结构上与 BPCA 更类似。高效液相色谱技术也可以量化 BPCA，其优点是不需要进行衍生化，使用范围更广泛（Dittmar, 2008; Schneider et al., 2011; Wiedemeier et al., 2013）。

BPCA 技术的优点是：可以测量 PyC 成分的凝聚程度，可以获取相对比例较大的 PyC，可以进一步分析分离出的 BPCA 化合物的稳定碳和放射性碳同位素的组成，从而获得其来源或时间等信息（Glaser and Knorr, 2008; Rodionov et al., 2010; Ziolkowski and Druffel, 2010）。BPCA 技术已被用于检验天然生物炭老化过程的动力学（Abiven et al., 2011），研究发现其所得数据与 MIR 光谱提供的数据具有合理的相关性（Bornemann et al., 2008）。

BPCA 技术同样存在缺点。Hammes 等（2007）发现，3 个不同实验室分析含 PyC 的环形比对试验标准的结果产生了 2 倍差异，而且在已知不含 PyC 的样品中测量出了显著的 PyC 含量。在生物炭固存的背景下，BPCA 技术还有其他缺点，即最稠合芳族碳的成分（可能在百年时间尺度上保持稳定）不受硝酸氧化的影响，因此 BPCA 技术低估了 PyC 的总丰度，并且未能鉴定出非多芳香族 PCM。Glaser 等（1998）使用校准系数为 2.27 的单个因子来解释这个问题，但是 Schneider 等（2010）指出，该因子很可能会因原料类型和热解温度不同而产生较大的差异，Kaal 等（2008b）也认为该因子对于老化和部分解聚的土壤 PyC 来说太小了。Glaser 和 Knorr（2008）还发现，从土壤中分离出来的 BPCA 有多达 25% 是同位素标记的 C。因此，它们不是热源的，而是真菌衍生的类 PyC 化合物。

2. 热解气相色谱－质谱（Py-GC-MS）

Py-GC-MS 能热解大分子，这些大分子在其最薄弱的地方裂解，形成更容易挥发的小分子，这些小分子能保留其来源信息。这些小分子被扫入气相色谱仪进行分离和定量分析，然后通过质谱进行鉴定。González-Vila 等（2001）证明，利用 Py-GC-MS 可以获得有用的结构和遗传信息。相关研究表明，Py-GC-MS 可以作为详细检验多种来源的 PCM 成分的强大工具（Song and Peng, 2010; Nocentini et al., 2010; Kaal et al., 2012），并可以检验热蚀程度（De la Rosa et al., 2008b; Kaal and Rumpel, 2009; Fabbri et al., 2012）、土壤中 PyC 的自然老化程度（Kaal, 2008b; Calvelo Pereira et al., 2013）、刀耕火种农业生产的 PyC 组成（Rumpel et al., 2007），以及 PyC 衍生化合物对 SOC 和 SOC 的碱溶性成分的贡献（Kaal et al., 2008a）。

Py-GC-MS 具有显著的优势，它可以提供复杂混合物的详细结构信息（见图 24.7），并且适合对 PCM 本身进行表征，或者表征在 500 ℃下制备的生物炭 PCM（Kaal et al., 2012）。大部分 PyC 在所处的热解条件下是稳定的，因此无须进行进一步的分析。Py-GC-MS 在研究含有生物炭的土壤时存在的缺点是，该技术只能粗略地定量 PyC 丰度，可能会遗漏缩合 PyC。一个复杂的问题是，分析之前的热解步骤可能会产生少量 PyC 分子（Sáiz-Jiménez, 1994; Kaal and Rumpel, 2009），这增大了通过 Py-GC-MS 检验 PCM 的不确定性，特别是在 PyC 含量较低的土壤中。

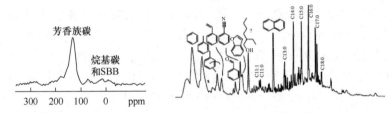

图24.7 经脱矿和重铬酸盐氧化后，老挝农业土壤（FF）中PCM的CP-MAS-NMR连续谱图（左）和总离子热解色谱图（右），显示了样品中PyC、脂肪族化合物的相对丰度和化学组成范围（由Kaal和Rumpel于2009年修改）

3. 内醚糖

MSimoneit 等（1999）证明，内醚糖是一种仅由纤维素热解形成的单糖，它存在于气溶胶中，可作为涉及纤维素的生物质燃烧的特定标记物。Kuo 等（2008）研究了内醚糖在环境介质中量化 PyC 的可能性。他们发现，这种化合物只存在于在 350 ℃以下形成的焦炭中，而在相同温度下形成的样品中，其丰度在不同种类之间差异很大。这意味着该技术不能用于定量分析，但其确实对低温样品中的纤维素衍生的 PCM 提供了有用的标记。Knicker 等（2013）的研究结果表明，该化合物可以被微生物有效降解，因此其不太可能在土壤中长期存在。

24.5 结论

生物炭在缓解气候变化，以及增强土壤恢复力和作物产力方面表现出潜在能力。过去十年间，越来越多的研究集中在开发定量分析和隔离生物炭 PCM 的工具方面。本章所讨论的许多技术最初都是在土壤科学之外开发的，其经过调整后用于与生物炭有关的研究中，显然没有一种技术是万能的。每种技术都针对 PyC 的不同成分，从相对不稳定的 PyC 成分到最稠密的 PyC 组成部分。因此，技术的选择应该依赖项目的特定需求，这些特定需求也存在一个平衡点，这个平衡点需要充分考虑技术的精确性、成本、复杂性和适用性。表 24.1 总结了每种技术的特征，并设计了一个决策树为特定应用选择最合适的技术（见图 24.8）。

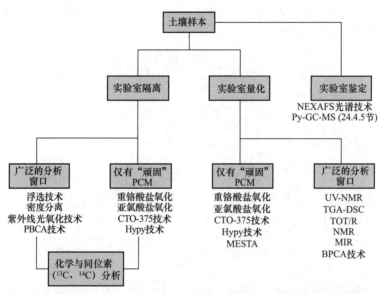

图24.8　选择适当分析技术的决策树（可以根据项目要求在该决策树中选择适当的分析技术，其中仅包括那些相对普遍使用和已被验证的土壤PCM技术；更多详细信息请参见相关部分）

从一些相互比较的研究（Schmidt et al., 2001; Hammes et al., 2007; Roth et al., 2012; Meredith et al., 2012）中可以看出，现有技术对相同标准材料的 PyC 的估算存在很大差异。这种差异的主要原因是不同技术会对 PyC 的不同组成部分进行测量，但在复杂的矩阵计算中，也有一些技术在量化同一种 PyC 的能力方面存在差异。同样值得注意的是，随着时间推移，老化和环境退化可能会逐渐改变生物炭的比例（这些生物炭被大多数技术量化为 PyC）（Kaal et al., 2008b; Calvelo Pereira et al., 2013）。

相互进行比较的研究也表明，即使使用相同的标准和技术，不同实验室获得的结果也可能存在显著差异（见图 24.2）。这种实验室间的差异可能有两个来源：首先，许多技术涉及多个预处理步骤，每个预处理步骤都可能使实验室得出的结果出现偏差；其次，大多数技术虽然可能大致相似，但它们仍然缺乏一致的定义和操作方案，导致尽管所用试剂大致相似，但样品与试剂之间的浓度、温度和接触时间可能不相同。这些问题可以通过在每个实验室实施常规化的标准来解决。例如，黑炭环形比对试验（Hammes et al., 2007）所制定的标准，以便该实验室的结果可以放在更广泛的领域进行讨论。在理想情况下，这些方案应在所有实验室标准化，但这显然不太可能，因为这需要改变所有的技术，以适应特定样品的类型，并且其取决于实验的主要目标——分离或量化。

在与土壤有关的生物炭研究背景下，添加到土壤中的生物炭通常具有相对较大的粒径,这意味着普通的技术(如筛分、浮选、密度分离)可能足以从土壤基质中分离生物炭来进行分析,尤其是在缺乏分析基础设施的田地中。这些简单的技术可能足以满足大部分项目的需求。MIR技术最有希望成为量化土壤中生物炭"通用"的、快速的、低成本的技术,但需要注意的是,可能需要在不同地点进行特异性校准,这必然涉及另一种技术。此时,BPCA(所有芳香族PyC,最稠密的聚芳香族PyC组分除外)、Hypy(所有环数大于7的聚芳香族PyC)和NMR(所有芳香族PyC)具有最广泛的应用前景,因为这些技术可以对PyC的大部分组分进行清晰的定义和可重复的测量,因而能够校准MIR技术。当然,这些技术在测试同一种样品时并没有得出相同的PyC丰度,特别是在较低温度下慢速热解制备的生物炭中,如图24.9所示。

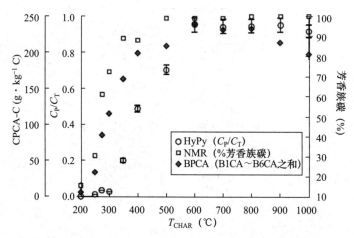

图24.9 通过使用相同栗木原料制备的生物炭的热序列,经过BPCA、Hypy和NMR的分析和定义,确定生物炭的PyC比例(Wurster et al.,重绘于2013年)

表24.1 不同PCM测试或分离技术的比较

技术	优点	缺点	IQC	通道	成本
物理分离技术					
浮选技术	·实施简单且廉价 ·所需设备少	·无法轻松量化精细材料 ·耗时较长	I(Q)	H	L
密度分离技术	·易于实施 ·所需设备少	·无法轻松量化精细材料 ·会造成污染 ·通常还需要其他物理或化学分离步骤	I(Q)	H	L
化学技术					
重铬酸盐氧化	·广泛使用且经过标准测试 ·可分离和定量	·需要脱矿 ·需要多个处理步骤 ·没有具体的标准 ·无法消除疏水性化合物	IQ	M	M
紫外线光氧化	·经过标准测试 ·已成为其他技术(如MIR)校准的基础	·需要专业设备 ·需要脱矿 ·需要多个处理步骤 ·定量需要依赖NMR	(I)Q	L	M

（续表）

技术	优点	缺点	IQC	通道	成本
过氧化物氧化	• 可以提供可靠的结果，但只能在其他样品类型上验证	• 没有具体的标准 • 未经过土壤测试	IQ	M	M
亚氯酸盐氧化	• 经过标准测试 • 易于实施 • 可分离和定量	• 没有具体的标准 • 需要多个处理步骤 • 消除疏水性化合物的能力未知	IQ	M	M
四氧化钌氧化	• 在室温下就可以发生氧化	• 未经过土壤测试	IQ	M	M
硝酸氧化	• 简单快速 • 设备广泛可用	• PCM与OC的隔离性差 • 未经过土壤测试	IQ	M	M
热技术					
LOI	• 易于实施且价格便宜 • 所需设备少	• 可能需要特定地点的校准 • 需要假设SOC没有变化	Q	M	M
CTO	• 有全面的测试标准 • 易于实施 • 严格控制工艺条件 • 能较好地量化高度凝聚PCM的成分 • 可分离和定量	• 分析结果受氧气流量/炉子条件影响 • 可能涉及多个处理步骤 • 由于矩阵效应/碳化，可能会导致估值的不足或过高 • 对较低凝聚的PCM不敏感	(I) Q	L	M
TGA–DSC	• 分析简单、快速 • 仪器广泛可用 • 所需的处理步骤少	• 结果的解释需要专业知识 • 对于某些样品中的OC和PCM分离不完全	Q	L	M
TOT/R	• 对气溶胶样品经过彻底测试 • 可隔离和量化	• 需要脱矿 • 需要专业的设备和知识 • 对于某些样品中的OC和PCM分离不完全	Q	H	L
Hypy	• 能较好地量化冷凝式PCM的成分 • 通过标准测试 • 所需的处理步骤少 • 可分离和定量	• 可能碳化 • 虽然可以商购，但仪器较为少见	IQC	L	M
Rock-Eval 热解技术	• 广泛使用的技术 • 所需的处理步骤少	• 并非总能将PCM和OC完全分离	Q	H	L
MESTA	• 能提供有关PCM中N和H的信息 • 所需的处理步骤少	• 虽然可以商购，但仪器较为少见 • 需要专业知识 • 并非总能将PCM和OC完全分离	QC	L	H
ThG技术	• 所需的处理步骤少 • 仪器广泛可用	• 在土壤中表现不佳	Q	L	M
光谱技术					
NMR	• 对标准进行过广泛测试 • 可测出有机成分（包括PCM）的详细信息	• 需要脱矿 • 需要专业知识和设备	QC	L	H
MIR	• 所需的处理步骤少 • 仪器广泛可用 • 非破坏性的	• 依靠其他技术校准 • 需要进行特定地点的校准 • 结果的解释需要专业知识	QC	M	L
PFL	• 非破坏性的	• 在土壤中表现不佳	(Q)	M	L

（续表）

技术	优点	缺点	IQC	通道	成本
NEXAFS 光谱技术	• 可能进行详细的化学标记识别 • 吸收光谱仅取决于局部键合环境 • 非破坏性的	• 目前研究基础有限 • 结果的解释需要专业知识	(Q) C	L	H
分子标记技术					
BPCA	• 经过标准测试 • 有标准的方案 • 可分离和定量 • 可提供PCM的详细化学特性	• 需要脱矿 • 处理步骤较多 • 需要专业的知识和设备 • 无法测量大多数凝聚的PCM成分	IQC	L	H
Py–GC–MS	• 可提供有关PCM成分的详细信息	• 需要专业的知识和设备 • 分析过程中有可能碳化 • 无法测量大多数凝聚的PCM成分	C	L	H
内醚糖	• 纤维素燃烧的专用标记	• 可能改变生产率 • 在土壤中保存不良	C	M	H

注：“T”—隔离，"Q"—定量，"C"—化学成分，"H"—高，"M"—中，"L"—低。

参考文献

Abiven, S., Hengartner, P., Schneider, M. P., et al. Pyrogenic carbon soluble fraction is larger and more aromatic in aged charcoal than in fresh charcoal[J]. Soil Biology and Biochemistry 2011, 43: 1615-1617.

Agarwal, T. and Bücheli, T. D. Adaptation, validation and application of the chemo-thermal oxidation method to quantify black carbon in soils[J]. Environmental Pollution, 2011, 159: 532-538.

Arnold, J. R. and Libby, W. F. Age determinations by radiocarbon content: Checks with samples of known age[J]. Science, 1949, 110: 678-680.

Ascough, P. L., Bird, M. I., Brock, F., et al. Hydropyrolysis as a new tool for radiocarbon pre-treatment and the quantification of black carbon[J]. Quaternary Geochronology, 2009, 4: 140-147.

Ascough, P., Bird, M. I., Meredith, W., et al. Hydropyrolysis: Implications for radiocarbon pre-treatment and characterization of Black Carbon[J]. Radiocarbon, 2010, 52: 1336-1350.

Ascough, P. L., Bird, M. I., Francis, S. M., et al. Variability in oxidative degradation of charcoal: Influence of production conditions and environmental exposure[J]. Geochimica et Cosmochimica Acta, 2011, 75: 2361-2378.

Ball, D. F. Loss-on-ignition as an estimate of organic matter and organic carbon in non-calcareous soils[J]. Journal of Soil Science, 1964, 15: 84-92.

Barron, P. F., Wilson, M. A., Stephens, J. F., et al. Cross-polarization ^{13}C NMR spectroscopy of whole soils[J]. Nature, 1980, 286: 585-587.

Bellon-Maurel, V. and McBratney, A. Near-infrared (NIR) and mid-infrared (MIR) spectroscopic techniques for assessing the amount of carbon stock in soils–Critical review and research perspectives[J]. Soil Biology and Biochemistry, 2011, 43: 1398-1410.

Berkowitz, L. M. and Rylander, P. N. Use of ruthenium tetroxide as a multipurpose oxidant[J]. Journal of the American Chemical Society, 1958, 80: 6682-6684.

Bird, M. I. and Cali, J. A. A million-year record of fire in sub-Saharan Africa[J]. Nature, 1998, 394: 767-769.

Bird, M. I. and Gröcke, D. R. Determination of the abundance and carbon isotope composition of elemental carbon in sediments[J]. Geochimica et Cosmochimica Acta, 1997, 61: 3413-3423.

Bird, M. I., Moyo, C., Veenendaal, E. M., et al. Stability of elemental carbon in a savanna soil[J]. Global Biogeochemical Cycles, 1999, 13: 923-932.

Bird, M. I., Veenendaal, E. M., Moyo, C., et al. Effect of fire and soil texture on soil carbon in a sub-humid savanna (Matopos, Zimbabwe)[J]. Geoderma, 2000, 94: 71-90.

Bird, M. I., Turney, C. S. M., Fifield, L. K., et al. Radiocarbon analysis of the early archaeological site of Nauwalabila I, Arnhem Land, Australia: Implications for sample suitability and stratigraphic integrity[J]. Quaternary Science Reviews, 2002, 21: 1061-1075.

Bodner, C. C. and Rowlett, R. M. Separation of bone, charcoal, and seeds by chemical flotation[J]. American Antiquity, 1980, 45: 110-116.

Boone, R. D., Grigal, D. F., Sollins, P., et al. Soil sampling, preparation, archiving, and quality control[M]. New York: Oxford University Press, 1999, 3-28.

Bornemann, L., Welp, G., Brodowski, S., et al. Rapid assessment of black carbon in soil organic matter using mid-infrared spectroscopy[J]. Organic Geochemistry, 2008, 39: 1537-1544.

Brodowski, S., Rodionov, A., Haumaier, L., et al. Revised black carbon assessment using benzene polycarboxylic acids[J]. Organic Geochemistry, 2005, 36: 1299-1310.

Bücheli, T. D., Blum, F., Desaules, A. and Gustafsson, Ö. Polycyclic aromatic hydrocarbons, black carbon, and molecular markers in soils of Switzerland[J]. Chemosphere, 2004, 56: 1061-1076.

Budai, A., Zimmerman, A. R., Cowie, A. L., et al. Justification for the "Standard test method for estimating biochar stability (BC+100)" in T. Koper, P. Weisberg, A. Lennie, K. Driver, H. Simons, M. Rodriguez, D. Reed, S. Jirka and John Gaunt (eds) Methodology for Biochar Projects, Version 1. 0, American Carbon Registry[M]. 2013: 104-129.

Cachier, H., Bremond, M. P. and Buat-Ménard, P. Determination of atmospheric soot carbon with a simple thermal method[J]. Tellus B, 1989, 41: 379-390.

Calvelo Pereira, R., Kaal, J., Camps Arbestain, M., et al. Contribution to characterisation of biochar to estimate the labile fraction of carbon[J]. Organic Geochemistry, 2011, 42: 1331-1342.

Calvelo Pereira, R., Camps Arbestain, M., Kaal, J., et al. Detailed carbon chemistry in charcoals from pre-European Māori gardens of New Zealand as a tool for understanding biochar stability in soils[J]. European Journal of Soil Science, 2013, 65: 83-95.

Chow, J. C., Watson, J. G., Pritchett, L. C., et al. The DRI thermal/optical reflectance carbon analysis system: Description, evaluation and applications in US air quality studies[J]. Atmospheric Environment Part A. General Topics, 1993, 27: 1185-1201.

Cross, A. and Sohi, S. P. A method for screening the relative long-term stability of biochar[J]. Global Change Biology-Bioenergy, 2013, 5: 215-220.

De la Rosa, J. M., González-Pérez, J. A., Hatcher, P. G., et al. Determination of refractory organic matter in marine sediments by chemical oxidation, analytical pyrolysis and solid-state ^{13}C nuclear magnetic resonance spectroscopy[J]. European Journal of Soil Science, 2008a, 59: 430-438.

De la Rosa, J. M., Knicker, H., Lopez-Capel, E., et al. Direct detection of black carbon in soils by Py-GC-MS, carbon-13 NMR spectroscopy and thermogravimetric techniques[J]. Soil Science Society of America Journal, 2008b, 72: 258-267.

Dittmar, T. The molecular level determination of black carbon in marine dissolved organic matter[J]. Organic Geochemistry, 2008, 39: 396-407.

Ellert, B. H. and Bettany, J. R. Calculation of organic matter and nutrients stored in soils under contrasting management regimes[J]. Canadian Journal of Soil Science, 1995, 75: 529-538.

Elmquist, M., Gustafsson, O. and Andersson, P. Quantification of sedimentary black carbon using the chemothermal oxidation method: An evaluation of ex situ pre-treatments and standard additions aroaches[J]. Limnology and Oceanography: Methods, 2004, 2: 417-427.

Elmquist, M., Cornelissen, G., Kukulska, Z. and Gustafsson, Ö. Distinct oxidative stabilities of char versus soot black carbon: Implications for quantification and environmental recalcitrance[J]. Global Biogeochemical Cycles, 2006, 20.

Emiliani, C., Price, D. A. and Seipp, J. Is the post-glacial artificial? in H. P. Taylor, J. R. ONeil and I. R. Kaplan (eds) Stableisotope Geochemistry: A Tribute to Samuel Epstein[M]. Geochemical Society Special Publications, 1991, 3: 229-231.

Fabbri, D., Torri, C. and Spokas, K. A. Analytical pyrolysis of synthetic chars derived from biomass with potential agronomic application (biochar) relationships with impacts on microbial carbon dioxide production[J]. Journal of Analytical and Applied Pyrolysis, 2012, 93: 77-84.

Flores-Cervantes, D. X., Reddy, C. M. and Gschwend, P. M. Inferring black carbon concentrations in particulate organic matter by observing pyrene fluorescence losses[J]. Environmental Science and Technology, 2009, 43: 4864-4870.

Gélinas, Y., Prentice, K. M., Baldock, J. A. and Hedges, J. I. An improved thermal oxidation method for the quantification of soot/graphitic black carbon in sediments and soils[J]. Environmental Science and Technology, 2001, 35: 3519-3525.

Glaser, B. and Birk, J. J. State of the scientific knowledge on properties and genesis of Anthropogenic Dark Earths in Central Amazonia (terra preta de Índio)[J]. Geochimica et Cosmochimica Acta, 2012, 82: 39-51.

Glaser, B. and Knorr, K. H. Isotopic evidence for condensed aromatics from non-pyrogenic sources in soils: Implications for current methods for quantifying soil black carbon[J]. Rapid Communications in Mass Spectrometry, 2008, 22: 935-942.

Glaser, B., Haumaier, L., Guggenberger, G. and Zech, W. Black carbon in soils: The use of benzenecarboxylic acids as specific markers[J]. Organic Geochemistry, 1998, 29: 811-819.

Glaser, B., Balashov, E., Haumaier, L., et al. Black carbon in density fractions of anthropogenic soils of the Brazilian Amazon region[J]. Organic Geochemistry, 2000, 31: 669-678.

González-Vila, F. J., Tinoco, P., Almendros, G., et al. Pyrolysis-GC-MS analysis of the formation and degradation stages of charred residues from lignocellulosic biomass[J]. Journal of Agricultural and Food Chemistry, 2001, 49: 1128-1131.

Gumerman IV, G. and Umemoto, B. S. The siphon technique: An addition to the flotation process[J]. American Antiquity, 1987, 52: 330-336.

Gustafsson, Ö., Haghseta, F and Chan, C. Quantification of the dilute sedimentary soot phase: Implications for PAH speciation and bioavailability[J]. Environmental Science and Technology, 1996, 31: 203-209.

Gustafsson, Ö., Bücheli, T. D., Kukulska, Z., et al. Evaluation of a protocol for the quantification of black carbon in sediments[J]. Global Biogeochemical Cycles, 2001, 15: 881-890.

Haaland, D. M. and Thomas, E. V. Partial least-squares methods for spectral analyses. 1. Relation to other quantitative calibration methods and the extraction of qualitative information[J]. Analytical Chemistry, 1988, 60: 1193-1202.

Hamilton, G. A. and Hartnett, H. E. Soot black carbon concentration and isotopic composition in soils from an arid urban ecosystem[J]. Organic Geochemistry, 2013, 59: 87-94.

Hammes, K., Schmidt, M. W., Smernik, R. J., et al. Comparison of quantification methods to measure fire-derived (black/elemental) carbon in soils and sediments using reference materials from soil, water, sediment and the atmosphere[J]. Global Biogeochemical Cycles, 2007, 21, GB3016.

Han, Y., Cao, J and Chow, J. C. Evaluation of the thermal/optical reflectance method for discrimination between char-and soot-EC, Chemosphere, 2007a, 69: 569-574.

Han, Y., Cao, J., An, Z., et al. Evaluation of the thermal/optical reflectance method for quantification of elemental carbon in sediments[J]. Chemosphere, 2007b, 69: 526-533.

Haumaier, L. and Zech, W. Black carbon−Possible source of highly aromatic components of soil humic acids[J]. Organic Geochemistry, 1995, 23: 191-196.

Heymann, K., Lehmann, J., Solomon, D., et al. C 1s K-edge near edge X-ray absorption fine structure (NEXAFS) spectroscopy for characterizing functional group chemistry of black carbon[J]. Organic Geochemistry, 2011, 42: 1055-1064.

Hsieh, Y. P. A novel multi-elemental scanning thermal analysis (MESTA) method for the identification and characterization of solid substances[J]. Journal of AOAC International, 2007, 90: 54-59.

Hsieh, Y. P. and Bugna, G. C. Analysis of black carbon in sediments and soils using multi-element scanning thermal analysis (MESTA)[J]. Organic Geochemistry, 2008, 39: 1562-1571.

Huang, L., Brook, J. R and Zhang, W. Stable isotope measurements of carbon fractions (OC/EC) in airborne particulate: A new dimension for source characterization and apportionment[J]. Atmospheric Environment, 2006, 40: 2690-2705.

Ikeya, K., Hikage, T., Arai, S. and Watanabe, A. Size distribution of condensed aromatic rings in various soil humic acids[J]. Organic Geochemistry, 2011, 42: 55-61.

Janik, L. J. and Skjemstad, J. O. Characterization and analysis of soils using mid-infrared partial least-squares. 2. Correlations with some laboratory data[J]. Australian Journal of Soil Research, 1995, 33: 637-650.

Janik, L. J., Skjemstad, J. O., Shepherd, K. D. et al. The prediction of soil carbon fractions using mid-infrared-partial least square analysis[J]. Australian Journal of Soil Research, 2007, 45: 73-81.

Juhasz, A. L. and Naidu, R. Bioremediation of high molecular weight polycyclic aromatic hydrocarbons: A review of the microbial degradation of benzo a pyrene[J]. International Journal of Biodeterioration and Biodegradation, 2000, 45: 57-88.

Juhasz, A. L., Stanley, G. A. and Britz, M. L. Microbial degradation and detoxification of high molecular weight polycyclic aromatic hydrocarbons by Stenotrophomonas maltophilia strain VUN 10,003[J]. Letters in Applied Microbiology, 2000, 30: 396-401.

Kaal, J. and Rumpel, C. Can pyrolysis-GC/MS be used to estimate the degree of thermal alteration of black carbon?[J]. Organic Geochemistry, 2009, 40: 1179-1187.

Kaal, J., Martínez-Cortizas, A., Nierop, K. G., et al. A detailed pyrolysis-GC/MS analysis of a black carbon-rich acidic colluvial soil (Atlantic ranker) from NW Spain[J]. Applied Geochemistry, 2008a, 23: 2395-2405.

Kaal, J., Brodowski, S., Baldock, J. A., et al. Characterisation of aged black carbon using pyrolysis-GC/MS, thermally assisted hydrolysis and methylation (THM), direct and cross-polarisation ^{13}C nuclear magnetic resonance (DP/CP NMR) and the benzenepolycarboxylic acid (BPCA) method[J]. Organic Geochemistry, 2008b, 39: 1415-1426.

Kaal, J., Schneider, M. P. and Schmidt, M. W. Rapid molecular screening of black carbon (biochar) thermosequences obtained from chestnut wood and rice straw: A pyrolysis-GC/MS study[J]. Biomass and Bioenergy, 2012, 45: 115-129.

Keiluweit, M., Nico, P. S., Johnson, M. G. and Kleber, M. Dynamic molecular structure of plant biomass-derived black carbon (biochar)[J]. Environmental Science and Technology, 2010, 44: 1247-1253.

Kenward, H. K., Hall, A. R. and Jones, A. K. G. A tested set of techniques for the extraction of plant and animal macrofossils from waterlogged archaeological deposits[J]. Science and Archaeology, 1980, 22: 3-15.

Kloss, S., Sass, O., Geitner, C., et al. Soil properties and charcoal dynamics of burnt soils in the Tyrolean Limestone Alps[J]. Catena, 2012, 99: 75-82.

Knicker, H., Müller, P. and Hilscher, A. How useful is chemical oxidation with dichromate for the determination of "Black Carbon" in fire-affected soils?[J]. Geoderma, 2007, 142: 178-196.

Knicker, H., Wiesmeier, M. and Dick, D. P. A simplified method for the quantification of pyrogenic organic matter in grassland soils via chemical oxidation[J]. Geoderma, 2008, 147: 69-74.

Knicker, H., Hilscher, A., de la Rosa, J. M., et al. Modification of biomarkers in pyrogenic organic matter during the initial phase of charcoal biodegradation in soils[J]. Geoderma, 2013, 197: 43-50.

Koide, R. T., Petprakob, K. and Peoples, M. Quantitative analysis of biochar in field soil[J]. Soil Biology and Biochemistry, 2011, 43: 1563-1568.

Kuhlbusch, T. A. J. Method for determining black carbon in residues of vegetation fires[J]. Environmental Science and Technology, 1995, 29: 2695-2702.

Kuo, L. J., Herbert, B. E. and Louchouarn, P. Can levoglucosan be used to characterize and quantify char/charcoal black carbon in environmental media?[J]. Organic Geochemistry, 2008, 39: 1466-1478.

Laird, L. D. and Campbell, I. D. High resolution palaeofire signals from Christina Lake, Alberta: A comparison of the charcoal signals extracted by two different methods[J]. Palaeogeography, Palaeoclimatology, Palaeoecology, 2000, 164: 111-123.

Lehmann, J., Skjemstad, J., Sohi, S., et al. Australian climate-carbon cycle feedback reduced by soil black carbon[J]. Nature Geoscience, 2008, 1: 832-835.

Leifeld, J. Thermal stability of black carbon characterised by oxidative differential scanning calorimetry[J]. Organic Geochemistry, 2007, 38: 112-127.

Lim, B. and Cachier, H. Determination of black carbon by chemical oxidation and thermal treatment in recent marine and lake sediments and Cretaceous Tertiary clays[J]. Chemical Geology, 1996, 131: 143-154.

Lopez-Capel, E., Sohi, S. P., Gaunt, J. L., et al. Use of thermogravimetry-differential scanning calorimetry to characterize modelable soil organic matter fractions[J]. Soil Science Society of America Journal, 2005, 69: 136-140.

Love, G. D., Snape, C. E., Carr, A. D., et al. Release of covalently-bound alkane biomarkers in high yields from kerogen via catalytic hydropyrolysis[J]. Organic Geochemistry, 1995, 23: 981-986.

Love, G. D., McAulay, A., Snape, C. E., et al. Effect of process variables in catalytic hydropyrolysis on the release of covalently bound aliphatic hydrocarbons from sedimentary organic matter[J]. Energy and Fuels, 1997, 11: 522-531.

Major, J. A guide to conducting biochar trials[J]. International Biochar Initiative, 2009.

Major, J., Rondon, M., Molina, D., et al. Maize yield and nutrition during 4 years after biochar application to a Colombian savanna oxisol[J]. Plant and Soil, 2010a, 333: 117-128.

Major, J., Lehmann, J., Rondon, M., et al. Fate of soil-applied black carbon: Downward migration, leaching and soil respiration[J]. Global Change Biology, 2010b, 16: 1366-1379.

Manning, D. A., Lopez-Capel, E., White, M. L., et al. Carbon isotope determination for separate components of heterogeneous materials using coupled thermogravimetric analysis/isotope ratio mass spectrometry[J]. Rapid Communications in Mass Spectrometry, 2008, 22: 1187-1195.

Masiello, C. A., Druffel, E. R. M. and Currie, L. A. Radiocarbon measurements of black carbon in aerosols and ocean sediments[J]. Geochimica et Cosmochimica Acta, 2002, 66: 1025-1036.

Matson, F. R. Charcoal concentration from early sites for radiocarbon dating[J]. American Antiquity, 1955,

21: 162-169.

McBeath, A. V., Smernik, R. J., Schneider, M. P., et al. Determination of the aromaticity and the degree of aromatic condensation of a thermosequence of wood charcoal using NMR[J]. Organic Geochemistry, 2011, 42: 1194-1202.

Meredith, W., Ascough, P. L., Bird, M. I., et al. Assessment of hydropyrolysis as a method for the quantification of black carbon using standard reference materials[J]. Geochimica et Cosmochimica Acta, 2012, 97: 131-147.

Meredith, W., Ascough, P. L., Bird, M. I., et al. Direct evidence from hydropyrolysis for the retention of long alkyl moieties in black carbon fractions isolated by acidified dichromate oxidation[J]. Journal of Analytical and Applied Pyrolysis, 2013, 103: 232-239.

Michel, K., Terhoeven-Urselmans, T., Nitschke, R., et al. Use of near- and mid-infrared spectroscopy to distinguish carbon and nitrogen originating from char and forest-floor material in soils[J]. Journal of Plant Nutrition and Soil Science, 2009, 172: 63-70.

Middelburg, J. J., Nieuwenhuize, J. and van Breugel, P. Black carbon in marine sediments[J]. Marine Chemistry, 1999, 65: 245-252.

Naisse, C., Alexis, M., Plante, A., et al. Can biochar and hydrochar stability be assessed with chemical methods?[J]. Organic Geochemistry, 2013, 60: 40-44.

Nam, J. J., Sweetman, A. J. and Jones, K. C. Polynuclear aromatic hydrocarbons (PAHs) in global background soils[J]. Journal of Environmental Monitoring, 2009, 11: 45-48.

Nelson, P. N. and Baldock, J. A. Estimating the molecular composition of a diverse range of natural organic materials from solid-state ^{13}C NMR and elemental analyses[J]. Biogeochemistry, 2005, 72: 1-34.

Nguyen, T. H., Brown, R. A. and Ball, W. P. An evaluation of thermal resistance as a measure of black carbon content in diesel soot, wood char, and sediment[J]. Organic Geochemistry, 2004, 35: 217-234.

Nguyen, B. T., Lehmann, J., Kinyangi, J., et al. Long-term black carbon dynamics in cultivated soil[J]. Biogeochemistry, 2008, 89: 295-308.

Nocentini, C., Guenet, B., Di Mattia, E., et al. Charcoal mineralisation potential of microbial inocula from burned and unburned forest soil with and without substrate addition[J]. Soil Biology and Biochemistry, 2010, 42: 1472-1478.

Oen, A. M., Breedveld, G. D., Kalaitzidis, S., et al. How quality and quantity of organic matter affect polycyclic aromatic hydrocarbon desorption from Norwegian harbor sediments[J]. Environmental Toxicology and Chemistry, 2006, 25: 1258-1267.

Piper, C. S. Organic matter. in C. S. Piper (ed.) Soil and Plant Analysis. A Laboratory Manual of Methods for the Examination of Soils and the Determination of the Inorganic Constituents of Plants[M]. Australia: Adelaide, The University of Adelaide,1942, 213-229.

Poot, A., Quik, J. T., Veld, H., et al. Quantification methods of Black Carbon: Comparison of Rock-Eval analysis with traditional methods[J]. Journal of Chromatography A, 2009, 1216: 613-622.

Quénéa, K., Derenne, S., González-Vila, F. J., et al. Study of the composition of the macromolecular refractory fraction from an acidic sandy forest soil (Landes de Gascogne, France) using chemical degradation and electron microscopy[J]. Organic Geochemistry, 2005, 36: 1151-1162.

Rodionov, A., Amelung, W., Peinemann, N., et al. Black carbon in grassland ecosystems of the world[J]. Global Biogeochemical Cycles, 2010, 24: GB3013.

Roth, P. J., Lehndorff, E., Brodowski, S., et al. Differentiation of charcoal, soot and diagenetic carbon in soil: Method comparison and perspectives[J]. Organic Geochemistry, 2012, 46: 66-75.

Rumpel, C., Alexis, M., Chabbi, A., et al. Black carbon contribution to soil organic matter composition in tropical sloping land under slash and burn agriculture[J]. Geoderma, 2006, 130: 35-46.

Rumpel, C., González-Pérez, J. A., Bardoux, G., et al. Composition and reactivity of morphologically distinct charred materials left after slash-and-burn practices in agricultural tropical soils[J]. Organic Geochemistry, 2007, 38: 911-920.

Sáiz-Jiménez, C. Production of alkylbenzenes and alkylnaphthalenes upon pyrolysis of unsaturated fatty acids[J]. Naturwissenschaften, 1994, 81: 451-453.

Schmidt, M. W. and Noack, A. G. Black carbon in soils and sediments: Analysis, distribution, implications, and current challenges[J]. Global Biogeochemical Cycles, 2000, 14: 777-793.

Schmidt, M. W., Knicker, H., Hatcher, P. G., et al. Airborne contamination of forest soils by carbonaceous particles from industrial coal processing[J]. Journal of Environmental Quality, 2000, 29: 768-777.

Schmidt, M. W., Skjemstad, J. O., Czimczik, C., et al. Comparative analysis of black carbon in soils[J]. Global Biogeochemical Cycles, 2001, 15: 163-167.

Schneider, M. P., Hilf, M., Vogt, U. F., et al. The benzene polycarboxylic acid (BPCA) pattern of wood pyrolyzed between 200 ℃ and 1000 ℃ [J]. Organic Geochemistry, 2010, 41: 1082-1088.

Schneider, M. P., Smittenberg, R. H., Dittmar, T., et al. Comparison of gas with liquid chromatography for the determination of benzenepolycarboxylic acids as molecular tracers of black carbon[J]. Organic Geochemistry, 2011, 42: 275-282.

Schollenberger, C. J. A rapid approximate method for determining soil organic matter[J]. Soil Science, 1927, 24: 65-68.

Schreiner, O. and Brown, M. P. Occurrence and nature of carbonized material in soil[J]. US Bureau of Soils Bulletin, 1912, 90: 5-28.

Schwartz, V. Fractionated combustion analysis of carbon in forest soils: New possibilities for the analysis and characterization of different soils[J]. Fresenius Journal of Analytical Chemistry, 1995, 351: 629-631.

Seo, J. S., Keum, Y. S. and Li, Q. X. Bacterial degradation of aromatic compounds[J]. International Journal of Environmental Research and Public Health, 2009, 6: 278-309.

Shafizadeh, F. and Sekiguchi, Y. Development of aromaticity in cellulosic chars[J]. Carbon, 1983, 21: 511-516.

Simoneit, B. R., Schauer, J. J., Nolte, C. G., et al. Levoglucosan, a tracer for cellulose in biomass burning and atmospheric particles[J]. Atmospheric Environment, 1999, 33: 173-182.

Simpson, M. J. and Hatcher, P. G. Determination of black carbon in natural organic matter by chemical oxidation and solid-state ^{13}C nuclear magnetic resonance spectroscopy[J]. Organic Geochemistry, 2004, 35: 923-935.

Skjemstad, J. O., Janik, L. J., Head, M. J., et al. High energy ultraviolet photo-oxidation: A novel technique for studying physically protected organic matter in clay- and silt-sized aggregates[J]. Journal of Soil Science, 1993, 44: 485-499.

Skjemstad, J. O., Clarke, P., Taylor, J. A., et al. The chemistry and nature of protected carbon in soil[J]. Australian Journal of Soil Research, 1996, 34: 251-271.

Skjemstad, J. O., Taylor, J. A. and Smernik, R. J. Estimation of charcoal (char) in soils[J]. Communications in Soil Science and Plant Analysis, 1999, 30: 2283-2298.

Smernik, R. J., Skjemstad, J. O. and Oades, J. M. Virtual fractionation of charcoal from soil organic matter using solid state ^{13}C NMR spectral editing[J]. Australian Journal of Soil Research, 2000, 38: 665-683.

Smith, D. M., Griffin, J. J. and Goldberg, E. D. Elemental carbon in marine sediments: A baseline for burning[J]. Nature, 1973, 241: 268-270.

Smith, D. M., Griffin, J. J. and Goldberg, E. D. Spectrophotometric method for the quantitative determination of elemental carbon[J]. Analytical Chemistry, 1975, 47: 233-238.

Sohi, S. P., Mahieu, N., Arah, J. R., et al. A procedure for isolating soil organic matter fractions suitable for modeling[J]. Soil Science Society of America Journal, 2001, 65: 1121-1128.

Song, J. and Peng, P. A. Characterisation of black carbon materials by pyrolysis-gas chromatography-mass spectrometry[J]. Journal of Analytical and Alied Pyrolysis, 2010, 87: 129-137.

Song, J., Peng, P. A. and Huang, W. Black carbon and kerogen in soils and sediments. 1. Quantification and characterization[J]. Environmental Science and Technology, 2002, 36: 3960-3967.

Song, J., Huang, W. and Peng, P. A. Stability and carbon isotope changes of soot and char materials during thermal oxidation: Implication for quantification and source aointment[J]. Chemical Geology, 2012, 330-331: 159-164.

Struever, S. Flotation techniques for the recovery of small-scale archaeological remains[J]. American Antiquity, 1968, 33: 353-362.

Trumbore, S. E. and Zheng, S. Comparison of fractionation methods for soil organic matter ^{14}C analysis: ^{14}C and soil dynamics: special section[J]. Radiocarbon, 1996, 38: 219-229.

Vasilyeva, N. A., Abiven, S., Milanovskiy, E. Y., et al. Pyrogenic carbon quantity and quality unchanged after 55 years of organic matter depletion in a Chernozem[J]. Soil Biology and Biochemistry, 2011, 43: 1985-1988.

Veilleux, M. H., Dickens, A. F., Brandes, J. et al. Density separation of combustion-derived soot and petrogenic graphitic black carbon: Quantification and isotopic characterization[C]. in IOP Conference Series: Earth and Environmental Science, IOP Publishing, 2009, 5: 012010.

Verardo, D. J. Charcoal analysis in marine sediments[J]. Limnology and Oceanography, 1997, 42: 192-197.

Walkley, A. and Black, I. A. An examination of the Degtjareff method for determining soil organic matter, and a proposed modification of the chromic acid titration method[J]. Soil Science, 1934, 37: 29-38.

Wiedemeier, D. B., Hilf, M. D., Smittenberg, R. H., et al. Improved assessment of pyrogenic carbon quantity and quality in environmental samples by high-performance liquid chromatography[J]. Journal of Chromatography A, 2013, 1304: 246-250.

Winkler, M. G. Charcoal analysis for paleoenvironmental interpretation: A chemical assay[J]. Quaternary Research, 1985, 23: 313-326.

Wolbach, W. S. and Anders, E. Elemental carbon in sediments: Determination and isotopic analysis in the presence of kerogen[J]. Geochimica et Cosmochimica Acta, 1989, 53: 1637-1647.

Wolbach, W. S., Gilmour, I., Anders, E., et al. Global fire at the Cretaceous-Tertiary boundary[J]. Nature, 1988, 334: 665-669.

Wu, Q., Blume, H. P., Beyer, L. and Schleuß, U. Method for characterization of inert organic carbon in Urbic Anthrosols[J]. Communications in Soil Science and Plant Analysis, 1999, 30: 1497-1506.

Wurster, C. M., Lloyd, J., Goodrick, I., et al. Quantifying the abundance and stable isotope composition of pyrogenic carbon using hydrogen pyrolysis[J]. Rapid Communications in Mass Spectrometry, 2012, 26: 2690-2696.

Wurster, C. M., Saiz, G., Schneider, M., et al. Quantifying pyrogenic carbon from thermosequences of wood and grass using hydrogen pyrolysis[J]. Organic Geochemistry, 2013, 62: 28-32.

Zackrisson, O., Nilsson, M. C. and Wardle, D. A. Key ecological function of charcoal from wildfire in the Boreal forest[J]. Oikos, 1996, 77: 10-19.

Zencak, Z., Elmquist, M. and Gustafsson, Ö. Quantification and radiocarbon source apportionment of black carbon in atmospheric aerosols using the CTO-375 method[J]. Atmospheric Environment, 2007, 41: 7895-7906.

Zhan, C., Cao, J., Han, Y., et al. Spatial distributions and sequestrations of organic carbon and black carbon in soils from the Chinese loess plateau[J]. Science of the Total Environment, 2012, 465: 255-266.

Zhan, C., Han, Y., Cao, J., et al. Validation and application of a thermal-optical reflectance (TOR) method for measuring black carbon in loess sediments[J]. Chemosphere, 2013, 91: 1462-1470.

Zimmermann, M., Leifeld, J. and Fuhrer, J. Quantifying soil organic carbon fractions by infrared-spectroscopy[J]. Soil Biology and Biochemistry, 2007, 39: 224-231.

Ziolkowski, L. A. and Druffel, E. R. M. Aged black carbon identified in marine dissolved organic carbon[J]. Geophysical Research Letters, 2010, 37: L16601.

第 25 章

生物炭作为堆肥和生长基质的添加剂

Christoph Steiner、Miguel A. Sánchez-Monedero 和 Claudia Kammann

25.1 引言

通过堆肥回收有机废物的方法已实行多年（Gajalakshmi and Abbasi, 2008）。堆肥是一种可生物降解固体废物的处理方法，是将世界上产生的大量有机废物转化为有价值的土壤改良剂的一种方式。堆肥可以在各种规模上进行，从单户堆肥箱到大型工业设施。由于堆肥的有机物含有适量的水分和养分，因此有机物的分解速度很快且大部分原始碳都会在分解速度减慢之前被消耗掉。一旦分解速度减缓至相对较低的水平（达到稳定状态），堆肥产物便成为一种有价值的土壤改良剂，可以为土壤提供养分和土壤有机碳（SOC）。

碳化是将有机废物稳定的另一种方法。若碳化的植物原料被用作土壤改良剂，则称其为生物炭。堆肥和生物炭不一定会竞争相同的资源，它们在生产和利用过程中是可以协同的。

25.1.1 堆肥

在堆肥过程中，有机物质被细菌(如放线菌)和真菌降解，并释放出二氧化碳(CO_2)、氨气（NH_3）、水（H_2O）和热量等（Bernal et al., 2009），在厌氧条件下还可能产生氧化亚氮（N_2O）和甲烷（CH_4）等。同时，该过程中复杂有机化合物被部分降解，并转化为更稳定的物质。在高温阶段，堆肥的温度可能超过 60 ℃，高温会消灭堆肥产物中的杂草种子、病原微生物、有害昆虫和其他有害生物（这种"自净"效果可以通过在成熟堆肥中进行标准化种子发芽试验来验证；Kehres, 2003）。生物活性达到峰值后，有机物的降解速度开始变慢（成熟阶段）。产物的矿化率一旦变低，则称其为堆肥产物；将其施用到土壤中后，该产物将进一步矿化，释放出植物养分和 CO_2。

如果将腐烂材料施用到土壤中，则未成熟堆肥材料的施用会抑制种子萌发，甚至损害根系（Wong, 1985）。植物毒性物质（如酚和有机酸）的存在、较高的 C 和 N 比率会导致氮（N）固持、铵（NH_4^+）过量或高盐度的渗透胁迫等，可能会给植物带来负面影响（Gajalakshmi and Abbasi, 2008）。为避免产生这些负面影响，应使用有机质稳定良好的成熟堆肥。基于堆肥的不同物理、化学、生物特性及其他成熟度指标，成熟堆肥的理想 C 和 N 比率一般不高于 20（Bertoldi et al., 1983）。添加堆肥的益处主要与矿化过程中 SOC 和养分的增加有关（Stevenson, 1994）。良好的堆肥可以改善土壤结构，从而促进土壤中空气的交换及水分的渗透和保持（Bertoldi et al., 1983）。

25.1.2 生物炭

与生物炭效果类似,添加堆肥的好处是多方面的。Gajalakshmi 和 Abbasi（2008）发现，可以通过向栽培基质中添加堆肥来抑制植物病原体的形成。Elad 等（2011）发现，将生物炭添加到栽培基质中，会导致系统诱导抗病性。生物炭和堆肥作为土壤改良剂联合使用，有利于作物生长和养分循环，特别是在提高 N 利用率方面（Steiner et al., 2007, 2008; Asai et al., 2009; Gathorne-Hardy et al., 2009）。然而，在堆肥过程中生物炭与有机质相互作用的研究仍处于起步阶段。Fischer 和 Glaser（2012）提出，生物炭与新形成的有机质和养分的共同施用可以加速堆肥进程，并产生具有增强肥力和固碳潜力的基质。Grob 等（2011）认为，生物炭的耐用性与环境效益结合可能会推动新产品的产生和市场的发展。

25.2 互补方法

生物炭与堆肥产物的混合同时保留了两种材料的优点。由于制备生物炭的原料通常缺乏养分，而堆肥原料富含养分，因此两者混合之后，生物炭可以富集堆肥原料中的植物养分。生物炭作为一种有效的土壤改良剂，其 N 的来源尤为重要。一些研究报道了氮肥和生物炭作为土壤改良剂的协同效应（Chan et al., 2007; Steiner et al., 2007; Asai et al., 2009; Gathorne-Hardy et al., 2009）。这些研究发现，生物炭中稳定性较差的 C 组分会加速 N 的固持，从而提高 N 的利用率。

25.2.1 用于堆肥和制备生物炭的原料

在适宜的生物降解条件下，所有有机残留物原则上都可以转化为堆肥。这意味着堆肥和碳化可能会争夺相同的原料资源。然而在实际条件下，很多原料都可以形成较高质量的堆肥产物，但很难转化为生物炭；虽然有些材料是制备生物炭的最佳选择，但并不适合堆肥。例如，木质生物质有较高的木质素含量，并且木材的密度相对较高，有利于热解过程中的传热并相对耐微生物分解，因此木质生物质是很好的制备生物炭的原料；而堆积密度低的材料（如稻草）是隔热的，会阻碍热传递，因此这类材料经常作为堆肥的填充剂来使用，以改善曝气并调节 C 和 N 的比率。与木质材料相比，那些富含蛋白质、纤维素和半纤维素的材料（如绿色废物、蔬菜和肥料）分解速度快，非常适合堆肥。此外，由于堆肥堆里的细菌干细胞中超过 50% 的细胞质都是由蛋白质组成的，且堆肥混合物初始的 C 和 N 的比率应为 30 左右，含水量应为 60%～70%，因此 N 含量也是堆肥过程中的一个主要影响因素（Gajalakshmi and Abbasi, 2008）。

相比之下，用于生物炭热解的原料应尽可能干燥。若原料中的水分含量过高，则热解过程中大量热量将被用于干燥原料而不是热解，从而会大大降低热解效率。原料中的 N 含量虽然不会影响热解，但是大量 N 会在高温下释放（Gaskin et al., 2008），且生物炭芳香结构中的 N 无法被植物利用（Knicker and Skjemstad, 2000），因此，富 N 的原料在热解后，大部分 N 被螯合和释放，无法提供植物生长所需的有效氮。此外，K 和 Cl 等元素可能会对热解设备造成严重损害，基于此，理想的堆肥原料应是潮湿且富含养分的，而理想的生物炭原料多为养分含量低的、干燥的多孔材料（见图 25.1）。

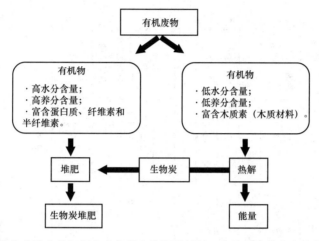

图25.1 将有机废物分成适合热解制备生物炭和堆肥的材料（产品是能量和富含养分的生物炭堆肥）

25.2.2 堆肥与生物炭

生物炭已被成功用作堆肥添加剂，从占堆肥质量 6%～10% 的低添加量（Jindo et al., 2012b; Theeba et al., 2012），到占堆肥质量 50% 的高添加量（Dias et al., 2010），其适用范围非常广泛。在各种条件下，生物炭的添加都可以有效提高堆肥的工艺和质量（见表 25.1）。Ishizaki 和 Okazaki（2004）发现，当生物炭以 30% 的比例添加到堆肥原材料中时，有机物的降解速率减缓。Dias 等（2010）将高剂量生物炭（50%）添加到堆肥混合物中，发现堆肥中可溶性有机化合物的含量急剧下降，但作者未发现生物炭对堆肥性能产生任何不良影响。

生物炭的独特性质（如高阳离子交换量、多孔结构、大比表面积、高持水能力等），会使其与土壤成分发生复杂的相互作用（Joseph et al., 2010）。这些相互作用预计也会发生在堆肥基质中，并通过高养分含量、高有机物含量及高活性微生物的生物量来体现。与第 13 章总结的生物炭对土壤生物群落的积极影响类似，生物炭添加至堆肥中刺激了堆肥堆中微生物的活性。Yoshizawa 等（2005, 2007）发现，生物炭混合物中微生物有效性的增加、持水能力的增强导致堆肥堆中微生物的繁殖和在生物炭表面定殖。添加生物炭可以降低堆肥堆的密度，同时由于生物炭结构中的微孔可以促进通风，因此生物炭的添加还可以促进堆肥堆中的空气循环。总之，添加生物炭可以为堆肥提供有利的环境条件，从而促进微生物的生长。Theeba 等（2012）发现，富含稻壳生物炭的家禽粪便堆中的微生物数量有所增加。Steiner 等（2011）发现，将相对高剂量的松木生物炭添加到家禽粪便堆肥堆中，堆肥堆的温度升高、CO_2 浓度增加，这证明其中微生物的活性增强。

表25.1 生物炭作为添加剂对有机废物堆肥的主要影响

影响观察	生物炭特性				参考文献
	添加量	原材料	热解温度	堆肥	
对堆肥堆微生物的影响					
• 生物炭作为堆肥增殖的基质	10% (dw)	竹子	650 ℃	垃圾+稻壳	Yoshizawa等（2005）
• 微生物种群增加（真菌）	2% (vol)	阔叶树	400~600 ℃	家禽粪便+苹果渣+稻草+橡树皮	Jindo等（2012b）
• 酶活性和堆积温度					
• 延长嗜热性	3%、6%、9% (fw)	竹子	600 ℃	家禽粪便+木屑	Chen等（2010）
• 加速堆肥过程	4%、6% (fw)	稻壳	550~600 ℃	家禽粪便+米糠	Theeba等（2012）
• 微生物的生物量增加（真菌）					
• 水分和养分固持					
• 更高的温度和CO_2排放量	5%、20% (fw)	松木	400 ℃	家禽垫料	Steiner等（2011）
• 微生物群结构变化	10% (dw)	阔叶树	400~600 ℃	家禽粪便或牛粪+苹果渣+稻草+米糠	Jindo等（2012a）
• 增加微生物种群（细菌、真菌和放线菌）和群落多样性	7% (fw)	竹子	600 ℃	污水污泥+油菜渣	Hua等（2011）
• 微生物群落结构变化	46% (fw)	竹子	650 ℃	米糠	Yoshizawa等（2007）
对生物炭特性的影响					
• 生物炭表面化学性质变化	0.1% (fw) #	山毛榉木、橡木	550 ℃、700 ℃	农家肥+稻草	Prost等（2013）
• 降低Cu和Zn的迁移率	1%、3%、5%、7%、9% (fw)	竹子	600 ℃	污泥+菜籽渣	Hua等（2009）

(续表)

影响观察	生物炭特性			堆肥	参考文献
	添加量	原材料	热解温度		
• 降低Cu和Zn的萃取率	3%、6%、9%（fw）	竹子	600 ℃	猪粪+木屑	Chen等（2010）
对C、N动态的影响					
• 减少N损失	1%、3%、5%、7%、9%（fw）	竹子	600 ℃	污泥+菜籽渣	Hua等（2009）
• 减少N损失	7%（fw）	竹子	600 ℃	污泥+菜籽渣	Hua等（2011）
• 减少N损失	3%、6%、9%（fw）	竹子	600 ℃	家禽粪便+木屑	Chen等（2010）
• 减少N损失和H_2S排放	5%、20%（fw）	松木	400 ℃	家禽垫料	Steiner等（2010）
• 增强有机物降解过程	50%（fw）	尤加利	300~450 ℃	家禽粪便	Dias等（2010）
• 增强有机物降解过程	2%（vol）	阔叶树	400~600 ℃	家禽粪便+苹果渣+稻草+橡树皮	Jindo等（2012b）
• 增强有机物降解过程	3%（fw）	—	—	猪粪+木屑	Tu等（2013）
• 减少有机降解	5%、10%、30%（fw）	牛粪	500 ℃	动物粪便+木屑的堆肥	Ishizaki和Okazaki（2004）
• 对传统成熟指数适用性的影响	5%、10%（fw）	澳洲坚果壳、硬木屑、家禽垫料	—	家禽粪便+木屑	Khan（2014）
对GHG排放的影响					
• 减少CH_4排放量	10%（dw）	阔叶树	400~600 ℃	家禽粪便+苹果渣+稻草+米糠	Sonoki等（2013）
• 减少CH_4排放量	10%（fw）	橡木	650 ℃	城市土壤废物+绿色废物的有机部分	Vandecasteele等（2013）

注：ª 估计添加量，非常小袋的生物炭；fw 表示鲜重；dw 表示干重；—表示无数据。

表25.1概述了堆肥过程中生物炭对微生物丰度和活性的影响。有研究发现，在处理不同有机废物过程中，堆肥—生物炭中细菌（如放线菌）、真菌的微生物种群增加，微生物的群落结构发生变化（Hua et al., 2011; Jindo et al., 2012a, 2012b; Theeba et al., 2012）。这些变化可能会影响有机物的降解、养分的矿化和固持（营养循环）、温室气体（GHG）的排放、与污染物的相互作用及对病原体的抑制等（Fischer and Glaser, 2012）。

25.2.3 共堆肥对生物炭特性的影响

研究发现，生物炭用于共堆肥后其性质和作用在土壤中发生了很大变化。生物炭的化学性质（见第6章）使其在土壤中的矿化率明显低于生物质的矿化率（见第10章）。尽管堆肥过程有利于生物降解，但具有低H和C比率、挥发性物质含量较低的生物炭在堆肥过程中不会发生降解。Prost等（2013）研究了使用农家肥堆肥前后生物炭表面化学性质的变化，结果发现，虽然生物炭在堆肥过程中相对稳定，以PyC形式发生的降解可以忽略不计（见第6章），但是在相对较低的温度下制备的生物炭中可能含有一部分不稳定的有机物，其在堆肥过程中会被降解。

尽管生物炭的基本分子结构在土壤或堆肥中仍然保持，但它们会发生表面氧化，从而改变其理化特性（见第9章），这个过程被称为生物炭老化或风化。生物炭老化通常是一个非生物过程，包括高密度π电子和自由基的碳环氧化（Joseph et al., 2010）。生物炭添加到堆肥堆中后，堆肥堆的温度升高，高温促进非生物氧化与生物氧化（见第13章），从而影响了生物炭表面的化学特性、物理特性和吸附性（Hua et al., 2009, 2011）。Hua等（2009）将1%、3%、5%、7%、9%（w/w）的竹子生物炭（600℃下制备，比表面积约320 $m^2 \cdot g^{-1}$，pH值为7.3）与污水污泥（90%）和菜籽渣（10%，鲜重）的混合物进行强制通风混合堆肥。研究发现，堆肥42 d后，竹子生物炭表面的酸性基团增加了1.7倍，并且大部分变化发生在堆肥28 d之前；在42 d的堆肥过程中，羧基增加了2.4倍，酚基和内酯基增加了1.5倍，因此，在堆肥结束时，羧基对总酸性基团的相对贡献（35%）大于其最初的贡献（25%）。由于羧基可以提高生物炭对养分的固持能力，因此这种变化是有利的（Glaser et al., 2001）。Prost等（2013）观察到共堆肥生物炭的阳离子交换量（CEC）显著增加，并认为这种增加是堆肥过程中对有机沥滤液的截留和吸附导致的。在堆肥过程中，生物炭对堆肥衍生有机物的吸附，使其比表面积减小，并导致微孔堵塞（Prost et al., 2013）。第9章对生物炭暴露于土壤过程中的孔隙堵塞进行了类似的研究。

此外，Borchard等（2012）在研究Cu^{2+}的吸附与生物炭的表面特性（CEC、比表面积和芳香性）之间的关系时发现，吸附在很大程度上取决于有机物与重金属的络合，而不是表面氧化（见第20章）。Chen等（2010）发现，随着堆肥混合物中生物炭含量的增加，Cu和Zn的吸附率降低，这主要归因于生物炭在堆肥过程中吸附了堆肥中溶解性有机物。因此，堆肥过程中有机物在生物炭表面的吸附可能会减少或增加重金属的吸附，这取决于生物炭的亲和力与吸附行为。

25.2.4 共堆肥对氮损失的影响

在养分含量高的有机材料堆肥中添加生物炭的效果尤其突出，特别是在动物粪便等富含 N 的堆肥中（Bernal et al., 2009）。生物炭可以增大堆肥基质的孔隙率、促进气体交换、调节 C 和 N 比率，这些因素及生物炭的生物降解性都会影响固氮的效果（Bernal et al., 2009），也是影响 NH_3 的挥发导致高氮损失的重要因素。NH_3 的大量流失会降低堆肥产品的养分含量，也可能会造成环境污染（Kithome et al., 1999），如堆肥设施可能产生恶臭气味（Ogunwande et al., 2008）。生物炭矿化速率缓慢且 pH 值相对较高，有利于 NH_3 挥发从而导致氮损失。Allen 在 1846 年就提出了利用生物炭减少氮损失的方法。生物炭作为堆肥的添加剂，添加 9% 的竹子生物炭就能显著减少污水污泥和家禽粪便堆肥中的氮损失（分别为 64% 和 65%；Hua et al., 2009; Chen et al., 2010）。生物炭用量的增加，能够有效地降低氮损失。向家禽粪便中添加 20% 的生物炭可降低排放物中高达 64% 的 NH_3，能够减少 52% 的氮损失，而不会对堆肥过程产生负面影响（Steiner et al., 2010, 2011）。生物炭不仅能直接吸附 NH_3（Iyobe et al., 2004），还可以通过吸附 NH_4^+、尿素和尿酸等来减少 NH_3 的排放。

Prost 等（2013）的研究显示，生物炭可以增加共堆肥中的可溶性氮含量（以硝酸盐及总可溶性氮的形式）。他们认为以下机制可以减少氮损失：①改善通气性（Chen et al., 2010; Steiner et al., 2010）；② NH_3（Taghizadeh-Toosi et al., 2011）和有机氮的吸附（Prost et al., 2013）。共堆肥生物炭可以通过堆肥过程中酸性官能团的形成，或有机碳的吸附（Hua et al., 2009），或表面氧化及带有酸性官能团材料的吸附（Cheng et al., 2006）来促进吸附作用。

向家禽粪便中添加生物炭还可以减少堆肥过程中 H_2S（其与 NH_3 相同，散发臭味，容易被识别）的排放（Steiner et al., 2010）。一般来说，气味小是好氧堆肥品质好的标志（Brown et al., 2008）。其他常用的添加剂（如稻草和木屑）可能会对堆肥的成熟度（Adhikari et al., 2009）和氮的有效性（Wang et al., 2004）产生负面影响。NH_3 释放散发的臭味会严重降低附近居民对堆肥设施和废物管理策略的接受度，这一问题不容忽视。在堆肥过程中添加生物炭，不仅可以起到固氮效果，而且可以改善堆肥过程中散发的气味。

25.2.5 共堆肥对堆肥矿化的影响

堆肥的矿化率（稳定性、成熟度）是另一个重要的品质指标（Jiménez and Garcia, 1989; Bernal et al., 2009）。热解过程使生物炭具有较低的矿化率（见第 10 章），因此生物炭无须进行生物降解即可在堆肥环境中变得稳定。此外，土壤有机碳和植物凋落物的相关研究提出，生物炭可能会影响堆肥混合物中较活跃 C 的稳定性（见第 16 章）。向家禽粪便中添加生物炭会影响 C 的动态变化，从而加快堆肥速度（Dias et al., 2010）。研究表明，尤其是在堆肥成熟阶段，可溶性化合物被吸附在生物炭表面可以减少可溶性有机质。Jindo 等（2012b）通过 ^{13}C-NMR 研究了添加 2%（v/v）生物炭对堆肥的影响。他们在非生物炭堆肥基质中观察到了芳香族基团，这可能是由生物炭颗粒与堆肥基质的混合形成的。生物炭的存在可能会影响评估堆肥成熟度的常规指标。

生物炭的添加会干扰堆肥过程中 C 的动态变化，影响作为堆肥成熟度指标的参数（C 和 N 比率减小、水溶性化合物含量下降、腐殖质指数增加等；Dias et al., 2010; Tu et al.,

2013）。Khan 等（2014）对 C 和 N 比率作为生物炭改良堆肥成熟度指标的适用性提出了质疑，他们认为添加稳定性碳会使 C 和 N 比率高于成熟堆肥所能接受的常规值。生物炭中的碳含量可以通过区分生物炭中碳和非生物炭中碳的分析方法来计算。计算生物炭中碳的相对丰度，需要了解添加到堆肥中的生物炭中碳的含量，并估算堆肥过程中不稳定碳的损失量。Thies 和 Rillig（2009）还强调了生物炭对于测定生物炭改良堆肥中微生物参数的干扰，并建议使用"加标分析"作为评估生物炭干扰的内部标准。因此，需要在生物炭改良堆肥中重新评估常规指标的准确性和适用性，以避免生物炭的干扰。

25.2.6 共堆肥对温室气体排放的影响

在缺氧条件下，降低 CH_4 和 N_2O 排放量的方法包括堆肥、燃烧、气化和生物质热解等。在堆肥过程中，微生物将 C 作为能量来源，因此微生物的氧化反应涉及 CO_2 的释放。当使用动物粪便堆肥时，堆肥过程中 C 的释放量为粪便中原始 C 含量的 50%～70%（Bernal et al., 2009）。因为堆肥原材料是短期碳循环的一部分，所以堆肥过程中 CO_2 排放不属于温室气体排放。因此，减少温室气体排放主要是通过降低 CH_4 和 N_2O 的排放量来实现的（Brown et al., 2008）。Boldrin 等（2009）评估了堆肥生产和利用过程中温室气体的排放量和固持量，并将储存的 C 作为相对稳定的土壤有机质（SOM）。堆肥混合物由易降解和可以缓慢降解的有机物组成。最难降解的有机物的周转时间为 100～1000 年，C 保留在土壤中 100 年后的含量相当于堆肥混合物中原始 C 含量的 2%～10%（Boldrin et al., 2009）。

除是否应将最难降解的碳化合物视为 C 固持的问题以外，对于堆肥及其利用而言，准确计算温室气体排放也是一个复杂的问题。除要计算运输、粉碎和转化过程中的化石燃料消耗量外，还要监测 CH_4 和 N_2O 的排放量（Brown et al., 2008）。因此，由堆肥导致的 CO_2 减排量可以改变化石燃料消耗量和 CO_2 净当量之间的关系（Boldrin et al., 2009）。

与堆肥及其利用过程中的温室气体排放量相比，生物炭的固碳量更容易量化。生物炭在堆肥系统中的作用之一是减少堆肥过程中 CH_4 和 N_2O 的排放量。在土壤中，N_2O 的减排量与生物炭的添加量有关（见第 17 章）。3%（w/w）的生物炭添加到猪粪、木屑和锯末堆肥混合物中，可以减少 26% 的 N_2O 排放量（Wang et al., 2013），研究发现生物炭的添加成功减少了家禽粪便堆肥中 CH_4 的排放量（Sonoki et al., 2013）。还有研究发现，生物炭添加到堆肥中会使产甲烷菌数量减少，使甲烷氧化菌数量增加，这证明了生物炭的添加可以改善堆肥介质的物理性质，促进气体在堆肥堆中的扩散从而改善通气，以避免形成厌氧环境（Sonoki et al., 2013）。在利用生物炭改良土壤的研究中也观察到了类似的效果，即土壤甲烷菌的活性下降，甲烷氧化菌的数量增加（Spokas, 2013）。Vandecasteele 等（2013）发现，在大规模堆肥厂中，向城市固体废物和绿色有机废物的混合物中添加 10% 的生物炭后，CH_4 的排放量有所减少。

在厌氧消化池中，经济上的优化使得可生物降解有机物的保留时间短于 CH_4 完全回收所需的时间（Brown et al., 2008）。因此，CH_4 的释放是一个很大的问题。生物炭作为添加剂，可以改善厌氧消化池中的通气状况，因此将生物炭添加到厌氧消化池中可以减少 CH_4 的排放量。

> **专栏 25-1　生物炭—堆肥的生产**
>
> 生物炭是由造纸污泥、谷壳和庭院废料等制备的。热解装置（见图25.2）每天连续碳化约 3000 kg 原材料（70% 为干物质），每天产生 1000 kg 生物炭，多余的热量用于预干燥原材料。目前，生物炭主要由农民购买，用作改良液态肥料和固态肥料。在肥料中添加生物炭可减少氮损失，减轻肥料的恶臭气味。生物炭被农民用于堆肥，以 5% 的添加量添加时具有很好的效果。另外，生物炭以 30%（v/v）添加到初始堆肥混合物中，可以生产生物炭—堆肥混合物。奥地利堆肥生产厂开发了一种基于生物炭的缓释氮肥。生物炭的售价为 600 € · t^{-1}（含税），或者以 200 € · kg^{-1} 的价格售卖。
>
>
>
> 图25.2　奥地利堆肥生产厂的慢速热解装置（其制备生物炭及含有堆肥、生物炭和无机改良剂的各种土壤产品）

25.3　生物炭作为栽培基质中泥炭的替代品

25.3.1　园艺泥炭的性质和重要性

现代园艺需要高质量的栽培基质。几十年来，泥炭一直是栽培基质中最重要的组成部分，并且其在施肥后成为许多栽培基质的唯一组成部分。园艺泥炭的持水量大，当持水量为 100% 时空气容量高，具有均一性和有效性，无杂草种子和病原体，并有较低的容重、pH 值、生物活性、养分含量和盐分（Reinhofer et al., 2004; Schmilewski, 2008; Michel, 2010）。在实际应用中可以根据需要来调节泥炭的 pH 值（添加石灰）和养分（施肥），来满足植物的特定需求。

德国和加拿大的园艺泥炭开采量占全球开采量的一半以上。在全球范围内，德国是园艺专业栽培基质和普通栽培基质的最大制造商（Schmilewski, 2008）。根据美国地质调查局的矿产资源计划，2006—2010 年世界园艺泥炭年平均消耗量为 12100 kg（Indexmundi, 2013）。

25.3.2　环境影响

泥炭沼泽是高价值、高碳储量的栖息地，它在当地环境中也发挥着重要作用，例如，可以调节当地水质水情，还可以防洪（Alexander et al., 2008）。泥炭的发展已有数千年的历史。一旦将泥炭从厌氧和酸性环境中移除，它就会迅速分解。沥干、充气、添加石灰及施肥提取的泥炭可在数年内分解为 CO_2，因此泥炭是温室气体排放的来源。尽管与拥有的泥炭总面积相比，加拿大目前正在开采的泥炭沼泽面积很小，但开采过程会导致温室气体排放，泥炭沼泽被成功修复后，大约还需要 2000 年才能恢复原来的土壤有机碳库。使用生命周期分析估计，1990 年加拿大开采泥炭排放了 $5.4×10^8$ kg 温室气体，到 2000 年增加到 $8.9×10^8$ kg（Cleary et al., 2005）。因此，泥炭沼泽的保护对于减缓气候变化非常重要。

泥炭沼泽对物种多样性的保护具有重要意义，其生态价值日益受到重视。在许多国家，泥炭沼泽属于具有独特物种多样性的栖息地。英国政府出台了有力的泥炭替代目标政策（Alexander et al., 2008）。泥炭是不可再生资源，被欧盟委员会排除在栽培基质和土壤改良剂的生态标签之外。近年来，消费者及各企业对环境和社会发展可持续性问题的认知能力显著提高，这对泥炭零售市场产生了重大影响，栽培基质中泥炭的使用可能会受到进一步限制，寻找合适替代品的重要性日益增加（Rivière and Caron, 2001）。

25.3.3 除生物炭以外的泥炭替代品

泥炭产品可用于盆栽植物的生长及园艺中。大多数泥炭的替代品（如堆肥）都可以用作园艺中的土壤改良剂（Alexander et al., 2008）。但是，由于许多替代品的成分不一致，因此通常其固氮潜力和材料来源是未知的，并且存在结构稳定性和持水能力方面的问题（Reinhofer et al., 2004）。迄今为止，业界仍未找到一种能完全替代泥炭的材料（Reinhofer et al., 2004; Schmilewski, 2008; Michel, 2010）。

再润湿性是园艺栽培基质的一个重要特性，因为它决定其在干燥后可再润湿的能力（Michel, 2010）。再润湿性差是泥炭的缺点之一（Alexander et al., 2008）。添加堆肥产物、木纤维材料、树皮或椰壳到泥炭培养基中可以提高栽培基质的再润湿性和空气容量。堆肥具有可变性、相对较高的 pH 值、较高的养分（K）含量等特点，运输和处理成本也较高。木纤维具有良好的再润湿性，不含杂草种子和病原体，但是会增强固氮作用，并且持水能力（WHC）低。树皮堆肥可以增大空气容量、再润湿性、CEC 和 pH 值，但是其 pH 值和盐分含量太高。椰壳纤维（椰子纤维）的运输路线长，所以其价格昂贵，但总体来说，它具有良好的再润湿性、极高的空气容量，但其持水能力较低（Schmilewski, 2008）。

这些替代材料的生产需要额外的化学、物理处理（Reinhofer et al., 2004）。例如，木质生物质在高温高压下才会分解为纤维，降低矿化度的化学处理和氮的添加应分别通过抑制微生物降解或提供额外的氮来防止氮的固持。无机产品如矿棉、珍珠岩、蛭石、沙子、黏土等也可以替代泥炭。除此之外，环境限制也影响了这些替代品的制造、运输和处置。

25.3.4 生物炭在栽培基质中的作用

材料物理性质（如通气性和保水性）对于栽培基质至关重要（见表 25.2）。如上文所述，同时在这两个方面都具有良好属性的材料非常罕见（Michel, 2010）。不同分解程度的泥炭具有的性质可能会有很大差异。根据 Michel（2010）的研究，只有当某些白色藓泥炭作为栽培基质的唯一主体成分时，才具有完全适宜的通气性和持水性。因此，许多商用的栽培基质都是不同材料的混合物。

表 25.2 泥炭和木材生物炭作为栽培基质的重要特性

性　质	泥　炭	木材生物炭
均质	可用	可用
养分含量/可调节性	低/可调	低/可调
pH值	低	大多是中到高
持水量[1]	高	中
水和空气的平衡容量[1]	好	好
杂草种子和病原体	基本没有	没有
结构稳定性	中	异常高
堆积密度[1]	低	低
纹理[1]	均匀	均匀
再润湿性	差[2]	好
疾病抑制特性	中性	明显[3]
可用性（技术）	高	低
温室气体排放	高	取决于原材料和制备条件
环境损害程度	高	取决于原材料和制备条件

注：[1] 取决于粒径分布（泥炭中的分解水平）。
　　[2] Alexander 等（2008）。
　　[3] 剂量低至 1% ～ 5%（Elad et al., 2010）。

　　根据制备条件、原材料和粒径分布的不同，生物炭的理化性质也会有所变化（Gaskin et al., 2008; Novak et al., 2009）。此外，与泥炭相比，生物炭的结构非常稳定（Tian et al., 2012），并且矿化速率非常缓慢（Kuzyakov et al., 2009）。生物炭还可以增大栽培基质的 CEC 和缓冲能力（Doydora et al., 2011），并且有的生物炭具有良好的再润湿性，因此人们可以制备具有替代性或补充泥炭所需特性的生物炭（见第 19 章）。

　　因为热解温度较高，所以生物炭中不含杂草种子和病原体。此外，有研究表明，向栽培基质中添加生物炭，即使是低添加量［1% ～ 5%（w/w）］也会影响与根系相关的细菌群落结构（Kolton et al., 2011），同时增强植物抗性（Elad et al., 2010）。对于有机种植者来说，这些优点会对园艺产生重要影响。与木质纤维相比，生物炭具有较低的矿化速率，其在大多数情况下不需要进一步处理来最大限度地减少微生物对 N 的固持。相反，木质纤维通常需要先经过化学处理来降低矿化度（Reinhofer et al., 2004）。

　　然而，并非所有的生物炭都可以作为泥炭的替代品。一些富含矿物质（如家禽粪便）的原材料制备的生物炭具有高 pH 值和高盐分含量，在大量使用时会使植物发生渗透胁迫。对比之下，由纯木材制备的生物炭的盐分含量和养分含量均非常低（Gaskin et al., 2008），Steiner 和 Harttung（2014）将木屑生物炭作为栽培基质，发现其 EC 与未施用生物炭的泥炭相似（分别为 612 μS · cm^{-1} 和 633 μS · cm^{-1}）。生物炭与泥炭混合时，即使生物炭的添加量高达 80%，混合物的 pH 值也始终不会高于 7.0。小型向日葵在土壤中的生长，与在珍珠岩、黏土颗粒、泥炭和泥炭—生物炭混合物中的生长相似（Steiner and Harttung, 2014）。堆肥经常用硫磺酸化，以泥炭为栽培基质的培养基为酸性，因此泥炭可以用来调节土壤的 pH 值。如果将生物炭用作泥炭的添加剂，则它可以使饱和的 Ca^{2+} 和

Mg^{2+}通过离子交换置换出高含量的K^+，从而使生物炭—泥炭混合物具有更强的缓冲能力（Schmilewski, 2008）。

与泥炭的开采不同，生物炭可以从用于能源发电的可再生资源的副产品中获得（见第26章和第29章）。在大多数情况下，用生物炭替代泥炭不仅可以避免温室气体排放，还可以固持生物炭中的C。温室气体减排量在很大程度上取决于制备生物炭所用的原材料和技术（见专栏25-2），用生物炭替代泥炭可以减少$4.5×10^3$ kg $CO_2 \cdot t^{-1}$（Steiner and Harttung, 2014）温室气体排放。虽然只有英国对园艺泥炭使用（腐烂）的温室气体排放量进行了评估，但该方法适用于所有生产园艺泥炭的欧洲国家（Barthelmes et al., 2009）。

专栏25-2　案例研究：生物炭替代泥炭减少温室气体排放

生物质的热解是丹麦BlackCarbon公司的关键技术。BC-300装置将木箱转换为能量（热电联产，CHP）和生物炭。BC-300每台机组年生产热量715 MW、电力227.5 MW、生物炭$1.625×10^5$ kg。BlackCarbon公司正在开发生物炭的利用途径，以最大限度地减少温室气体排放，其中一种应用是在栽培基质中利用生物炭替代泥炭。BC-300每台机组的温室气体年减排量为$6.94×10^5$ kg CO_2（无化石燃料替代）～$1.032×10^6$ kg CO_2，平均值估计为$9.15×10^5$ kg CO_2。

25.4　展望

一些研究表明，如果将粪便与生物炭进行混合堆肥，就可以减少气态N（NH_3和N_2O）的损失。N_2O排放量减少的原因是消耗N_2O的细菌丰度增加（Wang et al., 2013）。未来，业界需要更多的研究来观察固氮的其他机制和生物炭导致的微生物群落的结构变化。研究生物炭堆肥中的微生物组成和活性，以及堆肥过程中生物炭理化性质的潜在变化是一个很有前景的研究方向。但是，由于难以从堆肥产物中去除和分离生物炭颗粒，因此针对由共堆肥引起的生物炭理化性质变化的研究难以进行。

通过确定理想的生物炭粒径、原材料和制备条件，可以优化生物炭作为添加剂的使用效果。同时，生物炭的粒径和原材料是影响生物炭作为泥炭替代品或添加剂适用性的两个重要因素。生物炭的研究主要在土壤混合物中开展，并且一般在低添加量下（小于50%）进行。但是，如果将生物炭应用于栽培基质中，则其添加量可能大于50%，就需要对生物炭的物理性质进行评估，以研究其作为栽培基质的效果及使用后的价值潜力。栽培基质可能会再次被热解（灭菌），以用于堆肥或用作土壤改良剂。此外，业界还应考虑生物炭应用的潜在不利影响，如生物炭的浸出毒性等。

参考文献

Adhikari, B. K., Barrington, S., Martinez, J., et al. Effectiveness of three bulking agents for food waste composting[J]. Waste Management, 2009, 29: 197-203.

Alexander, P. D., Bragg, N. C., Meade, R., et al. Peat in horticulture and conservation: The UK response to a changing world[J]. Mires and Peat, 2008, 3: 10.

Allen, R. L. A brief compend of American agriculture[M]. New York: C. M. Saxton, 1846.

Asai, H., Samson, B. K., Stephan, H. M., et al. Biochar amendment techniques for upland rice production in Northern Laos: 1. Soil physical properties, leaf SPAD and grain yield[J]. Field Crops Research, 2009, 111(1-2): 81-84.

Barthelmes, A., Couwenberg, J. and Joosten, H. Peatlands in National Inventory Submissions 2009–An analysis of 10 European countries[M]. Greifswald University, 2009.

Bernal., M. P., Alburquerque, J. A. and Moral., R. Composting of animal manures and chemical criteria for compost maturity assessment: A review[J]. Bioresource Technology, 2009, 100: 5444-5453.

Bertoldi, M. D., Vallini, G. and Pera, A. The biology of composting: A review[J]. Waste Management & Research, 1983, 1: 157-176.

Boldrin, A., Andersen, J. K., Møller, J., et al. Composting and compost utilization: Accounting of greenhouse gases and global warming contributions[J]. Waste Management and Research, 2009, 27: 800-812.

Borchard, N., Prost, K., Kautz, T., et al. Sorption of copper (II) and sulphate to different biochars before and after composting with farmyard manure[J]. European Journal of Soil Science, 2012, 63(3): 399-409.

Brown, S., Kruger, C. and Subler, S. Greenhouse gas balance for composting operations[J]. Journal of Environmental Quality, 2008, 37: 1396-1410.

Chan, K. Y., Zwieten, L. V., Meszaros, I., et al. Agronomic values of greenwaste biochar as a soil amendment[J]. Australian Journal of Soil Research, 2007, 45: 629-634.

Chen, Y. X., Huang, Z. D., Han, Z. Y., et al. Effects of bamboo charcoal and bamboo vinegar on nitrogen conservation and heavy metals immobility during pig manure composting[J]. Chemosphere, 2010, 78(9): 1177-1181.

Cheng, C. H., Lehmann, J., Thies, J. E., et al. Oxidation of black carbon by biotic and abiotic processes[J]. Organic Geochemistry, 2006, 37: 1477-1488.

Cleary, J., Roulet, N. T. and Moore, T. R. Greenhouse gas emissions from Canadian peat extraction 1990-2000: A life-cycle-analysis[J]. Ambio, 2005, 34(6): 456-461.

Dias, B. O., Silva, C. A., Higashikawa, F. S., et al. Use of biochar as bulking agent for the composting of poultry manure: Effect on organic matter degradation and humification[J]. Bioresource Technology, 2010, 101(4): 1239-1246.

Doydora, S. A., Cabrera, M. L., Das, K. C., et al. Release of nitrogen and phosphorus from poultry litter amended with acidified biochar[J]. International Journal for Environmental Research and Public Health, 2011, 8: 1491-1502.

Elad, Y., David, D. R., Harel, Y. M., et al. Introduction of systemic resistance in plants by biochar, a soil-applied carbon sequestering agent[J]. Phytopathology, 2010, 100: 913-921.

Elad, Y., Cytryn, E., Harel, Y. M., et al. The Biochar Effect: Plant resistance to biotic stresses[J]. Phytopathologia Mediterranea, 2011, 50: 335-349.

Fischer, D. and Glaser, B. Synergisms between compost and biochar for sustainable soil amelioration[J]. Management of Organic Waste, 2012, 10: 167-198.

Gajalakshmi, S. and Abbasi, S. A. Solid waste management by composting: State of the art[J]. Critical Reviews in Environmental Science and Technology, 2008, 38: 311-400.

Gaskin, J. W., Steiner, C., Harris, K., et al. Effect of low-temperature pyrolysis conditions on biochar for agricultural use[J]. Transactions of the ASABE, 2008, 51(6): 2061-2069.

Gathorne-Hardy, A., Knight, J. and Woods, J. Biochar as a soil amendment positively interacts with nitrogen fertilizer to improve barley yields in the UK[J]. IOP Conf. Series: Earth and Environmental Science, 2009, 6: 372052.

Glaser, B., Haumaier, L., Guggenberger, G., et al. The "terra preta" phenomenon: A model for sustainable agriculture in the humid tropics[J]. Naturwissenschaften, 2001, 88: 37-41.

Grob, J., Donnelly, A., Flora, G., et al. Biochar and the biomass recycling industry[J]. BioCycle, 2011, 52(8): 50-52.

Hua, L., Wu, W., Liu, Y., et al. Reduction of nitrogen loss and Cu and Zn mobility during sludge composting with bamboo charcoal amendment[J]. Environmental Science and Pollution Research, 2009, 16: 1-9.

Hua, L., Chen, Y., Wu, W., et al. Microorganism communities and chemical characteristics in sludge-bamboo charcoal composting system[J]. Environmental Technology, 2011, 32(6): 663-672.

Indexmundi. Peat: World Production by Country[S]. 2013.

Ishizaki, S. and Okazaki, Y. Usage of charcoal made from dairy farming waste as bedding material of cattle, and composting and recycle use as fertilizer[J]. Bulletin of the Chiba Prefectural Livestock Research Center, 2004, 4: 25-28.

Iyobe, T., Asada, T., Kawata, K., et al. Comparison of removal efficiencies for ammonia and amine gases between woody charcoal and activated carbon[J]. Journal of Health Science, 2004, 50(2): 148-153.

Jiménez, E. I. and Garcia, V. P. Evaluation of city refuse compost maturity: A review[J]. Biological Wastes, 1989, 27: 115-142.

Jindo, K., Sánchez-Monedero, M. A., et al. Biochar influences the microbial community structure during manure composting with agricultural wastes[J]. Science of the Total Environment, 2012a, 416: 476-481.

Jindo, K., Suto, K., Matsumoto, K., et al. Chemical and biochemical characterization of biochar-blended composts prepared from poultry manure[J]. Bioresource Technology, 2012b, 110: 396-404.

Joseph, S. D., Camps-Arbestain, M., Lin, Y., et al. An investigation into the reactions of biochar in soils[J]. Australian Journal of Soil Research, 2010, 48: 501-515.

Kehres, B. Methods Book for the Analysis of Compost[M]. Federal Compost Quality Assurance Organization (FCQAO): Bundesgüte gemeinschaft Kompost e.V. (BGK), 2003.

Khan, N., Clark, I., Sánchez-Monedero et al. Maturity indices in co-composting of chicken manure and sawdust with biochar[J]. Bioresource Technology, 2014, 168: 245-251.

Kithome, M., Paul, J. W. and Bomke, A. A. Reducing nitrogen losses during simulated composting of poultry manure using adsorbents or chemical amendments[J]. Journal of Environmental Quality, 1999, 28: 194-201.

Knicker, H. and Skjemstad, J. O. Nature of organic carbon and nitrogen in physically protected organic matter of some Australian soils as revealed by solid-state ^{13}C and ^{15}N NMR spectroscopy[J]. Australian Journal of Soil Resources, 2000, 38(1): 113-127.

Kolton, M., Harel, Y. M., Pasternak, Z., et al. Impact of biochar application to soil on the rootassociated bacterial community structure of fully developed greenhouse pepper plants[J]. Applied and Environmental Microbiology, 2011, 77(14): 4924-4930.

Kuzyakov, Y., Subbotina, I., Chen, H., et al. Black carbon decomposition and incorporation into soil microbial biomass estimated by ^{14}C labeling[J]. Soil Biology and Biochemistry, 2009, 41: 210-219.

Michel, J.-C. The physical properties of peat: A key factor for modern growing media[J]. Mires and Peat, 2010, 6: 1-6.

Novak, J. M., Lima, I., Xing, B., et al. Characterization of designer biochar produced at different temperatures and their effects on a loamy sand[J]. Annals of Environmental Science, 2009, 3: 195-206.

Ogunwande, G. A., Osunade, J. A., Adekalu, K. O., et al. Nitrogen loss in chicken litter compost as affected by carbon to nitrogen ratio and turning frequency[J]. Bioresource Technology, 2008, 99: 7495-7503.

Prost, K., Borchard, N., Siemens, J., et al. Biochar affected by composting with farmyard manure[J]. Journal of Environmental Quality, 2013, 42(1): 164-172.

Reinhofer, M., Lettmayer, G. and Taferner, K. Torferstatzprodukte Torfersatz durch biogene Rest-und Abfallstoffe-Vorprojekt, Endbericht-Modul B[M]. Austria: Institutfuer Nachhaltige Techniken und System-Joints, Frohnleiten, 2004.

Rivière, L. M. and Caron, J. Research on substrates: State of the art and need for the coming 10 years[J]. Acta Horticulturae, 2001, 548: 29-42.

Schmilewski, G. The role of peat in assuring the quality of growing media[J]. Mires and Peat, 2008, 3: 1-8.

Sonoki, T., Furukawa, T., Jindo, K. Influence of biochar addition on methane metabolism during thermophilic phase in composting[J]. Journal of Basic Microbiology, 2013, 53: 617-621.

Spokas, K. A. Impact of biochar field aging on laboratory greenhouse gas production potentials[J]. Global Change Biology-Bioenergy, 2013, 5: 165-176.

Steiner, C. and Harttung, T. Biochar as growing media additive and peat substitute[J]. Solid Earth Discussions, 2014, 5: 995-999.

Steiner, C., Teixeira, W. G., Lehmann, J. Long term effects of manure, charcoal and mineral fertilization on crop production and fertility on a highly weathered Central Amazonian upland soil[J]. Plant and Soil, 2007, 291(1-2): 275-290.

Steiner, C., Glaser, B., Teixeira, W. G. Nitrogen retention and plant uptake on a highly weathered central Amazonian ferralsol amended with compost and charcoal[J]. Journal of Plant Nutrition and Soil Science, 2008, 171(6): 893-899.

Steiner, C., Das, K. C., Melear, N. Reducing nitrogen loss during poultry litter composting using biochar[J]. Journal of Environmental Quality, 2010, 39(4): 1236-1242.

Steiner, C., Melear, N., Harris, K et al. Biochar as bulking agent for poultry litter composting[J]. Carbon Management, 2011, 2(3): 227-230.

Stevenson, F. J. Humic Chemistry: Genesis, Composition, Reactions[M]. New York: Wiley, 1994.

Taghizadeh-Toosi, A., Clough, T. J., Condron, L. M., et al. Biochar incorporation into pasture soil suppresses in situ nitrous oxide emissions from ruminant urine patches[J]. Journal of Environmental Quality, 2011, 40(2): 468-476.

Theeba, M., Bachmann, R. T., Illani, Z. I., et al. Characterization of local mill rice husk charcoal and its effect on compost properties[J]. Malaysian Journal of Soil Science, 2012, 16(1): 89-102.

Thies, J. and Rillig, M. C. Characteristics of biochar: Biological properties[M]. in J. Lehmann and S. Joseph (eds). Biochar for Environmental Management: Science and Technology. London: Earthscan, 2009: 85-105.

Tian, Y., Sun, X., Li, S., et al. Biochar made from green waste as peat substitute in growth media for Calathea rotundifola cv. Fasciata[J]. Sciencia Horticulturae, 2012, 143: 15-18.

Tu, Q., Wu, W., Lu, H., et al. The effect of biochar and bacterium agent on humification during swine manure composting[M]. in J. Xu, Y. Wu and Y. Hel (eds). Functions of Natural Organic Matter in Changing Environment. Berlin: Springer, 2013, 1021-1025.

Vandecasteele, B., Mondini, C., D' Hose, T., et al. Effect of biochar amendment during composting and compost storage on greenhouse gas emissions, N losses and P availability 15th RAMIRAN International Conference[C]. Versailles: Network on Recycling of Agricultural Municipal and Industrial Residues in

Agriculture, 2013.

Wang, C., Lu, H., Dong, D., Deng, H., et al. Insight into the effects of biochar on manure composting: Evidence supporting the relationship between N$_2$O emissions and denitrifying community[J]. Environmental Science and Technology, 2013, 47(13): 7341-7349.

Wang, P., Changa, C. M., Watson, M. E., et al. Maturity indices for composted dairy and pig manures[J]. Soil Biology and Biochemistry, 2004, 36: 767-776.

Wong, M. H. Phytotoxicity of refuse compost during the process of maturation[J]. Environmental Pollution Series A, Ecological and Biological., 1985, 37(2): 159-174.

Yoshizawa, S., Tanaka, S., Ohata, M., et al. Composting of food garbage and livestock waste containing biomass charcoal[M]. Sarawak, Kuching: International Conference and Natural Resources and Evironmental Management, 2005.

Yoshizawa, S., Tanaka, S. and Ohata, M. Estimation of microbial community structure during composting rice bran with charcoal[M]. USA, Seattle, WA: Proceedings of Carbon, 2007.

第26章

生物炭系统及其功能

Saran P. Sohi、John McDonagh、Jeffrey M. Novak、
Weixiang Wu 和 Luciana-Maria Miu

26.1 引言

本书的其他章节将生物炭作为一种材料，并对其在环境中（尤其是在土壤中）的应用进行了全面的介绍。尽管过去我们在技术层面上对生物炭有了一定的认识，但是很少有实例能证明生物炭的大规模制备可以盈利（见第29章），这反映了目前人们对技术的认知和研究并不能满足多样化的实际应用需求。本章的主要目的是探究当下实际应用需求的各个方面，总结和归纳前人在成功和失败过程中的经验，然后我们才可以系统地评估生物炭的应用前景。另外，对于生物炭生物物理和社会经济这两个方面的思考和整合是很有必要的。

26.1.1 生物炭生物物理性质的适应性

生物炭的生物物理性质与生物炭的制备、应用及土壤类型有关，包括对生物质转化为生物炭的原材料和热解参数的考虑。了解生物炭系统有助于针对相应的土壤制备特定的、标准化的生物炭及其他产品。为了选择有效的、有价值的生物炭来解决特定土壤—作物体系的具体问题，生物炭可以单独施用，可以与其他投入物联合施用，也可以作为复合产品施用。随着时间的推移，人们对生物炭的性能有了更深层次的理解，并给出了一系列关于生物炭不同类型、混合物、物理性质、商业用途及应用模式的建议。本章假设可以对生物炭的性能有基本的理解，以在各种不同的应用场景下实现生物炭生物物理性质的适应性。如图26.1所示的三角形图案显示了生物炭生物物理性质的适应性。

26.1.2 生物炭社会经济适应性

只有满足经济适用性的条件，生物炭生物物理性质的适应性才能够充分发挥（Novak et al., 2009; Brewer et al., 2011; Enders et al., 2012; Jeffery et al., 2015）。由于生物炭系统的第2个要素（社会经济适用性）超出了生物物理性质匹配的范畴，因此需要考虑生物炭系统如何与现有的社会经济系统相适应（Sohi, 2012）。简而言之，拥有

图26.1 获取相关原材料和热解技术（不仅是它们），可以改变生物炭针对特定土壤—作物系统的潜在生物物理性质的适应性

生物炭制备所需的资本、劳动力、知识，以及对理想原材料的有效利用均能改变生物炭在土壤—作物系统中的应用潜力。除了图26.1中确定的限制条件，还有其他约束条件，这意味着生物炭系统优化可能不是以生物物理性质优化为主。此外，社会经济适应性还受其他资源、劳动力和农作物市场的制约（Scoones，1998），包括在其他市场中与成熟、完善的产品（如矿物肥料）之间的竞争。这种类型的适应性分析可能需要确定和考虑各种各样的条件，如土地所有权和供应量、劳动力转移、可用的补贴、农业和土地利用的潜在趋势等。使用者通过在农业或生物炭技术、购买投入、产品成分方面的兴趣来影响生物炭系统。

26.2 社会经济和生物物理性质的理解与归纳

为了预测生物炭的需求及其实际应用，有必要将对生物炭的生物物理性质潜力的理解与社会经济适应性相协调。通过部署详细的分析方法可以定量评估生物炭系统的适应性，如成本效益分析。然而，本章提到的一般需求是有一个对生物炭系统适应性进行分类的程序，这有助于定义最有潜力的系统类型，进而能更有效地推进生物炭技术在未来的发展。除了生物炭的制备和应用，研究者还需要对生物炭吸附和碳封存的性质及规模进行更实际的预测，这有助于确定政府政策及适合私营部门投资的生物炭类型和应用程度（Woolf et al.，2010）。这些可以扩展到未来在考虑气候、土地利用、经济发展和人口统计变化的情况下，对生物炭的发展进行预测（Sohi，2012）。

26.3 生物炭系统分级与分类

本章制定的框架旨在将目前的工作经验和共享信息结合起来，这有助于为新系统的定位提出建议，并基于此展开讨论。该框架使用以下两种组件方式。

- 生物炭或生物炭技术可能关联到生物炭系统的生物物理性质和社会经济组成部分的清单。以流程图的形式呈现，其能够帮助人们理解生物炭技术在系统环境中发挥的作用。
- 将生物炭类型与可解决的土壤约束条件联系起来进行统一分类，这将有助于形成一个合适的生物炭表征方案模型（见第8章）。

对特定生物炭进行统计，可以为定义生物炭的类型奠定基础。根据新出现的研究成果和实践经验，这个模型在未来将会得到进一步的发展和完善。

不断扩展的系统类型为描述、报告和监测未来生物炭的应用提供了基础。人们还可以利用当地可用的转化技术将现有生物质资源转化为生物炭。

26.3.1 生物质—转化—使用阶段

使用生物炭之前必须进行生物质转化，生物质转化之前也必须生产或获取原材料。因此，生物炭的制备涉及通过三相序列耦合多个系统的相互作用（见图26.2）。该流程提供了一个可以对生物物理成分进行分类，并获取不同作用的生物炭方案。这也是使生物炭融入社会经济体系的重要一步。

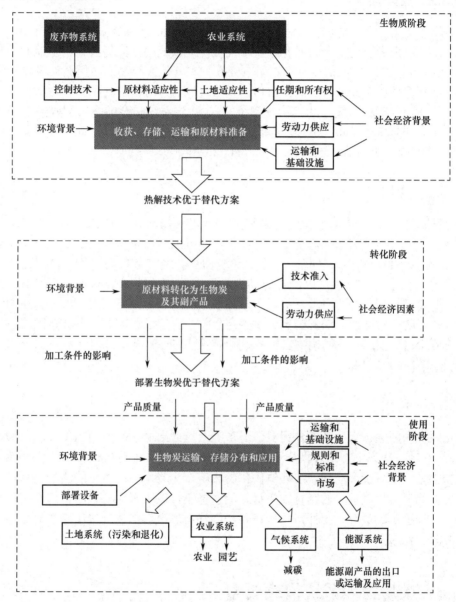

图26.2 生物炭系统的生物质、转化和使用阶段。其中，白色框为生物炭系统的生物质、转化和使用阶段（虚线框），其中环境背景和社会经济因素已确定；黑色框为驱动生物炭系统（作为提供者）或从中获益（作为接受者）的生物物理系统

- 生物质阶段是指获取制备生物炭的原材料，以及为转化成生物炭做好准备。
- 转化阶段是指用热解和气化处理生物质阶段制备的生物炭、能源或其他副产品。

- 使用阶段是指生物炭和转化阶段副产品的应用。

每个阶段涉及的系统组件可以被识别，并确定它们之间的物理联系；然后考虑地理位置和相对空间位置的影响，而资源和参与者取决于当地的驱动因素和要求（配置因素），这是对整个系统进行综合评估的必要条件。

26.3.2 生物质

生物质的实用性和经济可行性构成了整个生物炭系统（Shackley et al., 2011）。原材料的使用可以将生物炭系统整合到现有农业系统或林业系统中，但仍会受到土地面积和替代使用方案的限制（Smith et al., 2013）。城市废弃物和其他废弃物的使用会将生物炭纳入现有的废弃物管理系统（Ibarrola et al., 2011）。立法可以通过对传统处置方式（如填埋）定价，为废弃生物质建立新的系统（如生物炭系统）。生物炭系统整合的成本和收益在很大程度上取决于此（Shackley et al., 2011），包括生物质转化产生的有用副产品——气体、可冷凝液体及生物炭（Neves et al., 2011; Stewart et al., 2013）。

26.3.3 转化

转化阶段描述的是转化生物质的热解过程类型（Brown et al., 2011）和转化设备的配置（见第4章）。这也涉及设备的灵活性、原料的可加工性及生物炭的多样性（Demirbas, 2001; Yaman, 2004）。然而，转化阶段是由环境和社会经济背景决定的，包括在特定地点实施特定转化技术的可行性，以及对劳动力的影响或依赖性（Ahmed et al., 2012）。转化设备除了要满足长期运行的需求，也要考虑社会接受度这个主要因素，如生物质向空气或水中排放的影响、对交通运输的影响、对生产生物质土壤的影响等。在转化阶段，热解条件控制着可交付到使用阶段的生物炭的数量和质量（Masek et al., 2011; Ronsse et al., 2012; Crombie and Masek, 2014a）。

26.3.4 使用

转化系统中的生物炭可以整合到多个子系统（包括土地、农业、能源、废弃物和气候）中（见图26.2），达到生物物理性质适用性是实现生物炭系统有机整合的关键。然而，最佳的生物物理性质可能会受到系统整体优化的影响。生物炭的制备可能会受到从转化阶段产生的其他物质（如能量）的影响。原材料的选择不仅取决于原材料的适用性，而且取决于价格、数量或供应量等。此外，其他新兴产品和市场也会影响直接使用者对土壤及化肥的投资等既定投入。

26.4 生物物理系统构成要素

生物质—转化—利用顺序中涉及的影响因素和子系统与一系列生物物理性质相关。其中，一些性质在生物炭系统中是通用的，如原材料类型、转化技术和土壤条件等。图26.2展示了关键的生物物理系统构成要素及其驱动因素，以及高度概括的背景（见图26.2）。与系统分类相关的一些方面概述如下。

26.4.1 生物质阶段

1. 废弃物系统

广义而言，可转化生物质可分为废弃生物质和非废弃生物质。对转化（非原始）废弃生物质和未转化（原始）废弃生物质的区分非常重要。未转化废弃生物质包括以其他目的获取的未利用部分（如粮食生产中产生的农作物秸秆），这些材料被认为是废弃物不是因为它没有用处，而是因为它是在制造一种不同的、更有价值初级产品时产生的。转化废弃生物质指在将原料加工成产品（如乙醇生产的残渣）或消费产品（如肥料）的过程中物理性质或化学性质变化的生物质。生物质在其转化过程中可能被非有机物质稀释或污染，还可能含有其他有机成分，这些成分在工艺过程中产生，作为工艺的一部分被添加，或者与其他废弃物混合产生（已成为混合物），其物理或化学多样性可能高于原材料。与废弃生物质和非废弃生物质相关的生物质的使用过程完全不同，在生物炭系统中，非废弃生物质原材料主要是自主栽培的。未转化废弃生物质产生于土壤系统，转化废弃生物质可能源自外部生物质系统（如图 26.2 所示，即生物炭系统边界之外，但通过废弃物系统连接）。与未转化废弃生物质相比，转化废弃生物质往往具有较低的价格，并且竞争性用途较少。尽管废弃物的转化更具挑战性，监管也更严格，但其创新性用途仍在不断涌现，热解制备生物炭也是一种途径。

2. 自然生态系统

众所周知，自然（未受管理的）生态系统的生产力不足以满足市场对生物质能或生物能源的需求。在具有农业人口转移的常见地区，生物质通常可以在植被自然再生阶段通过燃烧来清除。有研究认为，在农业转化循环中，将生物质转化为生物炭有助于保持土壤生产力（Steiner, 2007）。但是，这在实际应用中其是否可以作为一种切实可行或可持续的选择还有待证明。

3. 农业系统

除了受到非生物环境的影响，农业系统的生产力还受到管理强度和外部资源投入的影响。第二代能源作物和林业等专用生物质生产系统，是将未转化废弃生物质转化为生物炭的潜在系统。尽管原始生物质也可以用于生物炭系统，但其在发电或液体燃料生产中具有更高的价值。在农业和园艺中有大量的作物秸秆和残渣等未转化废弃生物质，它们也可以通过加工将作物转化成可食用的产品，如外壳、坚果壳等（Novak et al., 2009）。专用的 1 年生或短期轮作生物质作物是优质资源，其产量应该较高，在转化过程中只产生极少的废弃物。

4. 收获、存储和运输系统

生物质从农田中能否完全收获受到其实用性和当前技术的限制（Wilhelm et al., 2010）。在采购方的需求与生产或收获周期不同步的情况下，非废弃物和未转化生物质可以进行存储。我们可以在通过创新降低成本的同时，利用避免因化学作用或生物作用而变质的存储方法来获得更多的利益。在当地或全球范围内，如何使生物质生产力和市场价格相匹配是非常重要的。如果在北半球出现使用阶段采购方案的子系统，则转化为生物炭的生物质可能会被运输和进口（和目前的生物质能源和生物燃料系统一样）。在这种更广泛的生物经济中建立的生物质运输和处理系统将有助于在当地和国际上建立生物炭系统。

5. 废物系统

在人口稠密地区，生物质的管理成本很高。将生物质转化为生物炭，为垃圾填埋等处置方式提供了一种可供替代的方案（Ryu et al., 2007）。这些资源分布在住宅和商业废物之间，容易受到非生物废物的污染。在废物物流管理方面，应通过提高纯度等技术创新来扩大现有转化选择的范围，如分离和分类（Vassilev et al., 1999）。一些热解技术可以作为其他废物利用的补充，例如，湿垃圾厌氧消化产生的残渣在脱水和干燥后成为生物炭的原材料（Granatstein et al., 2009）。通过热解制备生物炭也为回收矿产资源提供了再利用的途径，例如，从污水污泥（Hossain et al., 2011）或养殖场废物（Cantrell et al., 2012; Novak et al., 2014）中回收 P。

26.4.2 转化阶段

从生物质阶段获得的原材料限制了利用原材料制备生物炭所用的设备和技术，以及所得生物炭的性能。生物质在成分、来源和供应方面可能是一致的，并且许多生物炭原材料来源广泛，因此生物质的主要物理形态可以从无定形形态到不规则的颗粒（Kenney et al., 2013）。

1. 处理系统

生物炭的慢速热解产率比快速热解更高，快速热解可以提高可冷凝油的产率（见第3章）。除了混合热解技术和气化技术，微波和快速热解等其他热解技术也可以作为备选技术。在这个处理系统中，不同的技术在装置规模上有不同的限制，要同时考虑不同级别技术的成熟度（Bridgwater, 2002）。生物炭的产率及其副产品的回收方面，以及资本和运营成本的权衡方面都有不同的可能性（见第4章）。加工条件的灵活性和原材料的兼容性是与生物质阶段有关的重要影响因素。

2. 副产品系统

热解气体是合成气和可冷凝挥发性化合物的混合物。合成气燃烧时释放的能量通常应超过维持原材料热解所需的能量（Gaunt and Lehmann, 2008; Roberts et al., 2010; Hammond et al., 2011; Crombie and Masek, 2014b）。在许多情况下，该能量也可以满足预干燥的要求。转化技术与高效回收能量及废热的设备之间的兼容性将影响生物炭系统。清洁燃烧需要部分成本，供热及热解气体燃烧产生的能量取决于附近的热量需求。然而，连接到电源系统依赖创新的气体净化技术，如将热解系统连接到燃气发动机或微型蒸汽涡轮机。在生物炭制备可能的装置规模中，这些蒸汽涡轮机的小规模替代品是不切实际的。冷凝热解气流中的挥发性化合物产生的液体燃料（生物油），将热解处理与运输或其他能源系统联系起来（Bridgwater, 2006）。间歇热解包括连续吸热和放热反应，以及长时间的冷却阶段。从实际角度来看，这可能会使能量回收变得困难，在加工过程中热解气体和可冷凝馏分在质量和数量上会发生变化。生物质生产和转化的产品，从转化阶段到废物系统都存在潜在联系。然而，转化技术的选择将直接影响副产品的品质，以及其对直接使用者的价值（Demirbas, 2004）。

26.4.3 使用阶段

生物炭是生物质和有机分子在物理和化学上的缩合产物。生物炭具有多种特性，这从本书其他章节可以看出，生物质转化为生物炭还会产生一系列副产品（Vardon et al.，2013），生物炭及其副产品的质量和数量可能会有所不同（Demirbas, 2001; Bridgwater, 2006; Brewer et al., 2009; Masek et al., 2011）。将生物质转化与不同市场各种产品组合的可能性在价值链中得到体现（见图26.3），可以将生物炭与生物炭系统之外的大量子系统关联起来。

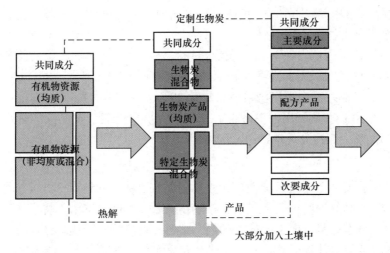

图26.3 生物炭和非生物炭成分的结合创造不同的价值和用途

1. 价值创造系统

生物炭具有多样性和多功能性，其性质也不是一成不变的（Sohi et al., 2010），其中，有些功能可能会消失，有些功能则可能随着时间推移出现（见第9章、第20章、第22章、第23章）。生物炭在多个系统中重复施用时其性质也会受到影响（Schmidt, 2012）。

2. 土壤系统

土壤是生物炭系统施用阶段的一个决定性组成部分。与生物炭类似，土壤类型也是多种多样的。土壤对植物生长的促进会受到各种各样的限制。土壤的物理性质会影响作物生长，如土壤的结构是保持土壤水分和支持根系生长的媒介。土壤的化学影响因素包括植物营养物质的供应、土壤pH值、微量元素有效性、盐度及重金属（潜在有毒元素）或持久性有机污染物的毒性效应等。土壤生物特性可以促进与有机物相关的关键营养元素在生物地球化学中的循环利用。生物炭是一种具有潜在复杂系统适应性的材料。相比之下，化肥为土壤提供特定而分散的输入。在相关研究及农民的建议中，土壤中有机物循环的管理越来越受到重视。将生物炭纳入土壤管理，并纳入越来越多关于肥料、残渣和堆肥施用的建议。

- 由于生物炭也是土壤的昂贵投入之一，所以必须解决当前生物炭对作物生产的限制问题（见图26.1），或者以其他方式提高土壤的经济利用率。这取决于如何以最佳的协同方式使生物炭和土壤这两种不同的材料可靠匹配（见第8章）。最关键的是如何使生物炭比其他解决方案更经济、更有效地解决以上限制问题。这些与生物炭的价格、剂量、所需使用频率及其影响的时间范围和持续时间有关。生物炭可以与其他土壤改良剂结合，也可以较小的剂量作为增强剂用于更多的土壤改良（如肥料或堆肥中），还可以作为其他无土生长介质栽培培养基的成分。同样的原理也适用于将生物炭掺入稳定的土壤投入物中，如肥料。
- 播种、种植和耕作（或免耕）的操作周期会影响向一些作物—土壤系统中添加生物炭的可能性。通过人工或使用精密机械设备进行土壤作业，每年可以较小的生物炭添加量获得高添加量的效果。土壤的管理模式也会影响生物炭的能力，1年生和多年生耕种制度在土壤管理模式方面存在根本不同，放牧牧场和未放牧牧场的管理模式也是有区别的，间伐期长短不同的林业土壤的管理模式也会存在不同。地形会影响生物炭的应用潜力，也可能会影响土壤中生物炭的保留能力。
- 作物系统的范围从自给自足的农业作物系统，到低利润的、单一的栽培系统，再延伸到高价值的水果和蔬菜生产系统。根据应用方式不同，生物炭在作物系统中可能比在其他系统中更经济可行（见第29章和第30章）。园艺对泥炭和无土栽培介质的利用需求及可用性的降低，意味着生物炭可能会在不久的将来成为这些混合物的重要组成部分（Sohi et al., 2013）。

3. 转化

整个系统中需要一个运输系统使生物炭运输到需要使用的地点——可能是土壤，也可能是含有生物炭产品的场所。后者包括：将生物炭添加到堆肥堆中，将生物炭用作动物饲料配料、垫料、液态肥料（泥浆）的添加剂、肥料，将热解副产品单独运输到炼油厂或化工厂等。未来，业界将从物流和运营方面来优化该系统，并将其与生物炭相关的项目、系统和行业的结构特性联系起来。生物质和生物炭材料的密度往往较低，因此，生物炭的价值和运输成本的优化可能涉及材料物理形态的改变。

4. 应用

目前，业界尚未设计或确定可以将生物炭应用于土壤或其他介质的特定设备。生物炭与添加剂投入方式的区别，关键在于生物炭是否已经与现有土壤融合，或者是否具有与其他投入物相同的物理形态。如果生物炭与种子一起施用或者作为其他土壤投入物的一部分施用，则可以避免额外的技术操作。因此，提高生物炭与已经用于共同修复或广泛用于其他目的设备的兼容性很重要。在机械化农业中（包括使用撒肥机、直接空气喷射深耕或在浅层土壤中进行作业的钻机等），可以生产专门用于精确施用生物炭产品的机械设备。

26.5 战略考虑

生物炭具有较多孔隙且富含灰分，其应用于环境中可以吸附营养元素、提供碱性环境、缓慢释放有效磷（Angst and Sohi, 2013; Novak et al., 2014）。随着时间的推移，生物炭的多功能性得到广泛研究，这涉及不同类型生物炭特性之间的组合，该组合对所应用的环境都是有益的。例如，高碱性的生物炭，可以随时间变化而逐渐释放有效磷，并可以在长时间内固定碳（Novak et al., 2014）。在机械化工农业系统中，生物炭可以替代一组现有投入物的方式施用，可以成为具备现有分销链的配方产品中的一种主要成分或次要成分（Joseph et al., 2013）。系统环境决定了生物炭及生物炭混合物的投加施用模式。一般而言，不同投加施用模式的区别如下。
- 一次性厚施：在治理污染土地的环境背景下，该模式可能仅限于大型热解设施周围区域，可以用于处理点源废料。该模式施用量超过 1 kg·m^{-2}，是迄今为止该领域大多数试验的背景。
- 偶尔适度施用：可作为循环管理实践的一部分，向土壤中添加 0.1～1 kg·m^{-2} 的生物炭，其可以作为与固体或液体肥料、堆肥等协同混合的一部分。
- 常规薄施：将作为标准管理制度的一部分广泛使用，生物炭施用剂量小于 0.1 kg·m^{-2}。生物炭可以作为配方肥料混合物的一种成分，也可以与动物饲料和粪便混合后投加施用。
- 精准施用：田间的常规施用模式，例如，在单个植物、移栽的幼苗或树苗周围、单行或苗床等进行定点施用。将浓缩剂量的生物炭施入生长中的植物的根区，生物炭随后会被分散到土壤中。
- 专业产品施用：研究表明，生物炭可以起到保护作物的作用，生物炭也可以作为接种剂载体投入土壤中。

施用频率和施用剂量可能成反比，不同投加施用模式下的累积生物炭含量可能会在某个较长的时间范围内趋于平缓（见图 26.4）。

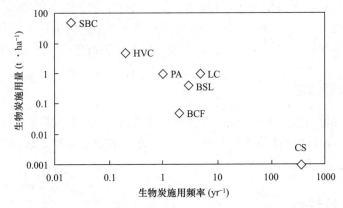

SBC—耕地上的污泥生物炭，HVC—为高价值耕地作物设计的生物炭，PA—根区精确施用，BCF—化肥产品中的生物炭，BSL—液体肥料（泥浆）中的生物炭，LC—灌溉叶（莴苣）作物施用的生物炭，CS—热解炉中制备的生物炭

图26.4 生物炭施用剂量和施用频率可能成反比，不同的投加施用模式可能导致在长期内产生非常相似的累积生物炭含量增加；不同的生物炭施用率可能反映出不同的年化成本和效益

26.6 规模和空间关系

成功的生物炭系统需要对生物炭生物物理性质和社会经济因素的依赖有准确的认知。这与施用规模有关，同时对生物质、转化和使用阶段的可持续性有一定的影响。阶段与阶段之间的联系是一个结构特征，它会限制成功系统案例的宣传。

26.6.1 阶段联系

生物质—转化—使用这 3 个阶段有可能是完全独立的，但转化阶段可以将生物质与其在环境中的应用联系起来。在这种情况下，设计合适的热解条件可以促进生物炭系统的快速形成。生物质原材料的供应商也将投资并承担生物质转化为生物炭的工作,也可能会在用于生产生物质的土地上施用生物炭,还可能会定制和销售生物炭产品。在一个封闭环境中,人们可以确定生物炭系统各阶段的构成和相互作用。尽管生物炭系统的规模和供应量可能很大,但也是有一定限值的。生物炭系统涉及一系列组件,这些组件根据热解副产品的市场及生物质的竞争用途,在各阶段之间产生相互作用。

26.6.2 地理范围

任何规模系统的影响都有一个地理维度。这反映出任意两个系统组件的最大空间距离,即生物质相对于转化设施或生物炭应用位置的部署。不同阶段的地理邻近性受生物炭物理性质的影响,即生物炭类型与所需生物炭施用量的环境功能相匹配,还受到一系列社会经济因素的影响。

26.6.3 系统普遍性

生物炭系统从其首次施用的地点开始扩展。系统普遍性可以用生物炭系统或系统类型界定所覆盖的绝对面积或相对面积来衡量,可以在某一个地区内表达,也可以是全球性的。如果每个国家都存在同一个特定的生物炭系统,那么该系统将在全球范围内普遍存在。

26.6.4 部署强度

生物炭部署强度可以用其涉及的土地面积比例表示,可以是接受生物炭施用的农业用地的比例,或者是用于生产生物炭原材料的土地面积。在部署强度的表达中需要地理界线,如1%的英国耕地。

26.6.5 单位规模

生物炭的生产规模,通常以生物质处理速率(体积或质量)表示。生物炭的产率反映生物质的转化方法和加工条件。当生物质被转移到集中转化设施中时,以体积表示的生物质处理速率会受原材料的影响(Berndes et al., 2003)。单位规模受运输的基础设施、可接受性和经济性的影响,并不是绝对的。点源生物质资源(可能是废弃物、可转化的生物质),如果扩展到需要进口生物质(单位规模),则可能会影响其利用规模。

26.6.6 方向性

将生物质转化为生物炭意味着养分从一个地方转移到另一个地方。生物质转移的方向性与农场规模(Haileslassie et al., 2007)、国家面积(MacDonald et al., 2012)或区域规模(Grote et al., 2005)有关。在考虑生物炭系统与其他系统的关联时,转化的废弃生物质制备的生物炭提供了方向。生物炭还可以将动物饲料中的养分转移到化肥中,并添加到土壤中。在垂直方向的系统(如土壤)中,生物炭还可以添加到产生废弃物的土壤中。时间是评估该方向性的一个潜在因素。

26.6.7 空间平衡

根据使用方式的不同,大面积获取的生物质可以转化为小面积施用的生物炭(即便在较长的时间内进行评估)。土地即使位于系统或项目的边界以内,也会影响系统的可持续性。如果施用生物炭的土地上肥料的需求减少,那么在其他更大面积的地方增大生物炭施用量,其效益就会降低。

26.7 互联子系统

尽管有许多系统与生物炭系统互联,但并不属于生物质—转化—使用阶段的组成部分。如图 26.2 所示,其概述如下。

26.7.1 废物管理系统

废物有可能会提供适合转化为生物炭的点源生物质。有一些法规认为,废物转化的生物炭本身就是废物。某些现有废物材料可以满足公认的生物炭灰的定义,例如,使用某些特定气化技术转化某种生物质的灰分中也含有足够的碳。不管原材料是什么,生物炭都不含危害人类健康和植物生长的病原体,以及有活力的植物种子。某些热解产物如果不是由废物产生的,就不应被视为废物,除非能源或生物炭制备过程中的另一种副产品是主要产物。生物炭除含有那些存在于原材料中且在转化过程中未被破坏的有毒化合物外,不应含有其他有毒化合物。相对于燃烧,挥发相缩合会产生一种含有毒化合物的混合物。精炼工艺可以将有毒组分从这些液体中分离出来。除生物质阶段和转化阶段,生物炭可以与使用阶段的废物管理联系起来,如畜牧场废水管理和污染土壤修复(Sarkhot et al., 2012; Streubel et al., 2012; Beesley et al., 2011)。

26.7.2 土地利用系统

生物炭吸附污染物、调节 pH 值(Kim et al., 2013)及促进有毒有机化合物钝化(修复)的能力可以使重金属污染土壤的使用价值增加(Beesley and Marmiroli, 2011)。结合其他措施,生物炭具备修复退化土壤的功能。

26.7.3 生态系统服务

生物炭原则上可用于增强景观管理的生态系统服务能力,如景观水的清洁、提高生物多样性等。在景观尺度上,土壤的性质和功能是不同的,需要精心设计。即使在物理功能相匹配的情况下,生物炭也可能无法提供最经济的方法来实现不同的生态系统目标。

26.8 社会经济考虑

在生物物理潜力明显存在的情况下,生物炭的社会经济因素有很大差异。将(热解)

装置整合到现有的集中式废物处理设施中,以及在农村安装农用窑炉制备生物炭,均会对社会经济产生不同的影响。为对出现的系统进行分类、记录及分析,我们需要定义系统的类型。系统的类型包含生物物理性质及强大的社会经济维度。下文解释了生物炭系统的社会经济相关性,其有助于围绕类型学和相关的机会映射建立共同语言。

26.8.1 权利和公平

与许多资源和技术一样,在社区内部、社区之间或跨区域之间,生物炭获取的途径是不同的。社区内部的差异非常重要,必须了解掌控新产品或新技术访问权的人的财产、地位和关系,了解分配生物炭等新资源的权限对于预测技术的发展非常重要。

26.8.2 原材料可用性

适合转化为生物炭的生物质可能在其他系统中也有一定用途,该系统可以在长期规划中以合同的形式正式化。当然,这也是一个与生物能源相关的全球性问题(Berndes et al., 2003; Smith et al., 2013)。将有一定用途的原材料用于生物炭制备可能会对其他系统产生影响,包括那些与生物炭系统无关的系统。这并不意味着转化部分或全部此类生物质是错误的,但应认识和预计可能会产生的影响和相关反馈。

26.8.3 乡村特点

乡村是距离城市中心一定地理距离的功能区,其特点由交通基础设施的可用性和交通水平决定。城市中心对乡村社区的影响与劳动力的供应密切相关。城市快速发展的国家不应依赖乡村社区所提供的劳动力来获取生物质和操作热解设备。除收入差异外,近郊地区的生活往往比乡村地区更加多样化。这可能会影响个人和社区对生物炭的应用,以及制备生物炭的动机。然而,城市市场的邻近性也能有力地激励更多投入,以增加可销售的高价值作物的产量。

26.8.4 劳动力

制备生物炭的设备是资本密集型或劳动密集型的。即使在劳动力不会受到特别限制的情况下,劳动力成本也是一个需要普遍考虑的重要因素。参与生物炭制备的个人可获得的收益是根据有效劳动力进行评估的。

26.8.5 收入

农场的规模、人员的受教育程度及劳动力都会影响农民的收入。较富裕的农民通常更有可能从事商业性种植,也更有能力证明对生物炭的任何额外投入都是值得的。在某些地区,收入的增加更多地与农业以外的多样化方式及其他投资有关,这可能会影响人们对生物炭的投资。在农场制备的生物炭可能很适合那些能够获得原材料但负担不起常规投入(尤其是按建议用量)的贫困农民。

26.8.6 能源

生物质转化为生物炭会产生额外的能源副产品（Yoder et al., 2011）。可以利用生物质原材料评估现有能源系统制备生物炭的技术潜力，反之亦然（Lugato et al., 2013）。生物炭作为燃料是其潜在应用方式之一，在许多情况下，人们对能源价格的关注将超过对生物炭的需求。许多地方都有发达且利润丰厚的木炭燃料市场，利用热解技术，并通过一系列设计可以提供生物能源及制备生物炭。一般情况下，这些产品针对能源或生物炭进行优化，并可以灵活地调节产品组合。

26.8.7 商业利益

用收集到的生活垃圾制备生物炭用于公共绿地，或者利用农场资源制备生物炭供农场使用，这涉及个人、社区、企业等。一些企业通过制备生物炭来创造利润。例如，食品加工过程中生产有机废物的企业，可以通过清除废物、制造其他废物或增加原材料供应来制备生物炭及其副产品以增加商业利益；提取蔗糖作为生物燃料的企业加工时会产生残渣废物和加工残留物（Ueno et al., 2007）；锯木厂在生产锯木时产生的锯屑和边角料，以及碾米厂在生产时产生的大量废稻壳都可用于制备生物炭（Shackley et al., 2012）。通常来说，参与废物处理或处置的企业可能会发现生物炭的其他价值，并因此会对农业部门进行更高的投入。

26.9 环境背景

生物炭的制备可以避免因生物质分解而产生的 CO_2 排放，并利用植物生长过程实现 CO_2 的净吸收（Lehmann, 2007），同时可以减轻人类对环境的影响，因此具有潜在的经济价值。利用转化废物制备生物炭有助于矿产资源的回收利用（Xua et al., 2013）。生物炭有助于养分向植物的转移，从而提高肥料的利用效率，并减少 N_2O 的排放（Cayuela et al., 2013）。生物炭可以吸附和钝化土壤污染物（见第 20 章和第 22 章）。因为生物炭功能的有效期尚未得到证实，所以应考虑其潜在的负面影响，如对农药（Spokas et al., 2009; Jones et al., 2011）及热解过程中产生的有毒化合物的吸附。

碳减排

C 和 CO_2 的储存可以使部分非 CO_2 的温室气体排放减少，这将生物炭与气候系统联系了起来。目前，碳减排尚未货币化，并且没有一种碳稳定（避免排放）和货币化补贴的通用系统，碳减排通常不是生物炭使用的主要经济驱动力，这与同样涉及能源安全的可再生能源形成鲜明对比。如何更好地定义生物炭，并监测或验证其在土壤中的应用，对未来碳减排的货币化具有重要意义。一旦公认的核算和监测原则确立，则自愿碳市场可以支持生物炭的大规模应用（Carbon Gold, 2009; Koper et al., 2013）。大型企业可能会根据预估的未来价值对碳进行内部定价。国际贸易食品的生产商可以将生物炭视为同时提高供应链能力和减少碳排放的一种手段（抵消其业务内的碳排放；Banerjee et al., 2013），这种情况会影响生物炭系统的结构性质。

26.10 系统类型和机会映射

在特定环境下，一个可行的、可运作的生物炭系统为生物炭生物物理性质与社会经济的适应性提供了佐证。系统的空间传播提供生物物理性质与社会经济适应性的拟合验证，以及其广泛相关性的度量。由于当前的例子是偶然的，而不是通过综合的评估和筛选过程发现的，因此对生物炭生物物理性质与社会经济适应性的新认识使其在战略上进行更全面的评估成为可能。

由于组成技术的灵活性，生物炭系统可能是复杂的、高度多样性的（见图26.2）。这种复杂性和潜在的多样性使得这种评估需要分类进行：
（1）定位新兴的生物炭系统类型；
（2）总结成功生物炭系统的共同特征；
（3）在目前尚未利用的背景下提高生物炭的潜在可行性；
（4）在空间上绘制最有可能进行下一步部署活动的位置和区域图—机会映射。

如图26.2所示的生物质、转化和使用阶段的子系统为这种分类方式提供了基础。该分类还反映了社会经济因素和环境背景对塑造可行的生物炭系统的影响。表26.1列出了映射到不同子系统的生物炭投资的一些具体驱动因素。

表26.1提供了一套可重新定义和细分各种生物炭系统类型的原型。这些类型的转化为本地机会提供了一个明确的空间维度。表26.2总结了生物炭系统的具体案例，强调了位置的特殊性。

表26.1 绘制生物炭系统机会映射图时需要评估的一些关键驱动因素、考虑因素和益处，重点是与现有生物物理子系统的匹配度和可能的部署策略

生物炭子系统	可能的子系统驱动程序	可能的子系统考虑因素	系统效益最大化策略
陆地系统	改善土壤质量和生物多样性，提供更好的生态系统服务	生物炭质量、预先存在的土壤约束的性质和监管	将生物炭与最有可能受益的土壤—作物组合相匹配，如退化的土地
农业系统	提高作物产量，包括增加产量、降低投入/肥料成本	生物炭质量、土壤中生物炭的投加施用模式、种植制度	物理和化学配方、战略布局，以及针对高价值作物
能源系统	满足可再生能源目标的生物能源，包括热能和潜在的低等级可冷凝油	原材料的水分含量、能源产品的热值、生物能源的补贴和限制	优化加工系统以平衡能量和生物炭产品
废物系统	追求零废物目标，回收P等固定资源进行再利用	废物成分和形式、废物成分的一致性、污染物负荷及法规	公认的质量标准，鼓励从废物中回收资源
气候系统	碳减排和农业温室气体排放管理	生物炭中稳定碳的质量分数、土壤结构、土地利用、温室气体排放核算方法	生物炭产量的最大化，以及最大化生物炭中稳定碳含量的原材料和工艺的使用

表 26.2 亚洲农村地区水稻秸秆转化为生物炭系统的具体案例，分析生物物理性质在生物质转化利用序列中的位置及其社会背景

阶段	生物炭子系统	因素	生物物理背景	社会背景
生物质原材料的生产、运输、储存和制备	农业系统	原材料可用性	连作种植是水稻主要的种植制度；稻草必须迅速转移走	社会经济方面：稻草的替代用途很少；收获和种植期间，农场劳动力稀缺
		土地可用性	主要作物的副产品，因此原材料不需要专用土地	交通运输基础设施限制了散装原材料的运输距离
	废物系统	制备	农业秸秆是非转化生物质	环境方面：避免在野外燃烧时产生烟雾；矿物质养分可以回收到土壤中
将制备好的原材料转化为生物炭和副产品			纤维状稻草需要造粒，以形成适合运输、热解及分配生物炭产品的形式	社会经济方面：围绕分布式小规模原材料造粒和开发，建设热解制备生物炭的设施，为创业、就业和创新提供了良好机会
				难以实施良好的操作规范及对设备维护、健康和安全构成威胁；如果秸秆被气化，SiO_2在最高热解温度下会变成晶体，从而带来特殊风险
				环境方面：如果没有可以燃烧热解气体集成的能量捕获系统，则很难避免小型热解设备向空气中排放气体
生物炭的运输、储存、分配和应用	陆地（农业）系统	作物效益	碱性介质中矿物质养分的浓缩、稳定装载；可以在下一季度储存和使用	社会经济方面：在施用量和成本方面，农民对化肥的投入可能因为化肥价格而有所提高；随着时间推移，土壤中长期累积的较高矿物质浓度可能会被忽略
	陆地（其他）系统	恢复或开垦	水稻种植和退化土地的相关性	劳动力要求更高；生物炭可能变成灰
	园艺（农业）系统	园艺	提供一种适合提高国内蔬菜产量的基质	生物炭质量监管的可能性有限；交通运输基础设施的缺乏限制其在高价值市场的销售量
	气候系统	碳减排	避免甲烷排放、提高碳稳定等的碳信用潜力	环境方面：矿物养分从秸秆到土壤和作物的有效循环，减少了对不可再生资源的需求。养分在田地之间的转移可能不可持续；原料氮被消除。如果不捕获和燃烧副产品，则会增加空气污染及非CO_2温室气体的排放
	能源系统		高SiO_2含量使得使用纯生物质作为优质燃料的可能性为零	

土地利用因素表明了地理位置的特异性，高价值作物秸秆制备生物炭与退化土地的相关性明显取决于地理位置（见表26.2）。农业系统和陆地系统之外的子系统——废物系统、

能源系统的政策和法规也具有空间依赖性（见表26.1）。

利用社会经济背景可以考虑生物炭施用的可能性及潜在的生物物理影响。表26.3说明地方、国家或区域社会经济背景与先前提出的生物炭子系统的决定因素相关（见表26.1），它显示了类型学如何在地理位置方面影响生物物理潜力。

市场相关性、社会优先事项、环境问题和投资决策的基础都是不稳定的。通过当前活动可以发展不同成熟度和准备程度的生物质转化技术；同样地，不同类型的生物炭对特定土壤—作物体系影响的确定性和特异性也是如此。一般来说，废弃生物质和非废弃生物质的未来可用性是不确定的。随着影响土地使用的作物产品市场不断发展，废物资源管理技术也在快速创新以应对废物处置成本。气候变化将改变土壤管理目标，也可能改变碳的市场价值。

表26.3 生物炭子系统潜力的综合评估，通过将使用阶段的子系统与政策、社会经济背景相匹配得到

环境政策背景	使用相应的生物炭子系统			
	土地系统	能源系统	废物系统	气候系统
发达城市经济				
良好的环境管理，支持可再生能源	绿地和生态公园、受污染土地的修复或复垦	可能被其他转化技术（如气化技术）超越	城市周边转化废物资源和绿色废物的潜在收集和利用	良好的碳减排潜力
良好的环境管理，对可再生能源的承诺不高		转换过程中有效捕获能量，生物炭包含大部分输出的能量		碳减排潜力较高
发达农村经济				
良好的环境管理，支持可再生能源	土壤直接施用或输出，退化土地中土壤功能恢复	可能被其他转化技术（如气化技术）超越	利用转化的废物资源对个别农村社区来说不太可能，但可以利用绿色废物	适度的碳减排潜力
良好的环境管理，对可再生能源的承诺不高		转换过程中有效捕获能量，生物炭包含大部分输出能量		良好的碳减排潜力
发展中城市经济				
良好的环境管理，支持可再生能源	当地农场和公共花园的城郊园艺	可能被其他转化技术（如气化技术）超越；	整合到现有废物处理厂的可能性	适度的碳减排潜力
环境管理不善	用作燃料的风险	不利于能量回收	基于外部投资可以利用转化的废物	低的或负的碳减排潜力
发展中农村经济				
良好的环境管理，支持可再生能源	土壤直接施用或输出	可能被其他转换技术超越	可能使用农业残留物	适度的碳减排潜力
环境管理不善	土壤直接施用	不利于能量回收	不可持续的资源利用风险	低的或负的碳减排潜力

26.11 结论与展望

地理环境为生物炭系统在生物质、转化和使用阶段的生物物理性质和社会经济适应性提供了基本背景。从生物物理学的角度来看，生物质的生产潜力受到阳光、温度和湿度的限制。土壤的质地、pH 值和矿物学特征等因素会对作物生产造成影响。此外，不同类型的热解设备是社会经济需要考虑的因素之一，与劳动力、相关市场投入及产品相关。

结构化的描述和分类有助于理解生物炭系统及其功能。下一步应着重在不同的空间尺度上进行相关的地理机会映射，将土地利用、土壤约束条件等方面的知识和数据叠加在潜在可用生物炭类型的特性上，后者不仅受到可利用的生物质原材料类型和数量的限制，而且受到社会经济因素的限制。

机会映射是应用型生物炭研究的主题和目的，它可以使基础研究的目标更加明确。机会映射对于确保生物炭可持续发挥其在社会经济和环境等方面的潜力至关重要。

参考文献

Ahmed, S., Hammond, J., Ibarrola, R., Shackley, S. and Haszeldine, S. The potential role of biochar in combating climate change in Scotland: An analysis of feedstocks, life cycle assessment and spatial dimensions[J]. Journal of Environmental Planning and Management, 2012, 55: 487-505.

Angst, T. E. and Sohi, S. P. Establishing release dynamics for plant nutrients from biocha[J]. Global Change Biology-Bioenergy, 2013, 5: 221-226

Banerjee, A., Rahn, E., Läderach, P. and van der Hoek, R. Shared Value: Agricultural Carbon Insetting for Sustainable, Climate-Smart Supply Chains and Better Rural Livelihoods[C]. International Center for Tropical Agriculture (CIAT), Cali, Columbia, 2013.

Beesley, L. and Marmiroli, M. The immobilisation and retention of soluble arsenic, cadmium and zinc by biochar[J]. Environmental Pollution, 2011, 159: 474-480.

Beesley, L., Moreno-Jiménez, E., Gomez-Eyles, J. L., Harris, E., Robinson, B. and Sizmur, T. A review of biochars: Potential role in the remediation, revegetation and restoration of contaminated soils[J]. Environmental Pollution, 2011, 159: 3269-3282.

Berndes, G., Hoogwijk, M. and van den Broek, R. The contribution of biomass in the future global energy supply: a review of 17 studies[J]. Biomass and Bioenergy, 2003, 25: 1-28.

Brewer, C. E., Schmidt-Rohr, K., Satrio, J. A. and Brown, R. C. Characterization of biochar from fast pyrolysis and gasification systems[J]. Environmental Progress and Sustainable Energy, 2009, 28: 386-396.

Brewer, C. E., Unger, R., Schmidt-Rohr, K. and Brown, R. C. Criteria to select biochars for field studies based on biochar chemical properties[J]. Bioenergy Research, 2011, 4: 312-323.

Bridgwater, A. V. The future for biomass pyrolysis and gasification: Status, opportunities and policies for Europe[M]. UK: Aston University, Birmingham, 2002.

Bridgwater, A. V. Biomass for energy[J]. Journal of the Science of Food and Agriculture, 2006, 86: 1755-1768.

Brown, T. R., Wright, M. M. and Brown, R. C. Estimating profitability of two biochar production scenarios:

Slow pyrolysis VS fast pyrolysis[J]. Biofuels Bioproducts and Biorefining, 2011, 5: 54-68.

Cantrell, K. B., Hunt, P. G., Uchimiya, M., et al. Impact of pyrolysis temperature and manure source on physicochemical characteristics of biochar[J]. Bioresource Technology, 2012, 107: 419-428.

Carbon Gold. General methodology for quantifying the greenhouse gas emission reductions from the production and incorporation into soil of biochar in agricultural and forest management systems[S]. USA: Verified Carbon Standard (VCS), Washington, 2009.

Cayuela, M. L., Sanchez-Monedero, M. A., Roig, A., et al. Biochar and denitrification in soils: When, how much and why does biochar reduce N_2O emissions?[J]. Scientific Reports, 2013, 3: 1732.

Crombie, K. and Masek, O. Investigating the potential for a self-sustaining slow pyrolysis system under varying operating conditions[J]. Bioresource Technology, 2014a, 162: 148-156.

Crombie, K. and Masek, O. Pyrolysis biochar systems, balance between bioenergy and carbon sequestration[J]. GCB Bioenergy, 2014b, doi: 10.1111/gcbb.12137.

Demirbas, A. Carbonization ranking of selected biomass for charcoal, liquid and gaseous products[J]. Energy Conversion and Management, 2001, 42: 1229-1238.

Demirbas, A. Effects of temperature and particle size on biochar yield from pyrolysis of agricultural residues[J]. Journal of Analytical and Applied Pyrolysis, 2004, 72: 243-248.

Enders, A., Hanley, K., Whitman, T., et al. Characterization of biochars to evaluate recalcitrance and agronomic performance[J]. Bioresource Technology, 2012, 114: 644-653.

Gaunt, J. L. and Lehmann, J. Energy balance and emissions associated with biochar sequestration and pyrolysis bioenergy production[J]. Environmental Science and Technology, 2008, 42: 4152-4158.

Granatstein, D., Kruger, C., Collins, H., et al. Use of biochar from the pyrolysis of waste organic material as a soil amendment[R]. Wenatchee: Center for Sustaining Agriculture and Natural Resources, Washington State University, 2009.

Grote, U., Craswell, E. and Vlek, P. Nutrient flows in international trade: Ecology and policy issues[J]. Environmental Science and Policy, 2005, 8: 439-451.

Haileslassie, A., Priess, J. A., Veldkamp, E., et al. Nutrient flows and balances at the field and farm scale: Exploring effects of land-use strategies and access to resources[J]. Agricultural Systems, 2007, 94: 459-470.

Hammond, J., Shackley, S., Sohi, S. P., et al. Prospective life cycle carbon abatement for pyrolysis biochar systems in the UK[J]. Energy Policy, 2011, 39: 2646-2655.

Hossain, M. K., Strezov, V., Yin Chan, K., et al. Influence of pyrolysis temperature on production and nutrient properties of wastewater sludge biochar[J]. Journal of Environmental Management, 2011, 92: 223-228.

Ibarrola, R., Shackley, S. and Hammond, J. Pyrolysis biochar systems for recovering biodegradable materials-A life cycle carbon assessment[J]. Waste Management, 2011, 32: 859-868.

Jeffery, S., Bezemer, M., Cornellisen, G., et al. The way forward in biochar research: Targeting trade-offs between the potential wins[J]. Global Change Biology-Bioenergy, 2015, 7: 1-13.

Jones, D. L., Edwards-Jones, G. and Murphy, D. V. Biochar mediated alterations in herbicide breakdown and leaching in soil[J]. Soil Biology and Biochemistry, 2011, 43: 804-813.

Joseph, S., Graber, E. R., Chia, C., et al. Shifting paradigms: Development of high-efficiency biochar fertilizers based on nano-structures and soluble components[J]. Carbon Management, 2013, 4: 323-343.

Kenney, K. L., Smith, W. A., Gresham, G. L., et al. Understanding biomass feedstock variability[J]. Biofuels, 2013, 40: 111-127.

Kim, P., Johnson, A. M., Essington, M. E., et al. Effect of pH on surface characteristics of switchgrass-derived biochars produced by fast pyrolysis[J]. Chemosphere, 2013, 90: 2623-2630.

Koper, T., Weisberg, P., Lennie, A., et al. Methodology for biochar projects v1.0[R]. USA: American Carbon Registry, 2013.

Lehmann, J. A handful of carbon[J]. Nature, 2007, 447: 143-144.

Lugato, E., Vaccari, F. P., Genesio, L., et al. An energy-biochar chain involving biomass gasification and rice cultivation in northern Italy[J]. Global Change Biology-Bioenergy, 2013, 5: 192-201.

MacDonald, G. K., Bennett, E. M. and Carpenter, S. R. Embodied phosphorus and the global connections of the United States agriculture[J]. Environmental Research Letters, 2012, 7: 1-13.

Masek, O., Brownsort, P., Cross, A., et al. Influence of production conditions on the yield and environmental stability of biochar[J]. Fuel, 2011, 103: 151-155.

Neves, D., Thunman, H., Matos, A., et al. Characterization and prediction of biomass pyrolysis products[J]. Progress in Energy and Combustion Science, 2011, 37: 611-630.

Novak, J. M., Lima, I., Xing, B., et al. Characterization of designer biochar produced at different temperatures and their effects on a loamy sand[J]. Annals of Environmental Science, 2009, 3: 195-206.

Novak, J. M., Cantrell, K. B., Watts, D. W., et al. Designing relevant biochars as soil amendments using lignocellulosic-based and manure-based feedstocks[J]. Journal of Soils and Sediments, 2014, 14: 330-343.

Roberts, K. G., Gloy, B. A., Joseph, S., et al. Life cycle assessment of biochar systems: Estimating the energetic, economic and climate change potential[J]. Environmental Science and Technology, 2010, 44: 827-833.

Ronsse, F., Van Hecke, S., Dickinson, D., et al. Production and characterization of slow pyrolysis biochar: Influence of feedstock type and pyrolysis conditions[J]. Global Change Biology-Bioenergy, 2012, 5: 104-115.

Ryu, C., Sharifi, V. N. and Swithenbank, J. Waste pyrolysis and generation of storable char[J]. International Journal of Energy Research, 2007, 31: 177-191.

Sarkhot, D. V., Berhe, A. A. and Ghezzehei, T. A. Impact of biochar enriched with dairy manure effluent on carbon and nitrogen dynamics[J]. Journal of Environmental Quality, 2012, 41: 1107-1114.

Schmidt, H. P. 55 uses of biochar[J]. Ithaka Journal, 2012, 1: 286-289.

Scoones, I. Sustainable rural livelihoods: A framework for analysis[M]. UK: Brighton, Institute of Development Studies (IDS), 1998.

Brighton, UK Shackley, S., Hammond, J., Gaunt, J., et al. The feasibility and costs of biochar deployment in the UK[J]. Carbon Management, 2011, 2: 335-356.

Shackley, S., Carter, S., Knowles, T., et al. Sustainable gasification-biochar systems: A case-study of rice husk gasification in Cambodia. Part I: Context, chemical properties, environmental and health and safety issues[J]. Energy Policy, 2012, 42: 49-58.

Smith, P., Haberl, H., Popp, A., et al., How much land based greenhouse gas mitigation can be achieved without compromising food security and environmental goals?[J]. Global Change Biology, 2013, 19: 2285-2302.

Sohi, S. P. Carbon storage with benefits[J]. Science, 2012, 338: 1034-1035.

Sohi, S. P., Krull, E., Lopez-Capel, E., et al. A review of biochar and its use and function in soil[J]. Advances in Agronomy, 2010, 105: 47-82.

Sohi, S. P., Gaunt, J. L. and Atwood, J. Biochar in growing media: A sustainability and feasibility assessment[M]. UK, London: Defra, 2013.

Spokas, K. A., Koskinen, W. C., Baker, J. M., et al. Impacts of woodchip biochar additions on greenhouse gas production and sorption/degradation of two herbicides in a Minnesota soil[J]. Chemosphere, 2009, 77: 574-581.

Steiner, C. ed, Slash and char as alternative to slash and burn: soil charcoal amendments maintain soil fertility and establish a carbon sink[M]. Germany: Göttingen, Cuvillier Verlag, 2007.

Stewart, C. E., Zheng, J., Botte, J., et al. Co-generated fast pyrolysis biochar mitigates green-house gas emissions and increases carbon sequestration in temperate soils[J]. Global Change Biology-Bioenergy, 2013, 5: 153-164.

Streubel, J. D., Collins, H. P., Tarara, J. M., et al. Biochar produced from anaerobically digested fiber reduces phosphorus in dairy lagoons[J]. Journal of Environmental Quality, 2012, 41: 1166-1174.

Ueno, M., Kawamitsu, Y., Komiya, Y., et al. Carbonisation and gasification of bagasse for effective utilisation of sugarcane biomass[J]. International Sugar Journal, 2007, 110: 22-26.

Vardon, D. R., Moser, B. R., Zheng, W., et al. Complete utilization of spent coffee grounds to produce biodiesel, bio-oil, and biochar[J]. Sustainable Chemistry and Engineering, 2013, 1: 1286-1294.

Vassilev, S. V., Braekman-Danheux, C. and Laurent, P. Characterization of refuse-derived char from municipal solid waste: 1. Phase-mineral and chemical composition[J]. Fuel Processing Technology, 1999, 59: 95-134.

Wilhelm, W. W., Hess, J. R., Karlen, D. L., et al. Review: balancing limiting factors & economic drivers for sustainable Midwestern US agricultural residue feedstock supplies[J]. Industrial Biotechnology, 2010, 6: 271-287.

Woolf, D., Amonette, J. E., Street-Perrott, F. A., et al. Sustainable biochar to mitigate global climate change[J]. Nature Communications, 2010, 1: 1-9.

Xua, G., Wei, L. L., Sun, J. N., et al. What is more important for enhancing nutrient bioavailability with biochar application into a sandy soil: Direct or indirect mechanism?[J]. Ecological Engineering, 2013, 52: 119-124.

Yaman, S. Pyrolysis of biomass to produce fuels and chemical feedstocks[J]. Energy Conversion and Management, 2004, 45: 651-671.

Yoder, J., Galinato, S., Granatstein, D., et al. Economic tradeoff between biochar and bio-oil production via pyrolysis[J]. Biomass and Bioenergy, 2011, 35: 1851-1862.

第27章

生物炭、碳核算和气候变化

Annette Cowie、Dominic Woolf、John Gaunt、Miguel Brandão、
Ruy Anaya de la Rosa 和 Alan Cowie

27.1 引言

尽管人们逐渐意识到气候变化会对地球产生灾难性的影响（IPCC，2012），并出台了减少温室气体排放的政策，但大气中二氧化碳（CO_2）和其他温室气体的浓度仍然在不断升高（Peters et al., 2013）。因此，应对气候变化行动日益紧迫，而生物炭在其中可以发挥重要作用。

《哥本哈根协议》提出了将全球变暖限制在比工业化前平均温度高2℃的目标，以减缓气候变化（UN，2009）。有研究为实现这一目标进行了气候模拟，发现必须大幅减少温室气体排放，并需要开发从大气中捕集CO_2的"负排放"技术（Moss et al., 2010; GEA, 2012）。目前实现"负排放"的方案非常有限，其中的可选方案包括生物质和土壤中的碳固存、生物质能碳捕集与封存（BECCS）、增强风化、海洋肥沃化，以及通过"人造树"或石灰—苏打洗涤直接从空气中捕获的CO_2（McGlashan et al., 2012; McLaren, 2012）。生物质和土壤中的碳固存、BECCS是最容易实施且风险和成本较低的方案。然而，这些方案都有局限性，例如，固存在生物质和土壤中的C很容易被释放，其固存碳的潜力受到"碳饱和"的限制；BECCS依赖复杂的工程，而且需要大量的时间和资金投入才能广泛使用。

将生物质转化为生物炭是碳固存的一种方法，可能会促使"负排放"。生物质向生物炭的热转化产生了一种矿化速度比原始生物质源慢得多的产物，这种缓慢氧化促进了长期碳固存。热转化过程中释放的气体可以通过燃烧产生热能或动能，如果与碳捕获和碳封存的基础设施相连，碳就可以被捕获和封存。生物炭通过一系列途径产生额外的减排效益，除延缓用作原材料的有机物矿化外，它还可以（在一定条件下）减少土壤中氧化亚氮（N_2O）的排放（见第17章）、促进植物生长（见第12章）、稳定土壤有机质（见第16章），从而进一步增加碳固存。另外，生物炭可以通过提高养分和水的利用率，减少肥料和灌溉需求，避免常规处置途径的温室气体排放。

本章考虑利用生物炭系统对温室气体排放和其他气候胁迫因素的净影响以估算

生物炭可能带来的潜在减排作用。为了量化生物炭的减排潜力，本章分析了整个生物炭生命周期的净排放量，并将其与典型生物质和传统能源使用的参考系统的排放量进行了比较。

本章还讨论了碳排放交易和其他应用生物炭技术的市场化手段，总结了符合规定的、自愿的碳排放交易市场的现状和未来前景，综述了生物炭纳入碳排放交易的进展，指出了必须要克服的困难，包括需要明确成本较低的碳减排量化方法。

最后，本章考虑了在全球可用于生物炭制备的生物质资源，以评估广泛使用生物炭的减排潜力。

27.2 影响全球变暖的生物炭系统要素

本节总结了生物炭系统缓解或加剧气候变化的各种过程。

27.2.1 生物质的缓慢氧化

生物质原料类型、最高热解温度和生物质停留时间是影响生物炭持久性的主要因素。随着热解温度的升高，生物炭的物理结构发生变化，变得更加有序且类似于石墨烯（Downie et al., 2009）。随着物理结构的改变，生物炭的稳定性和相关性质（如微化学、有机化学、养分和生物特性）也随之改变。

据估计，木质生物炭在土壤中的平均停留时间为 1000 ~ 10000 年，动物粪便生物炭在土壤中的平均停留时间为几十年至几百年，秸秆生物炭在土壤中的平均停留时间处于中间水平（Cheng et al., 2008; Singh et al., 2012；见第 10 章）。

应该指出的是，只有一小部分生物质被转化为生物炭，产率通常为 10% ~ 50%，并且在较高的炉温和较长的炉内停留时间下产率较低（见第 4 章）。因此，在计算因碳稳定化而产生的碳减排量时，关键是要知道生物炭中保留原料中碳的比例及生物炭的可能周转率，以及原材料的矿化速率，以便量化热解对碳返回大气中速率的影响。

27.2.2 使用热解气体作为可再生燃料

当一部分原料碳在热解过程中转化为生物炭时，大部分 C 与 H_2 以可燃气体的形式释放。由于热解气体产量与生物炭产量成反比，因此在较高的热解温度下会产生更多的气体（Woolf et al., 2014）。如果这些气体被捕获并用于供热和/或供电，那么这些可再生能源产品就可以取代化石能源产品，从而减少温室气体排放。

替代化石燃料对温室气体的减排价值取决于以下几个因素：
- 由于不同化石燃料所产生的温室气体强度不同，因此化石燃料的来源可被替代；
- 捕获气体能量的效率取决于设施的设计，如果可以有效地利用生物炭制备过程中产生的热量，则可以减少温室气体排放；
- 发电效率受技术和规模的影响；
- 新型可再生能源产品的增加在很大程度上会替代化石能源产品，如果热解气体未被有效捕获并作为燃料燃烧,那么甲烷(CH₄)的排放会对生物炭系统的减排价值产生显著的负面影响(Field et al., 2013; Sparrevik et al., 2013)。

27.2.3 生产化肥时温室气体排放的变化

生物炭作为土壤改良剂不仅可以降低农作物和牧草对氮肥的需求,而且可以增加养分供应,特别是原料为粪便制备的生物炭,其含氮量比木材类生物炭高。生物炭颗粒与土壤矿物质、有机物反应,产生带电表面,可吸附 NO_3^{2-} 和 NH_4^+,从而减少淋滤和挥发造成的 N 损失(见第 15 章、第 19 章;Singh et al., 2010)。氮肥需求的减少有助于减少温室气体排放,因为生产氮肥是一个温室气体密集型过程,生产氮肥会产生大量的温室气体。在这个过程中,天然气的消耗量大,通常每克氮肥释放 0.002~0.011 kg CO_2(CO_2 当量;Wood and Cowie, 2004; Williams et al., 2006; BREF, 2007)。

需要注意的是,在生物炭制备过程中,原料中的 N 会损失很大一部分。N 的损失量取决于原料组成和炉温,损失率为 20%~70%(Woolf, 2011),这说明有机氮会从陆地生物圈向大气圈显著转移,尤其是对于 N 含量为 2%~4% 的粪肥原料。因此,粪肥的热解可能会减少肥料中的有效氮,从而增加对化学氮肥的需求。另外,粪肥中的 N 通常没有得到有效利用。例如,在堆肥处理过程中,大量的 N 会通过淋溶或以 N_2O 的形式排放而流失。在施用粪肥过量的情况下,尤其是施用量超过农作物或牧草的需求,会导致地表水和地下水受到 N 和 P 的污染,并造成 N_2O 的直接和间接排放。利用粪便制备生物炭为粪便的处理提供了一种有效的方法,该处理过程可使粪便致密化,并且处理简单、可以避免异味,且制备了一种缓慢释放养分的改良剂,还能降低对环境的风险。生物炭对氮肥生产的净效应是不确定的,因为它取决于实际应用情况、热解过程中氮损失之间的平衡,以及与生粪肥相比由粪便制备生物炭后氮可利用率的提高水平。

27.2.4 防止温室气体从有机废物和残渣中排放

生物炭通常将废料和残渣作为生物质原料,如农作物、森林残渣、食品加工和锯木厂废料、可堆肥庭院废料、城市"绿色废弃物"和粪便。与有机材料的常规使用或处置相比,将生物质原料用于生物炭的制备可能会减少温室气体排放。例如,如果将有机材料填埋,经过分解约有 50% 的 C 以 CH_4 的形式排放(IPCC, 2006),但其中一些可能会被捕获和释放,或用于加热或发电。同样,如果在堆肥过程中不经常保持通风,则可能会释放 CH_4 和 N_2O(Beck-Friis et al., 2000)。粪肥在储存和迁移过程中会释放 CH_4 和 N_2O(IPCC, 2006)。因此,如果在现场对粪肥直接进行热解,则粪肥处理过程中的温室气体排放量可以降至最低。

27.2.5 土壤和淋滤氮的 N_2O 通量变化

在某些情况下,施用生物炭会影响土壤中硝化过程和反硝化过程中的 N_2O 排放。虽然大量的研究表明,N_2O 的排放先大幅减少而后又增加,但相关研究加深了人们对其所涉及过程的理解,并提高了基于生物炭特征、土壤类型和环境预测可能影响 N_2O 排放的能力(Cayuela et al., 2013;见第 17 章),但仍然存在很多不确定因素(如影响的持续时间)。

基于对氮损失过程的研究，人们可以预期，减少农业土壤中的 N_2O 排放对高氮肥施入的园艺种植系统非常重要，尤其是在灌溉地区或粪肥施用可减少的地方（Cowie and Cowie, 2013）。

当土壤氮通过淋滤和径流迁移时，地下水或地表水中发生的硝化作用和反硝化作用会导致 N_2O 排放。因此，如果生物炭能有效减少铵盐和硝酸盐的浸出，则可以间接减少 N_2O 的排放。

27.2.6 对土壤碳的影响

一些研究称，生物炭可以促进原生土壤中有机物的分解，抵消生物炭的碳稳定效应，这种现象被称为"正激发效应"（Wardle et al., 2008; Luo et al., 2011）。但其他研究发现，生物炭可以降低有机质的矿化速率（Cross and Sohi, 2011; Keith et al., 2011），从而提高原生土壤中的碳含量（Slavich et al., 2013）。因此，在确定对原生土壤中碳的长期影响时，最重要的不是不稳定土壤碳的激发效应，而是激发效应对持久性土壤碳的稳定或周转率的影响（Woolf and Lehmann, 2012; Singh and Cowie, 2014）。迄今为止，已发表的研究未指出持久性土壤碳的呼吸作用是否有所增强，而一些研究发现生物炭可以通过与矿物质结合来增强土壤碳的稳定性（Liang et al., 2010）。然而，生物炭在不同矿物组成和土壤中不同碳含量引起激发效应的时间、方向和持久性还需要进一步研究。

27.2.7 其他生物地球物理过程

研究发现，施用生物炭可以提高土壤的持水能力（见第 19 章），从而减少灌溉需求。如果能减少灌溉过程中化石燃料的使用，则能够减少温室气体的排放。

除此之外，向土壤中施用生物炭，还可以产生其他环境效益。例如，向土壤中施用高比例生物炭，可能会降低土壤强度，从而减少耕作所需的燃料用量。由于种植中燃料的使用对作物生命周期的气候影响很小，因此减少这部分燃料的使用对温室气体通量的影响非常小。

除了对温室气体通量的影响，生物炭系统还可以通过其他气候强迫机制影响气候。例如，由于生物炭颜色较暗，因此它会影响土壤表面的反照率，尤其是在浅色土壤中。Genesio 等（2012）在意大利的田间试验中发现，当生物炭施用量为 $3\ kg \cdot m^{-2}$ 时，土壤表面反照率降低了 65%，但这种影响较为短暂，并且 2 次耕作后反照率没有显著差异（Meyer et al., 2012）。Meyer 等（2012）的研究表明，生物炭施用量为 $31.5\ kg \cdot m^{-2}$ 时，土壤表面反照率的变化很小，因此有必要进一步研究生物炭的反照率效应。

27.2.8 直接和间接的土地利用变化

如果生物炭系统使用专门种植的生物质，则可能会因直接和间接的土地利用变化（分别为 DLUC 和 ILUC）而导致温室气体排放，这可能会部分或全部否定生物炭的减排效应。这一问题已在生物能源方面进行了广泛讨论（Fargione et al., 2008; Searchinger et al., 2008; Berndes et al., 2013）。其中，DLUC 是指生物质种植地的土地利用变化；ILUC 是指由直接的土地利用变化引发的其他地方的土地利用变化。如果只考虑当前生物炭制备的经济状况，则土地用于生物质的种植不可能取代种植性土地用途。尽管如此，以下DLUC情景在理论上是可能的，但每种情景都有不同的气候变化影响：

（1）生物质的种植取代了现有的种植性土地用途（例如，种植制备生物炭和能源的秸秆取代了小麦）；

（2）生物质种植在林地，包括（a）保护性林地和（b）用于伐木的林地；

（3）生物质种植在碳储量低的非种植性土地上（如退化土地）；

（4）生物质的种植与现有土地利用相结合，不会减小生物质的产量。

情景（1）可能导致碳储量的损失或增加，这取决于以前利用的土地是否有较高或较低的碳储量。这种情况很可能会加速ILUC的变化，因为其他地方的土地很可能会投入种植，并取代产量不佳的小麦作物。情景（2）可能导致生物质在种植土地上的碳储量损失。虽然情景（2a）中生物质种植在保护性林地上不会引发ILUC，但如果生物炭是由具有经济价值的收获部分制备的，则情景（2b）中生物质可以通过增加其他地方的伐木作业来引发ILUC。然而，生物炭更有可能由林业残留物制备，如情景（4）所示。情景（3）可能会增加退化土地或目前未用于种植土地上的碳储量。情景（3）不会引发ILUC，并且可以使土地和流域恢复，从而带来共同利益。情景（4）包括将农作物和林业残留物用于制备生物炭的情况，生物炭对碳储量的影响可能有限，并且引发ILUC的风险较低。将生物质与木材的生产相结合可以改善森林管理水平，产生激励作用并提高收入，从而带来气候效益和经济效益（Lundmark et al., 2014）。

为了估算与DLUC相关的排放量和去除量，可以使用实地测量数据、模型或默认数据（如IPCC发布的2006年的"一级"默认值）来估算参考土地和生物炭系统之间生物质和土壤中碳储量的变化。

虽然估算与DLUC相关的排放量和去除量相对简单，但估算与ILUC相关的排放量具有挑战性。根据定义，ILUC是在生物炭系统之外通过市场控制的，并且没有具体的土地利用变化案例可以证明其是由一个特定的生物炭系统引起的。由于量化困难，ILUC经常被排除在生物能源系统的影响分析之外（Cherubini et al., 2009）。

综合全球模型用于量化ILUC，即可得到一般均衡模型（见下文"完善全球化分析的方法"）。例如，巴西扩大的甘蔗生产乙醇符合美国可再生燃料标准，但通过这种方法估算的ILUC仍受到质疑（CBES, 2009; Kline et al., 2009）。Kløverpris和Mueller等（2012）提出了一种与生物燃料相关的ILUC模拟替代方法，即"基线时间核算方法"。该方法考虑了生物燃料对土地利用变化速度的影响，并得出了低于静态估算方法的估计值。Fritsche等（2010）提出了简化的确定性估算方法。例如，可应用于项目层面的基于国家规模贸易统计的"ILUC方法"（Fritsche et al., 2010）。

降低ILUC风险的方法包括：鼓励土地可持续集约化生产（Heaton et al., 2013）；保护高碳储量的森林；恢复边缘、退化和其他非种植性土地上的植被；将生物质生产与当前土地利用结合（Berndes et al., 2013）；等等。

某种特定产品是否应分配与ILUC相关的排放份额仍有争议（Zilberman et al., 2011; Brandão, 2012; EC, 2012）。然而，为了准确评估生物炭系统扩展的影响，人们应该考虑抵消了部分生物炭效益的巨大排放源。

27.2.9 温室气体泄漏

泄漏是指因开展缓解温室气体排放的活动而间接产生温室气体排放的过程。根据定义，基于所研究的系统对经济的影响，温室气体泄漏发生在调查范围之外的其他位置，ILUC（见上文）就是一个温室气体泄漏的例子。如果原本用作燃料的生物质被用于制备生物炭，也有可能导致温室气体泄漏。生物质可用性的降低，可能增加人们对化石燃料的使用（Cowie and Gardner, 2007; Melamu and von Blottnitz, 2011）。

27.3 量化生物炭系统的净气候变化效应

27.3.1 碳足迹生命周期评估（LCA）方法论概述

为了评估生物炭制备系统对气候变化的影响，必须考虑所有受影响的温室气体的源和汇。生命周期评估（Life Cycle Assessment, LCA）是一种环境管理工具，旨在从"摇篮到坟墓"系统地量化某一产品或工艺过程对环境的总体影响（ISO, 2006）。虽然 LCA 是为了描述多种环境影响而开发的，但它也被用于评估单一类别气候变化的影响，也称为"碳足迹"（ISO, 2013）。LCA 已被广泛用于评估生物能源系统对气候变化的影响（Larson, 2006; Cherubini et al., 2009），还被用来评估不同生物炭系统的净气候变化效应，并与生物质的多种用途进行比较。后文还将讨论 LCA 的重要性及其与生物炭系统评估的相关性。

生物炭的生命周期包括生物质采购、生物炭的制备、生物炭作为土壤改良剂。温室气体的排放来源包括：化石燃料的使用；生物质的获取、运输和加工（如干燥和粉碎）；建设、运行和维护热解装置；运输生物炭并将其施用到土壤中；化肥制造过程的间接排放；等等。因为生物炭在常规生命周期评估中经常被忽视（Cherubini et al., 2009），所以必须考虑生物炭对生物圈碳循环的影响（包括因添加生物质而导致的土壤和生物质中碳储量的变化）。综上所述，生物炭对 N_2O 和 CH_4 排放的影响可能很大，因此应考虑这些非 CO_2 温室气体的排放。除了对温室气体的影响，影响生物炭系统气候变化的其他因素包括反照率的变化和对流层的黑炭负荷。尽管相关研究（如 Muñoz et al., 2010）提出了一些方法考虑这些影响因素（另见下文），但大多数的生命周期评估中并未考虑这些因素。

生物炭的减排价值是通过比较整个生物炭生命周期的净排放量和适用于常规用途（传统土壤改良和生物质的使用）参考系统的排放量来确定的。如果能源副产品（热、电或生物油）是制备生物炭时产生的，则替代能源应包括在参考系统中。确定适当的参考系统对分析结果至关重要（Brandão, 2008; Cherubini et al., 2009）。

越来越多的研究使用生命周期评估或部分生命周期评估方法来评估生物炭制备和施用对气候变化的影响（见下文）。本节概述了影响生物炭生命周期评估的因素，并总结了已发表的研究结果。

27.3.2 系统边界和参考系统

系统边界描述了分析中包含的过程。任何生命周期评估的系统边界通常都包括所研究生命周期中的所有过程——从原材料的采集（如采矿）到加工、运输、使用和处置。生物炭系统的过程可能包括生物质的收集或生产、生物质和生物炭的运输、生物质的加工（如粉碎、干燥）、热解、生物炭的扩散等。

参考系统是与生物炭系统相比较的系统。在项目级的排放量交易中，参考系统被称为基线，用于计算项目的减排量。因此，"参考系统"和"基线"这两个术语是等效的。在下文中使用"参考系统"这个术语。

为了进行有效的比较，仔细识别生物炭系统和参考系统至关重要。参考系统必须具有与生物炭系统相同的功能，因此它们必须提供相同的能源服务，生产相同数量的等效产品，并考虑使用相同数量的生物质。生命周期评估的系统边界必须包括能量传递和土壤改良功能的替代过程。另外，参考系统描述了"无生物炭"的情况。虽然参考系统通常基于项目前的情况，但重要的是在确定基线时需要考虑历史趋势、当前实践和未来趋势，其他相关因素包括分析规模、生命周期评估的目的和时间框架等。

27.3.3 生物质的参考用途

如果生物炭由残留物制备，则参考系统应包括这些残留物（未用于制备生物炭的残留物）的去向。农作物和森林的残留物通常在田地或森林土壤中被分解。分解速率受气候和残渣粒径的影响。

食品、木制品行业的废物，以及城市绿色废弃物可能会被填埋到垃圾填埋场，而粪便可以作为肥料来源。参考系统必须描述参考用途的温室气体排放结果。例如，如果生物质已经被填埋在垃圾填埋场，则某些 C 可能会以 CH_4 和 CO_2 的形式释放出来（其中，CH_4 可能会被捕获和燃烧用于加热或发电），而剩余部分会长期储存在填埋场（Ximenes et al., 2008）。因此，进行生命周期评估的研究者必须考虑这些细节，并在相关情况下对这些来源的温室气体排放量进行解释和验证。

如果生物质在参考系统中有用（如用于能源生产或肥料），则不利于将生物质用于生物炭的制备。生物炭系统的边界需要包括生物质用于其他用途的替代方法。"温室气体泄漏"的一个例子是取代当前生物质使用的连锁效应会间接导致温室气体排放（见关于温室气体泄漏和土地利用变化的章节）。

27.3.4 参考能源系统

如果热解气体中的可再生能源是制备生物炭的副产品，则参考系统必须包括这些可再生能源产品替代的能源系统。在许多情况下，这是一个以化石燃料为基础的系统，但也考虑了可再生能源替代的可能性。虽然生命周期评估研究通常假设普通能源系统被替代，但这可能并不准确，特别是在考虑大规模实施的情况下。相关的能源系统是指，如果要建造一个新工厂，边际燃料将会作为能源系统。例如，某个国家目前的能源系统虽然由旧的燃煤电厂主导，但最新的电厂使用的能源是天然气。因此，生物炭系统可能会取代天然气而不是煤。取代褐煤等温室气体密集型化石燃料比取代天然气等温室气体密集型资源获得的减排效果更好（Cherubini et al., 2009）。此外，新建工厂的排放系数可能低于平均水平，特别是在发达国家，这进一步降低了生物炭系统的真正效益。

另一个需要考虑的因素是，生物炭系统的可再生能源在何种程度上是作为补充而不是彻底取代替代燃料，由于所谓的"反弹效应"，生物能源的可用性会影响化石燃料的价格，从而影响消费。反弹的估计值差异很大，这表明1个单位的可再生能源在不同情况下可能取代 0~1.6 个单位的化石燃料，该系数通常小于 1（York, 2012; Rajagopal and Plevin, 2013）。这里总结的生物炭生命周期评估研究中没有一项包含明确调整反弹效应的内容。

27.3.5　参考土地管理：施用生物炭的土地

参考土地管理系统是指在没有实施生物炭系统的情况下所使用的管理系统。例如，在土壤中施用生物炭，对化肥、有机肥料、石灰或者灌溉水的要求要低于参考土地管理系统的需求（见上文）。

27.3.6　参考土地使用：生物质种植用地

现有的废弃物和残余生物质如果不能满足生物炭的制备需求，就需要开始利用专门种植的生物质，那么生物炭系统就需要包括用于种植生物质的土地。因此，需要确定参考土地在没有生物炭系统的情况下是如何利用的。

参考土地利用通常基于历史情况，即转变为生物质种植用地之前的土地利用情况，但更重要的是考虑未来可能的趋势。一些人建议，参考土地应用于自然植被，生物质生产系统应去除"天然"森林的再生（Müller-Wenk and Brandão, 2010; Koellner et al., 2013）。其他人认为这种方法是不现实的，土地所有者将从事创收活动，不会允许自然再生发生。但欧洲及美国保护区计划的"搁置"经验表明，如果农业不需要土地，通常土地会通过自然再生而获得碳储量更高的植被。

在比较生物炭和参考土地用途时，应将土地利用变化导致的任何温室气体排放纳入分析。

27.3.7　生物量和土壤中碳储量变化的摊销

如果无论是因为生物质作物用于制备生物炭而导致生物质和/或土壤中的碳储量发生变化，还是由于土地利用变化或管理实践的变化，都应分配给该生物质制备的生物炭。碳储量的增加将产生碳信用额，碳储量的损失将从生物炭系统的减排效应中扣除。在补偿方案运行的情况下，碳储量的变化应在指定时间间隔内的预期生产过程中分配，如热解装置或项目的预期寿命。

Klverpris 和 Mueller（2012）的动态"基线时间核算方法"避免了选择生产周期，因为该方法将 1 年前的土地转换（或延期恢复森林）的碳储量增量效应分配给了该年的生物质种植。

27.3.8　排放和去除时间的影响

传统的生命周期评估忽略了温室气体排放和去除时间的影响，而是计算了整个生命周期的排放量和去除量之和。因此，封存碳而后释放碳的过程（如生物能源系统）与碳通量相关的净气候变化影响无关[1]。但生物炭显然不是这样，如第10章所述，生物炭中的大部分碳在几十年到几个世纪内都是稳定的。当碳保留在生物圈中时，辐射强迫会减少，这被视为一种减排效应。还应认识到，生物炭的制备过程将原料中很大一部分（通常为至少50%）的碳释放到大气中。因此，生物炭系统净效应的计算需要考虑在制备过程中被氧化的那部分快速释放的碳，以及生物炭中所含碳的缓慢释放。

尽管人们已经提出了几种基于辐射强迫的时间分布方法用于量化温室气体排放周期（Brandão et al., 2013），但目前还没有统一的方法来量化温室气体排放和去除时间对气候变化的影响。有些方法适用于有限的评估期（如100年），并排除评估期过后延迟的排放量（PAS, 2011）；对延迟时间短于100年的排放则需要根据评估期内的辐射强迫进行评估。Meyer等（2012）应用Cherubini等（2012）开发的方法计算了两个生物炭系统的时间积分辐射强迫，并指出在碳循环过程中时间变化是很重要的。

27.3.9 生物炭生产系统生命周期评估研究综述

已有研究利用生命周期评估来评价生物炭系统对气候变化的影响，其研究结果如图27.1所示。大多数研究表明，每千克原料的减排量为 $0.4 \sim 1.2$ kg CO_2（干），然而有些研究得到的减排量远远超出了这一范围，当然也有一些研究发现排放量增加。例如，专门种植的用于制备生物炭的生物质（Roberts et al., 2010），被填埋可以回收 CH_4 作为可再生能源（Cowie and Cowie, 2013）。

不同原料的减排价值差异很大，但木质残渣制备的生物炭的减排价值最高（见图27.1），从这些研究中无法得出不同原料的相对优点。

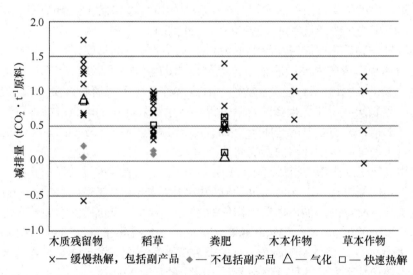

图27.1 根据生命周期评估计算的每单位原料干物质的温室气体减排量（"粪肥"也包括生物固体和家禽粪便，数据来源如表27.1所示）

---
[1] 这种"气候中性"的假设对于碳快速循环系统是有效的。例如，那些利用一年生作物作为生物能源的系统，碳在同一年被封存和释放。

表 27.1 图 27.1 的数据源

研　究	木质残渣	秸　秆	粪　肥	木本作物	草本作物
Roberts等（2010）	×	×			×
Hammond等（2011）	×	×		×	×
Kauffman等（2011）					
Ibarrola等（2012）	×		×		
Mattila等（2012）					
Meyer等（2012）		×			
Cao和Pawlowski等（2013）			×		
Cowie和Cowie等（2013）	×	×	×		
El Hanandeh等（2013）	×				
Huang等（2013）		×			
Lugato等（2013）	×				
Ning等（2013）	×				
Sparrevi等（2013）					
Wang等（2014）		×			
Wu等（2013）			×		

以上研究达成一个共识，即生物炭（有机物延迟氧化）中碳的稳定性是减排的主要因素，通常占减排量的 40%～60%（Roberts et al., 2010; Hammond et al., 2011; Cowie and Cowie, 2013）。粪肥生物炭在土壤中的平均停留时间比木质生物炭短（Singh et al., 2012），对长期碳储存的贡献较低。制备生物炭的温度和热解速率会影响生物炭的持久性，以及生物炭与合成气的产量。温度越高，制备的生物炭在土壤中的持久性越强（Singh et al., 2012; Mašek et al., 2013），但生物炭的产量越低（Whitman et al., 2013）。

利用热解气体替代化石能源产品是生物炭系统减排效益的重要因素。

生物炭对作物产量的提高一般很小，但是，如果生物炭可以提高作物残留物的产量，并将其作为生物炭/生物能源生产的原料，则在这种情况下残留物产量才很重要（Woolf et al., 2010）。生物炭减少化肥生产的贡献也很小。生物炭联产的电力可能很重要，尤其是干燥的原料（如秸秆）的净热解气体产量高于粪肥等潮湿材料（Cowie and Cowie, 2013）。

生物炭对土壤中有机质迁移的影响尚不清楚，可能因土壤和生物炭的类型而异。因此，向土壤中施用生物炭对土壤有机质稳定（或损失）和温室气体净排放的影响具有不确定性。根据研究中采用的假设，Cowie 和 Cowie（2013）认为该影响可以忽略；但 Hammond 等（2011）计算得出土壤中有机碳的增加占估算减排量的 27%。另外，有机质的损失不太可能对温室气体平衡产生显著的负面影响（Woolf and Lehmann, 2012; Singh and Cowie, 2014）。

避免土壤中 N_2O 的排放影响属于另一个研究领域，其中有关生物炭影响的数据有限。因此，生命周期评估研究中的估计值是非常不确定的。

不同生物质对温室气体排放量的影响因原料、土壤类型等的不同而有很大的差异。Cowie 和 Cowie（2013）在温带种植小麦的砂质土壤中施用生物炭，并与在亚热带种植玉米的黏性土壤中施用生物炭进行比较，结果发现砂质土壤的减排效果比黏性土壤低 32%～62%，而且家禽粪便生物炭的减排效果比小麦秸秆生物炭的减排效果高

33%～165%。Cowie（2013）在比较处理绿色废弃物的备选方案的效果时估计，土地填埋的减排效果比有生物炭时高 30%，而使用覆盖物的减排效果比有生物炭时高 125%。

只有一项研究说明了反照率在碳循环中的影响。Meyer 等（2012）计算得出，反照率的降低使生物炭的净气候减排效益降低了 13%～22%。值得注意的是，作者假设生物炭的施用量为 3 kg·m^{-2} 时，2 年后生物炭对土壤反照率的影响仍然为初始影响的 22%，并且随后会以与生物炭矿化相同的速率衰减。这与 Genesio 等（2012）的结果形成了鲜明对比，Meyer 等（2012）根据反照率的测量结果进行了计算，他们发现 2 次耕作之后，生物炭对土壤反照率的影响并没有统计学意义（Meyer et al., 2012）。

考虑生物质的替代用途对减少温室气体排放的影响是很重要的。例如，生物质可以通过一系列技术用于生物能源，如燃烧发电、热电联产或消化沼气。一些研究已经确定，生物质制备生物炭的减排效益可能大于生物质仅用于生物能源的情况（Hammond et al., 2011; Woolf et al., 2010），但 Meyer 等（2012）发现了相反的结果。同样，这种比较在很大程度上取决于具体情况（如生物能源技术、替代化石燃料）和所采用的假设。如果假设生物炭可以明显降低农业排放（土壤碳增加，N$_2$O 排放减少），那么生物炭可能会带来最大的净气候效益。

27.3.10 生命周期评估研究中的变化和不确定性

生物炭生命周期评估研究结果存在巨大差异（见图 27.1）。这是由以下因素引起的：生物炭制备方案的差异（原料、热解装置的设计和规模、参考能源系统）、生物炭施用于土壤时假设效果的差异、计算方法的差异（如副产品的处理）。特别是假设生物炭对植物生长、肥料需求、土壤中 N$_2$O 排放和原生土壤有机质稳定性的影响，有许多方面是不确定的（变量很多；Lehmann and Rillig, 2014）。此外，生物炭的这些影响的持续时间是不确定的。生命周期评估研究表明，当生物炭由木质残渣制备时，生物炭最大的减排效益可能来自木质残渣制备生物炭的设施，该设施可捕获热解气体，并处理热量以生产替代煤炭的可再生能源产品；当生物炭施用到边际土地时，它可能刺激生产力；当生物炭施用于集中灌溉种植系统时，它可以减少灌溉和肥料需求，减少土壤中 N$_2$O 的排放。在以上情况下，生物炭比单独使用生物质作为能源产品具有更大的减排效益。如果低比例的生物炭被证实能有效提升农业效益和减少农业排放（Joseph et al., 2013），那么生物炭在生物质替代应用中的优势将会增强。

由于生物炭的影响仍有待研究，因此生命周期评估的研究只能依赖有限的数据，而这些数据远远超出了开展研究的条件。

另一个问题是，随着生物炭技术规模的扩大，应用于上述案例研究的生命周期评估的假设可能不再适用，因此评估获得的减排效益潜力可能无效。生物质残渣的可利用性及用于制备生物炭所需生物质的生长用地有限，使得生物炭减少温室气体排放的能力受到限制。全球范围的研究（见下文）考虑了这些局限性，从而得出生物炭系统减排效益的估算值。

27.4 生物炭系统的全球减排潜力

为了评估生物炭系统的总体减排潜力，人们必须对全球范围内可用的生物质进行量化。全球分析具有资源可用性和部署潜力，通常会使用较粗糙、更不确定的数据集和更简单的假设，而不是在地方或区域范围内进行分析（如上文的生命周期评估研究所述）。尽管数据有限，但全球评估也很重要，原因如下：首先，气候是一个全球性问题，只有通过了解全球范围的国际气候政策或碳市场，才能准确了解生物炭系统与能源、碳、食品和纤维市场之间的相互作用。这种相互作用包括不同市场之间对生物质和／或土地的竞争、生物炭施用和作物生产力之间的协同作用、生物炭直接和间接对土地利用变化产生的潜在影响。对于生物炭来说，土地利用的变化尤其复杂，因为不仅要考虑种植生物质的土地，还要考虑向土壤中施用生物炭的影响。这些影响可能包括提高生产率，以及生物炭施用以前未被管理的土地或边缘土地具有经济生产力的潜力，从而减少供应粮食所需的土地面积，以及促进边缘土地或自然生态系统向农业用地转化。由于生物质原料和土壤可用性的区域差异，或者地区之间的价格差异，生物质和／或生物炭的国际贸易会发展到何种程度还取决于全球规模分析。

迄今为止，很少有人对生物炭的全球减排潜力进行研究。Amonette 等（2007）、Matovic 等（2011）均对此做出了简单的假设，即全球陆地净初级生产力（NPP）的 10%（相当于大约 20% 的地面产量）可作为原料，并在此基础上计算得出生物炭可能吸附 4.8 Pg C·yr^{-1}，这大约是 2002—2011 年人为 CO_2 年均排放量的一半（IPCC, 2013）。Lehmann 等（2006）估计到 2100 年生物炭的减排潜力为 5.5～9.5 Pg C·yr^{-1}，基于估计生物能源潜力为 80～310 EJ·yr^{-1}（Berndes et al., 2003），则其几乎完全由专用生物质能源作物贡献。Lenton 和 Vaughan（2009）根据全球农田 224 Pg C 和温带草原 175 Pg C 的估计碳储存量，预估生物炭中碳累积封存的长期上限为 400 Pg C。

Woolf 等（2010）在一系列严格的可持续性限制条件下，评估了生物炭对全球温室气体减排的潜力。这些可持续性限制条件排除了那些可能会导致栖息地或生态系统服务丧失的原材料。这些原材料是由于未管理土地或农业用地而使其转化为生物质种植用地而获得的，或者由于过度提取作物或森林残留物导致土壤退化或侵蚀，或者使用可能受污染的废弃原材料。Woolf 等（2010）发现在这些限制条件的影响下，每年 CO_2、CH_4 和 N_2O 的净排放量最多可以减少 1.0～1.8 Pg CO_2·yr^{-1}（CO_2-Ce，相当于 3.7～6.6 Pg CO_2-e·yr^{-1}，占 2012 年人为温室气体排放量的 7%～12%）。在不会危害食品安全、栖息地或土壤保护地的情况下，一个世纪的净排放量将减少 66～130 Pg CO_2-Ce（240～475 Pg CO_2-e）。这些净减排量中有 50% 是由于净碳被封存为生物炭，有 30% 是由于热解能源替代了化石燃料能源，其余 20% 是由于限制了 CH_4 和 N_2O 的排放（见图 27.2）。Woolf 等（2010）还发现，如果将相同的生物质作为燃烧能源，则生物炭的减排效益要比其存在的影响平均高 25% 左右。然而，由于土壤肥力、有效生物质和主要能源的碳强度存在差异，因此区域间平均值的差异也很大。与生物能源相比，将生物炭施用在土壤贫瘠、种植作物产量较高的地区，相对来说气候变化缓解效益最大。相比之下，在土壤肥沃的地区，生物质燃烧将对气候变化缓解产生更大的影响，因为在这些地区生物质能源可以有效地替代煤炭燃烧。Woolf 等（2010）在以可持续利用的生物质资源（可持续技术潜力为 1.0～2.3 Pg C·yr^{-1}）为前提的估算显示，农业和林业残留物及未污染的有机废物占生物质最大可用量的 1/2～2/3，剩余 1/3～1/2 的生物质能源来自热带农林系统与废弃退化农田上种植的生物质作物。

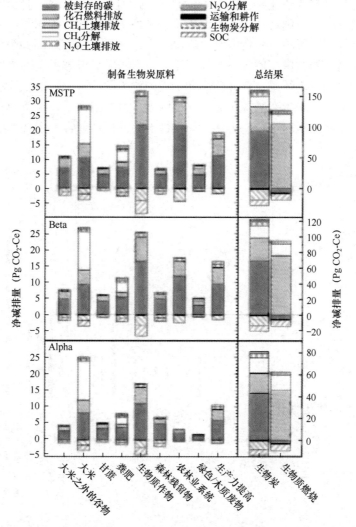

图27.2 累积减少温室气体排放量的明细,单位为Pg CO_2-Ce(Woolf et al., 2010)。这些数据是100年来按原材料和温室气体排放类型划分的3种模型的数据。图左侧显示了8种原材料类型中每种原材料的生物炭制备结果,以及由于生物炭添加导致生产力提高增加的额外生物质残留物。图右侧显示了生物炭(左栏)和生物质燃烧(右栏)的总结果。在每栏中,6种排放减少机制和3种排放增加机制所产生的结果用不同的阴影表示。这些机制(从上到下)依次为:①减少来自生物质衰变的N_2O排放;②减少来自土壤生物炭的N_2O排放;③减少来自生物质衰变的CH_4排放;④增加被土壤生物炭氧化的CH_4;⑤生物能源生产替代化石燃料;⑥减少了本来会衰变的生物质产生的CO_2排放;⑦运输和耕作中的CO_2排放;⑧土壤中生物炭分解产生的CO_2排放;⑨减少生物质从土壤转移到生物炭或生物能源中导致的SOC减少

将这些估算放在更广泛的研究背景下对于预估潜在的全球生物能源供应量是非常有用的。这方面的文献比较多(然而这些对比必须谨慎,因为生物能源通常包括不适合制备生物炭的类别,如油、糖、受污染的废弃物,以及因过于潮湿而不能高效热解的生物质)。全球生物能源估算值通常以 $EJ \cdot yr^{-1}$($10^{18} J \cdot yr^{-1}$)为单位。对于木质纤维素生物质,设

其转换系数为 40 EJ Pg^{-1} C，Woolf 等（2010）估计的可持续利用的生物质资源约为 40 EJ·yr^{-1}，这与图 27.3 中生物能源潜力的其他估计值存在相关性。对全球生物能源供应的广泛估算不仅反映了不确定性，而且使用了一系列不一致的"潜在"定义，以及对生物质可用性的可能限制因素的一系列假设。Chum 等（2011）将生物能源潜力的评估分为 4 类：理论潜力只考虑对生物质供应的生物物理限制；技术潜力还考虑了生物质生产系统的局限性，以及对食物、饲料、纤维、森林产品和土地的竞争性需求；可持续性潜力考虑了保护土壤、水、生物多样性和生态系统服务所需的限度；市场潜力是在经济约束下能够产生的部分技术潜力。生物能源对市场潜力或可持续性潜力的评估通常低于技术潜力，而技术潜力又低于理论潜力。

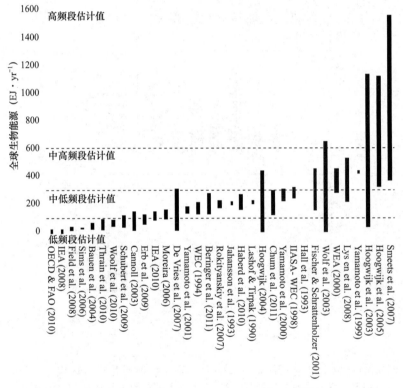

图27.3　以 EJ·yr^{-1} 表示的全球生物能源潜力已公布估计值的比较［根据Slade et al.（2011）的方案，分为高频段、中高频段、中低频段和低频段估计值］

Berndes 等（2003）对早期的 17 项生物能源潜力研究进行了比较。Slade 等（2011）也进行了类似的比较研究，并指出了几个共同的因素，这些因素区分了低频段（0～100 EJ·yr^{-1}）、中低频段（100～300 EJ·yr^{-1}）、中高频段（300～600 EJ·yr^{-1}）和高频段（>600 EJ·yr^{-1}）的估计值。高频段假设：作物产量的增长速度将超过粮食需求的增长速度；大于 2.5 Gha 的土地将用于种植能源作物（包括大于 1.3 Gha 的优质农业用地）；所有农业种植都有很高的投入，任何动物养殖都将因回收粪便而减少土地可利用面积；人口增长率低；素食主义者的饮食需求和/或大规模砍伐森林；所有的残留物都将被使用。中高频段假设：作物产量超过粮食需求；能源作物种植用地大于 1.5 Gha（包括大于 1 Gha 的优质农业用地）；低人口数量或素食或大面积砍伐森林；所有残留物都将被使用。中低频段假设：农作物产量将与粮食需求同步；用于能源作物（主要是非农业作物）种植用地小于 0.5 Gha，低人口数量或素食或有限的森林砍伐；所有残留物都被使用。低频段假设：能源作物种植用地小于 0.4 Gha；富含肉类的饮食或农业投入低；有限的耕地面积和较高的环境保护水平；可以利用小于 30 EJ 的农业残留物。因此可以看出，Woolf 等（2010）假设严格的可持续性限制条件是导致其在该估计范围的低频段内的原因。必须注意的是，尽管可持续性或环境保护限制可能会导致生物能源产量的增加，但这并不意味着这些措施就一定会提高生物炭的温室气体减排潜力。林地转化等直接或间接土地利用变化所产生的碳债务，可能需要几十年到几百年才能被制备的生物炭所抵消（Woolf et al., 2010），并且集约化生产系统可以大大减少温室气体的排放（Farrell et al., 2006; Crutzen et al., 2008; Smith et al., 2012）。

完善全球化分析的方法

与其简单假设一定量的可用性生物质来估算温室气体减排量，不如在经济约束、土地利用的权衡和协同作用，以及整个生命周期内温室气体排放和去除的情况下，估计生物炭会带来的减排效益。这种全面评估需要了解生物炭在一系列气候变化缓解措施组合下所能发挥的作用。这些措施能够有效地在各种方案之间分配资源，并且考虑了各种能源（包括与生物炭竞争原材料的生物能源）和农业的可能性，以预测生物炭系统对土地利用变化可能产生的影响，以及不同的政策或市场干预将如何影响这些问题。

两类主要的经济模式用于解决资源长期多部门分配、不同生产系统和作物的土地分配及市场干预对这些分配的影响等问题。第 1 类经济模式包括可计算一般均衡（CGE）模型或可计算部分均衡（CPE）模型，这些模型根据描述供求价格弹性的方程计算均衡价格（所有商品的供给等于需求的一组价格）。典型的（但不是唯一的）均衡模型使用新古典经济理论来描述这些过程。一项重要发展是，将详细的全球土地利用数据和土地生产力数据在空间上明确地整合到 CGE 模型和 CPE 模型中，使它们能够应用于调查与生物能源、粮食和纤维市场对土地利用及其变化影响的相关问题（Reidsma et al., 2006; Hertel et al., 2009; Hertel et al., 2010）。土地分配和土地生产力的均衡模型包括 GTAP、GCAM 和 FAPRI-CARD。例如，GTAP 一直被用来论证美国玉米提炼乙醇对土地利用变化的间接影响，表明玉米提炼乙醇对全球变暖的贡献（Hertel et al., 2010）。欧盟生物燃料指令对土地利用和生物多样性的间接影响远大于其直接影响（Hellmann and Verburg, 2010），并且可以改变或减缓农产品实际价格的长期下降趋势（Banse et al., 2008）。FASOM、Polysys 和 GLOBIOM 模型所使用的第 2 类经济模式涉及一种约束优化方法。在这种约束优化方法中，资源分配是为了最大限度地实现经济目标（如消费者和生产者剩余），既包括经济过程，又考虑了气候变化相关影响、缓解方案和政策制约（如碳减排目标或碳价格），因此被称为综合评估模型（IAMs）。该模型目前已成为调查长期气候稳定情况的主要工具（Moss et al., 2010）。一些模型在全球范围内已经存在，其中涉及描述生物炭系统最关键的部门（土地生产力、食品、林业、能源和碳市场），相关模型如 GTAP-E 模型（GTAP 模式的能源—环境版本；Burniaux and Truong, 2002）、GCAM、GLOBIOM。然而，目前还没有主流的 IAMs 将生物炭作为一种技术选择。增强这类模型的描述能力将标志着理解生物炭在长期气候稳定中可能发挥的作用,以及它对土地利用和粮食安全产生的影响方面迈出的重大一步。

在生物炭的应用不是强制性的,而是取决于市场机制的情况下,除非生物炭的应用是有价值的,否则农民和土地管理者不会大量应用生物炭(Crane-Droesch et al., 2013; Dickinson et al., 2014)。生物炭对作物产量和农业生产投入的影响是经济模型的关键部分。因此,我们应将生物炭整合到 IAMs 或 CGE 模型中,并需要构建一种方法来评估不同土壤、作物和气候对作物生产、肥料和灌溉需求的影响。实现该目标的一种方法是将生物炭对土壤生物地球化学的影响纳入农作物生产的生物物理模型(如 DSSAT、EPIC 和 APSIM)中。考虑到目前生物炭与土壤相互作用的研究现状,在短期内人们可能难以实现这一目标。更简单的方法是,根据已发表数据进行参数回归分析来评估作物对生物炭的响应,如 Crane-Droesch 等(2013)、Biederman 和 Harpole(2012)、Jeffery 等(2011)、Liu 等(2013)的研究。

27.5 通过生物炭缓解气候变化的政策措施

为减少温室气体的排放,政府可采用的政策包括自愿措施、激励计划,以及市场手段(包括碳税和碳排放交易计划)。

碳税的管理相对简单,但其目的不是实现具体的减排目标。迄今为止,碳税很少得到政策支持,这主要是因为"税"在许多司法管辖区不受支持(Thomas, 2008)。然而,瑞典已经实施了碳税政策(Johansson, 2000),并被广泛接受,可能是因为瑞典公民对政府极其信任(Hammar and Jagers, 2006)。政府还可以采取其他直接行动来鼓励采用减少温室气体排放的技术。例如,发布补贴及其他激励措施,或者出台管制制造业和产品使用排放的法规(如禁止使用白炽灯泡、限制车辆尾气排放)。竞争性赠款计划已被确定为一种成本极高且无效的减排措施(ANAO, 2010)。

碳排放交易市场允许那些以较低成本减少排放量的污染者与那些只能以较高成本减少排放量的污染者进行额外的排放信用交易。碳排放交易在美国被用于控制 SO_2、N_2O 的排放,以及在澳大利亚被用于河流盐度和养分的管理。

碳排放交易可以作为政府制定的强制性"合规计划"或自愿性计划来实施。合规市场占主导地位的模式被称为"总量管制和交易"。"上限"定义了排放的限制,而"限额"是根据"上限"规定的。为了实现减排,"上限"不能过高,并且必须随着时间推移而降低。受监管实体通过交易计划获得"限额",并可能达到其持有"限额"的最高值。这将激励各企业进行创新,以达到或低于他们所分配到的"限额"。排放量越少,支付的费用就越少,因此企业就有经济动机去减少污染排放。碳排放交易是鼓励改革的有效手段,因为它允许市场确定和实践以最低总成本实现减排的方法。

为了量化温室气体减排量,需要一个温室气体核算的量化指标。尽管某些温室气体比其他温室气体影响更大,但所有温室气体都会导致气候变化。不同温室气体的排放量用一种称为 CO_2 当量的通用单位表示,即给定气体的排放量乘以其全球增温潜势(GWP)。GWP 表示每种温室气体相对于 CO_2 的辐射强迫影响。注意,在计算 GWP 时必须具体说明时间范围,因为不同气体具有不同的大气寿命,100 年 GWP 是最常用的。已经有人提出了使用 GWP 作为标准化因子的局限性（Shine, 2009），人们也逐渐认识到，全球温度变化潜力可能是比较不同温室气体对气候影响更合适的指标（Myhre et al., 2013）。

在受限制的行业之外开展的减排项目，可以通过减少温室气体排放量或封存碳产生"碳信用"。碳排放交易的通用单位是避免排放 1000 kg CO_2 当量，或者从大气中去除 1000 kg CO_2 当量。"碳抵消"一词描述了温室气体排放量的减少或碳封存量的增加，指的是排放方为抵消其温室气体排放量或碳封存量而进行的活动。

2010—2013 年美国碳排放交易的经验指出，经济因素和政治因素可能会对总量管制和碳排放交易计划绩效产生巨大的影响。由于经济放缓会导致能源消耗减少，排放量大幅下降，许多排放国无须采取减排措施或购买碳排放配额就能实现减排目标，从而减少了对碳信贷的需求，导致碳减排量供大于求。因欧洲贸易计划（ETS）显示出崩溃的迹象，欧盟在 2013 年 2 月采取行动，将 2013—2015 年的碳排放配额拍卖暂时推迟到 2018—2020 年来调节碳交易市场。这项名为"积压"的行动旨在创造需求。目前尚不清楚其是否会成为一种长期有效的解决方案，因为"积压"未消除碳排放配额，只是推迟了碳排放配额的发放。区域温室气体减排计划（RGGI）是美国康涅狄格州、特拉华州、缅因州、马里兰州、马萨诸塞州、新罕布什尔州、纽约、罗得岛州和佛蒙特州共同努力的成果，旨在限制和减少电力部门的 CO_2 排放。2013 年，美国 CO_2 排放的价格跌破 3 \$ · $t^{-1}CO_2e$，并且拍卖的碳排放配额供不应求，主要是因为能源供应商能够在不购买碳排放配额的情况下满足"上限"要求，再次凸显了经济因素是如何更广泛地影响"上限"和交易计划的有效性的。

与 2013 年欧洲和北美碳交易市场的低价格相比，Stern（2007）认为碳排放配额的长期价格可能为 100 \$ · $t^{-1}CO_2e$，这与 Van den Bergh 和 Botzen（2014）的估计一致。这两项研究都试图确定实现温室气体减排的成本，而这些估计值与目前限制排放的碳市场交易价格之间的差异，强调了社会在寻求制定鼓励温室气体减排政策时面临的挑战。

27.5.1 生物炭温室气体的项目核算协议

Gaunt 和 Cowie（2009）提出，碳抵消市场中的项目级碳排放交易可以产生一种激励机制来提高生物炭的应用程度。生物炭活动可能会引起碳抵消市场的溢价，原因是生物炭的固碳比再造林或土壤碳管理更稳定，而且减排是绝对的，而不是像生物能源那样通过与假设的参照进行比较推断出的排放减少。这与参考文献通过假定推断的减排量相反（如生物能源）。

议定书为进入碳抵消市场提供了一种机制。为针对项目活动的减排量化提供具体指导，以证实可核查的抵消量申请，人们已制定了议定书。为了确保产生的碳信用符合相关制度的要求，议定书的使用将由政策和市场框架决定。

生物炭项目可避免排放的许多方面都在现有议定书的范围内，如可再生能源发电、限制土地填埋和粪便处理的排放。然而，目前还没有方案来量化生物炭中稳定的碳。生物质转化为生物炭从根本上改变了有机物的特性。在讨论生物炭议定书的前景时，Gaunt 和 Driver（2010）强调了以下要求：

- 确定生物炭中含有的碳所占的比例，并与先前管理方式下的稳定性进行比较；
- 提供其在土壤中长期存在的证据；

- 证明向土壤中添加生物炭不会对现有土壤碳储量产生负面影响。

如上所述，生物炭中的碳在土壤中的平均停留时间（MRT）很长，从几十年至几千年，甚至更长（见第 10 章）。许多文献根据回收的天然碳材料的年龄来推断生物炭的寿命，但这无法直接测量已经氧化的原始碳材料中碳的含量。因此，尽管几千年历史的土壤中可能含有碳，但它可能只是最初添加物质的一部分。当代的矿化研究是在相对较短的时间内进行的。这些研究表明，不同类型的生物炭矿化速率不同，通常生物炭中含有的少部分碳易于快速矿化，而剩余的碳分解相对缓慢（Singh and Cowie, 2014）。这种矿化模式可以通过建模来描述碳损失。这些构建的模型还可以预测研究时间范围外的碳损失（见第 10 章）。在碳损失的短期研究中，各种建模方法已被用于预测生物炭的长期稳定性，专家们还对模型的优点进行了讨论。关键问题是，只有当碳分解进入一个缓慢的阶段时，此类模型对长期碳损失的预测才更可靠。

生物炭项目拟议方法（Koper et al., 2013）正在美国碳登记处接受审查。该方法建议根据至少稳定 100 年的碳 "BC_{100}" 来获得碳信用，这是根据 H 与有机碳的比例 "H/C" 来估算的。这一估算证实了一个公认的事实，即在生物质向生物炭的热化学转化过程中，H/C、O/C 会减小。根据相对短期矿化研究中的碳损失数据拟合模型来估计 BC_{100}，然后在预测的持久性和 H/C_{org} 之间建立统计关系。

拟议方法的一个显著优点是去除了监测土壤中生物炭的碳保留的要求。该拟议方法假设固存或稳定发生在进行热化学转化的地方，而不依赖对土壤中生物炭的测量或监测。该方法很重要，因为对现场监测的要求会增加成本，并且可能仅有利于在大规模商业农业和土地修复作业中使用生物炭，而不是在小型农场和家庭中使用。该方法仅基于预测碳的稳定性，其含义是假设碳的稳定性在所有土壤类型中都是相似的，并且生物炭不会导致土壤中的有机质增加。虽然越来越多的证据表明，生物炭更有可能会增加而不是减少原生土壤中的有机质（见第 16 章），但是由于生物炭存在不确定性，因此其对气候变化的益处可能会减小。因此，Koper 等（2013）提议，通过将 BC_{100} 折现 5% 来解决该问题，并试图建立一个由启动导致的最大碳损失潜力模型。Koper 等（2013）提出的方法不包括因肥料节约、土壤 N_2O 损失减少或生物质产量增加而限制排放的考量，因为目前人们对这些过程的科学理解尚不足以预测其减排的幅度。

27.5.2 碳交易市场在应对气候变化中的作用

如上文所述，考虑到迄今为止碳排放交易的历史，一些作者对碳交易市场实现成本效益减排的能力提出了质疑（Lohmann, 2006; Böhm and Dabhi, 2009; Spash, 2010）。然而，有证据表明利用经济或政治手段来管理大气中的碳是非常重要的。

目前的政策侧重于根据基准来减少温室气体排放，但未能解决一个关键问题：大气中 CO_2 浓度已经超过 400 ppm。虽然减缓持续排放速率的政策对于大气中 CO_2 的长期管理至关重要，但各国迫切需要制定政策来鼓励开发和实施从大气中去除 CO_2 的技术，也需要开发降低 CO_2 排放速率的技术。

碳排放交易至少在理论上可以最大限度地降低社会的温室气体减排成本，但它分散了人们对减少化石燃料排放这种基本需求的注意力。根据定义，碳汇项目获得的碳排放配额允许化石燃料排放者继续排放。然而，为了应对气候变化挑战，需要同时部署缓解和封存措施。一旦消除温室气体排放的目标得以实现，就需要采用负排放技术将大气中的 CO_2 含量降低到安全水平。

如果负排放技术任由市场和经济力量决定，那么只有以较低成本减少温室气体排放时，从大气中去除 CO_2 的技术才有可能变得可行。因此，面临的政策挑战是如何在不减少脱碳减排项目的情况下，鼓励生物炭等负排放技术。政府可能需要独立于市场实施去除 CO_2 的战略。减排的必要性是显而易见的，生物炭可以发挥重要作用，但如何更好地实现减排目标是目前面临的挑战。

27.6 结论与展望

生物炭作为一种既能提高土壤生产力又有助于缓解气候变化的材料得到了推广。为了量化生物炭的减排效益，通常将生物炭系统与"无生物炭"的参考系统的排放量进行估算和比较。参考系统包括常规使用的生物质、化石能源和常规土壤改良剂的研究。

生物炭可以通过一系列过程来缓解温室效应，最重要也最容易理解的是稳定生物质中的碳（延迟生物质分解），以及利用热解过程中产生的气体或生物油等副产品来生产可再生能源。在某些情况下，有助于缓解气候变化的其他可能因素有土壤中 N_2O 的排放量、肥料需求量和化石燃料使用量的减小。

生命周期评估是一种在整个供应链中量化生物能源系统对气候变化影响的常用方法。生命周期评估的研究表明，生物炭的缓解效益主要取决于碳固存能力、避免生物质利用的减排、化石燃料的替代而这三者均与生物炭类型密切相关。由于生物炭的研究还处于起步阶段，一些缓解途径仍未确定，如 N_2O 的减少、大多数影响的持久性等。迄今为止已发表的有关生命周期评估研究的综述表明，生物炭系统通常可减少 $0.4 \sim 1.2$ kg CO_2-e · kg^{-1} 原料（干重）的净排放，但如果产生大量的 ILUC 排放，或者生物质从填埋场转移并捕获气体，则会导致排放量的增加。

将生物质用于制备生物炭并不能提供最大的缓解效益，根据参考能源系统及生物炭的累积效益（取决于生物炭的性质及其应用的系统），将生物质用作能源可能更有意义。因此，有必要评估在每种情况下生物质的最佳使用量。

生物炭系统的一个重要功能是，与生物能源相比，生物炭系统是一种"负排放技术"，即它可以去除大气中的 CO_2。如果按照预期，为了将温室气体浓度恢复到"安全"水平，需要采取措施来降低大气中的温室气体浓度，此时这一功能将非常有价值。

碳排放交易可以为扩大生物炭的生产和应用创造条件。生物炭的加入需要开发缓解效益的方法。虽然目前尚无任何有关生物炭作为土壤改良剂的计划，但碳排放交易计划已认识到一些与生物炭系统有关的减排过程（如可再生能源发电、避免土地填埋排放、减少粪便处理排放等）。对碳稳定过程的认识也很重要，如生物炭生产时的延迟排放、土壤碳强化措施等。

参与碳排放交易需要可靠的、实用的方法来量化生物炭对温室效应的缓解价值。美国碳登记处目前正在审查一项温室气体生物炭核算协议，该协议侧重于评估生物炭稳定化的效益。目前，人们对其他缓解过程的了解还不够充分，也可能是由于其涉及变量较多（如生物炭和土壤类型），因此，需要进一步研究才能制定量化生物炭对减排贡献的方法，以便纳入碳排放交易。

为了了解生物炭潜在的全球减排效益，人们需要将生物物理和社会经济驱动因素结合到复杂的全球综合评估模型中。当前的全球综合评估模型不包括生物炭系统，人们需要更充分地了解生物炭对作物生产力的影响，以便将其纳入IAMs。在此之前，人们可以应用类似的方法来评估生物能源的缓解潜力，以扩大生物量可用性及估算单位生物量的减排量。

为了充分了解生物炭的总体缓解潜力，人们需要更好地了解反馈、权衡和协同作用。然而，当前气候变化复杂，人们需要全面了解和完善涵盖所有情况和生物炭系统的模型。另外，各国政府应制定相应的政策，以鼓励人们采用最有前景的生物炭系统。

注释

- 与化石燃料使用相关的排放量是分开计算的，非CO_2（如来自有机物分解或燃烧所产生的CH_4和N_2O）的排放量也是分开计算的。
- 虽然Slade等（2011）使用这一措辞来描述他们所审查的研究假设，但如果他们声明，"或对目前未受管理的生态系统，如森林、热带稀树草原或灌木林地进行大规模改造"，则其表述将更准确。

参考文献

Amonette, J., Lehmann, J., and Joseph, S. Terrestrial C sequestration with biochar: A preliminary assessment of its global potential[R]. San Francisco: AGD Fau Meeting, 2007.

ANAO. Audit Report No. 26 2009-10 Administration of Climate Change Programs[R]. Canberra: Australian National Audit Office, 2010.

Banse M., Van Meijl, H., Tabeau A, et al. Will EU biofuel policies affect global agricultural markets?[J]. European Review of Agricultural Economics, 2008, 35: 117-141.

Bauen A., Woods J. and Hailes, R. Bioelectricity vision: Achieving 15% of electricity from biomass in OECD countries by 2020[M]. Italy: Joint Research Center of the European Commission, 2004.

Beck-Friis B., Pell M., Sonesson, U., et al. Formation and emission of N_2O and CH_4 from compost heaps of organic household waste[J]. Environmental Monitoring and Assessment, 2000, 62: 317-331.

Beringer, T., Lucht, W. and Schaphoff, S. Bioenergy production potential of global biomass plantations under environmental and agricultural constraints[J]. Global Change Biology Bioenergy, 2011, 3: 299-312.

Berndes, G., Hoogwijk, M. and van den Broek, R. The contribution of biomass in the future global energy supply: A review of 17 studies[J]. Biomass and Bioenergy, 2003, 25: 1-28.

Berndes, G., Ahlgren, S., Börjesson, P., et al. Bioenergy and land use change-State of the art[J].Wiley Interdisciplinary Reviews: Energy and Environment, 2013, 2: 282-303.

Biederman, L. A. and Harpole, W. S. Biochar and its effects on plant productivity and nutrient cycling: A meta-analysis[J]. Global Change Biology Bioenergy, 2013, 5: 202-214.

Böhm, S. and Dabhi, S. Upsetting the offset: The political economy of C markets[R]. UK: London, 2009.

Brandão, M. Some methodological issues in the life cycle assessment of food systems: Reference systems, land use emissions and allocation[J]. Aspects of Applied Biology, 2008, 86, Greening the Food Chain 1 and 2: 31-40.

Brandão, M. Food, feed, fuel, timber or C sink?: Towards sustainable land-use systems: A consequential life cycle approach[M]. UK: University of Surrey, 2012.

Brandão, M., Levasseur, A., Kirschbaum, M. U., et al. Key issues and options in accounting for C sequestration and temporary storage in life cycle assessment and C footprinting[J].The International Journal of Life Cycle Assessment, 2013, 18: 230-240.

BREF. Reference Document on Best Available Techniques for the Manufacture of Large Volume Inorganic Chemicals-Ammonia, Acids and Fertilisers, European Commission[EB/OL]. 2007.

Burniaux, J.-M. and Truong, T. P. GTAP-E: An Energy-Environmental Version of the GTAP Model, GTAP Technical Papers(Online)[Z]. 2002.

Cannell, M. G. R. C Sequestration and biomass energy offset: Theoretical, potential and achievable capacities globally, in Europe and the UK[J]. Biomass and Bioenergy, 2003, 24: 97-116.

Cao, Y. and Pawlowski, A. Life cycle assessment of two emerging sewage sludge-toenergy systems: Evaluating energy and greenhouse gas emissions implications[J]. Bioresource Technology, 2013, 127: 81-91.

Cayuela, M. L., Sánchez-Monedero, M. A., Roig, A., et al. Biochar and denitrification in soils: When, how much and why does biochar reduce N_2O emissions?[J]. Scientific Reports, 2013, 3: 1732.

CBES (Center for BioEnergy Sustainability, Oak Ridge National Laboratory). Land-Use Change and Bioenergy: Report from the 2009 Workshop, ORNL/CBES-001, U.S. Department of Energy, Office of Energy Efficiency and Renewable Energy and Oak Ridge National Laboratory[R]. USA: Center for Bioenergy Sustainability, 2009.

Cheng, C. H., Lehmann, J., Thies, J., et al. Stability of black C in soils across a climatic gradient, Journal of Geophysical Research[J]. Biogeosciences, 2008, 113: G02027.

Cherubini, F., Bird, N. D., Cowie, A., et al. Energy-and greenhouse gas-based LCA of biofuel and bioenergy systems: Key issues, ranges and recommendations[J]. Resources, Conservation and Recycling, 2009, 53: 434-447.

Cherubini, F., Bright, R. M. and Strømman, A. H. Site-specific global warming potentials of biogenic CO_2 for bioenergy: Contributions from carbon fluxes and albedo dynamics[J]. Environmental Research Letters, 2012, 7(4): 045902.

Chum, H., Faaij, A., Moreira, J., et al. Bioenergy[M]. in O. Edenhofer, R. Pichs-Madruga, Y. Sokona, K. Seyboth, P. Matschoss, S. Kadner, T. Zwickel, P. Eickemeier, G. Hansen, S. Schlömer and C. Von Stechow (eds) IPCC Special Report on Renewable Energy Sources and Climate Change Mitigation. USA: Cambridge University Press, 2011.

Cowie, A. L. and Cowie, A. J. Life cycle assessment of greenhouse gas mitigation benefits of biochar[R]. Report to IEA Bioenergy Task 38. [2014-07-06].

Cowie, A. L. and Gardner, W. D. Competition for the biomass resource: Greenhouse impacts and implications for renewable energy incentive schemes[J]. Biomass and Bioenergy, 2007, 31: 601-607.

Crane-Droesch, A., Abiven, S., Jeffery, S., et al. Heterogeneous global crop yield response to biochar: A metaregression analysis[J]. Environmental Research Letters, 2013, 8: 044049.

Cross, A. and Sohi, S. P. The priming potential of biochar products in relation to labile C contents and soil organic matter status[J]. Soil Biology and Biochemistry, 2011, 43: 2127-2134.

Crutzen, P. J., Mosier, A. R., Smith, K., et al. N_2O release from agro-biofuel production negates global warming reduction by replacing fossil fuels[J]. Atmospheric Chemistry and Physics, 2008, 8: 389-395.

De Vries, B. J., van Vuuren, D. P. and Hoogwijk, M. Renewable energy sources: Their global potential for the first-half of the 21st century at a global level: An integrated approach[J]. Energy Policy, 2007, 35: 2590-2610.

Dickinson, D., Balduccio, L., Buysse, J., et al. Cost-benefit analysis of using biochar to improve cereals agriculture[J]. Global Change Biology Bioenergy, In press.

Dornburg, V., Faaij, A., Verweij, P., et al. Biomass assessment: Assessment of global biomass potentials and their links to food, water, biodiversity, energy demand and economy[M]. in E. Lysen and S. Van Egmond (eds) Climate Change: Scientific Assessment and Policy Analysis. Netherlands Environmental Assessment Agency MNP, Bilthoven, 2008.

Downie, A., Crosky, A. and Munroe, P. Physical properties of biochar[M]. in J. Lehmann and S. Joseph (eds) Biochar for Environmental Management: Science and Technology. London: Earthscan, 13-32, 2009.

EC. Reference document on best available techniques for the manufacture of large volume inorganic chemicals: Ammonia, acids and fertilisers[R]. European Commission: Brussels, Integrated Pollution Prevention and Control, 2007.

EC. Proposal for a Directive of the European Parliament and of the Council amending Directive 98/70/EC relating to the quality of petrol and diesel fuels and amending Directive 2009/28/EC on the promotion of the use of energy from renewable sources[R]. Brussels: European Commission, 2012.

El Hanandeh, A. Quantifying the C footprint of religious tourism: The case of Hajj[J]. Journal of Cleaner Production, 2013, 52: 53-60.

Erb, K.-H., Haberl, H., Krausmann, F., et al. Eating the Planet: Feeding and Fuelling the World Sustainably, Fairly and Humanely: A Scoping Study[R]. Social Ecology Working Paper 116, Institute of Social Ecology, Vienna: Austria, 2009.

Fargione, J., Hill, J., Tilman, D., et al. Land clearing and the biofuel C debt[J]. Science, 2008, 319: 1235-1238.

Farrell, A. E., Plevin, R. J., Turnr, B., et al. Ethanol can contribute to energy and environmental goals[J]. Science, 2006, 311: 506-508.

Field, C. B., Campbell, J. E. and Lobell, D. B. Biomass energy: The scale of the potential resource[J]. Trends in Ecology and Evolution, 2008, 23: 65-72.

Field, J. L., Keske, C. M. H., Birch, G. L., et al. Distributed biochar and bioenergy coproduction: A regionally specific case study of environmental benefits and economic impacts[J]. Global Change Biology Bioenergy, 2013, 5: 177-191.

Fischer, G. and Schrattenholzer, L. Global bioenergy potentials through 2050[J]. Biomass and Bioenergy, 2001, 20: 151-159.

Fritsche, U. R., Hennenberg, K. and Hünecke, K. The "ILUC Factor" as a means to hedge risks of GHG emissions from indirect land use change[R]. Germany: Öko-Institut., 2010.

Gaunt, J. and Cowie, A. L. Biochar, greenhouse gas accounting and emissions trading[M]. J. Lehmann and S. Joseph (eds). Biochar for Environmental Management: Science and Technology. London: Earthscan, 2009.

Gaunt, J. and Driver, K. Bringing biochar projects into the C marketplace: An introduction to biochar science, feedstocks and technology[M]. Canada: Carbon Consulting and Blue Source, 2010.

GEA. Global Energy Assessmen: Toward a Sustainable Future[M]. Cambridge, UK and New York, NY, USA

International Institute for Applied Systems Analysis, Laxenburg: Austria and Cambridge University Press, 2012.

Genesio, L., Miglietta, F., Lugato, E., et al. Surface albedo following biochar application in durum wheat[J]. Environmental Research Letters, 2012, 7: 014025.

Haberl, H., Beringer, T., Bhattacharya, S. C., et al. The global technical potential of bio-energy in 2050 considering sustainability constraints[J] Current Opinion in Environmental Sustainability, 2010, 2: 394-403.

Hall, D. O., Rosillo-Calle, F., Williams, R. H., et al. Biomass for energy: Supply prospects[M]. in T. B. Johansson, H. Kelly, K. K. N. Reddy, R. H. Williams and L. Burnham (eds) Renewable Energy: Sources for Fuels and Electricity. Washington, D.C: Island Press, 1993.

Hammar, H. and Jagers, S. C. Can trust in politicians explain individuals support for climate policy? The case of CO_2 tax[J]. Climate Policy, 2006, 5: 613-625.

Hammond, J., Shackley, S., Sohi, S., et al. Prospective life cycle C abatement for pyrolysis biochar systems in the UK[J]. Energy Policy, 2011, 39: 2646-2655.

Heaton, E. A., Schulte, L. A., Berti, M., et al. Managing a second-generation crop portfolio through sustainable intensification: Examples from the USA and the EU[J]. Biofuels, Bioproducts and Biorefining, 2013, 7: 702-714.

Hellmann, F. and Verburg, P. H. Impact assessment of the European biofuel directive on land use and biodiversity[J]. Journal of Environmental Management, 2010, 91: 1389-1396.

Hertel, T. W., Rose, S. and Tol, R. S. J. Land use in computable general equilibrium models: An overview[M]. Thomas W. Hertel, Steven Rose and Richard S. J. Tol (eds). Economic Analysis of Land Use in Global Climate Change Policy. Oxon: Routledge, 2009.

Hertel, T. W., Golub, A. A., Jones, A. D., et al. Effects of US maize ethanol on global land use and greenhouse gas emissions: estimating market-mediated responses[J]. Bioscience, 2010, 60: 223-231.

Hoogwijk, M. M. On the global and regional potential of renewable energy sources[D]. Utrecht: University of Utrecht, 2004.

Hoogwijk, M., Faaij, A., van den Broek, R., et al. Exploration of the ranges of the global potential of biomass for energy[J]. Biomass and Bioenergy, 2003, 25: 119-133.

Hoogwijk, M., Faaij, A., Eickhout, B., et al. Potential of biomass energy out to 2100, for four IPCC SRES land-use scenarios[J]. Biomass and Bioenergy, 2005, 29: 225-257.

Huang, Y.-F., Syu, F.-S., Chiueh, P.-T., et al. Life cycle assessment of biochar cofiring with coal[J]. Bioresource Technology, 2013, 131: 166-171.

Ibarrola, R., Shackley, S. and Hammond, J. Pyrolysis biochar systems for recovering biodegradable materials: A life cycle C assessment[J]. Waste Management, 2012, 32: 859-868.

IEA. World Energy Outlook 2008[R]. 2008.

IEA. Energy Technology Perspectives 2010: Scenarios and Strategies to 2050[R]. 2010.

IIASA-WEC. Global Energy Perspectives[M]. Cambridge: Cambridge University Press, 1998.

IPCC. Climate Change 2001: Mitigation. Contribution of Working Group III to the Third Assessment Report of the Intergovernmental Panel on Climate Change[M]. New York: Cambridge University Press, 2001.

IPCC. Agriculture, forestry and other land use[R]. IPCC guidelines for national greenhouse gas inventories. Japan: Intergovernmental Panel on Climate Change IGES, 2006.

IPCC. Contribution of working group III to the Fourth Assessment Report of the Intergovernmental Panel on Climate Change[M]. in B. Metz, O. R. Davidson, P. R. Bosch, R. Dave and L. A. Meyer (eds). New York: Cambridge University Press, 2007.

IPCC. Summary for policymakers[M]. in Managing the Risks of Extreme Events and Disasters to Advance Climate Change Adaptation. New York: Cambridge University Press, 2012.

IPCC. Summary for policymakers[M]. T. F. Stocker, D. Qin, G.-K. Plattner, M. Tignor, S. K. Allen, J. Boschung, A. Nauels, Y. Xia, V. Bex and P. M. Midgley (eds). Climate Change, 2013.

The Physical Science Basis. Working Group I Contribution to the Fifth Assessment Report of the Intergovernmental Panel on Climate Change-Abstract for Decision-makers. New York: Cambridge University Press, 2013.

ISO. ISO 14040 Environmentalmanagement:Life cycle assessment:Principles and framework[S]. InternationalOrganization for Standardization, Switzerland, 2006.

ISO. ISO/TS 14067:2013 Greenhousegases:C footprint of products–Requirements and guidelines forquantification and communication[S].International Organization forStandardization, Switzerland, 2013.

Jeffery, S., Verheijen, F., Van Der Velde, M., et al. A quantitative review of the effects of biochar application to soils on crop productivity using meta-analysis[J]. Agriculture, Ecosystems and Environment, 2011, 144: 175-187.

Johansson, B. Economic instruments in practice 1: Carbon tax in Sweden[C]. OECD workshop on innovation and the environment, Paris, France, 2000.

Johansson, T. B., Kelly, H., Reddy, A. K. N., et al. A renewables-intensive global energy scenario (RIDGES) [M]. T. B. Johansson, H. Kelly, A. K. N. Reddy, R. H. Williams and L. Burnham (eds). Renewable Energy: Sources for Fuels and Electricity. Washington, DC: Island Press, 1993.

Joseph, S., Graber, E. R., Chia, C., et al. Shifting paradigms: Development of high-efficiency biochar fertilizers based on nano-structures and soluble components[J]. Carbon Management, 2013, 4: 323-343.

Kauffman, N., Hayes, D. and Brown, R. A life cycle assessment of advanced biofuel production from a hectare of corn[J]. Fuel, 2011, 90: 3306-3314.

Keith, A., Singh, B. and Singh, B. P. Interactive priming of biochar and labile organic matter mineralization in a smectite-rich soil[J]. Environmental Science and Technology, 2011, 45: 9611-9618.

Kline, K. L., Dale, V. H., Lee, R. and Leiby, P. In defense of biofuels, done right[J]. Issues in Science and Technology, 2009, 25: 75-84.

Kløverpris, J. and Mueller, S. Baseline time accounting: Considering global land use dynamics when estimating the climate impact of indirect land use change caused by biofuels[J]. The International Journal of Life Cycle Assessment, 2012, 18: 319-330.

Koellner, T., Baan, L., Beck, T., et al. Principles for life cycle inventories of land use on a global scale[J]. The International Journal of Life Cycle Assessment, 2013, 18: 1203-1215.

Koper, T., Weisberg, P., Lennie, A., et al. Methodology for biochar projects American Carbon Registry[EB]. [2014-04-15].

Larson, E. D. A review of life-cycle analysis studies on liquid biofuel systems for the transport sector[J]. Energy for Sustainable Development, 2013, 10: 109-126.

Lashof, D. A. and Tirpak, D. A. Policy options for stabilizing global climate: Report to Congress[R]. Washington DC: Office of Policy, Planning and Evaluation, EPA, 1990.

Lehmann, J. and Rillig, M. Distinguishing variability from uncertainty[J]. Nature Climate Change, 2014, 4: 153.

Lehmann, J., Gaunt, J. and Rondon, M. Bio-char sequestration in terrestrial ecosystems:A review[J]. Mitigation and Adaptation Strategies for Global Change, 2006, 11: 395-419.

Lenton, T. M. and Vaughan, N. E. The radiative forcing potential of different climate geoengineering options[J]. Atmospheric Chemistry and Physics, 2009, 9: 5539-5561.

Liang, B., Lehmann, J., Sohi, S. P., et al. Black carbon affects the cycling of non-black carbon in soil[J]. Organic Geochemistry, 2010, 41: 206-213.

Liu, X., Zhang, A., Ji, C., et al. Biochar effect on crop productivity and the dependence on experimental conditions-A meta-analysis of literature data[J]. Plant and Soil, 2013, 373: 583-594.

Lohmann, L. C. Trading: A critical conversation on climate change, privatisation and power[J]. Development Dialogue, 2006, 48: 360.

Lugato, E., Vaccari, F. P., Genesio, L., et al. An energy-biochar chain involving biomass gasification and rice cultivation in Northern Italy[J]. GCB Bioenergy, 2013, 5: 192-201.

Lundmark, T., Bergh, J., Hofer, P., et al. Potential roles of Swedish forestry in the context of climate change mitigation[J]. Forests, 2014, 5: 557-578.

Luo, Y., Durenkamp, M., De Nobili, M., et al. Short term soil priming effects and the mineralisation of biochar following its incorporation to soils of different pH[J]. Soil Biology and Biochemistry, 2011, 43: 2304-2314.

Lysen, E., Van Egmond, S., Dornburg, V., et al. Biomass assessment: Assessment of global biomass potentials and their links to food, water, biodiversity, energy demand and economy[R]. Netherlands Environmental Assessment Agency MNP, 2008.

Mašek, O., Brownsort, P., Cross, A., et al. Influence of production conditions on the yield and environmental stability of biochar[J]. Fuel, 2013, 103: 151-155.

Matovic, D. Biochar as a viable C sequestration option: Global and Canadian perspective[J]. Energy, 2011, 36: 2011-2016.

Mattila, T., Grönroos, J., Judl, J., et al. Is biochar or straw-baleconstruction a better C storage from a life cycle perspective?[J]. Process Safety and Environmental Protection, 2012, 90: 452-458.

McGlashan, N., Shah, N., Caldecott, B., et al. High-level technoeconomic assessment of negative emissions technologies[J]. Process Safety and Environmental Protection, 2012, 90: 501-510.

McLaren, D. A comparative global assessment of potential negative emissions technologies[J]. Process Safety and Environmental Protection, 2012, 90: 489-500.

Melamu, R. and von Blottnitz, H. 2nd Generation biofuels a sure bet? A life cycle assessment of how things could go wrong[J]. Journal of Cleaner Production, 2011, 19: 138-144.

Meyer, S., Bright, R. M., Fischer, D., et al. Albedo impact on the suitability of biochar systems to mitigate global warming[J]. Environmental Science and Technology, 2012, 46: 12726-12734.

Moreira, J. Roberto Global biomass energy potential[J]. Mitigation and Adaptation Strategies for Global Change, 2006, 11: 313-333.

Moss, R. H., Edmonds, J. A., Hibbard, K. A., et al. The next generation of scenarios for climate change research and assessment[J]. Nature, 2010, 463: 747-756.

Müller-Wenk, R. and Brandão, M. Climatic impact of land use in LCA-C transfers between vegetation/soil and air[J]. The International Journal of Life Cycle Assessment, 2010, 15: 172-182.

Muñoz, I., Campra, P. and Fernández-Alba, A. Including CO_2-emission equivalence of changes in land surface albedo in life cycle assessment. Methodology and case study on greenhouse agriculture[J]. The International Journal of Life Cycle Assessment, 2010, 15: 672-681.

Myhre, G., Shindell, D., et al. Anthropogenic and natural radiative forcing[M]. T. F. Stocker, D. Qin, G.-K.

Plattner, M. Tignor, S. K. Allen, J. Boschung, A. Nauels, Y. Xia, V. Bex and P. M. Midgley (eds). The Physical Science Basis. Working Group I Contribution to the Fifth Assessment Report of the Intergovernmental Panel on Climate Change Abstract for decision-makers. New York: Cambridge University Press, 2013.

Ning, S.-K., Hung, M.-C., Chang, Y.-H., et al. Benefit assessment of cost, energy, and environment for biomass pyrolysis oil[J]. Journal of Cleaner Production, 2013, 59: 141-149.

OECD and FAO. OECD-FAO Agricultural outlook 2010-2019[R]. Food Agriculture Organization, Rome, 2010.

PAS. 2050: 2011 Specification for the assessment of the life cycle greenhouse gas emissions of goods and services[R]. UK: London, 2011.

Peters, G. P., Andrew, R. M., Boden, T., et al. The challenge to keep global warming below 2 ℃ [J]. Nature Climate Change, 2013, 3: 4-6.

Rajagopal, D. and Plevin, R. J. Implications of market-mediated emissions and uncertainty for biofuel policies[J]. Energy Policy, 2013, 56: 75-82.

Reidsma, P., Tekelenburg, T., Van den Berg., et al. Impacts of land-use change on biodiversity: An assessment of agricultural biodiversity in the European Union[J]. Agriculture, Ecosystems and Environment, 2006, 114: 86-102.

Roberts, K. G., Gloy, B. A., Joseph, S., et al. Life cycle assessment of biochar systems: Estimating the energetic, economic, and climate change potential[J]. Environmental Science and Technology, 2010, 44: 827-833.

Rokityanskiy, D., Benítez, P. C., Kraxner, F., et al. Geographically explicit global modeling of land-use change, C sequestration, and biomass supply[J]. Technological Forecasting and Social Change, 2007, 74: 1057-1082.

Schubert, R., Schellnhuber, H. J., Buchmann, N., et al. Future bioenergy and sustainable land use[R]. Report for the German Advisory Council on Global Change (WBGU), London: Earthscan, 2009.

Searchinger, T., Heimlich, R., Houghton, R. A., et al. Use of US croplands for biofuels increases greenhouse gases through emissions from land-use change[J]. Science, 2008, 319: 1238-1240.

Shine, K. P. The global warming potential-the need for an interdisciplinary retrial[J]. Climatic Change, 2009, 96: 467-472.

Sims, R. E., Hastings, A., Schlamadinger, B., et al. Energy crops: Current status and future prospects[J]. Global Change Biology, 2006, 12: 2054-2076.

Singh, B. P. and Cowie, A. L. Long-term influence of biochar on native organic C mineralisation in a low-C clayey soil[J]. Scientific Reports, 2014, 4: 3687.

Singh, B. P., Hatton, B. J., Singh, B., et al. Influence of biochar on nitrous oxide emission and nitrogen leaching from two contrasting soils[J]. Journal of Environmental Quality, 2010, 39: 1224-1235.

Singh, B. P., Cowie, A. L. and Smernik, R. J. Biochar carbon stability in a clayey soil as a function of feedstock and pyrolysis temperature[J]. Environmental Science and Technology, 2012, 46: 11770-11778.

Slade, R., Saunders, R., Gross, R. et al. Energy from biomass: The size of the global resource: An assessment of the evidence that biomass can make a major contribution to future global energy supply[M]. London: Imperial College Centre for Energy Policy and Technology and UK Energy Research Centre, 2011.

Slavich, P., Sinclair, K., Morris, S., et al. Contrasting effects of manure and green waste biochars on the properties of an acidic ferralsol and productivity of a subtropical pasture[J]. Plant and Soil, 2013, 366: 213-227.

Smeets, E. M. W., Faaij, A. P. C., Lewandowski, I. M., et al. A bottom-up assessment and review of global bio-energy potentials to 2050[J]. Progress in Energy and Combustion Science, 2007, 33: 56-106.

Smith, K. A., Mosier, A. R., Crutzen, P. J., et al. The role of N$_2$O derived from crop-based biofuels, and from agriculture in general, in Earths climate[J]. Philosophical Transactions of the Royal Society B: Biological Sciences, 2012, 367: 1169-1174.

Sparrevik, M., Field, J. L., Martinsen, V., et al. Life cycle assessment to evaluate the environmental impact of biochar implementation in conservation agriculture in Zambia[J]. Environmental Science and Technology, 2013, 47: 1206-1215.

Spash, C. L. The brave new world of carbon trading[J]. New Political Economy, 2010, 15: 169-195.

Stern, N. The Economics of Climate Change: The Stern Review[M]. New York: Cambridge University Press, 2007.

Thomas, B. Tax vs Trade, or Attitudes in the C Economy[J]. [2014-06-16].

Thrän, D., Seidenberger, T., Zeddies, J., et al. Global biomass potentials–Resources, drivers and scenario results[J]. Energy for Sustainable Development, 2010, 14: 200-205.

UN. United Nations Framework Convention on Climate Change[M]. United Nations, Geneva, Switzerland, 2009.

van den Bergh, J. C. J. M. and Botzen, W. J. W. A lower bound to the social cost of CO$_2$ emissions[J]. Nature Climate Change, 2014, 4(4): 253-258.

Wang, Z., Dunn, J. B., Han, J., et al. Effects of co-produced biochar on life cycle greenhouse gas emissions of pyrolysis derived renewable fuels[J]. Biofuels, Bioproducts and Biorefining, 2014, 8: 189-204.

Wardle, D. A., Nilsson, M.-C. and Zackrisson, O. Fire-derived charcoal causes loss of forest humus[J]. Science, 2008, 320: 629.

WEA. World energy assessment: Energy and the challenge of sustainability (Chapter 5: energy resources)[M]. New York: UNDP, 2000.

WEC (World Energy Council). New Renewable Energy Resources: A Guide to the Future[M]. London: Kogan Page Ltd., 1994.

Whitman, T., Hanley, K., Enders, A., et al. Predicting pyrogenic organic matter mineralization from its initial properties and implications for carbon management[J]. Organic Geochemistry, 2013, 64: 76-83.

Williams, A. G., Audsley, E. and Sandars, D. L. Determining the environmental burdens and resource use in the production of agricultural and horticultural commodities Defra Research Project IS0205[R]. Bedford: Cranfield University, 2006.

Wolf, J., Bindraban, P. S., Luijten, J. C., et al. Exploratory study on the land area required for global food supply and the potential global production of bioenergy[J]. Agricultural Systems, 2003, 76: 841-861.

Wood, S. and Cowie, A. A review of greenhouse gas emission factors for fertiliser production IEA Bioenergy Task 38[M]. Vienna, 2004.

Woolf, D. Potential for sustainable biochar systems to mitigate climate[D]. UK: Swansea University, 2011.

Woolf, D. and Lehmann, J. Modelling the long-term response to positive and negative priming of soil organic carbon by black carbon[J]. Biogeochemistry, 2012, 111: 83-95.

Woolf, D., Amonette, J. E., Street-Perrott, F. A., et al. Sustainable biochar to mitigate global climate change[J]. Nature Communications, 2010, 1: 56.

Woolf, D., Lehmann, J., Fisher, E., et al. Biofuels from pyrolysis in perspective: Trade-offs between energy yields and soil-carbon additions[J]. Environmental Science and Technology, 2014, 48: 6492-6499.

Wu, H., Hanna, M. A. and Jones, D. D. Life cycle assessment of greenhouse gas emissions of feedlot manure management practices: Land application versus gasification[J]. Biomass and Bioenergy, 2013, 54: 260-266.

Ximenes, F. A., Gardner, W. D. and Cowie, A. L. The decomposition of wood products in landfills in Sydney, Australia[J]. Waste Management, 2008, 28: 2344-2354.

Yamamoto, H., Yamaji, K. and Fujino, J. Evaluation of bioenergy resources with a global land use and energy model formulated with SD technique[J]. Applied Energy, 1999, 63: 101-113.

Yamamoto, H., Yamaji, K. and Fujino, J. Scenario analysis of bioenergy resources and CO_2 emissions with a global land use and energy model[J]. Applied Energy, 2000, 66: 325-337.

Yamamoto, H., Fujino, J. and Yamaji, K. Evaluation of bioenergy potential with a multi-regional global-land-use-and-energy model[J]. Biomass and Bioenergy, 2001, 63: 185-203.

York, R. Do alternative energy sources displace fossil fuels?[J]. Nature Climate Change, 2012, 2: 441-443.

Zilberman, D., Hochman, G. and Rajagopal, D. On the inclusion of indirect land use in biofuel[D]. University of Illinois Law Review, 2011, 413-434.

第28章

生物炭的可持续性和认证

Frank G. A. Verheijen、Ana Catarina Bastos、Hans-Peter Schmidt、Miguel Brandã 和 Simon Jeffery

28.1 引言

为了解可持续生物炭制备认证和可持续环境生物炭应用认证的发展过程，本章首先说明了可持续政策应包含的内容，并将优先权和跨领域生物能源可持续性标准应用于生物炭；随后简要比较了3个现有的可持续生物炭制备认证方案，并在此基础上提出和讨论了可持续环境生物炭应用认证的概念和挑战。在此背景下，本章提出了2种方法，并分析它们在认证系统开发中的潜在实用性，其中包括生物炭可持续性的2个组成部分（制备和环境应用），如最佳生物炭剂量和生命周期评估方法的概念。

28.1.1 可持续性的定义

可持续性在当今科学和社会领域无处不在。Brown 等（1987）回顾了当时流行的术语"可持续性"，并讨论了不同领域对该词的不同解释。例如，在林业领域，这个术语自20世纪初起用于"最大持续产量"的背景下，意思是年收获量，在确保一个给定区域的伐木率等于更新率的同时，实现最大的年度收获量。在农业领域，可持续性的概念已经将20世纪的生产力目标从短期的最大化生产转移到维持长期生产力（Brown et al., 1987）。Conway（1985）将农业领域的可持续性定义为，"农业系统在重大干扰下仍保持生产力的能力。"他还强调了在生产最大化和（长期）可持续性这2个目标之间进行平衡的可能性。

可持续发展政策可以是地方性、国家性或国际性的，包括自愿和监管2个部分，同时可能需要政府支持来实现相关目标。这个框架可以被认为建立在3个基础之上：①社会；②经济；③环境。图 28.1 将这些概念转为可持续发展政策的3个维度，并整合了一个由4个层次组成的分层系统：①原则；②方法；③策略；④可持续系统（参见 Glavič 和 Lukman 于 2007 年发表文章中有关层次结构的进一步说明）。

简而言之，基础层次包括"原则"构成，可为进一步的工作指导提供基本的概念。

"原则"大部分是一维的。例如，土壤信息函数"sif"（如考古学），它主要与社会维度相关联。其他"原则"本质上是三维的，如土壤调节函数"srf"和代际公平论证"ie"（后代与当代人拥有平等的自然资源权利），这些原则与构建可持续系统同等重要（见图28.1中的顶层）。

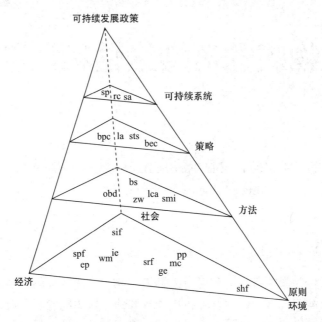

rc—责任关怀；sp—可持续生产；sa—可持续应用；la—标签；bpc—生物炭生产认证；sts—土壤主要策略；bec—环境生物炭认证；bs—生物炭标准；zw—零浪费；lca—生命周期评估；smi—土壤监测指标；obd—最佳生物炭剂量；sif—土壤信息函数；spf—土壤产量（作物）函数；ie—代际公平论证；pp—预防原则；ep—能源生产；wm—废物管理；srf—调节功能；mc—适应/缓解气候变化；ge—地球工程；shf—栖息地功能

图28.1 可持续性相关的术语集成了一个由4个层次组成的三维可持续发展政策框架（改编自Glavič和Lukman于2007年发表的文章）

可持续发展政策的第2个层次为"方法"，包含了一系列针对同一个主题的原则。尽管有些方法是一维或二维的，但大多数方法是三维的。

"策略"将短期和长期环境保护与人类福利联系起来。环境策略旨在防止环境恶化，如土壤主要策略"sts"。虽然这些策略侧重于环境，但也包括社会和经济方面。

可持续系统是图28.1中的最高层次，由一组相互依存、相互关联的子系统组成，形成了一个连贯的实体，并且需要改变思维方式。可持续系统包括"责任关怀""可持续生产"和"可持续应用"。"责任关怀"是一个自愿的绩效指导计划，旨在"使企业能够超出政府的要求，且必须向公众公开结果，包括环境管理体系"（Glavič and Lukman, 2007）。"可持续应用"的目的是，"在确保满足全球社会的基本需求的前提下，减少材料和能源的过度消耗，同时避免或减少对环境的破坏"（Glavič and Lukman, 2007）。

28.1.2 生物炭的可持续性

有了对可持续发展的理解，人们就可以开始假设生物炭可持续性包括哪些内容。可以将生物炭可持续性政策定义为一个框架，包括由所有利益相关方（社会、行业、政府）达成的共识，旨在优化生物炭制备和应用的环境、社会和经济方面的一系列概念、承诺和措施。生物炭具有跨领域的性质，因此其可持续性需要在跨学科和多维框架下进行讨论，并可以与生物燃料的可持续性相比较。由于生物炭应用于土壤，因此需要考虑土壤生态系统中生物和非生物相互作用的空间和时间范围，这也是生物炭可持续性计划中需要进一步解决的问题。事实上，与传统的土壤改良剂（如粪肥或作物残留物）相比，生物炭在土壤中的稳定性（见第10～12章）使人们更需要了解其在土壤中的行为（相互作用、变化），以及人类在几百年的时间里如何迁移到水生系统中。因此，本质上来说生物炭可持续性框架需要满足以下要求：

（1）致力于保护土壤功能、全球环境质量和人类福祉；
（2）满足相关自愿或监管产品标准规格，以及环境认证的要求；
（3）致力于以有效、透明的方式传达相关信息和政策；
（4）负责继续改进和更新与生产和应用组成相关的可持续性系统。

制定生物炭可持续发展政策的益处是多方面的，包括环境效益、社会效益和经济效益。生物炭可持续发展政策首先可以在当地进行小规模发展，然后逐渐扩展到全球规模。例如，生物炭可持续发展政策有可能促进当地的经济发展（特别是在农村地区），包括提高当地粮食生产和供应的成本效益，从而创造就业机会、产生新业务，并有效地促进废物的减少和回收效率的提高。生物炭的研究在过去10年成指数级增长，并引起了公众和工业领域的广泛关注。研究者正迅速朝着制定严格的可持续发展政策的方向前进，以防止环境恶化，并管理和优化生物炭对环境、经济和社会方面的影响。

28.2 生物炭可持续性标准和指标

为了实施客观、有效和透明的生物燃料可持续性政策、供应链和使用政策，需要定制一套可持续性标准和指标。生物燃料的可持续性标准和指标可以扩展到生物炭需要应对的挑战中，因为它需要"包括对土壤的影响、土壤改良剂的任何替代物及生物炭的固存价值"（Cowie et al., 2012）。目前，文献中尚未发现生物炭可持续性标准。Buchholz等（2009）从文献综述中确定了生物能源系统的35项可持续性标准，通过137名专家的调查，根据相关性、实用性、可靠性和重要性对这35项可持续性标准进行了排序。表28.1按重要性列出其中前1/3项可持续性标准，并举例说明如何将这些可持续性标准扩展为生物炭可持续性标准。

表28.1 生物能源系统可持续性标准及扩展至生物炭可持续性标准的建议（Buchholz et al., 2009）

标　准	特　征	说　明	生物炭扩展
减缓气候变化	环境	CO_2、CH_4、O_3、N_2O、H_2O体系的温室气体平衡	残留碳、N_2O和CH_4排放、黑炭气溶胶、持水量、裸露土壤和植被的地表反照率变化（表示为辐射强迫）（见第10章、第16章、第17章、第24章、第27章）
能源平衡	环境与经济	转换效率、能源投资回报、单位面积能源回报	生产、储存、运输、处理和应用（见第3章、第6章、第26章、第29章）

(续表)

标　准	特　征	说　明	生物炭扩展
土壤保护	环境与社会	对土壤肥力的影响，如养分循环、根系深度、有机物、持水量、侵蚀变化	包括生物炭类型范围对土壤功能和/或威胁指标的土壤类型范围的影响，如土壤生物多样性、盐碱化、密封、污染等（见第11～23章）
参与	社会	利益相关者参与决策，促进利益相关者的自我决定	包括农学家、土地所有者、废物处理和回收企业（跨空间尺度）（见第29章和第30章）
水管理	环境与社会	地表水和地下水影响、河岸缓冲区、灌溉和冷却循环、废水管理	包括基于与地表径流和地下水相关的分析及生物标准的环境风险评估，减少农药的使用和养分的流失（见第11章、第19章）
自然资源效率	环境	在系统的所有阶段有效利用资源	资源之间的平衡（见第29章和第30章）
微观经济可持续性	经济	成本效率，包括启动成本、内部收益率、净现值、回收期	生物能源和生物炭之间的经济平衡（见第29～31章）
遵守法律	社会	遵守所有适用的法律和内部法规，如认证原则、反贿赂	
生态系统保护	环境	保护受保护的、被破坏的、有代表性的，或者其他有价值的生态系统（如森林），保护内部能量流动/代谢	土壤生物多样性，水生和海洋生态系统（见第11章、第13章、第23章）
标准性能监测	社会	针对所有标准（如温室气体核算中的渗漏或附加性）的监测系统	监测土壤中生物炭的协调方法，审计计划（见第24章、第27章）
粮食安全	社会	当地有足够的土地用于粮食生产，包括农业预留用地、优先选择边缘地区种植能源作物	对当前农业区内作物产量的影响（见第12章）
废物管理	环境	灰烬、污水、危险/受污染的固体和液体材料的处置	使用废料作为原料，焦油的处理（见第28章）

虽然这些可持续性标准并不是衡量可持续性性能的直接标准，而是一个关注的重点领域，但也可以概述可持续性指标，以提供关于选定标准的客观信息。此类指标应满足特定的科学性、功能性和可行性要求，具体如下。

（1）可测量性和客观性：反映被评估过程的范围和方向（正面或负面），用标准单位表示。

（2）耐用性和重复性：测量方法合理且可重复。

（3）灵敏性、代表性和专一性：对被评估系统的变化保持敏感，并迅速做出反应，同时全面整合系统的可变性。

（4）可管理性和可行性：易于处理和测量，并且成本效益高。

（5）可接受性和可比性：应被相关科学界和政府的认可和接受。

28.3　生物炭的认证

要证明生物炭是可持续制备的，和/或通过标签规定生物炭如何可持续地应用于土壤，需要透明的程序和过程。认证是实现生物炭可持续应用的途径之一，也是实施可持续发展政策的有效策略。根据认证方案的组织方式，认证可以是一种方法，也可以是一个采用各种方法的子系统，如生命周期评估、零浪费或污染控制（见图28.1）。认证已相对成功地应用于木材产品,以促进森林可持续管理(Cobut et al., 2013),并且正在开发其在生物燃料方面的应用(Scarlat and Dallem, 2011)。认证有多种类型,从自愿认证到强制认证,从自主认证到外部审核认证,从简单的类别认证到完整的生命周期评估,从关注单一主题的认证到综合一系列主题的认证,每种认证类型都有其优缺点,其中一些将在28.4节讨论。

28.4 可持续生物炭认证

如前所述,可持续生物炭系统取决于"可持续制备"和"可持续应用"(见图28.1),而不是二者之一。它们是可持续生物炭系统的两个必要组成部分,只有当两者都充分确定时才能制定可持续发展的生物炭政策。在本书中,生物炭在功能上被定义为"可用于土壤管理或更广泛的环境管理"(见第1章),所以可持续应用可解释为一种环境管理。因此,除了可持续产品认证,"可持续"还应包括可持续应用的概念。除了生物炭的异质性,生物炭添加到土壤后在相关的空间尺度和时间尺度上表现出显著的特性变化。这意味着,可持续的生物炭在土壤中的应用需要通过从田间到地区的分类,明确考虑空间异质性,同时应考虑相关的社会和经济背景(Verheijen et al., 2012),包括原料供应、资源竞争、土地利用、农业实践和温室气体排放等方面。

认证通过印章或(生态)标签的方式传达给消费者,该标签在验证产品符合相关标准后授予。这对于生物炭认证的组成来说已经足够了,但由于它不具备时空和环境的可变性,因此不会添加环境认证的信息。为了克服这一点,Verheijen等(2012)主张的生物炭标签——除了生物质原料和生物炭材料的技术描述和标签,还应包含生物炭应用于土壤的地点,以及原料生长地点相关的环境、社会、经济背景。在理想情况下,这种全面的标签系统将通过第三方(如非政府组织、环境机构等)的生命周期评估、设定和验证,提供关于预先设定的参数及其组合测量的环境数据。作为这方面认证的第1种方法,作者建议包括以下信息:生物炭的特性,生态区的特性,适合种植的农作物类型,不适合种植的农作物类型,生物炭施用率,最大生物炭负荷能力。但这种认证系统有一个明显的缺点:虽然产品认证部分很容易通过,但环境认证部分可能较难通过。以上观点值得所有相关方充分关注和沟通,并建议在实施有效的生物炭认证系统的同时对各种生物炭参与者有充分的认识。

28.4.1 可持续生物炭制备认证——仍在进行中

目前,业界有3个新兴的生物炭认证项目和标准:①生物炭用于土壤的标准化产品识别和产品测试指南(又称IBI标准),IBI(2013)为国际生物炭认证计划提供了依据;②欧洲生物炭认证(EBC, 2012;又称EBC标准);③英国生物炭质量授权(BBF, 2013;又名BQM标准)。这些认证的共同目标(见表28.2)包括:①根据最新的相关研究和实践,为用作土壤改良剂的基本产品提供质量和安全指标;②通过向用户和生产者提供必要的质量保证,推动该行业的发展和产品商业化;③提供最先进的信息,作为未来立法或监管方法的坚实基础,同时要求制备过程符合相关地区或国家现有的环境质量标准。

表 28.2 生物炭生产标准/认证方案

	IBI[1]	BQM[2]	EBC
原料的可持续采购	不受管理（支配）	基于欧盟可再生能源指令中的生命周期评估方法和英国采用的《可持续木材采购指南》	明确原料清单，能源作物的受控应用，到制备现场的运输距离限制
原料成分	自我声明，成分变化产生新批次的生物炭，污染物含量<2%，由制造商负责	自我声明，成分改变会产生新批次的生物炭	控制声明，成分变化会产生新批次的生物炭
生物炭制备过程中的排放	合成气燃烧必须符合当地和/或区域和/或国家的排放阈值	热解过程中产生的合成气必须被捕集利用，或者被有效燃烧；排放物必须符合相关地区和国家的阈值	热解过程中产生的合成气必须被捕集利用；合成气燃烧必须符合相关国家排放阈值
生产能源和温室气体平衡	不受控制	基于欧盟可再生能源指令，要求在整个产品生命周期内，与基准化石燃料相比净温室气体排放量减少60%（每天生产超过4000 kg生物炭）	生物质热解必须在能源自主过程中进行；反应堆加热不允许使用化石燃料储存的生物炭温度必须大于30%
粉尘排放及着火风险的控制	不受控制	必须遵守英国《健康和安全法》	储存的生物炭湿度必须大于30%
产品定义（C、H、养分含量、灰分、电导率、酸碱度、粒度分布、比表面积、挥发性有机化合物、有效营养成分）	H/C_{org}<0.7，需要声明的其他值，有些仅属于类别2、类别3	有待确定	H/C_{org}<0.7；$C_{org} \geq 50\%$，其他需要声明的值，有些仅是优质的
控制金属含量	√（类别2中需要）	√	√
控制有机物含量（PAHs、PCBs、呋喃、二噁英）	√（类别2中需要）	√	√
独立的室内分析、控制分析方法和标准试验	√（室内自我声明）	√	√
制备参考记录和制备透明性	√	√	√
独立的现场制备控制	无	由监管机构确定	√（仅授权）
面向买家的透明产品声明	包装上	有待确定	买方包装上的声明有待确定，交货单或发票后附
处理建议及健康和安全警告	随附的交付文件，用于运输、处理和存储程序	有待确定	随附的交付文件，用于运输、处理和存储程序

[1] IBI生物炭标准仅涉及生物炭的物理化学性质，并未规定生产方法或特定原料，也未提供限制条件条款来限制生物炭的可持续性和减缓温室气体排放的潜力。
[2] 本书出版时，BQM还未正式确定。

目前，生物炭制备技术迅速发展，全球有 500 多个研究项目在研究生物炭的特性，人们逐渐认识到这些特性是如何决定生物炭的环境行为、迁移性和归趋的，包括与陆地生态系统和水生生态系统中的矿物质、有机物和生物成分的相互作用。每年都有新的热解设备制造商进入市场，生物炭的制备和应用领域正在快速稳步增长，且生物炭的应用范围从单独施用于土壤，到以堆肥添加剂、肥料载体、粪肥处理、青贮饲料或饲料添加剂的组合形式施用于土壤。鉴于生物炭的性质及其环境行为取决于制备条件和原料类型，因此进行原料质量控制会对提高制备技术的可持续性产生积极影响。

多学科研究和野外试验提高了人们对生物炭制备和应用所涉及的生物过程和物理化学过程的理解。然而，应该承认的是，大多数研究仅在短期内调查了生物炭应用于土壤的影响（除了可能出现在以前木炭生产地或受野生生物影响地区土壤中的木炭或木炭粉），大量研究在生物炭施用的 2 年内进行，最长的研究仅持续 10 年（见第 12 章）。

对生物炭生产而言，生物炭和基于生物炭产品的使用者需要一个完全透明、可验证的系统监控和确保生物炭的制备符合参考标准。虽然 EBC 产品认证计划已经从自我报告逐渐发展到包括对合规性的独立监控 / 监管，但似乎应该及时发展更全面的框架以适应不断扩大的行业和市场。

生物炭生产认证计划强调，需要开发具有一定特征的产品来确保农艺和环境性能，以及防止滥用的指导方针，以促进生物炭制备计划和商业化部门的优化。生物炭必须满足一系列基本质量规范（如碳含量、孔隙度、酸碱度、金属含量和多环芳香族碳氢化合物含量），以便在土壤中施用生物炭时既能保持理想效果又能将负面影响降至最低。由于生物炭可以在土壤中保留几十年甚至几千年（见第 10 章），加上大规模施用生物炭会对土壤和沉积物造成不可逆的影响，因此这种标准化和认证方案是实现可持续生物炭系统的有效途径。对于生物炭使用者来说，尽管生物炭和土壤特性之间没有实现充分匹配，仍可能会出现负面影响大于正面影响的情况，但其结果提高了材料性能的可信度。

生物炭制备认证计划也可能为政策制定提供良好的基础。生物炭作为一种材料，目前还在寻求适合的法律框架。在欧洲，虽然生物炭在 REACH 框架下进行整合还存在争议，但是政府主管部门可以从复杂的产品标准中受益，以确定生物炭是否满足现有（非相互排斥的）的法律法规要求，其中可能包括化肥和有机改良剂等方面。此外，用于生物炭制备的原料通常是不能被回收用于农业的废弃物，因此，必须通过生产和质量标准证明生物炭不是一种废品，而是一种高质量的产品，有助于实现零浪费社会。

那么，是否有可能加强这种计划（或开发新的计划），以最大限度地发挥其对发展真正可持续生物炭系统的潜在贡献呢？当前，生物炭标准 / 认证的一个明显局限性是，它们低估了气候—生物炭—土壤—作物 / 生物群相互作用在可持续性方面的影响。对此，有人解释说这可能是生物炭研究部门和生产部门之间的差距导致的。显然，执行任何认证方案都必须建立在健全的客观科学基础上，以最大限度地提高此类认证计划的可信度。虽然当前人们对环境影响在空间和时间上的全方位理解水平正在逐步深入，但同样重要的是此类认证计划必须具有适应性，以适应新知识和新发展。这可能需要定期修订和更新指南，必要时还要调整特定阈值，甚至重新引入测试方法。需要仔细考虑如何利用最新的科学证据解释具体机制，以更新标准和认证方案，从而确保最全面、最公正和最透明的结果。

可持续生物炭系统由可持续制备和可持续应用组成，并受可持续发展政策监管，还需要对参考规范合规性进行可验证的监测和监管（除了基本的自我报告程序）。在强制框架情景下，认证将从战略升级到金字塔顶端的可持续性系统级别（见图 28.1）。对于一个由一系列相互依存、相互关联的战略组成的可持续性系统，此类认证计划需要更高水平的组织性和一致性及思维模式的改变，以增强环境保护水平、提高人类福祉。遵循标准规范同时由独立且经认证的第三方（如 EBC 产品认证计划所设想的第三方）进行现场和场外控制，是朝着可持续生物炭制备认证方向迈出的重要一步。

28.4.2 可持续生物炭应用认证——处于起步阶段

开发真正的可持续生物炭应用认证（见图 28.1 中的"策略"）需要一种综合策略，该策略可能使用多种方法（见图 28.1 中的一种情况，如土壤监测指标、最佳生物炭施用量、生命周期评估等），后两者将在下面进行详细讨论。

1. 最佳生物炭施用量（OBD）

目前，越来越多的研究正在关注生物炭对土壤中各种生态系统过程、功能和服务的影响。这些试验使用了一系列土壤和生物炭特性，生物炭施用量从 $0.1\ kg\cdot m^{-2}$ 到超过 $15\ kg\cdot m^{-2}$ 不等。不同生物炭施用量对作物生产力的定量分析表明，生物炭施用量的增加会导致作物生产力提高（Jeffery et al., 2011）。然而，一些研究表明，随着生物炭施用量的增加，作物生产力可能会增加到一定程度后趋于平稳，并且生物炭施用量进一步增加可能会降低作物生产力。在这方面，这种生物炭的施用量响应模式与任何传统的土壤改良和管理实践（包括肥料、堆肥、石灰等）没有太大不同。例如，Mia 等（2014）发现，当生物炭的施用量为 $0.1\ kg\cdot m^{-2}$ 时，草、三叶草和车前草的生产力都在提高；当生物炭的施用量为 $1\ kg\cdot m^{-2}$ 时，三者的生产力进一步提高；然而，当生物炭施用量为 $5\ kg\cdot m^{-2}$ 时，施用生物炭组和对照（不施用生物炭）组的生产力水平没有统计学意义上的差异，这表明当生物炭施用量较低时，负面效应抵消了明显的正面效应。此外，当土壤中生物炭施用量为 $12\ kg\cdot m^{-2}$ 时，3 种农作物的生产力都呈现负面效应。这表明，所研究的系统中存在特定的与最佳作物生产力水平相对应的生物炭施用量，这称为该系统的最佳生物炭施用量效应。这种效应可能是任何给定的生物炭—土壤—作物—气候环境系统的函数，在考虑生物炭应用之前需要对这种系统特征进行事先评估。传统肥料文献中没有发现这种系统固有属性的依赖性。此外，Graber 等（2012）发现具有高比表面积的生物炭可以降低除草剂的药效，并建议使用低比表面积的生物炭来满足除草需求。因此，最佳生物炭施用量（OBD）的确定除了关注施用量（数量），还应进一步关注生物炭的特性（质量），因为这两个方面是相互依存的（见第 8 章）。另外，与生物炭单次大批量施用相比，少量的重复施用可能需要具备不同特性的生物炭。

OBD 的概念从给定生物炭系统的普遍、恒定的特性，发展到生物炭—土壤—作物—气候环境系统中的概念。生物炭还有很多用途，因为它可以根据期望目标以不同的方式应用。例如，在 Mia 等（2014）的试验中，为了使草、三叶草和车前草生产力最高，所研究的生物炭—土壤—作物—气候环境系统的目标生物炭施用量应为 $0.1\sim 0.5\ kg\cdot m^{-2}$。但是，如果以碳固存为目标，那么添加生物炭的施用量应为 $0.5\ kg\cdot m^{-2}$ 左右，这可以最大限度地增加土壤中碳的输入量，而不会对所选植物的生产力产生负面效应。在生物炭对土壤植物病害的抑制方面，Graber 等（2014）研究发现，生物炭施用量与效应值的关系曲线呈现驼峰状（见图 28.2 中的土壤功能 B），只有施用中等施用量的生物炭才会对土壤植物病害有显著影响。实际上，生物炭的应用很可能有多个目标。OBD 将在目标生物炭的数量和质量之间进行权衡（有关生物炭权衡的讨论请参阅 Jeffery 等于 2011 年发表的文章）。

图 28.2 展示了与土壤功能（A-D）相关的不同生物炭施用量—效应值范围，其是表示任何特定生物炭—土壤—作物—气候环境系统的 OBD 概念的一种方式。例如，方案 1 中的 OBD 对应最佳土壤功能 A，以及对功能 B 和功能 C 的益处，这是在不损害功能 D 的情况下所能达到的最大值。然而，如果人们认为功能 D 的损害在某种程度上是可以接受的，则可以选择方案 2，以进一步增强功能 B 和功能 C，而对功能 A 的影响很小，以此类推。

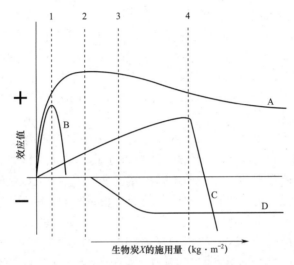

图28.2 任何特定生物炭—土壤—作物—气候环境系统的最佳生物炭施用量的概念表示。实线是单个土壤函数或子函数（A-D）的效应曲线；虚线是潜在的最优OBD（方案1～方案4），其中可能必须包含价值判断（例如，土壤功能D损害50%能使土壤功能B和功能C分别提升30%和50%吗？对于生物炭Y或生物炭Z而言，土壤函数的生物炭施用量—效应值曲线可能看起来有显著差异）

从概念上讲，特定生物炭—土壤—作物—气候环境系统的 OBD 强调了有效开发可持续生物炭应用认证的重要性。正如 Verheijen 等（2012）所提出的那样，无论是在所选生物炭和应用场所的物理化学性质层面，还是在可能发生的有机矿物和生物相互作用层面，OBD 都存在高度的内在异质性，这意味着该地区也可能受到土壤类型、气候和土地利用的影响。因此，有理由认为，对任何给定的生物炭—土壤—作物—气候环境系统的可持续生物炭应用，通过标签向用户传达应提供特定生物炭应用于特定土壤—作物—气候环境系统的特定分类的最大速率信息。尽管人们目前对环境之间相互作用的性质还不清楚，并且科学理解水平仍然较低，但人们正在缓慢、稳步地缩小这种知识差距。这意味将鼓励生物炭制备商对他们的产品质量标准负责，并与学术界密切合作对生物炭施用于土壤时的环境影响和机制进行研究。在此基础上实现更大的协同效应可以成为环境可持续认证的一条途径，而在整个制备和商业化链中寻求满足标准产品规格的负责任的制备商将获得适当的实践支持、科学指导和培训。

为了克服联合认证体系的潜在缺点，人们可以主张制备认证和应用认证组件的个性化。例如，Pacini 等（2013）指出，发展中国家的生物炭制备者和应用者在应对可持续认证要求方面将面临挑战；发展中国家的小农户和小制备者应得到充分的支持，其中包括技术支持和财政援助，以满足可持续认证要求。这些与已知认证体系的实用性有关，因此在开发实用、有效的生物炭认证体系时应将其涉及的所有环境、经济、社会文化因素都考虑在内。也可以说，工业界对支持生物炭在土壤中的环境效应、副作用及其相关机制方面的研究有一定兴趣，而环境认证是任何生物炭认证都不可分割的一部分。如果不加区别地施用生物炭，则可能会对特定土壤功能无效甚至产生负面效应，从而打破消费者的认知、降低消费者的兴趣。

2. 生命周期评估（LCA）

目前，人们正在努力减轻生物炭对环境的损害（如气候变化和生态系统/生物多样性的影响），通过认证计划（如碳足迹标签）来强调生命周期评估的价值，即计算与生物炭相关环境影响的有意义的、可靠的测量工具。LCA 实践在 ISO 14040、ISO 14044 系列中已标准化（ISO, 2006a, 2006b）。当然，还有一些其他标准，如 PAS2050（BSI, 2011）、GHG 协议、ILCD 手册（European Commission, 2010a, 2010b）和 ISO 14067（2013），其中大多数侧重于碳足迹。

LCA 可用于估算与生物炭生产、运输和土壤应用相关的净能量、气候变化影响，以及对生态系统服务和生物多样性的影响。在表 28.1 确定的可持续性标准中，除了参与、微观经济可持续性、遵守法律、标准绩效和食品安全，当前的 LCA 方法对于量化是稳定的；这些属于社会层面，通常被排除在 LCA 之外。然而，这些标准仍然可以用 LCA 来分析，以确定在生命周期系统中制备一定数量生物炭对环境影响的基准。

全面和系统的 LCA 必然涵盖广泛的环境影响，如《国际可持续发展委员会手册》（European Commission, 2010b）中建议的标准，以及为生物能源制定的标准，但仍需要为生物炭制定可持续性标准（见表 28.1）。如前所述，与其他土壤有机物改良剂（如堆肥、肥料或作物残留物）相比，生物炭在环境中的停留时间非常长。因此，衡量生物炭对气候变化影响的方法必须考虑碳封存的时间段（Brandão and Levasseur, 2011; Brandão et al., 2013）。

土地利用对生态系统服务和生物多样性影响，生命周期影响评估方法已在 International Journal of Life Cycle Assessment 特刊上发表，内容包括碳封存潜力（Müller-Wenk and Brandão, 2010）、生物生产潜力（Brandão and Milà i Canals, 2013）、淡水调节潜力（Saad et al., 2013）、侵蚀调节潜力（Saad et al., 2013）、水净化潜力（Saad et al., 2013）和生物多样性（Baan et al., 2013）。这些方法与生物炭的评估和相关认证相关，因为生物炭对气候变化、各种生态系统服务和生物多样性的潜在影响可以量化。其他生态系统服务（如娱乐）没有包括在内，因为在编写本书时，模拟这些生态系统服务的方法有待开发。

生物炭对气候和土壤的环境负荷取决于不同的原料和生产条件，它们直接影响生物炭的物理化学特性。专用原料可以有目的地用于制备生物炭，而专用原料作物对土地类型有要求，会与其他作物竞争土地。与之相反的是，利用有机废物制备生物炭不会竞争其他用途的土地，而是作为一种废物管理战略（除了减缓气候变化、土壤改良和能源生产功能）。然而，一些有机废物（如农作物残渣）会被掺入土壤中，可以疏松土壤、提高土壤肥力及防止土壤侵蚀等，因此有机废物在提供生态系统服务方面与生物炭形成了竞争。

在原料种植导致土地竞争的情况下，增加农作物需求可以通过以下 3 种方式：土地集约化、土地扩张、农作物置换。生物炭原料种植导致的土地扩张（如在边缘土地上）会对土地利用变化产生直接影响。如果被取代的农作物种植在其他地方，则农作物取代会对土地利用变化产生间接影响。对于农产品而言（这种影响可能是巨大的），与土地利用变化相关的 CO_2 释放可能与生命周期的其余部分类似（Schmidt and Dalgaard, 2012）。

3. 生物炭系统生命周期评估示例

目前，业界缺乏成熟的生命周期评估研究方法来系统地量化生物炭的广泛影响。事实上，尽管生命周期评估方法在确定生物炭的相对益处或负面效应方面具有较大潜力，但人们很少对生物炭的生命周期进行研究。此外，在考虑肥力和气候影响时应该将碳封存和土壤改良相关的益处包括在内。有些研究只考虑其中一个而不考虑另一个方面，不同研究方法也有所不同。为了有力地说明生命周期评估中的利弊，考虑生物炭的应用与未热解原料的应用，需要将碳封存效应与土壤改良效应相结合。

相关研究（Aunt and Lehmann, 2008; Gaunt and Cowie, 2009; Roberts et al., 2010）认为，从碳减排的角度来看，用生物质制备生物炭比生物质燃烧替代传统的电力和/或热源更有效。因此，将生物质转化为生物炭可能比生物质和生物燃料更具有碳减排潜力，因为除通过产生热量、动力和运输燃料等替代化石燃料之外，它还封存了从大气中去除的碳。然而，需要注意的是，这几项研究并不代表所有的生物炭系统，在其他环境条件下也可能会有不同的结果。

此外，这些研究表明，生物炭的净生命周期碳封存能力高度依赖原料和采用的转化工艺。以下参数特别重要，需要进一步研究，包括碳储量、土壤改良剂的效益、作物产量、参考土地利用、参考化石燃料能源系统、植物效率和净能量产量、相对于替代品的净碳平衡及特定生物炭的应用方法。

为了确定大规模可持续生产、应用生物炭的环境效益和损失，有必要量化和比较不同原料制备的生物炭的生命周期对土壤和气候的影响，解决方法上的差距［如计算碳的封存时间（Woolf et al., 2010）］。可能需要开发新的生命周期评估方法来评估和比较不同原料制备生物炭的环境效益。国际参考生命周期数据系统关于土地利用建模，以及对气候和生态系统影响的建议可用于此目的。特别是，在生命周期评估框架中需要强调碳封存，并将土壤改良效益考虑在内。此外，动态模型（如相应的生命周期评估）可以提供一种随时间推移而变化处理反馈的方法。

在评估可持续生物炭应用时，应特别注意以下问题和不确定性来源：

（1）评估生物炭对土壤有机质动态和土壤生物提供的生态系统服务的影响；

（2）时间范围；

（3）空间尺度；

（4）生物炭作为土壤改良剂的环境效应；

（5）最先进的不确定性分析，以加深对不确定性意义的理解（如使用蒙特卡罗法）；

（6）最新的风险评估，以加深对扩大该技术的影响的理解（Downie et al., 2012）。

总之，生命周期评估在支持可持续生物炭制备认证和应用认证方面的主要贡献可能是，定量和比较一系列热解和未热解原料对土壤、气候和生态系统服务的影响。目前，各国正在采取行动来缓解和适应气候变化，以及衡量这些行动的效益，以便确定其有效性，这是生命周期评估应用的新领域。

28.5 结论与展望

一个可持续的生物炭系统需要可持续的生物炭制备和生物炭应用,以制定有效的可持续发展政策。虽然生物炭制备认证和应用认证正在进行,但生物炭应用认证还处于起步阶段,其发展面临以下挑战:①土壤功能之间的协调;②比传统的土壤改良剂的改良周期更长;③对特定生物炭—土壤—作物—气候环境系统相关效应的性质和机理理解有限。综合策略是最有前途的发展方向,如最佳生物炭施用量(OBD)、生命周期评估方法及协同计划。在协同计划中,负责任的制备商和用户将在整个制备、商业化和消费链中获得技术支持、科学指导和培训。显然,要实现这样一个全面、实用的认证体系需要付出很大的努力,但可持续生物炭制备和可持续生物炭应用是同一枚硬币(可持续发展体系)的两面,没有可持续生物炭制备的成功,就不会有可持续生物炭应用的成功,反之亦然。

参考文献

BBF. Biochar Quality Mandate (BQM)[S]. 2013.

Brandão, M. and Levasseur, A. Assessing temporary carbon storage in life cycle assessment and carbon footprinting: Outcomes of an expert workshop[J]. European Commission, DOI: 10.2788/22040, 2011.

Brandão, M. and Milà i Canals, L. Global characterisation factors to assess land use impacts on biotic production, Special issue Global land use impacts on biodiversity and ecosystem services in LCA[J]. The International Journal of Life Cycle Assessment, 2013, 6: 1243-1252.

Brandão, M., Levasseur, A., Kirschbaum, M. U. F., et al. Key issues and options in accounting for carbon sequestration and temporary storage in life cycle assessment and carbon footprinting[J]. International Journal of Life Cycle Assessment, 2013, 18: 230-240.

Brown, B. J., Hanson, M. E., Liverman, D. M. and Merideth Jr., R. W. Global sustainability: Toward definition[J]. Environmental Management, 1987, 6: 713-719.

BSI. PAS 2050: 2011-Specification for the assessment of the life cycle greenhouse gas emissions of goods and services[S]. London: British Standard Institution, 2011.

Buchholz, T., Luzadis, V. A. and Volk, T. A. Sustainability criteria for bioenergy systems: Results from an expert survey[J]. Journal of Cleaner Production, 2009, 17: S86-S98.

Cobut, A., Beauregard, R. and Blanchet, P. Using life cycle thinking to analyze environmental labeling: The case of appearance wood products[J]. International Journal of Life Cycle Assessment, 2013, 3: 722-742.

Conway, G. R. Agroecosystem analysis[J]. Agricultural Administration, 1985, 20(1): 31-55.

Cowie, A. L., Downie, A. E., George, B. H., et al. Is sustainability certification for biochar the answer to environmental risks?[J]. Pesquisa Agropecuaria Brasileira, 2012, 5: 637-648.

de Baan L., Alkemade, R. and Koellner, T. Land use impacts on biodiversity in LCA: A global approach[J]. The International Journal of Life Cycle Assessment, 2013, 6: 1216-1230.

Downie, A., Munroe, P., Cowie, A., et al. Biochar as a geoengineering climate solution: Hazard identification and risk management[J]. Critical Reviews in Environmental Science and Technology, 2012, 3: 225-250.

EBC. European Biochar Certificate: Guidelines for a sustainable production of biochar[S]. 2012.

European Commission. Recommendations based on existing environmental impact assessment models and factors for life cycle assessment in a European context[R]. International Reference Life Cycle Data System(ILCD) Handbook, Joint Research Centre, Institute for Enviroment and Sustainability, Italy, 2010a.

European Commission. Framework and Requirements for Life Cycle Impact Assessment Models and Indicators for LCA[R]. International Reference Life Cycle Data System (ILCD) Handbook, Joint Research Centre, Institute for Enviroment and Sustainability, Italy, 2010b.

Gaunt, J. and Cowie, A. Biochar, greenhouse gas accounting and emissions trading[M]. J. Lehmann and S. Joseph (eds). Biochar for Environmental Management: Science and Technology. London: Earthscan, 2009.

Gaunt, J. L. and Lehmann, J. Energy balance and emissions associated with biochar sequestration and pyrolysis bioenergy production[J]. Environmental Science and Technology, 2008, 42: 4152-4158.

Glavič, P. and Lukman, R. Review of sustainability terms and their definitions[J]. Journal of Cleaner Production, 2007, 18: 1875-1885.

Graber, E. R., Tsechansky, L., Gerstl, Z., et al. High surface area biochar negatively impacts herbicide efficacy[J]. Plant and Soil, 2012, 353: 95-106.

Graber, E. R., Frenkel, O., Jaiswal, A. K., et al. How may biochar influence severity of diseases caused by soilborne pathogens?[J]. Carbon Management, 2014, 5: 169-183.

IBI. Standardized product definition and product testing guidelines for biochar that is used in soil[S]. 2013.

ISO. Environmental management: Life cycle assessment—Principles and framework[S]. ISO series 14040, Geneva: International Organisation for Standardisation, 2006a.

ISO. Environmental management: Life cycle assessment: Requirements and guidelines[S]. ISO Series 14044, Geneva: International Organisation for Standardisation, 2006b.

ISO. Greenhouse gases: Carbon footprint of products: Requirements and guidelines for quantification and communication[S]. ISO Series 14067, Geneva: International Organisation for Standardisation, 2013.

Jeffery, S., Verheijen, F. G. A., Van der Velde, M., et al. A quantitative review of the effects of biochar application to soils on crop productivity using meta-analysis[J]. Agriculture, Ecosystems and Environment, 2011, 144: 175-187.

Mia, S., van Groenigen, J. W., Van de Voorde, T. F. J., et al. Biochar application rate affects biological nitrogen fixation in red clover conditional on potassium availability[J]. Agriculture, Ecosystems and Environment, 2014, 191: 83-91.

Müller-Wenk, R. and Brandão, M. Climatic impact of land use in LCA: Carbon transfers between vegetation/soil and air[J]. The International Journal of Life Cycle Assessment, 2010, 2: 172-182.

Pacini, H., Assunção, L., Van Dam, J., et al. The price for biofuels sustainability[J]. Energy Policy, 2013, 59: 898-903.

Roberts, K. G., Gloy, B., Joseph, S., et al. Life cycle assessment of biochar systems: Estimating the energetic, economic, and climate change potential[J]. Environmental Science and Technology, 2010, 2: 827-833.

Saad, R., Koellner, T. and Margni, M. Land use impacts on freshwater regulation, erosion regulation and water purification: A spatial approach for a global scale[J]. The International Journal of Life Cycle Assessment, 2013, 6: 1253-1264.

Scarlat, N. and Dallemand, J. F. Recent developments of biofuels/bioenergy sustainability certification: A global overview[J]. Energy Policy, 2011, 3: 1630-1646.

Schmidt, J. H. and Dalgaard, R. National and Farm Level Carbon Footprint of Milk-Methodology and Results for Danish and Swedish Milk 2005 at Farm Gate[R]. Denmark: Arla Foods, 2012.

Verheijen, F. G. A., Montanarella, L. and Bastos, A. C. Sustainability, certification, and regulation of biochar[J]. Pesquisa Agropecuária Brasileira, 2012, 5: 649-653.

Woolf, D., Amonette, J. E., Street-Perrott, F. A., et al. Sustainable biochar to mitigate global climate change[J]. Nature Communications, 2010, 1: 56.

生物炭系统的经济评估：当前的证据和挑战

Simon Shackley、Abbie Clare、Stephen Joseph、Bruce A. McCarl 和 Hans-Peter Schmidt

29.1 引言[*]

生物炭系统由一系列复杂的工艺和流程组成，涉及不同项目的成本和效益，包括：生物质的种植和采购；原料制备、储存和运输；技术的启动资金和运营成本；产量效益；生物炭及其副产品（生物液体和合成气）的后期处理；产品的包装、市场营销及销售工作；生物炭在土壤和其他应用中的价值和可持续性。本章回顾和评估这些项目的成本，并了解它们如何对发达国家中大型生物炭项目的效益做出贡献。

29.2节回顾了用于估算生物炭系统成本和效益数据的可用性和质量，并考虑使用类似的技术作为预测未来价值的指南；29.3节考虑了分析可用数据的工具；29.4节介绍了文献综述的结果，并对已发表的研发成本—效益分析进行总结，还添加有关案例研究的内容。本章还考虑了碳市场和碳价格在未来生物炭系统中可能扮演的角色，并讨论了生物炭的应用潜力。

29.2 数据可用性和技术类比

目前，生物炭技术还处于早期研发阶段，尚不清楚制备生物炭及其副产品的"真实"成本。所以，估算这些项目的成本和效益具有一定的挑战性，并且存在很大的不确定性，特别是在技术尚未成熟且尚未确定"主导设计"的情况下（Utterback，1996）。新技术中的"主导设计"是指一系列替代设计中被市场所接受的设计。尽管在发明的早期阶段会推广许多不同的替代设计（例如，在汽车方面，20世纪初期蒸

---

[*] 感谢Mike McGolden (Coaltec)、Daryl Butler (Clean Carbon Pty Ltd.)、Cordner Peacocke (CARE Ltd.)、Chin-chun Kung、Nils Markusson、Philip Heptonstall和Jonathan Stevens为我们提供了非常有用的信息、反馈和其他帮助。

汽驱动的发动机和燃气驱动的发动机），但大多数市场部门都应用单一的"主导设计"（如汽车的内燃机；David, 1985; Tushman and Anderson, 1986; Arthur, 1989, 1994; Anderson and Tushman, 1990, 1991）。

许多技术创新学者尝试估算尚未完全开发或不成熟技术的成本，但他们获得的数据通常是非常不准确的（Ascher, 1978; Collingridge, 1980）。因为所有技术的开发、设计和示范成本都由极少数单位承担，且尚未形成产品和生产方面的经济规模，所以，先进技术的成本会更高。生物炭技术及其许多副产品目前都处于早期开发阶段，因此人们可能并不了解制备生物炭及相关副产品的"真实"成本。

为了计算成本，人们需要设定一个前提条件，那就是假设传统的木炭生产技术不适用于生物炭的制备。为了说明这个前提条件，人们需要考虑到木炭制备部门的历史、现有组织及与之相关的创新技术。由于人们无节制地砍伐木材（通常是不可再生的），再加上人工成本（如每天 1 \$ 到几 \$）及传统窑炉的应用成本较低（例如，可以在撒哈拉以南、非洲南部和非洲东部建造简单的窑炉，价格约为 150 \$），因此一些国家的木炭和生物炭的制备成本较低。这些国家出口木炭的离岸价格（FOB）可能低至 250 $\$ \cdot t^{-1}$（是工业化国家木炭批发价格的 1/3），因此工业化国家的一些生物炭零售商主要依赖从这些国家进口。由于挥发性气体和颗粒的排放，这种传统的木炭制备通常不能满足高效清洁制备的要求（Pennise et al., 2001）。土墩和坑窑的产率较低，仅为 10% ~ 14%；巴西蜂窝窑、转鼓窑、卡萨芒斯窑和热尾窑的产率仅为 20% ~ 30%（Kambewa et al., 2007; EEP 2012; Bailis et al., 2013），导致 70% ~ 80% 的原材料（产出的液体或热量）未被充分利用，所以人们对原材料的可持续利用产生了担忧。虽然传统木炭制备技术简便易行且成本低廉，但它是一种高污染的制备技术（请参阅第 3 章和第 4 章），可能危害工人的健康，因此其不应被视为以清洁、高效制备为目标制备生物炭的环境或经济参考点。

相比之下，人们可以从工业化国家过去的木炭制备经验中吸取教训。19 世纪和 20 世纪上半叶，木炭被大规模制备，其热解液被收集并被用作化工原料。Lambiotte、Lurgi、Mitsubishi E&S、Mitsui E&S 和 ITB 等公司开发出能够日产 $2×10^6$ ~ $6×10^6$ kg 高品质木炭的立式连续生产罐和卧式连续生产罐；而波罗的海地区依旧使用 SIFIC Lambiotte 干馏罐，用于东欧、俄罗斯和中亚地区的木炭制备。Lambiotte 干馏罐通过蒸气热解来干燥木材并引发碳化，同时用热气冲洗木炭以去除多余的挥发性物质和 PHAs，燃烧产生的气体在排放前冷却并降低木炭的温度。Balt Carbon 公司也在研究利用蒸汽涡轮机从热解蒸气中发电的潜力。Bailis 等（2013）、de Miranda 等（2013）还报道了回收巴西现代集装箱窑炉中的木炭制备过程产生的合成气和可冷凝组分，并用于发电（和/或生产焦油和杂酚油替代品）的研究工作。这些技术可用于了解慢速热解制备生物炭的成本，使参与木炭和生物炭制备的不同研究、开发和部署（RD&D）的团体之间能够达成部分统一。

估算生物炭制备成本的另一种选择是研究已经广泛应用的成熟技术，包括煤的热解（用于焦炭生产），以及页岩（用于石油）和煤的气化（用于合成气和液体转化等）。目前，因煤和含油页岩等燃料具有能量密集性和空间集中性，故这类技术往往被大规模应用。但是，因生物质供应的能源密度较低，且分布较稀疏，故会导致高昂的原材料运输成本，以及相应技术规模的缩减，从而对生物质转化为能源载体的效率产生连锁反应。因此，与具有能源密集型特征的燃料（如煤和含油页岩）相比，每吨生物质在加工方面的成本更高。这说明在原材料和生物炭的制备过程与这些成熟技术之间很难找到类比。

活性炭行业在 20 世纪初就开始以工业化规模生产颗粒活性炭（GAC），由于采用了可用于制备生物炭的慢速热解技术，因此可以得到相似的结果。但由于以下原因，在实践中难以获得活性炭生产成本的数据：①特定碳化材料的供应来源多种多样，碳化材料随后被活化，然后在各种规模下运行，并应用于多种技术（例如，村庄可以合作生产椰子壳木炭，然后将其出售给从事活化的大型企业）（Lever, 2013）；②商业机密性；③很难将慢速热解技术的成本与生产活性炭所涉及的活化及其他额外加工阶段的成本分开。

总体而言，很难找到合适且类似的技术来估算生物炭系统的成本和效益。但是，"主导设计"的确定，可以让人们更好地了解生物炭的产量、性能和成本。该过程开始后，它们通常以不断循环的方式进行，由早期生物炭付费产品的使用者开始，使技术提供商和最终用户建立起"边用边学"的循环周期。因此，目前对生物炭成本和效益的任何估算都被视为以不准确的假设为前提的不确定性估算。

尽管生物炭技术和系统的发展处于早期阶段，但目前仍发表了一些有关生物炭系统经济学的案例研究，涉及各种技术、原材料和应用领域（Spokas et al., 2013）。因此，29.3 节将介绍成本效益分析的概念，并将其作为评估生物炭系统经济性的一种方法，然后对现有的数据进行整理和比较，以寻找有关盈利能力、原材料和系统设计的共同结论。

29.3 经济分析的方法和工具

对于用来评估低碳技术经济潜力的工具，经济学家们还没有达成共识（2007 年对 Stern 的不同回应说明了这一点）。在热解生物炭系统发展的早期阶段，采用了较简单的经济分析方式。投资者通常会根据价值链的各个部分计算出具体的成本和效益，不考虑整个价值链，而是期望在一个领域中实现价值最大化。例如，技术开发人员将专注于特定工程的设计，项目开发人员将考虑特定项目提案的盈利，而市场营销和销售专家将着眼于了解零售和终端消费者市场。具体如第 31 章所述，关键还是要认识到价值链中各个要素与整个系统之间的差异。在理想情况下，人们应该对价值链的所有阶段都进行成本效益分析（CBA），以确定哪里可能产生盈利、哪里可能进行商业化。然而，对于生物炭行业而言，其中许多环节还不成熟或不存在，因此投资者被迫承担起超出理想情况下的责任。这也减弱了人们目前对生物炭行业进行强有力经济分析的信心。

目前最常用的分析工具是 CBA（Boardman et al., 1996），如图 29.1 所示。CBA 是一种自下而上的方法，它考虑单个（或少量离散的）投资决策，独立于价值链中正在发生的任何情况。迄今为止，大多数生物炭的经济研究都使用 CBA 方法，如式（29-1）所示。

$$\frac{B}{C} = \frac{\sum_{t=0}^{N} B/(1+i)^t}{\sum_{t=0}^{N} C/(1+i)^t} \tag{29-1}$$

式中，B 为 t 年的收益；C 为 t 年的成本；i 为贴现率；N 为项目运营的年数。

如果项目的收益成本比 B/C 大于 1，则该项目原则上是可取的。

另一种分析方法是计算净现值（NPV，也称为净收益估值），计算结果若为正，则表明该项目具有正的经济效益，也是可取的。这涉及计算每个时期的净现金流量，然后折现至当下，以计算当前的净收益估值，即

$$\text{NPV}(i,N) = -R_0 + \sum_{t=0}^{N} \frac{R_t}{(1+i)^t} \tag{29-2}$$

式中，NPV 为净现值；R_0 为初始投资；R_t 为时间 t 的现金流量；i 为折现率；t 为现金流量时间。

NPV 反映未来数年内继续运营项目的当前价值。NPV 越大，拟建议项目的经济可行性越高。NPV 是利用反映市场利率和操作风险的折现率来计算的，而折现率可能会因未来事件的不确定性而明显不同。因此，如果仅以经济因素作为决策依据，则任何 NPV 为正的项目都可以进行。在现实中，虽然 NPV 为研发提供了"绿灯"，但有时也会因项目开发商更广泛的目标和风险偏好而有所不同。

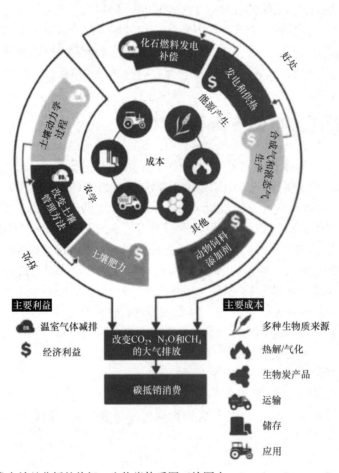

图29.1　用于成本效益分析的热解—生物炭体系图（绘图人：Jonathan Stevens, Starbit Ltd.）

经济学家有时会提到其他技术，下面对其进行简要介绍：
- 通过不同方案对比成本效益实现预期收益的折现成本；
- 计算内部收益率（IRR），考察净投资收益率，找到NPV为零的折现率；
- 投资回收期，是指累积的折现收益与建立和运营投资相同成本所需的时间。

类似于生命周期评估方法，CBA和其他经济指标通常对系统边界的划定很模糊（Roberts et al., 2010）。例如，间接的土地利用变化（ILUC），即制备生物炭的原料是专门种植的，并且会替代粮食生产，这可能会增加对土地资源的竞争进而可能增加对原料的需求，从而提高原料价格。要研究这种反馈回路需要建立一个土地—粮食—能源系统整体模型（Wise et al., 2009），但是其开发和使用尚存在争议，并在理论上存在一些挑战（例如，是否假设了平衡、准平衡或其他响应）。

其他经济挑战包括如何评估生物炭在土壤中的效益。例如，土壤有机质（SOM）的积累等过程可能具有农业价值，可以通过其对作物产量的正向影响最终实现货币化。但是，人们对不同土壤中SOM与作物产量之间的关系（Loveland and Webb, 2003），以及生物炭是否应用与SOM之间的关系（甚至影响）的认识存在不确定性，这意味着很难将这种经济因素纳入经济分析。我们还可以推理生物炭的市场价值，然后确定其农业效益是否可以超过此价值（Galinato et al., 2011），其中假设农业用途是主要需求，因为市场价值必须以某种方式与农业效益相关联，所以这里的推理有可能成为一个循环。

另外，存在一些不确定性的领域（其中一些是由时空变化引起的），如是否需要对环境影响和生态系统服务进行明确定价。虽然在生物炭刺激下减少的N_2O/CH_4排放量和硝酸盐浸出是潜在的、重要的生态系统服务效益，但目前仍然很难准确对其进行量化（见第17章；Cayuela et al., 2013）。此外，有研究指出某些生物炭中的水溶性物质可能会对环境造成负面影响（Smith et al., 2013），这表明全面评估生物炭对生态系统服务的影响仍有一段路要走（Gurwick et al., 2013; Jeffery et al., 2015），并且人们有必要避免在不了解更广泛背景的情况下，选择性地"选取"潜在的利益。从概念上讲，还存在一个问题，例如，关于在未来某个时间段将避免的等价碳排放的财务收益是否应被纳入考虑的范畴。（例如，避免生物质原料的CH_4排放，否则在厌氧条件下其会分解）。这是因为未来人们对一些与事实不符的情况的了解存在不确定性。例如，如何保证厌氧消化装置中的（会产生生物气体，从而替代化石燃料）生物质可以持续厌氧分解而不是以其他方式被使用？基于这些不确定性，本章整理了已发表的有关生物炭经济学的文献（包括常规类型的CBA）。

29.4 构建生物炭系统成本效益分析

现有生物炭系统的CBA中包含的典型成本和效益通常包括以下几项（改编自McCarl et al., 2009）：
- 原料生产和收集；
- 原料运输；
- 原料储存和预处理；

- 热解装置的建设和运行；
- 能源销售（生物炭/木炭、生物油和合成气）；
- 生物炭的运输和应用；
- 生物炭带来的农艺效益；
- 碳补偿额度（如果适用）。

项目开发、工程采购和建设、市场营销也是重要的成本，但迄今为止尚未纳入学术性CBA分析中。这些不同类别的成本和效益可以由生物炭系统中的一个或多个不同的参与者产生或承担。此外，价值链的某些方面将部分取决于外部影响。例如，原料价格可能会受到饲料需求波动的影响，而将生物炭用于能源或农艺领域将取决于木炭市场、粮食价格，以及消费者对土壤中生物炭价值的理解和支付意愿。

29.5节将概述不同作者在生物炭相关研究中列出的8个项目的价值范围，每个项目都假设成本和效益在整个价值链中从头到尾都是由单个参与者承担的。其目的是展示迄今为止已发表研究的多样性，它们有共同点，也存在不同之处。

评估生物炭系统盈利能力的一些关键问题是：
- 哪些成本是人们最确定或最不确定的？
- 哪些价值未来可能发生变化，这会对系统产生怎样的影响？
- 哪些成本和效益对整个系统的盈利能力贡献最大，或者缺乏盈利能力？

29.5 生物炭热解系统成本和效益的现有证据

表29.1展示了成本和效益分析的一些研究，但仅包括有关生物炭（及其他生物能源产品）的制备成本和显性成本或农艺应用价值信息的研究。在迄今为止发表的CBA相关论文中，没有一篇论文将气化技术作为分析的一部分，因此本节仅关注热解技术。但是，关于生物质气化系统的文献确实存在，其中生物炭作为副产品具有良好的农业效益（Shackley et al., 2012a, 2012b; Lugato et al., 2013; Shabangu et al., 2014）。由于生物质气化主要用作生物电或发电，因此最终投资决策将基于发电的经济情况而定，而生物炭（或富碳炭灰）则会被视为废物或低价值副产品，这不太可能推动投资进程。所以，通常将气化技术制备生物炭的成本设定为零，而且在许多情况下收入也会被保守地设定为零，因为生物炭市场具有不确定性因素，故无法进行融资。

这些论文中的案例研究均假设有中型或大型热解装置。然而，这些研究的背景、原料和系统边界均存在显著差异，很难在案例之间进行统一比较，因此以下各小节按主要类别及未来生物炭系统的成本和效益进行总结。

29.5.1 原料生产与收集

原料成本是所有经济分析的关键。表29.2概述了给定的原料成本范围，不包括运输成本，还显示了部分原料成本在指定项目生命周期内占项目总成本的比例。

第29章 生物炭系统的经济评估：当前的证据和挑战

表 29.1 成本和效益分析的描述性概述 [1]

	Brown et al.(2010)	Field et al.(2013)	Galinto et al.(2011)	Granatstein et al.(2009)（或 Yoder et al., 2011）	Kung et al.(2013)	McCarl et al.(2009)	Roberts et al.(2010)	Shackley et al.(2011)	Harsono et al.(2013)
来源	美国	美国	美国	美国	中国台湾	美国	美国	英国	马来西亚
原料	玉米秸秆	松木和废谷物	草本/木质原料	森林欠伐	杨树	玉米秸秆	柳枝、玉米秸秆场废物	各种原始和非原始来源	棕榈油果树枝
生物炭来源	快速热解；慢速热解	快速热解；慢速热解	采购（80～350 $·t^{-1}）	快速热解	快速热解；慢速热解	快速热解；慢速热解	慢速热解	慢速热解	慢速热解
生物炭施用作物	未指定	冬小麦	冬小麦	未指定	水稻	玉米	玉米	未指定	棕榈油
农艺效益	—	减少肥料使用；减少石灰使用；增加产量	减少肥料使用；减少石灰使用；增加产量	生物炭售价为 114.5～191 $·t^{-1}	减少肥料使用；降低水分；减少种子；增加产量	减少石灰使用；减少肥料使用；减少种子；增加产量	减少肥料使用	—	—
考虑的温室气体	储存碳	抑制 N_2O；储存碳	储存碳	储存碳	抑制 N_2O；储存碳	抑制 N_2O；储存碳	抑制 N_2O；储存碳	储存碳	储存碳

注：[1] 虽然不是在同一个CBA背景环境下，但Gaunt和Lehmann（2008）提供了一些有用的信息，关于生物炭作为土壤改良剂与作为燃料的机会成本，其研究结果在本章有所阐述。

表 29.2 原料成本

原　料	成本（$·t^{-1}）	原料总成本（M$·yr^{-1}）	原料成本占项目总成本的比例（%）	参考文献
庭院废弃物	0	0	0	Roberts et al.（2010）
玉米秸秆	59.4	4.163	53	McCarl et al.（2009）
杨树	105.8	5.932	75.5	Kung et al.（2013）
玉米秸秆	83	48.472	73	Brown et al.（2010）
废松木	88.9	—	—	Field et al.（2013）
酒糟	91	—	—	Field et al.（2013）
造纸纤维和酒糟	-49	-0.024	-18	Dunst（2013）
棕榈油果树枝	15.8	0.07584	14.5	Harsono et al.（2013）
小麦/大麦秸秆（中）	70.5	1.131	72	Shackley et al.（2011）
小麦/大麦秸秆（大）	70.5	13.065	0.39	Shackley et al.（2011）

表 29.2 表明，原料成本存在很大差异。这种价格变化通常取决于原料收集的难易程度（例如，农业废弃物比森林伐材更容易收集）、机会成本（例如，庭院废弃物具有较少的替代用途，而废谷物可以作为动物饲料，稻草和玉米秸秆可以作为动物的垫料/饲料，细木材和植物衍生的农业残留物可以作为燃料）、运输距离（在很大程度上取决于热解装置相对于原料的位置）。此外，某些原料的成本和可用性随季节的变化而变化，因此项目开发商必须在其原料采购计划中考虑时间因素。

在欧洲，木屑（多用作生物质燃烧系统的原料）的市场价格为 $130 \sim 180 \$·t^{-1}$。联合国政府间气候变化专门委员会（IPCC）构建了到 2030 年欧洲生物质原料的成本—供应曲线（Chum et al., 2011），该曲线显示了木材价格和需求的高弹性（单位价格的下降将增加需求，反之亦然）。但是，2025 年美国生物质原料的成本—供应曲线显示，木材作为生物质缺乏弹性，而农业废弃物具有较高的弹性。与美国相比，欧洲的生物质资源基础较差，并且欧洲一些国家（如英国、荷兰和德国）自 2000 年开始提倡使用生物发电作为可再生能源，无论是在专用的生物质设施中使用，还是作为燃煤发电厂的混合燃料，都可以解释欧洲与美国木材成本和供应之间弹性的不同。另外，与美国相比，欧洲其他行业对木浆和纤维的需求也有所不同。

由于生物电力（与风能等其他可再生能源不同）可以构成基本负荷电力，因此，一些有低碳电力补贴的发电商积极地采用了生物电力。与联合循环燃气轮机的平均发电成本（LCOE）相比，低碳电力补贴通常占生物质平均发电成本的 50%。如果生物质发电的规模足够大，则它可以作为化石燃料燃烧和地质封存（CCS）过程中捕获 CO_2 的替代品。因此，过去 10 年以来，业界对锯木厂和林业生产的木片、木屑和木渣的需求大大增加，提高了其价格，扩大了对现有木材资源的利用率，以至于加拿大、美国和巴西等国家也正在大量开发新的生物质长期供应链。谷类作物秸秆和其他农业残留物也被用作生物质燃烧发电或热电联产（CHP）的原料。但是，它们的使用通常受到运输成本的限制，这意味着供应过度的地区不一定与其他未满足需求的地方相关（无论是用作动物垫料，还是用作生物燃料）。鉴于业界对生物质的需求增加，自 21 世纪以来，生物质价格上涨的幅度已超过通货膨胀带来的货币上涨幅度，从而增加了所有生物质用户的原料成本（Elbersen et al., 2011）。

发达国家中最便宜的环境原料往往是废物，其可以免费获得，甚至可以产生额外收入、节省处理成本。在一些国家或地区，某些特定的有机废物必须在填埋场、堆肥场或其他加工设施中处理，并收取处理手续费，木材废料、纸纤维污泥、绿色废料（如园林绿化和城市园林废弃物）和食品废料就是这种情况。对于污水处理厂等专业设施产生的生物泥浆和厌氧消化液（ADD），运营商通常需要付费才能在陆地或填埋场处理。因此，接收此类材料的热解工厂可以通过收取进场费来增加收入，通常来说进场费要低于填埋场就地处理的费用（Ibarrola at al., 2012）。热解是一项灵活的技术，能够处理多种有机原料，也包括一些无机成分，甚至可以利用热解过程中产生的一些热量干燥含水量高的原料（假设收集和使用废热的成本很低，或者该成本可明显地被其效益抵消）。热解技术的这种"可替代性（Fungibility）"也可能会为热解工厂的经营者带来相对优势，他们作为原料的首选接收者而获得优势（原料供应商更愿意向这些经营者出售原料或支付进场费）。

表 29.2 中的研究表明，原料成本是整个项目生命周期成本的主要组成部分，占项目总成本的 14.5%～75.5%。大型装置的原料成本相对较低，Shackley 等（2011）对规模经济做出了乐观假设，而 Harsono 等（2013）的研究也利用了价值较低的棕榈油果树枝作为覆盖堆肥的成分。低成本原料或废物可以促进生物炭的制备（如表 29.2 中第 8 行的负原料成本所示，其获得了纸纤维污泥的入场费），但这种情况仅在废物需要极少预处理或低成本的预处理时才会产生。例如，将高含水量的生物浆料或厌氧消化物或其他消化物干燥至可接受的含水量以进行热解就需要大量的热能输入[已设计了热解技术，可以处理含水量相对较高（最高为 50%）的原料；见第 3 章和第 4 章]。如果在热解设施附近可以零成本获得废热，则有可能以低成本对原料进行干燥。例如，利用纸纤维废料和废谷物作为原料的热解项目，利用来自热解工厂的废热干燥生物质。生物炭可作为高价值的堆肥成分，并在有机农业领域有一个很好的市场价格。此外，有些地方已经启动了碳市场，该市场为生物炭的碳封存特性提供了价值（Gerard Dunst，2013 年 3 月 14 日，伦敦欧盟生物炭成本行动会议）。但是，如果需要额外的燃料来干燥生物质，则成本可能会过高。另外，固体废物的成分通常不是均一的，有可能需要昂贵的分离和分类成本。

设施的主要用途决定了初步和最终的投资决策。例如，在选择高成本（或不可用）的处理路线而导致某类废物的处理成本高昂的情况下，湿有机废物可以作为生物炭的原料。动物粪便、市政污泥或污水污泥消化物，在某些地区可能禁止用于土地处理和处置，或者需要昂贵的费用，以鼓励投资探索替代品（Ibarrola et al., 2012）。位于东京的日之出町（Hinode-cho）设施是世界上最大的商业化慢速热解装置之一，该设施将污水污泥作为废物进行热转化（炭中含有大量的重金属，因此不适用于土壤；Shackley et al., 2011）。

可供广泛使用的原料相对较少，而且其需求尚未消耗掉大部分现有供应。但是，各种蔬菜残渣、造纸厂污泥、厌氧消化物和其他消化物、玉米秸秆、甘蔗秆和甘蔗渣、木薯块、林木栽培料、废木料、稻草、稻壳、咖啡渣（及贝壳、果壳等）等在温带和热带气候中都有低成本原料供应的潜力。鉴于单位面积农业残渣的热值较低（由于残渣本身的低热值且分布面积较大），收集和聚集的成本是其应用的主要制约因素。当残留物作为主要农作物的其中一部分被收集时，它们会被集中在加工点，可能是一个小村庄的作坊（例如，在东南亚的村庄中每天加工高达 500 kg 水稻；Dr Khieu Borin, 2014）或大型的谷物和原料甘蔗加工厂（每天处理数十吨至数千吨原料）。诸如稻壳和甘蔗渣之类的原料经过聚集和浓缩，作为主要加工工序的辅助收益，它们在 5 年或 10 年前被视为"废物"简单地燃烧或倾倒，但现在它们在主要生产国具有了市场价值，主要被用作燃料，也被用作动物垫料，或者偶尔被作为土壤改良剂。这种副产品具有供应量大、含水量低、材料性质和粒度均一的优点，因此可以利用适当的技术来处理、加工和利用这些副产品，以产生热量和/或动力来满足附近的需求。例如，柬埔寨、日本和斯里兰卡用稻壳气化和碳化来供能或供热；泰国、印度、巴西和中国使用蒸汽涡轮机对稻壳和甘蔗渣进行热电联产。

收割后残留在农田中的部分农业残留物需要额外收集和加工。因此，这些农业残留物的价值取决于：其作为燃料、动物饲料或垫料的价值（例如，在许多国家，对于个体农民而言，秸秆可以满足自己的需求，或者可以打包出售给商人）；其作为商业燃料的价值（例如，在中国、英国和丹麦等国家，有专门用于发电的秸秆焚烧发电厂）；关于秸秆焚烧的法规（20世纪90年代初引入欧洲，21世纪初引入中国部分地区），要求去除较大比例的秸秆或将其翻耕回土壤；每年可以种植的农作物的数量。例如，每年种植3种农作物的地方，从收获到准备下一次收获之间的时间很短。如果无法机械化清除农业残留物，或者如果使用重型机械清除可能会损坏土壤，那么农民倾向于直接燃烧剩余的秸秆。

在不同的环境中，基于农业残留物的多样性与互补性，生物技术和热化学转化方案是可行的、有价值的，这将改变未来不同发电厂的选择和基础设施方面的潜在应用。因此，在某些特殊环境下，热解或气化可能会成为首选解决方案[1]。利基市场在很大程度上具有可扩展性（无论是给定规模的复制，还是在更多数量的材料及更大规模的转换技术的集中和使用方面），其对投资者是否有利尚不完全清楚，这取决于许多因素，包括电网普及率、电价和分布式发电接入电网的潜力，以及生物质加工和集中/发电厂规模。

受天气和市场条件的影响，原料的价格和供应量也会急剧波动。在某些情况下，生物质燃烧厂对原料的需求增加，从而推高了原料价格。例如，在亚洲部分地区，稻壳的成本已升至 $25 \sim 30\ \$\cdot t^{-1}$（Karve et al., 2010），而10年前稻壳是被直接焚烧的；稻草秸秆现在仍作为块状燃料（如在湄公河三角洲）吸引着人们，并且价格也在提高，但是仍存在大量就地燃烧的情况。生物质原料通常体积庞大，因此运输成本（相对）高昂，基于此，在本地的生物质市场中，生物质资源通常被返回田中或燃烧，而不是转移到生物加工设施中。因此，在规划任何生物炭的生产设施时，必须考虑到生物质的可用性及运输/物流方面的细节。Polagye 等（2007）提供了一个分析框架，用于考量生物质供应的区域范围（以美国西部的林业间伐为例），对间伐持续时间（$1 \sim 15\ yr$）、生物质运输距离和生产规模进行权衡（Dunnett et al., 2008）。所考虑的方案包括木片纸浆、共燃烧、填埋、造粒，以及快速热解合成生物油和甲醇。原料通过不同的技术进行加工，规模也不同（非固定式、可运输式、固定式、浮动式）。与共燃烧相比，快速热解需要更长的间伐期和更长的运输距离。随着生物质运输距离的增加，通过转化为生物油而实现致密化及降低单位能源的运输成本的好处变得更加明显。当更多的生物质原料可供应更长时间时，由于需要支付（相对）较高的成本，快速热解就更具有竞争力。由于规模较大（$1653000\ kg\cdot d^{-1}$）的装置会产生规模效应，因此固定制备在经济上更可行；而规模较小（小于 $100000\ kg\cdot d^{-1}$）的装置制备单位产品的成本要高得多，因此在生物炭热解情况下也应考虑装置规模与经济性的平衡。

总而言之，原料价格是任何生物炭项目经济性的重要组成部分，在某些情况下，其占项目总成本的50%～70%。但是，没有足够的数据可以概括，则无法对跨研究领域的原料成本进行敏感性分析。很明显，如果使用可以创收的废物原料，那么原料库存就成了收入来源。生物质的供应要足够，并且在热解装置附近，还应具有适当的含水量和粒度。

---

[1] 例如，如果碾米机脱离电网，依靠柴油发电，稻壳气化就是一个有利的选择，制备稻壳生物炭的成本为 $9 \sim 15\ \$\cdot t^{-1}$（Shackley et al., 2012a）。在这种情况下，项目投资和运营成本只需要短短几年就能收回。

29.5.2 原料运输

与原料最紧密相关的是运输。Roberts 等（2010）报道运输距离对原料总成本有显著影响，运输距离每增加 10 km，原料成本将增加 0.80 \$·t^{-1}。有些研究对运输假设非常明确。例如，Field 等（2013）使用燃油效率和卡车容量的标准值，估算从原料来源到热解装置的一条运输路线长 160 km（由于选择了特定的原料，因此选择了这一较长的距离）；McCarl 等（2009）和 Kung 等（2013）也采用了类似的方法。基于 French（1960）的方法，Kung 等（2009）计算得出杨树原料的平均运输距离为 14.75 km，成本为 5.96 \$·t^{-1}，这使原料的生产成本增加了 11%。McCarl 等（2009）估计，运输成本占原料总成本的 20%，并显著增加了整个系统的成本。Shackley 等（2011）发现，无论对于小型、中型还是大型的慢速热解系统，运输成本仅占总资本和项目总成本的一小部分。但是，为了使生物炭系统更经济，运输成本可能需要最小化。正如 Roberts（2010）在文章中所建议的："生物炭系统作为运输要求低的分布式系统，在经济上是可行的。"

29.5.3 原料储存和预处理

不同的热解装置需要准备不同的原料，如不同的粒度、形状、含水量和堆积密度。比如，有的热解装置可能需要小的原木，而有的热解装置需要以特定方式切割的木片，并需要专用的给料斗、给料器、螺旋钻和搅拌器，以防止原料桥接。当装置不适合时通常会产生更高的成本，因此这些准备和所需的专用设备的成本起初就必须被考虑在内。随着技术的成熟，成本可能会有所降低。干燥对于防止某些原料分解，以及提高某些技术所需的转化效率非常重要。理想的情况是，原料需要在热解之前干燥。如果在运输之前将其干燥，则需要特殊的干燥储存设施，以确保它们不会在运输过程中吸收过多额外的水分。虽然这将增加额外的储存成本，但同时会降低运输成本。在本节考虑的 CBA 中，预处理成本包括原料的干燥和尺寸的调整。Roberts 等（2010）将原料储存在热解装置中的成本，以及将原料干燥至 5% 含水量的成本考虑在内。Field 等（2013）考虑了装置中干燥废谷物原料所需的能源成本，但前提是假设在运输前将松木废料风干至 10% 的含水量。他们还根据 Hess 等（2009）的研究，考虑了热解装置的处理和研磨成本。一些研究明确考虑了原料或生物炭的储存成本。Kung 等（2013）和 McCarl 等（2009）估算出二级储存和处理的成本为 25 \$·t^{-1}，而 Shackley 等（2011）估算得出英国农场每周的储存成本为 0.50 \$·t^{-1}，并将其用于小型热解装置的成本核算中；对于中型和大型热解装置，他们假设生物炭需要专门建造的仓库，年储存成本约为 22.5 \$·t^{-1}。

但是，任何研究的敏感性分析都没有考虑到原料的预处理和储存成本，因此很难知道这些成本在多大程度上影响了 CBA 的最终经济平衡。在考虑工厂经济体系时，这些成本很重要。

29.5.4 热解装置的建设与运营

生物炭成本效益分析中最大的不确定性因素来自热解装置的建设和运营成本[1]。可以理解的是，从事热解业务的企业不愿透露详细的成本信息。表 29.3 给出了一些已发表文献中关于热解装置的建设和运营成本。

---

[1] 由于全球范围内气化装置的数量较多，因此气化装置比热解装置的可用信息更多（Meyer et al., 2011）。

表 29.3 各种热解装置的建设和运营成本比较

行	潜在系统项目（实际的或计划中的）或研究（慢速热解，另有说明的除外）	消耗饲料质量（干燥后，t·yr^{-1}）	总建设成本（M$）	建设成本（20年，8%的利息；M$·yr^{-1}；第3~7行及第17行除外）	干燥原料的建设成本（$·t^{-1}）	干燥原料的运营成本（$·t^{-1}）	干燥原料的总成本（$·t^{-1}）	干燥生物炭的总成本（$·t^{-1}）
	生物炭的制备技术							
1	Hinode-cho, 东京（日本）	255500	55.5	5.66	22.2	未知		
2	Selangor（马来西亚）（Harso et al., 2013）	4370	1.27	0.17	7.77	8.3	116	533
3	绿色能源公司（美国）蒸气热解	35917	153	3.25	90.6	62.7	153	
4	GEM America（美国）	27210	19.72	3.46	127.1	113.6	241	
5	International Environmental Solutions Corporation（美国）	48665	34.66	5.93	121.8	330.8	452	
6	Pan America Resources（美国）	49758	14.83	1.28	25.8	75.8	102	
7	Wastegen（英国）	90700	89.53	10.89	120.1	56.4	177	
8	McCarl et al. (2009)	70080	14.2	1.45	20.7	31.6	52	
9	Bridgwater et al. (2002) 快速热解		17.05	1.739	15.42	25	40	
10	Bridgwater (2009) 小规模快速热解	2000	2.7	0.28	140	263	166	
11	Bridgwater (2009) 中规模快速热解	16000	11	1.12	70	13.2	83	
12	Bridgwater (2009) 大规模快速热解	160000	52	5.3	33.1	6.2	39	

(续表)

行	潜在系项目（实际的或计划中的）或研究（慢速热解，另有说明的除外）	消耗饲料质量（干燥后，t·yr⁻¹）	总建设成本（M$）	建设成本（20年，8%的利息：M$·yr⁻¹；第3～7行及第17行除外）	干燥原料的建设成本（$·t⁻¹）	干燥原料的运营成本（$·t⁻¹）	干燥原料的总成本（$·t⁻¹）	干燥生物炭的总成本（$·t⁻¹）
13	Coaltec	15000～30000	1.2～5	0.12～0.51	8.2～10.2			
14	UKBRC（大规模）	184800	41.25	4.21	22.8	50	28	Straw: 203; SRC, FR, SRF: 266; Canadian FR: 345
15	UKBRC（中规模）	16000	8	0.81651	51	60.5	112	Straw: 447; SRC, FR, SRF: 500; Canadian FR: 584
16	UKBRC（小规模）	2000	0.9	0.092	46	54.5	101	Straw: 351; SRC: 434; AR: 213
17	Sonnenerde（Pyreg）慢速热解	500		0.095	192	130	322	

木炭生产技术

行	技术	效率[a]	总建设成本（M$）	木炭的建设成本（$·t⁻¹）	单位反应体积产炭量（t·yr⁻¹·m⁻³）	烘干木炭的总成本（$·t⁻¹）
直接加热						
18	JCKB Retort	23		245	12.6	
19	University of Hawaii	50		245	594	
间接加热						
20	Twin retort carbonizer	33		517	70	

(续表)

行	潜在系统项目（实际的或计划中的）或研究（慢速热解，另有说明的除外）	消耗饲料质量（干燥后，t·yr⁻¹）	总建设成本（M$）	建设成本（20年，8%的利息；第3～7行及第17行除外）（20年，M$·yr⁻¹；第3～7行及第17行除外）	干燥原料的建设成本（$·t⁻¹）	干燥原料的运营成本（$·t⁻¹）	干燥原料的总成本（$·t⁻¹）	干燥生物炭的总成本（$·t⁻¹）
21	CK Euro							
22	Policor（Ecolon system）	25		90				
23	Enviro Carbonizer	53		82	71			
24	LSIWS Carbonizer	未知						
25	Armco Robson kiln（年生产能力10500 t）	19		190	192	430		
26	Nichols Herreshoff Carbonizer（年生产能力52000 t）	31				250		
27	AGODA continuous retort（年生产能力6400 t）	31				320		
用循环气体加热								
28	Reichert	34		未知	34			
29	Lambiotte SIFIC/CISR（年生产能力2000 t或6000 t）	9000～27000		190	344	234		
30	Lurgi（SIMCOA, Western Australia；年生产能力78000 t）	18.8	19.18	435				

资料来源：Shackley等（2011）（第1行，第14～16行）；Coaltec（私人通信，第13行）；Sonnenerde（第17行）；BTG（2010）中木炭生产单位的其他信息（第23行，第18～19行，第20行，第22～24行，第28～30行）；Greenpower（乌克兰；所有价格均已调整至2011年的水平）；Cordner Peacocke（第3～7行，第25～27行）；Balt Carbon（第30行，以及相关的财务假设）。

注：所有计算均不包括地方税。

AR—树木栽培产品；FR—林业残留物；SRC—短期轮换；SRF—短期轮伐林业。

$$^a\epsilon\,(\%) = \left(\frac{C_p}{B_t}\right) \times 100 \tag{29-3}$$

式中，ϵ 是效率；C_p 是单位时间的木炭产量（单位：吨）；B_t 是单位时间的总输入生物量。

通过比较原料的成本（见表 29.3 第 5 栏）可以看出，由于规模、转化效率、设计和材料的不同，其成本范围很广。木炭行业已经成熟，木炭生产技术方面的数据基本上能提供最可靠的信息，但最终其与木炭生产时的成本是不一致的。

此外，同一台设备得到的各项数据也不一致[1]。表 29.3 第 7 列展示了原料（干重）的生产总成本（建设成本和运营成本），其生物炭生产成本为 100～1500 $·t^{-1}，这表明数据背后的不确定性及项目背后的不同目标会导致成本存在较大差异（不考虑来自气体和液体副产品的收入，或来自进场费的收入）。许多商业项目可能不会把重点放在生物炭上，而是更多地放在废物管理上，因此成本的巨大差异在一定程度上可以通过不同目标的优化技术和系统设计来解释。值得注意的是，虽然生物炭商业项目（见第 2～7 行）的生产总成本往往高于学术研究估计的成本，但大多数商业项目仍会产生一定的收益（Peacocke，2013）。

由于生物油收集和加工需要额外的设备，因此快速热解装置的单位建设成本高于慢速热解装置。由于热解技术尚未广泛应用，故缺少准确的建设成本数据。热解装置的运营成本可以按建设成本的给定百分比计算。例如，在表 29.3 中，Bridgwater（2009）和 Shackley 等（2011）利用经验法则，估算出运营成本占建设成本的 12%。其他作者（McCarl et al., 2009; Kung et al., 2013）分别估算了人工、维护和间接费用。Brown 等（2010）分别计算了慢速热解装置和快速热解装置的年运营成本，为 11100000 $ 和 18800000 $，这两种热解装置每天均能处理 2000000 kg 原料。虽然经验法则的计算结果不如详细的计算结果准确，但 Bridgwater（2009）用两种方法计算得到的结果趋于一致。想要了解新技术的实际运营成本十分困难，因此基于相关行业经验的法则并不合理。建设成本和运营成本的变化可能会严重影响生物炭项目的经济平衡。这些不确定性很重要，并且需要进一步公开的行业经验才能解决。

在考虑建设成本和运营成本时，热解技术的规模也很重要。只有 3 项研究（Granatstein et al., 2009; Shackley et al., 2011; Shabangu et al., 2014）明确比较了 CBA 中不同规模的热解技术。其中，Granatstein 等（2009）比较了 4 种快速热解技术（尺寸和便携性均不同），而 Shackley 等（2011）比较了 3 种慢速热解技术（仅尺寸不同）；两项研究均得出结论：大型机组的单位装机容量更经济。Granatstein 等（2009）发现，只有最大的机组方案才能实现收支平衡（Polagye et al., 2007）。Shabangu 等（2014）探究了在 300 ℃ 和 450 ℃ 下生物质的热解，以及在 800 ℃ 下气化生产生物燃料（甲醇），同时产生了副产品（生物炭）。在敏感性分析中，这项工作显示了较成功的规模经济，具有重要的意义。

---

1 举例来说，对于采用鲁奇加压煤气化法的单位来说，表29.3中用于计算生产成本的数据以外的其他数据表明，生产原料的建设成本要低得多，只有25 $·t^{-1}。但是，这是假定利率只有8%的20年的项目得到的结果（以便与表29.3中的其他计算方法比较）。如果假设利率为15%的10年的项目，则建设成本大约会翻倍至48 $·t^{-1}。但是，这仍然比表29.3中的成本小得多（接近表29.3中成本的1/3）。

> **专栏 29-1 快速热解的经济性**
>
> 快速热解技术相较于慢速热解技术更为先进，人们利用快速热解技术生产可用生物油已经有 30~40 年的历史，并已建成了多个中型生产设施。Peacocke 等（2006）对两个干木材输入规模为 250~10000 kg·h^{-1} 的快速热解工厂进行了详细的技术经济性评估。假设该工厂接收碎木材，并生产液体或电力（由双燃料柴油发动机产生）。2012 年，热解液体的生产成本为 $1.06×10^{-8}$~$1.26×10^{-8}$ \$·J^{-1} [低于政府间气候变化专门委员会（IPCC）估计的 $1.9×10^{-8}$~$4.2×10^{-8}$ \$·J^{-1}（Chum et al., 2011）]，这是在没有原料成本的情况下，以 2 t·h^{-1} 的进料率，并且电价为 0.038~0.045 \$·kWh^{-1} 计算得到的。发电成本（假设原料的价格）因规模的不同而变化很大。对于 10 t·h^{-1} 的进料率（13.3 MW 容量），发电成本为 0.16 \$·kWh^{-1}；而进料率为 250 kg·h^{-1} 左右的较小机组（0.33 MW 容量），发电成本为 0.53 \$·kWh^{-1}。因此，当供电率变为原本的 40 倍时，发电成本变为原来的 3 倍。相比之下，传统化石燃料技术的发电成本为 0.035~0.05 \$·kWh^{-1}，而欧盟的工业电价为 0.10~0.16 \$·kWh^{-1}（2012 年）。考虑到 100 \$ 的原料成本，发电总成本将会增加到 0.26~0.63 \$·kWh^{-1} [1]，因此，以零成本的废料快速热解发电目前并不经济。
>
> 一些未发表的关于使用多级转化技术（包括快速热解、焙烧、气化和费勒—托酚合成）生产生物转化油（BTL）的研究给出了炼油的生产成本，为 $3.0×10^{-8}$~$5.0×10^{-8}$ \$·J^{-1}（2012 年价格）（Bridgwater, 2009）。与 Peacocke 等（2006）的研究相比，该成本更高的原因是生产高质量液体燃料所需的多级转化过程需要的建设成本更高，加之技术状况不成熟，需要每年至少 $5×10^8$ kg 的高投料率。
>
> NREL 关于快速热解生物燃料的报告进一步得出结论："尽管热解衍生的生物燃料与其他替代燃料相比具有竞争力，但该技术相对不成熟，这导致相关估算存在高度不确定性"（Wright et al., 2010）。

这些发现得到了英国生物炭研究中心（UK Biochar Research Centre）未发表的研究工作支持，该研究调查了由干污泥和干消化污泥制备生物炭的经济性（Ibarrola et al., 2012）。在这种情况下，根据处理的干固体数量（t·yr^{-1}）比较了技术规模：5000 t·yr^{-1}（"小型"）、16000 t·yr^{-1}（"中型"）和 32000 t·yr^{-1}（"大型"）。污泥和消化原料在 550 ℃ 或 700 ℃ 下加工，假设生物炭产品没有价值，小型规模的原料收益为 50~130 \$·t^{-1}，中型规模的原料收益为 80~150 \$·t^{-1}，大型规模的原料收益为 100~175 \$·t^{-1}（根据原料和热解温度而变）。使用干污泥的收益高于使用干消化污泥，因为干消化污泥的能源价值更高，会产生更多的气体，因此提高了单位干固体的发电量。该研究案例使用了尚未进行商业证明的技术，对合成气转化为电能做出了乐观的假设。此外，该研究案例假设对可再生能源发电的补贴是普通发电价格的 2 倍。因此，以上给出的收益应视为在乐观假设下的估计收益，其需要进一步的技术论证。

---

[1] 慢速热解装置发电成本的可靠估算很难。英国的一项研究得到的估算值为，大型机组的发电成本为 0.082 \$·kWh^{-1}，小型机组的发电成本为 0.36 \$·kWh^{-1}，其尺寸与 Peacocke 等（2006）文章中的相似。慢速热解装置的发电成本约为快速热解装置的一半是合理的，因为慢速热解技术更简单、资本密集度更低。

29.5.5 生物炭：木炭

热解产生的固体、液体和气体产物都有可能被用作燃料。较为例外的情况可能是，固体部分的灰分含量特别高或热值特别低的时候，它也可以用作土壤养分和水分的输入，潜在地提高作物产量。但是，若将其应用于农业生产，其农业价值必须大于其能源价值。

本章论述的研究中，仅有 4 项直接比较了农业价值和能源价值。此外，这些研究中只有 1 项（Kung et al., 2013）报道了在碳市场缺乏竞争的情况下，相较于燃烧其所产生的利润，结果显示生物炭在土壤中更有价值。Kung 等（2013）提出了中国台湾地区的一个案例，采用杨树作为慢速热解和快速热解的原料，结果表明生物炭在土壤中的价值（估计为 64.28 $\$ \cdot t^{-1}$）高于其燃烧价值（60.34 $\$ \cdot t^{-1}$，相对于煤炭而言的能源价值）。但是，这可能是由于他们对生物炭的产量及其在农业生产方面的影响做出了相对乐观的假设（请参阅 29.5.9 节《生物炭促进的农业效益》）。如果生物炭可以作为木炭出售，则其能源价值可能会远远高于其农业价值，这是由于发展中国家的木炭价格很少低于 50～100 $\$ \cdot t^{-1}$（取决于生产地与需求地的距离），而发达国家的木炭价格可能高出 1 个数量级（Gray, 2009）。在某些国家或地区木炭的出厂价格可能仅为 50 $\$ \cdot t^{-1}$，而在欧洲木炭的出厂价格可能为 500 $\$ \cdot t^{-1}$。数据显示，出口木炭的价格为 250～350 $\$ \cdot t^{-1}$（基于互联网搜索）。

竹炭已经在很多国家和地区生产和销售多年，如中国、日本等，既用于农业，也用于除臭和过滤。第二次世界大战之后，竹炭行业蓬勃发展，随后又衰落。最近，随着大量企业开始销售价格为 350～1000 $\$ \cdot t^{-1}$ 的竹炭产品，市场又开始复苏。尽管它们可能是有利润的，但目前还没有对生产和销售这种生物炭的企业进行研究。大部分研究表明，生物炭很难在经济上与其他土壤改良剂竞争。例如，Granatstein 等（2009）估计，用于农业的木质生物炭的保本价格相较于其燃烧价格高 191 $\$ \cdot t^{-1}$；Field 等（2013）研究发现，使用木质生物炭作为燃料比作为土壤改良剂更经济，除非碳市场价格能够达到 49 $\$ \cdot t^{-1} CO_2$ 当量，而且生物炭被添加到土壤中，能显著提高作物产量（由于土壤的缓冲能力较弱）。Galinato 等（2011）发现，木质生物炭的能源价值约为 114.05 $\$ \cdot t^{-1}$，但估计其在减少石灰用量、提高作物产量和节省肥料方面的农业价值约为 87 $\$ \cdot t^{-1}$，这表明若要生物炭的农业价值超过其能源价值，则需要额外的碳信用和/或支持性补贴。

总体而言，当碳固存收益未实现货币化时，或许生物炭作为燃料（木炭）比作为农业投入更有价值，唯一例外的情况是当生物炭的热量值特别低时（如稻壳生物炭）。与英国政府计算的碳排放社会成本（85 $\$ \cdot t^{-1} CO_2$ 当量）和碳排放影子价格（38 $\$ \cdot t^{-1} CO_2$ 当量）相比，将碳市场价格设定为 31 $\$ \cdot t^{-1} CO_2$ 当量或 49 $\$ \cdot t^{-1} CO_2$ 当量可能是切合实际的（Pearce, 2003; Price et al., 2007; DECC, 2009）[1]。然而，这大大高于 2010 年以来的碳市场价格。鉴于 2010 年后全球碳市场的负面发展，人们似乎不太可能找到一条为生物炭项目融资的简单途径，这要求国际上就减少碳排放目标进行谈判并取得突破性进展。这些成本研究的结果受到有关效率和技术可扩展性假设的进一步限制。另外，目前没有研究将原料燃烧发电产生的价值与快速热解系统或慢速热解系统中生物炭的能量价

---

[1] 2009 年，英国政府改变了制定用于公共政策评估的碳市场价格的方法，确定了短期碳交易价格（38 $\$ \cdot t^{-1}$）和非交易价格（90 $\$ \cdot t^{-1}$），以及长期碳交易价格（100～300 $\$ \cdot t^{-1}$）(DECC, 2009）。

值进行比较[1]，也没有研究将其与冶金和硅生产过程中作为还原剂的木炭价值进行比较，后者的价格约为 600 \$ · t^{-1}（Balt Carbon, 2014）。

29.5.6 能源销售：生物油

表 29.4 概述了快速热解经济学的 3 项研究中生物油的预期价格。在考虑快速热解与慢速热解时，这些数值特别重要。能源产品的产量较高，目前生物油产品的价值促使经济平衡朝着有利于快速热解的方向倾斜。McCarl 等（2009）、Brown 等（2010）、Field 等（2013）研究了慢速热解过程和快速热解过程，发现生物油的产率和价格是关键的敏感性因素。然而，这些研究都没有发现基于生物油的可用效益，以及快速热解是可以盈利的。Brown 等（2010）得出结论，他们的快速热解方案中生物油的保本价格为 0.59 \$ · L^{-1}，明显高于其他研究中的价格。如 McCarl 等（2009）、Peacocke 等（2006）（见专栏 29-1）所述，生物油也可以用于发电，但是由于各种提炼技术具有挑战性，从慢速热解中提取有用的油成本可能会更高。Shabangu 等（2014）发现了一种不同的液态生物燃料产品——甲醇，该产品由生物质在两种温度（300 ℃ 和 450 ℃）下慢速热解产生。由于将挥发性物质转化为甲醇需要进行大量的操作，因此技术成本不能直接与表 29.1 中的估算值进行比较。如果不以 220 \$ · t^{-1}（300 ℃下制备）或 280 \$ · t^{-1}（450 ℃下制备）的保本价格出售生物炭，那么热解法生产甲醇在经济上将不具有优势。与足够大的工厂规模（投料率 ≥ 100000 kg · h^{-1}）的化石燃料衍生产品相比，估计在 800 ℃ 下的气化能以具有竞争力的市场价格生产甲醇（截至2012年）。在这种情况下，生物炭的保本价格为零。因此，Shabangu 等（2014）得出结论："当土壤条件和种植模式证明生物炭有较高的价格（>220 \$ · t^{-1}）时，生物炭可能有助于降低生物燃料成本。"

表 29.4 生物油的预期价格（改编自 Granatstein 等人于 2009 年发表的文章，价格未调整）

生物油预期价格	技　术	原　料	参考文献
0.48 \$ · L^{-1}	快速热解	木材废料	Peacocke 等（2006）
0.17 \$ · L^{-1}	快速热解	森林间伐	Polagye 等（2007）、Granatstein 等（2009）
0.14 \$ · L^{-1}	快速热解	小麦秸秆	Radlein 和 Bouchard（2009）
0.23 \$ · L^{-1}	快速热解	森林间伐	Granatstein 等（2009）
0.65 \$ · L^{-1}	快速热解	玉米秸秆	Brown 等（2010）

29.5.7 能源销售：合成气

合成气有多种可能的用途，包括工艺热源或作为发动机/涡轮机的燃料。例如，Roberts 等（2010）以合成气代替天然气进行原料干燥，通过计算得出玉米秸秆、柳枝和园林废弃物的最终能源价值分别为 42.81 \$ · t^{-1}、55.05 \$ · t^{-1} 和 35.20 \$ · t^{-1}。当合成气转

---

[1] 作为一项成熟的技术，燃烧发电的单位建设成本和运营成本可能低于热解发电，这使其成为更有竞争力的投资竞争者。然而，蒸汽涡轮机目前在较小规模（如容量小于0.5 MW）下效率不高，因此并不是较小规模发电的首选。在需要小规模发电的情况下，气化和热解技术仍然是一个可能的选择。

换成可交付的能源（电力和热能）时，收益不仅来自能源销售，还来自政府对可再生电力（热能）供应的补贴。在某些司法管辖区，如英国和荷兰，这些补贴的价格可能高于可售电力本身的价格（Ibarrola et al., 2012）。但是，补贴经常是改变的，既可以增加也可以减少，甚至可以取消。

29.5.8　生物炭的运输与应用

很少有研究考虑到生物炭的运输成本和应用成本，但是 Granatstein 等（2009）报道，从热解装置到生物炭销售市场的运输成本会降低生物炭的利润。在这种情况下，运输距离（345 km）和运输成本（16 \$·t^{-1}）都相对较高，生物炭的保本销售价格也从 81 \$·t^{-1} 增加到了 191 \$·t^{-1}。这些研究中运输距离可能相对较长，若想盈利，就需要缩短生物炭原料来源地、热解装置采购点和生物炭销售市场之间的距离（Roberts et al., 2010）。

29.5.9　生物炭促进的农业效益

生物炭作为农业产品销售的价格是 CBA 的关键部分，但是生物炭的农业效果仍然不确定。一般的经验法则是，将生物炭应用于酸性、风化和含砂的土壤中，这些土壤的水分流失量大、阳离子交换能力弱、有机碳含量低（Crane-Droesch et al., 2013）。对此类应用的 Meta 分析显示，第一年作物产量提高了 10%～15%（Lehmann and Rondon, 2006; Jeffery et al., 2011; Biederman and Harpole, 2013）。但个别田间试验表明，在土壤贫瘠的地区（Lehmann et al., 2006），生物炭对作物产量的影响高达 140%（甚至更高；Steiner et al., 2007）。

然而，人们仍不清楚不同生物炭与土壤类型、种植系统和气候之间的相互作用。因此，经济分析往往会做出广泛的、粗略的估计，而这些估计并不是针对土壤条件的。在某些情况下，农业投入与想要达到的增产效益相比似乎相当乐观。例如，Kung 等（2013）假设，施用 0.5 kg·m^{-2} 生物炭可以使单产提高 5%，使肥料和种子成本分别节省 20% 和 10%。就其本身而言，这些并非不切实际的假设，但是，假设每种应用的收益以降低 50% 的水平持续 19 年（Kung et al., 2013），则 5 年内生物炭的价值就可以达 64.28 \$·t^{-1}。当每年都施用生物炭时，作物产量可以显著提高。此外，施用生物炭的水稻作物有较高的售价（623 \$·t^{-1}），也可以使用类似的方法使 Kung 等估算的生物炭农业价值高于其他方法。例如，McCarl 等（2009）假设生物炭在 9 年内的改良效果不变，所得到的生物炭的农业价值为 28.68 \$·t^{-1}。然而，在这种情况下，Kung 等（2013）将生物炭应用于种植玉米的研究，发现玉米的售价仅为大米的 22%（137.50 \$·t^{-1}）[1]。

也有其他研究选择完全避免不确定的农业效益。例如，Roberts 等（2010）认为，由于在美国玉米地施用生物炭后土壤已经相对肥沃，因此应该集中精力提高肥料利用效率来节约成本，而不是通过提高作物产量来实现经济效益。Field 等（2013）采用了类似的方法，

---

[1] 来自亚马孙流域黑土的证据表明，生物炭对土壤的有利影响可能持续几年以上。如果一次（或几次）添加生物炭所产生的积极效果能够在一年或几年甚至更长的时间内可靠地重现，就有潜力扭转经济形势。另外，可折旧资产与每年的土壤投入相比，还含有增值税。

考虑了两种不同的情况：第1种情况是将生物炭施用于需要经过石灰处理的土壤中，以取代等量的农业石灰；第2种情况是将生物炭施用于没有经过石灰处理的土壤中，从而提升土壤的pH值、减少肥料需求。因此，第1种情况比较生物炭与石灰的成本，第2种情况比较生物炭的成本与由于石灰效应而减少肥料的成本。这两种情况均假定收益率是恒定的，因此不考虑通过增加收益率获得的经济效益。Field等（2013）得出结论，在这两种情况下，生物炭的农业价值都无法超过其作为燃料的价值；而Roberts等（2010）发现，预计的N_2O排放抑制效果和肥料使用效率产生的经济效益无法建立起没有碳信用额支撑的经济型生物炭系统。

总体而言，通过增产和避免农业投入而获得的预期经济收益是生物炭系统中最不确定的收益，但从农民的角度来看，它们通常是决定生物炭能否成为理想农业投入的重要因素。目前，业界缺乏将生物炭影响的作物产量增加和肥料使用效率提高与其他可利用的农业技术进行比较的研究，未来的研究对于确定生物炭的相对成本和效益至关重要[1]。

29.5.10 生物炭补偿额度

与生物炭系统经济学的许多方面一样，项目所需的碳信用额的价格很难计算，其取决于工厂建设和运营的市场价格、生物炭对土壤的预期影响、能源产品销售收入及其他因素（如第27章所讨论的要求）。

专栏29-2 慢速热解经济：工业示例

Clean Carbon公司评估了澳大利亚阿德莱德一家"有机废物可再生能源工厂"的试运行情况，其目的是建立一个商业示范工厂，能够每年处理3×10^7 kg干有机废物。原料包括绿色废物、木材废物、食物废物和其他有机废物。第1个阶段是制订废物获取计划（Waste Access Plan，WAP）。这种评估包括考虑可获得性、加工要求、成本、市场规模及与其他加工方法（厌氧消化、燃烧和气化等）相比的加工价值。

Jefferies收集到了阿德莱德75%的路边绿色有机产品，以及一些清洁木材、绿色食品和生物固体废弃物。对于不同的原料，进厂费及处理每种废物的成本差别很大（见图29.2）。

在评估过程中，南澳大利亚免耕农民协会（SANTFA）进行了试验，在种植小麦作物的土壤中以3.5×10^{-2} kg·m^{-2}和0.17 kg·m^{-2}施用量呈条带状添加绿色废物生物炭，或者以0.5 kg·m^{-2}施用量直接撒播含生物炭的磷酸二铵（DAP）。他们发现，小麦单产提高了15%~20%（见图29.3）。

---

1 评价生物炭的农业价值的一个可能途径是将其与土壤有机质（SOM）进行比较。SOM可能具有与生物炭类似的一些特性，如持水性、土壤质量、作物产量、作物设施、土壤侵蚀等。英国一项研究对100位农民进行调研，以评估SOM的经济价值，结果发现88%的农民从SOM管理中受益，其中最重要的益处是对作物性能的影响，包括易耕性（53%）、节省肥料（42%）和提高作物产量（41%）；非作物相关效益包括土壤易碎性提升（25%）、病害发生率降低（22%）等（Rothamsted Research, 2004; Verheijen el al., 2005）。农民估计SOM的经济价值为5.8×10^{-3}~1.24×10^{-2} \$·m^{-2}（2012年价格）。如果土地所有者认为土地在较长时间内得到改善，如50~100年，则有理由增加支出（例如，在英国人均支出达0.15 \$·m^{-2}；Ford and Etal Estate, 2010）。农业用地租赁者（另一个极端）在土地改良方面花钱的欲望非常低。

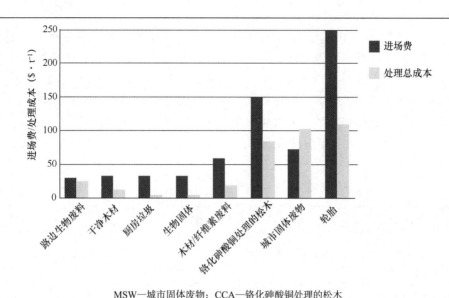

MSW—城市固体废物；CCA—铬化砷酸铜处理的松木

图29.2 进场费／处理成本与原料的关系

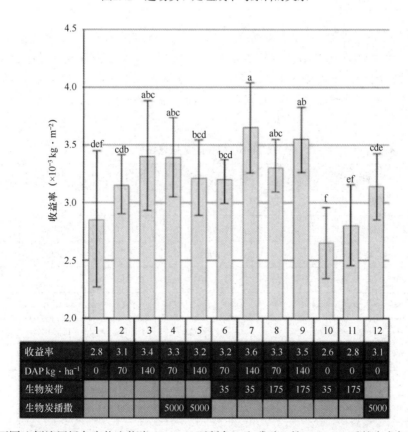

图29.3 以不同比例施用绿色废物生物炭（550 ℃下制备）和磷酸二铵（DAP）后的小麦籽粒产量（使用专用机器在种子下施用生物炭和DAP；含误差线；不同字母代表不同处理的差异，$P<0.05$，$n=3$；完全随机区组设计，收获区域11.5 m×1.5 m）

根据这些数据，Clean Carbon 公司评估阿德莱德附近的市场潜力约为每年 2×10^7 kg 生物炭，生物炭和生物油的预期价格分别为 130 \$·t^{-1} 和 650 \$·t^{-1}。物价同比涨幅设定为 3.5%。4 家工厂每小时可以处理 3000～7000 kg 混合有机废物（含水量为 30%），对有机废物产生的电力和生物炭/生物油进行评估。基于此，建立一个金融模型，以确定建设和运行每种工艺的可行性。假设折旧年限为 20 yr（装载机为 10 yr），电厂每年运行 8000 h，将以 80 \$·kWh^{-1} 的价格出售电力，其中包括 40 \$·kWh^{-1} 的可再生能源认证，进场费为 65 \$·t^{-1}。表 29.5 总结了建设、安装和调试工厂的总成本。

表 29.5 建设、安装和调试总成本

供应商	公司 C	公司 D	公司 B	公司 A
容量（t·h^{-1}）	5	3	4	7
热解设备的成本（k\$）	17123	13172	13310	18417
场地准备费用（\$）	6460	6460	6460	6460
预计总成本（k\$）	23583	19632	19770	24877

表 29.6 总结了生物炭的相关财务状况。在大型工厂生产生物油的技术收益是最高的，然而技术方面存在相当高的不确定性。特别是，"生物质废料转化为液体燃料"（BTL）的路线仍然面临相当大的挑战，存在很多不确定因素，即是否能够以可接受的成本提炼出质量合格的石油。与同行评议的农业试验文献相比，生物炭的隐藏价值也很高。

表 29.6 相关财务信息摘要

供应商	公司 C	公司 D	公司 B	公司 A
容量（t·h^{-1}）	5	3	4	7
生物炭（t）	44413	141550	115813	99422
电能（kWh）	396932	0	368960	792134
石油（t）	0	127395	0	0
热解设备的成本（k\$）	23583	19632	19770	24877
边际收益（k\$）	125052	165543	118314	206380
营业总成本（不含利息及所得税）(k\$)	93611	100488	85500	129332
EBITDA（k\$）[a]	35120	72668	36600	101201
扣除利息和所得税后的净现金收入（k\$）	36509	67339	37245	94038
IRR[b]	3.66%	12.66%	4.86%	12.41%

注：[a] EBITDA—税前折旧摊销前收益；
[b] IRR—内部收益率。

> 从严格的商业角度来看，这些案例研究表明，投资决策的关键驱动因素是废物收集费用。与处理生物废物所获得的收益相比，从生物炭和合成气中获得的商业收益很少。目前人们还不确定生物油是否能带来高收益。此外，该投资还需要与处理此类生物废物的直接焚烧项目竞争，因为后者的建设成本和运营成本可能更低。

29.5.11 从成本效益分析中吸取的经验

迄今为止，CBA的一致结果是，生物炭系统的经济性对原料价格、能源生产、生物油价格、相关补贴及原料和生物炭的运输成本非常敏感。此外，研究表明生物炭系统很难在没有碳信用额的情况下盈利。然而，有两个慢速热解的例子显示出一些成功的迹象。

Roberts 等（2010）报道，尽管相关分析对碳减排水平的变化非常敏感，但使用农林废弃物进行慢速热解，可以在较低的碳排放价格（2 \$·t^{-1} CO$_2$当量）下实现收支平衡。在碳排放价格为 20 \$·t^{-1} CO$_2$当量的情况下，考虑到农林废弃物无处理费用，对其慢速热解可产生 16 \$·t^{-1} 的净利润。同样地，Shackley 等（2011）对废物慢速热解系统进行了正面报道，在排除废物处理费和可再生能源激励措施的情况下，如果没有碳信用额，废物的慢速热解系统甚至可以盈利。在这种情况下，使用来自英国各地的木材废料，估计碳价格低于 50 £·t^{-1} CO$_2$当量时可以减排 3.5×10^{10} kg CO$_2$。在澳大利亚，一项针对商业废物生物炭的商业案例研究支持了上述发现（见专栏29-2），尽管该合资企业的商业可行性是由废物管理收入而非副产品的销售收入所驱动的。在其他研究中，碳收支平衡或产生利润所需的碳价格范围为 31 \$·t^{-1} CO$_2$当量（Galinato et al., 2011）～ 71 \$·t^{-1} CO$_2$当量（McCarl et al., 2009），这低于英国政府的外部环境和社会成本估值（约 85 \$·t^{-1} CO$_2$当量），但并不完全低于当前的碳排放影子价格（38 \$·t^{-1} CO$_2$当量）。

未来的研究还应提供更多有关净现值或内部收益率的信息，并进行更广泛的敏感性分析，其中不仅要考虑原料、能源和补贴，还要考虑运输、建设和运营成本。最后，此处总结的 CBA 不包括项目开发成本。尽管这不是生物炭项目独有的一个方面，但它仍然是一项潜在的重大前期成本，应将其纳入投资决策中。

此外，人们还可以进行更多的经济分析。例如，与基于热解的能量载体的经济性和生物炭的农业价值相比，人们可以解决简单的生物质燃烧的经济性问题。

> **专栏 29-3　当前生物炭的销售情况**
>
> 尽管学术界通过归纳生物炭 CBA 对生物炭系统的经济性提出了一些负面观点，但现在许多国家正在制备和销售生物炭。从欧洲各国家采购的生物炭的出厂价格为 600～1200 \$·t^{-1}，一些生物炭供应商使用的是从非洲进口的木炭，离岸价格约为 350 \$·t^{-1}。欧洲也有制备生物炭的例子，奥地利的 Sonnenerde 以 600 c\$·t^{-1} 的价格将生物炭出售给农民；在斯洛文尼亚，Humko Bled 出售生物炭的价格接近；东欧某连续清洁燃烧木炭的

售价约为 700 c$·t^{-1}；瑞士 Swiss Biochar 的售价为 905 c$·t^{-1}；英国约克郡木炭的售价为 1200 $·t^{-1}；中国竹子生物炭生产商 SEEK 生物炭的售价为 400~800 $·t^{-1}（颗粒状生物炭的售价更高）。

显然，一些国家正在发展生物炭的新兴市场，例如，用于家庭、苗圃、植树场及作为生长介质的园艺业（在一些地方，政策试图引导减少泥炭开采）。一些主要用于固土的生物炭产品，根据可持续性标准进行销售，并直接出售给个人而不是用于商业合作，收取的额外费用也可能相当可观，并超过将生物炭作为燃料销售所产生的利润。一些生产商还通过销售相对较小的部分（只有几千克）来提高额外费用，从而将生物炭的价格推高到 1000 $·t^{-1} 以上。

然而，这个价格会受到碳交易市场未来不确定性的影响，并且会对投资决策方式产生影响。生物炭项目产生的效益（机会成本）必须超过其他可用的投资效益。因此，投资者需要衡量不同项目的净现值和内部收益率（IRR；一个与净现值相关的值，它给出了投资者在确定的时间段内可以预期的回报）。通常来说，一个项目的 IRR 需要超过 20% 才能吸引投资者，而这里提到的大多数 CBA 研究几乎没有达到收支平衡，更不用说高投资收益了。只有一项研究（Brown et al., 2010）报道了内部收益率，其中提到使用免费原料快速热解的 IRR 高达 37%，而支付玉米秸秆原料成本［市场价格（83 $·t^{-1}）］后 IRR 下降至 15%~26%，这将会是投资者感兴趣的领域。此外，工厂的盈利能力，以及生物炭和生物油产量的高度不确定性（这是风险之一），将不可避免地导致高贷款利率，从而导致项目成本更高。

29.6 未来可能改变的经济规则

在总结了现有的 CBA 研究和生物炭销售案例后，人们发现考虑影响生物炭系统经济性的条件可能发生的变化是很重要的。因此，本节简要地概述了对生物炭系统未来盈利能力有重大影响的两个领域：技术成本的降低，生物炭在农业和其他应用中的价值。

29.6.1 技术成本的降低

新技术的成本通常会随着越来越多装置的建设而下降。由于技术开发人员的乐观态度，以及人们对研发过程中出现的技术问题的认识有限，早期的技术成本往往被低估了。德国 Choren GmbH 公司计划开发的生物转化液（BTL）设备就是一个典型的例子。2007 年初，Gamma BTL 工厂的成本预计为 500000000 £，但仅 1 年时间，其成本上升到 1000000000 £（Bridgwater, 2009）。随着技术的成熟，技术成本会下降。一个经验法则是，建设的工厂数量每增加 1 倍，成本就降低 20%（Bridgwater, 2009）。然而，实际上可能并非如此（见 29.4 节）。对于陆上风力和联合循环燃气涡轮机（CCGTs）来说，几年来其成本有所下降，但在趋于平稳之前再次上升。对于海上风力发电而言，其成本甚至在持续上升。图 29.5 显示了美国烟气脱硫的成本，其中，大型单位的技术成本最终稳定并稳步下降，但仍高于最初的成本，因此无法证明成本会随时间推移而降低的理论。

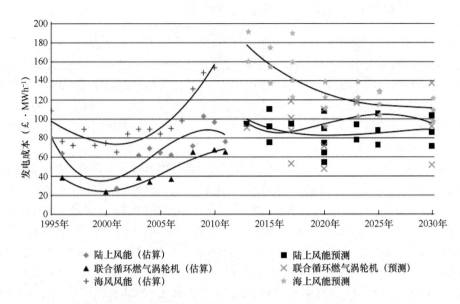

图 29.4 到 2030 年欧洲的风能和燃气发电技术的估算成本（调整至 2011 年）（左）和预测成本（仅适用于英国）（右）[假设 1 £ ≈ 1.55 $，按年平均水平统计，调整至 2011 年；CCGT 为燃气发电厂的主要发电技术；数据来自 Gross 等（2010）、Heptonstall 等（2012）]

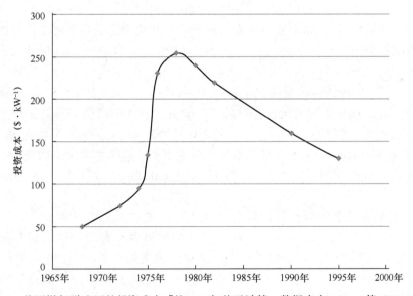

图29.5 美国燃气脱硫厂的投资成本 [按1997年美元计算；数据来自Rubinee等（2004）]

随着这些技术的成熟，生物炭系统的成本可能会降低，这可能会对生物炭项目预期的总体经济收益产生显著的积极影响。

29.6.2 生物炭在农业和其他应用中的价值

目前,制备富含矿物质和有机质的生物炭的相关研发工作正在进行,这种生物炭能提供与现有化学肥料、有机肥料类似的或更高的效益。目前,业界正在尝试两种方法:第1种是将化学肥料与生物炭在室温下长时间反应,或者使其在较高温度下(通常在温度可达110 ℃的造粒机中)发生反应;第2种方法是将矿物质、有机质和有机氮(氨基酸、鸡粪、尿液等)的混合物施加到生物炭中,该混合物可以在60 ℃～220 ℃的有氧或厌氧条件下反应(Joseph et al., 2013a)。

Joseph 等(2013b)将25%的小麦秸秆生物炭(WSB)、5%的膨润土在自然条件下与70%的标准 NPK 肥[尿素 $CO(NH_2)_2$、磷酸二氢铵($NH_4H_2PO_4$)和氯化钾(KCl)按照每100 g 肥料中 N : P_2O_5 : K_2O 为 18 : 9 : 10 质量比混合而成]在封闭容器中混合。在水稻田中以 0.045 $kg \cdot m^{-2}$ 的施用量施加化肥(CF)或生物炭和化肥的混合物(WSB+CF),尿素追施量分别为 6×10^{-3} $kg \cdot m^{-2}$ 和 7.5×10^{-3} $kg \cdot m^{-2}$。其中,两种处理的养分供应量和供应比例相同。施加化肥(CF)的水稻产量为 0.821 $kg \cdot m^{-2}$(误差 0.075 $kg \cdot m^{-2}$),而施用生物炭和化肥的混合物(WSB+CF)的水稻产量为 1.144 $kg \cdot m^{-2}$(误差 0.112 $kg \cdot m^{-2}$)。

在中国,NPK 肥(撰写本书时)的批发价格约为 300 $\$ \cdot t^{-1}$,尿素的价格约为 250 $\$ \cdot t^{-1}$。根据一家肥料制造商提供的数据,农民购买 NPK 肥的价格为 450～480 $\$ \cdot t^{-1}$,购买尿素的价格为 350～425 $\$ \cdot t^{-1}$。自2013年中期开始,大米的价格为 244 $\$ \cdot t^{-1}$,小麦秸秆生物炭的售价为 300 $\$ \cdot t^{-1}$。如果施用小麦秸秆生物炭和化肥的混合物后作物产量能一直保持增长,则农民的收入将从 0.198 $\$ \cdot t^{-1}$ 增加到 0.279 $\$ \cdot t^{-1}$,同时购买尿素的成本将减少 4×10^{-4} $\$ \cdot t^{-1}$。

在澳大利亚,农民平均花费约 600 $\$ \cdot t^{-1}$ 购买尿素,平均花费 700 $\$ \cdot t^{-1}$ 购买磷酸铵。在一项为期3年的强化生物炭的现场试验中,研究者首先使高温制备的生物炭与磷酸反应,然后添加黏土、磷酸盐岩和鸡粪,并在 220 ℃ 烧制成特殊的生物炭混合物(Lin et al., 2012),试验结果表明,在大麦和甜玉米轮作耕地中施用这种生物炭矿物复合物后,作物的产量仅略高于施用相同量的 NPK 肥(施用量为 0.044 $kg \cdot m^{-2}$)的产量(Nielsen et al., 2014)。

生物炭还具有农业领域以外的其他潜在用途,如在园艺、种植介质和污染土地修复方面。此外,生物炭在水体过滤、动物垫料和饲料中作为添加剂的研究备受广泛关注(见第18章、第25章、第26章)。这些应用都没有在 CBA 环境下进行过专门的测试,然而一些科学家认为这些潜在用途可能产生更高的价值,并提高生物炭的盈利能力。

有一个概念是将生物炭通过多种用途的链传递。Schmidt(2012)提出了一种"价值链传递(Value Cascade)"理论,即生物炭首先用作动物垫料或粪肥添加剂,然后用富含营养的液体或有机固体进行堆肥,最后作为土壤改良剂(见图29.6);或者生物炭首先用于水体过滤,然后作为堆肥吸收器,最后成为增强型生物炭肥料。

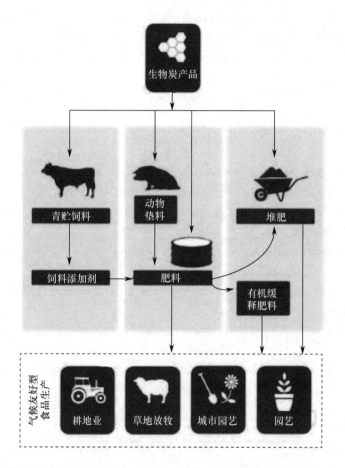

图29.6 生物炭价值链概念［在H.-P之后；Schmidt（2012）；绘图人：J. Stevens, Starbit Ltd.］

29.7 生物炭的经济前景

研究表明，生物炭系统很难获得足够高的经济效益，因而无法获得大量投资，特别是在没有国家政策支持和市场价值的情况下。最重要的经济敏感性因素是原料成本、建设成本、运营成本、运输成本、能源产品的价值、可再生能源补贴和生物炭产品价值。

低成本或零成本的原料对生物炭系统的经济性有很大的影响。Roberts等（2010）的研究表明，利用庭院废弃物原料的慢速热解系统能在碳交易价格仅为 $2\ \$ \cdot t^{-1} CO_2$ 当量的情况下实现收支平衡。Shackley等（2011）发现，在英国对污水污泥、商业和生活有机废物等原料进行慢速热解后，每年可减少约 $2 \times 10^9\ kg\ CO_2$ 当量排放量。这主要是因为节省了废物处理费用，废物处理成为热解厂商的收入来源，政府还会为可再生能源生产提供信贷补贴。

能源产品价值的敏感性分析表明，与慢速热解系统相比，快速热解系统的生物油产量相对较高，这往往使快速热解系统有更高的利润，但在快速热解系统中生物炭的产率相对较低。在生物炭对碳封存价值较大（和／或生物油价值较低）的地方，快速热解系统与慢速热解系统存在竞争。然而，热解废料的能源和碳封存将始终与焚烧废物的能源相竞争。目前看来，生物炭的经济情况似乎取决于政府政策能否成功地通过税收或碳排放交易计划将 CO_2 排放的经济外部因素包括在内。然而，对生物炭的创新研究可能可以迅速改变目前存在的这种状况。

参考文献

Anderson, P. and Tushman, M. L. Technological discontinuities and dominant designs: A cyclical model of technological change[J]. Administrative Science Quarterly, 1990, 35: 604-633.

Anderson, P. and Tushman, M. L. Managing through cycles of technological change[J]. Research Technology Management, 1991, 34: 26-31.

Arthur, W. B. Competing technologies and lock-in by historical small events[J]. Economic Journal, 1989, 99: 116-131.

Arthur, W. B. Increasing Returns and Path Dependence in the Economy[M]. Ann Arbor: University of Michigan Press, 1994.

Ascher, W. Forecasting: An Appraisal for Policy-Makers and Planners[M]. Baltimore: Johns Hopkins University Press, 1978.

Bailis, R., Rujanavech, C., Dwivedi, P., et al. Innovation in charcoal production: A comparative life-cycle assessment of two kiln technologies in Brazil[J]. Energy for Sustainable Development, 2013, 17: 189-200.

Biederman, L. A. and Harpole, W. S. Biochar and its effects on plant productivity and nutrient cycling: A meta-analysis[J]. Global Change Biology-Bioenergy, 2013, 5: 202-214.

Boardman, A., Greenberg, D., Vining, A. and Weimer, D. Cost Benefit Analysis: Concepts and Practice[M]. Englewood Cliffs, NJ: Prentice Hall, 1996.

Bridgwater, A. V. The Future for Biomass Pyrolysis and Gasification: Status, Opportunities and Policies for Europe[R]. European Commission: ALTENER Programme, 2002.

Bridgwater, A. V. Technical and Economic Assessment of Thermal Processes for Biofuels[R]. COPE Ltd. Birmingham, UK, Commercial Consultancy, 2009.

Brown, T. R., Wright, M. M. and Brown, R. C. Estimating profitability of two biochar production scenarios: Slow pyrolysis vs fast pyrolysis[J]. Biofuels, Bioproducts and Biorefining, 2010, 5: 54-68.

BTG. Carbonisation and agglomeration: Module 2A. Capacity building and strengthening for energy policy formulation and implementation of sustainable energy projects in Indonesia CASINDO[Z]. Enschede: Biomass Technology Group BV, Netherlands, 2010.

Cayuela, M. L., Sánchez-Monedero, M. A., Roig, A., et al. Biochar and denitrification in soils: When, how much and why does biochar reduce N_2O emissions?[J]. Scientific Reports, 2013, 3: 1732.

Chum, H., Faaij, A., Moreira, J., et al. Bioenergy[M]. in O. Edenhofer, R. Pichs-Madruga, Y. Sokona, K. Seyboth, P. Matschoss, S. Kadner, T. Zwickel, P. Eickemeier, G. Hansen, S. Schlömer and C. von Stechow (eds). IPCC Special Report on Renewable Energy Sources and Climate Change Mitigation. Cambridge, and New York: Cambridge University Press, 2011.

Collingridge, D. The Social Control of Technology[M]. London: Pinter, 1980.

Crane-Droesch, A., Abiven, S., Jeffery, S., et al. Heterogeneous global crop yield response to biochar: A metaregression analysis[J]. Environmental Research Letters, 2013, 8(4): 44-49.

David, P. Clio and the economics of QWERTY[J]. American Economic Review, 1985, 75, 332-337.

de Miranda, R., Bailis, B. and de Oliveira Vilela, A. Cogenerating electricity from charcoaling: A promising new advanced technology[J]. Energy for Sustainable Development, 2013, 17: 171-176.

DECC. Carbon Valuation in UK Policy Appraisal: A Revised Approach[S]. Department of Energy and Climate Change, London, 2009.

Dunnett, A., Adjiman, C. and Shah, N. A spatially explicit whole-system model of the lignocellulosic bioethanol supply chain: An assessment of the decentralised processing potential[J]. Biotechnology for Biofuels, 2008, 1(1): 1-17.

EEP Partnership. Analysing briquette markets in Tanzania, Kenya and Uganda[R]. Energy and Environment Partnership Southern and Eastern Africa, Republic of South Africa, Gauteng, 2012.

Elbersen, B., Startisky, I., Hengeveld, G., et al. Spatially detailed and quantified overview of EU biomass potential taking into account the main criteria determining biomass availability from different sources. Deliverable 3.3: Biomass role in achieving the climate change and renewable EU policy targets. Demand and supply dynamics under the perspective of stakeholders[R]. Prepared by Alterra and IIASA for Intelligent Energy Europe, Biomass Futures Project, 2011.

Field, J. L., Keske, C. M. H., Birch, G. L., et al. Distributed biochar and bioenergy co-production: A regionally specific case study of environmental benefits and economic impacts[J]. Global Change Biology-Bioenergy, 2013, 5: 177-191.

Ford and Etal Estate. Personal communication with the Estate Manager[R]. Northumberland, 2010.

French, B. C. Some considerations in estimating assembly cost functions for agricultural processing operations[J]. Journal of Farm Economics, 1960, 62: 767-778.

Galinato, S. P., Yoder, J. K., Granatstein, D. The economic value of biochar in crop production and carbon sequestration[J]. Energy Policy, 2011, 39: 6344-6350.

Gaunt, J. and Lehmann, J. Energy balance and emissions associated with biochar sequestration and pyrolysis bioenergy production[J]. Environmental Science and Technology, 2008, 42: 4152-4158.

Granatstein, D., Kruger, C., Collins, H., et al. Use of biochar from the pyrolysis of waste organic material as a soil amendment[R]. Final project report, Center for Sustaining Agriculture and Natural Resources, Washington State University, Wenatchee, WA, USA, 2009.

Gray, N. Using charcoal to fix the price of carbon emissions[J]. Sustainability: Science, Practice, and Policy, 2009, 5: 1-3.

Gross, R., Greenacre, P. and Heptonstall, P. Great Expectations: The Cost of Offshore Wind in UK Waters-Understanding the Past and Projecting the Future[R]. London: UK Energy Research Centre, 2010.

Gurwick, N., Moore, L., Kelly, C. and Elias, P. A systematic review of biochar research, with a focus on its stability in situ and its promise as a climate mitigation strategy[J]. PLoS ONE, 2013, 8(9): e75932.

Harsono, S., Grundman, P., Lau, L., et al. Energy balances, greenhouse gas emissions and economics of biochar production from palm oil empty fruit bunches[J]. Resources, Conservation and Recycling, 2013, 77: 108-115.

Heptonstall, P., Gross, R., Greenacre, P., et al. The cost of offshore wind: Understanding the past and projecting the future[J]. Energy Policy, 2012, 41: 815-821.

Hess, J. R., Wright, C. T., Kenney, K., L. et al. Uniform-format solid feedstock supply system: A commodityscale design to produce an infrastructure-compatible bulk solid from lignocellulosic biomass: Executive summary[J]. Idaho National Laboratory, USA, 2009.

Ibarrola, R., Sohi, S., Brownsort, P., et al. Feasibility Analysis for the Production of Bioenergy and Deployment of Biochar using Sewage Sludge/Digestate[R]. Report prepared for a commercial organisation, UK Biochar Research Centre, University of Edinburgh, UK, 2012.

Jeffery, S., Verheijen, F. G. A., Van der Velde, M., et al. A quantitative review of the effects of biochar application to soils on crop productivity using meta-analysis[J]. Agriculture, Ecosystems and Environment, 2012, 144: 175-187.

Jeffery, S., Bezemer, T., Cornelissen, G., et al. The way forward in biochar research: Targeting trade-offs between the potential wins[J]. Global Change Biology-Bioenergy, 2015, 7: 1-13.

Joseph, S., van Zwieten, L., Chia, C., et al. Designing specific biochars to address soil constraints: A developing industry[M]. N. Ladygina and F. Rineau (eds). Biochar and Soil Biota. London: CRC Press, 2013a.

Joseph, S., Graber, E. R., Chia, C., et al. Shifting paradigms: Development of high efficiency biochar fertilizers based on nano-structures and soluble components[J]. Carbon Management, 2013b, 4: 323-343

Kambewa, P., Mataya, B., Sichinga, K. and Johnson, T. Charcoal the reality: A study of charcoal consumption, trade and production in Malawi[R]. London: International Institute for Environment and Development, UK, 2007.

Karve, P., Shackley, S., Carter, S., et al. Biochar for carbon reduction, sustainable agriculture and soil management BIOCHARM[C]. Asia-Pacific Network for Global Change (APN), Pune, Edinburgn and Kobe, Japan, 2010.

Kung, C. C., McCarl, B. A. and Cao, X. Economics of pyrolysis-based energy production and biochar utilization: A case study in China Taiwan[J]. Energy Policy, 2013, 60: 317-323.

Lehmann, J. and Rondon, M. Bio-char soil management on highly-weathered soils in the tropics[M]. N. Uphoff (eds). Biological Approaches to Sustainable Soil Systems. Boca Raton: CRC Press, 2006.

Lehmann, J., Gaunt, J. and Rondon, M. Bio-char sequestration in terrestrial ecosystems-A review[J]. Mitigation and Adaptation Strategies for Global Change, 2006, 11: 395-419.

Lin, Y., Munroe, P., Joseph, S. and Henderson, R. Migration of dissolved organic carbon in biochars and biochar-mineral complexes[J]. Pesquisa Agropecuária Brasileira, 2012, 47: 677-686.

Loveland, P. and Webb, J. Is there a critical level of organic matter in the agricultural soils of temperate regions: A review[J]. Soil and Tillage Research, 2003, 70: 1-18.

Lugato, E., Vaccari, F., Gensio, L., et al. An energy-biochar chain involving biomass gasification and rice cultivation in Northern Italy[J]. Global Change Biology-Bioenergy, 2013, 5: 192-201.

McCarl, B. A., Peacocke, C., Chrisman, R., et al. Economics of biochar production, utilization and greenhouse gas offsets[M]. J. Lehmann and S. Joseph (eds). Biochar for Environmental Management: Science and Technology. London: Earthscan Press, 2009.

Meyer, S., Glaser, B. and Quicker, P. Technical, economical, and climate-related aspects of biochar production technologies: A literature review[J]. Environmental Science and Technology, 2011, 4: 9473-9483.

Nielsen, S., Minchin, T., Kimber, S., et al. Enhanced biochar causes complex shifts in soil microbial communities[J]. under review, 2014.

Peacocke, C., Bridgwater, A. and Brammer, J. Techno-ecomic assessment of power production from the Wellman and BTG fast pyrolysis processes[M]. A. Bridgwater and D. Boocock (eds). Science in Thermal and

Chemical Biomass Conversion. CPL Press, 2006, 2: 1785-1902.

Pearce, D. The social cost of carbon and its policy implications[J]. Oxford Review of Economic Policy, 2003, 19, 362-384.

Pennise, D., Smith, K., Kithinji, J., et al. Emissions of greenhouse gases and other airborne pollutants from charcoal making in Kenya and Brazil[J]. Journal of Geophysical Research, 2001, 106: 24143-24155.

Polagye, B., Hodgson, K. and Malte, P. An economic analysis of bio-energy options using thinnings from overstocked forests[J]. Biomass and Bioenergy, 2007, 31: 105-125.

Price, R., Thornton, S. and Nelson, S. The social cost of carbon and the shadow price of carbon[R]. Defra Evidence and Analysis Series, London: Department for Environment, Farming and Rural Affairs, UK, 2007.

Radlein, D. and Bouchard, T. A preliminary look at the economics of a new biomass conversion process by dynamotive[Z]. 2009.

Roberts, K. G., Gloy, B. A., Joseph, S., et al. Life cycle assessment of biochar systems: Estimating the energetic, economic, and climate change potential[J]. Environmental Science and Technology, 2010, 44: 827-833.

Rothamsted Research. To develop a robust indicator of soil organic matter status[R]. SP0310, London: Department for Environment, Food and Rural Affairs DEFRA, UK, 2004.

Rubin, E., Hounshell, D., Yeh, S., et al. The effect of government actions on environmental technology innovation: Applications to the integrated assessment of carbon sequestration technologies[R]. Department of Engineering and Public Policy Paper 96, Carnegie Mellon University, Pittsburgh, USA, 2004.

Schmidt, H-P 55 uses of biochar[J]. Ithaka Journal for Ecology, Winegrowing and Climate Farming, 2012.

Shabangu, S., Woolf, D., Fisher, E., et al. Tech-economic assessment of biomass slow pyrolysis into different biochar and methal concepts[J]. Fuel, 2014, 117: 742-748.

Shackley, S., Hammond, J., Gaunt, J., et al. The feasibility and costs of biochar deployment in the UK[J]. Carbon Management, 2014, 2: 335-356.

Shackley, S., Carter, S., Knowles, T., et al. Sustainable gasification-biochar systems? A case-study of rice-husk gasification in Cambodia Part I: Context, chemical properties, environmental and health and safety issues[J]. Energy Policy, 2012a, 42: 49-58.

Shackley, S., Carter, S., Knowles, T., et al. Sustainable gasification-biochar systems? A case-study of rice husk gasification in Cambodia, Part II: Field trial results, carbon abatement, economic assessment and conclusions[J]. Energy Policy, 2012b, 41: 618-623.

Smith, C., Buzan, E. and Lee, J. Potential impact of biochar water-extractable substances on environmental sustainability[J]. Sustainable Chemistry and Engineering, 2013, 1: 118-126.

Spokas, K., Cantrell, K., Novak, J., et al. Biochar: A synthesis of its agronomic impact beyond carbon sequestration[J]. Journal of Environmental Quality, 2013, 41(4): 973-989.

Steiner, C., Teixeira, W. G., Lehmann, J., et al. Long term effects of manure, charcoal and mineral fertilization on crop production and fertility on a highly weathered Central Amazonian upland soil[J]. Plant and Soil, 2007, 291: 275-290.

Stern, N. The Economics of Climate Change[M]. Cambridge: Cambridge University Press, UK, 2007.

Tushman, M. L. and Anderson, P. Technological discontinuities and organizational environments[J], Administative Science Quarterly, 1986, 31, 439-465.

Utterback, J. Mastering the Dynamics of Innovation[M]. Cambridge: MIT Press, 1996.

Verheijen, F., Bellamy, P., Kibblewhite, M. and Gaunt, J. Organic carbon ranges in arable soils of England

and Wales[J]. Soil Use and Management, 2005, 21: 2-9.

Wise, M., Calvin, K., Thomson, A., et al. Implications of limiting CO_2 concentrations for land use and energy[J]. Science, 2009, 324: 1183-1186.

Wright, M., Satiro, J., Brown, R., Daugaard, D. and Hsu, D. Tech-economic analysis of biomass fast pyrolysis to transportation fuels[R]. NREL, Technical Report, NREL/TP-6A20-46596, 2010.

Yoder, J., Galinato, S., Granatstein, D. and Garcia-Perez, M. Economic trade-off between biochar and bio-oil production via pyrolysis[J]. Biomass and Bioenergy, 2011, 35: 1851-1862.

第30章

小型生物炭项目的社会经济可行性、实施和评估

Stephen Joseph、Mai Lan Anh、Abbie Clare 和 Simon Shackley

30.1 引言

第29章介绍了工业或废物管理场所的建设成本、环境成本及效益。本章将探讨热解技术的经济效益、社会效益和环境成本，但探讨的对象均为小规模的热解系统。本章描述了生物炭的小型应用案例，其中，两个案例来自发达国家，两个案例来自发展中国家，以阐明生物炭的社会经济性。因此，本章还介绍了一个可以用于评估、设计和预测发展中国家生物炭项目的系统框架——可持续生计框架（Sustainable Livelihoods Approach，SLA），以及评估生物炭计划/项目的两种补充理论和方法。这两种理论和方法可以整合到 SLA 中，也可以单独用于评估发达国家的生物炭项目，这两种理论和方法就是创新研究和成本效益分析（CBA）。

本章重点介绍了 SLA、创新研究和 CBA，以及这3个理论与概念框架之间的关系。

30.2 理论与概念

30.2.1 成本效益分析（CBA）

第29章中已对 CBA 进行了解释，并提供了与给定投资相关的成本和收益概览。CBA 假定所有适用成本和收益的特性及价值具有较高的确定性。CBA 基于标准效用理论，是新古典经济学的基石（Moser, 1988）。因此，CBA 假设由给定时间点的市场供求状况所反映的一组优先选择。它既没有解释优势来自何处，也不考虑一个项目在更广泛的社会政治层面是否可取。CBA 可能会得出以下结论：在房地产周围对昂贵的安全系统进行投资会具有良好的净现值。但是，它没有考虑社会经济和政治环境，因

为它们决定了需要很昂贵的安全系统。因此，CBA 是有局限性的，它取决于合理的、完整的某些特定信息，并且它只关注可商品化的信息。

30.2.2　创新研究

创新研究是一个主要基于进化经济学的学术领域（Nelson and Winter, 1982; Freeman and Soete, 1997）。创新研究对新技术引入市场的基础条件提供了重要的见解。CBA 假定一种技术的供给和需求是给定的，创新研究则侧重于新技术和新市场的动态构建。技术推动型模型（假设创新由新技术的可用性驱动）与需求拉动型模型（假定创新由消费者的需求驱动）相结合，形成了一个协同进化的模型，因此，模型的早期采用者需要向技术创新者提供关键的反馈（von Hippel, 1988; Balzat and Hanusch, 2004; Fagerberg et al., 2004）。进化经济学认为，企业开发、测试新产品和新工艺，不仅需要有效工作，而且需要通过不断的修改来满足现有或新出现的需求、基础设施、人力和技能、法律和监管要求，以及消费者的偏好。这些被称为协同生产或分布式创新过程模型（Utterback, 1996; Harvey and Randles, 2002; Mendell, 2002）。协同生产意味着需要企业家、早期和后期用户、技术人员、设计师、市场营销人员、监管者等进行复杂而持续的协同调整。因此，采用创新技术是一个涉及发明家、创新者、用户和分销商的分布式过程，传统方式、认知、惯性、实践、惯例等行为在理解新技术的响应、采用和普及方面发挥着关键作用。

创新技术经常是令人满意的（使用 Herbert Simon 于 1956 年提出的术语），但不是最优的（经典示例是 QWERTY 键盘；计算机键盘上普遍使用的字母排列是从打字机时代传承而来的，其在打字速度和准确度方面被证明是次优的。然而，由于操作人员不愿意重新培训，因此 QWERTY 键盘的字母排列方式被"确定"了）（Utterback, 1996）。此外，技术的发展往往只考虑一种应用，但随着它们与市场的交叉，创新者必须应对新兴偏好并适当地调整技术。关于这方面的一个很好的例子是早期的移动电话，当时技术开发人员并没有意识到有多少手机用户会选择使用"短信（SMS）"功能。技术和目标市场的灵活性是一个重要特征，因为市场的不确定性意味着最终成功的创新设计可能与最初设想的完全不同。例如，为飞机开发的喷气发动机被证明具有高效的可伸缩性，因此其对于天然气发电非常有用。虽然现在确定生物炭协同进化过程的清晰示例还为时过早，但以下案例研究显示这种动态变化在起作用。

30.2.3　可持续生计框架（SLA）

创新动力的研究无法定义一个创新是好、是坏，还是无关紧要。如何定义其好坏？针对什么标准？根据什么？竞争价值和偏好是如何权衡取舍的？关于这些价值观的争论一直困扰着生命科学领域（卫生保健、基因组学、基因改造等），以及能源生产领域（核能、煤炭、石油、可再生能源等）的现代技术创新。有时农业和能源领域仍会引入传统的自上而下的方法。但是，学术研究和最佳实践项目开发都提倡以人为中心，要求反应迅速、参与性强的计划（Schneider, 1999），并要求其在经济、体制和环境上都是可持续的，并且提倡在所有利益相关者之间建立伙伴关系，包括（在本案例中）生物炭系统中的使用者（受益人）、制备者、研究人员、推广人员、各级政府和捐助组织（Mansuri and Rao, 2004; Tao and Wall, 2009; Ahmad and Talib, 2011）。

可持续生计框架（SLA；见图 30.1）是方案设计和框架评估的方法之一。该框架在捐助者、援助机构和发展领域的研究人员中广受欢迎，并且取得了成功。该框架着眼于人们寻求建立并维持可行的环境可持续的社会背景（Carney, 1999）。当前，该框架已经在非政府组织（NGOs）、世界银行和各国政府中被广泛使用（Robb, 1999; Barnidge et al., 2011），其目的是增进人们对低收入群体生计的了解，这些低收入群体缺乏中高收入群体所拥有的资源（Tao and Wall, 2009）。尽管 SLA 来源于发展经济学，但其与工业化国家项目开发的审议方法有相当多的重叠之处，包括社会场所特征和大量技术相关概念等，但是本章将其使用范围仅限于发展中国家。

图 30.1 是 SLA 的直观描述。作为确定生物炭是否适合改善生计的第 1 步，SLA 对人群的脆弱性进行了分析。SLA 中心的五边形代表可用于引入生物炭技术的本地资本（Moser, 1998），连接箭头表示不同资本来源之间的影响水平。这些关系都是高度动态影响的，没有直接的因果关系。

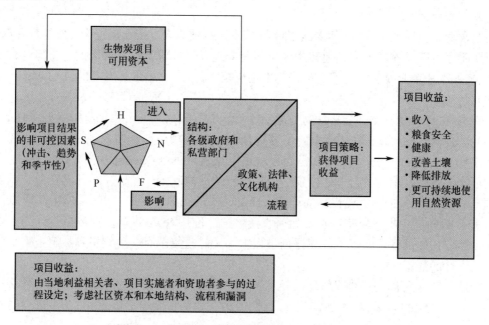

H—人力资本，S—社会资本，N—自然资本，P—有形资本，F—金融资本

图30.1　生物炭项目的可持续生计框架

人力资本评估量化了人们的技能、知识、从事不同形式劳动的能力和健康水平，也量化了可能直接或间接参与开发项目的公司和企业（小型、中型和大型）的能力。人们收集了可用劳动力数量和质量的数据，这些数据将根据家庭、农场、企业规模、技能水平、领导潜力和健康状况变化。劳动力的流动性，特别是潜在农业劳动力的流动性，是决定生物炭应用情况的一个重要因素。例如，在某些国家，农民的平均年龄正在增加，因此人们担心因为城市有更好的工作机会，所以年轻一代可能不会接管父母的土地（Brown and Jimenez, 2008）。创新研究可以用来确定谁是创新者、是什么驱动了地方层面的创新过程，以及谁会为创新研究"买单"。

社会资本包括事物之间的关联性和社会关系，而更正式的（虽然通常是自愿的）群体成员常常要求遵守相互商定或共同接受的规则、规范和惩罚，以及可以促进合作和贸易的信任、互惠和交换关系，以降低交易成本，并为建立非正式安全网奠定基础（DFID，2001）。尽管对社会资本的理解对于良好的项目设计很重要，但人们对于如何定义和衡量社会资本尚没有达成共识。因此，收集和分析有关社会资本的数据非常困难，这需要时间和具备人际交往能力。

自然资本涵盖了人类生计所需的自然资源（森林、田地、海洋/野生生物和生物多样性、土壤、水资源量和水的质量、空气质量）的存量和流量，并由此产生了养分循环、肥沃的土壤、侵蚀保护和废物处理等服务（DFID，2007）。人们需要提供数据，说明如何结合其他资本，利用自然资本维持生物炭项目，并为参与者创造价值。

有形资本包括支持特定生产活动所需的基础设施（运输设备、安全的住所和建筑物、水和卫生设施、清洁的可负担能源、通信设施）和生产性商品（生产活动中使用的工具和设备）（DFID，2007）。重要的是要确定现有的基础设施是否能够真正支持生物炭技术的引入、制备和利用。

金融资本包括现金、银行存款、抵押品（如农产品或设备）或流动资产（如牲畜和珠宝）等可用库存，以及养老金或其他转账等定期资金流入。当需要确定信贷级别或其他财务支持，以确保本地企业或家庭能够负担得起生物炭技术时，此信息是必不可少的（Ledgerwood，1999）。

在开发 SLA 时，人们认识到有许多因素可能会影响技术的成功引进（Hanmer，1998）。有些情况，如干旱和战争，不容易预测。其他措施，如政府的法规或奖励措施，要么是明确规定的（法律），要么是当地社区默认遵守的（Davies，1996）。项目实施者应与尽可能多的潜在参与者合作，拟定一份在给定的资源基础、社区需求、潜在漏洞及外部和内部结构条件下如何实现目标的说明（Holland and Blackburn，1998）。然后，可以使用 SLA 来帮助确定应收集哪些数据及如何收集数据。使用 SLA 收集基准数据可以为中期或终期项目评估提供良好的基础。在评估过程中，人们收集了有关生物炭和热解技术如何改善人们生计的数据。

因此，SLA 可以是一种在特定的环境下，根据给定的一系列感知数据来确定什么样的项目可能更理想的方法。一旦确定了一系列的潜在项目，则有必要使用 CBA 进行财务可行性分析。

创新研究也可以整合到 SLA 中，重点关注技术与用户/市场的协同生产。假设需求只是紧跟先进技术设备的供应而发展，那么许多开发项目就会因为过于专注技术而举步维艰（改进的炊具就是典型的例子；Garrett et al.，2010）。创新研究通过分析需求方来调整这种平衡，如满足消费者要求和期望的产品和服务。

30.2.4 使用 SLA 收集社会经济评估所需的数据

在理想情况下，基准数据收集应在采用新技术或农业新实践之前进行（Ashley et al.，1999），以便可以收集干预前后的数据来直接比较项目的影响（Jenkins，1999）。但是，如果一项计划已经在进行，社会经济评估则应从现有物质、经济、政治、社会、文化和环境系统开始。表 30.1 概述了用于确定脆弱性的相关的、有用的数据类型，分为 3 类：广为人知的趋势、突发事件和季节性变化。应当指出，突发事件的后果并不总是负面的。例如，化肥价格突然上涨虽然对农民来说不是一个好消息，但如果生物炭有助于减少化肥的使用，至少可以激励农民尝试应用生物炭。

表30.1 用于确定脆弱性的数据类型

广为人知的趋势	突发事件	季节性
• 人口流动和迁徙 • 资源的可用性和可替代性 • 国家和国际经济 • 政府治理和政治环境 • 技术进步和机械化 • 生物质供应和成本	• 人类健康 • 气候事件 • 资源价格变化 • 冲突和战争 • 动物/作物健康和疾病 • 意外伤害和灾害	• 价格 • 生产 • 健康 • 就业机会 • 生物质供应

在收集数据时，人们应同时采取定量方法和定性方法（Marsland et al., 1998），并使用各种各样的工具（Rennie and Singh, 1996）收集和分析此类数据，但所有利益相关者（如住房拥有者、农民、木炭生产商）的参与对于有效的数据收集至关重要（Booth, 1998）。例如，在实践行动中，人们利用焦点小组讨论和半结构化访谈的方式确定了木炭价值链中存在的问题，并绘制了供需领域的地图，从而阐明了关键的瓶颈问题（Griffith et al., 2006）。

这种微观经济分析有助于评估住房拥有者、农场、小型企业和投资者的决策过程（Bebbington, 1999）。有许多微观经济学技术可以用来评估农民（Gittinger, 1982）和小型企业应用新技术（Brent, 1990）的成本和效益，相关应用案例包括炉灶方案（Natarajan, 1999）和可再生能源项目（IT Consultants, 2002）。在这些技术中，CBA 可能是决定替代策略最强大、应用最广泛的工具。鉴于大多数农村人口的脆弱性，通过改变一系列投入成本来进行敏感性分析非常重要。表 30.2 是将 CBA、社会和环境影响评估方法应用于生物炭技术的示例。

表30.2 生物炭技术的影响指标总结（IT Consultants, 2002；这些指标在应用时必须包括背后的假设）

环境指标	社会指标	经济指标
• 排放（空气、气候变化和水） • 噪声 • 视觉影响 • 对生物多样性、土壤健康、野生动物、侵蚀、当地水文状况的影响 • 景观 • 计划和成本 • 重建、农业用地的损失 • 能源投资的回报	• 有解决信息通信冲突的能力 • 能源多元化与供应安全 • 就业 • 对性别的影响 • 政治治理和政治环境 • 制度建设 • 旅游业 • 对权益的影响：成本和收益的分配 • 参股	• 健康 • 资源提取和生物炭运输 • 材料加工 • 作物种植 • 直接和间接的土地利用变化 • 处理作物 • 生物炭生产 • 工厂建设、设备退化 • 生物炭的储存、运输 • 生物炭的应用和监测

在某些情况下，人们需要确定与最紧迫的环境问题相关的成本（Daly and Farley, 2004; Therivel and Paridario, 2013）。同时，人们也需要从不同的层面对不同的机构和利益相关团体进行分析，以确定他们在生物炭方案中的作用（Harriss et al., 1995）。这些分析通常围绕检查清单进行（DFID, 2001），并试图了解外部环境的性质，以及不同的因素对外部环境的影响。性别分析可以用于确定社会关系、劳动分工、资源获取、网络决策和特定需求方面的性别差异动态。这些对于评估不同观点的可能性，以及男性和女性可能发生的冲突尤为重要，例如，女性通常是使用生物炭炉子的人，但男性通常是购买这种炉子的关键决策者。

检查清单还可以用来分析当地管理方式对生物炭项目的影响（Beckhart and Harris, 1977）。分析治理所面临的挑战是，如何区分哪些因素由最接近社区的机构（如地方政府）"控制"、哪些因素由更高层次的政府机构决定（DFID, 2001; Moser et al., 2001）。

尽管理解受惠社区的微观经济至关重要，但宏观经济分析对于确定生物炭项目的总体经济背景方面也很重要（Agenor and Montiel, 1999）。宏观经济分析包括：货币政策、财政政策、贸易和汇率条件如何影响制备生物炭所需的商品价格及热解产品的效益（Ellis, 1992）。同样地，应考虑利率的变动对项目偿还贷款能力的影响。因此，对发布的宏观经济数据的审查是该分析的重要组成部分。最可行的项目融资方法，如资产负债表或债务融资、国际和国内贷款机构的优惠贷款、小额融资计划及社会商业银行等相关概念，在一定程度上取决于宏观经济分析。

考虑到业界对 SLA、CBA 和创新研究的见解，本章列举了发达国家和发展中国家的两个案例研究，这些案例主要针对小型生物炭项目。

30.3　发达国家的小型生物炭项目

发达国家的小型生物炭项目往往是通过社区或商业企业进行的，后者旨在为农业和家庭园艺产品创造或开拓利基市场。通常来说，安装热解装置的收入不仅来自生物炭的销售，因为生物炭产品的市场在大多数国家尚处于起步阶段。发达国家某些地区在使用生物炭产品用于土壤质量改善和农作物产量提高方面可能比不上发展中国家，因为后者存在更多退化和风化程度更高的土壤（Liu et al., 2013）。发达国家的耕作往往围绕一套特定的物质输入和机械化设备进行优化，因此通过生物炭进行改良需要有针对性地解决一些遗留问题。此外，许多发达国家的生物炭供应商往往有一个或多个生物炭来源，要么来自木炭废物，要么来自另一个过程的生物炭副产品（满足适当的监管要求），要么是从发展中国家进口的木炭或木炭细粉。但是，也有专门的生物炭生产商使用连续热解设备，以及一种原始原料和废物原料的混合物来制备生物炭。

从投资者的角度来看，发达国家的生物炭项目必须提供足够高的内部投资回报率（见第 31 章）。另外，随着碳交易市场在未来越来越不可能成为收入来源，全面的成本收益分析将成为所有准备或评估工作的一个关键组成部分，以预测生物炭项目的成功度。如第 29 章所述，生物炭项目的主要制约因素是总成本、材料、运营和维护成本、出售多余能源的能力及获得高价值生物炭的能力。第 31 章从企业家和投资者的角度提出了一个类似的问题。

> **专栏 30-1　案例研究 1：Carbon Gold 有限公司**
>
> 总部位于英国的小型生物炭公司 Carbon Gold 有限公司成立于 20 世纪中后期，当时人们对缓解气候变化和减少温室气体排放的关注度很高。生物炭与英国当时的政策和投资环境非常吻合，同时风险投资、对冲基金和其他股权投资者也对低碳和可再生能源行业表现出了浓厚的兴趣。
>
> Carbon Gold 有限公司最初的战略建立在与中美洲可可生产商联系的基础上，旨在将可可树修剪物制备成生物炭，从而在自愿碳交易市场上获得碳抵销。为此，该公司在 2009 年委托进行了一项研究，申请向自愿碳标准（VCS）中加入生物炭方法，这是一项自愿的碳交易计划。他们提出的用于计算大气碳的长期储量的方法使用了一项最初用于测试木炭质量的技术，但在公众咨询期间该技术遭到了几个专家组的强烈质疑，认为其不适用于生物炭。因此，在与气候有关的时间尺度上评估碳存储的科学不确定性，将使满足自愿或清洁发展机制（CDM）的生物炭方法比最初设想的更困难。另外，2009 年联合国气候变化框架公约第 15 次缔约方会议（UNFCCC-COP15）未能就更严格的碳控制政策达成一致，导致 Carbon Gold 有限公司的战略并未付诸实际。
>
> 由于无法获得碳信用额的支持，Carbon Gold 有限公司开始在英国建立生物炭产品的国内市场，向园艺中心销售产品，或者直接向商业种植者和国内消费者在线销售产品，瞄准英国国内园艺市场和商业成长的介质部门。Carbon Gold 有限公司发现，在市场上宣传气候变化和碳存储方面的广告效果不佳，这可能与 2009 年年底"气候门"之后英国公众对气候变化的质疑情绪增加有关。因此，Carbon Gold 有限公司利用商业种植者的试验结果和相关客户的说明，针对特定的种植市场强调其产品的农学性能，同时在英国国内市场宣传生物炭对园艺产品的促进效益。到目前为止，Carbon Gold 有限公司还没有公开展示或公布这些正在进行试验的结果。但是，该公司看到了市场对小型可移动窑炉的需求。截至 2013 年年底，Carbon Gold 有限公司已经销售了 2×10^6 kg 生物炭产品，还设计并销售了 22 个小型烧窑。Carbon Gold 有限公司还设计并销售了一种用于制备生物炭的大型干馏罐。
>
> Carbon Gold 有限公司在更长时间尺度上继续保持开发碳信用额的野心，并继续与中美洲的可可种植户合作，同时开发和销售自己设计的用于发展中国家的生物炭制备窑炉。Carbon Gold 有限公司面向英国提供的大部分生物炭产品来自非洲，其价格是欧洲生产商无法竞争的。他们的产品已通过英国土壤协会的自愿计划被认证为有机产品，并且其从非洲采购生物炭产品也获得了自愿可持续性发展计划的批准。但是，对于可持续生物炭制备，无论是生产还是生物质来源，都没有广泛接受的国际标准。
>
> Carbon Gold 有限公司是一家由风险投资、创始人投资和销售收入提供资金的公司。其显然得益于创始人在有机食品领域取得的成功所带来的市场营销和业务联系方面的优势。这些优势是了解该公司的战略和能力的重要考虑因素，也是其能继续从事其他早期先驱生物炭企业不太成功的业务的原因。
>
> 需要注意的是，本案例研究是根据 Carbon Gold 有限公司员工在欧盟生物炭成本行动会议（伦敦，2013 年 3 月）和英国生物炭基金会年会（2013 年 6 月）上提供的信息撰写的。基于商业的机密性，本案例研究只报道定性数据。

> **专栏 30-2　案例研究 2：瑞士埃德利巴赫的 Verora**
>
> Verora 位于瑞士埃德利巴赫（Edlibach，靠近苏黎世）的一个养牛场，其主要业务是生产木屑燃料。此外，它也利用市政和园区内景观管理废物和牛粪生产高级堆肥。树木废料被分为绿色材料用于堆肥，木质材料则被切成木屑。
>
> Verora 购买了德国 Pyreg 公司生产的连续热解装置。Pyreg 500 的售价约为 300000 €（约400000 $）。此外，新建建筑物、接收和储存区域、原料干燥和处理系统等土建工程，以及申请许可证和行政管理将产生更多费用。在很多情况下，这些额外成本可能和热解设备本身的建设成本一样高，甚至更高。作为瑞士气候基金会倡议的一部分，Verora 的项目得到了公众的支持。
>
> Verora 筛选出部分木屑作为热解装置的燃料以制备生物炭。这种生物炭经过测试，被证明不仅具有良好的土壤改良特性，而且具有较好的稳定性。
>
> 源自废气的热量通过空气—空气热交换器被收集，该热交换器安装在长 15 m 的管道和装有风扇的小集装箱中。废气通过大约高 4 m 的烟囱排出，热空气（40～70 ℃）吹入装满木片的集装箱；两天之后，木屑就干燥到足以出售的程度。另外，需要安装另一个干燥集装箱，因为有时需要进行协同干燥。
>
> Verora 的堆肥是由绿色材料和牛粪混合而成的，前两周每天翻一次甚至两次，堆肥8～10 周，堆料大约达 1 m 高。堆肥操作的规模相对较小，Verora 每年处理 2.5×10^6 kg 绿色材料，但其生产的产品质量非常高，零售价格为 80 CHF·m^{-3}（约 90 $·$m^{-3}$；或者假设堆积密度为 0.7 t·$m^{-3}$，则零售价格为 130 $·$t^{-1}$）。Verora 具有生产高质量、高价值堆肥的能力，对于了解生物炭市场非常重要。
>
> Verora 开发了一种生物炭堆肥产品，按体积计含有 15% 的生物炭，销售价格为 130 CHF·m^{-3}（约 145 $·$m^{-3}$）。此外，Verora 也在尝试将生物炭作为动物垫料添加剂（有助于吸收动物尿液和减少动物脚下潮湿）和牛饲料添加剂（改善牛的肠胃健康）。作为一种独立产品，生物炭的销售价格为 250 CHF·m^{-3}（约 275 $·$m^{-3}$；或者假设堆积密度为 0.35 t·$m^{-3}$，则其销售价格约为 785 $·$t^{-1}$）。2013 年，Verora 销售了生物炭 230 m^3，其中很大一部分是由 Verora 自己的农业合作社的需求推动的，该农业合作社有 130 名成员，农场之间共享设备。如果这些价格的生物炭有足够大的市场，则购买热解装置的成本可以在合理的投资期限内偿还，这取决于投资回报率的预期，也取决于公众对气候保护项目的支持力度。
>
> 本案例研究基于吉姆·哈蒙德（Jim Hammond）和简-马库斯·罗杰（Jan-Markus Rödger）收集的信息，并发表在 *Interreg IVb: Biochar-Climate Saving Soils* 简报中（Newsletter，2012 年 12 月）。此外，本案例研究得到了汉斯-彼得·施密特（Hans-Peter Schmidt）的补充，由于信息的机密性，案例研究中的数据都是定性的。

30.4　发达国家小规模生物炭案例研究的经验

专栏 30-1 和专栏 30-2 的两个案例研究提出的商业模式略有不同，但在这两个案例中，生物炭都是整体中的主要部分。对于 Carbon Gold 有限公司来说，生物炭是其堆肥的一部分，也是一种独立产品；对于 Verora 而言，生物炭的销售，以及其与其他产品的混合则构成了整体商业模式的一部分。这两个案例仔细地瞄准了特定的细分市场。对于 Carbon Gold 有限公司来说，它是通过国内家庭用户（对于他们而言，良好的市场营销至关重要）和高价值产品的特定生产者实现的；对于 Verora 而言，它是通过与之相关的农业合作社实现的。在这两种情况下，这些都是生物炭的利基市场。在欧洲，这种市场似乎正在增长。例如，目前有一些小型公司正处于产品开发、测试和试验的早期阶段，制备的生物炭主要用作作物生长添加剂、泥煤替代产品、动物饲料添加剂和动物垫料。小型公司可以从这些案例研究中吸取经验。例如，Carbon Gold 有限公司为响应政策和市场信号迅速采取了行动，从追逐碳信用额和推销生物炭的环境效益转向他们当前的商业计划。一个不太灵活的商业策略，以及仅专注于客户对碳存储服务的预期需求，将会对公司的未来生存带来挑战。

CBA 不太适合应用于不确定的新技术，因为它需要对所有成本和收益进行清晰的识别和量化。不断变化的不确定市场和市场技术，意味着 CBA 只是瞬息万变形势的一个写照。

类似的响应性和灵活性方面的经验教训往往适用于发展中国家的案例研究趋于成立的，但是在这些背景中，小型生物炭项目的设计和实施背后往往有不同的驱动因素。本章的后半部分概述了发展中国家的两个小型案例研究，在此背景下提出了关于最佳实践设计和操作程序的设想，并强调了发达国家和发展中国家的小规模生物炭项目经验的共同点。

在这种情况下，生物炭对农业的影响可能更大，这主要是由于发展中国家的土壤质量相对较差、化学物质投入较少（Liu et al., 2013）。相对于发达国家，农业是发展中国家更大比例人口的主要生计选择（Borlaug, 2007）。此外，热解炉的发展意味着一些项目将涵盖农艺效益、空气质量提高，以及减少燃料消耗和提高环境效益，尽管人们认为这可能是一个过于宏大的野心（Shackley and Carter, 2014）。

由于生物炭项目设计复杂，并且这类项目的资助者通常不是本国的居民，因此了解本地居民的想法并改善环境至关重要。当然，要避免将设计拙劣、自上而下的解决方案强加给一个本地系统，否则该系统无法从中受益，甚至可能受损。

30.5　发展中国家的小型生物炭项目

与发达国家一样，发展中国家的小型生物炭项目往往是多方面的，具有各种目标、实施方案和成果。基于 CBA 和 SLA 的经验，以下两个案例研究提供了生物炭在发展中国家小规模成功的例证，并证明了本地系统特性对整体项目成功的重要性。

专栏 30-3　案例研究 3：越南的热解炉灶

2011 年，丹麦/越南国际救助贫困组织（CARE Denmark/Viet Nam），人口、环境与发展中心（PED），土壤与肥料研究所（SFRI），越南太原大学附属科技大学（TNUS），越南太原省、清化省妇女联盟和农民联盟，美国康奈尔大学，澳大利亚新南威尔士大学共同发起了一个项目。项目的总体目标是解决能源、贫穷和土壤退化对发展的制约问题,以及促进越南丘陵地区的农村可持续发展,并促进国家关于减贫、砍伐森林和农村发展的政策。特别是,该项目调查了使用热解炉灶从生物炭、动物粪便和植物的混合物中生产高级堆肥的成本和效益。

1. **用于基准数据收集和评估的 SLA**

SLA 被用于设计和提供当地需求和资源的基准调查(Van Hien and Vinh, 2012),并且在 12 个月后对 57 个购买热解炉灶的家庭进行了后续的社会经济学和应用调查。

太原省是越南最贫穷的省份之一,20% 的北部山区家庭收入较低(Van Hien and Vinh, 2012)。旱涝和洪涝正影响着当地农民,男性的外流意味着女性承担了更多的农业工作。由于劳动力减少,家庭养牛的能力也正在下降,因此,随着粪肥供应的减少,对化肥的依赖正在增加(脆弱性背景)。本专栏对资产、工艺和结构进行了详细研究,并对与经济分析相关的内容进行了简要总结。

太原省有 4 个主要的民族(岱依族占 60%,山泽族占 23%,高兰族占 13%,京族占 3%)。70% 的家庭生活水平为中等(根据越南政府制定的标准),23% 的家庭生活水平较高,7% 的家庭生活水平较低。大多数家庭(92%)的收入主要来自农业,其余家庭(6%)的收入来自政府工作。只有 39% 的家庭养水牛,大多数家庭养猪(72%)和鸡(84%)。养猪和水牛的家庭,其粪便的数量达 500~2000 $kg \cdot yr^{-1}$。这些肥料用于种植水稻和蔬菜,数量取决于水牛和猪的数量,以及耕种的土地面积。在大多数家庭中,男性和女性都从事当地有薪劳动,男性工资为 7.5 $\$ \cdot d^{-1}$,女性工资为 5 $\$ \cdot d^{-1}$。在冬季,每个家庭的平均木材消耗量为 500~600 kg,大约需要 36 h 收集;而在夏季,每个家庭的平均木材消耗量约为 300 kg,大约需要 18 h 收集。大多数家庭都有多个炉具,炉具的类型和使用频率与财产、一年中的时间、职业、成年人的数量和家庭的职业有关。较为贫困的家庭主要使用明火做饭和取暖,而高收入家庭和在农场以外工作的家庭使用电饭锅、热板和煤气炉。

被调查地区的社区在困难时期具有创新的历史。他们开发出了一种程序,将木材和竹子浸泡在富含养分和黏土的池塘中 6 个月,然后晾干作为生物质。这会产生一种燃烧速度较慢的燃料,从而产生大量的生物炭。这种生物炭与灰烬、烧焦的小麦秸秆和稻壳一起用于花园,以增加作物产量和保持土壤健康。农民通常会向厕所里添加带有残炭的灰烬,且一些家庭(约 70%)一直在使用明火的木炭和灰烬进行堆肥。

2. **项目策略**

对使用改进的炉灶和沼气池的家庭进行的大量研究表明,采用炉灶和沼气池主要受用户技术性能、新设计,以及现有烹饪方法、偏好、习惯等因素的影响(Sinton et al., 2004)。Garrett 等(2010)强调,"没有一种炉具适合所有人。"因此,他们提倡"炉具用户空间"的概念,即可以在此基础上设计各种炉具。他们建议,有必要更多地了解不同的用户群体,炉具的设计需要响应每个用户群体的烹饪需求。因此,需要设想"生物炭用户空间",了解不同用户的生物炭需求,并酌情确定是单独使用生物炭,还是与其他相关投入结合使用。

在越南,一些当地妇女与项目执行人员合作,开发和测试了若干炉灶原型,这是基于对脆弱性背景、各种资本可用性及当地机构的了解进行的基线分析。用户评价和在一定条件下进行烹饪被用来测试这些炉灶原型，并最终设计出一款炉灶；随后越南太原省和清化省建造了50套炉具，并以5＄的价格出售。在用户初步反馈后，炉具的设计再次被改进，然后由妇女联盟成员分发给400个家庭（见图30.2）。之后，该款炉具使用了新的钣金加工机器制造，这款炉具的价格约为25＄。但在起初的试点中，炉具以5＄的价格出售给低收入家庭，以8＄的价格出售给高收入家庭。

图30.2　向妇女联盟成员分发炉具

一系列不同的烹饪测试在家庭单位中进行，以确定减少的木材燃料消耗、温室气体排放及节省烹饪时间。根据厨师的能力，以及烹饪饭菜的数量和类型计算，这款炉具减少的薪柴为基准的30%～60%，节省的烹饪时间为基准的0%～25%。一个家庭在夏季每周生产约6 kg生物炭，在冬季每周生产约3 kg（因为冬季更喜欢明火烹饪），每年共生产250～350 kg生物炭。这种炉灶还减少了80%以上的微粒排放量和25%～50%的CO排放量，低于世界卫生组织的室内空气质量标准（WHO，2006）。

除了炉具的设计和测试，妇女联盟还用水牛粪便、来自窑炉的生物炭和一种能加速堆肥过程的本地叶子［香椿（*Chromolaena odorata* L.）或香泽兰（*Eupatorium odoratum* L.）］生产一种强化堆肥混合物；然后对以竹子、涂有黏土的小麦秸秆和稻壳为原料制备的复合生物炭进行了田间试验。处理方案包括氮磷钾肥、生物炭加氮磷钾肥、生物炭不加氮磷钾肥及生物炭与氮磷钾肥混合堆肥。Vinh等（2014）报道了详细的试验过程和结果，研究发现，根据种植地点和作物类型的不同，作物产量提高了22%～34%。

总体而言，该项目的实施率很高，95%的家庭在18个月的时间里在新炉具或露天环境下生产生物炭。后续调查发现，在最初收到炉具的家庭中，冬季有35%的家庭仍使用这些炉具，夏季有52%的家庭使用。冬季不使用炉具的主要原因是炉具能更有效地利用热量而导致较低的热暖度，而夏季不使用炉具的主要原因是炉具内腔损坏（项目或制造商尚未建立零件采购制度）。当被问及家庭愿意为一台新炉具支付多少钱时，答案是 8～15 \$。很明显，在炉具内层和炉门的质量得到改善之前，大多数家庭认为目前型号的炉具价格（25 \$）偏高。此外，大多数家庭准备花更多的时间在露天环境下制备生物炭，并用它来制造一种更干燥、气味更小的堆肥。

3. 越南案例研究的成本效益分析

根据调查结果，以下假设和数据用于确定采用生物炭炉具，并使用生物炭制作改良堆肥的可量化成本和效益。

4. 数据和假设

主要假设如表 30.3 所示。从调查中得出的分析要点如下。

（1）人们会使用各种炉具来实现不同的烹饪和取暖功能，调查表明，平均而言，大多数家庭使用炉具来满足约 50% 的烹饪需求。另外，他们将继续使用明火，以及使用较昂贵的家用电炉或煤气灶。

（2）使用生物炭炉具不会增加准备木材和烹饪的平均时间（对大多数用户来说）。热解炉的装载和卸载时间略有增加，但整个周期不到 15 min，这可与制作干燥堆肥并将其运送到现场减少的时间相抵消。

（3）生物炭的平均产量为 300 kg·yr^{-1}，假设冬季和夏季的产量不同（见以前的调查结果）。作物产量的增加只会从第 2 年开始，作物产量的增加量大约是田间试验的 50%。

（4）当然，也可能有其他好处，如减少伤害、减少肺病和眼疾、增加树木资源等。然而，这些可能带来的好处并没有被货币化。

（5）化肥用量的减少使农民每年平均可以节省 1790 \$·km^{-2}。这是根据对农民的采访得出的结论。他们报道，堆肥中添加的养分可以减少化学物质提供的氮磷钾肥的量。

表 30.3　CBA 分析总结 [IRR（内部收益率）、NPV 净现值]

年份	单位	1 年	2 年	3 年	4 年	5 年
原始数据						
生物炭产量	t·yr^{-1}	0.30	0.30	0.30	0.30	0.30
增加大米产量	t·yr^{-1}·18 ha^{-1}	0	0.29	0.29	0.29	0.29
增加蔬菜产量	t·yr^{-1}·0.01 ha^{-1}	0	0.02	0.02	0.02	0.02
劳动率	\$·d^{-1}	5	5	5	5	5
蔬菜价格	\$·t^{-1}	500	500	500	500	500
大米价格	\$·t^{-1}	260	260	260	260	260
成本						
炉子	\$	25				
折旧费（直线折旧法）	\$	5	5	5	5	5
维护费	\$	4	4	4	4	4
总花费	\$	34	9	9	9	9

(续表)

年份	单位	1年	2年	3年	4年	5年
收入						
满足碳信用额的炉子	$	0	0	0	0	0
增加树木节省的费用	$	0	0	0	0	0
节省肥料	$	0	17.5	17.5	17.5	17.5
大米销售增加	$	0	75	75	75	75
蔬菜销售增加	$	0	10	10	10	10
劳动力增加带来的收入	$	15	15	15	15	15
总收入	$	15	118	118	118	118
总收入减去成本	$	416				
回报率	%	572				
净现值	$	−17	87	77	69	62
内部收益率		0.12				
总净现值	$	278				

注：1 ha=10000 m^2。

表30.3展示了估计的内部收益率（IRR）和净现值（NPV）。可以看出，投资回收期约为1.5 yr，回报率也非常高（572%）。通过敏感性分析，假设产量提高为基准情况的25%，结果发现投资回收期仍然约为1.5 yr（因为该农作物将在第1年年底收获），内部收益率为276%，净现值为192 $。

然而，这只考虑了容易获得的有价值的经济效益，而不包括不可量化的效益和成本。表30.4总结了不可量化的效益和成本，包括改善空气质量、使土壤更易耕作、减小堆肥气味，这使男性更愿意将堆肥运到农田，从而减轻了女性的劳动负担。此外，该项目可能为家庭提供一种未来更适用的工具。随着农业机械化程度的提高，家庭饲养的牛群可能会减少，从而会减少有机改良剂的供应。然而，正如Joseph等（2013）所述，氮磷钾肥和生物炭的混合物可以替代某些有机改良剂。

表30.4 社区对改进炉具、生物炭生产和堆肥生产方法的不可量化效益和成本的总结

环境效益和成本	社会效益和成本	经济效益和成本
收益	收益	收益
• 改善空气质量 • 土壤更易耕 • 减小气味 • 使土壤能保持更多水分	• 愿意把堆肥带到田里，堆肥现在没有气味，也不那么潮湿 • 有更多的时间与家人在一起 • 女性对农业创新更有信心	• 为家庭提供更多食物 • 时间的增多和收入的增加使其他经济投资的可能性提高 • 花在照顾因卫生条件差引起的火灾、疾病而受伤的儿童上的时间减少了

(续表)

环境效益和成本	社会效益和成本	经济效益和成本
坏处	坏处	坏处
• 如果生物炭的生产和使用不正确，可能会对土壤产生负面影响	• 如果是在社区，可能会混乱碳信用额的分配 • 如果该项目不能产生长期的经济效益，其他环境工程就不能继续进行	• 学习新技能所需的时间（生物炭的生产和使用） • 如果生物炭对植物生长有负面影响，就会造成收入损失

5. 精炼项目战略，开发商业化项目

鉴于该项目在许多方面取得了成功，人们对扩展该计划非常感兴趣。丹麦/越南库克斯托夫项目（CARE）对引进2000个炉灶的较小型项目进行了详细的成本计算（见表30.5）。这些费用是根据一个推广了10000个炉灶的项目推算得出的。根据以往扩展炉灶计划的经验，加上建造炉灶的成本，估计实施此项目的成本约为2000000 $。根据之前评估的反馈，用户需要为每个炉灶支付8 $。该项目由培训、监测和评估过程组成。由于炉灶设计的改进和批量生产，每个炉灶的成本降低到15 $。在量化和分配环境效益和社会效益的货币价值方面，还存在许多不确定性因素。例如，为碳封存和减少稻田温室气体排放支付的费用，由于空气质量的提高和卫生条件的改善而减少的医疗保健费用，减少了治理养分流失的费用。假设生物炭的有效寿命为100 yr，而产生1000 kg 生物炭等效于封存2000 kg CO_2 当量（因为生物炭的碳含量比 CO_2 高出50%～60%）（Roberts et al., 2010）。

CO_2 的封存价格为6 $ · t^{-1}。在这一分析中，不考虑减少微粒、N_2O 和 CO_2（减少就地燃烧和使用薪柴做饭）的排放，也不考虑森林砍伐率的降低。

表30.5 扩展计划的 CBA 总结

	单 位	项目年份				
		1年	2年	3年	4年	5年
原始数据						
无炉灶	$	500	4000	5500		
成本/炉	$	15				
温室气体封存	$t · yr^{-1} CO_2$ 当量	300	2700	6000	6000	6000
成本						
炉灶	$	7500	60000	82500		
项目实施	$	800000	800000	200000	100000	100000
折旧费用（直线折旧法）	$	1500	1500	1500	1500	1500
维护费用	$	4000	18000	40000	38000	22000
总成本	$	813000	879500	324000	139500	123500
收入						
满足碳信用额的炉灶	$	1800	16200	36000	36000	36000
销售炉灶的收入	$	0	4000	36000	44000	

(续表)

	单 位	项目年份				
		1年	2年	3年	4年	5年
节省肥料费用	$	0	8950	80550	179000	179000
大米销售增加	$	0	37440	336960	748800	748800
蔬菜销售增加	$	0	5000	45000	100000	100000
收入增加劳动力可用性	$	3500	67500	150000	150000	150000
总收入	$	5300	139090	684510	1257800	1213800
总收入减成本	$	-807700	-740410	360510	1118300	1090300
内部收益率		20%				
净现值	$	274558				

可以看出，该项目的内部收益率高达 20%，净现值为 274558 \$。但是，这并没有考虑胃、眼和肺部疾病的减少，以及森林砍伐减少所带来的其他好处。

专栏 30-4　案例研究 4：柬埔寨稻壳气化厂

柬埔寨有 150 多个稻壳气化炉，主要在碾米厂发电，也有一些在较小的制冰厂使用。大约 35%（按质量计）的稻壳最终形成稻壳炭，这种材料含有 35% 的固定碳，因此可以合理地命名为稻壳生物炭（RHB；Shackley et al., 2012a, 2012b）。RHB 有时作为废弃物供应，有时作为副产品销售，这取决于当地的供应和需求。在水稻种植地区，RHB 可能会赠送给农民和其他人；而在一些地区，工厂已经成功地将每袋 25 kg 的 RHB 以 300～400 riel（约 3～4 c\$·t^{-1}）卖给农民。市场上也出现了一些其他的买家，例如，在花园中心使用 RHB 作为盆栽介质；果树种植园（杧果、木瓜、榴莲、火龙果等）主在培育树苗期间使用 RHB 作为育苗介质。

在 RHB 施用量为 4.15 kg·m^{-2} 的重复性田间试验中，人们观察到水稻增产 33%（Shackley et al., 2012a）。Sokchea 等（2013）也发表了类似的结果，他们的研究使用了来自气化炉和稻壳制备的 RHB。早些时候，在高度风化的酸性土壤中进行的非重复性田间试验表明，在该土壤中农民只使用了少量的 RHB，产量仅提高 0.1 kg·m^{-2}，这表明使用少量 RHB 也可以实现增产。如果我们假设未碾碎水稻的价值为 250 c\$·t^{-1}，那么 RHB 的价值至少是 4 c\$·t^{-1}，实际价格可能是该价值的几倍（有待更多的研究证实）。这里假定稻壳的购买成本为零，并且没有考虑运输和应用成本。如果我们假设运输和应用成本较低，约为 1 c\$·t^{-1}，再考虑现实的当地运输和劳动力成本，那么 RHB 的价值至少为 3 c\$·t^{-1}。如果农民支付 3～4 c\$·t^{-1} 购买 RHB，那么添加 RHB 几乎没有利润，但如果通过气化炉可以免费获得 RHB，或者如一些研究所示产量大幅度提高，则使用 RHB 是维持生计和小规模农业的一项有价值的活动。对于柬埔寨高产（高投入）的水稻种植来说，目前尚不清楚生物炭本身是否具有经济可行性，或者是否需要开发一种更高价值的生物炭＋有机改良剂产品。

柬埔寨 Celagrid 公司的研究人员探究了 RHB（4 kg·m^{-2} 施用量）和生物废水（厌氧消化装置排出的废水）的组合对蔬菜生长的影响。对于芥菜来说，如果没有来自生物废水中的 N，则生物炭就没有任何益处（Ty et al., 2013），但加入生物炭后，其产量比单独使用生物废水高 2～3 倍。另一项研究涉及生物炭和生物废水对一系列蔬菜的影响：将生物炭施用量从 0.2 kg·m^{-2} 提高到 5 kg·m^{-2}，可以使菠菜、大白菜、芹菜和芥菜的生物质产量（干物质基础）分别增加 39%、100%、300% 和 350%。在柬埔寨盆栽试验中，在莴苣和大白菜的生长中加入生物炭和其他有机肥料，也观察到了产量增加（Carter et al., 2013）。

假设农民可以获得生物废水/生物泥浆（如来自生物消化池），以 KHR500 的价格购入 25 kg RHB（0.125 \$），并以 5 kg·m^{-2} 的施用量施用，则每平方米作物的产量（按鲜重计算）和市场销售价值增加如下：1.8 kg（芹菜，市值 3600 riel），0.8 kg（白菜，市值 1600 riel），2.0 kg（芥菜，市值 5300 riel），0.8 kg（菠菜，市值 1600 riel）。尽管农民得到的价值不是全部的市场价值，而且未扣除生物炭的掺入成本，但很明显，对菜农来说，应用生物炭是一个合理的建议。假设 10000 m^2 土地的 50% 用于种植蔬菜（考虑间距和农田边界），1000 kg RHB 用于蔬菜种植的价值为 4000～13000 \$·km^{-2}。因此，RHB 作为蔬菜种植的投入比作为水稻的投入更有价值（一次性可变成本和毛利率分析在此是可行的，因为 RHB 在此处是一个废物产品，没有需要折扣的主要建设成本或运营成本。如果 RHB 作为商品或对产率价值的影响发生变化，则这个假设就会发生变化）。

柬埔寨的生物炭供应链有几个显著特点。一是可利用气化炉生产的 RHB 价格低廉（甚至免费），因为气化炉使用者通常认为 RHB 是一种废料。随着米厂数量的增多和电力需求的增加，柬埔寨继续安装稻壳气化炉，并引进了更大规模的气化炉。然而，谷壳供应可能会中断，特别是当谷壳可能已经有了其他使用者（如砖窑）时。其他可用的生物质原料也可以用来代替稻壳，包括稻草和玉米秸秆，但是收集这些原料会增加额外的成本。

柬埔寨的气化炭系统是生物炭系统应用的一个很好的例子，但必须考虑其可持续性。与邻国相比，由于电网电价昂贵，柬埔寨的气化炉在经济上是可行的。如果电网电价下降，或者碾米厂大到足以安装蒸汽涡轮机发电（如泰国和越南），气化炉可能会因为失去其成本效益优势而得不到使用，现有的气化炉煤炭供应也会被取消。另外，生物质气化在世界上许多地方未得到充分的应用，但可以设想未来某些生物质原料的处理可以得到更广泛的应用。柬埔寨的稻米制造商也可能开始采用中国的技术，将生物炭添加到氮磷钾肥和黏土中生产复合肥料（Joseph et al., 2013）。为了评估这项技术，由亚洲开发银行资助的一个项目正在进行。

30.6 发展中国家小规模生物炭案例研究的经验

30.5 节介绍的两个案例研究为发展中国家的小型生物炭项目提供了截然不同的成功案例（见专栏 30-3、专栏 30-4）。柬埔寨在没有外部干预的情况下就开始使用生物炭，这是基于生物炭作为副产品（稻壳生物炭）的大量供应，可以有多种经济效益，体现在：水稻种植的广泛实践；将稻谷运输到集中装置进行脱壳；通过气化将稻壳用作能源原料。因此，该系统可能容易受到该价值链上任何环节变化的影响，如果农民采用生物炭作为农业改良剂，则该系统可能会进行调整以适应燃气供应或电价的变化，以确保生物炭的持续供应。就创新理论而言，如果中断了现有的来自气化炉的稻壳生物炭的供应，则可能会出现生物炭生产的替代设计。

相比之下，越南的案例是一个较为典型的援助项目，其由外部援助和学术机构资助和协调，并由当地社区领导。该项目是根据 SLA 的原则和建议设计的，这很可能影响了其最初的结果。社区认真参与炉灶设计、田间试验和其他家用生物炭试验，确保了当地的高度所有权。同时，社区继续使用生物炭来提高堆肥质量和作物产量，并减小堆肥气味。炉灶的大规模采用需要当地企业家降低售价，并提供有效的售后服务。这可能需要在当地社区、地方政府和国家政府机构的支持下才能实施一个更大的生物炭炉灶项目。

30.7 结论与展望

尽管本章各研究案例的背景不同，但仍发现在发达国家和发展中国家成功实施的生物炭项目存在一些相似之处。

（1）生物炭作为提供多种服务或功能（供热或供电、有机土壤改良剂和生物肥料等）的复杂系统的一部分：到目前为止，除了特定的发展援助或研究拨款，几乎没有项目将制备生物炭作为唯一目的。

（2）对周围环境和系统的敏感性：生物炭的供应是通过相互依赖的复杂关系网来实现的。例如，柬埔寨高昂的电价和不发达的电网推动了气化炉的发展（加上大米中 SiO_2 的含量较高，在高温加工过程中固定了碳）；越南村庄中建立了完善的妇女联盟网络，促进了培训交流、知识和信息共享；瑞士的农民合作社在堆肥供应商和购买者之间建立了牢固的信任关系；公共利益和政策红利引发了 Carbon Gold 有限公司对生物炭的投资。

（3）用户和市场响应的重要性：不能仅凭环境效益对生物炭进行销售。在政治经济学背景下，这不可能实现，因为没有对碳减排或其他生态系统服务收益给予足够高的重视。不减少碳排放永远是比减少碳排放更经济的选择，在大幅度削减碳排放成为全球社会更优先考虑的问题之前，用生物炭减少碳排放是不可能的。

（4）生物炭必须提供与目标社区和现有市场需求相吻合的服务和功能。在这种情况下，技术、功能和服务的灵活性、适应性至关重要。对于从事生物炭领域的企业而言，专注于碳储存将是一个非常不灵活的商业战略。

（5）技术成熟度：目前并没有直接可用的生物炭制备技术。可用于制备生物炭的技术范围广泛、种类繁多（快速热解、慢速热解或气化），在规模（炉灶、窑炉或中等规模的农场、家庭或商业企业）、复杂性（在电力 / 供热方案中使用副产品）和成本方面（从 8 \$ 的炉灶到 500000 \$ 的热处理装置）都有所不同。在一定情况下，选择哪种技术通常取决于环境，应考虑当前及将来可能发生的系统变化。就颗粒物和温室气体排放而言，清洁技术的选择在生物炭系统的整个生命周期环境影响评估中至关重要（Sparrevik et al., 2013）。

（6）了解系统的制约因素和市场机会的必要性：除了土壤—作物制约等更为明显的因素外，在发达国家和发展中国家，农村地区的劳动力供应日益短缺，劳动力变得越来越昂贵。因此，劳动力成为劳动密集型活动（如原料收集、加工和生物炭实地应用）的制约因素。在这种情况下，机械化将是一个重要的驱动力，它可以扩大作业规模。另外，其他用途（燃料、饲料或动物垫料）的生物质原料的需求，也会制约生物炭系统。

然而，尽管存在这些相似点，但在不同环境下小型生物炭项目背后的主要驱动因素也存在差异。在发达国家，生物炭研发主要由在利基市场运营的公司推动，这些公司渴望尝试创新产品和服务，以使其在竞争中占据优势，并提高了人们高价购买（高附加值）生物炭的意愿。例如，购买优质堆肥和生长基质。生物炭行业尤其如此，目前生物炭行业已深入人心，在奥地利和瑞士等生物炭企业最为活跃的国家中占有相当大的市场份额（分别约占生物炭总需求的 20% 和 12%；Willer et al., 2013），创建了高价值有机土壤改良剂的供应链，如生物炭—堆肥和肥料混合物。然而，在发展中国家，应用生物炭的动机更多是提高在贫瘠的酸性风化土壤种植作物的产量，从而使自给自足的小规模农民能够出售更多产品，或者促使较富裕农民减少对氮磷钾肥的应用。

中国和日本在将生物炭和木炭用于其他用途方面有悠久的历史，例如，减小堆肥的气味和增加堆肥中的养分，将生物炭用作动物饲料、生物农药，以及具有养分固持和疾病控制功能的垫料（Ogawa and Okimori, 2010）。其他国家也开始采用这种做法，或者开展研究、开发和示范活动。此类调查非常有助于进一步评估有关家庭、社区或企业是否会采用生物炭及其相关技术。此类分析是社会经济评估的一个组成部分，并可能提供一些经验，可以将生物炭项目成功推广到其他领域。随着生物炭项目的发展，了解生物炭应用的原因及评估生物炭可能的影响也至关重要。

未来的研究应侧重于进一步了解让小型生物炭项目成功的因素，这些因素迄今为止已有很多，并散布在复杂的环境下。随着生物炭系统多学科研究的发展，相关研究开始揭露所需生物炭的具体特性。

本章提供了一个系统框架，用于收集和分析基准数据，然后评估小型生物炭项目的影响。CBA 用来确定项目或企业是否可以在可接受的时间内向投资者提供收益的简要说明。创新研究采用动态观点来了解市场、业务和技术的协同发展，并对 CBA 进行了一定的补充。可持续生计框架（SLA）提供了一个多方面的概念框架，用于评估和比较各种方案，以解决市场失灵及其他社会和经济问题，协助生物炭项目设计和实施，这是项目评估的基础。

参考文献

Agenor, P. and Montiel, P. J. Development Macroeconomics[M]. 2nd ed. NJ, Princeton: Princeton University Press, 1999.

Ahmad, M. and Talib, N. Decentralization and participatory rural development: A literature review[J]. Contemporary Economics, 2011, 5: 58-67.

Ashley, C., Elliott, J., Sikoyo, G. et al. Handbook for assessing the economic and livelihood impacts of wildlife enterprises[R]. Handbook prepared for African Wildlife Foundation's Wildlife Enterprise and Local Development Project (WELD), Nairobi: African Wildlife Foundation, Kenya, 1999.

Balzat, M. and Hanusch, H. Recent trends in the research on national innovation systems[J]. Journal of Evolutionary Economics, 2004, 14: 197-210.

Barnidge, E. K., Baker, E. A., Motton, F., Fitzgerald, T. and Rose, F. Exploring community health through the sustainable livelihoods framework[J]. Health Education and Behavior, 2011, 30: 80-90.

Bebbington, A. Capitals and capabilities: A framework for analyzing peasant viability, rural livelihoods and poverty[J]. World Development, 1999, 27: 2021-2044.

Beckhart, R. and Harris, R. T. Organizational Transitions: Managing Complex Changes, Addison-Wesley Series on Organization Development[R]. Reading, MA: Addison-Wesley Publishing Company, Inc., 1977.

Booth, D. Participation and combined methods in African poverty assessment: Renewing the agenda[R]. DFID, London, 2007.

Borlaug, N. Feeding a hungry world[J]. Science, 1998, 318: 359.

Brent, J. Project Appraisal for Developing Countries[M]. New York: New York University Press, 1990.

Brown, R. P. and Jimenez, E. Estimating the net effects of migration and remittances on poverty and inequality: Comparison of Fiji and Tonga[J]. Journal of International Development, 2008, 20: 547-571.

Carney, D. Approaches to sustainable livelihoods for the rural poor[R]. ODI Poverty Briefing NO.2, 1999.

Carter, S., Shackley, S., Sohi, S., et al. The impact of biochar application on soil properties and plant growth of pot grown lettuce (lactuca sativa), and cabbage (brassica chinensis)[J]. Agronomy, 2013, 3: 404-418.

Daly, H. E. and Farley, J. Ecological Economics[M]. Washington DC: Island Press, 2004.

Davies, S. Adaptable Livelihoods: Coping with Food Insecurity in the Malian Sahel[M]. UK, London: Macmillan Press, 1996.

DFID. Sustainable Livelihoods Guidance Sheet[S]. London: DFID, UK, 2001.

DFID. Distance Learning Guide[S]. London: DFID, UK, 2007.

Ellis, F. Agricultural Policies in Developing Countries[M]. Cambridge, UK: Cambridge University Press, 1992.

Fagerberg, J., Mowery, D. and Nelson, R. The Oxford Handbook of Innovation[M]. Oxford: Oxford University Press, 2004.

Freeman, C. and Soete, L. The Economics of Industrial Innovation[M]. London: Pinter, 1997.

Garrett, S., Hopke, P. and Behn, W. A research road map: Improved cook stove development and deployment for climate change mitigation and women's and children's needs[C]. Report to the U.S. State Department from the ASEAN-U.S., Next-Generation Cook Stove Workshop, 2010.

Gittinger, J. P. Economic Analysis of Agricultural Projects[M]. Baltimore: The John Hopkins University Press, 1982.

Griffith, A., Albu, A. and Rob, A. The market map: A framework for linking farmers to markets[M]. S. Bala Ravi, I. Hoeschle-Zeledon, M. S. Swaminathan and E. Frison (eds). Hunger and Poverty: The Role of Biodiversity. Report of an international consultation on the role of biodiversity in achieving the UN millennium development goal of freedom from hunger and poverty. India, Chennai, 2006.

Hanmer, L. C. Human capital, targeting and social safety nets: An analysis of household data from

Zimbabwe[J]. Oxford Agrarian Studies, 1998, 26: 245-265.

Harriss, J., Hunter, J. and Lewis, C. W. The New Institutional Economics and Third World Development[M]. London: Routledge, UK, 1995.

Harvey, M. and Randles, S. Markets, the Organisation of Exchanges and Instituted Economic Process—An Analytical Perspective[M]. Manchester CRIC, University of Manchester, UK, 2002.

Holland, J. and Blackburn, J. Whose voice? Participatory research and policy change[M]. London: IT Publications, UK, 1998.

IT Consultants. Powering the island through renewable energy cost benefit analysis for a renewable energy strategy for the Isle of Wight to 2010[S]. Warwickshire: Intermediate Technology Consultants (ITC), Ltd., UK, 2002.

Jenkins, G. P. Evaluation of stakeholder impacts in cost-benefit analysis[J]. Impact Assessment and Project Appraisal, 1999, 17: 87-96.

Joseph, S. D., Graber, E. R., Chia, C., et al. Shifting paradigms on biochar: Micro/nano-structures and soluble components are responsible for its plant growth promoting ability[J]. Carbon Management, 2013, 4: 323-343.

Ledgerwood, J. Microfinance Handbook: An Institutional and Financial Perspective[M]. Washington, DC: World Bank Publications, 1999.

Liu, X. Y., Zhang, A. F., Ji, C. Y., et al. Biochar's effect on crop productivity and the dependence on experimental conditions: A meta-analysis of literature data[J]. Plant and Soil, 2013, 291: 275-290.

Marsland, N., Wilson, I., Abeyasekera, S., et al. A methodological framework for combining quantitative and qualitative survey methods[J]. Draft Best Practice Guideline submitted to DFID/NRSP Socio-Economic Methodologies, 1998.

Mansuri, G. and Rao, V., Community-based and-driven development: A critical review[J]. World Bank Research Observer, 2004, 19: 1-39.

Mendell, M. Karl Polanyi and Instituted Process of Economic Democritization[M]. in Polanyian Perspectives on Instituted Economic Processes, Development and Transformation, CRIC, UK: University of Manchester, 2002.

Moser, C. The asset vulnerability framework: Reassessing urban poverty reduction strategies[J]. World Development, 1998, 26: 1-19.

Moser, C., Norton, A., Conway, T., et al. To claim our rights: Livelihoods security, human rights and sustainable development[R]. London: Overseas Development Institute, 2001, 21.

Moser, P. Rationality in Action: Contemporary Approaches[M]. Cambridge: Cambridge University Press, 1988.

Natarajan, I. Social cost benefit analysis of the national programme on improved Chulha in India[C]. in Paper presented at the United Nations Food and Agriculture Organizations Regional Wood Energy Development Program Meeting on Wood Energy, Climate, and Health. Phuket: Thailand, 1999.

Nelson, R. and Winter, S. An evolutionary theory of economic change[M]. Cambridge: Belknap Press, Harvard University Press, 1982.

Ogawa, M. and Okimori, Y. Pioneering works in biochar research, Japan[J]. Australian Journal of Soil Research, 2010, 48: 489-500.

Rennie, J. K. and Singh, N. C. Participatory Research for Sustainable Livelihoods. A Guidebook for Field Projects[M]. Winnipeg: IISD, 1996.

Robb, C. Can the Poor Influence Policy? Participatory Poverty Assessments in the Developing World[R]. Washington DC: International Monetary Fund, 1999.

Roberts, K. G., Gloy, B. A., Joseph, S., Scott, N. R. and Lehmann, J. Life cycle assessment of biochar systems: Estimating the energetic, economic, and climate change potential[J]. Environmental Science and Technology, 2010, 44: 827-833.

Schneider, H. Participatory governance: The missing link for poverty reduction[R]. OECD Development Centre Policy Briefs No. 17, Paris, 1999.

Shackley, S. and Carter, S. Biochar stoves: An innovation studies perpsective[M]. E. Sajor, B. Resurreccion and S. Rakshit (eds). Bio-innovation and Poverty Alleviation. Sage, Delhi, 2014, 146-171.

Shackley, S., Carter, S., Knowles, T., et al. Sustainable gasification-biochar systems? A case-study of rice-husk gasification in Cambodia, part I: Context, chemical properties, environmental and health and safety issues[J]. Energy Policy, 2012a, 42: 49-58.

Shackley, S., Carter, S., Knowles, T., et al. Sustainable gasification-biochar systems? A case-study of rice-husk gasification in Cambodia, part II: Field trial results, carbon abatement, economic assessment and conclusions[J]. Energy Policy, 2012b, 41: 618-623.

Simon, H. Rational choice and the structure of the environment[J]. Psychological Review, 1956, 63: 129-138.

Sinton, J. E., Smith, K. R., Peabody, J. W., et al. An assessment of programs to promote improved household stoves in China[J]. Energy for Sustainable Development, 2004, 3: 33-52.

Sokchea, H., Khieu, B. and Preston, T. R. Effects of biochar from rice husks combusted in a downdraft gasifier or a paddy rice dryer on production of rice fertilised with biodigester effluent or urea[J]. Livestock Research for Rural Development, 2013, 25.

Sparrevik, M., Field, J., Martinsen, V., et al. Life cycle assessment to evaluate the environmental impact of biochar implementation in conservation agriculture in Zambia[J]. Environmental Science and Technology, 2013, 47: 1206-1215.

Tao, T. C. H. and Wall, G. Tourism as a sustainable livelihood strategy[J]. Tourism Management, 2009, 30: 90-98.

Therivel, R. and Paridario, M. R. The Practice of Strategic Environmental Assessment[M]. London: Routledge, 2013.

Ty, C., Phalla, M., Borin, K. et al. Synergism between biochar and biodigester effluent as soil amenders for biomass production and nutritive value of mustard green (brassica juncea)[J]. Livestock Research for Rural Development, 2013, 25.

Utterback, J. Mastering the Dynamics of Innovation[M]. Cambridge: Harvard Business Press, 1996.

Van Hien, N. and Vinh, N. Application of biochar for sustainable soil enrichment in the Northern Vietnam uplands[R]. CARE, Vietnam, SFRI, Hanoi, 2012.

Vinh, N. C., Hien, N. V., Anh, M. T. L., Lehmann, J. and Joseph, S. Biochar treatment and its effects on rice and vegetable yields in mountainous areas of Northern Vietnam[J]. International Journal of Agricultural and Soil

Science, 2014, 2: 5-13.

von Hippel, E. The Sources of Innovation[M]. Oxford: Oxford University Press, 1988.

WHO. World Health Organization: WHO air quality guidelines for particulate matter, ozone, nitrogen dioxide and sulfur dioxide, global update 2005. Summary of risk assessment[R]. World Health Organization, Geneva, 2006.

Willer, H., Lernoud, J. and Schaak, D. The European market for organic food 2011[C]. Nürnburg: Presented at BioFach Congress, 2013.

第31章

生物炭产业的商业化

Michael Sesko、David Shearer 和 Gregory Stangl

31.1 引言

生物炭的应用由来已久,已有研究将其作为贫瘠的热带土壤的农业改良剂(Glaser et al., 2002; Steiner et al., 2007; Major et al., 2010),其可以提高全球许多农业系统的生产力,尤其是对亚马孙流域的黑土(见第2章和第12章)。但是,生物炭的制备者和使用者在这些系统中可能并非出于商业目的,并且没有考虑到温带气候类型、气候变化、土壤类型和作物类型的多样性。相反,很多人认为生物炭只是当地支持粮食供应并帮助处理废物的一种实用工具[1]。

生物炭的多种理化性质使其应用范围很广。从家庭园艺、农业生产到环境修复,生物炭具有提高这些系统性能的潜力。在全球环境挑战(如粮食安全、水资源短缺和气候变化)形势加剧的推动下,研究人员已开始加快探索生物炭解决此类问题的潜在方法。在过去的20年,研究人员在相关工作中取得了巨大进步,包括生产技术和土壤功能,并且加深了人们对生物炭系统重要性的认知,因为它与各种经济、环境和社会条件都有关系。但是,生物炭系统和生物炭产品的商业化部署方面进展甚微。

根据国际生物炭组织完成的一项调查,全球有 197 多个生物炭组织。这些组织共有效利用了超过 4.3×10^5 kg 生物炭,并筹集了超过 1.16×10^7 \$ 的融资(Brunjes, 2012; IBI, 2014)[2]。虽然数据很可观,但这些数据不足以表明生物炭行业已经成熟。如果潜在的积极影响如此之大,为什么生物炭产业的商业化进程如此缓慢呢?

当前,生物炭的广泛应用存在诸多挑战。首先是生物炭的研究、开发和部署(RD&D)问题复杂。尽管近年来生物炭组织和私营部门加快了参与步伐(见第1章),但如何系统化地制备具有可再生特征的标准化生物炭、如何了解生物炭的潜在用途,以及如何使生物炭与市场需求保持一致都需要大量的知识和资本。如果没有充分了解

---

1 这适用于热带地区的美洲印第安人。在温带地区土壤中商业化使用生物炭的证据可能始于19世纪(见第2章和第12章),主要是在20世纪30年代。
2 在被确认的企业中,大约55%的企业是营利性的,其余包括非营利性组织、大学、公共机构和行业协会等;超过50%的企业被认为并非100%专注于生物炭。生物炭的部署和筹集的资金只占调查的一小部分(IBI, 2014)。

这些因素，在组织资本方面，将其进行大规模商业化具有很高风险。此外，生物炭产品缺乏稳定的市场反馈信号。虽然生物炭系统有众多的优点，但是其缺乏针对性的营销，这导致其商业化进程缓慢。一个稳定的市场反馈信号，通常会被生物炭在对流层中的碳排放、碳储存和全球土壤方面的价值所掩盖。早期的生物炭客户并没有重视生物炭的许多潜在环境效益。生物炭在被用来解决碳受限的大气层或大规模修复退化土壤之前，需要建立短期交易市场，以充分利用生物炭来提高水和植物养分在大规模农业发展方面的效率。利用生物炭在农业系统中能适应气候变化的特性，可以将短期市场发展需求与生物炭的"双赢"联系起来。

从发现到解决问题需要花费很长时间，本章的目的就是建立一个框架来思考生物炭产业如何最有效地构建自身结构从而吸引投资。作者借鉴商业理论、案例研究和现实经验，构建了生物炭价值链，降低了特定投资者的风险，为推动其商业化奠定了坚实的基础。第1部分首先确定生物炭行业的核心需求，并将其与不同的商业模式联系起来，以便可以广泛适用于不同的地区和系统；第2部分表明了生物炭行业商业化发展获得资本的机会，作者研究了最适合生物炭企业融资的不同资本类型，并探讨了与每种融资类型相关的风险缓解措施。资本类型和风险偏好的一致性对于了解如何在增加融资机会的同时降低成本至关重要。

在生物炭行业商业化过程中，人们已经投入了大量资源，无论是时间还是金钱，这都是无法量化的。有些人专注于分散式生产系统，而另一些人追求大型集中式系统。一些企业将重点放在容易实现的目标上以带动需求，而另一些企业则投资开发更大、更困难的市场。尽管不同模式的发展在很大程度上取决于市场需求，但必须反复审查和评估这些成功和失败的因素，以降低行业风险并推动未来更智能、更复杂的生物炭商业模式发展。虽然人们在这方面取得了很大的进展，但是相关记录很少，因此很难进行分析。

生物炭行业的数据不足主要有两个原因：①该行业仍处于早期阶段；②在现实中该行业运营的所有企业都是私营企业，出于竞争原因，通常不会公开共享信息。因此，本章所述内容主要限于调查报告和观察得到的结论。这一视角是商业策略和现实经验的独特结合，这些经验是从3位尝试推动生物炭行业创新的企业家那里总结的。因此，本章所述观点是由知识和经验总结得到的，而不是由学术研究所得的。

31.2 生物炭价值链

生物炭行业商业化的可能性可以使用价值链模型进行预测。在这种框架下，人们可以将物质世界中创造价值的各个阶段视为价值链中的环节（Porter，1985）。价值链描述了一系列的增值活动，这些增值活动将一个行业的供应方（原材料、入厂物流和生产过程）与需求方（出厂物流、市场营销和销售）联系起来。基于产业链的发展，产品在市场上变得越来越有价值。企业可以赚取利润，为其运营提供资金，并根据其在每个阶段提高的产品价值向股东回报价值。这些联系可以通过单家企业（垂直整合）或通过多家互相交易的企业（专业化）来实现。通过分析行业结构及价值链不同阶段相关的动态，企业可以设计其内部、外部流程，以创建可持续的商业模式。

人们可以从宏观（工业）和微观（企业）两个层面看待价值链。在宏观层面，价值链几乎没有边界，涵盖了全球该行业的所有参与者，包括采购和零部件的相关行业。当企业考虑在全球化的基础上进行竞争时，这种观点可能很有用。在微观层面，价值链存在于企业或行业层面。这是一种常见的看待垂直整合的行业或受运输成本等限制而仅在区域销售的行业的方法。微观层面和宏观层面的价值链经常与现有行业的其他价值链相交或重叠。这可能出现在进口、出口产品或服务行业（Porter, 1985）。

本章研究了生物炭价值链中的不同环节。因为这些环节不可能代表每个市场和地区的内在细微差别，所以该分析的目的是从理论上反映全球生物炭产品制备和销售的普遍情况。希望该框架能够用于发达国家和发展中国家，并在全球建立和发展生物炭企业和产业。作者确定了以下在大多数生物炭价值链中很常见的联系（见图31.1）：

- 原料供应商；
- 制备技术；
- 制备/项目开发；
- 产品开发/定制；
- 市场渠道，包括分销、批发和零售；
- 副产品/服务。

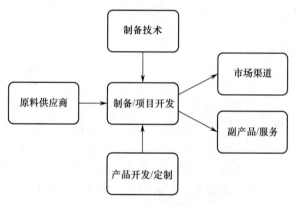

图31.1 生物炭的价值链

31.2.1 原料供应商

生物炭价值链中的第1个环节是原料。如前几章所述，可以使用各种类别的有机物制备生物炭。最大的限制因素是原料本身的粒径，以及含水量或化学性质（如灰分含量）（见第26章）。虽然可以同时使用天然材料和废物原料，但由于天然材料通常会收费（产生成本），因此大多数生物炭制备商都使用有机废物残留物，这也是一种更具可持续性的途径（Roberts et al., 2010）。生物炭制备商可以用其销售产品的价值来弥补原料成本。在高价值的利基市场中，这样做比较容易，但是在大型商品市场中这样做很难。高能源价值也能弥补这一成本（Gaunt and Lehmann, 2008），其影响程度取决于能源的形式（热能或电力）及区域市场条件。

原料流通常由公共和私人废物管理企业或废物的主要产生者（如机构或大型农业经营

者）收集、聚集和管理。发达国家已经建立了废物管理基础设施来收集、分类和处理废物（EPA，2011），所以基于废物的有机原料具有较高的回收率（不包括食品废物）。在这种情况下，原料价值链对于生物炭价值链是外源的，因为它已经存在并在生物炭行业之外发挥作用。如果可能，废物管理企业应尝试与该领域的生物炭企业合作，而不是与其竞争。在某些情况下，废物管理企业制备生物炭甚至更有意义，因为它们拥有稳定的原料供应和相应的基础设施。尽管生物炭企业与废物管理企业合作可能需要分享一部分收入，但双方在建设成本和运营成本（设备、许可证、人工等）方面通常会产生显著的协同作用。在发展中国家，废物管理基础设施通常较少。在这种情况下，生物炭企业不得不创建新的商业模式，并将原料收集、聚集和管理整合到该商业模式中。

原料流的长期经济性通常取决于区域加工的基础设施、新技术，以及围绕处置/加工方法的法规所构成的竞争格局[1]。这些原料流较为复杂，除了需要注意保持原料一致和保证原料质量外，还增加了生物炭制备商的交易成本。因此，随着新技术寻求以能源产品和营养物质的形式不断优化生物炭的价值，废物原料的供应成为生物炭制备商需要持续关注的问题。生物炭制备商必须通过以下方式竞争：要么以较低的成本从原料中创造更大的价值，要么寻找更多被认为不太理想的"有问题的废物流"，这种废物通常价格低廉且竞争力较小。创新性的原料采购将使一家生物炭企业与众不同。在项目层面，企业需要长期的原料供应来降低价格、保证数量及减小交货时间方面的风险。

31.2.2 制备技术

热解和气化系统的设计者和设备制造商会制造制备生物炭和其他副产品所需的机械设备。设备范围从小型台式分批处理系统到大型连续设备，原料输入速率为 $1000 \sim 10000 \, kg \cdot h^{-1}$。《2013年生物炭行业状况报告》（IBI，2014）根据产量将热解技术分为以下几类：①大型，日产量大于 10000 kg（$N=30$）；②中型，日产量为 $1000 \sim 10000$ kg（$N=29$）；③小型，日产量为 $10 \sim 1000$ kg（$N=17$）；④微型，日产量小于 10 kg（$N=8$）。尽管这些数字象征了制备技术已被广泛应用（$N=84$），但目前市场上缺少现成的用于优化生物炭生产且运行时间足以降低技术风险的商业装置。这些技术大多处于 $3 \sim 7$ 的技术准备水平（Technology Readiness Level，TRL）（DOE，2011）。每个系统都可以针对规模、原料类型和所需的产出进行调整，未来的创新可能是渐进的，变革的可能性很小。

为了研发生物炭制备技术，这一领域的企业将知识产权直接转化为制备技术（作为完整的承包系统或系统组件），或者获得设备设计许可。这些制备技术可以提高项目开发商或废物管理者的利润。与设备相关的建设成本、销售量通常较低，但利润率很高。成功的企业会与资本雄厚的客户合作，这些客户通常已经开发出强大的产品渠道进行市场推广。

31.2.3 项目开发和生物炭制备

开发生物炭制备项目需要大规模的协调工作。项目开发商通常不是制备技术或产品技术的开发人员。他们通常不拥有知识产权，也没有重要的零售业务。相反，项目开发人员是项目设计、执行和后勤方面的专家。生物炭制备商通过整合关键基础设施（包括物理设

---

[1] 美国几乎有一半的州已经禁止在垃圾填埋场处理有机物废弃物。

施和行政设施）使生物炭（及其他副产品）的制备和销售价值增加。根据项目的特征、原料的可用性及对能源产品的需求，项目可以进行集中管理或分散管理。项目开发商主要负责选址、选择原料、承包、许可、选择技术、融资、销售、市场营销和运营等。因此，在项目开发中具有竞争优势的运营商可以比竞争对手更经济、更高效地执行项目，尤其是在签订长期原料合同、购电协议（PPAs）和生物炭采购协议方面能显著降低特定项目的风险。

项目开发人员可以连接生物炭价值链的上下游，从战略上提高每个项目的经济效益。例如，通用电气（GE；在能源、金融和基础设施领域具有优势的跨国集团）因一些项目的开发而闻名，已经向许多知名能源项目提供了相关技术（燃气轮机和风力涡轮机）、项目融资（GE 能源金融服务）。同样地，那些希望从其管理的废物流中获得更多价值的废物管理企业，也希望整合技术并建立正净现值（NPV）项目来实现更高的盈利能力。然而，初期的生物炭产业仅依靠生物炭销售收入是不可能实现正净现值的。因此，由于不成熟的生物炭价值链无法提供开发项目和融资所需的产品和服务，许多项目开发商被迫合并。

可以基于 NPV 或内部收益率（IRR）来考察生物炭项目的经济性，以确定该项目是否值得投资（见第 29 章）。在项目的预计生命周期和适用的折现率中应考虑所有成本和收益，虽然有例外，但最简单的方法是追求具有正净现值的项目。从理论上来说，内部收益率高于投资者最低回报率的项目也应继续开展（Ross et al., 2002）。因此，为了保证项目开发商的最大利益，企业需要确保获得尽可能多的现金流（生物炭、能源产品、废物管理等），并采取风险缓解策略，以尽可能地降低成本。利用低成本原料并伴随能源或热量生产的生物炭制备系统，可以利用生物炭制备体系生产的合成气或生物油从中获利，以降低生物炭的制备成本，并提高终端用户的价值定位。

31.2.4　产品开发与定制

如前几章所述，并非所有生物炭在农业领域和修复行业都有相同的影响。原料的选择、工艺条件，以及生物炭的预处理和后期处理决定了最终产品的物理、化学特性，并决定了产品的最终用途（见第 8 章、第 12 章）。土壤类型、作物类型、环境条件和经济因素等变量决定了市场需求的特征。生物炭设计的价值在于特定设计及制备的生物炭在产品质量和数量上能够满足目标市场的需求。因此，生物炭产品设计师必须与制备商和目标客户紧密合作，以确保满足定制产品的规格要求。知识产权（IPR）以专利、商业秘密和商标形式保护其可创造的价值。它可以结合到现有的制备中，或者出售/许可给现有的制备商，以提高产品价值。

生物炭在大型农业和环境治理中的应用尚处于初期阶段。目前，在特定作物系统中使用的生物炭类型差异很大，导致生物炭在农业和修复系统中的价值不同。生物炭的评估由于土壤类型和生物炭制备经济性的范围而变得复杂。这个领域正在迅速发展，观察结果表明，生物炭价值链中的紧张局势将围绕生物炭产品的商品化，而非利基产品的溢价而存在。

商品销售的目标是确保成本较低，同时尽可能多地使销售收入超过企业固定成本。产品和服务差异化、管理订单组合和优先考虑客户细分市场的理念并不现实，这些理念最好留给那些销售额增长超过 50% 的行业，而这些行业的销售额增长并不关键。规模大致相同的竞争企业会发现,其与竞争对手的成本曲线的斜率大致相同(尽管地点和设施之间仍然存在要素成本差异)。鉴于竞争对手之间的相似之处,数量、平均成本和市场价格可能不是利润的关键驱动因素。寻求差异化的企业转向产品设计、销售和营销,这种转变已被视为无效或不适用。

增值策略和非商品定价侧重于特定细分市场的产品开发,这是生物炭产品开发和销售的理想策略。不断调整战略杠杆,通过客户伙伴关系和渠道/分销结构管理优化细分市场/市场组合。大宗商品企业很少区分和瞄准细分市场。增值企业通过决定向哪些客户销售哪些产品,并在特定地域市场使用特定定价策略,来瞄准具有最高盈利能力的细分市场。特殊服务(如交货时间短)的定价溢价也是生物炭价值链上的企业进行自我优化的有效增值策略。

31.2.5 市场渠道:分销、批发和零售

价值链的关键在于不仅要了解向谁销售,而且要了解如何向他们销售。前几章介绍了生物炭的多种物理、化学特性,这使生物炭成为吸引各种客户的优先解决方案。为了将这些信息应用到销售中,生物炭销售商必须深入了解客户的想法、成本结构及最大的需求。向他人销售他们不需要的技术,以及不能解决实际问题的方案是没有意义的。相反,生物炭销售商需要了解客户想要解决的问题,并了解他们掌握的所有信息,以提出更好的解决方案或开发出更好的产品。

有时候,这些客户会将生物炭与其他产品混合,并转售给其他企业(企业对企业;B2B)。这些生物炭产品很少有品牌,如肥料制造商和土壤介质制造商,而购买者是实际使用生物炭的终端客户(企业对客户;B2C)。其他产品通常带有商标,可以直销或通过现有分销渠道进行销售,购买者包括农民和家庭园丁。市场的定价和物流差异很大,企业在制定销售策略之前必须考虑这些因素。尽管从理论上来说,许多客户可能有自己的价值取向,但这并不能保证产品的最终销售。

从事生物炭销售和市场营销的企业不仅要识别目标客户,而且需要了解他们如何购买这些产品:谁负责做购买决策?谁是对该决策产生最大影响力的人?他们通常何时购买产品(季节性)?通常购买多少?通过什么分销渠道购买?目前很难回答这些问题,因为生物炭并不是一种被广泛应用的产品,所以没有大量的案例来确定可以出售或应该如何出售生物炭产品。考察可以比较的行业,衡量如何做到这一点非常重要,因为这些重要问题的答案会影响整个价值链的决策,并推动生物炭企业获得成功。

31.2.6 副产品和服务

所有生物炭制备系统都将根据所使用的原料和技术条件,采用不同比例来生产液体燃料和气态合成气。这些生物炭制备系统可以通过产出液体燃料、热能、电力或化学生产的原料(如木醋酸)来获利。这些产出的价值取决于区域的供需特征。

与许多生物质和生物能源行业类似,生物炭制备系统的副产品是生物炭价值链中创造价值的重要来源。这些副产品可以提高收益率,使生产者更加灵活,以建立目前有限的生物炭产品的最终市场。如果副产品被设计成符合监管机构和客户要求的规格,则其可以比生物炭产品更具有可替代性,因而融资也更多,并支持生物炭的早期销售。实际上,在许

多情况下，将能源产品或废物出售作为主要收入来源，而将生物炭作为副产品出售是有意义的。

生态系统服务市场是生物炭制备商寻求提高回报的领域之一。各国政府正在寻求技术和市场，以经济、有效地解决当前最紧迫的环境问题，如水质问题和全球气候变化。一些地区已经建立了营养交易市场和碳交易市场，以降低与环境目标相关的合规成本（Selman et al., 2009）。尽管人们还需要开展更多的研究，但生物炭是一种有前途的工具，其可以帮助参与者实现这些目标。虽然这些市场还处于起步阶段，但监测、验证和报告生物炭有益用途的生态系统效益的协议的拟定和机制的探究仍在进行中，这也可能成为生物炭制备商的另一个价值来源（de Gryze et al., 2009）。尽管如此，这些机制背后的科学和政策响应仍然很复杂。这给试图从中获利的生物炭企业带来了很多不确定性。因此，生物炭制备商不应将其纳入预测中，除非对其有很大的把握。

31.2.7 垂直整合与专业化

虽然无法描述完整的生物炭价值链结构，但生物炭行业目前正遭受零散的价值链困扰。这意味着生物炭行业缺乏必要的临界质量、规模及与外部价值链的整合。正因为如此，其无法有效地进行交易，也无法为买卖双方提供一致的定价和回报。这通常会导致价格波动、产品质量和服务水平不稳定，从而导致客户投资受到限制。因此，生物炭行业中的许多企业被迫过早地整合了多个环节，而不是专业化地针对价值链中的某一点建立竞争优势。这既有好处，也付出了代价，因为虽然整合的经济效益可能很好，但在初期阶段需要大量的资源横跨多个环节。此外，大多数企业早期也没有丰富的经验来整合多个环节。

31.2.8 价值链障碍

推出生物炭等新型材料有望打开全新的市场，但由于该过程冗长且涉及很多不确定因素，因此投资往往缺乏吸引力。事实上，绿色材料或替代材料可能需要很长时间才能够实现可观收入，这是生物炭企业的主要风险来源。

价值链障碍可能对生物炭产品及其相关副产品（如能源和生物产品）的应用时间产生重大影响。这些问题与生物炭价值链中现有产品的风险、生物炭产品或副产品无法满足市场需求，以及生物炭价值链的复杂性有关。

1. 现有压力

新产品通常与市场匹配，因为其突出的性能特点将使终端用户受益。但是，终端用户的收益并不总是等同于价值链参与者的收益。价值链通常是有意或无意建立的，并且以质量优良和准时交付等优势得以维持现状。当生物炭之类的产品对现状造成负面影响时，人们就会抵制其应用。生物炭价值链或相似价值链中的现有企业（如植物营养企业）将做出响应，以取代具有竞争性的生物炭产品。

2. 嵌入式解决方案

精确满足价值链细分需求的嵌入式替代产品是一种难以预测的产品特征，追求这种产品会延长产品上市时间。尽管需要在价值链的各个环节对产品进行有限的改进，但商业人员在推出新产品时必须考虑整个价值链，以避免产生价值链障碍。生物炭制备商需要仔细评估其产品在整个价值链中的性能，否则有可能产生负面影响。

3. 复杂的价值链

价值链的复杂性对应用时间有重大影响。价值链的复杂性来自很多方面，包括价值链中环节数量、地域分布和合同结构。复杂的价值链可能不会被采用，因为它们需要进行大量调整以适应新材料。此外，随着价值链变得更加复杂，价值链中的参与者会提高价格，这通常会改变新材料的原始价值定位。这给商业模式带来了固有风险，很有可能会阻碍投资（请参阅 31.3 节）。

因此，人们面临着"鸡与蛋"的局面，如果没有足够的市场吸引力来同时开发所有价值链，那么该如何发展一个成熟的价值链呢？如果存在一个支离破碎的价值链，那么如何拉动市场发展呢？这些问题没有简单的答案。一些行业始于某些垂直整合的企业，这些企业最终发展成为占据重要市场份额的企业。另一些行业始于专业人士，随着行业的发展，他们被迫积累其他价值链环节，利润率随后开始不断下降，但垂直整合为销售额和利润率增长带来了机遇。在混合模式下，生物炭产业可能会取得成功。生物炭系统与许多行业价值链相互作用，因此生物炭企业与这些行业企业合作具有战略意义。这将使生物炭企业专注于那些生物炭价值链所独有的、目前尚不成熟的环节，这就是机会所在。生物炭企业还应该了解其产品和服务如何最好地融入这些行业。出售生物炭或热解产品可为现有行业提供附加值，生物炭企业可以利用这些行业的规模和稳定性来推进客户对生物炭的应用和投资。

31.3 生物炭价值链融资

多种形式和规模的资本使企业能够开发产品和提供服务，以满足市场需求。其中，大多数不同价值链的环节若缺乏资金就无法商业化。唯一的例外是那些资本密集型企业，它们可以利用内部资金或利润来推动商业化。这可能是一条漫长而艰巨的道路，但对于一家有能力从小企业做起来，并实现持续生长的企业来说，这可能是有利可图的。对于那些缺乏大量资本的企业，募集资金可能是商业化的关键途径。但是，并非所有资本都是相同的，企业创造的现金流也不同。有研究推测，新兴的生物炭产业至今难以筹集到大量资本的原因之一是资本和风险的不匹配。因此，生物炭企业的最大利益在于使预期的现金流及其各自的风险特征与潜在投资者的偏好保持一致。这不仅会提高企业获得资本的可能性，而且在某些情况下会降低企业的资本成本。

本节介绍了可用于生物炭企业的各种融资类型。这主要是从项目或企业现金流的视角，以及对其可变性和波动性的探索来实现的。此外，本节介绍了项目融资与企业融资之间的区别，并将企业内部的现金流分开，以更好地匹配可用的融资来源。最后，本节简要介绍了各种形式的债务融资和股权资本，这些债务融资和股权资本可以组合起来在生物炭价值链上为各个环节融资。

31.3.1 了解现金流和基本财务

企业融资会创建一种金融工具或合同协议，使企业家能够利用投资者的资金进行风险投资，从而创造现金流，最终补偿投资者。在基本层面，资本可以分为两大类：股权和债务融资。股权指企业资产和未来现金流（正现金流和负现金流）的所有权；债务融资不转让所有权，而是承诺在规定的期限内偿还借入的资本并附带利息。从理论上来说，这两个广泛的类别可以细分为几乎无限的金融工具（Ross et al., 2002）。资本还有其他类别，如可转换债务和赠款。这两种类别的资本具有相同的特征。实际上，每项融资中都含有不同的资本来源，这些投资者的目标需要与项目或企业的目标保持一致，因此在接受债务融资之前必须仔细考虑。

通常，人们将债务融资和股权视为描述风险程度的主要工具，其表示投资者进行投资的风险和回报。从企业家的角度来看，债务融资和股权也意味着将一定的控制权转让给投资者，以换取资本的管理权。本章无法详细介绍每种金融工具，而是将重点放在最适合生物炭行业及其初期成熟阶段的几种金融工具上（Ross et al., 2002）。

一家资金雄厚的企业通常会部署多种类型的资本以实现其目标（见表31.1）。资本来源的多样化使企业能够灵活地实现多个目标，而不受单一资本要求的阻碍。募集多种类型的资本还可以降低企业的加权平均资本成本，从而提高企业和整个资本结构的回报。亚马逊和特斯拉的案例展示了其所使用的各种融资工具（见表31.1）。亚马逊作为一家较为成熟的企业，使用了多种形式的债务融资和准债务融资，而特斯拉在首次公开募股（IPO）时有超过6种类型的股权。

表31.1 亚马逊和特斯拉资本化的案例

类　　型	价值（M$）	票面价值（$）	发行价格（$）	流通股（百万股）
亚马逊				
2015年到期的0.65%债券	750			
2017年到期的1.2%债券	1000			
2022年到期的2.2%债券	1250			
其他长期负债	691			
长期资本租赁义务	9			
长期融资租赁义务	87			
建设负债	336			
税收或突发事件	1108			
总债务	5968			
特斯拉				
股票系列A		0.001	0.49	7
股票系列B		0.001	0.74	18
股票系列C		0.001	1.14	35
股票系列D		0.001	2.44	18
股票系列E		0.001	2.51	103
股票系列F		0.001	2.97	28
全部已发行股				209

大多数企业在成立之初都会寻求"免费"资金（赠款、奖金和众筹），因为它们仍处于证明自己理念的阶段，并没有足够的现金流或明确的商业模式。因此，无法为投资者提

供可靠的收益预测或承诺。寻求这种"免费"的资金具有竞争性，如果赢得了资本，通常还要有严格的报告要求，但通常不必支付利息。精明的企业家们可以利用这些机会，在第一轮融资之前，在不稀释所有权的情况下构建一定的运营资金体系。

另一个资金来源通常以普通股形式获得，这是最基本的股权形式。早期的股权投资者包括亲朋好友、天使投资和风险投资。企业合作伙伴也可能会在早期进行战略投资，将其研发工作外包出去。"冷行星能源系统"这个案例已经显示了这一点。该公司已经获得了BP、GE、Conoco Phillips、Exelon和NRG等合作伙伴的多轮投资。这些合作伙伴有利于企业早期的发展，因为这些大型合作伙伴提供了小企业没有的洞察力和无法进入的市场渠道。他们对小企业的兴趣也具有战略性质，而不是纯粹的财务性质。尽管大企业也希望自己投资的小企业成长，但它们并没有像风险资本家那样要求高回报（Metrick and Yasuda, 2011）。生物炭企业日益成熟，通过实现里程碑式的目标降低了投资风险，其股权变得更加便宜，可以获得更多类型的资本，包括私募股权和债务融资。

首先，将企业内的特定风险/回报利润分离出来；然后，将其与适当的资金来源相匹配，这样可以大大提高获得资金的成功率。以图31.2为例，一家生物炭制备商（A公司）建造了一家工厂来制备生物炭，并根据长期合同将制备的生物炭出售给大企业。现金流曲线起初显示了一个大的负箭头（现金流出），表示该工厂的初始资本投资；随后显示了稳定的、少量的正现金流，表示生物炭合同销售形式。这些现金流是工厂的运营成本（燃料、人工等）的净值，这种理想化的现金流非常适合低成本债务融资，因为A公司的业务很可能以可预测的价格产生稳定的支出流。这样产生的现金流具有较低的可变性（现金流之间的时间确定性）和波动性（现金流规模的确定性）。稳定的、可预测的现金流非常适合包含债务融资在内的融资结构。

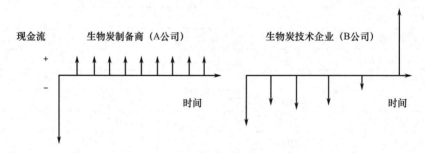

图31.2　不同商业模式的现金流特征

还有一家仍处于实验室设计和制备技术部署阶段的生物炭技术企业（B公司），将一种低产量、高利润率的技术销售给客户（见图31.2）。由于B公司没有确定的技术买家，因此现金流可能是高度可变且不稳定的。虽然B公司的回报和时机不确定，但其潜力巨大，因此相对更自由（且更昂贵）的股权资本似乎是一个更好的选择。

31.3.2　项目融资与企业融资

项目融资是基于独立项目的现金流，而非发起人或所有者公司的现金流或资产对给定项目提供的融资。项目通常通过成立单独的有限责任公司（LLC）来建立，以保护开发该项目的母公司的资产和现金流。在将现金流与理想的现金流来源匹配的背景下，有时候可以将公司的现金流细分为各种不同的投资项目,这些投资项目可能更容易获得资金支持。再次考虑之前案例中的 B 公司,假定该公司在其生物炭技术开发活动中拥有一家试点工厂,该工厂在研究、优化和部署其技术的同时制备(和出售)生物炭。在这种情况下,将试点工厂设为独立的子公司(如有限责任公司),可以将可变性较小、波动性较小的项目现金流与风险较大的公司现金流分开。根据其现金流状况,该子公司可能更容易且更愿意与接受产品风险而不是技术风险的投资者相匹配(见图 31.3)。尽管寻找愿意承担技术风险的投资者可能更困难,成本也可能更高,但在承诺出售生物炭的前提下,试点工厂的硬资产融资可能更容易,成本也可能更低。这并不是融资的首选途径,而是使企业内部不同的现金流得到不同的融资,从而为管理层提供另一种融资工具,以帮助企业达到目的。适当地将投资项目与其理想的融资来源相匹配,有望提高以合适的价格获得所需投资项目资金的可能性。

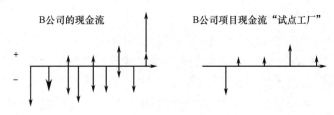

图31.3 区分公司的现金流和项目现金流

31.3.3 资本种类

1. 股权

从普通股到非累积、参与、可转换的优先股的权益证券是普遍转让企业所有权的金融工具。股权通常授予企业部分未来现金流的永久权利。股权股东可以获得企业运营的股息,或者将股权出售给另一家公司,或者以首次公开募股(IPO)等退出的形式将其投资货币化。从企业家的角度来看,股权通常是最昂贵的资本形式,因为它没有较高的债务税收优惠。股权股东通常是发生流动性或破产事件后最后一批被赔付的股东(Metrick and Yasuda, 2011)。尽管这是事实,但也可能会产生误导,因此最好还是关注风险与回报的匹配问题。股票投资者预计将承担重大风险,如果未来现金流是可变的或波动的,或者两者都有,则股票可能是高价值的,而更便宜的债务可能是破产的"单程票"。

权益证券为企业提供了一块空白画布,用于设计证券来满足投资者的需求。普通股是最简单、最广泛的企业所有权形式,仅向股权持有人提供基本权利。它赋予股权持有人对企业管理层的最低控制权,仅与所持股份数量成比例。在初创或早期阶段的企业中,这往往是创始人和员工持有的股份。

处于发展早期的企业为了吸引资金,通常会在普通股中添加其他收益和特权,以降低风险或增加对投资者的回报。这些股权被称为"优先股"。对投资者增加的回报并不总是货币性质的,而是可以赋予投资者更多控制权或管理监督权。通常,优先股还包括许多额外的优先权。例如,在清算中优先于其他类别的股票,"随售权"使投资者能够与管理层一起出售,"拖售权"使投资者能够迫使管理层出售企业,具有"优先回报权"使投资者能够在早期的股票交易之前收回其现金。与投资者团体设计和讨论成功的发行方案的关键是：充分了解业务的特定风险。通过仔细考虑特定风险，证券的设计可以解决投资者担忧的最低限度的权利问题。

处于发展初期的企业通常需要几轮融资。这些融资通常分为 A 类优先股、B 类优先股等。这使企业获得了更多类型的优先股，以更好地满足企业的未来发展需求。随着企业的发展，后续融资中授予的权利和特权清单往往反映了企业的命运。

企业的管理层要记住，权利一旦授予，就很难去除或撤销。A 轮融资需要有一个视角，即需要考虑后续融资。企业必须小心谨慎，不要为了获得某些权利而将自己逼到"墙角"，免得难以在 B 轮融资中吸引投资者（Metrick and Yasuda, 2011）。例如，拥有 A 轮股票优先购买权的所有者可能会阻碍 B 轮潜在投资者的投资，而完成所有这些工作之后，A 轮投资者可能会取消交易。

2. 准股权或股权挂钩证券

处于发展初期的企业用来吸引资本的另一种常用手段是，发行可以提供类似债务保护（当前利息或清算优先权）的证券，当企业表现良好时其可以转换为股权。可转换债券（以预定折扣转换为股权的债务）或认股权证（以预定价格购买或出售股权的权利）等工具也可以作为使投资者的回报与企业风险相匹配的有用工具。这些证券被用来授予投资者类似债务融资的投资地位，以便在企业陷入困境时提供更好的保护。这些证券随后进行"转换"，或者在认股权证的情况下，允许在到达重要阶段时用来购买股权。虽然这种类型的证券不太常见，但这种证券的结构可以有利于企业，其允许投资者的股权权益从本质上转换为债务，并以预定的回报率偿还，从而限制了投资者的潜在回报。

3. 债务融资

债务融资有多种形式（多种来源），但始终包括偿还借款资本和利息的义务。债务融资并不赋予企业所有权，但借款人在违约的情况下需要抵押品来偿还本金。此外，与优先股非常相似，债务融资使企业承担了一系列义务。这些义务通常被称为"契约"，其可能会限制企业管理层为其运营融资的灵活性，即企业与贷款人对某些未来部署、收购和资产出售达成协议。只要债务未偿还，贷款人通常就会获得一系列否决权，这会影响企业未来的资本结构。由于支付利息可以免税，而且债务人通常会在清算时获得优先权，因此债务通常是最便宜的资本形式。但是，必须要谨慎考虑未来现金流的可变性和波动性。

债务也可以分为企业债务和项目债务（Ross et al., 2002）。例如，企业可以为特定目的获得建筑贷款，以所需资本的 90% 建设一个试点工厂，而贷款或定期贷款可以达到 75%。在这种情况下，建筑贷款可以在建造后的几个月内一次性到期（"大额"付款），而定期贷款将在数年内还清。这些贷款可能来自同一家银行，也可能不是。这可以使企业在资产产生收益之前，通过对风险水平进行细分和分级更容易获得融资，从而降低其他潜在投资者的风险。

4. 供应商融资

供应商融资是债务结构的一种，是融资中最容易被忽视的一个方面，但通常也是项目最容易获得的融资之一。当供应商愿意为其使用设备项目提供部分、全部或 100% 以上资金时，就会发生供应商融资（例如，"购车时现金返还"或"一年零付款"）。一些最大的设备供应商将为项目提供资金，以完成其设备的销售，这不一定是成本的一部分。例如，重型设备制造商提供的资金通常远超给定项目中特定组件的成本。供应商财务往往集中在实物资产、厂房和机械上。就生物炭项目而言，其可能包括现成的热解或气化技术及原料处理设备。它也往往与最畅销的设备相关，因此技术越成熟越好。最常见的供应商融资形式是汽车：通用汽车验收公司（GMAC）、福特信贷或零售商提供自己的信用贷。供应商在其设备中有一个内置的利润率，因此他们通常可能会以比第三方更高的利率提供融资，因为利润率可以分散在资产购买和财务关系上。一些大型的设备供应商，如波音、卡特彼勒和通用电气，其业务部门可以为整个项目提供融资，而不仅是为设备成本提供贷款。对于一些较小的供应商来说，其现金销售不如扩大装机基数那么重要，因此更有可能融资。供应商融资也可能给其余项目带来不利。由供应商提供资金的组件通常是最容易转售的，如具有广泛应用范围的特定设备。这些资产往往也是抵押品中价值最高的资产。对资产进行隔离，并将其从投资项目中抽离出来，这将无法供其他贷款人（如银行）使用。从抵押品的角度挑选最佳资产实际上会使项目剩余部分的融资难度和成本更高（利率更高）。

5. 工作资本

企业还可以使用自己的资产负债进行融资。企业欠供应商的债务构成了供应商对企业的短期贷款，就像少缴税款构成了政府对纳税人的短期贷款一样。在大多数情况下，企业的欠款项超过了供应商的欠款，而两者之间的差额被称为运营资金，并构成了现金流。

许多过度使用信用卡的人发现，将流动资金用作金融工具可能是一种危险的游戏。但是，如果与适当的收入相匹配，即使运营资金数额很小，也可以成为免费的资金来源。因此，无论是大企业还是小企业，财务管理的最大弊端之一就是运营资金管理不善。应收账款像一块海绵，会吸收可用资金。企业常常会更勤勉地付账单而不是成为讨债的牺牲品。一旦一项业务实现了正收益，就应该建立相应的系统，自动跟踪应收账款，降低因企业资金不足而产生债务的风险。

6. 赠款、奖金和群众捐款

如前文所述，赠款、奖金和群众捐款可以用于资助早期的研究、开发和生产。这些资金的提供者通常是政府或非政府组织，他们有助于促进企业的构想取得成功。就生物炭而言，由于生物炭系统可以提供无数的社会效益、环境效益和经济效益，因此有大量"免费"的融资机会。如前几章所述，生物炭在气候、废物、能源、农业和修复行业中处于重要地位。

因为这种类型的资本通常不需要财务回报，也不需要授予所有权，所以不会稀释股权持有人的股权，对资本结构中的股权投资者可能具有吸引力。获得这种类型的资本也可以用来证明相关构想的可行性，因为这些构想已经通过了相关组织的审查。

31.4 风险类别和投资

每种资产类别和子类别都会存在与投资相关的风险。从这个意义上讲，风险可以粗略地定义为投资者无法收回资金的可能性。在这种情况下，生物炭企业的投资者同样有不同的风险和回报。与投资相关的风险或不确定性越大，投资者要求的回报就越高。因此，寻求为商业化目的筹集资金的生物炭企业，必须深刻了解其风险状况，以及确保如何与可用的资金来源相匹配（见表31.2）。这既适用于现金流的可变性，也适用于现金流的波动性。但应注意的是，如果企业只专注于规避风险，则创造价值的机会有时也会被忽视。

表 31.2 资本、风险和回报（Gentry, 2007）

投资者能力/投资偏好	直接公共投资	补贴		债务融资		股权	
		上市小型企业	民营小型企业	上市中型企业	民营大型企业	上市小型企业	民营大型企业
回报							
社会	高	高	高	高	低	高	低
金融	无	无	无	低	中	中	高
风险							
项目	有	有	有	一些	很少	一些	有
技术	很少	有	有	一些	无	有	有
国家	有	有	有	一些	一些	有	一些
持续时间	1～100年以上	1～5年	1～3年	1～100年以上	1～10年以上	1～100年以上	3～7年

本节描述了与生物炭企业相关的不同潜在风险类别（见表31.3），并介绍了风险来源，简略探讨了如何降低这些风险。尽管许多风险类别都可以更广泛地影响企业，但本节确定了最适用于生物炭行业的7种风险类别：商业模式、技术、市场、执行、供应链、监管、财务。

表 31.3 生物炭价值链中的风险类别

风险类别	注意事项
商业模式	随着时间的推移，生物炭企业能否创造可持续的价值？
技术	生物炭技术（制备和产品）是否按计划进行？它们在市场上是独一无二的吗？
市场	生物炭制备或生物炭产品是否有一个可预测的、可验证的、持续的、增长的市场？
执行	生物炭企业是否可以根据其需要执行和修改商业计划？
供应链	上下游供应链在时间和距离上是否可靠？
监管	监管是否支持生物炭制备、销售和使用？
财务	是否有足够的资本和一致的风险偏好来通过完全商业化为企业提供资金？

31.4.1 商业模式风险

商业模式风险取决于一个简单的问题，即企业能否长期持续盈利？无论市场条件如何，可持续发展取决于企业未来创造价值和利用价值的能力。商业模式风险是最广泛的风险类别，因为它着眼于企业整体，而不是其组成部分。在宏观层面，因为价值可以用货币和非货币来定义，任何影响企业发展的事物都会带来商业模式风险。在现代商业战略中，两种方法可用来评估商业模式风险。Porter（1979）探讨了5种不同的市场力量如何影响商业模式，5种市场力量分别指买方、卖方、新进入者的威胁、替代产品的威胁及行业内的竞争。该框架使企业可以更好地了解其在市场上的优势和劣势。例如，从商业模式的角度来看，市场中权利的集中（无论是买方还是卖方）都可能创造或减少价值；客户的购买力会导致生物炭企业的实际价值降低。全国连锁零售商和大型农产品零售商通常会对生物炭供应商施加压力，从而威胁其长期盈利。另外，原料供应商的供应能力也会影响生物炭价格，销售能力可以促进生物炭销售价格的上涨。在生物炭系统中，这往往只是其中一个影响因素，因为基于废物的原料难以运输，因此生物炭的原料产地较分散。此外，定价通常取决于区域条件，如现有基础设施和竞争性转换技术。在本案例中，生物炭企业必须了解其与生物炭价值链中其他参与者的互动方式，以及这些参与者之间的价值现在和将来如何进行分配。

评估业务模型风险的另一种方法是 SWOT 分析（Humphrey, 2005; Helms and Nixon, 2010）。SWOT 分析依赖一个矩阵，该矩阵可以梳理出商业模式的优势、劣势、机会和威胁。这些类别按企业内部因素和外部因素可以进一步划分。在对任何项目或企业进行规划时，SWOT 分析框架都可能很有用，但也会受企业的不同观点限制。尽管使用 SWOT 分析框架可以帮助生物炭企业识别商业模式风险，但适当降低这些风险需要提高企业可持续竞争优势的工具。这些工具将在下面详细讨论，主要包括知识产权、先发优势、合同、战略伙伴关系及纵向或横向整合。

与大多数新材料一样，生物炭是根据研发过程中发现的一系列独特的性质开发的。但是，生物炭企业通常专注于某种属性的生物炭，并将其视为在各种技术中都非常有效的材料，而忽视了该材料如何真正地满足客户需求，这为企业带来了业务风险。他们认为，这种独特属性的材料将为客户提供非常高的价值，却忽略了材料的缺点。但是，这种情况很少发生。更常见的情况是材料在其中一个或两个需求方面表现良好，但是无法满足客户的所有需求，这会导致客户不会应用该材料或应用该材料后没有效果。主要问题是材料生产商往往无法理解该材料带来的风险。尽管生物炭等新材料的优点得到了客户认可，但这些优点和潜在的缺点之间常常会出现不平衡。

31.4.2　技术风险

技术风险是指技术无法按预期运行的风险，这是投资和开发新技术以推向市场的企业遇到的典型风险（如前文所述的 B 公司；见图 31.2 和图 31.3）。生物炭价值链中技术风险的两个主要来源是制备过程和产品。生物炭的制备利用热化学工艺，需要根据特定的原料类型和预期的产量进行调整。考虑到变量的复杂性，找到其中的平衡点仍然很困难。开发用于销售或许可的热解器的企业必须首先进行测试，并证明机器可以正常运行；然后才能将其推向市场，并向潜在客户证明该技术有助于降低销售成本。此过程通常分为 4 个阶段：实验室规模的验证、制作样机、中试、商业开发。为了吸引技术投资者，生物炭技术企业必须有效地推动这一过程（制定积极的、合理的预算和时间表）。基于资金的时间价值、预算和时间安排，预计此过程将直接影响投资者的投资回报率（ROI）。

生物炭产品或副产品的制备也有可能产生无法预测的风险。这些产品的销售企业必须通过室内研究和现场试验证明产品的性能稳定、可靠。为了增加复杂性，每个终端市场通常都有一个公认评估新技术性能的过程。例如，大多数商业农场主在承诺购买新的土壤技术之前，需要至少 3 年的试验（通常是在大学层面进行独立验证）。在此期间，在商业农场主考虑购买该技术或产品并将其纳入他们的运营活动之前，产品的性能和经济性必须通过验证。其他部门或行业可能也需要进行或多或少的严格测试,这取决于怎样评估性能。

但是,即使该技术是有效的,生物炭企业也必须在市场上证明其独特性。以专利、商业秘密或商标等形式进行的知识产权保护,是确保竞争者不会为了自己的利益而将技术商业化的有效方法。投资者倾向于保护知识产权,因为它可以确保投资和开发新技术的企业在限定的时间内能够利用该技术。不同类型的财产保护均有其优点和缺点,专利对于可以进行逆向工程的技术来说很有用。如果专利申请获得批准,其他企业就可以从发明中学习,但不能直接抄袭。如果创新是真正独特的,并且已形成新的专利,那么它就是宝贵的资产。但是,如果已发布的专利过于特殊,或者容易以其他方式复制而使其他企业可以浏览,那么它可能是一种负担。因此,专利的强度取决于权利要求的范围、可替代性和实施方法。当一项技术不能进行逆向工程时,商业秘密将变得很有用。如果管理得当,商业秘密理论上就可以持续创造价值。当代成功的商业秘密中最著名的例子就是可口可乐的配料表,它至今仍然是商业秘密(Pendergrast, 2000)。类似于该案例,生物炭企业的商业秘密可以是形成增值生物炭混合物的工艺及其成分。

31.4.3　市场风险

可预测的市场信号是生物炭产品成功商业化的必要前提。没有明确的需求或进入市场的渠道,现金流将无法满足预期,大多数生物炭企业将无法成功吸引投资。尽管细分市场是企业内部不断发展的过程,但最终目标应该是与信誉良好的客户签订高质量的销售合同。让客户承诺以固定价格购买产品是缓解市场风险最可行的融资形式。生物炭可以产生多种不同的价值流,包括土壤肥力、水源保护、环境修复、减缓气候变化、废物管理等。虽然这些效益的货币化可能会让人们认为生物炭是一种极有价值的产品(在某些情况下可能确实如此),但生物炭销售商必须认识到,并非每个客户都平等或一致地重视或内化这些效益。例如,生物炭的商业客户并未明确评估许多潜在的环境效益(如减缓气候变化),除非政府进行监管,否则环境成本通常会被企业外部化。将这些成本内部化是有利的,因为它可能会增加一定的品牌资产,但这并不是常规做法。因此,企业必须优先考虑价值流,并定制生物炭产品,以确保针对特定市场优化产品属性。也就是说,生物炭和其他环境技术可以为客户创造许多价值流,但这些价值流并不总是可以量化的。正如 Esty 和 Winston (2009) 所述,企业环境战略的价值不局限于降低环境责任,还包括提高效率带来的成本节约,以及新产品和新品牌带来的效益。

客户为何采用新技术?从根本上说,成本的降低和收入的增长才能推动生物炭的应用。新产品可以作为替代品或补充品,以提高性能或降低成本。对农业行业而言,大多数种植者都需要一种能帮助他们提高产量同时减少投入的产品。如前几章所述,这往往是生物炭性能的最佳表现。尽管很难证明生物炭能够提高作物产量,但考虑影响产量提高的各种环境因素(见第 12 章)就是农民的首要目标。降低产量的波动性也有好处,因为它可以使农民更好地进行规划,并且可以更好地缓解周期性风险,从而更容易从农业银行获得贷款。减小投入,以及减小投入的可变性,对于利润微薄的农民来说也具有很大的价值。同样地,为将来的供应冲击提供缓冲作用可能很有价值。但是,并非所有农民对这些变量的认知都是一样的,因为每个农民在不同条件和系统下工作,这些因素可能会不同程度地影响价值认知。因此，生物炭销售商应寻找使用生物炭技术获益最多的客户。

从理论上讲，一些高价值的客户应该是最早的生物炭应用者，实际上却相反，因为很多因素会影响客户购买新技术的决定。文化和技术方面的需求也必须得到满足。一旦确定了价值主张，就应该根据其他推动生物炭应用的特征对市场进行细分。其他应考虑的因素包括：①位置，产品运输是否经济？②规格，产品规格是否符合最终用户的要求？它可以与现有的应用技术一起使用吗？③规模，是否可以经济地制备和交付足够的产品，以满足最终用户的需求？④法规，产品是否违反环境保护相关法规？

基于这些因素对市场进行细分之后，生物炭企业应尽量寻求真实的市场反馈。市场反馈可以通过调查、访谈或更高级的合作试验来实现。这使生物炭企业能够验证它们的假设，并将市场反馈纳入产品开发及市场定位中。在这个阶段，生物炭企业应该继续寻求市场认可。为潜在客户提供原型产品是迈向商业化的一种好方法。这也会为企业带来自我提升的机会，这始终是市场将为产品或服务付费的一个好迹象。无论哪种方式，都应在控制成本和不断学习的基础上进行早期销售。降低失败成本可以让企业确定客户的实际需求，然后朝着研发更精简、成本更低的产品的方向发展。

31.4.4　执行风险

企业能够完整地执行其计划吗？生物炭价值链的所有阶段都包含执行特定商业计划的企业。许多企业都可以根据商业计划和利润预测来吸引投资，但是可以执行该计划的企业很少，因为降低该过程的风险需要很多条件。除了解决其他6类风险，利用正确的团队执行业务计划同样至关重要。成功的团队通常兼具相关领域的专业知识和巨大的野心。在成熟的行业（如废物和农业）中，如果没有丰富的经验和网络帮助，则很难执行具有颠覆性的商业计划。同样地，将新产品或新服务推向市场可能是一个艰巨的过程，需要坚持不懈和雄心壮志。团队计划应该选择最好的，而不是最方便的。同时，需要经验丰富的顾问来对核心团队缺少的技能和经验进行补充，这对商业模式至关重要。

此外，最好的企业应该具有明确的、合理的目标，并且这些目标最终指向商业成功。这些目标通常包括实现技术目标、确立产品的核心市场价值及在初期应用中获得成功，以此作为在核心市场中长期生存的途径。商业化团队必须根据这些目标进行企业管理，并对未能达到目标的项目进行调整、设置新路线或直接取消。

31.4.5　供应链风险

对于成功的生物炭企业来说，供应链的可靠性是必不可少的。最擅长管理供应链的运营商可能会成为最强的竞争对手。为了解决供应链的不连续问题，具有前瞻性的企业应做好两手准备。

首先，他们将传统的单一供应链分解为更小的、更灵活的供应链，这样可以节省资金，并更好地为客户提供服务。但是需要解决的问题是，生物炭企业用于制备和分销产品的供应链资产是否与这些产品及其客户的战略目标相符合？生物炭制备企业应设计并制造符合供应商要求的产品组合，以最大限度地降低不同情况下的成本风险，目标是确定具有弹性的制造和采购途径，即使它不一定是成本最低的解决方案。

其次，如果企业动态地看待供应链，并着眼于整个供应链的弹性发展，那么这些优势将更有价值。尽管这些新供应链可能与旧供应链一样依赖相同的资产和网络资源，但它们使用信息的方式大不相同，这有助于企业在应对复杂性的同时更好地为客户提供服务。优秀的企业将供应链视为抵御不确定性的动态对冲工具，通过积极、定期地检查（甚至重组）其更广泛的供应网络，着眼于未来 5~10 年的经济状况。因此，企业建立了多样化的、更具弹性的供应链资产投资组合，使其更适合在不断变化的世界中蓬勃发展。

31.4.6 监管风险

企业容易受到监管和政策环境的影响。在这种情况下，控制风险意味着将业务的各个方面依照现有政策和法规进行战略调整，并与地方、国家和全球级别的监管机构合作，以促进制定新的政策和法规。与商业化相关的政策和法规既可以起到积极作用，也会产生消极作用。从消极的方面来看，监管可能会浪费资源，因为企业会花费时间和金钱寻找合规途径。从积极的方面来看，防止使用竞争性产品或支持使用生物炭产品和技术的法规可以提高生物炭的价值。生物炭的制备和应用对废物、能源和材料/化工行业至关重要，因此监管在深度和广度方面都可能很广泛。另外，生物炭产品和技术在市场上相对较新，因此关于其安全性和性能的验证很重要。生物炭制备设施的许可必须遵守各种空气质量标准、废物管理规定及水量和水质规定。热解/气化产物（如合成气和液体产物）的制备和使用也需要进行监管，以控制其一致性和质量。生物炭产品的制备和应用因地区而异。了解地区之间法规的差异可以为有效地"超越"竞争对手提供优势。

未来几年，全球、区域、国家和地方应对气候变化、水质安全和粮食安全的进程将逐步展开，未来的监管谈判和决策将异常复杂。控制温室气体排放、养分流失和水资源应用的法规可以决定用户是否采用生物炭。在某些情况下，这些法规可以创造额外的收入，例如，通过碳交易市场或营养元素交易市场。但是，生物炭企业在考虑融资来源之前，必须了解这些市场的范围和发展时机。通常，地理、协议和政治因素可能会使生物炭企业免于监管。

企业通过参与复杂的流程、利用合作关系和联盟来支持他们的观点，并通过直接对话和塑造舆论来影响决策者，以从中受益。作为植物养分和水分效率或低碳商业战略的推动者，监管具有重要作用，这意味着许多企业将发现有必要在基本政策原则和战术监管工具层面影响监管设计。助力制定有利于环境和企业的公共政策的监管策略，将降低生物炭价值链中企业的风险。

31.4.7 财务风险

生物炭产品和技术的成功商业化需要在开发的各个阶段投入资金。一家典型的企业在其成熟的各个阶段（研发、原型设计、试点、部署直至上市或出售）都需要融资。在初期，由于数量和规模不足，大多数企业无法承担日常开支。进入下一阶段后，企业发展需要外部资金，该资金必须与企业自身的风险特征和增长轨迹保持一致。如果企业在任何一个成熟阶段都没有足够的资金支持，则无论产品或技术在市场上的前景如何，该企业都将面临没有足够资本发展的风险。

31.3 节探讨了可以在不同成熟阶段与各种生物炭商业模式相结合的金融工具。生物炭企业必须从供应、定价和风险偏好方面评估资本市场的状况，以确保能够满足随后的资金需求。通过减少企业发展所需的资本，可以降低商业计划的资本密集度，进而可以降低企业的融资风险。

31.5　结论

生物炭市场仍处于起步阶段，但作为一个商业行业其前景非常广阔。生物炭的产业化能够提高在各种环境下生物炭的应用能力，使生物炭企业有机会构建和扩展能够颠覆或引领许多现有行业的生物炭系统。这种潜力使生物炭系统可能带来许多可预计的效益。这些优点为开发适当的生物炭系统提供了极大的灵活性，该系统可以在一系列行业中引入多种市场解决方案。然而，生物炭的应用仍然存在一些不确定性。生物炭行业的商业机会受到运营、科技、政治、文化和经济的限制。将价值主张扩展到已知或可能的范围之外会给企业业务带来风险。因此，那些业务范围广、专利多或销售额高的生物炭企业可能无法得到资金支持。

本章为生物炭技术推向市场提供了一个框架。生物炭价值链的结构在很大程度上决定了价值的创造方式和机会。早期生物炭行业中不成熟或零散的价值链导致企业的收益率较低，这是因为短时间内太多业务会导致资源密集。低收益或不确定的收益通常会导致行业投资减少。为了推动投资和商业化，企业必须专注于以符合投资者利益的方式来降低风险，其可以采取多种形式，包括专业化和股份制。此外，确定资金来源仅成功的一半。生物炭企业必须深入了解如何通过降低风险来包装产品，以满足特定投资者的需求。

参考文献

Brunjes, L. Biochar industry status update[C]. CA, Sonoma: U.S. Biochar Initiative Conference, 2012.

de Gryze, S., Cullen, M. and Durschinger, L. Evaluation of the opportunities for generating carbon offsets from soil sequestration of biochar[R]. An issues paper commissioned by the Climate Action Reserve, 2009.

DOE. Technology readiness assessment guide[R]. Washington, D.C., 2011, DOE G 413-3-4A.

EPA. Municipal solid waste generation, recycling, and disposal in the United States-Tables and Figures for 2010[DB/OL]. Office of Resource Conservation and Recovery, 2011.

Esty, D. and Winston, A. Green to Gold: How Smart Companies Use Environmental Strategy to Innovate, Create Value, and Build Competitive Advantage[M]. New Haven: Yale University Press, 2009.

Gaunt, J. L. and Lehmann, J. Energy balance and emissions associated with biochar sequestration and pyrolysis bioenergy production[J]. Environmental Science and Tenochlogy, 2008, 42: 4152-4158.

Gentry, B. S. Summary of investment flows versus needs & investing in a low-carbon, more climate-proof future: Options, tools and mechanisms[J/OL]. Background Paper on Investment and Finance to Address Climate Change, UNFCCC, Germany, 2007.

Glaser, B., Lehmann, J. and Zech, W. Ameliorating physical and chemical properties of highly weathered soils in the tropics with charcoal: A review[J]. Biology and Fertility of Soils, 2002, 35: 219-230.

Helms, M. M. and Nixon, J. Exploring SWOT analysis: Where are we now? A review of academic research from the last decade[J]. Journal of Strategy and Management, 2010, 3: 215-251.

Humphrey, A. SWOT analysis for management consulting[J/OL]. SRI Alumni Newsletter, SRI International, 2005, 7-8.

IBI. 2013 State of the biochar industry: A survey of commercial activity in the biochar field[R]. compiled by S. Jirka and T. Tomlinson International Biochar Initiative, 2014.

Major, J., Rondon, M., Molina, D., et al. Maize yield and nutrition during 4 years after biochar application to a Colombian savanna oxisol[J]. Plant and Soil, 2010, 333: 117-128.

Metrick, A. and Yasuda, A. Venture Capital and the Finance of Innovation[M]. Hoboken, New Jersey: John Wiley & Sons, 2011.

Pendergrast, M. For God, Country and Coca-Cola: The Unauthorized History of the Great American Soft Drink and the Company that Makes it[M]. New York: Basic Book, 2000.

Porter, M. E. How competitive forces shape strategy[J]. Harvard Business Review, 1979, 57: 137-145.

Porter, M. E. Competitive Advantage: Creating and Sustaining Superior Performance[M]. New York: The Free Press, 1985.

Roberts, K. G., Gloy, B., Joseph, S., Scott, N. and Lehmann, J. Life cycle assessment of biochar systems: Estimating the energetic, economic, and climate change potential[J]. Environmental Science and Technology, 2010, 44: 827-833.

Ross, A. S., Randolph, W. W. and Jaffe, J. F. Corporate Finance[M]. 6th edn. New York: McGraw Hill, 2002.

Selman, M., Greenhalgh, S., Brasky, E., et al. Water quality trading programs: An international overview[J]. WRI Issues Brief, 2009, 1: 1-15.

Steiner, C., Glaser, B., Teixeira, W. G., et al. Long term effects of manure, charcoal and mineral fertilization on crop production and fertility on a highly weathered Central Amazonian upland soil[J]. Plant Soil, 2007, 291, 275-290.